AF287879

Joh. Friedrich Gmelin

Geschichte der Chemie

seit dem Wiederaufleben der Wissenschaften bis an das Ende des

achtzehnten Jahrhunderts   Band 2

bremen university press

Joh. Friedrich Gmelin

Geschichte der Chemie

seit dem Wiederaufleben der Wissenschaften bis an das Ende des achtzehnten
Jahrhunderts   Band 2

ISBN/EAN: 9783955621360

Auflage: 1

Erscheinungsjahr: 2014

Erscheinungsort: Bremen, Deutschland

Geschichte

der

Chemie

seit dem Wiederaufleben der Wissenschaften bis an das
Ende des achtzehnden Jahrhunderts

von

Johann Friedrich Gmelin.

Zweyter Band.

bis gegen das lezte Viertheil des achtzehnden
Jahrhunderts.

Göttingen,

bey Johann Georg Rosenbusch.

1798.

Geschichte

der

Künste und Wissenschaften

seit der Wiederherstellung derselben bis an das Ende
des achtzehnten Jahrhunderts.

Von

einer Gesellschaft gelehrter Männer

ausgearbeitet.

Achte Abtheilung.

Geschichte der Naturwissenschaften.

II. Geschichte der Chemie

von

Joh. Friedr. Gmelin.

Zweyter Band.

Göttingen,

bey Johann Georg Rosenbusch.
1798.

Zwote Hauptepoche

oder

Neuere Geschichte der Chemie,

**die nach der Mitte des siebenzehenden Jahrhunderts anfängt,
und bis auf unsere Zeiten fortläuft.**

Nur langsam drang das Licht, dessen erste Stralen
sich schon im vorhergehenden Zeitraume gezeigt
hatten, durch den Nebel alchemischer und theosophischer
Irrthümer, die noch unter allen Ständen, unter Gelehrten und Ungelehrten, die Köpfe verfinsterten, und
für seinen Einfluß unempfänglich machten: Unbefangene Erforschung der Wahrheit, treue Beobachtung
der Natur, genaue und lautere Erfahrungen blieben
noch lange beinahe ausschließlich das Geschäft weniger
edlerer Männer und hellerer Köpfe, indem der große
Haufe hartnäckig an seinen alten Vorurtheilen hieng,
und die Aussprüche älterer Naturkundiger als Götter-
sprüche aufnahm, auf die warnende Stimme der Redlichen nicht hörte, die, für den schlichten Menschen-
verstand laut und eindringend genug, von den gefährlichen Irrwegen abmahnten. Selbst die Errichtung
gelehrter Gesellschaften, die sich nebst andern Theilen
der Naturkunde auch Chemie zum Gegenstande ihrer

nähern Prüfung gewählt hatten, wirkte langsam, und konnte nicht anders wirken, da selbst mehrere Mitglieder von diesen, und zum Theil Männer von reinerem Sinn für Wahrheit, entweder schwach genug waren, auch bei besserer Ueberzeugung nicht zu widersprechen, oder wohl gar durch ihr Beispiel und Ansehen dem Irrthum eine neue Stütze verschafften.

Erstes Zeitalter der neueren Geschichte, oder Boyle's Zeitalter
von 1661—1690.

Noch fand die Alchemie an fürstlichen Höfen Beifall, Unterstützung und Belohnung; so fand der Augustiner Mönch Wenzel Reinersberg [a] am kaiserlichen Hofe unter Leopold I. Aufnahme, und sein Vorgeben, daß er eine ihm darzu vorgeschlagene Schale von schlechtem Metall in Gold umgeschaffen habe, Glauben; so bekam ein anderer Christoph Kirchhof [b] von Lauban in der Oberlausiz, wo er auch als Schneidermeister lebte, ob er sich schon solcher Thaten, wie es scheint, nicht rühmen konnte, dafür, "daß er anfänglich denjenigen Lapillum oder Stein, wie auch das Pulver, welches vor Zeiten der weit berühmte Butler zum erstenmale erfunden, und bey seinem Tode zugleich mit ihm begraben worden, nicht allein höchstrühmlich wiederum an das Licht gebracht, sondern auch noch darzu vermittelst göttlicher Hülfe und scharfes Nachsinnen, vornehmlich aber durch sein stetiges und unverdrossenes Laboriren, den Spiritum universalem von sich selbst erfunden" 1668 von der Königlichen Kammer

a) Beytrag zur Geschichte der höhern Chemie. S. 367.
b) Oberlausizische Beyträge zur Gelahrheit. B. IV. S. 517—522.

mer zu Breslau einen Wapenbrief mit einer silbernen
Bulle. Auch in Indien wurde Alchemie getrieben c).
1670 soll ein Engelländer zu Lyon anderthalb Pfunde
Kupfers in das feinste Gold umgeschaffen d), und 1690
ein gewisser Künstler sich durch solche Mittel etliche Centner Gold zusammen gearbeitet haben e).

Von Schriften, die sich mit dieser Art menschlichen Wahns beschäftigten, erschien in diesem Zeitalter
eine so grose Menge, daß wenn es erlaubt wäre, blos
nach dieser den Geist des Zeitalters zu beurtheilen, man
glauben müßte, Alchemie seie eine Lieblingswissenschaft
desselbigen gewesen; allein wenn gleich so viel daraus
folgen dürfte, daß Bücher dieser Art gelesen, von einem Theil des Publicum begierig gelesen und gesucht
wurden, so mus man bei diesem Schlusse nie vergessen,
daß um diese Zeit die Menge der Bücher in allen Fä-
cheren des menschlichen Wissens überhaupt, und selbst
auch in den übrigen Zweigen der Chemie zunahm.

Es wurden viele Schriften älterer Alchemisten,
eines Artesius f), Basilius Valentinus g),
Salomon Trismosinus, Theophrastus Pa-
racel-

<hr/>

c) Franz Bernier Suite des memoirs fur l'empire du
   Grand Mogol. à Paris 8. 1671. lettre touchant les su-
   perstitions &c. des Indous &c. S. 63. 126 - 128.

d) Happel kuriöse Relationen. Th. II. S. 284 2c.

e) Beytrag zur Geschichte der höhern Chemie. S. 79.

f) *Artesii* Arabis liber secretus, nec non Saturni Trismegisti, f. fratris Eliae de Assisio libellus et alia nonnulla.
   Francof. 1685. 8.

g) chymische Schriften alle, so viel derer vorhanden sind,
   aus vielen sowohl geschriebenen als gedruckten Exemplarien vermehret und verbessert und in zwey Theile verfas-
   set. Hamburg 1677. 8.

racelsus, Korndörfer[h]), Nikol. Flamel[i]),
Vinc. Kofsky[k]), Mich. Sendivog[l]), Ken.
Digby[m]), Joh. d'Espagnet[n]), G. Star=
cey[o]), Pet. Potier[p]), Heinr. v. Batsdorf[q]),
Jak. Böhm[r]), Dienheim[s]) u. a. theils neu her=
aus:

h) und anderer Schriften von der Tinctur und dem Steine
der Weisen, nebst mehrern chymischen Traktätlein.
Helmst. 1677. 8.

i) Buch der hieroglyphischen Figuren, nebst Synesii Buch
von dem Stein der Weisen. 1680. 8. und Flamel's
sämtliche Werke aus dem französischen übersezt von Joh.
Lange. Hamburg 1681. 8.

k) Ausführliche, schöner und ausbündiger Bericht von der
ersten Tincturwurzel und materia prima des gebenedeyten
uralten Steins der Weisen. Danzig 1681. 4.

l) Novum lumen chymicum novo lumine auctum oder XII
geheime chymische Tafeln und Beyschriften über die 12
Tractate Mich. Sendivogii, nebst Ortels Com=
mentar und Schlusrede. Frankf. und Leipz. 1682. 8.

m) Philosophische Geheimnisse und chymische Experimente,
aus dem Lateinischen übersezt durch Joh. Lange. Ham=
burg 1684. 8.

n) Geheimes Werk der hermetischen Philosophie. Leipzig
1685. 8.

o) Het pit der waare Chemie uit het Engels vertaalt
door F. J. Winter. Leeuward 1687. 8. und Beschryvin-
ge van de Oly van Sulphur vivum, nebenst einigen philosophischen Tractät, beschryvende Liquor Alcaheft, de
Mercurius der Philosophen, door J. van de Velde.
Amsterdam. 1688. 12.

p) Inventa chymica, edita a J. Chphr. Ettner. Francof.
et Lipf. 1689. 4.

q) LXXIX grose sonderbare Wunder ꝛc. Anhang zu Heinr.
von Batsdorf neu aufgelegten Irrwegen der Alchemi=
sten. Leipzig und Gotha 1690. 8.

r) Idea chemiae Boehmianae adepta oder Abris der Berei=
tung des Steins der Weisen, nach Anleitung Jak. Böh=
mens. Amsterdam 1690. 12.

s) Taeda trifida chymica das ist, dreyfach chymische Fackel
den

ausgegeben, theils übersezt: Es erschienen mehrere
Sammlungen vornemlich älterer alchemischen Schrif=
ten, das alchymistische Sieben=Gestirn ᵗ), ein Mufeum hermeticum reformatum et amplificatum ᵘ), vier
chymische Tractätlein ᵛ), Gynicaeum Chimicum ʷ), Col-

den wahren Weg zu der Edlen Chymie Kunst bescheinend
enthaltend Wolfa. Dienheim Medicina universalis.
item Anonymi Tractatus Verbum divinum. D. *Hugini*
a Barma Saturnia regna oder Saturnisches Reich. Basilii
Valentini Testamentum chymicum oder leztes Testament
oder Zugabe von einer besondern Lehre aus einem ge=
schriebenen Buche H. Aquilae Thuringi. Aus dem Latei=
nischen ins Teutsche übersezt. Nürnberg 1674. 8.

t) Das ist sieben schöne und auserlesene Tractätlein vom
Stein der Weisen, darinnen der richtige Weg zu solchem
allerhöchsten Geheimniß zu kommen hell und klar gezeiget
wird. 1. *Hermetis Trismegisti* Gulden Tractätlein von
der Composition des Steins der Weisen. 2. *Raymundi
Lullii* Majoricani Elucidarium, geschrieben über sein Te=
stament und Codicill, wie die recht zu verstehen. 3. *Raymundi Lullii* Apertorium von der wahren Composition
des Steines der Weisen. 4. Aristotelis des alchymistens
Tractat an Alexandrum magnum vom Stein der Wei=
sen. 5. *Joh. Daustenii* Rosarium! in welchen das aller=
geheimste Geheimniß vom Stein der Weisen verschlossen.
6. *Alberti Magni* Compendium, oder kurzer Bericht
und Materia von Metallen. 8. Hamburg 1675 und 1697.
Frankfurt 1756.

u) continens tractatus chymicos XXI Variorum. Francof.
4. 1677 und 1749.

v) von welchen Lenglet a. a. O. III. S. 196. Barth.
Kretschmar als Verfasser nennt, das hellscheinende
Licht in Finsterniß; von dem Vitriol und seinem geheim=
sten Oele; von dem vernünftigen Thiere und seiner herr=
lichen Arzeney, Gold des Lebens. Budissin 1679. 8.

w) feu congeries Auctorum, qui de Lapide Philosophico
scripserunt. 8. 1679. Venet. und Lugd.

Collectanea chymica ˣ), Bibliothéque des Philofophes Chimiftes ʸ), u. a. und Schriften von Verfaffern, die sich nicht nannten, z. B. Schlüffel zu dem uralten Stein eröffnet ᶻ), Vannus chymicaᵃ), Reconditorium ac reclutorium opulentiae fapientiaeque numinis mundi magni ᵇ), Chymiae aurifodina incomparabilis ᶜ), das Hadrianeum teftamentum ᵈ), das Tombeau de la pauvreté ᵉ), Icon philofophiae occultae ᶠ), Trinum epiflo-

x) a collection of (ten) Treatifes in Chymiftry. (London) 1684 8.

y) ou Recueil des Auteurs les plus approuvés, qui ont ecrit de la Pierre Philofophale, par le Sieur *Salmon*. à Paris. Vol I. et II. 1672 und 1678.

z) da der Brunnen aller Gefundheit gefunden wird. 1663. 4.

a) Amftelodam. 1666. 4.

b) Amftelodam. 1666. 4.

c) quam recludit praeludium profimeftricorum magicarum noctium fortes Sybillinae chymicae Vanni granatum erutum, authoribus immortalibus adeptis, cui fubjungitur commentatio de pharmaco catholico cum fig. aeneis. 4. Amftelod. 1666. Lugd. Bat. 1696.

d) de Aureo Philofophorum Lapide. 8. Lugd. 1670.

e) das einen franzöfifchen Edelmann Atremont zum Verf. haben foll, 12. fur la transmutation des Metaux. Francfort 1672. dans le quel il eft traité clairement de la Transmutation des Metaux par un Philofophe inconnu. à Par. 1673. und à Lyon 1684. dans lequel id eft traité de la Transmutation, des Metaux et du moyen, qu' on doit tenir pour y parvenir, par un Philofophe inconnu. à Paris 1681. ins Teutfche überfezt Frankfurt am Main 1672. Das Grab der Armuth, darinn klärlich von der Veränderung der Metallen, und von dem Wege darzu zu gelangen abgehandelt wird, und 1702 und (8.) 1706. Eröffnetes Grab der Armuth, darinnen klärlich von der Veränderung der Metallen, und dem Wege darzu zu ge-
lan-

epiſtolarum chimicarum ᵍ), Tumba Semiramidis hermetice ſigillata ʰ), Arcana Palladis Chimicae detecta ⁱ),
Examen alchymiſticum ᵏ), Aurum aurae ˡ), wunder=
liche Begebenheiten eines unbekannten Philoſophi in
Such= und Findung des Steins der Weiſen ᵐ), das
chymiſche Zweyblatt ⁿ), eröfnetes philoſophiſches Waſ=
ſerherz °), Altus Mutus Liber ᵖ), Lampas vitae et mortis,

langem, gehandelt wird, durch einen unbekannten Philo-
ſophum für ſeine ſonderbare Freunde geſchrieben.

f) 8. Pariſ. 1672. und Rotterod. 1678.

g) Hamburg 1673. 8.

h) five opuſculum de lapide philoſophorum 1674. 12. von
einem H. V. D. auch bei Manget a. a. O. B. II.
S. 759 ꝛc. abgedruckt.

i) five mineralogia. Geneve 1674. 12.

k) Norimberg 1676. 8. iſt von Pantaleon, und auch
mit dieſem Namen herausgekommen.

l) vi magnetiſmi univerſalis attractum, per inventorem
anagrammatazomenum. Colon. 1674. 8.

m) in vier Bücher eingetheilt, aus dem Franzöſiſchen ins
Teutſche überſezt von Joh Lange. Frankfurth und Ham=
burg 8. 1673. und, welchem noch beygefüget ein Trac=
tätlein von dergleichen Materia das Hauß des Lichts ge=
nannt. Vormals in Engliſcher Sprache beſchrieben und
nunmehro ins Teutſche überſezet von Joh. Lange 1690.

n) das iſt zwey vortrefliche Chymiſche Tractätlein, das Er=
ſte, eröfneter Eingang zu des Königs verſchloſſenem Pal=
laſte. Das zweyte von dem Stein der Weiſen, wie
man den recht bereiten ſoll Fratris Ferrarii Monachi.
Beyde zum erſtenmale ins Teutſche überſezet von Joh.
Lange. 8. Frankf. und Hamburg 1674.

o) Straßburg 1676. 8.

p) in quo tota Philoſophia Hermetica figuris Hierogliphi-
cis depingitur. Rupell. 1677. fol.

A 4

tis q), Het Licht der Mane of Glans der Sonne '),
Difceptatio de lapide phyfico s), Merkurius zwenfa:
cher Schlangenstab '), Difcours fplendor falis et folis u), Falx in Bifolium Proceffus contra Examen Al-
chymifticum Tumulatio Tumuli Pantaleonis ab Anonymo Autore edita v), der chymische Zeig: und Weg:
weiser w), Epiſtola buccinatoria x), in welcher nem:
lich verbündete Alchemiften alle Abepten unter Drohun:
gen beschworen, ihnen das Geheimnis der Kunst zu
offenbaren, Candida Phoenix philofophica y), Index
et

q) Lugdun. Batav. 1678. 12.

r) Rotterdam 1678. 8.

s) in qua Tumbam Semiramidis ab Anonymo phantaſtice
non hermeticè figillatam, ab Anonymo reclufam, fi fa-
piens infpexerit ipfam, promiffis regum thefauris vacuam
invenit. Colon. 1678. 8. wird von Manget, der fie
a. e. a. O. S. 744 ec. abdrucken ließ, dem Schriftſteller
zugeschrieben, der fich immer Pantaleon nannte.

t) Ulm 1678. 8.

u) von der wahren Quinta effentia und Artzeney: Krafft der
Vegetabilien und Mineralien; Sonderlich vom Auro potabili, Authoris Anonymi Eremitae. Neu Hanau 1677. 8.

v) in commodum Filiorum Artis, ut caveant ab ejusdem
jactabundi Pantaleonis inorpellatis erroribus et impoftu-
ris. Amftelaed. 1678. 4.

w) von der Möglichkeit der Metallverwandlung ec. Nürnb.
1679. 8. 1689. 12.

x) qua inaudita conjuratio adeptorum in chemia philofophorum ab iisdem condita et prodita univerfis per Europam curiofis fideliter indicatur et dicatur. Huic accedit Polygraphia hermetica five Steganographia univerfalis, omnibus arcanis chemicis fecreto tuto facileque con-
fcribendis accommodata. Cofmopoli. CIƆIƆCLXXIX.

y) oder aufrichtige Beschreibung der Materiae Lapidis und
Mercurii Philofophorum, durch das Geheimnis des Re:
genwaffers, worbey zugleich die vera principia der Her:
mett:

et Manuductor Chimicus [z]), Cabala chymica [a]), Phoenix Adropicus de morte redux [b]), Tubicinium convivale hermeticum [c]), die fruchtbare Boriza [d]), Theatri alchymistico - medici breve spectaculum [e]), Hermetischer Rosenkranz [f]), Eines Ungenannten altes sehr schönes Tractätlein von dem gebenedeyten Stein der uralten Weisen [g]), Sendschreiben eines alten Adepti vom Weisenstein [h]), Beschreibung des grossen Geheimnisses des

metischen Philosophiae treulich erkläret, und die Operationen gedachter Materie und des Subjecti artis angezeigt und vorgetragen werden, in zwey Theile abgetheilet. Frankfurt am Mayn 1680. 12. Leipz. 1717. 8.

z) in quo possibilitas transmutationis Metallorum clarè oftenditur, et simul via ad inveniendum Lapidem Philosophicum aperitur. 1680. 8.

a) Hamburgi 1680. 8. so finde ich das Buch bei Lenglet du Fresnoy a. a. O. III. S. 98. angeführt; es scheint mit Cabalae verior descriptio, das ist, Gründliche Beschreibung und Erweisung aller natürlichen und übernatürlichen Dingen, wie durch das Verbum Viat alles erschaffen, und darnach durch das Centrum Coeli et Terrae generirt, nutrirt und corrumpirt wird, die in gleichem Format und Jahre, am gleichen Orte herausgekommen ist, einerlei zu sein: Eine Cabbala chymica ab Anonymo quodam compilata kam ebendaselbst 1684. 8. heraus.

b) oder frisch belebter philosophischer Adrop. 1681. 12.

c) Gedani 1682. 4.

d) oder das heilsame Mondkraut, mit vielen Chymischen und Lunarischen Früchten abgebildet. Brieg 1681. 8.

e) 1682. 8.

f) Hamburg 1682. 8.

g) herausgegeben von Joh. Schütz. Hamburg 1682. 8.

h) Weissenfels 1684. 12.

A 5

des Steins der Weiſen [i]), Amor Proximi [k]), Lettre
d'un Philoſophe ſur le Secret du grand Oeuvre [l]),
Trames facilis ad auream Hermetis arcem [m]), La lumiere ſortant des tenebres [n]), Scrutinium philoſophicum de vero elixire vitae [o]), Eines Ungenannten
Kunſtbüchlein [p]), Alchaheſts Liquor [q]), L'eſcalier des
ſages [r]), Deux traités nouveaux ſur la philoſophie naturelle [s]), Triomphe hermetique [t]), Cato chemicus,

i) als der von Gott erbeten= und erhaltenen Weißheit des
   Königes Salomon in poetiſchen Verſen verfaſſet. 1685. 4.

k) gefloſſen aus dem Oehl der Göttlichen Barmhertzigkeit,
   geſchärffet mit dem Wein der Weißheit, bekräfftiget mit
   dem Saltz der Göttlichen und Natürlichen Wahrheit.
   Hage 1686. 8.

l) écrite au ſujet des Inſtructions, qu' Ariſtée a laiſſé
   à ſon fils touchant le Magiſtere des Philoſophes. 12. à
   la Haye 1686. à Paris 1688.

m) Carolopoli 1686. 12.

n) ou véritable Théorie de la pierre des Philoſophes.
   à Paris 1687. 12.

o) Salisburgi 1687. 8.

p) Frankfurt und Leipzig 1687. in Format eines Taſchen=
   buchs.

q) oder ein Diſcours von dem unſterblichen Diſſolvente oder
   der auflöſenden Materie des Paracelſi und Helmontii,
   welches auflöſet alle Animalia, Vegetabilia et Mineralia.
   Nürnberg 1686. 12. wird auch mit dem Namen eines
   J. Aſtel aufgeführt.

r) ou la Philoſophie des Anciens. Groning. 1689 fol.

s) contenant le Tombeau de Semiramis, et la refutation
   de l'Anonyme Pantaleon. à Paris 1689. 8.

t) ou la Pierre Philoſophale victoricuſe. Amſterdam 12.
   1689. und 1710. 8. 1706. zugleich mit einer teutſchen
   Ueberſezung unter der Aufſchrift: Hermetiſcher Triumph
   oder ſiegender philoſophiſcher Stein. Leipzig und Görliz
   1707. 8.

cus ᵘ), LXXIX grose sonderbare Wunder ᵛ), und
zahlreiche Schriften von Männern, die sich frembe
Namen gaben, oder aus Anfangsbuchstaben ihre Na=
men errathen liesen; so gab der Engländer, Thom.
Vaughan, von welchem auch noch manche von den
Alchemisten sehr geschäzte Handschriften ʷ) vorhanden
sind, seine viele Schriften, seinen Introitus apertus ad
occlusum Regis palatium ˣ), seine Medulla alchymiae ʸ), seine experimenta de praeparatione mercurii
sophici ad lapidem per regulum antimonii ᶻ), seine
vera

u) sive tractatus, quo verae ac genuinae philosophiae hermeticae et fucatae ac sophisticae pseudo - chemicae et
utriusque Magistrorum characterismi accuratè deline-
antur. Hamburg. 1690. 12. auch abgedruckt bei Man=
get a. a. O. B. I. S. 368 ꝛc.

v) als Anhang zu Heinr. v. Batsdorf neu aufgelegten
Irrwegen der Alchemisten. Leipzig und Gotha 1690. 8.

w) S. ein Verzeichnis derselbigen bei Lenglet du Fres=
noy a. a. O. III. S. 264 - 266.

x) edente Jo. Langio. 8. Amstelod. 1667. Venet 1683. 8.
auch abgedruckt in dem Museum Hermeticum nr. XVI.
und bei Manget a a. O. B. II. Sect III. §. IV. S.
661 ꝛc. cum praefat. G. W. Wedelii. Jen. 1699. 8.
cum notis Jo. Mich. Faust, und mit der Aufschrift:
Philaletha illustratus Francof. 1706. auch 1728. 8. ins
englische übersezt. London 1669 8. ins französische in
Salmon's Bibliotheque des Philosophes Chimistes.
B. I. n. 7. und bei Lenglet du Fresnoy a. a. O.
B. II. S. 1 - 273. ins teutsche mit der Aufschrift: Eröf=
nung der Thüre zu dem königlichen Pallast. Dresden
und Leipzig 1718.

y) in zween Theilen und in englischen Versen. London
1664. 8. ins teutsche übersezt, unter dem Namen: Kern
der Alchemie, von Joh. Lange. 1685. 8.

z) 8. Amstelod. 1668. und in englischer Sprache London
1675 und 1678. in französischer bei Lenglet du Fres=
noy a. e. a. O. S. 274 ꝛc.

vera confactio lapidis philofophici ᵃ), feinen Fons chimicae varietatis oder chemicae philofophiae ᵇ), feine
Brevis manuductio ad rubinum caeleflem ᶜ), feine
Schrift de metallorum metamorphofi ᵈ), feine Ver=
borgenheit des unfterblichen. Liquoris Alchaheift ᵉ),
fein Vademecum philofophicum ᶠ), feine Experimenta de lapide philofophorum, feine enarratio trium Gebri medicinarum ᵍ); feine Expofitio in Epiftolam G.
Riplaei ad *Eduardum* IV. Angliae Regem ʰ), feine
Expofitio in praefationem G. *Riplaei* ad compofitionem
suae

a) Amftelodam 1678. 8.

b) abgedruckt im Mufeum hermeticum nr. XIX. und bei
Manget a. e. a. O. S. 693.

c) abgedruckt im Mufeum hermeticum nr. XVIII. und bei
Manget a. e. a. O. S. 686 ꝛc.

d) abgedruckt im Mufeum hermeticum a. e. a. O. und bei
Manget a. e. a. O. S 676 ꝛc. ins teutfche überfezt.
Hamburg 1705. 12. alle drei zulezt genannte Schriften
find zufammen von Mart. Birri in lateinifcher Sprache
Amftelod. 1668. 8. herausgegeben worden, und in die
teutfche überfezt mit der Auffchrift: drey Tractate von
Verwandlung der Metalle, famt Wigands von
Rothfchild Tractat, genannt: die Herrlichkeit der
Welt, aus dem Latein. überfezt von Joh. Lange. Ham=
burg 1675. 8.

e) Frankfurt 1708. 8.

f) five brevis manuductio ad campum fophiae.

g) Enarratio methodica trium Gebri Medicinarum, in quibus continatur Lapidis philofophici vera confectio. Amftelod. 1678. 8.

h) diefe beide und die zunächft vorhergehende Schrift find
nebft der Schrift de praeparatione mercurii fophici zu=
fammen Amftelod. 8. 1668. und 1678. herausgekommen.

i) aus dem englifchen überfezt von Joh. Lange. Leipzig
1685. 8. ins franzöfifche bei Lenglet du Fresnoy
a. e. a. O. S. 296 ꝛc.

suae Alchymiae k), seine Expositio in sex priores portas ejusdem compositionis.l). seine Expositio in Recapitulationem Portarum *Riplaei* m), und seine Expositio in visionem *Riplaei* n), unter dem Namen Philaletha oder Philalethes, oft mit dem Beinamen Jrenäus oder Eyrenäus oder Eyrenäus
oder auch Jrenäus Philoponus, heraus; mit
seinem wahren Namen erschien in teutscher Sprache die
lang gesuchte und nunmehr glücklich erfundene Verwandlung der Metalle o).

Ein anderer gab unter dem Namen Honorius
Philalethes Hermopolitanus eine philosophische
Jägerlust und Nymphenfang p); noch ein anderer unter dem Namen Vigilantius de monte cubiti
ein dreyfaches hermetisches Kleeblatt q), ein anderer
unter dem Namen Eremita, auch wohl mit dem
Beinamen Suburbanus r) einen Splendor salis et
solis s), und CLIII Aphorismos chemicos t); ein anderer

k) in englischer Sprache. London 1678. 8.
l) in englischer Sprache. London 1678. 8. auch in die
teutsche übersezt, samt Eugenii Philalethae Euphrates
oder die Wasser von dem Anfang, von Joh. Lange.
Stockh. und Hamburg 1689. 8.
m) in englischer Sprache. London 1678. 8.
n) in englischer Sprache. London 1678. 8.
o) Hamburg 1705. 8.
p) d. i. Gründliche und ausführliche Beschreibung des uralten Steins der Weisen. Hamburg 1679. 4.
q) Nürnberg 1667. 8.
r) ich habe wenigstens Ursache den Verfasser beider folgender Schriften für einen und eben denselbigen zu halten.
s) oder Discurs von der wahren Quinta essentia und Arzneykraft der Vegetabilien und Mineralien. 1677. 8. ebend.
mit S. 6. Anm. u.
t) Amstelod. 1688. 12.

derer unter dem Namen Joh. de Monte Herme=
tis eine Erläuterung des hermetischen goldenen Flus=
ses ᵘ), ein anderer unter dem Namen Ali Puli ein
Centrum naturae concentratum ᵛ), ein anderer unter
dem Namen Floret von Bethabor ein Traumge=
sicht ʷ), ein anderer unter dem Namen A. Z. Cyrus
(refrigeratorius Jerusalemitanus) ein Werk de magna-
libus naturae ultimo aevo refervatis ˣ), ein anderer
unter dem Namen Chryfogonus de Puris ein
pontisches oder Merkurialwaffer der Weisen ʸ), eine
cynofura chemica tincturam univerfalem indicans, und
eine Statua mercurialis ad tincturam particularem ex
univerfali ortam ᶻ); ein anderer unter dem Namen
Pantaleon ein Bifolium metallicum ᵃ), Tumulus
Her-

u) aus einem kabaliſtiſchen Räthſel erkläret. Ulm 1680. 8.

v) oder Tractat von dem wiedergebornen Salz der Natur,
   verdeutſcht durch Joh. Ott. Freyherr von Helbig.
   1682. 12.

w) welches Ben-Adam zur Zeit der Regierung Pucharetz
   des Königs von Alama gehabt, und an Tag gegeben hat.
   Mit noch einem andern Tractätlein vor der Reiſe Frie=
   derichs Galli nach der Einöde S. Michael. Hamburg
   1682. 8.

x) ad Adeptos Magosque orbis terrarum. Amftelod.
   1682. 8.

y) 1683. 8.

z) beide 1689. 4.

a) feu Medicina duplex pro Metallis et Hominibus infirmis
   a Proceribus Artis Hermeticae fub nomine Lapidis philofophici inventa elaborata et pofteritati transmiffa, jam
   vero denuò recognita cum omnibus circumftantiis requi-
   fitis et manipulationibus fine dolo methodice tradita, et
   hujus Divinae fapientiae amatoribus tradita. Norib. 8.
   1676. 1679 und 1684. auch abgedruckt bei Manget
   a. e. a. O. S. 718 ꝛc.

Hermetis apertus b), und Examen alchemisticum c),
ein H. C. A. B. T. B. seine Explicatio chemica Spiritus mundi, in quo occultantur scientiarum omnium
arcana d), ein G. M. B. D. S. eine Radix Chimiae e)
heraus.

Aber auch solcher alchemischen Schriften, deren
Verfasser sich mit ihren wahren und ganzen Namen
nannten, hat dieses Zeitalter eine Menge, unter ihnen
Schriften von Männern aufzuweisen, die in einem
hohen

b) in quo ad solem meridianum sunt videndae antiquissi-
morum philosophorum absconditae veritates Physicae,
recentiorum quorundam erroneae opiniones de lauda-
tissimô illô liquore Mercurio Philosophorum, ita ut jam
cuilibet etiam mediocriter ingeniosô, Regia via pateat
ad hoc mysterium perquirendum, inveniendum et prae-
parandum, in gratiam errantium illuminatus. Norib.
8. 1676 und 1684. abgedruckt bei Manget a. e. a. O.
S. 728 ꝛc.

c) quo ceu Lydio lapide Adeptus a Sophista et verus Philosophus ab impostore dignoscuntur; institutum in gratiam
Magnatum et eorum, qui ex defectu multae lectionis et
Vulcaniae experientiae punctum Chemicum plenariè non
intelligunt, ac tam turpiter a perditissimis istis fumivendu-
lis ac impostoribus thrasonicis in opprobrium artis mere
Divinae decipiuntur. Necessarium ac summè proficnum
Opusculum, quale a mundô conditô typis non fuit exaratum. Norib 8. 1676 und 1684. Alle drei zusammen
hat Christoph Victorin unter der Aufschrift: Pantaleonis eröfnetes Grab, von dem philosophischen Queksilber, alchymistische Prüfung eines wahren Philosophen
und betrügerischen Sophisten, und metallisches Zweyblatt von dem Stein der Weisen, ins Teutsche übersezt zu
Nürnberg 1677. 8. herausgegeben.

d) Das ist: Chymische Erklärung der Abbildung oder Bezeichnung des Welt-Geistes Mercurii, in welchem alle
Geheimnisse natürlicher Wissenschaften verborgen liegen,
deutlich erkläret 1690. 12.

e) oder Wurzel des Universals. 1680. 8.

hohen Rufe von Gelehrsamkeit standen: In Dänne=
mark nahm sich Ol. Borch (Borrichius) von
Ripen in Jütland, öffentlicher Lehrer auf der hohen
Schule zu Koppenhagen, dessen übrige Verdienste um
Chemie anderwärts erwähnt werden sollen, wenn er
gleich den Stein nicht selbst bereitet zu haben scheint,
derselbigen in einigen seiner Schriften [f]) mit grosem
Eifer an, und suchte, zwar nicht mit der grösten kriti=
schen Strenge, aber mit desto gröserem Aufwande von
Belesenheit und Gelehrsamkeit, nicht nur den Werth der
Alchemie gegen ihre Widersacher, vornemlich gegen
Herm. Conring, sondern auch ihr hohes Alter, und
insbesonder die Achtung, in welcher sie bei den Egyp=
tiern stand, zu beweisen.

In den Niederlanden machte sich vornemlich der
berühmte Französische Arzt Joh. Fridr. Schweizer
(Helvetius) durch seinen Eifer, in die Geheimnisse
der Alchemie einzubringen, bekannt; durch fleisiges Lesen
älterer und neuerer Schriften, welche davon handeln,
in der Sache bewandert, durch mehrere zum Theil zu
seiner Zeit vorgefallene Geschichten von angeblichen
Verwandlungen in Gold überzeugt, durch viele eigene,
freilich bis dahin fruchtlos unternommene Versuche
vorbereitet, hatte er am Schlusse des Jahres 1666 das
Glück, von einem ihm ganz unbekannten Fremden aus
Nordholland, der ihn in seiner Wohnung besuchte,
Licht und Aufschlus in einer Angelegenheit zu bekommen,
welche schon lange der wichtigste Gegenstand seines ei=
frigsten Forschens und seiner sehnlichsten Neugierde
war; nach langem Bitten erhielt er von ihm, der übri=
gens

f) 1. Differtatio de ortu et progreſſu chemiae. Hafn. 4.
1668. 2. Hermetis, Aegyptiorum et Chemicorum ſa-
pientia ab Herm. Conringii animadverſionibus vindicata. Hafn. 1674. 4.

gens seine Kenntniſſe einem andern ungenannten Künſt=
ler zu verdanken hatte, zwar keine nähere Nachrichten
von der Bereitung des Steins, aber eine ganz kleine
Probe eines ſchwefelgelben Pulvers, womit er in deſ=
ſen Abweſenheit einige Quentchen Blei in ächtes Gold
verwandelt zu haben, verſichert, indem er ſie in gelbes
Wachs eingewickelt auf Blei warf, das er im Tiegel
bereits in Flus gebracht hatte ᵍ). Vreeswyk gab
zu Amſterdam 8. de roode ʰ), de gröne ⁱ) und de
goude ᵏ) Leeuw heraus; Steph. Blancaard ein
Theatrum chymicum ˡ), worinn ſich aus Andern Nach=
richten

g) Vitulus aureus, quem *Mundus adorat et orat*, in quo
tractatur de rariſſimo Naturae Miraculo *Tranſmutandi
Metalla*, nempe quomodo *Tota Plumbi Subſtantia*, vel
intra momentum ex quavis minima Lapidis veri Phi=
loſophici particula in *Aurum obryzum* commutata fuerit
Hagae Comitis, autore *J. Frid. Helvetio*. 8. Amſtelod.
1667. 1702 und 1705. auch abgedruckt im Muſeum her=
meticum nr. XX. und bei Manget a. e. a. O. I. S.
196 - 210. ins Teutſche überſezt zu Nürnberg unter der
Aufſchrift Dr. Schweizer's goldenes Kalb nebſt Joh.
Riſt's philoſophiſchem Phönix. 1668 und 1675. und
zu Frankfurt unter der Aufſchrift: Vitulus aureus, quem
mundus adorat et orat, oder Tractat, in welchem das
wahre und wunderſame Werk der Natur in Verwandlung
der Metallen ausgeführt wird. 1705. 1726.

h) of het Sout der Philoſophen. 1672.

i) of het Light der Philoſophen. 1674.

k) of de Azyn der Wyſen. 1675.

l) oder eröffneter Schauplaz und Thür zu den Heimlichkei=
ten in der Scheide=Kunſt, von denen berühmteſten Män=
nern, die jemals in der Scheide=Kunſt ſich ſelbſt bemü=
het, und davon geſchrieben, als Schröder, Angelus Sa=
la, Rolfinck, le Febure, Crollius, Charas, Beguin
und andern izo noch lebenden aufgethan, nun aber von
einem Liebhaber der Kunſt alſo ins Geſicht geſtellet. Ne=
benſt einer Vermehrung, wie die geringen Metalle und

richten von der Verwandlung der Metalle gesammlet
finden; Joh. de Montesnyder, der sich rühmte,
im Besiz des grosen Geheimnisses zu sein, sich an die
Grundsäze von Basilius Valentinus hielt, und
mit einem Gran seiner von seiner Mutter Bruder er=
erbten Tinctur am Hofe Kaiser Leopold I, der Leute
seiner Art sehr reichlich besoldete, ein Pfund Blei in
Gold verwandelt haben soll, seine metamorphosis planetarum [m]), und seinen tract. de medicina universali
ex tribus generibus extracta per universale menstruum [n]);
Martin Birri einige Schriften von Thomas
Vaughan. Von Arn. Bach. Denston kam eine
Pan - sophia enchiretica [o]), von Pet. Collov [p]) ein
wohl=

> gemeinen Steine zu verbessern sind, durch Kenelmus
> Dygbii, Rittern. Mit unterschiedenen Kupfern verse=
> hen, und aus dem Niederländischen ins Hochteutsche über=
> sezet. Leipzig 1694. 8.
>
> m) sive metallornm. 8. Amstelodam. 1663. ins Teutsche
> übersezt mit der Aufschrift; Veränderung der Planeten
> in ihr erstes Wesen. 8. Frankfurt und Leipzig 1684.
> Wien 1774. mit der Aufschrift: Metamorphosis plane-
> tarum, das ist: Eine wunderbarliche Veränderung der
> Planeten und metallischen Gestalten in ihr erstes Wesen,
> mit beygefügtem Proceß und Entdeckung der dreyen Schlüs=
> sel, so zur Erlangung der drey Principia gehörig, und wie
> das Universale Generalissimum zu erlangen, in vielen
> Oertern dieses Büchleins beschrieben, anjezo wiederum
> zum Druck befördert durch A. Gottlob B. Frankfurt am
> Mayn 1700.
>
> n) ins Teutsche übersezt mit der Aufschrift: Tractat von
> der Universalmedicin, mit einer Erklärung und spagyri=
> schen Grundregeln illustriret von A. Gottlob Berlig.
> Frankfurt und Leipzig 1678. 8. beide zusammen sind in
> teutscher Sprache mit der Aufschrift: Joh. de Monte
> Synders chemische Werke zu Frankfurt 1699. 8. heraus=
> gekommen.
>
> o) seu philosophia universalis experimentalis in Academia
> Moysis

wohlmeynendes Chymisch Carmen von unterschiedli=
chen noch unbekannten Universal Alkaheſt Menſtruis ⁹)
heraus.

In Frankreich beſchäftigten ſich auſer H. v. Atre=
mont, welchem Lenglet du Fresnoy ʳ) das Graß
der Armuth zuſchreibt, der pariſiſche und um andere
Zweige der Chemie ſehr verdiente Arzt Domin. du
Clos, der jedoch ſein lebenslängliches Forſchen nach
dem Stein der Weiſen am Ende ſeiner Tage bereute,
und, damit ſie niemand zu ähnlichen Schritten verlei=
teten, ſeine Handſchriften verbrannte ˢ), H. von Ac=
quevilleᵗ), Claud. Germain ᵘ), Pet. Guiſ=
ſon ᵛ), Saint Romain ʷ), Pet. de Roſnel ˣ)
und Salmou ʸ) mit Alchemie.

In

Moyſis primum per ſex capita libri primi Geneſeos tradita, per quam natura univerſalis rerum omnium ve-
ſtibus dénudata. Noriberg. 1682. 12.

p) von welchen auch noch ein aureum vellus in der Hand=
ſchrift vorhanden ſein ſoll.

q) zum unterſchiedlichen Chaos der Philoſophorum und
dem Lapide philoſophorum. Dreßden 1667. 8.

r) a. a. O. I. S. 483.

s) Beytrag zur Geſchichte der höhern Chemie. S. 369. 370.

t) Diſcours touchant les effets de la Pierre Divine. Paris
1681. 12.

u) Jcon philoſophiae occultae, ſive vera Methodus com-
ponendi magnum antiquorum Philoſophorum lapidem.
Parif. 1672. 8. Rotterodam. 1678. 12. auch abgedruckt
bei Manget a. e. a O. B. II. S. 845 ꝛc.

v) de tribus chemicorum principiis, mit Mich. Potter's
Werken. Francof. 1660 8.

w) 1. Diſcours touchant les merveilleux effets de la Pierre Divine. Par 1679. 12. 2. La ſcience naturelle dé-
gagée des chicanes de l'Ecole, Ouvrage enrichi d'Experiences de Médécine et de Chimie. Paris 1679. 12.

B 2   x) Le

In Italien fand die Kunſt um ſo eher eifrige Vertheidiger und Lobredner, als ſie Einige auch auſerhalb
ihres Vaterlandes mit vielem Glücke trieben; unter
dieſe gehört vornemlich Franz Joſ. Borri (Burr-
hus) aus Mailand, ein Mann, dem es an gelehrten
Kenntniſſen nicht fehlte, aber ein Abentheurer und
Schwärmer, der ſich in Italien, und, als ihn der
Bannſtral der Kirche wegen ſeiner kühnen Angriffe auf
ihre Lehrſäze traf, in Teutſchland, Holland und Dännemark herum trieb, ſich einige Jahre am Hofe Friedrichs III, und unter deſſen Schuze zu Koppenhagen,
wo er am Stein der Weiſen arbeitete, und dem Könige
goldene Berge verſprochen hatte, aufhielt, nach deſſen
Tode (1670) aber auf dem Wege nach Ungarn, wohin er ſich begeben wollte, aufgefangen, und nach Wien,
und von da nach Rom gebracht wurde, wo ihm der
Pabſt bis zu ſeinem Tode (1695) ſeine Wohnung in
der Engelsburg, doch mit der Erlaubnis, anwies, in
einer darzu errichteten Werkſtätte ſeine alchemiſche Arbeiten fortzuſezen, und bei der Königin Chriſtine, welche ſich damals zu Rom aufhielt, und es begehrte, von
Zeit zu Zeit Beſuche abzuſtatten z); von ihm haben
wir auſer einigen andern nicht hieher gehörigen Schriften la Chiave del Cabinetto a), und eine Ambaſciata
di Romolo à Romani b).

Auſer

x) Le Mercure Indien, ou le Tréſor des Indes, ou il eſt
    traité de l'or, de l'argent, et du vif argent. à Paris
    1672. 4.
y) in ſeiner bereits angeführten Bibliotheque des Philoſo-
    phes Chimiques.
z) Ol. Borch bei Thom. Bartholin Epiſtolar. medi-
    cinal. Cent. III. Hafn. 1667. 8. nr. 59. Bayle Dictio-
    nair. art. Bori S. 699 ꝛc. Lenglet du Fresnoy
    a. a. O. I. S. 422 - 440.
a) del Caval. Gioſeppe Franc. Borri, col favor della qua-
    le

Aufer ihm zeigten sich als Schriftsteller in dieser
Wissenschaft Ant. de Abbatia c), G. Aräs d),
Sertimonti e), J. Heinr. Ursini f), Franz Tert.
de Lanis g), Karl Lancilotti h), und insbesondere
Ludw. de Conti (de Comitibus) von Macreata i):
Auch der baselische Lehrer Eman. König sprach in
einis

le si vedono varie Lettere Scientifiche, Chimiche, è
Curiose &c. Aggiontavi una Relatione della sua vita.
Colonia (Ginevra) 1681. 12.

b) Ginevra 8.

c) wenn er anderst diesem Zeitalter und diesem Lande ange=
hört, Chymische Schriften. Hamburg 1672. 12. 691. 8.
und vom Stein in Edw. Kelläus drei vortreflichen
Tractätlein, welche zu Hamburg 1670. 12. herausge=
kommen sind.

d) Enchiridion Hermetico - Medicum. Venet. 1666. 8.

e) De lapide lydio naturae aureae. 1669. 8.

f) Exercitatio de Hermete Trismegisto ejusque scriptis
mit seiner Exercitat. de Zoroastro et Sanchoniatone.
Noriberg. 1661. 8.

g) Magisterium naturae et artis, opus physico - mathematicum, in quo occultiora naturalis philosophiae manife-
stantur. Brixiae. Vol. I - III. 1684 und 1692.

h) 1. Guida alla Chimia. Modena 12. 1672 und 1679.
2. Brennender Salamander oder Zerlegung der zur Che=
mie gehörigen Materialien; aus dem Holländischen über=
sezt durch Joh. Lange. 8. Frankf. am Main 1681.
Lübben 1694.

i) 1. Clara fidelisque admonitoria disceptatio, practicae
manualis experimento veraciter comprobata, de liquore
Alcahest nec non Lapide philosophorum, atque amborum materia, operandi ratione, difficultate, viribus, ac
inter se convenientia et discrimine, de sale quoque tartari volatili &c. Venet. 1661. 4. Francof. 1664. 12.
auch abgedruckt bei Manget a. a. O. II. S. 764 zc.
ins französische übersezt von Rob. Prüdhomme, mit

B 3   der

einigen Aufsäzen [k]) nicht nach eigenen Versuchen, son=
dern nach Zeugnissen und Erfahrungen Anderer für den
Stein der Weisen, die Verwandlung der Metalle, das
Elixir der Weisen.

Aber unter keinem Volke wurde auch in diesem
Zeitalter dieser unächte Zweig der Chemie so eifrig be=
trieben, von seinen Schriftstellern so fleisig bearbeitet,
als unter den Teutschen: Ein österreichischer Edel=
mann, Joh. Friedr. v. Rain klagte sogar [1]) dieje=
nige, welche noch an der Möglichkeit und dem wirkli=
chen Dasein des Steins der Weisen zweifeln, des Ver=
brechens der beleidigten Majestät an; Abraham von
Frankenberg sprach [m]) vom Stein der Weisen ganz
im Geschmack Jak. Böhms, von dessen Licht er er=
leuchtet war; Jak. Toll, der vom Vorsteher einer
Schule zu Gouda Lehrer der Geschichte und griechischen
Sprache zu Duisburg wurde, in der griechischen Litte=
ratur sehr bewandert war, aus Liebe zur Kunst seine
Stelle verlies, und eine Reise durch Teutschland und
Italien antrat, auf welcher er mehrere den damaligen
Zustand der Wissenschaften, vornemlich chemische
Werkstätten, betreffende Beobachtungen sammlete [n]),
war

mit der Ueberschrift: Difcours philofophique de l'Alcaeft
et de la Médécine univerfelle, par M. des *Comter.* Paris
12. 1669 und 1678. 2. De metallis, five metallorum
et metallicorum naturae operum recens elucidatio, ex
orthophyficis fundamentis. Colon. Agripp. 1665. 8.
auch abgedruckt bei Manget a. e. a. O. S. 781 ⁊c.

k) Ephemerid. Acad. Caefar. Natur. Curiofor. Noriberg.
1690. Dec. II. Ann. 8. Obferv. 146. Ann. 9. Obf. 150.

l) Tract. de lapide philofophorum.

m) Weg der alten Weisen. Amfterdam 1675. 8.

n) Epiftolae itinerariae, cur. Henr. Chrn. *Henninio.* Amftelod. 1700. 4.

war zwar sehr unglücklich in seinen chemischen Versu=
chen, und daher oft der Spott seiner Gegner, und
starb zulezt im äuferften Elend, war aber dabei von
der Wahrheit und Gewisheit feiner Kunft so veft über=
zeugt, daß er ihre Geheimniffe in der alten heidnischen
Götterlehre zu finden glaubte °), und diefe nur für
hieroglyphische Bilder ansah, welche verstecter Weife
die Bereitung des Steins lehrten ᵖ); ein Markus
Friedr. Rosenkreuzer gab eine Aftronomia infe-
rior ᑫ) heraus; die Kunftbücher Erich Pfeffer's von
Izehoe in Holstein, der zu Amsterdam für sich lebte, und
sich mit der Ausübung dieser Kunft beschäftigte, machte
G. Ernft Aur. Reger von Ehrenwald ʳ) bekannt,
der

o) 1. Aufonius Maximus, ex vetuftis codicibus. Amftelod.
1669. 12. 2. Animadverfiones criticae ad *Longini* περι
υψους. Lugd. Batav. 1677. 12. Traj. ad Rhen. 1694. 4.
3. Fortuita, in quibus praeter critica nonnulla tota fa-
bularis hiftoria Graeca, Phoenicia, Aegyptia, ad chemiam pertinere adferitur. Amfterdam. 1687. 8.

p) 1. Sapientia infaniens f. promiffa chemiae. Amftelod.
1689. 8. 2. Manuductio ad caelum chemicum Amft.
1688. 8. Französisch ebendaselbft 12. ins Teutsche über=
sezt mit der Auffchrift: Handleitung zu dem chemischen
Himmel, mit Anmerkungen und einer Vorrede, in wel=
cher das Leben des Verfaffers beschrieben wird. Jena
1752. 8.

q) five feptem planetarum terreftrium fpagyrica recenfio,
d. i. Erzählung und Erwählung der sieben irdischen Pla=
neten aus vielen hermetifchen Schriften zusammen getra=
gen und zum Theil mit eigener Hand versucht. Nürn=
berg 1674. 8.

r) wenigstens die Auffchriften der Handschriften: Gründli=
cher Bericht auf einige Fragen, nebft einem Catalogo
vieler raren und sonderlichen Manuscripte des neulichen
Philofophen E. P. I. H. Hamburg 1683. 8.

B 4

der auch andere Abhandlungen dieser Art lieferte: Th.
Kerkring gab (1665) seinen Commentar über Basilius Valentins Triumphwagen des Antimonium,
Joh. Ludw. Mögling sein Vellus aureum [s]), Franz
Kieser sein Azoth Solificatum [t]), der breslauische
Stadtarzt, Phil. Jak. Sachs von Löwenheim,
ein ganzes Verzeichnis von angeblichen Verwandlungen in Gold [u]), Joh. Chph. Steeb seine Dulcedo
de forti [v]), und sein Coelum sephiroticum Hebraeo-
rum [w]), der Amtmann Christoph Adolph Balduin
zu Grosenhain, der sich auch durch die Entdeckung einer
besondern Art von Lichtmagnet [x]) berühmt machte,
mehrere [y]) seiner in das Gebiet dieser Kunst gehörigen
Schriften [z]), Joh. Tilemann seine Experimenta circa

s) d. i. chymisches Kleinod oder Beschreibung des auri po-
    tabilis Stuttgart 1665. 12.
t) Mulhuf. 1666.
u) Obferv. de chryfopoea. Mifcellan. curiof. five Epheme-
    ridum Medico - Phyficarum Germanicarum Academiae
    Naturae Curioforum Decur. I. Annus Primus. Anni
    MDCLXX. Lipf. 1670. 4. obf. XVII.
v) feu elixir folis et vitae. Francof. 12. 1672. 1673.
    und 1679.
w) per portas intelligentiae Moyfi revelatas, interiores
    naturalium rerum characteres, abditosque receffus ma-
    nifeftans ex vetuftiffima Hebraica veritate Medicinae,
    Chymiae &c. aliarumque fcientiarum nova principia ocu-
    lari demonftratione oftendens et explicans. Mogunt.
    fol. 1679.
x) Phofphorus Hermeticus five Magnes Luminaris. 12.
    Lipf. 1674. Amftelodam. auch Francof. et Lipf. 1675.
y) Einige ftehen auch in Ephemerid. Acad. Natur. Curiof.
    Ann. 4. et 5. anni 1773. et 1774. append. S. 82-86.
    91-151.
z) I. Autum fuperius et inferius Aurae fuperioris et infe-
    rioris Hermeticum. 12. Lipf. 1674. Amftelod. auch
                                                        Fran-

ca veras et irreductibiles Auri folutiones [a]), M. Joh. Gabr. Drechsler, Lehrer am Gymnaſium zu Halle, ſeine zwo Schriften de metallorum transmutatione [b]), Andr. Cnöffel ſein Reſponſum ad poſitiones de ſpiritu mundi [c]), Kaſp. Cramer ſeine Schrift de transmutatione metallorum [d]), Joh. Hiskias Kardiluk (Cardiluccius), Wirtembergiſcher Leibarzt, ſeine Magnalia medico-chymica [e]), ſeine Magnalia medico-chy-

Francof. et Lipſ. 1675. **2**. De auro aurae et ipſum hoc aurum aurae. 1674. **12**. **3**. Epiſtola viri cujusdam doctiſſimi, continens judicium de auro aurae. Lipſ. **4**. 1676. **4**. Hermes curioſus. Lipſ. **12**. 1667 und 1680. **5**. Hermes curioſus ſive inventa et experimenta phyſico-chymica nova. Norimberg. 1680. auch 1683. und 1689. **12**.

a) denuo recuſa. Hamburg. 1673. **8**.

b) et in primis de Chryſopoeia. Lipſ. 1673. **4**.

c) quod in ſe continet referationem tumbae Semiramidis. Ephemerid. Academ. Natur. Curioſor. ann. **4**. et **5**. append. S. 265 - 280. auch abgedruckt bei Manget a. e. a. O. B. II. S. 880 zc.

d) Erford. 1675. **4**.

e) Oder die höchſte Arzney- und Feuerkünſtige Geheimnüſſe, wie nemlich mit dem Circulato majori et minori, oder mit dem Univerſal aceto mercuriali und Spiritu vini tartariſato die herrlichſten Arzneyen zum langen Leben und Heilung der unheilſamen Kranckheiten zu machen; zwar aus Paracelſi Handſchrifft ſchon im vorigen Seculo aus- gegeben, aber ſo corrupt, daß es faſt niemand verſtehen können, itzo aber aufs neue verhochdeutſchet, und von Satz zu Satz erläutert, nebſt beygefügtem Haupt-Schlüſ- ſel aller Hermetiſchen Schrifften, nemlich dem unver- gleichlichen Tractat genannt: Offenſtehender Eingang zu dem vormals verſchloſſenen Königlichen Palaſt. Nürn- berg 1676. **8**.

B 5.

chymica continuata f), und sein Antrum naturae et artis reclusum g), Friedr. Geisler seine Excellens nostri viridis Panacaea Leonis h), und seinen Baum des Lebens i), Seifried seine Medulla mirabilium naturae k), Gottfr. Möbius das Merkuriallicht l), Joh. Sternhals den uralten Ritterkrieg m), Franz Rottmann seine Vermahnung an alle Sucher des gerechten Arcani arcanorum n); Joh. Ott. Helbig seinen von Matthias Scheffer in einer besondern Schrift

f) Oder Fortsetzung der hohen Arßney und Feuerkünstigen Geheimnüssen: darinnen die übrigen Tractaten, so viel deren der sogenannte berühmte Philosophus Philaletha herausgegeben, zum fleißigsten Hochteutsch vorgetragen werden rc Wie auch einige Principal - Schrifften des unvergleichlichen Hochdeutschen Philosophi Basilii Valentini, so theils noch nie ausgangen, theils aber in allen vorigen Exemplarien in einer ganß andern Ordnung befunden, und anjeßo aus einem geheimen Manuscript erseßet worden rc Samt Nachricht von seinen Schrifften und andern kleinen Tractätlein. Nürnberg 1680. 8.

g) oder geheimnisvolle eröfnete Höhle der Natur und Kunst. Nürnberg 1710. 8.

h) cabalisticè desumta, ex illo Sapientum Antiquorum aenigmate, visitabis interiora terrae, rectificando, invenies occultum lapidem verae universae medicinae cum Figuris. Norimberg. 1678. 12.

i) oder Bericht von dem wahrhaftigen auro potabili und von dem wunderbaren Stein der Weisen. 8. Breslau 1682. Jena 1683. auch abgedruckt in des Verf. Lebens- und Todeslampe. Jena 1082. 8.

k) d. i. auserlesenes und unter den Wundern der Natur allerverwunderlichstes Wunder. 8. Sulzbach 1679. Nürnberg 1694.

l) Augsburg 1680. 8.

m) in Form eines gerichtlichen Processes. Hamb. 1680. 8.

n) Hamburg 1680. 8.

Schrift °) vertheidigten Introitus in veram' et inauditam physicam ᴾ), seine Antwort auf drey Fragen ᑫ), und sein Sendschreiben eines Adepti artis hermeticae an die sogenannten Duumviros hermeticos foederatos ʳ), Joh. Schuberdt Consummata Sapientia ˢ), Ritter seinen Traktat von dem wiedergebornen Salze ᵗ), der Gothaische Leibarzt, Dr. Jak. Weiß die Aquilam Thuringiae redivivam ᵘ), der Freyherr (Wilh.) von Schröder seinen nothwendigen Unterricht vom Goldmachen ˣ), Joh. Chrn. Orschall sein Chymisches Wun=

o) Frankfurt 1680.

p) Heidelberg. 1680. 12. ins Teutsche übersezt mit der Aufschrift: Eingang zur wahrhaftigen und nie erhörten Physik. Lübben 1719. 8.

q) 1. Was eigentlich der Lapis philosophorum sey? 2. worinnen seine Materie bestehe, und wie sie müsse bereitet werden? 3. Was man von den Alchymisten an den Höfen grofer Herren halten soll? Heidelberg 1681. 12.

r) von denselben Schriften. Weißenfels 1684. 12.

s) seu Philosophia sacra, Praxis de lapide minerali Johannis de Padua, Epistola Jo. Trithemii von denen dreyen Anfängen aller natürlichen Kunst der Philosophiae, Epistola Joh. Teutzschechemin de lapide philosophorum. Vormals nie in Druck gegeben. Franckfurth 1681. 12.

t) insgemein und eigentlich genannt der Stein der Weisen. 1682. 8.

u) oder kurzer Entwurf von dem feuchten und trocknen Wege, wie auch von dem Alkahest. Gotha 1683. und mit der Aufschrift: P. S. P. R. V. Aquila Thuringiae rediviva &c. herausgegeben von Joh. Lange. Hamburg 12. 1685. (4).

x) den Buccinatoribus oder so sich nennenden Foederatis hermeticis auf ihre drey Episteln zur freundlichen Nachricht. Leipzig 1684. 12. auch mit C. F. Peschering fürstl. Schatz= und Rentkammer. Königsberg 1752. 8. abgedruckt.

Wunderbrey ᵞ), Chph. Grummet (auch wohl
Gummert oder Brummet genannt) ſeine Noti=
ficationsſchrift von der Generation und Vitrification
der Metallen, Mineralien und allerhand Steine ᶻ),
ſeine Schrift vom Nitro oder Blut der Natur ᵃ), und
ſeine Defenſionsſchrift über das Nitrum oder Blut
der Natur und ſeiner Perſon ᵇ), Joh. Seger von
Weidenfeld ſeine Schrift de ſecretis adeptorum ᶜ),
J. Aſtel ſeinen Liquor Alcaheſt ᵈ), Rud. Wilh.
Kraus ſeine diſſ. de principiis et transmutatione me-
tallorum ᵉ), Dr. Mart. Maxim. Prugmayer ſein
Scrutinium philoſophicum de vero Elixire vitae ᶠ),
Theoph. Müller ſeine Bigam commentationum ᵍ),
Matthäus Erbinäus von Brandau ſeine wahrhafti=
ge Beſchreibung von der Univerſal-Medicin ʰ), Dav.
Reich

y) Marburg 12. 1684. Fortſez. 1686. wieder aufgelegt.
Kaſſel 1696.

z) Dreßden 1674. 4.

a) Dreßden 1677. 4. Wittenberg 1678. 8.

b) wider Kunckels Schriften. Leipzig 1679. 8.

c) five de uſu Spiritus vini Lulliani Libr. IV. Hamburg.
1685. 12.

d) oder Diſcurs von dem Diſſolvente oder auflöſenden
Materie des Paracelſus und Helmontius. Nürnberg
1686. 12.

e) Jen. 1686. 4.

f) five genuino auro potabili philoſophico, quo non ſolum omnes humani corporis morbi quondam ſanaban-
tur, verum etiam immunda ac leproſa corpora metallorum curabantur. Salisburg 1687. 8.

g) quarum prima de oleis variisque ea extrahendi modis,
fecunda de quibusdam Alchymiae ortum et progreſſum
breviter illuſtrantibus agit. Hamburg. 1688. 12.

h) und guldenen Tinctur, Urſprung, Anfang, Mittel und
Ende,

Reich seine Behauptung, daß er das Gold in seine Elemente zerlegt habe [i]), Adolph Chph. Bentz seine philosophische Schaubühne [k]), und späterhin sein kuriöses und nützliches Tractätlein de menstruo universali [l]), sein in der tiefesten Krufft vergrabenes und nunmehr entdecktes Kleinod [m]), und seinen Thesaurum Processuum chymicorum [n]) heraus; auch der helmstädtische Arzt und Lehrer, Joh. Andr. Stiffer, der bei dem Antritte seines Amts in einer eigenen Schrift [o]) die Ehre der Chemie gegen die mannigfaltige Vorwürfe, die ihr auch damals, insbesondere die Aerzte, machten,

Ende, wie auch derselben Zubereitung nach den alten und neuen Philosophischen wahrhafften Gründen. Leipzig 1689. 8.

i) Ephemerid. Acad. Caefar. Natur. Curiof. Dec. II. Ann. IX. Obf. 151.

k) bestehend aus mehrentheils lauter eigenen und wahrhafften Experimentis, sowol auf vielerley Processus, welche unter denen Secretis behalten werden, als auch über die effectus corporum, so in der Vermischung zu entstehen pflegen. Nebst einem Anhang der Chymischen Characteren und einem vollständigen Register. 8. Hamburg 1690. Nürnberg 1710.

l) Nürnberg 1709. 8.

m) welches ist der alleredelste Schatz der Philosophorum, nemlich Lapis philosophorum seu Medicina universalis, wie und auf was Weise zu derselbigen zu gelangen. Nebst einem Anhang einer Warnungs = Schrift der falschen Gold = und Silber = Tincturen, Pulver und Pillen. Nürnberg 1714. 8.

n) oder Schatz Chymischer Processen, welcher von denen vornehmsten und gelehrtesten Medicis je und allezeit secretiret, dem Autori aber schrifftlich communiciret worden, worinnen auch noch andere curieuse Kunst=Stücklein begriffen. Nürnberg 1715. 4.

o) Commendatio Chemiae, instituta die XVII. Aug. Ann. CIƆIƆCLXXXIIX. Helmstad. 1679. 4.

ten, zu retten ſuchte, vertheidigte theils in dieſer
Schrift, theils in einer andern ᵖ ;, ſowohl aus den
vielen vor und zu ſeiner Zeit, vornemlich an Höfen angeblich vorgefallenen Verwandlungen in Gold, als
aus einigen natürlichen Erſcheinungen, insbeſondere
aus der Erſcheinung des Cementkupfers, die doch ſchon
lange vor ihm viel richtiger erklärt war, die Verwandlung der Metalle in einander, und glaubte ſogar ſelbſt,
aus Grünſpankriſtallen, Tutie und einigen Salzen
ein Metall zuſammengeſchmolzen zu haben, das alle
Proben von ächtem Golde aushielt. Auch der vielge-
lehrte kieliſche Lehrer Dan. Georg Morhof ſuchte in
einem Briefe �q) an den holſteiniſchen Leibarzt Joel
Langelot, der viel über dieſen Gegenſtand arbeitete,
und in einer kleinern Schrift ʳ) Hofnung zur Bekannt-
machung des Erfolgs ſeiner Erfahrungen gemacht hatte, ſo nachdrücklich er auch manche Täuſchungen, Fehl-
ſchlüſſe und Abwege der Alchemiſten rügt, mit ungemeiner Beleſenheit, aus Vernunftgründen und der Geſchichte der Vorzeit und der Gegenwart, ſogar aus
Beiſpielen, die er ſelbſt geſehen zu haben verſichert, die
Wirklichkeit ſolcher Verwandlungen und Veredlungen
zu erweiſen: Insbeſondere bemühte ſich der altenburgi-
ſche

p) Actor. Laboratorii chemici ſpecimen primum. Helmſtad.
1790. 4.

q) De metallorum tranſmutatione. Hamburg. 1673. 8.
auch abgedruckt in ſeinen Diſſert. Academ. et Epiſto-
lic. quibus rariora quaedam argumenta erudite tractan-
tur, omn. in unum volum collat. et conſenſu filiorum
edit. Acceſſ. autor. vita et Praef. Jo. *Burhardi Maji*.
Hamburg. 1699. 4. diſſ. 10. und bey Manget a. e. a.
O. I. S. 168 ꝛc. von ihm hat man auch eine Schrift de
auro. Kilon. 1690. 4.

r) Epiſtola de quibusdam in Chemia praetermiſſis. Hamburg. 1672. 12. 1673. 8.

'fche Arzt Gabr. Clauder, der bei seinen Zeitgenoſſen
in grofem Anſehen ſtand, gegen Athan. Kircher, auch
aus angeblichen eignen Erfahrungen, ſo wie aus andern Gründen, die Wahrheit, Würde und Sittlichkeit
der Alchemie ⁵) darzuthun; in gleicher Ueberzeugung
beſchrieb er auch ein Verfahren, wie man aus allen
Metallen Queckſilber erzielen könne: Aber was den
Glauben an eine ſolche Verwandlung mehr als alle
dieſe Zeugniſſe und Vertheidigungsſchriften ſelbſt bei
manchen heller ſehenden Männern jener Zeiten beve-
ſtigte und nährte, war die Beiſtimmung ausgezeichne-
ter Künſtler, Aerzte und Naturforſcher, deren Ange-
denken von ſo vielen Seiten der Nachwelt heilig iſt,
eines

s) Differt. de Tinctura univerſali (vulgo Lapis Philoſophorum dicta), in qua 1. Quid Haec ſit. 2. Quod detur in Rerum Natura, 3. an Chriſtiano conſultum ſit
immediate in hanc inquirere. 4. e qua materia et 5. quomodo praeparetur, per rationes et Variorum experientiam perſpicue proponitur aliaque curioſa et utilia huic
analoga adnectuntur. Ad Normam Academiae Nat.
Cur. Altenburg. 1678. 8. und (Schediasma &c. reviſum
et hinc inde auctum, praemiſſo ſimul beati Clauderi
vitae curiculo, ſiſt. Gabr. Frid. Clauderus. Norimb.
1736. 4. auch abgedruckt bei Manget a. e. a. O. B. I.
S. 119. u. f. und Ephemerid Acad. Caeſar. Nat. Cur.
Dec. II. Ann 5. ann. MDCLXXXVI. Norimb. 1687. 4.
obſ. CLXXIV. in teutſcher Sprache mit der Aufſchrift:
Diſſertation von der Univerſal Tinctur, oder Stein der
Weiſen, in welcher 1. Was dieſe ſeye, 2. Ob ſie in der
Natur gefunden werde, und ob einem Chriſten nützlich
ſeye, ſolche zu erforſchen, 3. aus was für einer Materie,
und 4. Wie ſie bereitet werde, durch Beweiß-Gründe
und Erfahrungen beſchrieben wird, deme noch andere
nützliche und curieuſe Sachen mit bey gefüget werden.
Nebſt einem Tractätlein vom Lufft-Gold handelnd. Nürnberg 1682. 8.

t) Ephemerid. Acad. Natur. Curioſ. a. e. a. O. Ann. 7.
Obſ. 66.

eines Joh. Kunckel von Löwenstern ᵘ), eines Joh.
Joach. Becher ˣ) aus Speier, des berühmten jenai=
schen

u) aufer mehreren Stellen seiner übrigen Schriften hat er
besonders die Verwandlung der Metalle in einander in
seiner chymischen Brille wider die Non entia chymica,
welche mit den Chymischen Anmerkungen von den principiis chymicis salibus acidis et alcalibus. Wittenberg
1677. 8. herausgekommen ist, und darinn sowohl, als in
den nützlichen Obfervationen von den firen und flüchtigen
Salzen, auro et argento potabili, et spiritu mundi.
Hamburg 1676. 8. das Ausziehen des Quecksilbers aus
veften Metallen in Schutz genommen.

x) Beispiele von angeblicher Verwandlung der Metalle in
einander, waren der Hauptinnhalt seiner nicht wenigen
Schriften, insbesondere die Erfindung von Mitteln, an=
dere Stoffe in Gold zu verwandeln, feine lebenslängliche
Bemühung, und Vorschriften darzu die Grundlage seiner
oft abentheurlichen Finanzentwürfe. Man sehe z. B.
Actorum Laboratorii Monacensis feu Physicae fubterra-
neae L. II. Francof. 8. 1669. und mit 2 zuvor einzeln
erschienenen Supplementen vermehrt. 1681. Experimentum chymicum novum, quo artificialis et inftanta-
nea metallorum generatio et transmutatio ad oculum
demonftratur. Francof. 1671. 1679. 8. oder Neue Chymische Prob, Worinnen die künftliche gleich=darftellige
Transmutation oder Verwandlung derer Metallen, au=
genscheinlich dargethan, anftatt einer Zugabe in die Phyficam fubterraneam: Und Antwort auf D. Rollfincken
Schriften von der Nicht=Wahrheit des Mercurii derer
Cörper, ein Werk voller übrigen Proben, wie auch derer
Philofophen erklärte vornehme Sprüche. 1680. 8. Experimentum de minera arenaria perpetua: i. e. prodromus hiftoriae five propofitionis ftatibus Hollandiae
ab Auctore factae circa auri extractionem, mediante
arena littorali. 1680. Londin. 4. auch teutsch in Opusc.
Chymic. Rariorib. addit. nov. Praefat. ac Indice locu-
pletiffimo multisque figuris aeneis illuftrat. a Frider.
Roth‑Scholzio. Norib. et Altdorf. 1719. 8. nr. VI.
Francof. 8. auch in der Phyfica fubterranea. edit. 1703.
S.

fchen Lehrers Georg Wolfg. Webels ʸ), des grofen
hallifchen Lehrers Fridr. Hoffmann ᶻ), und felbſt nach
einem

Seite 823 - 979. abgedruckt. Inſtitutiones Chimicae,
feu manuductio ad Philofophiam Hermeticam. Mogunt. 1662. 4. Amſtelodam. 1664. 12. Oedipus chymicus aperiens myſteria obſcuriorum Chymicorum.
12. Amſtelodam. 1665. Francofurt. 1664. feu Inſti-
ſtitutiones Chymicae, opufcuium omnibus medicinae et
chemiae ſtudiofis lectu perquam utile et neceſſarium.
Cui praefationem praemiit, fynopfin titulorum, notas
marginales, fenfuum et rerum diſtinctiones, nec non notas et animadverfiones, indicemque adjecit et ab infinitis
mendis liberatae fupplementum *Beccheriana* Elementa
chymiae &c. fubjunxit J. Jac. *Rofenſtengel.* 1705. 8. 1716.
oder Chymiſcher Räthfeldeuter, worinnen derer verbun-
ckelten Chymiſchen Wortfätze Urhebungen und Geheimniſ-
fen offenbahret und aufgelöfet werden, Allen der Artzney-
und Chymiae-Kunſt Befliffenen gar nützlich und nothwendig zu lefen, Auf Begehren und mit fenderbarem
Fleiß auß dem Lateiniſchen ins Teutſche überſetzet, in
Druck gegeben 1680 8. Chymiſcher Glückshafen oder
groſſe Chymiſche Concordanz und Collection und funffze-
henhundet Chymiſchen Proceſſen durch viel Mühe und
Koſten auß den beſten Manufcriptis und Laboratoriis in
diefe Ordnung, wie hier folgendes Regiſter aufweifet,
zufammengetragen. Franckf. 1682. 4 mit G. E. Stahl's
Bedencken von der Goldmacherey. Halle 1726. 4. Demon-
ſtratio philofophica feu thefes chymicae, veritatem et
poſſibilitatem transmutationis metallicae in aurum evincentes. Frankf. 1675. 8. ins teutſche überſetzt mit der
Ueberfchrift: Nochmaliger Zufatz über die Unter ; irrbiſche
Naturkündigung, oder Chymiſche, die Wahr ; und Mög-
ligkeit derer Metallen Verwandlung in Gold beſtreitende
Lehr-Sätze. 1680. 8. Metallurgia oder Naturkündigung der Metallen, mit vielen curieufen Beweißthümern,
natürlichen Gründen, Gleichniffen, Erfahrenheiten, und
bißhero ungemeinen Aufmerkungen vor Augen geſtellet,
in 3 Theile abgetheilt. Frankf. 8. 1660. 1679 und 1705.
Tripus hermeticus fatidicus pandens oracula chymica
feu I. Laboratorium portatile cum methodo verè fpa-

einem Theile des grofen englischen Naturforschers Rob. Boyle a).

Und

gyricè fc. juxta exigentiam naturae laborandi. Acceffit pro praxi et exemplo II. Magnorum duorum productorum nitri et Salis textura et anatomia atque in omnium praecedentium eonfirmationem adjunctum eft. III Alphabetum minerale, feu viginti quatuor thefes de fubterraneorum et mineralium genefi, textura et analyfi. His acceffit concordantia mercurii lunae &c. cum figuris aeneis. Francof. ad Moenum 1689. 8. auch in Opufc. Chymic. Rarior. n. I. II. III. Chymischer Rosengarten famt einer Vorrede und kurtz gefaßten Lebens ; Beschreibung Herrn D. Bechers zum Druck befördert von Fr. Roth ; Scholtzen. Nürnberg 1717. 8.

y) auch er leitete z. B. noch die Erscheinung des Cement: kupfers in Ungarn von einer wahren Verwandlung des Eisens in Kupfer ab. Ephemerid. Acad. Caefar Natur. Curiof Dec. I. Ann. VI. et VII. ann. MDCLXXV. et MDCLXXVI. Francof et Lipf. 1677. 4. obf. 120.

z) wenigstens in seinen frühern Schriften, z. B. in der Differt. medico - chymic. de cinnabari antimonii. 4. Jen. 1681. Leid. 1685. Hal. 1746. wo er unter andern auch behauptet, es laffe sich aus allen Metallen Queckfilber gewinnen.

a) wenigstens scheint er Chymifta Scepticus. Rotterdam. 1668. 12. S. 248. nicht zu läugnen, daß sich Queckfilber aus andern Metallen ziehen, oder tentam quaedam de infido experimentor. fucceffu. Amft. 1667. 12. S. 92. daß sich Silber in Gold und (Of a degradation of gold made by an antielixir, a ftrange chymical narrative. London. 1678. 4.) Gold in Silber, daß sich überhaupt ein Metall in das andere verwandeln laffe. Denn fo fagt er Confiderations and experiments touching the origin of qualities and forms Exper. VII.* (f. Boyl. Works London. fol. V. II. 1744. S. 515.) "Thirdly then it feems deducible from what we have delivered, that there may be a real transmutation of one metal into an other even amongft the perfecteft and nobleft metals."

Noch

Und doch hat kein Mann in diesem Zeitalter so
viel darzu beigetragen, die Herrschaft, welche sich die
Alchemie über so viele Gemüther und Wissenschaften
anmaste, zu stürzen, als gerade Boyle [b]); denn weder das Gespräch des ostindischen Merkurs [c]), noch
die Schrift eines angeblichen Didakus Germa-
nus [d]), noch die Klagen eines Joh. Chph. Bitter-
krauts [e]), noch die Schrift eines Joh. Ludw. Hannemann [f]), noch der Alchemisten Tod [g]), und selbst
die

Noch steht ein Glaubensbekenntnis Boyle's über diesen Gegenstand in einem seiner Briefe an Glanville
Works B. V. S. 244. und eines seiner Freunde
Wonsley ebendaf. S. 258. auch den Goldtincturen war
er nicht abgeneigt. S. Consider. and experim. touching
the origin of qualities and forms. Works B. II. S. 514.
"it seems probably reducible from hence, that however
the chemists are wont to talk irrationnally enough of
what they call tinctura auri or anima auri, yet, in a
sober sense, some such thing may be admitted" selbst der
geheimen Bereitungsart mancher Mittel spricht er das
Wort Chemist. sceptic. S. 183. "licet multa dici possint in Chymicorum gratiam, quando obscurè et aenigmatice scribunt de elixiris sui aliorumque paucorum quorundam Arcanorum praeparatione."

b) vornemlich ist dieses in dem so eben angeführten Chymista scepticus geschehen.

c) bei Steph. Blancaart Collectanea Medico - Physica.
Amsterdam. 1680. 8. Cent. III. Obs. 22.

d) Judicium Philosophico - Ethico - Chimico - Medicum de
illa veteri jam ventilata et necdum resoluta controversia,
an detur Lapis Philosophorum. 1682. 8.

e) wehmütige Klagthränen der bedrängten Arzneykunst.
Nürnberg. 1677. 4.

f) Nova ars chemica enervata. Stadiae. 1670. 12.

g) aus dem Holländischen übersetzt. 1681. 12.

die eindringende Stimme eines Joh. Bohn [b]) würden nicht vermocht haben, ihr diese Gewalt zu entwin-
den; aber Boyle zu gros, um Klagelieder zu erheben, oder die Geisel des Spotts, der ohnhin, auch wo
er gerecht ist, meist mehr erbittert, als beßert, über
seine Gegner zu schwingen, oder in den Posaunenton
des Neuerers zu stimmen, gieng seinem Feinde mit ge-
rader Stirne entgegen, und erschütterte mit den Waf-
fen, die ihm redliches und rastloses Forschen nach
Wahrheit in die Hand gab, die Grundsäulen seines
Gebäudes; er zeigte aus philosophischen Gründen sowohl als aus dem reichen Schaze seiner Erfahrungen
mit Scharfsinn und bescheidener Mäsigung, welche ihm
gleich viele Ehre machen, die unzählige Widersprüche
der Alchemie in ihren Grundsäzen, die Unzuverläsigkeit
ihrer Erfahrungen, die fehlerhaften Folgerungen auch
aus den wahren und sicheren unter denselbigen, die zahl-
lose absichtliche und unabsichtliche Täuschungen, deren sich
ihre Bekenner schuldig gemacht, den Ungrund der Hofnungen, womit sie sich und andere hingehalten hatten;
er zeigte die Unzuläsigkeit und Schwäche ihrer Beweise
für die drei Grundstoffe, und die Elemente, aus welchen
sie alle übrige Körper entstehen liesen [i]), den irrigen
Schlus, daß das, was man durch die Gewalt einer
heftigen Hize aus den Körpern erhalte, ihre wahre
Bestandtheile seien [k]), da das Feuer eben so oft körperliche Stoffe unter sich verbinde, als aus einander
reisse,

h) Experimenta ac dubia nonnulla chymica, auri et argenti solutionem spectantia. Act. Erudit. Lipf. 1683.
S. 409 ꝛc.

i) a. e. a. O. S. 27 ꝛc. unter dem Namen Carneades s.
auch experim. et confiderat. de coloribus. Amftelod. 1670.
12. Exp. XV. S. 152.

k) Chem. fcept. S. 43 ꝛc. 93. 94.

reiſſe, die Menge anderer damals noch unzerlegten
Stoffe, welche gleiche Anſprüche an den Namen eines
Elements hatten, und doch nicht darunter aufgenom:
men waren [1]); die eines aufrichtigen Naturforſchers
ſo unwürdige geheime und bildervolle Sprache der Al:
chemiſten [m]), den unbeſtimmten und willkührlichen
Sinn, den ſie vielen ihrer Ausdrücke beilegten [n]), und
die nachtheilige Folgen, welche alles dieſes bisher auf
die Wiſſenſchaft gehabt hatte.

Ueberhaupt aber war er es, der theils durch eine bün:
digere und bedachtſamere Art zu ſchlieſſen, theils durch
engere Verbindung dieſer Wiſſenſchaft mit andern Na:
turwiſſenſchaften, insbeſondere mit der ſogenannten Na:
turlehre, hauptſächlich aber durch ſeine zahlreiche, zweck:
mäſige und unterrichtende Verſuche, und durch das groſe
Beiſpiel, welches er darinn gab, manche Irrthümer der
Chemie zerſtreute, und in mehreren Gebieten derſelbigen
Licht verbreitete, die bis dahin noch im Dunkeln gelegen
hatten; der mit edler Wärme und gleichſam mit einem
Späherblick in die Zukunft gegen die unſeelige Syſtem:
ſucht eiferte, und den von ihr auf die Wiſſenſchaften
ſich verbreitenden Schaden mit lebhaften Farben ſchil:
derte [o]). Offenbar lag in ſeinem erhabenen Beiſpiele
der

1) a. e. a. O. S. 66 ꝛc.

m) a e. a. O. praef. und S. 183. 184.

n) of the imperfection of the Chemiſt's doctrine of qualities. Works. III S. 595.

o) Tentam quaed. phyſiologica. Amſtelod. 1667. 12.
comment. prooem. S. 10-13. "fatendum eſt verae
Phyſiologiae (worunter Boyle die ſämtliche Naturwiſ:
ſenſchaften verſteht) incrementis id non parum objicere
mihi jam diu videri, quod ejusmodi ſyſtemata conſcri-
bere homines tantopere adamarunt, ſibi aut prorſus ſilen-
dum rati, aut nihil infra totius Phyſiologiae ambitum

C 3   ſcripto

der vornehmste P) Grund, warum zu seiner Zeit die Chemie, auch von Gelehrten, mehr geschäzt und häufiger ge-

scripto complectendum. Hinc enim incommoda non pauca originem duxisse videntur. Quippe (1) ubi homines: quòd in re Chymica, Anatomica aut Herbaria, aut quavis aliâ distinctâ Physiologiae parte sedulam operum posuerint, aut fortasse scriptores tantùm quosdum de hisce rebus agentes evolverint, se satis instructos ad integra Philosophiae Naturalis systemata conscribenda arbitrati sunt, factum est, ut, instituti sui ratione, aut lege methodi coacti, sibi multa alia tractanda susceperint, quàm quorum veritatem solertiâ suâ probè assecuti essent; unde aut ab aliis jamdudum, licèt satis imperitè, de iisdem argumentis prodita recoquere, aut quidvis potius effutire, quam aliquid intactum praetermittere, necesse habent, ne scilicet de omnibus argumenti sui articulis non disseruisse viderentur.

Deinde, speciosis, et multa promittentibus Systematum titulis, ac methodo comprehensivâ saepe numerò evenire deprehensum est, ut incauti Lectores omnes Philosophiae Naturalis partes jam pridem satis explicatas haberi opinarentur, et proinde superuacuam fore sibi operam, et sumptus ulterioribus in naturam inquisitionibus impendere; quoniam cum alii jam investigandi, et explicandi veritates Physicas negotio satis defuncti sint, nobis nunc nihil ultrà incumbit, nisi ut ab illis tradita addiscamus, et in iisdem gratè ac passis (quod ajunt) manibus acquiescamus.

Neque verò haec Systematum componendorum ratio tantùm Lectorum quorundam industriam corrupit, sed et Authorum famae non parum offecit. Quippe non rarò accidit, cùm quis pauca quaedam à se inventa aut excogitata in lucem producere gestiens, ea occasione universam Philosophiam Systemate complectatur, ut quidquid verè, ac propriè illius est, quanquam in se praeclarum, inter alia ab aliis desumpta opprimatur, atque inde Lectoris oculos, vel attentionem fugiat, aut ingrata, et in illo scribendi genere multorum, quae alii iterum iterúmque recoxerant, vix evitabilis repetitio in causâ sit, ut istiusmodi Opus, tanquam rerum

po-

getrieben wurde, als zuvor q). Unverwelflich sind
feine Verdienste um die nähere Kenntnis der Luft, und
an;

population, et decantatarum Rhapfodia, vix lectu digna,
rejiciatur. Et hinc faepè Authori benè à fe inventorum
laus perit, perinde ac Lectori fructus; et quod alias
eximia, et folida Differtatio haberi potuiffet, jam inane,
et ignavum volumen cenfetur.

Praecipuum autem incommodum dicendum reftat;
nimirum, dum aut componenda effe Syftemata, aut
poenitus quiefcendum vanè creditur, multa praeclarè
excogitata, aut experimentia comprobata a Viris corda-
tis, et verecundis premuntur; quoniam cum eos fana
ratio, et probitas non patiuntur plura docere, quam intelligunt, aut affirmare, quàm probare valent, interim
à confuetudine prohibentur ea, quae meditatione, aut
induftrià didicerunt in publicum edere, nifi tanto numero fint, ut Syftematis amplitudinem fuftinere poffint.
Et mehercule ambigere licet, num iftiusmodi Syftema-
tum concinnatores in caufa non fuerint, quo minus prae-
ftantiora fcripta orbis litterarius haberet, quam ipfi eidem communicarunt. Perpauci omnimo (fi qui omni-
nò ufpiam) reperiuntur jufta Experimentorum et Obfervationum copia inftructi ad Phaenomena Naturae, non
dico omnia, fed quae ad Chymiam, Anatomiam, aut
quamvis praecipuam Phyfiologiae fubordinatam difcipli-
nam pertinent, perfpicuò et folidè enucleanda. Immò
Viris folertibus, et acutis in earum difciplinarum ali-
qua foeliciter verfantibus tantum temporis in eadem accuratè excutienda infumendum eft, ipfique inde tam cauti
et difficultatum in Phyficis Inquifitionibus obvenientium
gnari redduntur, ut minimè omnium ad Syftemata con-
fcribenda fe conferant.''

p) vornemlich in feinen Nova Experimenta de vi aëris
elaftica et ejusdem effectibus.

q) darüber freut er fich in der Praefatio introductoria zu feinem Chemifta fcepticus ''Obfervo enim, noviffimis annis Chymiam coeptam effe, uti meretur, à viris Doctis,
qui primò eam fpreverant, excoli, ejusque fcientiam à
pluribus, qui ipfam nunquam coluerunt, arrogari, ne

anderer Stoffe, die ihr in Schnellkraft und andern Ei=
genschaften gleich kommen; er hatte sich durch Versu=
che überzeugt, daß die gemeine Luft, ohne Schnellkraft
zu verlieren ʳ), durch Körper, welche darinn bren=
nen ˢ), so wie durch den Athem der Thiere ᵗ), verdorben
wird, und dabei schon augenscheinlich wahrgenommen,
daß sie im leztern Falle auch im Umfange abnimmt,
also ein Theil derselbigen vom Thiere verschluckt wird,
den er nach seiner Erzählung ᵘ) aus einem andern
Stoffe

eam ignorare exiftimentur. Undè factum, quod com-
plures Chymicorum de rebus Philofophicis Notiones
fumptae funt pro cenceffis, atque in ufum verfae, et
fic ab eximiis admodum fcriptoribus tum Phyficis, tum
Medicis, adoptatae."

r) Sufpicions about the hidden qualities of the air. Works.
B. III. S. 466. "for after the extinction of the flame,
the air in the receiver nas not vifibly altered, and,
for aught J could perceive by the Ways of judging J had
then at hand, the air retained either all, or at leaft
far the greateft part of its elafticity."

s) a. e. a. O. S. 466. "And indeed it feems to deferve
our wonder, what that fhould be in the air, which
enabling it to keep flame alive, does yet by being
confumed or depraved, fo fuddenly render the air un-
fit, to make flame fubfift."

t) Second continuation of phyfico - mechanical experiments
Exp. XI. Works. B. IV. S. 127.

u) Sufpicion upon the hidden qualities of the air. Works.
B. III. S. 467. "And this undeftroyed fpringnefs
of the air feems to make the neceffity of frefh air to
the life of hot animals — — fuggeft a great fufpicion
of fome vital fubftance, if J may fo call it, diffufed
through the air, whether it be a volatile nitre, or
(rather) fome yet anonimous fubftance, fydereal or
fubterraneal, but not improbable of kin to that, which
J lately noted to be fo neceffary to the maintenance of
other flames."

Stoffe auf eine ihm noch unbekannte Weife [v]) zu er-
fezen wuste: Er fchlos daraus fehr richtig, daß in der
gemeinen Luft etwas zugegen fein müfe, was fowohl
zur Erhaltung des Lebens, als zur Erhaltung der
Flamme durchaus erfordert werde [w]), und was er ihren ätherifchen Theil zu nennen geneigt ist [x]): Weniger zufrieden war er mit der Benennung eines flüchtigen
Salpeters, welche Einige diefem Theile der Luft beilegten [y]), ob er es gleich nichts weniger als unwahr-
fcheinlich fand, daß die Luft zur Erzeugung des Salpeters beitrage [z]): Wirklich verfuchte er es mehrmalen

v) Nova experimenta de vi aëris elaftica. S. 320-322.

w) follte wohl Drebbel zu diefem Kunftgriff, wodurch
er Menfchen in Stand fezte, fich lange unter Waffer zu
halten, Lebensluft aus Salpeter genüzt haben.

x) New experiments upon the fuperficial figures of fluids.
Works. B. IV. S. 3. "Becaufe the common atmo-
fpherical air we breath is a fluid body abounding with
groffer particles, and is by divers philofophers probably fuppofed to be much more denfe and heavy, than
the aethereal fubftance, that makes the other part of
the atmofphere."

y) The general hiftory of the air. T. X. Works. B. V.
S. 116. "But though J agree with them, in thinking,
that the air is in many places impregnated with corpufcles of a nitrous nature, yet J confefs J have not
been hitherto convinced of all, that is wont to be delivered about the plenty and quality of the nitre in the
air: for J have not found, that thofe, that build fo
much upon this volatile nitre, have made out by any
competent experiment, that there is fuch a volatile nitre abounding in the air."

z) Tentamen phyfico-chymicum continens experimentum
circa varias ac multiplices partes Nitri et ejusdem Redintegrationem, unà cum Atomicis quibusdam confide-
derationibus indidem ortis Sect. XXIX. Amftelod. 1667.
12. S. 180. 181.

C 5

len ª) vergebens, Schwefel im luftleeren Raume zur
Entzündung zu bringen, ob ihm gleich das Plazen des
Goldes darinn gelungen war ᵇ).

Daß die Metalle bei ihrem Verkalken an Gewicht
zunehmen, hatte er ſehr wohl bemerkt, und durch eine
ganze Reihe merkwürdiger und mannigfaltiger Verſu=
che auſer Zweifel geſezt ᶜ); allein ſo ſehr er ſich auch
dadurch gegen die auch ſchon damals herrſchende Mei=
nung zu der Folgerung berechtigt glaubte, die in un=
ſern Zeiten das Loſungswort ſo vieler Scheidekünſtler
geworden iſt, daß die Metalle bei dem Verkalken nichts
verlieren ᵈ), und von der ſo augenſcheinlich beobachteten
Ver=

a) New experiments touching the relation betwixt flame
and air. T. I. Exp. I. II. T. II. Exp. I. Works. B. III.
S. 250. 251. 254.

b) a. e. a. O. T. I. Exp. IX. S. 253. 254.

c) Experimenta nova, quibus oftenditur, poffe partes
ignis et flammae reddi ftabiles ponderabilesque Exp. III.
VI. IX. XI. XII. XIV. XV. XVI. XIX. XX. und experimentorum mantiffa. Exp. I. IV. V. VII. und Detect penetrabilitas vitri a ponderabilibus partibus flammae. Exp.
I. in volum. cum exercitationib. de atmofphaeris corporum confiftentium, deque mira fubtilitate, determinata
natura et infigni vi effluviorum, fubjunctis experimentis
novis, oftendentibus, poffe partes ignis, et flammae reddi ftabiles ponderabilesque &c. Lugd. Batav. 1676. 12.
S. 237. 240. 245. 247. 249. 252. 253. 256. 260. 261.
267. 273. 274. 278. 290. auch Lettres of Mr. Boyle.
Works. B. V. S. 233.

d) Detecta penetrabilitas vitri Coroll. II. a. a. O. S 304.
305. "Cùm enim paffim fupponatur, in calcinatione
magnam partem corporis difpelli, nec nifi terram, cui
chymici jungunt fal fixum, reftitare; cùmque ipfi Philofophi Mechanici (horum quippe duo vel tres de calcinatione funt locuti) fentiant, multum diffipari ignis
violentiâ, partes radicales, dum humiditate fuâ magis
ra-

Verminberung der Luft in einer Retorte, worinn er
Blei verfalkt hatte ᵉ), die wahre Ursache des vermehr=
ten absoluten ᶠ), so wie des verminderten ᵍ) eigenthüm=
lichen

> radicali et fixâ privantur, in particulas ficcas fragiles-
> que converti: Cùm, inquam, haec placita foveantur
> circa calcinationem, videtur equidem, non ritè ea for-
> mata effe, nec obtinere univerfim, quandoquidem appli-
> cari minimùm nequeunt Metallis iftis, in quae peracta
> Experimenta noftra fuêre. Etenim ex iis apparet ullam
> quantitatem, *dignam notatu*, humidarum fugaciumque
> partium in calcinatione fuiffe diffipatam; fed id omninò
> et manifeftè admodum apparet, hac Operatione Metalla
> plùs acquifiviffe ponderis, quam deperdidiffe; adeo ut
> praecipuum Metalli pondus remaneret integrum, tantùm
> abeft ut effet vel Elementaris Terra, juxta fenfum Peri-
> pateticum, vel compofitum Terrae et Salis fixi, ut
> chymici paffim de calce plumbi fentiunt."

c) in eine zugeschmolzene Retorte, in welcher Blei über
einer mit Weingeift unterhaltenen Lampe verfalkt worden
war, drang bei dem Abbrechen der Spitze die Luft mit
Gewalt ein. a. e. a. O. Exp. III. S. 294. "In confirmationem prioris tentaminis, in quo fpiritum ardentem
facchari adhibueramus, genuinum cepimus experimentum cum defoecatiffimo fpiritu vini; fubftitutâ duntaxat
unciâ unâ plumbi, in locum unius unciae ftanni.
Eventus (paucis dicam) hic erat; quòd, poftquam metallum illud in flamma detentum fuerat per bihorium,
figillato retortae apice fracto, aër externus cum ftrepitu
in eam irruit (indicio fanè, vas omnino fuiffe integrum) nosque infignem quantitatem plumbi invenimus:
feptem quippe fuerunt fcrupula et amplius, in calcem
fubcaefiam verfa, quae unâ cum metalli refiduo iterum
appenfa cùm effent, deprehenfum à nobis fuit lucrum
granorum fex hac operatione factum fuiffe."

f) wie es nun durch Versuche und Beobachtungen unferer
Zeiten aufer Zweifel gefext ift, und schon damals von
Einigen geahnet wurde. Z. B. Digby (f. Letters of
Mr. *Boyle*. Works. B. V. S. 233.)

g) daß diefe abnehme, beobachtete er genau im III. Ver=

lichen Gewichts hätte erkennen sollen, so verbarg ihm
doch das Ziel, das ihm bei allen diesen Versuchen beständig vor Augen schwebte, dadurch nemlich das Gewicht des Wärmstoffs zu erweisen [h]), die schöne Wahrheit, die aus dem Erfolge derselbigen so hell hervor-
leuchtete, daß nemlich dieses vermehrte absolute Gewicht von dem luftförmigen Stoffe abhänge, welchen
das Metall bei dem Verkalken an der Luft einsaugt, so
nahe er ihm auch selbst in einigen Folgerungen aus seinen Versuchen kam [i]).

Daß sich Luft eben so wenig in Wasser, als Wasser in Luft verwandeln lasse, glaubte auch er aus mehreren

suche a. e. a. O. S. 296. "adjiciam me (juxta methodum alibi traditam) septem illa calcis scrupula, quae
prodiisse diximus in Experimento tertio, examinasse, in
Aëre et Aqua ponderando, ac deprehendisse, ut ex-
spectabam, quòd, quamquam gravitas metalli absoluta
per flammae particulas firmiter ipsi adhaenretes fuerit
adaucta, hoc tamen Plumbi et extinctae Flammae aggregatum multùm gravitatis suae specificae amiserat."

h) S. die unter c) angeführte Stellen; auch: Detect. pe-
netrab. vitri S. 296. 297. "Unde enim amabo, potest
hoc absolutae gravitatis (non enim loquor de specifica)
incrementum, in metallis merae flammae expositis à nobis observatum deduci, nisi ex partibus quibusdam ponderabilibus Flammae?"

i) Experimenta et considerationes de coloribus. Amstelod.
1667. 12. S. 21. "quod (nemlich plumbum, cùm reci-
peret adventitios colores suos eo duntaxat tempore, quo
calor valde erat intensus, inque ea parte, quae exposita
erat aëri, comparatè admodum frigido, (qui, juxta
alia Experimenta, abundare videtur subtilibus partibus
salinis ad operandum in plumbum ita dispositum fortè
non ineptis) haec, inquam, unà cum observatione mea,
quòd quaecunque Plumbi tam vehementer fusi partes
aëri ad tempus exponebantur, in spumam sive Lithar-
gyrum aliquod verterentur."

reren seiner Erfahrungen schliesen zu müssen k), zeigte
aber, daß Wasser von außen in eine Blase eindringe l):
Eher war er mit Helmont überzeugt, daß sich Waß
ser in Erde verwandeln lasse m).

Er kannte den luft ähnlichen Stoff, der bei dem
Aufbrausen von Korallen mit Essig n), von gesäuertem
Brobteige o), Kirschen p), Weintrauben q), Bir=
nen r), Aprikosen s), Pflaumen t), Stachelbeeren u),
und grünen Erbsen x) aufsteigt, und seine, mehr oder
minder nachtheilige Wirkung auf das thierische leben,
die wahre Natur und vornemlich die Brennbarkeit des
entzündbaren Gas, welches bei der Auflösung des Ei=
sens

k) Nov. experimenta phyſico-mechanica de vi aëris elaſtica. S. 140. "Irrito enim labore legi aliquos agreſ-
ſos fuiſſe Aërem in Aquam, vel Aquam in Aerem trans-
mutaſſe." Cùm è regione evidenter ex Digeſtionibus
noſtris et Diſtributionibus percipiamus, quòd Aqua in
vapores imperceptibiles, quantumvis rarefiat, reverà tamen in Aerem non mutetur."

l) a. c. a. O. S. 248.

m) ſ Experiments and obſervations touching the origin
of qualities and forms. Works. B. II. S. 521. 522.
Chemiſt. ſceptic. S. 317.

n) Second continuat. of phyſico-mechanic. experim. Art.
5. Exp 1. Works. B. IV. S. 125.

o) a. e. a. O. Art. II. Exp. XI. S. 112.

p) a. e. a. O Art. III. Exp. I. S. 113.

q) a. e. a. O Exp. III. S. 116.

r) a. e. a. O.

s) a. e. a. O. Exp. IX. S. 117.

t) a. e. a. O. Exp. X. S. 117.

u) a. e. a. O. Art. V. Exp. II. S. 125.

x) a. e. a. O. Exp. XIII. S. 128.

ſens in Kochſalzgeiſt ⁱ), oder mit Waſſer verdünnter
Schwefelſäure ᶻ) aufſteigt, und ſich in mehreren Berg=
werken z. B. den ungariſchen ᵃ) offenbart; den Holz=
rauch war er aber nicht geneigt, dafür zu halten ᵇ):
durch ſeine Verſuche glaubte er ſich belehrt zu haben,
daß das Licht körperliche Natur habe ᶜ).

Mit der Natur der Salze war er bekannt, und
bediente ſich zur Unterſcheidung der ſauren und Laugen=
ſalze unter einander ähnlicher Prüfungsmittel, wie ſie
ſeit ſeiner Zeit unter den Scheidekünſtlern im Gebrauche
ſind; er wußte, daß die (meiſten) Laugenſalze mit Säu=
ren aufbrauſen ᵈ), auch, wie Kalkwaſſer ᵉ), dem Veil=
chenſaft ᶠ), dem Saft aus friſchen Kornblumen ᵍ), dem
Saft

y) New experiments touching the relation betwixt flame
and air. Works. B. III. S. 255. 256. auch Gener.
hiſt. of the air. T. VII. Exp. V. Works. B. V. S. 113.

z) Nov. experim. phyſico-mechan. de vi aëris elaſtica.
S. 152-154.

a) Examen of antiperiſtaſis. 46. Works. II. S. 366.

b) Chemiſt. ſceptic. S. 286. "Quando vaporem illum
nemlich Ligni viridis) ſtatuit (Günth. Billich) Aërem,
qui in Vitris captus condenſatusque mox ſeſe prodit
nonniſi innumerabilium valdè minutarum Liquoris gut-
tarum Aggregatum fuiſſe."

c) Experimenta nova, quibus oſtenditur, poſſe partes
ignis et flammae reddi ſtabiles ponderabilesque. Praefat.
S. 226-228.

d) Natur. hiſtory of human blood. T. III. Works. B.
IV. S. 180.

e) Experim. et conſid. de color. Exp. XX. S. 212.

f) Nat. hiſt. hum. blood. a. e. a. O. auch tractat. de cos-
micis rerum qualitatibus &c. Amſtelod. et Hamburg.
12. S. 11. experim. et conſiderat. de coloribus. Exp.
XX. S. 210. 211. 275. 278. Experim. et obſervat.
phyſic. T. I. C. 3. nr. III. Works. B. V. S. 65.

g) Exper. et conſiderat. de coloribus. Exp. XXI. S. 213.

Saft aus reifen Rheinweidenbeeren [h]), Maulbeeren [i]),
purpurfarbenen Violen [k]), wenn man ihn auf Papier
streicht, und andern blauen Säften aus Blumen und
Früchten [l]), aus den rothen Blumen der Erbsen und
des Kellerhalses [m]), der Aurikeln [n]), Tulpen [o]), Pfirschen [p]), Granaten [q]), und dem Safte der Kreuzbee-
ren [r]) eine grüne Farbe, der hochrothen Tinctur aus
Rosen [s]), so wie der rothen Brühe von Kochenille [t]),
Kampeche- [u]) oder Brasilienholz [v]), und einem mit
dieser durchgezogenem und wieder getrockneten Papier [w])
eine Purpurfarbe, gelben Blumen und Wurzeln, wenn
man sie auf weisses Papier gedrückt hatte, und dergleichen Farbebrühen, als z. B. Ringelblumen, Schlüs-
selblumen, frischer Färberröthe [x]), gelben Aurikeln und
Tul-

h) a. e. a. O. Exp. XXV. S. 220. 221.

i) a. e. a. O. Exp. XXIX. S. 229.

k) a. e. a. O. S. 231.

l) a. e. a. O. Exp. XXV. S. 221.

m) a. e. a. O.

n) a. e. a. O. Exp. XXIX. S. 232.

o) a. e. a. O. auch S. 234.

p) a. e. a. O. Exp. XXVII. S. 226.

q) a. e. a. O. Exp. XXXIX. S. 258.

r) a. e. a. O. Exp. XXVI. S. 225.

s) a. e. a. O. S. 262.

t) a. e. a. O. Exp. XXIV. S. 219.

u) a. e. a. O. S. 264.

v) Experim. et observat. physic. a. e. a. O. nr. V.

w) Experimental history of mineral Waters. Works.
B. IV. S. 239.

x) Experiment. et considerat. de color. Experim. XXVIII.
S. 227. und Exp. XXXVII. S. 253.

Tulpen ᵞ), einer Sennabrühe ᶻ) eine hochgelbe oder
rothe Farbe, weiſſen Blumen, z. B. der Aepfelblü-
the ᵃ), der Aprikoſenblüthe, den Schneetröpfchen, und
weiſſem Jaſmin ᵇ), weiſſen Veilchen ᶜ) und Tulpen,
eine gelbe Farbe mittheilen, und die natürliche Farbe
ſolcher Körper, wenn ſie durch Säuren verändert war,
wieder herſtellen ᵉ), die grüne Färbe von Kupferkalken
und Kupferauflöſungen in die blaue verwandeln ᶠ), was
in Säuren aufgelöst iſt ᵍ), vornemlich aber Quekſilber aus äzendem Sublimat ʰ), niederſchlagen, zum
Schwefel eine ſtarke Anziehungskraft haben, und ver-
möge derſelbigen ihn aus Zinnober ſcheiden ⁱ), und
mit

y) a. e. a. O. S. 232.

z) a. e. a. O. Exp. XXXIX. S. 259.

a) a. e. a. O. Exp. XXIX. S. 233.

b) a. e. a. O. Exp. XXVII. S. 226.

c) a. e. a. O. Exp. XXIX. S. 231.

d) a. e. a. O. S. 233. 234.

e) a. e. a. O. Exp. XX. S. 212. Exp. XXXVII. S. 253.
Exp. XLIV. S. 292.

f) a. e. a. Exp. XXII. S. 215-217.

g) free conſiderations about ſubordinate forms. Works.
B. II. S. 537. Natural hiſtor. of human blood. T. XI.
Works. B. IV. S. 186.

h) Experim. et conſiderat. de coloribus. S. 275. Of the
mechanical cauſe of chemical precipitation. Ch. III.
Works. B. III. S. 637. Natural hiſtor. of human
blood. T. III. Works. B. IV. S. 180.

i) Conſiderations and Experiments touching the origin of
qualities and forms. Exp. VII. *Works. B. II. S. 515.
"As when (to explain my meaning by a groſs exemple)
the corpuſcles of ſulphur and mercury do by a ſtrict
coalition aſſociate themſelves into the body we call
vermilion, though theſe will riſe together in ſublima-
tory veſſels without being divorced by the fire, and will
act

mit Säuren vollkommene Mittelsalze bilden, in welschen ein groser Theil der Eigenschaften, durch welche sich diese sowohl als jene auszeichnen [k]), vornemlich ihre Schärfe [l]), verschwunden sind, und zeigte, wie diese

act in many cafes as one phyfical body, yet it is known enough among chymifts, that if you exquifitely mix with it a due proportion of falt of tartar, the parts of the alcali will affociate themfelves more ftrictly with thofe of fulphur, than thefe were before affociated with thofe of mercury, whereby you fhall obtain out of the cinnabar, which feemed intenfely red, a real mercury."

k) Of the reconcileablenefs of fpecific medicines to the corpufcular philofophy. Works. B. IV. S. 311. Of the ufefulnefs of natural philofophy. Ch. IV. Works. B. I. S. 505. Tentam. de infido experimentorum fucceffu. Amftelod. 1667. 4. S. 179.

l) Tentamen phyfico-chemicum continens experimentum circa varias ac multiplices partes nitri &c. Amftelod. 1667. 12. Sect. XXXVI. S. 188-190. Temerè fortaffis et per fummam imprudentiam à Medicis damnari medicamenta quaedam Chymica, propterea quod in iis praeparandis Oleum aut Spiritus vitrioli, Aqua regis, aliique liquores corrofivi intervenerint..... fieri poteft, ut varia fint corpora et haud fcio annon plura, quàm in notitiam noftram pervenerunt), quae immutent prorfus naturam acidorum falium, quorum ope praeparantur in ufus medicos, et perficiant focietate ac complexu fuo, ut defcifcant ifti inter corrodendum in diverfam planè indolem ac prius nacti fuerant, aut faltem quae ita fe cum menftruo folvente conjungant, ut ex utriusque arcto coalitu tertium quoddam corpus progeneretur qualitatibus novis imbutum. Ita res habet in experimento noftro, Spiritus *Nitri*, qui acrior eft et magis corrofivus, quàm vel potentiffimum Acetum deftillatum, et *Nitrum* fixum, quod caufticum eft non fecus ac Sal Tartari, quòdque *potentialibus* cauteriis accenferi poffet, (ut mea fert opinio haec inter fe commiffa et inter fe confligentia tandem definunt in *Nitrum*, quòd tam à corrofione abeft, quàm quod maximè, et poteft

diese Eigenschaften zur Bestimmung der laugenhaften
Natur und zur Entdeckung des Laugensalzes in andern
Körpern, vornemlich in Gesundwassern, angewandt
werden können.

So sehr er inzwischen überzeugt war, daß in diesen so eben erzählten Eigenschaften feuervefte und flüchtige Laugensalze mit einander übereinkommen [m]), daß
zwischen dem sogenannten feuervesten Salpeter, und
Weinsteinsalz, nnd Pottasche, und dem Salz aus anderer Kräuter- und Holzasche kein wesentlicher Unterschied Statt finde [n]), eben so wenig als zwischen dem
flüchtigen Laugensalze [o]), es mochte nun aus Salmiak,
oder Harn, oder Hirschhorn, oder Blut [p]) gewonnen
sein,

citra noxam intus assumi, dofi longè majori, quàm ingredientium alterutrum."

m) S. unter andern on the usefullnefs of natural philofophy a. e. a. O. On the reconcileablefs of fpecific medicines &c. a. a. O. S. 311. Experim. et confiderat.
de coloribus &c. Experim. XX - XXII. XXV. XXVIII.
XXIX. XXXVII. XXXIX. S. 210 - 212. 216. 217. 220-
222. 227. 229 - 231. 254.

n) Doubts and experiments touching the curious figures
of Salts. Works. B. II. S. 492. Tentamen phyfico-
chymicum continens experimentum circa varias ac multiplices partes nitri &c. a. e. a. O. on the reconcileablenefs of fpecific medicines a. e. a. O. of the ufefullnefs
of natural philofophy a. e. a. O. Exper. et confiderat.
de colorib. S. 210. 212. 216. 241. Tentam. de infido
experimentor. fucceffu. Amftelod. 1667. 12. S. 160. 179.

o) Experim. et confiderat. de color. Exper. XX. S. 212.
Exp. XXII. S. 116. auch S. 276.

p) so sehr es auch, z. B. in der Stufe der Flüchtigkeit
(Natur. hiftory of human blood. T. XIX. Exper. I.
Works. B. IV. S. 168.), so wie in andern Eigenschaften mit anderem flüchtigen Laugensalze, selbst nach seinen
eigenen Erfahrungen, übereinkommt, so fand er doch noch
eini-

sein, so hatten ihn doch schon seine Versuche gelehrt, daß zwischen dem feuervesten und flüchtigen Laugensalze, auch in Rücksicht auf die Farbe, mit welcher sie das Quecksilber aus der Auflösung des ázenden Sublimats in Wasser niederschlagen, eine beträchtliche Verschiedenheit obwalte q), daß es wirklich áchte flüchtige Laugensalze gebe, welche mit Säuren nicht aufbrausen r), bei ihrer Gewinnung kein Salz in vester Gestalt zeigen s), und mit höchst reinem Weingeist nicht gerinnen,

einiges Bedenken, dieses mit jenem für einerlei zu erklären. (a. e. a. O. S. 180.)

q) Of the mechanical caufes of chemical precipitation. Ch. III. Works. B. III. S. 637. Experim. et confiderat. de colorib. S 275.

r) Of the reconcileablenefs of fpecific medicines to the corpufcular philofophy. Prop. III. Works. B. IV. S. 313. "J know . . feveral urinous fpirits, that J could mix with acid menftruum, without making any manifeft conflict or precipitation." Reflections upon the hypothefis of alcali and acidum. Works. B. III. "So J have found, by trials purpofely made, that alcalizate fpirit of urine drawn from fome kinds of quick lime being mixed with oil of vitriol moderately ftrong would produce an intenfe heat whilft it produced either no manifeft bubbles at all, or fcarce any, though the urinous fpirit was ftrong, and in other trials operated like an alcali." fo der Geift, den er mit Kalk aus Blut (Natur. hiftor. of human Blood app. Exper. I. a. e. a. O. S. 202.) erhielt.)

s) z. B. der Geift, welcher mit einem Zufaze von Kalk aus Blut gewonnen wird. Natural hiftory of human blood. app. Exper. II. Works. B. II. S. 201. 202. "Having put into a glafs egg with a flender neck fome of our well rectified fpirit, it did not then afford any volatile falt in a dry form." The diftillation, wherein lime was employed, afforded us, as has been noted, a fpirit, that, before rectification, was very ftrong, and unaccompanied with dry falt."

D 2

nen᷍), daß zwar dieses Gerinnen mit allen flüchtig=
laugenhaften Geistern, die nicht mit Kalk gewonnen
sind, mit Hirschhorngeist ᵘ), mit dem Geiste, der
ohne Zusatz aus Blut ˣ), ohne Zusaz aus faulem ʸ)
Harn, oder mit Holz ᶻ) oder Pottasche ᵃ) aus frischem
Harn

t) z. B. der Geist, der mit einem Zusaz von Kalk aus
Harn gewonnen wird. Of the usefullnefs of natural philofophy. Works. B. I. S. 515. "But J did not find,
that this fpirit, though even without rectification very
ftrong and fubtle, would coagulate fpirit of wine, like
that of putrified and fermented urine; though perhaps
for divers other purpofes it may be more powerfull."
Hiftor. of human blood app. S. 175. Derjenige, der
mit Kalk aus Blut erhalten wird. ebendaf. S. 202.

u) Hiftoria fluiditatis et firmitatis. Amftelod. 1667. 12.
S. 101. "fermentatae urinae fpiritus non adeò necefla-
riò requiritur, quin curiofitate ductus tentandi, aliine
liquores, fimilis naturae à me crediti, idem praeftare
poffent, deprehenderem, fpiritum cornu cervini (ut
hoc folùm hic memorem) fatis rectificatum fupplere
illius locum poffe."

x) Natur. hiftor. of human blood. T. X. Works. B. IV.
S. 185. 186. The highly rectified fpirit of human
blood being well mingled, by fhaking, with a convenient quantity (which fhould be at leaft equal) of vi-
nous fpirits, that will burn all away (for if either of
the liquors be phlegmatic, the experiment fucceeds either not at all, or not fo well) there will prefently
enfue a coagulation or concretion, either of the whole
mixture, or a great portion of it into corpufcles of
a faline form, that cohering lofely together, make up
a mafs, that has confiftence enough not to be fluid,
though it be very foft."

y) Hiftor. fluidit. et firmitat. S. 101. on the ufefullnefs
of natural philofophy a. a. O. S. 515. 516.

z) On the ufefullnefs of natural philofophy a. e. a. O.

a) Natural hiftory of human blood a. a. O. S. 175. of
the mechanical origin and production of volatility.
Works. B. III. S. 617.

Harn oder aus Salmiak ᶜ) gewonnen wird, erfol=
ge, aber auch oft nicht erfolge ᵈ), und einen möglichst
starken flüchtigen Geist, so wie einen möglichst wasser=
freien Weingeist erfordere ᵉ); daß alle diese flüchtig lau=
genhafte Geister das Gold aus Königswasser als Knall=
gold

c) of the mechanical origine and production of volatility
a. e. a. O. Chemift. fceptic. S. 63.

d) De infido experimentorum fucceſſu. S. 80. 81. "Hoc
eximium experimentum multi incaſſum tentarunt, ideò-
que tanquam commentum chemicum exploferunt: et revera cum nos coagulum iftud efficere aggrederemur,
quicquam tale nec primâ, nec, ut memini, fecunda vice
ex praedictorum liquorum confufione evenit, utpote
qui vel maximâ concuſſione agitati, et deinde quiefcere
permiſſi ne minimam quidem coagulationem exhiberent,
adeò ut de Experimenti veritate diu dubitaverimus;
donec tandem magni illius Chymici exiftimatio in con-
jecturam adduxit Spiritus, quos adhibuiſſemus non fuffi-
cienter fuiſſe exaltatos; quare quosdam repetitis et quidem operofis rectificationibus (ita enim res poftulavit)
phlegmate liberavimus, et tum accuratiora Experimenta *Helmontii* fidem abfolverunt" Hiftoria fluiditatis et
firmitatis &c. S. 101. "Verum non aufim exfpectare,
ut huic experimento fides habeatur etiam a maximâ
eorum parte, qui id ipfi explorabunt, cùm experientia fuerim edoctus, fucceſſu illud carere, ni uterque
Urinae et Vini Spiritus exactiùs, quàm moris eft etiam
apud Chymiftas, à phlegmate mundentur."

e) Hiftoria fluidit. et firmitat. S. 100. "Itaque fi capias
Alcohol, five Spiritum Vini fumme rectificatum, et
Spiritum Urinae exquifitè dephlegmatum, eosque in
jufta mifceas proportione (fiquidem rectè memini cum
noviſſimè hoc experimentum facerem, me aequales circiter partes conjectura cepiſſe) poteris ad horae circiter minutum duos hofce fluidos liquores in ftabile corpus commutare." S. auch Anm. x)

gold niederſchlagen ^{f}), aus Safran und Gilbwurz
eine rothgelbe Farbe ausziehen ^{g}), mit Säuren in ei=
niger Entfernung zuſammengehalten, einen weiſſen
Rauch machen ^{h}), Zink ^{i}) und Kupfer ^{k}), dieſes mit
hochblauer Farbe, doch nicht immer ^{l}), auflöſen, und
daher zu Entdeckung des Kupfers gebraucht werden
kön=

f) On the ufefullneſs of experimental philoſophy. Works.
B. III. S. 153.

g) Natural hiſtory of human blood. Works. B. IV.
S. 184.

h) a. e. a. O. S. 198. "This is eaſily done by putting
any ſtrong acid ſpirit as of ſalt or of nitre &c. into a
vial ſomewhat wide mouthed, a ſome well dephlegmed
ſpirit of blood into an other; for when J purpoſely in-
clined theſe glaſſes ſo towards one an other, that their
lips did almoſt touch, and their reſpective liquors were
ready to run out, though neither of the liquors did at
all viſibly fume whilſt they were kept aſunder, though
the glaſſes were unſtopped, yet, as ſoon as the liquors
came to be approached in the way juſt now mentioned,
the fumes meeting each other in the air would make
coalitions which would be manifeſtly viſible in the form
of aſcending ſmoke, which was wont at firſt to ſurprize
the deligthed ſpectator."

i) (of the mechanical cauſes of chemical precipitation.
Ch. V. Works. B. III. S. 640.) z. B. Blutgeiſt bei
ſchwacher äuſerer Hize mit vielen Blaſen. a. e. a. O.
S. 183. Harngeiſt Of the mechanical origin of corro-
ſiveneſs and corroſibility. Exp. XIII. Works. B. III.
S. 628.

k) Salmiakgeiſt Experim. et conſiderat. de coloribus.
S. 276. Rusgeiſt. General hiſtory of the air. B. V.
S. 119. 120. Harngeiſt a. e. a. O. S. 119. Blutgeiſt.
Natural hiſtory of human blood. T. VIII. Works.
B. IV. S. 183. T. XI. S. 186. T. XIII. S. 188.

l) Schon er bemerkte, daß die äuſere Luft groſen Einfluſ
auf dieſe Farbe habe. General hiſtory of the air. Works.
B. V. S. 120. 183. Natural hiſtory of human blood.
T. XIII. Works. B. IV. S. 188.

können ᵐ), daß sie aber zu Säuren keine so starke An=
ziehungskraft haben, als feuervestes Laugensalz ⁿ), und
daher

m) z. B. um den Kupfergehalt des Goldes zu entdecken.
On the usefullness of experimental philosophy. Works.
B. III. S. 153. "J considered with myself, that a
good urinous spirit beiing imployed inftead of the ufual
menftruum (oil of tartar) as it would precipitate gold
out of aqua regis, fo it would readily diffolve copper;
J conjectured, that by the affufion of fuch a liquor J
might both difcover, whether the folution (whofe colour did not at all accufe it) contained any copper, and
if it did free the gold in great part from the bafer metal: and indeed J found, that after the urinous fpirit
had precipitated the gold into a fine calx, the fuperna-
tant liquor was highly tinged with blue, that betrayed
the alloy of copper, that did not before appear."

n) Natural hiftory of human blood. T. XIV. Works.
B. IV. S. 189. "We took fome pure volatile falt of
human blood, and having juft fatiated it with fpirit of
nitre, we flowly evaporated away the fuperfluous moi-
fture, that the acid and urinous falts might be united
into a dry concretion, from which my defign was, to
feparate them again, the falt of blood in its priftine
form, and the fpirit of nitre in the form of faltpetre.
To effect this, we put the compounded falt into a fmall
bolc head with a long and flender neck, and then
added to it a convenient quantity of falt of tartar; and
as much diftilled water, as would fuffice to make the
mixture fomewhat liquid, to promote the action of the
contrary falts upon one an other. By which mutnal
action we fuppofed, that the faline fpirits of nitre,
*being more congruous to the fixed falt, than to the vola-
tile*, would forfake the falt of blood, (which it detained before from flying away) and give it leave to
fublime; and accordingly, having kept the glafs, wherein the mixture was made, for a competent time in
a convenient heat, we obtained, what we looked for,
fince a good proportion of fine volatile falt afcended,
in a dry form, into the neck." S. auch Experimenta et

con-

daher durch dieses [o]), so wie durch Kalk [p]) und Galmei [q]) aus Salmiak und ähnlichen Salzen geschieden werden können.

Eben so wohl kannte er die Natur der Säuren; er wuste, daß sie mehrere Körper, doch mit verschiedener Kraft [r]), auflösen, daß sie durch die Sättigung mit

consideration. de coloribus. S. 276. 277. Chemist. sceptic. S. 63. 64.

o) Chemista scepticus, und Experimenta et considerationes de coloribus a. d. e. a. O. "non dubitem Spiritum Salis ammoniaci, quando ad manum est, loco Spiritus Urinae, adhibere, uti reipsà videtur praecipuè consistere (praeter phlegma, quod fluiditatem ipsius promovet) Volatili Sale Urinoso (non tamen excluso Sale Fuliginis) quod in Sale Armoniaco abundat, inque libertatem à Sale marino est assertum, quo prius sociatum gravatùmque erat, beneficio operationis Alcali, quod Salis Armoniaci ingredientia dividit, Salque marinum secum ipsa retinet."

p) Of the mechanical origin and production of volatility. Ch. VI. Works. B. III. S. 617.

q) a. e. a. O. "There may be also cases, wherein a kind of volatilisation, improperly so called, may be affected, by making use of such additaments, as break off, or otherwise divide the particles of the corpuscles to be elevated, and by adhering to, and so clogging one of the particles, to which it proves more congruous, enable the other which is now brought, to be more light, or disengaged, to ascend. This may be illustrated by what happens, when sal armoniac is well ground with lapis calaminaris, or with some fixed alcali, and then committed to distillation: for the sea-salt, that enters the composition of the sal armoniac being detained by the stone or the alcali, there is a divorce made between the common salt and the urinous and fuliginous salts, that were incorporated with it being now disengaged from it, are easily elevated."

r) Of the reconcileableness of specific medecines &c. Works.

mit Laugenfalz ihre urfprüngliche Schärfe verlieren,
und zu Mittelfalzen werden ⁵), deren Kriftallen übrigens, wie nachdem ihre Auflöfung fchneller oder lang-
famer abraucht und anfchiest, verfchieden ausfallen ⁱ),
Schwefel ᵘ) und andere Körper ᵛ), wenn fie in Laugenfalzen aufgelöst find, niederfchlagen, Kupfer und feinen Kalken (meift) eine grüne Farbe geben ʷ), und,
wenn fie fehr wafferfrei find, der mit Salmiakgeift bereiteten Auflöfung derfelbigen alle Farbe nehmen ˣ),
die blaue Farbe des Lakmuswaffers ʸ), Veilchenfaf-
tes ᶻ), des Kornblumenfaftes ᵃ), des Saftes aus
Rheinweidenbeeren ᵇ), von Maulbeeren ᶜ), von pur-
pur-

Works. B. IV. S. 311. 312. Experiment. et confiderat. de coloribus. S. 55. 56. Experim. et Obfervation.
phyfic. C. III. Works. B. V. S. 85. 86. Effay on the
poroufnefs of folid bodies. ebend. B. IV. S. 224. Reflections upon the hypothefis of alcali and acidum. Ch.
III. Works. B. III. S. 604.

s) S. Anm. l. S. 49.

t) Doubts and Experiments touching the various Figures
of Salts. Works. B. II. S. 488.

u) Experim. et Confideration. de coloribus. S. 273.

v) a. e. a. O.

w) a. e. a. O. Exper. XLI. S. 282.

x) a. e. a. O. S. 281. 282.

y) a. e. a. O. Exper. XLIV. S. 292.

z) a. e. a. O. Exper. XX. S. 210. 211. Exper. XXI.
S. 213. auch S. 278. De cosmic. rerum qualitatib.
S. 11. Experiment. et obfervat. phyf. C. III. Works.
B. V. S. 85.

a) Experiment. et Confiderat. de colorib. Exper. XXI.
S. 213. 214.

b) a. e. a. O. Exper. XXV. S. 220.

c) a. e. a. O. Exper. XXIX. S. 229.

D 5

purrothen Primeln [d]) und anderer blauer und purpur-
rother Blumen und Früchte [e]), in die rothe, die rothe
von dem Kreuzbeerensafte [f]), dem Gartennelkensafte [g]),
von Rosen [h]), Fernambukbrühe [i]), Pfirschblüthe [k]),
Aurikeln [m]), Tulpen [n]), Kirschen [o]), Kochenille [p]),
Granatenblüthe [q]), und Blauholzbrühe [r]) in eine
hochrothe in die gelbe spielende Farbe umändern, und
die Farben, welche durch Laugensalze verändert sind,
wiederherstellen [s]).

Er hielt sich von der Uebereinstimmung der Vitri-
olsäure

d) a. e. a. O. S. 231.

e) a. e. a. O. Exper. XXV. S. 221.

f) a. e. a. O. Exper. XXVI. S. 224.

g) a. e. a. O.

h) a. e. a. O. auch Exper. XXXIX. S. 262. 263. Exp. et
   Observ. physic. C. III. Works. B. V. S. 85.

i) a. d. e. a. O.

k) Experim. et Consider. de coloib. Experim. XXVII.
   S. 226.

m) a. e. a. O. Exper. XXIX. S. 232.

n) a. e. a. O.

o) a. e. a. O. Eper. XXXVII. S. 252.

p) a. e. a. O.

q) a. e. a. O. Exper. XXXIX. S. 258.

r) a. e. a. O. S. 264.

s) a. e. a. O. Exper. XXV. S. 221. "Cui adjicere liceat,
   Alterutrum Pigmentorum horum novorum (si sic ea ap-
   pellare fas sit) posse sufficientis quantitatis contrarii Li-
   quoris affusione, protinus à Rubro in Viridem, et à
   Viridi in Rubrum mutari, quae observatio etiam in
   Syrupo Violarum, et Succis Cyani &c. obtinet." S. auch
   Specimen unum atque alterum, e quibus constat, quan-
   topere experimenta chymica chymiae corpuscularis illu-
   strationi inserviant. Amstelod. 1667. 12. Sect. XXVIII.
   S. 180.

olſäure mit der Schwefelſäure überzeugt [t]), und hatte
ſich durch eigene Verſuche belehrt, daß ſie ſich in ihrem
waſſerfreien Zuſtande mit Salmiak [u]), mit Terpentinöl [v]), und Anisöl [w]) äuſerſt heftig erhizt, ob ſie gleich
die Froſtkälte erhöht [x]), wenn ſie mit Schnee vermiſcht
wird; er ſah ſie auch in der ſtärkſten Froſtkälte nicht
frieren, was ſchon zu ſeiner Zeit Merret gelungen
ſein ſollte [y]); auch hatte er ſelbſt beobachtet, daß ſie
Kampfer auflöst [z]), und die Kalkerde der Korallen,
Perlen u. d. aus Eſſig niederſchlägt [a]), und daß ſie
zwar mehrere Metalle mehr zerfrist, als auflöst [b]),
aber mit einigen, wie ſowohl künſtliche Zuſammen-
ſezung als Zerlegung zeige, mancherlei Arten Vitriol
bilde [c]); daß die Salze, welche ſie mit Laugenſalzen
hervorbringt, durch Schmelzen mit Kohlenſtaub roth
und

t) Conſiderations and Experiments touching the origin of
qualities and forms. Exp. X. Works. B. II. S. 524.

u) Experiments about exploſions. Exp. III. Works. B. III.
S. 267.

v) a. e. a. O. Exp. II. S. 266. 267. Of the mechanical
Origin of heat and cold. Exp. XVII. ebend. S. 582.

w) Experim. et Conſiderat. de coloribus. Exper. XXXV.
S. 244. 245.

x) Experimental hiſtory of cold. T. I. art. 7. Works.
B. II. S. 259.

y) Experiments and Obſervations touching cold. Prefac.
Anmerk. Works. B. II. S. 236.

z) Hiſtoria fluiditatis et firmitatis. Amſtelod. 1667. 12.
Sect. XXIV. S. 48. Sect. LXIII. S. 137.

a) Of the mechanical cauſes of chemical precipitation.
Ch. II. Works. B. III. S. 636.

b) Doubts and experiments touching the curious figures of
ſalts. Works. B. II. S. 490.

c) Of the imperfection of Chemiſt's doctrine of qualities.
Ch. II. Works. B. III. S. 596.

und zerſezt werden d). Ob er gleich, da er dieſe Säure
mit Terpentinöl vermiſchte, und in der Retorte im
Feuer behandelte e), Schwefel erhielt, ſo trug er doch
Bedenken, der zu ſeiner Zeit unter vielen Naturforſchern gangbaren Meinung f) beizuſtimmen, daß
Schwefel aus dieſer Säure und einem verbrennlichen
Stoff zuſammengeſezt ſeie g): daß ſich dieſer Schwefel
in kochender Lauge h), oder durch Schmelzen in trocke-
nem Laugenſalze i) auflöſe, durch ſeine Vermittelung
auch Spiesglanz k); ſo wie in Kalkwaſſer, und denn
durch ſeine Vermittelung auch Arſenik, hatten ihn eigene Verſuche belehrt; denn er kannte die geheime Tin-
te, die nachher auch unter dem Namen der wirtember-
giſchen Weinprobe bekannt wurde, und beſchreibt ihre
Zubereitung, und die Art, wie ſie zum erſtern Gebrauche angewandt werden mus, genau l); auch kannte

d) Conſiderations and Experim. touching the origin and
   qualities of forms. Exp. VI. Works. B. II. S. 512.

e) Chemiſt. ſceptic. S. 197.

f) ebendaſ. S. 62.

g) ebendaſ. S. 197. "Adeò ut ab hoc Experimento dedu-
   cere poſſim vel harum Propoſitionum alteram, vel utram-
   què; Verùm Sulphur poſſe confici ex duarum ejusmodi
   Subſtantiarum, quas Chymici pro Elementaribus habent, quarumque neutra ſeorſim tale Corpus in ſe con-
   tinebat, Conjunctione; vel Oleum Vitrioli, licet diſtilla-
   tus ſit Liquor, parsque habeatur Salini Principii et
   Concreti illius, quod eum ſuppeditat, poſſe tamen Corpus eſſe adeò Compoſitum, ut, praeter Salinam ejus
   partem, Sulphur contineat vulgari Sulphuri ſimile, quod
   vix ipſum, ſimplex et incompoſitum Corpus fuerit."

h) Experiment. et Conſiderat. de color. S. 273.

i) Short Memoirs for the natural experimental hiſtory of
   mineral waters. Works. B. IV. S. 240.

k) a. e. a. O.

l) Examen of Hobbes's doctrine touching cold. Poſtſcript.
   Works. B. II. S. 379.

te er die flüchtige Schwefelleber, die er sowohl mit Weinsteinsalz [m]), als mit Kalk [n]) aus Salmiak und Schwefel bereiten lehrt, den weissen Rauch der beständig davon aufsteigt [o]), den Gebrauch den man auch davon zu geheimer Schrift machen kann [p]), und das Anlaufen vieler Körper, die sich in ihrer Nähe befinden [q]), so wie das Silbers von gemeiner Schwefelleber und natürlichen Schwefelwassern [r]): Auch kannte er die Auflösung des Schwefels in Oelen sehr wohl [s]).

Auch die Salpetersäure kannte er nach ihren wichtigsten Eigenschaften; er wuste aus Erfahrung, daß sie mit Schnee vermischt eine weit stärkere Kraft hat, Frostkälte zu erhöhen, als Vitriol- oder Kochsalzsäure [t]), daß sie sich aber mit Weingeist äuserst heftig erhizt [u]), daß sie, wenn sie mit demselbigen übergezogen wird, damit einen sehr angenehmen versüsten Geist macht,

m) Works. B. I. S. 570. und Short memoirs for the natural experimental history of mineral waters. a. e. a. O.

n) Experim. et Considerat. de coloribus. Exper. XXXIV. S. 243.

o) De natura determinata effluviorum. Cap. III. Lugd. Bat. 1666. 12. S. 122.

p) a. e. a. O. S. 171 - 175.

q) Experim. et Consideration. de coloribus. Exp. XXXIV. S. 244. Essay of the porousness of animal bodies. Ch. V. Works. B. IV. S. 213.

r) Experim. et considerat. de colorib. S. 323.

s) Of the mechanical origin of corrosiveness and corrosibility. Exp. XV. Works. B. III. S. 628. 629.

t) Experiment. history of cold. T. I. art. 8. Works. B. II. S. 259.

u) New experiments about explosions. Exper. I. Works. B. III. S. 266.

macht ᵛ); er kannte die rothe Farbe ihrer Dämpfe, so
wie des Salpetergas, welches aufsteigt, wenn man
Eisen oder Silber in Scheidewasser wirft, so bald es
mit gemeiner Luft zusammen kommt ʷ), die verdickende
Kraft, welche sie auf Baum= und Mandelöl ˣ), die
auflösende Kraft, welche sie auf Kampfer ʸ), und auf
die Metalle ᶻ) äusert, mit deren mehreren sie zu Kri=
stallen anschiesst; zwar wuste er, daß sie das Zinn
(auf die gewöhnliche Weise angebracht) mehr zerfrist,
als auflöst ᵃ), daß sie aber Quecksilber, Blei, Kupfer
und Silber vollkommen auflöst ᵇ), daß die Kupferauf=
lösung und die Kristallen, welche aus derselben anschie=
sen, sich durch eine liebliche Farbe ᶜ) auszeichnen, und
die erste Elfenbein schön bläulicht ᵈ), die Flamme blau
und grün ᵉ) färbt, daß die Silberauflösung, welche,
                                                        wenn

v) Experiments and observations about the mechanical
   production of taftes. Exper. XI. Works. B. III. S. 589.
   Of the reconcileabless of fpecific medicines. Propof. VI.
   Works. B. IV. S. 319.

w) Tractat. de cofmic. rerum qualitatibus. Amftelaed. et
   Hamb. 1671. 12. S. 49. 50.

x) Hiftor. fluiditat. et firmitat. Sect. XLVII. S. 117.

y) Confiderations and Experiments touching the origin
   of qualities and forms. Sect. II. Works. B. II.
   S. 502.

z) Doubts and Experiments touching the various Figures
   of falts. Works. B. II. S. 490.

a) Reflections upon the hypothefis of alcali and acidum.
   Ch. III. Works. B. III. S. 604.

b) Doubts and Experiments touching the various Figures
   of Salts. a. e. a. O.

c) a. e. a. O.

d) Effay of the poroufnefs of animal bodies. Ch. VII.
   Works. B. II. S. 216.

e) Experimental difcourfe of fome unheeded caufes of the
                                                        in-

wenn das Silber unrein ist, feinen Kupfergehalt durch
eine blaue Farbe verrâth f), Haare g), Haut und Nä=
gel h) haltbar i) schwarz oder dunkelbraun färbt, und
sehr bitter schmeckt k); daß das Silber, welches doch
sonst ein sehr heftiges Feuer aushält; ohne sich zu ver=
flüchtigen, und wenn es auch bei dem Abtreiben auf
Aschengefäßen zu verdampfen scheint, sich doch nur in
sehr kleinen Körnern in diese Gefäße herein zieht l),
durch die Gesellschaft der Salpetersäure leicht verflüch=
tigt wird m).

.. Daß

insalubrity and salubrity of the air. Prop. IV. Exp. IV.
Works. B. IV. S. 298.

f) Experiment. et Confiderat. de coloribus. S. 303. 304.

g) a. e. a. O. Exper. X. S. 126.

h) a. e. a. O. S. 322.

i) Experiments and obfervations about the mechanical production of taftes. Exper. V. Works. B. III. S. 587.

k) a. e. a. O.

l) Chemifta fcepticus. S. 52. "allegare poffum, obfer-
vaffe me, minuti Argenti granula in parvis Cavitatibus
(vitro forfan obductis vitrificante calore) in Catillis fu-
foriis, in quibus Argentum diu in fufione fuit ferva-
tum, delituiffe, undè quidam mihi noti Aurifabri emo-
lumentum capiunt, dum ejusmodi Catillos in pulverem
conterunt, ut latentes Argenti particulas indè recupe-
rent Atque hinc arguere poffem, hallucinatum fortè
fuiffe *Claveum*, et credidiffe, Argentum illud fuiffe
igne fugatum, quod reverà minutatim in crucibulo ejus
latebat, in cujus poris tam parva quantitas, quam ille
ex corpore adeò ponderofo defiderabat, facilè potuit
impercepta delitefcere."

m) Confiderations and Experiments touching the origin
of qualities and forms. Exper. VIII. Works. II. S. 518.
"notwithftanding filver be a body fo fixed in the fire
that it will (as it is generally known) endure the cupel
itfelf, and though in the dried cryftal of filver, the

falt,

Daß eben diese Säure mit Kalkerde, den nach Balduin genannten Lichtmagneten, dessen Bereitung auch er umständlich lehrt ⁿ), mit Pottasche °) oder Weinsteinsalz ᵖ) gemeinen, mit mineralischem Laugen=gensalze, oder mit dem laugenhaften Bestandtheile des Meersalzes, wenn über diesem Scheidewasser abgezo=gen wird, würfelichten Salpeter erzeugt, hat auch schon Boyle bemerkt.

Das Königswasser lehrte er aus dieser Säure auch mit Salmiak ᑫ) und Küchensalz ʳ), durch bloße Ver=mischung, mit dem leztern auch durch Ueberziehen ˢ) bereiten, ob ihm gleich die Auflösung des Goldes auch mit einer Vermischung aus Salpeter und Kochsalz=geist,

salt, that adheres to the silver, increases the weight of the metal but about a fourth or a third part; yet this small proportion of saline corpuscles was able to carry up so much of that almost fixedst of bodies, that more then once we have had the inside of the retort, to a great height, so covered over with the metalline cor=puscles, that the glass seemed to be silvered over, and could hardly, by long scraping, be freed from the co=pious and closely adhering sublimate." ·

n) Of the Way of preparing Aerial Noctiluca. Works. B. II. S. 37.

o) Doubts and Experiments touching the various figures of salts. Works. B. II. S. 492.

p) Tentamen physico chymicum continens experimen-tum circa varias, ac multiplices partes nitri &c. Sect. XI. S. 164.

q) Considerations and Experiments touching the origin of qualities and forms. Experim. V. Works. B. II. S. 509. 510.

r) Historia fluiditat. et firmitatis. S. 16.

s) Considerations and Experiments touching the origin of qualities and forms. Experim. V. Works. B. II. S. 509.

geiſt [t]), und ſelbſt einmal mit einem unvermiſchten Kochſalzgeiſte [u]), gelang; daß dieſe Auflöſung Haut, Nägel, Elfenbein u. d. haltbar purpurroth färbt [v]), war zu ſeiner Zeit bekannt; er wuste, daß es durch Queckſilber gänzlich daraus gezogen [w]), auch durch Queckſilberauflöſung [x]), Laugenſalze, und, wenn ſie etwas abgeraucht iſt, ſogar durch höchſt reinen Wein= geiſt [y]) gefällt werden kann: Queckſilber ſah er doch in etwas von Königswaſſer aufgelöst [z]).

Die Kochſalzſäure, deren heilſame Kraft im Harn= ſtein einer ſeiner Freunde an ſich ſelbſt bewährt gefun= den hatte [a]), obgleich Boyle ſelbſt vergebens verſucht hatte,

t) Hiſtoria fluiditatis et firmitatis. a. e. a. O.

u) De infido experimentorum ſucceſſu. S. 129 Sollte dieſer vielleicht auch andere Eigenſchaften mit dem über Braunſtein abgezogenen Kochſalzgeiſte gemein gehabt haben?

v) Experim. et Conſideration. de colorib. S. 322. "Aurum in *Aqua Regis* diſſolutum, tingit (quod vulgo notum non eſt) Ungues et Cutim, cultrorumque capulos, aliaque opera Eburnea, non Aureo colore, ſed Purpureo, qui licèt nonniſi tardius ſe prodat, durat tamen, et vix unquam poteſt elui."

w) Conſiderations and Experiments touching the origin of qualities and forms. Works. B. II. S. 517.

x) Experimenta et Conſideration. de coloribus. S. 50.

y) Experiment. et obſervat. phyſicae. Pent. II. Exper. 1. Works. B. V. S. 99.

z) Reflections upon the hypotheſis of alcali and acidum. Ch. III. Works B. III. S. 604. "or as aqua regis, though made without ſal-armoniac, that diſſolves gold readily. will diſſolve mercury but ſcurvily, and ſilver not at all."

a) Sam. Hartlieb in einem Briefe an Boyle, welcher Works B. V. S. 287 abgedruckt iſt.

hatte, Blaſenſteine in mineraliſchen Säuren aufzulöſ
ſen ᵇ), kannte er, auch in ihrem gebundenen Zuſtande,
in ihren auszeichnenden Eigenſchaften, daß ſie z. B.
das Scheidewaſſer zu Königswaſſer macht, daß die
Salze, welche ſie mit Laugenſalzen erzeugt, mit ſtar-
ker Vitriolſäure heftig ſchäumen und rauchen, daß ſie
das Silber als einen weiſſen Staub aus Scheidewaſſer niederſchlägt ᶜ), überhaupt ihre ſtarke Anziehungskraft zum Silber ᵈ), welche doch in geringerer Maſe,
die Vitriolſäure mit ihr gemein hat ᵉ), die Leichtflüſſig-
keit ᶠ) und Geſchmackloſigkeit ᵍ) dieſer ihrer Verbindung
mit Silber, und ihr leichtes Anlaufen an der Luft ʰ);
er

b) Exercitationes de atmofphaeris corporum confiftentium.
Lugd. Bat. 1660. 12. "Cùm inciderem aliquando in
Calculos, è veficis humanis exeƈtos, quorum textura
adeo erat compaƈta, ut non poffem *Menftruis* Corrofi-
vis fenfibilem ullam in eorum uno, quem fubjiciebam
Experimento, folutionem efficere, quamtumvis, ad pro-
movendum Liquoris operationem, partem ipfius in pulverem redegiffem."
c) Natural hiftory of human blood. T. XXII. Works.
B. IV. S. 171.
d) Confiderations and Experiments touching the origin of
qualities and forms. Works. B. II. S. 507.
e) a. e. a. O "J precipitated a folution of filver with the
diftilled faline liquor commonly called oil of vitriol inftead of fpirit of falt; and having wafhed the precipitate with common water, J found, agreeably to my
conjeƈture, that this precipitate, being fluxed in a moderate heat, afforded a mafs, that looked like enough
to the concrete we have been difcourfing of &c."
f) a. e a. O.
g) a. e. a. O. "an infipid fubftance."
h) Experimenta et Confiderationes de coloribus. S. 250.
251. " Diffoluto fcilicet bonae notae argento in Aqua
forti,

er kannte die auflösende Kraft, welche diese Säure auf
Eisen [i]) und Kupfer [k]) äusert, und die Kristallen,
welche aus beiderlei Auflösungen anschiesen, und sich in
Weingeist auflösen [l]); er schon hatte sich durch Erfah=
rung belehrt, daß sie sehr wohl darzu dient, Flecken
von Schreibtinte herauszubringen [m]), und den ohne
Zusaz bereiteten rothen Quecksilberkalk auflöst [n]); er
sah sie als einen Bestandtheil des äzenden Sublimats
an, den er durch Destilliren mit Silber [o]), Kupfer [p])
und

forti, eoque Spiritu falis praecipitato, quam primum
depleretur Liquor, materiam reftitantem plane candi-
dam fuiffe: Sed poftquam aliquamdiu intacta manferat,
eam partem, quae Aëri erat contigua, non modò albe-
dinem fuam deperdidiffe, fed colore admodum obfcuro
et propemodum nigro apparuiffe· partem dico, Aëri
Contiguam, quoniam, ifta fi leniter adimeretur, fub-
jecta pars ejusdem maffae admodum alba apparebat; donec et ipfa, poftquam ad tempus expofita Aëri conti-
nuaffet, fimiliter degeneraret."

i) Experiments and Obfervations about the production
and reproduction of forms. Works. B. II. S. 487.
Experim. and Obfervat. phyficae. Works. B. V. S.
93. 94.

k) Experiments and Obfervations about the Production
and Reproduction of forms. Works. B. II. S. 487.

l) Experiment. et Obfervation. phyfic. Works. B. V.
S. 94.

m) a. e. a. O. S. 85.

n) Of the mechanical origin of corrofivenefs and corrofibility. Exper. III. Works. B. III. S. 632.

o) Experim. et Obfervat. phyfic. Exper. II. Works. B. V.
S. 98.

p) Confiderations and Experiments about the origin of
qualities and forms. Works. B. II. S. 504. An experimental difcourfe on fome unheeded caufes of the infalubrity and falubrity of the air. Propof. IV. Exp. 3.
Works. B. IV. S. 297.

68 I. Zeitalter der neueren Geschichte,

und Zinn q) zu zersezen wuste; immer gieng Quecksilber laufend über, und von den Metallen, die ihm zugesezt wurden, und dabei immer an Gewicht zunahmen,
gab das Silber wahres Hornsilber r), Kupfer sogenanntes Kupfergummi s), Zinn t) eine Flüssigkeit, welche
so,

q) a. e. a. O. Exp. 4. S. 298.

r) Experim. and obfervation. phyfic. a. e. a. O. "For be-
fides, that there was acquired ℥j in weight, many of
the pieces of metal ftuck together, and feemed at leaft
half melted, and were of a kind of horny and femidia-
phanous fubftance, which would readily enough melt
almoft like fealing-wax, when J held it to the flame
of a candle, at which yet J could not perceive it mani-
feftly to take fire."

s) Confiderations and Experiments touching the origin of
qualities and forms. Works. B. II. S. 504 "We found
the metalline lump in the bottom of the retort to haue
been increafed in weight fomewhat more than (though
not half an ounce about) two ounces; fome of the copper plates, lying at the bottom of the mafs. retained yet
their figure and malleablenefs, which we afcribe to
their not having been thin enough to be fufficiently
wrought upon by the fublimate: the others, which were
much the greater number, had wholly loft their metalline form, and were melted into a very brittle lump
which J can compare to nothing more fitly than a lump
of good benjamin. For this mafs, though ponderous,
was no lefs brittle, and being broken, appeared of divers colours, which feemed to be almoft transparent,
and in fome places it was red, in others of a high and
pleafant amber colour, and in other parts of it colours
more darkifh and mixt might be difcerned. 4. But this
mafs, being broken into fmaller lumps, and laid upon
a fheet of white paper in a window, was by the next
morning, where-ever the air came at it, all covered
with a lovely greenifh blue, or rather bluifh green,
almoft like that of the beft verdigreefe; and the longer
it lay in the air, the more of the internal part of the
fragments did pafs into the fame colour: but the white
par-

so, wie sie mit der Luft in Berührung kam, rauchte.

Diese Säure erkannte er auch, als einen Bestand= theil des Salmiaks ᵘ), zu dessen Bereitung ᵛ), wie sie

paper, which in some places they ftraned, feem dyed of a green colour inclining unto yellow. And here we had occafion to take notice of the infinuating fubtilty of the air; for having put fome pieces of this cupreous gum &c." S. auch Experimental difcourfe of fome un-heeded caufes of the infalubrity and falubrity of the air. Propof. IV. Exp. III. Works. B. IV. S 297 298. "And at the bottom of the retort we had good ftore of a ponderous and brittle fubftance, that did not look at all like a metal, but rather like fomething of a gum-mous or refinous nature, being alfo fufible and inflam-mable almoft like fealing-wax."

t) a. e. a. O. Exp. IV. S. 298.

u) Chemift. fceptic. S. 349. 350. "Si igitur capias Sal marinum, idque in Igne fundas, ut ab aqueis partibus liberetur, et deinceps ab ufta Argilla, ullove alio tam ficco, ut libuerit, *Capite mortuo*, vehementi Igne di-ftilles, magnam, ut Chymici illud docendo fatentur, Salis partem in Liquoris formam transduces . . . . ipfe, me praefente, fpirituofis ejusmodi falibus debitam Spiritus (five Salis) et Phlegmatis Urinae proportionem affundebat, qua cum fuperfluam humiditatem evaporaf-fet, mox tale quoddam obtinebat Concretum, et quoad Saporem, et Odorem facilemque Sublimabilitatem, quale eft commune Sal *Armoniacum*, quod compofitum effe nofti ex craffo nec diftillationem paffo, Sale mari-no, cum Urinae Fuliginisque Salibus (quae duo fibi invicem valde funt affinia) juncto. Infuper, ut often-deret, Corpufcula Salis marini et Salina Urinae, di-ftinctas fuas Naturas in hoc Concreto retinere, conve-nientem *Salis Tartari* copiam illi mifcebat, eoque di-ftillationi commiffo, mox Spiritum Urinae in liquida forma feorfim recuperabat, Sale marino una apud *Sa-lem Tartari* retrò manente." De cofmicis rerum qua-

sie schon zu seiner Zeit hier und da in Europa im Gan=
ge gewesen zu sein scheint ʷ), er aufmuntert, und des=
sen kältende Kraft ihm aus eigenen Versuchen sehr wohl
bekannt war ˣ).

Er kannte schon den widerwärtigen Geruch, den
schwarzer Marmor, wenn er gerieben wird, von sich
giebt ʸ), so wie den Reichthum der Kiese an Schwe=
fel,

litatibus. S. 57. 58. "quod si urinosum hoc Sal cum
particulis Salis communis (quod aequè factitium est, et
à Chimicis pro simplici principio concreti, quod producit, habitum) conjunxeris; duo haec inter se debita
proportione mista , et lentae combinationi permissa,
sociabuntur in corpuscula, in quibus Sal urinosum plu-
rimas qualitates, quas illi adscripsi, amittit, cumque
acido Spiritu componit, ut saepe expertus fui, corpus
parvum differens a Sale Armoniaco &c."

v) A new frigorific experiment. Works. B. II. S. 549.
"sal armoniac might be made much cheaper, if instead
of fetching it beyond sea our country-men made it at
home; which it may easily be, and J am ready to give
you the receipt, which is no great secret."

w) Natural history of human blood. T. XIII. Works.
B. IV. S. 188. "though the sal-armoniac that is made
in the East, may consist in great part of camel's urine,
yet, that, which is made in Europe (where camels are
rarities) and is commonly sold in our shops, is made
of man's urine."

x) A new frigorific experiment. Works. B. II. S. 547.
"Among the several ways, by which J have made in-
frigidating mixtures with sal armoniac and about three
pints (or pounds) of water, put the salt into the liquor,
either all together, if your design be to produce an
intense though but a short coldness; or at two, three
or four several times, if you desire, that the produced
coldness should rather last somewhat longer, than be
so great."

y) De atmosphaeris corporum consistentium. S. 19. 20.
"La-

fel ᶻ), und mancherlei Metall ᵃ): Daß sich roßer und
zart abgeriebener Spiesglanz mit blutrother Farbe in
Terpentinöl auflöse, hatte auch er schon bemerkt ᵇ),
auch sich durch Erfahrung überzeugt, daß man auch
ohne alles Eisen einen schönen Spiesglanzkönig mit
einem Stern erlangen könne ᶜ): Er schon wuste, daß
Braunstein, wenn er dem Glase in grofer Menge zuge-
setzt

"Lapicidae nos edocebunt, Marmor nigrum, nonnulla-
que alia Saxa solida et gravia, factâ eorum, dum po-
liuntur, attritione (in primis si aquam Opifices non ad-
hibent) odorem emittere, etiam sine externi caloris ad
miniculo, valdè sensibilem, quem multò graviorem et
ingratiorem deprehendi, quando, ut talem ipsi induce-
rem, curiositate ducebar, aliquot solidi Marmoris ni-
gri fragmenta malleo et celte decutiendi, ictibus enim
continuâ iteratione densatis — — mox — — gravis in-
gratusque odor sequebatur."

z) Experimental history of mineral waters. Works. B. IV.
S. 247.

a) A previous hydrostatical way of estimating ores. Sect.
V. Works. B. V. S. 28. 29.

b) Chemist. sceptic. S. 237.

c) De infido experimentorum successu. S. 70. 71. "Si-
lendum non est, Virum quendam impigrum tibi juxta
ac mihi familiarem Antimonii cujusdam praeparationem
nuper aggressum esse, quod tam peculiaris naturae tum
temporis videbatur, ut cum regulum ex eo solo sine
ferro, modo vulgari (rogabam enim quo processu utere-
tur) moliretur, tandem Regulum stella pulcriori signa-
tum, quam in plerisque vel Antimonii vel Martis regulis unquam conspexeram, non sine suo et omnium spectantium stupore accepit. Hoc tamen ex peculiari quadam Antimonii illius indole evenisse non admodum con-
tendam; quoniam ab eo tempore proprii fornaces mihi
similes Regulos sine Marte paratos (quorum nonnullos
etiamnum teneo pulcherrimè stellatos) aliquoties suppe-
ditarunt."

sezt wird, ihm eine schwarze, in geringerer Menge eine
rothe Farbe mittheilt, und wenn dem Glase noch weniger davon zugesezt wird, ihm alle Farbe nimmt [d]);
daß Wismuth aus seiner Auflösung in Scheidewasser
durch gemeines Wasser ganz gefällt werden kann [e]);
daß sich Zinn in Säuren, vornemlich in Essig schwer
auflöst [f]), und daß seine Auflösung in Scheidewasser
leicht die Dicke einer Gallerte annimmt [g]).

Daß Stahlarzneien, wenn sie eingenommen werden, dem Stuhlgang eine schwarze Farbe geben, hatte
auch er wahrgenommen [h]), und davon einen Beweis
entlehnt, daß sie auf den Darmkanal wirken; er
kannte die Kraft der Galläpfel [i]), des Eichenlaubs [k]),
der Schale und des Safts von Granatäpfeln, ihrer
Blüthe, der getrockneten rothen Rosen, der Myroba-
lanen, des Blauholzes und anderer zusammenziehender
Gewächsstoffe [l]), mit Eisenvitriol und andern Ei-
senauflösungen eine schwarze oder blaue Farbe hervorzubringen, und gründete darauf die Anwendung zu geheimer

d) of men's great ignorance of the use of natural things.
Sect III Works. B. III. S. 195.

e) Reflections upon the hypothesis of alcali and acidum.
ebendas. S. 605.

f) Of men's great ignorance &c. a. a. O. S. 192.

g) Experiment. et consideration. de coloribus. S. 302.

h) Of the reconcileableness of specific medicines &c. Propos. III. Works. B. IV. S. 314.

i) The usefullness of experimental philosophy. Sect. VI.
Works. B. III. S. 151.

k) Of men's great ignorance of the uses of natural things.
ebendas. S. 193. Short memoirs for the natural experimental history of mineral Waters. Sect. IV. B. IV.
S. 238.

l) a. c. a. O. S. 238.

heimer Schrift ᵐ), und zur Entdeckung des Eisenge=
halts der Erze ⁿ), und Gesundwasser °), zu deren
besseren Prüfung er überhaupt trefliche Anlietung gege=
ben hat ᵖ); auch hatte er sich überzeugt, theils auf
dem

m) the ufefullnefs of experimental philofophy. Works.
B. III. S. 151. "for the moft part J ufed myfelf three
parts of calcined vitriol, two parts of galls, and one
part of gum-arabick, and mixed them not before J was
ready to employ them; for this powder being with a
hare's foot, or any other convenient thing, carefully
rubbed into the paper, and the loofer duft ftruck off,
dooth, without difcolouring it, fo fill its pores with
an inky mixture, that as foon as it is written upon
with a clean pen, dipped in water, beer, or fuch other
liquors, the aqueous part of the liquor diffolving the
vitriolate falt, and the adhering particles of galls, makes
a legible blacknefs immediately difcover itfelf on the
paper."

n) Specimen de origine et virtutibus gemmarum. Hamburg. 1673. 12. S. 179. "ita expertus fum folutionem *haematitis*, quae acrem faporem linguae prodebat,
una cum infufione gallarum componere mixturam atra-
mentofam; idem etiam evenire in magnete, pyrite, mar-
cafitis etc. apertis per *menftrua* corrofiva." S. auch
Short memoirs of the natural experimental hiftory of
mineral waters. Works. B. IV. S. 247.

o) Of men's great ignorance of the ufes of natural things.
Works. B. III. S. 193. "The leaves of oaks — —
if, when frefh, they be immerfed in the water of
mineral fprings, impregnated with the fubtle corpufcles
of iron, J have feveral times found to turn the liquor
blue or black, according to the proportion and vigour
of the two ingredients." S. auch Short memoirs of the
natural experimental hiftory of mineral waters. Sect. IV.
S. 230. auch S. 247.

p) S. a. e. a. O. S. 231-250. Way of examining waters
as to frefhnefs and faltnefs. Works. B. V. S. 201.

E 5

dem gleichen Wege q), theils durch den Magnet r), daß Eiſen einen Beſtandtheil der Granaten ausmache.

Daß

q) De origine et virtutibus gemmarum S. 96-99. "Scire te velim, me, cùm ex gravitate granatorum ſpeciei proximè memoratae inductus concluderem illos nonnihil impraegnatos eſſe re metallica, et ob eandem rationem commodum ducerem experiri, utrum ab iis poſſem ſeparare rem metallicam, aut alio modo in illis detegere, nonnullos detinuiſſe (mediante crucibulo) tempore juſto in igni, et comperiſſe colorem illorum immutatum in talem, qui non abſimilis eſt colori ferri frigidi; ſic illos redegi in pulverem ſubtiliſſimum, et digeſſi in illis acida quaedam menſtrua, et ſpeciatim rectificatum ſpiritum ſalis, tum verò praebebant divitem tincturam: quo experimento animatus ſpem conceperam, illos ſine praevia combuſtione, in aqua regis exhibituros tincturam, et convenienter obtinui ex rudibus granatis (tantum reductis in minutiſſimum pulverem) divitem ſolutionem, quae utut colore nonnihil aemularetur ſolutionem anri; tamen partim ex colore calcinatorum granatorum, partim ex ſapore illius ſolutionis, judicabam, aliud potius ab auro metallum eſſe minerale praedominans; deinde parte menſtrui illius lentè evaporata, obtinui ex reſiduo quaedam cryſtalla, quorum figuram ob parvitatem et inordinatam coagulationem non poteram determinare; tandem apice digiti auricularis tetigi incoagulatam portionem liquoris, haec pars guttae impoſita plurimis guttis infuſionis gallarum, extemplo illas vertebat in ſubſtantiam coloris aterrimi, et forſan atramento atrioris, prout tumet cum ſtupore, ut arbitror, obſervâſſes."

r) Experim. et obſervat. phyſic. Ch. V. Exp. II. Works. B. V. S. 94. "J made choice of ſome ſmall ones (granates) which by their deep and almoſt dark colour (to name no other ſigns) J gueſſed to contain ſomewhat of iron or ſteel; and applied to them a pretty vigorous loadſtone, which, as J expected, readily took them up, and to which they conſtantly ſtuck afterwards, till J forcibly ſeparated them from it."

Daß sich Kupfer in sehr mancherlei Flüssigkeiten [s]), immer mit blauer oder grüner Farbe, aber mit den mannigfaltigsten Schattirungen derselbigen, welche sich nach der Beschaffenheit des Auflösungsmittels richten [t]), nicht blos in Säuren und flüchtigem Laugensalze [u]), sondern auch sowohl durch bloses Benezen mit seiner Auflösung in Wasser [x]), als durch Sublimation [y]) in Salmiak, und in Oelen [z]), vornemlich in Terpentinöl [a]) auflöse, und, so wie es das Silber aus seinen Auf-

s) Experiment. et Considerat. de colorib. S. 305. "Et sane Cuprum Metallum est, in quod tam facilè agunt diversorum generum Liquores."

t) a. e. a. O. "ut narrarem Tibi, me nullum nosse Minerale, quod ad tam variorum colorum productionem còncurrit, ac Cuprum in compluribus *Menstruis* dissolutum, Spiritu scil. Aceti, *Aquâ Forti*, Aquâ *Regis*, Spiritu Nitri, Urinae, Fuliginis, Oleis diversorum generum, et in nescio quot Liquoribus aliis, ni colorum nonnihil differentium varietas, ad quos assumendos reduci *Cuprum* potest, prout diversi in ipsum agunt Liquores) intra limites ex viridi Caerulei, vel ex caeruleo viridis comprehenderentur."

u) a. e. a. O.

x) A previous hydrostatical way of estimating ores. Works. B. V. S. 32.

y) Experimenta et Considerationes de coloribus. S. 304. "tamque obfirmata est *Cupri* dispositio, larvâ, quam Artifices ipsi imponunt, non obstante, ad prodendum, quem modò diximus, colorem, ut sursum id cum *Sale armoniaco* adigendo, coloris Caerulei Sublimatum aliquando obtinuerimus."

z) a. e. a. O. S. 305.

a) a. e. a. O. S. 306. "Alterum, Oleum sive Spiritum Terebinthinae, qui elegantem solutionem viridem largitur." Paradoxa hydrostatica novis experimentis evicta. Roterodam. 1670. 12. S. 37. "Quinrò, Oleum *Terebinthinae*, quamvis non annumeretur *Menstruis* salinis, agit

Auflöſungen in ſeinem ganzen Metallglanze nieder=
ſchlägt b), und ſchon damals von Silberarbeitern dar=
zu genüzt wurde, um Silber, wenn es bei verſchiede=
nen Veranlaſſungen in Scheidewaſſer übergegangen
war, wieder zu gewinnen c), durch Zink d), mit wel=
chem er es auch zu einem ſehr ſchönen goldgelben Metall
zu ſchmelzen wuste e), und Eiſen f) gefällt werde, indem
das Auflöſungsmittel dieſe ergreift, und das Kupfer
fahren

agit tamen (ut notamus alibi) in Cuprum, proindeque
super crudis metalli iſtius ramentis illud digerendo, viridem liquorem ſaturum obtinemus."

b) Hiſtoria Fluiditatis et Firmitatis. Sect. XXIII. S. 44.
Of the mechanical cauſes of chemical precipitation.
Ch. VI. Works. B. III. S. 640. Of the reconcilea-
blenefs of ſpecific medicines. Prop. III. Works. B. IV.
S. 313.

c) Of the mechanical cauſes of chemical precipitation.
a. e. a. O.

d) Hiſtor. fluiditat. et firmitat. Sect. XXIII. S. 44. 45.
"Et mentem ſubit, quod ad perficiendum experimentum
has ipſas (cuprearum; laminarum particulas ad vaſis fundum, relicta ibi ad duos tresve dies una aut altera
(offenbar ſtatt Zinci) Lincki (ut vocant) maſſula, aliquoties praecipitavi: quippe non ſolum illa metallina
corpuſcula, quae determinato illo loco, ubi Linckum
ponebam, proxime incumbebunt, ſed et reliqua omnia,
in remotiores liquoris partes diffuſa, eidem Lincko ad
haereſcebant, id quod tum ex aucta ejus mole, tum ex
aqua clarefacta et colore vacua patebat."

e) Experiment. et Conſiderationes de coloribus. Annot. IV.
S. 318. "Atque ipſe interdum, mediante Zinco, certa
quadam ratione rite mixto, Cuprum imbui colore Aureo ex ditiſſimis, quibus optimum Aurum unquam locupletatum vidi."

f) Of the mechanical cauſes of chemical precipitation.
Ch. VI. Works. B. III. S. 640.

fahren läst f), waren ihm bekannte Wahrheiten; auch wuste er sehr wohl, daß der rothe Flecken, welchen blauer Vitriol auf nas gemachtem polirtem Eisen oder Stahl zurückläst, wenn man ihn daran reibt, gefälltes Kupfer ist g).

Daß sich Quecksilber, welches Gold und Silber aus ihren Auflösungen niederschlage h), schon für sich, doch mühsam und langsam, zu rothem Kalk brenne, der aus dem Feuer gewisse, vornemlich Salztheilchen, an sich gezogen habe, in einer stärkern Hize aber, als diejenige war, worinne er sich bildete, wieder zu laufen= dem Quecksilber werde i), davon hatte er sich, grosen= theils durch eigene Erfahrung, überzeugt.

Auch

---

f) a. e. a. O. "And that, in these operations, the saline particles may really quit the dissolved body and work upon the precipitant, way appear by the lately mentioned practice of refiners, where the aqua fortis, that forsakes the particles of the silver, falls a working upon the copper-plates employed about the precipitation, and dissolves so much of them, as to acquire the greenish blue colour of a grod solution of that metal. And the copper we can easily again, without salts, obtain by precipitation out of that liquor by iron, and that too, remaining dissolved in its place, we can precipitate with the tasteless powder of an other mineral."

g) Experimenta et Consideration. de colorib. S. 306.

h) Of the mechanical causes of chemical precipitation. Ch. III. Works. B. III. S. 640. 'Upon the same ground, gold and silver, dissolved in their proper menstruums, may be precipitated with running mercury."

i) Of the mechanical origin –and production of fixedness Ch. II. Works. B. III. S. 620. 621. "Running mercury, being put into a conveniently shaped glass, is exposed to a moderate fire for a considerabie time: (for I have sometimes found six or seven weeks, to be too short a one — — — and yet — — — I have found . by trial, that,

Auch wuſte es, daß Silber eine gelbe Farbe ins Glas brenne [k]), und Gold nicht leicht ohne Silbergehalt iſt [l]); und hatte ſich durch eigene Erfahrung belehrt, daß Gold mit Hülfe von Auflöſungsmitteln verflüchtigt [m]), und, ſo wie Silber, mit Hülfe von Queckſilber verkalkt werden könne [n]): Auch ſcheint er eine Kochſalzſäure gekannt zu haben, welche Gold in ſeinem Metallglanze angreift [o]). Daß die brandichte Deſtillation nichts weniger, als die reine Beſtandtheile der Körper darſtellt, erinnert er gegen mehrere ſeiner Zeitgenoſſen ſehr nachbrücklich [p]); ob er gleich aus Buch-

that, with a greater and competent degree of heat, this praecipitate per ſe, would, without the help of any volatilizing additament, be eaſily reduced into running mercury again — — I have not been without ſuſpicions, that in philoſophical ſtrictneſs this praecipitate may not be made per ſe, but that ſome penetrating igneous particles, eſpecially ſaline, may have aſſociated themſelves with the mercurial corpuſcles."

k) Of men's great ignorance of the uſes of natural things. Works. B. III. S. 193. "prepared ſilver (and I have ſometimes done it pretty well with the crude metal) being as it were burned upon a plate of glaſs, will tinge it with a fine yellow or golden colour." S. auch Eſſay of the porouſneſs of ſolid bodies. Works. B. IV. S. 229.

l) Conſiderations and experiments touching the origin of qualities and forms. Works. B. II. S. 514.

m) a. e. a. O. S. 516.

n) the uſefullneſs of natural philoſophy. Ch. VII. Works. B. I. S. 516.

o) De infido Experimentorum ſucceſſu. S. 129. "fateri cogor, compertum mihi tandem è marino Sale Spiritum ſine fraude parari poſſe, qui crudi auri compagem perrumpat."

p) S. unter andern Chemiſt. ſceptic. S. 78.

Buchsbaumholz einen Geist erlangte, in welchem er
weder eine saure, noch eine laugenhafte Beschaffenheit
wahrnehmen konnte ⁹), so wuste er doch aus Erfah;
rung, daß nicht blos Honig und Zucker, sondern ver;
schiedenes trockenes Holz und andere, meist geschmack;
lose, Körper durch Destilliren in trockener Hize eine
Säure geben, welche nicht nur Korallen und Perlen
auflöst, sondern auch Metalle und metallische Stoffe
zerfrist ʳ); nahmentlich erwähnt er einer solchen dem
Essig ähnlichen Säure aus Eichenholz, welche Koral;
len angrif ˢ), und eines rothen Zuckergeistes ᵗ), der
nicht

q) a. e. a. O. S. 177. "Cum enim ex tribus praecipuis
Salium generibus, Acido, Alcalizato, et Sulphureo,
nullum fit, quod caeterorum utique fit amicum (uti
brevi occafiò mihi dabitur oftendendi) non deprekendi,
nifi quod fimplex *Buxi* Spiritus amicè admodùm (quantum faltem mihi occafio erat experiundi) cum Acido reliquisque Salibus convenire Licet enim planè quiefce-
ret cum Sale *Tartari*, Spiritu Urinae, aliisque Corporibus, quorum Salia vel Alcalizatae, vel fugacis erant
naturae; attamen nec ipfius Olei Vitrioli Mixtio ullum
fibilum vel effervefcentiam producebat, quam nofti aci-
diffimi illius Liquoris Affufionem, in alterutrum Corporum nuper memoratorum factam, fubfequi folere."

r) Experiments and notes about the mechanical origin or
production of corrofivenefs and corrofibility. Exper. II.
Works. B. III S. 625. "Not only feveral dry woods
and other bodies, that moft of them pafs for infipid,
but honey and fugar themfelves afford by diftillation
acid fpirits, that will diffolve coral, pears &c., and will
alfo corrode fome metals and metalline bodies themfelves, as I have often found by trial."

s) Experimenta et Confiderationes de coloribus. S.
277. 278.

t) Experiments and Obfervations about the mechanical
Production of taftes. Experim. VII. Works. B. III.
S. 588.

nicht nur einige kältende Kraft äuserte ᵘ), sondern auch
Kupfer ˣ), und Menninge ʸ) auflöste, von erstem
eine schöne grüne Farbe, von lezter einen süsen Geschmack annahm: Aus Senfsamen erhielt er bei einer
ähnlichen Behandlung ein trockenes flüchtiges Salz ᶻ);
aus Weinstein zweierlei brandichte Oele, ein leichteres,
und ein schwereres ᵃ): Daß Kampfer, wenn er in verschlossenen Gefässen in die Hize gebracht wird, ganz
aufsteigt ᵇ), sich mit bräunlichtrother Farbe in starker
Schwefelsäure auflöst ᶜ), und an freier Luft ganz ver-
fliegt,

u) Experimental hiftory of cold. T. I. 9. Works. B. II.
    S. 259.

x) Experiment. et Confideration. de coloribus. S. 305.
    306. "Attamen moneam Te neceffum eft — — me
    cupidum experiendi, poffem ne cum crudo cupro viri-
    dem folutionem conficere absque colore illo fubcaeruleo,
    qui folutiones ipfius vulgares comitari folet, excogi-
    tâffe duorum *Menftruorum* ufum — — — Horum Li-
    quorum unus — - erat Spiritus Sacchari, ex Retorta
    diftillati." S. auch Experiments and Obfervations about
    the mechanical production of taftes a. e. a. O.

y) Experiments and Obfervations about the mechanical
    production of taftes a. e. a. O.

z) Of the mechanical origin and production of volatility.
    Ch. IV. Works B III. S. 613. ''having — — caufed
    (muftard - feed) to be diftilled per fe in a retort, I
    had — — a great many grains of a clear and figured
    volatile falt at the very firft diftillation, which experi-
    ment having, for the greater fecurity, made the fecond
    time with the like fuccefs — — —"

a) The advantages of the ufe of fimple medicines propo-
    fed by way of invitation to it. Sect. VII. 5. Works.
    B. IV. S. 335.

b) Confiderations and Experiments touching the origin of
    qualities and forms. Sect. II. Art. VIII. Works. B. II.
    S. 503.

c) A chymical paradox. Works. B. IV. S. 91.

fliegt [c]), aber in offenem Feuer Rauch und Ruß gibt [d]), hatte er erfahren: Schon er hatte aus Anisöl burch Destilliren eine Säure erhalten, welche Korallen auf löste und mit Weinsteinsalz und Salmiakgeist auf brauste [e]); schon zu seiner Zeit bekam das Rosenöl ei nen Zusaz, der es wohlfeiler machte [f]), und weder Rosenholz= noch Behennusöl war; ihm war es schon bekannt, daß sich Terpentinöl schwer in Weingeist auflöst [g]).

Mit Schnee, den er mit höchst reinem Weingeist vermischt hatte, brachte er Wasser und Ha--- zum Frieren [h]), und vom allerreinsten Weingeist, der nach dem Verbrennen nicht das geringste zurückließ, erhielt er und Einige seiner Zeitgenossen eine beträchtliche Men= ge Wasser [i]), ohne noch zu ahnen, was spätere Na= tur=

c) Exercitation. de atmofphaeris corporum confiftentium. S. 10. 11.

d) Chemift. fceptic. S. 44. 45. "Similiter, cum experi- menti gratia Caphuram accendiffem, fumumque copiofè ex flamma afcendentem captaffem, in atram et unctuo- fam Fuliginem condenfabatur, quam nec odore, nec proprietatibus aliis ex Caphura ortam fuiffe conjectaffes: cum è contra (ut alibi fufius explicabo) copia quaedam Fugacis hujus Concreti in benè claufo vafe vitreo, calori blando expofita, fublimaretur fic, ut nil quid- quam albedinis, vel Naturae fuae amififfe videretur."

e) A chymical paradox. Works. B. IV. S. 91. 95.

f) Evelyn bei Boyle. Works. B. V. S. 402. 403.

g) New experiments upon the fuperficial figures of fluids. Works. B. IV. S. 3.

h) The experimental hiftory of cold. T. I. 16. Works. B. II. S. 200.

i) Confiderations and Experiments touching the origin of qualities and forms. Works. B. II. S. 523. "I have without any addition obtained from fuch fpirit of wine,

turforscher aus ähnlichen Erscheinungen folgerten:
Auch er gebrauchte die Flamme des Weingeistes zum
Schmelzen, und versichert, dadurch ein Goldblättchen
zum Fluß gebracht zu haben [k]); schon er wandte ihn
darzu an, um Salz aus einer recht gesättigten Auf=
lösung zu fällen [l]); daß davon Eiweis gerinne, wenn
es damit geschlagen wird, wie schon Bako Veru=
lam wahrgenommen hatte, hatte auch er bemerkt [m]).

Aber

as being kindled in a spoon would flame all away,
without leaving the least drop behind it, a confiderable
quantity of downright incombuftible phlegm. And by
another way (mentioned indeed by *Helmont*, but not
taught to almoft any of his readers) fome ingenious
perfons, that you know and efteem, working by my
directions, (but without knowing what each other was
doing) did both of them reduce confiderable quantities
of high rectified fpirit of wine (that would before have
burnt all away) into a liquor, that was for the moft
part phlegm, as I was informed as well by my own
tafte, as by the trials I ordered to be made: (being
forced myfelf to be moft commonly abfent)."

k) De infido experimentorum fucceffu. S. 85. "Nam
Spiritus Vini Flammam adeò calidam exhibet, ut ipfum
lampadibus ad diftillationem comparatis, pro Oleo infu-
derim, et Flammis ipfius non folum chartam, et lucer-
nas accenderim, fed etiam Aurum bracteatum colli-
quaverim."

l) Of the mechanical caufes of chemical precipitation.
Works. B III. S. 642. "I made alfo the fame trial
with exceedingly dephlegmed fpirit of wine, and as
ftrong a brine, as I could make of common falt diffol-
ved, without heat, in common water; and I thereby
obtained no defpicable proportion of finely figured falt,
that was let fall to the bottom."

m) Hiftor. fluiditat. et firmitat. Sect. XXXIII. S. 103.
104. "Atque aliud huic congener experimentum, ab
Illuftri *Francifco Bacono* traditum intelligo, qui doceat,
ovo-

Aber eben dieses Eiweis sah er auch, so wie Blutwasser, über gelindem Kohlenfeuer [n]), sah es von Alaun [o]), sah es, wie Blutwasser [p]), von Vitriolöl [q]), von Kochsalzgeist [r]), und [s]), so wie Milch [t]) und Blut [u]), auch von andern Säuren gerinnen.

Schon

ovorum albumina cum Vini Spiritu coagulare. Et sanè, modo aliquam circumstantiam observes (ab ipso ut audio, praeteritam) diligentem scilicet amborum corporum concussionem, sitque bonae notae spiritus, quem adhibes, experimentum feliciter succedet, adeo ut recorder, me hac ratione coagulum intra horae circiter minutum fecisse, unde nullus liquor destillaret."

n) a. e. a. O. S. 105. "et hoc tamen serum aequè celeriter (si non multò celerius) ac ov(or)um albumina, super leni favillarum igne coagulatur."

o) a. e. a. O. S. 104. "longa quippe albuminis ovi cum alumine concussione maximam illius partem in coagulum reduces."

p) Natural history of human blood. Works. B. IV. S. 173.

q) a. e. a. O. S. 104.

r) a. e. a. O. S. 103. Of the reconcileableness of specific medicines to the corpuscular philosophy. Propos. II. B. IV. S. 312.

s) of the reconcileableness of specific medicines &c. a. e. a. O.

t) a. e. a. O. "And the like coagulation may easily be effected in milk, which may not only be speedily curdled with spirit of salt, but, as is known by bodies not chymically prepared, as rennet and juice of limons."

u) a. e. a. O. "And experiments, purposely made, have shewn, that if some acids be conveyed immediately into the mass of blood, they will coagulate even that liquor, whilst it continues in the vessels of the yet living animals."

Schon er fand das Blut, nachdem es getrocknet war, wenn er es durch ein Licht blies, ſo entzündbar, als das beſte Harz [x]); auch er beſtätigte die Bemerkung, daß das Blut von der Berührung der äuſern Luft eine höhere rothe Farbe annimmt, ſowohl an menſchlichem als an dem Blute verſchiedener Thiere [y]), und ſah es von Scheidewaſſer, Vitriolöl, Kochſalz= geiſt [z]), Eſſig [a]), Zitronen= und Pomeranzenſaft [c]), eine ſchmuzige, hingegen von zerfloſſenem Weinſtein= ſalze [d]), und flüchtig laugenhaftem Geiſt [e]), von wel= chem auch das Blutwaſſer eher dünner wurde, als gerann [f]), eine höher rothe Farbe annehmen.

Daß

---

x) Natural hiſtory of human blood. Works. B. IV. S. 167. "having cauſed ſome human blood -- — — to be ſo far dried, that it was reducible to fine pow- der, I took ſome of this powder, that had paſt through a fine ſearch, and caſting it through the flame of a good caudle, the grains, in their quick paſſage through it, took fire, and the powder flaſhed, not without noiſe, as if it had been roſin. This experiment was reiterated with ſucceſs."

y) Suſpicion about the hidden qualities of the air. Works B. III. S. 468. Natural hiſtory of human blood. app. Exper. VI. Works. B. III. S. 198.

z) in ſeinen Briefen an Oldenburg. Works. B. V. S. 251. Natural hiſtor. of human blood. Append. Exper. III. Works. B. IV. S. 197.

a) a. e. a. O. Exper. IV.

c) a. e. a. O. Exper. V. S. 198.

d) a. e. a. O. Exper. VIII.

e) a. e. a. O. Exper. VII.

f) Natural hiſtory of human blood. P. III. Works. B. IV. S. 173. und in ſeinen Briefen an Oldenburg a. e. a. O.

Daß er den Luftzünder gekannt habe, dürfte man beinahe aus einer Stelle seiner Schriften schliefen [g]; gewiffer aber kannte er den Phosphor, den zu feiner Zeit Brand und Kunkel entdeckt, und der untreue Mitarbeiter des leztern, Krafft, weiter, auch in England, bekannt gemacht hatte [h], nach feinen auszeichnenden Eigenschaften [i], und gibt eine Anleitung zu feiner

g) fie fteht in feinen Obfervations on the aerial Noctiluca. Works. B IV. S. 26. "I experimentally know a body dry and folid enough to be pulverable, that barely by the contact of the common air, will, even when it is actually cold, in very few minutes have its parts brought to fuch a degree of agitation, that its heet is little lefs intenfe than that of fome actually ignited bodies, and may, if I pleafe, by fhe further action of the air, be brought to afford fome light alfo."

h) The aërial noctiluca or fome new phaenomena, and a procefs of a factitious felf-fhining fubftance. Works. B. IV. S. 21. "yet as to the gummous and liquid noctiluca's, I find the firft invention is by fome afcribed to the above mentioned Mr. Krafft (though I remember not, that when he was here, he plainly afferted it to himfelf;) by others, attributed to an ancient chymift, dwelling at Hamburgh, whofe name (if I miftake not) is Mr. Branc (Brand), and by others again, with great confidence, afferted to a famous German chymift in the court of Saxony, called Kunckelius — — After the experienced chymift, Mr. Daniel Krafft had, in a vifit that he purpofely made me, fhewn me and fome of my friends, both his liquid and confiftent phofphorus, being by the phenomena, I then obferved, — — — made certain, that there is really fuch a factitious body to be made, as would fhine in the dark, without having been before illuftrated by any lucid fubftance, and without being hot as to fenfe."

i) S. Aërial Noctiluca. Works. B. IV. S. 19 - 37. Experiments and Obfervations made upon the icy Noctiluca. Ebendaf. S. 70. 71. Appendix to the aërial
F 3   nocti-

seiner Verfertigung aus Harn [k]); er kannte seine Auflöslichkeit in Zimt- und Nelkenöl [l]), den Geschmack,
welchen das Wasser, wenn er lange darinn gelegen
hat, davon annimmt [m]), und die Säure, welche der
Phosphor nach dem Verbrennen zurückläßt [n]), und
die auflösende Kraft, welche sie auf Kupfer und Korallen äusert [o]).

Auch scheint man schon zu seiner Zeit das Fett
ähnliche Wesen aus Leichen gekannt zu haben [p]).

Diese

noctiluca. Ebendaf. S. 71 - 73. New Phaenomena exhibited by an icy Noctiluca. ebendaf. S. 74. 75. Obfervations about the water, wherein the noctiluca was
kept. S. 75 - 79. Experiments difcovering a ftrange
fubtilty of parts in the glacial noctiluca. ebendaf. S.
79 82. Obfervations about the inflammability of the
noctiluca itfelf. ebendaf. S. 82. 83. Experiments about
burning other bodies with the noctiluca. ebendaf. S.
84 - 89.

k) The way of preparing the aërial Noctiluca. Works.
B. IV. S. 37. auch B. V. S. 198. und Philofophical
Tranfactions nr. CXCXVI. 1692. Januar. S. 583.

l) What liquors would or would not diffolve the icy noctiluca. Sect. VI. Exper. I. II. Works. B. IV. S. 77.

m) Obfervations about the water, wherein the noctiluca
was kept. a. e. a. O. S. 75.

n) Experiments difcovering a ftrange fubtilty of parts
in the glacial noctiluca. Sect. X. Works. B. IV.
S. 81.

o) Experiments upon burning other bodies with the noctiluca. Sect. XIII. Exp. II. III. Works. B. IV. S. 85.

p) Oldenburg in einem Briefe an Boyle. Works.
B. V. S. 323. "Mr. Howard produced a fubftance
taken out of the grave of a man, that hat been dead
thirty years, and was in a manner all wafted, but that
a piece of fat remained about the place of his belly,
of which his prefent was a fmall portion, which, being
put upon the fire, burned and fmelled like fat."

Diese kurze Darstellung der wichtigsten Beobach=
tungen Boyle'ns mag hinreichen, seine grose Ver=
dienste um reine und physische Chemie, in ihrem wah=
ren Lichte zu zeigen; aber er hat sich auch durch Be=
kämpfung zu seiner Zeit beinahe allgemein herrschender
Vorurtheile, die sich auf unrichtige Anwendung der
Chemie gründeten, durch Anleitung zu besserer und
vortheilhafterer Einrichtung mancher Arbeiten, durch
schöne Erfahrungen, die in den chemischen Theil der
Probir= und der übrigen Gewerbkunde einschlagen,
und vornemlich durch die Entdeckung mancher guten
Arzneimittel um mehrere Zweige der angewandten Che=
mie unsterbliche Verdienste erworben.

So stellte er in einer eigenen Schrift [q] die Mei=
nung des allenthalben herrschenden und kämpfenden
Laugensalzes und Säure in ihrer ganzen Blöse dar,
zeigte nachdrücklich, wie nothwendig es ist, zu Ver=
suchen reine Auflösungsmittel zu wählen, und wie oft
der ungleiche Erfolg derselbigen von Vernachläsigung
dieser Vorschrift abhänge [r], gibt Anleitung zu Oefen,
worinn das Feuer mit wenigerem Aufwand und ohne
Gebläse sowohl so stark als möglich, als auch, wo es
erfordert wird, gleich und anhaltend gegeben werden
kann [s], und empfiehlt zu diesen Absichten Steinkoh=
len, die damals nur von Scheidewasserbrennern im
Grosen gebraucht wurden [t], vornemlich gebrannte [u],
und

q) Reflections upon the hypothesis of alcali and acidum.
   Works. B. III. S. 603 - 608.
r) De infido experimentorum succeſſu. S. 85.
s) The uſefullneſs of natural philoſophy. Ch. VII. Works.
   B. I. S. 512 - 514.
t) a. e. a. O. S. 514.
u) a. e. a. O.

F 4

und zum Deſtilliren insbeſondere Torf.[x]); auch gibt er zum Zuſammenkütten zerbrochener Gläſer einen Kütt aus gutem zart geriebenem ungelöſchtem Kalke an, der mit geſchabenem fettem Käſe und wenigem Waſſer zu einem Teige geſtampft wird [y]).

Er gibt Anweiſung zur Prüfung der Erze [z]), zeigt, wie zuſammengeſezte gelbe Metalle in ächter Goldfeile und dergleichen Sand durch Scheidewaſſer, Harngeiſt, oder Salmiak entdeckt und geſchieden [a]), wie Silber durch Auflöſen in Scheidewaſſer und Fällen mit Kupfer von dieſem gereinigt, und die nun entſtandene Kupferauflöſung auf Kupferfarben und weder auf Scheidewaſſer genuzt [b]) werden könne, wie überhaupt das

x) a. e. a. O. S. 515.

y) Nova experimenta phyſico-mechanica de vi aëris elaſtica et ejusdem effectibus. Roterodam. 1669. 12. S. 65.

z) Previous hydroſtatical way of eſtimating ores. Works. B. V. S. 25 - 36.

a) a. e. a. O. Sect. X. S. 31. "if he, that would purchaſe ſand-gold, doubts that there are filings of braſs (or of copper) mixed with it; in caſe he have aqua fortis at hand, he may quickly diſcover the cheat, if there be any. For it is known to chemiſts, that aqua fortis will not work upon gold, and therefore if there be filings of braſs mixed with it, the operation of the menſtruum upon thoſe, together with the colour betwixt blue and green, it will thereby acquire, will diſcover the deceit. But becauſe, if nature hath mingled much ſilver with the gold, the proof by aqua fortis will require ſkill, and may puzzle thoſe that want it, I ſhall add, that good ſpirit of urine may be ſubſtituted, in its ſtead. For I elſewhere ſhow, that it will readily work upon filings of copper or braſs in the gold, and gain from them a fine blue colour."

b) De infido experimentorum ſucceſſu. S. 101. "Qui artem ſeparatoriam *Londini* profitentur, eum, ut Ar-
gen-

das Scheidewasser, das zur Scheidung des Silbers
aus dem Golde gebraucht worden, wieder zu erhalten
stehe c), wie weit vortheilhafter Blei aus Bleiglanz
durch Eisenfeile als durch einen laugenhaften Flus aus
Weinstein und Salpeter erlangt werde d); schon zu sei=
ner Zeit waren in England glückliche Versuche gemacht,
Blei mit Vortheil, der seinen Grund theils in der
Bauart

gentum, et Cuprum a fe invicem fejungant, ea in communi aqua forti diffolverint, fatiato Menftruo aquam
fontanam copiofe affundunt, deinde injectis lamellis
aereis folutum Argentum ad fundum praecipitant. Verùm quoniam hoc modo poft Argenti feparationem multum Cupri in Menftruo fupereffe confuevit (quod fatu-
rata ipfius Tinctura indicat), quo impraegnatur hic liquor in maximum vertat compendium, folent ipfum
materiae cuidam candidae, quam *Whiting* vernaculè ap-
pellant (quae calcis candidae vel luti fpecies effe dicitur
pulverifata, depurata et in globulos efformata) fuper-
fundere, cui particulae cupreae affociatae paucarum ho-
rarum fpatio magma quoddam *Verdeter* dictum confti-
tuunt, pictorum aliorumque pigmenta tractantium ufibus
accommodatum, Menftruo paene limpido relicto, è
quo deinceps Nitri aliquantum coctione eliciunt, quod
cum Vitriolo novae aquae fortis praeparationi infer-
viat."

c) That the goods of mankind may be much increafed
by the naturalifts infight into trades. Sect. II. Works.
B III. S. 171.

d) Previous hydroftatical way of eftimating ores. Sect. VI.
Works. B. V. S. 29. "now, one that firft occurs to
my memory, was afforded me by two equally heavy
portions of the fame lead ore devoid of fpar; where
of one, being reduced with a due weight of nitre and
tartar fulminated together, afforded much lefs of mal-
leable lead, than was obtained by means of half or a
quarter of the quantity of filings of *Mars*, which for
trial's fake I then employed on the other; to fhew,
how much better a reductive of that kind of ore."

F 5

Bauart des Ofens, theils im Gebrauche der Steinkohlen hatte, aus ſeinen Erzen auszuſchmelzen [d]), und die
Bleigruben in der Grafſchaft Derby ſtark im Betriebe [e]); auch die Zinnwerke in den Grafſchaften Devon
und Cornwallis [f]), bei Lambeth ein Möſſingwerk [g]),
und ſonſt in England mehrere Vitriolſiedereien [h]) im
Gange; er kannte ſehr wohl den Gebrauch der Glätte
zum Färben des Horns [i]), und zur Bereitung künſtli-
cher Edelſteine [k]), den Nuzen zinnerner und überzinn-
ter Gefäſſe in der Scharlachfärberei [l]), und des Silbers oder einer Miſchung aus Gold und Queckſilber
zum Opalfluſſe [m]), die Nothwendigkeit einer Kupfer-
haut bei dem Uebergolden oder Ueberſilbern des Eiſens
oder Stahls im Feuer [n]), und ein trefliches Spiegelbeleg

d) von einem H. Hutchinſon Hobſon in einem Briefe
 an R. Boyle. Works. B. V. S. 644.

e) De temperie ſubterranearum regionum in tractat. de
 coſmicis rerum qualitatibus &c. Amſtelod. et Hamburg.
 1671. 12. S. 44.

f) deren damals übliche Verfertigungsarten ihm ein H.
 Colepreſſe a. e. a. O. S. 576. beſchreibt.

g) S. Hartlieb in einem Briefe an R. Boyle von
 1658 a. e. a. S. 279.

h) De infido experimentorum ſucceſſu. S. 103.

i) That the goods of mankind may be much encreaſed
 by the naturaliſt's inſight into trades. Works. B. III.
 S. 171.

k) a. e. a. O.

l) Experimenta et Conſiderationes de coloribus. S.
 339. 340.

m) Experiments, Notes &c. about the mechanical origin
 or production of divers particular qualities. Works.
 B. III. S. 568.

n) Of men's great ignorance of the uſes of natural things.
 Sect. V. Works. B. III. S. 198.

beleg für hole Glaskugeln aus Zinn (1 Theil), Blei
(einem Theil), Wismuth (zween Theilen) und Queck:
silber (zehen Theile); ihm war der Gebrauch der Gold:
auflösung zum Färben des Elfenbeins °), ihm der Ge:
brauch des Scheidewassers zum Färben von Holz, Kno:
chen, Elfenbein, Spazierstäben, Leder zu Bücher:
decken P), zum Aezen auf Kupfer und Mössing, zur
Reinigung des Diamantpulvers von Metallstaub q),
der Gebrauch des Kochsalzgeisteis zur Tilgung von
Tintenflecken r), ihm die Bereitung mehrerer Lackfar:
ben mit Pottasche und Alaun, z. B. aus Gilbwurz s),
Färberröthe und Raute t), Brasilienholz und Koche:
nille u), mit Bleieſſig und Schwefelsäure aus Rosen x),
die Bereitung eines Brandeweins aus Bierhefen und
allerlei Heckenfrüchten y), aus Kirschen z) und Zuk:
ker,

n) That the goods of mankind may be much increaſed by
the naturaliſt's inſight into trades. Append. Works.
B. III. S. 176.

o) mit Purpurfarbe a. e. a. O. Sect. II. S. 171.

p) a. e. a. O.

q) a. e. a. O.

r) The uſefullneſs of experimental philoſophy. Works.
B. III. S. 152.

s) Experiment. et Conſideration. de coloribus. Exp. XLIX.
S. 324-326.

t) a. e. a. O. Annot. II. S. 329.

u) a. e. a. O. S. 331.

x) a. e. a. O. Exp. L. S. 334-336.

y) of men's great ignorance of the uſe of natural things.
Works. B. III. S. 197.

z) der damals ſchon in der Schweiz ſehr gemein war.
Sam. Hartlieb in einem Briefe an Boyle. Works.
B. V. S. 273.

ker*), selbst aus Rosen b), der Nuzen des aufgegossenen
Oels, um gegohrne Getränke gegen fernere Gährung zu
verwahren c), das Knallpulver d), mehrere Arten von
geheimer Schrift e) bekannt; auch ein Mittel, geronnene
Milch wieder flüssig zu machen, doch ohne nähere Anga-
be seiner Zusammensezung, wurde ihm mitgetheilt f),
auch gibt er eine Anleitung, Erde auf ihren Gehalt
an Salpeter zu prüfen g): Schon zu seiner Zeit gebrauchten die Färber in England statt des Waids,
mit welchem ihnen die Arbeit leicht mislang, Indig,
den

a) Detecta penetrabilitas vitri a ponderabilibus partibus
flammae. Exper. III. in Exercitat. de atmosphaer. cor-
por. consistent. S. 294.

b) Experimenta et Observation. physic. Part. II. Exp. IV.
Works. B. V. S. 100.

c) S. Hartlieb in einem Briefe an Boyle. Works.
B. V. S. 270.

d) of men's great ignorance of the uses of natural things.
Sect. IV. Works. B III. S. 198. "There is a certain
powder, which by the proportion and mixture of nitre
(whereof it chiefly consists) with other ingredients, ob-
tains so odd a texture, that if putting it into a cruci-
ble, You Should place that upon the coals, as is usually
done in other fluxes, the powder would blow up, or
take fire with violence enough, and perhaps not without
some danger; and yet if instead of kindling this powder from the bottom upwards, you kindle it from the
top downwards, there will be no danger in it, but it
will make a powerfull flux for the reduction of metalline powders mixed with it into a body."

e) An examen of Mr. Hobbe's doctrine touching cold.
Postscript. Works. B. II. S. 379. 380. The usefullness of experimental philosophy. Works. B. III. S.
151. 152.

f) R. Hooke in einem Briefe an ihn. Works. B. V.
S. 548.

g) The usefullness of experimental philosophy. Sect. II.
S. 142. 143.

den sie aus Spanien, Barbados und selbst aus Ostindien erhielten [h]). Ueberhaupt aber empfohl er Fabrikanten und Handelsleuten den eifrigen Betrieb der Naturwissenschaften auf das nachdrücklichste und durch die einleuchtendsten Beispiele [i]).

Sehr viel beschäftigte ihn auch die Anwendung der Chemie auf die Verfertigung der Arzneien; er zeigte aus ihren reinern Grundsäzen, wie fehlerhaft dabei (zu seiner Zeit) in den Apotheken verfahren wurde [k]), erzählt aus glaubwürdigen Zeugnissen, daß die ostindische Gewürze ihre beste Theile verlieren, ehe sie noch nach Europa kommen [l]), und als eine sehr bekannte Sache, daß äzender Sublimat mit Arsenik verfälscht werde [m]), nimmt den Arzneigebrauch der mineralischen Säuren gegen die zaghafte Aerzte, welche sich nicht vorstellen

h) De infido experimentorum fucceffu. S. 101. "Hac de caufa Tinctores minùs periti, ut haec incommoda effugiant, Glafti ufum, et fi copiofè hic in *Anglia* nascatur, negligunt, ejusque loco indicum ufurpant, licet hoc majori pretio comparetur, utpote hûc aliquando ex Hifpania, aliquando autem ex Infulis, *Barbados* dictis, et faepè ex Orientali India delatum."

i) The ufefullnefs of experimental philofophy. Sect. VI. Works. B. III. S. 150-155.

k) The ufefullnefs of natural philofophy. Ch. VIII. Works B. I. S. 517-522.

l) De infido experimentorum fucceffu. S. 58. "Civis quidam Amftelodamenfis Chymicus expertiffimus, quique etiam mercaturam in *Indiam* exercens, mihi nuper affirmavit, nempe maximam Cinnomomi et Caryophyllorum partem, quae ad has plagas Occidentales deferuntur, Spirituofiffimis et fubtiliffimis partibus aromaticis in *India* infigniter orbari, priusquam in Europam transmittantur."

m) a. e. a. O. S. 59. "Quòd fublimatum admifto Arfenico fucari foleat, vulgò notiffimum eft,"

stellen können, daß ihre Schärfe je gemildert werden
dürfte [n], in Schuz, empfiehlt in Geschwüren eine
Art flüssiger kochsalzsaurer Kalkerde, welche durch
Fällung des Quecksilbers aus äzendem Sublimat ver=
mittelst guten Kalkwassers bereitet wird [o], und aus
eigener Erfahrung [p], wo es darauf ankommt, wässe=
richte Feuchtigkeiten mit Gewalt auszuleeren, den in=
nerlichen Gebrauch [q] seiner Verbindung einer sehr
reinen Silberauflösung mit Salpeter (Argentum hydra-
gogum), die er gewöhnlich mit dem Weichen vom
Brod zu Pillen machen und unter dem Namen Pilulae
lunares nehmen lies [r], und des von ihm sogenannten
Ens veneris, das er aus gebranntem und ausgesüßtem
Kupfer haltenden Vitriol mit Salmiak bereiten lies [s];
er verfertigte aus Spiesglanzglas mit Essig aus Grün=
span, den er mehrmalen über dem Glase abzog und
wieder aufgos, und mit Weingeist eine rothe Tinctur [t],

zu

n) Tentamen phyſico - chymicum continens experimentum
   circa varias ac multiplices partes Nitri &c. Sect. XXXVI.
   S. 188.

o) Medicinal Experiments or a collection of choice remedies for the moſt part ſimple and eaſily prepared. Lond.
   1692. Dec. V. nr. VIII. S. 41. 42.

p) Tentam. phyſico - chymicum &c. Sect XXXVII. S.
   190. 'cùm praeparationem quandam argenti purgatiſſi-
   mi cum ipſâ aquâ forti confectam non ita pridem exhi-
   berem, non ſolùm noxa nulla, ſed eventus feliciſſimus
   inde confecutus eſt: ita ut bini Medici experientiſſimi,
   qui ſeroſis humoribus redundabant, medicamentum
   illud à me precibus enixis flagitaverint."

q) The uſefullneſs of natural philoſophy. App. Works.
   B. I. S. 556.

r) The uſefullneſs of natural philoſophy. P. II. Works.
   B. I. S. 510. 511. 563 - 565.

t) a. e. a. O. P. I. S. 427. und II. S. 516.

zu welcher er vieles Zutrauen hatte, und die Brech=
kelche waren schon zu seiner Zeit nicht mehr stark im
Gebrauche "): Schon zu seiner Zeit gab einer seiner
Freunde Collins gegen die nächtliche Schmerzen in
der Lustseuche Queckfilbersalpeter in Weingeist ˣ); ein
anderer seiner Freunde gab Löffelkraut, Salbei und
einige andere Kräuter in Gestalt eines Kräuterbrodes ʸ),
noch ein anderer Koloquinten zum Syrup gemacht ge=
gen Würmer ᶻ); ein anderer behandelte die Schwind=
sucht hauptsächlich mit dem Dampfe von brennendem
Schwefel ᵃ); sehr rühmt er die Schwefelbalsame, vor=
nemlich

u) S. Hartlieb in einem Briefe an ihn. Works. B.V.
S. 257.

x) der sich im mitternächtlichen Rusland aufhielt. Works.
B. V. S. 633. "I have had feveral times unexpected
fuccefs in ten or twelve days by that flight preparation
of mercurius cum fulphure. And for giving eafe to
thofe fharp nocturnal pains, I have ufed only an in-
fufion of mercury nitre (in fpirit of wine) well made
allmoft your way, by drying it, and a proportion of
tinctura opii exhibited at night going to bed."

y) R. Scharrok in einem Briefe an ihn. Works. B.V.
S. 420.

z) J. Beal a. e. a. O. S. 466. 467.

a) The ufefullnefs of natural philofophy. Ch. XVIII.
Works. B. I. S. 546. "having had occafion to advife;
for a perfon, of high quality, with a very ancient Ga-
lenift — — — that, with which he cured himfelf,
and aftervards the generality of his chief patients, was
principally fulphur melted and mingled in a certain proportion to make it fit to be taken in a pipe, with bea-
ten amber or a cephalic herb — — I well remember
that what he looked upon as the chief and fpecifik re-
medy in his way of curing, was the fmoke of the fulphur — — a perfon, very curious and rich has fo-
lemnly affured me, that himfelf has cured divers con-
fumtions."

nemlich aber Terpentinöl, welches, nachdem es Schwe=
fel in sich aufgelöst hatte, davon durch ein nach und nach
verstärktes Feuer abgezogen ward b); ausführlich lehrt
er auch die Bereitung des Oels aus menschlichem Blu=
te, zu dessen Heilskraft er sehr vieles Zutrauen hatte c);
ein Oel aus Französenharz kannte er sehr wohl d).

Rob. Boyle stammte aus einem edlen irischen
Hause, das den Königen aus dem Hause Stuart sehr
ergeben war, und war im Jahr 1626 gebohren; er
war der siebende Sohn Rich. Boyle, Grafen von
Cork, und für die Kirche bestimmt; er zeigte schon
früh eine entschiedene Neigung für die Wissenschaften,
und erhielt seine erste Bildung in der Lehranstalt zu
Eaton in England, wo er unter der Anleitung Har=
rison's beinahe vier Jahre zubrachte; seine weitere
Ausbildung hatte er besondern Lehrern, die ihn beinahe
unter den Augen seines Vaters unterrichteten, bei rei=
feren Jahren seinen Reisen in England und durch Frank=
reich, Italien, und die Schweiz, und seinem Aufent=
halte zu Genf, zum Theil den Schicksalen zu verdan=
ken, die ihn mit öfterer Abwechslung in jenen für
Grosbritannien und Irrland so unruhigen Zeiten tra=
fen; aber sein Charakter war so vest, sein Benehmen
so klug, und sein Geschmack für die Wissenschaften,
vornemlich aber für die Naturwissenschaften, so be=
stimmt, daß wenn ihn auch jene gewaltsame Erschüt=
terungen seines Vaterlandes öfters störten, und seine
fruchtbare Bemühungen für die Erweiterung und Ver=
vollkommnung derselbigen unterbrachen, nichts seinen
Hang

b) Usefullness of natural philosophy. App. Works. B. I.
    S. 571 - 573.

c) a. e. a. O. S. 561.

d) New experiments about the superficial figures of fluids.
    Works. B. IV. S. 2.

Hang zu denselbigen und seinen brennenden Eifer der
Wahrheit ohne Vorurtheil nachzuforschen zu unter=
drücken und ersticken vermochte; vielmehr schienen ihn
gerade diese Stürme, die so vieles Unglück in seinem
Vaterlande anrichteten, auch seine Sicherheit zuweilen
bedrohten, und eine öftere Abwechslung seines Aufent=
halts nothwendig zu machen schienen, noch mehr an
die Wissenschaften zu fesseln, welche ihm, wenn sie sein
politischer Gesichtskreis trübte, so viele Erholung ver=
schaften; denn mitten unter denselbigen verband er, der
eine ausgebreitete Bekanntschaft unter den Naturfor=
schern seines Zeitalters, vornemlich unter seinen Lands=
leuten, hatte, und ihre allgemeine Achtung genos, mit
mehreren derselbigen, einem Dr. Seth Ward, Wilh.
Petty, Thom. Willis, Glisson, Merret,
Joh. Wilkins, Jon. Goddard, Georg Ent,
Sam. Foster, Theod. Haak (aus der Pfalz),
Ralph Bathurst, Sam. Hartlieb, Joh. Wal=
lis, Rook, Matth. und Chrph. Wren, Rob.
Hooke, Heinr. Oldenburg (von Bremen), Joh.
Beale, Joh. Evelenn, einem Lord Brounker
und Brereton, H. Ball, Hill, Crone, Heinr.
Slingsby, Paul Neil, Thom. Hanshan,
Timoth. Clarke, sich zu einer Gesellschaft, die sich
anfangs im Stillen unter dem Namen des unsichtbaren
oder des philosophischen Collegium bald zu Oxford,
bald zu London versammlete, sich in diesen Zeiten zu=
weilen theilte, und die weitere Ausbildung der Natur=
wissenschaften zum hauptsächlichsten Gegenstand hatte,
und legte so den Grund zu der berühmten gelehrten Ge=
sellschaft, die unter Karl II. den Namen der Königl=
lichen erhielt, und sich durch ihre Verdienste um diese
Wissenschaften bis auf unsere Zeiten in ihrem vest ge=
gründeten Rufe erhalten hat.

Diese

Diese Gesellschaft gab ihm mannigfaltige Gelegenheit, nicht nur selbst, oft mit beträchtlichem Aufwande, für die Wissenschaften zu arbeiten; er lies es auch bei Männern, die es bedurften, nicht an Ermunterung und Unterstützung fehlen, und diese, oft ungebeten und unbemerkt, selbst in Zeiten eigener Noth, manchem in reichlicher Maße zufliesen.

Sein ganzes Leben war eine zusammenhängende Reihe edler und für die Wissenschaften insbesondere wohlthätiger Handlungen; nur zu frühe unterbrach sie der Tod; er starb (1691) zu London, wo er sich in den lezten 40 Jahren beständig aufgehalten hatte, in seinem fünf und sechzigsten Jahre mit der Ergebung des Weisen, zu welcher die vielen Leiden seines von Kindheit an kränklichen Körpers den ersten Grund legten, und betrauert von allen warmen Freunden der Menschheit und der Wissenschaften aus allen Ständen, die seine anmaßungslose Größe bewunderten h).

Die Anzahl seiner Schriften ist sehr beträchtlich i);
ich

---

h) der größte Theil dieser Nachrichten ist aus dem der englischen Ausgabe seiner Werke London. 1744. fol. vorgesezten Leben, und aus Bayl'es damit meist übereinstimmenden Bemerkungen (General dictionary historical and critical with the corrections and observations printed in the late Edition at Paris and interspersed with several thousand Lives never before published, the whole containing the History of the most illustrious Persons of all Ages and Nations, particularly those of *Great Britain* and *Ireland* — — with reflections on such passages of Mr. *Bayle*, as seem to favour Scepticism and the *Manichee* System, by J. P. *Bernard*, Th. *Birch*, and J. *Lockman* and the articles relating to oriental history, by G. *Sale*. London. fol. B. III 1735. S. 541 - 560.) genommen, in welchen beiden zugleich die Belege der erwähnten Thatsachen beigebracht sind.

i) Außer den Tracts, welche nicht alle seine Schriften enthalt

ich führe hier nur diejenige an, welche Beziehung auf Chemie haben, und überlasse es dem Physiker, Gottesgelehrten und Weltweisen, seine anderweitige grose Verdienste zu würdigen.

1. Certain phyſiological eſſays and other tracts written at diſtant times and in ſeveral occaſions. Works. B. I. S. 191–281. beſonders gedruckt London. 1661. 1663 und 1669. 4. 1669. 12. in lateiniſcher Sprache. Londin. 1661 und 1669. 4. Genev. 1661. 4. Amſtelod. 1667. und Lond. 1669. 12. mit der Aufſchrift: Tentamina quaedam phyſiologica. ſie enthalten:

1. Some conſiderations, touching experimental Eſſays in general oder Commentatio prooemialis.

2. Two

halten, und zu London 1669. 4. und 1674. 8. ſeinen Oper. var. welche in lateiniſcher Sprache 1677. 1695. und 1704. zu Genf 4. und einem Recueil d'experiences, der zu Paris 1679. 8. herauskamen, ſind ſeine Werke zuſammen in lateiniſcher Sprache (Opera), zu Kölln 4. in drei Bänden, der erſte 1680, beide folgende 1695, zu Genf mit der Aufſchrift: Opera omnia Philoſophica et Chemica 1714. in 4–5. Bänden in 4. zu Venedig 1695. 4. und in engliſcher Sprache (Works, die auch mehrere von und an ihn geſchriebene Briefe enthalten) und mit dem Leben des Verfaſſers zu London in Folio in fünf Bänden 1744. herausgekommen; und abgekürzt von 1699 und 1700. von D. N. Boulton, in 4. Bänden, von Pet. Shaw mit der Ueberſchrift: Philoſophical Works abriged, methodiſed and diſpoſed under the general heads. London. 1725. 4. in 3 Bänden ausgegeben worden, auſer ſehr vielen Handſchriften, welche er Herrn Smith hinterlieſ. Bayle a. a. O. S. 546. 547. ein Verzeichnis mehrerer dieſer Handſchriften. S. Works. B. I. S. 151. 152.

2. Two essays concerning the unsuccessfullness of Experiments, containing divers admonitions and observations (chiefly chymical) touching that subject oder Tentamina quaedam de infido experimentorum successu.

3. Some Specimens of an Attempt, to make chemical experiments usefull, to illustrate the Notions of the corpuscular Philosophy oder Specimen unum atque alterum, e quibus constat, quantopere experimenta chymica philosophiae corpuscularis illustrationi inserviant.

4. A physico-chemical essay containing an Experiment touching the different Parts and Redintegration of Salt-petre, oder Tentamen physico-chymicum continens experimentum circa varias, ac multiplices partes nitri et ejusdem redintegrationem, una cum Atomicis quibusdam considerationibus; indidem ortis.

5. History of Fluidity and Firmness, oder Historia Fluiditatis et Firmitatis [i]).

6. (in der zwoten englischen Ausgabe) Discourse about the absolute rest of bodies.

2. Sceptical Chemist: or Chemico-physical Doubts and Paradoxes touching the Experiments, whereby vulgar Spagirists are wont to endeavour to evince their Salt, Sulphur and Mercury, to be the true Principles of Things. Oxford. 1661. und with divers Experiments and Notes about the Producibleness of chemical Principles. 1679. 1680 und 1690. Londin. 1662. Works. B. I. S. 290–419. lateinisch mit

i) welche zu Amsterdam 1667. in lateinischer Sprache 12. auch einzeln herausgekommen ist.

mit der Aufschrift: Chymista fcepticus vel Dubia et
Paradoxa Chymico-Phyfica circa Spagyricorum principia. Rotterodam. 1661. 1662. 8. 1668. 12. Oxon.
1661. Londin. 1662. 8.

3. Some Confiderations touching the Ufefullnefs
of experimental natural Philofophy, propofed in a familiar Difcourfe, to a Friend by way of Invitation
to the ftudy of it. Oxford. 4. P. I. 1663. 1664. Works.
B. I. S. 420-462. P. II. 1664. 1669. 1671. 1672.
Works. B. I. S. 463-583. Tom. 2. 1671. Works.
B. III. S. 135-176. in lateinifcher Sprache mit
der Ueberfchrift: Exercitatio de utilitate philofophiae
naturalis. Londin. 1692. 4.

4. Experiments and Confiderations touching colours, firft occafionnally written among fome other
eflays to a Friend, and now fuffered to come abroad
as the beginning of an experimental Hiftory of Colours, with a fhort Account of Obfervations made by
Mr. Boyle about a Diamond, that fhines in the dark:
firft inclofed in a Letter written to a Friend, and
now, together with it, annexed to the foregoing
Treatife upon the fcore of the affinity between Light
and colours, and obfervations made Octobr. 27.
1663. about Mr. Clayton's Diamond, and read before the Royal Society the day following. London.
8. 1663. 1664. '670. Oxon. 1663. 4. Lond. 1664.
(1665.) 12. Works. B. II. S. 1-87. in lateinifcher
Sprache mit der Aufschrift: Experimenta et Confiderationes de coloribus &c. Londin. 1665. Amftelod.
1667. 1669. 1671. und Roterod. 1669. 12.

5 Origin of forms and qualities according to
the Corpufcular Philofophy, illuftrated by Confiderations and Experiments, written formerly by way of

Notes upon an Eſſay upon Nitre. Oxford. 1664. und
1668. 8. 1666. 1667. 4. und mit: a Diſcourſe of
ſubordinate Forms. 1667. 8. Works. B II. S.451-
542. auch in lateiniſcher Sprache. Oxford. 1669. 12.
und 1671. 8.

6. New Experiments concerning the relation between Light and Air in ſhining wood and Fiſh. Philoſoph. Tranſaction. 1668. Jan. 6. nr. XXXI. S. 881.
Works. B. II. S. 555-562.

7. Obſervations and Trials about the Reſemblan-
ces and Differences between burning Coal and ſhining
wood. Philoſ. Tranſact. 1668. Febr. X. nr. XXXII.
S. 605. Works. B. II. S. 562-565.

8. Continuation of new Experiments phyſico-
mechanical, touching the Spring and Weight of the
Air and their Effects. The firſt part Written by way
of Letter to the night honourable the Lord of *Clifford*
and *Dungarvan.* Whereto is annexed a ſhort Dis-
courſe k) of the Atmoſpheres of conſiſtent Bodies,
ſhewing, that even hard and ſolid Bodies (and ſome
ſuch, as one would ſcarce ſuſpect) are capable of
emitting Effluvia and ſo of having Atmoſpheres.
Oxford. 1669, 4. Works. B. III. S. 1 -72.

9. Eſſay

---

k) der auch beſonders London. 1673. 8. und in lateiniſcher
Sprache mit einigen andern und unter folgender Aufſchrift: Exercitationes de atmoſphaeris corporum conſi-
ſtentium, déque mira ſubtilitate, determinata natura,
et inſigni vi Effluviorum. Subjunctis Experimentis novis, oſtendentibus, poſſe partes ignis et flammae reddi
ſtabiles ponderabilesque und cum detecta penetrabilitate
Vitri à ponderabilibus partibus flammae. Lugd. Batav.
1676. 12. herausgekommen iſt.

9. Effay about the Origin and Virtue of Gems; wherein are propofed and hiftorically illuftrated fome Conjectures about the Confiftence of the Matter of Precious Stones, and the fubjects, wherein their chiefeft virtues refide. London. 1672.8. Works. B. III. S. 214-246. lateinifch mit der Auffchrift: Specimen de gemmarum origine et virtutibus — — — inter. prete C. S. Hamburg. et Amfterod. 1673. 12. Londin. 1673. 8.

10. Tracts, containing: New Experiments touching the Relation between Flame and Air, and about Explofion. An hydroftatical Difcourfe, occafioned by fome Objections of D. *Henry More* againft fome Explications of new Experiments made by the Author of thefe Tracts. To which is annexed an hydroftatical Letter, dilucidating an Experiment about a Way of weighing Water in Water: New Experiments of the pofitive or relative Levity of Bodies under Water. About the differing Preffure of heavy Solids and Fluids. London. 8. 1672. und 1691. Works. B. III. S. 247-260.

11. Some Obfervations about fhining Flefh both of Veal and of Pullet, and that without any fenfible putrefaction in thofe bodies. Philofophical Transactions. 1672. Dec. 16. nr. LXXXIX. Works. B. III. S. 304-306.

12. Effay of the ftrange Subtilty, great Efficacy, determinate Nature of Effluviums. To which are annexed new Experiments to make Fire and Flame ftable and ponderable, with additional Experiments about arrefting and weighing of igneous Corpufcles, together with a Difcovery of Pervioufnefs of Glafs to ponderable Parts of Flame. London. 1673. 8. Works.

B. III. S. 309-356. auch ins lateinische überfezt [1]).
Londin. 1673. 8.

13. New Experiments about the Relation between Air and the Flamma vitalis of Animals. Works. B. III. S. 261-264.

14. Tracts, containing Suspicions about some hidden qualities of the Air; with an Appendix touching Celestial Magnets, and some other Particulars. Animadversions upon Mr. *Hobbe's* Problemata de vacuo. A Discourse of the Cause of Attraction by Suction. Oxf. 1674. 8. London. 8. 1674. 1691. 12. 1676. Works. B. III. S. 458-503. auch in das lateinische überfezt.

15. An account of the two Sorts of *Helmontian Laudanum*, together with the way of the noble Baron F. M. van *Helmont*, of preparing his Laudanum. Philosoph. Transact. 1674. Oct. 26. Nr. CVII. S. 147. Works. B. III. S. 507. 508.

16. A Conjecture concerning the Bladders of Air, that are found in Fishes, illustrated by an Experiment. Philosophical Transactions. 1675. Apr. 25. nr. CXIV. S. 310. Works. B. III. S. 546.

17. Ten new Experiments about the weakened Spring, and some unobserved Effects of the Air, where occur not only several Trials to discover, whether the Spring of the Air, as it may divers ways be increased, so may not by other ways than Cold or Dilatation be weakened; but also some odd Experiments, to shew the Change of Colours producible in some solutions and precipitations by the Operation of the Air. Philosoph. Transact. 1675. Dec. 27. Nr. CXX. S. 467. Works. B. III. S. 553-557.

18. An

1) s. Anmerk. k.

18. An experimental Difcourfe of Quickfilver growing hot with Gold. Philofoph. Tranfact. 1676. Febr. 21. nr. CXXII. S. 515. Works. B. III. S. 557-564.

19. Experiments, Notes &c. about the mechanical origin or production of divers particular qualities: among which is inferted a Difcourfe of the Imperfection of the Chemift's Doctrine of Qualities; together with fome Reflections upon the Hypothefis of Alcali and Acidum, and likewife difcourfes of the mechanical origin of Heat and Cold: Eperiments and Obfervations about the mechanical production of Taftes: Of Odours: Advertifement about the Experiments and Notes relating to chemical Qualities: Experiments and Notes about the mechanical origin and production of Volatility: Of Fixednefs: Of Corrofivenefs and Corrofibility: Of the mechanical caufes of chemical Precipitation: Experiments and Notes about the mechanical Production of Magnetifm, and of Electricity. London. 8. 1675. 1676. 1690. 1692. Works. B. III. S. 565-652. in lateinifcher Sprache. Lond. 1676. 8. und bei Manget Biblioth. Script. medic. B. I. Th. I. S. 356.

20. Hiftorical Account of a Degradation of Gold made by an Anti-Elixir, a ftrange chemical Narrative. London. 4. 1678. 1689. 1739. Works. B. IV. S. 13-19.

21. Short Memorial of fome Obfervations made upon an artificial Subftance that fhines without any preceding Illuftration. Works. B. IV. S. 10-13. Hooke Lection. Cutlerian. Lond. 1678. Nr. II. S. 57.

22. A new Lamp. Works. B. IV. S. 38. Hooke Philofophic. Collections. Nr. II. S. 33.

23. The Aërial Noctiluca, or ſome new Phae-
nomena, and a procefs of a factitious felf - ſhining
ſubſtance. London. 1680. auch 1682. 8. Works.
B. IV. S. 19-37. auch in lateiniſcher, und mit der
Aufſchrift: die lufftige Noctiluca, oder etliche neue
Phaenomena, ſamt einer Anleitung allerhand Phoſpho-
ros, und ſelbſt ſcheinende Weſen zu bereiten. Aus dem
Engliſchen ins Teutſche überſetzt, durch J. L. M. C.
Hamburg. 1682. 8.

24. New Experiments and Obſervations made
upon the icy Noctiluca: to which is added a chemical Paradox grounded upon new Experiments, making
it probable, that chemical Principles are transmuta-
ble: ſo that out of one of them others may be produced. London. 1681. auch 1682. 8. Works. B. IV.
S. 70-95.

25. A continuation of new Experiments phyſico-
mechanical touching the Spring and Weight of the
Air and their Effects: The ſecond part, wherein are
contained divers Experiments made both in compreſ-
ſed and alſo in factitious Air, about Fire, Animals &c.
Together with a Deſcription of the Engines; wherein
they were made. London. 1680. 1681. 1688. 8.
Works. B. IV. S. 96-158. lateiniſch 1688. 8.

26. Letter to the learned Dr. J. Beale concerning
freſh Water made out of Sea - Water, printed at the
deſire of the Patentees. Works. B. IV. S. 159. 160.
und in R. Fitz-Gerald Salt Water ſweetened, or a
true account of the great advantages of this new invention both by ſea and land, together with a full
and ſatisfactory anſwer to all apparent difficulties.
Alſo the approbation of the college of phyſicians.
London. 1683. 8.

27. Memoirs for the natural Hiftory of human Blood, efpecially the Spirit of that Liquor, with an Appendix. London. 1684. und 1685. 8. Works. B. IV. S. 161-205. auch in lateinifcher Sprache mit der Auffchrift: Apparatus ad hiftorium naturalem fanguinis. Londin. 1684. 8. auch bei Manget a. e. a. O. S. 447.

28. Experiments and Confiderations about the Porofity of Bodies, in two Effays. London. 1684. 8. Works. B. IV. S. 206-230. lateinifch mit der Auffchrift: Tentamen porologicum ad porofitatem tum Animalium tum Solidorum detegendam. auch zu London 1684. 8. (Halier) 4.

29. Short memoirs for the natural experimental Hiftory of mineral Waters, adreffed by way of Letter to a Friend. London. 1685. 8. 1686. 12. Works. B. IV. S. 231-250. auch in lateinifcher Sprache bei Manget a. e. a. O. S. 447. 448.

30. An Effay of the great Effects of even languid and unheeded motion: whereunto is annexed an experimental Difcourfe of fome little obferved Caufes of the Infalubrity and Salubrity of the Air, and its Effects. London. 8. 1685. 1690. 1697. Works. B. IV. S. 251-298. ins lateinifche überfezt bei Manget a. e. a. O. S. 450. 451.

31. Of the Reconcileablenefs of fpecific Medicines to the corpufcular Philofophy: to which is annexed A Difcourfe about the Advantages of the Ufe of fimple Medicines. London. 1685. 8. 1686. 12. Works. B. IV. S. 301-338. in lateinifcher Sprache zu London mit der Ueberfchrift: Tractatus de remediorum fpecificorum concordia cum Philofophia corpufculari. 1686. 8. und 4. auch bei Manget a. e. a. O. S.

S. 448. 449. zu Genf 1687. 4. in franzöſiſcher von
Roſtagni 12. 1688. 1689.

32. Curioſities in Chymiſtry, being new Experiments and Obſervations, concerning the Principles
of natural Bodies, written by a perſon of honour,
and publiſhed by his Operator. H. G. London.
1691. 8.

33. Experimenta et Obſervationes phyſicae, whe-
rein are briefly treated of Several Subjects relating to
Natural Philoſophy in an experimental way. To
which is added a ſmall Collection of ſtrange Reports.
P. I. 1690. 1718. 12. 1691. 8. Works. B. V.
S. 75 - 104.

Werke, die erſt nach ſeinem Tode herauskamen.

34. The general hiſtory of the Air deſigned and
begun. London. 1692. 4. Works. B. V. S. 105-197.

35. Medicinal Experiments, or a Collection of
choice remedies for the moſt part ſimple and eaſily
prepared (eigentlich eine zwote Ausgabe der 1688 her-
ausgekommenen Receips ſent to a Friend in America,
mit einer neuen Vorrede und einem zweiten Theile)
London. 12. 1692. 1693. 1694. und 1696. und mit
einem dritten Bande 1698. 1731. (8.) 1743. Works.
B. IV. S. 464-514. teutſch überſezt mit der Aufſchrift:
R. Boyle's Mediciniſche Experimente oder Hundert
zuſammengetragene außerleſene Arzneymittel, welche
meiſtentheils ſchlecht und leicht zu verfertigen. Aus
dem Engliſchen ins Teutſche überſetzt. Leipzig. 1692.
12. 1704. 8.

36. A paper of the honourable Rob. Boyle's de-
poſited with the Secretarys of the Royal Society Oct.
14. 1680. and opened ſince his death, being an
Account of his making the Phoſphorus. Sept. 30.
1680.

1680. Philofoph. Tranfact. 1692. nr.CXLVII. S.583. Works. B. V. S. 198.

37. An Account of a Way of examining Waters as to frefhnefs and faltnefs. To be fubjoined as an Appendix to a lately printed Letter about fweetned Water. Oct. 30. 1683. Philofoph. Tranfact. 169$\frac{2}{3}$. B. XVII. nr. CXCVII S. 627. Works. B. V. S. 199–203. ins-Teutfche überfezt bei Crell chem. Archiv. B. I. S. 100.

Boyle's Geift theilte fich unvermerkt feinem Zeit= alter mit; fein Beifpiel feuerte die Naturforfcher an, fich mehr mit der wahren Chemie zu befchäftigen, und durch ihre Hülfe die Phyfik vollkommener auszubilden; fo wurde der erfte vefte Grund der phyfifchen Chemie gelegt: Chlutinus fchrieb de metallis [m]). Duclos bemerkte[n]) 1667 am Spiesglanzmetalle, daß die Metalle bei dem Verkalken am Gewicht zunehmen, und leitete die= fen Zuwachs aus der Luft ab, aus welcher fich ein zar= ter Schwefel an das Metall feze; Neh. Grew fezte in einer Rede 1674 die Lehre von der Mifchung, von den Uranfängen aller Mifchungen, von der Natur, den Urfachen und der Kraft der Mifchung aus einan= der [o]), auch hatten J. J. Becher [p]) und Fr. Hoff=
mann

m) Differt. Vitemberg. 1666.

n) Hiftoire de l'Academie Royale des fciences, depuis fon établiffement en 1666 jusqu' à 1699. B. I. à Paris. 1733. S. 21.

o) Philofophical Tranfactions. London. 4. B. X. for the Year 1675. auch abgedruckt in Mesmier Recueil d'experiences et obfervations fur le combat, qui précé- de du melange des corps &c. à Paris. 1679. 12.

p) vornemlich in feinem Alphabetum minerale feu viginti quatuor thefes chymicae de mineralium, metallorum cae- terorumque fubterraneorum genefi &c. Truro. 1682. 8.

mann P) angefangen, die Chemie zur Erklärung der
groſen Naturerſcheinungen vortheilhaft anzuwenden.

Insbeſondere fieng man an, unter ihrem Beiſtande
auf die elaſtiſche Flüſſigkeiten genauer zu achten, die,
ſo ſehr ſie auch in andern Rückſichten von ihr abwei=
chen, doch bleibende Schnellkraft mit der Luft gemein
haben: Was ſchon vor dieſer Zeit van Helmont und
Sylvius de le Boe, was in derſelbigen Boyle
geleiſtet haben, iſt anderwärts erwähnt; ſchon er lei=
tete das Knallen, Aufbrauſen und Gähren (freilich,
worinn er wieder zu weit gieng, ganz) von dergleichen
aus den Körpern austretenden Stoffen ab q): Chrph.
Wren kannte (ſchon 1664) ſowohl das Gas, welches
aus gährenden Feuchtigkeiten und bei dem Aufbrauſen
mit Säuren aus Laugenſalzen und mancherlei Erden
austritt, als das Salpetergas, gab eine Art an,
wie ſie aufgefangen werden können, und hatte ſchon
wahrgenommen, daß das erſtere vom Waſſer nach
und nach verſchluckt wird, das lezte nicht r); Rob.
Moray erzählt ſieben Beiſpiele von der tödlichen
Wirkung einer ſolchen Gasart auf Menſchen, welche
davon wie vom Bliz getroffen waren s), Pope t) die
Schädlichkeit des Luftkreiſes in der Höle von Agnano,
Ehrenf. Hagedorn diejenige des ſogenannten Kohlen=
dampfes u); Thom. Birch diejenige einer Luft, welche
durch)

p) vornemlich in ſeinen Disquiſition. phyſic. curioſ. experimentis et obſervationibus curioſis mechanicis ac chymicis illuſtrat. Hal. 1700. 4.
q) Philoſoph. Tranſact. a. e. a. O. nr. 122. S. 544 ꝛc.
r) a. e. a. O. S. 443 ꝛc. Anmerk.
s) a. e. a. O. B. I. for 1665 und 1666.
t) a. e. a. O.
u) Obſervationum et hiſtoriarum medico-practicarum rariorum centuriae tres. 1698. 8. Rudolſtad. et Goerliz.

durch das Athmen von Thieren verdorben war [x]:
Hugens und Papin wurden bei der Vermischung
der Salpetersäure mit Weingeist auch unter der Luft=
pumpe eine solche elastische Flüssigkeit gewahr [y]); M.
Lister beschrieb viererlei dergleichen in Kohlengruben
vorkommende schädliche, zum Theil tödliche, Gasarten,
unter ihnen auch eine, welche sich bei Annäherung des
Lichts mit heftigem Knalle entzündete [z]); Jessop [a])
und Phil. Rog. Moslyn [b]), erzählen bestimmte mit
einem solchen entzündbaren Gas in Kohlenflözen ange=
stellte Versuche [b]); Edw. Browne erwähnt solcher
Gasarten, welche in den ungarischen Bergwerken vor=
kommen, und allerlei Krankheiten verursachen sollen [c]);
Hodgson einer Entzündung in einer Kohlengrube,
welche wahrscheinlich ein solches entzündbares Gas zur
Ursache hatte [d]), auch Shirley eines entzündbaren
Gas, welches von einer Quelle in Lancashire auf=
stieg [e]), Luc. Ant. Portius aus Neapel der schädli=
chen Luftart, welche in der Hundsgrotte und andern
dergleichen Hölen vorkommt [f]), Sam. Ledel, ein
Arzt aus Görliz berichtet Todesfälle in Kellern, welche
mit

x) History of the royal Society of London for the improvement of natural knowledge. London. 4. B. II. 1668.

y) die dem sogenannten ätherischen Salpetergas nahe kam.
Philosophical Transactions. B. X. 1675. nr. 119.
S. 443 2c.

z) a. e. a. O. nr. 117. S. 391.

a) a. e. a. O. nr. 119. S. 450 2c.

b) a. e. a. O. B. XII. 1677. nr. 136. S. 895.

c) a. e. a. O. B. IV. 1669. nr. 48.

d) a. e. a. O. B. XI. 1676. nr. 130.

e) a. e. a. O. B. II. 1667. nr. 26. S. 482.

f) Differtationes variae. Venet. 1683. nr. II.

mit Gewürzen f) oder gährendem Wein gefüllt waren,
auch Nachtheile von angeblichen Ausdünstungen des
Kupfers h): Auch Boccone erwähnt i) solcher schäd»
lichen Gasarten, welche z. B. in Umbrien viele Vögel
tödten, und Tavernier k) schneller Todesfälle, wel»
che davon erfolgen, Wolfstrigel l) und Voll»
gnad m) eines brennbarem Gas in einem Brunnen,
de la Morandiere n) eines Mannes, welcher davon
bei dem Reinigen eines Brunnens getödtet wurde, Luf.
Pozzi o) drei anderer, die über der Reinigung einer
Kothgrube todt blieben; J. Beaumont p) des ent»
zündbaren Gas in unterirrdischen Stollen; der wiene»
rische Lehrer J. J. Pisanus eines solchen sich entzün»
denden Gas aus einem Thiermagen q): Schon 1668
erklärte sich der englische Arzt J. Mayow r), doch
ohne

f) Ephemerid. Acad. Caesar. Natur. Curiof. Dec. II.
Ann. 3. obf. 155.

g) a. e. a. O. Dec. III. ann. 2. obf. 45.

h) a. e. a. O. Dec. II. ann. 9. obf. 2.

i) Offervazioni naturali, ove fi contengono materie medico - fifiche e di botanica. Bologna 1684. 12.

k) Voyages. Paris 1676. 4.

l) Mifcellanea curiofa five Ephemerid. Medico - Phyficar.
Acad. Caefar. Natur. Curiofor. Dec. I. ann. 1. Lipf.
1670. 4. obf. XXXIII.

m) a. e. a. O. ann. 4. et 5. Francof. et Lipf. 1676. obf.
CLXXI.

n) bei Nik. de Blegny Opufc. medic. varia felectior.
argumenti. Lipf. 1690. 8.

o) Medicin. Pars prior theoretic. Lugd. Bat. 1681. 8.

p) bei Rob. Hooke Philofophic. Collections. 1679. 4.
nr. 1.

q) Ephemerid. medico - phyfic. Acad. Caef. Natur. Curiof.
Dec. I. ann. 2 obf 77.

r) Opera omnia medico - phyfica. Hag. 1681. 8. und in
hollän»

ohne eigene Verſuche, das Athemholen dadurch, daß
die Lungen der Thiere aus der Luft einen darinn befind=
lichen Stoff (er nannte ihn Salpeter) einſaugen, der
in die Lebensgeiſter übergehe, und dem Blute Wärme
mittheile; Heinr. Mund, ein anderer Arzt zu Ox=
ford *), Ludw. Mar. Barbieri t) und J. B. Gio=
vannini t) traten dieſer Meinung bei u); auch der
kielifche Lehrer und holſteiniſche Leibarzt, J. Nik. Pech=
lin, leitete das längere Aushalten mancher Taucher
unter Waſſer von reichlicherem Luftſalpeter ab x), und
zween pariſiſche Aerzte Guid. Er. Emmerez und Al.
Littre y) legten der Luft eine nährende Kraft bei;
ſchon Fr. Slare ſchrieb die blühende Farbe des Blu=
tes der Luft zu z): Leonh. v. Capoa beſchrieb meh=
rere Hölen, deren Luftkreis durch ſeine tödliche Wir=
kungen

holländiſcher Sprache. Amſterdam 1683. vornemlich aber
1) Tractat. duo, de reſpiratione prior, alt. de rhachiti-
de. 8. Oxen 1668. Leid 1671. 2) Tractat quinque
medico - phyſic 1. de ſalnitro et Spiritu nitri aëreo.
2. De reſpiratione. 3) De reſpiratione fetus in utero
et ovo. 4) De motu muſculari et ſpiritibus animalibus.
5) De rachitide Oxon. 8. 1669 und 1674.

s) βιοχρησολογιχ ſ. commentarii de aëre vitali, de eſculentis et potulentis, cum corollario de parergis in victu.
8. Oxon. 1680. 1685. Londin. 1681. Francof et Lipſ.
1685. 2. Opera omnia medico - phyſica de aëre vitali,
eſculentis et potulentis, cum append. de parergis in
victu, et chocolata, thea, coffea, tabaco. Leid 1685. 8.

t) Spiritus nitro-aërei operationes in microcoſmum Bonon.
1681. 12.

u) Differt. ſur la fermentation, ſur le nitre et ſur l'air.
Toulouſ. 1685. 12.

x) De aëris et alimenti defectu. Kilon. 1676. 8.

y) Ergo aër hominem nutrit. Pariſ. 1689.

z) Philoſoph. Transfact. 1682. nr. 204.

kungen berüchtigt war, und leitet diese, die er mit
Schwefeldampf vergleicht, davon ab, daß die schäd=
liche Gasart die Luft aus den Lungen treibt [a]): Der
pästliche Leibarzt J. Mar. Lanciſi zeigte zuerſt mit
Gründlichkeit und Nachdruck die höchſt nachtheilige
Wirkſamkeit des Sumpfgas, und den wichtigen Ein=
flus, den es auf die Erzeugung und Verſchlimmerung
vornemlich umgehender Krankheiten, auch ganzer Län=
der, hat, aus der mediciniſchen Geſchichte ſeiner Vater=
ſtadt und der umliegenden Gegend [b]): Schon Joh.
Bernoulli leitete das Aufbrauſen der Säuren mit
Laugenſalzen von einer Luft ab, welche jene aus die=
ſen entbinden [c]): Fr. Hoffmann zeigte, durch ein
ſehr einleuchtendes Beiſpiel darzu aufgefordert, die
Schädlichkeit und Tödtlichkeit des ſogenannten Kohlen=
dampfs [d]), und J. de Tertiis machte auf die Aus=
dünſtungen von Stroh aufmerkſam, die er für heilſam
erklärte [e]).

Auch die Entdeckung des Phosphors und ſeiner
äuſerſt merkwürdigen Eigenſchaften hatte die Aufmerk=
samkeit

a) Lezioni intorno alla natura dello moffete. Napoli.
  1683. 4. Cologn. 1714. 8.

b) 1. De nativis et adventitiis aëris Romani qualitatibus.
  Rom. 1711. 4. 2. De noxiis paludum effluviis eorumque remediis. L. I. II. Rom. 4. 1716. 1717. et cum
  hoc libro. 3. Quinque epidemiae perniciofarum et ca-
  ftrenfium febrium, quae diverfas pontificiae ditionis ur-
  bes pene vaftaverunt.

c) Difp. de effervefcentia et fermentatione. Bafil. 1690. 4.

d) Bedenken von dem tödlichen Dampfe der Holzkohlen.
  Halle 1716. 8. und de fumo carbonum noxio et quan-
  doque lethali. Opufc. theologic. phyfic. medic. diaetet.
  1719. T. V.

e) de curiofiſibus l. in quo natura ftramentorum for-
  mationis et qualitatis, odoris et effluviorum explicantur. Lugd. Bat. 1686. 8.

samkeit der Naturforscher rege gemacht: Schon vor
1674 hatte der Amtm. Chn. Adph. Balduin zu
Grofenhain in Sachfen wahrgenommen, daß eine bis
zur Trockenheit abgerauchte Auflöfung der Kreide in
Salpeterfäure, die noch nach ihm Balduinifcher
Phosphor heist, wenn fie einige Zeit am Lichte gele=
gen hatte, im Dunkeln leuchte f); und noch früher
das Leuchten des zwifchen Kohlen geglühten Schwer=
fpats von Bologna der Schufter Cafciorolo ent=
deckt g); aber mehr Auffehen, als beide, erregte der
Harnphosphor, den, etwa um diefelbige Zeit, wie
Balduin den feinigen h) ein verunglückter Kauf=
　　　　　　　　　　　　　　　　　　　　mann

f) 1. J. Kunckel v. Löwenftern Laboratorium chy-
　micum. Hamburg und Leipzig 8. 1716 Th. III. S.
　656 ꝛc. 2. Chn. Ad. Balduin Ephemerid. medico-
　phyfic. Acad. Caefar. Nat. Curiof. Dec. I. ann. 4. et 5.
　ann. 1673. et 1674. Francof. et Lipf. 1676. 4. app.
　S. 99 - 157. Philofoph. Tranfact. B XI. for 1676.
　nr. 131. 132. B. XII. for 1677. nr. 135. und Aurum
　fuperius et inferius aurae fuperioris et inferioris herme-
　ticum, et Phofphorus hermeticus, f. Magnes luminaris.
　Francof. et Lipf. 1675. 12 auch abgedruckt bei Man=
　get Biblioth. chemic. curiof B II. S. 856 - 874.
　auch Hermes curiofus, five inventa et experimenta phy-
　fico-chymica nova Norimb. 1683. auch in Ephemerid.
　medico-phyfic. Acad. Caefar. Natur. Curiof. Dec. II.
　ann. 1. Norimb 1683. 4.

g) Chn Menkel Ephemerid. medico-phyfic. Ac. Caefar.
　Nat. Curiof. a. e. a. O. und Lapis bononienfis in obfcu-
　ro lucens, collatus cum phofphoro hermetico. Cl. Chr.
　Ad *Balduini* cognomine Hermetis &c. nuper edito, et
　cunctis naturae indagatoribus ulterioris fcrutinii ergo
　exhibitus. Bielefeld. 1675. 12.

h) wenigftens erzählt a. e. a O. S. 660., J. Kunckel,
　diefer feie kaum einige Wochen alt gewefen, als er auf
　einer Reife, die er dahin gemacht hatte, zu Hamburg
　von Brand's Erfindung hörte.

mann Brand, als er, um sich wieder aufzuhelfen, zur
Verfertigung des Steins der Weisen und chemischer
Arzneien seine Zuflucht nahm, und unter andern Ma=
terialien auch auf den Harn gekommen war, entdeck=
te ¹); Kunckel hatte kaum davon gehört, als er dem
Erfinder das Geheimnis der Bereitung abzulernen
suchte, und machte inzwischen in der ersten Freude sei=
nes Herzens einem seiner chemischen Freunde, Krafft
zu Dreßden, diese Entdeckung kund; dieser reiste, so
wie er den Brief erhalten hatte, nach Hamburg ab,
trat mit Brand in Unterhandlungen, kaufte ihm das
Geheimnis, mit der ausdrücklichen Bedingung, es
Kunckeln nicht zu offenbaren, für 200 Reichsthaler
ab, und trieb damit schon zu Hannover ᵏ), noch mehr
aber in England, wo er insbesondere (schon 1677)
R. Boyle und der zu London aufkeimenden Gesell=
schaft der Wissenschaften die äuserst auffallende Eigen=
schaften dieses Körpers zeigte, und Erstaunen und Bewun=
derung erregte, grosen Wucher: durch dieses Betra=
gen entrüstet, fieng nun Kunckel an, selbst darauf zu
arbeiten, und, weil er bereits wuste, daß Brand
seinen Phosphor aus Harn erhalten hatte, es mit die=
sem ernstlich zu versuchen; es gelang ihm auch wirklich
ihn zu erhalten ¹); diesen Fund und seine Freude dar=
über theilte er dem wittenbergischen Lehrer, Georg Kasp.
Kirchmaier mit, der sowohl diese zweite Erfindung
des Phosphors, als einige damit angestellte Versuche
bekannt machte ᵐ); durch ihn, durch J. S. Els=
holz,

i) J. Kunckel a. e. a. O. S. 660. 661. G. W. Leib=
   niß Miscellanea Berolinensia. B. I.

k) J. Kunckel a. e. a. O. S. 661.

l) J. Kunckel a. e. a. O. S. 663.

m) Dissert. Noctiluca constans et per vices fulgurans diu-
   tissime quaesita, nunc reperta. Witteberg. 1676. 4.

Holz n), Rof. Lentilius o), B. Albinus, der ihn schon aus der Kohle von Senf und Kreſſe zu gewinnen wuſte p), und durch Kunckel, der ihn auch
unter mancherlei Geſtalten bringen lernte, und kräftige
Arzneien daraus bereitete q), Fr. Hoffmann r) und
Brand s) ſelbſt wurden ſowohl die auszeichnende Eigenſchaften dieſes Phosphors, als zum Theil die Art
ihn zu erlangen in Teutſchland, durch die Tſchirn-
hauſen t), Caſſini u), Homberg x) in Frankreich, durch P. Boccone y) in Italien, in England
durch Boyle und Slare z) allgemeiner bekannt.

Ueber-

n) Ephemerid. medico-phyſic. Acad. Caeſ. Natur. Curioſ.
Decur. I. ann. 8. Wratislav. et Breg. 1678. 4. obſ. XIX.

o) ebendaſ. Dec. II. ann. 4. Norimb. 1686. obſ. CLXI.

p) diſſ. de phoſphoro liquido et ſolido. Francof. ad Viadr.
1688. 4.

q) Oeffentliche Zuſchrift von dem Phoſphoro mirabili und
deſſen leuchtenden Wunder-Pilulen. ſammt angehängten Diſcurs, von dem weyland recht benahmten Nitro,
jetzt aber unſchuldig genannten Blut der Natur. Leipzig
1678. 8. auch in ſeinen Curioſen chymiſchen Tractätlein.
Frankfurt und Leipzig 1721. nr. IV. S. 287-326.

r) Obſervat. chymic. ſelect. Hal. 1736. 4. L. III. Obſ. XIV.
S. 304-308.

s) der am Ende das ganze Geheimnis um einen geringen
Preis lehrte. Kunckel Laborator. chymicum a. a. O.
S. 663.

t) Hiſtoir. de l'Académie royale des ſciences depuis ſon
établiſſement, en 1666 jusqu' à 1699. B. I. 1733. à
Paris. S. 342.

u) ebendaſ. S. 343.

x) Memoir. de mathematique et de phyſique de l'Academie des ſciences à Paris. ann. 1692. Amſterd. 1746. 8.
S. 101 ꝛc. 133 ꝛc.

y) Oſſervazioni naturali, ove ſi contengono materie me-

H 3 dico-

Ueberhaupt lebte der Geist der Selbstprüfung unter den Naturkundigen wieder auf; man bekam mehr Geschmack an Versuchen, die, wenn sie auch oft blose Liebhaberei oder Neugierde zur Absicht hatten, und bei weitem nicht alle den Stempel der Wahrheit tragen, oder zu den daraus gezogenen Schlüssen berechtigen, doch nach und nach die Bahn brachen, und von helleren Köpfen darzu genützt wurden, den Grund der Scheidekunst besser zu legen, als es bis dahin möglich gewesen war.

In Schweden hatte sich der Königliche Leibarzt Urb. Hiärne aus Ingermannland, als ein sehr geschickter, glücklicher und fleißiger Scheidekünstler berühmt gemacht; er stellte in dem Königlichen Laboratorium zu Stockholm ganze Reihen, zum Theil sehr wichtiger, Versuche an, welche er öffentlich bekannt machte [a]); er schon nahm die Zerlegung verschiedener Gewächse [b]) vor, kannte bereits die Ameisensäure [c]), und hatte sich sowohl von dem Zuwachs der Metalle bei dem Verkalken durch eigene Versuche [d]), als davon überzeugt, daß zwar das flüchtige Laugensalz, welches man bei dem trockenen Destilliren der Gewächse erhalte,

dico‐fiſiche, e di botanica, produzioni naturali, foſfori diverſi, fuochi ſotterranei d'Italia ed altre curioſità, diſpoſte in trattati familiari, e dirette a varii Cavalieri. Bologn. 1684. 12. obſ. I.

z) Philoſoph. Tranſact. B. XIII. for 1683. nr. 150.

a) Acta et tentamina chymica, in laboratorio Holmienſi peracta. Holm. T. I. 1706. II. 1712. 4. cum annotat. J. G. *Wallerii*. 1750. 8.

b) a. e. a. O. B. II. und analyſis lichenis islandici. Holm. 1714.

c) Art. et tentamin. chym. B. II.

d) ebendaſ. Tent. 5. S. 112‐124.

halte, erst durch die Hize gebildet werde e), aber das
feuerveste, welches sich aus der Asche auslaugen lasse,
schon zuvor in der Pflanze zugegen gewesen seie f); er
zog mehrere gute Scheidekünstler, vornemlich unter seinen Landsleuten, und gab eine trefliche Anleitung zu
Prüfung von Gesundwassern, worzu er insbesondere
die damals noch wenig bekannte gegenwirkende Mittel
anwandte, und hat die Untersuchung einiger schwedischen Wasser öffentlich bekannt gemacht g).

In Dännemark machten Er. Bartholin, der jüngere Bruder h), und Thom. Bartholin i), der Sohn
des ältern Th. Bartholin, auch Ol. Borrich k), der
sich schon durch seinen Conspectus scriptorum chimicorum
cele-

e) ebendaf. Tent. 3. S. 52 - 72.

f) ebendaf. Tent. 6. S. 125 - 157.

g) Brevis manuductio ad fontes medicatos, et aquas minerales solerter investigandas, rite probandas ex arte
adplicandas. Holm. 1707. 12. 1. Des Wassers von
Medewi. Linköping. 1679. 12. Stockholm. 1680. 8.
1702. 4. 2. Lillawattu profware. Stockholm. 1680. 8.

h) so z. B. B. I. ann 1671 und 1672. von lange aufbe-
wahrten Eiern und Kampfer, B. V. ann. 1677 · 1679.
von der Mischung der Syrupe mit Wasser.

i) B. IV. und V.

k) er hatte B. I. aus dem Labkraut eine Säure, B. II.
aus mehreren thierischen Stoffen feuerveste, aus Vögeln
und Fischen ein flüchtiges Salz, aus Hünereiern einen
laugenhaften Geist, aus Quendel Salzkristallen; B. IV.
aus Zucker, Meth und Reis einen Geist, vermittelst
einer Auflösung in Weingeist aus Bernstein Oel erhalten,
die spanische Fliegen, (B. II.) Froschlaich, und B. V.)
den Mohnsaft untersucht, hatte bemerkt (B I), daß
wahre Silbertinctur keine blaue Farbe habe, der Salpeter (B. V.) zwar nicht entzündlich seie, in seiner Gesellschaft aber (B. I.) der Schwefel auch in verschlossenen
Gläsern brenne, (obf. 71.) der Salpetergeist mit flüchti-

H 4　　　　gen

celebriorum [1]) um die Geschichte der Scheidekunst verdient gemacht hatte, und Kölichen [m]) in den Actis medicis et philosophicis Hafnienlibus, die der ältere Th. Bartholin herausgab [n]), chemische Beobachtungen und Erfahrungen bekannt.

In

gen Oelen sich entzünde, auch, wenn er öfters über Salpeter abgezogen werde, Gold, und, selbst wenn er schon Kampfer in sich aufgelöst habe, noch Silber und Queck= silber auflöse, daß Spiesglanzmetall von der Vermischung mit ätzendem Sublimat sich erhize und zerfliese, (B. II.) vom Abziehen des Scheidewassers darüber an Gewicht zunehme, und von Laugensalzen angegriffen werde, daß (B. I.) Wasser in einem in siedendes Wasser gesenkten Glase nicht siede, bei dem Frieren nicht leichter werde, daß Eisen in Queckfilber roste, (B. II.) Thiere von Wermuth eine bittere Milch bekommen; er hatte ausen an den Stöpseln der Gläser, und in Salmiakgeist, der über schweistreibendem Spiesglanzkalke gestanden hatte, Salzkristallen, (B. V.) einen grünen Harn, (B. I.) einen schwarz färbenden Schweis, (B. IV.) am Schweise eines mit der Fusgicht behafteten Kranken eine laugenhafte, am Schweise eines Wassersüchtigen eine saure Beschaffenheit wahrgenommen.

l) Hamburg 1697. 4.

m) er beschreibt (B. II.) ein geheimes Arzneimittel, das aus der Auflösung ätherischer Oele in einem über Wein=steinsalz abgezogenen Weingeiste besteht, und liefert (B.V.) eine Untersuchung das morgenländischen Bezoars.

n) Acta medica et philosophica Hafniensia. Hafn. 4. B. I. ann. 1671. und 1672. 1673. B. II. ann. 1673. 1675. B. III und IV. ann. 1674. 1675 und 1676. 1677. B. V. 1677. 1678. 1679. 1680. Prodromus praevertens Continuata acta medica Hafniensia, quae per clementissima Regia auspicia ad veneranda majorum exempla, in sincera incrementa quarumcunque scientiarum, quae ullo modo forum medicum spectant, quotannis a Collegii Medici Regii membris, ex suis et sociis aliorum operis publici juris fiunt. 4. Hafn. 1753. Edit. nova. Hafn. et Lipf. 1775.

In den Niederlanden gab der amsterdamische Arzt Steph. Blankaart eine sehr weitläufige Sammlung fremder und eigener, zum Theil chemischer, Wahrnehmungen o) heraus, ein anderer, Ant. de Heyde eine reiche Sammlung eigener, worunter viele chemische z. B. Untersuchung des Bluts verschiedener Thiere, des Speichels, des Harns, des Eiters, Auflösungen von Kampfer, Krebs- und Bezoarsteinen, Metallen, Salzen, Harzen u. d. stehen p). Pet. van der Lahr eine Schrift de fermentatione, effervescentiis et inflammatione q).

Zu-

o) Collectanea Medico-Physica of Hollands Jaar-Register der Genees- en Natur-Kundige Aanmerkingen van gantsch-Europa &c. Beginnende med het Jaar MDCLXXX. Door eigen ondervinding en gemeenmaking van verscheide Heeren en Liefhebbere. t'Amsterd. 8. (Cent. I-IV.) 1680. Tweede en Derde Deel des Jaars MDCLXXXI. und LXXXII. (Cent. V-VII.) 1683. ins teutsche übersezt. 8. Hamburg. B. I-III. 1680. und von T(ob.) P(eucer). M. C. G. L. Leipzig 1690. 1698. doch verschieden von Stephani Blancarti Theatrum chymicum oder eröffneter Schauplatz und Thür zu den Heimlichkeiten in der Scheidekunst, von denen berühmtesten Männern, die jemals in der Scheidekunst sich selbst bemühet und davon geschrieben, als Schröder, Angelus Sala, Rolfinck, le Febure, Crollius, Charras, Beguin und andern itzo noch lebenden aufgethan, nun aber von einem Liebhaber der Kunst also ins Gesicht gestellet. Nebenst einer Vermahnung, wie die geringen Metalle und gemeinen Steine zu verbessern sind durch Kenelmus Dygbii Rittern. Mit unterschiedenen Kupffern versehen, und aus dem Niederländischen ins Hochteutsche übersetzet. Leipzig 1694. 8.

p) Experimenta circa sanguinis missionem, fibras motrices, urticam marinam, anatome mytuli et centuria observationum medicarum. Amstelodam. 1686. 8.

q) Leid. 1685. 4.

Zunächst hatte wohl das Vorbild Boyle's auf
seine Landsleute gewirkt; Jf. Newton selbst, der
durch seine wichtige Erfahrungen über die Anziehung
der Körper so vieles Licht in die Naturkunde brachte,
und selbst dem Scheidekünstler zur Aufspürung ähnli=
cher Kräfte in der Natur den Weg bahnte, stellte selbst
viele Versuche an, um eine taugliche Mischung zur
Bereitung metallischer Hohlspiegel zu finden ʳ); Dan.
Coxe stellte viele Versuche mit Pflanzen an, aus wel=
chen er, wenn er sie zuvor hatte faulen lassen, durch
Destilliren flüchtiges Laugensalz erhielt, und ließ sich
durch dieselbige zu der irrigen Folgerung verleiten, das
feuerveste Laugensalz, welches man in ihrer Asche an=
treffe, bilde sich erst durch das Feuer ˢ); Wilh.
Clarke stellte mehrere Versuche mit Salpeter an, die
er beschrieb ᵗ); G. Thompson andere, die zu seiner
Zeit grofes Aufsehen machten ᵘ); Chn. Love Morley
gab eine ganze Sammlung solcher Versuche heraus ˣ):
Rob.

r) Philosophic. Transactions. B. VII. for 1672. nr. 81.
   S. 4006 ꝛc.

s) ebendaf. B. IX. for 1674. nr. 101. und 108. S. 4 ꝛc.
   196 ꝛc

t) Historia naturalis nitri. Lond. et Francof. 1675. 8.

u) Experimenta admiranda cum obfervationibus infolitis
   Medico- Chymicis. ed. Rich. *Hoppe.* Lond. 1680. 8.

x) Collectanea chymica Leidenfia, i. e. *Maetfiana, Marc-
   graviana,* le *Morriana,* Scilicet trium in Academia
   L. B. Facultatis Chymicae profefforum nunc viventium
   ac docentium, qui ifthaec Difcipulis fuis, per hos annos, non folum oftenderunt, verum etiam fuis verbis
   dictarunt. Opus quingentis et amplius Proceffibus adornatum. Lugd. Batav. 4. 1684. 1688. 1696. ins Teut=
   fche überfezt mit der Auffchrift: Chrph. L. Morley Collectanea Chymica Leydenfia oder mehr als 700 chymifche
   Proceffe. Jena 8. 1696. 1700. nunc autem plurimis
                                                    novis

Rob. Hooke machte in seinen Lectiones Cutlerianae [y]), in seinen Lectures and Collections [z]), und in seiner Collection of lectures [a]), mehrere dergleichen bekannt: Ein Ungenannter gab unter der Aufschrift: Chymia curiosa [b]) eine lateinische Sammlung chemischer Versuche heraus.

In Frankreich arbeiteten schon in diesem Zeitalter mehrere geschickte und eifrige Naturforscher durch ganze Reihen anziehender und sinnreicher Versuche an der vestern Gründung der Scheidekunst: Du Clos hielt sich zwar nicht immer an Erfahrung, wie sein früherer Aufsatz über Gesundwasser [c]), sein Aufsaz über den Kalk [d]), über die Elemente [e]), und andere zeigen; aber er stellte auch Versuche mit Meerwasser, um es trink-

novis elegantoribus et accuratioribus experimentis in-structa et aucta, meliorem in ordinem redacta, ubivis correcta, a superfluis processibus mundata a Theod. *Muykens.* 8. Lugd. Bat. 1693. Amsterd. Antw. 1702. ins Teutsche übersezt. Jena 1726. 8.

y) or a Collection of lectures, physical, mechanical, geo-graphical and astronomical, made before the Royal So-ciety at Gresham Colledge. To which are added divers miscellaneous discourses. Lond. 1673.

z) P. I. II. Cometa and Microscopium. London. 1678.

a) physical, mathematical, mechanical, geographical and astronomical. Lond. 1679. 4.

b) variis non solum ex regno vegetabili, sed etiam ex minerali et animali experimentis adornata. Londin. 1687. 8.

c) Histoire de l'Academie royale des sciences à Paris de-puis son établissement en 1666 jusqu' à 1699. à Paris B. I. 1733. S. 27-36.

d) ebendas. S. 47.

e) ebendas. B. IV. S. 1-40.

trinkbar zu machen [f]), mit Gesundwassern [g]) an; kannte Bittersalz in Salzsolen und im Meerwasser [h]), den Vitriol und ein anderes Salz, das von Kiesen auswittert [i]), das Leuchten gewissen Fleisches [k]), die Veränderungen der Koloquintentinctur durch Salpeter= säure und Weinsteinsalz [l]), das Dikwerden der Milch durch mancherlei Beimischungen [m]), und beschäftigte sich [n]), wie auch Bourdelin [o]), Marchant [p]), Dodart [q]), und Homberg [r]), mit der Zerlegung, das heist im Sinne jener Zeit, mit dem trocknen De= stilliren der Gewächse.

Bourdelin's Zerlegungen erstreckten sich aber auch auf Erden [s]), Erdharze [t]), und thierische Stoffe [u]); er

f) ebendaf. B. I. S. 50 rc.

g) ebendaf. B. IV. S. 41-120.

h) ebendaf. für das Jahr 1667.

i) ebendaf. für 1667.

k) ebendaf. für 1676 und 1677.

l) ebendaf. für 1679.

m) ebendaf. für 1668 und 1669.

n) ebendaf. für 1668 und 1669. für 1670 und 1671.

o) ebendaf. für 1675, für 1678, für 1684, für 1693; Zer= legung des Hafers ebendaf. für 1676 und 1677. des Kof= fees und der Schminkbohnen ebendaf. für 1686. B. II. 98. rc. des Löffelkrautes und wilden Salats. ebendaf. für 1687 B. II. der Kakaobohnen ebendaf. a. e. a. O. des Gummilaks ebendaf. a. e. a. O. S. 49. des Terpentins ebendaf. a. e. a. O. des Rußes. ebendaf. für 1696.

p) ebendaf. für 1678.

q) ebendaf. a. e. a. O.

r) ebendaf. für 1692.

s) ebendaf. für 1675.

t) ebendaf. für 1687. B. II. S. 50.

er unterſuchte die Urſache des Plazens bei dem Knall=
golde *), bemerkte die Veränderungen, welche Küchen=
ſalz von Scheidewaſſer und Vitriolöl erleidet ʸ), die
Erhizung und Veränderung der Stahlfeile, wenn ſie
mit Waſſer angerührt, und nachher getrocknet wird ᶻ),
die Erſcheinungen bei der Sättigung des Kochſalzgeiſtes
durch flüchtiges Laugenſalz ᵃ), und gab auf Erfahrung
gegründete Mittel an, wie Gewächsöle gereinigt wer=
den können ᵇ).

Aber am thätigſten war unter dieſen franzöſiſchen
Scheidekünſtlern Wilhelm Homberg; er unterſuchte
den Gallenſtein des Stachelſchweins ᶜ), den bologneſi=
ſchen Schwerſpat ᵈ), die Wirkung des Waſſers auf
Spiesglanz ᵉ) und einige Gläſer ᶠ), den Schwefel des
Spiesglanzes ᵍ), die Säuren ʰ), die Gewächsſalze ⁱ),
vor=

u) z. B. auf Fleiſch, ebendaſ. für 1676 und 1677. Ochſen=
galle, ebendaſ. für 1687. B. II. S. 27. Milch, eben=
daſ. 1683.

x) ebendaſ. für 1676 und 1677.

y) ebendaſ. a. e. a. O.

z) ebendaſ. 1683. B. I. S. 371.

a) ebendaſ. für 1681.

b) ebendaſ. für 1696.

c) ebendaſ. für 1683.

d) ebendaſ. für 1687.

e) ebendaſ. für 1693. S. 217.

f) ebendaſ. für 1696.

g) ebendaſ. für 1695.

h) ebendaſ. für 1695 und 1698. und hiſt. de l'Académie
royale des ſciences Année MDCXCIX. avec les memoir.
de mathematique et de phyſique pour la même Année.
Tirez des Regiſtres de cette Academie à Paris 1702. 4.
auch Ann. MDCC. à Paris 1703. 4. MDCCVIII. à Paris
1709. 4.

vornemlich die flüchtige k), die angebliche Grundstoffe
der Körper l), Schwefel m), Koth n), Blut und
feine Säure o), fo. wie die Säure andrer thierifchen
Stoffe p), Kochenille und Scharlachkörner q), das
Spiesglanzglas r), die Harze und Gummiarten s),
die Oele t), und die Wirkung des Brennglases u),
auch auf Eifen x) und Gold y), gab das Beizen der
Knochen mit einer Auflöfung des Silbers z), die Be=
reitung der Tufche a), mehrere Arten, das Oel aus
Kakaobohnen zu erzielen b), eine fchwarze Farbe auf
Wolle

i) Hiftoire de l'Academie des fciences à Paris depuis fon
établiffement &c. für 1697.

k) Hiftoir. de l'Academie des fciences &c. Ann. MDCCI.

l) ebendaf. Ann MDCCII. MDCCVI. MDCCIX.

m) ebendaf. Ann. MDCCIII. S. 38. MDCCIV. S. 384 rc.
DCCV. S. 117. und MDCCX. Hift. S. 60. Mem.
S. 302.

n) ebendaf. Ann. MDCCXI. S. 49 rc. 307 rc.

o) ebendaf. Ann. MDCCXII. S. 8 rc.

p) a. e. a. O. S. 352 rc.

q) Hiftoire de l'Académie des fciences à Paris depuis fon
établiffement &c. für 1694. und für 1698.

r) ebendaf. für 1696.

s) ebendaf. für 1698.

t) Hiftoire de l'Académie des fcieuces &c. ann. MDCC.
S. 298 rc.

u) ebendaf. ann. MDCCII.

x) ebendaf. ann. MDCCVI. S. 199.

y) ebendaf. ann. MDCCII. S. 197. MDCCVII. S. 50.

z) Hiftoire de l'Académie des fcienc. à Paris depuis fon
établiffement &c. für 1694.

a) ebendaf. für 1695.

b) ebendaf. für 1687. B. II. S. 248.

Wolle aus Blauholz und Grünspan c), eine Art Karmin aus Kochenille d), den Zusaz von Salmiak zum
Mörtel, um ihn schneller hart zu machen e), zum Reinigen des Kupfers und Mössings das Verquiken f),
des Silbers und Goldes das Schmelzen mit Schwefel, und das Verpuffen mit Salpeter, Weinstein und
Eisenfeile g), die Scheidung des Goldes vom Silber
durch Schmelzen mit Salpeter und Kochsalz h), die
Verfertigung mehrerer geheimen Schreibtinten i), das
Abhalten des Rostes vom Eisen k), das Verkalken des
Quecksilbers durch Schütteln l), die Auflösung desselbigen in mancherlei mineralischen Säuren m), das Ab-
formen geschnittener Steine in gefärbten Gläsern n),
die Bereitung einer Goldtinctur o), die künstliche Nach-
ahmung von Edelsteinen p), die bessere Vergoldung des
Eisens q), die Art durch eine Mischung von äzendem
Sub-

c) ebendaf. für 1695. S. 236.

d) ebendaf. S. 237.

e) ebendaf. für 1695.

f) a. e. a. O.

g) ebendaf. für 1697. und Histoir. de l'Académ. des sciences ann. MDCCI. S. 58.

h) ebendaf. ann. MDCCXIII. S. 87.

i) Histoir. de l'Académie des sciences depuis son établisse-
ments &c. für 1698.

k) ebendaf. ann. 1699. hist. S. 76.

l) ebendaf. ann. MDCXCIX. S. 76.

m) ebendaf. ann. MDCC. S. 268 ꝛc. 277 ꝛc.

n) Memoir. de l'Académie des sciences à Paris, ann.
MDCCXII. S. 247 ꝛc.

o) Memoir. de l'Académ. des sciences depuis son établissement &c. für 1695.

p) ebendaf. für 1696.

q) a. e. a. O.

Sublimat, Salmiak und Essig eine künstliche Frost
hervorzubringen[r]); er nahm das Auswachsen in baum-
ähnliche Gestalten nicht nur bei der Silberauflösung
wahr, sowohl wenn sie durch Quecksilber gefällt wird,
als auch, wenn sie blos mit abgezogenem Essig verdünnt, und, wie bei jeder andern Metallauflösung in
Säuren, wenn sie mit sogenanntem Kieselsafte vermischt wird[s]), sondern auch bei manchen andern selbst
Salzauflösungen unter gewissen Umständen[t]), das
Verdünsten des Wassers im luftleeren Raume[u]), an
einer Art Gold eine beinahe unheilbare Sprödigkeit,
die er einem vest darein gehüllten Smirgel zuzuschreiben geneigt war[y]), die Entzündung des dicken röth-
lichten Terpentinöls mit Vitriolöl, so wie der Oele von
ostindischen Gewürzen mit Salpetergeist[y]) wahr; er
kannte zuerst die Funken sprühende Kraft der kochsalzsauren Kalkerde, wenn sie geschmolzen und nach dem
Erstarren im Dunkeln gerieben wurde[z]), und die
Selbstentzündbarkeit verbrennlicher Stoffe, wenn sie
mit Alaun oder andern schwefelsauren Salzen geglüht
wur-

r) Memoir. de l'Académ. des scienc. à Paris. ann. MDCCI.
Hist.

s) Memoir. de l'Académ. des scienc. depuis son établissement &c. ann. 1692. S. 209 c.

t) Memoir. de l'Académ. des scienc. MDCCX. S. 516.

u) Memoir. de l'Académ. des sciences depuis son établissement &c. 1693. S. 109 c.

x) ebendas. S. 248 c.

y) Memoir. de l'Academ. des sciences. Ann. MDCCI.
S. 129 c.

z) Memoir. de l'Académie royale des sciences à Paris depuis son établissement pour 1687. B. II. S. 182 c.
pour 1693. S. 270 c.

wurden, oder die Pyrophore ᵃ); er machte, so unvoll=
kommen er sie auch kannte, die Boraxsäure zuerst deut=
lich bekannt, und zeigte den Weg, auf welchem sie aus
Borax geschieden werden kann ᵇ).

In eben diesem Zeitalter (er war 1645 zu Rouen
gebohren, und starb 1715) lebte auch Nikol. Leme=
ry, wiewohl sich seine Thätigkeit noch tief in das fol=
gende Zeitalter hinein erstreckte; er liebte sein Vater=
land so sehr, daß er ihm auch die religiöse Ueberzeu=
gungen aufopferte, deren freies Bekenntnis ihm an=
fangs Verfolgungen zugezogen, und einen Versuch in
duldsamern Ländern sich niederzulassen, veranlast hatte,
aber er liebte auch seine Wissenschaft leidenschaftlich,
und der Eifer, mit welchem er sie trieb, die rastlose
Thätigkeit, mit welcher er Erfahrungen selbst anstellte
und sammelte, um darauf ein vestes Gebäude derselbi=
gen zu gründen, wurde ihm durch den glücklichen Er=
folg vieler derselbigen, durch dem Wohlstand seines
Hauses, durch die mannigfaltige Erleichterung, die er
andern Künstlern verschafte, durch das Licht, welches
er dadurch in manchem noch düsteren Gebiete der Wissen=
schaft aufsteckte, durch die gerechte Ansprüche, die er
sich dadurch auf Dank der Zeitgenossen und Nachruhm
erwarb, reichlich belohnt ᶜ): Er suchte aus dem Auf=
schwellen und Erhizen eines feuchten Gemenges von
Eisenfeile und Schwefel, das sich wohl auch unter ge=
wissen Umständen wirklich entzündete, aus der Erschei=
nung des entzündbaren Gas bei der Auflösung des Ei=
sens

a) Memoir. de l'Académ. des scienc. à Paris. ann. 1710.
    Hist. S. 71. ann. 1711. S. 307 ꝛc.

b) ebendas. 1702. S. 44 ꝛc.

c) Fontenelle histoire du renouvellement de l'Académie
    royale des sciences à Paris. B II. S. 172 ꝛc.

Gmelin's Geschichte der Chemie. II.B.   J

sens in verdünnter Schwefelsäure den Ausbruch Feuer
speiender Berge und ähnliche Erscheinungen in der
Natur zu erklären [d]), den Borax zu zersezen [e]), und
untersuchte den Kampfer [f]), einen unreinen Salmiak
vom Vesuv [g]), und die Gesundwasser zu Vezelay in
Burgund [h]) und zu Carensac in Nieder=Rovergue [i]),
den Honig [k]) und Meth [l]), den Harn von Kühen [m]),
Wachs [n]), Manna [o]), den äzenden Sublimat [p]),
die Kelleraffeln [q]), den Feuerstoff, welchem er mit
Boyle das vermehrte Gewicht der Metalle nach dem
Verkälken zuschreibt [r]), das Gummilak [s]), rothe Ko=
rallen, aus welchen er vornemlich die Farbe auszuzie=
hen trachtete [t]), die Fällung des Goldes aus Königs=
wasser durch Laugensalze [u]), und mit vorzüglichem
Fleise durch eine zahlreiche Reihe von Erfahrungen,
                                                    die

d) Memoir. de l'Académ. des scienc. à Paris. ann. MDCC.
    S. 140.

e) ebendaf. Ann. MDCCIII. hift. S. 63.

f) ebendaf. ann. MDCCV. S. 47 2c.

g) ebendaf. a. e. O. hift. S. 83.

h) a. e. a. O.

i) a. e. a. O.

k) ebendaf. ann. MDCCVI. S. 352.

l) ebendaf. ann. MDCCVII. hift. S. 44.

m) ebendaf. ann. MDCCVII. S. 41 2c.

n) ebendaf. ann. MDCCVIII. hift. S. 64.

o) ebendaf. a. e. a. O. S. 67.

p) ebendaf. ann. MDCCIX. S. 50 2c.

q) ebendaf. ann. MDCCIX. hift. S. 48.

r) ebendaf. ann. MDCCIX. S. 520. und hift. S. 7.

s) ebendaf. ann. MDCCX. hift. S. 57.

t) ebendaf. a. e. a. O. S. 63.

u) ebendaf. ann. MDCCXII. hift. S. 47.

die er mit grofer Deutlichkeit und Offenheit beschrieb ˣ),
den Spiesglanz: der gröste Theil dieser Versuche findet sich vereiniget mit vielen andern eigenen und fremden in seinem anderwärts zu erwähnenden Cours de
chymie.

In dieses Zeitalter fallen auch die Sammlungen
von Erfahrungen aus mehreren Hülfs- und Hauptwiß-
senschaften der Heilkunde, welche der parisische Wundarzt Nik. de Blegny zu Paris 12. veranstaltet hat;
sie fassen wohl hie und da auch eine damäls neue chemische Entdeckung in sich ʸ).

In

x) Traité de l'antimoine. à Paris 1707. 12. übersezt mit
der Aufschrift: Nicolai Lemery Neue curieuse Chymische Geheimnisse des Antimonii durch mancherlei Experimenta eröffnet, und aus denen neuesten Principiis Physicis klärlich erwiesen, aus dem Französischen ins Teutsche übersetzt von Joh. Andr. Mahlern. Dresden.
1709. 8. Observations Critiques sur ce traité. Paris.
1708. 12.

y) 1. Les nouvelles decouvertes sur toutes les parties de
la medecine. 1679. 2. Le Temple d'Esculape ou de
depositaire des nouvelles decouvertes en medecine.
T. II. 1680. eigentlich, so wie die folgende insgesamt,
nur eine Fortsetzung des erstern. 3. Journal des nouvelles decouvertes. T. III. 1681. 4. Journaux de médécine,
ou observations des plus fameux Médécins, Chirurgi-
ens, et Anatomistes de l'Europe, tirés des journaux des
païs Etrangers et des Memoires particuliers envoyés à
Mr. l'Abbé de la Roque. 1683. ins Teutsche übersezt 8.
Leipzig 1690. und von J. L. M(öller). C. in 4-5 Bd.
1680-1683. Hamb. mit der Aufschrift: Monatliche neu-
eröffnete Anmerkungen über alle Theile der Arzneykunst,
zusammengebracht im Jahr 1679. durch Nic. de Blegny.
Allen der Leib- und Wundarzney zugethanen und Liebhabern zu sonderbahren Gefallen aus dem Französischen ins
Teutsche übersetzet. Und ins Lateinische von Gottl.
Bonnet in B. I-V. Genf 4. 1680-1683. mit der

J 4 Auf-

In Spanien und Italien waren die Naturforscher nicht so eifrig, die Natur durch chemische Versuche zu ergründen: Doch erwähnt der in Spanien lebende Arzt J. Bapt. Giovannini in seiner Differtation ſur la fermentation, ſur le nitre, et ſur l'air ᶻ) und Franz Redi, der ſich in andern Feldern der Naturkunde ſo bleibenden Ruhm erworben hat, einiger hieher gehörigen Erfahrungen ᵃ), Phil. Talducci a domo in einem Briefe an Adam Adamand Kochansky ᵇ) mehrere dergleichen Verſuche, vielleicht auch Jo. Franz Aggravi in ſeinem Protolume chimico ᶜ), und Bonavent. Angileri in ſeinem Lux magico - phyſica ᵈ); mehre:

Aufſchrift: Zodiacus Medico - Gallicus ſive Miſcellaneorum Medico - Phyſicorum Gallicorum Titulo Recens in Re Medica exploratorum, unoquoque menſe Pariſiis latine (potius gallice) prodeuntium Annus Primus ſcilicet MDCLXIX. Authore Nic. de *Blegny*: Acceſſere ejusdem Tractatus duo utiliſſimi, Prior de Herniis, Poſterior Obſervationes circa Luem Veneneam continens. 1680. Annus ſecundus, ſcilicet MDCLXXX. 1682. Annus tertius, ſcilicet MDCLXXXI. 1682. Annus quartus ſive Miſcellaneorum Curioſorum Medico - Phyſicorum Sylloge, continens Celeberrimorum Virorum, tum Medicorum, et aliorum Eruditorum in Gallia, Obſervationes, tum Opuſcula Medica et Phyſica, Gallice emiſſa et Latinitate donata. 1685. Annus Quintus, ſcilicet MDCLXXXIII. 1685.

z) Touloufe. 1685. 12.

a) Eſperienze intorno coſe naturali portate · dell' Indie. Fiorenz. 1671. 4.

b) Ephemerid. Acad. Caeſar. Nat. Curioſ. Dec. I. Ann. III. S. 377 - 387.

c) Parm. 1678. 4.

d) coeleſtium, terreſtrium et inferiorum origo, ordo et ſubordinatio. Viginti quatuor Voll. diviſa. P. I. de imaginibus totius mundi, primordiis rerum, praeciſe vero
de

mehrere, insbesondere in die phyſiſche Scheidekunſt einschlagende Franz Tertius de Lanis in ſeinem Magiſterio. Naturae et Artis ᵉ).

Der ſchweizeriſche Arzt J. J. Wepfer hatte aus verfaulten Weinhefen durch Deſtilliren flüchtiges Laugenſalz erhalten ᶠ), und ein anderer Heinr. Screta R. Boyles Wahrnehmung beſtätigt, daß ſich Gold, wenn es mit Queckſilber zuſammen gerieben wird, damit erhizt ᵍ).

Am meiſten belebte der Eifer, ſich dieſen Weg zur Kenntnis der Natur zu bahnen, wenn man wenigſtens aus der Menge der Schriftſteller, welche ihre Arbeiten öffentlich bekannt machten, ſchlieſen darauf, die Teutſche, die zu dieſer Zeit auf einigen ihrer hohen Schulen ſchon öffentliche Laboratoria erhielten; Joh. Mor. Hofmann, Lehrer der Arzneikunde zu Altdorf, unter welchem der Rath zu Nürnberg daſelbſt eine ſolche Anſtalt einrichten lies ʰ), beſchrieb ⁱ), wie einige Jahre früher

de metallica tum theoretice, tum mechanice. Venet. 1686. 4. P. II. Primordia rerum naturalium ſanabilium, infirmarum et incurabilium, continens, inſuper de lapide phyſico, mercurio notho. Venet. 1687. 4.

e) Opus phyſico-mathematicum, in quo occultiora naturalis Philoſophiae principia manifeſtantur, et multiplici tum experimentorum, tum demonſtrationum ſerie comprobantur, ac demum tam antiqua pene omnis artis inventa, quam multa nova ab ipſo authore excogitata in lucem proferuntur. fol. T. I. Brixiae. 1684. T. II. Brix. 1688. T. III. Parm. 1692.

f) Ephemerid. Acad. Caeſar. Natur. Curioſ. Dec. I. ann. II. 1671. obſ 38.

g) Ebendaſ. Dec. II. ann. I. 1682. obſ. 34.

h) Jo Maur. *Hofmann* Laboratorium novum chemicum apertum medicinae cultoribus cum amica ad orationem

J 3   in-

früher Joh. Andr. Stiffer[k]), der 1688 die Stelle eines Lehrers der Scheidekunst zu Helmstädt antrat[l]), die in seiner Werkstätte angestellte Versuche; der letztere erzählte schon früher einige andere[m]); der erfurtische Lehrer Kasp. Cramer, der auch de transmutatione metallorum[n]) geschrieben hatte, hinterließ unter dem Namen Collegium chymicum eine Sammlung chemischer Versuche, welche nach seinem (1682 erfolgten) Tode Vesti[o]) herausgab; Jak. Friedr. Dehn Rotfelser

inauguralem invitatione denunciat. Altdorf. 1683. juxta exemplar Altdorfinum primum recufum. Norimb. et Altd. 1719. 4.

i) 1. Acta laboratorii chymici Altdorfini. Chemiae fundamenta, operationes praecipuas et tentamina curiofa, ratione et experientia fuffulta complectentia. Norimb. et Altdorf. 1719. 4. 2. Auctarium Notas, Obfervationes et Experimenta ad Actorum Sect. I. declarationem ulteriorem neceffaria una cum Programmate invitatorio ad inaugurationem laboratorii chymici Altdorfini praemiffo, et Monumento ad memoriam pofteritatis publice erecto, ac Indice rerum ac verborum exhibens. Norimb. et Altd. 1719. 4.

k) Actorum Laboratorii chemici autoritate atque aufpiciis Sereniffimorum Potentiffimorumque Ducum Brunsv. et Lyneburg. in Academia Julia editorum. Helmft. 4. Specimen Primum, Medico - Chemica, nec non Phyfico-Mechanica obfervata quaedam rariora exhibens. 1690. Secundum 1693. Tertium 1698.

l) Commendatio Chemiae inftituta die XVII. Auguft. Anno 1688. cum — — in Illuftri ad Elmum Julia Chemiae publicam profeffionem fibi demandatam aufpicaretur. Helmftad. 1689. 4.

m) de phaenomenis quibusdam chemico - phyficis, vario experimentorum tentamine obfervatis, differtatio epiftolaris ad Theod. Kerkringium. Brunsv. 1688. 4.

n) Difput. pro licent. in medic. Erford. 1675. 4.

o) Studiofae juventuti olim propofitum, jam vero differtatio-

felfer beschäftigte sich ᵖ) nicht sowohl mit eigenen Ver=
suchen, als mit der Rüge der Folgerungen, die man
sich aus andern erlaubt, und wohl gar als sichere und
ausgemachte Grundsäze aufgestellt hat: Auch ein Arzt
Dan. Menon. Matthiä gab drei Sammlungen von
Versuchen und Wahrnehmungen ᑫ) heraus, von wel=
chen einige für die Scheidekunst gehören, mehrere die
Bereitung von Arzneien betreffen; eben so befinden sich
in den Schriften des marpurgischen Lehrers der Arznei=
kunde Joh. Tilemann ʳ), eines andern Arztes
Heinr. Kornmann, des vielgelehrten kielischen Lehrers
der Heilkunde Joh. Dan. Major ˢ), des holsteini=
schen

tationibus quinque publice dictum ac eruditorum examini submissum a Justo *Vesti,* cujus etiam accessit Observat. rariorum Decas. Francof. et Lipf. 1688. 4.

p) Diff. de experimentorum chymicorum quorumdam
regni mineralis iniqua explicatione et applicatione.
Erfurt. 1680. 4.

q) Experimentorum Medico - Chymicorum Decades. III. in
Annum 1679. 1680. 1681. quae Lectori communicant
arcanissimas Chymicorum Medicaminum Praeparationes;
Mantissae loco annectuntur. 1. Observationes miscellae,
Chymicae, Medicae, Anatomicae, et curiosae aliae hinc
inde locorum ab Auctore peregrinante collectae. 2. Disceptatio de Reformandis Pharmacopoliis et Rei medicae
superfluae et inutilis rejectione. Cui accedit Pharmacopoea Cracoviensis. Jo. *Woynae.* Francof. 1683. 12.

r) Quatuor opuscula chymiat. mathematica ultima.
1664. 4.

s) Templum naturae historicum, in quo de natura et mi-
raculis quatuor Elementorum differitur. Lipf. 1666. 8.
auch in dessen Operib. curiof in Tractat. sex distribut.
Francof. 1696. 8. abgedruckt.

t) 1. Collegium medico - curiosum hebdomatim intra aedes
privatis habendum intimat aequis Aestimatoribus studii

ex-

schen Leibarztes Joel Langelot[h]), des hamburgischen Arztes Dav. van der Becke aus Minden[x]), des pohlnischen Leibarztes Jak. Barner[y]), des chur: bran:

experimentalis. Kiel. 1670. 4. 2. Secreta naturae chymica. Francof. 1687. 4.

u) 1. Epiftola ad Praecellentiffimos Naturae Curiófos. De quibusdam in Chymia praetermiffis, quorum occafione Secreta haud exigui momenti , proque non Entibus hactenus habita candide deteguntur et demonftrantur. Hamburg. 1672. 8. abgedruckt in Ephemer. Acad. Caef. Nat. Curiof. Dec. I. ann. III. obf. 69. und überfetzt Nürnberg 1672. 8. 2. Epiftolae IV Chymicae *Beckeri, Lancelotti* &c Amfterd. et Hamburg. 1673. 8. 3. Epiftolarum circa utiliffima aliquot Chymica experimenta confcriptarum Trias. Quibus accefferunt alia circa varias et irreducibiles Auri folutiones Experimenta. Hamburg. 1673. 8.

x) 1. Experimenta et Meditationes circa naturalium rerum principia, quibus quae circa fixi et alcalifati falis ante calcinationem in mifto praeexiftentiam ac caufas volatilifationis obfcura aut dubia effe porerant, clare folvuntur. Hamburg. 8. 1674. und 1684. und vermehrt mit der Ueberfchrift: Amoenitates phyficae. 1703. 2. Epiftola ad Joelem *Langelottum,* qua falis tartari, aliorumque falium fixorum volatilifatio ex principiis ac caufis duce natura comite labore evidentiffime demonftratur. Hamburg. 1672. 8. 3. Barnerus leviter et amice caftigatus. Hamburg. 1675. 8.

y) 1. Spiritus vini fine acido, hoc eft: in fpiritu vini et oleis indiftincte non effe acidum, nec ea propterea a Spiritu urinae re vera coagulari, demonftratio curiofa, cum modo conficiendi falia volatilia oleofa, eorumque ufu. Lipf. 1675. 8. 2. Differtatio epiftolica ad Virum fummi nominis Joelem *Langelott*, feu prodromus vindiciarum ac dogmatum fuorum, quae David van der *Becke* cornicula plumis alienis ornata, in epiftola de volatilifatione Salis Tartari, ac nupero tractatu de experimentis ac meditationibus circa principia naturalia pro fuis venditavit, agiturque de genuino alcalifata volatilifandi modo. Auguft. Vindelic. 1667. 8.

brandenburgiſchen Hofarztes Joh. Sigm. Elsholtz [z]),
Pet. Specht's [a]), Chn. Adolph Balduins [b]), des
görliʒiſchen Arʒtes Ehrenfr. Hagendorn, der ſchon
Benʒoeſäure auf feuchtem Wege erhielt [c]), des vieißʒr⸗
lehrten und berühmten jenaiſchen Lehrers Georg Wolfg:
Wedel's aus der Lauſiʒ [d]), des gorhaiſchen Leibarʒtes
Dan.

z) Deſtillatoria curioſa, five Ratio ducendi liquores colo-
   ratos per alembicum, hactenus ſi non ignota, certe minus obſervata atque cognita. Accedunt *Utis Udenii et*
   Guerneri Rolfincii Non - Entia Chymica. Berolin. 8.
   1674. ins Teutſche überſeʒt mit der Ueberſchrift: Deſtil⸗
   lirkunſt. Nürnb. 1683. 12. ins Engliſche mit der Auf⸗
   ſchrift: Art of diſtilling. 1688. 8.

a) Ephemerid. Acad. Caeſ. Natur. Curioſor. Dec. I. ann.
   VI. et VII. ann. 1675 et 1676. Francoſ. et Lipſ. 1677.
   obſ. 24.

b) Hermes curioſus five inventa et experimenta Phyſico-
   Chymica nova. 1680 12. auch abgedruckt bei Manget
   Bibliothec. ſcriptor. medicor. B. I. Th. I. S. 224. und
   Ephemerid. Acad. Caeſ. Natur. Curioſor. Dec. II. ann. I.
   Norimb. 1683. append.

c) Ephemerid. Acad. Caeſ. Natur. Curioſ. Dec. I. ann. II.
   ann. 1671. Jenae 1671. obſ. 240. ann. VI. et VII. ann.
   1675 et 1676. Francoſ. et Lipſ. 1677. obſ. 16. Dec. II.
   ann. I. ann. 1682. Norimb. 1683. obſ. 163. ann. III.
   ann. 1684. Norimb. 1685. obſ. 28-33. ann. VII. ann.
   1688. Norimb. 1689. obſ. 157.

d) 1. Exercitatiorum medico-philologicarum Decades duae.
   Jen. 1686. 8. Decas tertia 1687. 4. quarta 1689. 4.
   quinta. 1691. 4. ſexta. 1692. 4. ſeptima. 1694. 4. octa-
   va. 1696. 4. nona. 1699. 4. decima. 1701. 4. Centur.
   ſecundae. Dec. I. 1704. 4. Dec. II. 1708. 4. Dec. III. 1711.
   4. Dec. IV. 1715. 4. Dec. V. 1720. 4. 2. Ephemerid.
   Acad. Caeſ. Nat. Curioſ. Dec. I. ann. II. ann. 1670.
   Jen. 1671. obſ. 196. S. 297. ann. VI. et VII. ann. 1775.
   et 1776. Francoſ. et Lipſ. 1677. obſ. 226. 227. Dec. II.
   ann. I. Norimb. 1683. obſ. 9. 13. ann. VI. Norimb.
   1688. obſ. 90. 3. Specimem experimenti chymici novi

J 5　　　　　　　　　de

Dan. Ludovici aus Weimar ᵉ), des heſſiſchen Leib-
arztes Joh. Doláus von Geismar ᶠ), Herm. Nic.
Grimm's ᵍ), Crüger's ʰ), der aus Majoranöl
ein flüchtiges Salz erhalten haben wollte, Gottfr.
Schulzens, der zuerſt die Bereitung des Zinnobers
durch Fällung lehrte ⁱ), des baſeliſchen Lehrers, Eman.
König's ᵏ), des berühmten leipzigiſchen Lehrers,
Mich.

de ſale volatili plantarum. 12. Jen. 1672. Francof. 1682.
4. Experimentum chimicum novum de ſale volatili plantarum. Jen. 12. 1675. und 1682. 5. Schediaſma de
ſale volatili oleoſo. Jen. 1711. 4.

e) 1. Diſſert. de volatilitate ſalis tartari. Goth. 1667 und
1684. 2. Ephemer. Acad. Caeſar. Natur. Curioſ. Dec. I.
ann. II. Jen. 1671. obſ. 123. ann. IV. et V. Francof. et
Lipſ. 1676. obſ. 200. 201. 203. 204. 206. ann. VI. et
VII. Francof. et Lipſ. 1677. obſ. 243 - 245. ann. VIII.
Wratislav. et Breg. 1678. obſ. 65 et 66. ann. IX. et X.
Norimb. 1679. obſ. 26. 37. 152 - 154.

f) 1. Ephemerid. Acad. Caeſar. Nat. Curioſ. Dec. I. Ann.
IX et X. Norimb. 1679. obſ. 133. 135. 2. J. J. Waldſchmid Commercium epiſtolare cum Jo. Dolaeo de diverſis argumentis rem medicam ſpectantibus. Lugd. Bat.
1688. 12. 3. J. J. Waldſchmid (et Dolaei) Decas epiſtolarum de rebus philoſophicis et medicis, quae medicinam rationalem et philoſophiam intellectualem, nec
non inventa nova et experimenta phyſica, anatomica,
chymica, ut et libros ab eruditis hinc inde in Europa
nuper editos aliaque abſtruſioris et ſelectioris argumenti concernunt. Francof. 1689. 4.

g) 1. Ephemerid. Acad. Caeſ. Natur. Curioſ. Dec. II. ann. I.
Norimb. 1683. obſ. 170. ann. III. Norimb. 1681. obſ.
CCV - CCXII. ann. VII. Norimb. 1689. obſ. 223. S.
424 ꝛc. 2. Th. Bartholini act. Hafnienſ. B. III - V.

h) Ephemer. Acad. Caeſar. Nat. Curioſ. Dec. II. Ann. V.
Norimb. 1687. obſ. 38.

i) Ebendaſ. ann. VI. obſ. 158.

k) Ebendaſ. ann. VII. obſ. 66. ann. VIII. obſ. 145. Dec.
III. ann. V et VI. Francof. et Lipſ. 1700. obſ. 140. 141.

Mich. Ettmüller's [1]), des berühmten augsburgischen Arztes Luk. Schröck [m]), des churbrandenburgischen Leibarztes Chn. Menzel von Fürstenwald [n]), Melch. Friebens [o]), Nicolai's [p]), Wille's [q], und des wirtembergischen Leibarztes, Rosin. Lentilius aus Kurland [r]), viele dergleichen, zum Theil neue chemische Versuche.

Am meisten aber haben sich bald durch Richtigkeit und Genauigkeit der Versuche, und den Scharfsinn, womit sie sie zur Erforschung der Wahrheit und Bekämpfung des Irrthums genüzt haben, bald durch Reichthum, Neuheit und mannigfaltige Brauchbarkeit derselbigen unter den teutschen Scheidekünstlern dieses Zeitalters der berühmte leipzigische Lehrer der Heilkunde,

l) 1. Chemia rationalis ac experimentalis curiosa, ed. a Jo. Chph. *Ausfeld.* Leid. 1684. 4. 2. Pyrotechnia rationalis in Operib. omn. curante Georg. *Franco.* Franc. 1688. fol. 3. Collegium chemicum. Oper. omn. cur. fil. Michael. Ernesti. Francof. 1708. fol. B. I. 4. Tentamina chymico. ebendas.

m) Ephemér. Ac. Caesar. Nat. Curiof. Dec. I. ann. VIII. Wratislav. et Breg. 1678. obf. 54. ann. IX. et X. Norimb. 1679. obf. XC. Dec. II. ann. X. Norimb. 1692. obf. 208.

n) Ebendas. Dec. I. Ann. IV et V. Francof. et Lipf. 1676. Append. Dec. II. Ann. III. Norimb. 1685. obf. 3-6. 21. Ann. V. Norimb. 1687. obf. 31. 205. Ann. VII. Norimb. 1689. obf. 1. 2.

o) Ebendas. Dec. I. Ann. VIII. Wratislav. et Breg. 1678. App. S. 281-285.

p) bei Thom. Bartholin Acta Medica et Philofophica Hafnienfia, anni 1671 et 1672. Hafn. 1673.

q) Ebendas. B. III. 1677.

r) 1. Ebendas. B. V. 1680. 2. Ephemerid. Acad. Caefar. Natur. Curiof. Dec. II. Ann. IV. Norimb. 1686. obf. CLXI. CLXII. Ann. V. Norimb. 1687. obf. CC-CCIII.

de, Joh. Bohn, der Vielwisser und Schwärmer,
Joh. Joach. Becher, Römisch-Kaiserlicher Kammer-
und Commercienrath, aus Speier ⁸), Joh.
Kunckel, aus Holstein, der zuletzt zum Lohn seiner Verdienste
vom Könige von Schweden Karl XI. den adelichen Beinamen von Löwenstern erhielt ᵗ), und der berühmte
hallische Lehrer Friederich Hoffmann ausgezeichnet.

Nicht so fruchtbar an chemischen Schriften ᵘ), und
nicht so reich an chemischen Versuchen, als die andere, war, da er sich auch mit andern Hülfs- und Haupt-
wissenschaften der Arzneikunde beschäftigte, Joh. Bohn;
aber er war behutsamer und strenger in den Folgerungen, aus diesen Versuchen; er bemerkte zuerst, daß
und unter welchen Umständen das feuerveste Gewächslaugensalz in Kristallen anschiest ˣ); er nahm schon
wahr,

s) Man hat ein Bild von ihm mit der lateinischen Umschrift: JO. JOACH. BECHERI, Medici, Chymici et Po-
lyhistoris celeberrimi effigies ad vivum delineata Vien-
nae Austr. A. 1675. Natus Spirae Nemetum circa A.
1625. Denat. Londini in Anglia A. 1682. Symbol.
Fidem, Famam, Scientiam, Pecuniam, Vitam, Tran-
quillitatem ipse cura, neque alios in hoc offende, mit
einem aufgeschlagenen Buche, worinn die Worte stehen:
Conscia mens recti Famae mendacia ridet: Und ein anderes mit teutscher Umschrift: D. JOHANN JOACHIM
BECHER, von Speyer, Röm. Kayserl. Majestät Cammer-
und Commercien - Rath &c. Nat. A. 1635. Den.
A. 1682.

t) von ihm steht ein Bild sowohl vor seiner Glasmacher-
kunst, als vor seinem Laboratorium chymicum.

u) dahin gehören vorzüglich seine Dissertationes Chymico-
Physicae, Chymiae finem, Instrumenta et Operationes
frequentiores explicantes, cum Indice Rerum et Verborum. Quibus accessit Ejusd. Tractatus olim (1675. 1678.
1681.) editus de Aëris in sublunaria influxu. Lips. 1685.
4. 1690? 1696. 8.

x) a. c. a. O. Diss. XIII.

wahr, daß Salzgeist, wenn er über eben so vielem
Küchensalze, Scheidewasser, wenn es über gemeinem
Salpeter abgezogen werde, Gold auflöse, und bei der
Bereitung des Königswassers aus Küchensalz und
Scheidewasser wahrer Salpeter entstehe [y]); schon er
sah, daß Blut, das nach dem Tode des Thiers schwarz
war, wenn durch die Luftröhre Luft eingeblasen wurde,
schaumicht und dünn in die linke Herzkammer kam [z]);
am meisten aber hat er sich wohl dadurch um Scheidekunst und Arzneikunst verdient gemacht, daß er die damals beinahe allgemein herrschende Meinung von
Säure und Laugensalz, als den Haupttriebfedern der
Natur in belebten und unbelebten Geschöpfen, gründlich und glücklich bekämpfte [a]).

Bestimmte die Menge von Schriften, die er herausgab, und hinterlies [b]), die Mannigfaltigkeit von
Feldern, die er bearbeitete [c]), und die hohe Einbildung
von

y) Experimenta ac Dubia nonnulla Chymica, Auri et Argenti folutionem fpectantia, communicata a D. B. Act.
Erudit. ann. 1683. S. 400. 410.

z) De aëris in fublunaria influxu. Lipf. 1675. 8.

a) 1. Exercitationes phyfiologicae 23. Lipf. 16.8. 4. 2. Epi-
la ad Virum nobilifl. et ampliff. D. *Joelem Langelottum*
de alcali et acidi infufficientia pro principiorum feu elementorum corporum naturalium munere gerendo. Lipf.
8. 1675. 1681. 1696: 3. Circuli anatomico - phyfiolo-
gici de oeconomia corporis humani. Lipf. 4. 1680. 1686.
1697. 1710. 4. De duumviratu hypochondriorum.
Lipf. 1689. 4.

b) Man findet ein Verzeichnis derselbigen bei **Witte**
Diarium biographicum. Riga. 4. B. II. 1691. S. 136 2c.
und von Fr. Roth - Scholtzen in dessen Ausgabe von
D. J. J. Becher's chymischem Rosengarten. Nürnb.
1717. 8. S. 27-51.

c) denn ein grofer Theil derselbigen betrift die Geschichte
seiner Zeit, Gewerb - Finanz - Staats - Sprachkunde,
Pädagogik, Mathematik, Mechanik, Weltweisheit.

von ſeinen eigenen Verdienſten um Welt und Nachwelt [d]) den wahren Werth des Mannes, ſo ſtände
wohl Becher [e]) unter allen Gelehrten dieſes Zeitalters oben an: Wirklich machten ihn aber ſeine kindi-
ſche Eitelkeit in den Augen Mancher ſo lächerlich, daß
ſie auch, was in ſolchen Fällen gewöhnlich geſchieht,
seine

d) Man leſe z. B. nur, was er in Philoſophia, oder See-
len-Weißheit, wie nemlich ein jeder Menſch aus Betrachtung ſeiner Seelen ſelbſt allein alle Wiſſenſchaft und
Weißheit gründlich und beſtändig erlangen könne. Zweyte
Edition, von dem Autore ſelbſten überſehen, corrigiret
und in vielen verbeſſert, anjeko aber wegen vielfältiger
Nachfrage wieder aufgelegt. Hamburg 1705. 12. ſeinen
Pſychoſophus in ſeinem Namen ſagen läſt: leſe die Vorrede zu ſeiner Phyſica ſubterranea, ſeinen Methodem di-
dacticam ſeu Clavem et Praxim ſuper novum ſuum Organon Philologicum, das iſt: Gründlicher Beweiß, daß
die Weg und Mittel, welche die Schulen bißhero insgemein gebraucht, die Jugend zu Erlernung der Sprachen,
inſonderheit der Lateiniſchen zu führen, nicht gewiß, noch
ſicher ſeyen, ſondern den Regulen und Natur der rechten
Lehr, und Lernkunſt ſchnurſtracks entgegen lauffen, de-
rentwegen nicht allein langweilig, ſondern auch gemeiniglich unfruchtbar, und vergeblich ablauffen: ſamt Anleitung
zu einem beſſern. Frankfurt am Mayn 1669 und 1696. 4.
1674. 8. z. E. Th. I. S. 8. ſagt: "Ich habe in der
Hermetica Univerſali einen einkigen Bogen vor mich auf-
geſeket, über welchen in der Welt nichts wird gefunden
werden."

e) Nachrichten von ſeinem Leben finden ſich theils hin und
wieder zerſtreut in ſeinen eigenen Schriften, theils in
Dr. Buncher: das Muſter eines nüzlichen Gelehrten in
der Perſon H. D. Becher's. Nürnberg 1722. 8. in
dem Vorbericht der 1707 von J. F. R. P. P. und S.
J. P. P. H. herausgegebenen närriſchen Weißheit und
weiſen Narrheit, in Fr. Roth-Scholzens Vorrede zu
ſeiner Ausgabe des chymiſchen Roſengarten, und bei Georg
Paſchius Inventa nov-antiqua. 4. Edit. II. Lipſ.
1700.

seine gute Seite übersahen, die Zudringlichkeit, mit
welcher er seine Geheimnisse und Vorschläge zu verbes=
serten Einrichtungen den Grosen der Welt antrug,
ihren Staatsdienern, und die Sprache, die er sich
über den Misbrauch der höchsten Gewalt und über den
mannigfaltigen Druck der Unterthanen erlaubte, ihnen
selbst verhast, und sein unbändiger Ehrgeiz, der schon
von dieser Seite so manche Kränkungen zu erdulden
hatte, ihm sein Leben so bitter, daß er nirgends Ruhe
und Zufriedenheit fand, sondern von einer Stadt in
die andere, aus einem Lande in das andere wanderte,
und noch in vollem Kampfe mit seinen Gegnern im
sieben und funfzigsten Jahre sein Leben endigte.

Er war 1635 [f]) von einem sehr gelehrten lutheri=
schen Prediger [g]) zu Speier gebohren, und, da dieser
sehr frühe starb, der dreisigjährige Krieg jene Gegenden
Teutschlands insbesondere ganz zu Grunde gerichtet,
und sein Stiefvater die Trümeren seines Vermögens
vollends durchgebracht hatte, von seinem dreizehenden
Jahre an genöthigt, durch Unterricht, den er andern
bei Tage ertheilte, sich nebst seiner Mutter und beiden
Brü=

f) So sagt er wenigstens Method. didactic. zu welchem er
am Ende sezt: "Dieses ist geschrieben und geendigt in
München den 19. Tag Maji. A. 1667." Th. II. S. 34.
"Ich bin nun 32 Jahr alt."

g) so sagt er a. e. a. O. S. 33. "Mein Vatter hat im
28 Jahr seines Alters (dann im 37 Jahr ist er gestorben)
zehen Sprachen gekonnt, als Hebräisch, Chaldäisch, Sa=
maritanisch, Syrisch, Arabisch, Griechisch, Lateinisch,
Teutsch, Niederländisch und Welsch. Diese Sprachen
hat er nicht allein fertig geredt, sondern er hat viel hundert
Bogen Materi darinnen, nebst seinen andern Schrifften,
deren noch wohl auf die tausend Bogen vorhanden seynd,
viel compresser, als wenn sie gedruckt wären, geschrieben,
derer erster Oriental=Schrifften aber ist eine gute Par=
they durch ein Unglück verbrannt."

Brüdern in der Fremde zu unterhalten [h]); die Nächte
brachte er denn groſentheils mit Leſen von allerlei Büchern und mit Nachdenken und Unterſuchen hin [i]); ſo
bildete er ſich nach und nach, ohne mündliche Lehrer,
ſondern beinahe durch ſich ſelbſt, zu dem Mann, der
bei gröſerer Mäſigung ſeiner Leidenſchaften, gröſerer
Klugheit in ſeinem Betragen, mehr Ordnung und Deutlichkeit in ſeinen Begriffen, Arbeiten und Schriften,
da ihm die Natur ſo vielen Scharfſinn und Beharrlich-
keit in ſeinen Unternehmungen verliehen hatte, gewis
einer der ausgezeichnetſten Gelehrten, einer der hellſten
und fruchtbarſten Köpfe ſeiner Zeit geworden wäre; er
kam in einem groſen Theile Teutſchlands, in Italien,
Schweden und Holland herum [k]); er wurde vom Churfürſten zu Mainz (1666) zum öffentlichen Lehrer der
Arzneikunde auf der Univerſität zu Mainz, bald darauf auch zu deſſen Leibarzt ernannt [l]), gieng von da,
auch als Leibarzt, in churbairiſche Dienſte nach München, wo er eine ſehr bequeme und wohl ausgerüſtete
chemiſche Arbeitsſtätte unter ſeiner Aufſicht und Befehl

h) a. e. a. O. Vorrede.

i) Pſychoſophia quaeſt. 152. S. 308.

k) a. e. a. O. "zu Stockholm habe ich gekannt zu den Zeiten der Königin Chriſtina, den Carteſium, Salmaſium,
Naudaeum, Bochartum, Merſennum, Heinſium, Freins-
hemium, Boeclerum, Meibomium, Schaefferum. In
Teutſchland habe ich gelehrte Leute gefunden, den Herrn
von Boineburg, Patrem Schorerum, P. Corneum, P.
Conradt; In Italien Abbatem Bonini, Marcum Anto-
nium de Caſtagnia, Dr. Tachenium. In Holland bin
ich bekandt geweſen mit Dr. Sylvio, Galeno, Golio,
Hornio, Schoten, Hudde, Herrn Zülchen."

l) hier beſuchte ihn Dr. Oldenburg ſ. einen Brief von Dr.
Hartlieb an R. Boyle von 1658. in deſſen Works.
fol. B. V. S. 280.

fehl hatte [m]), aber auch hier bald in Verdrüslichkeiten
gerieth [n]), und sich nach Wien verfügte, wo er durch
seine viel versprechende Finanzentwürfe und Vorschläge
bald den Grafen von Zinzendorf [o]), damaligen
Kammerpräsidenten, und durch ihn den ganzen Hof so
sehr für sich gewann, daß er zum Mitgliede des daselbst
neu errichteten Commerz = Collegium ernannt wurde,
und den Titel eines Kaiserlichen Commerz = und Cam=
merraths erhielt; aber auch hier zog er sich bald so
viele Feinde [p]), und insbesondere die Abneigung des er=
wähnten Grafen [q]) in der Maße zu, daß er es zu sei=
ner Sicherheit für nöthig erachtete, mit Frau und Kin=
dern Wien zu verlassen: Er gieng also nach Holland,
lies sich (1678) zu Haarlem [r]) nieder, und trug der
Stadt Haarlem, und den Staaten von Holland und
Westfriesland [s]) allerlei Gold bringende Vorschläge an,
in

m) Physica subterranea Praefat. Ed. *G. E. Stahl.* "Movi
omnem lapidem, ut *verum* assequerer, *poteram* movere, instructus ratione et praxi; *Volui* movere, cum
Laboratorium commodissimum, augustissimum, omni-
busque requisitis et materialibus instructissimum, in
tota *Germania*, ne dicam, in *Europa*, sui simile v.x re-
peribile, heic *Monachii in aula*, habuerim atque etiamnum habeam, quamdiu nempe *Serenissimi* munificentia
id permittet."

n) Närrische Weisheit 2c. Th. I. nr. 27. und Th. II.
nr. 13. giebt er dem Kanzler Kasp. Schmid Schuld,
daß er auf sein Anstiften hätte das Land räumen müsen.

o) Ebendas. Th. II. nr. 14.

p) Ebendas nr. 12. 14. 18.

q) Ebendas. Th. I nr. 9. auch Psychosophia. S. 321.

r) Närrische Weißheit 2c. Th. I. nr. 13. II. nr. 46. 48
Trifolium Beccherianum Hollandicum. Frankfurt 1679
8. S. 12.

s) Ebendas. S. 33 2c.

auf deren Ausführung sie sich auch einzulassen schienen [t]): Sei es nun, daß die Ausführung den rege gemachten Erwartungen, oder die Belohnung seiner gespannten Hofnung nicht entsprach [u]), oder seine Feinde zu Wien ihn auch bis dahin verfolgten [x]), oder daß ihm die Luft zu ungesund schien [y]); genug sein unruhiger Geist trieb ihn 1680 nach Grosbritannien [z]), wo er die schottische [a]), und in den Jahren 1681 und 1682 die kornwallische Berg= und Hüttenwerke besuchte, und verschiedene Vorschläge zu ihrer bessern Einrichtung that [b]): Auch gefiel es ihm, da vollends der Graf von Zinzendorf, von welchem er sich noch immer ver= folgt wähnte [c]), am Kaiserlichen Hofe in Ungnade ge= fallen war [d]), so wohl, daß er sich sogar nicht ent= burg

t) Ebendas. S. 39 - 46.

u) Närrische Weisheit ꝛc. Th. II. nr. 48.

x) Ebendas. Th. I. nr. 13. II. nr. 16.

y) Psychosophia S. 332.

z) Närrische Weisheit. Th. II. Nr. 16. diß erhellt auch aus der Zueignung seines Laboratorium portatile an Edm. Dickinson, Leibarzt Königs Karl II., derjeni= gen seines Duumviratus hermeticus an Joh. Weild= mann, und derjenigen seines Alphabetum minerale an Rob. Boyle.

a) s. die Zueignung seines Duumviratus hermeticus an Joh. Weildmann.

b) s. sowohl diese als die beide andere so eben erwähnte Zu= eignungen, auch das Zeugniß des Hr. Oberberginsp. Fr. Heyn in einigen Briefen, welche Roth = Scholz Becher's Opuscul. chymic. rarioribus; Praefat. nov. S. 41. vorgesezt hat.

c) s. seine närrische Weisheit Th. I. nr. 13. Th. II. nr. 14. und die oben erwähnte Zueignungen seines Laboratorium portatile, und seines Duumviratus hermeticus.

d) was er in den eben gedachten Zueignungen als eine ge= rechte Strafe Gottes erwähnt.

schliesen konnte, die so vortheilhafte und ihm sonst so
willkommene Anerbietungen des Herzogs von Meklen=
burg Güstrow anzunehmen [d]); aber diese Ruhe seines
Lebens genos er nicht lange; denn er starb 1682 [e]),
und mit ihm ein groser Theil unerfüllter Hofnungen.

Ob gleich Becher in mehreren seiner Schriften
viele zum Theil noch ungedruckte Vorschriften, Ver=
suche, Erfahrungen, und Geheimnisse Anderer zusam=
mengetragen hat, so findet sich doch in seinen Werken
auch viel Eigenes; er that Vorschläge zu neuen vor=
nemlich tragbaren Oefen, die noch lange nach seiner
Zeit geschäzt wurden [f]), machte zuerst auf das fast in
der ganzen Natur verbreitete Eisen, und auf seine
leichte Darstellung in vollkommener Metallgestalt durch
blose Behandlung mit verbrennlichen Stoffen im Feuer
aufmerksam [g]), kannte zuerst, ohne noch zu wissen,
daß sie aus dem Borax kam, die Boraxsäure [h]), war
einer der ersten, welcher die Mineralien nach ihren
chemischen Verhältnissen eintheilte [i]), wuste auch
schon

d) Pſychoſophia S. 332.

e) dis verſichert als Augenzeuge seiner feierlichen Begräb=
nis der oben erwähnte Oberberginſpector Heyn a. e. a. O.
S. 41. 45.

f) Laboratorium portatile S. 32 - 40.

g) Experimentum chemicum novum, quo artificialis generatio et transmutatio ad oculum demonſtratur. Franc.
1671. 8.

h) in dem 1674 erſchienenen Suppl. II. in Phyſicam ſubterraneam. Theſ. chem. VI. 189. 190. "ubi etiam, con-
tinuato igne, ſal volatile acquires. Quod eadem methodo cum vitriolo ſeu ſpiritu et oleo vitrioli, et oleo
tartari vel borrace ſuccedit."

i) ohne jedoch die äuſere zu vernachläſigen Phyſica ſubterranea. L. I. Sect. VI. VII. S. 231-280.

K 2

schon Spiesglanzbutter ohne Sublimat k) zu bereiten, erläuterte die Lehre von der Gährung l), suchte eine Ursäure (acidum primigenium), als die Grundlage aller ihrer übrigen Säuren und Salze m), nahm als die Urstoffe anderer Körper, vornemlich aber der Metalle, die merkurialische, die glasachtige und die brennbare Erde an n), und legte durch die nähere Bestimmung der leztern und ihres Antheils an den Eigenschaften der Körper den Grund zu dem System, welches Stahl mit so vielem Scharfsinn aufführte, und welches sich bis auf unsere Zeiten erhalten hat.

Von seinen Werken o) gehören folgende zur Chemie. I. Metallurgia oder Naturkündigung der Metalle p); II. Institutiones chymicae q); III. Parnassus medicinalis illustratus, oder ein neues, und dergestalt vormals noch nie gesehenes Thier- Kräuter- und Berg-Buch,

k) aus Spiesglanz mit noch einmal so vielem Küchensalz und viermal so vielem gebranntem Alaun oder Vitriol. Chymischer Rosengarten zum Druck befördert, von Fr. Roth-Scholzen. Nürnberg 1717. 8. S. 76. 77.

l) Physica subterranea L. I. Sect. V. C. I. II. S. 132-192.

m) Physica subterranea. L. I. Sect. II. C. IV. S. 43 ꝛc.

n) ebendas. Sect. III. C. II-V. S. 61-89.

o) Einige kleinere hat Friedr. Roth-Scholz zusammen unter der Aufschrift: Opuscula chymica rariora addita nova praefatione ac indice locupletissimo multisque figuris aeneis illustrata. Norimb. et Altdorf. 1719. 8. herausgegeben.

p) mit vielen curiosen Beweißthümern, natürlichen Gründen, Gleichnüssen, Erfahrenheiten und bißhero ungemeinen Aufmerckungen vor Augen gestellet. Zur Erhaltung der Warheit, Erläuterung der spagierischen Philosophie, und Gefallen der Liebhaber in drei Theile abgetheilt. Frankfurt. 8. 1661. 1705.

q) Mogunt. 1662. 4. Amstelod. 1664. 12.

Buch, samt der Salernitanischen Schul ʳ); IV. Oedipus Chymicus seu inſtitutiones chymicae ˢ); noch Franz de le Boë Sylvius zugeeignet; V. Aſta Laboratorii Chymici Monacenſis ſeu Phyſica ſubterranea, bekannter unter dem leztern Namen ᵗ); VI. Experimen-

r) Cum Commentario Arnoldi Villanovani, und den Praeſagiis vitae et mortis Hypocratis Coi; auch gründlichen Bericht von Deſtilliren, Purgieren, Schwitzen, Schrepfſen und Aderlaſſen. Alles in Hoch-Teutſcher Sprach, ſowohl in Ligatâ als Proſâ luſtig und ausführlich in vier Theilen beſchrieben, und mit Zwölffhundert Figuren gezieret. Ulm. 1663 fol.

s) Opuſculum omnibus Medicinae et Chymiae ſtudioſis leſtu perquam utile et neceſſarium. Francof. ad Moen. 1664. Amſtelod. 1665. 12. Edit. noviſſima cui Praefationem praemiſit, ſynopſin titulorum, notas marginales, ſenſuum et rerum diſtinſtiones, nec non notas et animadverſiones, indicemque adjecit, Et ab infinitis mendis liberatae Supplementa Becheriana, Elementa Chymiae Methodo Mathematica conſcripta exhibentia ſubjunxit J. J. *Roſenſtengel*. Francof. ad Moen. 1705 und 1716. 8. auch ins Teutſche überſezt mit der Aufſchrift: Oedipus chymicus oder chymiſcher Rätſeldeuter, worinnen derer verdunckelten Chymiſchen Wortſäze Urhebungen und Geheimniſſen offenbahret und aufgelöſet werden. Allen der Arzney und Chymiae-Kunſt Befliſſenen gar nützlich und nothwendig zu leſen. Auf Begehren und mit ſonderbarem Fleiß aus dem Lateiniſchen ins Teutſche überſetzet, in Druck gegeben 1680. 8. auch in der teutſchen Ueberſezung des folgenden Werks.

t) Libri duo, quorum prior profundam ſubterraneorum geneſin, nec non admirandam Globi terr-aque-aërei ſuper- et ſuoterranei fabricam; poſterior ſpecialem ſubterraneorum naturam, reſolutionem in partes partiumque proprietates exponit. Acceſſerunt ſub finem mille hypotheſes ſeu mixtiones Chymicae, antehac nunquam viſae: omnia plus quam mille experimentis ſtabilita ſumtibus et permiſſu Sereniſſimi electoris Bavariae &c. elaboravit et publicavit. Francof. 8. 1669. 1681. Phyſica

ſub-

mentum Chymicum novum, quo artificialis et inftan-
tanea metallorum generatio et transmutatio ad oculum demonftratur. Loco Supplementi in Phyficam
fuam fubterraneam et Refponfi ad D. *Rolfincii* Schedas
de non Entitate Mercurii corporum ᵘ); VII. Supple-
mentum fecundum in Phyficam fubterraneam, demonftratio philofophica feu Thefes Chymicae, veritatem
et poffibilitatem transmutationis metallorum in aurum
evincentes ˣ); VIII. Trifolium Beccherianum Hollandicum;

fubterranea profundam fubterraneorum genefin e principiis hucusque ignotis oftendens. Opus fine pari, primum hactenus et princeps. Edit. noviffima Praefatione
utili praemiffa, indice locupletiffimo adornato, fen-
fuumque et rerum diftinctionibus libro terfius et curatius edendo operam navavit et Specimen Beccherianum
fundamentorum documentorum, experimentorum fubjunxit G. E. *Stahl.* Lipf. 1702 et 1703. 1738. 4. die
erfte Ausgabe auch ins Teutfche überfetzt mit der Auffchrift: Chymifches Laboratorium, oder Unter Erdifche
Naturkündigung ꝛc. Frankfurt 8. 1680. und mit einem
neuen Titel 1690.

u) Opufculum multis experimentis practicis, nec non praecipuis Philofophorum dictis explicatis refertum, Lectori
phylochymico non ingratum futurum. Francof. 8. 1671
und 1679. auch ins Teutfche überfezt, mit der Ueberfchrift: Experimentum chymicum novum oder neue chymifche Prob, worinnen die künftliche gleich-darftellige
Transmutation, oder Verwandelung, derer Metallen au-
genfcheinlich dargethan: An ftatt einer Zugabe in die Phyficam fubterraneum und Antwort auf D. Rollfincfen
Schrifften von der Nicht-Wefenheit des Mercurii derer
Cörper. Ein Werk voller üblichen Proben, wie auch derer Philofophen erklärter vornehmer Sprüche; dem
Chymie-liebenden Lefer nicht unbeliebig fallend. 1680. 8.
auch, die erfte ausgenommen, in allen Ausgaben der
Phyfica fubterranea, fo wie in der oben erwähnten teutfchen Ueberfetzung.

x) Francof. 1675. 8. auch ins Teutfche überfetzt mit der
Auf-

dicum ʸ); IX. Experimentum novum ac curiofum de
Minera arenaria perpetua, five prodromus hiſtoriae,
feu propoſitionis Praep. D. D. Hollandiae ordinibus
ab Authore factae, circa Auri extractionem mediante
Arena littorali per Modum Minerae perpetuae feu operationis magnae fuforiae cum emolumento. Loco
Supplementi Tertii in Phyſicam ſuam ſubterraneam ᶻ);
X. Chymiſcher Glücks-Hafen oder Groſſe Chymiſche
Concordantz und Collection von funffzehen hundert Chymiſchen Proceſſen ᵃ); XI. Närriſche Weißheit und
weiſſe

Aufſchrift: Nochmaliger Zuſatz über die Unter-erdiſche
Naturkündigung, philoſophiſcher Beweisthumm oder
Chymiſche, die Wahr- und Möglichkeit derer Metallen
Verwandelung in Gold beſtreitende Lehr-Sätze. 1680. 8.
auch, die erſte ausgenommen, in allen Ausgaben der
Phyſica ſubterranea, ſelbſt in der teutſchen Ueberſezung
abgedruckt.

y) Amſterd. 1679. aus der niederländiſchen in die hoch-
teutſche Sprache überſezt, mit der Aufſchrift: Trifolium
Becherianum Hollandicum, oder drey neue Erfindungen,
beſtehende in einer Seiden-Waſſer Mühle und Schmeltz-
werke, zum erſten mahl in Holland vorgeſchlagen und
Werckſtellig gemacht: Mit gründlicher Anweiſung wie
es mit denſelbigen Sachen beſchaffen iſt. Franckfurt 1679.
8. Leipzig 1691. 12.

z) Francof. 1680. 8. teutſch den Opuſculis chymicis von
Fr. Roth-Scholtz beigefügt mit der Aufſchrift: Bericht von dem Sande, als einem ewig-währenden Metall oder Berg-Werck. Nürnberg und Altdorf 1719. 8.
auch, die erſte ausgenommen, in allen lateiniſchen Ausgaben der Phyſica ſubterranea abgedruckt.

a) durch viel Mühe und Koſten auß den beſten Manuſcri-
ptis und Laboratoriis in dieſe Ordnung, wie hier folgendes Regiſter außweiſet, zuſammengetragen. 4. Franckfurt
1682. mit G. E. Stahls Bedenken von der Goldma-
cherei. Halle 1726.

K 4

weiſſe Narrheit b); XII. Magnalia naturae e); XIII.
Tripus hermeticus fatidicus pandens oracula chymica
feu I. Laboratorium portatile d), cum /methodo verè
fpagyricè feu juxta exigentiam naturae laborandi. Acces-
fit pro praxi et exemplo II. Centrum mundi conca-
tenatum feu Duumviratus hermeticus f. magnorum
duorum productorum nitri et falis textura et anatomia,
atque in omnium praecedentium confirmationem adjunctum eft III. Alphabetum minerale feu viginti
quatuori thefes de fubterraneorum mineralium genefi,
textura et analyfi; his acceffit concordantia mercurii
lunae et menfruorum e); XIV. Chymiſcher Roſengarten;

b) oder ein hundert ſo Politiſche als Phyſikaliſche, Mechaniſche und Mercantiliſche Concepten und Propoſitionen,
deren etliche gut gethan, etliche zu nichts werden. Frankfurt 12. 1682. 1686. von neuem herausgegeben, mit
einem Vorbericht an den Leſer, darinnen erſtlich von des
H. Dr. Becher's Perſohn nach ihrea Tugenden und
Laſteru, und dem daraus entſtandenen Glück und Unglück;
Hernach von ſeinen Schrifften, ſowohl insgemein, als
auch von gegenwärtigem Tractat inſonderheit gehandelt
wird von J. F. R(einmann), P. P. und S. J. P.
P. H. 1706.

c) Londin. 1680. 4.

d) einzeln. Francof. 1680. 8. die Beſchreibung des Ofens
aus dieſer Schrift hat Friedr. Roth-Scholtz in den
Opuſcul. chymic. rarior. ins Teutſche überſezt mit der
Aufſchrift: Bericht von Erfind- und Zubereitung eines
compendieuſen Ofens, den man auch auf Reiſen bequem
mit ſich führen kann. S. 195-201. gegeben.

e) Omnia juxta Authoris Doctrinam et Principia in Phyfica fua fubterranea ejusque fupplementis confcripta, adeo
ut hic Tripus Hermeticus Commentarius Practicus fuper praefatam Phyficam fubterraneam verè dici queat,
utpote fcriptum raris Experimentis, multis Figuris et
profundis Speculationibus innixum, ut Lectori per fe
patebit. Exaratum in Cornubia ad extrema Angliae
ora

ten ᶠ); XV. Pantaleon delarvatus ᵍ); XVI. *Becheri, Lancelotti* &c. epiſtolae quatuor chemicae ʰ).

Auch Kunckel hatte keine gelehrte Erziehung ⁱ) genoſſen; er war der Sohn eines holſteiniſchen Scheidekünſtlers ᵏ), und hatte ſich in ſeinen jüngern Jahren auf die gewöhnliche Weiſe mit der Apothekerkunſt abgegeben ˡ), zugleich die Glashütten fleiſig beſucht ᵐ), und

ora inter ipſa mineralia experimenta et autopſiam. Francof. 1689. 8. in den von Roth-Scholtz ausgegebenen Opuſcul. chymic. rarior. S. 1-62-96-149-183-192.

f) Samt einer Vorrede und kurtzgefaſſten Lebens-Beſchreibung HErrn D. Becher's zum Druck befördert von Friedrich Roth-Scholtzen. Nürnberg 1717. 8. ſonſt als Anhang am Chymiſchen Glücks-Hafen ꝛc. S. 790-810. und in Opuſcul. chymic. rarior. nr. VIIII. S. 207-256. abgedruckt.

g) in Opuſc. chymic. rarior. nr. XI. S. 295-310. bei Joh. Mich. Fauſt Philaletha illuſtratus. Francof. ad Moen. 1706.

h) Amſtelod. et Hamburg. 1673. 4.

i) V Curioſe chymiſche Tractätlein, nebſt einer Vorrede D. Joh. Phil. Burggravii. C. VII. Frankfurt und Leipz. 1721. 8. S. 401.

k) Ebendaſ. S. 72. "waß der Diamant außſtehen kann, hat mein Landes-Fürſt Chriſt mildeſten Andenckens, der Durchl. Hertzog Friederich von Holſtein, in meinen annoch dencklichen Jahren bey meinem ſeel. Vatter in ſeinem Goldofen verſucht, indem er ihn in der gröſten Hitze bey nahe 30 Wochen ſtehen laſſen."

l) ebendaſ. C. III. S. 39. "derowegen muß ich allhier ein Exempel oder Hiſtorie erzehlen, die mir in meinem Geſellen-Stande, da ich noch der Apothecker-Kunſt nachzoge, begegnet. Nemlich ich hielte mich in einer namhafften Stadt auff, bey einem Apothecker."

m) Ars vitraria experimentalis. Franckfurt und Leipzig.

und ſich ſchon in ſeiner Jugend [n]) mit der Prüfung der Metalle beſchäftigt, und würde, wenn nicht dieſe Vernachläſigung ſeiner erſten Bildung, das frühe und emſige Leſen alchemiſcher Schriften, der unverrückte Glaube an die Verwandlung der Metalle in einander °), und das ewige Streben eine ſolche Verwandlung vornemlich in Gold ſelbſt zuwege zu bringen, ſeine Schreibart roh, und hier und da dunkel gemacht, und ſelbſt ſeinen fruchtbarern Bemühungen hin und wieder eine ſchiefe Richtung gegeben hätten, bei ſeinen natürlichen Anlagen, ſeinem veſten und offenen Charakter, ſeinem raſtloſen beharrlichen Fleiſe und ſeiner groſen Geſchicklichkeit im Arbeiten ſelbſt, einer der erſten Naturforſcher ſeiner Zeit geworden ſein: Wirklich war K u n c k e l von der leztern Seite auch bei den Groſen ſo geſchäzt, daß er über dreiſig Jahre bei ihnen zubtachte [p]); ſchon zimlich frühe [q]) kam er als

Kam:

1689. 4. S. 313. "Unſer Commentator, Herr D. M e r r e t, ſetzt unter andern aus dem Libavio, es hätte derſelbe angemercket, daß die Glaßmacher meiſtentheils bleich, ungeſund und kurtzen Lebens wären; auch von Wein und Bier gar leichte truncken würden: darauf berichte ich J. K. der ich von Jugend auf bey und um ſie erzogen, daß ich ſie die Glaßmacher, eine Art der härteſten und geſundeſten Leute, die faſt ſeyn können, befunden, ja aus langwürigen Umgang mit ihnen, angemerkt habe, daß ſelten einer jung ſtirbt ꝛc. "

n) Collegium phyſico - chymicum experimentate oder Laboratorium chymicum, herausgegeben von J. C. *Engelleder*. Th. III. C. XXXI. Hamburg und Leipzig 1716. 8. S. 416. "Ich habe von meinem 24ſten Jahre an, ſtets der Chymie in den Metallen obgelegen."

o) Man leſe, um ſich davon zu überzeugen nur des eben erwähnten Werkes Th. III. C. XLI. S. 563 - 625.

p) Laboratorium chymicum Th. III. C. XLI. S. 614.

q) ſchon 1659 war er in deſſen Dienſten V curioſe chymiſche

Kammerdiener '), Chymist, und Aufseher der Hof=
und Leibapotheke ') zu den Herzogen Franz Karl und ')
Jul. Heinrich von Lauenburg, mit welchen er manche
angebliche Metallverwandlung untersuchte ᵗ), auch an=
dere Versuche vornahm ᵘ): Aus diesen Diensten wurde
er auf Empfehlung des Dr. Langelott und Hofr.
Vogt von dem Churfürsten Johann Georg II. ˣ) zu
Sachsen, als geheimer Kammerdiener und Aufseher
des churfürstlichen Laboratorium mit einem ansehnli=
chen Gehalt nach Dresden gerufen ʸ); hier hatte er
theils wegen treuloser Gehülfen ᶻ), unter welchen einer,
Chrph. Grummet ª), mehrere Schriften gegen ihn her=
her=

fche Tractätlein S. 229. auch sagt er Laboratorium chymicum Th III. C. XXXI. S. 426. daß er da seinen er=
sten Anfang in Untersuchung der Metalle genommen.

r) V curiose chymische Tractätlein. S. 229.

s) Laboratorium chymicum. Th. III. C. XLI. S. 598. IV.
C. IV. S. 697.

t) V curiose chymische Tractätlein. S. 229. 283. Laboratorium chymicum a. e. a. O.

u) z. B. Farben, Ars vitraria experimentalis. S. 159.

x) zwar spricht er Laboratorium chymicum. Th. III. C. XLI.
S. 604. von Johann Georg III., aber a. e. a. O. S.
613. von Joh. Georg II was auch die übrigen Zeitum=
stände wahrscheinlicher machen.

y) Laboratorium chymicum. Th. III. C. XLI. S. 604. 605.

z) Chph. Grummet, (nicht wie er bei einigen wahr=
scheinlich durch einen Druckfehler heist, Brummet)
und Heinr. Küffner Laborat. chymic. a. e. a. O. S.
600 - 610.

a) 1. Nitrum oder Blut der Natur aus Eigener Erfahrung
handgreifflich angewiesen, darzu mit gewissen Experimen=
ten zum Verfolg seiner Notification-Schrifft auffgesetzt
und herausgegeben. Dreßden 1677. 4. Wittenberg 1678.
8. auch abgedruckt in J. Kunckel's V curiosen chymi=
schen

herausgab, theils durch die zum Theil von diesen ver=
anlaßte Ränke Anderer, die ihm sowohl seinen Gehalt
als die zur Fortsezung seiner Arbeit nöthige Mittel zu=
rückhielten *), allerlei Schickfale, zog, um diesen Rän=
ken auszuweichen, nach Annaburg d), gieng, weil fie
auch da immer noch auf ihn wirkten, nach Wittenberg,
trug, weil fie damals von keinem andern daselbst gele=
fen wurde, daselbst Scheidekunst mit Versuchen vor e),
                                                      wurde

schen Tractätlein ꝛc. S. 489‒512. 2. Defenfionsschrift
über das Nitrum oder Blut der Natur und feine Person
wider Kunckels Phofphoros mirabiles und dessen an=
dere Schriften. Leipzig 1679. 8.   3. Notificationsschrift
von der Generation und Vitrification der Metallen, Mi=
neralien und allerhand Steine. Dresden 1674. 4.   4. Sol
non fine veste, oder überwundenes Gold in feiner Tapfer=
keit triumphirend aufgeführet. Rotenburg 1685. 12.

c) Laboratorium chymicum. Th. III. C. XLI. S. 614.
615. "diese jetzt beschriebene Action (von Grummet)
fruchtete fo viel, daß die Ministri, aus deren Händen
ich das Geld zur Fortsetzung der Arbeit und meiner Le=
bens=Mittel haben follte, mir auffäßig worden, weil fie
ihre Intention nicht erreichen konten, und entzogen mir
alles, ob ich gleich die besten Befehle für mich aus=
brachte."

d) wo schon Churfürst August's Gemahlin Anna eine weit=
läufige Schmelzhütte angelegt hatte Laborat. chymic.
Th. III. C. XLI. S. 610. "Ich, der ich fahe, daß ich
von Tage zu Tage immer mehr, fo wohl öffentliche als
heimliche Verfolgung hatte, und der Hof mir entgegen
war, bath unterthänigst, der Churfürst möchte mir gnä=
digst erlauben, daß nacher Annaburg, allwo die schönste
Gelegenheit war, zu wohnen mich begeben möchte. Sol=
ches erhielt ich, und nahm diesen Vogel (Grummet)
famt seinem Weibe mit." S. auch a. e. a. O. S. 600.

e) a. e. a. O. S. 615. "In Summa man machte mir es
fo schwer, daß ich endlich nach Wittenberg zog, um allda
etwas zu meines Lebens=Unterhalt zu erwerben, nach=
dem ich das Meinige mit der Zeit confumiret, und die
                                                      Leute,

wurde aber auch deſſen bald ſatt [f]), und nahm, als
er nach langem Warten am churſächſiſchen Hofe zu
nichts kommen konnte [g]), die gleiche Stelle, die ihm
der

Leute, welche eins und das andere geliefert, ehrlich be-
zahlte, auff daß ich kein Seuffzen über mich laden wollte.
In Wittenberg war damahliger Zeit kein Profeſſor, der
ein Collegium Chymicum experimentale hätte halten
können. Der ſelige Doctor Sennert würde endlich ſolches haben thun können, aber das Alter und Leibes-
Schwachheit ließ ihm ſolches nicht zu. Dieſer war mein
ſehr lieber Freund, wie auch der Herr Profeſſor Kirchmayer, als Eloquentiae Profeſſor, und bey jetziger Zeit
Senior, derowegen ward mir erlaubet, ein ſolch Collegium anzuſtellen, bekam auch eine ziemliche Zahl Studio-
ſos Medicinae zu mir, worunter auch einer geweſen, der
nunmehro Doctor und Profeſſor iſt, mit Namen Chri-
ſtian Vater, dieſen kann ich vor allen andern rühmen,
daß er der curieuſeſte, fleißigſte und danckbarſte war,
welchen auch meine damalige Information niemahlen ge-
reuet, ſondern als ein danckbahrer Menſch offt publice
gerühmet. In Metallicis aber konte ich wenig vornehmen,
auſſer ein wenig probiren und ſcheiden." S. auch a. e.
a. O. S. 600.

f) a. e. a. O. S. 616. "Ich fand gleichwohl auch, daß
es ein ſauer Biſſen Brodt iſt, von Studioſis ſich zu er-
nehren. Ein Theil davon vermeynten, es wäre mit dieſem Collegio alſo wie mit den andern, die im Abſchrei-
ben und Wörtern beſtehen, beſchaffen; Nein, es gehöret Auffſicht und Hand-Anlegen hierzu, welches dann
Herr D. Vater fleißig in acht nahm, und legte Hand an,
da andere unterdeſſen andere Dinge vor hatten, wie dann
unter ihnen nicht über 3 waren, die ſeinem Exempel
folgten, wiewohl mit ſolcher Embſigkeit nicht. Alſo ward
ich auch dieſer Arbeit je länger je überdrüſſiger, ſahe und
befand in meinem Gewiſſen, daß dergleichen Leute Eltern
Geld ich hinführo mit Recht nicht nehmen könne."

g) a. e. a. O. S. 617. "Ich bekam zwar auch eine Anweiſung, als zum Anfang des erſten Quartals an einen
Cämmerer, welcher mir in der Meſſe ſelbige bezahlen
ſollte.

der brandenburgische Churfürst Fridrich Wilhelm zu
Berlin anbieten ließ, an [h]); kaufte sich, nachdem er
da beinahe zehen Jahre [i]) gestanden hatte, und nach
dessen Tode seine Glashütte und Laboratorium im Feuer
aufgiengen [k]), einen Rittersiz [l]), wurde aber bald dar=
auf von König Karl XI. nach Stockholm gerufen, wo
er die Stelle eines Bergraths erhielt, und in Adel=
stand erhoben wurde [m]), auch noch 1694 in hohem
Alter lebte [n]), und 1702 starb.

Auser

sollte. Der Cämmerer aber schrieb mir, er könnte mir
in keinen 3 Jahren helffen, denn es wären schon viele
Anweisungen vor meiner ꝛc.”

h) a. e. a. O. S. 617 - 622.

i) a. e. a. O. S. 623. ‘Man möchte aber ferner einwen=
den und sagen: du bist ja bei 10 Jahren in des Churfür=
sten zu Brandenburg Dienste.”

k) zu Glücksburg im Amte Saida. Laboratorium chymicum a. e. a O. S. 624. ‘ Bey Absterben meines hoch=
seligen Churfürsten ward mir meine Glaß = Hütte und
Laboratorium leichtfertiger Weise in den Brandt ge=
steket, was ich dabey gelitten und eingebüsset, ist Gott
bekandt.”

l) an der Grenze der Mark Brandenburg a. e. a. O.
“Darauff bey Antretung meines jetzigen Gnädigsten Chur=
fürsten und Herrn, wurden, wegen der Französischen
Unruhe, und anderer Regierungs = Geschäffte, solche
Dinge aus der Acht gesetzt, und behielte ich ein klein
Gnaden = Gehalt, davon ich zwar nicht viel verkünsteln,
noch etwas untersuchen können. Gott aber fügte es hin=
gegen so, daß ich einen Ritter = Siz kauffte, da mir
Holtz und Kohlen nicht viel kosteten, und bin auch in der
Stille daselbst allein, als gestehe ich, in einem Jahre
mehr, als kaum in 10 andern erfahren zu haben.”

m) a. e. a. O. S. 624. 625. “ Es trug sich auch in sol=
cher Zeit zu, daß Ihro Königl. Majestät von Schweden,
Glor = würdigsten Andenckens, Carl der XI. mich nacher
Stockholm beruffen ließ, der dann, ohne Ruhm zu mel=
den,

Auser dem Verdienste, welches sich Kunckel um die Bereitung des Phosphors aus dem Harne, die Bestimmung seiner Eigenschaften und Verhältnisse, und seine Anwendung in der Heilkunde [o]) erworben hat, bekämpfte er, so sehr er auch für einige Vorurtheile, vornemlich der alchemischen Scheidekünstler, nur zu sehr eingenommen war; und sich wohl hier und da neue Irrthümer zu Schulden kommen läst, z. B. daß sich aus Silber, Blei, Spiesglanz innerhalb sechs Stunden Quecksilber ziehen läst [p]), daß Bleiglanz, Rothgülden, Glaserz keinen Schwefel halten [q]), ob er ihn gleich

den, solch eine hohe Gnade auf mich warff, daß Er mich nicht nur allein vor Dero Berg-Rath erklärete, sondern auch aus eigener Bewegung mich in den Ritter-Stand erhoben."

n) Vergleicht man die oben bei n) angeführte Stelle, in welcher er sagt, er seie von seinem 24sten Jahre an der Chemie der Metallen obgelegen, mit einer andern, welche Laborator. chym. Th. II. C. VII. S. 151. fehlt. "Ich als so ein alter Mann, der bey der Chymia etliche sechzig Jahre zugebracht" so wird man sich leicht davon überzeugen können.

o) Oeffentliche Zuschrift von dem Phosphoro mirabili und dessen leuchtenden Wunder-Pilulen samt angehängtem Discours, von dem weyland recht benahmten Nitro, jetzt aber unschuldig genannten Blut der Natur an die gesammte Hocherfahrne Churfürstliche Sächsische Herren Leib- Hof- und Stadt-Medicos in Dreßden. Leipzig. 1678. 8. auch in V curiosen chymischen Tractätlein. S. 287-320.

p) Nützliche Observationes oder Anmerckungen von den Fixen und flüchtigen Salzen rc. K. III. in V curiosen chymischen Tractätlein rc. S. 198.

q) Chymische Anmerckungen, darinn gehandelt wird von denen Principiis chymicis &c. in V curiosen chymischen Tractätlein. S. 77.

gleich bei Kupfererz ʳ), Zinnober ˢ), und Spieß⸗
glanz ᵗ) annimmt, und durch eigene Erfahrung belehrt
war, daß sich sowohl Blei ᵘ) als Silber ˣ) mit Schwe⸗
fel zusammenschmelzen lasse, auch sehr wohl bemerkte,
daß das leztere eine Art Glaserz damit mache ʸ), fer⸗
ner, daß Weingeist, auch in seinem reinsten Zustande,
eine schon gebildete Säure enthalte ᶻ), daß sich die Lau⸗
gensalze durch Säuren in Säuren verwandeln ᵃ), so
wie die Säuren wieder in Laugensalze ᵇ), daß diese
kalt ᶜ), die Säuren hingegen heisser brennender Natur
seien ᵈ), manche schädliche damals noch ziemlich allge⸗
mein

r) a. e. a. O. S. 76. 77.

s) a. e. a. O. S. 25. 77.

ͻ) a. e. a. O. S. 24. 25.

u) a. e. a. O. S. 12.

x) a. e. a. O. S. 11. 12.

y) a. e. a. O. S. 11.

z) gegen Dr. Joh. Voigt, der sich in einem an den chur⸗
brandenburgischen Leibarzt Mart. Weise gerichteten,
und von Kunckel selbst in seinem Probirstein ꝛc. V curiose
chymische Tractätlein S. 335 ‒ 476. Stellenweise ab⸗
gedruckten Briefe gegen Kunckels Gründe vertheidigte
sowohl in der Epistola contra spiritum vini sine acido.
Berolin. 1681. V curiose chymische Tractätlein. S.
155‒178. als in dem eben erwähnten Probier ⸗ Stein
de acido et urinoso, sale calido et frigido. V curiose
chymische Tractätlein. S. 327‒488.

a) Chymische Abhandlungen, darinn gehandelt wird von den
Principiis chymicis &c. C. X. V curiose chymische Trac⸗
tätlein. S: 105.

b) a. e. a. O. S. 113. 114. 116.

c) Epistola contra spiritum vini sine acido. V curiose chy⸗
mische Tractätlein. S. 157.

d) a. e. a. O. S. 157. 160. auch chymische Anmerckungen,
darinn gehandelt wird von den chymischen Principiis &c.
V curiose chym. Tractätl. S. 107.

mein herrschende Meinungen; er schon zeigte, daß manche angebliche Goldtinctur ihre Farbe von Zucker habe [e]), daß die Wiederauferstehung der Pflanzen aus ihrer Asche entweder Betrug [f]) oder Unding [g]) seie, daß in Gewächsen und Thieren so wenig Queckfilber [h]), als im menschlichen Leibe natürlicher Weise Gold stecke [i]), daß die Metalle in ihrem reinen Zustande keinen Schwefel in sich haben [k]), daß es kein allgemeines Arzneimittel gebe [l]), daß der Schwefel nicht zu Glas schmelze [m]), daß Weingeist von gemeinem Weinsteinsalze,

e) a. e. a. O. C. IX. S. 103. 104. "Ueber einerley muß ich mich nicht wenig verwundern, daß nemlich einige Goldkalck mit dem Zucker mischen und per Retortam destilliren, und wollen behaupten, daß die überstiegene coleur vom Gold komme, da sie doch blosser Dinge vom Zucker herrühret, und das Gold gantz in quantitate und qualitate zurück bleibt — — — Bey diesem sogenannten Auro potabili cum faccharo (welches nicht unbillig ein Italiäner Aurum potabile rusticum nennen soll) muß der Glaube das beste thun, denn der effect ist sonst wohl sehr schlecht. Diese Tincturam facchari praecipitirt weder Aqua Fortis, Aqua Regia oder dergleichen, derowegen viel Mißbräuche mit selbiger vorgehen."

f) einen solchen Fall, wo der Same der Pflanze durch Taschenspielerstreiche hineingemengt war, erzahlt er a. e. a. O. C. X. S. 109.

g) a. e. a. O. Anhang. S. 130.

h) a. e. a. O. S. 131.

i) a. e. a. O. S. 133.

k) a. e. a. O. S. 137.

l) a. e. a. O. auch nützliche Obfervationes oder Anmerckungen von den Firen und flüchtigen Salzen. K. VII. S. 260.

m) chymische Anmerckungen, darinn gehandelt wird von den chymischen Principiis &c. a. e. a. O.

salze, wenn es ganz rein ist, nichts auflöse n), daß der Talk auf keinerlei Weise Oel gebe o): Schon er hatte in lange gestandenem Rosmarinöl p) einen Anschus von Kristallen gefunden, auch er an dem Beispiele des Spiesglanzmetalls q) den Zuwachs des Metalls an Gewicht, wenn es verkalkt wird, wahrgenommen, aber, wie Boyle, denen sich darein vestsezenden Feuertheilchen zugeschrieben; schon er bemerkt, daß faules Holz und verwestes Kraut weit mehr Laugensalz aus der Asche gibt, als frisches und gesundes r); schon er kannte

n) a. e. a. O. S. 138.

o) a. e. a. O. S. 138. 139.

p) Probierstein, de Acido et Urinoso &c. V curiose chymische Tractätlein S. 397. "Mein gnädigster Churfürst und Herr ꝛc. hat mir einsten des alten verstorbenen Thurnhäusers von Thurn Apotheck geschencket, darinne noch viel Olea destillata seynd, die noch so frisch, als wenn sie diese Stunde destilliret wären, darunter ist ein Gläßlein mit Oleo Anthos, darinne ein Sal angeschossen."

q) chymische Anmerckungen, darinn gehandelt wird von den Principiis chymicis &c. C. II. S. 29. 30. "Wie kommt es, wenn ich einen Regulum Antimonii calcinire, so lange, biß er nicht mehr raucht, daß er nach der Calcination immer schwerer wird, öffters auf ein Pfund, wohl sechs scrupel, ja wohl eine Untz? da doch so viel weggeraucht, welches man klärlich siehet, daß, wenn alles dieses, was wegraucht, könte gefangen werden, man mehr als drey Untzen am Gewicht herausbringen würde — - Da fragt sichs nun, wo kommt das Gewicht her? Hierauf wird insgemein geantwortet, die particulae igneae haben sich darein insinuirt."

r) Epistola contra spiritum vini sine acido. V curiose chymische Tractätlein. S. 158. "Wenn aber ein Pfund solch faul Holtz, oder verwesetes Kraut verbrannt wird, giebt solches mehr — — — alcali, als fünff andere Pfund frisch Holtz."

kannte den Salpeteräther [s]); schon er hatte erfahren,
daß sogenanntes Vitriolöl alle Metalle auflöst [t]),
und daß Essig und Weingeist unter gewissen Handgrif=
fen Gold und Silber in ihrem Metallglanze aus ihren
Auflösungen fällen [u]);   er hielt sich überzeugt, daß
Schwefel aus einem verbrennlichen Stoffe und einer
Säure bestehe [x]), gab schon damals, um die wirkliche
Menge

s) Epistola contra spiritum vini sine acido. S. 167. 168.
"Wenn nun dieser Streit (nemlich zwischen Spiritus nitri
und Spiritus vini) angehen will, und man hat es in ei=
nem Kolben und setzt geschwinde einen Helm darauff, und
lutirt denselben, und legt denn ein ziemlich groß Glas
für, welches man aber nicht lutiren kan, denn es zerfliesse
sonst; so distillirt es so schnell sonder Feuer, daß es zu
verwundern ist. In dieser destillation scheidet sich das
volatile, oder urinosum, und formiret wegen dieser Hitze,
weil keine Materie des Feuers darzu kömmt, und sich
nicht brennen kann, ein oleum, das so subtil, als ich
eins auf der Welt gefunden, schwimmet etliche Tage oben,
hernach fällt es zu Boden."

t) Probier = Stein de Acido et Urinoso &c. S. 377.
"Oleum vitrioli solviret alle Metalle, daß nicht ein jeder
Gold darinne solviren kann, ist nicht des Oehls, noch
meine, sondern ihre eigene Schuld: Es conserviret alle
Dinge, wenn mans recht gebrauchet: Es corrodiret und
verbrennet alle Vegetabilia, auch Animalia, und conser=
viret sie auch, nach dem man will."

u) Chymische Anmerckungen, darinne gehandelt wird von
denen Principiis chymicis &c. S. 173. "Warum prae=
cipitirt der Essig das Gold und andere Metallen so schön
in ihrer Farbe, als wann es Muschel = Gold, oder Silber,
oder sonst klar und schön gefeilet, und kan man Gold, Silber,
Kupffer in ihrer rechten natürlichen Farbe niederschlagen,
es geschicht auch mit dem Spiritu vini, ein jedes mit
seinem Handgriff, doch nicht so schnell, als mit dem Essig."

x) a. e. a. O. S. 10. "da ich vom Sulphure communi
geschrieben, habe ich ihn zwar vor kein Principium gehal=
ten; aber doch statuirt, er bestünde in einer Fettigkeit
L 2   der

Menge von Säure im Salpetergeist zu bestimmen, das
Verfahren an, Silber darinn aufzulösen, und alle Feuch=
tigkeit zu zerstreuen, bis rothe Dämpfe kommen ᵞ),
und hatte aus einer Menge von Erfahrungen die sehr
richtige Folgerung gezogen, daß durch das Einäschern
das Eigenthümliche der Pflanzen in ihren Arzneikräften
zerstört werde, und das Salz, das aus der Asche der
Landpflanzen gezogen werde, weder in Rücksicht auf
seine Verbindungen mit Säuren ᶻ), noch in andern
Beziehungen ᵃ) von Weinsteinsalz oder Pottasche ver=
schieden seie.

Am meisten hat sich inzwischen Kunckel um die
Bereitung des Glases, und seiner mancherlei Arten ver=
dient gemacht; insbesondere hat er die Verfertigung eines
dem Porcellan ähnlichen Glases oder Opalflusses durch
einen Zusaz von gebrannten Knochen oder Hirschhorn ᵇ)
angegeben, das Avanturino=Glas, das bis dahin ein
Geheimnis der Venetianer gewesen war, zu bereiten ge=

der Erden, welches ein Oleum combustibile sey, und
habe sein Brennen daher bewiesen, welches nunmehro
eine gute Zeit ist, da ich solches anfänglich geschrieben, in
welcher ich durch andere Experimenta befunden, daß er
in solcher Fettigkeit bestehe, wie die Olea vegetabilia sind,
sondern daß sein Principium sey ein Acidum, und sein
Lumen oder Flamma in einem Volatili nur"

y) a. e. a. O. C. IV. S. 48.

z) a. e. a. O. C. IX. S. 106. "wenn ich ein Sal Tartari,
gereinigte Pottasche, oder eins aus einem andern Kraute
nehme, und giesse ein Oleum vitrioli darauff — — die=
ses ist nun Tartarus vitriolatus, es werde gemacht, aus
was vor einem Salze es wolle."

a) a. e. a. O S. 108. 109. 110. Nützliche Observationes oder Anmerckungen von den Firen und flüchtigen
Saltzen. K. I. V. curiose chymische Tractätlein ꝛc. S.
182 - 185.

b) Ars vitraria experimentalis. S. 57. 58. 471.

gewußt ^c), und sich vornehmlich dadurch Ruhm und Reichthum ^d) erworben, daß er dem Glase durch Gold= kalk, den schon einige Alte ^e) darzu angewandt zu ha= ben

c) a. e. a. O. S. 471.

d) a. e. a. O. auch Laboratorium chymicum Th. III. C. XLIV. S. 650 - 652. "Als ich dieses erfuhr (von Cassius) legte ich alsofort Hand an, aber was ich vor Mühe hatte, die Composition zu treffen und zu finden, und wie man es beständig roth kriegen sollte, weiß ich am besten — — Wie ich es demnach dahin brachte, daß ich das erste Glaß meinem hochseligen Churfürsten und Herrn Fridrich Wilhelm, praesentirte, hatte er ein gnä= diges Gefallen daran, und schickte mir hundert Species Ducaten. Als ich mich nun darinnen je länger je mehr perfectionirte, erschall dieses durch die Herren Abgesand= ten hin und wieder. Darauff ließ der Churfürst zu Cölln hochseligen Andenckens mir ansinnen, ob ich ihme einen rothen Kelch machen könte, der einen grossen Zoll dick, der Fuß ein sehr dicker Knopf, darein ein Ende vom Kelch, und das ander Ende in den dicken Fuß solte ge= schraubet werden, und der Deckel oben mit einem Knopff gleicher Gestalt. Solches nahm ich an — — — Ob mir zwar solches das erste mal wegen der Dicke, auch daß es egal von Farben seyn sollte, mißgelungen, so brachte ich es doch endlich zuwege, und woge das Glaß, so sehr schön war, bey 24 Pfund; davor ließ mir der hochselige Churfürst von Cölln acht hundert Rthlr. baar an Gelde auszahlen, ohne was mein hochsel. Herr mir gnädigst über dieses noch geschencket; die ersten Stücken wurden mir von Stein=schneidern und andern, das Loth vor 4 Rthlr. bezahlet, daß ich also anfänglich einen ehrlichen Gewinn daraus machte. Mein hochseliger Churfürst schickte auch damahlen an die Königin Christina nach Rom ein Glaß davon — — Sie begehrte mich auch auff drey Monath in Rom zu haben."

e) was freilich Kunckel, um seiner Kunst einen desto hö= hern Werth zu geben a. e. a. O. S. 650. läugnet.

L 3

ben ſcheinen, und den kurz zuvor ein hamburgiſcher Arzt[f],
der zugleich Leibarzt des Biſchofs von Lübek war, Andr.
Caſſius[g] beſſer bereiten[h] lehrte, aber noch nicht
ſicher und beſtändig genug zur rothen Farbe des Glaſes
anzuwenden verſtand[i], zu einer Zeit, da auch ein
heſſiſcher Bergbeamter, Joh. Chn. Orſchall, der
1682 bei Joh. Heinr. Rudolf zu Dresden in
Dienſten geſtanden, und von dieſem allerlei chemiſche
Arbeiten erlernt haben ſoll, und in der Folge einige
Gegner[k] fand, in ſeinem Sol ſine veſte[l] das gleiche
Ver-

f) und einen Vater und Sohn von gleichem Namen hatte.
Joh. Moller Cimbria litterata. Havn. 1744. fol. B. I.
S. 88.

g) deſſen Sohn das Verfahren in einer Schrift: De ex-
tremo illo et perfectiſſimo naturae opificio ac principe
terrenorum ſidere, Auro, et miranda ejus natura, generatione, affectionibus, effectis atque ad operationes
artis habitudine cogitata, experimentis illuſtrata. Hamb.
1685. 8.

h) ohne übrigens zu ſagen, daß er oder ſein Vater der Erfinder dieſes durch Zinnauflöſung gefällten Goldkalkes
(Purpura mineralis, Purpura Caſſii) ſeie; denn ſo heiſt
es a e. a. O. S. 105: "Eſt tamen modus adhuc alius,
quique hactenus ſecretior fuit, quo per ſingularem
auri mediante liquore Jovis praecipitationem, ſulphur
ejus fixum eleganter extravertitur."

i) ſo ſagt wenigſtens Kunckel Laboratorium chymicum
a. e. a. O. "dieſer jetzt-bemeldte Doctor Caſſius verſuchte es ins Glaß zu bringen, wann er es aber wolte in
ein Glaß formiren, oder wenn es aus dem Feuer kam,
war es klar, wie ein ander Cryſtal, und konte es zu keiner beſtändigen Röthe bringen."

k) ſowohl an Chph. Grummet Sol non ſine veſte. Rotenb.
1685. 12. und ins franzöſiſche überſezt hinter der franzöſiſchen Ueberſezung von Kunckel ars vitraria experimentalis, als an einem Ungenannten, der zu Kölln
1684.

Verfahren beschrieb, eine schöne Rubinfarbe geben konnte.

Einen Theil seiner Schriften hat Dr. Joh. Phil. Burggrav zu Frankfurt am Mayn [m]) herausgegeben: I. Nützliche Observationes oder Anmerckungen von den Fixen und flüchtigen Saltzen, Auro und Argento potabili, Spiritu mundi und dergleichen, wie auch von den Farben und Geruch der Metallen, Mineralien und andern Erdgewächsen [n]). II. Chymische Ans

1684. 12. Apelles post tabulam observans maculas in sole sine veste gegen ihn herausgab, und, wie Grummet, über die Ursache der Röthe und die Verglasung des Goldes nicht mit ihm eins war.

1) Oder dreyßig Experimenta dem Golde seinen Purpur auszuziehen, welches Theils die Destructionem auri vorstellet, mit angehängtem Unterricht, den schon längst verlangten Rubin-Fluß oder rothe Glaß in höchster Perfection zu bereiten ans Licht gegeben aus eigener Erfahrung 1684 Augsburg 12. 1739. 4.

m) mit einer Vorrede de doctis et nobilibus Empiricis und Chr. Grummet's Tractätlein vom Blut der Natur unter der Aufschrift: V curiose chymische Tractätlein. Franckfurth und Leipz. 1721. 8. auch lateinisch: Tractatus de sale fixo et volatili, de auro et argento potabili, de spiritu mundi, de phosphoro mirabili, de acido. et urinoso. Hamburg. 1720.

n) durch vieljährige eigene Erfahrung, Mühe und Arbeit mit Fleiß untersuchet, angemercket, und nun auff vieler der Edlen Chymie beflissener und unverdrossener Natur-Forscher inständiges Begehren zu dero Nutz und Gefallen an den Tag gegeben. Hamburg 1676. 8. abgedruckt in V curiosen chymischen Tractätlein. S. 179-286. ins lateinische übersezt von Karl Aloys. Ramsat in Observatio-num et Animadversionum chymicar. Tract. II. auct. Jc Kunckelio. Londin. et Roterodam. (auch Amsterdam) 1678. 12.

Anmerckungen, darinn gehandelt wird von denen Principiis Chymicis, Salibus Acidis und Alcalibus Fixis
und Volatilibus, in denen dreyen Regnis, Minerali.
Vegetabili und Animali, wie auch vom Geruch und
Farben ꝛc. mit Anhang einer chymischen Brille contra
Non‐Entia Chym. °): I I. Oeffentliche Zuschrift von
dem Phosphoro mirabili und dessen leuchtenden Wunder‐
Pilulen, samt angehängtem Discurs von dem weyland
rechtbenahmten Nitro, jetzt aber unschuldig genannten
Blut der Natur ᵖ): IV. Epistola contra Spiritum vini
sine acido ᑫ). V. Probier‐Stein de Acido et Uri-
noso, Sale Calido et Frigido ʳ); VI. Ars vitraria
Ex-

o) nach eigener Experientz beschrieben, mit unterschiedenen
Experimentis bewähret, und denen Warheit‐ und Kunst‐
liebenden zu Nutz und dienstlichem Gefallen in den Druck
befördert. Wittenberg 1677. 8. abgedruckt in V curiosen
chymischen Tractätlein. S. 1 - 154. lateinisch übersezt
mit der Ueberschrift: Philosophia chymica, experimentis
confirmata, in qua agitur de principiis chymicis, Salibus acidis et alcalibus, fixis et volatilibus, in tribus
illis Regnis, Minerali, Vegetabili et Animali, itemque
de odore et colore &c. Accedit Perspicillum Chymicum
contra Non‐Entia chymica. Amstelod. 1694. 12. und
mit der Aufschrift: Observationes chymicae, in quibus
agitur de principiis Chymicis &c. von K. Al. Ramsai
in den Tract. II. Observat. et animadverf. chymic. auch
ins Englische übersezt mit der Aufschrift: Experiments
of chymical philosophy. Lond. 1705.

p) an die gesammte Hocherfahrne Churfürstliche Sächsische
Herren Leib‐ Hof‐ und Stadt‐Medicos in Dreßden.
Leipzig. 1678. 8. abgedruckt in V curiosen chymischen
Tractätlein. S. 287 - 326.

q) Berolin. 1681. in V curiosen chymischen Tractätlein.
S. 155-178.

r) Contra Herrn Doct. Voigts Spiritum vini vindicatum
an die weltberühmte Königliche Societät in Engelland,
als

Experimentalis ⁵): VII. Collegium physico - chymicum experimentale oder Laboratorium chymicum, in
welchem

als hierüber erbetene hohe Richter. Berlin 1685. 8. in
V curiosen chymischen Tractätlein. S. 327-488.

s) oder vollkommene Glasmacher = Kunst, Lehrende, als in
einem aus unbetrüglicher Erfahrung, herflieſſenden Commentario, über die von dergleichen Arbeit beſchriebene
ſieben Bücher P. Anthonii Neri, von Florenz, und denen
darüber gethanen gelehrten Anmerckungen Chriſtophori
Merretti, M. D. et Societ-Reg. Britana. Socii (ſo aus
den Italiän= und Lateiniſchen beydes mit Fleiß ins Hoch=
teutſche überſetzt) die allerkurtzbündigſte Manieren, das
reinſte Chryſtall = Glas, alle gefärbte oder tingirte Gläſer;
Künſtliche Edelſteine oder Flüſſe; Amauſen oder Schmeltze,
Doubletten; Spiegel; das Tropfglas; die ſchönſte Ultra=
marin = Lacc- und andere Mahler = Farben, ingleichen wie
die Saltze zu den allerreinſten Chryſtallinen = Gut, nach
der beſten Weiſe, an allen Orten Teutſchlands mit gerin=
ger Müh und Unkoſten copieus und compendieus zu ma=
chen, auch wie das Glas zu mehrerer perfection und
Härte zu bringen. Nebſt ausführlicher Erklärung aller
zur Glaskunſt gehörigen Materialien und Ingredientien,
ſonderlich der Zaffera und Magneſia &c. Anzeigung der
nöthigſten Kunſt = und Handgriffe, dienlichſten Inſtrumen-
ta, bequemſten Gefäſſe, auch nebſt andern des Autoris
ſonderbaren Ofen und dergleichen mehr nützlichen in
Kupfer geſtochenen Figuren. Samt einem II. Haupttheil.
So in drey unterſchiedenen Büchern und mehr als 200
Experimenten beſtehet, darinnen von Glasmaſſen, Ver=
gulden und Brennen, vom Holländiſchen Kunſt = und
Barcellan=Töpfferwerck; Vom kleinen Glasblaſen mit der
Lampen, von einer Glas = Flaſchen = Forme, die ſich viel
1000mal verändern läſſet; Wie Kräuter und Blumen in
Silber abzugieſſen; Gypß zu tractiren, Rare Spice und
Lacc = Fürniſſe, Türckiſch Papier ꝛc. Item der vortreff=
liche Nürnberger Gold=Strän=Glanz und viel andere unge=
meine Sachen zu machen, gelehret werden, mit einem
Anhange von denen Perlen und faſt allen natürlichen
Edelſteinen. Wobey auch in gewiſſen Tabellen eigentlich

welchem deutlich und gründlich von den wahren Principiis in der Natur und denen gewürkten Dingen sowohl über als in der Erden, als Vegetabilien, Animalien, Mineralien und Metallen, wie auch deren wahrhafften Generation, Eigenschafften und Scheidung,
nebst der Transmutation und Verbesserung der Metallen
gehandelt wird ᵏ).

Gelehrter als diese beide, und früchtbarer an
Schriften, welche eigene Versuche erzählen und be-
schreiben, als Bohn, war der berühmte hallische
Lehrer, Friedrich Hoffmann ¹), der 1660 gebohr-
ren, und der Sohn eines grosen Arztes von gleichem
Namen war, welcher bei dem damaligen Erzbischoff
von Magdeburg die Stelle eines Leibarztes und zu Halle in Sachsen diejenige eines Stadtarztes vertrat; er
wirkte bei der bis an sein spätes Ende fortdauernden
gelehrten Thätigkeit tief in das folgende Zeitalter hinein ᵐ): Schon frühe zeichnete er sich durch Fleis, vorzüglich

zu sehen, wie sich die köstlichsten derselben nach dem Gewicht an ihren Preiß verhöhen und einem vollständigen
Register. 4. Alles hin und wieder in dieser andern Edition um ein merckliches vermehret. Franckfurt und Leipzig
1689. Nürnberg 1743. 1756. ins Französische übersezt
(von B v. Holbach) unter der Auffschrift: L'art de
la verrerie de *Neri*, *Merret* et *Kunckel*. à Paris.
1752. 4.

k) denen Liebhabern natürlicher Wissenschaften zum ungemeinen Nutzen nunmehro endlich mit einem vollständigen
Register und Vorrede herausgegen, von Joh. Casp. Engelleder. Hamburg und Leipzig 1716. 8.

l) Sein Bild steht vor seiner Medicina rationali systema-
tica. Hal. Magdeburg. 1729. 4. und mehreren andern
seiner Schriften.

m) Nachrichten von seinem Leben sind zu Halle 1743 fol.
und Teutsch und Lateinisch von Sam. Pet. G a s s e r
ebens

zuglichen Geschmak an der Grösenlehre, die er in der
Folge mit so vielem Glücke auch in seiner Hauptwissen=
schaft anwandte, und nicht sowohl durch lebhafte Ein=
bildungskraft und starkes Gedächtnis, als vielmehr
durch Scharfsinn aus: Im achtzehenden Jahre seines
Lebens gieng er auf die hohe Schule zu Jena, wo er
sich, unter der Anleitung G. W. Wedel's, ganz der
aus eigener Neigung von ihm gewählten Arzneiwissen=
schaft widmete, und schon das Jahr darauf unter dessen
Vorsitz eine Streitschrift n) öffentlich vertheidigte;
schon damals hatte er die Scheidekunst sehr liebgewon=
nen, schon andern Unterricht darinn gegeben; um sich
noch mehr darinn auszubilden, besuchte er 1680 die
hohe Schule zu Erfurt, wo er den Unterricht des da=
mals durch seine chemische Erfahrung sehr berühmten
Lehrers Kasp. Cramer's genos, kehrte aber zu An=
fang des folgenden Jahres nach Jena zurük, und er=
hielt daselbst, nachdem er eine zwote Streitschrift o)
vertheidigt hatte, die Doctorwürde, und nachdem er
eine dritte p), und bald darauf eine vierte q) auf den
öffent=

---

ebendaselbst im gleichen Jahre und Format herausgekom=
men; mehrere stehen auch in der teutschen Leichenrede auf
ihn, die 1743 zu Halle fol. gedruckt wurde; die meisten
in der Vita Fried. Hoffmanni, welche Joh. Heinr.
Schulze 1740. zu Halle 4. herausgegeben, und welche
dem fünften Theile des vierten Bandes der Medic. ration.
systematic. Hal. 1739. 4. beygefügt ist.

n) De menstruo ventriculi. Jenae 1679. 4.

o) De autochiria. Jenae 1681. 4.

p) freilich nach chemischen oder vielmehr alchemischen Grund=
säzen geschrieben, von welchen er sich in seinen späteren
Schriften immer mehr entfernte: Exercitatio medico-
chymica de cinnabari antimonii. 4. Jen. 1681. Hal. 1746.
8. Lugd. Bat. 1685.

q) De morbo convulsione ex viso spectro. Jen. 1682. 4.

öffentlichen Lehrstul gebracht hatte, die Erlaubnis, selbst Vorlesungen zu halten, die vornemlich Chemie zum Gegenstand hatten, und fleisig besucht wurden.

Um sich von der anhaltenden Anstrengung zu erholen, welche seine gelehrte Geschäfte erforderten, und welche seiner Gesundheit gefährlich zu werden anfieng, reiste er noch 1682 nach Minden, wo er im Schose der Freundschaft nicht nur seinen Zwek vollkommen erreichte, sondern auch so vielen Beifall erndtete, daß er, nachdem er von da aus eine kleine Reise nach Holland und England gemacht hatte, 1685 zum Garnisonarzt, und 1686 zum Landarzt des Fürstenthums Minden, und bald darauf zu der gleichen Stelle nach Halberstadt berufen wurde.

Wirklich kam er auch 1688 nach Halberstadt, und war auch da nicht nur ein glüklicher und geliebter Arzt, sondern erweiterte und befestigte auch seinen gelehrten Ruf so sehr, daß bei der Errichtung der hohen Schule zu Halle (1693), König Friedrich Wilhelm auf ihn sein vorzügliches Augenmerk richtete, ihn zum ersten Lehrer der Arzneikunde und Naturwissenschaften bestimmte, ihm die Entwerfung der Geseze für diese Facultät und selbst die Wahl seiner Gehülfen anvertraute, und durch das glükliche Gedeihen dieser Anstalt, welche Hoffmann augenscheinlich so vieles zu verdanken hatte, von den grosen Vortheilen überzeugt, die er dem Staate brachte, mit Beweisen seiner Gnade und seines Zutrauens überhäufte, ihn selbst nach dem Vorgang anderer Grosen zu sich an Hof berief, und, nachdem er sich seiner beinahe vier Jahre lang als Leibarzt bedient hatte, wieder nach Halle entlies, wo er einen seiner Neigung mehr angemessenen Wirkungskreis fand, und sowohl durch seine natürliche Anlagen, als
durch

durch seine erworbene Fertigkeiten und Kenntniſſe weit
mehr Nuzen ſtiften konnte; er ſtarb 1743 zum uner=
ſezlichen Verluſt der hohen Schule, um welche er ſich
ſo groſe Verdienſte erworben hatte, in groſem Anſehen
bei dem Fürſten, dem er diente, geachtet von den Gro=
ſen, die ſeines Rathes bedurften, und mit uneinge=
ſchränktem Vertrauen genoſen, geehrt von ſeinen Amts=
gehülfen, geſegnet von den Kranken, die er auf die
möglichſt angenehme und leichte Weiſe heilte, geliebt
von ſeinen Zuhörern, welche ſeine Lehrſäze auch nach
ſeinem Tode uoch weiter verbreiteten, geſchäzt von den
Gelehrten aller Völker [r]), die ohne kleinlichen Stolz
und Eiferſucht wahres Verdienſt um die Wiſſenſchaften
von leerem Prunk zu unterſcheiden wiſſen.

Es iſt hier der Ort nicht, alle ſeine Verdienſte um
die Gelehrſamkeit aus einander zu ſezen; aber ſchon als
Scheidekünſtler verdient er eine ausgezeichnete Stelle;
er zeigte aus ſehr einleuchtenden Gründen, wie ſehr
ſich diejenige irren, die ihre ganze Pathologie und
Therapie auf die Lehre von Säure und Laugenſalz grün=
den [s]); er beſtimmte die Verhältniſſe der flüchtigen
Oele genauer, als es vor ſeiner Zeit geſchehen war [t]),

zeigte

---

r) Er wurde nicht nur zum Mitglied der Römiſch=Kaiſer=
lichen Akademie der Naturforſcher, und der berliniſchen
Geſellſchaft der Wiſſenſchaften, welche zu Anfange die=
ſes Jahrhunderts durch Leibniz errichtet wurde, ſon=
dern auch 17.9 zum Mitgliede der Londoniſchen, und
1735 zum Mitglied der Ruſſiſch=Kaiſerlichen Geſellſchaft
der Wiſſenſchaften zu S. Petersburg ernannt.

s) Exercitatio arroamatica de acidi et viſcidi inſufficientia
pro ſtabiliendis omnium morborum cauſis, et alcali fluidi pro iisdem debellandis inſufficientia. Francof. 1689.
8. ins Teutſche überſezt Halle 1696. 8.

t) Obſervationum phyſico-chymicarum ſelectiorum. - Hal.
1736. 4. L. I. Obſ. I-XIV. S. 1-54.

zeigte deutlicher, (fast zu gleicher Zeit mit Slare und
Homberg) welche und unter welchen Umständen sie
sich mit Salpetersäure entzünden ᵘ), und wie die Sal;
petersäure, wenn sich diese Erscheinung offenbaren soll,
darzu zubereitet werden müsse ᵛ); wie eben diese Säure
durch Destilliren mit Weingeist angenehm versüst ʷ),
wie auch der versüste Vitriolgeist lieblicher erhalten
werden kann ˣ), bahnte zuerst den Weg zu einer ge;
nauern Zerlegung des Weins und seiner mancherlei
Arten, und zu der Beurtheilung ihrer Kraft nach dem
Erfolge dieser Zerlegung ʸ), machte die teutsche Aerzte
auf die schädliche Wirkungen des Kohlendampfs ᶻ),
auf die Bestandtheile der Gesundwasser und den dar;
nach sich richtenden Arzneigebrauch ᵃ), selbst die künst;
liche

u) a. e. a. O. L. II. Obf. III. S. 113. 115.

v) a. e. a. O. S. 114.

w) a. e. a. O. Obf. IV. S. 116 ꝛc.

x) der nach ihm genannte Liquor anodinus mineralis.
Diff. de acido vitrioli vinofo. Hal. 1732. 4.

y) Obfervat. phyfico - chymic. felect. L. I. obf. XXV.
S. 81.

z) ohne jedoch die wahre Ursache zu ergründen a. e. a. O.
L. III. Obf. XIII. S. 299 - 301. Opufcula theologico-
phyfico - medica feu fcripta felectiora, antea diverfis temporibus edita, nunc revifa, correcta et aucta. Hal.
1740. 4. nr. XI. S. 278 - 304. Bedenken von dem töd;
lichen Dampf der Holzkohlen. Halle 1716. 8.

a) Obfervat. phyfico - chymic. felect. L. II. Obf. XXXII.
S. 229 - 235. Opufcula phyfico - medica de elementis,
viribus, utilitate et ufu medicatorum fontium, antehac
feorfim edita, jam revifa, aucta et emendata, et delectu
habito recufa. Ulmae 8. T. II. 1726 und 1741. vornem;
lich I. II. III. und IV. S. 1 - 52 - 114 - 160 - 212. auch
abgefondert: Methodus examinandi aquas falubres. 4.
Hal. 1703. Leid. 1708. de acidularum et thermarum
ra-

liche Bereitung, sowohl kalter Gesundwasser b) als war=

ratione ingredientium et virium convenientia. Hal.
1712. 4. Leid. 1718 und 1719. 8. Teutsch in gründlicher
Anweisung, wie ein Mensch vor dem frühzeitigen Tod
und allerley Kranckheiten durch ordentliche Lebensart sich
verwahren könne. Halle 8. B. III. 1717. De acidularum et thermarum usu et abusu observationes et caute-
lae. Hal. 1717. 4. Ulm. 1728. 8. und de praecipuis
Germaniae medicatis fontibus, et de earum examine
chymico-mechanico. Hal. 1724. 4. Ulm. 1726. 8. ins
französische übersezt von C. Wite. 1752. 4. ins englische
von Shaw mit der Aufschrift: on mineral waters.
1731. 8. ins teutsche im VIII. B. von gründlicher An=
weisung 2c. 1727. Die Untersuchung des Karlsbader Waf=
fers. De thermis Carolinis, earum caloris caussa, elementis, viribus, utilitate et usu. Hal. 1705. 4. Ulm.
1716. 8. Leid. 1708. 8. in Opuscul physico-medicis.
B. II nr. V. S. 214-299. teutsch in gründlicher Anwei=
sung 2c. B. III. und de sale medicinali Carolinarum.
Hal. 1734. 4. des Sedlizer Bitterwassers Fontis Sedli-
zensis amari in Bohemia noviter detecti nec non salis ex
eodem parati examen chymico-medicum. Hal. 1724. 4.
in Opusc. physico-medic. B. II. nr. VI. S. 300-348.
teutsch 1724. und 1725. 4. französisch Basel 1740. 8.
Des Lauchstädter Stahlwassers De fontis martiati Lauch-
stadiensis viribus et usu. Hal. 1723. 4. in Opusc. physico-
medic. B II. nr VII. S. 350-381. und teutsch 1724.
4. des Salterser Wassers Medicina Consultatoria, wor=
innen unterschiedliche über einige schwere Casus ausgear=
beitete Consilia auch Responsa Facultatis Medicae enthal=
ten, und in fünf Decurien eingetheilet, dem Publico
zum Besten herausgegeben. Halle 4. Siebender Theil
nebst einem Anhang von dem wahren Gehalt, herrlichen
Krafft und rechten Gebrauch des Selter=Brunnens. 1730.
auch abgesondert mit der Aufschrift: Gründlicher Bericht
von dem Selter=Brunnen, dessen Gehalt, Würckung
und Krafft, auch wie derselbe sowohl allein, als mit Milch
vermischt, bey verschiedenen Kranckheiten mit Nutzen zu
gebrauchen. Halle 1727. 4. des Schwalbacher und Spa=
wassers De fontis Spadani et Swalbacensis convenientia.
Hal.

warmer Bäder ᶜ), auf die Luftſäure von jenen ᵈ), als einen Hauptbeſtandtheil derſelbigen, auf die Bittererde und ihren Unterſchied von der Kalkerde ᵉ), auf die Erde, die im Alaun mit der Säure verbunden iſt ᶠ), auf‍

Hal. 1730. 4. teutſch in Medicina conſultatoria. B. IX. 1732. Dec. V. Caf. X. S. 387 - 408. des Liegnizer Waſſers in Schleſien De fonte medicato Lignicenſi. Hal. 1729. 8. des Brunnens zu Altwaſſer in Schieſien diſp. de acidulis Veteraquenſibus in Sileſia. Hal. 1731. 4. teutſch Leipzig 8. 1732. und 1734. der Salzſole zu Halle Beſchreibung der Salzwerke zu Halle. Halle 1708. 4. und lateiniſch in Opufc. phyſico-medic. B. I. nr. IV. S. 284 - 340. des gemeinen Waſſers. Obſervat. phyſico-chymic. ſelect. B. II obſ. VII. S. 126 - 129.

b) Obſervationes de acidulis, thermis et aliis fontibus ſalubribus ad imitationem naturalium per artificium parandis, in Opuſcul. phyſico-medic. B. II. nr. X. S. 449 - 463.

c) vornemlich aus Schlaken: De balneorum artificialium ex ſcoriis metallorum uſu medico. Hal. 1722. 4. Ulm. 1726. 8.

d) unter dem Namen: Spiritus ſulphureus, aethereus, Principium Spirituoſum. S. z. B. de fonte martiato Lauchſtadienſi §. VI - VIII.

e) Obſervat. phyſico-chymic. ſelect. B. II. obſ. II. z. B. S. 107. "Solutio inde emergens, ſapore valde amaricante, acri ſalſoque imbuitur, manifeſto documento, eſſe hunc pulverem naturae alcalinae terreae ſolubilis et ſimul ſulphureae, quia ſolutio valde amaricans eſt. Contra alia alcalina, et cancrorum lapides, ovorum teſtae, conchae praeparatae, affuſo ſpiritu vitrioli etiam fortiter ebulliunt, ſed ſolutionem minime amaricantem vel manifeſto ſalſam, ſed leviter ſale imbutam, imo prorſus inſipidam relinquunt. Calx viva autem pulveriſata, utut propemodum ab omnibus pro terra alcalina habeatur, tamen affuſo ſpiritu vitrioli, nec effervefcentia excitatur, ut jam cum dictis aliis fit, neque ſapor ſalinus manifeſto producitur." auch Obſ. XVIII. S. 177 ꝛc.

f) ebendaſ. B. III. Obſ. VIII. S. 271. 272. "Nam vitrioli

aufmerkſam; auch er hielt ſich durch eine ganze Reihe
von analytiſchen und ſynthetiſchen Verſuchen über=
zeugt, der Schwefel beſtehe aus Säure und einem ver=
brennlichen Stoff ᵍ), und ihm ſchon kam es wahr=
ſcheinlicher vor, die Wiederherſtellung der Metalle in
ihren vollkommenern Zuſtand beruhe nicht ſowohl auf
der Wiedererſtattung eines Verluſtes, als auf der Ent=
ziehung eines Stoffes, den ſie bei dem Verkalken ein=
geſogen haben ʰ): Auch iſt er der Erfinder einiger an=
genehe

trioli caput mortuum metallicae, martialis nempe et
venereae, indolis eſt: aluminis vero terra valde ſpon-
gioſa, ſubtilis, bolaris *ſui generis* videtur."

g) ebendaſ B. III. Obſ. IX. S. 276 - 287. vornemlich
S. 277. "Acidum hoc, ſi accenditur ſulphur et ejus
vapor colligitur, ad oculum ſiſti poteſt: ſubſtantia vero
illa altera phlogiſta ejus ſolutione in oleo tam expreſſo,
quam deſtillato, ſe ſenſibus offert."

h) Ebendaſ. Obſ. XIII. S. 302. 303. "In metallurgicis
laboribus res notatu digna eſt, quod minerae joviales,
item ferreae, cupreae et plumbeae, calces quoque antimoniales, item ſcoriae et vitra metallorum, non in
purum metallum vel minerale ſuum liquari poſſint, niſi
carbones immediate accedant et miſceantur, ac demum
ſubminiſtrato aperto igne fundantur. Utrum hac ratione, quae nonnullorum eſt ſententia, quippiam iſtius,
quod in carbonibus latet, phlogiſti, in ipſam metallicam mixtionem ſimul tranſeat, et id, quod igne vel
additione aliarum rerum in calcinatione abſumtum eſt,
reſtituat, an potius tantum hoc modo ſeparetur illud,
quod eorum fluxilitatem impedit, res non tam clara
atque evidens eſt, quin accuratiorem adhuc mereatur
inquiſitionem."

"Nos alias rem ita explicavimus: inhaereſcit mineris
metallicis ſulphuris acidum, quia per leniorem praece-
dentem calcinationem pars oleoſa et inflammabilis avo-
lat, metallorum quoque ac mineralium calces ac vitra
identidem acido, quod intime poros penetrat et particu-

genehmer zusammengesezter Arzneien, deren Bereitung
er zu seinen Lebzeiten geheim hielt, die aber noch lange
nach ihm ihren Ruf und noch bis jezt seinen Namen
behalten haben [i]), und empfohl die sogenannte flüchtige
Schwefelleber mit dreimal so vielem höchst reinem
Weingeiste versezt zu 30 – 40 Tropfen innerlich als ein
äuserst kräftiges Schweis treibendes Mittel, und, wenn
noch Kampfer, allenfalls noch etwas Mohnsaft, Safran und Bibergeil zugesezt wird, im Podagra äuser-
lich [k]): Schon er wuste, daß mehrere schwefelsaure
Erden mit dem bologneser Spat die Eigenschaft gemein
haben, nach dem Glühen zwischen Kohlen im Dunkeln
zu leuchten [l]).

Die Zahl seiner Schriften ist sehr ansehnlich [m]);
ich erwähne hier nur derjenigen, welche in die Scheidekunst

larum figuram et situm immutat, debentur: hoc acido
sale, tanquam causa, sublato, reditvs fit in pristinum
corpus. Indicantur itaque ea, quae intime penetrant, et
quae acidum absorbendi potentia pollent, quo spectant
maxime carbones, qui in flammam redacti, corporibus
reducendis non modo inmediate ignem subministrant,
sed et simul oleoso et rarefactivo alcalino volatili suo
principio intimos poros, ubi acidum occultum est, in-
grediuntur, illud absorbent, et sic metallum resti-
tuunt.”

i) z. B. Balsamum vitae, Elixir viscerale, Essentia balsa-
mica, Pilulae balsamicae.

k) Observat. physic. chymic. select. B. II. Obs. XXXI.
S. 228.

l) Demonstrationes physicae curiosae &c. Demonstr. XI.
nr. 3. “Singularis species talci, nostra inventione praeparata, lucida reddi potest, non secus ac lapis Bono-
niensis, ita ut phosphori lucentis Germanici titulum
mereatur.”

m) Verzeichnet sind sie in Omnium dissertationum et librorum ab *Hoffmanno* ad anno 1681 ad annum 1734
edi-

befunſt gehören ᶰ): I. Chymia rationalis et experimentalis.

editorum confpectu. Hal. 1734. 4. zuſammengedruckt in
Oper. omnib. phyſico-medicis, welche zu Genf in fol.
in 6. Bänden 1740 u. 1748. mit einem Supplemento von
2. Bänden 1749, und mit einem zweiten Supplemento von
3. Bänden 1753 und 1760, und zuſammen in 11 Bänden 1761. zu Neapel 4. 1753 in 25, und 1763 in 27
Bänden, und zu Venedig 4. 1745 in 17 Bänden herausgekommen ſind; mehrere kleinere ſind geſammelt in
1. Opuſculis theologico-phyſico-medicis feu fcriptis felectioribus antea diverſis temporibus editis, nunc revifis,
correctis, et auctis. Hal. 1740 4.   2. Opuſculis medi-
co-practicis feu diſſertation. felectior antea diverſis
temporibus edit. nunc revif. et auctior. Hal. 1736. 4.
3. Opuſcul. pathologico-practic. feu diſſertat. felectior,
antea diverſis temporibus edit nunc revif. et auctiorib.
Hal. 1738. 4. 4 Opuſcul. medic. varii argumenti feu
diſſertation. felectior. antea diverſis temporibus edit.
nunc revif. et auctiorib. Hal. 1739. 4. 5. Opuſcul.
phyſico-medic. antehac feorſim edit. jam revif. auct.
emendat. et delectu habito recuf. Ulm. 8. T I. 1725. II.
1726. I II. 1736. 1740. 6. Diſſertation. phyſico-me-
dicae curiof. felectior. ad fanitatem tuendam maxime
pertinent. P. I. et II. Leid. 1708. 8. 7 Diſſertationum
phyſico-medicarum Dec I. Leid 8. I. 1713. II. 1719.
8. Diſſertationes phvfico-medico-chymicae curiofae fe-
lectae. Venet. 1739. 4. 9 Gründliche Anweiſung, wie
ein Menſch vor dem frühzeitigen Tod und allerley Krancks
heiten durch ordentliche Lebensart ſich verwahren könne.
Halle 8. B. I. 1715. II. 1716. III. 1717. IV. (ſo wie
die folgende, nicht von ihm ſelbſt herausgegeben) 1718.
V. 1719 VI. 1721. VII. 1726. VIII. 1727. IX. 1728.
10. Gründlicher Unterricht, wie ein Menſch nach den
Geſundheitsregeln ſein Leben und Geſundheit lang confer-
viren könne: cum difp. de vino hungarico, herausgegeben von J. Frid. Reimann. Ulm. 1735. 8.

n) von welchen die wichtigſte in ſeinen Obſervationum phy-
fico-chymicarum felectiorum. Lib. III. in quibus multa
curiofa experimenta et lectiſſimae virtutis medicamenta
exhibentur, ad folidam et rationalem chymiam ſtabi-

talis o). II. Diss. de experimentorum quorundam chymicorum perversa explicatione p). III. Demonstrationes physicae curiosae, experimentis et observationibus curiosis mechanicis ac chymicis illustratae q); IV. Exercitatio acroamatica de acidi et viscidi pro stabiliendis omnium morborum causis et alcali fluidi pro iis debellandis insufficientia r); V. De fermentis morbificis eorumque e medicina ejectione s); VI. De generatione salium morbosorum in corpore humano t); VII. De putredinis doctrina ejusque amplissimo in medicina usu u); VIII. Exercitatio pathologica duumviratum Helmontii sistens x); IX. De metallurgia

liendam praemiss. Hal. 4. 1722. 1736. quibus accedunt dissertationes physico-chymicae tres. Venet. 1749. ins französische übersezt mit der Ueberschrift: Observations physiques et chymiques, dans les quelles on trouve beaucoup d'experiences curieuses, et de remedes très efficaces, et qui servent à établir une chymie solide et raisonnée; traduites du latin de M. Fred. *Hoffmann.* Paris 12. B. I. II. 1754. nur einige in Dissertationum physico-chymicarum denuo recusarum Trias, quarum prima de generatione Salium, secunda de analysi chymico-medica reguli antimonii medicinalis, tertia de mercurio et medicamentis mercurialibns selectis agit. Hal. 1729. 4. zusammengetragen sind.

o) Leid. 1748. 12. Hal. 1749. 8.

p) resp. J. Henr. *Boehme.* Hal. 1697. 4.

q) Hal. 1700. 4. auch in Opusc. physico-medicis. T. I. nr. II. S. 153-222.

r) Francof. 1689. 8.

s) Hal. 1697. 4.

t) Hal. 1702. 4. auch in Opuscul. pathologico-practic. Dec. I. art. II. S. 25-51.

u) Hal. 1722. 4. Opuscul. pathologico-pract. Dec. I. art. III. S. 52-75.

x) Hal. 1704. 4.

gia morbifera ᵞ); X. Exercitatio medico - chymica de cinnabari antimonii ᶻ); XI. Unterricht von dem balfamo liquido und liquore anodyno minerali ᵃ); XII. Opii correctio genuina et ufus ᵇ); XIII. De medicamentis felectioribús ᶜ); XIV. De medicamentis balfamicis ᵈ); XV. Diff. de acido vitrioli vinofo ᵉ); XVI. Effentia fuccini praeftantiffima ᶠ); XVII. Vera et rara effentia ambrae ᵍ); XVIII. De balfamo liquido prodeunte ex fantalo flavo ʰ); XIX. Singularis refina errhinae facultatis ⁱ); XX. Spiritus et balfamum liquidum maftiches item camphorae ᵏ); XXI. De medicamentis ex balfamo peruviano nobiliffimis ˡ); XXII. De excellente balfami liquidi fpirituofi virtute ᵐ); XVIII. De vero oleo vitrioli dulci ⁿ); XXIV. De

y) Hal. 1695. 4. London. 1713. 8. auch in Opufc. pathologico - practic. Dec. II. Diff. VI. S. 413 - 439. ins Teutfche überfezt in gründlicher Anweifung ꝛc. B. IX.

z) 4. Jen. 1681. Hal. 1746. 8. Leid. 1685.

a) Halle 1712.

b) Hal. 4. 1702. 1730.

c) Hal. 1713. 4. Leid. 1719. 8.

d) Hal. 1715. 4. Leid. 1719. 8.

e) refp. filio Carolo. Hal. 1732. 4.

f) Obfervat phyfico - chymic. felect. L. I. obf. XVII. S. 60.

g) ebendaf. obf. XVIII. S. 61. 62.

h) ebendaf. obf. XIX. S. 63.

i) ebendaf. obf XXI. S. 66 - 68.

k) ebendaf obf. XXII. S. 68 - 70.

l) ebendaf. obf. XXIII. S. 70 - 72.

m) ebendaf. obf. XXVIII. S. 88 - 93.

n) ebendaf. B. II. obf. XIII. S. 157 - 163.

De sulphure vitrioli fixo anodyno °); XXV. Sal volatile siccum anglicanum ᵖ); XXVI. Methodus, salia volatilia oleosa in forma sicca praeparandi ᑫ); XXVII. De antimonio ejusque sulphuris natura ac virtute, et variis illud praeparandi modis ʳ); XXVIII. De mirabili virtute antimonii virulenta et medica, et quomodo facile una in alteram transmutari possit ˢ); XXIX. Medicamenta aliaque curiosa experimenta circa regulum antimonii ᵗ); XXX. De medicamentis ex antimonio selectioribus ᵘ); XXXI. Medicamenta ex auro parata et de iis judicium ˣ); XXXII. De mercurio et medicamentis mercurialibus solutis ad expurgandos sine salivatione morbos corporis humani rebelles ʸ); XXXIII. De mirabili sulphuris antimonii fixati efficacia in medicina ᶻ); XXXIX. De salis volatilis genesi, usu et abusu in medicina ª); XXXV. De balsamo peruviano ᵇ); XXXVI. De terebinthina ᶜ); XXXVII. De millefolio;

o) ebendaf. obf. XIV. S. 163 - 165.

p) ebendaf. obf. XXVI. S. 212 - 215.

q) ebendaf. obf. XXVII. S. 215 - 219.

r) ebendaf. B III. obf. II. S. 242 - 248.

s) ebendaf. obf. III. S. 249 - 252.

t) ebendaf. obf. IV. S. 252 - 257.

u) ebendaf. obf. VI. S. 259 - 266.

x) ebendaf. obf. XXI. S. 335 - 342.

y) Hal. 1704. 4. auch in Trias differtationum &c. nr. III. Oper. omn. B. IV. teutsch in gründlicher Anweisung ꝛc. B. VI.

z) Hal 1699. 4. auch in opuscul. med. var. argum. Dec. II. nr. IX. S. 474 - 491.

a) Hal. 1696. 4.

b) Hal. 4. 1703. 1750. auch in opusc. med. var. argum. Dec. II. nr. I. S. 295 - 314.

c) Hal 4. 1699 1730. auch in opusc. med. var. argum. Dec. II. nr. II. S. 315 - 330.

lio ᵈ); XXXVIII. De camphorae ufu interno fecuriffi-
mo et praeflantiffimo ᵉ); XXXIX. De chinae chinae
modo operandi, ufu et abufu ᶠ); XL. De nitro ejusque natura et ufu in medicina ᵍ); XLI. Obfervationes
phyfieo-medicae circa nitrum ʰ); XLII. Hiftoria et
anatomia nitri phyfico-chymica cum obfervationibus
rarioribus ⁱ); XLIII. De faluberrima feri lactis virtute ᵏ); XLIV. Unterricht von dem Lebensbalfam, lin-
dernden Spiritu und balfamifchen Pillen ˡ); XLV. De
generatione falium ᵐ); XLVI. Demonftrationes ma-
thematico-phyfico-medicae, de caloris, lucis et flammae natura et effectibus in res creatas ⁿ); XLVII. De
panis groffioris Wefthalorum vulgo Bompournickel
natura, elementis chymicis, et virtute ᵒ); XLVIII.
Ana-

d) Hal. 1719. 4. auch in opufc. med. var. argum. Dec. II.
nr. III. S. 341 - 348.

e) Hal. 1714. 4. auch in opufc. med. var. argum. Dec. II.
nr. IV. S. 349 - 374.

f) refp. *Horch* Hal. 1694. 4.

g) Hal. 1694. 4.

h) Hal. 1712. 4.

i) Obfervat. phyfieo-chymic. felect. B. II. obf. I. S.
94 - 105.

k) Hal. 1725. 4. auch in opufcul. medico-practic. Dec. I.
diff. IX. S. 238 - 265. und ins teutfche überfezt: gründliche Anweifung ꝛc. B. VII.

l) Halle 1730. 4.

m) Hal. 4. 1699. und 1701. auch in Trias differtationum &c nr. I.

n) Hal. 1694. 4.

o) Hal. 1695. 4. Opufcul. phyfico-medic. B. I. Diff. VII.
S. 421 - 430. Obferv. phyfico-chymic. felect. B. II.
obf. XXII. S. 192 - 198.

Anatomia vinorum chymica [p]); XLVIII. Historia vini Tockaviensis Hungarici cum ejus indole, genesi et virtute [q]); L. De vini Hungarici excellente natura virtute et usu [r]); LI. De natura et praestantia vini Rhenani in medicina [s]); LII. De genuino et simplicissimo doloris podagrici remedio [t]); LIII. Analysis chymico-medica reguli antimonii medicinalis [u]); LIV. Dissertatio physico-medica de causis caloris naturalis et praeternaturalis in corpore [v]); LV. Dissertatio sistens sacchari historiam naturalem et medicam [x]); LVI. Dissertatio medico-physica de caryophyllis aromaticis [y]); LVII. De purgantibus selectis et minus cognitis [z]); LVIII. Dissertatio chymico-medica de sulphuribus metallorum [a]); LVIIII. Observationes et cautiones practicae in curatione calculi [b]);

LX.

p) Observat. physic. chymic. select. B. I. obs. XXV. S. 81-85.

q) ebendas. obs. XXIV. S. 72-81.

r) Hal. 1721. 4. Opusc. med. var. argum. Dec. I. diss. V. S. 114-137. ins teutsche übersezt Ulm. 1735. 8. und in gründlicher Anweisung rc B. IV.

s) Hal. 1703. 4. auch Leid. 1708. 8. und Opusc. medic. var. argum. Dec. I. diss. VI. S. 138-183.

t) Hal. 1697. 4. teutsch in gründlicher Anweisung rc. B. III.

u) Hal. 1698. 4. auch in Trias dissertationum nr. 2.

v) Hal. 1699. 4.

x) Hal. 1701. 4.

y) Hal. 1701. 4.

z) Hal. 1704. 4. Opuscul. medic. var. argum. Dec. II. diss. VI. S. 393-414.

a) Hal. 1715. 4.

b) Hal. 1721. 4. teutsch in gründlicher Anweisung rc. B. VII.

LX. De falium mediorum excellente in medendo virtute ^c); LXI. De mirabili lactis afinini in medendo
ufu ^d); LXII. De manna ejusque praeftantiffimo in
medicina ufu ^e); LXIII. De cortice chacarillae ejusque in medicina ufu ^f); LXIV. De vera medicamentorum in morbis virtute et efficacia rite dignofcen-
dis ^g); LXV. De oleis deftillatis inque eorum deftilla-
tione obfervanda encheirefi ^h); LXVI. Oleorum deftillatorum adulteratio ⁱ); LXVII. Oleum juniperi, ligni
faffafras verum atque caryophyllorum ^k); LXVIII.
Oleum rofarum et myrrhae verum cum aqua per deftillationem paratum ^l); LXVIIII. Olea deftillata rariora ^m); LXX. Oleum ex balfamo de Copahu deftillatum ⁿ); LXXI. De variis cautelis in oleorum de-
ftillatione et confervatione adhibendis ^o); LXXII.
Gra-

c) Hal. 1721. 4. Opufcul. medico-practic. Dec. II. Diff. I.
S. 290-319.

d) Hal. 1725. 4. Opufc. medico-practic. Dec. I. Diff. VIII.
S. 210-237. ins englifche überfetzt 1754. 8. und ins
teutfche gründlicher Anweifung ꝛc. B. VII.

e) Hal. 1725. 4. Opufc. medico-pract. Dec. II. Diff. III.
S. 344-371.

f) Hal. 1738. 4.

g) Opufcul. medico-practic. Dec. I. Diff. V. S. 113-134.

h) Obfervat. phyfico-chymic. felectior. B. I. obf. I.
S. 1-9.

i) Ebendaf. obf. II. S. 9-11.

fi) Ebendaf. obf. III. S. 11-16.

l) Ebendaf. obf. V. S. 19. 20.

m) Ebendaf. obf. IV. S. 16-18.

n) Ebendaf. obf. VI. S. 21-23.

o) Ebendaf. obf. VII. S. 23-27.

M 5

Gravitas fpecifica oleorum P); LXXIII. De differentia oleorum, quae per mixtionem cum oleo vitrioli apparet q); LXXIV. Experimenta inflituta cum fpiritu nitri fumante et variis deftillatis oleis, ad eorum indolem rectius detegendam r); LXXV. Solutio oleorum deftillatorum in alcohol vini s); LXXVI. Deftillatio oleorum in Spiritu vini rectificatiffimo folutorum t); LXXVII. Peculiaris camphorae natura et virtus u); LXXVIII. De peculiari. oleorum, quae ex regno animantium petuntur, indole ac virtute x); LXXXIX. Obfervatio, qua demonftratur, refinam ex oleofo et acido conftare principio y); LXXX. De folutione et extractione corporum balfamicorum et refinoforum z); LXXXI. Refinae duae, altera rubicundiffima, altera odoratiffima a); LXXXII. Obfervatio, qua docetur feparatio omnis phlegmatis a fpiritu fine igne b); LXXXIII. Animadverfiones et experimenta circa magnefiam albam, tutum et gratum infipidum pulverem laxantem c); LXXXIV. Spiritus nitri fumans et inflammans d); LXXXV. Spiritus corrofivus nitri flammificus

p). Ebendaf. obf. VIII. S. 27 - 30.

q) Ebendaf. obf. IX. S. 30 - 35.

r) Ebendaf. obf. X. S. 35 - 38.

s) Ebendaf. obf. XI. S. 39 - 41.

t) Ebendaf. obf. XII. S. 42 - 44.

u) Ebendaf. obf. XIII. S. 44 - 50.

x) Ebendaf. obf. XIV. S. 50 - 54.

y) Ebendaf. obf. XV. S. 55. 56.

z) Ebendaf. obf. XVI. S. 57 - 59.

a) Ebendaf. obf. XX. S. 64 - 66.

b) Ebendaf. obf. XXVII. S. 86 - 88.

c) Ebendaf. B. II. Obf. II. S. 105 - 112.

d) Ebendaf. obf. III. S. 112 - 115.

ficus dulcificatus et medicinalis redditus e); LXXXVI.
Animadverfiones de folutione falium in fpiritu vini
rectificatiffimo f); LXXXVII. De falium diverforum
celeriori et faciliori folutione in aqua g); LXXXVIII.
Animadverfio de modo examinandi aquam commu-
nem h); IXC. Animadverfio phyfico-chymica, qua
demonftratur, corporum folutionem non fieri per re-
ceptionem in poros menftrui i); XC. Animadverfio de
variis et rarioribus effervefcentiae fpeciebus k); XCI.
Experimenta cum calce viva inftituta l); XCII. Animadverfio de differentia fpiritus falis ammoniaci cum
calce viva, et ejus, qui cum fale alcali paratus eft m);
XCIII. Animadverfio circa oleum-vitrioli, ejusque
effectus, quos producit, fi variis falibus et mineralibus
admifcetur n); XCIV. Obfervatio, qua demonftratur,
vim caufticam falium earumque virulentiam in fumma
partium tenuitate confiftere o); XCV. Animadverfiones phyfico-chymicae de fale communi p); XCI. De
fumma fubtilitate et fpecifica virtute fpiritus falis q);
XCVII. De lixivio a coctione falis communis relicto
et ex eo prodeunte terra laxante five magnefia, et
fale

e) Ebendaf. obf. IV. S. 116-118.
f) Ebendaf. obf. V. S. 118-122.
g) Ebendaf. obf. VI. S. 122-126.
h) Ebendaf. obf. VII. S. 126-129.
i) Ebendaf. obf. VIII. S. 129-135.
k) Ebendaf. obf. IX. S. 135-143.
l) Ebendaf. obf. X. S. 143-148.
m) Ebendaf. obf. XI. S. 148-151.
n) Ebendaf. obf. XII. S. 151-157.
o) Ebendaf. obf XV. S. 166-169.
p) Ebendaf. obf. XVI. S. 170-173.
q) Ebendaf. obf. XVII. S. 174-177.

ſale ſic dicto Ebſonienſi ꭇ); XCVIII. De ſalium mediorum natura et uſu ˢ); IC. Examen ovorum phyſico-
chymicum ᵗ); C. Examen ſanguinis humani chymicum ᵘ); CI. De ſuccino, ejus generatione in terra et
varia ſolutione ˣ); CII. De carbonibus foſſilibus et eorum vapore non adeo noxio ʸ); CIII. Obſervatio, qua
per experimenta origo atque generatio calculorum re-
nalium oſtenditur ᶻ); CIV. Spiritus bezoardicus volatilis ad exemplum Buſſii ᵃ); CV. De differente ſalium
fixorum alcalinorum indole ac virtute ᵇ); CVI. Obſervatio, qua acidorum valde diſſidens natura et virtus
demonſtratur ᶜ); CVII. Tinctura ſulphuris volatilis,
ſive ſpiritus ſalis ammoniaci ſulphureus, aurei coloris ᵈ); CVIII. Experimenta curioſa de auripigmenti
natura et viribus ᵉ); CIX. Experimenta cum ſale regu-
guli antimonii martialis cauſtico inſtituta ᶠ); CX. Experimenta quaedam circa vitriolum ejusque oleum ᵍ);
CXI. De alumine ejusque geneſi ac natura ʰ); CXII.
Ex-

r) Ebendaſ. obſ. XVIII. S. 177 - 180.

s) Ebendaſ. obſ. XIX. S. 180 - 186.

t) Ebendaſ. obſ. XX. S. 186 - 188.

u) Ebendaſ. obſ. XXI. S. 189 - 192.

x) Ebendaſ. obſ. XXIII. S. 198 - 204.

y) Ebendaſ. obſ. XXIV. S. 204 - 209.

z) Ebendaſ. obſ. XXV. S. 209 - 212.

a) Ebendaſ. obſ. XXVIII. S. 217 - 219.

b) Ebendaſ. obſ. XXIX. S. 219 - 222.

c) Ebendaſ. obſ. XXX. S. 222 - 226.

d) Ebendaſ. obſ. XXXI. S. 227 - 229.

e) Ebendaſ. B. III. obſ. I. S. 235 - 242.

f) Ebendaſ. obſ. V. S. 257 - 259.

g) Ebendaſ. obſ. VII. S. 266 - 271.

h) Ebendaſ. obſ. VIII. S. 271 - 276.

Experimenta, quae fulphuris vulgaris naturam, mixtionem ac generationem clarius exhibent ^{i}); CXIII. De caufis foetoris in fulphure minerali delitefcentis ^{k}); CXIV. Diverfi effectus fulphuris in mineralia et metalla ^{l}); CXV. De calcinationis et reductionis fundamento et caufis ^{m}); CXVI. Experimenta circa mirabilem carbonum virtutem ^{n}); CXVII. De balfami fulphuris terebinthinati vi explofiva ^{o}); CXVIII. Experimenta circa colorum genefin ^{p}); CXIX. Obfervationes et experimenta circa colores, qui ex metallis et mineralibus proveniunt, et iis quafi proprii funt ^{q}); CXX. De liquoribus, qui per deftillationem prodeunt colorati ^{r}); CXXI. Experimenta circa folutionem cupri ^{s}); CXXII. Experimenta, quae auri naturam atque proprietates declarant ^{u}); diejenige Schriften, welche luftförmige Stoffe, den Phosphor, die Gefundwaffer und Salzfolen betreffen, find schon oben erwähnt.

Noch reger wurde der Trieb, durch Erfahrungen und Versuche die Natur der Dinge zu ergründen, und vornemlich die Scheidekunst zu einer höhern Stufe von Vollkommenheit zu bringen, durch die gemeinschaftliche Bemühungen ganzer gelehrter Gesellschaften und Aka-

i) Ebendaf. obf. IX. S. 276 - 287.

k) Ebendaf. obf. X. S. 287 - 290.

l) Ebendaf. obf. XI. S. 290 - 293.

m) Ebendaf. obf. XII. S. 293 - 297.

n) Ebendaf obf. XIII. S. 297 - 304.

o) Ebendaf. obf. XV. S. 308 - 311.

p) Ebendaf. obf. XVI. S. 312 - 316.

q) Ebendaf. obf. XVII. S. 316 - 320.

r) Ebendaf. obf. XVIII. S. 320 - 324.

s) Ebendaf. obf. XIX. S. 324 - 327.

t) Ebendaf. obf. XX. S. 327 - 335.

Akademien, welche Naturkunde zu ihrem Gegenſtande hatten; denn auſer der florentiniſchen Akademie del Cimento [u]), welche ſchon im verfloſſenen Zeitalter ihre Arbeiten anfieng, und noch einige Zeit lang in dieſem fortſezte und bekannt machte [x]), erhielt in dieſem Zeitraum die Geſellſchaft der Wiſſenſchaften zu London [y]), unter

u) Nachrichten davon ſ. bei Joh. Targioni Tozzetti Notizie degli aggrandimenti delle Science Fiſiche accaduti in Toſcana nel corſo di anni LX. del ſecolo XVII. Firenze. 4. T. I. 1780. §. XXIX XXX. S. 160.

x) Saggi di Naturali Eſperienze fatte nell' Academia del Cimento Firenze. 1666. fol. eine zwote italiäniſche Ausgabe fol. beſorgte zu Florenz Joh. Phil. Cecchi; eine dritte kam 1711 zu Venedig 4. eine vierte ebendaſelbſt 1761. 8. noch zwo 1691 und 1714. zu Neapel ful heraus; die neueſte ſehr vermehrte lieferte Joh. Targioni Tozzetti in ſeinen oben gedachten Notizie &c. B. II. Th II. Fir. 1780. S. 377 - 599. 615 - 684. 737 - 800. ins Engliſche überſezt hat ſie Rich. Waller mit der Aufſchrift: Eſſays of Natural Experiments made in the Academy del Cimento, under the Protection of the moſt Seren. Prince *Leopold* of Toſcany. London. 1684. 4. ins Lateiniſche Pet. van Muſſchenbrök mit der Aufſchrift: Tentamina Experimentorum naturalium captorum in Academia del Cimento ſub Auſpiciis Seren. Principis Leopoldi, Magnae Etruriae Ducis, et ab ejus Academiae ſecretario conſcriptorum, ex Italico in Latinum ſermonem converſa. Quibus Commentarios, nova Experimenta, et Orationem de methodo inſtituendi experimenta phyſica addidit. Leid. 1731. 4. und daraus von Lavirotte ins franzöſiſche überſezt und in der pariſiſchen Collection academique von 1755 abgedruckt.

y) im Jahre 1662. 1. Charters and ſtatutes of the royal Soſiety of London. London. 1728. 8. 2. Thom. Sprat hiſtory of the royal Society of London for the advancement of experimental philoſophy. London. 4. 1667. 1734 ins franzöſiſche überſezt Geneve. 1669. 8. 3. Joh. Burk. Mencken oratio de Societatis Regiae Anglicanae

ori-

unter König Karl II., und die Akademie der Wissen=
schaften zu Paris [z]) unter König Ludwig XIV. die
Akademie der Wissenschaften und Sprachen zu Arles [a]),
andere zu Soiffons [b]), Nismes [c]), Villefranche [d]),
Au=

origine, incrementis, legibus ac fociis. Lipf. 1734. 8.
4 Thom. Birch Hiftory of the Royal Society of London for improving of natural Knowledge; from its
firft Rife. In which the moft confiderable of thofe
Papers communicated to the Society, which have hitherto
not been publifhed, are inferted in their proper Order,
as a Supplement to the Philofophical Tranfactions.
London. 4. B. I. II. 1756. III. IV. 1757.

z) 1666. Joh. Bapt. du Hamel Regiae Scientiarum
Academiae Hiftoria, in qua praeter ipfius Academiae originem et progreffus variasque Differtationes et obfervationes per triginta annos factas, quam plurima experimenta et inventa cum Phyfica tum Mathematica in certum ordinem digeruntur 4. Parif. 1698. Lipf. 1700.
Secunda editio, priori longe auctior. Parif. 1701.

a) 1668. Corneille Dictionnaire univerfel Geographi-
que et Hiftorique. à Paris. fol. B. I. 1708. S. 194.
1669. Juvenal de Carlencas Effai fur l'hiftoire
des belles lettres, des fciences et des arts. à Lyon. 8.
Th. I. 1740. II. 1744. Verfuch einer Geschichte der schö=
nen, freyen und mechanischen Künste, wie auch aller Wif=
fenschaften, aus dem Französischen übersezt mit einer Vor=
rede, auch einigen Verbefferungen und Zufägen, von J.
Erh. Kappens. Leipzig. 8. zweyter und lezter Theil.
1752. S. 222. 223.

b) 1674. Juvenal de Carlencas a. e. a. O. S. 322.
1675. Corneille a. a. O. B. III. S. 479. und Julian
Hericourt de Sueffionenfi Academia liber cum epiftola ad familiares. Montalb. 1688. 8.

c) 1682. Struve Introductio in notitiam rei litterariae.
C. X. de focietatibus litterariis. §. XXI. edit. VI. cura
Fifcheri. Lipf. 1754. 8. S. 911.

d) auch 1682. Juvenal de Carlencas a. e. a. O.
S. 322.

Angers [e]) öffentliches Anſehen; in dieſem Zeitraume [f])
fieng die Römiſch-Kaiſerliche Akademie der Naturforſcher [g]) eine gelehrte Geſellſchaft, welche ſich bei dem
Abt Bourdelat zu Paris verſammelte [h]), und die
Akademie der Freunde ausländiſcher Dinge zu Breſcia [i])
an, ihre Arbeiten öffentlich bekannt zu machen.

Schon vor 1648 unter dem Grosherzog Ferdinand II. entſtand zu Florenz eine Geſellſchaft, die ſich
mit Verſuchen für die Naturkunde beſchäftigte [k]); unter

e) 1686. Dictionnaire univerſel de la France. B. I. S. III.

f) im Jahre 1670.

g) I. Hiſtoria ſuccincta et brevis ortus et progreſſus S.
R. Imperii Academiae Naturae Curioſorum vor den Miſcellaneis Curioſis Academ. Caeſ. Nat. Curioſ. Dec. I.
ann. II. 1671. 4. 2. G. Wolfg. Wedel Progreſſus
Academiae Naturae Curioſorum, Catalogo Patronorum
ac Collegarum expreſſus. 4. Jen. 1680. und 1686. Norimb. 1683. und vor den Miſcellan curioſ. Acad. Caeſ.
Natur. Curioſ. Dec. I. ann. I. Norimb. 1683. 4. 3. Luf.
Schröck hiſtorica continuatio progreſſus Academiae Leopoldinae Imperialis Naturae Curioſorum. Norimberg.
1689. 4. und vor den Miſcell. curioſ. Acad. Caeſ. Nat.
Curioſ. Dec. II. ann. 7. Norimb. 1689. 4. 4. Andr. El.
Büchner Academiae Sacri Romani Imperii Leopol-
dino-Carolinae Naturae Curioſor. hiſtoria. Hal. 1755. 4.

h) 1672. S. Gallois Converſations tirées de l'Acadé_
mie de Monſieur l'Abbé *Bourdelot*, contenant diverſes
recherches et obſervations phyſique. à Paris. 12. Converſations de l'Académie de Mſr. l'Abbé *Bourdelot* contenant diverſes recherches, obſervations, experiences et
raiſonnemens de Phyſique, Medecine, Chymie et Mathématique. à Paris. 1673. 12.

i) 1686. unter dem Vorſiz des P. Franz Tert. de Lana
Acta novae Academiae Philexoticorum naturae et artis
1686 Celſiſſimo Principi J. Franc. *Gonzaga*, Duci Sabi-
oneteae dicata. Brixiae. 1687. 8.

k) Joh. Targioni Tozzetti a. e. a. O. B. I. Th. II.
§. XXIX. XXX. S. 160-164.

ter diesen sind mehrere, welche zunächst der Scheidekunst angehören; z. B. die Abscheidung des Weingeistes vom Wein durch Frost, die Menge der Asche von
Stroh und allerlei Holz, die Auflösung des Queksilbers in Scheidewasser, der Perlen in Essig, die Kälte
bei dem Verdünsten des Weingeistes und des Wassers[l];
aber erst 1657 [m]) wurde unter dem Prinzen Leopold,
dem Bruder dieses Grosherzogs, der auch die nöthige
Kosten darzu hergab, die Akademie gestiftet, welche in
der Folge den Beinamen del Cimento erhielt, und
aufer andern berühmten Männern Joh. Alph. Borel-
li, Alex. Marsigli, Ant. Oliva, Franz Redi
unter ihre Mitglieder zählte; sie gab 1666 oder vielmehr 1667 ihre Schriften heraus, verlor aber bald
darauf, da ihr Beschützer, Prinz Leopold, Kardinal geworden war [n]), Unterstützung und Zusammenhang, und
gieng aus einander [o]); in ihren Schriften finden sich
Versuche über die Veränderung der Farbe in verschiedenen Flüssigkeiten durch gegenwirkende Mittel [p]),
über

1) Registro d'Esperienze ed Offervazioni Naturali fatte dal
Sereniffimo Gran Duca Ferdinando II. e da alcuni fuoi
Cortigiani oder Nota d'Esperienze fatte dal Sereniffimo
Gran Duca di Tofcana bei Joh. Targioni Tozzetti
B. II. Th. 1. Append. II. nr. XX. S. 163-182.

m) Joh. Bapt. Nelli Saggio d'istoria letteraria Fioren-
tina del Secolo XVII. S. 82. 99.

n) Magolotti Lettere familiari B. I. S. 17. bei J.
Targioni Tozzetti a. e. a. O. B. I. Th. III. §. LI.
S. 461.

o) J. Targioni Tozzetti a. e. a. O. §. LI. LII. S.
461 - 464. 469. 526-528.

p) Ebenderf. a. e. a. O. B. II. Th. 2. Append. IV. Ser. XI.
S. 556 - 561.

über das Schmelzen und andere Veränderungen der
Metalle ᵐ), u. a. ⁿ)

In England hatte ſchon weit früher Bako Veru=
lam °) den Gedanken, durch die Errichtung einer ſol=
chen Geſellſchaft die Naturkunde zu heben, und den
Geſchmak dafür allgemeiner zu verbreiten, allein
der Entwurf ᵖ) wurde erſt lange nach ſeinem Tode
ausgeführt. 1645 zu der Zeit, da in England ein
bürgerlicher Krieg die Einrichtung und öffentliche Un=
terſtü=

m) Ebenderſ. a. e. a. O. Seconda raccolta di memorie &c.
   Artic. IX. S. 670–677.

n) z. B. Auflöſung der Perlen und Korallen in Eſſig im
   luftleeren Raume. Ebenderſ. a. e. a. O. B. II. Th. 2.
   Append. IV. S. 441. das Verdünſten verſchiedener Feuch=
   tigkeiten durch Hize. Ebend. a. a O. Second. raccolt. &c.
   Art. III. §. 7. S. 635. 636. über die gröſere oder gerin=
   gere Verbrennlichkeit des Holzes und ſeiner Arten. a. e.
   a. O. Art. II. S. 619. Ueber das Aſchieſen verſchiede=
   ner Salze in Waſſer, und die Veränderungen, welche
   davon erfolgen. a. e. a. O. Art. IV. §. I. S. 638–645.
   über die Auflöſung der Korallen in Eſſig, und die Verän=
   derungen, welche ſie in andern Flüſſigkeiten macht. a. e.
   a. O. §. 2. S. 645. über das Angieſen der Aſche mit
   Waſſer. a. e. a. O. §. 4. S. 646. Ueber das Verſüſen
   des Salzwaſſers. a. e. a. O. §. 5.

o) theils in ſeiner Inſtauratio magna. Lond. 1620. fol. in
   ſeinem novum organon. Lond. 1620. fol. Lugd. Bat.
   1645. 16. und 1650. 12. und Amſtel. 1650. 12. und de
   augmentis ſcientiarum. Amſtelaed. auch Heidelb. 1652.
   12. hauptſächlich aber in ſeiner Atlantis nova, welche mit
   ſeiner Hiſtor. nat. Cent. X. Amſterd. 1661. 16. heraus=
   gekommen, auch mit der Ueberſchrift: La nouvelle Atlan-
   tide avec des reflexions. â Paris. 1702. 12. ins franzö=
   ſiſche überſezt iſt.

p) wenigſtens ſcheinen ſeine Gedanken die Errichtung der
   Geſellſchaft mit veranlaſt zu haben. Oldenburg in
   der Vorrede zu Philoſophical Transactions. nr. 133
   S. 815.

terstüzung auch solcher Anstalten erschwerte, versam=
melten sich ⁹) auf Veranlassung des gelehrten Bischofs
Joh. Wilkins zu Orford im Wadhamischen Col=
legium zu solcher Absicht mehrere Gelehrte, Dr. Seth
Ward, Joh. Wallis, Thom. Willis, Ralph
Bathurst, Jon. Goddard, Rooke und vor=
nemlich Rob. Boyle, und ʳ) zu London auf Zureden
Theod. Haaks aus der rheinischen Pfalz nebst einigen
der bereits erwähnten, Franz Glisson, Christoph
Merret und Sam. Foster an gewissen Tagen, um
sich blos über Dinge, welche die Größenlehre, Natur=
und Arzneikunde, und Schiffart betreffen, zu bespre=
chen; die leztere waren mit den erstern in Verbindung,
zulezt (1659) vereinigten sich alle in London, wo sie,
nachdem ihre Zusammenkünfte und Arbeiten durch die
öffentliche Unruhen mehrmalen gestört und unterbrochen
worden waren, und endlich 1662 König Karl II. der
Gesellschaft den Namen der Königlichen Gesellschaft
der Wissenschaften und mehrere Freiheiten ertheilt hat=
te ˢ), sich alle Wochen versammlete, und unter den
acht Klassen, in welche sie sich theilte, der Chemie eine
eigene anwies ᵗ): So wurde sie, wenn auch die darzu
erforderliche Hülfsmittel nicht immer eben so leicht und
reichlich erhalten, als gehoft wurden ᵘ), nicht nur in
                                                    Stand

q) Thom. Sprat a. a. O.

r) Thom. Birch a. a. O. B. I. S. 2 ꝛc.

s) Ebendes. a. a. O. B. I. S. 89. 230. B. II. S. 363.

t) Ebendes. a. a. O. B. II. S. 406.

u) darüber klagt unter andern auch Dr. Oldenburg in
   einem Schreiben von 1664 an R. Boyle in dessen
   Works. fol. B. V. S. 325. und Evelyn thut in einem
   andern (ebendas. S. 398.) Vorschläge, diese Schwürigkeit
   zu heben.

Stand geſezt, wichtige und zahlreiche Verſuche anzuͤ
ſtellen, ſondern dieſe auch zum Beſten und zur Beleh͛
rung Anderer bekannt zu machen; dis geſchah in der
erſten Zeit durch den Sekretaͤr der Geſellſchaft, H.
Oldenburg aus Bremen ᵛ); die Sammlung ihrer
Bemerkungen, mit welcher zugleich die Anzeige aller
damals in allen Faͤchern der Naturkunde und in allen
Gegenden der Erde gemachten Entdeckungen verknuͤpft
werden ſollte, fieng 1665 an, und wurde unter der
Aufſchrift: Philoſophical Tranſactions, giving ſome
account of the preſent undertakings, ſtudies and labours of the ingenious in many conſiderable parts of
the world ᵂ), in dieſem Zeitalter bis auf ſechzehen
Baͤnde,

v) Thom. Birch a. a. O. B. III. S. 354. und mit der
Verſicherung, daß er keinen Vortheil davon habe, Oldens
burg ſelbſt in einem Briefe an Boyle in deſſen Works.
fol. B. V. S. 375.

w) London. 4. Von Abkuͤrzungen, Auszuͤgen, Ueberſezuns
gen gehoͤren in dieſes Zeitalter und in das Gebiet der
Chemie: I. The philoſophical Tranſactions from 1665
to 1700 abridgd and difpoſed under general heads, by
J. Lowthorp. London. 4. Vol. I - III. 1701. ins italiaͤnis
ſche uͤberſezt 4. Napol. B. I - III. 1723. Venez. B I - V.
1733. II. The philoſophical Tranſactions and Collections to the End of the Year 1720 abridgd and diſpoſed under general heads by J. Lowthorp and Henr.
Jones. London. 4. B. I - V. 1731 - 1733. 1745. 1749.
III. Miſcellanea curioſa. Being a Collection of ſome of
the principal Phenomena in Nature accounted for by
the greateſt Philoſophers of his age, by Mr. Derham.
London. 8. Vol. I. 1705. II. 1706. III. 1708. IV. Table des Memoires imprimées dans les Tranſactions Phi-
loſophiques de la Societé Royale de Londres depuis
1665 juſques en 1735 rangés par Ordre Chronologique,
par Ordre des Matieres, et par Noms d'Auteurs, par
Mr. de Brémond. à Paris. 1739. 4. V. Memoirs of the
Royal Society, being a new abridgment of the philoſophical

Bände, oder 191 Numern fortgesezt. Schon 1664 zählte die Gesellschaft 150 Mitglieder [x]), deren in der Folge immer noch mehrere beitraten [y]).

In dieser Sammlung kommen also aufer Boyle's und einige andere schon angeführte Auffäze, folgende sich mehr oder weniger auf Chemie beziehende eigenthümliche Abhandlungen vor: 1. Von einem Bleierze; 2. W. Pope von den Quekfilberwerke in Friaul und den Möffingwerken zu Tivoli [a]); 3. R. Moray von den Schwefel- und Vitriolkiefen zu Lüttich und ihrer Benuzung [b]); 4. Von einer ungarischen Bolerde [c]); 5. Von dem Wallfischfange und den mancherlei dabei ge-

phical Transactions, giving an Account of the Under-takings, studies and Labours of the learned and inge-nious in many considerable Parts of the World, from the first institution of that illustrious Society in the Year 1666 to the End of the Year 1738 by Mr. *Baddam.* London. 8. Vol. I - X. 1738 - 1745. VI. Abhandlungen zur Naturgeschichte, Physik und Oekonomie, aus den Philosophischen Transactionen und Sammlungen, von dem ersten Bande angefangen, gesammlet, und mit einigen Anmerkungen überfezt (von Nath. Leske). Leipzig. 4. B. I. Th. 1. 1779. Th. 2. 1780. Endlich finden sich die chemische Auffäze dieses Zeitraums aus den philosophischen Transactionen ins Teutsche überfezt in H. Bergr. von Crell chemischem Archiv. Leipzig. 8. B. I. 1783. S. 1 - 99.

x) H. Oldenburg a. e. a. O. S. 325.

y) Ebenderf. in einem andern Briefe von 1666. ebendaf. S. 357.

z) Vol. I. for 1665 and 1666. das die Numern 1 - 22 in sich faßt, nr. 1.

a) Ebendaf. nr. 2. S. 21. 25.

b) Ebendaf nr. 4.

c) Ebendaf. nr. 1.

N 3

gewonnenen Erzeugnissen[c]); 6. Th. Henshaw Versuche mit dem Maithau [d]); 7. Versuche mit dem Brennspiegel des H. de Villette[e]); 8. Untersuchung einiger Quellen im Stifte Paderborn und bei Basel[f]); 9. Untersuchung der Salzsolen von Halle und Lüneburg[g]); 10. G. Talbot von einem Schwefel= Vitriol= Alaun= und Bleierz aus Schweden[h]); 11. Vom Wallrath[i]); 12. Colepreß von einem gegohrenen Getränke aus vermischtem Aepfel= und Maulbeerensafte[k]); 13. M. Behm vom Gerinnen des Blutwassers[l]); 14. Colepreß von künstlichem Opal= und Rubinglase[m]); 15. Von den Gruben und Hütten bei Mendip[n]); 16. Von den mexikanischen Berg= und Hüttenwerken[o]); 17. Granville vom Wasser zu Bath[p]); 18. Highmore von einem Gesundwasser zu Farrington[q]); 19. Beale von einem andern[r]); 20.

c) Ebendas. nr. 1. 8.

d) Ebendas. nr. 3. S. 33 ꝛc.

e) Ebendas. nr. 6. S. 95.

f) Ebendas. nr. 8. S. 133. 134.

g) Ebendas. S. 136.

h) Ebendas. nr. 21. S. 375.

i) Vol. II. for 1667, welches die Numern 23-32 enthält, nr. 30.

k) Ebendas. S. 503.

l) Vol. III. for 1668, welches 1669 herauskam und die Numern 33-44 enthält, nr. 34. S. 050.

m) Ebendas. nr. 38.

n) Ebendas. nr. 39.

o) Ebendas. nr. 41. S. 817 ꝛc.

p) Vol. IV. for 1669, welches die Numern 45-56 in sich faßt, nr. 49.

q) Ebendas. nr. 56. S. 1130.

r) Ebendas. nr. 56.

20. M. J. Nachrichten von Japan s); 21. Versuche
mit la Vilette's Brennspiegel t); 22. Von den
französischen Salzsümpfen und der Gewinnung des
Salzes aus denselbigen u); 23. Jackson vom Salzwerke in Cheshire x); 24. Nachrichten von einem Aus-
bruche des Aetna y); 25. Brown von den Quecksil-
berwerken zu Idria in Friaul z); 26. Beale von
Gesundwassern a); 27. Ueber die Gesundwasser in Ungarn b); 28. Wittie von Gesundwassern c); 29.
Montauban von Bereitung des Muskatweins d);
30. Von Bereitung des Weinessigs e); 31. Hauton's
Verfahren, Meerwasser trinkbar zu machen f); 32.
J. Wray von der Ameisensäure g); 33. M. Lister
von der Säure des Ohrwurms h); 34. Bemerkungen
über die Zinnwerke in Kornwall und Devonshire i);
35.

s) Ebendas. nr. 49. S. 984.

t) Ebendas. a. e. a. O. S. 986.

u) Ebendas. nr. 51. S. 1025.

x) Ebendas. nr. 53. 54.

y) Ebendas. nr. 52.

z) Ebendas. nr. 54. S. 1082.

a) Vol. V. for 1670, welches die Numern 57-68 enthält, nr. 57.

b) Ebendas. nr. 59. S. 1044.

c) Ebendas. nr. 60.

d) Ebendas. nr. 58.

e) Ebendas. nr. 60.

f) Ebendas. nr. 67. S. 2048.

g) Ebendas. nr. 68. S. 2063.

h) Ebendas. a. e. a. O. S. 2067.

i) Vol. VI. for 1671, welches die Numern 69-80 in sich
fast, nr. 69. S. 2096 ꝛc.

N 4

35. Bemerkungen über einige Farben in Pflanzen und
Inſecten und ihre Veränderung durch Salze k); 36.
Lana Verſuche mit Villette's Brennſpiegel l);
37. Jſ. Newton Verſuche über die beſte Miſchung zu
Hohlſpiegeln m); 38. Dan. Cope Verfahren aus
Pflanzen flüchtiges Laugenſalz zu ziehen n); 39. Beob‐
achtungen und Verſuche über den Vitriol o); 40. Vom
Gerben des Leders p); 41. Dan. Cope Beweis, daß
die Laugenſalze erſt durch das Feuer hervorgebracht
werden q); 42. D. Cope fernere Unterſuchungen über
die flüchtige Laugenſalze r); 43. M. Liſter über das
Verwittern der Kieſe und das ſchnelle Verglaſen des
Spiesglanzes durch ein Bleierz s); 44. Heinr. Powle
Beſchreibung der Eiſenwerke im Walde von Dean t);
45. Philib. Vernatti über die Verfertigung des
Bleiweiſſes u); 46. Chph. Merret von den Zinnwer‐
ken

k) Ebendaſ. nr. 70. S. 2132.

l) Ebendaſ. nr. 79.

m) Vol. VII. for 1672, welches die Numern 81-91 ent‐
hält, nr. 81. S. 4006 ꝛc.

n) Vol. IX. for 1674, beginning the ſecond century, wel‐
ches die Numern 101-111 in ſich faſt, nr. 101. S. 4 ꝛc.

o) Ebendaſ. nr. 103. 104. S. 41 ꝛc. 65 ꝛc.

p) Ebendaſ. nr. 105.

q) Ebendaſ. nr. 107. S. 150 ꝛc.

r) Ebendaſ. nr. 108. S. 169 ꝛc.

s) Ebendaſ. nr. 110. S. 221 ꝛc.

t) Vol. XII. for 1677, welches die Numern 134-142 und
a General Index or alphabetical Table to all the Philo‐
ſophical Tranſactions from the Beginning to July 1677.
Alſo a Catalogue of the Books mentioned and abbre‐
viated in the Tranſactions digeſted alphabetically. 1678.
enthält nr. 137. S. 931.

u) Ebendaſ. S. 935.

fen in Kornwall ˣ); 47. Ebenberf. vom Feinmachen
des Goldes und Silbers ʸ); 48. Jonath. Goddard
Versuche über die Scheidung des Goldes durch Spiesglanz ᶻ); 49. Collwall Beschreibung der englischen
Alaunwerke ᵃ); 50. Ebenderf. Beschreibung der
englischen Vitriolwerke ᵇ); 51. Rastell Beschreibung der Salzwerke zu Droytwich in Worcesterhire ᶜ);
52. R. Moray vom Malzmachen in Schottland ᵈ);
53. Fr. Slare Versuche mit Mischungen, welche sich
erhizen ᵉ); 54. Plot von Sand im Kochsalze von
Staffordshire ᶠ); 55. Versuche über die Zunahme
des Gewichts des Vitriolöls, wenn es der Luft aus-
gesezt wird ᵍ); 56. M. Lister von englischen Salz-
quellen ʰ); 57. Ebenderf. vom Unterschiede des
Meer- und Solensalzes ⁱ); 58. Ebenderf. von Versüsung des Meerwassers ᵏ); 59. Ebenderf. von Ent-
                                                    zündung

x) Ebendaf. nr. 138. S. 949.

y) Ebendaf. nr. 142. S. 1046.

z) Ebendaf. nr. 138. S. 953-962.

a) Ebendaf. nr. 142. S. 1046.

b) Ebendaf. S. 1052-1056.

c) Ebendaf. S. 1056-1059.

d) Ebendaf. S. 1059 ꝛc.

e) Vol. XIII. for 1683. (denn seit 1678 war die Ausgabe
unterbrochen) Oxford. 1683. welches die Numern 143-
154 in sich faßt, nr. 150. S. 289 ꝛc.

f) Ebendaf. nr. 145.

g) B. XIV. for 1684. Oxford and London. 1684. welches
die Numern 158-166 in sich hält, nr. 156. S. 496-506.

h) Ebendaf. nr. 156.

i) Ebendaf. a. e. a. O.

k) Ebendaf. a. e. a. O.

zündung der Kiese und daher entstehendem Erdbeben
und Gewittern [l]); 60. Leigh vom Nitrum der Al=
ten [m]); 61. Todd von einer Salzquelle und einem
Gesundwasser [n]); 62. Petty Aufgabe bei Untersu=
chung der Gesundwasser [o]); 63. Lloyd von Asbest=
papier [p]); 64. M. Lister vom Gefrieren und Unter=
schiede des Eises von süßem und Meerwasser, auch vom
Nitrum der Egyptier [q]); 65. Robinson von sieden=
den Quellen [r]); 66. Vom Ahorn Zuker [s]); 67. Leeu=
wenhök von Salzen des Weins und Essigs [t]); 68.
Ebenders. von Salzgestalten [u]); 69. Waite von
Asbestleinwand [x]); 70. Wilh. Molyneux Abhand=
lung über die Aufgabe, wie Körper, welche in specifisch
leichtern Auflösungsmitteln, als sie selbst sind, aufge=
löst werden, doch darinn schwimmen können [y]); 71.
Sal. Reisel über einen von gefälltem Goldkalke
durch Reiben mit gestoßenem Glas und Wasser gefärb=
ten Chalcedon [z]).

Auch

l) Ebendas. nr. 157.

m) Ebendas. nr. 160.

n) Ebendas. nr. 163.

o) Ebendas. nr. 166.

p) Ebendas. a. e. a. O.

q) Vol. XV. for 1685. Oxford. 1686. welches die Numern
von 167 - 178 enthält. nr. 167.

r) Ebendas. nr. 169. 172.

s) Ebendas. nr. 171.

t) Ebendas. nr. 170.

u) Ebendas. ur. 173.

x) Ebendas. nr. 172.

y) Vol XVI. for 1686 and 1687. London. 1688. welches
die Numern 179 - 191 in sich faßt, nr. 181. S. 88 2c.

z) Ebendas. nr. 179. S. 22 2c.

Auch in Frankreich hatte sich unter P. Marin.
Mersennus schon 1635 zu Paris eine Gesellschaft
gebildet, die sich vornemlich mit die Naturkunde be=
treffenden Versuchen beschäftigte a); und nachher (etwa
1657) kamen in ähnlichen Absichten Gelehrte bei
Monmort und Thevenot zusammen b); allein es
fehlte diesen Gesellschaften an öffentlichem Ansehen und
Unterstützung: Beides wurde der Akademie der Wissen=
schaften zu Theil, welche König Ludwig XIV. 1666
stiftete, und der nähern Aufsicht Colbert's über=
trug c); zwar sollte sie sich auser Mathematik und Na=
turkunde auch mit der Geschichte und den schönen Wis=
senschaften beschäftigen, und die gelehrte Mitglieder
aller Klassen sich Sonnabends versammeln; allein die
Gelehrte, welche sich jenen Wissenschaften widmeten,
kamen schon anfangs einmal in der Woche für sich zu=
sammen, und diejenige, welche sich mit den leztern
beschäftigten, verloren sich nach und nach, und am
Ende des Jahrs 1666 wurde der Beschlus genommen,
daß die Akademie wöchentlich zweimal zusammenkom=
men, und sich an dem einen Tage mit der Grösen=
lehre, an dem andern mit der Naturkunde unterhalten
sollte: Schon damals machte die Scheidekunst einen
Hauptgegenstand ihrer Bemühungen aus, und wurde
zwei ihrer berühmtesten Mitglieder Duclos und
Bour=

a) du Hamel a. a. O. B. I. K. II. §. IX. J. Targioni
Tozzetti a. a. O. B. I. Th. 3. §. XLVII. S. 456.
Aug. Fabroni lettere inedite d'Uomini illustri. B. II.
S. 91. 93. 104-106. 110. 111.

b) du Hamel a. e. a. O. §. VIII. Juvenal de Carlen=
ca a. a. O. Th. II. S. 321. J. Targioni Tozzetti
a. e. a. O. S. 457. und B. II. Th. 2. Nr. VII. S.
716-721.

c) du Hamel a. a. O.

Bourdelin anvertraut; denen ſich in der Folge die⸗
ſes Zeitraums Homberg und Borel beigeſellten;
allein die Akademie machte zu dieſer Zeit ihre Arbeiten
nicht in eigenen jährlich herauskommenden Sammlun⸗
gen, ſondern anfangs nur in der oben angeführten Ge⸗
ſchichte der Akademie von H. du Hamel und im
Journal des ſavans, auch in andern einzelnen Samm⸗
lungen und Aufſäzen, welche aber nichts zur Chemie
gehöriges in ſich halten, bekannt; erſt nach dem Zeit⸗
raum, welcher in dieſem Abſchnitte abgehandelt wird,
wurden ihre ſämtliche Arbeiten auf einmal in mehreren
ländern bekannt gemacht d). Auſer den Erfahrungen
und

d) I. Mémoires de mathématique et de phyſique tirez des
regiſtres de l'Académie Royale des ſciences. 1692. à Paris. 4. à la Haye. 12. 2. Hiſtoire de l'Académie Royale des ſciences à Paris avec les Memoires de Mathématique et de Phyſique depuis ſon établiſſement en 1666.
juſques en 1698. à Paris. 4. 1699. Vol. I - XI. 1729-
1733. 3. Hiſtoire de l'Académie Royale des ſciences à
Paris, contenant les ouvrages adoptés par cette Academie avant ſon retabliſſement en 1699. Vol. I - VI. 4.
à Paris. 1729 - 1741. à la Haye. 1729 - 1736. Amſterdam 1729 - 1735. 4. Recueil de l'hiſtoire et memoires
de l'Académie Royale des ſciences depuis ſon établiſſement en 1666 juſqu'en 1698 entiérement imprimé en
onze tomes, lesquels ſe diviſent en 14 Volumes in 4
avec quantité de figures, avec la Table generale des
matieres de tout le Recueil de mêmes memoires depuis
1666 juſqu'à 1730. à Paris. 1735. 4. 5. Table alphabetique des matieres contenues dans l'hiſtoire et les mémoires de l'Académie Royale des ſciences, publiée par
ſon ordre et dreſſée par Mr. Godin année 1666 - 1698.
Paris. 1734. 4. 6. Hiſtoire de l'Academie Royale des
ſciences 1666 à 1698. Avec les Memoires de phyſique
pour les mêmes Années. Tirés de Regiſtres de cette
Académie. à Paris. T. I - III. 1777. 8. Ins teutſche
überſezt finden ſich die in die Chemie einſchlagende Ab⸗
hand⸗

und Bemerkungen der Herrn D u c l o s, B o u r d e l i n
und H o m b e r g, welche sie enthalten, und deren schon
oben gedacht ist, verdienen einige Versuche. B o r e l's
hier eine Erwähnung; seine Versuche über das Aufbrausen und Verdicken von Flüssigkeiten, wenn sie mit
einander vermischt werden e); seine Zerlegung thieri-
scher Feuchtigkeiten f), insbesondere des Harns g),
seine Versuche über die Auflösung des Marmors in
Säuren h), und über die Fällung aus Säuren durch
Laugensalze i).

Auch in Teutschland hatte das Beispiel der floren-
tinischen, englischen und französischen Naturforscher
gewirkt, so bald es sich von den langen Mühseeligkei-
ten des unglücklichen Krieges etwas erholt hatte; schon
1651 lud der schweinfurtische Arzt Joh. Lor. Bausch
teutsche Aerzte zu einer Akademie der Naturforscher ein,
von welcher er die Einrichtung und die Geseze entworfen hatte k), und kam auch wirklich schon den ersten
Jenner 1652 mit einigen Aerzten seiner Vaterstadt,
Joh. Mich. Fehr, Georg Balth. Mezger, und
Georg Balth. Wolfarth in dieser Absicht zusammen:
Was

handlungen aus dieser Sammlung, so weit sie in diesen
Zeitraum gehören in H. Bergr. von C r e l l chemischem
Archiv. B. I. S 117-130.

e) in den Jahren 1675 und 1684. Histoire de l'Académie
royale des sciences depuis son établissement &c. B. I.
à Paris. 1733. S. 404 zc.

f) im Jahre 1684.

g) im Jahre 1688.

h) im Jahre 1687.

i) im Jahre 1688.

k) wie sie im Salve Academicum vel judicia et elogia super recens adornata Academia Naturae Curioforum.
1662. 4. abgedruckt sind.

Was er als Vorſteher dieſer gelehrten Anſtalt zuerſt
veranlaßte, waren (wenigſtens anfangs) einzeln ge=
druckte, zum Theil ziemlich ausführliche Abhandlun=
gen über gewiſſe Gegenſtände, die damals bei den Aerz=
ten in groſer Achtung ſtanden, und zwar hauptſächlich
aus dieſem Geſichtspuncte, aber bei Gelegenheit der
künſtlichern Zubereitungen aus denſelbigen auch nach
ihren chemiſchen Verhältniſſen - abgehandelt wurden:
So wie ſchon früher Joh. Karl Roſenberg ſeine
Rhodologia [1]), Joh. Steph. Strobelberger ſeine
Maſtichologia [m]), und ſeinen Tract. novum, in quo
de cocco baphica et quae inde paratur Confectio Al-
chermes, recto uſu, diſſeritur [n]), Joh. Ludw. Gans
Corallorum hiſtoriam [o]), Joh. Georg Agricola ſei=
nen Cervi tum integri et vivi naturam et proprietates [p]),
Kaſp. Bauhin ſeinen L. de Lapidis Bezoar Orienta-
lis et Occidentalis, Cervini item et Germanici, ortu,
natura,

1) ſeu Philoſophico - medica generoſae Roſae deſcriptio:
   Floſculis Philoſophicis, Philologicis, Philiatris, Politi-
   cis, Chymicis &c. adornata. 8. 1620. 1630. Argent.
   1628. Francof. ad Moen. 1631.

m) ſeu de univerſa Maſhiches natura, diſſertatio medica.
   Lipſiae. 1628. 8.

n) Cui inſertus eſt *Laurentii Catelani* genuinus ejusdem
   Confectionis apparandae modus. Cum Cenſura et Ap-
   probatione Joh. ab *Oberndorf.* Jen. 1620. 4.

o) Qua mirabilis eorum ortus, locus natalis, varia gene-
   ra, praeparationes Chymicae quamplurimae, vires exi-
   miae proponuntur. Francof. 1630. 1635 und 1638. 8.
   ex variis Auctoribus aucta. 1669. 12.

p) tum excoriati et diſſecti in medicina uſus, d. i. Aus=
   führliche Beſchreibung, welcher Geſtalt des zu gewiſſer
   Zeit gefangenen Hirſchens fürnembſte Glieder in der Arz=
   ney zu gebrauchen. Amberg. 4. 1603. und Ausführliche
   Beſchreibung des ganzen lebendigen Hirſchens, ſeiner Na=
   tur und Eigenſchaften. 1617.

natura, differentiis veroque usu q), und Mart. Blochwitz seine Anatomiam sambuci r) herausgegeben hatten, so lieferten nun Bausch selbst, auser einigen andern, welche gar keine Beziehung auf Chemie haben, ein Schediasma posthumum de Caeruleo et Chrysocolla s), Fehr seine Hieram picram t) und seine Anchoram sacram u), Phil. Jak. Sachs von Lewenhaimb seine Αμπελογραφια x) und Γαμμαρολογια y), Joh. Andr. Graba seine Ελαφογραφια,

q) ex veterum et recentiorum placitis. Basil. 8. 1613. 1625. 1629.

r) qua non solum sambucum et hujusdem medicamenta singularia delineat, verum quoque plurimorum affectuum, ex una fere sola Sambuco curationes breves rarioribus Exemplis, Historiis et Medicamentis specificis non paucis illustratas simul exhibet. 12. Lips. 1631. Lond. 1650. auch in mehreren andern teutschen, englischen und dänischen Schriften ausgezogen.

s) Jen. 1668. 8.

t) vel de Absinthio analecta, ad normam et formam Academiae Naturae Curiosorum. Lips. 8. 1667 und 1668.

u) vel Scorzonere ad normam et formam Academiae Naturae Curiosorum elaborata. 8. 1666. Jen. auch Vratislav.

x) sive Vitis viniferae ejusque partium consideratio Physico - Philologico - Historico - Medico - Chymica, in qua tam de Vite in genere, quam in specie de ejus Pampinis, Flore, Lachryma, Sarmentis, Fructu, Vini multifario usu, de Spiritu Vini, Aceto, Vini Faece et Tartaro, curiosa notata plurima ad normam Collegii Naturae Curiosorum instituta, Plurimis Jucundis Secretis Naturae Artisque locupletata. Lips. 1661. 8.

y) sive Gammarorum, vulgo Cancrorum Consideratio Physico - Philologico - Historico - Medico - Chymica. In qua praeter Gammarorum singularem naturam, indolem et multifarium usum non minus reliquorum Crustatorum instituitur Tractatio: plurimis Juventis secretioribus Naturae Artisque locupletata. Francof. et Lips. 1665. 8.

φια ᶻ), G. Chph. Petri von Hartenfels fein
Afylum languentium ᵃ), Joh. Ferd. Hertodt feine
Crocologia ᵇ), Georg Sebaſt. Jung fein χρυσομη-
λον ᶜ), Valent. Andr. Möllenbröck feine Cochlea-
ria curiofa ᵈ), G. Wolffg. Wedel feine Opiologia ᵉ),
Gabr. Clauder feine Differtatio de Tinctura univer-
fali (vulgo Lapis Philofophorum dicta) ᶠ), Benj.
Scharff

z) five Cervi defcriptio Phyfico - Medico - Chymica. Jen.
1668. 8.

a) five Carduus fanctus vulgo Benedictus, Medicina Patrum familias polychrefta, verusque pauperum thefaurus, ad normam et formam Academiae Naturae Curioforum elaborat. 8. Jen. 1669. Secund. Edit. correctior.
Lipf. 1698.

b) feu Curiofa Croci Regis Vegetabilium Enucleatio continens illius Etymologiam, differentias, tempus quo
viret et floret, culturam, collectionem, ufum mechanicum, pharmaceuticum, chymico - medicum, omnibus
pene humani corporis partibus deftinatum, additis diverfis obfervationibus et quaeftionibus Crocum concernentibus, ad normam et formam S. R. J. Acad. Nat.
Cur. congefta. Jen. 1670. 8.

c) feu Malum aureum, h. e. Cydonii collectio, decorti-
catio, enucleatio, praeparatio ad normam Acad. Nat.
Cur. Vindob. 1673. 8.

d) cum indice rerum et verborum locupletiffimo. Lipf. 8.
1663. 1674. mit feinem tract. de varis et arthritide vaga
fcorbutica. 1672 und 1746. ins Engliſche überſezt mit
der Ueberſchrift: Cochlearia Curiofa or the Curiofities
of Scurvygrafs. London. 1676. 8.

e) ad mentem Acad. Nat. Curiof. Jen. 4. 1674. Ed. II. acc.
Index. 1682. und mit M. Ettmüller diff. de virtute
opii diaphoretica. 1689.

f) in qua 1. Quid Haec fit. 2. Quod detur in Rerum
Natura, 3. an Chriftiano confultum fit immediate in
hanc inquirere, 4. e qua Materia, et 5. quomodo praeparetur, per rationes et Variorum experientiam per-
spicue

Scharff feine Ακρευθολογια ᵍ), Matth. Tiling feine Rhabarbarologia ʰ), fein Cinnabaris mineralis five Minii naturalis fcrutinium ⁱ), und fein Lilium curiofum ᵏ), Ehrenfr. Hagedorn feinen Tract. de Catechu ˡ), und feine Cynosbatologia ᵐ), Jak. Aus guftin

fpicue proponitur, aliaque curiofa et utilia huic analoga adnectuntur. Ad Normam Academiae Nat. Cur. Altenb. 1678. 4. auch mit der Ueberſchrift: Schediasma de Tinctura univerfali, vulgo Lapis Philofophorum dicta &c. revifum et hinc inde auctum, praemiffo fimul beati *Clauderi* vitae curriculo, fiftit Gabr. Frid. *Clauderus.* Norimb. 1736. 4.

g) feu Juniperi defcriptio curiofa ad normam et formam S. R. J. Acad. Nat Curiof. elaborata, et variis Medicamentis ac Obfervationibus referta. Francof. et Lipf. 1679. 8.

h) feu Curiofa Rhabarbari difquifitio, illius Etymologiam, Differentiam, Locum natalem, formam, temperamentum, vires, fubftantiam, &c. Item ejus adulterationem, confervationem, electionem, noxam, et correctionem, dofin atque ufum Pharmaceuticum, Chymico-Medicum, omnibus pene humani corporis partibus deftinatum, additis diverfis obfervationibus et quaeftionibus, Rhabarbarum concernentibus detegens ad normam et formam S. R. J. Acad. Nat. Curiof. congefta. Francof. ad Moen. 1679 4.

i) phyfico-medico-chymicum. Francofurt. ad Moen. 1681. 8.

k) feu accurata Lilii albi defcriptio, in qua ejus natura et Effentia mirabilis, nobilitas et praeftantia fingularis, qualitates et vires ineffabiles fere Philologice, Phyfice, Theologice, Chymice et Medice fecundum leges et methodum Acad. Nat. Curiof. explicantur. Francof. ad Moen 1683.

l) five Terra Japonica in vulgus fic dicta, ad normam Acad. Nat. Curiof 1679. 8.

m) ad normam A. N. C. adornata. Jen. 1681. 8.

gustin Hünerwolf seine Anatomia Paeoniae[n], Luf.
Schröck, der Sohn, seine Historia Moschi[o], Christ.
Franz Paullini seine Sacra Herba[p], sein Buch
(Lib. Singularis) de Jalappa[q], seine Theriaca coele-
stis[r], sein Schediasma de lumbrico terrestri[s], und
seine Μοχοκαρυογραφια[t], Gottfr. Sam. Polisius
seine Myrrhologia[u], und Joh. Lanzoni seine Ci-
trologia[x], von deren meisten Mich. Bernh. Valentini in einem eigenen Werke[y] Anzeigen, auch Auszüge geliefert hat.

Die

n) in qua natalcs et qualitates, praeparationes et ufus ejus
  exhibentur. Amftelaed. 1680. 8.

o) ad normam Acad. Nat. Cur. confcripta. Auguft. Vindel.
  1682. 4.

p) feu nobilis Salvia juxta Methodum et leges illuftr.
  Acad. Nat. Cur. defcripta, feleƈtisque remediis et pro-
  priis obfervationibus confperfa. Aug. Vindel. 1688. 8.

q) fecundum Leges et Methodum Imp. Ac. Leop. Nat.
  Curiof. fcriptus, variisque Obfervationibus et curiofitatibus conlperfus. Francof. ad Moen. 1700 8.

r) reformata fecundum leges et methodum Imp. Ac. Nat.
  Cur. defcripta multisque rarioribus obfervationibus
  Medico-Phyficis illuftrata. Francof. ad Moen. 1701. 8.

s) variis Memorabilibus, Curiofitatibus et Obfervationibus
  illuftratum. Francof. et Lipf. 1703. 8.

t) feu Nucis Mofchatae curiofa defcriptio Hiftorico-Phy-
  fico-Medica, multis rarioribus Naturae et artis obfervationibus, amoenis curiofitatibus et feleƈtis memorabilibus illuftrata et confirmata. Francof. et Lipf. 1704. 8.

u) feu Myrrhae Difquifitio curiofa ad normam et formam
  S. R. J. Ac. N. Cur. adornata, variisque medicamentis
  illuftrata. Norimb. 1688. 4.

x) f. curiofa Citri defcriptio ad leges Acad. Nat. Curiof.
  Ferrar. 1690. 12.

y) Specimina VII. Hiftoriae Litterariae Medicae S. R. J.
  Acad.

Die Akademie wählte sich ein eigenes Sinnbild [z]), und für ihre Mitglieder deren sich nach wiederholten Ein= ladungen [a]) immer mehrere einfanden, besondere, meist griechische, Namen aus der Geschichte des argonauti= schen Zuges, änderte nach gemeinschaftlicher Berathschla= gung ihre Geseze, und nannte sich nun die Akademie der Naturforscher des Heiligen Römischen Reichs, ob sie gleich erst nach angefangener Ausgabe ihrer Schrif= ten, nemlich 1672 die Kaiserliche Bestätigung erhal= ten, und erst 1678 öffentlich davon Gebrauch machen konnte [b]); sie erhielt 1677 den Fürsten von Monte= cuculi,

Acad. Nat. Curiof. complectentis Recenfionem et Con= tenta Librorum a quibusdam illuftr. Societatis Leopol= dinae Fautoribus et Collegis editorum et porro edendo= rum. Norimb. 4. 1685. Continuat. II. 1686. Continuat. III. 1687. Continuat. IV-VIII. im Append. zu den Mis= cellan. Acad. Caef. Natur. Curiof. Dec. III. Ann. I. S. 147-161. Ann. III. S. 113-121. Ann. IV. S 167= 178. Ann. V. VI. S. 81-90. Ann. VII. VIII. S 78= 84. S. auch deffen Armamentarium naturae fyftemati= cum. acc. Hiftoria Litteraria S. R. J. Academiae Naturae Curioforum. Gieff. 1709. 4.

z) Einen goldenen Ring mit einem von zwo Schlangen um= wundenen aufgeschlagenen Buche, auf deffen einer Seite ein Auge, auf der andern eine Pflanze zu sehen ist; nach der Kaiserlichen Bestätigung (erst 1687) ward der Ring in ein blaues Schild gefast, auf die eine Seite des Buchs die Worte: Nunquam otiofus, auf die andere ein gegen eine strahlende Sonne gerichtetes Auge, über dem Schil= de eine von einem darüber schwebenden Adler gehaltene Krone, und um daffelbe die Schrift: Caefareo - Leopol= dinae Naturae Curioforum Academiae gefezt.

a) vornemlich im Salve academicum vel judicia et elogia fuper recens adornata Academia Naturae Curioforum. 1662. 4.

b) Sacrae Caefareae Majeftatis Mandato et privilegio Le= ges S. R. J. Societatis Academicae Naturae Curioforum

con-

cuculi °), und nach deſſen Tode 1682 den Churfür=
ſten Anſelm Franz von Mainz ᵈ) zum Beſchüzer, und
nrch Bauſch's Tode 1666 Fehr, ſo wie nach deſ=
ſen Tode 1688 J. G. Volckamer zum Vorſteher.

Sie beſchlos nun ihre von thätigen Mitgliedern ge=
ſammlete Beobachtungen und Erfahrungen jährlich be=
kannt zu machen; aber erſt 1670 gelang es ihr, mit
der Ausführung dieſes Beſchluſſes anzufangen; ihre
Schriften erhielten, (und behielten für den ganzen Zeit=
raum, von welchem in dieſem Abſchnitte die Rede iſt)
die Aufſchrift: Miſcellanea curioſa ſive Ephemerides
Medico - Phyſicae Germanicae Academiae Naturae Cu-
rio-

confirmatae atque minutae. Norimb. 1683. 4. auch in
Ephemerid. Acad. Nat. Curioſ. Dec. II. Ann. I. App.
abgedruckt.

c) 1. Litterae ſubjectiſſime ſupplices ad Illuſtriſſimum Dn.
Dn. *Raymundum*, tum S. R. J. Comitem, nunc Sereniſſi-
mum Principem de *Montecucoli*, pro ſuſcipiendo S. R.
J. Academiae Naturae Curioſorum Protectoratu una cum
Gratioſiſſimo Reſponſo et Devotiſſima Gratiarum actione. Noriberg. 1678. 4. 2. Apollo τετρατεχνης Sere-
niſſimus Princeps ac Heros, Dn. Dn. *Raymundus* Sac.
Rom. Imperii Comes de *Montecucoli* ab Inclita Academia Naturae Curioſorum Protector electus: Acclama-
tione prorſa et vorſa publice cultus a Jo. G. *Volckamero*.
Norib. 1678. 4.

d) 1. Litterae ſubjectiſſime ſupplices ad Eminentiſſimum et
Celſiſſimum Principem Electorem ac Dominum, Dn.
Anſelmum Franciſcum, S. Sed. Moguntinae Archi - Epiſcopum, S. R. Imp. per Germaniam Archi - Cancellarium,
pro ſuſcipiendo S. R. I. Academiae Naturae Curioſorum
Protectoratu una cum Gratioſiſſimo Reſponſo. Norimb.
1683. 4. 2. Ad Reverendiſſimum S. atque Metropoli-
tanae Sedis Mogunt. Archi - Epiſcopum, Electorem, Principem ac Dominum Dn. *Anſelmum Franciſcum* Gratulatoria et Euchariſtica cum Celeusmate invitatio, auctoritate nomineque Acad. Natur. Curioſ. per S. Imper.
Romanum perſcripta obſervanter. Norimb. 1683. 4.

rioforum *), wurden 4. ausgegeben, nach Zehenden ein;
ge;

e) 1. Decuriae I. Annus Primus Anni MDCLXX. continens Celeberrimorum Medicorum in et extra Germaniam Obfervationes Medicas et Phyficas vel Anatomicas,
vel Botanicas, vel Pathologicas, vel Chirurgicas vel
Therapeuticas, vel Chymicas, Praefixa Epiftola invita-
toria ad Celeberrimos Medicos Europae. Lipf. 1670.
Parif. 1672. Edit. altera a variis typographicis mendis
purgata, novisque figuris aeneis exornata. Francof. et
Lipf. 1684. 2. Annus fecundus Anni fcilicet MDCLXXI
continens — — Chymicas. Praemiffa fuccincta Narratio
Ortus et Progreffus Academiae Naturae Curioforum cum
Legibus Societatis et Nominibus Collegarum. Jenae.
1671. 3. Annus tertius, Anni fcilicet MDCLXXII continens Celeb. Virorum, tum Medicorum tum aliorum
Eruditorum in Germania et extra Eam Obfervationes
Medicas, Phyficas, Chymicas, nec non Mathematicas.
Acceffit Appendix, in qua nonnulla lectu haud indigna
aut ingrata occurrent. Lipf. 1672. Francof. (et Lipf.?)
1672 (1673?). 1681. 4. Annus quartus et quintus Anni MDCLXXIII et MDCLXXIV. Francof. et Lipf. 1676.
5. Annus fextus et feptimus Anni MDCLXXV et
MDCLXXVI. continens — — chymicas, cum appendice. Francof. et Lipf. 1677. 6. Annus octavus Anni
MDCLXXVII. continens — — chymicas nec non mathematicas cum appendice. Wratislav. et Breg. 1678. 7. Annus nonus et decimus Annorum MDCLXXVIII. et
MDCLXXIX. cum Epiftola Buccinatoria Adeptorum in
Chemia Philofophorum ad Univerfos Europae Curiofos
aliisque Appendice comprehenfis. Norimb. 1679. 1698.
8. Decuriae fecundae Annus primus Anni MDCLXXXII
cum Appendice. Norimb. 1683. 9. Annus fecundus,
Anni MDCLXXXIII. Norimb. 1684 1698. 10. Annus
tertius Anni MDCLXXXIV. Norimberg. 1685. 1699.
11. Annus quartus Anni MDCLXXXV. Norimb. 1686.
1705. 1707. 12. Annus quintus, Anni MDCLXXXVI.
Norimb. 1687. (1707?) 1716. 13. Annus fextus, Anni
MDCLXXXVII. cum appendice, cui annexa eft Dr.
Gothofr. Sam. Polifii Myrrhologia. Norimberg. 1688.
1707. (1716?) 14. Annus feptimus, Anni MDCLXXXVIII.

an-

getheilt, und sowohl insgesamt, doch abgekürzt ⁱ),
als auch die chemische Aufsätze insbesondere ᵍ), ins Teutsche übersezt.

Sie enthalten aufer mehreren schon angeführten
Aufsäzen Langelot's, Specht's, Balduin's,
Hagendorn's, G. W. Wedel's, Ludovici's,
Doläus, Grimm's, Crüger's, Schulze's,
Rö-

annexa appendice. Norimb. 1689. 1716. 15. Annus octavus, Anni MDCLXXXIX. cum appendice. Norimb. 1690.
16. Annus nonus Anni MDCXC. Norimb. 1691. 17. Annus decimus, Anni MDCXCI. Norimb. 1692. 18. Index
generalis et absolutissimus rerum memorabilium et notabilium Dec. I. et II. Ephemeridum Germanicarum Academiae Caesareo - Leopoldinae Naturae Curioforum ab
anno MDCLXX. usque ad annum MDCXCII. feorsim
hactenus editarum, cum Sylloge Autorum Alphabetica,
adjectis Obfervationum et Tractatuum Indici huic infer-
torum Titulis, quibus annexi funt Catalogi bini librorum Medico - Phyfico - Mathematicorum, qui in Biblio-
polio Wolfg. Maur. *Endteri* Noribergae reperiuntur,
unus Auctorum, alter Argumentorum. Norimb. 1695.

f) Unter der Auffchrift: Der Römifch-Kaiferlichen Akademie
der Naturforscher auserlefene Medicinifch-chirurgifch-Ana-
tomifch-Chymifch- und Botanifche Abhandlungen, aus dem
Lateinifchen in das Deutfche überfezt. Nürnberg. 4. Jeder einzelne Jahrgang in einem eigenen von vornen an
gezählten Theile, ohne Rückficht auf die Eintheilung in
Dekurien; alfo Erfter Theil. 1755. Zweyter und Dritter
Theil 1756. Vierter Theil 1757. Fünfter Theil 1755.
Sechfter und Siebenter Theil 1759. Achter Theil 1760.
Neunter und Zehender Theil 1761. Eilfter Theil 1762.
Zwölfter Theil 1763. Dreyzehender Theil 1764. Vierze-
hender Theil 1765. Fünfzehender Theil 1766. Sechzehender Theil 1767. Siebenzehender Theil 1768. Achtze-
hender Theil 1769. Neunzehender Theil 1770. Zwanzig-
fter Theil 1771.

g) in H. Bergr. v. Crell chemifchem Archiv. Leipzig. 8.
B. I. 1783. S. 1ᵃ - 164ᵃ.

König's, Schröck's, Menßel's, Frieben's,
Elsholz, Rof. Lentilius, Wolffstriegel's,
Pisanus, Sachs (zusammengetragene) Abhand=
lungen von: chemischem Golde[h]); J. P. Hain's von
der Korallentinctur[i]), von ungarischen Erzen[k]), und
vom Salpeter in der Klette[l]), und einige andere Ver=
suche[m]); J. J. Wepfer's von flüchtigem Weinstein=
salze[n]); J. G. Greisel's von den vornehmsten Berg=
(und Hütten=) Werken in Böhmen[o]); D. Ludovi=
ci's von Wedel's flüchtigem Weinsteinsalze[p]), von
der Wirkung des Rußgeistes auf Gold[q]), von dem
Färben des Goldes durch den Rükstand von Thau[r]),
von der Verwandlung des Geistes oder Oels der Tan=
nenzapfen und anderer Fettigkeiten in Wasser[s]), von
Verstärkung und Verbesserung des Biers und Weins,
vom Bier aus Birkensafte, und von der Menge des aus
verschiedenen Getraidearten zu erhaltenden Weingei=
stes[t]), vom Mauersalpeter[u]), von einem besondern

Spie=

h) Dec. I. Ann. I. Obſ. XVII. S. 65.

i) a. e. a. O. Obſ. CL. S. 331.

k) a. e. a. O. Ann. II. obſ. XXVIII. und Obſ. CXVII.
S. 194.

l) a. e. a. O. Ann. III. obſ. CCXXII.

m) a. e. a. O. Ann. II. obſ. CXVII. S. 195. und Ann. III.
S. 557.

n) a. e. a. O. Ann. II. obſ. XXXVIII. S. 69.

o) a. e. a. O. obſ. LXXVIII. S. 140 ꝛc.

p) a. e. a. O. obſ. CXXIII.

q) a. e. a. O. Ann. III. obſ. CCXLVIII.

r) a. e. a. O. obſ. CCIL.

s) a. e. a. O. Ann. IV. et V. Obſ. CC. S. 272 ꝛc.

t) a. e. a. O. obſ. CCI. S. 275 ꝛc.

u) a. e. a. O. obſ. CCIII. S. 279 ꝛc.

O 4

Spiegel aus Mösling (durch eine Art Quikwasser) [x]),
über Faber's Bezoartinctur [y]), Untersuchung, wie
man den Weingeist in gröserer Menge als bisher erhal=
ten könne [z]), Versuche mit ungelöschtem Kalke [a]),
über die aus Zimtöl anschiesende Cristallen, die er mit
Salmiak verglich [b]), von einer kurzen Art, den eisen=
haltigen Spiesglanzkalk zu bereiten [c]), Versuche, das
wahre Rosenöl in gröserer Menge zu bereiten [d]), von
der Bernsteinessenz [e]), von der Erhizung der Eisenfeile
mit Wasser [f]), von der kopenhagenischen zusammenzie=
henden Feuchtigkeit [g]), von Sala's arsenikalischem
Magnet [h]), und vom natürlichen Zinnober [i]); Fr.
M. Hertod's vom chemischen Steine [k]), und von
sogenannten Spiesglanzkönigen [l]); G. W. Wedel's
von flammendem Salpeter oder Prunellensalz ohne
Schwefel [m]), von schweistreibendem Spiesglanzkalke [n]),
vom

x) a. e. a. O. obf. CCIV. S. 285 :c.

y) a. e. a. O. obf. CCVI.

z) a. e. a. O. Ann. VI. et VII. obf. CXLIII. S. 358 :c.

a) a. e. a. O. obf. CXLIV. S. 365 :c.

b) a. e. a. O. obf. CXLV. S. 378 :c.

c) a. e. a. O. Ann. VIII. obf. LXV. S. 108 :c.

d) a. e. a. O. obf. LXVI. S. 109 :c.

e) a. e. a. O. Ann. IX. et X. obf. XXVI.

f) a. e. a. O. obf. XXVII.

g) a. e. a. O. obf. CLII.

h) a. e. a. O. obf. CLIII.

i) a. e. a. O. obf. CLIV.

k) aus kochsalzsaurem Blei, worauf man noch einmal so
viele Auflösung des Eisens in Kochsalzsäure gießt. a. e.
a. O. Ann. II. obf. CXLIII. S. 227 :c.

l) a. e. a. O. ann. VIII. append.

m) a. e. a. O. ann. II. obf. CXCVI. S. 297.

n) a. e. a. O. ann. III. obf. LXXII. S. 12 :c.

vom Spießglanzzinnober °), von der (angeblichen)
Verwandlung des Eisens in Kupfer P), von dem wie-
dererzeugten Vitriolgeiste q), von Urstoffen ʳ), von
Bädern ˢ), von (angeblichem) Queksilber aus Blei ᵗ);
Mart. Bernh. von Bernitz vom Nutzen und Gebrauch des pohlnischen Scharlachs ᵘ), und von Cnöffel's geheimen Arzneien ᵛ); Phil. Talducci a domo
chemische Versuche ʷ); Andr. Cnöffel's Beobachtung vom firen Queksilber ˣ), von Helmont's Drif ʸ),
von Helmont's und Paracelsus Alkahest ᶻ),
von Paracelsus Aroph ᵃ), über das Oel von Helmont's Ludus ᵇ), über den Samachgeist ᶜ), über
den Balsam ᵈ); Jak. Breyn's vom zeylonschen Zimt-
baume und vom japanischen Kampferbaume ᵉ); Sigm.
Graß

o) a. e. a. O. obf. CV. S. 172 ꝛc.

p) a. e. a. O. Ann. VI. et VII. obf. CXX. S. 158.

q) a. e. a. O. obf. CXXIII. S. 161.

r) a. e. a. O. obf. CCXXVI. CCXXVII. und Dec. II. Ann.
I. obf. XIII.

s) a. a. O. Dec. II. Ann. I. obf. IX.

t) a. e. a. O. obf. CLVIII. S. 382.

u) zum Färben und zu Lacken a. a. O. Dec. I. Ann. III.
obf. CIV. S. 167.

v) a. e. a. O. Ann. VI. et VII. Append.

w) a. e. a. O. Ann. III. Obf. CXLVII. S. 440 ꝛc.

x) a. e. a. O. Ann. IV. et V. Obf. XCI. S. 83 ꝛc.

y) a. e. a. O. Obf. XCII. S. 90 ꝛc.

z) a. e. a. O. Obf. CVIII. S. 111 ꝛc.

a) a. e. a. O. Obf. CIX. S. 116 ꝛc.

b) a. e. a. O. Obf. CXI. S. 118 ꝛc.

c) a. e. a. O. Obf. CXII. S. 122.

d) a. e. a. O. Obf. CXIII. S. 122.

O 5

Graß vom Schweidnizer Sauerwaſſer f); Heinr.
Vollgnad's von einem brennenden Brunnen g);
Ehrenfr. Hagendorn's vom Katechubalſam h), vom
flüchtigen Geiſte der ſpaniſchen Fliegen i), von gefärbten über den Helm getriebenen Flüſſigkeiten k), von
unterſchiedenen Farbenerſcheinungen l), von den Kriſtallen des Rükſtandes der Deſtillation des Salmiaks
mit Weinſteinſalz m), von vorgeblicher Palingeneſie n),
vom Oel aus Tannenzapfen o), von einem gegohrnen
Getränke (Bartſch) aus Bärenklau p), und von Sal-
peterblumen und Kriſtallen q); J. S. Elsholz's von
einem (angeblichen) Salze aus der Luft und Schwefel
aus der Sonne r), von vermeintlichem Schwefelre-
gen s), und von einem rothen Waſſer zu Berlin t);
Bernh. Below's von der Art, aus Brunnenkreſſe
flüchti-

e) und der Gewinnung des Kampfers a. e. a. O. Obf. 130.
S. 139.

f) a. e. a. O. Obf. XCVII. S. 99.

g) entzündbaren Gas aus Waſſer in Siebenbürgen a. e.
a. O. Obf. CLXXI. S. 229.

h) a. a. O. Ann. VI. et VII. Obf. XVI. S. 26 ꝛc.

i) a. e. a. O. Dec. II. Ann I. Obf. CLXIII.

k) a. e. a. O. Ann. III. Obf. XXVIII. S. 83 ꝛc.

l) a. e. a. O. Obf. XXIX. S. 87.

m) a. e. a. O. Obf. XXX. S. 88.

n) a. e. a. O. Obf. XXXI.

o) a. e. a. O. Obf. XXXII.

p) a. a. O. Ann. V. Obf. LXXXVIII. S. 192.

q) a. a. O. Ann. VII. Obf. CLVII. S. 306.

r) a. a. O. Dec. I. Ann. VI. et VII. Obf. XVIII. S. 28.

s) a. e. a. O. Obf. LXXXVIII.

t) a. a. O. Ann. VIII. Obf. LXXIX. S. 127.

flüchtiges Salz zu gewinnen [u]); Pet. Spechts chemische Versuche [x]); Luk. Schröck's, des jüngern, vom Katechusafte [y]), vom Figiren der flüchtigen urinösen Salze [z]), vom Butlerischen Steine [a]), und vom mineralischen Meele [b]); Chr. Ad. Balduin's von einem mit Golde gemengten Kupfer [c]); Doläus von der Kälte des flüchtigen Hirschhornsalzes [d]), und vom Verpuffen des Knallgoldes [e]); Helbig's von einem flüchtigen Salze aus gewürzhaften Wurzeln und Rinden [f]); H. Screta's von Erhizung des Quekfilbers mit Golde [g]); J. C. Hanemann's von (angeblichem) Quekfilber aus Blutstein [h]), und Zerlegung des Elfenbeins [i]); Herm. Nik. Grimm's von Schwefelgeist ohne Feuer [k]), von den Bestandtheilen des grauen Ambers [l]), Zerlegung einer Art Korallen [m]), und

u) a. e. a. O. Ann. VI. et VII. Obf. XXI. S. 30.

x) a. e. a. O. Obf. XXIV. S. 53. schon Spuren von Salmiak aus Torf.

y) a. e. a. O. Ann. VIII. Obf. LIV. S. 88.

z) a. a. O. Dec. II. Ann. X. Obf. CCVIII. S. 416.

a) a. a. O. Dec. III. Ann. IV. Obf. CXVII. S. 239.

b) a. a. O. Ann. VII. et VIII. Obf. CCIX. S. 353.

c) a. a. O. Dec. I. ann. VIII. App. S. 247 ꝛc.

d) a. a. O. Ann. IX. et X. Obf. CXXXIII.

e) a. e. a. O. Obf. CXXXV.

f) vielleicht einem Kampfer a. e. a. O. Obf. CXCIV.

g) a. a. O. Dec. II. Ann. I. Obf. XXXIV. S. 83.

h) a. e. a. O. Obf. LXXIII. S. 179.

i) a. e. a. O. Ann. III. Obf. LVI.

k) a. e. a. O. Ann. I. Obf. CLXX. S. 404.

l) a. e. a. O. Obf. CLXXI. S. 405.

m) von Pseudo-corallium articulatum, die ganz für ihre thierische Beschaffenheit spricht. a. e. a. O. Obf. CLXXIII. S. 408.

und verschiedene chemische Versuche ⁿ); Herb. von
Jäger's Nachricht vom Bau und von Gewinnung
des Indigs in den Morgenländern ᵒ); Matth. Tiling's über die Art, den Salmiak zum Arzneigebrauche
zu reinigen ᵖ), von der geheimen Zurichtung des Vitriols �q), vom schweistreibenden Quekſilber ʳ), und
vom flüchtigen Salze aus Schwalben ˢ); J.G. Volckamer's von dem Schaden, den Kranke von ver-
hindertem Zutritt friſcher Luft leiden ᵗ); Gabr. Clauder's von künſtlich nachgemachtem Malvaſier, ſpani-
ſchem und anderm Weine ᵘ), von einem thieriſchen
Steine aus dem Harnſalze ᵛ), von Potier's Ma-
gen-

n) und in dieſen deutliche Spuren von würfelichtem Salz-
　peter. a. e. a. O. Ann. VII. Obſ. CCXXIII. auch dem
　Oele aus Zitronen und Zimt. Dec. II. Ann. III. Obſ.
　CCXI. CCXII.. der Manna, dem Benzor- und Kampfer-
　baum a. a. O. Ann. I. Obſ. CLI - CLIII.

o) a. a. O. Dec. I. Ann. II. Obſ. IV. S. 5.

p) a. e. a. O. Obſ. LXVII. S. 144.

q) a. e. a. O. Obſ. LXVIII.

r) a. e. a. O. Obſ. LXIX. S. 150.

s) a. e. a. O. Obſ. LXX.

t) er erklärt ſich nemlich die Erſcheinung ganz im Geiſte un-
　ſers Zeitalters, wenn gleich nicht in den Ausdrücken des
　neuen Syſtems: Thieriſches Leben und Flamme hängt
　von dem geiſtigen Weſen ab, das ſich in der Luft befin-
　det; hat ſie jenes verloren, ſo iſt ſie wie todt; denn die-
　ſes geiſtige Weſen läſt ſich von ihr abſondern: durch ihre
　Vermittlung athmen wir daſſelbige ein, worauf es dem
　Blute in der Lunge mitgetheilt wird. Die Flamme
　nährt ſich durch daſſelbige und bekümmert ſich nicht um
　ſeinen Gefährten. Sie brennt in einem Glaſe einge-
　ſchloſſen ſo lange, bis daſſelbe verzehrt iſt: alsdann wird
　ſie erſt matt, und verlöſcht darauf. a. e. a. O. Obſ.
　CXCIII. S. 426.

u) a. e. a. O. Ann. III. Obſ LXXXII. S. 178.

v) a. a. O. Ann. IV. Obſ. CXXXII. S. 159.

genmittel [w]), vom schweistreibenden Hirschhorn [x]), von der Möglichkeit der Metallverwandlung [y]), von einer kurzen Art, Weingeist und ähnliche Flüssigkeiten schnell zu reinigen [z]), von der Bereitung einer Tinctur aus gebranntem Vitriol [a]), von der Art, Quekſilber aus Metallen und Mineralien in Menge und auf eine leich= te Weiſe zu erhalten [b]), vom Belegen der Spiegel [c]); C. Sigm. Graß vom tiroliſchen Salzwerk zu Halle [d]), von eiſenhaltigem schweistreibendem Spiesglanzkalke [e]) und von Schwefelblumen [f]); Schmidt's von Harn= kriſtallen [g]); Wurfbain's von angeschoſſenem Spies= glanze [h]); Dan. Crüger's von Majoranöl, welches in flüchtiges Salz verändert worden (in Kriſtallen an= geschoſſen) iſt, mit Bemerkungen von Chr. Menzel und Luk. Schröck, dem Sohn [i]), von nachgemach= ten Krebsaugen [k]), von einer verbeſſerten Zubereitung des mineraliſchen Mohrs [l]), und vom Sol ſine veſte,

w) a. e. a. O. Obſ. CXXXIII.

x) a. e. a. O. Obſ. CXXXIV.

y) a. e. a. O. Ann. V. Obſ. CLXXXIV.

z) a. a. O. Ann. VI. Obſ. CLXXIV. S. 353 ꝛc.

a) a. a. O. Dec. II. Ann. VI Obſ. CLXXXV.

b) a. a. O. Ann. VII. Obſ CLXXVII. S. 339.

c) a. e. a. O. Obſ. CLXXVIII. S. 341.

d) a. a. O. Ann. IV. Obſ. XXII. S. 56.

e) a. a. O. Ann. X. Obſ. LVII.

f) a. e. a. O. Obſ. LVIII.

g) a. a. O. Ann. II. Obſ. CXXV.

h) a. e. a. O. Obſ. CXXXV.

i) a. e. a. O. Obſ. XXXVIII. S. 70. 71.

k) a. a. O. Dec. III. Ann. III. Obſ. CXLVII. S. 262.

l) a. a. O. Aun. VII. et VIII. Obſ. CV. S. 172.

ste [m]); Andr. Cleyer's von dem japanischen Lak: [n])
und Kampferbaum [o]), Rof. Lentilius chemische Un:
tersuchung der Gesundbrunnen [p]), von dem Kanstatter
Gesundbrunnen in Wirtemberg [q]), Untersuchung eini:
ger einfachen Wasser [r]), vom englischen Purgirsalze [s]),
von den englischen Tropfen (aus einem brandichten thie:
rischen Oele und Zimtöl) [t]), von der sicilianischen oder
palermitanischen Erde [u]), und von Salzkristallen an
den Augen eines Frauenzimmers [v]); J. G. Som:
mer's von einem Mittel, den Spiesglanzzinnober in
gröserer Menge zu erhalten [w]), von wahren und fal:
schen Krebssteinen [x]), vom wässerichten Aufgusse des
Spiesglanzsafrans [y]), und von den flüchtigen Extrac:
ten des Hirschhorn: und stinkenden Weinsteinöls [z]);
Karl Oehmb's von der steirischen Eisenblüthe [a]);
Em. König's von der Verglasung der Metalle [b]),
von

m) a. e. a. O. Obs. CXII. S. 183.

n) a. a. O. Dec. II. Ann. V. Obs. XL.

o) a. a. O. Ann. X. Obs. XXXVII. S. 79.

p) a. a. O. Ann. V· Obs. CCI. S. 400.

q) a. a. O. Cent. I. et II. Obs. CLXIX. S. 358.

r) a. a. O. Cent. III. et IV. Obs. CLXXVI. S. 415.

s) a. e. a. O. Obs. CLXXIII. S. 397.

t) a. e. a. O. Obs. CLXXIV. S. 404.

u) a. e. a. O. Obs. CLXXV. S. 407.

v) a. e. a. O. Obs. CLXXVII. S. 418.

w) a. a. O. Dec. II. Ann. VI. Obs. IX. S. 30.

x) a. a. O. Dec. III. Ann. III. Obs. CLI. S. 268.

y) a. e. a. O. Obs. CLIII.

z) a. a. O. Ann. V. et VI. Obs. CCLVII. S. 587.

a) a. a. O. Dec. II. Ann. VI. Obs. CXLIII. S. 295.

b) a. a. O. Ann. VII. Obs. LXVI. S. 115.

von Verbesserung derselbigen c), vom Elixir der Weisen d), von einigen Helmontischen Arzneien e), von
Buffe's bezoardischem Geiste f), von einer ächten
Korallen- g) und Spiesglanztinctur h), und über die
wahre und philosophische Präparation des Potier-
schen Aurum diaphoreticum i); Wolff's vom Schwe-
felregen k); Langenmantel's Vorstellung der vier
Elemente in einem Glase l); Joh. Mor. Hoffmann's
von dem Geiste und flüchtigen Salze der Melisse m),
vom Anschiesen des Gewächslaugensalzes ohne Zusatz
einer Säure n), von zween rauchenden Geistern o),
von einer in der Kälte nicht frierenden Auflösung des
Eisenvitriols p), vom Melissensalze q), und vom ge-
blätterten Essigsalze r); Joh. Chrph. Bautzmann's
von der Art, jede Weine (aus Rosinen) nachzuah-
men s); Mich. Bernh. Valentin's von einem (angeblich

c) a. a. O. Ann. VIII. Obf. CXLVI. S. 307.

d) a. a. O. Ann. IX. Obf. CL. S. 260.

e) a. a. O. Dec. III. Ann. I. Obf. CXLVIII. CIL.

f) a. e. a. O. Obf. CLI.

g) a. a. O. Ann. V. et VI. Obf. CXL. S. 280.

h) a. e. a. O. Obf. CXLI. S. 283.

i) a. a. O. Cent. III. et IV. Obf. LII. S. 113.

k) a. a. O. Dec. II. Ann. VII. Obf. CXCIV.

l) a. e. a. O. Obf. CCXXXII. S. 439.

m) a. e. a. O. Obf. CCXLVIII. S. 463.

n) a. a. O. Ann. X. Obf. CLXXXIII. S. 359.

o) a. a. O. Dec. III. Ann. I. Obf. CCIX. S. 326.

p) a. a. O. Ann. V. VI. Obf. XCVI. S. 194.

q) a. e. a. O. Obf. XCVII.

r) a. e. a. O. Obf. XCVIII.

s) a. a. O. Dec. II. Ann. VIII. Obf. IL. S. 123.

geblich aus Eiſenfeile) an der Luft entſtandenen Eiſen=
vitriol '); Dav. Reich's von Quekſilber aus Gold "),
und Geyer's von einem Firniſſe zur Erhaltung von
Inſecten ᵛ).

Auch die Schriften der gelehrten Geſellſchaft, die
ſich bei dem Abt Bourdelot zu Paris verſammelte,
enthalten einige chemiſche Aufſäße, z. B. von Urſtoffen,
von Dämpfen ätzender Salze durch Weingeiſt, vom
Fett und vornemlich von Wallrath, vom Uebertreiben
der gebrannten Waſſer durch die Wärme faulender Ge=
wächſe, und von künſtlichen Stahlwaſſern, vom phi=
loſophiſchen Stein ʷ), und vom trinkbaren Golde ˣ).

So finden ſich auch in den Schriften der Akademie
zu Brescia Franz Tert. Lana's Verſuch ʸ) (deſſen
Erfindung er Hieron. Alegri zuſchreibt) einer augen=
bliklichen Verdickung zwoer Flüſſigkeiten (nemlich der
Auflöſung der kochſalzſauren Kalkerde in Waſſer durch
flüchtiges Laugenſalz), und Bernardini Boni's ᶻ)
Bemerkungen über die entzündliche Dämpfe eines Ab=
trittes.

Auch fiengen in dieſem Zeitalter mehrere gelehrte
Tagebücher an, die bald von Einzelnen, bald von gan=
zen Geſellſchaften beſorgt, oft ohne Namen herausge=
geben wurden, und zwar keine, oder doch ſelten eigene
Beobachtungen, aber doch die gelehrte Entdeckungen
                                                    ihrer

t) a. e. a. O. Obſ. LXXVI. S. 191.
u) a. a. O. Ann. IX. Obſ. CLI. S. 274.
v) a. a. O. Ann. VIII. Obſ. CXXXVII.
w) Converſations &c. S. 225 ꝛc.
x) Ebendaſ. S. 246 ꝛc.
y) Acte novae Academiae Philexoticorum naturae et artis.
   nr. 17.
z) ebendaſ. nr. 37.

ihrer Zeit, und unter diesen auch die chemische bekannt
machten: So kam schon im Jenner 1665 das Journal
des ſavans [t]), anfangs wochenweiſe, nachher (von 1707)
monatweiſe, im erſten Jahre unter der Aufſicht des
Parlamentsraths Dion. de Vallo, in den zehen folgenden unter der Leitung des Abts Gallois, in den
zwölf folgenden unter derjenigen des Abts de la Roque, von 1687 an unter der Aufſicht des Präſidenten
des Parlaments zu Paris Couſin; 1701 wurde es
der Aufſicht des Reichskanzlers anvertraut, und 1702
eine eigene Geſellſchaft von Gelehrten errichtet, welche
die Auszüge und die Beurtheilung der Schriften über-
nahmen, und damals bei Bignon zuſammen kamen.

Als eine Ueberſezung dieſes Journal des ſavans,
doch mit Bemerkungen italiäniſcher Gelehrten und
Nachrichten von ihren Schriften vermehrt, kann das
Giornale d'Italia angeſehen werden, welches der H.
Abt Franz Nazari und Dr. Ciamponi 1668 nach
dem gleichen Plane zu Rom herauszugeben anfiengen.

Von ihm iſt das Giornale de' letterati verſchie-
den, welches zu Parma herauskam, ſich allein mit der
Anzeige von Schriften beſchäftigte, und 1686 ſeinen
Anfang nahm.

Unter dieſe Schriften ſcheinen auch die Miſcellanea
Medico-Phyſica [u]), und die Nouvelles de la republi-
que des lettres [x]) zu gehören.

Aber eine vorzügliche Stelle unter den Schriften
dieſer Art verdienen die Acta Eruditorum, welche 1682
unter der Aufſchrift der gelehrten Mencken, Vaters
und

t) zu Paris 4. der Amſterdamer Nachdruck 12.
u) Paris. 1672. 4.
x) Paris. 1684.

und Sohns ihren Anfang nahmen, und zu Leipzig beinahe durch das ganze folgende Zeitalter fortgesezt wurden; auch sie enthalten freilich hauptsächlich Nachrichten und Anzeigen von neuen Schriften; doch sind auch ganze Abhandlungen, mit unter wohl solche, die sonst nirgends vorkommen, eingerükt.

Wenn gleich die in allen diesen von gelehrten Gesellschaften ausgegebenen Sammlungen erzählte Erfahrungen in Rüksicht auf Genauigkeit, Richtigkeit und Wichtigkeit weit nicht alle von gleichem Werthe, nicht selten einseitig angestellt und erzählt sind, so war doch auch der Vorrath an guten Versuchen so beträchtlich, daß eine Wissenschaft, die sich nur auf Erfahrungen stüzt, wie die Chemie, zuversichtlicher, als es bis dahin möglich war, darauf bauen konnte; es kann daher nicht befremden, wenn in diesem Zeitalter nicht nur mehrere, sondern auch bessere Handbücher erschienen, als bisher.

Auser solchen Handbüchern, deren Verfasser sich nicht ganz genannt haben, wie z. B. der Chymia curiosa eines H. M. H. S. M. [y]), und der Chymia rationali eines den Grundsäzen von Sylvius de le Boë sehr ergebenen Verfassers P. T. [z]), auser den schon erwähnten hieher gehörigen Schriften Becher's, Fr. Hoffmann's u. a. kamen in Italien, Frankreich, England, in den Niederlanden und in Teutschland mehrere solche Handbücher heraus, deren Verfasser sich nannten.

Zu

---

[y] variis non solum ex Regno vegetabili, sed etiam ex minerali et animali, Experimentis adornata. Lond. 1687. 8. auch hinter *Vigani* Medulla Chymiae. Norimb. 1713. 8.

[z] rationibus philosophicis, observationibus medicis, debitis dosibus illustrata. Leid. 1687. 4.

Zu Modena gab Karl Lancilotti seinen Guida alla Chimica ª), und zu Venedig seinen Nuova Guida alla Chimica ᵇ) heraus.

In Frankreich gab der Königliche Hofapotheker Christoph Glaser aus Basel, von welchem noch das durch Verpuffen des Schwefels mit Salpeter erhaltene Mittelsalz den Namen führt, zum ersten mal schon 1663 ᶜ) seinen traité de la chymie ᵈ); um eben diese Zeit

a) 12. 1672. und 1679.

b) 8. 1687. ins holländische übersezt mit der Aufschrift: den brandende Sälamander. Amsterdam. 1680. 8. und aus diesem durch I. L. M. O. in die hochteutsche Sprache mit der Ueberschrift: der brennende Salamander, oder Zerlegung der zu der Chemie gehörigen Materien, so da ist ein Wegweiser oder Unterricht, sich in allen Arten der Scheidekunst zu üben: Benebenst dem aufgeweckten Chemisten, sammt beygefügter Anleitung von Erwehlung des Vitriols. 8. Frankfurt. 1681. 1687. Lübek 1697.

c) zu Paris. 8. auch nachher 1668. 12. 1673. und 1678. zu Brüssel 1676. 12. zu Lyon 1676. 8.

d) enseignant par une facile methode les plus necessaires préparations; ins teutsche übersezt mit der Aufschrift: 1. Chymischer Wegweiser, von Menudier 1677. 2. Chymischer Wegweiser: das ist: Sichere Anweisung zur chymischen Kunst, darinnen durch einen kurzen Weg und leichte Handgriffe gewiesen wird, wie man allerley Arzeneyen durch die Chymie bereiten kann, von einem Philochymico. Jena. 12. 1684. 1710. 3. Novum Laboratorium Medico‧Chymicum; das ist: Neueröfnete chymische Arzney‧ und Werkschule in drey Bücher abgetheilt: das erste stellt vor, eine kurze Unterrichtung aller derjenigen Stücke, welche zu der Grund‧Lernung der Theorie dieser Edlen Wissenschaft erfordert und verstanden werden müssen. Das zweyte entdeckt die üblichen Kunst‧ und Handgriffe des vegetabilischen, animalischen und mineralischen Reichs. Das dritte begreift in drey unterschiedlichen Abtheilungen in sich hundert und neun

P 2 chymi‧

Zeit kam (um 1665) auch der Jungfer Mar. Meur=
drac mitleidende und leichte Chymie heraus, die mehr
aus der teutſchen Ueberſezung e) bekannt iſt; 1667 f)
erſchien zum erſten male P. Thibaut's dit le Lor-
raine Cours de chymie g); 1671 J. Malbec's de
Treſſel Abregé de la Théorie et des Principes de
la Chimie h).

Aber den daurendſten Ruhm hat ſich in dieſem
Zeitalter Nik. Lemery durch ſeinen Cours de chymie i) erworben, der noch weit in das folgende herein
das Hauptbuch der Apotheker und vieler Scheidekünſt=
ler war, und nicht nur ſehr oft aufgelegt k), ſondern
auch

chymiſche und geheime Genäß= und Heilmittel, von Joh.
Marſchalck, mit vielen Figuren. Nürnberg. 1677. 8.

e) denen Liebhabern dieſer Wiſſenſchaft, ſonderlich aber
dem löblichen Frauenzimmer zu Gefallen ehmals in fran=
zöſiſcher Sprache beſchrieben. Nunmehro aber ins Teut=
ſche überſezt, und ſammt einem Tractätlein, wie man
allerhand wohlriechende Sachen künſtlich präpariren ſoll,
herausgegeben. Frankfurt. 1673. 1576. zum drittenmale
herausgegeben von Joh. Langen. 1689. 1712. 12. 1731.
Erfurt. 8. 1738. Frankfurt. 8.

f) nachher zu Leiden 1672. 12. und augmenté du febrifuge
de *Sylvius*, d'un excellent emetique &c. zu Paris.
1674. 8.

g) ins Engliſche überſezt mit der Aufſchrift: The art of
chymiſtry, as it is now practiſed, written in French by
P. *Thibaut*, and now translated into engliſh by a Fel-
low of the royal Society. London. 1668. 8.

h) à Paris. 1671. 12.

i) contenant la maniere de faire les operations, qui ſont
en uſage dans la medecine, par une methode facile.
Avec des raiſonnemens ſur chaque operation, pour l'inſtructions de ceux, qui veulent ſ'appliquer à cette ſcience. à Paris. 1675. 8.

k) zuweilen mit einiger Abänderung im zweiten Theile der
Auf=

auch in mehrere Sprachen, in die englische [1]), teut=
sche [m]), lateinische [n]), italiänische [o]) und selbst in die
spanische [p]) überfezt wurde.

Unter

Aufschrift: z. B. nur zu Paris 1677. 1679. 1682. 1683.
12. Cinquién Edition, revuë, corrigée et augmentée
par l'auteur suivant la copie. à Paris. 1683. 1687. 1690.
1696. 1697. 1698. 1701. 1713. (Ed. XI.) 1730. 8. nouvelle edition revuë, corrigée et augmentée d'un grand
nombre de notes et de plusieurs operations chymiques
par Mr. *Baron*. 1756. 4. zu Amsterdam. 1682. auch in
2 Bänden 1698. 8. zu Leiden 1697. 1716. 1730. 8. zu
Brüssel 1744. auch 1747. 8. zu Avignon 1751. 4.

l) mit der Ueberschrift: A Course of Chymistry: containing an easy method, of preparing those chymical medicines, which are used in physick. With curius remarks upon each preparation for the benefit of such,
as desire to be instructed in the knowledge of this art.
London. 8. 1677. 1686. 1698. The fourth Edition
translated from the eleventh edition in the french 1720.

m) Cours de chymie, oder der vollkommene Chymist, wel=
cher die in der Medicin gebräuchlichen chymischen Pro=
cesse auf die leichteste und heilsamste Art machen lernt,
und mit den scharfsinnigsten Anmerkungen und Urtheilen
über jeden Proceß die Liebhaber dieser Wissenschaft weiter
anführt. Dreßden. 8. aus der neunten französischen Edi=
tion des 1697sten Jahres in Teutsche überfezt. 1698.
fünfte Auflage mit Zusäzen von Joh. Ch. Zimmer=
mann. 1754.

n) von J(ak.) C(onstant) de Rebecque mit der Ueber=
schrift: Cursus chymicus continens Modum parandi Medicamenta chymica usitatiora, brevi et facili Methodo:
una cum Notis et Dissertationibus super unamquamque
praeparationem, ex ultima Editione gallica latine versus.
Genev. 1681. 12.

o) zu Benedig. 8. mit der Aufschrift: Corso di chimica di
Nic. Lemery tradotto dal Francese ed arrichito di figure
in rame. 1700. und Corso di chimica e trattato dell'
Antimonio. Nuova Edizione corretta ed accresciuta colle
giunte dell'autore. T. I-III. 1763.

Unter den Engländern lieferten in diesem Zeitraume
Edw. Bolneſt und Packe dergleichen Werke; jener
eine Aurora chymica ⁹), der auch in lateiniſcher Spra:
che erſchienen iſt ʳ), dieſer chymical aphoriſms ᵗ).

In den Niederlanden gab Jak. le Mort, Lehrer
dieſer Wiſſenſchaft auf der hohen Schule zu Leyden, über
dieſelbe, die er noch weit mehr als Wilh. ten Rhyne ᵗ),
ſelbſt mit Hintanſezung anderer, vornemlich der Zer:
gliederungskunde, als die erſte Hülfswiſſenſchaft den
Aerzten empfohl ᵘ) mehrere Handbücher, ein Compendium chymiae ˣ), eine Chymia medico - phyſica, rationibus et experimentis ſuperſtructa ʸ), eine Chymia

ra-

p) Fontenelle hiſtoire de l'Académie des ſciences. B. II.
   S. 172 ꝛc.
q) or rational way of preparing Animals, Vegetables and
   Animals for a phyſical uſe. London. 1672. 8.
r) ſive rationalis methodus praeparandi Animalia, Vegetabilia et Animalia ad uſum Medicum, quarum prapa-
   rationum beneficio ex illis fiunt efficaciſſima, tutiſſima
   et gratiſſima medicamenta ad Praeſervationem et Reſtau-
   rationem Vitae humanae. Hamburg. 1675. 8.
s) London. 1688. 8.
t) Orat. de chymiae et botanices antiquitate et dignitate.
   Batav. 1674.
u) 1. Chymiae verae nobilitas et utilitas in phyſica cor-
   puſculari, theoria medica ejusque materie et ſignis.
   Leid. 1696. 4. 2. Theoriae medicae fundamenta novantiqua. Leid. 1700. 8. 3. Oratio de concordantia operum naturae chymiae et medicinae. Leid. 1702. 12.
   4. Facies et pulchritudo chymiae ab adfictis maculis
   purificata. Leid. 1712. 8.
x) Leid. 1682. 12.
y) brevi et facili via proceſſus ſpagyricos rite et artificio-
   ſe ad finem perducendi normam exhibens. Cui annexa
   eſt Metallurgia contracta, ſuccinctam Metallorum trac-
   tatio-

rationibus et experimentis auctioribus, iisque demon-
strativis superstructa z), und eine Chymia medico-
physica, ratione et experimentia nobilitata a); Karl
de Maets seinen Prodromus Chemiae rationalis b),
und seine Chemia rationalis c); Steph. Blancaard
seine Verhandeling van de hedendaagsche Chymie p),
welche auch in die teutsche Sprache überfezt ist e), und
eine Manuductio ad chemiam f); auch Herm. Nik.
Grimm, ein gebohrner Däne, gab auser feinem Laboratorium Ceylonicum g), ein Compendium medico-
chy-

tationem demonstrans. Lugd. Batav. 1676. 4. (Haller).
1684. 8. (Gunz).

z) in qua malevolorum calumniae modeste simul diluuntur. Lugd. Batav. 1688. 8.

a) hinter seiner Schrift: Chymiae verae nobilitas &c.
nr. 1.

b) ratiociniis philosophicis, observationibus medicis &c.
illustratae. Accedunt Animadversiones in librum, cui
titulus: Collectanea Chymica Leidensia — — opus,
quoad excerpta Maetsiana mutilum, multis mendis de-
turpatum, praecipuis suis ornamentis, ratiociniis, de-
ductionibus, observationibus destitutum, inscio et in-
vito Maetsio in lucem editum. Lugd. Bat. 1684. 8.

c) nec non Praxis chymiatrica rationalis. Lugd. Batav.
1687. 4.

d) Amsterdam. 1685. 8.

e) 8. mit Figuren und der Aufschrift: Scheidekunst oder
Chymia, nach den Gründen des fürtrefflichen Cartesii,
und des Alcali und Acidi eingerichtet. Hannover. 1689.
Wolffenbüttel. 1697. Augsburg. 1700. und mit der Aufschrift: Die neue heutiges Tags gebräuchliche Scheidekunst. Wolffenbüttel. 1718.

f) In seinen Oper. medic. et chirurgic. theoretic. et
practic. Leid. 1701. 4. B. I. nr. 2.

g) Batav. javan. 1677. (in holländischer Sprache)

P 4

chymicum [h]) heraus; der Pohlnische Leibarzt Jat.
Barner zu Elbingen, ein Schüler Sennert's und
ein Anhänger Helmont's, sein Exercitium chymicum
delineatum [i]), und seine Chymia philosophica [k]).

In Teutschland gab der frankfurtische Arzt Joh.
Helfr. Jüngken, von Kahlern in Hessen, ein solches
Handbuch [l]) heraus, das unter etwas veränderten
Aufschriften mehrmalen [m]) aufgelegt, und, auch noch
lange

h) 8. Batav. javau. 1679. Auguft. Vindelic. 1684.

i) Patav. 1670. 4.

k) perfecte delineata, docte enucleata, et feliciter demon-
strata, a multis hactenus desiderata, nunc vero omnibus philiatris confecrata.   Cum brevi fed accurata et
fundamentali falium Doctrina, Medicamentis etiam fine
igne culinari facile parabilibus, nec non Exercitio Chymiae Appendicis loco locupletata. Norimb. 8. 1689.
und noch einmal später ebendaselbst in gleichem Format:
Accessit Jo. Sig. *Elsholtii* Deftillatoria curiofa, nec non
Utis Udenii et Guern. *Rolfincii* Non - Entia Chymica.
Cum Figur. et Annotat. illuftr. a Fr. *Rothfcholzio.*

l) fo wie auch die folgende zu Frankfurt am Main 8. das
erstemal 1681 mit der Aufschrift: Chymia experimenta-
talis curiofa, ex principiis mathematicis demonftrata.
In qua ex triplici Regno remedia generofiora, a Neotericis et aliis hactenus inventa, fideliter exhibentur,
adjunctis fingulariorum remediorum formulis adverfus
omnes tam internos, quam externos corporis affectus.

m) I. 1682. Medicus praefenti feculo accommodandus per
Veram Philofophiam Spagiricam rerum naturalium veris fundamentis exornandus et faciliori omnis generis
morbos curandi methodo illuftrandus: ubi Pars prima
continet Medicaminum effentialia fabricandi fundamina,
fcitu admodum neceffaria, Practicis recentiorum principiis inftructis vel inftruendis, ftimuli loco confcripta:
quo Virorum Clariff. *Helmontii, Sylvii, Tackenii,
Volckameri, Ettmülleri, Ludovici, Wedelii* aliorumque confcientioforum Medicorum ductu ipfam Medica-
minam

lange nach seinem Tode sehr geschäzt wurde; von dem
berühmten leipzigischen Lehrer, Mich. Ettmüller,
dessen Werke überhaupt grosentheils erst nach seinem
Tode zum Theil von seinen Schülern aus ihren nach=
geschriebenen Heften, oft sehr mangelhaft, herausgege=
ben wurden, erschienen in diesem Zeitalter ⁿ), zum
Theil noch etwas später °), mehrere Handbücher dieser
Wissen=

minum generosiorum fabricationem sibi commendatam
habeant. 2. 1684. Chymia experimentalis curiofa five
Medicus praefenti feculo accommodandus per veram Philofophiam fpagiricam. Editio poftrema. 3. 1701. 4.
Chymia experimentalis five: Naturalis Philofophia Mechanica: Ubi Prior Pars Generofiorum Remediorum
fabricam ex Triplici Regno cum omnibus manipulationibus fideliter exhibet. Pars Altera eadem Medicamenta,
inter alia, ad quoscunque morbos generaliter adaptare
docet. Adjectis monitis medicis Affectus Puerorum concernentibus. Nec non Experimentis Rerum Naturalium Principia, Commentarii loco illuftrantibus. Editio
prioribus longe auctior.

n) 1. Chimia rationalis et experimentalis curiofa, fecundum principia recentiorum adornata, variisque ac pro-
priis Experimentis, tam Chimicis, quam Practicis, ut
et Medicamentis nobilioribus referta, comite femper
ratione; nunquam antehac publicam lucem vifa jam
vero in ordinem redacta ac boni publici caufa edita, cura
et fumtibus Jo. Chphori *Aufffeldi.* Lugd. Bat. 4. 1684
und 1689. 2. Pyrotechnia rationalis feu Collegium chymicum experimentale, in Oper. pharmaceutico-chymic.
Lugd. 1686. 4. nr. III. 3. Pyrotechnia rationalis, ih
Oper. omn. cur. Georg. *Franco.* Francof. 1688. fol.
nr. 8.

o) 1. Collegium chymicum habitum anno 1671. in Oper.
medic. theoretic. practic. cur. et ftud. Jo. Cafp. *Weft-*
phal. Francof. ad Moen. 1697. fol. S. 425-496.
2. Pyrotechniae rationalis feu Collegii Chimici Epitome. in Oper. omn. in compend. redact. 8. Lond. 1701.
Amftelod. 1702. ins Englifche überfezt in Works of
Ett.

P 5

s

Wissenschaft; von einem andern Lehrer der gleichen hohen Schule Joh. Bohn Dissertationes chymico-physicae p); von einem dritten Aug. Quirin Rivinus am Schlusse dieses Zeitalters eine Manuductio ad chemiam pharmaceuticam q), und von dem jenaischen Lehrer, der zum Theil noch dem folgenden Zeitalter zugehört, G. Wolffg. Wedel Tabulae chimicae XV in Synopsi universam Chimiam exhibentes r), und Compendium Chimiae theoreticae et practicae s).

Inzwischen trieben die meiste Freunde der Chemie diese Wissenschaft, wo nicht allein, doch hauptsächlich in

Ettmüller. London. 8. 1699. 1703. 1712. ins Teutsche in dessen kurzen Begriff der ganzen Arzneikunst. Leipzig. 4. 1717. 1735. Basel. 8. 1738. 3. Collegium chemicum in Oper. medic. theoretico practic. curant. filio Mich. Ern. *Ettmüller*, qui innumeras, quibus hactenus scatuerunt, mendas sustulit, hiulca supplevit, luxata restituit, superflua delevit, novosque ex manuscriptis paternis tractatus addidit. Francof. ad Moen. fol. 1708. Vol. I. auch in Oper. omn. in V. tomos distribut. Edit. novissima Lugdunensi locuplet. Francofurtensi auctiorr. Veneta emendatior. omnium completissima et emaculatissima; accesserunt notae, consilia, dissertationes Nic. *Cyrilli*. fol. Neap. 1728. Venet. 1734. T. I.

p) Chymiae finem, Instrumenta et Operationes frequentiores explicantes, cum Indice rerum et verborum. Quibus accessit Ejusd. Tractatus olim editus de Aëris in sublunaria influxu. Lips. 1685. 4. 1696. 8.

q) Lips. 1690. 12. mit J. Franz Vigani Medulla chymiae, einer Chymia curiosa non solum ex Regno vegetabili, sed etiam ex minerali et animali experimentis adornata, und einem Append. processuum chymicorum in J. Fr. *Vigani* medullam chymiae in Collegio chymico Jo. *Bohnii* elaboratorum cura Fr. *Roth-Scholzii*. 8. Norimb. 1718. und Edit. alt. Norimb. et Altdorf. 1720. herausgegeben.

r) Jen. 1692. 4.

s) methodo analytica propositae. Jen. 1715. 4.

in Beziehung auf Arzneikunst und ihre verschiedene
Theile; auch in den Handbüchern machte, wie schon
zum Theil ihre Aufschriften lehren, die Anwendung auf
diese Kunst die Hauptsache aus; Aerzten wurde sie beinahe ausschließlich, als angelegentlichstes Geschäft
empfohlen t), und so nachdrücklich und einleuchtend
auch mehrere weisere Aerzte von Ansehen, Joh.
Bohn u), der haarlingische Arzt Bernh. Swal-
we x); der holsteinische Leibarzt, Joh. Nik. Pechlin
aus Leyden y), der londonische Arzt Walth. Needham z),
der verkappte Ludw. le Vasseur a), der hamburgische
Arzt, Andr. Cassius b), der zürichische Arzt und
Lehrer

t) Man lese z. B. außer Stisser's, J. M. Hoffmann's
   u. a. schon angeführte Schriften Sam. Donner's Orat.
   chemicae medicinae praestantiam propugnantem. Francof. ad Viadr. 1666. 4.

u) sowohl in seinem circulo anatomico - phyfiologico, f.
   oeconomia corporis animalis. Lipf. 4. 1680 1686. 1710.
   als in seiner Schrift de alcali et acidi insufficientia pro
   principiorum feu elementorum corporum naturalium
   munere gerendo. Lipf. 8. 1681. 1696.

x) Alcali et acidum f. naturae et artis inftrumenta pugilica
   per *Neochorum* et *Palaephatum* reftituta. Amfterd. 12.
   1670. 1678.

y) unter dem geborgten Namen Janus Leonicenus
   Veronenfis Metamorphofis Aefculapii et Apollinis
   pancreatici. 8. Gratianop. 1672. Leid. 1673.

z) de formato foetu. Londin. 1667. 8. Amfterd. 1668. 12.

a) I. Epiftola de Sylviano humore triumvirili. Parif. 8.
   1668. 12. Amfterd. 2. Sylvius confutatus f. in Pfeudo-
   Schuylii falfo ab eo dictam Medicinae defenfionem animadverfiones. Parif. 1673. 8.

b) de triumviratu inteftinali cum fuis effervefcentiis repe-
   tita difputatio. Groning. 1668. 4. Nimmeg. 1669. 12.

Lehrer Joh. Muralt ͨ), der stuttgartische Stadtarzt
Melch. Fr. Geuder ͩ), der churpfälzische Leibarzt
Joh. Konr. Brunner oder von Brunn in Ham:
merstein von Diesenhofen in der Schweiz ͤ), die
französische Aerzte Galatheau ͤ), und de Roy ᵍ),
der helmstädtische, jenaische und kielische Lehrer Günth.
Ehrph. Schelhammer ͪ), der jenaische Lehrer Rud.
Wilh. Crause ͥ), der köllnische Lehrer Engelb. Holter:
hoff ᵏ), J. Brön ˡ), der lyonische Arzt Bertrand ⁿ),
der

c) Vademecum anatomicum f. clavis medicinae pandens
experimenta de humoribus, partibus et fpiritibus. 12.
Tigur. 1677. Amftelod. 1685.

d) 1. Medicinische Lebensmittel, den Mordmitteln Gehe:
ma entgegengefezt. Ulm. 1689. 8. 2. Diatr. de fermentis variarum corporis animalis partium fpecificis et
particularibus. Acc. diff. de ortu animalium. Amftelaed.
1689. 8.

e) Experimenta nova circa pancreas; accedit diatribe de
lympha et genuino pancreatis ufu. Amfterd. 1683. 4.
Leid. 1722. 8.

f) Differtation fur la digeftion de l'eftomae et touchant
l'humeur acide. à Paris. 1676. 12 und 4.

g) Zodiacus gallicus. Ann. IV. S. 681 ꝛc.

h) Ars medendi univerfa, ex veris fuis fundamentis eru-
ta, edita ab Ern. Frid. *Burchars*. Wifmar. 1747. 4.

i) Difp. de fermentatione in fanguine non exiftente. Jen.
1682. 4.

k) Animadverfiones in Fr. *Sylvii* diff. de primariis corporis funétionibus, demonftrantes fundamenta illius veri-
tati contraria effe. Colon. 1675. 12.

l) Exercitatio de duplici bile veterum. Leid. 1685. 12.

n) Reflexions nouvelles fur l'acide et l'alcali et de l'ufage,
qu'on en fait pour la phyfique et la medecine. à Lyon.
1683. 12.

der kielische Lehrer W. Ulr. Waldschmid [o]), der wittenbergische Lehrer und chursächsische Leibarzt Joh. Gottfr. Berger [p]), der leidnische, nachher edinburgische Lehrer Archib. Pitcairn [q]), der italiänische Arzt Jos. Gallarati [r]), und vornemlich Fr. Hoffmann [t]), vor der ungeschickten und gefährlichen Anwendung chemischer Grundsäze auf lebendige Körper warneten, so herrschten doch noch in den Köpfen der meisten Aerzte die irrige Grundsäze, welche Helmont, Sylvius de le Boë und Tachenius ihren Lesern und Schülern eingeflöst hatten: In den Niederlanden insbesondere fanden sie unter den Aerzten noch immer entschiedenen Beifall; sie vertheidigten die löwensche Lehrer, Leonh. Franz Dinghen [u]) und Franz Zypäus [x]), sie selbst Joh. Swammerdam [y]), der leid-

o) De valore chemiae hodiernae. Kilon. 1729. 4.

p) De acido insonte. Vitemberg. 1716. 4.

q) De opera, quam praestant corpora acida vel alcalica in curatione morborum. in Dissertation. medic. Edinburg. 1713. 4.

r) De alcali et acido dissertatio im Giornale de letterati. 1688.

t) 1. Exercitatio acroamatica de acidi et viscidi insufficientia pro stabiliendis omnium morborum causis et alcali fluidi pro iisdem debellandis insufficientia. Francof. 1689. 8. 2. De salis volatilis genesi, usu et abusu in medicina. Hal. 1696. 4. 3. De fermentis mortificis eorumque e medicina ejectione. Hal. 1697. 4.

u) Fundamenta physico-medica in VI libros divisa. Lovan. 1677. fol.

x) Fundamenta medicinae reformata. Bruxellis. 8. 1683. 1692.

leibnische Lehrer Chr. Marcgrav [y]), der frankeri=
sche Lehrer Tob. Anbred [z]), M. Carcdus [b]), der
brandenburgische Leibarzt Theod. Craanen [c]), (doch
mit einiger Einschränkung) Joh. Brön [d]), Rob. a
Rycf [e]), Joh. Wolferd Singuer [f]), Franz
Piens [g]), Joach. Targier (Targiri) [h]), J.
Verbrugge [i]), Jak. Toll [k]), Theod. Jansson ab
Almeloveen [l]), Wilh. ten Rhyne aus Deven=
ter,

y) Tractatus phyfico - anatomico - medicus de refpiratione
ufuque pulmonum. Leid. 1667 und 1679. 8. 1738. 4.

z) Prodromus medicinae practicae et rationalis fuperftruc-
tus circulari fanguinis motui ac hypothefi Helmontianae
et Sylvianae facile medendi plerisque affectibus ex acido
et alcali methodo. Leid. 1672. 4.

a) Triumviratus inteftinalis cum fuis effervefcentiis. Groning. 1668. 4.

b) De acido praecipue microcosmi. Leid. 1670. 4.

c) De homine tractatus phyfico - medicus. 4. Leid. 1689.
. Neapol. 1722.

d) 1. De duplici bile veterum. Leid. 1685. 12.   2. Opera
medica. Edit. P. v. Pelt. Roterd. 1703. 4. P. II. III.

e) De cruditate acida ventriculi. Ultraj. 1677. 4.

f) Philofophia naturalis. Leid. 4. 1681. 1685.

g) De febribus in genere et fpecie. Nimweg. 1669. 8.
Genev. 1689. 4.

h) Medicina compendiaria. Leid. 1698. 8.

i) Examen van Land en Zeechyrnegie de vornaamfte
Hoofdftukeen, die de Kenntniffe der Chirurgye an-
gaen van allerley Zienten op Oft - en Weft - Indien, Gui-
nea, Groenland. Amfterd. 8. 1696. zum fechstenmal
1714. und von Schlichting beforgt 1748.

k) Sapientia infaniens et promiffa chemiae. Amftelodam.
1689. 8.

l) Inventa novantiqua. Amfterd. 1684. 8.

ter [m]), der leidnische Lehrer Flor. Schuyl [n]), Herm. Nik. Grimm [o]), P. T. [p]), und mit vorzüglichem Eifer Heidentr. Overkamp [q]), Kornel. Decker (Bontekoe), brandenburgischer Leibarzt [r]), Aegid. Dan=

m) Meditationes in Hippocratis textum 24 de vetere medicina cum laciniis de salium figuris. Leid. 1669. 4. 1672. 12.

n) pro veteri medicina contra *Levasseur*. Leid. 1670. 12.

o) Compendium medico-chymicum. 8. Batav. nov. 1679. Aug. Vindel. 1684.

p) Chymia rationalis rationibus philosophicis, observationibus medicis, debitis dosibus illustrata. Leid. 1687. 4.

q) Van de natuur der fermentatien en desselfs effecten in't menschelyke ligham. Amsterd. 1681. 4.

r) 1. Tractaet van het excellenste kruyd Thee. Haag. 1678. 12. (zum drittenmal) 1685. 8. 2. Nieuw gebouw van chirurgie of heelkonst stuckwyze oppetimmert. Haag. 8. Erste Deel. 1680. auch unter dem Namen: Omwerp van t'oud gestel der Medicyne, erste deel; auch unter der Aufschrift: De grondslag en nieuw gebouw der medicyne en chirurgie nieuwelyke ontdekt en hét acidum en het alcali; ins Lateinische übersezt mit der Aufschrift: Fundamenta medicinae. Amsterd. 1688. 8. ins Französische von J. de Vaux unter der Aufschrift: Nouveaux elemens de medecine. Paris. 1698. 12. ins Teutsche von J. P. Albrecht. Frankfurt und Leipzig. 1697. 8. und mit der Aufschrift: Grundsäße der Medicin von H. H. 1691. 8. und von J. Kasp. Rust. Augsburg. 1721. 8. 3. Vervolg van de reden óver de koortsee, dienende tot een vorlooper van een uytvoerlyck verhandeling van de fermentatie en de effervescentie. Kort antword op de vuyle lasteringen en seker breef onder de naam van P. *Bernagie* vorgebragt. Amsterd. 1683. 8. 4. Fragmenta dienende tot en bewys van de bewegingen van het acidum med het alcali, als mede de grondtleg tot de opbouw der medecyn en chirurgy. Haag. 1683. 8.

Daelmans ⁵), und Steph. Blancaard ᵗ): In
England pflichteten ihnen J. Rogers ᵘ), M. Li-
ster ˣ), Thom. Shirley ʸ), J. Jones ᶻ), der
Ritter

s) nieuw hervoormde geneeskonſt gegrond op de gronden
van het acidum en alcali benevens der aanmerkingen
van verſiede ſiektens de op het eyland Ceylon, en de
ſtatt Coëimbo, Batavia en de kuſt van Coromandel ſyn
vorgekommen. Amſterdam. 8. 1689. und zum vierten-
male 1703. ins Teutſche überſezt von J(oh). D(an.)
G(ohlius) S. S. R. P. Berlin. 1715. 8.

t) I. Karteſiaanſche Academie or Inſtituzien der medicynen
behelzende de leere der ongezondheit en her herſtelling.
Amſterdam. 8. 1685. 1691 ins Teutſche überſezt mit der
Aufſchrift: Carteſianiſche Akademie oder Grundlehre der
Arzneykunſt. Leipzig. 8. 1690. 1693. 1699. 1731. 1735.
2. Scheidekunſt oder Chymia nach den Gründen des fürtrefflichen Carteſii, und des Alcali und Acidi eingerichtet.
Wolffenbüttel. 1697. 8.   3. Diatribe de fermentatione,
in Oper. medic. et chirurg. theoretic. et practic. Leid.
1701. 4. B. I. nr. I. 4. Inſtitutiones medicinae. ebendaſ.
nr. 2.

u) Analecta inauguralia ſ. diſputationes medicae: acced.
diatribae diſcuſſivae de quinque humorum corporis humani concretionibus, potiſſimum de pneumatoſi et ſper-
matoſi. London. 1664. 8. nr. 6. et 8.

x) I. Sex exercitationes medicinales de quibusdam morbis
chronicis. Londin. 1694. 8. nr. 5.   2. Hippocratis apho-
riſmi cum commentariolo. Lond. 1703. 12.   3. Diſſert.
de humoribus. 8. Lond. 1709. Amſterd. 1711.

y) Philoſophical eſſay declaring the probable cauſes and
cure of the greater world in order to find out the cauſes and cure of the ſtones in the kidney and bladder of
man. 1672. 8.

z) Novarum diſſertationum de morbis abſtruſioribus tr.
ſ. de febribus intermittentibus, in quo obiter febris con-
tinuae natura explicatur. 8. Lond. 1683. Hag. Com.
1684.

Ritter J. Floyer [a]), Wilh. Cole [b]), Rath. Henshaw [c]), Walth. Harris [d]), Dav. Martin [e]), und selbst Gid. Harvey [f]) in den wichtigsten Puncten bei: Unter den französischen Aerzten waren sie noch beinahe in allgemeiner Achtung; selbst Guich. Joh. Duverney behauptete [g]), daß der Speichel immer, vornemlich bei Erwachsenen, daß der Magensaft der Vögel und widerkäuenden Thiere durchaus sauer seie; auch Mougnot [h]) nahm ein saures Gährungsmittel als die Ursache aller Ficöer an; Pet. Sylvan. Regis, der sich zu Amsterdam niedergelassen hatte,

a) Praeternatural state of animal humours described by their sensible qualities, which depend on different degrees of their fermentation: two appendices 1. about the nature of fevers. 2. concerning the effervescence of the several cacochymies, especially in the gout and asthma. London. 1696. 8.

b) De secretione animali cogitata. Oxon. 1674. 8. Hag. Com. 1681. 12.

c) Aerochalinos or a register for the air. Londin. 1664. 1677. 12.

d) L. de morbis acutis infantum. Lond. 8. 1689. 1705. Genev. 4. 1696. 1698. Amsterd. 8. 1715. 1736. ins Französische übersezt von de Baur. Paris. 8. 1720. 12 1738. 1754. ins Teutsche. Leipz. 1691. 12.

e) 1. Natura acidi et alcali genuinarum sanitatis et morbi causarum. Leid. 1673. 4. 2. De acri, acido et alcali. Londin. 1676. 8.

f) Disease of London or a new discovery of the scurvy. London. 1675. 8.

g) Memoires de l'Academie des sciences à Paris. ann. 1687.

h) de la guérison de la fiévre par le Quinquina. Lyon. 1679. 12.

hatte [k]), Joh. Pascal [l]), Jak. Moreau [m]), J. Boudin und J. Daval [n]), die beide Lehrer zu Montpellier Raym. Vieuffens [o]) und Pet. Chirac [p]), Franz Bayle, Lehrer zu Touloufe [q]), Noel Falconet [r]), Nik. Lemery [s]), Franz André [t]), Minot,

k) Cours entier de philofophie. Amfterd. Vol. I - III. 1691. 4. B. VII.

l) Nouvelle decouverte, et les admirables effets des ferments dans le corps humain. Paris. 1681. 12.

m) Lettre écrite à un medeciu refugié en Suiffe, qui contient un veritable éclairciffement fur la caufe des fievres continues arrivées en grand nombre depuis Juillet 1709 jufques en Novembre, avec la maniere de les traiter, ou l'on fuit partout la nature. Nancy. 1709. 12.

n) Ergo chymiae cognitio medico neceffaria. Paris. 1683.

o) 1. de remotis et proximis mixti principiis. Lugd. 4. 1688. 2. Epiftola de fanguinis humani cum fale fixo, fpiritum acidum fuggerentc, tum volatili in certa proportione fanguinis phlegma, fpiritum fubrufum ac oleum foetidum ingrediente, nec non de bilis ufu. Lipf. 1698. 4. 3. Deux differtations, la prémiere touchant l'extraction du fel acide du fang: la feconde fur la proportion de fes principes fenfibles. Montpellier. 1698. 8. 4. De la nature du levain de l'eftomac. Journal de Trevoux. 1710. Janv. und Journal des favans. 1710. Octobre. 5. Traité des liqueurs du corps humain. Toulouse. 1715. 4.

p) Differt. academica, in qua difquiritur, an incubo ferrum rubiginofum. Monfpel. 1692. 12.

q) 1. De menftruis mulierum. Sympathia partium corporis humani cum utero, uíu lactis ad tabidos, et immediate corporis alimento. Tolof. 1670. 4. Brug. 1678. 12. Hag. 1678. 12. 2. De corpore animato. Tolof. 1700. 4.

r) Syftéme des fievres et des crifes felon la doctrine d'*Hippocrate*, des fébrifuges, des vapeurs, de *la petite* verole, de l'education des enfaus, de l'abus de la bouillie. Paris. 1723. 8.

Minot [u]), Dan. Duncan, der sich einige Zeit im mittägigen Frankreich, nachher in der Schweiz, in den Niederlanden, zulezt in England aufhieit [x]), auch ein Uugenannter [y]) stimmten sowohl diesen, als andern Säzen jener Schulen, bald mit geringerer, bald mit gröserer Abweichung bei: Auch die italiänische Aerzte z. B. Bernhardin Ramazzini von Modena, Lehrer zu Padua [z]), Leonh. de Capoa zu Neapel [a]), der päbst=

s) Traité de l'antimoine. Paris. 1707. 4.

t) Entretiens sur l'alcali et l'acide. Parif. 12. 1672. 1680. ins Italiänische übersezt von Steph. Bacchetti Galleria di Minerva. B. I. 1696. ins Lateinische bei Blegny Zodiac. Med. Gall. B. IV. V.

u) De la nature et des caufes de la fievre, du legitime usage de la faignée et des purgatifs avec des experiences sur le Kinkina et des reflexions sur les effets de ce remede. Paris. 1684. 8. 1691. 12.

x) 1. Hiftoire de l'Animal, ou la connoiffance du corps animé, par la Mechanique et par la Chymie. Montauban. 1666. 8. 2. Explication nouvelle et mechanique des Actions animales. à Paris. 1678. 8. 3. La Chymie naturelle ou l'Explication chymique et mechanique de la nourriture de l'animal. à Montauban. 1682. 8. à Paris. 12. 1681. 1687. 4. Chymiae rationalis fpecimen. Hag. 1707. 8. 5. Chymiae uaturalis fpecimen, quo patet, nullum in chymicis officinis dari proceffum, cui fimilis in animali corpore non fiat. Hag. Com. 1707. 8.

y) Nouvelle pratique de medecine avec un traité fur la chymie moderne. 1685. 8.

z) De conftitutione anni 1690, ac de rurali epidemia, quae Mutinenfis agri colonos adflixit, differtat. Mutin. 1690. 4.

a) Del parere di L. de C. divifati in otto ragionamenti, ne' quali partitamente narrandofi l'origine e'l progreffo della medicina chiaramente, l'incertezza della medefima fi manifefta. Neapol. 1689. 4. Colon. 1714. 8. ins Englische

päbſtliche Leibarzt Joh. Mar. Lanciſi [b]), Hieron. Barbatus zu Padua, einer der erſten, welcher die Aehnlichkeit des Blutwaſſers mit dem Eiweis bemerkte, und zu glüklichen Folgerungen nützte [c]), Pompej. Sacco zu Parma [d]), Octav. Savioli [e]), und Fr. Travagini [f]) zu Venedig, Joh. Bapt. Scaramucci [g]), und der neapolitaniſche Lehrer Luk. Ant. Portius [h]) erklärten ſich daraus noch immer die wichtigſte Erſcheinungen im geſunden und kranken Menſchen: Mehrere teutſche Aerzte z. B. Roſ. Lentilius [i]), der wittenbergiſche Lehrer, Jerem. Loſs [k]), Hieron. Röteln [l]), der liegnizische Arzt, Mart. Kerger,

mit der Auffſchrift: Uncertainties of the art of phyſick. London. 1684. 8. B. II. art. VI. VII.

b) De motu cordis et aneuryſmatibus. Rom. 1728. fol. 1745. 4. Neap. 1738. 4. Leid. 1743. 4.

c) De ſanguine ejusque ſero. Pariſ. (und zugleich) Francof. 1667. 12. Leid. 1736. 8.

d) Medicina theoretico-practica. Parm. 1687 fol.

e) Lucubrationes phyſicae et medicae, in quarum prima principiorum naturalium geneſis, in ſecunda cordis, quae naturaliter exercentur vires, et in ſpecie de vitali fermentatione, nec non de motu cordis diſſeritur. Venet. 1686. 8.

f) Synopſis nova philoſophica et medica, cujus fundamenta et principia ſal acidum et ſalſum, ex quibus oritur omne fermentum. Venet. 1667. 12.

g) De motu cordis mechanicum theorema. Senis Gallicis 1689. 8. auch im Giornale de’letterati. 1689.

h) Opuſcul. var. Neapol. 1701. 12.

i) Epiſt. de hydrophobiae cauſa et cura. Ulm. 1700. 8.

k) Diſſ. de fermento ventriculi. Jen. 1666. 4.

l) unter dem Vorſiz J. J. Waldſchmid’s de fermento ventriculi. Gieſſ. 1664. 4.

ger [m]), die altdorfische Lehrer, Jak. Pankr. Bru-
no [n]) und J. M. Hoffmann [o]), Joh. Hayn [p]),
der kielische Lehrer Joh. Ludw. Hanemann [q]), der
freyßingische Stadtarzt, Franz Osw. Grembs [r]),
Kasp. Heinr. Schrey [s]), die jenaische Lehrer, G. W.
Wedel [t]), und Joh. Habr. Slevogt [u]), der mar-
burgische Lehrer J. J. Waldschmid [x]), die leipzigische Lehrer M. Ettmüller [y]), und A. Q. Rivinus [z]),
der

m) Liber physico - medicus de fermentatione. Wittenberg.
   1663. 4.

n) De fermentatione sanguinis. Altdorff. 1663. 4.

o) Disputationes anatomico - physiologicae ad J. v. *Horne*
   microcosmum. Altd. 1685. 4.

p) Trifolium medicum von aftralischen Krankheiten, von
   tartarischen Krankheiten, vom Urin durch G. *Fabrum*
   nebst einer Vorrede J. *Schroeder*. Frankfurt. 1683.
   8. 1700.

q) bei Thom. Bartholinus acta medica et philosophica
   Hafnienfia ann. 1073. Vol. II. 1675. obf. 105. de fermento ftomachi.

r) Arbor integra et ruinofa hominis. Francof. 1671. 4.

s) Ortus morborum e fermento ventriculi in eorum ultimum ad vitam fanam. Altdorff. 1678. 4.

t) Exercitationum medico-philologicarum facrarum et pro-
   fanarum Cent. Jen. 1702. 4. Dec. IX. 1699. de Hippocrate chemico.

u) Fermentationes microcofmicae. Jen. 1696. 4.

x) 1. Fundamenta medicinae. Marburg. 1682. 8. 2. Inftitutiones medicinae rationalis. Marburg. 1688. 8.

y) 1. Medicina Hippocratico - chymica. Lipf. 4. 1673. 1679.
   1684. Leid. 1671. 12. 2. Medicus theoria et praxi inftructus i. e. Fundamenta medicinae vera. 4. 1685. Lipf.
   Lugd. 3. Difcurfus phyficus de principiis rerum naturalium in Oper. omn. a filio edit. 4. Tentamina uro-
   mantica. ebend. B. I.

der rintelische Lehrer Matth. Tiling ᵃ), der mindi=
sche Arzt Dav. van der Becke ᵇ), der heſſiſche Arzt
Joh. Doläus ᶜ), der schwarzburgische Leibarzt Benj.
Scharff ᵈ), der roſtockiſche Lehrer Sebaſt. Wir=
dig ᵉ), und J. Theod. Krug ᶠ) erklärten ſich mehr
oder weniger beſtimmt für dieſe Meinungen: Auch Ol.
Borrich ᵍ) war ihnen ſehr gewogen.

Vornemlich beſchäftigten ſich die Aerzte mit Berei=
tung von Arzneien durch Hülfe der Chemie; denn ob es
gleich immer noch Aerzte gab, welche gegen den Ge=
brauch ſolcher Mittel eiferten, wie die Beiſpiele des
meſſiniſchen Arztes Mich. Lipari ʰ), des königlich
Spaniſchen Arztes Thom. de Murillo y Balver=
de ᶦ), und der franzöſiſchen Aerzte Cl. Germain,
G.

z) Diſſ. de acido ventriculi fermento. Lipſ. 1677. 4.

a) Diſquiſitio phyſico-medica de fermentatione in gratiam philiatrorum elaborata. Brem. 1674. 12.

b) Experimenta et meditationes circa naturalium rerum
principia. Hamburg. 8. und mit der Ueberſchrift: Amoenitates phyficae. 1703.

c) Encyclopaedia medica theoretico-practica. Francof. 4.
1684. Amſterd. 1688. 8. Venet. 1691. 1695. 4.

d) Erinnerung zur Erkenn= Bewahr= und Heilung der
Peſt. Jena 1681. 12.

e) De medicina ſpirituum. Hamburg. 12. 1673. 1688. ins
Teutſche überſezt von Chph. Helwig dem jüngern.
Leipzig. 1707. 8.

f) De morbis chronicis ex acido vitioſo. Marburg.
1676. 4.

g) Epiſtol. ad *Bartholinum* miſſ. Cent. III. epiſt. 85.

h) Galeniſtarum triumphus neotericorum medicorum in-
ſanias funditus eradicans, ne mortales ex eorum perpetuo ſepeliendis doctrinis immatura imo violenta morte moriantur. Coſenza. 1665.

i) I. Noviſſima verifica et particularis hypochondriacae
me-

G. Dacquet [k]) und P. Barra [l]) zeigen, auch andere [m]) immer noch an den Galenischen Arzneien vest hielten, so hielten doch andere [n]) ihren Gebrauch wenigstens nicht mehr für unerlaubt, und 1666 [o]) nahm auch die Versammlung der Aerzte zu Paris ihr vor hundert Jahren gegebenes Verbot, Spiesglanz und daraus verfertigte Mittel innerlich zu gebrauchen, wieder zurük: Ueberhaupt entschied bei weitem die Mehrheit der Stimmen in allen aufgeklärten Ländern für den Gebrauch solcher chemischen Mittel, deren immer noch mehrere erfunden wurden.

So verband sie der Verfasser der Medicina pharmaceutica [p]), die zu Brüssel herauskam; so J. Vinc. Rics.

---

melancholiae curatio et medela. Lugd. 1672. 12. in spanischer Sprache. Saragossa. 1672. 4. 2. Fabores de Dios hechos a la medicina graecorum contra D. *Augustinum Bustos de Olmedilla*. Madrit. 1670. 4.

k) E. non potuit hactenus ulla praeparatione antimonium emendari. Parif. 1668.

l) Abus de l'antimoine et de la saignée demontré par la doctrine d'*Hippocrate*. Lyon. 1664. 12.

m) z. B. der Apotheker zu Montagnana Ant. des Gobis nuovo ed univerfale teatro farmaceutico. Venez. 1667. fol.

n) z. B. Mich. Boudewyn Ventilabrum medico - theologicum, quo omnes casus tum medicos cum aegros aliosque concernentes ventilantur, et quod SS. PP. conformius, scholasticis probabilius, et in conscientia tutius decernitur. Antwerp. 1666. 4.

o) Journal des favans. 1666.

p) oft droghbereydende Geneeskonfte med Anmerkingen op verscheyde misbruyken. 1681. fol.

Q 4

Riccius q); so Chn. Margraf r) mit den Galeni-
schen; so erhoben jene, oft auf Unkosten von diesen,
unter den Niederländern dieses Zeitalters, Wilh. ten
Rhyne s), J. Verbrugge t), J. Mathon u),
Jak. le Mort x), der middelburgische Arzt Ant. de
Heyde y), sein Landsmann Steph. Blancard z),
Heidentr. Overkamp a), J. v. Halmaal b), J.
Ver-

q) de doctrina Galeno - chymica tam veterum, quam neotericorum circa epilepfiam. Leid. 1672. 4.

r) 1. Materia medica contracta contimens fimplicia et com-
pofita medicamenta officinalia. 4. Leid. 1674. 1716.
Amfterd. 1682.   2. Opera medica duobus libris com-
prehenfa. Amfterd. 1682. 1715. L. II^do.

s) Orat. de chemiae et botanices antiquitate et dignitate.
Batav. nov. 1674.

t) Chyrurgyens nieuw vermeerderde fchepskift. Amfterd.
1700. 8.

u) De medicameutis chymicis. Ultraj. 1677. 6.

x) sowohl in den bereits angeführten Schriften, als in
Pharmacia medico - phyfica rationibus et experimentis
inftructa, nec non obfervationibus medicis illuftrata.
Leid. 8. 1684. 1685. 1688.

y) Nieuw ligt des apothekers anwyzende de onkennis om-
trent de kragt der geneesmiddelen en verbeckterende
groote mislagen int verfchrieven en bereiden der genees-
middel gemeiniglik. Amfterd. 1682. 8.

z) sowohl in einigen feiner bereits angeführten Werke, als
1. Pharmacopoea ad mentem neotericorum adornata in
Oper. medic. et chirurgic. nr. 4.   2. Apothekergewölb.
Leipzig. 1690. 8.   3. Hauftus polychrefti. 8. Lipf. 1690.
1699. Hamburg. 1705.   4. Neues Licht der Apotheker.
Leipzig. 1708.

a) Medicina pharmaceutica oft de oogh berykende geneeskonfte med anmerkingen of verfeheyde misbruyken,
die fo well in de medecyne, als chymie zyn voorval-
lende. Brüffel. 1681. fol.

Verbeerg ᶜ), der die Mängel der Apotheken rügt, und selbst H. Nik. Grimm ᵈ).

In Dännemark fanden sie an Ol. Borrich, und Protten ᵉ) grose Freunde und Beförderer.

In England empfohlen sie J. Rogers ᶠ), Gib. Harvey ᵍ), Georg Thomson ʰ), J. Browne ⁱ), und ein Ungenannter ᵏ); Walth. Harris ˡ) verband sie mehr mit den Galenischen, so wie Nik. Stap⸗ horst;

b) Ontleeding over de Amsterdamze Apothek. Amsterd. 1739.

c) bei Steph. Blancaard Collect. physico-medica. Twee-den Deel. Cent. VI. obf. 96.

d) in dem oben bereits angeführten Compendium medico-chymicum.

e) er lehrt unter andern bei Thom. Bartholin Act. medic. et philofoph. Hafnienf. B. III. 1677. die Berei-tung der fogenannten Materia perlata.

f) a. o. a. O.

g) 1. The family-phyfician and houfe apoticairy. London. 1678. 8. 2. Cafe of a noble man &c. Lond. 1685. 12.

h) 1. A letter fent to *Henry* Stubbes, wherein the Gale-nical method and medicaments, as blood-letting in particular &c. is refuted. London. 1672. 4. 2. Method of curing chymically. London. 1675. 8. 3. Experimen-ta admiranda cum obfervationibus infolitis medico-chy-micis, in quibus materia medica ejusque manufactura philofophica amplius examinatur &c. experimentis ali-quorum medicorum G. T. et aliorum. cur. Rich. *Hoie.* London. 1680. 8.

i) Apothecary's prefidy. London. 1685. 8.

k) The marrow of chymical phyfick or the practice of making chymical medicines. Lond. 1669. 8.

l) On chymical and Galenical remedies. London. 1683. 4. 1684. 8.

Q 5

phorst[m]); Rob. Godfrey[n]) und Ehrph. Merret[o]) beschäftigte sich mehr mit der Rüge der Fehler,
die bei beiderlei Mitteln in den Apotheken vorgehen.

Auch in Portugall und Spanien fiengen die chemische Mittel nun an in Gesellschaft der Galenischen einigen Eingang zu finden; so führt sie der Leibarzt Königs Johann V, J. Curvo Semmedo[p]) neben den
Galenischen auf, und der spanische Arzt Joh. de Cabrerda[q]) nahm sie gegen Angriffe in Schuz.

Aber mehr Freunde fanden die chemische Arzneien
nun in Frankreich; Ludw. du Buisson[r]), Jak.
Chaillou[s]), Jak. Massard[t]), Pet. Guisson[u]),
der

m) Frauds and abuses committed by Apothecaries. Lond.
   1667. 8. 1670. 4.

n) Various injuries and abuses in chymical and galenical
   physick committed both by the physicians and apothi-
   cairies detected by R. G. London. 8. 1673. 1674.

o) Officina chymica Londinensis s. exacta notitia medicamentorum spagiricorum, quae apud aulam societatis
   pharmaceuticae Londinensis praeparantur et venalia
   prostant. Hamburg. 1686. 12.

p) Polyanthae medicinal notitias Galenicas y chymicas
   repartidas en tres trattados. Lisbon. fol. 1695. 1697.
   1704. 1716. 1727.

q) Veridad triumfante, respuesta apologetica e scripta por
   Filintio in defensa de la carta filosofica medico-chymica del D. Juan de Cabrerda. Manifestar lo irracional
   de la medicina dogmatica, y racional del Arcanista.
   Mascarada. 1687. 8.

r) Hercules chymicus morborum debellator, seu aurum
   philosophicum potabile. Francof. 1661. 4.

s) Recherches sur l'origine et le mouvement du sang, du
   coeur et de ses vaisseaux, du lait, des fievres intermit-
   tentes et des humeurs. Paris. 1664. 8. 1675. und
   1699. 12.

der berühmte Apotheker Mof. Charas ˣ), J. Pas
cal ʸ), R. Lemery ᶻ), Nik. de Blegny ᵃ), Abr.
Helvetius ᵇ), der königliche Leibarzt, Nik. de S.
An:

t) 1. Prononcé ou difcours fur les effets d'un remede ex-
    perimenté et commode pour la guérifon de la plûpart
    des maladies longues, et même de celles, qui paffent
    pour incurables, avec un traité d'*Hippocrate* de la caufe
    des maladies, et de l'ancienne methode, traduit par
    l'auteur. Grenoble. 1679. 12. 2. Divers traités des pa-
    nacées ou remedes univerfels et fur les abus de la me-
    decine ordinaire, avec une traduction d'*Hippocrate* fur
    l'ancienne medecine et des avis de van *Helmont* fur la
    compofition des medicamens. Amfterdam. 1686. 8.
    3. Suite du traité des panacées. Amfterd. 1687. 12.

u) De tribus praecipuis chemicis et una, medendi metho-
    do. Francof. 1666. 4.

x) Pharmacopée royale, galénique et chymique. à Paris.
    1672. 1676. und 1681. 8. 1676. 1682. und 1692. 4.
    Lyon. 1693. und 1753. 4. ins Lateinische überfezt. Genf
    1684. 4.

y) Difcours conténant la conference de la pharmacie chy-
    mique avec Galenique. Paris.

z) Pharmacopée univerfelle conténant toutes les compofi-
    tions de pharmacie, qui font en ufage en medecine avec
    un lexicon pharmaceutique. à Paris. 1698. 1748. 1754.
    1759 und 1764. 4. à la Haye. 1729. 8. 1763 und 1764.
    4. à Amfterdam. 1716. 1729. 8. 1740. 4. ins Italiäni-
    fche überfezt Venezia. 1720. fol.

a) L'art de guérir les hernies. Paris. 12. 1676. 1693.

b) 1. Traité des maladies les plus frequentes et des re-
    medes fpécifiques pour les guérir avec la methode pour
    s'en fervir. 12. Paris. 1704. 1724. 1727. Liége. 1711.
    ins Italiänische überfezt. Venez. 1743. 4. 2. Memoire
    inftructif fur l'ufage des différents remedes fpecifiques
    pour les armées du Roi et les maladies de la campagne.
    Paris. 1705. 12.

Andre ᶜ), Mir. Chesneau ᵈ), de Meuve ᵉ), und F. Verny ᶠ), empfohlen sie entweder vorzüglich, wohl gar ausschließlich, oder nahmen sie doch mit den andern auf; in diesem Zeitalter erfand auch der Apotheker zu Rochelle, P. Seignette, nebst seinem Bruder, das noch nach ihm genannte Polychrestsalz, dessen Verschluß ihm und seinen Kindern, weil sie seine Bereitungsart geheim hielten, grosen Reichthum eingebracht hat ᵍ).

Auch bei den italiänischen Aerzten fanden die chemische Mittel immer mehr Eingang; Karl Ant. Paggi aus Genua ʰ), Georg Aras ⁱ), Balth. Andr.

Fer-

c) Reflexions fur la nature des remedes. 12. Rheims. 1700. Rouen. 1701.

d) Pharmacie théorique. Paris. 4. 1670. 1682.

e) Dictionaire pharmaceutique. à Paris. 1677. 8. 1689. 4.

f) Pharmacopée de *Bauderon* augmentée de remarques particulieres fur la theriaque avec la reponfe à M. *Zwelffer* fur la confection d'Alkermes. Lyon. 1681. 4. Francof. 1693. 8.

g) 1. Les principales utilités et l'ufage le plus familier du veritable fel polychrefte de M. M. *Seignette*. Rochelle. 4. 2. La nature, les effets et l'ufage du fel alcali nitreux de M. Seignette. 4. 3. Le faux fel polychrefte, les utilités de la poudre polychrefte du dit, et apologie de fon fel polychrefte par un Medecin. la Rochelle. 1675. 8. 4. *Arcere* hiftoire de la Rochelle. B. II. S. 424.

h) Enchiridion medico-aftro-chymicum univerfale medicinae theoriam complectens ac praxin poft anatomiam reftitutam. Lisboa. 1664. 4.

i) Enchiridion hermetico-medicum, in quo virtutes, dofes atque appropriationes omnium fere medicamentorum fpagiricorum compendiofe defcribuntur. Acc. Idea f. Synopfis vivae et experimentalis illius philofophiae, quantum ad dicta medicamenta, tum ad alios ufus, accurante **Fr. *Travagino.*** Venet. 1666. 12.

Ferrioli[1]), Paul. (Sylv.) Boccone aus Sici-
lien [m]), Pet. Rofa [n]), Franz Mar. Nigrifoli zu
Ferrara[o]), Leonh. a Capua[P]), Pompej. Sacchi[q]),
J. Mar. Giareschi [r]), Melch. Plaja [s]), Fel.
Paffera [t]), Karl Jof. Gerenzani [u]), Nik. Ger-
vafi [x]), Dan. Angeli [y]), und Joh. Hisk. Cardi-
lucci,

1) Armamentarium phyfico antipeftilentiale. Francofurt.
1666. 8. auch ebendafelbft, in gleichem Format und Jahr
ins Teutfche überfezt.

m) 1. Offervazioni naturali, ove fi contengono materie
medico - fifiche e di botanica. Bologna. 1684. 12. 2. Mufeo di fifica e di efperienze medicinali, ragionamenti fe-
condo li principi di moderni. Venez. 1697. 4.

n) Stibium propugnatum, charta apologetica. Palermo.
1679. 12.

o) Pharmacopoeae Ferrarienfis prodromus f. determinatio-
nes et animadverfiones circa plurium medicamentorum
compofitionem. Ferrar. 1723.

p) Ragionamenti intorno alla incertezza di medicamenti.
Napol. 4. 1695. 1698. Cologna. 8. 1714.

q) 1. Iris febrilis foedus inter antiquorum et recentiorum
opiniones de febribus promittens. 8. Genev. 1683. Venet. 1702. 2. Novum fyftema medicinae ex unitate
doctrinae recentiorum et antiquorum. Parma. 1693. 4.
3. Medicina theorico - practica ad faniorem feculi. mentem. Parma. fol. 1687. 1696.

r) Giornale de' letterati. 1687.

s) Tyrocinii pharmaceutici examen in tres libros diftinc-
tum. Panorm. 1682. 12.

t) Nuovo teforo degli arcani farmacologici Galenici e
Chemici. Venez. 1688. fol.

u) 1. L'armeria d'Efculapio munita d'arcani di falute.
Milano. 1694. 12. 2. Scuola regia farmaceutica a fpe-
ciali e particolari. Milano. 1706. 8.

x) 1. Norma tironum pharmacopolarum Galeno - fpagirica.
Neapol. 1673. 4. 2. Antidotarium panormitanum Phar-

maco-

lucci ᶻ), der meist in Teutschland, und vornemlich zu Nürnberg lebte, verbreiteten den Ruf dieser Arzneien in ihren Schriften.

Auch

maco‑chymicum. Panorm. 4. 1670. a filio auctoris cognomine correctum et locupletatum. 1700.

y) 1. De compofitione medicamentorum. Dantifc. 1667. 8.
2. Catalogus medicamentorum fpagyricorum, pharmacopoea fpagirica M. D. D. Comit. *Odoardi de Pepulis*, in quo de eorum virtute ufu et dofi agitur, cui adjuncta eft appendix de compofitione medicamentorum generis cujuscunque ad morbos diverfos Francof. 1667. 8.

z) 1. Neu aufgerichtete Stadt: und Landapotheke vier Theile, nebft einem Anhang von den vier Materien der vier elementifchen Geifter Barth. Carrichier's 8. Franckfurt. 1670. Nürnberg. 1678. 1680. 2. Neuer Anhang darzu. 8. Frankfurt. 1685. Nürnberg. 1694. 3. Magnolia medico‑chymica, oder die höchfte Arzney: und Feuerkünftige Geheimnüffe, wie nemlich mit dem circulato majori et minori, oder mit dem Univerfal aceto mercuriali und Spiritu vini tartarifato die herrlichften Arzneyen zum langen Leben und Heilung der unheilfamen Krankheiten zu machen, zwar aus Paracelfi Handfchrifft fchon im vorigen Seculo außgangen, aber fo corrupt, daß es faft niemand verftehen können, itzo aber aufs neue verhochdeutfchet, und von Saß zu Saß erläutert, nebft beygefügtem Haupt: Schlüffel aller Hermetifchen Schriften, nemlich dem unvergleichlichen Tractat genannt: Offenftehender Eingang zu dem vormals verfchloffenen Königlichen Pallaft. Nürnberg. 1676. 8. 4. Magnalia medicochymica continuata, oder Fortfeßung der hohen Arzney: und Feuerkünftigen Geheimnüffen rc. Nürnberg. 1680. 8. 5. Compendium medicinae hippocraticum, oder kurzer hippofratifcher Begriff von der Arzney. Nürnberg. 8. 1673. 1676. 6. Officina fanitatis f. praxis chymiatrica a J. *Hartmanno* confcripta, a J. *Michaelis* publici juris, facta, nunc locupletata: adnexus Zodiacus medicus cum libello de concordia rerum medicarum cum Zodiaco coelefti. Norimb. 1677. 4. 7. Königlicher Chymifcher und Arzneyifcher Pallaft, worinnen über das Weltberühmte

Auch die genfische Aerzte und Apotheker, z. B.
Hof. Bacuet ᵃ), Jak. Guich. de Bergeries ᵇ),
und J. Jak. Manget ᶜ), der sonst nach seinen übri=
gen Verdiensten um die Chemie dem nächstfolgenden
Zeitalter angehört, der schweizerische Arzt Jak. Con=
stant de Rebeque ᵈ), der Zürichische Lehrer, J.
Muralt ᵉ), und vornemlich der baselische Lehrer
Eman. König ᶠ), waren ihnen sehr gewogen.

Unter

rühmte Buch: genannt Basilica Chymica eine durch alle
Kapitel des gantzen Wercks vollständige Vermehr=
und Erläuterung gestellet, und diejenige hohe Secreta, als
Laudanum Mercuriale, und andere, welche bisher in
allen Exemplarien gedachter Basilicae Crolliano - Hartman-
nianae ausgelassen worden, aus des Autoris Manuscript
treulich ersetzet werden, nebst offenhertziger Communication vieler Spagyrischen und Artzneyischer Secreten, aus
dem Lateinischen ins Teutsche übersetzet. Nürnberg.
1684. 8.

a) L'apoticaire charitable. Genev. 1670. 8.

b) L'apoticaire, le chirurgien, le medecin charitable avec
une harangue de la goutte à Messieurs ses Hôtes. Genev.
1673. 8.

c) Messis medico - spagyrica. fol. Colon. 1683. Genev.
1687.

d) 1. L'apoticaire charitable. Genev. 1673. 8.   2. Atrium
medicinae Helvetiorum. Genev. 1691. 12.

e) Hippocrates Helveticus oder Eydgenößischer Stadt=
Land= und Hausarzt. Basel. 1690. 4. 1716. 8.

f) 1. Regnum animale. Basil. 4. 1682. auctius 1698.
2. Regnum minerale generale et speciale. Basil. 4. 1680.
(1686.) P. II. 1688. utraque 1703. 3. Regnum vege-
tabile quadripartitum.   4. Κερας αμαλθειας seu Thesaurus remediorum e triplici regno vegetabili animali,
minerali. Basil. 1693. 4. (vornemlich 5. St.) 5. Gül=
dener Artzneyschatz neuer niemals entdeckter Medicamen=
ten wider allerhand Leibeskranckheiten. Basel. 8. 1703.
1723.

Unter den Polen pries dieſe Mittel der Ritter Joh. (Janus) Abraham a Gehema ᵍ), fand aber noch heftigen Widerſpruch ʰ).

Am meiſten aber beſchäftigten ſich in dieſem Zeitalter mit dieſer Anwendung auf ihre Kunſt die teutſche Aerzte, vornemlich die Lehrer auf den hohen Schulen; ſo kamen von M. Ettmüller, deſſen Hauptaugenmerk auch bei mehreren ſeiner übrigen bereits angeführten chemiſchen Schriften auf Bereitung von Arzneien gerichtet war; Opera pharmaceutico-chymica ⁱ), und noch ein Commentarius in *Schroederum et*

Mo-

g) 1. Wohl eingerichtete Feldapotheke. Bremen. 1688. 12. 2. Officierer Feldapotheke. Bremen. 1688. 8   3. Reformirter Apotheker. 12. Bremen. 1688. 1689. Leipzig. 1714. 4. Wie die Apothek zu reformiren und nach rationali medendi methodo einzurichten. Hag. 1690. 8.   5. Abgenöthigte Antwort oder der erſte Stein aus Gehema Schleuder geworfen wider M. F. Geuder. Frankfurt 1689. 8. 6. Vertheidigter reformirter Apotheker wider Minor. Schadgehemium. Freyſtatt. 1690. 8.   7 Apologie oder Vertheidigung wider ſeine Läſterer, inſonderheit Minor. Schadgehemium Franckfurt. 1691. 8. 8. Ob es rathſam ſey, in hitzigen Fiebern ſpirituoſe volatile Medicamente zu gebrauchen, und ob dadurch die Hitze bey den Patienten könne vermehrt werden. Ulm. 1705. 4.

h) Ninorigi *Schadgehemii* 1. aufrichtig eröfnete Gedanken über den reformirten Apotheker Abrahm. v. Gehema. Freyſtatt. 1690. 8. 2. Antwort auf Gehema injurioſes ſcriptum des übel vertauſchten reformirten Apothekers. Freyſtatt. 1690. 8.

i) ejus ſcilicet I. *Schroederus* dilucidatus, ſeu Commentarius in Jo. *Schroederi* Pharmacopœam Medico-Chymicam. II. Commentarius in Dan. *Ludovici* diſſertationem, de pharmacia moderno ſeculo applicanda. III. Pyrotechnia rationalis ſeu Collegium Chymicum Experimentale. Quibus pro Appendice annexae ſunt

Ejus-

Morellum [k]), von M. Tiling ein Prodromus praxeos chymiatricae [l]), von G. W. Wedel Pharmacia in artis formam redactu [m]), eine Schrift de medicamentorum compofitione [n]), de medicamentorum compofitione extemporanea [o]), Tabulae fynopticae [p]), und Pharmacia acroamatica [q]), von dem rintelifchen Lehrer J. Konr. Johrenius Hartmann's Praxis chymiatrica [r]), auch von J. M. Hoffmann eine Διατυπωσις praxeos chymiatricae *Hartmanni* [s]), von Günth. Chrph. Schelhammer eine Schrift de pharmacia,

Ejusdem Differtationes Selectae Academicae multum hactenus expetitáe. Cum praefationibus et Indicibus rerum et verborum copiofiffimis. Lugd. 1686. 4 Schroederus dilucidatus und Commentarii in *Ludovici* pharmaciam &c. ftehen auch in der Francifchen oben fchon erwähnten Ausgabe feiner Werfe nr. 5. und 7.

k) inque eorum methodum praefcribendi formulas et praeparationem medicamentorum compofitorum, in der Francifchen Ausgabe feiner Werfe nr. 6.

l) L. fingularis, in quo variorum myfteriorum chymicorum et medicamentorum folertiffimorum ac praeftantiffimorum conficiendorum recta ratio traditur. Rintel. 1674. 8.

m) Experimentis, Obfervationibus et Difcurfu perpetuo illuftrata. Jen. 4. 1677. 1693. die zuvor in 8 einzelnen Streitfchriften erfchienen war.

n) Jen. 1678. 4.

o) ad ufum hodiernum accommodata. Jen. 4. 1678. 1683. 1691.

p) de compofitione medicamentorum extemporanea. Jen. 1677. (1678.) fol.

q) Jen. 1686. 4.

r) 8. Roftoch (Rintel.) 1676. Hal. 1678.

s) Lipf. 1725. fol.

macia ^t), der gießenſche Lehrer M. B. Valentini
eine Medicina novantiqua ^u), von welcher die Berei=
tung der Arzneien einen eigenen Abſchnitt ausmacht,
und von Fr. Hoffmann mehrere hieher gehörige ſchon
angeführte Schriften heraus.

So gab der ungariſche Arzt J. Spänholz un=
ter dem geborgten Namen Friedr. Müller von Lö=
wenſtein ein Lexicon Galenico - chymico - pharma-
ceuticum ^x), und eine umbram redivivi *Zwelferi* ^y),
Balth. Kaufman ſeine arcula medicinalis chymica
aperta ^z), Karl v. Gogler ſeine Haus = und Feldapo=
thek ^a), der memmingiſche Arzt J. Gufer ſeine kleine
Hausapothek ^b), Chn. Winckelmann ſeine Medicamenta officinalia praecipua ^c), Dan. Ludovici
ſeine trefliche Diſſert. III. de pharmacia moderno ſeculo
appli-

t) in via regia ad artem medendi. Kilon. 1709. 4.
Stad. VII.

u) Francof. 1698. 4.

x) oder gründliche Erklärung 18000 mediciniſcher Namen.
Frankf. 1661. fol.

y) ſ. reſponſionem ad apologiam R. *Smutzii* contra *Zwel-
ferum.* Francof. 1671. 8.

z) d. i. ein ſonderbares Käſtlein etlicher nach ſpagyriſcher
Kunſt ausgearbeiteten Medicamenten. Frankfurt an der
Oder. 1666. 8.

a) Frankfurt. fol. 1667. 8. 1674. 1678. 1686.

b) 12. ſowohl unter dieſer einfachern Auffſchrift. Augsburg
1668. als mit Lebenwald's verdeutſcher ſalernitani=
ſcher Schule. Kempten. 1727. und Wien. 1752. mit der
Auffſchrift: Medicina domeſtica. Augsburg. 1668. 1689.
und mit der Ueberſchrift: Tabulae medicae ſ. medicina
domeſtica d. i. kleine Hausapotheke. Augsburg. 1670.
1689. Leipzig. 1752.

c) Witteberg. 1670. fol.

applicanda [d]), Sam. Teucher eine cenfura medicamentorum officinalium [e]), der jenaische Lehrer Rud.
Wilh. Craufe eine Schrift de regulis antimonii eorumque praeparatione et usu [f]), Pankr. Wolff eine
Defensio auri fulminantis [g]), Phil. Jak. Schönfeld
zu Jngolstadt eine synopsis medica super phaimaco-
poeam augustanam [h]), J. Jak. Agricola seinen Pharmacopoeus oder Hausapotheker [i]), der helmstädtische
Lehrer Friedr. Schrader eine Schrift de medicamentorum Galenicorum pariter ac chemicorum neces-
fitate [k]), Sim. Aloys. Tudecius seinen medicus
pharmaceuticus [l]), der ulmische Arzt Veit Riedlin,
der Sohn, seine medulla pharmacopoeae Augufta-
nae [m]), Gottfr. David seinen Discurfus medico-
chy-

d) Goth. 1671. 12. Ed. II. cum augmento et indice locu-
   pletissimo. 1685. 8. Amsterd. (Hamburg.) 1688. 8.
   Hamburg. 1728. 8. Hafn. 1693. 8. auch in seinen Oper.
   omnib. welche zu Frankfurt. 1712. 4. herausgekommen
   sind; Jns Französische übersezt, mit der Aufschrift:
   Traité du bon choix des medicamens, commenté par
   Ettmüller. Lyon. B. I. II. 1710. 12. ins Teutsche von
   J. Heimreich. 1714.

e) Lipf. 1701. 4.

f) Jen. 1703. 4.

g) purgantis in febribus acutis propter orgasmum tempe-
   stivi tutissimi. Hal. 1707. 4.

h) pro praecipuis corporis humani adfectibus alphabetico
   ordine. acc. *Hippocratis* jusjurandum. Ingolstad.
   1677. 8.

i) Nördlingen. 1676. 4.

k) Helmstad. 1691. 4.

l) Nürnberg. 8. 1695. append. 1699.

m) Ulm. 8. 1707. 1711.

chymicus de medicina magnatum[n]), J. Helfr. Jüng-
fen fein Lexicon chymico-pharmaceuticum[o]), fein
Corpus pharmaceutico-chymico-medicum[p]), fein
Manuale pharmaceuticum[q]), feine compendieufe Reis-
Feld- und Hausapothek[r]), und feine Befchreibung
der von dem Oberften Monk bekannt gemachten panacea und tinctura aurea[s]), Hieron. Stlapritz feine
kleine Reis- und Hausapothek[t]), Chftph. Thiemen
fein Haus- Feld- Arzney- Koch- und Wunderbuch[u]),
Dan. Menon Matthiä mit feinen Experimentorum
medico-chymicorum Decad. III. in annum 1679.
1680. 1681. eine diff. de reformandis pharmacopoliis, et J. *Woynae* de pharmacopoea Cracovienfi[x]),
der zeizifche Arzt Joh. Schreyer fein neu Licht der
Apotheker[y]), Pet. de Spina fein manuale f. lexicon

n) Brem. 1681. 8.

o) Francof. 8. 1693. (1694.) 1698. Norimb. 8. 1699.
1709. 1716. 1732. fol. 1738.

p) univerfale f. concordantia pharmaceuticorum compofitorum. Francof. Vol. I. II. 1697. 4. edent. Dav. de
Spina. 1711. 1732. 1738. fol.

q) Francof. 1698. 8.

r) Franckfurt. 1716.

s) Frankfurt. 1698. 4.

t) darinnen zu finden viele herrliche und elaborirte Effen-
tien, mit welchen in kleiner Dofi mit wenigen Tropfen
viele gefährliche Krankheiten ganz ficher von männiglich
felbft können curirt werden — — herrliche Curation und
Praefervation wider die Peftfeuche. Altona. 1682. 8.

u) Nürnberg. 1682.

x) Francof. 1683. 12.

y) mit Sylvii, Willis, Blankaarti und anderer
Anmerkungen, Ant. de Heyde Anhang von den Irr-
thümern, fo in Bereitung der Medicamenten vorzugehen
pflegen. Leipzig. 1693. 8.

con pharmaceutico - chymicum ²), Tob. Schuße sei=
nen chirurgischen Handleiter ᵃ), Gottfr. Hennicke
feinen tractatus medicus de panaceis ᵇ), Phil. Grü=
ling fein Florilegium Hippocratico - Galenico - chymicum ᶜ), Schmuz feine vera et rationalis veteris Au-
gustani difpensatorii restitutio ᵈ), Luk. Schröck feine
Pharmacopoea Augustana restituta ᵉ), feine Defensio
pharmacopoeae Augustanae ᶠ), und feine [Pharmaco=
poea Augustana renovata et aucta ᵍ), Kasp. Theoph.
Bierling feine Centuria prima Adverfariorum cu-
riofo-

z) Francof. 8. 1700. 1702.

a) 8. Franckf. und Leipz. 1687. von J. D. Gohl. Ber=
lin. 1714.

b) Francof. 1689. 8.

c) in quo medicamentorum e vegetabilibus conficiendorum ratio, virtus, ufus et dofis docetur. Lipf. 4. 1665.
1680. fo finde ich fie bei Hallern (Biblioth. botan.
Th. I. S. 562.) aufgeführt: Macht es wohl einen Theil
des bei Roth = Scholz Bibliothec. Chemic. St. III.
S. 166. angeführten Florilegii Hippocrateo - Galeno-
Chymici novi et quasi Prodromi, Medicinae practicae
proxime infequentis Edit. quarta, in qua praefcribitur
plurimorum medicamentorum tum Chymicorum e Metallis, Mineralibus et Vegetabilibus, praefertim novorum rariorum et fecretorum, tum Hippocratico - Galenicorum conficiendorum certa ratio. Lipf. 1680. 4. aus?

d) contra J. *Zwelfer.* 1672. 8. et *Schmuzianae* Pars altera. 1672. 8.

e) f. Examen animadverfionum in difpenfatorium Augufta-
num et Mantiffae J. *Zwelferi.* Auguft. Vindel. 1673. 4.

f) adverfus Frid. *Hofman* patrem, *Philonem Nafturtium*
et *Schmuzium.* Auguft. Vindel. 1675. 4.

g) Auguft. Vindel. fol. 1684. 1695. et cum animadverf.
G. H. *Welfchii.* 1710.

rioſorum [h]), und Georg Masbach Collectanea practica
et pharmaceutica [i]): Auch ein Unbekannter (F. G.)
ein Laboratorium medico-chymicum [k]), ein anderer
(J. H. D. M.) ein Portatile medicum [l]), und noch ei=
ner (G. O. F.) den approbirten Land= und Feldapo=
theker [m]) heraus.

Joh. Korn. Art vertheidigte insbeſondere die Mit=
tel aus dem Spiesglanze [n]); der gieſenſche Lehrer, M.
B. Valentini, rühmte vorzüglich die Bittererde, wel=
che zu ſeiner Zeit als ein neues Mittel angeprieſen wur=
de [o]); der kieliſche Lehrer F. B. Francke beurtheilte in
ſeiner Antrittsrede [p]) viele Arzneien nach richtigen chemi=
ſchen

h) cum annexis ſcholiis et appendice variorum tam chymicorum, quam aliorum medicamentorum. Jen. 1679. 4.

i) in G. Hier. Welſch Chiliadibus exoticarum curationum et obſervationum medicinalium, welche mit Con-
   ſilior. medicinal. Cent. IV, Auguſt, Vindel. 4. 1675.
   1698. herausgekommen ſind.

k) ins Teutſche überſezt. Nürnberg, 1677. 8.

l) ſ. regularum Pharmaceuticarum atque chymicarum in
   uſum ſtudioſorum medicinae et pharmacopoeae collectio,
   acc. *Michaëlis* modus pharmacopolia viſitandi. 1680. 12.

m) d. i. allerhand innerlich und äuſerliche Krankheiten zu
   erkennen und zu curiren, galenice oder hermetice und
   magice, nebſt einem Anhang zu welcher Zeit die Wund=
   kräuter ſollen eingeſammlet werden. Frankf. 1690. 12.

n) De arboribus coniferis et pice conficienda. Acc. epiſtola de antimonio. Jen. 1679. 12.

o) Relatio de magneſia alba, novo genuino et polychreſto
   et innoxio pharmaco purgante Roma nuper advento ad
   G. G. *Lobniz* Gieſſ. 1705. 8.

p) De ſumma theoriae medicae ad morborum curationem
   recte inſtituendam neceſſitate. Kilon. 1694. 8.

schen Grundsätzen; Abr. Falk schärfte den Aerzten
die Würde der Apothekerkunst ein q).

Wirklich sollte man glauben, daß die Obrigkeiten
von der Wichtigkeit dieser Kunst überzeugt waren, wenn
man aus der Menge der in diesem Zeitalter ausgegebenen Apothekerbücher, welche Städten oder ganzen Ländern zur Richtschnur dienen sollten, und anderer öffentlich darüber ergangenen Verordnungen urtheilen darf:
So kam 1661 eine Pharmacopoea Antwerpienfis r),
1662 eine Pharmacopoea Londinenfis s), 1664 eine
Pharmacopoea Ultrajectina t), 1678 wieder eine Pharmacopoea Collegii medici Londinenfis u), 1668 eine
Pharmacopoea Amstelodamenfis x), 1674 ein Antidotarium Bononienfe y), 1680 eine Pharmacopoea
Collegii medici Bergamenfis z), 1684 zu Genf eine
Pharmacopoea regia Galenica et chymica a), 1686
eine Pharmacopoea Catalana b), eine Pharmacopoea
                                                    Hol-

q) De artis pharmaceuticae dignitate et praestantia hujusdem progeneratione, nec non de requifito et decoro cor-
   dati et periti pharmacopoei. Halberft. 1661. 4.

r) Galenico-chymica 4. schon wieder aufgelegt. 1665.

s) London. 12. und wieder 1668.

t) Ultraj 12.

u) Lond. 16. und wieder 1680. 8. 1682. 4. in englischer
   Sprache: New London difpenfatory. 1678. 1679. 1680.
   1708. 1719. 8.

x) Amfterd. 8. und wieder 1682. 12.

y) 4.

z) 4.

a) 8.

b) Barcinon. 1686.

R 4

Holmienfis ᶜ), und die Officina chymica von Nil. Stephani ᵈ), 1687 die Pharmacopoea Leovardien-fis ᵉ), 1688 eine Pharmacopoea ad mentem neote-ricorum adornata ᶠ) heraus.

Auch erschienen in diesem Zeitraume mehrere Apo-thekertaxen, die in gewissen Städten und Ländern öffent-liches Ansehen hatten: So gab 1664 die Stadt Ulm eine Apothekertaxe aller Arzneien ᵍ), 1665 die Städte Quedlinburg ʰ) und Bremen ⁱ), 1666 die Stadt Nürnberg ᵏ), 1669 der Rath zu Leipzig ˡ), die Stadt Frankfurt am Main ᵐ), und die Grafschaft Henne-berg Naumburgischen Antheils ⁿ), 1670 die Landgraf-schaft

c) Holm. 4.

d) Hamburg. 12.

e) Leoward. 8.

f) 8.

g) Ulm. 4.

h) Officina pharmaceutica Quedlinburgica, Verzeichniß aller Materialien, so in den Apotheken zu Quedlinburg zu bekommen. Quedlinburg. 4. und abermal 1701.

i) erneuerte Apothekenordnung samt beygefügter Specifica-tion der Medicamenten und deren Praeparation. Bre-men. 4.

k) Rtipublicae Noribergensis valor f. taxatio medicamen-torum simplicium et compofitorum. Noriberg. fol. und wieder 1669. 12. mit der Aufschrift: Anderweitig ver-mehrte Gesetz und Ordnung des Raths zu Nürnberg dem Collegio medico, Apothekern und andern Angehörigen.

l) für die Apotheker aufgerichtete Ordnung und Taxa. Leipzig. 4. und wieder 1685. 1694.

m) Reformation oder erneuerte Ordnung die Pflege der Gesundheit betreffend. nebst der Taxa. Frankfurt. 4. auch 1680 kam eine frankfurter Apothekertaxe. 4. heraus.

n) Erneuerte Apothekerordnung und Taxe. Schleusingen. 4.

schaft Hessen [o]), 1672 die Stadt Koppenhagen [p]), 1675 die Stadt Strasburg [q]), 1681 die Stadt Eisenach [r]), 1685 der Rath zu Riga [s]): Es erschienen Vorschläge, wie bei Besuchung und Prüfung der Apotheken verfahren werden sollte [t]), auch mehrere Verzeichnisse von vorhandenen Arzneien, welche sowohl Eigenthümer [u]) als Vorsteher öffentlicher Apotheken [x]) herausgaben.

Der

o) Ordnung, wornach in hessischen Ländern Medici, Apotheker, Wundärzte und Hebammen sich verhalten sollen. Giessen. fol.

p) Hafn. 4. Catalogus et valor medicamentorum simplicium et compositorum in officinis Hafniensibus prostantium; auch Apothecker-Taxa aller derer Medicamenten und Waaren, welche man bey den vier Privilegirten Apothekern zu Kauff findet, und Förordning for medicus og apotheger.

q) Ordnung des Collegii medici und der Apotheker. Strasburg. fol. und wieder mit der Ueberschrift: Strasburger Apotheker Taxa. 4. 1685. 1722. 1759.

r) der Stadt Eysenach Apotheker Taxbuch. 4.

s) Erneuerte Apothekerordnung und Tax. Riga. 4.

t) z. B. Ordo visitandi officinas et clavis ad polychresta. Norib. 1688. 4.

u) z. B. C. E. Oellinger designatio alphabetica medicamentorum in sua officina pharmaceutica Oellingeriana prostantium. Norimb. 1663. 12. J. J. Waldschmidt Catalogus medicamentorum simplicium pharmacopoliorum Francofurtensium. bei Eman. König κερας ἀμαλθειας.

x) z. B. Chph. Fahrinholz officina pharmaceutica brandenburgica, s. catalogus medicamentorum, quibus officina aulica anno 1669 instructa fuit. Berol. 1669. 4. Friedr. Zobel Tartarologia spagyrica seu medicamentorum ex laboratorio Gottorpiensi paratorum descriptiones. 1676. 12. Chrn. Schmidt Catalogus aller chymischen

Der gröfern Aufklärung, welche die Fortſchritte
der Scheidekunſt in die Bereitung der Arzneien brach=
ten, und der Aufmerkſamkeit, welche die Obrigkeiten
darauf verwandten, ungeachtet, nahm doch die Ge=
wohnheit, geheime Arzneien bald durch angebliche
Wundercuren, die ſie verrichtet haben ſollten, bald
aus andern auf die ſchwache Seite des grofen Haufens
mehr oder weniger wirkenden mehr oder minder ſchein=
baren Gründen zu empfehlen, ſehr überhand, ob gleich
Einige dieſer Geheimniſſe ſchon in dieſem Zeitraum
enthüllt und bekannt wurden ʸ): Nicht nur Ungenann=
te ᶻ), und Männer, die in der gelehrten Welt keinen
ent=

miſchen und galeniſchen Arzneyen in der Hofapotheke zu
Dreßden. 1683. 4. und Sever. Sartorius Catalogus
tam ſimplicium quam compoſitorum, quae Dresdae in
officina pharmaceutica maxime proſtant. Dresdae.
1686. 8.

y) z. B. ein geheimes Fiebermittel von Laz. Riviere.
Journal des ſavans. 1678. nr. 33.

z) z. B. der Verfaſſer von Remede ſouverain contre pluſieurs maladies. à Paris. 1663. 12. von Artzneyſchatz nie=
mals entdeckter Medicamenten. Baſel. 1666. 4. (F. I.
M.) von les vertus et les proprietés de l'antimoine,
l'uſage et les proprietés des taſſes antimoniales. Lyon.
1667. 8. von Choice manual of rare and ſelect ſecrets
in phyſik and ſurgery. London. 1667. 12. von Secrets
touchant la medecine. à Paris. 1668. 12. von Secrets et
remedes approuvés. à Paris. 1699. 12. von Particulare
ex univerſali oder kurzer Entwurf einer ſonderbaren Arz=
ney. Augsburg. 1677. 8. von wunderbare unerhörte je=
doch bewährte Secreta und Künſte der Arzney und Chirur=
gie. Leipzig. 1685. 8. von monatlichen Erzählungen von
allerhand künſtlichen und natürlichen Curioſitaten. Erfurt.
1689. 8. von Schatzkammer rarer und neuer Curioſitä=
ten, in den allerwunderbareſten Würkungen der Natur
und Kunſt, darinnen allerhand ſeltzame und ungemeine
Geheimnüße, bewehrte Artzneyen, Wiſſenſchaften und
Künſte

entſchiedenen Ruf hatten, z. B. R. Matthews ᵃ),
J. Franz Aggravi ᵇ), J. L. Monnier ᶜ), Jak.
Maſſard ᵈ), Barbereau ᵉ), Ludw. de Ser‑
res,

Kunſt‑Stücke zu finden, deſſen Inhalt auf folgendem
Blat zu ſehen iſt Ein Werk, ſo jedermänniglich, wes
Standes, Geſchlechts und Alter er iſt, nützlich und er‑
getzlich ſeyn wird. der andere Druck, jetzo mit dem 3
Theil von vielen Chymiſchen Experimenten und andern
Künſten vermehret, deme angehenget iſt ein Tractat na‑
turgemäßer Beſchreibung des Caffee, Thee, Chocolade,
Tabacks u. d. Hamburg. 1686. 8. von Diſcours touchant
les merveilleux effets de la pierre divine du S. *Candy.*
à Paris. 1689. 12.

a) 1. A pretious pearl in the midſt of a dunghill. Lond.
1663. 8. 2. The unlearned alchymiſt, his antidote,
or an explanation for the uſe of my pill. London.
1663. 8.

b) 1. Antilucerna fiſica ove ſcoperta la conſervazione della
ſauità. Padova. 1664. 4. 2. Trattato delle ſovrana me‑
dicina curativa univerſale d'ogna infermidà illetale, reat‑
tivo magiſterio chimicamente edutto dall' arcanizato ſpi‑
ritu aureo detta roſa ſolis. Venez. 1682. 12.

c) Cabinet ſecret des grands préſervatifs et ſpécifiques pro‑
pres contre la peſte, fievres peſtilentielles, pourpres,
petites veroles, et autres maladies contagieuſes ouvert
et publié. Paris. 8. 1666. 1668.

d) ſowohl a. d. a. O. als 1. in pronoucé ou diſcours ſur
les effets d'un réméde experimenté et commode pour la
guériſon de la plûpart des maladies longues, et même
de celles, qui paſſent pour incurables, avec un traité
d'Hippocrate de la cauſe des maladies, et de l'ancienne
medecine traduit par l'Auteur. Grenoble. 1679. 12.
2. Divers traités des panacées ou remedes univerſels et
ſur les abus de la medécine ordinaire, avec une tra‑
duction d'*Hippocrate* ſur l'ancienne medecine, et les
avis de van *Helmont* par la compoſition des remedes.
Amſterd. 1686. 12. 3. Suites du traité des panacées
contenaus 7 diſſertations. Amſterd. 1687. 4.

e) Remedes ſouverains decouverts et employés par l'au‑
teur. à Paris. 1669. 4.

res f), J. Malbec de Trevel g), P. Erefarbe h),
Georg Genova i), Hemeri von Bourdeaur k),
Ge. Frid. Pernauer l), Brocard von Beau=
vais m), du Buiffon n), Chph. Richter o), K.
Lancilotti p), Cam. Manara q), Franz Can r),
Konr.

f) La veritable médécine oppofée à l'erreur, conténant un
avis falutaire au public touchant la cure des maladies,
et les abus, qui f'y commettent. Lyon. 1669. 12.

g) Recueil des remedes fecrets tirés de celles du C. *Digby*
avec plufieurs autres fecrets et parfums experimentés.
Paris. 1669. 8.

h) Nouveaux fecrets, rares et curieux. à Paris 1669. 12.

i) Ofpitale publico di varii mali ed efperimentati fecreti.
Bologna. 1673. 12.

k) 1. Recueil des fecrets et curiofités de la nature. 12.
Paris. 1676. Amfterd. 1697. 1713. 2. (wenn es anders
davon verfchieden ift) Recueil des plus beaux fecrets de
médécine pour la guérifon de toutes fortes de maladies.
Paris. 12. 1713. 1737. 1741.

l) Panacea mirabilis, corrigendi potiffimum vitiofi fanguinis f. quinteffentia. Ratisbon. 1679. 4.

m) von einem geheimen Stein zermalmenden Mittel. Journal des favans. 1679. auch bei Blegny Zod. medico-
Gallic. 1680. Août. Obf. XIV.

n) a. o. a. O.

o) 1. Kurzer Bericht von der panacea alba fixa. Witten=
berg. 1683. 4. 2. Bericht, wie die chymifche Medica=
menten in feiner Haus = und Reifeapothek zu gebrauchen.

p) 1. Farmaceutico antimoniale overo trionfo dell' antimonio. Modena. 1683. 12. 2. Farmaceutico mercuriale
overo trionfo del mercurio. Modena. 1683. 12.

q) Farmaceutici Litubiani potus ad mentem Gabr. *Frafcati*
Brixiani extraĉtus, in quo natura, virtus et utendi modus ejusdem fincere continentur. Ticin. Reg. 1687. 8.

r) Segreti del mondo medicinali e curiofi. Milano.
1689. 8.

Konr. Horlacher ˢ), Abr. v. Franckenberg ᵗ),
Dalicourt ᵘ), Ludw. Laurenti ˣ), priefen in öf=
fentlichen Blättern, oft ganz im Tone des Markt=
fchreiers, ihre geheime Arzneien, fondern auch Män=
ner, und insbefondere Aerzte von Anfehen, und ander=
weitigen unläugbaren Verdienften, hielten fich für be=
rechtigt, Erfindungen diefer Art für fich zu behalten,
und damit zu wuchern: So hatte der pohlnifche Leib=
arzt, Andr. Cnöffel ʸ), vornemlich gegen das Po=
dagra ᶻ) geheime Arzneien; fo der dänifche Arzt Köll=
chen eine geheime Arznei ᵃ), der lübeckifche Arzt Herm.
Grube ᵇ), Sebaft. Bartoli ᶜ), Mich. Crü=
ger ᵈ), Seignette ᵉ), Nik. de Blegny ᶠ), von
Chion,

s) Paratum arcanum divinae fapientiae, der Arzneyfchatz,
welcher erhellet in den Wundergeheimnüffen der Medi=
cin, und der fichern Heilungsart fehr vieler gefährlichen
Krankheiten. Frankf. 1699. 8.

t) Nachricht von feinem Licht= und Lebens=Balfam, mit
einer Vorrede herausgegeben von H. D. Ph. Jak. Spe=
ner. Berlin. 1709. 12.

u) Le fecret de retarder la vieilleffe ou l'art de rajeunir.
à Paris. 1668. 12.

x) Mifcellaneum medicum. Bonon. 1689.

y) Mifcellan. Acad. Caefar. Natur. Curiof. Dec. I. Ann.
VI. et VII. Append.

z) Epift. de podagra curata. Amftelod. 1643. 12.

a) die Auflöfung eines flüchtigen Oels in wafferfreiem Wein=
geift, bei Th. Bartholin Act. med. et philofoph.
Havn. B. II.

b) De arcanis medicorum non arcanis comment. obfervationibus illuftrata ad praxin medicam directa. Hafn.
1673. 4.

c) Examen artis medicae dogmata communiter recept. in
decem exercitationes paradoxas diftinctae. Venet. 1666. 4.

d) I. de materia perlata. 8. Budiffin. 1667. Regensburg.
1676.

Chion g), Laz. Riverius und Bernard. Chri=
ſtinia Juvenilla h), Barth. Pielat i), Hel=
big k), Hacquart l), ſelbſt Kunckel m) und Fr.
Hoffmann n) hatten dergleichen Geheimniſſe.

Man blieb aber in dieſem Zeitalter nicht bei der
Bereitung der Arzneien durch Hülfe der Chemie ſte=
hen; man unterſuchte auch mit eben dieſer Hülfe dieſe
Arz=

1676. 1679. 2. Continuation ſeiner mediciniſchen Epi-
ſteln, worinnen der Nutz der Medicin Materia perlata
dargeſtellet wird. Regensburg. 1680. 8.

e) ſowohl a. d. a. O. als La nature, les effets et l'uſage
du ſucre de marc de M. *Seignette*. 4.

f) Secrets concernant la beauté et la ſanté. Paris. 8.
1689. 1698.

g) ein Fiebermittel, worzu Kupfervitriol kommt, bei
Blegny Zodiac. medico - gallic. 1680. Sept. obſ. lil.

h) *Lazari Riverii* arcana cum P. F. *Bernardini Chriſtini*
a *Iuvenilla* Cyrnaei Fratris minoris inſtitutionibus medicis et regulis, conſultationibus et obſervationibus edita. Acc. Curationum quinque centuriae; Tr. de lue ſ.
malo venereo. De febre peſtilentiali cum brevi Romani
contagii narratione. Aſtrologiam ad medicinam pertinere. Venet. 4. 1676. 1696. ins Italiäniſche überſetzt
von Joſ. Teſtori de Capitani unter der Auffſchrift:
Practica medicinale. 1681.

i) Inſulae Ceyloniae theſaurus medicus vel laboratorium
chemicum a B. P. latinitate donatum. Amſterd. 1679. 12.

k) das er ſal fixum volatile nannte, bei Blancaard
Collectan. medico - phyſic. Dec. III. Cent. VII. Obſ.
29 - 31.

l) einen nach ihm ſogenannten Liquor ſtypticus, welchen
D. Ludovici Miſcellan. Acad. Caeſar. Natur. Curioſ.
Dec. I. Ann. IX. X. Obſ. 152. beſchrieben hat.

m) öffentliche Zuſchrift vom Phoſphoro mirabili &c.

n) z. B. ſeine balſamiſche Polychreſtpillen u. a.

Arzneien, zum Theil wenigstens nach richtigern Grundsäzen, als es bisher geschehen war.

Joh. Dav. Porz untersuchte schon vor Fr. Hoffmann den Rheinwein o), Fr. Slare den Zuker p), Georg Graul von Coburg den Majoran q), schon Ol. Borrich den Mohnsamen und Mohnsaft r), Friederich Slare den Igelstein oder Piedra del porco s), er sowohl t) als Kölichen u) und andere den Bezoarstein, und schon vor Fr. Hoffmann Seb. Bartoli x), und G. W. Wedel y) das Wasser der warmen Bäder, die auch J. Horat. Molitor durch Kunst nachmachen lehrte z), und nach Hiärne, Du-

o) 1. Vini rhenani, inprimis baccaracensis anatomia chymica. Heidelb. 1672. 12. 2. Bacchus enucleatus, h. e. examen vini rhenani, ejusque tartari spiritus, aceti &c. Leeuward. 1673. 12.

p) Experiments and observations upon oriental and other stones, which prove them to be of no use in physick; Gascoign's powder examined, censured and found imperfect. A vindication of sugars against the censure of *Willis* and common prejudices. London. 1715. 8.

q) Panacaea vegetabilis calida, sive: Majorana nostra igne rationis examinata, experientiae lapide probata, ut et variorum authorum classico suffragio subfulta atque stabilitata. Jenae. 1688. 12.

r) bei Thom. Bartholin Act. medic. et philosoph. B. V. Th. 2.

s) a. e. a. O.

t) a. e. a. O.

u) Ebendas.

x) Thermologia aragonica. Neapoli. 1679. 8.

y) Diss. de thermis. Jen. 1695. 4.

z) De thermis artificialibus septem mineralium planetarum. Jen. 1676. 12.

Duclos a), Tilemann b) und Fr. Hoffmann,
Eberh. Göckel c), P. Givry d), G. W. Webel e),
Georg a Turre zu Padua f), M. Lister g), ein
Ungenannter h), J. Rai i), J. Schreyer k), und
J. A. Stisser l), das Wasser kalter Gesundbrun-
nen,

a) Obfervationes fuper aquis mineralibus diverfarum pro-
vinciarum Galliae in Academia Scientiarum Regia in annis 1670 et 1671 factae. Et Ejusdem diflertatio fuper
principiis mixtorum naturalium habita. 1677. Lugd. Bat.
1685. 12.

b) Delineatio praxeos oryctologicae feu modus brevis
cognoscendorum et probandorum foffilium, thermarum
et acidularum. Herbipol. 1657. 8.

c) Confiliorum et obfervationum medicinalium decades
fex. Auguft. Vindel. 1683. 4.

d) Arcanum acidularum principiorum chimicorum. Amftelod. 1682. 12.

e) Diff. de acidulis. Jenae. 1695. 4.

f) Junonis et Neftis vires in humanae falutis obfequium
traductae. Diff. qua aëris et aquae nativa fua natura
expenditur. Patav. 1668. 4.

g) Novae exercitationes et defcriptiones thermarum ac
fontium medicatorum Angliae. Eborac. 1683. Lipf 1684.
8. Leid. 1686. 12. altera Londin. 1684. 4. Leid.
1686. 12.

h) bei Blegny temple d'Efculape on depofitaire des nouvelles decouvertes en medecine. 1680. 12.

i) Obfervations topographical, moral and phyfiological
made in a journey through part of the low countries,
Germany, Italy and France. London. 1673. 8.

k) Trinum fluidum magnum f. natura aquae, vini et ce-
revifiae, adcommodata ad tres, Cizenfibus maxime ufua-
les liquores, aquam, vinum et cerevifiam. 8. Ciz. 1687.
Hamburg. 1690.

l) Aquarum Hornhufanarum examen. Helmft. 1689. 4.

nen, und nach Fr. Hofmann auch Thile [m]), und
de Rhodez [n]) ihre künstliche Bereitung angegeben.

Auch thierische Säfte und widernatürliche in Thieren erzeugte Stoffe wurden genauer untersucht; Ant.
de Heyde, Raym. Vieuffens [o]), u. a. zerlegten das
Blut, Fr. Slare [p]) und Ant. Nuck [q]) den Speichel, der lüttichische Arzt Warn. Chrouet die Feuchtigkeiten des Auges, nebst der Kristallinse [r]), Ant. de
Heyde [s]) den Eiter, und Neh. Grew [t]), Fr. Slare [u]), Johnston [x]), J. Nik. Pechlin [y]), Sigm.
König

m) Acidularum artificialium materia minera martis fo-
    lumis. Wittebergae. 1682. 4.

n) Sur les eaux minerales artificielles. Lyon. 1690. 12.

o) De fanguinis humani cum fale fixo fpiritum acidum
    fuggerente, tum volatili in certa proportione fanguinis
    phlegma fpiritum fubrufum ac oleum foetidum ingre-
    diente, nec non de bilis ufu. Lipf. 1698. 4.

p) Philofoph. Tranfact. 1682.

q) De ductu falivali novo, faliva, ductibus oculorum
    aquofis, et humore oculi aqueo. Leid. 1685. 12. und
    unter der Auffchrift: Sialographia et ductuum aquofo-
    rum anatome nova auctior et emendatior. 8. 1695. 1723.

r) Diff. de trium oculi humorum aliarumque ejus partium
    origine et formatione explicata. Leod. 8. 1688. und eine
    zwote Ausgabe, cui accedunt folutiones apologeticae
    adverfus difficultates Ant. Nuckii. 1691.

s) Obfervation. medic. Amfterd. 8. 1684. 1686.

t) bei Birch für das Jahr 1676. a. a. O.

u) ebendaf. für das Jahr 1681. Experiments and Obfer-
    vations upon oriental and other ftones &c. Philofoph.
    Tranfact. nr. 157.

x) Philofoph. Tranfact. nr. 101.

y) Obfervat. phyfico-medic. Hamburg. 1691. 4. L. I.
    obf. 13. 14.

König aus Bern[z]), Smalt[a]), und Fr. Hoffmann[b]) die Harnsteine.

Auch wandte man die Scheidekunst häufiger, als es zuvor geschehen war, auf mancherlei Gewerbe an, wie schon aus mehreren der bereits angeführten Thatsachen erhellt: So lehrte ein Ungenannter[c]), auch Wolffg. Helmh. von Hochberg[d]) und Joh. Chrph. Thiemen[e]), die Bereitung des Weins überhaupt, Montauban[f]) insbesondere die Bereitung des Muskatweins, Rob. Moray[g]) das Malzmachen in Schottland, Steph. Blancaard die Kunst zu lakiren[h]), Colepreß die Bereitung von Opal- und Rubinglas[i]), Hanton die Versüsung des Meerwassers durch Fällung mit Laugensalz und Destillation[k]); Th. Bartholin[l]) und M. Lister[m]) andere Verfahrungs-

z) Philofoph. Transact. 1681. nr. 111. 181. und λιθογενεσιας humanae fpecimen binis epiftolis ad focietatem Britannicam exhibitum. 12. Bern. 1689. Vienn. 1686.

a) bei Blancaard Collectan. medico - phyfic. Dec. III. Cent. VII. Obf. 21.

b) a. a. O.

c) bei Sprat a. a. O. for 1662.

d) Adeliches Land- und Feldleben. Nürnberg. fol. 1661. 1716. Buch IV.

e) Haus- Feld- Arzney- Koch- Kunst- und Wunderbuch. Nürnb. 1682. 4. Th. IV. fo wie Th. XVII. vom Brandewein, und Th. XIX. vom Weizen, Färben u. d.

f) Philofophic. Transact. B. V. for 1670. nr. 58.

g) Ebendaf. B. XII. for 1677.

h) Collectanea medico - phyfica. Cent. II. 2.

i) Philofophic. Transact. B. III. for 1668. nr. 38.

k) Ebendaf. B. V. for 1670. S. 2048.

l) Ebendaf. nr. 67.

m) Ebendaf. B. XIV. for 1684. nr. 156.

rungsarten; G. Kasp. Kirchmaier gab eine Halur-
gia [n]) heraus; ein Ungenannter [o]) beschrieb die Gewinnung des Salzes in den französischen Sümpfen, ein
Anderer die Salzbergwerke im ehmaligen Polen [p]);
noch ein Anderer das Steinsalz in England [q]), M.
Lister den Unterschied des Meer- und Quellensalzes [r]),
ebenderselbige die englische Salzgruben [s]), Jackson das Salzwerk in Cheshire [t]), Cole dasjenige zu
Droitwich [u]), Todd eine andere Salzquelle [x]); ein
Ungenannter die Schwefel- und Vitriolhütten bei Lüttich [y]), Colwall die englische Alaun- und Vitriol-
siedereien [z]).

Auch mit der Anwendung der Scheidekunst auf
Probir- und Hüttenkunde beschäftigten sich Einige:
Schon Ol. Borrich hatte eine Docimastice metallica [a]), und Marco Della Fretta Montalbano
eine

n) curiosa in Compendio delineata. Viteberg. 1690. auch
   in Miscellan. Acad. Caes. Nat. Curios. Dec. II. Ann. VIII.
   Append.

o) Philosoph. Transact. B. IV. for 1669. nr. 51. S. 1025.

p) Ebendas. B. V. for 1670. nr. 61. S. 1099.

q) Ebendas. nr. 66.

r) Ebendas. B. XIV. for 1684. nr. 156.

s) a. e. a. O.

t) Ebendas. B. IV. for 1669. nr. 53. 54.

u) Ebendas. B. XII. for 1677.

x) Ebendas. B. XIV. nr. 163.

y) Ebendas. B. I. nr. 3.

z) Ebendas. B. XII. for 1677.

a) clare et compendiarie tradita. Hafn. 1677. 4. Metallische Probirkunst, verteutscht durch G. Kas. Koppenhagen. 1680. 8.

eine Catoſcopia minerale [b]) herausgegeben; auch wurde das Stahlmachen und Härten von M. Liſter [c]),
und die Bereitung eines goldgelben Metalls von Steph.
Blancaard [d]), von W. Pope [e]) die Möſſingwerke
bei Tivoli beſchrieben.

Selbſt die Schmelz- und Hüttenwerke waren in
mehreren Ländern in gutem Betriebe: So z. B. die
ungariſche [f]), die böhmiſche [g]), und andere teutſche:
So lieferten z. B. die kärnthniſche Hüttenwerke [h]) in
dieſem ganzen Zeitraum jährlich zwiſchen 3000 und
4000 Centner Blei; ſo die Quekſilberwerke zu Jdria
zwiſchen 200,000 und 250,000 Pfunde Quekſilber,
welches damals aus den Erzen, aus jeden vier Pfunden ein Pfund, ohne Zuſchlag in 800 eiſernen Retorten und ſechzehen Oefen gewonnen wurde [i]); in Salz-
burg waren zwar am Heinzenberge und Rohrberge
Werke im Gange, aber ſie wurden mit Verluſt betrieben;

b) o vero modo di far ſaggio d'ogni miniera metallica. Bologna. 1676. 4.

c) Philoſoph. Tranſact. B. XVII. for 1693. nr. 203.

d) a. e. a. O. Cent. II. Obſ. 6.

e) Philoſ. Tranſact. B. I. for 1665. S. 25.

f) Ebendaſ. B. V. for 1670. nr. 58. und 59. auch Miſcell.
Academ. Caeſar. Natur. Curioſ. Dec. I. Ann. II. obſ.
XXVIII.

g) J. G. Greiſel Miſcell. Acad. Caeſ. Natur. Curioſ.
a. e. a. O. obſ LXXVIII. S. 140. doch wurde 1661
zu Plan zum leztenmal Gold geprägt. Schmidt To-
pographie der Stadt Plan in den Abhandlungen der
böhmiſchen Geſellſchaft der Wiſſenſchaften auf 1788.
S. 36.

h) Ployer a. a. O.

i) Pope a. a. O. nr. 2. S. 21. und Browne ebendaſ.
B. IV. for 1669. nr. 54. S. 1082.

ben ᵏ); In Baiern suchte Churf. Ferdinand Maria
die Berg: und Hüttenwerke zu Rauschenberg in Gang
zu bringen ˡ), und sein Nachfolger Maximilian II.
noch weiter zu nüzen ᵐ); auch in Wirtemberg waren vor:
nemlich in den Jahren 1667, 1671 und 1672 die Hüt:
tenwerke am Schwarzwalde in gutem Gange ⁿ), und
Herzog Eberhard III. ertheilte ihnen neue Freiheiten;
auch die darmstädtische Eisenhütte bei Biedenkopf ᵒ);
und die nassau: dillenburgische Gruben und Hütten wa:
ren einige Zeit lang in Betrieb ᵖ); im Usingischen An:
theile dieser Länder und zwar bei Altweilnau im Ober:
amt Usingen wurde am Ende dieses Zeitraums (1689)
das Königsthal entdeckt, und aus dessen Erzen auf den
Hütten Blei und Kupfer ausgeschmolzen ᑫ); es erhielt
auch sogleich im folgenden Jahre Bergfreiheiten ʳ);
1675 wurden auch die hanauischen Silber: Blei: und
Kupferwerke bei Bibra wieder rege ˢ); 1676 das Berg:
werk

k) Ehrenb. v. Moll naturhistorische Briefe rc. B. II.
    Br. 24. S. 138.

l) Lori a. a. O. S. 477-483. nr. CCXXI. CCXXV.
    CCXXVII.

m) Ebenders. a. a. O. S. 510-513. 618-620. n. CCXXX.
    CCXXXI. CCXXXII. CCXXXIV. CCC.

n) Physikalisch: ökonomische Wochenschrift. Stuttgart. 4.
    B. II. 1758. S. 504. 774-778.

o) Klipstein mineralogischer Briefwechsel. Giesen. 8.
    B. II. H. I. S. 101.

p) Beccher mineralogische Beschreibung rc. S. 357.

q) Habel Beyträge zur Naturgeschichte und Oekonomie
    der nassauischen Länder. Dessau. 1784. 8. S. 57.

r) Ebenders. a. e. a. O. S. 59.

s) v. Cancrin Geschichte der in der Grafschaft Hanau:
    Münzenberg gelegenen Bergwerke. Leipzig. 1787. 8.
    S. 1-4.

S 3

werk bei Reilla in Baireuth wieder aufgenommen[t]); von oberpfälzischer Seite hatten die Churfürsten Ferdinand Martin[u]), und Maximilian II.[y]) wegen der am Fichtelberge gangbaren Eisenwerke mehrere Verordnungen ergehen lassen.

Vorzüglich blühend waren in diesem Zeitraume mehrere chursächsische Berg- und Hüttenwerke: Zu Johanngeorgenstadt hatte man erst 1662 auf den ersten Gang von Silbererz getroffen[y]); und in den 112 Jahren von 1654–1766 an Silber 317,377 Mark, an Zinn 7,150 Centner, an Eisenstein 59,305 Fuder, an Kobolt 9,917 Centner, an Wismuth 101 Centner, an Schwefel 330 Centner, und an Schwefelkies 65,538 Centner[z]), oder an Gelde über 3,555,322 Thaler[a]) gewonnen, und davon unter die Gewerken an Ausbeuten 759,341 Thaler, an wieder erstattetem Verlage 319,450, in allem über 1,078,795 Thaler[b]) ausgetheilt.

Auch zu Schneeberg, wo vornemlich der Kobolt den Ertrag der Berg- und Hüttenwerke so sehr erhöhte, wurden 1661 2,525 Centner Kobolt, an klingender Münze über 10,262 Gulden gewonnen, und

1,452

t) J. J. Spies brandenburgische historische Münzbelustigungen. Anspach. 4. Th. I. 1768. S. 82.

u) Lori a. a. O. S. 468-475. 480-482. S. CLXXXVIII. nr. CCXVIII. und CCXXIV.

x) Ebenderf. a. a. O. S. 514-518. auch S. LXXXVIII. nr. CCLXXXVI. CCLXXXIX.

y) Brückmann Magnal. Dei subterr. I. S. 170.

z) J. J. Ferber neue Beytr. zur Mineralg. versch. Länder. B. I. S. 262.

a) Ebenderf. a. e. a. O. S. 261.

b) Ebenderf. a. e. a. O. S. 262.

1,452 Thaler an die Gewerken ausgetheilt [c]); 1662
aufer Zinn 2,519 Centner Kobolt (= 9,984 Gulden)
und noch Silber gewonnen, und von diesem 660 Tha:
ler als Ausbeute ausgegeben [d]); 1663 betrug die Aus:
beute 2244 Güldengroschen, und es wurden 3,779
Centner Kobolt, und dafür über 16,063 Gulden er:
halten [e]); 1664 stieg die sämtliche Ausbeute auf 8,316
Thaler, und an Kobolt wurden 3,107 Centner geför:
dert, welche 12,975 Gulden einbrachten [f]); 1665
stieg die sämtliche Ausbeute noch höher, nemlich auf
9,372 Thaler; von Kobolt wurden 3,481 Centner,
und dafür 14,703 Gulden gewonnen [g]); 1666 hinge:
gen war die gesamte Ausbeute nicht höher, als zu
5,544 Thalern; es wurden 4,091 Centner Kobolt,
und dafür etwas über 17,324 Gulden gewonnen [h]);
1667 belief sich die Ausbeute wieder auf 6,600 Tha:
ler, und der Ertrag an Kobolt auf 4,626 Centner,
welche 19,925 Gulden einbrachten [i]); 1668 war die
Ausbeute nicht mehr als 5,940 Thaler, aber der Er:
trag an Kobolt 4,395 Centner, welche mit 20,577
Gulden bezahlt wurden [k]); 1669 fiel die Ausbeute auf
                                                    2,884

c) Melßer a. a. O. S. 771. 1378.

d) Ebenderf. a. e. a. O.

e) Ebenderf. a. a. O. S. 772. 1379.

f) Ebenderf. a a. O. S. 772. 1381. Etwas geringer gibt
   Rößler (Speculum metallurgiae politissimum in Druck
   gegeben durch Joh. Chrph. Goldbergen. Dreßden.
   1700. fol. S. 165.) den Ertrag an, den die Schneeber:
   gische Werke in den fünf Jahren 1660–1664 an Kobolt
   geliefert haben, nemlich = 13,134½ Centnern.

g) Melßer a. a. O. S. 773. 774. 1384.

h) Ebenderf. a. d. e. a. O.

i) Ebenderf. a. a. O. S. 775. 1385.

k) Ebenderf. a. a. O. S. 775. 776. 1386.

S 4

2,884 Thaler, obgleich 5,288 Centner Kobolt geför=
dert wurden, und dafür über 23,234 Gulden einka=
men[l]); 1670 kamen 3,564 Güldengroſchen als Aus=
beute unter die Gewerkſchaften, und an Kobolt wurden
4,733 Centner gefördert, für welche über 20,438 Gul=
den bezahlt wurden[m]); 1671 ſtieg die Ausbeute wie=
der auf 5,676 Güldengroſchen, wenn ſchon der Ertrag
an Kobolt auf 2,912 Centner fiel, für welche nicht
ganz 14,000 Gulden einkamen[n]); 1672 belief ſich
die Ausbeute nur auf 4,224 Thaler, der Ertrag an
Kobolt aber auf 3,900 Centner, für welche 17,646
Gulden einkamen[o]); 1673 wurden wieder 9,108 Tha=
ler unter die Gewerken ausgetheilt, und 6,141 Centner
Kobolt gewonnen, für welche über 26,249 Gulden be=
zahlt wurden[p]); 1674 ſank die Ausbeute auf 1,716
Güldengroſchen, doch wurden 3,203 Centner Kobolt,
und für dieſe über 14,100 Gulden gewonnen[q]); 1675
fiel der reine Ueberſchus von gewonnenem Silber ſogar
auf 264 Güldengroſchen, und die Förderung von Ko=
bolt auf 616 Centner, für welche nicht 2595 Gulden
einkamen[r]); 1676 kam jener wieder auf 396 Gülden=
groſchen, und dieſe auf 1,861 Centner, welche mit
mehr als 7,686 Gulden bezahlt wurden[s]); 1677 ſtieg
doch die Ausbeute wieder auf 528 Güldengroſchen,
und der Ertrag an Kobolt auf 3,150 Centner, für
welche

l) Ebenderſ. a. a. O. S. 776. 1387.
m) Ebenderſ. a. a. O. S. 777. 1387.
n) Ebenderſ. a. a. O. S. 777. 778. 1388.
o) Ebenderſ. a. a. O. S. 778. 1390.
p) Ebenderſ. a. a. O. S. 778. 779. 1391.
q) Ebenderſ. a. a. O. S. 779. 1391.
r) Ebenderſ. a. a. O. S. 780. 1393.
s) Ebenderſ. a. a. O. S. 780. 1394.

welche über 13,196 Gulden bezahlt wurden [t]); 1678 fiel die gleiche Ausbeute-, an Kobolt aber wurden nur 2,898 Centner gefördert, und für diese nicht ganz 12,257 Gulden bezahlt [u]); 1679 stieg die Ausbeute wieder auf 2,376 Thaler, und der Ertrag an Kobolt auf 3,526 Centner, für welche über 14,860 Thaler einkamen [x]); 1680 belief sich die Ausbeute auf 2,508 Thaler, und der Ertrag an Kobolt 4,252 Centner, welche mit mehr als 17,492 Gulden bezahlt wurden [y]); also nur der Gewinst an Kobolt in den zwanzig Jahren von 1661 – 1680 über 305,588 Gulden:

1681 betrug die Ausbeute 2508 Th.; die Förderung an Kobolt 4869 Centner, welche über 20,272 Gulden einbrachten [z]); 1682 stieg jene wieder auf 5,280 Thaler, und diese auf 5,134 Centner, für welche mehr als 22,031 Gulden bezahlt wurden [a]); 1683 belief sich die Ausbeute auf 4,224 Thaler, und an Kobolt wurden 5,172 Centner, und für diese beinahe 23,508 Gulden gewonnen [b]); 1684 wurden in allem 4,620 Thaler ausgetheilt, und an Kobolt 4,939 Centner, und für diese über 22,586 Gulden erhalten [c]); 1685 belief sich die Ausbeute auf 3,828 Thaler, und der Ertrag an Kobolt auf 4,995 Centner, für welche 22,718 Gulden

t) Ebenderf. a. a. O. S. 781. 1395.

u) Ebenderf. a. a. O. S. 781. 1397.

x) Ebenderf. a. a. O. S. 781. 1398.

y) Ebenderf. a. a. O. S. 782. 1400.

z) Ebenderf. a. a. O. S. 783. 784. 1401.

a) Ebenderf. a. a. O. S. 785. 1402.

b) Ebenderf. a. a. O. S. 785. 1404.

c) Ebenderf. a. a. O. S. 786. 1405.

Gulden einkamen [d]); 1686 fiel die Ausbeute wieder auf 2,508 Thaler, obgleich 5,000 Centner Kobolt erhalten, und für diese 23,735 Gulden bezahlt wurden [e]); auch 1687 betrug, wann schon die Grube Katharina zu Raschau so sehr in Flor kam, daß man eine Kuxe auf derselbigen für 300 Thaler verkaufte, und 5.000 Centner Kobolt gefördert wurden, welche 23,055½ Gulden einbrachten, die Ausbeute nicht mehr, als 3,036 Thaler [f]); 1688 wurden 3,300 Thaler unter die Gewerken ausgetheilt, und 5,197 Centner Kobolt aus den Gruben gefördert, welche mit 25,168 Gulden bezahlt wurden [g]); 1689 fiel die Ausbeute auf 2,772 Thaler, obgleich an Kobolt 5,433 Centner gefördert, und für mehr als 26,588 Gulden verkauft wurden [h]); 1690 wurden 3,564 Thaler unter die Gewerken ausgetheilt, und an Kobolt 5,392 Centner gewonnen, für welche über 25,073 Gulden einkamen [i]).

Auch die freybergische Berg- und Hüttenwerke stunden in dieser Zeit gut, und gaben reichliche Ausbeute; 1661 11,520 Reichsthaler, 1662 12,992, 1663 11,520, 1664 7,808, 1665 7,040, 1666 6,080, 1667 6,080, 1668 7,268, 1669 9,151, 1670 9,216, 1671 8,640, 1672 8,192, 1673 5,952, 1674 6,272, 1675 9,088, 1676 11,008, 1677 10,624, 1678 8,704, 1679 9,216, 1680 10,368, 1681 7,808, 1682 17,664, 1683 9,856, 1684 2,816, 1685 9,216, 1686 10,496, 1687
6760,

d) Ebendas. a. a. O. S. 787. 1406.

e) Ebendas. a. a. O. S. 788. 1408.

f) Ebendas. a. a. O. S. 788. 789. 1408. 1409.

g) Ebendas. a. a. O. S. 789. 790. 1414.

h) Ebendas. a. a. O. S. 790. 791. 1416.

i) Ebendas. a. a. O. S. 791. 792. 1419.

6760, 1688 6,144, 1689 5,376, und 1690 9,600
Reichsthaler [h]).

Auch in der Grafschaft Mansfeld richtete man die
Berg= und Hüttenwerke 1668 wieder ein, und ge=
wann 300-400 Centner Kupfer [l]); auch 1690 erhielt
man ziemlich vieles Garkupfer [m]).

Auch am Harze gaben mehrere Berg= und Hütten=
werke beträchtliche Ausbeute; 1667 alle einseitige zu=
sammen jährlich 35013 Reichsthaler, nur die Grube
Christian Ludwig in einem Vierteljahr 25, Elisabeth
16 [n]); aber von 1669-1672 machte die trockene Zeit
beinahe allgemeinen Stillstand [o]); doch wurden 1670
nicht nur Moriz und Silberschnur auf dem gleichen
Gange mit Haus Lüneburg gemuthet, sondern auch
daraus vier Treiben zu zween Rösten gefördert, aber
auch bald die Leute von da nach der Grube S. Georg
verlegt [p]); 1677 wurden am einseitigen Harze, vom
Quartal Crucis bis zum Quartal Trinitatis, Glätte
und Blei nicht gerechnet, nur an Brandsilber 162,687
Mark gewonnen und vermünzt [q]); die sämtliche Aus=
beute belief sich auf 37,768⅔ Reichsthaler; nur die
Grube Christian Ludwig gab sechs, Eleonora 8, Mar=
garetha

---

k) Chrph. Herttwig neues und vollkommenes Bergbuch.
2te Auflag. Dresden und Leipzig. 1734. fol. S. 70. 71.

l) Bieringer a. a. O. S. 26.

m) Ebenderf. a. a. O. S. 26. 27.

n) Böse a. a. O. S. 32.

o) Honemann a. a. O. IV. S. 90. 91.

p) Stelzner Schriften der berlinischen Gesellschaft natur=
forschender Freunde. I. S. 49.

q) Brückmann a. e. a. O. II. S. 243. v. Rohr Merk=
würdigkeiten des Oberharzes. S. 369.

garetha 25 Reichsthaler[r]); 1678 belief sich die Aus=
beute auf 8,320, 1679 auf 6,370 Reichsthaler[s]);
1680 gab im Quartal Trinitatis die Grube Margare=
tha 25, die englische Treue 12, Anna Eleonora 6,
Sophia 7, Herzog Joh. Friedrich 5, Lorenz 4, Chri=
stian Ludwig 2, Ernst August 2, S. Johann 6 Tha=
ler Ausbeute[t]); auch muthete in diesem Jahre die
Grube Haus Lünenburg noch drei Masen[u]); und die
Grube Dorothea, welche 2 Gulden Zubuse forderte,
auch so viel[x]); 1681 muthete noch eine Gewerkschaft
auf dem gleichen Gange mit Haus Lünenburg[y].

In diesem Jahre belief sich die sämtliche Ausbeute
der Berg= und Hüttenwerke des einseitigen Harzes auf
56,000 Thaler, nur die Grube Margaretha gab 30,
die englische Treue 16 Reichsthaler Ausbeute[z]); 1683,
in welchem Jahre die schon zuvor gebaute Grube Gabe
Gottes von ihren Gewerken neun Gulden Zubuse ein=
forderte, und auf der Grube Heinrich Gabriel ein
Schacht abgesenkt wurde[a]), gab die Grube Haus
Herzberg im Quartal Crucis 4, im Quartal Luciä 6
Thaler Ausbeute[b]); 1684 im Quartal Reminiscere 2,
im Quartal Trinitatis (die lezte) 4 Thaler Ausbeute[c]);
1687 belief sie sich am ganzen einseitigen Harze auf
59,280

r) Böse a. e. a. O.

s) Honemann a. e. a. O. S. 124.

t) Ebenders. a. e. a. O.

u) Stelzner a. a. O. S. 50.

x) Ebenders. a. a. O. S. 60.

y) Ebenders. a. a. O. S. 50. 51.

z) Böse a. a. O. S. 33.

a) Stelzner a. a. O. S. 48. 49.

b) Honemann a. e. a. O. S. 133.

c) Ebenders. a. e. a. O.

59,280 Thaler; nur die Grube Margaretha gab jedem Gewerken 32, Eleonora 24, Gabriel 8 und Sophia 7 Thaler [d]); 1688 wurde die Grube Bergmanns Trost unter dem Namen Dreifaltigkeit gemuthet [e]), blieb aber schon das Jahr darauf stehen [f]); 1690 stieg die Ausbeute vom ganzen einseitigen Harze auf 87,368 Thaler; nur die Grube Margaretha gab ihren Gewerken 38-40, Eleonora 26-30, der Kranich 16, Herzog Ernst August 10 Thaler Ausbeute [g]).

Die Berg= und Hüttenwerke zu Lauterberg waren zwar schon 1663 im Gange, wurden aber nachher öfters aufgegeben und wieder aufgenommen [h]); 1671-1678 wurden mehrere Versuche gemacht, nachher aber blieb [i]) bis 1683 [k]) alles liegen; 1688 wurde die Kupferrose gefunden [l]).

Zu Andreasberg gab in den Jahren 1674-1678 König Ludwig 1-2 Thaler, von 1678 bis Quartal Luciä 1679 Katharina Neufang 8-10-11-12-14 Thaler vierteljährige Ausbeute; auch zeigten sich die Gruben Jakobsglük, Engelsburg, Felicitas, drei Ringe und Andreas sehr gut [m]).

Am gemeinschaftlichen Oberharze gaben 1677 die Berg= und Hüttenwerke 4,670 Reichsthaler [n]), 1681

14,400,

d) Böse a. e. a. O.

e) Stelzner a. a. O. S. 53.

f) Ebendes. a. a. O. S. 54.

g) Böse a. e. a. O.

h) G. Jars voyag. metallurg. III. 3. 4. S. 82.

i) Honemann a. e. a. O. S. 104.

k) Ebendes. a. e. a. O. S. 104. 141.

l) Ebendes. a. e. a. O. S. 143.

m) Ebendes. a. e. a. O. S. 126.

n) Böse a. a. O. S. 32.

14,400, 1687.12,240; nur die Grube Joachim theilte in diesem Jahre 6°), Lautenthals Glück, das überhaupt von 168ʳ–1766 immer Ausbeute gab ᴾ), 7,
Bleifeld 2 Reichsthaler seinen Gewerken aus ᑫ).

Auch gab ein Ungenannter Deutscher ein Verfahren an, durch welches man ohne Schmelzung durch
Rösten, Auslaugen und Fällen die Metalle, und vornemlich Kupfer aus ihren Erzen mit Vortheil gewinnen könne ʳ): Auch kam in diesem Zeitraum in den
Graffschaften Hohenstein ˢ) und Schwarzburg ᵗ) eine
Bergordnung heraus.

In dem ehmaligen Polen waren die Berg- und
Hüttenwerke zu Olkusch schon in Abnahme gekommen;
denn 1685 erhielt der Königliche Zehentschreiber, da
doch

o) Böse a. a. O. S. 33.

p) G. Jars a. a. O. II. S. 279.

q) Böse a. e. a. O.

r) Die Erz-Beitzung und Seigerung, Nutz- und sonderbare Erfindung, nemlich wie man mit Holtz alle Operationes bey Seigerung der Silberichten Kupffer, anstatt
der Kohlen verrichten, und die KupfferErtze, mit grösse-
ren Vortheil, als insgemein zu gut brinnen könne: In
drey Theile abgetheilet.   Der erste Theil handelt von der
Operation an sich selbst, samt deren Process.   Der zweyte Theil weiset die Art, die silberichten Kupffer zu be-
schicken, samt den eigentlichen Abriß und der Form, den
neuen Holtz-Seiger-Ofen recht zu bauen; mit Kupffern
erläutert.   Dabey angefügt die nützliche Manier des
Lettens-Schiessens.   In dem dritten Theil wird gewiesen, was auf das sonst verachtete Erz-Beitzen zu halten
seye. 12. Gotha 1689. Frankfurt und Leipzig 1690.

s) Verneuerte, Gräflich-Hohensteinische Berg-Ordnung.
Magdeburg. 1576 fol.

t) Gräfflich-Schwartzburgische Berg-Ordnung.   Arnstadt.
1686 fol.

doch der König noch einer der vornehmsten Gewerken
war, an Zehenden 1225⅞ Mark Silber, und an Blei
1,358 Centner, der damals mit 16 Gulden damaliger
Münze bezahlt wurde, und der ganze jährliche Ertrag
belief sich demnach auf 13,580 Centner Blei, und
12,258¾ Mark Silber [t]).

Im Russischen Reiche wurden (1679) die dauuri-
sche Bergwerke zuerst bekannt [u]).

In Norwegen warfen die Silberwerke bei Kongsberg 1661 nach Abzug aller Unkosten 15,285 Thaler
60 Schillinge ab [x]); die Gewerken wurden aber unter sich uneins, und veranlasten den König, sie für
80,000 Reichsthaler zu übernehmen [y]); sie nahmen
zwar einige Jahre zu, aber nachher sehr ab [z]), so daß
sie bis 1678 durchaus mit Zubuse gebaut werden musten [a]), aber 1682 gaben sie wieder 31,336 Thaler
Ausbeute [b]); 1683 nahm sie König Christian V. wieder unter seine Aufsicht [c]); sie forderten aber von
1683-1685 Zubuse [d]); 1686 aber, in welchem Jahre
der König das Bergamt von Christiania nach Kongsberg
verlegte [e]), gaben sie wieder 9,423 Reichsthaler Ausbeute;

---

t) v. Carosi a. a. O. Th. II. Br. 12. S. 186.

u) Pallas neue nordische Beyträge. B. IV. S. 199.

x) Chronolog. Beskrivelse over Kongsberg Sölwerk. Kiöben-
   haven. 1782. 8.

y) G. Jars a. a. O. I. S. 96.

z) Ebendas. a. e. a. O.

a) Chronolog. Beskrivelse 2c.

b) Ebendas.

c) G. Jars a. e. a. O.

d) Chronolog. Beskrivelse 2c.

e) G. Jars a. e. a. O.

beute [f]); hingegen forderten sie 1688 wieder 14,729, und 1689 27,000 Reichsthaler Zubuße [g]); allein obgleich der König in diesem Jahre aus dem Bergamte ein eigenes Collegium machte, und überhaupt die Werke auf mancherlei Weise unterstüzte, so brachte man doch nach dieser Zeit nicht mehr die Kosten heraus, geschweige denn, daß sie Gewinst abgeworfen hätten [h]).

In Schweden stand es vornemlich um die Berg- und Hüttenwerke bei Sahla sehr wohl [i]); 1661 wurden an Silber 3,311 Mark, 1662 5,160, 1663 3,423, 1664 5,193, 1665 7,122, 1666 6,756, 1667 5,488, 1668 5,416, 1669 5,970, 1670 5,946 [k]); 1671 6,089, 1672 1,579, 1673 8,251, 1674 7,080, 1675 4,260, 1676 3,527, 1677 5,109, 1678 4,659, 1679 2,585, 1680 3,352, 1681 2,275, 1682 3,197, 1683 4,438, 1684 4,249, 1685 2,490, 1686 1,652, 1687 2,007, 1688 3,826, 1689 3,381, und 1690 2,591 Mark gewonnen.

In England waren sowohl die kornwallische Zinnwerke [l]), als die Eisenwerke im Dean [m]) in gutem Gange.

Eben

---

f) Chronolog. Beskrivelse ꝛc.

g) Ebendas.

h) G. Jars a. e. a. O.

i) Chn. W. Dohm a. a. O. S. 332. aus welchem die sämtliche zunächst folgende Berechnungen entlehnt sind.

k) nach Brückner geben sie monatlich 800 - 900 - 1000 Mark Silber. Fabri neues geographisches Magazin. Halle. 8. B. II. St. 3. 1786. S. 557.

l) Philosophical Transact. B. VI. for 1671. nr. 69. S. 2096. und (Chrph. Merret) ebendas. B. XII. for 1677. nr. 138. S. 949.

m) Powle ebendas. B. XII. nr. 137.

Eben das gilt von den Eisenhütten am Fuse der Pyrenäen; 1667 waren in Foix, Couserans und Mirepoix 44 Eisenwerke, und 8 Hämmer im Gange [n]); auch versicherte man 1667 den König von Frankreich, daß, wenn er die Bergwerke du Mas de Cabardez und de la Prade sur la montagne noire und diejenige de Lauet und de Daucian in den Corbieres in Languedoc bauen lassen wollte, er in vier Monaten mit einem Aufwande von 14,400 Livres, das Kupfer nicht gerechnet, 800 Centner Blei, und 300 Mark Silber daraus ziehen könne [o]).

Auf der Insel Sumatra waren Silber- und Goldwerke im Gange [p]); aus Java führten die Schinesen schon damals Silber aus [q]), auch war zu Makao ein starker Gold- und Silberhandel [r]); und im Berge Syo bei Fu sye wurde vieles Zinn gegraben [s]): In Siam [t]) suchte man die verlassene Bergwerke wieder auf, fand aber nur Kupfererze, welche jedoch Silber und

n) Bar. v. Dietrich Defcription des gîtes de minerai, des forges et des falines des pyrénées fuivie d'obfervations fur le fer mazé et fur les mines des fards en Poitou. à Paris. 4. P. I. 1786. S. 231.

o) Cefar d'Arçon advis fur les mines metalliques, dont il a eu la direction. bei Gobet a. a. O. S. 477.

p) H. N. Grimm Mifcellan. Acad. Caef. Nat. Curiof. Dec. II. Ann. 5. obf. 37. S. 68 ꝛc.

q) Montanus in New Collection of voyages for Aftley. B. III. S. 457. a.

r) (1669) Navarette ebendaf. S. 511. b.

s) Montanus a. e. a. O. S. 466. b.

t) Archenholz Litteratur und Völkerkunde. Deffau und Leipzig. 8. Jahrg. V. 1786. B. IX. Dec. nr. XII. S. 501. 502.

und Gold, aber vom lezten in fünfhundert Pfunden
nur zwei Loth hielten.

Nach Wafer, der sich in diesem Zeitraume (1681)
daselbst aufhielt, schwemmten die Regengüsse in Darien
oft Gold von den Bergen herab; die Spanier sammle-
ten damals an einem Flusse, der von der Meerenge
S. Michaël kommt, den Sand in kleinen hölzernen
Tellern, welche sie sachte ins Wasser tauchten, und
halb voll Sand sachte wieder hieraus zogen; diese Teller schüttelten sie; so lief der Sand mit dem Wasser
über den Teller, das Gold aber blieb auf dem Boden
liegen; so nahmen sie es heraus, trockneten es an der
Sonne, stiesen es im Mörser, breiteten es auf Papier
aus, zogen mit einem Magnet alles Eisen aus, füllten
es ganz rein in ihre Kalabassen, und führten es so nach
S. Maria ᵘ); doch fand Dampier, der um eben
diese Zeit (1680) daselbst war, bei seiner Eroberung
von S. Maria kein Gold ˣ), ob er schon der Gold-
gruben in Darien erwähnt ʸ).

Auch um diese Zeit (1666) fand man noch an
mehreren Flüssen von Afrika, z. B. an demjenigen, an
welchem Axim liegt, goldreichen Sand ᶻ).

u) in New Collection of voyages &c. B. II. S. 55. 56.

x) Voyage round the world in new collection of voyages &c. III. S. 30.

y) Ebendas. S. 61.

z) Billault relation des côtes de l'Afrique. in New Collection of voyages for Aftley. B. II. S. 385. ᵃ.

Zweites

Zweites Zeitalter oder Stahls Zeitalter.

von 1690 - 1770.

22.

Wer hätte nicht unter Ausſichten, wie ſie das zu=
nächſt vorhergehende Zeitalter eröfnete, ſchnellere
Fortſchritte der Aufklärung in dieſer Wiſſenſchaft, Ent=
fernung der Hinderniſſe, welche derſelbigen bisher im
Wege ſtanden, und der Auswüchſe, welche ſie entehr=
ten, hoffen ſollen! das ſchien aber im Rath der Vor=
ſehung nicht beſchloſſen: Was auf der einen Seite
Muth und Kraft hellſehender Männer für dieſen edlen
Zwek leiſteten, riß die Macht der Vorurtheile und der
Durſt nach Golde auf der andern nieder; auch in die=
ſem wiſſenſchaftlichen Gebiete ſollte das Licht nicht ohne
Schatten ſein.

Vornemlich hob die Alchemie ihr Haupt ſtolz em=
por: denn ob gleich ſchon (Joh. Chrph.) Ettner a),
noch

a) des getreuen Eckhards entlarffter Chymicus, in welchem
vornemlich der Laboranten und Proceßkrämer Boßheit
und Betrügerey, wie dieſelben zu erkennen und zu flie=
hen; hernach bewährteſte Artzney = Mittel in allerhand
Krankheiten und Zufällen menſchlichen Leibes zu gebrau=
chen; dann ſonderliche Philoſophiſche, Politiſche, Medici=
niſche, am meiſten aber chymiſche Anmerkung und Pro=
ceſs, wie auch eine gründliche Erörterung vieler zweiffel=
haffter Vorträge; Endlich welchergeſtalt man auf Reiſen
und ſo wol in Fremden, als einheimiſchen Zuſammen=
künfften ſich verhalten ſoll, mit Beyfügung Sinn = und
Lehrreicher, erſchröcklicher und luſtiger Begebenheiten vor=
geſtellet werden. Augſpurg. 1696. 8.

T 2

noch augenscheinlicher (Steph. Franz) Geoffroi [b])
und andere [c]) die mannigfaltige Betrügereien der Gold=
macher, insbesondere der herumziehenden, ans Tages=
licht brachten, und andere z. B. J. Schmid [d]),
Chrph. Pflug [e]), G. W. Wegner [f]), A. O. Gö=
lice,

b) Memoir. de l'Académie des fciences à Paris. ann. 1722.
   S. 81. ꝛc.

e) z. B. Kanold Sammlung von Natur= und Medicin —
wie auch hierzu gehörigen Kunst= und Litteratur= Gefchich=
ten, fo fich An. 1724 in den 3 Frühlings= Monathen in
Schlefien und andern Ländern begeben ꝛc. Breßlau. 4.
1725. Mai, Cl. IV. Art. 12. und Büchner ebendaf.
in den Winter= und Frühlingsmonaten des Jahrs 1730.
Erfurt. 1734. Mart. Cl. IV. Art. 6.

d) (nur mit den Anfangsbuchftaben feiner Namen) der von
Mofe und den Propheten übel urtheilende Alchymift, vor=
geftellet in einer Schrifftmäßigen Erweifung, daß Mofes
und einige Propheten, wie auch David, Salomon,
Hiob und Efra und dergleichen, keine Adepti Lapidis Phi-
lofophorum gewefen find; Ingleichen daß diefe Lehr und
Alchymiftifch vorgeben, von Verwandlung der geringen
Metallen in Gold, eine lautere Phantafie und fchädliche
Einbildung fey. Chemniz. 1706. 8.

e) Lapis philofophorum non ens, oder kurzer Bericht, daß
der Stein der Weifen nie gewefen, noch wirklich ift.
Schneeberg. 1732. 8.

f) unter dem Namen Thar fander 1. Schauplatz vieler
ungereimten Meynungen und Erzehlungen: Worauf die
unter dem Titul der Magiae Naturalis fo hoch gepriefene
Wiffenfchaften und Künfte, von dem Geftirn und deffen
Influentz, von den Geiftern, ihren Erfcheinungen und
Würckungen, von andern natürlichen Dingen, ihren ge=
heimen Kräften und Eigenfchaften; Ingleichen die man=
cherley Arten der Wahrfagerey, und viel andere faßelhaf=
te, aberglaubifche und ungegründete Dinge mehr vorge=
ftellt, geprüfet und entdecket werden: Zur Beförderung
der Wahrheit, wie auch zum Unterricht und Warnung,
fich für thörichten Einbildungen und Betrug zu hüten,
er=

licke e), Barth. Abr. Stier h), J. Chrn. Hiel=
mann i), und andere Ungenannte k), den Ungrund
der Hofnungen, welche sie rege machten, in seiner gan=
zen Blöse zeigten, noch andere z. B. L. Chrn. Fr.
Gar=

eröffnet. Berlin und Leipzig. 8. B. I. Stück I - VI. 1735.
VII. VIII. 1736. B. II. St. IX - XII. 1737. XIII - XV.
1738. XVI. 1739 B. III. St. XVII. XVIII. 1739.
St. XIX - XXI. 1740. XXII - XXIV. 1741. 2. Adeptus
ineptus, oder Entdeckung der falsch berühmten Kunst,
Alchemie genannt. Berlin. 1744. 8. 3. Leipziger Samm=
lungen von allerhand zum Land= und Stadt=Wirthschaft=
lichen Policey= Finanz= und Cammerwesen dienlichen
Nachrichten, Anmerkungen, Begebenheiten, Versuchen,
Vorschlägen, neuen und alten Anstalten ꝛc. Leipzig. 8.
St. XIX. 1744. S. 621 - 636.

g) de chryfopoeiae vanitate. Francof. 1732. 4.

h) de fallaciis circa artem chemicam obviis differit, atque
J. Chph. *Timmlero* animi sui obfervantiam declarat.
Lipf. 1751. 4.

i) in einem Briefe an Henckel. S. mineralogische, che=
mische und alchymistische Briefe von reisenden und andern
Gelehrten an den ehemaligen Churfächsischen Bergrath
J. F. Henckel. Dresden. 8. Th. II. 1794.

k) 1. die durch seltsame Einbildung und Betriegerey Scha=
den bringende Alchymisten= Gesellschaft nach ihren ge=
wöhnlichen Merckmalen und Eigenschafften, welche sie von
sich spühren laffen. Nebst Anführung einiger Discurse,
was von der Alchymia zu halten. In einem nützlichen
Lust= Spiele vorgestellet von J. D. R. Frankfurt und
Leipzig. 1700. 12. 2. Der durch das Antimonium ge=
goffene aber in der Probe falsch befundene Goldmacher.
1735. 8. 3. Leipziger Sammlungen von allerhand ꝛc.
1744. St. XI. nr. VIII. St. XIII. nr. II. 4. Schreiben
an die Goldbegierigen Liebhaber der Chymie und Alchy=
mie, worinnen ihnen wohlmeynend abgerathen wird, die=
ser Kunst länger nachzuhängen. Wien. 1769. 8.

T 3

Garmann [1]), und von Seelen [m]) einzelne Säze, die
sie behaupteten, mit triftigen Gründen bestritten, so
wusten sie doch die schwache Seite der Menschen zu
wohl zu treffen, als daß es ihnen ganz mislingen konn:
te, ihre Absichten zu erreichen; sie wandten sich an
Fürsten [n]), und fanden Gehör, Unterstüßung und Be:
lohnung; So rühmte sich Paykull in Schweden eines
solchen Processes [o]); der italiänische Graf Rucchieri
schwärmte durch einen grosen Theil von Europa her:
um, und wuste sich durch List und Ränke Eingang,
und seinem täuschenden Spiel Ruhm zu verschaffen [p]):
Matth. Dammy, der Sohn eines Marmorschneiders
zu Genua, in Frankreich und Teutschland, vornemlich
am Hofe zu Wien, sich durch ähnliche Kunstgriffe gelteno
zu machen u. bis zum Marquis zu erheben [q]): Auch lange
genug glücklich trieb dieses betrügerische Spiel der an:
                                                    gebli:

1) vornemlich gegen ihre Grundstoffe. *L. Chrn. Friedr.
   Garmann* et aliorum Virorum Clariff. Epiftolarum
   Centuria Argumenti Mifcellanei, potiffimum Phyfico-
   Medici, Selectioris et Curiofi, e Mufeo L. Imm. Henr.
   Garmanni. Roft. et Lipf. 1714. 8.

m) gegen diejenige, welche ihn in der heil. Schrift suchen.
   Nova Bibliotheca Lubecenfis. Lubec. 8. B. IV. nr. II.

n) Sendschreiben an einen durchlauchtigen Prinz eines
   Hochfürstlichen Hauses des deutschen Reichs, in welchen
   von dem großen hermetischen Geheimniß, dem Stein der
   Weisen, gehandelt wird. Quedlinburg und Leipzig.
   1762. 8.

o) A. Doben in einem Briefe an Henckel. S. minera:
   logische, chemische und alchymistische Briefe an Henckel.
   Th. I. Dresden. 1794.

p) Beytrag zur Geschichte der höhern Chemie. S. 539.

q) Memoires de Matthieu Marquis *Dammy*, contenant des
   obfervations et des recherches curieufes fur la Chemie,
   le travail des Mines et Mineraux écrits par lui même.
   Amfterdam. 1759. 8.

gebliche Graf Joh. Cajetani aus Neapel ᵣ), auf
welchen sogar eine eigene Silbermünze mit dem Ange=
denken an die Art seines Todes geprägt ist ˢ); ob er
gleich von geringen Eltern abstammte, hob ihn doch
seine unwiderstehliche Neigung zu ungewöhnlichen Kün=
sten, und sein rastloses Streben nach irdischem Glück
und Ehre bald empor; noch in Italien gab er vor ei=
nen nicht unbedeutenden Schaz gefunden zu haben, den
ein unbekannter Goldmacher nebst seiner handschriftli=
chen Anweisung zur Bereitung des Steins der Weisen
daselbst vergraben hätte; damit ausgerüstet, und mit
einer von ihm selbst erfundenen Tinctur versehen, wo=
mit er unächten Metallen eine Goldfarbe geben konnte,
besuchte er nun die teutsche Höfe, schlich sich, so bald
er zu fürchten anfieng, sein Betrug möchte entdeckt
werden, in aller Stille davon, und fand am zweiten
und so am dritten und vierten wieder Glauben; so
hatte er am churbairischen, am kaiserlichen, am kur=
pfälzischen und am preußischen Hofe seine Versuche ge=
macht, und war mit einer Nachsicht behandelt worden,
die bei Betrügern dieser Art wahre Ungerechtigkeit ist;
nur am lezten nahm man die Sache ernstlicher; man
holte den Flüchtling mehrmalen ein, sezte ihn vest, und
strafte ihn zulezt (1709) am Leben ᵗ).

Ein

---

r) **Melißantes** gelehrter Historicus. Frankfurt und Leip=
zig. 1712. 8. S. 522 – 549.

s) Beytrag zur Geschichte der höhern Chemie. S. 415. 416.

t) Gespräch in dem Reiche der Todten, zwischen den Welt=
bekannten Goldmachern, dem Grafen Cajetani und dem
berühmten Baron von Klettenberg, von welchen der Erste
in Cüstrin an einem mit güldenen Lahn beschlagenen Bal=
cken des ordinairen Diebes=Galgen in einem von der=
gleichen Stoff gemachten Romanischen Habit gehangen.

Ein ähnlicher Betrüger und Abentheurer war Joh.
Heкt. von Klettenberg aus Frankfurt am Main;
da ihm wegen eines unglücklichen Zweikampfs mit ei=
nem Herrn von Stallburg das Todesurtheil gespro=
chen war, floh er aus seiner Vaterstadt, und irrte in
Teutschland von einer Stadt zur andern umher; hier
lebte er von den grosen Hofnungen, die er den Leuten
sie die grose Kunst Gold zu machen zu lehren gab, und
entwich, wenn er beträchtliche Vorschüsse eingenom=
men hatte, mit diesen; so trieb er sein Wesen zu Mainz,
Bremen und Prag: Auf diesem Wege hatte er so viel
gewonnen, daß er mit einem Sekretär und Bedienten
einherziehen, und Aufsehen erregen konnte: So trat er
mit verändertem Namen als Freyherr von Wildeck
bei dem Herzog von Weimar Wilhelm Ernst auf,
dem er gegen vortheilhafte Bedingungen nach einem ge=
sezlich aufgesezten Vertrage ein metallurgisches Geheim=
nis zu eröfnen versprach, durch welches man vermit=
telst eines ins Unendliche immer wieder zu gebrauchen=
den Wassers nicht nur das wegen seiner Flüchtigkeit sonst
aus Erzen nicht zu erhaltende Gold und Silber gewinnen,
sondern auch auf das doppelte vermehren könnte; zu
seinem Unglück waren aber die Männer, welche der
Herzog bestimmt hatte, sein Verfahren zu beobachten,
zu helldenkend, zu redlich und zu aufmerksam; sie hin=
derten ihn nicht nur die kleine Künste zu spielen, die er
sonst wohl gespielt haben mochte, um Silber oder Sil=
berreiche Stoffe in das Gemenge zu bringen, und auch
hier spielen wollte, und fanden, daß sowohl sein Was=
ser, als sein Flus schon Silber hielten; der Bericht,
den sie darüber erstatteten, bewog den Herzog zu dem
Entschlusse, den Freiherrn zu entlassen, der nun in ei=
ner

der lezte aber auf der bekannten Berg=Vestung König=
stein enthauptet worden. Hamburg. 1721. 4.

ner eigenen Schrift ᵘ) sich das Ansehen gab, als wenn
ihm Gott das grose Geheimnis geoffenbaret hätte;
das er nur Leuten von heiligem Lebenswandel offenbare.

Auf einmal zeigte er sich nun wieder unter seinem
ursprünglichen Namen und als Obrister zu Leipzig, und
nahm mit seinen Prahlereien den pohlnischen König
August II. so sehr ein, daß er ihm nicht nur die Würde eines Kammerherrn und die Stelle eines Haupt-
manns des Amtes Senftenberg mit einem sehr ansehnlichen Gehalte ertheilte, sondern auch einen Vertrag
mit ihm eingieng, in welchem dieser innerhalb vierzehen
Monaten die Universal-Tinctur auszuarbeiten, und
binnen weitern vierzehen Tagen in das Unendliche zu
vervielfältigen, und noch überdis eine Tinctur zur Verhütung aller Krankheiten und zur Verlängerung des
Lebens zu bereiten, und die ganze Kunst den Hofapotheker Werner zu lehren sich anheischig machte, aber
nach vielen vereitelten Hofnungen, als nothwendig vor-
gegebenen Reisen, und Betrügereien anderer Art, nicht
Wort hielt, und den König dadurch so entrüstete, daß
er ihn vest sezte, seine vorgespiegelte Künste genauer und
strenger, vornemlich von dem Bergrath und Leibarzt
Tittmann, untersuchen lies, und als dieser nach Gewissen nicht den günstigsten Bericht erstattete, und
Klettenberg mehrere Versuche zur Flucht machte,
nach Königstein bringen, und da er auch hier zweimal,
und beinahe mit Erfolg, Anstalten getroffen hatte, sich
aus dem Staube zu machen, 1725 mit dem Schwerde
hinrichten lies ˣ).

Noch

u) die entlarvte Alchemie. 1713. 8.

x) S. Anm. t. ferner Schlözer Briefwechsel. Götting.
8. B. IX. Heft L. S. 88 - 100. und Dresdnische gelehrte Anzeigen. 1784. St. 35. 36. Sammlung von Natur-
T 5 und

Noch zu Justi's [y]) Zeit zog ein solcher Goldma=
cher Sehfeld herum.

Auch die Anzahl von alchemischen Schriften, welche
dieses Zeitalter hervorbrachte, ist nichts weniger als
gering; man begnügte sich nicht damit, ältere alchemi=
sche Schriftsteller, als Synesius [z]), G. Ripley [a]),
Artesius [b]), Gr. Bernhard von Treviso [c]), J.
Augurelli [d]), Basilius Valentin [e]), Pet.
Arlensis

und Medicin, wie auch darzu gehörigen Kunst= und Litteratur - Geschichten, so sich Anno 1720 in den drei Win=
termonaten in Schlesien und andern Ländern begeben ꝛc.
Breßlau. 4. 1721. Mart. Cl. IV. Art. II.

[y]) S. dessen chymische Schriften. B. II. S. 435–455.

[z]) eines der ältesten Künstler, chymische Schriften. Nürn=
berg. 1718. 8.

[a]) chymische Schriften, Artesii geheimer Hauptschlüssel zu
dem verborgenen Stein der Weisen, das eröfnete philo=
sophische Vaterherz. Nürnberg. 1717. 8.

[b]) S. Anmerk. a.

[c]) chymische Schriften. it. Dicta Alani, kurze Lehr und
Unterrichtssprüche von der Bereitnng des Steins der
Weisen, it. Metallurgia, d. i. von der Generation und
der Geburt der Metalle, und daß aus ihnen allein der
Stein der Weisen könne gemacht werden. Nürnberg. 8.
1717. 1746.

[d]) gekrönten Poeten von Romulien Vellus aureum et Chryso-
poeia, oder grose und kleine Golderzielungskunst, an
Ihro Päbstliche Heiligkeit Leo X. aus dem Lateinischen
übersetzt, durch M. Val. Weigel. 8. Amsterd. 1715.
auf Kosten des Collegii curiosi. Hamburg. 1716.

[e]) 1. Redivivus sive astrum rutilans alchymicum, d. i. der
wiederaufgelebte Basilius, oder hellglänzendes Gestirn
der Alchymie, welches ganz hell und klar zeiget, sowohl
der alten als neuen wahren Sophorum einhellige, deut=
liche und unfehlbare Meynung von der ersten und andern
Materie vor und nach der Arbeit des grosen Werks, von
den

Arlenſis de Scudalupis f), R: Lull g), Geber h), Zoroaſter i), Hermes k), Abr. Eleazar,

den Eigenſchaften der gemeinen und philoſophiſchen Mineralien, aus den bewährteſten Schriften der Philoſophen verfaſſet, dabey eine ganz leichte, gewiſſe und accurate Methode angewieſen, wie die Vorarbeit vollbracht werden muß, welches von keinem bisher geſchehen, nebſt beygefügten kurzen und deutlichen Raiſonnement, herausgegeben von L. W. von Knör. Leipzig. 1716. 8. 2. Chymiſche Schriften. Neue verbeſſerte Auflage. Hamburg. 1740. 8. Th. I - III. Wien. 1768. 8.

f) 1. Alchymiſche Proceſſe, aus dem Lateiniſchen überſetzt. Berlin. 1715. 8. 2. Enucleatus, in deutſcher Sprache ausgefertigt. 1715. 8.

g) redivivus denudatus, oder 34 Kunſtproben aus dem Lateiniſchen überſetzt und mit Anmerkungen erläutert. Nürnberg. 1703. 8. ſ. auch Anm. h.

h) 1. redivivus, das iſt wahrhaftige Practica des Steins der Weiſen, welche der König Geber klar in ſeinen Büchern, jedoch Stuckweiß zerſtreuet, hin wieder beſchrieben. Hernach von einem Philoſopho in Ordnung geſetzt, und Lateiniſch herausgegeben, jetzo aber verteutſcht, und mit Annotattonibus und abfürtzter Praxi, Beſchreibung vom Mercurio Philoſophorum, vermehret worden von Arſenio Bachimiel Denſinger. 1643. 12. 2. Grundſätze aus der Toſcaniſchen in die Teutſche Sprache überſetzt, des Gieberim Eben Haen, oder Geber's und Raymundi Lullii, zweyer berühmten Philoſophorum Schrifften deſto beſſer zu verſtehen. Leipzig. 8. 1723. 3. Chymiſche Schriften, neue Auflage. Wien. 1751. 8.

i) Clavis artis (in deutſcher Sprache). Jena. 1738. 8.

k) Triſmegiſti Regis Graecorum, ex aurora conſurgente Tractatus verè aureus de Lapidis Philoſophici ſecreto, in capitula 7 diviſus, operâ Domini Gnoſi Belgae V. D. M. in lucem editus. Lipſ. 1700. 8.

jar[1]), Hortulanus [m]), Ant. de Abbatia [n]),
Ken. Digby[o]), Arn. Bachuone [p]), J. Delfino[q]),
Cam. Leonardo[r]), J. Böhm [s]), Glauber [t]),
ben grofen und kleinen Bauer [u]), wieder aufleben zu
laffen; J(oh.) M(augin) d(e) R(ichebourg) gab
in drei Bänden [x]), welchen noch drei andere folgen
follten, der berühmte genfifche Arzt Joh. Jak. Manget in zween Bänden [y]), aus welchen Konr. Horlacher

1) Erfurt. 1735.

m) Fata chymica, oder Befchreibung der wahren und fal-
fchen Chymie, mit beygefügten 8 alten und raren Traktätlein, und zum Theil koftbaren, bisher unbekannten
Manufcripten. Frankfurt. 1737. 4.

n) 1. Chymifche Schriften. Hamburg. 1691. 8. 2. Des in
der Chemie erfahrnen Mönchs de Abatia Verwandlung
der Metalle, oder richtiger Wegweifer zum Licht der Natur. Frankf. u. München. 1759. 8.

o) Eröfnung verfchiedener Heimlichkeiten der Natur. Frankfurt und Leipzig. 1744. 8.

p) Chymifche Schriften, neue Auflage. Wien. 1744. 8.

q) Mifcellanea di varie operette. Venez. 12. B. I. 1740.
nr. 6.

r) Speculum lapidum et Petri Arlenfis de Scudalupis, Pres-
byteri Hierofolymitani, Sympathia feptem metallorum
ac feptem felectorum lapidum ad planetas; accedit Magia aftrologica Petri Conftantis Albinei Villanovenfis.
1717. 8. Hamburg. Auguft. Vindelic.

s) Kurze und deutliche Befchreibung des Steins der Weifen. Amfterdam. 1747. 8.

t) Concentratus, oder Kern der glauberifchen Schriften,
von einem Liebhaber philofophifcher Geheimniffe. Breslau. 1716. 4.

u) Leipzig. 1744. 8.

x) Bibliotheque des Philofophes Chimiques. Nouvelle edition, revue, corrigée et augmentée avec des figures et
des notes. à Paris. 1741. 12.

y) Bibliotheca chemica curiofa five rerum ad Alchymiam
per-

cher *), den Kern in teutscher Sprache auszog, der letzte auch eine eigene a) Sammlung älterer kleinerer alche=

, pertinentium thefaurus; Quo non tantum Artis Auriferae et Scriptorum in ea Nobiliorum Hiſtoria traditur; Lapidis Veritas Argumentis et Experimentis innumeris, immo et Juris confultorum Iudiciis evincitur; Termini obfcuriores explicantur, Cautiones contra Impoſtores et Difficultates in Tinctura Univerfali occurrentes declarantur: Verum etiam Tractatus omnes Virorum Celebriorum, qui in magno fudarunt Elixyre, quique ab ipfo *Hermete*, ut dicitur, *Trismegiſto* ad noſtra usque Tempora de Chryfopoea fcripferunt, cum praecipuis fuis Commentariis concinno ordine difpofiti exhibentur. Ad quorum omnium Illuſtrationem additae funt quam plurimae Figurae aeneae. Genev. Vol. I. II. 1702. fol.

2) Bibliotheca chemica curiofa *Mangeti* enucleata et illuſtrata, d. i. Kern und Stern der vornehmſten chymiſch= philoſophiſchen Schriften, ſo darinnen befindlich, mit ſonderbaren Anmerkungen erläutert. Frankfurt. 1707. 8.

a) (Petri Fabri) die hellſcheinende Sonne am Alchymiſti= ſchen Firmament des hochteutſchen Horizonts, das iſt, Manuſcriptum, oder ſonderbares noch niemals teutſch herausgegebenes Buch, welches ehedeſſen an den Durchl. Fürſten und Herrn, Hrn Friedrich, Hertzog in Holſtein, geſendet, und darinnen die dunkelſte und ſchwerſte Sachen der Goldmachenden Kunſt, mit einer ungemeinen Deut= lichkeit erklärt hat, durch Conr. Horlacher, mit ſehr nützlich und offt=bewährten Anmerkungen, auch andern dergleichen raren Schriften vermehret und zum Druck befördert. Als 1. des Autoris unterſchiedene Briefe. 2. Epiſtola Monitoria, das iſt, erweckende Stimme aus dem Schlaff der Furcht und Kleinmüthigkeit an diejeni= gen, die von dem Geheimniß der Natur wiſſen, und ſo ſchläfrig damit umgehen, daß ſie ermuntert werden. 3. Epiſtola refponforia ad Monitoriam a *Frid. Ario*. 4. Nofce Te ipfum phyfico-medicum. 5. Centrum naturae concentratum, oder ein Tractat von dem wiederge= bohrnen Saltz der Natur insgemein uneigentlich genannt Stein der Weiſen, in Arabiſch beſchrieben durch Alipuli, aus

alchemiſcher Schriften, ein Ungenannter eine Bibliotheque des Philoſophes Alchimiques [b]), ein anterer
die neue Sammlung von einigen alten und ſehr rar ge;
wordenen philoſophiſchen und alchemiſchen Schriften [c]),
der Abb. Nik. Lenglet du Fresnoy, der 1755 im
81ſten Jahre ſtarb, in drei Bänden eine Geſchichte der
Alchemie mit einem hier und da beurtheilenden Ver;
zeichnis ihrer Schriftſteller [d]), Roth-Scholz auſer
seinem

aus dem Arabiſchen ins Teutſche überſetzt von N. F. G. B.
6. Guſtenhöfers Tinctura univerſalis ſecretum ſecre-
torum chymicorum. 7. D. Erasmi Schildkrots von
Königsberg gebürtig, und Caſpar Landbauers Beck-
ſchlagers, verblümter Chymiſcher Proceß, wie er in
Nürnberg von ihnen ſolle laborirt, und von 651 Pfund
Goldes, ſo ſie dadurch erlanget, das 12 Brüder-Haus
bey Allerheiligen geſtiftet worden ſeyn. 8. Vollſtändiger
Tractat von dem Philoſophiſchen Mercurio, aus D. Fr.
Hoffmanni Prof. zu Halle in Sachſen Ao 1700 gehaltenen inaugural Diſputation de Mercurio (aus der 21
Theſi. 9. Beſchreibung von zweyerley Oefen, ſamt deren Geſtalten in Kupferſtich, und zwar Herrn D. Joh.
Joach. Bechers ſeel. in ſeinem Tripode Hermetico p. m.
26 denen Figuren nach beſchriebenen Ofen, den man auf
den Reiſen mit ſich führen kann. Aus dem Lateiniſchen
ins Teutſche überſetzt; zum andern des Hrn. Obriſten
von Schellenbergs Univerſals - Ofen-Beſchreibung,
mit beygefügten Figuren. Mit einem Regiſter verſehen.
Nürnberg. 1705. 8.

b) ou Hermetiques contenant pluſieurs ouvrages en ce
  genre, très curieux et utiles, qui n' ont point encore
  paru, précédes de ceux de Philalethe, augmentés et
  commentés ſur l'original Anglois et ſur le Latin. Vol.
  I - IV. à Paris. 1754.

c) Wien. 8. B. I. 1767.

d) Hiſtoire de la philoſophie hermetique, accompagnée
  d'un catalogue raiſonné des écrivains de cette ſcience,
  avec le véritable Philaléthe, revû ſur les originaux.
  à la Haye. 1742. 8.

seinem deutschen Theatrum Chymicum e) und dessen
Fortsezungen f), ein Verzeichnis seiner meist alchemischen Büchersammlung g); und ein Ungenannter, der
in der Bücherkunde der Alchemie, in ihrer Kunstspra-
che, und, wie er sich wenigstens das Ansehen gibt, in
ihren Geheimnissen wohl bewandert ist, sein Kerenha-
puch

e) auf welchem einige der berühmtesten Philosophen und
Alchymisten Schriften, die sowohl von Bereitung des
Steins der Weisen, von Verwandlung der schlechten Metalle in bessere (NB. vom dritten Theil an von
Edelsteinen, von Kräutern, von Thieren, von Gesund-
und Sauerbrunnen, von warmen Bädern) von herrlichen
Artzneyen, und von andern großen Geheimnissen der
Natur handeln, welche bishero entweder niemals gedruckt,
oder doch sonsten sehr rar worden sind, vorgestellet werden. Nürnberg. 8. Erster Theil 1728. zweite Auflage.
1731. Zweiter Theil. 1730. Dritter Theil. 1732. Vierter Theil. 1733.

f) Neue Sammlung von einigen alten und sehr rar gewor-
denen philosophisch- und alchymischen Schriften 2c. welche
als eine (neue) Fortsetzung des bekannten deutschen theatri chymici angesehen und gebraucht werden können.
Franckfurt und Leipzig. 8. Erster Theil. 1767. Zweiter Theil. 1770. Dritter Theil. 1771. Vierter Theil.
1772.

g) Bibliotheca chemica, oder Catalogus von Chymischen
Büchern (Bibliotheca chemica *Rothscholziana*), darin-
nen man alle diejenigen Autores findet, die von dem
Stein der Weisen, von der Verwandlung der schlechten
Metalle in bessere, von Bergwercken, von Mineralien,
von Kräutern, von Thieren, von Gesund- und Sauer-
Brunnen, von Warmen- und andern Bädern, von der
Haußhaltungs-Kunst, und was sonsten zu denen drey
Reichen der Natur gehöret, geschrieben haben, und in
der Roth-Scholtzischen Bibliotheque vorhanden seyn.
Samt einigen Lebens-Beschreibungen berühmter Philo-
sophorum ans Licht gestellt. Nürnberg und Altdorff. 8.
1727. 1735.

puch h) heraus, das ihm wegen der Strenge, womit er
die alchemische Schriften gerichtet und gesichtet hat, die
laute Unzufriedenheit mancher Zunftgenossen, zugezogen hat i).

Auch kamen neue Schriften, zum Theil Erzählungen vorgeblich angestellter Versuche, ohne Namen der
Verfasser, mit verkappten Namen, mit den Anfangsbuchstaben der Namen, und mit den wahren Namen
der Verfasser gestempelt, in Menge heraus.

Unter die erstere gehören des gereisten Pilgrims Lei-
tungsfaden k), Beschreibung der uralten Wissenschaft l),

Tré-

h) Posaunen Eliä des Künstlers, oder deutsches Fegefeuer
　　der Scheidekunst, worinnen nebst den neugierigsten und
　　grösten Geheimnissen, die wahren Besitzer der Kunst,
　　wie auch die Ketzer, Betrüger, Pfuscher, Stümpler,
　　Bönhasen und Herren Gerngrose vor Augen gestellet
　　werden, mit gar vielen Orten aus der Schrift und andern
　　Urkunden erörtert; von einem Kind des Vizlipupli, der
　　ehrlicher Leute Ehre, und der Aufgeblasenen Schande
　　entdecken will. Hamburg (Amsterdam.) 1702. 8.

i) 1. Erlösung der Philosophen aus dem Fegfeuer der Chymi-
　　sten, das ist, Rechtmäßige Recension im Nahmen der
　　Philosophen den ohnlängst ausgeflogenen drey Laster-Bo-
　　gen entgegengesetzt durch Ihrer Herrlichkeit Fiscal. 8.
　　1701. 2. Demolirung und Eroberung des durch den
　　Schall einer thönernen Elias-Posaune, auf Befehl des
　　Chymischen Pabsts angekündigten Fegefeuers der Scheide-
　　Kunst, samt den übrigen auf der Insel Schmäheland auf-
　　gerichteten Schantzen. Oder kurtze Wiederlegung des
　　von einem Anonymo ohne sattsamen Grund und Raison
　　herausgegebenen schmähsüchtigen Teutschen Fegefeuers der
　　Scheide-Kunst aufgesetzet durch Alethophilum. Nordhau-
　　sen (Nürnberg.) 1705. 8.

k) zu den chymischen und alchymischen Labyrinth. Braun-
　　schweig. 1691. 8.

l) vom Stein der Weisen; Erläuterung etlicher alchemi-
　　sches

Trésor de la philosophie des anciens [m]), Chymiae aurifodina incomparabilis [n]), das Geheimnis der Schöpfung [o]), die curieuse Gedanken von der wahren Alchymia [p]), die Collecti processus de lapide philosophorum praeparando [q]), die Cabala [r]), die güldene Rose [s]), der lange und kurze Weg zur Universaltinctur [t]), Le triomphe hermetique [u]), die Eröfnung der Thüre

scher Schriften, und Kinderbette des Steins der Weisen, aus dem Französischen. Hamburg. 1692. 8.

m) Cologn. 1693. fol.

n) quam recludit Praeludium prosimetricum, magicarum noctium sortes Sibyllinae, Chymicae, Vanni, Granatum erutum, Auctoribus immortalibus Adeptis. Accedit Comment. de pharmaco catholico. Lugd. Bat. 1696. 4.

o) nach ihren sichtbaren und unsichtbaren Wundern, aus dem göttlichen magischen Zentrallicht gezeiget. Mit unterschiedenen Figuren versehen. Amsterdam (Hamburg). 1701. 8.

p) insonderheit dessen prima materia. Nebst völliger Anweisung zur praeparirung des Lapidis philosophorum und universal-Medicin, mit allen darzu gehörigen Handgriffen und Observationibus. 1702. 8.

q) aliisque secretis non vulgaribus. Oder von der Zubereitung des Steins der Weisen und andern raren Kunststücken und Geheimnissen. Nebst einem curieusen Wein-Büchlein. Jena. 1704. 8.

r) Speculum Artis et Naturae in Alchymia, quid lapis sophorum antiquissimus rei sit, qui triplex et tamen simplex lapis existit: Cum figuris aeneis. August. Vindel. 4. teutsch Augsburg. 4. 1704. (ohne Kupfer) 1716. Leipzig. 8. 1704.

s) ein weitläufiges alchemistisches Gedicht in deutschen Versen. Hamburg. 1705. 4.

t) Leipzig. 1705. 8.

u) ou la Pierre philosophale victorieuse. Traité touchant le magistére hermetique. 8. Amsterd. 1706. Leipzig et Goerliz. 1707. an leztern Orten im gleichen Jahre, so wie

Thüre des königlichen Pallaſtes ˣ), die Aurea catena
Homeri ʸ), die Medicina metallorum ᶻ), die Philoſophia ſ. Sophia naturalis aphoriſtica ᵃ), die Scientia hermetica veterum ſiloſophorum reſtituta ᵇ), die Königliche hermetiſch Specialconcordanz ᶜ), die CXXXVIII
neu entdekte Geheimniſſe ᵈ), die Einleitung zur allgemeinen Medicin , der Chymiſch unterirrdiſche Son-
nenglanz ᶠ), die philoſophiſche Brieftaſche ᵍ), die chymiſche

wie zu Frankfurt und Leipzig. 1765. auch teutſch mit der
Aufſchrift: Hermetiſcher Triumph oder ſiegender philoſophiſcher Stein.

x) daß ſie ſey das rohe antimonium und materia ſecunda
lapidis philoſophorum, welche vor denen mit Blindheit
geſchlagenen verdecket, und von denen Weiſen unter dop-
pelſinnigen Reden denen unwürdigen verborgen gehalten
worden, anjetzo aber aufs klärſte durch gründliche Erwei-
ſung aller Welt wieder dargeſtellt wird. Dresden und
Leipzig. 1718. 8.

y) oder Beſchreibung von dem Urſprung der Natur und
natürlicher Dinge. 8. Th. I. II. Franckfurt und Leipzig.
1723. Th. III. de transmutatione metallorum. 1727.
auch 1770. zu Halle in Schwaben; alle drei Theile zuſammen Franckfurt und Leipzig. 1728. 1738. Jena 1757.
und mit der Aufſchrift: Annulus Platonis oder philoſo-
phiſch-chemiſche Erklärung der Natur und ihrer Entſtehung. zu Berlin. 1781.

z) oder gründliche Wiſſenſchaft geringe Metalle zu reinigen
und zu verbeſſern. Leipzig. 1723. 4.

a) die Weisheit und Naturerkenntnis. Leiden. 1723. 8.

b) oder wahre und klare Beſchreibung des höchſtverborgenen
Geheimniſſes der alten Philoſophen. Bamberg. 1724. 12.

c) 1724. 8.

d) oder allerhand magiſche, ſpagyriſche, ſympathetiſche und
antipathetiſche Kunſtſtücke. Franckfurt. 1725. 8.

e) Dresden und Leipzig. 1727. 8.

f) Frankfurt. 1728. 4.

g) Strasburg. 1728. 8.

mische Offenbahrung der wahren Weisheit h), das chymische Etwas in Nichts i), die drey curiose chymische
Schrifften k), die Erinnerung an die Beschreiber und
Sucher des Steins der Weisen l), die neu eröfnete
Schatzkammer m), der Unterricht von der Luna com-
pacta et fixa n), die neu-erfundene Perle vom Stein der
Weisen o), die Schrift von des kleinen Bauers Particular p), die Alchymia denudata q), der alchy-
misti-

h) daß ist, getreue und aufrichtige Entdeckung der Materie, welche gewonnen werden muß, wenn man den
wahren Weisen-Stein Lapidem Philosophorum Tincturam universalem machen will. Aus vielen Theophra-
stischen Handschrifften angezeiget, und in öffentlichen
Druck gegeben von J. J. Chymiphilo. Nürnberg.
1720. 8.

i) das ist: Wie der hochberühmte Stein der Weisen als
eine edle Gabe Gottes entfernet; und in hohen Dingen
vergeblich gesuchet, aber glücklich in etwas gefunden wird.
Dreßden. 1722. 8.

k) als 1. Nicolai Soleae philosophische Grund-Sätze.
2. Herrn C. L. W. L. Chymischer Catechismus. 3. CXXX.
Grund-Sätze aus dem Toscanischen ins Teutsche übersetzet. Hoff. 1723. 8.

l) Erfurt. 1731. 12.

m) rarer, curiöser und sonderbarer chymischer und philosophischer Geheimnisse, nebst einer Handleitung zur Bereitung der sogenannten philosophischen Tinctur. Leipzig.
1734. 8.

n) Leipzig. 1715. 8.

o) Leipzig. 1714. 8.

p) Leipzig. 1715. 8.

q) vorstellend, wie wahrhafftig eine Universal-Medicin zu
bereiten. 8. Breslau. 1708. revisa et aucta. Leipzig und
Wismar. 1723. oder das bis anhero nie recht geglaubte,
durch die Experimente nunmehro beglaubte Wunder der
Natur. Th. I. II. Leipzig. 1768. 8.

miſtiſche Particular = Zeiger ꟼ), die vier auserle=
ſene chymiſche Büchlein ʳ), das Examen des principes des Alchymiſtes ˢ), die Genies aſſiſtans ᵗ), le Fi-
let d'Ariadne ᵘ), die Aphorismes chymiques ˣ), der
Revelator magni Philoſophorum arcani ʸ), das Urim
et Thummim Moſis ᶻ), der Pharus chemicus ᵃ), die
breve diſſertazione del trattato China-china in difeſa
della Chimica ᵇ), das Caelum philoſophorum ᶜ), das
Myſterium magnum ᵈ), die mikrokosmiſche Vorſpiele
des neuen Himmels und der neuen Erde ᵉ), der Amor
proximi ᶠ), die drey Tractätlein von den Geheimniſſen
                                                        der

q) d. i. Unterricht vom Gold= und Silbermachen. Roſtok.
   8. 1707. 1715.

r) Hamburg. 1697. 8.

s) fur la pierre philoſophale. Paris. 1711. 12.

t) à la Haye. 1718. 12.

u) pour entrer avec fûreté dans le labyrinthe de la philoſophie hermetique. à Paris. 1695. 8.

x) à Paris. 1692. 12.

y) quo Hermetis opera explicata veniunt. Hamburg.
   1705. 8.

z) des groſen Propheten und Heerführers Handleitung zu
   dem Weiſenſtein. Nürnberg. 1737. 8.

a) oder hellleuchtender Wegweiſer zur chymiſchen Wiſſen=
   ſchaft, worinn die Möglichkeit und wirkliche Zubereitung
   einer univerſal - medicin gezeiget wird. Regenſpurg.
   1752. 8.

b) dedicata a S. E. N. H. Gio. Antonio Crotta. Venezia. 1743.

c) teutſch. Dresden und Leipzig. 1739. 8.

d) oder der durch die Gnade Gottes gefundene Weg, den
   Lapidem philoſophorum zu bereiten. 1739. 8.

e) 8. Amſterdam. 1744. Leipzig. 1784.

f) gefloſſen aus dem Oel der göttlichen Barmherzigkeit,
                                                        ge=

der Natur ᵍ), der metallische Baumgarten ʰ), die Schlange Mosis ⁱ), das Centrum naturae ᵏ), der chymische Mondenschein ˡ), die Cabalae verior descriptio ᵐ), die edelgebohrne Jungfer Alchymia ⁿ), die unvorgreifliche Gedanken von alchymistischen Schriften °), die Fama Hermetica ᵖ), das Aureum Vellus ᑫ), oder die eröffnete Geheimnisse des Steins der Wei=

geschärfet mit dem Wein der Weisheit, bekräftiget mit dem Salz der göttlichen und natürlichen Warheit. Frankfurt. 1746. 8.

g) Mainz. 1749. 8.

h) in welchem das einzige wahre Subjectum philosophiae, oder primum ens metallorum blos vor Augen gelegt und beschrieben wird. Frankfurt. 1753. 8.

i) die alle andere verschlingt, oder neuentdeckte chymische Geheimnisse. Danzig. 1755. 8.

k) oder Tractat von dem wiedergebornen Salz, genannt der Stein der Weisen. Frankfurt. 1756. 8.

l) worinnen das wahre Subjectum philosophiae angezeigt, und wo solches zu suchen sey, und wie solches praepariret werden soll. Frankfurt. 1760. 8.

m) d. i. gründliche Beschreibung aller natürlichen und über= natürlichen Dinge, wie durch das Fiat alles erschaffen, und durch das Centrum coeli et terrae generiret, nutrirt, regiert, und corrumpiret wird. Franckfurt. 1761. 8.

n) oder durch viele Exempel abgehandelte Untersuchung von des Alchymia. Tübingen. 1730. 8.

o) 1708 8.

p) in circulo conjunctionum Saturni et Solis sistens. Jan. et Febr. 1714. 8 cum notis variorum, welche unlängst vom Monath Januario über Hamburg in ganz Teutsch= land sich geschwungen, wie Pontius Pilatus in Credo denkwürdig gemacht, oder Beantwortung derselben. Junuarius. 1714. 8.

q) oder guldene Schatz= und Kunst=Kammer, darinnen derer fürnemsten und berühmtesten Auctorum Schrifften

Weiſen ʳ), der Con- und Diſſenſus chymicorum de
famigeratiſſimo ruſtici minoris particulari ˢ), der wahr=
hafftige Bericht von der Generation und Regeneration
der Metallen ᵗ), die Continuatio I. Famae Alchymicae ᵘ), der Faſciculus unterſchiedlicher raren und
wahren philoſophiſchen Schrifften vom Stein der
Weiſen ˣ), die Mineralogia ʸ), die murrende ausſäzige
Mit=

> und Bücher, aus dem gar uralten Schatz der überblie=
> nen und verborgenen Reliquien und Monumenten der
> Aegyptiorum, Arabum, Chaldaeorum et Aſſyriorum,
> Königen und Weiſen von dem hocherleuchteten Philoſopho
> *Salomone Trismoſino* in ſonderbare Tractätlein diſponirt,
> und ins Teutſche gebracht, auch mit vielen Figuren ver=
> ſehen. Hamburg. 1708. 8.

r) oder Schatz=Kammer der Alchymie. Mit vielen Figuren.
Hamburg. 1718. 4.

s) oder ungleiche Meinungen von des kleinen Bauers Par=
ticular, beſtehende und vorgeſtellet in Fünffzehen davon
handelnden Proceſſen, woraus der kunſtliebende Leſer den
Con- und Diſſenſum derer Autorum derſelben vernehmen
wird, nebſt noch zweyen andern ſehr curieuſen Particu-
larien de exaltatione ſolis ejusque animae extraсtione
in über 30 der beſten Proceſſen beſtehende, denen cu-
rioſitatis gratia des Jacobi *Tollii* coelum chemicum noch
beygefüget worden. Leipzig. 1715. 8.

t) zu dem ☿, nach dem truckenem Weg auf Dan. Georg.
Morhofii Epiſtel an Joelem Langelottum. 1716. 8.

u) oder infalible Demonſtration der Kunſt, quod ſal metallorum ſit materia proxima lapidis philoſophorum. Das iſt:
der Metallen Salz iſt die nächſte Materie des Steins
der Weiſen. Wie und wo nemlich ſolches Metalliſche
Natur=Saltz ſehr leicht, und mit geringer Arbeit durch
Hülffe der Natur und Sorgfalt der Kunſt, anzutreffen
ſey. Leipzig. 1717. 8.

x) aus einem alten Lateiniſchen Manuſcripto ins Teutſche
überſetzet Nebſt einer curiöſen Epiſtel von denen Duum-
viris Hermeticis Foederatis, und einer Vorrede von ei=
nem

Miriam ᶻ), die drey chemische Tractate ᵃ), die sechs chymische Tractate ᵇ), die Schrift vom Hylealischen, das ist Pyr-Materialischen Catholischen oder Natur-Chaos ᶜ), das Kleinod oder Schatz der Philosophen ᵈ), das Lumen de phosphoris ᵉ), die erläuterte Warheit des Goldmachens ᶠ), die Declaratio tincturae philosophorum ᵍ), die geheime Naturlehre der hermetischen Wissenschaft ʰ), der Triumphwagen des Vitriols ⁱ), die Sammlung chemischer Versuche ᵏ), das alchymistische

nem wunderbaren vermischten uncorrosivischen Menstruo ex Macro- et Microcosmo die Metallen zu solviren von Lic. Chph. von Hellwig. Bremen. 1719. 8.

y) oder chemischer Schlüssel. Franckfurt. 1706. 8.

z) wider Mosen, den theuren Propheten Gottes, und wahren Adeptum lapidis benedicti. Leipzig. 1708. 8.

a) 1. guldene Rose. 2. Brunn der Weisheit, und 3. Blut der Natur. 1706. 8.

b) von alten und neuen Philosophen. Franckfurt. 1725. 4.

c) Franckfurt. 1708. 8.

d) nemlich Lapis philosophicus seu Medicina universalis. Francof. 1714. 8.

e) Amstelod. 1717. 8.

f) Franckfurt und Leipzig. 1767. 8.

g) d. i. Erklärung des Lapidis benedicti. Leipzig. 1769. 8.

h) zur Verfertigung des gebenedeyten Steins der Weisen nach dem System des edlen Sendivogii. Leipz. 1770. 8.

i) Erfurt. 1770. 8.

k) mit welchen theils Gold und Silber, theils Gesundheit und ein langes Leben, theils andere nöthige, nützliche und curieuse Dinge gesuchet und öfters gefunden werden mit nützlichen Anmerkungen. 8. Tübingen. 1756. H. Franckfurt und Leipzig. 1757.

stische Siebengestirn [1]), die 138 magische, spagyrische und sympathetische Kunststücke [m]), der confirmirte und concentrirte chymische Zinnober Particular-Zeiger [n]), die neu aufgehende chemische Sonne [o]), die Medicina metallorum [p]), die medicinische Universal-Sonne [q]), die 1000 Geheimnisse [r]), die neu entdeckte und vollkommen bewährte Geheimnisse [s]), der Traité de Chimie philosophique et hermetique enrichie des operations les plus curieuses de l'art [t]), die chymische Versuche aus alten raren Manuscripten gezogen [u]), einige Abhandlungen in den Actis Germanicis [x]), das Triso-

l) oder sieben auserlesene Tractätlein vom Steine der Weisen. Franckfurt. 1756. 8.

m) Franckfurt. 1726. 8.

n) Nürnberg. 1760. 8.

o) 1739.

p) Lips. 1723. 4.

q) Hamburg. 1706. 8.

r) oder allerhand Magische, Spagyrische, Antipathetische, Oekonomische Künste. Rudolstadt. 1737. 8.

s) oder Secreta von Magisch-Spagyrisch und Sympathetischer Kunst. 8. Regensburg. 1717. 1726. 1729. Franckfurt. 1732. Leipzig. 1737.

t) à Paris. 1725.

u) in welchen die Kunst, Gold und Silber, Gesundheit und ein langes Leben zu finden enthalten, mit vortreflichen Anmerkungen, welche den nächsten Weg nach Colchis führen, und die Ehre der Kunst befördern. Th. I. II. Franckfurt und Leipzig. 1767.

x) or the litterary Memoirs of Germany &c. being a choicen collection of what is most valuable and really useful not only in the several litterary Acts, published in different parts of Germany and the North &c. but likewise in the several academical theses or dissertations in the several faculties, at the universities all over Germany. London. 4. Vol. I. 1742.

Trifolium chymicum ʸ), das Quadratum alchymiſti‑
cum ᶻ), das Königliche Wunderbad ᵃ), Delarvatio
tincturae philoſophorum ᵇ), der falſche und wahre
Lapis Philoſophorum ᶜ), die gründliche Anleitung zu
dem großen Naturgeheimniße des lapidis philoſophici ᵈ),
das hinterlaßene Buch eines ſcharfſinnigen Chymici
ohne Titel ᵉ), der aufrichtige Wegweiſer zum Licht der
Natur ᶠ), eines ſcharfſinnigen Chymici hinterlaſſene
Gedanken von Verbeſſerung der Metalle ᵍ), die Alchy‑
miſtenlogic ʰ), die Geheimniſſe von 224 experimentir‑
ten Kunſtſtücken ⁱ), die Grundveſte der Chemie ᵏ), die
fünf

y) drei Tractätlein, als Kofsky, Lullii und Alphidii &c.
Straßburg. 1699. 8.

z) id eſt, quatuor tractatus de Lapide Philoſophico. Ham‑
burg. 8. 1705. teutſch 1707.

a) oder Gedanken von dem Stein der Weiſen. Erlangen.
1750. 8.

b) das iſt, kurze und einfältige Erklärung des lapidis bene‑
dicti, durch einen, der in der Warheit genaue Feuerar‑
beit liebet. Ober‑ und Niederwaſſerberg. 1769. 8.

c) oder eines vornehmen Philoſophi unſchätzbarer Unter‑
richt von allem, was ihm bey koſtbarſter Suchung des
Steins der Weiſen begegnet iſt. Wien und Nürnberg.
1752. 4.

d) Hamburg. 1753. 8.

e) Nürnberg. 1756. 8.

f) oder ad Tincturam phyſicam Paracelſi und lapidem phi‑
loſophicum. Nürnberg. 1756. 8.

g) oder naturgegründete und experimentirte Metallurgie.
Hermanſtadt. 1757. 8.

h) oder Vernunftlehre der Scheidekünſtler, um die unver‑
ſtändigen Alchymiſten zu rechte zu weiſen. Königsberg.
1762. 8.

i) zweyte verbeſſerte Auflage. Zelle. 1762. 8.

fünf chemische Tractätlein [l]), die kurze Nachricht vom
auro potabili [m]), und der Adeptus realis [n]).

So kamen unter dem Namen eines Baron Urbi-
ger gewiſſe Regeln über die drey unfehlbaren Wege,
das groſe Elixir der Philoſophen zu bereiten [o]), unter
dem Namen des Hermite de Fauxbourg Aphoriſmes
chymiques [p]), unter dem Namen eines Alethophil.
Chryſander das Aureum ſeculum patefactum [q]),
unter dem Namen eines Ehrd Naxagoras der al-
chymi-

k) Metallurgie oder Schlüſſel der Weisheit zu der hohen
   Pforte der Natur. St. 1. 2. Frankfurt. 1764. 8.

l) von den deutlichen Ausdrücken derer, welche vom Steine
   der Weiſen jemals geſchrieben haben. Franckfurt. 1770. 8.

m) nebſt gründlicher Unterſuchung, und deutlicher, doch philoſophiſcher Anweiſung, wie zur groſen Univerſalmedicin
   oder ſogenanntem Stein der Weiſen zu gelangen, von einem Liebhaber der chymiſchen Grundmiſchung. Leipzig.
   1770. 8.

n) das iſt die kürzliche Zuſchrift eines warhafften Adepti an
   alle Liebhaber der Alchymie, beſtehend erſtlich in einer
   treuherzigen Warnung vor allerhand beträchtlichen Me-
   tall- und Mineral auch Special- und Particular-Proceſſen.
   2. Einen gründlichen Beweiß, daß nicht nur ehmals eine
   Gold hervorbringende Wunder-Materie oder Stein der
   Weiſen geweſen, ſondern dato noch bey verſchiedenen Menſchen gefunden und bereitet werden können.   3. Einer
   aufrichtigen Geſtändniß des Autoris, daß er durch Gött-
   liche Gnade ſolches Geheimniß nicht nur beſitze, ſondern
   auch reſolviret ſey, einigen redlichen Patrioten ſolches
   ocularites zu demonſtriren und zu eröffnen. Leipzig.
   1715. 8.

o) Erfurt. 1691. 8.

p) à Paris. 1692. 8.

q) oder die eröffnete gülbene Zeit, darinnen das von aller
   Chymicis und wahren Philoſophis längſt gewünſchte Menſtruum univerſale ſeu materia chaotica Sonnenklar entdeckt. Nürnberg. 1706. 8.

chymiſtiſche Particularanzeiger [r]), eine Alchymia denudata [s]), eine Sancta veritas Hermetica [t]), und eine
Aurea catena Homeri [u]), unter dem Namen Sincer.
Renatus (von dem Pfarrer Sam. Richter zu Hart-
mansdorf bei Landshut in Schleſien) eine Theophiloſo-
phia theoretico-practica [x]), unter dem Namen Theoph.
Philaletha der theoſophiſche Wunderſaal [y]), unter
dem Namen Joh. de Monte Raphaim der Vor-
bote der am philoſophiſchen Himmel hervorbrechenden
Morgenröthe [z]), unter dem Namen des aufrichtigen
Hermogenes ein magiſcher Feuerſtab und ein ſpagy-
riſches Brünnlein [a]), unter dem Namen Thymian
Solis eine mediciniſch-chymiſche Betrachtung des
Rosmarins [b]), unter dem Namen des Grafen von
Gabalis die Entretiens ſur les Sciences Secretes [c]),

unter

r) d. i. Unterricht vom Gold- und Silbermachen. Roſtok.
   8. 1706. 1716. 1726.

s) oder das bis anher nie recht geglaubte Wunder der Natur nebſt ausführlicher Beſchreibung des ohnweit Zwickau
   gefundenen goldiſchen Sandes, wie auch, daß, auſer dem
   fonte univerſali, aller philoſophiſchen Schriften ungeachtet, dennoch ein höchſt nutzbares und groſen Profit tra-
   gendes Particulare zu finden ſey. 8. Breslau. 1708. 1716.
   Leipzig und Wismar. 1723. Leipzig nnd Stalſung. 1728.

t) five Concordantia Philoſophorum, confiſtens in Sale et
   Sole, five Mercurio et Sulphure. Breslau. 1712. 8.

u) Leipzig. 1728. 8. Sollte ſie von dem ohne Namen unter
   gleicher Aufſchrift erſchienenen Werke verſchieden ſein?

x) Breslau. 1711. 8.

y) Promotoris, edlen Ritters von Orthopetra. 1709. 8.

z) Hamburg. 1716. 8.

a) 1739.

b) Bauzen. 1764. 8.

c) à Paris. 1701. 12.

unter dem Namen eines *Philofophi Anonymi* die Scientia hermetica veterum philofophorum reſtituta ᵈ), unter dem Namen von Pyrophilus das Fundament der Lehre von dem Stein der Weiſen ᵉ), unter dem Namen von Joach. Philander ein goldenes Kalb ᶠ), unter dem Namen Pluſius der Spiegel der heutigen Alchemie ᵍ), unter dem Namen Hermann Fictuld der längſt gewünſchte und verſprochene chemiſch-philoſophiſche Probierſtein ʰ), das Azoth ignis et Vellus aureum ⁱ), und die Victoria hermetica ᵏ), unter dem Namen Melagander eine Anleitung zum Lapide philoſophorum ˡ), unter dem Namen Elias der Artiſt, die Erläuterung etlicher Schriften vom Weiſenſtein ᵐ), von J. L. M. C. das Kinderbette des Steins der Weiſen ⁿ), von J. W. fünf curiöſe chymiſche Tractätlein,

d) oder wahre und klare Beſchreibung des höchſtverborgenen Geheimniſſes der alten Philoſophen. Bamberg. 1724. 12.

e) oder des urälteſten Philoſophen Hermetis Trismegiſti Tabula Smaragdina, welche Tafel bisher von den meiſten für ein unauflöslich Räthſel iſt gehalten worden. Hamburg. 1736. 4.

f) Hamburg. 1745. 8.

g) Budiſſin. 1725. 8.

h) auf welchem ſowohl die Schriften der wahren Adeptorum, als auch der betrügeriſchen Sophiſten ſeyn probiret worden, wodurch einem jeden Sucher der Weisheit der wahre Weg gezeiget, und hingegen alle Irrwege entdecket, ſo daß er nunmehro gar nicht fehlen kann. Dresden. 8. 1740. Dritte Auflage. 1784.

i) Lipſ. 1749. 8.

k) Lipſ. 1750. 8.

l) Hamburg. 1753. 8.

m) Hamburg. 1692. 8.

n) 8.

tätlein o), von einem H. P. v. St. ein chymischer Leitstern p), von einem C. E. M. Licht und Finsternis aus der Erleuchtung Gottes q), von einem V. F. S. P. die edelgebohrne Jungfer Alchymia r), von einem englischen Grafen von S. experimentirte Kunststücke s), von einem J. S. N. das goldene Vlies t), von einem C. G. H. eines wahren Adepti besondere Geheimnisse von der Alchymie u), von einem J. H. C. H. S. M. D. der Mercurius sophicus delarvatus x), von einem J. C. S. v. Z. eine Auflösung und Erläuterungen zwoer Fragen: Warum die meisten Beflissenen der hermetischen Kunst den lapidem philosophorum oder den Stein der Weisen vergeblich suchen, große Kosten, Mühe und Arbeit darauf wenden, und ihn doch unmöglich auf die Weise, wie sie arbeiten, finden können: Wie man denselben leichtlich und gewiß finden, ohne große Unkosten, Mühe und Arbeiten ausmachen, und zu Got-

o) in welchen die allerdeutlichsten Ausdrücke von dem Steine der Weisen anzutreffen sind, nebst Vorerinnerung. Frankfurt und Leipzig. 1767. sollten sie wohl mit dem oben in der Anmerkung l. erwähnten einerlei sein?

p) Budissin. 1716. 8.

q) zu einem Wahrredenden hergeflossen, mystice, theologice, chymice. Leipzig. 1716. 8.

r) nebst einem Zusatz von der Medicina universali, Universalproceß, und einigen Kunststücken aus der Alchymie. Tübingen. 1730. 8.

s) oder Sammlung einiger rarer, curiöser und geheimer chymischer Processe durch W. H. L. Th. I. II. Braunschweig. 1731. 8.

t) oder allerhöchster Schatz der Weisen. Leipzig. 1736. 8.

u) zum Gebrauch und Nutzen denen Liebhabern herausgegeben und mit Figuren erläutert. Dreßden. 1757. 8.

x) Act. physico-medic. Acad. Caesar. Natur. Curios. Vol. IX. Norib. 1752. Append. art. 6. p. 141.

Gottes Ehren und zu seines nothleidenden armen Nächsten Dienst gesegnet anwenden möge [y]), von einem G. A. P. S. eine Acerra medico-chymica [z]), und von einem J. D. Thom. A. eine Chymica collectio curiosa [a]).

Auch war die Anzahl derer, welche dergleichen Schriften mit ihrem wahren Namen herausgaben, nicht gering: Von Italiänern schrieb Christ. de Medices einen Concurfus philofophorum [b]), und von Franz Mar. Pomp. Colonna kam eine Schrift Hiſtoire naturelle de l'Univers heraus [c]), von S. Severino der Triomfo dell' Alchimia [d]): In Frankreich schrieb Croſſet de la Haumerie les fecrets les plus cachés de la philofophie des Anciens [e]), H. v. Richebourg Conſtantini genere Graeci et Britanniae Regis Chimici floridas ſententias Graecas [f]), und le Breton die Clefs de la Philofophie ſpagyrique [g]): In Eng-

y) Allen Liebhabern der wahren Weisheit zu ihrer eigenen Erkenntniß und zu glücklicher Erlangung ihres zeitlichen und ewigen Wohls mitgetheilt. Hamburg. 1756.

z) Lipf. 1713. 4.

a) quae veram continet rerum naturalium anatomiam, ſive analyſin è triplici regno tam vegetabili et animali, quam minerali &c. Francof. 1693. 4.

b) d. i. Beschreibung des Steins der Weiſen. 1706. 8.

c) dans la quelle on rapporte des Raiſons Phyſiques ſur les Effets les plus curieux et les plus extraordinaires de la Nature. T. I. II. à Paris. 1734. 12.

d) Venezia. 1691. 8.

e) decouverts et expliquez à la ſuite d'une hiſtoire des plus curieuſes. à Paris. 1723. 12.

f) verſibus rythmicis conſcriptas cum praefatione. Amſtelod. 1721. 4.

g) Paris. 1722. 12.

England Lancilotti Colfon die Philofophia matura-
ta ^h), Jene Leade die Glorie oder Herrlichkeit Sa=
rons in der Erneuerung der Natur ^i), E. Dickinfon
fowohl feine Phyfica vetus et vera ^k), als eine Schrift
de Chryfopoeia ^l), und J. Heabrich feine arcana
philofophica ^m): In den Niederlanden kam von J. E.
Lubemann aus feinen nachgelaffenen Schriften ein
Konftcabinet vol Verborgentheden der Natuur ^n) heraus.

Aber am ftärkften fpukte diefer Geift, oft mit allen den
myftifchen und theofophifchen Kenntniffen ausgefchmükt,
deren fich je eines der vorhergehenden Zeitalter rühmen
konn=

h) oder ein ausführlicher Philofophifcher Tractat, welcher
in fich begreifft die rechte Praxin, und den würckenden
Theil der Philofophia, zu Erlangung des Steins der
Weifen. Nebenft den Wegen, den Mineralifchen Stein,
und die Calcination der Metallen zu verfertigen. Welchem beygefüget ift ein Werck des St. Dunftan an dem
Stein der Weiffen, famt den curieufen experimenten des
Rhumelii, und Bereitung des Angeli Salae, beyde fehr
berühmte Chymici zu ihrer Zeit. Aus dem Englifchen
ins Teutfche überfetzt von J. L. M. E. Hamburg.
1696. 8.

i) Amfterdam. 1700. 8.

k) five Tractatus de Naturali vanitate Hexaemeri Mofaici.
Per quem probatur in hiftoria creationis tum generationis univerfae methodum atque modum, tum verae philofophiae principia ftrictim atque breviter a Mofe tradi.
Cum figuris variis. Rotterod. 1703. 4. Hamburg.
1705. 8.

l) five de Quinta effentia philofophorum. 8. 1705. Oxon.
juxta exemplar Oxonienfe. Acceffit ob argumenti ana-
logiam Anonymi Chriftiani de medicamentis univerfali-
bus differtatio. Hamburg.

m) or Chymical fecrets. London. 1697. 8.

n) vervattende in zich eene menigte Chemifche, Sympa-
thetifche, Magifche en Magnetifche en Spagirifche Konft-
ftucken by een verzamelt. St. 1. 2. Amfterdam. 1765. 8.

konnte, in Teutschland; ihn athmet der wittenbergische Lehrer, Georg Kasp. Kirchmaier in seiner Dissertatio de metallorum metamorphosi o), der kielische Lehrer J. Ludw. Hannemann aus Amsterdam in seinem Ovum hermeticum p), in seinem Pium philosophiae adeptae et Theologiae orthodoxae osculum q), in seinen Pharus ad Ophir auriferum r), in seinem Xystus in hortum Hesperidum s), in seinen Horis subsecivis Fridrichstadensibus t), und in seiner Aurora oriens u), der nordhäusische Arzt Dav. Kellner in seinem Weg der Natur zu Verbesserung der Metalle x), Doroth. Jul. Wallich in seinem mineralischen Gluten y), in seinem philosophischen Perlbaume z), und in seinem (drey) Schlüssel zu dem geheimen Kabinet der verborgenen

o) Witteberg. 1693. 4.

p) Paracelsico-Trismegisticum, cum appendice apologetica sive tractatus de auro. Francof. 1694. 8.

q) h. e. Analogia quorundam mysteriorum theologicorum cum lapidis philosophici arcano mysterio. Hamburg. 1696. 8.

r) s. Commentarius in anonymi Galli arcana philosophiae hermeticae. 4. Kilon. 1712. Lubec. 1714.

s) i. e. Parasceve ad aureum vellus. Kilon. 1715. 4.

t) sive Nodus gordii de lapidis philosophici elaboratione a Sophisticis connexus, solutus. Kilon. 1715. 4.

u) Ploenae. 1719. 4.

x) Nordhausen. 1704. 8. auch in einigen Briefen an den Bergrath Henckel. S. mineralogische, chemische und alchymistische Briefe an Henckel. Th. I. Dresden. 1794.

y) doppelter Schlangenstab, Mercurius philosophorum &c. 8. Leipzig. 1705. und mit etwas veränderter Aufschrift. Frankfurt und Leipzig. 1722.

z) ein Gewächse der drey Principien in deutlicher Erklärung des Steins der Weisen. Leipzig. 1705. 8.

genen Schatzkammer der Natur a), Stan. Reinh.
Artelmayer in seiner Idea harmonicae correspon-
dentiae superiorum cum inferioribus b), und in seinem
weit eröfneten Pallast des Naturlichts c), Joh. Mich.
Faust in seiner Pandora chimica d), in seinem Compendium alchymiae novum e), und in seinem Commentar über Philalethä Metallverwandlung f),
Joh. Gerh. Leursen in seinem Vortrab des Chymischen Schauplatzes g), Franz Klinge (Clinge) in
seinem richtigen Wegweiser zu der einigen Wahrheit h),
in seiner Antwort an Theodorum Candidum i), und
in seiner freywilligen Einladung zur Anweisung in der
Wahren Chymie k), der erfurtische Arzt Christoph
Helbig in seiner curiösen Beschreibung unterschiedner
rarer und schwerer physisch-medicinischer, chemischer
und

a) zu der Such- und Findung des Weisensteins. 8. Leipz.
1706. Franckfurt und Leipzig. 1722.

b) Augsburg. 1706. 8.

c) Th. I-VI. 4. Schwabach. 1706. Augsburg. 1716.

d) Franckfurt. 1706. 8.

e) Francof. 1706. 8.

f) Franckfurt. 8. 1706. 1728.

g) das ist: Gründliche Anleitung zu der wahren Chymie,
worinnen begriffen der Animalien, Vegetabilien, Mineralien und Metallen Ursprung und Kräfte, Wachsthum
und Verwandelung, aus selbst eigener Erfahrung mit
unumstößlichen Gründen bewiesen und erklärt. Franckfurt. 1708. 8.

h) in Erforschung der verborgenen Heimlichkeiten der Natur. Berlin. 1701. 8.

i) wegen des Cluvers fameuse Charteque wider den
Wegweiser zur einigen Warheit in Erforschung der verborgenen Heimlichkeiten der Natur. Berlin. 1701. 8.

k) oder Philosophia hermetica. 1712. 4.

und ökonomischer Dinge[1]), und der Freyherr Joh. Otto von Helbig in den von seinem so eben genannten Bruder herausgegebenen Schriften, den Curiosis physicis [m]), und den Arcanis majoribus [n]); Ludw. Wilh. von Knör in seinem nöthigen Nosce te ipsum [o]), D. Georg Friedr. Rezel in seinen eröfneten Pforten der geheimen Natur [p]), in seiner geheimen Bedeutung der sechs Tagewerke [q]), und in seinem Bericht von unsichtbaren Wesen [r]); der kurländische Oberste Freih. Joh. Friedr. von Grabau in seinen philosophischen unvorgreiflichen, doch wohl gegründeten Gedanken über den Uralten Stein der Weisen [s]), Guid. Ferd. Arnold in seinem kurzen Bericht und Versicherung von des Herrn Ignatii von Orthomont neu erfundenen Astro

So-

1) Franckfurt und Leipzig. 1704. 12.

m) oder gründliche Lehre von unterschiednen Naturgeheimnissen, sonderlich dem Lapide philosophorum. Sonders hausen. 12. 1700. und 1701. Franckfurt und Leipzig. 1714. 8.

n) Leipzig. 1702. 8.

o) zu Erhaltung der Lebensflamme durch eine doppelte Panacea, so aus der wahren Minera solis der Sophorum durch richtige spagyristische Handgriffe präparitet wird, samt deren Zubereitung. Leipzig. 1714. 8.

p) Blanckenburg. 1718. 8.

q) Blanckenburg. 1722. 8.

r) Blanckenburg. 1722. 8.

s) was selbiger sey nach seinem Subjecto, Materie und Wesen, dessen Ausarbeitung sowohl nach der ersten als andern Bereitung und Gebrauch zur menschlichen Gesundheit, auch beygefügter Warnung und Unterricht, wie man sich vor denen in der Welt, sowohl schrifftlich als leiblich herumlaufenden Processirten und Laboranten zu hüten, auf eine der treulichsten Art, als vordem niemand der Welt entworffen. (Leipzig) 1718. 8.

Solis und Junonischen Salß '), und in seinem unge=
lehrt=gelehrten Alchymiſt ᵘ), Chryſoſtomus Ferd. von
Sabor oder eigentlich Chriſtn. Friedr. Sendimir
von Siebenſtern in seiner Practica naturae vera ˣ),
Hans Chn. von Etner in seinem Roſetum chymicum ʸ), Joh. Theob. Neukranz in seiner Oratione
de neceſſitate artis chemicae ejusque productu ſum-
mo ᶻ), Georg von Welling in seinem Opere Mago-
cabaliſtico et theoſophico ᵃ), Chrph. Heinr. Keil in
seinem

t) als einer wohl meritirten Univerſal=Arßney zur Erhal=
tung der Geſundheit und Verlängerung des menſchlichen
Lebens. Samt dem vollkommenen Proceſs und deren
Praeparation. Dreßden. 1718. 8.

u) darinnen vorgeſtellt wird die Bereitung des Lapidis philoſophorum auf Metalliſche und Vegetabiliſche Art.
1723. 8.

x) oder ſonnenklare Beſchreibung der Naturgeheimniſſe,
beſtehend in wahrer Präparation des Lapidis univerſalis.
1721. 8.

y) oder chymiſcher Roſengarten, aus welchem der vorſich=
tige Kunſtbefliſſene vollblühende Roſen, der unvorſichtige
Laborant aber Dornen und faule Knoſpen abbrechen
wird. Leipzig. 1717. 4. Franckfurt. 1724. 8.

z) magna hominum et metallorum medicina, Lapis philoſophorum dicta. Witteberg. 1725. 4.

a) darinne der Urſprung, Natur, Eigenſchaften und Ge=
brauch des Salzes, Schwefels und Mercurii, in drey
Theilen beſchrieben, und nebſt ſehr vielen ſonderbaren
mathematiſchen, theoſophiſchen, magiſchen und myſtiſchen
Materien, auch die Erzeugung der Metallen und Mine=
ralien aus dem Grunde der Natur erwieſen wird, ſamt
dem Hauptſchlüſſel des ganzen Werks und vielen curieuſen
Mago=caballiſtiſchen Figuren, denen noch beygefüget ein
beſonderer Anhang etlicher ſehr raten und koſtbaren chy=
miſchen Piecen. 4. Homburg vor der Höhe. 1735. Franck=
furt und Leipzig. 1760. Leipzig. 1784.

X 2

feinem philosophischen Handbüchlein ᵇ), Joh. G. Töl-
tin in seinem Coelum referatum chymicum ᶜ), Joh.
Gottfr. Jugel in seiner Scheidung der vier Elemente
aus dem Chaos ᵈ), in seinen Dictis philosophicis ᵉ),
in seiner gründlichen Nachricht von den wahren metallischen Samen ᶠ), und in seiner frey entdeckten Experi-
mental-Chymie ᵍ), Aloyf. Wiener Edler von Son-
nenfels in seinem Splendor lucis ʰ), Georg Wa-
gentruß in seiner Schrift von der Universaltinctur ⁱ),
der berühmte tübingische Lehrer Joh. Konr. Creiling
in

b) Leipzig und Hof. 1736. 8.

c) oder philosophischer Traktat, worinnen die Materien und
 Handgriffe, woraus und wie der Lapis in der Vor- und
 Nacharbeit zu bereiten, angezeigt werden. Frankfurt und
 Leipzig. 1737. 8.

d) Berlin. 1744. 8.

e) oder Generalphysik, der sichtbare Weg von der Generation aller Dinge aus der wahren prima materia. Breslau. 1764. 8.

f) oder prima materia metallorum, wie aus derselben das
 ganze mineralische Reich seinen Ursprung hat, nach eigener Erfahrung geprüft, durch ordentliche Würckungen
 der Natur bestätigt, und auf eine vorher unbekannte
 Art der Welt mitgetheilet. 8. Zittau. 1754. Leipzig und
 Zittau. 1766.

g) oder Versuch den Grund natürlicher Geheimnisse durch
 die Anatomie und Zerlegungskunst in den aftralischen, animalischen, vegetabilischen und mineralischen Reichen, durch
 systematische Grundsätze, Gegenbeweise, Anmerkungen,
 Versuche, Erfahrungen und darauf folgende Schlüsse,
 nebst dem deutlichen Naturbegriffe der metallischen Generation, wie solche täglich in der Erde getrieben wird,
 durch eine lange Untersuchung also vorzustellen, daß es
 ein jeder Naturforscher einsehen und erkennen kann.
 In zwey Theile abgefaßt. Leipzig. 1766. 8.

h) oder Glanz des Lichts. Wien. 1747. 8.

i) Franckfurt. 1749. 8.

in seiner Ehrenrettung der Alchemie, und in seinen vier Dissertation. de aureo vellere [k]), Joh. Zahn in seiner Specula Physico-Mathematico-Historica Notabilium et Mirabilium sciendorum [l]), Leona Constantia von Clermont in der Sonnenblume der Weisen [m]), Dr. Alph. Khon in seinem Aufsaze von Metallverwandlung [n]), Sebast. Wirdig in seiner Medicina spirituum curiosa [o]), Joh. El. Müller in seinem vernunftmäsigen Begriff der Gold hervorbringenden Wunder-Materie [p]), Joh. Gottfr. Meerheim in seinem Discours curieuser Sachen, insonderheit Hermetischer, Physikalischer, Medicinischer und anderer Wissenschaften [q]), Joh. Wolffg. Künstel in seiner Dissert. medico-chimica de salibus metallorum [r]), Ludw. Fr. Ja-

k) vel possibilitate transmutationis metallorum. Tubing. 4. 1737-1739.

l) in qua Mundi mirabilis oeconomia, nec non mirifice amplus et magnificus ejusdem abditè reconditus, nunc autem ad lucem protractus ac ad varias perfacili methodo acquirendi Scientias in epitomen collectus Thesaurus curiosus omnibus Cosmosophis inspectandus proponitur etc. Opus hoc Encyclopaediam generalem complectitur. Norimb. Vol. I. II. 1696. fol.

m) das ist eine helle Vorstellung der praeparirung des Philosophischen Steins. Neben der Warnung, in was vor Materien man sich hierinnen zu hüten. 1704. 8.

n) Miscellan. Acad. Caes. Natur. Curios. Dec. III. Ann. 5. et 6. Francof. et Lips. 1700. obs. LXXVII.

o) Franckfurt. 1706. 8.

p) oder des Steins der Weisen. Franckfurt. 1707. 8.

q) im Monat Januar, Februar, Martius, April. Leipzig. 1708. 8.

r) praesertim auri et mercurii. Lips. 1711. 4.

Jacobi in seiner Dissert. de arte chymistica [s]), Karl
Ludw. Neuenhahn in seinen vermischten Anmerkun=
gen über einige auserlesene Materien zur Beförderung
nützlicher Wissenschaften [t]), J. G. Gerhard in sei=
nem Aufsaz vom Zinnoberwasser [u]), J. Chn. Göß in
seinen zwei neuern Beispielen für die Möglichkeit der
Verwandlung der Metalle [x]), Joh. Wallberger in
seinem compendiösen natürlichen Zauberbuche [y]), Gebh.
Frisch in seiner anatomia alchimiae [z]), P. Gerß a
Sancta Cruce in seiner Sammlung von Geheimnissen
über die Metalle [c]), Dr. W. S. E. Hirsching in
                                                    seinem

s) Erford. 1711. 4.

t) Leipzig. 8. Th. II. 1755. Abh. I. Th. III. 1756.
   Abh. I.

u) zum Beweise der Möglichkeit einer Metallverbesserung
   in Sammlung von Natur= und Medicin — wie auch
   hierzu gehörigen Kunst= und Litteratur = Geschichten, so
   sich Anno 1725 in den drey Winter=Monaten in Schle=
   sien und andern Ländern begeben. Breßlau. 1726. Jan.
   Cl. IV. Art. 8.

x) Commerc. Litterar. ad rei medicae et naturalis incrementum institutum, quo quicquid novissime observatum,
   agitatum, scriptum et peractum est, succincte dilucideque exponitur. Norimb. 4. Anni MDCCXXXI. Semestr.
   poster. spec. 43. 44.

y) oder aufrichtige Entdeckung vieler der allerberühmtesten,
   nicht nur belustigend — sondern auch Nutzen — und Ge=
   winn — bringender Geheimnisse, insbesondere denen
   Wein=Negocianten dienende, sammt mit — eingebrach=
   ten kurzen Discoursen von der Goldmacherey, Zauberey,
   Macht und Wirkung der bösen Geister in die Körper,
   von Gespenstern rc. Benebst einem Anhang der untrüg=
   lichsten, theils medicinisch — theils sympathetisch — und
   antipathetischer Geheimnisse. Franckfurt und Leipzig.
   1745. 8.

z) 1696. 8.

c) die Goldmacherkunst, die Tincturen rc. Konstantinopel.
   1720. 8.

seinem Verſuch phyſiſch-chemiſcher Lehrbegriffe zur Prüfung des ſo berüchtigten metallverwandelnden Meiſter-
ſtücks [d]), J. Fr. Glaſer in ſeiner Vertheidigung
einer Metallverwandlung [e]), ein Ungenannter in ſeinem
Zeugniſſe von Wirklichkeit des Goldmachens [f]), Georg
Heinr. Zincke in den Leipziger Sammlungen [g]), Karl
Friedr. Zimmermann in ſeiner oberſächſiſchen Berg-
Akademie [h]), G. Th. Wlömen in ſeinem Aufſaʒe von
der Möglichkeit Gold und Silber zu machen [i]), Dr.
Rud. Joh. Fr. Schmid in ſeinem Enchiridion alchy-
mico-phyſicum [k]), P. W. von Meerheim in ſeiner
glück-

d) Leipzig. 1754. 8.

e) Commercium litterarium ad rei medicae et naturalis
incrementum &c. Ann. MDCCXXXIII. ſpec. 17.

f) Medicorum Sileſiacorum Satyrae, quae varias obſervationes, caſus, experimenta, tentamina ex omni medicinae ambitu petita exhibent. Wratislav. et Lipſ. 8. Spec.
VIII. 1742.

g) von allerhand zum Land- und Stadt-Wiſſenſchaftlichen
Policey- Finanz- und Cammerweſen dienlichen Nachrichten, Anmerkungen, Begebenheiten, Verſuchen, Vor-
ſchlägen, neuen und alten Anſtalten, Erfindungen, Vortheilen, Fehlern, Künſten, Wiſſenſchaften und Schriften, wie auch von denen in dieſen ſo nützlichen Wiſſenſchaften und Uebungen wohlverdienten Leuten. Leipzig. 8.
Hundert und Dreyßigſtes Stück. 1755. nr. II.

h) in welcher die Bergwerks-Wiſſenſchaften nach ihren
Grundwahrheiten unterſucht und nach ihrem Zuſammen-
hange entworfen werden. Dresden. 4. St. II. 1747.
Abh. 6.

i) Hamburgiſches Magazin oder geſammelte Schriften zum
Unterricht und Vergnügen aus der Naturforſchung und
den angenehmen Wiſſenſchaften überhaupt. Hamburg. 8.
B. XXV. 1761. St. II. nr. VI.

k) ſive diſquiſitio de menſtruis univerſalibus vel liquoribus alchaheſtinis philoſophorum, illorum aeque ac tincturae

X 4   turae

glücklich vollführten Reisebeschreibung nach denen uns
bekannten Oſt; und Südwärts gelegenen Indianiſchen
Inſeln [1]), der Baron von Rueſſenſtein in ſeinen
chymiſchen Univerſal; und Particular; Proceſſen [m]),
D. D. Becker in ſeinem chymiſchen Wahrſager [n]),
und in ſeiner Vertheydigung des chymiſchen Wahrſa;
gers [o]), F. C. P. H. von Mondenſtein, genannt
Schwefelbach, in ſeinem Waſſer und Geiſt, als der ge;
offenbarten Natur [p]), der Ritter Joh. Ant. Moſche;
roſch von Wiſteisheim in ſeinen wohlmeynenden
treuen und ſehr nützlichen Ermahnungen an die Anfän;
ger in dem tiefſinnigen Studio der hermetiſchen Philo;
ſophie [q]), und Klefeker [r]) in ſeinen Briefen an
Henckel.

Selbſt

turae et lapidis philoſophorum, nec non viarum ad
tincturam metallorum ducentium diſtinctam cognitionem
generatim ſuppeditans, et hoc modo totius philoſophiae
pyrotechnicae fundamenta philoſophorum autoritate, experientia pariter et firmiſſimis rationibus fulta ante oculos ponens. In philochimicorum gratiam non minus
ac pyroſophiae ſecretioris incrementum adornatum atque editum. Jenae. 1740. 8.

l) Erlangen. 1753.

m) auf ſeinen Reiſen mit ſechs Adepten erlernet. Wien.
1754. 8.

n) oder Beſchreibung eines rubinrothen, fixen und durch;
dringenden Oels, ſo er ohne alles Feuer und Zuſatz frem;
der Dinge aus dem Thau bereitet. Langenſalze. 1755. 8.

o) nebſt Erklärung vieler wichtigen alchymiſchen Sätze.
Langenſalze. 1756. 8.

p) Grund; Anfänge der geheimnisvollen hermetiſchen Weis;
heit der Adepten. Erlangen. 1756. 8.

q) wobey das ſchwerſte Räzel aufgelöſet wird, an welchem
ſchier alle Anfänger ſtecken bleiben und kleinmüthig wer;
den. Zum Beſchluß folgt eine kurze Diſſertation über
die

Selbst Dippel.*), der bei allen seinen übrigen Schwärmereien '), die er, so wie seine übrige Schrif= ten unter dem angenommenen Namen Christianus Demo=

die Grundursache der Elektricität nach denen Maaßregeln der natürlichen oder hermetischen Philosophie. Leipzig. 1764. 8.

r) unter dem Namen M. Gottheil in seinen Briefen an Henckel. Mineralogische, chemische und alchymistische Briefe. Dresden. Th. II. 1794.

s) die Vitae animalis Morbo et medicina suae vindicata origini disquisitione physico-medica, qua simul Mecha- nismi et Spinosismi deliramenta funditus deteguntur, et mathematica evidentia ex sanae rationis circulo deturban- tur, et integrum universi motus systema concinnis vin- culis nectitur. Lugd. Bat. 1711. 8. Das auch teutsch mit der Aufschrift: Kranckheit und Artzney des Thierisch= Sinnlichen Lebens, wie solche nach ihren eigentlichen Ur= sprung mittelst einer natürlich=Artzneyischen Untersuchung wieder lauter und rein hergestellet worden. Franckfurt und Leipzig. 1713. 4. heraus kam.

t) Man s. z. B. den Weg=Weiser zum verlohrnen Licht und Recht, oder entdecktes Geheimnuß, beydes der Gottsee= ligkeit und Boßheit, in einer Schrifftmäßigen Abbildung der Gemeine des neuen Bundes, nach it, er innern und äussern Beschaffenheit, und des ihr entgegengesetzten Ab= falls in dem Reich des Antichristen. Samt einer Vorre= de, worinnen Herrn Johannes Merkers, Lutherisch= Evangelischen Predigers zu Essen, dem Autori überschick= te zwey Tractätlein: 1. Christliche Unterweisung von der Freyheit zu lehren, und von dem Schrifftmäßigen Ver= stand des Bind= und Löse=Schlüssels. 2. Christliche Un= terweisung von der Gemeinschaft der Heiligen 2c. Sum= marisch repetiret und deren unpartheyische Wahrheits= Gründe dem bescheidenen Leser bestens recommendiret. Zweyter Theil, oder Wegweiser zum Licht und Recht in der äussern Natur, oder entdecktes Geheimnuß des Se= gens und des Fluchs in denen natürlichen Cörpern, zum wahrhafften Grund der Artzney=Kunst in Liebe mitgethei= let. Samt einer Vorrede, worinnen des Authoris Fata

Chy-

Democritus bekannt machte, in der Chemie oft sehr
hell sahe ͧ), der berühmte Bergrath Joh. Friedr.
Henckel ͯ), der geschickte osnabrückische Apotheker
J. Fr. Meyer ͧ), und sogar Stahl ͢) erklärten sich
zum Vortheil der Alchemie.

Noch jezt hielten Einige z. B. der Graf von Sal-
vagnac ͣ), gewissermasen auch Joh. L. Heine-
mann ᵇ) die Fällung des Kupfers durch Eisen für
eine Verwandlung dieses in jenes, und demnach für
einen Beweis der Verwandlung der Metalle in einander überhaupt: Sam. Reyher gab ein Verzeichnis
von

Chymica, zur nöthigen Nachricht offenherzig communi-
cirt werden. 1704. 8.

u) hin und wieder in Vitae animalis morbo et medicina &c.
und in chymischen Versuch zu destilliren; 1729. 4.

x) davon findet man mehrere Beweise in den schon oben erwähnten Briefen.

y) alchymistische Briefe von dem Verfasser der chymischen
Versuche zur nähern Erkänntniß des ungelöschten Kalks ꝛc.
an den Herausgeber gegenwärtiger Briefe. Hannover.
1767. 4. (8.); auch ins französische übersezt mit der Aufschrift: Lettres alchimiques. à Paris. 1767. 12.

z) Diss. de metallorum emendatione modico fructu profu-
tura. Opusc. min. S. 258 - 276. auch ins Teutsche übersezt mit der Aufschrift: Gedanken von Verbesserung der
Metalle. Nürnberg. 1720. 8.

a) Sammlung von Natur - und Medicin — wie auch hie-
zu gehörigen Kunst- und Litteratur - Geschichten, so sich
in den Winter- und Frühlings-Monaten, und in den
Sommer- und Herbst-Monaten des Jahrs 1728 in
Schlesien und andern Ländern begeben. Breslau. 1732. 4.
Mart. Cl. V. Art. 1. Sept. Cl. IV. Art. 2.

b) in den mineralogischen, chemischen und alchymistischen
Briefen von reisenden und andern Gelehrten an den ehmaligen chursächsischen Bergrath J. F. Henckel. Dreßden. 8. Th. I. 1794.

von Münzen heraus, die aus chemischem Metall gemacht waren [c]).

Die Rosenkreuzer liesen ihre Stimme wieder laut erschallen [d]): 1710 schickte ein Polycarp Chryfoſtomus, ein Miſſiv an die hocherleuchtete Brüderschaft des Ordens des goldenen und Rosenkreuzes Lux in cruce et Crux in luce [e]); Sam. Richter gab unter dem angenommenen Namen Sincerus Renatus eine wahrhafte und vollkommene Bereitung des philoſophiſchen Steins der Brüderschaft aus dem Orden des goldenen und Rosenkreuzes [f]), Ludw. Konr. von Berg unter dem Namen L. R. Orvius Philoſophiam occultam [g]), ein Ungenannter die Plejades philoſophiae Roſianae [h]), ein Anderer die zufällige naturgemäſe Gedanken von der Gewisheit der edlen Chy- und Alchymie [i]), noch ein An-

---

c) Diff. de numis quibusdam ex chymico metallo factis. Kilon. 1692. 4.

d) S. Anecdotes de medecine. 1762. 12.

e) in Hiſt. Karbiluk Antrum naturae et artis reclufum oder geheimnisvolle eröfnete Höhle der Natur und Kunſt. Nürnberg. 1710. 8. in Chrph. Helbig's obſervat. medico-chymic. Lipſ. 1711. und in J. Ott. Helbig Curioſ. phyſic. Lipſ. 1714. 8. auch zu Leipzig. 1783. abgedruckt.

f) darinnen die Materie zu dieſem Geheimnis mit feinem Namen genennet, auch die Bereitung von Anfang bis zu Ende mit feinen Handgriffen gezeigt iſt ꝛc. den Filiis doctrinae zum Beſten publiciret. Breslau. 8. 1710. 1715.

g) five Caelum fapientum et vexatio ftultorum. Franckfurt. 1737. 8.

h) oder philoſophiſches Siebengeſtirn der Rosenkreuzer, beſtehend in ſieben ſehr geheimen Proceſſen, das Univerſal betreffend. Leipzig und Nordhauſen. 8. 1738. 1759.

i) und was von dem jetzigen Rosenkreuzerorden zu glauben ſey. Wolfenbüttel. 1763 (2). 8.

Anderer die Grundfeste der Metallurgie ^{k}), noch ein Anderer die allerneueste Entdeckung der verborgensten Geheimniſſe der hohen Stuffen der Freymaurerey oder der wahren Roſenkreuzer ^{l}).

Die Wiederauferſtehung der Pflanzen und Thiere aus ihrer Aſche oder die Palingeneſie fand auch in dieſem Zeitalter noch ihre warme Vertheidiger ^{m}), an dem berühmten Arzte Georg Friedr. Franck von Frankenau ^{n}), an dem Arzte Ad. Friedr. Pezold ^{o}), Bauer,

---

k) oder Schlüſſel der Weisheit zu der hohen Pforte der Natur, und der groſen Geheimniſſe der Metallurgie, aus geheimen Schriften der Roſenkreuzer. Frankfurt. 8. 1763 ꝛc.

l) aus dem Engliſchen überſetzt, nebſt dem Noachiten oder preuſiſchen Ritter. Jeruſalem. 1768. 8.

m) Man ſ. z. B. Anecdotes de medecine ou choix de faits ſinguliers, qui ont rapport à l'anatomie la pharmacie, l'hiſtoire naturelle &c. à Paris. 1762. aus dem franzöſiſchen überſezt mit der Aufſchrift: Mediciniſche Anekdoten oder Sammlung beſonderer Fälle, welche in die Anatomie, Pharmaceutik, Naturgeſchichte ꝛc. einſchlagen, nebſt einigen merkwürdigen Nachrichten von den berühmteſten Aerzten. Frankfurt und Leipzig. 8. Erſter Theil. 1767. Fr. Leonh. Ign. Steinmetz praeſ. Joſ. Ant. Carl diſſ. de palingeneſia. Ingolſt. 1759. 4. Gerl. Reinh. Hoyer praeſ. J. G. Wallerius diſſ. de paliugeſia. Upſal. 1764. 4.

n) Palingeneſia Francica oder Tractätlein von der künſtlichen Auferweckung derer Pflanzen, Menſchen und Thieren aus ihrer Aſche. Aus dem Lateiniſchen überſetzt von Joh. Chriſt. Nehringer. Leipzig. 1716. 8. und lateiniſch De Palingeneſia ſive reſuſcitatione artificiali Plantarum, Hominum et Animalium à ſuis cineribus Liber ſingularis. Cum commentario, et variorum, ſuisque experimentis quam plurimis illuſtratus a Joh. Chriſt. Nehringio; praemiſſum eſt Elogium Autoris a vindiciano conſcriptum. Halae. 1717. 4.

Bauer P), und einem Ungenannten q); das allgemeine
Auflösungsmittel blieb eines der ersten Geheimniſſe, mit
deſſen Entdeckung ſich mehrere Männer dieſes Glaubens,
z. B. Joh. Chrph. Kuhnſt r), Pelletier s), H.
de Lagerets oder Graf de la Charois t), Agri=
cola u), und einige Ungenannte x) beſchäftigten und
rühm=

o) Ephemerid. Acad. Caeſar. Natur. Curioſor. Cent. VII.
   Norib. 1719. 4. obſ. 12. S. 31 ꝛc.

p) Act. phyſico - medic. Acad. Caeſar. Natur. Curioſ.
   Vol. I. Norimb. 1727. 4. obſ. CCXIX.

q) Berliniſches Magazin oder geſammelte Schriften und
   Nachrichten für die Liebhaber der Arzeneiwiſſenſchaft, Na=
   turgeſchichte und der angenehmen Wiſſenſchaften über=
   haupt. Berlin. 8. B. II. 1766. St. III. nr. 1. S. 237.

r) Differt. de menſtruo metallorum univerſali. Halae.
   1737. 4.

s) l'Alkaeſt, ou le Diſſolvant univerſel de van Helmont,
   révélé dans pluſieurs Traités, qui en decouvrent le
   ſecret. Rouen. 1704. 12.

t) Commercium litterarium ad rei medicae et ſcientiae na=
   turalis incrementùm inſtitutum. Norimberg. 4. Ann.
   MDCCXXXI. Semeſtr. poſt. ſpec. 43.

u) Sammlung von Natur= und Medicin — wie auch hiezu
   gehörigen Kunſt= und Litteratur - Geſchichten, ſo ſich Ann.
   1719. in den 3 Winter= Monaten in Schleſien und an=
   dern Ländern begeben. 1720. Mart. Cl. V. Art. 1. und ſo
   ſich 1722 in den drei Sommer= Monaten — — begeben.
   1724. Jul. Cl. V. Art. 1. Commercium litterarium ad
   rei medicae et ſcientiae naturalis incrementum inſtitutum. Ann. MDCCXXXII. ſpec. 47. Ann. MDCCXXXIII.
   ſp. 19. et 37.

x) 1. Bedenken von Alkaheſt. Franckf. 1708. 8. 2. Samm=
   lung von Natur= und Medicin — wie auch hiezu gehöri=
   gen Kunſt= und Litteratur - Geſchichten, ſo ſich Anno
   1725 in den 3 Herbſt= Monaten in Schleſien und an=
   dern Ländern begeben. Breßlau. 1727. 4. Nov. Cl. IV.
   Art. 21.

rühmten; und so bündig sich auch R. A. Vogel[y]) da=
gegen erklärte, so priesen doch E. E. D. M.[z]), Vil=
lars[a]), Keller[b]), der dänische Leibarzt Sam.
Carl[c]), W. S. C. Hirsching[d]) und andere[e])
allgemeine Heilmittel öffentlich an; und der Venetia=
ner, Friedr. Gualdus, der 1724 als Mitglied der
erleuchteten Brüderschaft des Ordens vom goldenen und
Rosenkreuze starb, suchte, was ihm jedoch nur wenige
glaubten[f]), die Welt zu überreden, daß er sich ver=
möge

y) resp. Franc Lud. *Schmitt* diff. de vanitate remediorum
   univerfalium. Goetting. 1757. 4. abgedruckt in seinen
   Opuscul. medic. felect. antea sparsim edit. nunc autem
   in unum collect. recognit. auct. et emendat. Goetting.
   1768. 4. nr. 5. S. 115 2c.

z) Bericht von Universal - Artzneyen, an Tag gegeben.
   1709. 8.

a) Sammlung von Natur= und Medicin — wie auch hier=
   zu gehörigen Kunst = und Litteratur - Geschichten, so sich
   in Schlesien und andern Ländern 1718 in. den 3 Winter=
   Monaten begeben. 1719. Febr. Cl. V. Art. 1.

b) Sammlung 2c. so sich 1718 in den 3 Sommer=Monaten
   begeben. 1719. Jul. Cl. V. Art. 4. -

c) Gedanken und Vorschläge von Univerfalarzney, in seinen
   Opufculis.

d) Versuch phyfikalisch = chymischer Lehrbegriffe zu möglicher
   Prüfung des Wesens, des Beständnisses und der Wür=
   kungsart des so berüchtigten Metall verwandelnden Mei=
   sterstücks und dessen vorgeblichen Nutzanwendungen zu ei=
   nem allgemeinen Genezmittel in Absicht einiger Vergnü=
   gung einer Natur= und Grundforschenden Wißbegierde
   entworffen. Leizig. 1754. 8.

e) z. B. der ungenannte Verfasser von Universalmedicin.
   Lüneburg. 1705. 8.

f) man sehe z. B. den entlarvten Gualdus five Frid. Gualdus ex se ipso mendacii et impofturae convictus, das ist,
   ausführlicher Beweiß, daß dasjenige, was von einem

400

möge eines durch chemische Kunst gewonnenen Mittels
sein Leben auf 400 Jahre verlängert habe g).

Zwar hatte Degner h) mit triftigen Gründen ge=
gen die Vorzüge der aus Gold bereiteten Arzneien ge=
sprochen; aber andere: z. B. J. H. Bolmann i),
Joh. Batailhes k), Joh. Gottl. Scheinhardt l),
Karl O. Moller m), N. N. A. O. F. sonst S.
R. n) priesen dagegen dergleichen oft auf geheimen We=
gen bereitete Heilmittel desto kräftiger an.

Uebers

400 Jährigen Venetianischen Edelmanne und seiner Me=
dicin vorgegeben wird, mehr für eine Fabel als wahr=
haffte Geschichte zu halten (welche der nächstfolgenden
Schrift beigefügt ist).

g) Communication einer vortrefflichen Chymischen Medicin,
Krafft welcher nebst Gott und guter Diät der berühmte
Edelmann Fridericus Gualdus, sein Leben auf 400 Jahre
zu diesen unsern Zeiten conserviret, und kürzlich noch
Anno 1688 zu Venedig zu sehen gewesen. Aus dem Engli=
schen und Italiänischen übersetzt. Augsburg. 1700. 12.

h) bei Joh. Kanold curieuser und nutzbarer Anmerkungen
von Natur= und Kunst=Geschichten, durch eigene Erfah=
rung und aus vielerley Correspondenz gesammelt, Sup=
plement. III. Budißin. 1728. 4. Art. 9.

i) Kurzer und gründlicher Bericht von einer wahren auf=
richtigen Goldtinctur. Quedlinburg. 1711.

k) La grande et admirable preparation de l'or et argent
potable. Toulouse. 1693. 8.

l) Dissert. physico - medica, qua auri cum salibus mixti
summam in corpus humanum vim atque virtutem visci-
dum in febribus resolvendi demonstrare annititur. Ca-
rolsruh. 1762. 4.

m) Obs. sonderbarer durch die Essentium dulcem verrichte=
ter Curen. Halle. 1706. 4.

n) des Auri potabilis alte und neue Zeugnisse, von dem
vortrefflichen medicinischen Gebrauch desselben zur Confirmation dieser edlen Medicin. Leipzig und Franckfurt.
1722. 8.

Ueberhaupt ris die Sucht, mit geheimen oft durch
chemische Kunstgriffe verfertigten, Arzneien zu wuchern,
so laut auch einige Aerzte: als J. C. Ettner °), S.
Carl ᵖ) und andere ᑫ) dawider sprachen, immer mehr
ein; viele derselbigen blieben geheim, und verdienten
vielleicht auch keine weitere Aufmerksamkeit: In den
Secrets eprouvés dans la pratique de la medecine et de
la chirurgie ʳ), in Joh. Quinti secreti medicinali ˢ), in des Abb. Rousseau Secrets et remedes
eprouvés ᵗ), so wie in dessen Préservatifs et remedes,
uni-

o) des getreuen Eckharts Medicinischer Maul-Affe, oder
der entlarffte Marckschreyer, in welchem vornemlich der
Marckschreyer und Quacksalber Bosheit und Betrügereyen,
wie dieselben zu erkennen und zu meiden; Hernach bewährteste Artzney-Mittel in allerhand Kranckheiten und
Zufällen menschlichen Leibes zu gebrauchen; Dann sonderliche Philosophische, Politische, Chymische, am meisten
aber Medicinische Observationes und Anmerckungen; Wie
auch eine gründliche Erörterung vieler zweiffelhafften Vorträge. Endlich wie man sich auf Reisen verhalten soll.
Mit Beyfügung sinnreicher Begebenheiten. Frankfurt und
Leipzig. 8. 1694. 1710. 1720.

p) wenigstens gegen gewisse: Zeugniß von chymischer Stör-
gerey, sonderlich in neuen Exempeln: 1. Panacea Talci.
2. Antimonii. 3. Solari. 4. Animali. 5. Vegetabili.
6. Spiritu mundi et acidis dulcificatis. Franckfurt und
Leipzig. 1733. 8.

q) z. B. Sinceri Anthropophili. Gedanken über die im
Schwang gehende Marktschreyerey der Pillen-Aerzte,
nebst einem Exempel eines raren Vorfalls der Gebähr-
mutter sammt ihrer Scheide, auch einem Anhang von
dem Misbrauch der Purgier-Mittel bey Kindern und Erwachsenen, besonders zur Zeit grassirender Seuchen.
Frankfurt und Leipzig. 1751. 8.

r) Paris. 1742. 12.

s) 1711. 8.

t) Paris. 12. 1697. 1708.

üniverſels tirés des animaux, des vegetaux et des mi-
neaux¹¹); in dem freywillig aufgeſprungenen Granatapfel
des chriſtlichen Samariters ˣ), in dem Nouveau recueil
des plus beaux ſecrets de medecine ʸ), in El. Bey-
non's barmherzigem Samariter ᶻ), in J. Dan.
Schneider's Eröfnung derer vortreflichſten Geheimniſſe in der Arzneikunſt ᵃ), waren mehrere ausgeboten.

Das mineraliſche Kermes, welches die Kartheuſer
zu Paris bisher allein zu bereiten wusten und verkauf-
ten, wurde nun (1720) durch die Freigebigkeit der
franzöſiſchen Regierung, welche das Geheimnis der
Bereitung deſſelbigen an ſich gekauft hatte, von der
Akademie der Wiſſenſchaften zu Paris ᵇ) öffentlich bekannt gemacht, und von den Mitgliedern derſelbigen,
vornemlich aber von Geoffroi ᶜ), ein vortheilhafteres
Verfahren, daſſelbige zu bereiten, angegeben, das in
der

u) Paris. 1706. 12.

x) oder eröfnete Geheimniſſe vortreflicher Mittel und Arzeneyen wider alle Zuſtände des menſchlichen Leibes, aufs
neue vermehret, nebſt einem Kochbuche. Zweyter Theil.
Wien. 1752. 4.

y) pour la gueriſon de toutes les maladies, bleſſures et autres accidens, de pluſieurs ſecrets de la nature et de l'art,
des plus excellens préſervatifs contre la peſte, fievres
peſtilentielles, pourpre, petite verole et autres maladies
contagieuſes. à Paris. 12. B. 1. II. 1694. 1713.

z) allerhand Gebrechen und Krankheiten des Leibes mit geringen Mitteln zu curiren. Nürnberg. 1755. 8.

a) aus dem Franzöſ. Dresden. 1696. 8.

b) Lemery Memoires pour l'année 1720. Amſterdam.
Ausg. S. 542 ꝛc.

c) ebendaſ. pour l'ann. 1734. S. 573 ꝛc. und pour l'ann.
1735. S. 72 ꝛc.

der Folge auch noch von andern [d]) verbessert wurde;
die Bereitung des auflösenden Mittels von Rotrou
(Fondant de Rotrou) und seine Bestandtheile, so wie
diejenige des Pulvers von Chevalerais machte auch
Geoffroi [e]) bekannt; über Respur's Mineral-
geist erklärte sich Lehmann [f]), über Orthomont's
Bereitung des Aſtrum Solis und des Junonischen Salzes ein Ungenannter [g]); Hübner empfohl als ein geheimes neues blutstillendes Mittel eine Auflösung des
äzenden Sublimats in Wasser [h]); Joh. Colebatch
in gleicher Absicht auch ein sehr scharfes Pulver [i]);
Digby's sympathetisches Pulver fand immer noch
vielen Glauben [k]); Feniſzer rühmte [l]) eine sogenannte

d) 1. Fr. Xav. Millars Diſſ. de explorata Kermis mineralis ſ. pulveris Carthuſianorum efficacia. Argentor. 4.
1752. 2. Kaſ. Chrph. Schmiedel Diſſ. de Kermes
mineral. Erlang. 1754. 4. 3. Xav. Söſzer Diſſ. de
Kermes minerali. Vienn. 1757. 4.

e) a. e. a. O. pour l'ann. 1751. art. 23. S. 304 ꝛc.

f) Respur's besondere Versuche vom Mineralgeiſte, von
Dr.-Joh. Gottl. Lehmann. Viel vermehrte und verbesserte Auflage. Leipzig. 1771. 8.

g) Sammlung von Natur- und Medicin — wie auch hiezu
gehörigen Kunſt- und Litteratur-Geſchichten, so sich
Ann. 1718. in den drey Sommer-Monaten in Schlesien
und andern Ländern begeben. Breßlau. 1719. 4. Jul. Cl.
V. art. 4.

h) ebendaſ. art. 3.

i) 1. New light of chirurgery. London. 8. 1695. 1699.
2. Wilh. Cowper Philoſoph. Tranſact. nr. 208.

k) Sammlung von Natur- und Medicin — wie auch hiezu gehörigen ꝛc. ann. 1719. in den 3 Winter-Monaten.
Jan. Cl. IV. art. 11.

l) ebendaſ. ann. 1721. in den 3 Winter-Monaten. Jan.
Cl. V. art. 5.

te Goldschwefeltinctur; Marconay [m]) ein sympa=
thetisches Salz zu Heilung von Wunden, Mich. Cha=
lypäus eine Tinctura martis nitrosa und Nitrum ca-
checticum [n]), Wildegans [o]) eine Goldpanacee,
Göze [q]) ein eigenes Mittel gegen die Fusgicht, Dip=
pel ein Mittel den Harnstein im Leibe zu zermalmen [r]),
und ein Wundwasser [s]), Rollway ein eigenes Arz=
neypulver [t]), Rich. Stoughton Magentropfen [u]),
J. S. Carl ein Sedativum Archaei universalis [x]), der
Baron von Syberg eine Universaltinctur [y]), Dra=
witz [z]) einen eigenen Geist gegen den Scharbok, den
auch Werlhof sehr rühmte, und der seither in meh=
rere Apothekerbücher aufgenommen ist, Gisenius [a])
eine güldene Tinctur aus den Schlaken des mit Eisen
bereit

m) ebendas. ann. 1723. in den 3 Herbst = Monaten. Dec.
Cl. V. art. 7.

n) ebendas. ann. 1726. in den 3 Frühlings = Monaten. Maj.
Cl. V. art. 4.

o) ebendas. in den 3 Herbst = Monaten. Dec. Cl. V. art. 6.

q) Commercium litterarium ad rei medicae et scientiae
naturalis incrementum institutum. Ann. MDCCXXXI.
Semestr. prius. spec. 22. und 23. poster. spec. 41.

r) ebendas. Semestr. prius. spec. 23.

s) Act. physico - medic. Acad. Caesar. Natur. Curiosor.
Vol. II. Obs. CXI.

t) Commercium litterarium &c. ann. MDCCXXXII.
spec. 24.

u) ebendas. spec. 35.

x) eine versüste Säure. ebendas. Ann. MDCCXXXIII.
spec. 31.

y) ebendas. ann. MDCCXXXIV. spec. 37.

z) ebendas. spec. 47.

a) ebendas. ann. MDCCXLII. spec. 14.

bereiteten Spiesglanzköniges, Welling b) einen allgemeinen Mercurius, Eisenberg c) einen Weltgeist,
J. V. Beintema de Peima, Kaiserlicher Arzt,
eine Panacee d), Niele d'Auvergne mehrere geheime Mittel e), Dupuis eine Essenz gegen Skro-
pheln f), der französische Arzt Joh. Ailhaud g) gegen alle Krankheiten sein abführendes Pulver, das
seine Wirkung hauptsächlich dem Scammonenen zu verdanken scheint h), und der Warnung eines Jos. Sanch.
Caseda i), Thiery k), Chrn. Gotth. Schwen-
ck e

b) ebendas. ann. MDCCXLIII. hebd. I.

c) nemlich Wasser mit Gerste und Hirschhorn gekocht, mit
Veilchensaft versüst, und mit Spiesglanzklyssus gesäuert.
ebendas. sp. 12.

d) Panacea oder allgemeine Hülfsmittel der Manns- und
Weibspersonen befallende Krankheit zu curiren, übersetzt
durch J. S. D. Leipzig. 1691. 12.

e) Recueil des secrets touchant la medecine des maladies
et des playes. à Paris. 8. 1691. 12. 1692. 1696.

f) aus Weinsteinsalz und Kalk. Observations sur l'Histoire
naturelle, sur la Phyfique et sur la Peinture, avec des
Planches imprimées en couleur. Cet ouvrage renferme
les Secrets des Arts, les nouvelles decouvertes, les di-
sputes des Philosophes et des Artistes modernes. à Paris.
4. Part. XVI. 1755.

g) Abhandlung von dem Ursprung der Kranckheiten und
dem Gebrauche des abführenden Pulvers. Dresden.
1750. 8.

h) 1. J. G. Model chymische Nebenstunden. S. Petersburg. 1762. 8. S. 186 ꝛc. 2. Joh. Gottsch. Wallerius resp. P. Chph. Schulz dissertatio analysin et syn-
thesin pulveris laxantis d'Ailhaud sistens. Upsal. 1761. 4.

i) Diss. critico-apologetica sur le poudre de Mr. Ailhaud.
Alcala. 1750.

k) bei Vandermonde Journal de medécine, chirurgie,
pharmacie &c. à Paris. 8. T. XI. 1759. Aôut. S. 163 ꝛc.

cke[1]) und anderer Aerzte nur zu häufig gebraucht wurde, Alliot[m]) ein eigenes Mittel gegen den Krebs,
Joh. Chrph. Henckel eine Vitrioltinctur, welche sowohl die Stelle der natürlichen Stahlwasser vertreten,
als auch zum Goldmachen dienen könnte[n]), J. Fr.
Weißmann seinen Kupfersalmiak[o]), Pasqual-
lati seinen Kupferschwefel[p]), und Ludemann seine
Luna fixata[q]), J. B. Franci antivenerische Pillen,

1) Sendschreiben von dem abführenden Pulver des H. Joh.
Ailhand. Frankfurt und Leipzig. 1751. 4.

m) niedergeschlagenes und mit Maithau ausgesüßtes Blei.
Bohn in Virorum Clariffimorum ad Gunth. Chriftoph.
Schelhammerum epiftolae feledior. Rem Litterariam,
Philofophiam Naturalem ac Medicinam potiffimum fpectant. Recenfuit fimulque vitam *Schelhammeri* cum indice fcriptorum ejus tam editorum, quam praelo deftinatorum et promifforum, quorum occafione fimul controverfiae, quae illi cum J. C. *Sturmio,* L. B. *Ramazzini* obtigere, breviter enarrantur, variaque Eruditorum
de iis judicia inferuntur, una cum Programmate Cel.
J. B. *Maji* invitatorio, praemifit Chrift. Steph. *Scheffelius.* Vifm. et Lund. 1727. 8.

n) Einige neu entdeckte Chemisch-Physikalische Wahrheiten,
denen Kennern der Naturlehre und Arzeney-Bereitungs-
Kunst zur Beurtheilung und Anwendung hingegeben.
Leipzig. 1769. 8.

o) Nov. act. Acad. Caefar, Natur. Curiofor. T. I. Norimb. 1757. obf. LXVII. S. 276 :c.

p) Diff. inaug. de epilepfia. Vindob. 1766. 8. nemlich durch
Eisen gefälltes mit Quekfilber angequiktes und bei anhaltender Wärme verkalktes Kupfer.

q) H. G. Gaubius Adverfar. var. argumenti Lib. unus.
Leidae. 1771. 4. C. VIII. S. 113-124.

Y 3

len), der ungarische Arzt Mich. Aug. Sinapius
einen unwiderherstellbaren Goldschwefel *) gegen die
Fallsucht, Brillonet *) ein neues Aezmittel, von
Knör ein sogenanntes alkalisches Goldsalz; welches
die Stelle eines Gesundwassers vertreten könnte "),
Kellner ein neues Eisenmittel *), ein Ungenannter drei
Mittel gegen die Wassersucht *), Ein anderer zwei Mit=
tel gegen den Krebs *), ein Anderer ein Arcanum du-
plicatum catholicin als ein Anhängsel gegen Pest und
andere Fieber *), Pintevill ein anderes Mittel ge=
gegen

r) 1. Pillola antivenerea, o sia mistura antiacida, unico
puricativo degli umori comprobata di sinceri esperimen-
ti. Milano. 1700. 12. 2. Calignani apologia &c. Venez.
1701. 12.

s) Absurda vera s. paradoxa medica. Genev. 1697. 8.

t) mit Weinstein verpufter Salpeter und Operment;
Sammlung auserlesener Wahrnehmungen aus der Arze=
neiwissenschaft, der Wundarzenei= und der Apotheker=
kunst; aus dem Französischen übersezt. Frankfurt und
Leipzig. 8. B. IV. 1760. St. VI. nr. 5.

u) Sammlung von Natur= und Medicin — wie auch hie=
zu gehörigen Kunst= und Litteratur - Geschichten, so sich
An. 1719 in den 3 Frühlings=Monaten in Schlesien und
andern Ländern begeben. Breßlau. 1720. Apr. Cl. V.
art. 5.

x) durch Bestreichen des Eisens mit einer Feuchtigkeit und
nachheriges Glühen. Ebendas. Mai. Cl. V. art. 2.

y) Commercium litterarium ad rei medicae et scientiae
naturalis incrementum institutum. Ann. MDCCXXXI.
Sem. poster. spec. 29.

z) Sammlung merkwürdiger Abhandlungen vom Krebs,
worinn die Ursachen untersucht, und zwey geheim gehal=
tene Mittel zu dessen Heilung bekannt gemacht werden.
Frankfurt. 1764. 8.

a) Sammlung von Natur= und Medicin — wie auch hiezu
gehörigen Kunst= und Litteratur - Geschichten, so sich Ann.
1719

gegen die Pest ᵇ), der Venetianer Maturuſini an=
dere geheime Arzneien ᶜ), Dr. Joh. Gottfr. Pietſch ᵈ)
ein beſonderes Mittelſalz, Arnoult Säkgen gegen
den Schlagfluß ᵉ), Roſe ᶠ) ein berühmtes blutſtillen=
des Mittel, das vielleicht mit dem nach Karl II. ge=
nannten blutſtillenden Waſſer ᵍ) daſſelbige iſt, de Re=
vel ein ſympathetiſches Schweismittel ʰ), ein leipzi=
giſcher Wundarzt ⁱ), und Joh. Crüger ᵏ) mehrere
dergleichen Geheimniſſe, Dr. Eaton einen Wund=
balſam,

1718 in den 3 Herbſt = Monaten in Schleſien und andern
Ländern begeben. Breßlau. 1719. Oct. Cl V. Art. I.

b) Tréſor de ſanté avec un remede ſingulier contre la
peſte. Rouen. 1695.

c) Journal des ſavans. 1696.

d) Hamburgiſches Magazin oder geſammlete Schriften zum
Unterricht und Vergnügen aus der Naturforſchung und
den angenehmen Wiſſenſchaften überhaupt Hamburg. 8.
B. VI. 1750. St. II. Abh. 3. S. 198 - 213.

e) Lettre de MM. a M. D. L. C. au ſujet du ſachet anti-
apoplectique du Sieur Arnoult. 1743.

f) Account of a celebrated ſtyptic. Lond. 8. 1701. 1726.

g) J. Moyle Chirurgus marinus oder the Sea - ſurgeon.
Lond. 8. 4.th. Edit. 1702.

h) 1. Villiers diſſ. ſur le ſecret de Mr. de Revel pour
faire ſuer par ſympathie. à la Haye. 1709. 8. 2. Brevis
elucidatio ſecreti D. Revel ſympathicos ſudores excitan-
tis. Gedan. 1711. 12.

i) Deliciae medicae et chirurgicae oder curieuſe Anmer=
kungen ꝛc. Leipzig. 8. Erſtes bis zehentes Präſent.
1703 - 1705.

k) Affectus chirurgici plerique aphoriſtice breviter et accurate expoſiti. Thorun. 1722. 4.

Y 4

balſam [1]), J. M. Kormann einige Mittel gegen
den Stein [m]), die Frau Stephens, die Herrn Jurin,
Swanberg, Blanchard, Collet, Jackſon
andere dergleichen Mittel [n]), J. Burnaros geheime
Mittel in Fiſteln [o]), Gamet ein ſolches gegen den
Krebs [p]), der erfurtiſche Lehrer Ludolf ein Lebens=
pulver [q]), J. P. D. T. ein Salz aus dem Eiſenvi=
triol [r]), Dan. Weiß ein Bezoarpulver und einen
blutreinigenden Kräuterthee [s]), Attigna [t]), ein Un=
ge=

1) Account of Dr. *Eaton's* balſamie ſtyptik. London. 8.
1723. 1726.

m) Trifolium oder drey bewährte Medicamente wider den
Stein. Magdeburg. 1726. 4.

n) S. davon Dav. Deſcheray treat. of the cauſes and
ſymptoms of the ſtone, and of the chief remedies in
uſe to cure this diſtemper. London. 1755. 8.

o) Nouvel eſſai de medecine pratique ſur les cancers. à Paris. 1767. 12.

p) Journal de medecine, chirurgie, pharmacie &c. B.
XXVI. 1767.

q) der ausgelaugte Rükſtand von den weiſſen Hoffmänni=
ſchen Tropfen. ſ. Chph. Andr. Mangold chymiſche Er=
fahrungen und Vortheile in Bereitung einiger ſehr be=
währten Arzeneymittel, nebſt verſchiedenen phyſicaliſchen
Anmerkungen über dieſelben. Erfurt. 1748. 4. S. 14.

r) kurz gefaſte Nachricht von dem Gebrauche des Salzes
vom Eiſenvitriol, wie man mit demſelben durch Gottes
Seegen von vielen hundert Krankheiten ſicher und mit
gutem Succeß augenſcheinlich curiret werden könne, dem
gemeinen Weſen zum Beſten ausgefertiget. Hamb. 1754.

s) Kurzer und nöthiger Unterricht von den Wirkungen oder
dem Nutzen und Gebrauch des von ihm ſelbſt verfertig=
ten Bezoarpulvers und blutreinigenden Kräutertthees.
Franckfurt an der Oder. 4. Fünfte und in etwas ver=
mehrte Auflage. 1752.

t) Les oeuvres medicinales de l'herboriſte *Attigna* contenant

genannter "), und ein Anderer ʸ), Karl Ehrn. Wilh.
Juch ᵗ), und Jof. Heinr. Cohaufen ᶻ), auch ein
Ungenannter ᵃ), mehrere dergleichen wenigstens ehmals
geheim gehaltene Arzneien; der erfurtische Lehrer J. C.
Jacobi sowohl ᵇ), als Kriel ᶜ) ein Schlaf machen:
des Pulver, das ein auf dem naffen Wege gewonnenes
geschwefeltes Quekfilber ist, und ein aus diesem und
durch anhaltendes Reiben mit Waffer verkalktem Quek:
filber verfertigtes Mittel, das ohne auf Speichelfluß

zu

nant les remedes choifis, les petits fecrets et la medecine aifée. Lyon. B. I - III. 1695. 12.

u) Nouveau Recueil des plus beaux fecrets de medecine.
Paris. 12. B. I. II. 1713. B. I - IV. 1738.

x) Medecin defintereffé, où on publie plufieurs remedes in-
faillibles, trez experimentes et à peu de frais, à Paris.
1695. 12.

y) vollständige Abhandlung von dem Gebrauch feiner Medicamentorum fpecificorum, worinne derfelben Nutzen in
denen mehreften Kranckheiten des menschlichen Körpers
aus langwieriger Erfahrung der geschicktesten Aerzte ge:
zeiget wird. Langenfalza. 4. Erster Th. 1753.

z) Europae arcana medica: id eft, Collectanea phyfico-
medico - practica ex Ephemeridum Germaniae vaftis vo-
luminibus in Compendium redacta. Francof. ad Moen.
1757. 8.

a) Nouveaux fecrets experimentés pour confervar la beauté
des dents et pour guerir plufieurs fortes de maladies.
à la Haye. 1706. 12.

b) Nov. act. Acad. Caefar. Natur. Curiof. Norimb. 4.
T. I. 1757. app. art. 5. p. 163.

c) Verhandelingen uitgegeeven door de Hollandfe Maat-
fchappy der Weetenfchappen te Haarlem. Haarlem. 8.
D. XII. 1770. art. 2. S. 31 rc.

zu wirken, gegen das Gift der Lustseuche wirke [d]),
Joh. Dietr. Hoffstädt eine Panacéa caeleſtis, die
er nach sich nannte [e]), Fr. Monk ein geheimes abführ=
rendes Pulver [f]), Gotth. Chn. Stahl aufer Vitri=
olelirir und Fieberpulver ein Mittel gegen die Fuß=
gicht [g]), Diſarme ein Polychreſtſalz von Razour [h]),
Joſ. Mar. Quadrio aus Bergamo, ein Mittel ge=
gen den Krebs [i]), Dan. Langhans, ein schweizeri=
scher Arzt, ein Mittel wider die Auszehrung des Leibs
und die Geschwüre der Lunge [k]), und einen schweizeri=
schen Gletscher = Spiritus [l]), ein lübekischer Arzt
Wagner ein geheimes Mittel in bösartigen Kindbet=
terinnenfiebern [m]), ein Herzog von Mirandola ein
geheimes Pulver gegen die Fusgicht [n]), Dr. Chit=
                                                        tik

d) Nov. act. Acad. Caeſar. Natur. Curioſ. T. I. obſ. 58.
   p. 228 &c.

e) oder Beschreibung des himmlischen Theriaks. Hanau.
   1693. 8.

f) medicinalischer Rammoneuer. Plön. 1697. 8.

g) Antidotum antipogricum. Norib. 1697. 4.

h) Bern. 1700. 8.

i) Nuovo metodo per curare il cancero coperto, e ſpecial-
   mente le ghiande ſcirrhoſe. Venez. 1750. 4.

k) Entdeckung eines Mittels wider ꝛc. Zürich. 1757. 8.

l) Beschreibung von der Natur und Kräften des schweize=
   rischen Gletscher = Spiritus, nebſt dem Zeugniße über
   gemachte Proben von Hrn. Hofr. v. Haller. Zürich.
   1758. 8.

m) das aus verſüßtem Sublimat beſtanden haben ſoll. Karl
   Allioni Tractat. de miliarium origine, progreſſu, na-
   tura et curatione. Auguſt. Taurin. 1758. 8. C. XV.
   S. 89 ꝛc.

n) das H. D. Gaubius Verhandelingen nitgegeeven
   door de Hollandſe Maatſchappye der Weetenſchappen
                                                        te

tik ein Stein zermalmendes Mittel o), der General de la Motte seine Goldtropfen p), Bacher seine tonische Pillen in der Wassersucht q), le Lievre einen Lebensbalsam r), Dacquin ein eigenes Augenwasser s), der Abt Encelot ein Zahnelixir t), Chn. Fr. Richter die hallische Arzneien u), Klepperbein eine

te Haarlem. D. IV. 1758. 8. S. 305. näher untersucht hat.

o) Disquisition on medicines that dissolve the stone, in which Dr. *Chittick's* secret is considered and discovered by Alex. *Blackrie*. 1766.

p) eine Eisentinctur. Lettre de M. de G.··· à M. de M.··· à Aix la Chapelle sur l'élixir d'or et blanc de M. le General de la *Motte*. à Paris. 1751. 12.

q) 1. Précis de la methode d'administrer les pilules toniques dans les hydropisies. à Paris. 1766. 12. 2. Précis de la methode d'administrer les pilules toniques dans les hydropisies, par Mr. *Bacher*. Suivi de nouvellrs observations faites par ordre de la cour sur les hydropisies et les effets des pilules toniques. à Paris. 1770. 12.

r) Observations on the baume de vie first discovered by Mr. le *Lievre* the King's Apothecary at Paris. London. 1765. 8.

s) Ludw. Flor. Deshais bei Delaitre in Sammlung auserlesener Abhandlungen ꝛc. B. VIII. Straßb. 1764. St. 1. nr. X. aus Bertramwurzel, Lavandelgeist und Salmiak, und Gendron traité des maladies des yeux, et des moyens et operations propres à leur guérison. à Paris. 1770. 12. B. II. S. 32.

u) 1 Bericht von der Essentia dulci, ihrer Zubereitung und Reise. Halle. 1768. 8. 2. Erkenntniß des Menschen oder Unterricht von der Gesundheit und Erhaltung. Leipzig. 8. 1708. 1712. 1715. 1719. 1722. 1725. 3. Recensio succincta de usu et officio medicamentorum, quae Halae in orphanotrophio distribuuntur. Lips. 1708. 4. Nachricht von einem pulvere solari. Königsberg. 1718. 5. Anweisung zum Gebrauch der Richterischen Arzneien. Halle.

eine nach ihm genannte Tinctura bezoardica[x]), Phil.
del Scotto mehrere dergleichen geheime Heilmittel[y]),
Aſtruc Mourats Wein gegen den Scharbok[z]),
Brif=

Halle. 1764. 6. J. D. Titius Wittenbergiſches Wo=
chenblatt zum Aufnehmen der Naturkunde und des ökono=
miſchen Gewerbes auf das Jahr 1770. B. III. 1771. 4.
St. 3. 7. Chn. Fr. Richter's Beantwortung der im
Wittenberger Intelligenzbogen eingerückten wahren Prü=
fung und Beſchreibung der Richteriſchen Arzneymittel.
Halle. 1770. 8. Deſſen Bruder Sam. Richter gab zu
gleichem Zweck 1. eine concentrirte Reiſe= und Haus=
apotheke. Halle. 1715. 2. eine Haus= Feld= und Reiſe=
apotheke. Halle. 1718. und 3. eine Nachricht, das Po=
dagra ſicher und gewiß zu curiren. Halle. 1715. und ein
dritter dieſes Hauſes Chr. Sigm. Richter 1. fernerer
Bericht von den Wirkungen der eſſentiae dulcis. Halle.
1703. 4. 2. Nachricht von Chr. Sigm. Richter und
C. Wolffg. Fünſtel pulvere ſolari. Halle. 1718. 8.
3. Recenſio de uſu et effectu aliquot medicamentorum
ſelectorum, quae Hallae in orphanotrophio diſpenſantur.
Hal. 1720. 8. 4. Nachricht von einem pulvere ſolari
und deſſen Nutzen. Halle. 1722. 8. 5. Kurzer und na=
türlicher Unterricht von dem lieben natürlichen Leben des
Menſchen, nebſt dem Selectu medicamentorum. Halle.
1705. 8. Von ihnen kommt auch Bericht von der Artzney
Eſſentiae dulcis. 1702. 1713. und Selectus medicamentorum zu einer compendieuſen Haus= Reiſe= und Feld=
apotheke. Halle 1702.

x) oder Beſchreibung einer ganz neu erfundenen Bezoartin=
ctur. Altdorf. 1705. 4.

y) 1. Philoſophiſcher Wunderbalſam Quinta eſſentia. fol.
1690. 2. Augenwaſſer, Magenbalſam, und Burri
Büchlein. fol. 169 . . 3. Relation der groſen Kraft und
Würkung des edlen Balſams, vulgo Balſamum philoſo-
phorum genannt. 8. 169 . . 4. Verzeichnis aller ſeiner
Geheimniſſe. 4. 169 . . .

z) Traité des tumeurs et des ulceres, ou on tache de joindre
à une theorie ſolide la pratique la plus ſure et la mieux
eprouvée. Avec deux lettres. I. Sur la compoſition
de quelques remedes &c. Paris. 12. Vol. I. 1759.

Briſſeau *) und Pelletier [b]) mehrere dergleichen Mittel, Hier. Chiaramente ein Lebenselixir, das Greg. de Rado [c]) getadelt, und deſſen Beſtandtheile J. Fel. Fern. Carovala [d]) angegeben hat, Joh. Curvo Semmedo [e]) und Fr. Suarez de Ri= bera [f]), Dan. Meier [g]) mehrere dergleichen Mittel, A. Normann einige Magenmittel [h]), Charteret ein abführendes Pulver [i]), Ward ſeine Pillen [k]), und

a) Lettre touchant les remedes ſecretes. Paris. 1707. 12.

b) Suite du traité ſur l'alkaheſt, le moyen de volatiliſer les alcalis , et de préparer les remedes ſuccedanés ou approchans de ceux qui ſe préparent de l'alkaheſt. à Pa- ris. 1736. 12.

c) de la admirabile facilitad y effectos de los pulveres y elixir vitae. Madrit. 1706.

d) Diſcorſo medico - chimico, qui manifeſte la materia, de qua ſe face et elixir di Chiaramente, el modo de l'uſar y modo de curar diverſas infermidades. Madrit. 1706. 4.

e) Franz Suarez de Ribera 1. Manifeſtatio centuriae ſecretorum a Dr. J. Curvo Semmedo expertorum et illu- ſtratorum. Madrit. 1736. 4. 2. Obſervationes de Curvo compendiatae et illuſtratae cum admirabilibus arcanis medicis. Madrit. 1735. 4. 3. Th. Cort. Herraiz Secre- tes medicos y chirurgicos del D. J. C. Semmedo. Madrit. 1730. 4.

f) 1. Secretos de cirurgia extraordiranos. Madrit. 1734. 4. 2. Collecion de ſecretos de medicina y cirurgia. Madrit. 1736. 4. 3. Breviario medico y cirurgico de nuevos y ſelectos ſecretos. Madrit. 4. V. I. II. 1739. 1740.

g) Arcana. 1706. 8.

h) De ſpecificis quibusdam in debilitate ventriculi. Leid. 1706. 8.

i) aus Bitterſalz und Bittererde G. Em. Haller Epiſto- lar. ab erudit. Viris ad Alb. Hallerum ſcriptarum. B. V. 1774. ep. 134.

k) aus Arſenik und einer Spiesglanzarznei. Medical Eſſays - and

und andere geheime Arzneien [i]), Hiärne einen Balsam zur Abhaltung der Fäulnis von Holz und Leichen [k]), Grüneval ein geheimes Salz, das Wasser
auf Schiffen gegen Fäulnis zu schützen [l]), Mellini
Mittel Stahl zu machen, und Scharlach zu färben [m]),
Pott [n]) und Boueh [o]) ein Nahrungspulver, He-
riffant ein die Fäulnis wehrendes Pulver [p]).

Manche

and Obfervations revifed and publifhed by a Society at
Edinburgh. Edinb. 8. B. I. Th. 2. 1744.

i) Receipts for preparing, and compounding the principal
medicines made ufe of by the late Mr. *Ward*. Together with an introduction by J. *Page*, to whom Mr.
Ward left his book of fecrets. London. 1764. 8.

k) Sammlung von Natur- und Medicin — wie auch hiezu
gehörigen Kunst- und Litteratur-Geschichten, so sich An.
1720 in den 3 Herbst-Monaten in Schlesien und andern
Ländern begeben. Nov. Cl. V. art. 3.

l) Sammlung — — — so sich 1718 in den 3 Frühlings-
Monaten — — — begeben. Jun. Cl. V. art. 4.

m) Sammlung — — so sich 1724 in den 3 Wintermonaten — — begeben. Mart. Cl. IV. art. 9.

n) Neue gesellschaftliche Erzählungen für die Liebhaber der
Naturlehre, der Haushaltungswissenschaft, der Arzney-
kunst und der Sitten. Leipzig. 8. Erster Theil. 1758.
St. 23.

o) aus geröstetem türkischem Weizen und Kochsalze. Gentleman's Magaz. 1755. Jan. Bremisches Magazin zur
Ausbreitung der Wissenschaften, Künste und Tugend, von
einigen Liebhabern derselben, mehrentheils aus den englischen Monatsschriften gesammlet und herausgegeben.
Hannover. 8. B. I. St. 2. 1756. nr. LVIII. und Magaz.
Tofcano d'inftruzione e di piacere. Livorno. 4. B. I.
1754.

p) aus Küchensalz, Schwefel, Amber und Ocher, von J.
G. Lehmann Verhandelingen uitgegeeven door de
Hollandfche Maatfchappye der Weetenfchappen te Haar-
lem. D. XI. 1769. St. I. Abh. 4. S. 324.

Manche bisher geheim gehaltene chemische Künste
wurden um diese Zeit bekannt; Jufti machte die neue=
re sächsische Farben [q]), ein Anderer das dä.nische
Schminkwasser Eau de pigeon [r]), Mart. Lister [s])
und Rosin. Lentilius [t]), die Bereitung der engli=
schen Tropfen, Pallas [u]) diejenige des englischen
Wundpflasters, ein Anderer diejenige des Schuswaf=
fers oder Eau d'arquebufade [x]); mehrere z. B.
Machy.[y]), Castell der jüngere [z]), der Ritter de la
Chapelle [a]), Betbeder [b]), de la Riviere [c]),
die=

q) das entdeckte Geheimniß der neuen sächsischen Farben,
nebst einigen Betrachtungen von dem Vorzuge und der
Theorie dieser neuen Färbekunst. Wien. 1750. 8.

r) Le nouvelle oeconomique et litteraire, ou choix de ce,
qui se trouve de plus curieux et de plus interessant dans
les journaux, ouvrages periodiques et autres livres,
qui paroissent en France et ailleurs. à la Haie. 8. B.
III. 1754.

s) bei du Hamel Histoire de l'Académie des sciences.
à Paris. 1701. S. 578.

t) Memoir. de Trevoux. 1713. S. 1409.

u) Stralsundisches Magazin oder Sammlungen auserlese=
ner Neuigkeiten zur Aufnahme der Naturlehre, Arzney=
wissenschaft und Haushaltungskunst. Berlin und Stral=
sund. 8. Erstes Stück. 1767. nr. VII.

x) Commercium litterarium ad rei medicae et scientiae
naturalis incrementum institutum. Ann. MDCCXXXIV.
nach der Vorrede.

y) bei Vandermonde Recueil periodique d'observations
de medecine, chirurgie, pharmacie &c. à Paris. 8. B.
IV. 1756. Jun. 7. S. 460.

z) Ebendas. B. V. 1756. Jul. 11. S. 73 2c.

a) Ebendas. Sept. 8. S. 224 2c.

b) Ebendas. Oct. 12. S. 307 2c. nnd B. VI. 1757. Mai.
S. 393 2c.

c) Ebendas. B. VI. Febr. art. 6. S. 122 2c.

diejenige des Salmiakgeiſtes mit Bernſteinöl oder des
Eau de luce, Joh. Pringle diejenige des Spies⸗
glanzglaſes mit Wachs d); ein Ungenannter Sloanes
Augenſalbe e) bekannt.

Aber viele dieſer Aerzte bemühten ſich Arzneien,
vornemlich aus Quekſilber, zu finden, die ohne auf
Speichelfluß zu wirken, die Luſtſeuche heilen ſollten,
und boten ſolche Mittel aus; eine Anleitung ſie ſowohl,
als andere geheime, ſo wie auch verfälſchte Arzneien
zu entlarven, hat der brittiſche Arzt Edw. Wallis f)
gegeben: So erwarb ſich der teutſche Arzt Keyſer
zu Paris mit ſeinen Pillen und Dragéen oder Zukererb⸗
ſen g), deren Hauptbeſtandtheil in Eſſig aufgelöſter
Quek⸗

d) Medical Eſſays and Obſervations reviſed and publiſhed
by a Society in Edinburgh. Edinb. 8. B. V. Th. 1.
1740.

e) Act. Acad. Caeſar. Natur. Curioſ. Norimb. 4. B. X.
1754. append.

f) Tentamen ſophiſticon or chemical eſſay deſigned to
ſhew the poſſibility of applying the powers of chemiſtry to an examination of ſeveral productions liable to
be ſophiſticated or diſguiſed. Interſperſed with obſervations on the approved qualities of *Ward's* drops and
pill, Dr. *James* powder for fevers, counterfait magneſia alba, and ſome other medicinal ſubſtances: whereto is annexed the ſpecimen or plan of a ſynopſis, including the chemical ſtructure &c. of ſome pharmaceuti-
cal preparations, and an eaſy method of trying them
for medicinal purpoſes. London. 1767. 8.

g) 1. Methode de Mr. *Keyſer*, pour l'adminiſtration de
ſes dragées dans le traitement des maladies veneriennes,
imprimée par ordre du Roi. à Paris. 8. 1762. nouvell.
edit. 12. 1765. 2. Jak. Franz Roux diſſ. de tragea-
rum antivenerearum praeſtantia. Monſpel. 1765. 4.
3. de *Horne* Examen des principales methodes d'admi-
niſtres le mercure pour la guériſon des maladies véné-
rien-

Queksilberkalk war[i]), grofes Vermögen; Bellet ver=
faufte einen Queksilberfyrup[k]), zu welchem Queksilberfal=
peter kam[l]), Querenet und Mauflatre eine Quek=
filberfalbe, die fie der Prüfung der parififchen Aerzte
unterwarfen, in welchen Queksilber mit Schwefel ver=
bunden war[m]), Guesnon ein anderes Queksilber=
mittel[n]), Auguftin Bellofte[o]) feine auflöfende
Quek=

xiennes. à Londres et Paris. 1769. 8. S. 46 ꝛc. 4. Aftruc a. a. O.

i) 1. Hiftoire de l'académie des fcienc. à Paris. An. 1759.
à Paris. 1765. S. 102. 2. Giornale di medicina. Venez. 4. B. III. 1765. 3. Recueil de plufieurs pieces,
concernant le traité des tumeurs et des ulceres. à Paris.
1759. 8.

k) oder Syrop mercuriel. Expofition des effets d'un nouveau
remède dénommé fyrop mercuriel rendu public confor-
mement à la lettre fuivante addreffée à l'auteur par
Monfeigneur le Duc de *Praslin.* On y a joint une In-
ftruction détaillée fur la manière d'employer ce rémède
dans les maladies vénériennes de toute efpece, dans les
ecroüelles et le rachitis, autrement la maladie des en-
fans noués. à Paris. 12. 1768. Seconde edition augmentée d'un recueil de nouveaux procès-verbaux et
certificats, qui eft précédé de quelques réfléxions fur la
brochure de Mr. de Horne. 1770.

l) de Horne a. e. a. O. und bei Roux Journal de medecine, chirurgie, pharmacie &c. à Paris. 8. B. XXII.
1769. Mars.

m) bei Vandermonde Recueil periodique d'obfervations de medecine &c. à Paris. 8. B. IV. 1756. Mai.
S. 323 ꝛc. Jun. S. 403 ꝛc.

n) Effai chymique fur une préparation mercurielle, par
M. *Guefnon.* Rouen. 1767. 12.

o) Suite du chirurgien de l'hôpital, du mercure, des maladies des yeux, des tumeurs enkiftées, des playes de
poitrine, des playes tortueufes, des injections, du mot

Quekſilberpillen [p]), Jourdain de Pellerin andere geheime Quekſilberarzneien [q]).

Auch in dieſem Zeitalter fanden die chemiſchen Arzneien, ungeachtet des Widerſpruchs des pariſiſchen Arztes Phil. Hecquet [r]), des erfurtiſchen Lehrers Juſt. Veſti [s]), des greiphswaldiſchen Lehrers Chn. St. Scheffel [t]), und des ſpaniſchen Arztes Alonſ. Lopez [u]), und Dieg. Matth. Zapata [x]), immer mehrere Freunde, und an dem tübingiſchen Lehrer, El.

Ca-

d'Efchare; de la chûte de l'inteſtin dans le fcrotum, du farcocele et miferere. Paris. 1725. 8.

q) Treatife on venereal maladies, on fcrophels and other ulcers. London. 1750. 8.

r) 1. De la digeſtion et des maladies de l'eſtomac fuivant le fyſteme de la trituration. Paris. 12. Ed. II. 1730. B. II. auch L. IV. 2. Précis du brigandage de la medecine. 12. Utr. 1732. à Paris. 1738. B. III.

s) De praeſtantia medicamentorum fimplicium et Galenicorum prae Chymicis. Erford. 1713. 4.

t) Diſſ. de pyromania. Gryphisw. 4. P. I. refp. Chr. Lud. *Willich.* 1741. P. II. et III. refp. Chr. Jac. *Hinze.* 1742. 1743. P. IV. refp Jo. Bern. Lud. *Lembke.* 1745. P. V. refp. Laur. *Gumaelio.* 1750 P. VI. refp. H. Fr. *Grimm.* 1752. P. VII. refp. C. G. *Richter.* 1753.

u) *Galeno* illuſtrado, *Avicenna* explicado, y Doctores Sevillanos, defendidori refutaefe la nuova contra antiqua medicina, y manifeſtaſe, que ni *Hippocrate*, *Galeno*, *Avicenna*, ni los praticos antiquos ignoraron lo mas di la medicina, y que de ellos fe ha deducido, y transladado lo mas pernicioſo y repilarmento uſar de los medicamentos eſpagiricos y chymicos y fpecialmente minerales y antimoniales, praecorfi con antiquos y modernos, que el metodo de los Dr. *Dres* Sevillanos y el mias fegaro en la curacion de las tertianas a fi exquiſitas avero notas. Sevilla. 1698. 4.

x) Crifis medica fobra el antimonio y carta refponfaria a la R. focietade fcritta. Madrit. 1701. 4.

Camerer ᵞ), dem ungarischen Arzte, Mich. Ang. Sinapius ᶻ), dem italiänischen Arzte Ant. Valisneri ᵃ), dem spanischen Arzte Joh. de Peralta Munnoz ᵇ), und den pohlnischen Aerzten G. E. Herrmann ᶜ), und Lor. Mizler ᵈ), die metallische vornemlich an dem erfurtischen Lehrer Joh. Ehrn. Jacobi ᵉ), warme Vertheidiger und Lobredner.

Ueberhaupt beschäftigten sich die Aerzte mehr als zuvor, sowohl mit der Erfindung neuer Mittel durch die Chemie, als mit Verbesserungen in der Bereitungsart der alten, die sich auf diese Wissenschaft stüzten, selbst mit

y) Medicinae conciliatricis conamina et primae lineae de optima medicinam docendi difcendique ratione, et adnotationes in medicinam corporis *Tfchirnhaufianam.* Francof. ad Moen. 1714. 4.

z) Abfurda vera f. Paradoxa medica P. I. Theoremata et quaeftiones controverfae, quae neotericis cum Galenicis intercedunt. Acc. diff. de fpirituum effluviis. P. II. De morbis certis feptentrionalibus — — et falfa exiftentia morbi gallici. P. III. De vanitate et incertitudine aphorifmorum *Hippocratis.* Genev. 1697. 8.

a) Lettere fcientifiche fcritte a fuoi amici, in Oper. fificomediche ftampate, raccolte da Antonio fuo figliolo. Venet. 1733 fol. B. III.

b) El triomfo de antimonio y contra refpuefta a la carta anonima que contra la crifis de Dieg. Matth. *Zapata* producio el triumvirado de la ignorancia, de la invidia, la audacia y malevolencia. Cordova. 1702. 4.

c) Primitiae phyfico-medicae ab iis, qui in Polonia et extra eam vivunt, collectae. 8. B. III. Züllichau. 1753.

d) De ufu ac praeftantia medicamentorum chemicorum differit, ac fimul recitationes fuas chirurgicas Varfaviae inter parietes indicat. Varfav. 1751. 4.

e) Act. Acad. Elector. Mogunt. Scient. util, quae Erf. eft. Erford. et Goth. 8. B. I. 1757. S. 195 ꝛc.

mit Erfindung und Bestimmung der Mittel, ächte Arz⸗
neiware von unächter, verfälschter und untergeschobener
zu unterscheiden: So in England R. Pitt[f]), ein
Ungenannter[g]), R. Dossie[h]) und Wallis[i]), in
Teutschland Sigm. Jak. Hochstetter[k]), G. Chph.
Detharding[l]) und Adolph Gottl. Richter[m]).

Um die Erfindung neuer oder bessere und vortheil⸗
haftere Verfertigung schon bekannter Arzneien machten
sich in Frankreich Chambon[n]), de Crom[o]), Franz
Jos.

f) Craft and frauds of phyſick expoſed. 8. London. 1703.
ins Holländiſche überſezt mit der Aufſchrift: Liſt en be-
drog der medicynen. Leiden. 1704.

g) Les ſecrets et les fraudes de la chymie et de la pharmacie moderne dévoilés par l'expoſition de pluſienrs pratiques nouvelles et importantes, pour tous ceux, qui
ont interêt de f'aſſurer de la bonté des rémèdes et de
pouvoir les fournir à un prix raiſonnable; Ouvrage
traduit de l'Anglois. à la Haye. 1759. 8.

h) Elaboratory laid open. London. 1758. 8. ins Teutſche
überſetzt. Altenburg. 8. mit der Aufſchrift: das geöfnete
Laboratorium, von H. Königsdörfer 1760. mit Zu⸗
sätzen von J. Chn. Wiegleb 1783.

i) a. e. a. O.

k) diſſ. praeſ. H. Fr. *Teichmeyer* de noxiis quibusdam
circa medicamenta officinalia. Jenae. 1738. 4.

l) Diſſ. de medicamentis quibusdam adulterationi obnoxiis.
I. Reſp. P. a *Weſten.* Roſtoch. 1757. 4.

m) De corruptelis medicamentorum cognoſcendis tractatus medico - chymicus pharmacopoliis accommodatus et
triplici indice inſtructus. Colon. Allobrog. 1762. 8.

n) Principes de phyſique avec un traité des metaux et des
mineraux, et des remedes, qu'on en peut tirer, avec des
differtations ſur le ſel et le ſouffre des philoſophes et
ſur la goutte, la prunelle, la petite verole, et autres
maladies, avec un grand nombre des remedes, à Paris.
1760. 12. Vol. I. II. 1714. 8.

Jos. Hunauld [p]), der berühmte Wundarzt, Augustin Belloste [q]), der parisische Arzt Nik. Andry [r]), Gabr. Franz Venel, Ludw. Esteve, Franz Broussonet und Karl Leroi [s]), Goulard [t]), le Fevre,

o) Plusieurs experiences utiles et curieuses, concernant la Médécine et la Metallique. à Paris. 1718. 12.

p) aus der Salbei. Discours physique sur les proprietés de la sauge. Paris. 1698. 12.

q) in seinem Chirurgien de l'hopital. à Paris. 8. 1696. 1705. 1708. 1766. Amsterd. 12. 1712. ins Englische übersetzt London. 12. Vol. 1. 2. 1732. ins Holländische 8. Haag. 1700. Haarlem. 1725. 1729. ins Teutsche 8. Dresden. 1706. 1710. 1724. ins Italiänische Venez. 1729. 8.

r) Remarques de chymie touchant la préparation de differens remedes usités dans la pratique de medecine. à Paris. 1735. 12.

s) Quaestiones chemicae duodecim ab Illustrissimis Viris Regis Consiliariis, Medicis et Professoribus meritissimis R. R. D. D. Jo. Franc. *Chicoyneau*, Cancellario amplissimo ac judice, Ant. *Magnol*, Decano venerando, Henr. *Hauguenot*, Ant. *Fizes*, Franc. de *Sauvages*, Franc. de la *Mure*, Franc. *Imbert* propositae, in aula episcopali Monspeliensi coram Illustrissimo ac venerabili D. D. Franc. Gabr. de *Pomiers* de S. *Bonnet*, Doctore Sorbonico, Abbate S. Polycarpi, et Vicario generali pro regia cathedra vacante in Universitate medicinae Monspeliensi per obitum R. D. Carol. *Serane*, Regis Consiliarii medici et Professoris meritissimi, favente Deo et auspice Dei-para propugnatae in Augustissimo Monspeliensis Apollinis fano triduo integro mane et sero diebus 5. 6. 7. April. Maji 10. 11. 12. Maji 31. Jun. 1. 2. Jun. 21. 22. 23. 1759. 4.

t) vornemlich um einige auch nach ihm genannte Bleiarzneien Oeuvres chirurgicales. Pezenas. 12. B. I. II. 1766. Traité sur les effets des préparations de plomb, et principalement de l'Extract de Saturne employé sous differentes formes, et pour differentes maladies chirurgicales.

vre ^u), Boulduc^x), le Chandelier^y), Ma-
jault^z), Bertrand^a), Jacquet^b), Mon-
net^c), Groſſe und du Hamel^d), Cadet^e),
Laſſone^f), Biet^g), vornemlich aber Steph. Fr. ^h)
und

les. à Pezenas. 8. T. I. 1760. Treatiſe on the effects
and various preparations of lead, translated from the
french. London. 1769. 8.

u) der die Bereitung des ſogenannten Cremor tartari ſolubilis lehrt. Memoir. de l'Académ. des ſcienc. à Paris
pour l'ann. 1732. à Paris. 1735.

x) um das Seignettiſche und engliſche Bitterſalz. Memoir.
de l'Académ. des ſcienc. à Paris. pour l'ann. 1718.
1731. 1732.

y) z. B. um die Bereitung des Brechweinſteins. Journal
de medecine &c. B. XIII. Nov.

z) um den mineraliſchen Mohr bei Vandermonde Recueil periodique d'obſervations de medecine &c. B. VI.
1757. Jan. 7. S. 57 ꝛc.

a) um das engliſche Bitterſalz. ebendaſ. B. VIII. 1758.
Mai.

b) um den Spiesglanz und die daraus bereitete Arzneien.
Diſcours ou hiſtoire abrégée de l'antimoine et particulierement de ſa préparation. à Paris. 1765. 12.

c) um die Bereitung des äzenden Queckſilbers ohne Hize.
Kongl. Svensk. Vetenſk. Academ. Handlingar för àr.
1770. B. XXXI. Zweit. Viertelj. 2. S. 102 ꝛc.

d) um die Bereitung des ſogenannten auflöslichen Weinſteins und des Frobeniſchen Aethers. Memoir. de l'Académ. des ſcienc. à Paris. ann. 1732. S. 446 ꝛc. ann.
1733. S. 364 ꝛc. ann. 1734. S. 96 ꝛc.

e) z. B. um die Bereitung der eſſigſauren Pottaſche. Memoir. préſentés à l'Académie des ſciences à Paris par des
ſavans étrangers. B. IV. 1763. nr. 30. S. 518 ꝛc.
und des Schwefeläthers. Memoir. de l'Académie des
ſciences à Paris. ann. 1774. S. 524. 533.

f) um die Bereitung des Brechweinſteins. Memoir. de
l'Acad. des ſcienc. à Paris. ann. 1768.

und El. Joſ. Geoffroy[i]), der Graf de la Ga=
raye[k]), und Baumé[l]); in Grosbritannien Edw.
Wright,

g) um die Pillen zum langen Leben Lettre ſur la compoſition des pilules de longue vie. à Paris. 1704. 12.

h) z. B. um die Gewinnung und Reinigung der wohlrie=
chenden Oele. Memoir. de l'Acad. des ſcienc. à Paris.
ann. 1721. S. 193 ꝛc. ann. 1727. S. 124.

i) z. B. um die Bereitung des Brechweinſteins und eini=
ger andern Mittel aus dem Spiesglanze. Memoir. de
l'Acad. des ſcienc. à Paris. ann. 1734. S. 573 ꝛc. 1735.
S. 72 ꝛc. 422. ꝛc. 1745. S. 230 ꝛc. um die Bereitung der
Extracte. ebendaſ. 1738. S. 273 ꝛc. des Stephenſchen
Mittels gegen den Stein. ebendaſ. ann. 1739. S. 374 ꝛc.
598 ꝛc. ann. 1743. Hiſt. S. 136. um die Bereitung des
Seignettiſchen und einiger anderer Salze. Philoſoph.
Tranſact. B. XXXIX. Jahr 1735. 1736. nr. 436. S.
37. um die Verfertigung einer Arzneiſeife. Ebendaſ. B.
XLII. Jahr 1742. 1743. nr. 463. S. 71.

k) um eine beſſere Bereitung der Extracte, die er, freilich
zu allgemein, weſentliche Salze nannte. Chymie hydraulique, pour extraire les ſels des vegetaux, animaux et
mineraux, par le moyen de l'eau pure. à Paris. 1745.
(6). 12. augmentée de notes par M. Parmentier. à Paris. 1775. ins Teutſche überſetzt mit der Aufſchrift:
Chymia hydraulica, oder neu=entdeckte Handgriffe, ver=
mittelſt welcher man das weſentliche Salz aus Vegetabi=
lien, Animalien und Mineralien mit ſchlechtem Waſſer
ausziehen kann. Erfunden und anfänglich in Franzöſi=
ſcher Sprache bekannt gemacht von dem Herren Grafen
von Garaye, nunmehro aber wegen Vortreflichkeit der
Sachen ins Teutſche überſetzt von einem Liebhaber der
Naturlehre. Frankfurt und Leipzig. 8. 1749. Zweyte ver=
beſſerte Auflage. 1755.

l) z. B. um den verſüſten Sublimat. Gazette ſalutaire.
ann. 1772. art. 2. 3. um die Bereitung des Aethers.
Diſſertation ſur l'aether, dans la quelle on examine les
différens produits du mélange de l'Eſprit de Vin avec
les Acides Minéraux. à Paris. 1757. 12. auch in Memoir.
preſentés à l'Academ. des ſcienc. à Paris par divers ſavans.

Z 4

Wright[m]), Morgan[n]), und Brown[o]); in
den Niederlanden Yvon Gaukes[p]), Rob. Davis
sons[q]), Baster[r]), und B. Tieböl[s]); in
Schweden J. Gottsch. Wallerius[t]), Nik. Rosen[u]),
und

vans. B. III. 1760. 16. S. 209 ꝛc. des Brechweinsteins
und einiger Mittelsalze. Journal de medecine &c. B. XIII.
Sept. Oct. B. XIV. Febr.

m) um die Bereitung der Stahlarzneien diss. de ferri historia naturali, praeparatione et usu medico. Edinb.
1753. 8.

n) um eine Tinctur aus spanischen Fliegen. Medic. ess. and
observations, revised and publiſhed by a Society in Edinburgh. B. IV. 1737.

o) um das englische Bittersalz. Philosophic. Transact. nr.
377. 378.

p) um die Bereitung mehrerer. Introductio in praxin medicinae et chirurgiae universalem. Groening. 1721. 8.

q) um die mit Gewächssäuren bereitete Queksilberarzneien.
Diss. inaug. de solutione mercurii in acido vegetabili
ejusdemque usu. Lugd. Bat. 1768. 4.

r) vornemlich um einige Arzneien aus Spiesglanz und
Queksilber. Verhandelingen uitgegeeven door de Hol-
landsche Maatschappy der Weetenschappen te Haarlem.
D. II. 1755.

s) um die Bereitung von Dippel's thierischem Oel, des
süßen Vitriolöls, der Hoffmännischen Tropfen und Frobens
Aether. Ebendas. D. XII. 1770. 4. S. 121 ꝛc. D. XIV.
1773. 6. S. 131 ꝛc.

t) um die Verbesserung mehrerer Arbeiten Censurae circa
praeparationem medicamentorum chemicorum, resp. Frid.
Falck. Ups. 1754. 4. der versüßten Säuren insbesondere. diss. resp. Sim. Lundh de dulcificatione acidorum.
Upsal. 1763. 4.

u) um die Bereitung von Tincturen, u. d Diss. resp. Gisler de tincturis, essentiis et elixiriis. Upsal. 1745.

und A. J. Retzius ^{x}); im ruſſiſchen Reiche J. Georg
Model ^{y}), und J. G. Siegesbeck ^{z}); in der
Schweiz v. Brunn ^{a}) und J. H. Rahn ^{b}), und in
Teutſchland Gottl. Fr. Mylius ^{c}), die jenaiſche
Lehrer J. A. ^{d}) und E. H. ^{e}) Wedel, und Herm.
Fr.

x) um die Bereitung des ätzenden Quekſilbers. Kongl.
Svensk. Vetenſk. Academ. Handling. för år. 1770. 2t.
Viertelj. 3. S. 110 ꝛc.

y) um eine beſſere Bereitungsart des Dippeliſchen Oels,
und die ſchwarze Spiesglanztinctur. Chymiſche Neben=
ſtunden. S. Petersburg. 1768. 8. und Commerc. litterar. ad rei medic. et ſcient. natural. increment. inſtitut.
1740. ſpec. 41.

z) um die Bereitung des verſüſten Salpetergeiſtes und der
Weinſteintinctur. Sammlung von Natur= und Medicin — wie auch Kunſt= und Litteratur - Geſchichten, ſo
ſich Ann. 1721. in den 3 Frühlings=Monaten in Schle=
ſien und andern Ländern begeben. Apr, Cl. IV. Art. 12.
und Sammlung — — ſo ſich in den Winter= und Früh=
lings = Monaten des Jahrs 1730 — — begeben. Jun.
Cl. IV. Art. 3.

a) um die Bereitung einer Spiesglanzſeife. Commercium
litterarium ad rei medicae et ſcientiae naturalis incrementum inſtitutum. Ann. 1732. hebd. 4.

b) um die Bereitung der eſſigſauren Pottaſche. Diſſ. de arcano tartari ſ. terra foliata tartari. Lugd. Batav.
1732. 4.

c) um mehrerer Medicamentorum quorundam ſalutarium
in laboratorio chemico Helmſtadienſi praeparatorum vires et uſus. Helmſt. 1699. 8.

d) um eine wohlfeilere Bereitung der eſſigſauren Pottaſche
Propemptic. inaug. de arcano tartari ad mentem Boerhaavii pro pauperibus parando. Jen. 1745. 4. um das
engliſche Bitterſalz De ſale cathartico amaro anglico,
vulgo Anglis Epſomſalt dicto. Jen. 1715. 4. um eine
kürzere Bereitung der Bittererde Diſſ. de magneſia alba
compendioſe paranda. Jen. 1732. 4. der Eiſentinctur mit

Z 5   Quit=

Fr. Teichmeyer f), die hallische Lehrer Büchner g),
Joh. Juncker h), M. Alberti i), J. H. Schulze,

Quittensaft. Pr. 1. 2. de optimo tincturam martis cydoniatam parandi et conservandi modo. Jen. 1740. 1741.
4. des weissen Spiesglanzkalkes Progr. I – III. de praeparatione antimonii diaphoretici. Jenae. 1742. 4.

e) um die Bereitung der Wasser. Diss. de aquis destillatis. Jen. 1704. 4. und der Stahltinctur mit Nieswurz.
De tinctura martis helleborata. Jen. 1695. 4.

f) um eine bessere Bereitung der essigsauren Pottasche.
Diss. de Arcano Tartari vel Sale essentiali vini. Jenae.
1730. 4. des seignettischen Salzes. Disc. de sale de Seig-
netta. Jen. 1742. 4. ins Teutsche übersetzt und mit Anmerkungen erläutert von G. H. Burghardt. Breslau.
1749. 8. der sauren Geister. Diss. de Spiritibus acidis.
Jen. 1720. 4. einiger schmerzstillender. Diss. de anody-
mis quibusdam spiritibus mineralibus. Jen. 1731. 4. der
Spiesglanzkönige. Diss. de antimonio ejusque regulis.
Jen. 1733.

g) z. B. um die Bereitung des Weinöls. Diss. resp. F. E.
Guttorf spicilegia quaedam ad olei vini praeparationem
usumque complectens. Hal. 1757. 4. der versüsten Säuren überhaupt. Diss. de dulcificatione acidorum. Halae.
1746. 4. der sauren Tincturen. Diss. resp. E. A. *Cyprian*
de tincturis acidis. Hal. 1760. 4. der Spiesglanztincturen. Diss. resp. D. *Lavatter* de antimonio ejusque variis tincturis cum alcalinis menstruis factis. Halae.
1767. 4. und der wässericht-laugenhaften Tincturen. Diss.
resp. J. Fr. *Haugh* de tincturis alcalinis aquosis. Hal.
1757. 4. um die mit flüchtiger Schwefelsäure gesättigte
Pottasche. Diss. resp. Chr. H. *Lucas* de tartaro vitriolato
volatili ejusque viribus medicis. Hal. 1757. 4. um die
essigsaure. Diss. resp. J. G. A *Fabricio* de arcano tartari ejusque volatilisatione. Erford. 1743. um die Verwandlung der abführenden Harze in Seifen. Diss. resp.
Chph. H. *Kruse* de purgantium resinosorum et gummatum converfione in sapones horumque usu medico. Hal.
1766. 4.

h) z. B. um versüste Säuren. Diss. resp. Imm. Ag. *Schaef-
fenberg* de acidis dulcificatis. Hal. 1743. 4.

ze [k]), Ad. Nießky [l]), und Fr. Chr. Juncker [m]),
die frankfurtischen Lehrer J. Fr. Cartheuser [n]), und
Pet. Imm. Hartmann [o]), die erfurtischen Lehrer
Ludolf [p]), Jacobi [q]), J. H. Kniphaf [r]), und
J.

i) z. B. um die Bereitung der Essenzen. Diss. de essentiis
officinalibus. Hal. 1734. 4. der Mittelsalze. Memoir. de
Trevoux. 1713. S. 1409. und Ephemer. Acad. Caesar.
Natur. Curiosor. Cent. VI. obs. 43. S. 284.

k) z. B. um die Bereitung des weissen Spiesglanzkalkes.
Diss. resp. J. Chph. *Assum* sistens praeparationem naturam et usum antimonii diaphoretici. Halae. 1738. 4. des
Spiesglanzköniges zum Arzneigebrauche. Commercium
litterarium ad rei medicae et scientiae naturalis incrementum institutum. Ann. MDCCXXXI. Semestr. I. spec.
10. S. 74.

l) um die Bereitung einer Stahltinctur. Diss. resp. Κων-
ϛχυτ. Θεοδωρ Ζουπᾶν de tincturae alcalinae martialis
praeparatione, usu medico et praerogativa prae aliis
tincturis alcalinae indolis. Halae. 1760. 4. und einer
Eisen haltenden essigsauren Pottasche. Diss. resp. J.
Gutsleff de martiali terra foliata nitri ejusque liquore.
Hal. 1760. 4.

m) um die Bereitung Schmerz stillender Mittel. Diss. de
praeparatione ac dosibus anodynorum. Hal. 1760.

n) z. B. um die Eisensafrane. Diss. resp. J. Alb. *Klokow*
de crocis martialibus. Francof. ad Viadr. 1759. um die
Versüsung der Mineralsäuren. Diss. de dulcificatione spirituum mineralium. Francof. 1743.

o) um den Eisen haltenden versüsten Sublimat. Diss. resp.
Ch. Eb. *Lot* qua martis cum mercurio conjunctionem
usibus practicis commendat. Hal. 1759. 4. und resp. M.
Chph. *Berendt* de mercurio dulci martiali ejusque praeparatione et usu medico. Francof. 1773. und den Spiesglanz und Opermentmohr. Diss resp. J. A. *Gerken* ae-
thiopis antimonialis et auripigmentalis conficiendi rationes. Halae. 1759. 4.

p) um eine neue Quecksilberarznei. Diss. de mercurio per alcali

J. Phil. Nonne ᵉ), der leipzigische Lehrer C. F. Hundertmark ᵗ), die tübingische Lehrer B. D. Mauchart ᵘ), und Ph. Fr. Gmelin ˣ), die giessenssche Lehrer J. W. Baumer ʸ), und Fr. A. Carstheu-

cali soluto tutissimo specifico antivenereo. Erford. 1747. 4. um eine bessere Bereitung von Dippel's thierischem Oele. Diss. resp. S. A. Tressel de olei animalis Dippelii faciliori praeparatione et modo agendi. Erford. 1748. 4. von einem den Salmiak ähnlichen kräftigen Salze. Diss. de sale ammoniacali cum spiritu vini parato ejusque praestantia. Erf. 1750. 4. u. a.

q) z. B. um die Bereitung des Spiesglanzschwefels in flüssiger Gestalt. Act. Acad. Elect. Mogunt. Erf. B. I. S. 231-238. und eine Arznei aus Arsenik. ebendas. S. 216 ꝛc. eine Arznei aus Wachs in Kalkwasser aufgelöst. Nov. Act. Acad. Caesar. Natur. Curiosor. B. II. Norimb. 1761. obs. LXV.

r) um die Bereitung des Spiesglanzköniges zum Arznei- gebrauche. Diss. resp. *Loeber* de regulo antimonii medi- cinali. Erf. 1762.

s) um die Bereitung des Schwefel= und Salpeteräthers. Progr. de naphtha vitrioli et nitri. Erford. 1765. 4.

t) De sulphuris anodyni specie ex vini vitriolique oleis commixtus oriunda. Lips. 1748. 4.

u) um die Bereitung von Dippel's thierischem Oel. Diss. resp. *Reinhard* de oleo animali Dippelii. Tubing. 1745. 4.

x) um die Bereitung der Spiesglanztincturen. Diss. resp. J. Chph. *Heller* de tincturis antimonii minus usitatis ut- cunque saluberrimis. Tubing. 1759. 4. der süßen Mol- ken. Diss. resp. Sal. *Schulthefs* de sero lactis dulci. Tu- bing. 1765. 4. des Spiesglanzglases mit Wachs. Diss. resp. L. *Bilfinger* de vitro antimonii cerato. Tubing. 1756. 4.

y) um Dippel's thierisches Oel. Act. Acad. Elect. Mo- gunt. Erford. B. I. S. 297.

theufer z), der altorfische Lehrer J. J. Kirsten a),
die königsbergische Lehrer Benj. Ewald b) und A. J.
Orlovius c), die göttingische Lehrer J. G. Bren-
del d), und Rud. Aug. Vogel e), der pragische
Lehrer J. Ant. Jof. Scrinci f), der erlangische Lehrer
H. Fr. Delius g), der helmstädtische Lehrer J. Karl
Spieß,

z) z. B. um die Reinigung der Bernsteinsäure. Ebendas.
S. 281.

a) um die Bereitung des Brechweinsteins. Diff. resp. G.
D. *Wibel* de tartaro emetico. Altdorf. 1764. 4. der Sa-
menmilchen. Diff. de emulfionibus. Altdorf. 1746. 4.

b) um das Knallgold. Diff. de auro fulminante. Regiom.
1704. 4.

c) um die mit Laugensalz bereitete Tincturen. Diff. resp.
A. *Lüdick* de tincturis alcalinis. Regiomont. 1766. 4.

d) um den Goldschwefel aus Spiesglanz. Progr. de fulphure aurato antimonii non vomitorio. Goett. 1757. 4.
auch abgedruckt in Opufc. mathemat. et medic. argument.
curant. et praef. H. A. *Wrisberg.* Goett. 4. Th. I. 1769.
nr. 12. welcher auch nr. 10. als arist. chemico - pharma-
ceutic. progr. 1751. noch andere hieher gehörige Bemerkungen enthält.

e) um die Verfälschung der Soda und die Bereitung des
Seignettesalzes und der essigsauren Pottasche, des Spiesglanzköniges mit Eisen, der Schwefelmilch. Diff. resp.
J. G. *Knorr* obfervationes chemicae mifcellae. Goett.
1768. 4. obf. IV. V. VI. VII. des Spiesglanzköniges
zum Arzneigebrauche. Progr. de varia interque hanc optima conficiendi reguli antimonii medicinalis ratione.
Goetting. 1765.

f) um die Bereitung der essigsauren Pottasche. Diff. resp.
Kuhn de genuina conftitutione atque praeparatione fic
dicti Arcani Tartari, ubi fimul inquiritur in falium acidorum, alcalinorum, nec non Sulphurum naturam.
Prag. 1753.

g) z. B. um die Bereitung des Glaubersalzes. Vorläufige
Nachricht von dem fale aperitivo Fridericiano oder dem
er-

Spieß[h]), Joh. Fricke[i]), Rud. Aug. Krüger[k]),
Joh. Chn. Ettner[l]), Lev. Fischer[m]), Joh.
Franci[n]), Phil. Heinr. Müller, genannt Wol=
heimer,

eröfnenden Friedrichs=Salze. Hildburghausen. 8. Zwote
vermehrte Auflage. 1763. Dritte. 1773.

h) um einige Arzneien aus Baldrian. Diff. de valeriana.
Helmst. 1724. 4.

i) um die Bereitung der Goldtincturen. Diatribe medico-
fpagyrica de Auro Potabili Sophorum et Potabili Sophi-
ftorum ατροσοφοις candidè proponens artis Spagyricae
Subjectum genuinum, modum operandi legitimum, et
medicamentorum revera Polichreftorum praeparationem
fecretiffimam. Accefferunt corollaria tria propemtica.
Proceffus artis aenigmatice defcriptus. Hamburg. 1702. 4.

k) eben darum. De auro medico. Brunsv. 1713. 4.

l) um mehrere dergleichen Arbeiten a. d. a. O. und des
getruen Eckharts unwürdiger Doctor, in welchem, wie
ein Medicus, der rechtschaffen handeln will, beschaffen
seyn soll; Hernach bewährteste Arzney=Mittel in aller=
hand Krankheiten und Zufällen menschlichen Leibes zu ge=
brauchen. Dann sonderliche Philosophische, Politische,
Chymische, am meisten aber Medicinische Obfervationes
und Anmerckungen, wie auch eine gründliche Erörterung
vieler zweiffelhafften Vorträge. Endlich welchergestalt
man sich auf Reisen, und sowol in fremden als einhei=
mischen Zusammenkünfften verhalten soll. Mit Beyfü=
gung Sinn= und Lehr=reicher erschröcklicher und lustiger
Begebenheiten vorgestellet werden. Mit Kupffern.
Augsburg. 1697. 8.

m) um die Bereitung der Goldtinctur. De Aurea Auri
Tinctura, five veri auri potabilis Medicina commentarius, quo et genuina ejusdem praeparatio ac usus specta-
bilis intimatur. Brunopol. 1704. 4.

n) um die Bereitung einiger Arzneien aus Gewächsen, z. B.
Thabuah Jerufchalmi, feu momordicae defcriptio me-
dico-chyrurgico-pharmaceutica. Ulm. 1720. 8.

heimer °), Andr. Reutſch ᵖ), Heinr. Al. Nieſ-
ſer ᑫ), G. E. Löber ʳ), Joh. Chph. ˢ) und Gotefr.
Günth. Schneider ᵗ), J. W. Krauſe ᵘ), G. Fr.
Gutermann ˣ), der däniſche Leibarzt J. S. Carl ʸ),
W. Fr. Dieterichs ᶻ), J. Cohauſen ᵃ), Gö-
riß,

o) um die Verfertigung des Schußwaſſers. De aqua trau-
   matica Gallorum, eau d'arquebuſade. Heidelberg.
   1722. 4.

p) um die Spiesglanztincturen. Diſſ. de tincturis (57) an-
   timonialibus. Ultraj. 1693. 4.

q) um die Bereitung eines Mittels gegen die Luſtſeuche.
   Sicherer Weg, vermittelſt einer Tinctur Luem vene-
   ream ohne Salivation zu curieren. Berlin. 8. 1703.
   1713.

r) um die Bereitung des Dippeliſchen Oels. Diſſ. praeſ.
   A. *Hallero* de praeparatione olei animalis ejusque in
   febre intermittente uſu. Goetting. 1747. 4.

s) um die Bereitung des weiſſen Spiesglanzkalkes. Diſſ.
   de antimonio diaphoretico. Lugd. Bat. 1705. 4.

t) um die Vorbereitung zu einer Spiesglanztinctur. Commerc. litterar. ad rei medic. et ſcient. natural. increm.
   inſtitut. ann. MDCCXXXI. Sem. poſter. ſpec. 41.

u) um die Bereitung eines Spiesglanzköniges zum Arzneigebrauche. ebendaſ. ſp. 30.

x) um die Bereitung einer ſüſen Tinctur aus Perlen und
   Korallen, und Arzneimoſken. ebendaſ. ann. MDCCXXXII.
   ſpec. 3. 4. ann. MDCCXXXIV. ſp. 18.

y) um die Bereitung einer Quinteſſenz aus Wein, mehrerer Arzneien aus Spiesglanz, einer Tinctur aus Korallen. Ebendaſ. Ann. MDCCXXXII. ſpec. 7. 23-25. ann.
   MDCCXXXIV. ſp. 26.

z) um die Bereitung mehrerer Mittel aus Quekſilber.
   Ebend. Ann. MDCCXXXVII. ſp. 29. A. MDCCXXXVIII.
   hebd. 4.

a) um die Bereitung der Hoffmänniſchen Tropfen, des
                                                      augs-

riß ^b), Pezoldt ^c), G. Schuster ^d), J. Pet.
Xav. Faucken ^e), Leop. Fr. Plappart ^f), Fr.
Gottl. Haupt ^g), Hirsching ^h), Franz Xav. de
Mare ⁱ), J. Greg. Gerhard ^k), Ephr. Fel. En-
hörning,

augsburgischen und anderer Balſame. Ebendaſ. ann.
MDCCXLII. hebd. 14. S. 112. ann. MDCCXLIV.
ſpec. 22.

b) um die Bereitung des Brechweinſteins, und des Karme-
literwaſſers. Sammlung von Natur- und Medicin —
wie auch hiezu gehörigen Kunſt- und Litteratur - Geſchichten, ſo ſich Ann. 1723 in den 3 Winter-Monaten
in Schleſien und andern Ländern begeben. Breßlau.
1724. 4. Jan. Cl. IV. Art. 14. Febr. Cl. IV. Art. 12.

c) um die Verſüſung der Vitriolſäure. Ephemer. Academ.
Caeſ. Natur. Curioſ. Centur. VII. et VIII. Norib. 1719.
obſ. LXXIX.

d) eben darum Act. acad. Caeſ. Natur. Curioſ. Norimb. 4.
B. X. 1754. obſ. LVI.

e) um die Bereitung der Spiesglanzweine. Diſſ. de ſolutione reguli et vitri antimonii in diverſis vinis. Vindob.
1765. 8.

f) um die Arzneien aus dem Spiesglanze überhaupt. Diſſ.
de antimonio. Vindob. 1765. 4.

g) um die Verfertigung des Seignetteſalzes. Diſſ. de ſale
Seignette polychreſto Rupellenſi vocato. Regiomont.
1740. 4.

h) um eine verbeſſerte Bereitung des Goldſchwefels aus
dem Spiesglanze. Fränckiſche Sammlungen von Anmerkungen aus der Naturlehre, Arzneygelahrheit, Oekonomie, und denen damit verwandten Wiſſenſchaften. Nürnberg. 8. B. VI. 1761.

i) um die Bereitung eines Mittels gegen den Krebs aus
Eiſen, Salmiak und Weingeiſt. De cancro et ſpina ven-
toſa curabilibus per medicamentum hactenus ſecretum
nunc communicatum. Vienn. 1767. 8.

k) um die Bereitung eines Laxirſalzes. Beſchreibung des
Salis cathartici in den Salzquellen zu Ober- und Neu-
Sulze. Leipzig. 1730. 8.

Hörning [l]), J. E. A. Graff [m]), Joh. Thiele [n]), Joh. Phil. Eysel [o]), Fr. Xav. Wanner [p]), Joh. Siegfr. Köhler [q]), der wirtembergische Leibarzt A. R. Reuß [r]), C. H. Schütte [s]), H. E. Brückmann [t]), J. C. Rost [u]), H. Chph. Seyfferd [x]), Gottl.

l) um die Versüsung der Salpetersäure. Diss. de acido nitri vinoso. Erf. 1735. 4.

m) um die mit Citronensaft gesättigte Krebssteine. Diss. de lapidibus cancrorum citratis. Altdorf. 1762. 4.

n) um die Bereitung der essigsauren Pottasche. Diss. resp. J. G. *Rebentrost* de sale tartari volatili coagulato. Vitemb. 1683.

o) um die Verfertigung des Vitriols. Diss. resp. C. Rud. *Seeligmann* de vitrioli metallici praeparatione et usu. Erford. 1703. 4.

p) um die Versüsung des ätzenden Sublimats. Ratio dulcificationis mercurii dulcis hincque pendentis effectus in medicina salutiferi. Argent. 1747.

q) um die Stahlarzneien. Diss. de ferro ejusque praecipuis praeparatis. Lips. 1748. 4.

r) um die Bereitung der essigsauren Pottasche. Disquisitio analytica (praef. J. *Juncker*) arcani Tartari. Hal. 1733.

s) um eine neue Art, die Schwefelsäure zu versüssen. Verhandelingen uitgegeeven door de Hollandsche Maatschappy der Weetenschappen te Haarlem. D. II. 1755. 16. S. 395 ꝛc.

t) um die Bereitung des Karmeliterwassers. Sammlung von Natur- und Medicin — wie auch hierzu gehörigen Kunst- und Litteratur-Geschichten, so sich 1725 in den 3 Winter-Monaten in Schlesien und andern Ländern begeben. Mart Cl. IV. Art. 3.

u) eben darum. Ebendas. in den 3 Frühlings-Monaten. Apr. Cl. IV. Art. 11.

x) um die Bereitung eines Mineralbezoars und eines narkotischen Schwefels. Ebendas. 1728 in den 3 Sommer- und Herbst-Monaten 1732. Jul. Cl. IV. Art. 6. 7.

Gottl. Karl Springsfeld[y]), J. J. Geelhau=
sen[z]), G. H. Burghart[a]), J. G. Hoffmaun[b]),
H. Bergr. W. H. S. Bucholz[c]), einige Unge=
nannte, z. B. der Verfaſſer des Berichts von der Eſſen=
tia antimoniis ſolaris [d]), derjenige des gründlichen Be=
richts über etliche wenige zu Nürnberg ſpagyricè prae-
parirte Medicamenta [e]), derjenige des vermehrten Gar=
ten= Koch= und Deſtillirbuchs [f]), und derjenige der
chymiſchen Abhandlung, worinnen die verſchiedene Be=
reitung der Spießglas=Tinctur, und die davon abhän=
gende Eigenſchaft und Würckung unterſucht, auch zu=
gleich die Vortreflichkeit und Tugend der von dem ſeeli=
gen Dr. Vater in Wittenberg erfundenen Tinctur er=
kläret

y) um die ſichere Bereituug des Dippeliſchen Oeles. Ei=
niger gelehrten Freunde deutſche Briefe an den H. v.
Haller. Bern. 8. Erſtes Hundert von 1725-1751. 1777.

z) um die Bereitung der Extracte im Papiniſchen Topfe.
Commerc. litterar. ad rei medic. et ſcient. natural. in-
crement. inſtitut. Ann. MDCCXXXIV. ſp. 11. und der
Kakaobutter. ann. MDCCXXXVII. hebd. 8. ſp. 11.

a) um das Brennen der Waſſer, Oele, Geiſter ꝛc. Wohl=
eingerichtete Deſtillier=Kunſt und neue Zuſätze zur wohl
eingerichteten Deſtillier=Kunſt. beides Breslau. 1748. 8.
auch um das Seignettiſche Salz. Drittehalbhundert An=
merkungen zur Abhandlung vom Seignettiſchen Salze.
Breslau. 1749. 8.

b) um die Verfertigung des weiſſen Spiesglanzkalkes.
Fränckiſche Sammlungen ꝛc. B. I. 1755. St. 2.

c) z. B. um die Bereitung einiger Arzneiſeifen. Diff. Praeſ.
J. Fr. *Faſelio* de ſaponibus quibusdam mineralibus. Jen.
1763. 4. und um die Auflöſung der Kleber und Harze.
Nov. Act. Acad. Caeſ. Nat. Curiol. B. V. Seine
übrige Verdienſte gehören den folgenden Zeitalter zu.

d) 12.

e) auch derer Würckung und Gebrauch. Sultzbach. 1707. 8.

f) Münſter. 1696.

kläret wird ^{g}); vornemlich Dippel ^{h}), und G. E. Stahl ^{i}).

Auch kamen mehrere Sammlungen von Erfahrungen heraus, welche die Bereitung von Arzneien, wo nicht zum einigen doch zum vorzüglichen Zweck hatten: So gab der berühmte gensische Arzt J. J. Manget seine Meſſis medico - ſpagyrica ^{k}), und seine Bibliotheca pharmaceutico - medica ^{l}), der königsbergische

g) mit Anmerkungen. Jena. 1768. 8.

h) auſer seinen gröſern Schriften, die als eine Sammlung solcher Vorschläge angesehen werden, z. B. über Spiesglanztinctur und Galmei. Commerc. litterar. ad rei medic. et ſcient. naturalis incrementum inſtitutum. ann. MDCCXXXII. ſpec. 13.

i) auſer zahlreichen andern, die in seinen gröſern Werken vorkommen, z. B. um das Spiesglanzglas. De vitro antimonii. Hal. 1702. 4. um den Salpeter und die Stahlarzneien in Obſervat. ſelectior. phyſico - chymico - medicis, um den Eiſenvitriol. De vitrioli elogiis chemicomedicis aeſtinandis. 1716. 4.

k) qua abundantiſſima Seges Pharmaceutica , e ſelectiſſimis quibusque, tum Pharmacologis et Chymiatris, tum Celeberrimis inter Recentiores Practicis, tum variis Operibus Miſcellaneis : nec non curioſioribus Rerum Naturalium Scriptoribus reſecta , compoſitiſſimo ordinae cumulatur. Opus in varias diſtributum partes, quibus et Principia Phyſicae Hermetico - Hippocraticae, et Compoſita quaeque Medicamenta Nobiliora, et Mineralia, Vegetabilia atque Animalia Chemico - Medicè deſcribuntur. Cum Indicibus Capitum, Rerum, Verborum, Morborum &c. Figurisque pluribus aeneis. Colon. 1683. fol.

l) ſeu Rerum ad Pharmaciam Galenico - Chymicam ſpectantium Theſaurus refertiſſimus, in quo, Ordine Alphabetico , non Omnis tantum Materia Medica Hiſtorice, Phyſice, Chymice ac Anatomice explicata, ſed et Celebriores quaedam Compoſitiones, tum ex omnibus

sche Lehrer J. J. Woyt seinen thesaurum pharmaceutico - chirurgicam m), Joh. Helfr. Jüngken sein
Lexicon chymico · pharmaceuticum n), Joh. Chrph.
Sommerhof sein Lexicon pharmaceutico - chymicum o), der venetianische Apotheker Joh. Bapt. Capello sein Leſſico farmaceutico - chimico p), Gottfr.
Schu-

> Dispensatoriis Pharmaceuticis, variis hactenus Linguis
> in lucem editis, tum e melioris notae scriptoribus Prac-
> ticis excerptae: imo secretiores non paucae Praepara-
> tiones Chymicae, Mechanicae &c. In Curioforum cu-
> jusvis Ordinis usum, undequaque conquisitae, abunde
> cumulantur, cum Indice Materiarum Completiſſimo et
> Figuris aeneis neceſſariis. fol. Genev. 1703. 1704. Co-
> · lon. 1703.

m) oder gründliche Erklärung der üblichen Kunstwörter,
welche in Lesung deutscher medicinischer Bücher vorkommen, sonderlich den Apothekern und Wundärzten, die
der lateinischen Sprache nicht kundig. Leipzig. 8. 1696.
4. 1709. und mit der Aufschrift: Gazophylacium medico-
physicum, oder Schatz-Kammer Medicinisch- und natürlicher Dinge, in welche alle Medicinische Kunst-Wör-
ter, inn- und äuſſerliche Kranckheiten, nebst dererselben
Genes-Mitteln, alle Mineralien, Metalle, Ertzte, Erden, zur Medicin gehörige, fremde und einheimische Thiere, Kräuter, Blumen, Saamen, Säffte, Oele, Har-
tze ꝛc., alle rare Specereyen und Materialien in einer
richtigen Lateinischen Alphabet-Ordnung auf das deut-
lichſte erkläret, vorgestellet, und mit einem nöthigen Regiſter versehen sind. 1737. Die dreyzehende Auflage,
aufs neue mit Fleiß übersehen, verbeſſert, und vermehret, nebst J. E. Hebenstreit's Versuche eines Grie-
chisch-Lateinisch-Teutschen Medicinischen Wörter-Buchs.
1751.

n) Norimberg. 8. 1699. 1729.

o) Latino-germanicam et Germanico-latinum. Nürnberg.
fol. 1701. 1713.

p) contenente gli remedi piu ufati d'oggidi. Venez. 4.
Sechſte Auflage. 1754. Achte. 1764.

Schuster sein medicinisch-chymisches Lexikon q), ein Ungenannter den guldenen Arßneyschaß r), ein Anderer den freywillig aufgesprungenen Granat-Apffel s) heraus; auch der französische Arzt C. Aug. Vander-monde t) hatte bei seinem Recueil d'observations u), das vom achten Bande an den Namen Journal des Medecine, Chirurgie, Pharmacie &c. erhielt, mit dem Heumonat 1754 anfieng, und bis auf den 1784 erschienenen B. LXII. so ausgegeben wurde, daß alle Monate ein Stück, und alle Jahre zween Bände erschienen, Rousseau bei seiner Gazette salutaire x), von welcher von 1762 alle Woche ein Stück, und alle Jahre ein Band herauskam, die Herausgeber der Sammlung auserlesener Wahrnehmungen y), welche 1753 angefangen, und indem alle Jahre ein Band erschien, bis zum neunten Bande fortgesezt wurden, und

q) Chemnitz. 1756.

r) in sich haltend folgende Tractätlein. 1. J. B. *Helmont* Arßneymittel. 2. *Bocconi* Arßneymittel. 3. G. H. Wi-lich Arßneymittel. 4. Experta Basileensia. 5. Euporista Basileensia. 6. G. *Clauder,* Dan. Ludovici Arßney-mittel. 7. Boyle englische Arßneymittel, procur. D. Eman. Koenig. Basel. 1704.

s) S. oben.

t) Nur von den zween ersten Bänden war B. N. Ber-trand der Herausgeber.

u) de Medecine, de Chirurgie et de Pharmacie. à Paris. 8.

x) composée de tout ce, que contiennent d'interessant pour l'Humanité les Livres nouveaux, les Journaux et autres écrits publics, concernant la Medecine, la Chirurgie, la Botanique, la Chymie. à Bouillon. 4.

y) aus der Arzeneiwissenschaft, der Wundarzenei- und der Apothekerkunst. Aus dem Französischen (vornemlich aus dem Journal u.) übersezt. 8. Frankfurt und Leipzig. Vom fünften Bande an Strasburg.

Aa 3

und der neuen Sammlung auserlesener Wahrnehmun=
gen [a]), die 1766 anfieng, und in gleicher Ordnung
bis zum zehenden Bande, oder dem neunzehenden beider
Sammlungen fortgesezt wurde, hatten die Bereitung
der Arzneimittel zu einem Hauptgegenstande gewählt.

Bei einer solchen Fülle von Vorschlägen und Er=
fahrungen war es nun leichter, eine gründliche Anlei=
tung zur Bereitung von Arzneien zu geben; auch ist
dieses Zeitalter reich daran; selbst die meiste Handbü=
cher der Scheidekunst erstrecken sich selten viel weiter,
als auf die Verfertigung von Heilmitteln.

So gaben auser einigen Ungenannten, z. B. den
Verfassern der Chymia rationalis [b]), der neu eröfneten
Schatzkammer [c]), des Vademecum curiosum medi-
cum [d]), der Officina pharmaceutica Steiniana [e]), des
Tyrocinium pharmaceuticum [f]), der medicinisch=che=
mischen

a) aus allen Theilen der Arzeneiwissenschaft. Aus dem Fran=
    zösischen. Strasburg. 8.

b) das ist, vernunfftmässige Anweisung wie vermittelst der
    Spagyrischen Kunst, aus den drey Reichen der Natur
    die jetziger Zeit gebräuchlichsten Arzney=Mittel bereitet
    werden sollen. Welcher beygefüget ist Praxis Chymia-
    trica oder kurzer doch deutlicher Unterricht, wie die vor=
    nehmsten Kranckheiten des menschlichen Leibes, aus ihren
    Ursachen und Zeigen sattsam erkannt, und mit vorhero
    gezeigten Medicamentis glücklich curiret werden können.
    Aus dem Englischen ins Teutsche übersetzet. Franckfurt
    und Leipzig. 1696. 8.

c) verschiedener Natur = und Kunstwunder. Nürnberg.
    1694. 8.

d) zur Medicin, nebst bewährten Arzneyen zu allen Kranck=
    heiten des menschlichen Leibes vom Kopf bis auf die Fuß=
    sohlen. Dreßden. 1694. 8.

e) Kiel. 1694. 4.

f) Edinburg. 1697. 8.

mischen Kunstkammer [g]), des Nouveau recueil des dif-
fereus traités de medecine [h]), des curiösen Botanicus,
Chymicus, Medicus und Chirurgus [i]), des Pharmacien moderne [k]), und der Medulla medicinae universae [l]), in Italieen Karl Roseti seine pharmaceuticas et phytologicas in *Andromachi* senioris theriacam
explicationes [m]), Karl Muntani ein Armamentarium medico - chymicum [n]), Nik. Lanzani sein
Opus medicum quadripartitum [o]), Mich. Ang. An-
driolli seine Domesticorum auxiliorum et facile pa-
rabilium tractatus quisque [p]), und seine Enchiridion
prac-

g) Tübingen. 1702. 8.

h) à Paris. 1744. 12.

i) Dresden. 1745. 8.

k) (von Lewis) ou nouvelle maniere de préparer les
Drogues, traduit de l'Anglois par M. *Eidous*. Experiences de Medecine sur des Animaux pour decouvrir une
methode sure et aisée de dissoudre la pierre par injections; avec une suite d'experiences sur les effets du
Laurier-Cerise et sur ceux des vapeurs du Soufre, lues
aux Assemblées de la Societé Royale par Mr. *Browne
Langrish*, traduites de l'Anglois. Dissertation sur la
quantité de la transpiration et des autres excretions
du Corps humain, par Mr. *Bryan Robinson*, trad. de
l'Anglois. à Paris. 12. 1749. 1750.

l) overo nuova compendiosa farmacopea composta per
comodo di S. A. R. il Duca di Cumberland, tradotta
del Inglese. Venez. 1750. 4.

m) Napoli. 1707.

n) cum mantissa. Vol. I. II. Venet. 1707. 8.

o) complectens characterum chymicorum ἑρμηνυείαν, vo-
caulorum medicorum ἐυφωνείαν, dictionum medicarum ὀρθογραφιαν, formulas breviandi κανόνες. Nea-
poi. 1721. 4.

p) 1. Reginem in morbis acutis. 2) de potulentis, quae
aegis conveniunt, 3. regimen in morbis chronicis.

practicum medicum p), Karl Musitanus seine mantissam ad Hadr. *Mynsicht* thesaurum et armamentarium medico-chymicum q), J. Bapt. Capello seine Instituzione farmaceutiche r), und Jos. Donzelli sein Teatro farmaceutico dogmatico e spagirico s); in Portugall Jos. Homen Andrado seine Pharmaceutica para verdadera trituragao da Jalapa t), und seine Parte seconda apologetica u), der Königliche Leibarzt Franz Heinr. de Fonseca sein Apiarium medicum, medico-chymicum, chirurgicum et pharmaceuticum x), Sanct. de Torres sein Promptuario Pharmaco

4. regimen sanorum et convalascentium; 5. regimen praegnantium, puerperarum et infantum. Venetia. 1698. 4.

p) in quo domestica et usitatiora auxilia recentiorum pro universis morbis curandis citantur. 1. pro morbis mulierum. 2. pro morbis capitis. 3. pro morbis pectoris. 4. pro morbis abdominis. 5. pro febribus et earum symptomatibus. 6 pro morbis ad Chyrurgos spectantibus Venet. 1700. 4.

q) Genev. 1701. 8. 1709. 4.

r) per uso degli speziali della città di Venezia. Venez. 1751. 4.

s) abbelito e arrichito di molte aggiunte in diversi luoghi fattevi da Tom. *Donzelli*, figliolo dell' Autore e registrate da Nic. Ferrara-Aubisio. In questa nuovissima edizione nuovamente accresciuto di varie cose non piu stampate e principalmente di un dotto utilissimo trattato delle droghe del Sign. Giov. Batt. Capello. Venet. 1763. 4.

t) e dos aromaticos discutientes &c. Lisboa. 1691. 4.

u) por a trituragao da Jalapa e todos os mais medicamentos segue a ordem dos canones universales de Mesue sua verdadeira exposega. Lisboa. 1692. 4.

x) 8. Lisbonae. 1701 (10). Amsterdam. 1711.

maco e chirurgico ʸ), Em. Rodriguez Coelho seine
Pharmacopea tabulare chimico - Galenica ᶻ); in Spa‐
nen J. Fr. Bonaventura Angel. Angeleres seine
real philofofia ᵃ), J. Vides y Mira seinen prime‐
ra parte de medicina y cirurgia rational y fpagirica ᵇ),
Jof. Rodriguez seine Apis hyblaea ᶜ), Jof. Alph. de
Ofeda sein Phenicia verdad ᵈ), Fel. Galacios
(Palacios) seine Palaeftra pharmaceutica chymico-
Galenica ᵉ), und seine farmacopoea triumfante ᶠ),
G. Bafil. Flores seinen Mefue defendido ᵍ), Pet.
Montana sein Examen de un praticante Boticario ʰ),
Pet.

y) en que fe aclarao limitados os pofos quantitades for‐
mas e difpofigoens da multos e fingulares remedios fim‐
ples e compofitos. Lisboa. 1714. 4. Amftelod. 1715. 8.

z) Lisboa. fol. P. I. II. 1735.

a) Vida de la falud temporal fubiduria fophica, teftamen‐
to filomedico, arcanos filochimicos. Hippocratica, Ga‐
lenica, Lilibotanica. Parte fegonda de la parte primera
de regimiento generale prudente fifico y morale en
vida genere de catolica y phyfica fubiduria. Madrit.
1692. 4.

b) fou obra de herro e fuego con fu antidotario de ra‐
gees, yervas, flores, femillas, frutos maduros, aguas
e vinos medicinales, que ufa en medicina. fol. Sarra‐
goffa. 1693. Madrit. 1705. 1713.

c) f. utilia pharmaca et laborandi perbrevis methodus.
Madrit. 1705. 4.

d) y explicacion medico - chymica pharmaceutico - pratica
de los tres dubios de la hiftoria confcrencia del D.
Franc. Salier. Hifpali. 1716.

e) Madrit. fol. 1706. 1721. 1725.

f) de las calumnias. Madrit. 1717. 8.

g) y refpuefta al preliminar de D. Fel. Palacios. 1727. 4.

h) fubftituto del Maeftro en el defparte de las Medicinas.
Saragoza. 1728. 4.

Aa 5

Pet. Binabura feine Cartilla Pharmaceutico - Galenica [i]), der Leibarzt Anbr. Picquer feine Medicina
vetus et nova continens pharmaciam Galenico - chimi-
cam [k]), Joh. Locches fein Tyrocinium pharmaceuticum [l]), Fel. Eguna fein Formulario de medicamentos experimentados [m]), und fein Formulario o recet-
tario chirurgo [n]), und Franz Biruega fein Examen
Pharmaceutico - Galenico - Hiftorico [o]); in Frankreich
Ludw. Penicher feine Collectio pharmaceutica [p]),
der Lehrer zu Montpellier Ant. Deidier feine Matiére
medicalé [q]), Theod. Baron den Codex medicamentorum Parifinus [r]), Malouin feine Chimie medicinale [s]), Pyraur feinen Traité de la pharmacie moderne,

i) en la qual fe trata de las diez confideraciones de los
    canones de Mefue, y algunas definiciones chymicas pa-
    ra la utilidad de la juventud. Pampelona. 1729. 4.

k) 8. Valent. 1735. 1744. 4. Madrit. 1759. 1769.

l) theoretico - practicum Galenico - chymicum auctum, 4.
    Madrit. 1728. Barcinon. 1751.

m) Madrit. 8. 1730. 1750. 1769.

n) aprobado por el Real porto medicato i que fe ha man-
    dado que fe obferva en los reales hofpitales de Madrit,
    mit den beiden fpätern Ausgaben des vorhergehenden
    Werks.

o) Madrit. 1761. 8.

p) f. apparatus ad novam pharmacopoeam. Parif. 1695 fol.

q) où l'on traite des medicamens fimples, enfuite des me-
    dicaments compofés et artificiels. Paris. 1738. 8.

r) Paris 1732. durch J. Bapt. Thom. Martineng.
    Paris. 1749.

s) conténant la maniére de préparer les rémédes les plus
    ufités et la methode de les employer pour la guérifon
    des maladies. à Paris. 12. B. I. II. 1734. 1750. 1755. nach
    der neueften Ausgabe aus dem Franzöfifchen überfezt von
                                                            G.

derne ᵗ), Joß. Bápt. Boner seinen Codex medicamentarius Parisinus ᵘ), und Baumé seine Eleme: s de
Pharmacie theorique et pratique.ˣ); in den Niederlanden Rob. de Farvaques seine Schaßkammer der
Geneeskonß ʸ), der utrechtische Lehrer Joß. Konr.
Barchusen seinen Pharmacopoeus Synopticus ᶻ),
und seine Synopßn pharmaciae ᵃ), Nik. Heinßus
sein armamentarium sanitatis ᵇ), Pet. von Hamel
seine

G. H. Königsdörfer, mit der Aufschrift: die medicinische Chymie, welche in sich enthalt die Weise, wie
man die gewöhnlichßen Arzneyen bereiten, und sie zur
Heilung der Kranken anwenden soll, verfertiget von H.
Malouin. Altenburg. 8. B. I. 1763. II. 1764.

t) à Paris. 1751. 8.

u) Francof. 1760. 8.

x) contenant toutes les operations fondamentales de cet
Art, avec leur definition et une explication de ces operations par les principes de la chymie; la maniere de
bien choifir, de préparer et de meler les medicaments,
avec des remarques et des reflexions fur chaque procé-
dé, les moyens de reconnoitre les medicamens falfifiés
ou alterés; les recettes de medicamens nouvellement mis
en ufage; les principes fondamentaux de plufieurs arts
dependans de la pharmacie; tels que l'art du confifeur
et ceux de la préparation des eaux de Senteur et des
liqueurs de table. Avec une table des vertus et dofes des
medicamens. à Paris. 8. 1762. 1770. 1773.

y) Leiden. 1741. fol.

z) feu Synopfis pharmaceutica, plerasque medicaminum
compofitiones, ac formulas eorumque dextram tam chemicam quam Galenicam conficiendi methodum exhibens.
12. Francof. ad Moen. 1690. 8. Traject. ad Rhen. 1696.
Lugd. Batav. 1712. 4. Lugd. Bat. 1715.

a) Leid. 1712. 4.

b) of het wapenhuys der gezundheit, behelzende verfcheide heilfame geneesmiddelen, en tot ny toe unbekaun-
te geheimniffe.

feine Pharmacopoea hodierna [b]), und Jaf. van Erms
feine nieuwe nederlandze Apotek [c]), und de nieuwe
mederduitfche Apotheek [d]); in England G. Bate
feine Pharmacopoea Bateana [e]), Erph. Packe feine
Medela chimica [f]), Thom. Fuller feine Ars praefcribendi formulas f. pharmacopoea extemporanea [g]),
feine Pharmacopoea domeſtica [h]), und fein family difpenfatory [i]), Monk feine Pharmacie abregée [k]); Joh.
Quincy fein Compleat englifh difpenfatory of the
Colle-

b) Ultraj. 1749. 8.

c) volgens de gronden van Boerhaave. Leiden. 1753. 8.

d) (ohne feinen Namen) geevende een duidelyk en klaar
onderwys wegens de befte dagelyks gebruikte artzeny-
kundige bereidingen en de apotheken vereifcht, en volgens de gronden van *Boerhaave*, *Geoffroy* en anden be-
roemde mannen zoo nauwkeurig befchreeven, als tot
nog toe in onze taal niet gefchicd is. Tweede druk
(alfo eine neue Auflage des vorhergehenden Werks) van
miftellingen gezuivert, en met verfcheide nieuwe voor-
fchriften, verbeeteringen en nederduytfche Bladwyzer
vermeerderd. te Leiden. 1766. 8.

e) 8. Londin. 1691. Amftelod. 1698. 1719. Lovan. 1752.

f) London. 1708. 8.

g) auch Pharmacopoeia extemporanea f. Praefcriptorum
Sylloge, in qua remediorum elegantium et efficacium
paradigmata ad omnes fere medendi intentiones accommodata candide proponuntur, una cum viribus, operandi ratione, Dofibus et indicibus annexis. 12. Londin.
1701. 1714. 1719. 8. Londin. 1701. 1710. 1723. Roterod. 1709. Amfterdam. 1709. 1717. 1731. 1761. Laufann. 1737. ins Englifche überfezt London. 8. 1710. 1719.
1730. ins Franzöfifche von Theod. Baron. Paris. 1768.
8. ins Teutfche Bafel. 1750. 8.

h) Londin. 1723. 8. Lovan. 1752. 12.

i) London. 1739. 8.

k) à Lond. 1702. 12.

College of phyſicians [1]), ſeine Praelectiones pharmaceuticas [m]), und ſeine pharmacopoea officinalis et extemporanca [n]), Pet. Shaw ein Diſpenſatory of the royal College of Edinbourgh [o]), J. S. Laſcher ſeinen Chymicus et pharmacopoeus [p]), R. Mead ſeine pharmacopoea [q]), Jak. Alleyne ſein new engliſh diſpenſatory [r]), Pool ſein Diſpenſatory of S. Thomas Hoſpital [s]), R. James ſein Medicinal Dictionary [t]), und ſein Engliſh diſpen'atory [u]), Ambr. Godfrey ſeine Propoſals for printing by ſubſcription a compleat Courſe of Chemiſtry [x]), Wilh. Lewis ſein new diſpen_

1) London. 8. 1718. 1721. 1722. 1724. 1725. 1727. 1733. (12 ma) 1742. 1749.

m) or a courſe of lectures in pharmacy chymical and galenical. London, 1723. 8. (4).

n) or a compleat engliſh diſpenſatory. London. 8. 1726. 1730. 1739. 1753.

o) 1723. 8.

p) ſ. pharmacopoea chymica. Londin. 1698. 12.

q) Pharmacopoea Meadiana. Londin. 8. P. I. 1756. II. 1757. III. 1758.

r) London. 1733. 8.

s) London. 1741. 8.

t) including Phyſic, Surgery, Anatomy, Chymiſtry and Botany, in all their Branches relative to Medicine. London. fol. B. I-III. 1743-1745. ins Franzöſiſche überſezt von Diderot, M. A. Eidous und Touſſaint, und vermehrt von Julian Buffon. Paris. fol. B. I-VI. 1746-1748.

u) London. 1747. 8.

x) (die bloſer Entwurf blieben) in one volume in quarto, containing the moſt familiar and eaſy directions for preparing all officinal compoſitions. London. 1744.

spensatory ʸ), und, mit Zusätzen die Pharmacopoea Edinburgenſis ᶻ), Joh. Ball ſeine Pharmacopoea domeſtica nova ª), und ſein new compendious diſpenſatory ᵇ), R. Brookes ſein General Diſpenſatorium ᶜ), J. Berkenhout ſeine Pharmacopoea medica ᵈ), und vornemlich R. Doſſie, auſer ſeinem ſchon erwähnten Elaboratory laid open, ſeine Inſtitutes of experimental chemiſtry ᵉ), und ſeine Theory and practice of Chirurgical pharmacy ᶠ); in Dännemark Sam. Theoph. (J. Fr.) de Meza ſein Armamentarium medicum ᵍ); in Schweden A. J. Retzius
ſeinen

y) containing the theory and practice of pharmacy. London. 8. 1753. 1765. in Teutſche überſezt (nach der erſten Ausgabe) Hamburg. 1768. 8.

z) London. 1748. 8.

a) London. 1758. 12.

b) London. 1769. 8.

c) (aus dem londoniſchen und edinburgiſchen Apothekerbuche zuſammengetragen) 3d. Ed. 1774. ins Teutſche überſezt Berlin. 1770. 8.

d) aucta London. 1766. 8.

e) being an Eſſay towards reducing that branch of Natural Philoſophy to a regular Syſtem, by the Author of the Elaboratory laid open London. 8. B. I. II. 1759. ins Teutſche überſezt mit der Aufſchrift: Grundlehren von der Experimentalchymie, welches ein Verſuch iſt, dieſen Theil der Naturlehre in ein regelmäßiges Syſtem zu bringen, von dem Verfaſſer des geöfneten Laboratorium. Altenburg. 8. B. I. II. 1763.

f) comprehended in a compleat diſpenſatory for ſurgery. London. 1761. 8.

g) ſ. materia medica ex tribus regnis petita, nec non chemica praeparata cum variis raris et ignotis medicamentis. Hafn. 1763. (1761) 8.

seinen Kort begrep af Grunderne til Pharmacien ʰ), und J. G. Wallerius seine cenſuras circa praepa-rationem medicamentorum chemicam ⁱ); und in Teutſchland auſer Dippeln der Lic. Chph. Helwig seinen Apothekerſchaß ᵏ), sein phyſikaliſches und medi-ciniſches Lexikon ˡ), und seinen wohl unterwieſenen Apo-theker ᵐ), auch unter dem Namen Bal. Kräuter-mann den wohlerfahrnen Apotheker ⁿ), G. Dan. Coſchwiß, der Vater, seine vollſtändige Apotheke ᵒ), Bened. Schönfeld seine pharmacologia ᵖ), L. C. Leinker sein compendium promtuarii medicamento-rum ۹), J. E. Thiemen sein Haus-Feld-Arzney-Koch- und Wunderbuch ʳ), der mähriſche Arzt Phil. Fraundorffer seine Tabula ſmaragdina medico-Pharmaceutica ˢ), Veit Riedlin seine Medulla phar-
maco-

---

h) at nyttja vid enſkylta Föreläsningar. Stockholm. 8. 1769. Lateiniſch mit der Aufſchrift: Primae lineae phar-maciae in uſum praelectionum, Suecico idiomate editae ab A. J. *Retzio*, jam Latine converſae. Goetting. 1771.

i) Upſal. 1755.

k) 8. Franckfurt. 1709. Leipzig. 1711.

l) Hannover. 1713. 4.

m) Arnſtatt. 8. 1735. 1745.

n) oder Anleitung zur Apotheker-Kunſt. Arnſtadt. 1730. 8.

o) Nürnberg. 1692. fol.

p) oder allerley Hülfsmittel in mancherley böſen Zufällen. Zell. 1692. 8,

q) tam ſimplicium, quam compoſitorum, in pharmaco-polio caſtrenſi exercitus ſtatuum Circ. franconici exſiſten-tium. 1698. 4.

r) Nürnberg. 1694. 4.

s) in qua ſexcentorum contra omnis generis morbos proba-tiſſimorum ſelectiſſimorumque Medicamentorum, in nulla

macopoejae Auguſtanae ᵗ), J. Franz Jungewerth
ſeinen getreuen Apotheker ᵘ), der altdorfiſche Lehrer J.
Jak. Baier ſeine Schrift de pharmaceutica recentio-
ris praeſtantia ˣ), Gottfr. Gottlieb ſeine neu eröfne=
te Apothekerſchule ʸ), der blaubeuriſche Arzt Veit Eb.
Roth ſeine Medicina portatilis ᶻ), der jenaiſche Lehrer
J. Jak. Fick ſeine Chymicorum in pharmacopoea
Bateana et Londinenſi explicatio ᵃ), und de formula-
rum compoſitione ᵇ), der duderſtädtiſche Arzt J. Jak.
Roſenſtengel ſeine Inſtitutiones chymico-pharma-
ceuticas ᶜ), Jak. Kalbe ſein Diſpenſatorium Ham-
bur-

nullo Diſpenſatorio obviorum, ſed partim ex optimis et
hoc tempore nominatiſſimis Practicis deſumptorum, partim ab Amicis communicatorum, partim ex privatis ma-
nuſcriptis erutorum, partim denique propriâ induſtriâ
adinventorum, fidelis et accurata Deſcriptio, ordine,
ut vocant, alphabetico inſculpta legitur, cum Indice
Morborum et Medicamentorum. Opus et Medicis, et
Chirurgis et Pharmacopoeis perutile. Norimb. 1699.
12. aucta a J. Abr. *Merklin* (octingentorum) Norimb.
1726. 8.

t) cum annexis viribus quorundam ſimplicium. Augsb.
1707. 12.

u) Kempten. 1698. 8.

x) Altdorf. 1720. 4.

y) von der Apotheker und Apotheken Anfang, Fortgang,
Privilegien, von Barbirern, Badern, Materialiſten,
Oculiſten, Viſitation, Taxe, Ordnung, und ob die Medici ihre Medicamenta ſelbſt diſpenſiren mögen. Frank=
furt und Leipzig. 1700. 4.

z) ſalubriora remedia ſuccincta exhibens in Pharmacothe-
ca. Ulm. 1709. 8.

a) Francof. 1711. 12.

b) Jen. 1713. 4.

c) das iſt: gründliche und deutliche Anweiſung zur Apothe=
ker=

burgenſe ᵈ), der däniſche Leibarzt Sam. Carl ſeine
Armenapothefe ᵉ), und ſeine Fundamenta pharmaciae chymicae ᶠ), der erfurtiſche Lehrer Hier. Ludolf
ſeine Schrift: an et quomodo pharmacopoeus vel
etiam chirurgus in arte ſua peritus felicem in univerſa,
medicina progreſſum facere poſſit ᵍ), und eine andere
de artis pharmaceuticae ad ſtudium medicum neceſſitate et utilitate ʰ), Joh. Helfr. Jüngken ſein Corpus pharmaceutico-chymicum ⁱ), Dav. de Spina
ſein Manuale ſive Lexicon pharmaceutico-chymicum ᵏ), Gottl. Schuger ſeine Pharmacopoea portatilis,

ker-Kunſt; darinn nebſt einem hiſtoriſchen Vor-Bericht,
von der Apothefer Anfang, Fortgang, und heutigem
Zuſtand; der Natur und Eigenſchafft dieſer Kunſt, ihre
Anfänge, Werkzeuge und Arbeit nebſt der Artzneyen
äuſſerlichen Kennzeichen, Zubereitung, Zuſammenſetzung
und der zuſammen geſetzten Beſchreibungen: Anſtatt der
koſtbaren Muſeorum, Kräuter-Bücher, Diſpenſatoriorum,
Materialiſten und Apothefer Lexicorum, Pharmacopoea-
rum, Armamentariorum und dergleichen Bücher, von
denen ſo dieſe Kunſt lernen, und andere daraus examini-
ren ſollen nützlich zu gebrauchen, aus den berühmteſten
Phyſicis, Metallurgis, Anatomicis, Botanicis, Chymicis
und Medicis zuſammen getragen, und in Teutſcher Sprache beſchrieben werden. Franckfurt am Mayn. 1718. 4.

d) juxta quod medicamenta tam chymica quam Galenica
praeparanda ſint. Hamburg. 1716. fol.

e) Lüdingen. 8. 1721. 1725. 1730. 1748. 1764.

f) ad methodum Stahlianam expoſita. Buding. 1728. 8.

g) Erford. 1726. 4.

h) Erford. 1746. 4.

i) Francof. 1697. 4. durch Dav. de Spina 1732. fol.

k) inſtar compendii medicis practicis et pharmacopoeis
maxime commodum, continens medicamenta compoſita
polychreſta tum uſualia tum minus uſualia, ex notiſſi-

tatilis ¹), der strasburgische Arzt G. Heinr. Behr
sein Lexicon physico - chemico - medicum reale ᵐ),
J. A. de Wolter seine Pharmacopoea militaris ⁿ),
D. L. W. von Knörr seine Pharmacopoea compendiosa °), Joh. Fridr. Sölemann seine Einleitung
in die Pharmaceutik ᵖ), Heinr. Pury seine Schrift
de fontis pharmaceutici praeſtantia �q), Ant. Hein seine
Pharmacia rationalis ʳ), J. C. Dober seine Defini-
tiones medicamentorum, quae in officinis pharma-
ceuti-

mis pharmacopoeis et auctoribus practicis defumta, et
partim ex corpore pharmaceutico *Jüngken* huc translata, Francof. ad Moen. 1700. 8.

1) oder kleine wohlverſehene Haus= und Reiſeapotheke,
worinn die herrlichſten Medicamente in ein Compendium
gebracht, womit man alle Krankheiten cito tuto et jucun-
de curiren kann. Leipzig. 1707. 8.

m) Argentor. 1738. 4.

n) Paris. 1754. 12. Aus dem Lateiniſchen überſezt von
Franz Joſ. Schaur mit der Aufschrift: Pharmacopoea
militaris: Nach denen Grundlehren wohl eingerichtete
Apotheke zum nüzlichen Gebrauch für die Soldatenhoſpi-
täler. Franckfurt und Leipzig. 1759.

o) oder kurzer Innhalt guter und bewährter Arzneymittel.
Naumburg. 1765. 8.

p) und pharmaceutiſchen Benennungen, für Anfänger der
Apothekerkunſt und Chirurgie, durchgeſehen und verbeſſert
von D. J. C. Trampel. Lemgo. 1761. 8.

q) Baßl. 1763. 4.

r) oder vernünftiger Gebrauch auserleſener Genesmittel in
zwey Theilen, deren erſterer von den Hülfsmitteln über-
haupt, der andere von denſelben ins beſondere, in zwey
Abſchnitten, zum Dienſt innerlicher und äuſſerlicher
Krankheiten handelt. Nebſt einer Vorrede Dr. J. C.
Hebenſtreit's von der Wahl des beſten Mittels, und
einem doppelten Regiſter derer Namen und derer Sachen.
Leipzig. 1757. 4.

ceuticis chymice praeparatae profant ˢ), J. Jul.
Walbaum feinen Index pharmacopolii completi ᵗ),
und vornemlich der berühmte wittenbergifche Lehrer,
Dan. Wilh. Triller fein Difpenfatorium pharmaceuticum univerfale ᵘ); der meifnifche Arzt Karl Wilh.
Pörner feine Delineatio pharmaciae chemico-thera-
peuticae ˣ), der berühmte frankfurtifche Lehrer, Joh.
Fridr. Cartheufer feine Pharmacologia theoretico-
practica ʸ), und die beide hallifche Lehrer, Joh. Heinr.
Schulze feine Praelectiones in Difpenfatorium regium et Electorale Boruffo-Brandenburgicum ᶻ), und
Georg Ernft Stahl feine fundamenta chymico-
pharmaceutica generalia ᵃ), feine fundamenta pharmaciae chymicae ᵇ), und feine Materia medica ᶜ).

Auch

s) fecundum illarum partes conftituentes, propria cognitione et experientia explicatae, et in ufum cultorum medicinae idiomate latino et germanico editae. Dresd.
1765. 8.

t) cum calendario pharmaceutico. Lipf. fol. P. I. 1767.
II. 1769.

u) feu thefaurus medicamentorum tam fimplicium quam
compofitorum locupletiffimus, ex omnibus difpenfato-
riis, quotquot haberi potuerunt, permultisque aliis
libris de materia medica et remediorum formulis, denique medicorum, tum veterum, tum recentiorum operibus congeftus, digeftus, et variis operationibus practicis felectioribus inftructus. Francof. ad Moen. 4. T. I.
II. 1764.

x) Lipfiae. 1764. 8.

y) praelectionibus academicis accommodata. 8. Berolin.
1745. Vol. I. II. 1770 Colon. Allobrog. 1763.

z) Norimb. 8. 1736. curate revifae, emendatae atque infigniter auctae (cur. A. E Büchneri). 1753.

a) ae manuductio ad encheirefes artis pharmaceuticae fpeciales (cura Rothfcholz). Herrenft. 1721. 8.

Bb 2

Auch kamen in diesem Zeitalter viele Apothekerbüs
cher heraus, welcher den Aerzten und Apothekern gans
zer Länder und Städte zur gesezlichen Vorschrift dien;
ten; eine Haarlemmer Apothek ᵈ), ein solches Apothe;
kerbuch von Ryssel ᵉ), ein solches von Toulouse ᶠ), ein
Leuwardensches ᵍ), ein Brandenburgisches ʰ), ein Lon;
donsches ⁱ), das Amsterdamische ᵏ), das Quedlinbur;
gische,

b) Bad. 1728. 8.

c) d. i. von Zubereitung, Kraft und Würkung der sonder;
heit durch chymische Kunst erfundenen Arzneyen. Dreß;
den. 1728. 8.

d) (von Wachendorf) Amsterdam. 1693. 8. auch eine
Pharmacopoea Haarlemensis. Haarlem. 1714. 12.

e) Pharmacopoea Lillensis. Lisl. 1694. fol.

f) Pharmacopoea Tolosana restituta, correcta et aucta
selectioribus remediis galenico _ chymicis. Tolos. 1695.
fol. (4.).

g) Pharmacopoea Leovardiensis galenico - chymica. Leo-
vard. 1698. 12.

h) Dispensatorium Borusso - Brandenburgicum f. Norma,
juxta quam in provinciis Brandenburgicis medicamenta
dispensanda ac praeparanda sunt. fol. Berolin. 1698.
1713. 1731. locuplet. ab Ern. *Fagino (Büchner)*. Erford.
1734. 1758.

i) (von Jak. Shipton) Pharmacopoea Coll. R. Med.
Londinensis. Londin. 1699. 8. von Nik. Staphorst
Pharmacopoea collegii Londinensis und Officina chymica Londinensis. Londin. 8. Ed III. 1701. 1714. 1738;
eine andere Pharmacopoea Londinensis. 1707. 8 1721.
fol. Amstelod. 1722. 8. Londin. 1724. 1736. 1763. 8.
Pharmacopoea reformata. Lond. 1744. 8. 1746. und
1751. 4. Francof. 1748. und 1762. 8. englisch mit An;
merkungen von H. Pemberton 1746. und 1749. 8.
französisch mit Anmerkungen Paris. 4. I. 1761. II. 1771.

k) Pharmacopoea Amstellodamensis. Amsterd. 1698. Leid.
1701. 8. Amstelod. 1714. 12.

gische [1]), das Brüffelifche [m]), das Hannöverifche [n]),
das Nürnbergifche [o]), das Rotterdamifche [p]), das
Portugiefifche [q]), das Lübeckifche [r]), das Edinbur-
gifche [s]), das Strasburgifche [t]), das Wienerifche [u]),
das Gröningifche [x]), das Leidnifche [y]), das Turini-
fche,

l) Officina pharmaceutica Quedlinburgica. 1761. 4. '

m) Pharmacopoea Bruxellenfis. Bruxell. 1702. 12. in eam
breves animadverfiones (von Ant. Dom. Saffen) 8.
Lovan. 1704.

n) Catalogus medicamentorum in officina pharmaceutica
civitatis Hannoveranae proftantium. Hannov. 1706. fol.

o) Bericht über alle zu Nürnberg fpagyrifch präparirte Medicamente, auch der Würkung und Gebrauch derfelben.
Sulzbach. 1707. 8.

p) Pharmacopoea Rotterodamenfis. Rotterod. 1709. 8.

q) (von Gajet. a S. Antonio) Pharmacopoea Lufitana
reformata, metodo practico de preparar os medicamentos na forma galenica e chemica. Lisboa. 1711. fol.

r) Lubecenfium officinarum catalogus medicamentorum.
Lubec. 1725. 8.

s) Pharmacopoea Collegii Regii medici Edinburgenfis. 8.
Edinb. 1722. 1735. 1736. 1744 Brem. et Lipf. 1758.
et 1766. Goetting. 1742. Hannov. 1756. Genev. 1766.
12. Edinb. 1756. Venet. 1760. englifch London. 8. mit
Anmerkungen von P. Shaw 1727. und zugleich mit h)
1752. von W. Lewis 1748.

t) Pharmacopoeja Argentoratenfis inclyti Magiftratus juffu
revifa et ad hodiernum ufum medicum accommodata a
Collegio medico. Argentin. fol. 1722. 1725. 1757.

u) Difpenfatorium pharmaceuticum Auftriaco - Viennenfe,
in quo hodierna die ufualiora medicamenta fecundum
artis regulas componenda vifuntur. Vienn. fol. 1729.
1765. 1770.

x) Pharmacopoea Groningana. Groning. 1730. 4.

y) Pharmacopoea Leidenfis. Leiden. 8. 1732. 1751.

fche *), das Haagische ᵃ), das Münſteriſche ᵇ), das
Madritiſche ᶜ), das Apothekerbuch von Valencia ᵈ),
das Pragiſche ᵉ), das Würtembergiſche ᶠ), das
Schleſiſche ᵍ), das Edinburgiſche ʰ) und Wienerifche ⁱ) Apothekerbuch für Arme, das Pariſiſche Apothekerbuch ᵏ), das Pfälziſche ˡ), das Bologneſiſche ᵐ),
ein

z) Pharmacopoea Taurinenſis. Torino. 1736. 4.

a) Pharmacopoea Hagana inſtaurata et aucta. Hag. 1738. 4.

b) Münſteriſche Apotheker = Taxe, und Diſpenſatorium.
Münſter. 1739. fol.

c) (von Franz Ferd. Navarete) Pharmacopoeja Madri-
tenſis protomedicatus auctoritate elaborata. Madrit.
1739. 4.

d) Valentini Collegii Pharmacopolarum officina medicamentorum. Sarragoſſa. 1739. fol.

e) Diſpenſatorium medicum pharmaceuticum Pragenſe.
Prag. 1739. fol.

f) Pharmacopoea Wirtembergica. Stuttgard. fol. 1741.
1750. 1754. 1760.

g) Diſpenſatorium regium et electorale Boruſſico - Brandenburgicum pro terris Sileſiacis. Vratislav. 1744. fol.

h) Pharmacopoea Edinburgenſis pauperum. 8. Edinb. 1752.
1758. 1759. 1763. Francof. et Lipf. 1759. 1760.
Edinb. et Berol. 1762. Colon. Allobr. 1763. Genev.
1761. engliſch or the Diſpenſatory for the uſe of the royal hoſpital in Edinburgh, now firſt translated into engliſh and improved with the operations virtues and
uſes of the ſeveral medicines for the moſt ſafe and ſpee-
dy cure of all diſeaſes. London. 1753.

i) Pharmacopoea pauperum pro nofocomio Viennenſi.
Vindobon. 1760. 8.

k) Codex medicamentarius ſ. Pharmacopoea Pariſienſis.
Parif. 1748. 1758. 4. Francof. 1760. 8.

l) Pharmacopoea Palatina ſ. Diſpenſatorium medico - pharmaceuticum in lucem emiſſum ex conſilio medico elec-
torali Palatino. Mannheim. 1764. fol. 1767. 4.

ein Hamburgisches ⁿ), ein Apothekerbuch für ein por=
tugiefifches Krankenhaus ᵒ), das neue englifche Apo=
thekerbuch ᵖ), das gemeine englifche Apothekerbuch ᑫ),
das Apothekerbuch des parifer Hofpitals ʳ), das Pari=
fifche

m) Antidotarium Bononienfe a Collegio medicorum no-
viffime reftitutum. Bonon. 1750 8. Venet. 1766. 4.

n) Neu verbeffertes Difpenfatorium oder Arzneybuch, in
welchem alles, was zur Apothecker=Kunst gehöret, nach
der Londner und Edinburger Pharmacopoea mit prakti=
fchen Wahrnehmungen vorgetragen wird. Aus dem En=
glifchen überfezt. Hamburg. 8 Th. I. 1768·

o) Pharmacopoea contracta in ufum nofocomii Lufitanici.
Londin. 1749. 8.

p) (von W. Lewis) The new difpenfatory: Containing
I. The theory and practice of pharmacy. 2. A diftri-
bution of medicinal fimples, according to their virtues
and medicinal qualities, the defcription, ufe and dofe
of each article. 3. A full translation of the London
and Edinburgh pharmacopoeas with the ufe, dofe &c.
of the feveral medicines. 4. Directions for extempora-
neous prefcription, with a felect number of elegant
forms; 5. A collection of cheap remedies for the ufe
of the poor. The whole interfperfed with practical
cautions and obfervations. Intended as a correction
and improvement of *Quincy*. London. 1753. 8.

q) (von Rob. Colborne) The plain englifh difpenfatory containing the natural hiftory and medicinal virtues
of the principal fimples new in ufe; alfo all the com-
pofitions in the three difpenfatorys of London, Edinburgh and Dr. *Fuller*, the hiftory of the incorporation
of the college of phyficians of London; of the principal
chymiits; of the venereal difeafe, of the circulation of
the blood and other important fubjects. London.
1753. 8.

r) Formules medicinales de l'hotel-Dieu de Paris ou
Pharmacopée contenant la compofition et la dofe des
remedes les plus ufités, par Mrs. Docteurs en Medecine.
à Paris. 1753. 12.

Bb 4

fifche Apothekerbuch für Arme �s), und das Regensbur:
gifche Apothekerbuch ᵗ).

Ueberhaupt trachteten die Obrigkeiten dahin, stren:
gere Ordnung und genauere Aufficht in den Apotheken
einzuführen; So gab die Stadt Wien ᵘ) eine Apothe:
fer : Ordnung; in Chur = Brandenburg ergieng eine
Medicinal : Ordnung, welche auch diese in sich be:
grif ˣ); die Apotheker zu London bekamen ihre Frei:
heitsbriefe ʸ); zu Nürnberg ergiengen eben darüber
Gefeze ᶻ); eben so zu Halle in Schwaben ᵃ); so er:
gieng auch in Würtemberg eine Medicinal : Ord:
nung ᵇ).

Vor:

s) La Pharmacopée des Pauvres accompagnée d'obfervations fur chaque formule par le Docteur W. · · · avec
des notes fur l'application des mémes remédes et une
table des Maladies. à Paris. 1757. 12.

t) Difpenfatorium pharmaceuticum Ratisbonenfe. *(Weigel)*
Confpectus materiae medicae felectioris, quo medicamenta ufitatiora ferie alphabetica exhibentur, ac nor-
mae inftar pharmacopolis Ratisbonenfibus cura Collegii
medici praefcribuntur. Ratisbon. 1727. fol.

u) Leopoli Apothecterordnung der Stadt Wien. 1692. fol.
und nach dem neu aufgelegten Wienerifchen Difpenfatorium. Wien. 1764. fol.

x) Churf. Brandenburgifche Medicinal: Ordnung. Cölln an
der Spree. 1694. 8.

y) Charter granted to the apothecaries at London. London. 1695. 8.

z) Nürnbergifche vermehrte Gefetze und Ordnungen, dem
Collegio medico, den Apothekern ꝛc. gegeben. 1700. 4.

a) Schwäbifchhallifche erneuerte Ordnung der Medicorum,
Apothecker, Wundärzte, Barbierer und fämtlich ange:
hängte Taxe. Halle. 1706. 8.

b) Würtembergifche Medicinal: Ordnung. Stuttgart: 1756
fol. und 4.

Vornemlich aber suchten sie durch vorgeschriebene Taxen billige Preise der Arzneien zu bewirken: So gab der Rath zu Werningerode c), und zu Erfurt d), und die Stadt Halberstadt e) eine Apothekertaxe; die sächsische f) und Chur = Brandenburgische Staten g), die Stadt Ba= sel h), die Stadt Mühlhausen in Thüringen i), das Hochstift Münster k), Schlesien l), Wirtemberg m), die Stadt Wien n), und Städe o), und die Braun= schweig=

c) Halberstadt. 1693. 4.

d) Taxatio omnium medicamentorum in officinis pharmaceuticis Erfordinis. Erford. 1696. 4.

e) nebst einem Tractat des Herrn Ludwig von Hornigk über nützliche und curieuse Fragen, die Apotheker und Materialisten betreffend. Halberstadt. 1697. 4.

f) Harmonia et disharmonia taxarum, Vergleichung säch= sischer Apothekertaxen mit Anmerkungen. Hannover. 1700. 4.

g) Königlich Preussische und Churfürstl. Brandenburgische Apothecker = Taxa, mit der Lateinisch = und Französischen Version. Berlin. 1715. 4. und schon früher 1704. Kö= niglich preussisches Medicinaledict und Ordnung, wie auch Apothekertaxe. Berlin. 4.

h) Basel. 1701. 8. 1764. 4.

i) Mühlhausen. 1715. 4.

k) Münsterische Apotheker=Taxe und Dispensatorium. Mün= ster. 1739. fol.

l) General=Tax=Ordnung für Medicos, Chirurgos und Apotheker. Breslau. 1744. 4.

m) Stuttgart. 1756. fol. und 4.

n) Nova pharmacopoeorum Taxa, seu ordo ac pretium omnium medicamentorum tam simplicium, quam com- positorum chymicorum atque Galenicorum moderno tempore in officinis publicis pharmaceuticis Viennensibus in Austria magis usualium juxta normam dispensatorii

phar-

schweig=lüneburgische Länder P) hatten ihre Apothe=
kertaxe.

Die Aerzte blieben aber auch in diesem Zeitalter
nicht blos bei dieser Anwendung der Chemie auf ihre
Kunst stehen; sie wandten sie insbesondere sehr vortheil=
haft auf gerichtliche Fälle und medicinische Policei an,
wo oft nur sie allein zuverläsigen Ausschus verschaffen
kann; das hat im Zusammenhange vornemlich Jonath.
Dav. Gundelach q) gethan; man wurde auf die
mannigfaltige sowohl absichtliche Verfälschungen, als
zufällige Verunreinigungen von Nahrungsmitteln und
Arzneien aufmerksamer, und suchte in der Chemie
Mittel auf, durch welche sie entdeckt, und, wenigstens
die leztere, verhütet werden konnten.

Der ulmische Arzt Eberh. Göckel war einer der
ersten, der den grosen Schaden, welchen die frevelhafte
Versüsung des Weins durch Silberglätte anrichtet,
augenscheinlich darstellte r), Joh. Vict. Jäger=
schmid s), Udoar t), Brunner u), Reusel x),
Co=

pharmaceutici Auftriaco - Viennenfis formata et praeparata. Latine et Germanice. Vindob. 1765. fol.

o) Stade. 1765. 4.

p) Braunschweig. 1764. 4.

q) Diff. praef. H. Fr. Delio primae lineae chemiae forenfis.
Erlang. 1771. 4.

r) Mifcellan. Acad. Caef. Natur. Curiof. Dec. III. Ann. 4.
Francof. et Lipf. 1697. 4. obf. XXX. und curieufe Be=
schreibung des a. 1694, 1695, 1696 durch das Silber=
glätt versüssten sauren Weins und der davon entstande=
nen neuen und vormals unerhörten Weinkrankheit.
Ulm. 1697. 8.

s) Der in denen durch die Silberglätte bestrichenen Wei=
nen verborgene, nun aber entlarvte Mercurius. Ulm.
1699.

Cohausen [y]), Baker [z]), und mit ihm beinahe zu
gleicher Zeit der tübingische Lehrer Joh. Zeller bestä=
tigten seine Erfahrungen; dieser zeigte [a]) aber zugleich
an der arsenikalischen Schwefelleber, welche daher
lange den Namen der Weinprobe, oder der wittember=
gischen Weinprobe, führte, ein Mittel, diese Verfäl=
schung zu entdecken, das auch der berühmte leidnische
Lehrer, H. D. Gaubius [b]), J. G. Model [c]),
der leipzigische Lehrer, Sam. Theod. Quelmalz [d]),
Imm. Weber [e]), Baume' [f]), Castel, Balm. de
Bo=

t) Miscellan. Academ. Caesar. Natur. Curiof. Decur. III.
Ann. 4. Francof. et Lipf. 1697. obf. C.

u) Ebendaf. obf. XCII.

x) Ebendaf. Ann. 5. et 6. Francof. et Lipf. 1700. 4. obf.
CCLXI.

y) Act. Acad. Caefar. Natur. Curiof. Vol. VII. Norimb.
1744. obf. LXXIII.

z) Medical Transactions publifhed by the College of Phyficians in London. Lond. 8. B. I. 1768.

a) Diff. refp. Im. *Weifsmann* Docimafia, figna, caufae et
noxae vini lithargyrio mangonifati variis experimentis
illuftrati. 4. Tubing. 1707. Altdorf. 1721.

b) Verhandelingen uitgegeeven door de Hollandfe Maat-
fchappye der Weetenfchappen. Haarlem. 8. D. I. 1754.
St. I. S. 112 - 126. vornemlich S. 120 ꝛc. Hamburg.
Magazin. B. XVI. 1756. St. V. nr. IV.

c) Abhandlungen der freyen ökonomischen Gesellschaft in S.
Petersburg, zur Aufmunterung des Ackerbaus und der
Hauswirthschaft in Rußland. 1765. Th. I. aus dem
Russischen übersezt. Mietau und Riga. 1766. 8.

d) Progr. de vinis mangonifatis. Lipf. 1753. 4.

e) De crimine adulteratorum vinorum. Francof. et Lipf.
1751. 4.

f) bei Rozier obfervat. fur la phyfique, fur l'hiftoire
naturelle et fur les arts. à Paris. 4. 1772. Août. S.
107 ꝛc.

Bomare, Mitouard und Cadet [g]), und an=
dere [h]) zu diesem Endzweck empfohlen, und allerdings
weit paſſender und zuverläſiger finden musten, als
z. B. das von J. Jak. Franz Vicarius [i]) darzu
vorgeſchlagene Laugenſalz, obgleich ſchon J. Zeller [k])
bemerkt hatte, und Jak. Franz Demachy [l]) bekräf=
tigte, daß auch andere Arten Schwefelleber zu dieſem
Endzwecke genüzt werden können, und ſpäterhin De=
lius [m]) zeigte, daß auch ſie in manchen Fällen leicht
trügen könne.

Auch auf die Gefahr, welche Geräthſchaften von
andern Metallen auſer dem Blei in der Küche, Apo=
theke, und andern Werkſtätten, in welchen Dinge zum
innerlichen Genuſſe bereitet werden, bei unbehutſamern
Gebrauche bringen, machten die Aerzte, z. B. Joh.
Heinr. Schulze in ſeinem Mors in olla [n]), Amy
in ſeinen reflexions ſur les vaiſſeaux de cuivre, de
plomb

g) Ebendaſ. B. V. Nov. 1771.

h) z. B. ein Ungenannter in den Hannöveriſchen nüzlichen
Sammlungen. Hannover. 1756. und im Giornale d'Italia ſpettante alla Scienza naturale, e principalmente all'
agricoltura, alle arti e al commercio. Venez. 4. B. VI.
1770. nr. 206.

i) Miſcellan. Acad. Caeſar. Natur. Curioſ. Dec. III. Ann.
2. obſ. C.

k) a. e. a. O.

l) Nov. act. Acad. Caeſ. Natur. Curioſ. Norimb. 4. T.
IV. 1770. art. 16. S. 62 xc.

m) Etwas zur Reviſion der Weinprobe auf Bley. Erlan=
gen. 1779. 8.

n) ſ. de metallico contagio in ciborum, potuum et medicamentorum praeparatione et aſſervatione cavendo.
Altdorf. 1722. 4.

plomb et d'étain [o]), Joh. Heinr. Jos. Bauer in seiner Dissertatione de metallorum noxa [p]), Pott [q]), Model [r]) und andere [s]), aus Erfahrungen und nach chemischen Gründen aufmerksam; der Tadel traf aber nicht sowohl das Zinn, das doch auch Einige, z. B. Missa [t]), A. E. Büchner [u]) und Andere [x]), vielleicht mehr wegen der ihm so oft beigemischten andern schädlichen Metalle, als wegen seiner selbst, gefährlich fanden, um so mehr da sich Marcgraf [y]) durch scheinbare Versuche verleiten lies, zu behaupten, auch noch so

o) et division de l'extrait du livre intitulé: nouvelles fontaines domestiques; avec une dissertation sur la veritable cause des obstructions dans les reins et dans tous les visceres, venant des principes des alimens, et des eaux, on de la dissolution des filtres, qui se mêlent dans la digestion avec le chyle, et causent differentes maladies. à Paris. 1752. 8.

p) in ciborum, potulentorum et medicamentorum praeparatione ac asservatione cavenda. Prag. 1751. 4.

q) Nützliche Gedanken und gründliche Untersuchung der metallischen Geschirre, ob solche in den Küchen zuzulassen, und was für welche. Dresden. 1754. 8.

r) Kleine Schriften. S. Petersburg. 8. 1773. S. 1-17.

s) z. B. ein Ungenannter in den Abhandlungen verschiedener zur Arzeneigelahrheit gehöriger Materien. Halle. 8. Zweyte Sammlung. 1761.

t) Recueil periodique d'observations. B. II. a. VI. 1755. nr. III. S. 298.

u) de usu vasorum stanneorum ad potuum et ciborum speciatim ex ovis conficiendorum praeparationem necessariis. Hal. 1753.

x) z. B. ein Ungenannter Gazette salutaire. 1762. nr. 2.

y) Memoir. de l'Académie des Scienc. et belles lettres. à Berlin. ann. 1747. teutsch: Chymische Schriften. Berlin. 8. B. II. 1767. §. 19. S. 102.

so rein scheinendes Zinn halte Arsenik; als hauptsäch=
lich das Kupfer, von dessen der Gesundheit höchst
nachtheiligem Gebrauche gegen die Einwürfe von Joh.
Th. Eller ᶻ), J. A. Harnisch ᵃ), Bordeu ᵇ),
und K. L. Neuenhahn ᶜ), Aerzte und Scheidekünst=
ler, z. B. J. J. Scheuchzer ᵈ), der ferrarische
Arzt Jos. Lanzoni ᵉ), der tübingische Lehrer B. D.
Mauchart ᶠ), Missa ᵍ), Hartley ʰ), S. Th.
Quelmalz ⁱ), Rousseau ᵏ), Amy ˡ), Joh. Rud.
Zwin=

z) Memoir. de l'Academ. des scienc. à Berlin. ann. 1754.
S. 3 ꝛc. teutsch: Abhandlung, daß der Gebrauch der
kupfernen Gefässe ganz und gar nicht schädlich seye: auch
in seinen physisch=medicinisch chymischen Abhandlungen,
aus den Gedenkschriften der Königlichen Akademie der
Wissenschaften herausgezogen von C. A. Gerhard.
Berlin, Stettin und Leipzig. 8. Th. I. 1764. S.
398 - 414.

a) Physikalische Gedanken, worinnen erwiesen wird, daß
die kupfernen Geschirre in der Haushaltung nicht so
schädlich seyn, als die eisernen, in einer Abhandlung vor=
gestellt und entworfen. Gera. 1754. 4.

b) bei Roux Journal de medecine &c. à Paris. 8. B.
XIX. 1763.

c) Vermischte Anmerkungen über einige auserlesene Mate=
rien zur Beförderung nüzlicher Wissenschaften. Leipzig.
8. Th. I. 1754. nr. 6.

d) It. alpin. Lond. 4. I. 1708. S. 10 ꝛc.

e) Miscellan. Acad. Caes. Natur. Curios. Dec. II. Ann. 9.
obs. 47. Dec. III. Ann. 7. obs. 102.

f) ebendas. Cent. I. obs. 13.

g) a. a. O. Mars. I. S. 147 ꝛc.

h) in einem Anhange zu Lobb treatise on dissolvents of
the stone and on curing the stone and the gout by aliments. London. 1739. S. 6.

i) Progr. quo vasa aenea coquinae famulantia expendit.
Lips. 1753. 4.

Zwinger [m]), Joh. Travis, der sogar darinn eine Ursache des Scharboks auf den Schiffen zu finden glaubte [n]), Ramsay [o]), Franz Thierry [p]), Cosnier [q]), G. Kasp. Ludw. Hueber [r]), Strack [s]), Heffter [t]), L. Sesti [u]), G. H. Zincke [x]), J. H. G.

k) Schreiben an den Verf. des Mercure de Franca von der Schädlichkeit des Kupfergeschirrs in der Haushaltung, aus dem Französ. übersezt. 4. Erlangen. 1753. Eisenach. 1754.

l) bei Vandermonde Recueil d'observations de médécine, chirurgie, pharmacie &c. B. VII. 1757. Nov. 4. S. 340 ꝛc.

m) Act. Helvetic. physico-mathematico-botanico-medica. Basil. 4. B. V. 1762. S. 251. 253-256.

n) Medical Observations and Inquiries by a Society of physicians in London. London. 8. B. II. 1762. art. I. S. 1 ꝛc.

o) ebendas. art. 9. S. 146 ꝛc.

p) Praes. *Falconer* quaestio: Ergo ab omni re cibaria vasa aenea prorsus ableganda. Paris. 1749.

q) bei Vandermonde Recueil d'observations &c. B. III. 1755. Oct. 2. S. 260 ꝛc.

r) Diss. de aenea culinaria supellectili. Argent. 1766. 4.

s) Journal de medecine, chirurgie &c. B. XXIV. 1766. Fevr. S. 168.

t) der Zittauischen Gesellschaft fortgesezte Bemühungen aus dem Reiche der Wissenschaften. Zittau. 8. B. I. 1756.

u) La Galeria di Minerva. Venez. B. VI. 1706.

x) Leipziger Sammlungen von allerhand zum Land- und Stadt-Wissenschaftlichen Policey-Finanz- und Cammerwesen dienlichen Nachrichten, Anmerkungen, Begebenheiten, Versuchen, Vorschlägen, neuen und alten Anstalten, Erfindungen, Vortheilen, Fehlern, Künsten, Wissenschaften und Schriften, wie auch von denen in diesen so nützlichen Wissenschaften und Uebungen wohlverdienten Leuten. Leipzig. 8. Stück. 116. 119. 1754.

G. Justi z), H. J. K. a), J. C. Deseffart b),
Baumé c), Fabas d), und Andere e) ungenannte
Erfahrungen und chemische Gründe aufstellten.

Auch bei andern Vergiftungen f), vornemlich bei
denen mit Arsenik g); zog man die Chemie fleißiger zu
Ra*

z) gesammelte chymische Schriften. Leipzig. 8. B. II. S.
  131 - 141 - 144.

a) Ebendaf. S. 124-131.

b) an ab omni re cibaria vasa aenea prorsus ablegandas.
  Paris. 1767.

c) Berlinische Sammlungen zur Beförderung der Arzney*
  wissenschaft, der Naturgeschichte, der Haushaltungskunst,
  Cameralwissenschaft, und der dahin einschlagenden Litte*
  ratur. Berlin. 8. St. IV. 1769. nr. VII.

d) Gazette salutaire. 1762. nr. 30.

e) z. B. 1. ebendaf. nr. 43. 2. Monthly reviews. B. XII.
  S. 138. 3. Sammlung von Natur* und Medicin —
  wie auch hierzu gehörigen Kunst* und Litteratur - Ge*
  schichten, so sich in den Sommer* und Herbst*Monaten
  des Jahrs 1730 in Schlesien und andern Ländern bege*
  ben. Breßlau. 1734. 4. Aug. Cl. IV. Art. 7. 4. Dresd*
  nische Frag* und Anzeige. Dresden. 4. 1750. St. 10.

f) S. z. B. Joh. Georg Hasenest medicinischer Richter
  oder Acta physico - medico - forensia Collegii medici
  Onoldini von Anno 1735 bis auf dermalige Zeiten zu*
  sammengetragen, hier und da mit Anmerkungen, denn
  mit einer deutlichen Erklärung der medicinischen Kunst*
  wörter, und vollständigem Register versehen. Onolzbach.
  4. Th. I. III. IV. und J. Conr. Fritsch Seltsame, je*
  doch wahrhaftige, Theologische, Juristische, Medicin*
  und Physikalische Geschichte, sowohl aus alten als neuen
  Zeiten, worüber der Theologus, Jureconsultus und Medico - Physicus sein Urtheil eröffnet. Aus denen Original*
  Acten mit Fleiß extrahiret, zu mehrerer Erläuterungen
  mit kurzen Anmerkungen versehen, und eines jeden ver*
  nünftigen Gedanken überlassen. Leipzig. 4. Fünfter
  Theil. 1734.

g) z. B. M. Alberti in den Wöchentlichen Hallischen An*
  zeigen. Jahrg. 1736. nr. 44. 45.

Rathe: Ach. Gärtner suchte [h]) nicht nur die Möglichkeit der Verfälschung des ázenden Sublimats durch
Arsenik darzuthun, sondern auch die Mittel auf, durch
welche sie entdeckt werden kann.

Wenn gleich das Beispiel früherer Zeiten Aerzte
und Scheidekünstler hätte behutsamer machen sollen,
und sich auch jezt die Stimmen vieler Aerzte, des un-
sterblichen Herrn. Börhaave [i]), des schottischen Arztes Archib. Pitcairn [k]), des französischen Arztes
Phil. Hecquet [l]), des brittischen Leibarztes Wilh.
Cokburne [m]), des parisischen Arztes Ant. Me-
niot [n]), Ant. Pepin's [o]), des berühmten helmstädtischen

h) Diff. praef. Ph. Fr. *Gmelin* Specifica methodus recen-
   tior cancrum fanandi, ejus hiftoria, analyfisque chemica, et medico-practica. Tubing. 1757. 4. abgedruckt in
   Haller's Difputation. ad morborum hiftoriam et curationem facient Laufann. 4. B. VI. nr. 201. §.
   XXXIII-XXXVII.

i) 1. Sermo academicus de chemia errores fuos expurgante. Lugd. Batav. 1718. 4. 2. Orat. qua repurgatae
   medicinae facilis afferitur fimplicitas. Leid. 1709. 4.

k) z. B. in feiner Diff. de motu fanguinis per minima.
   Leid. 1693. 4. in einer andern de curatione febrium,
   quae per evacuationem inftituitur. Edinburg. 1695. 4.
   in einer andern de opera, quam praeftant corpora acida
   vel alcalica in curatione morborum. in Operib. omnib.
   Leid. 1737. 4.

l) et Bart. Sim. Deuxyvoje Non ergo functiones a fermentis. Parif. 1694 und Traité de la digeftion et des maladies d'eftomac. Paris. 12. 1712. 1730. B. II.

m) Oeconomia corporis animalis. Londin. 1695. 8.

n) fowohl in feinen Anmerkungen über Beddevole effays
   anatomiques, als in feiner Lettre fur la medecine et
   les medecins modernes, beide in feinen Opufcules pofthu-
   mes. Amfterdam. 1697. 4.

tischen Lehrers Lor. Heister [p]), eines Bertrand [q]), Barthol. Lavagnoli [r]), Jak. Jul. Carrel [s]), des rostokischen Lehrers Georg Chr. Detharding [t]), des niederländischen Lehrers Barth. de Moor [u]), des brittischen Feldarztes J. Collbatch, der, eben so verblendet, wo Sylvius und seine Schule nur Säure sah, nichts als Laugensalz wahrnahm, und auf diese Lehre seine Heilart gründete [x]), eines andern englischen Arztes Edw. Baynord, der in Absicht auf die Ursache der Gicht dem vorhergehenden beipflichtete [y]), des westphälischen Arztes Heinr. Cohausen [z]), des

o) et Mich. Proc. *Couteaux:* Non ergo secretio fermentorum et mutuae glandularum et liquorum configurationis opus. Paris. 1707.

p) De anatomes subtilioris utilitate. Helmstad. 1730. 4.

q) Journal de Trevoux. 1714. Fevr.

r) de usu pravo et recto disciplinarum Optimarum in medicina. Opus in tres partes divisum. Patav. 1732. 4. P. I. de usu Chimiae.

s) und Wilh. Jos. de l'Epine: Ergo commentitium tritus et fermentationis commercium. Paris. 1723. 4.

t) De studio anatomes a chymicorum insultibus vindicato. Rostoch. 1726. 4.

u) Cogitationum de instauratione medicinae ad sanitatis tutelam, morbos perstringendos, nec non vitam prorogandam libri tres. Amsterd. 1695. 8.

x) 1. Physico-medical Essays concerning alcali and acid in the cure of distempers. London. 8. 1696. 1704. 2. Some further considerations concerning alcali and acid. London. 1704. 8. 3. Treatise of the gout. London. 1697. 8. 4. Doctrine of acids in the cure of diseases further asserted. London. 1698.

y) Philosoph. Transact. nr. 215.

z) *Helmontius* exstaticus s. visa medicaminum potestas ab *Helmontio* somniante; recensa a vigilante. Amsterd. 8.

des apulifchen Arztes Domin. Sanguineti[a]), des
fpanifchen Arztes Joh. Munnoz de Peralta[b]),
der römifchen Aerzte, Pet. Ang. Papi[c]), Mart.
Poli[d]), und Cam. Barbiellini[e]), des englifchen
Arztes Jak. Drake[f]), des meklenburgifchen Arztes
Dan. Heinr. a Weften[g]), des franzöfifchen Arztes
Pet. Ribeur[h]), der beiden jüngern franzöfifchen
Aerzte Ludw. Efteve[i]), und Kafp. Joh. Rene[k]),
des greiphswaldifchen Lehrers Chrift. Steph. Scheffel[l]), Abr. d'Orville[m]), Dav. Wipacher's[n]),
und

a) Diſſertationes iatrophyficae. Neapol. 1699. 8.

b) Triumfo del antimonio y contra refpuefta a la carta
anonima, que contra la verta vifas de D. Diego Mat-
theo *Zapata* produxo el triumvirato de la ignorancia,
la audacia y la malevolencia. Cordova. 1702. 4.

c) Sacra auctoram recentiorum critica in philofophia, chemia et medicina. Romae. 1706. 8.

d) Il triomfo degli acidi vendicati delle calumnie di molti
medici. Rom. 1706. 4.

e) Diſſ. fifico-anatomica fopra l'efclufione de fermenti fto-
machici e delle glandole nella villofa Rom. 1747. 12.

f) Anthropologia nova or a new fyftem of anatomy.
London 8. Vol. I. II. 1707. 1723. Vol. I-IV. 1737.

g) Diſſ. epiftol. de febrium ortu non e putredine, fed ex
humorum vel nimia tenuitate vel fpiffitudine immedica
deducendo. Roftoch. 1759. 4.

h) Confpectus phyfiologico-mechanicus fecretionum in
genere. Monfpel. 1731. 8.

i) Quaeftionum chemic. pro cathedra vacante in univer-
fitate medicinae Monfpelienfi propofit. 1759. 4. nr. IV.

k) ebendaf quaeft. V.

l) Diſſ. de pyromania. Gryph. 4. P. I. (de pyromania in
genere) refp. Chr. L. *Willich.* 1741. P. II. (de cauffis
pyromaniae) refp. (prouti in III) Chr. J. *Hinze.* 1742.
P. III. (De pyromania in phyfiologia) 1743. P. IV.

Cc 2   (De

und des grofen A. Haller °), auch anderer ᵖ), und
was die unbedingte Erklärung der Wirkungsart der Arz;
neien aus ihrer chemifchen Zerlegung insbefondere be:
trift, des göttingifchen Lehrers Rud. Aug. Vogels ᑫ),
gegen diefen Misbrauch der Chemie in ihrer Anwen:
dung laut genug hören lies, fo traten doch noch viele
Aerzte in die Fustapfen eines van Helmont, Syl:
vius und Tachenius, und erklärten fich, wie fie,
bald mit weniger bald mit mehr Abänderung, was im
lebendigen Leibe vorgieng, fowohl die Verrichtungen
des gefunden, als die Erfcheinungen im kranken, nach
folchen Grundfäzen, welchen fie denn auch bei der Hei:
lung der Krankheiten folgten.

Diefem Syftem zeigten fich unter den italiänifchen
Aerzten diefes Zeitalters J. Bapt. Contuli aus Bo:
logna,

(De pyromania in pathologia Sect.I. de alcali morbifico)
refp. Hans Bern. Lud. *Lembke.* 1745. P. V. (Cap. IV.
S. II. de acido morbifico) refp. Laur. *Gumaelio.* 1750.
P. VI. (C. IV. S. III. de Salfo morbifico in genere, et
in fpecie de Salfo muriatico. refp. Henr. Frid. *Grimm.*
1752. P. VII. (Cap. IV. S. IV. De falfo ammoniacali
corporis humani morbifico) refp. Car. Guft. *Richter.*
1753. 4. Progr. de fatis medicamentorum chemicorum
finiftris ex immodicis eorum laudibus. Gryph. 1757. 4.

m) Diff. de cauffis menftrui fluxus. Goetting. 1748. 4.

n) De phlogiftico animali ut variorum morborum caufa.
Lipf. 1753. 4.

o) Elementa phyfiologiae corporis humani. Laufannae. 4.
B. VI. 1764. an mehreren Stellen.

p) z. B. in Galeria di Minerva. B. VI.

q) Diff. refp. G. Chr. *Witte* de analyfi medicamentorum
fimplicium chemica ad virtutes ipforum determinandas
hactenus perperam adhibita. Goetting. 1764. 4.

logna ʳ), Domin. Scala aus Messina in Sicilienˢ),
J. B. Volpini aus Asti ᵗ), Sebast. Astean. Ro-
tario ᵘ), Ascan. Mar. Bazzicaluve aus Lukka ˣ),
der bolognesische, nachher paduanische Lehrer, Domin.
Guglielmimi ʸ), der ragusische Arzt, Ferd. San-
tanielli ᶻ), der berühmte paduanische Lehrer Ant.
Valisnieri ᵃ), Ant. Romani di Lendenaria ᵇ),
Jos.

r) De lapidibus podagrae et chiragrae in corpore humano
   productis. Rom. 4. 1691. 1699.

s) Phlebotomia damnata f. *Avidii Chryfippi*, *Afclepiadis*,
   Erafiftrati et *Ariftogenis* contra fanguinis miffionem
   doctrina e vetuftis tenebris revocata, et luculentius enucleata juxta leges motus humorum in orbem. Patav.
   1696. 4.

t) I. Haemophobia triumphans f. *Erafiftratus* vindicatus,
   ubi veterum phlebotomiae fcopi ad tentamen revocantur. Lugd. G. 1697. 12. 2. Spafmologia f. clinica contracta; accedit de purgationis electricae nuncupatae vanitate, de fallaci urinarum et putrido fordium fcruti-
   nio, de bilis commentis et de criticorum dierum fuper-
   ftitione. In appendice *Erafiftrati* vindicati nova editio.
   4. Neapoli. 1703. Aftae. 1710.

u) I. Raggioni contra l'ufo del falaffo e delle ventofe. 4.
   Veron 1699. Venez. 1701. 2. Lettera al D. fprezza-
   tore del mercurio ed amantiffimo del falaffo. Veron.
   1731. 4.

x) Novum fyftema medico - mechanicum, et nova tumo-
   rum methodus, quorum nomine comprehenduntur in-
   flammationes verae. Parmae. 1701. 4.

y) De fanguinis motu et conftitutione exercitatio phyfico-
   medica. Venet. 1701. 8.

z) Lucubrationes phyfico - mechanicae. Venet. 1698. 4.

a) doch mit der Abweichung, daß er zwar im Blutwaffer
   und in der Galle Säure, im Magen aber keine annimmt.
   Raccolta di varie offervazioni fpettanti all' iftoria medica e naturale in Opere fifico - matematiche. Venet. fol.

Cc 3   B.

Jof. Duccini e), Karl Mufitanus d), Pet. Matthei von Cofenza e), und der römifche Apotheker Mich. Pinelli f) fehr geneigt; auch der ungarifche Arzt Mich. Ang. Sinapius g) erklärte fich für mehrere Lehren diefes Syftems; fo wie der fpanifche Leibarzt Vinc. Gilabert h).

Auch in Frankreich fand es noch immer viele Freunde; Joh. Viridet i), Aignan k), Froment l), Mich.

B. I-III. 1733. und Mifcell. Acad. Caefar. Nat. Curiof. Cent. VI. obf. 97.

b) L'acido ritornato al fangue. Venezia. 1728. 4.

c) Nuovo trattato fopra la natura de' liquidi del corpo umano e dell' animale. Lucca. 1729. 12.

d) Pyretológia f. de febribus. Genev. 1701. 4.|

e) Animadverfiones phyfico - medicae in decem dialogos digeftae. Neapol. 1704.

f) Nuova fiftema dell' origine della podagra. Rom. 1734. 4.

g) fowohl a. a. O. als im Tr. de remedio doloris f. materia anodynorum nec non opii caufa criminali in foro medico. Acceffit vifio Aletophili advocati de fecta et religione Empyricorum Panacaeiftarum. Amfterdam. 1699. 8.

h) Efcutinio phifico - medico - anatomico, que fatisface alla apologia del D. Lloret, prueva, che de l'ocean de la fangue fale la materia de la nutricion, eftablica la neceffidad de los efpiritus animales y convenca la fermentacion, chilificatiou y la preferencia de los carnes a los alimentos quadragefimales. Madrit. 1729. 4.

i) 1. Tractatus novus de prima coctione, praecipue de ventriculi fermento. Genev. 1691. 8. 2. Differtation fur les vapeurs, qui nous arrivent. Yverdon. 1726. 8.

k) L'ancienne medecine à la mode, fentiment uniforme d'Hippocrate et de Galien fur los acides et fur les alcalis. Paris. 1693. 8.

Mich. de Hodenie und du Fresne [m]), J. B. Alliot [n]), die berühmte Lehrer zu Montpellier, Ant.
Deidier [o]), und Ant. Fizes [p]), Ant. Sido-
bre [q]), Ludw. Lemery und Ab. Thullier [r]), Joh.
Besse,

1) Hypothese raisonnée, dans la quella on fait voir, que
la cause interne de toutes les maladies vient des levains
acides, acres ou salés, qui se rencontrent dans les pré-
mieres voyes, le tout expliqué sur les principes de
Descartes, et confirmé de l'experience de meilleurs
praticiens. Paris. 1694. 8.

m) Ergo chemiae et medicinae eadem elementa. Parif.
1695.

n) Traité du cancer où l'on explique, sa nature, et où
l'on propose des moyens pour le guerir methodique-
ment, avec un examen du systeme de Mr. *Helvetius.*
Paris. 1698. 12.

o) ob er gleich in mehreren Stücken von Th. Willis,
und darinn von allen abweicht, daß er im Speichel ein
Laugensalz annimmt. 1. Quaestio medica de motu
musculari. Monfpel. 1699. 4. 2. Physiologia tribus
differtationibus comprehensa. Monfpel. 1699. vertheidigt
unter der Aufschrift: Diff. academica de humoribus von
C. Wyß und J. B. Chomel. Monfpel. 1708. 8.
3. Experiences sur la bile et les cadavres des pestiferes,
faites par M. D. accompagnées des lettres de M. *Deidier*
et de *Montreffe* et de *Scheachzer*. Zurich. 1722. 8. auch
im Journal des savans pour 1722. und in Philofophic.
Tranfact. nr. 370. 4. Chymie raifonnée où l'on tache
de decouvrir la nature et la maniere d'agir des remedes chymiques les plus en usage en medecine et en chirurgie. Lyon. 1715. 12.

p) De naturali secretione bilis in jecore. Monfpel. 1719.

q) Tr. de variolis et morbillis. Lyon. 1699. 12.

r) Ergo qui morbos neglecta chymica cognitione oppug-
nant, veri empirici. Parif. 1699.

Beſſe s), Guyard t), der berühmte Lehrer zu Tou-
louſe, J. Aſtruc u), Urb. Leaulte und Andr.
Creſſe x), J. Gabr. Freſſant und Jak. Sou-
hait y), Nik. Boirel z), Joh. Peſtalozzi a),
Nik.

s) 1. Recherche analytique de la ſtructure des parties du
corps humain, où l'on explique leur reſſort, leur jeu
et leur uſage. Touloufe. Vol. I. II. 1701. 8. 2. Lettre à l'auteur du livre de l'oeconomie animale et des
obſervations fur les petites veroles. à Paris. 1723. 12.
3. Replique aux lettres de J. Cl. Adr. *Helvetius* au fujet
de la critique fur l'oeconomie animale, et des obſervations fur la petite verole. Amſterdam. 1726. 12.

t) De l'ufage de la frequente faignée. 12. 1701 (2).
1710.

u) 1. Tr. de motus fermentatorii caufa. Monſpel. 1702.
12. 2. Reſponſio ad Fr. *Vieuſſens* animadverſiones de
caufa motus fermentatorii. Monſp 1702. 4. 3. De la
digeſtion des alimens, pour prouver, qu'elle ſe fait par
le moyen d'un levain. Montpell. 1710. 4. 4. Mémoire
fur la digeſtion des alimens. 1711. Paris. 12. Montpell.
4. 5. Traité de la digeſtion pour detourner le nouveau
ſyſteme de la trituration. Touloufe. 1714. 12. 6. Epiſtolae, quibus reſpondetur epiſtolicae diſſertationi Tho-
mae *Boerii* et *Gregorii* de caufis concoctionis ciborum.
Touloufe. 1715. 12.

x) Ergo qui fermentationis, idem et hominis naturam
noſcit. Pariſ. 1694.

y) Ergo alimentorum diſſolutio ab acido. Pariſ. 1694.

z) Nouvelles obſervations fur les maladies veneriennes.
Paris. 1702.

a) 1. Avis de précaution contre la maladies contagieufe de
Marfeille, qui contient une idée complete de la peſte
et de fes accidens avec des moyens préfervatifs et curatifs. Lyon. 1721. 12. 2. Opuſcule fur les maladies
contagieufes de Marfeille de 1720 augmenté de la diſ-
fertation, qui a rèmporté le prix de l'Academie de
Bourdeaux T. I. avec l'avis de précaution contre la peſte,

Mif. Anbry[b]), Jak. Gavet[c]), Joh. d'Arti=
guelonque[d]), Hyac. Theod. Baron und J. B.
Thom. Martineng[e]), J. Bapt. Gastaldi[f]),
Mich. Proc. Couteaur[g]), Ant. de Juffieu und
El. Abr. Renard[h]), Urb. Lieutaud und El. de la
Vigne[i]), J. Claud. Abr. Helvetius[k]), Jak.
Ant.

fte, une idée de cette maladie et fes accidens, les moyens préfervatifs et curatifs, des formules choifies, un
catalogue des remedes fimples et compofés. Second. edit.
augmentée. Lyon. 1723. 12. 3. Suite et confirmation
du fyfteme de la contagion par les levains. Diff. cou-
ronnée à Bourdeaux. 1723. 12.

b) Traité des alimens du carême. à Paris. Vol. I. II.
1713. 12.

c) Nova febris idea, f. novae conjecturae circa febris naturam. Praemittitur explicatio motus fermentationis, generationis animantium, materiae et motus fanguinis,
motus cordis et arteriarum, fecretionis humorum. Genev. 1700. 12.

d) Apographe rerum phyfiologico-medicarum. Amfterd.
1708. 8.

e) Eftne humor acidus $\chi\upsilon\lambda\omega\sigma\varepsilon\omega\varsigma$ opifex. Parif. 1711. 4.

f) 1. Inftitutiones medicinae. Avenione. 1713. 12. 2. An
alimentorum coctio f. digeftio a fermentatione vel tritu
fiat. Avenion. 1713. 12.

g) 1. Analyfe du fyfteme de la trituration. Paris. 12. 1713.
1727. 2. Extrait des beautés et des verités contenues
dans la reponfe de Phil. *Bernard* de *Bordegaraye* a Mi-
chel Procope. Londres. 1713. 12.

h) Non ergo corporis functiones absque fermentatione.
Parif. 1713. 4.

i) Ergo qui fermentationis, ille et hominis naturam no-
fcit. Paris. 1717.

k) Idée generale de l'oeconomie animale. 8. Paris. 1722.
Lyon. 1727.

Ant. Millet und Wilh. de Magny[1]), Bouil-
let [m]), Andr. Jof. Seron und Ludw. Joh. le
Thuillier [n]), Guid. de Timogue [o]), Fr. Honor.
Petiot und Millin de la Courvaur [p]), der berühmte parififche Arzt Anna Karl Lorry und Em.
Jof. Patie [q]), Pet. Touffaint Ravier [r]), Theoph.
de Bordeu [s]), Fr. Quesnay [t]), Mar. Jak. Clar.
Robert [u]), und Karl le Roi [x]), felbft nach gewif-
fen

1) Ergo χυλωσις tritus fimul et fermentationis opus.
    Parif. 1718.

m) Differtation fur la caufe de la multiplication des fer-
    mens. Bourdeaux. 1719. 8.

n) Ergo alimentorum coctio a fermentatione. Parif. 1722.

o) Traité nouveau du microcofme ou traité de la nature
    de l'homme, dans le quel on explique la caufe du mou-
    vement des fluides, le principe de la vie, du fang et
    des humeurs, la generation, et les autres operations du
    corps humain. à la Haye. 1727. 8.

p) Ergo conficiendae bili a mefenterio oleum, ex faecibus
    liquor alcalinus. Parif. 1752. 4.

q) Ergo fumma affimilationis elementorum et fermentatio-
    nis analogia. Parif. 1748. 4.

r) doch fehr gemäfigt. Obfervations hiftoriques et pratiques
    fur l'amolliffement des os en general et particulierement
    fur celui qui a été obfervé chez la femme Supiot.
    Parif. 1755. 12.

s) auch gemäfigt fur les fcrophules, traité qui a remporté
    le prix de l'Academ. de chirurgie. 1752. wieder abge-
    druckt mit traité du tiffu muqueux. Paris. 1766. 12.

t) Effay phyfique fur l'oeconomie animale. à Paris. B.
    I - III. 1747. 8.

u) Quaeftio medica: An bilis fapo acido-alcalinus. Parif.
    1759. 4.

x) Quaeftion-chemic. duodecim pro cathedra vacante in
    univerfitate medicinae Monfpelienfi propofitae. Monfp.
    1759. 4. qu. V.

sen Rückfichten Durade ʸ), J. Jak. Gardane ᶻ),
und de Machy ᵃ) pflichteten ihm bald mit mehr bald
mit weniger Einschränkung bei.

In Irrland fand es an Bernh. Connor ᵇ), von
gewiſſen Seiten, einen Anhänger; veſter daran hielten
in England Wilh. Coward ᶜ), Joh. Floyer ᵈ),
Thom. Revett ᵉ), J. Woodward ᶠ), und Franz
Penrofe ᵍ).

In

y) Traité phyſiologique et chymique fur la nutrition,
ouvrage, qui a remporté le prix de phyſique de l'Académie royale des ſciences et belles lettres de Berlin en
1766. Berlin. 1767. 4.

z) Effai fur la putrefactoin des humeurs animales. Paris.
1769 12.

a) in feiner Ausgabe von J. Junckers Elemens de chymie fuivant les principes de *Becker* et *Stahl.* Paris. 12.
Vol. I - VI. 1757.

b) A compendious plan of the body of phyſic. Oxon.
1697.

c) 1. De fermento vitali nutritio conjectura rationalis, ſpiritum volatilem oleofum a fanguine fuffufum effe verum
concoctionis et nutritionis inftrumentum. London. 8.
1695. 2. On acid and alcali. London. 1698. 8.

d) The praeternatural ftate of animal humours, defcri-
bed by their fenfible qualities which depend of different
degrées of their fermentation. London. 1696. 8.

e) The rational oeconomy of human bodies. London.
1704. 12.

f) State of phyſik. London. 1718. 8. teutſch von Scheuch-
zern, mit der Auffſchrift: Medicinae et morborum ſta-
tus, ſpeciatim de variolis cum animadverfionibus in novam purgandi in hoc morbo methodum. Praemittitur idea
morborum quibus natura humana eſt expoſita, methodus
iisdem medendi. Zürich. 1722. 8. 2. Select cafes and con-
fultations in phyſik. Ed. Petr. *Templeman.* Lond. 1737. 8.

g) Phyſical effay on the animal oeconomy. London.
1754. 8.

In Dännemark wandten noch O. Jacobäus
und J. Ebeling die Chemie auf ähnliche Weise auf
die Heilkunde an [h]).

In Batavien erklärten sich J. Dan. Arnold [i]),
Heinr. Schneller [k]), Pet. Jens [l]), de Porse [m]),
Ph. Gaukes [n]), A. D. van Welt [o]), der leidnische
Lehrer Jak. le Mort [p]), J. Phil. von Stralen [q]),
in Belgien der antwerpische Arzt Aegid. Dael=
mans [r]), und der löwensche Lehrer Franz Favelet [s])
noch grosentheils für die Lehren von Sylvius.

Auch

h) De usu et necessitate chymiae in arte medica. Hafn.
1692.

i) De acido peccante et corrigente humores. Leid. 1694. 4.

k) Theoriae mechanicae physico - medicae delineatio, in
qua damnosa ejus praecepta ad rationis et experientiae
leges revocantur et practice emendantur. Leid. 1705. 8.

l) Tyrocinium medicum s. clavis idearum, quae spectant
ad physiologiam et pathologiam. Haag. 8. P. I. 1697.

m) De fermentatione et effervescentia in corpore humano.
Leid. 1698. 4.

n) Diss. de medicina ad certitudinem mathematicam eve-
henda, quomodo ex principiis artis omnia mechanice et
methodo mathematica demonstrari possint. Amstelod.
1712. 8.

o) De chimiae oppressae et despectae gemitu ad parentes
Phoebum et naturam. Leid. 1701. 4.

p) der doch das Aufbrausen der Säfte im Herzen läugnet.
I. Idea actionis corporum, praesertim circa fermentationem. Leid. 1693. 12. 2. Chemiae utilitas in theoria
medica. Leid. 1696. 4. 3. Novantiqua fundamenta theoriae medicae. Leid. 1700. 8.

q) De fermentatione humorum in corpore humano. Ultraj.
1696. 4.

r) I. Nieuw hervormde Heelkonst gebouwd op de gronden van 't acidum en 't alcali. Amsterdam. 8. 4ᵈ.Edit.
1703.

Auch in Teutſchland fanden ſie noch manche Anhän=
ger unter dem Aerzten; Ernſt Fr. Fabricius ᵗ),
Sam. Schrör ᵘ), der frankfurtiſche Arzt Pet. le
Cerf ˣ), Hartmann ʸ), Joh. Bapt. Wenckh ᶻ),
Joh. Kaſp. Reiß ª), Joh. Konr. Dippel ᵇ), der
Kaiſerliche Arzt, J. W. Beintema de Peima ᶜ),
der erfurtiſche Lehrer Joh. Andr. Fiſcher ᵈ), J.
Jak.

1703. ins Teutſche überſezt von S. B. M. und P. D.
Franckfurt an der Oder. 1694. 8. und mit Anmerkungen
vermehrt von J(oh.) D(an). G(ohl). S. S. R. P.
Berlin. 1715. 2. (wenn die Schrift anderſt von 1. wirk=
lich verſchieden iſt) Nieuw hervormde Geneeskonſt gegrond op de gronden van 't acidum en 't alcali benevens de aanmerkingen van verſchiede rukting der op het
eyland Ceylan, en de ſtatt Columbo, Batavia en de
kuſt van Coromandel ſyn vorgegaan. Amſterdam. 8.
1689. 1703.

s) Prodromus apologiae fermentationis in animalibus, inſtructus animadverſionibus in librum nuper editum de
digeſtione. Lovan. 1721. 8.

t) Medicinae Hermeticae et Galenicae anatome. Francof.
1693. fol.

u) De opii natura et uſu. Erford. 1693. 4.

x) De febre gallica. Francof. ad Vindr. 1694. 4.

y) Anthropologia phyſico - medica - anatomica. Venet.
1696. 4.

z) Ephemerid. Acad. Caef. Natur. Curiof. Dec. III. Ann.
IV. obſ. 87.

a) anatomiſche und chirurgiſche Anmerkungen, nach den
principiis des acidi, alcali &c. Augsburg. 1716. 8.

b) a. d. a. O.

c) Diſſ. de morbo regio ſ. tractatus, in quo ſententiae
de ictero ejusque curatione examinantur. 1697. 12.

d) Diſſ. de morbis ab acido ſ. noxa acidi in corpore humana. Erford. 1720. 4.

Jaf. Schmibt °), Joh. Kasp. Schwartz f), Chrph.
Heinr. Keffel g), Matt. Herr h), J. Chn. Gerh.
Knolle i), Georg Widmer k), Karl Wilh. Fr.
Struve l), Fr. Chn. Juncker m), der leipzigische
Lehrer, Joh. E. Hebenstreit n), J. Chph. Keck °),
Joh.

e) Compendium hermetico medicum, kurzer Begriff der
Arzneylehre in Kenntniß der Krankheiten und dawider
gehöriger Arzneyen. Basel. 8. 1707. 1744.

f) Wundarzneyischer Anmerkungen, erstes duzt, von ge-
hauenen Wunden. Hamburg. 1705. 8.

g) Diff. praef. J. H. *Schulze* de chemiae ad corpus humanum applicatione. Hal. 1742. 4.

h) Introductio in Archaeum Archaei vitale et fermentale
J. B. van *Helmont*. Lauben. 1703. 4.

i) die Würckungen der Luft in den menschlichen Körper.
Quedlinburg. 1752. 4.

k) 1. Chimia corporis animalis cum lithogeognofia et artificio aquas falfas dulcificandi. Argentorat. 1752. 4.
2. Theoria chymificationis, chylificationis et lactificatio-
nis. Argentor. 1753. 4. 3. Abhandlung von dem im
Marggrafthum Baden gelegenen mineralischen Bade.
Strasburg. 1756. 8.

l) Theoria fermentationis naturalis. Jen. 1753. 4.

m) De chymificatione per confermentationem affimilato-
riam explicata. Hal. 1754. 4.

n) Aetiologia chymica feu expofitio cauffarum fani et ae-
groti hominis fecundum principia chymica, differtatiun-
culis clariffimorum quorundam juvenum inveftiganda.
De notionibus chymicis apud veteres praefatur. Lipf.
1756 (7). 4. 1. Diff. prima, refp. Jo. *Hedwig* de calore, ut caufa fanitatis ad rationes chymicas. Lipf. 4.
1756. 2. Diff. altera refp. Frid. Conr. *Bergmann* de
falium actione, ut caufa fanitatis ex rationibus chymicis. Lipf. 1756. 4. 3. Diff. tertia refp. J *Hotz* de calore ut caufa morbi et novae valetudinis in rationibus
chymicis. Lipf. 1756. 4. 4. Diff. quarta refp. H. *Lan-*
dis

Joh. Fr. Textor P), Ant. Rüdiger q), der jenai=
sche Lehrer Karl Fr. Kaltschmid r), Chph. Alb.
Klimm s), Jos. Dörner t), und andere u), lehrten
theils einzelne Säze, theils in ihrem ganzen Zusam=
menhange.

Auch in diesem Zeitalter trugen nicht nur die Aka=
demien und Gesellschaften der Wissenschaften, die schon
im verflossenen Zeitraume so viel für die Chemie gethan
hatten, noch ferner eifrig zu ihrer Beförderung und
Erweiterung bei, sondern es entstanden auch neue, die
zum Theil mit gleichem Eifer daran arbeiteten.

Die Gesellschaft der Wissenschaften zu London hatte
nun beschlossen, daß nur solche Aufsäze öffentlich be=
kannt gemacht werden sollten, welche einige ausdrück=
lich

dis de falium actione ut caufa morbi. Lipf. 1756. 4.
5. Diff. quinta refp. L. *Clauffen* de medicamentis ut
menftruum agentibus ad leges chymicas. Lipf. 1756. 4.
6. Diff. fexta refp. J Chph. *Elhard* de contraria medicina ad leges chymicas praecipue falium. Lipf, 1756. 4.

o) Diff. praef. Caf. Chph. *Schmiedel* de alcalefcentia humorum. Erlang. 1756. 4.

p) Diff. praef. G. Fr. *Siegwart* fpec. fialologiae phyfico-
medicae novis experimentis chymicis fuperftructae. Tubing. 1759. 4.

q) Progr. de chemiae univerfalis ufu in phyfiologia medica
generali magno et neceffario. Lipf. 1762. 4.

r) De effectibus falium fanguini inhaerentium tam naturalium, quam praeternaturalium. Jen. 1757. 4.

s) De fecretionum in corpore humano natura et caufis.
Lipf. 1767. 4.

t) Diff. de corpore animali chemifta. Argentor. 1767. 4.

u) z. B. der Verfaffer von Chymiae naturalis fpecimen,
quo planè patet nullum in chymicis officinis proceffum
fieri, cui fimilis aut analogus in humano corpore non
fiat. Hagae. 1707. 8.

lich darzu ernannte Glieder deſſelbigen des Drucks
werth hielten, und gab von nun an ununterbrochen,
zwar nicht alle Monate, ſondern zuweilen für mehrere
Monate eine Nummer, hingegen alle Jahre, doch zu=
weilen für zwei oder drei Jahre nur einen Band her=
aus: So fieng ſie nach einem Stillſtande von einigen
Jahren 1794 wieder an, den ſiebenzehenden Band
ihrer Schriften herauszugeben: Vom ſieben und vier=
zigſten Bande an, der 1753 herauskam, wurde die
Wahl der abzudruckenden Abhandlungen einem darzu
auserſehenen Ausſchuſſe überlaſſen, und hörte die mo=
natliche Ausgabe in einzelnen Numern auf: So kam
1770 der neun und fünfzigſte Band für 1769 heraus:
Aus dieſer anſehnlichen Reihe von Bänden, welche
viele hieher gehörige und an ihrem Orte anzuführende
Aufſätze eines Pooley, Povey, Sturdie,
Coles, Ele, Southwel, Plot, Vieuſ=
ſens, Redi, Cay, Geoffroy, Sherard,
Lanciſi, Krieg, des Moulins, Charlett,
Hawksbee, Halley, Dudley, Robin,
Brown, J. Woodward, Kaſp. Neumann,
Nesbitt, Deſaguliers, Rutty, Bewis,
Greenwood, Froben, Mortimer, Hanke=
wiz, Lowther, Maud, Seip, Bel, Clay=
ton, Godfrey, Senkenberg, Martyn,
Heinſe, Seehle, Langriſch, Durant,
Maſon, de Reaumur, Mitchell, Ha=
les, Pringle, Watſon, Nollet, Henry,
Bond, Hume, Lewis, Schloſſer, Rutty,
Mazeas, Parſon, Mounſy, Walker,
Chapman, Colebrooke, Haſſelquiſt, Bru=
ni, Frewen, Wolf, Delaval, Heberden,
Brownrigg, Layard, Cavendiſh, Monro,
und Lane in ſich halten, und von welchen einige ¹) zu
Wit=

Wittenberg nachgedruckt wurden, haben, anderer nicht zu gedenken, die dabei auf Chemie gar keine Rücksicht genommen haben, in England J. Lowthorp ᶳ), Benj. Motte ᵗ), Heinr. Jones ᵘ), Reid und J. Gray ˣ), J. Eames und J. Martyn ʸ), der leztere allein ᶻ), Derham ᵃ), Baddam ᵇ), und ein

---

r) reprinted according to the London Edition. 4. B. XLVII. 1768. B. XLVIII. Th. I. 2. 1769. B. XLIX. Th. I. 2. 1770. B. L. Th. I. 2. 1771. B. LI. Th. I. 2. 1772. B. LII. Th. I. 2. 1773. B. LIII. 1774. B. LIV. 1774. B. LV. 1775. B. LVI. LVII.

s) The philofophical Tranfactions from 1665. to 1700. abridg'd and difpofed under general heads. London. 4. B. I-III. 1701-1705. ins Italiänifche überfezt. 4. Napol. 1723. Venez. 1733.

t) The philofophical Tranfactions from the year MDCC. to the Year MDCCXX. abridg'd and difpofed under general Heads. London. 4. B. I. II. 1721.

u) I. Abridgement of the philofophical Tranfactions from the Year 1700. to the Year 1720. London. 4. B. I. II. 1720. 2. The philofophical Tranfactions and Collections to the End of the Year 1720. abridg'd and difpof'd under general Heads by J. Lowthorp et Henr. Jones. London. B. I-VI. 1731-1733. 4.

x) I. The philofophical Tranfactions (from the Year 1720. to the Year 1732.) abridg'd and difpofed under general Heads by Mr. Reid and J. Gray. Being a Continuation of the abridgment done by Mr. Lowthorp and Mr. Jones. London. 4. B. I. II. 1733. 2. The philofophical Tranfactions abridg'd by Lowthorp, Jones, Reid and Gray. London. 4. B. I-VIII. 1734.

y) Philofophical Tranfactions from the Year 17:9. to the Year 1733. abridg'd and difpof'd. London. 4. B. I-III. 1734.

z) I. bis zum Jahr 1743. 2. The philofophical Transactions and Collections abridg'd and difpof'd under general Heads, from the beginning to the laft Time, by

ein Ungenannter ᶜ), in den Niederlanden, aufer einigen Ungenannten ᵈ), Pet. le Clercq ᵉ , in Frankreich de Bremond ᶠ), Demours ᵍ), und Gibelin ʰ), in

J. *Lowthorp*, H. *Jones*, J. *Eames*, and J. *Martyn*. London. 4. B. I - XI. 1705 - 1756.

a) Mifcellanea Curiofa, collected from the Philofophical Tranfactions. Being a Collection of fome of the Principal Phenomena in Nature accounted for by the greateft Philofophers of his age. London. 8. B. I. 1705.

b) Memoirs of the Royal Society, being a new abridgment of the Philofophical Tranfactions giving an account of the undertakings, ftudies, and labours of the learned and ingenious in many confiderable parts of the world; from the firft inftitution of that illuftrious Society in the Year 1666. to the and of the Year 1738. London. 8. B. I - X. 1738 &c.

c) The philofophical Tranfactions and Collections abridg'd. London. 4. I - X. 1749 - 1756.

d) 1. Uytgeleezene natuurkundige Afhandelingen uyt de englifche Afhandelingen getrokken. Amfterdam. 1734. 4. 2. Uytgeleezene Natuurkundige Verhandelingen. Amfterdam. 1735. 8.

e) Natuurkundige Aanmerkingen, Waarnemingen en Ondervindingen van de Koniglike Societyt van London, getrokken uyt de Philofophifche Tranfactions en uit het Engelfh vertaalt. Amfterdam. 8. B. I. II. 1735.

f) Tranfactions philofophiques de la Scciete de Londres, traduites. à Paris. 4. ann. 1731 - 1736. B. I - IV. avec une Table des Memoires imprimés dans les Tranfactions philofophiques de la Societe royale de Londres depuis 1665 jufques en 1735 rangées par ordre chronologique, par ordre des matieres et par noms d'auteurs. 1739. 1740.

g) Tranfactions philofophiques de la Societe royale de Londres, traduites de l'Anglois. à Paris. 4. Ann. 1737-1740. B. I. II. 1759.

h) Abrégé des Tranfactions philofophiques de la Societe Ro-

in Teutschland Rath. Gottfr. Leske[i]), und mit vor=
züglicher beinahe ausschlieslicher Rüksicht auf Chemie
Hr. Bergr. L. von Crell[k]) Auszüge geliefert.

Auch die Königliche Akademie der Wissenschaften
zu Paris sezte ihre glückliche Bemühungen zur Ver=
vollkommung der Naturwissenschaften, und insbeson=
dere der Chemie, mit unermüdetem Eifer fort; auſer
den Nachrichten, welche du Hamel[l]) von ihrem Ge=
genstande ertheilt, und einzelner Mitglieder Schriften,
welche ſie der Akademie vorgelegt hatten, und nun
öffentlich bekannt machten, wurden von 1792 an ihre
Abhandlungen beinahe alljährlich zuſammengedruckt;
vor dem Jahre 1699 jedoch nicht in der genauen Ord=
nung,

Royale de Londres. Ouvrage traduit de l'Anglois.
à Paris. 8. Premiere partie. Hiſtoire naturelle. B. I. II.
1787.

i) Abhandlungen zur Naturgeſchichte, Phyſik und Oekono=
mie aus den Philoſophiſchen Tranſactionen und Samm=
lungen von dem erſten Bande angefangen, geſammlet und
mit einigen Anmerkungen überſezt. Leipzig. 4. B. I.
Th. I. 1779.

k) Von den Jahren 1693-1699. Chemiſch. Archiv. Leip=
zig. 8. B. I. 1783. S. 99-114. Vom Jahr 1700-
1725. Ebendaſ. B. II. 1783. S. 139-196. Vom Jahr
1726-1732 im Neuen chemiſch. Archiv. Leipzg. 8. B.
II. 1784. S. 341-359. Von 1733-1745. Ebendaſ.
B. III. S. 1-86. von 1746-1750. Ebendaſ. B. V.
1786. S. 1-34. von 1751. 1752. Ebendaſ. B. VII.
1788. S. 339-358.

l) Regiae Scientiarum Academiae, in qua praeter ipſius
Academiae originem et progreſſus variasque Diſſertatio=
nes et obſervationes per triginta annos factas, quam=
plurima experimenta et inventa cum Phyſica, tum Ma=
thematica in certum ordinem digeruntur. Pariſ. 1698.
1701. 4.

Dd 2

nung, als nach dieſer Zeit ᵐ): Aber von dem Jahre
1699 an, in welchem die Akademie durch eine Königliche Verordnung ⁿ) öffentliches Anſehen erhielt, und
mit mehreren, auch auswärtigen Mitgliedern vermehrt,
und mit der ſowohl zur Beſoldung einiger von dieſen,
als zur Anſtellung von Verſuchen nöthigen Unterſtü-
zung verſehen wurde, kam alle Jahre ein Band ihrer
Abhandlungen zugleich mit der Geſchichte des Jahrs °)
her-

m) 1. Divers ouvrages de mathématique et da phyſique
par Meſſ. de l'Académ. royal. des ſciences. à Paris 1693.
fol. 2. Mémoires de Mathématique et de phyſique tirez des Regiſtres de l'Académie Royale des Sciences.
1692. à Paris. 4. à la Haye. 12. 1693. à Paris. 4. à
Amſterdam. (1723.) 12. und (1746.) 8. 3. Hiſtoire de
l'Académie Royale des Sciences de Paris, avec les Memoires de Mathématique et de Phyſique depuis ſon établiſſement en 1666 juſqu' en 1698. Paris. B. I - XIV.
1699. 4. 4. Hiſtoire de l'Académie royale des ſciences,
contenant les ouvrages adoptés par cette Académie avant
ſon Retabliſſement (Renouvellement) en 1699. 4. B.
I - VI. à Paris. 1729 - 1741. à la Haye. 1729 - 1736.
à Amſterdam. 1729 - 1735 (6). B. I - X. à Paris. 1733.
5. Recueil de l'Hiſtoire et des Memoires de l'Acad. Roy.
des Sciences, depuis ſon Etabliſſement en 1666 juſqu' en
1698, entierement imprimé en onze tomes, leſquels ſe
diviſent en 14 volumes in 4 avec quantité des figures
avec la Table generale des matieres de tout le recueil
de mêmes memoires depuis 1666 juſqu'en 1730. in 4
Vol. 4. 6. Table alphabetique des matieres contenues
dans l'hiſtoire et les mémoires de l'Académie royale des
ſciences, publiée par ſon ordre et dreſſée par M. Godin.
ann. 1666 - 1698. Paris. 1734. 4. 7. Hiſtoire de l'Académie royale des ſciences 1666 à 1698. Avec les Memoires de phyſique pour les mêmes années. Tirés de
Regiſtres de cette Académie. à Paris. 8. B. I - III.
1777.

n) Reglement ordonné par le Roi pour l'Académie royale
des ſciences du 26. de Janv. 1699. à Paris. 1699. 4.

heraus: Da die Akademie, die übrige nicht zu rechnen, nur unter den besoldeten Mitgliedern drei Scheidekünstler zählte, so läst sich schon daraus ermessen, wie viel für diese Wissenschaft geleistet werden konnte; die Abhandlungen enthalten aufer den schon angeführten Aufsäzen von Homberg, Boulduc, Charas, Dodart, und Nik. Lemery, lehrreiche meist auf Erfahrungen gestüzte Beiträge von Cl. Jos. und Steph. Fr. Geoffroy, Chomel, Burlet, Ludw. Lemery, de Reaumur, Poli, Marchant, de Jussieu, Littre, Bon, Petit, du Fay, Fizes, Morel, le Fevre, von S. Amand, de la Condamine, Bourdelin, du Hamel, Grosse, Hellot, Malouin, Morand, le Monnier, Rouelle, Nollet, Macquer, de Sauvages, Montet, le Roy, de Lassone, Romieu, de Lauraguais, Fougeroux de Bondaroy, Baron, Tillet, Cadet, de Montigny, Herissant, de Machy und Sage: Auch sind sowohl über die in diesen Bänden befindliche Aufsäze von Godin ᵖ), Demours �q), Rozier ʳ) und einem Ungenannten ˢ),

Ta:

---

o) Histoire de l'Academie royale des Sciences. Avec les Memoires de Mathematique et de Physique pour la même Année. Tirez des Regiſtres de cette Academie. à Paris. 4. à Amſterdam. 12. und eine zwote Ausgabe. 8.

p) Table alphabetique des matieres contenues dans l'hiſtoire et les memoires de l'Académie royale des ſciences publiée par ſon ordre. à Paris. 4. ann. 1666‑1698. 1734. années 1699‑1734. B. I‑III. 1734.

q) Table generale des matieres contenues dans l'hiſtoire et les Memoir. de l'Academ. royale des ſciences. à Paris. 4. ann. 1731‑1740. B. I‑V. 1747. depuis 1741 jusqu'en 1750. B. VI. 1758. depuis 1751 jusqu'à 1760. B. VII. 1768. Années 1761‑1770. B. VIII. 1774.

Dd 3 r) Nou‑

Tabellen, als aus denselbigen lateinische '), franzö
sische "), von Joh. Martyn ˣ), Petr. Tem:
pleman ʸ), Th. Southwell ᶻ), und einem Un:
ge:

r) Nouvelle table des articles contenus dans les volumes
de l'Academie royale des sciences de Paris, depuis 1666
jusqu'en 1770, dans ceux des arts et metiers, publiées
par cette Académie et dans la collection academique. à
Paris. 4. B. I III. 1775. IV. 1776.

s) Table generale des matieres contenues dans l'histoire
et les mémoires de l'Academie royale des sciences de
Paris. à Amsterdam. 12. depuis l'année 1699 jusques en
1734 inclusivement. 1741. B. I. A - E. B. II. F - O.
B. III. P - Z. depuis l'année 1735 jusques en 1751 inclusivement. B. IV. 1760.

t) Historia Academiae Regiae Scientiarum , interprete
J(oh). F. rid). C(uraeo). Lipf. 1715. 8.

u) Abrégé de l'histoire et des memoires de l'Académie royale des Sciences, concernant l'histoire naturelle generale et particuliere, la Physique, la Chymie et toutes
les sciences naturelles, par M. Paul. à Paris. 4. B.
I - V. 1774.

x) Philosophical history and memoirs of the royal academy
of sciences at Paris. London. 8. B. I - V. 1742.

y) Curious remarks and observations in Physic, Anatomy,
Chirurgery, Chemistry, Botany and Medecine, extracted
from the history and memoirs of the royal Academy of
sciences at Paris, containing such usefull discoveries as
have not been collected by other writers on the same
subject. London. 8. B. I. 1753. II. which concludes the
general physics. 1754.

z) Medical essays and observations being an abridgement
of the usefull medical papers contained in the history
and memoirs of the royal Academy of sciences in Paris,
from their reestablifhment in 1699 to the Year 1750 in-
clusive. Disposed under the following general Heads,
viz 1. Anatomy and surgery. II. Essays on particular difeafes. III. A register of the epidemic difeafes, that
reigned in Paris and its environs from 1746 to 1750.
IV.

genannten ᵃ) englische, von Pet. Baffaglia ᵇ), und
einem Ungenannten ᶜ) italiänische, von Wolf Balth.
Ab. v. Steinwehr ᵈ), und mit ausschließlicher Rüksicht

IV. Animal oeconomy. V. Historys of morbid cases.
VI. Botany. VII. Mineral Waters. VIII. Chemistry:
Some occasional remarks are added, and the whole illustrated with the necessary copper plates in four volumes. London. 1764. 8.

a) Memoirs of the royal Academy of sciences at Paris epi-
tomiz' d, with the lives of the late members of that society and a preface by Mr. Fontenelle. London. 8. II.
Edit. 1720 (I).

b) Memorie appartenenti alla storia naturale della Reale
Academia delle Scienze di Parigi. Venez. 4. B. I - IX.
1749 - 1753.

c) Memorie dell' Accademia Reale delle Scienze del 1699
e 1700 colle memorie di matematica e di fisica trasfor-
tate della lingua francese nell' italiana. Napoli. 8. B.
I - V. 1739.

d) der Königlichen Akademie der Wissenschaften in Paris,
Anatomische, Chymische und Botanische Abhandlungen,
aus dem Französischen übersetzt. Breßlau. 8. Erster Theil,
welcher die Jahre 1692, 1693, 1699, 1700 und 1701
in sich hält. 1749. Zweyter Theil, welcher die Jahre
1702, 1703, 1704, 1705 und 1706 in sich hält. 1750.
Dritter Theil, welcher die Jahre 1707, 1708, 1709,
1710 und 1711 in sich hält. 1751. Vierter Theil, welcher die Jahre 1712, 1713, 1714, 1715, 1716 und 1717
in sich hält, 1753. Fünfter Theil, welcher die Jahre
1718, 1719, 1720 und 1721 in sich hält, 1754. Sechster
Theil, welcher die Jahre 1722, 1723, 1724, 1725 und
1726 in sich hält, 1755. Siebender Theil, welcher die
Jahre 1727, 1728, 1729 und 1730 in sich hält, 1755.
Achter Theil, welcher die Jahre 1731, 1732, 1733 und
1734 in sich hält, 1757, und Neunter Theil, welcher die
Jahre 1735, 1736 und 1737 in sich hält, 1760.

Db 4

ſicht auf Chemie von Hrn Bergr. v. Crell [e]) teutſche
Auszüge veranſtaltet worden.

Auch die teutſche Akademie der Naturforſcher blieb
nicht hinter ihren Schweſtern zurück, ob ſie gleich ſo=
wohl in Beziehung auf ihre Beſchüzer, Vorſteher und
Directoren, als in Abſicht auf die Aufſchriften und in=
nere Einrichtung ihrer Abhandlungen manchen Wechſel
erlitt; nach dem Tode Kaiſer Leopolds I. ihres Stifters
verſicherten ihr Joſeph I, Karl VI. und VII. ihre Un=
terſtüzung; und nach dem Tode des Churfürſten Anſelm
Franz von Mainz erhielt ſie ſeinen Nachfolger Lothar
Franz, nach ihm den Biſchoff Friedrich Karl von
Bamberg, und zulezt den Churfürſten Maximilian
Joſeph von Baiern zum Beſchüzer: Die Stelle ihres
Vorſtehers wurde nach Volkamer's Tode mit dem
augsburgiſchen Arzte Luk. Schröck, nach deſſen Tode
mit dem altdorfiſchen Lehrer J. J. Baier, nach ihm
mit dem halliſchen Lehrer A. E. Büchner, zulezt mit
dem nürnbergiſchen Arzte Baier beſezt: An die Stelle
des Directors, der die Ausgabe der Abhandlungen zu
beſorgen hat, kam nach Wurfbain's Tode der
nürnbergiſche Arzt M. Fr. Lochner, nach deſſen Tode
der

---

e) Von den Jahren 1692. 1693. Im Chemiſch. Archiv.
B. I. S. 131-176. Von 1699-1707. Ebend. B. II.
S. 199-318. Von 1707-1718. Neues chemiſches Ar=
chiv. B. I. S. 1-206. Von 1719-1725. Ebendaſ.
B. II. 1784. S. 1-226. Von 1726-1732. Ebendaſ.
B. III. S. 89-218. Von 1733-1742. Ebendaſ. B. IV.
S. 85-270. Von 1743 und 1744. Ebendaſ. B. V.
S. 189-260. Von 1745-1748. Ebendaſ. B. VI. 1787.
S. 47-162. Von 1749-1753. Ebendaſ. B. VII. 1788.
S. 1-150. Von 1754-1762. B. VIII. 1791. S. 1-218.
Von 1770. Chemiſches Journal für die Freunde der Na=
turlehre, Arzneygelahrheit, Haushaltungskunſt und Ma=
nufacturen. Lemgo. 8. Drittel Theil. 1780. S. 135-164.

der altdorfische Lehrer J. M. Hoffmann, nach ihm
der giesensche Lehrer M. B. Valentini, dann M.
Ettmüller, Widmann, der berühmte nürnbergi-
sche Naturforscher Trew, zulezt der preusische Leibarzt
Cothenius.

Noch kamen 1691 und 1692 das neunte und ze-
hende Jahr des zweiten Zehends ihrer Abhandlungen
mit der bisher gewöhnlichen Aufschrift, und 695 ein
Verzeichnis über die beide erste Jahrzehende dieser Abhandlungen f); das dritte Jahrzehend, in welchem oft
zwei Jahre in einen Band zusammen genommen wurden, in gleichem Format, und mit gleicher Ueberschrift von 1694–1706, bis zum fünften und sechsten
Jahrgang, welcher 1700 erschien, zu Leipzig und
Frankfurt, nachher zu Nürnberg, und 1713 auch
über dieses dritte Jahrzehend ein ähnliches Verzeichnis g) heraus.

Nachher erschienen die Wahrnehmungen der Akademie in Hunderten, gemeiniglich zwei Hunderte in
einem

f) Index generalis et absolutissimus rerum memorabilium
et notabilium Dec. I. et II. Ephemeridum Germanicarum
Academiae Caesareo - Leopoldinae Naturae Curiosorum
ab anno MDCLXX. usque ad annum MDCXCII. seorsim
hactenus editarum, cum Sylloge Authorum Alphabetica, adjectis Observationum et Tractatuum Indici huic
insertorum Titulis, quibus annexi sunt catalogi bini
librorum Medico - Physico - Mathematicorum, qui in Bi-
bliopolio Wolffg. Maur. *Endteri* Noribergae reperiuntur, unus Auctorum, alter Argumentorum. Norim-
bergae. 4.

g) Index generalis et absolutissimus &c. curante D. *Michae-*
lis. Erford. 4.

Dd 5

einem Bande ᴴ); von 1712-1722 zehen Hunderte
oder fünf Bände, der erste von diesen zu Frankfurt
und Leipzig, die folgende zu Nürnberg, und 1739 so=
wohl über jene drei Jahrzehende, als über diese Hun=
derte ein alphabetisches Verzeichnis ⁱ).

Von nun an kamen die Abhandlungen immer zu
Nürnberg und zwar von 1727 unter der Aufschrift:
Acta ᵏ), alle drei oder vier Jahre ein Band, und von
1727 bis 1754 zehen Bände, von 1757 an mit der
Aufschrift: Nova acta ˡ) und bis 1770 vier derglei=
chen Bände heraus.

Auch ist von 1755-1771 von diesen Abhandlun=
gen eine teutsche Uebersezung ᵐ) in zwanzig Bänden
er=

h) Academiae Caefareo - Leopoldinae Naturae Curioforum
   Ephemerides five Obfervationum Medico - Phyficarum
   a Celeberrimis Vinis tum Medicis, tim aliis eruditis in
   Germania et extra eam communicatarum Centuria. 4.

i) Synopfis obfervationum medicarum et phyficarum, quas
   Decuriae III et Centuriae X. Ephemeridum Academiae
   Caefareae Leopoldino - Carolinae Naturae Curioforum
   ab Anno MDCCXX. ufque ad. annum MDCCXXII. pu-
   blicatarum continent, ordine alphabetico expofita, et
   inftar Lexici realis Obfervationum medico - phyficarum
   adornata, a D. Guil. A. *Kellnero*, cum praefatione D.
   Andr. El. *Buchneri*. Norib. 4.

k) Acta phyfico - medica Academiae Caefarese Leopoldino-
   Carolinae Naturae Curioforum exhibentia Ephemerides
   five Obfervationes, Hiftorias et Experimenta a Celeberrimis Germaniae et exterarum regionum Viris habita
   et communicata, fiugulari ftudio collecta. 4.

l) Nova Acta Phyfico - Medica Academiae Caefareae Leopoldino - Carolinae Naturae Curioforum, exhibentia
   Ephemerides five Obfervationes, Hiftorias et Experimenta, a Celeberrimis Germaniae et exterarum regionum Viris habita et communicata, fingulari ftudio collecta. 4.

erschienen, welche sich vom ersten Bande der Urschrift von 1670 anfängt, und die beide erste Jahrzehende in sich faßt, und die Scheidekunst betreffende Auszüge von Hrn Bergr. v. Crell[n] geliefert worden.

Diese Schriften enthalten hier und da schäzbare Wahrnehmungen, z. B. von Göckel, Brunner, Udoar, Khon, Pruggmayer, Sommer, Reusel, Werbschigg, B. D. Mauchart, Carl, Testi, Vincquedes, M. Alberti, Claunig, Valisnieri, Held, Reusner, Riedlin, Pezoldt, v. Hartwiß, Müller, Henckel, Göriß, Schulze, Kundmann, Neumann, Meinig, Weiß, Erntel, Löw, Lindner, Kühnst, Degner, Kirsten, Ovels gün, A. E. Büchner, Cohausen, Frege, Ehrhart, Wallerius, Springsfeld, Schuster, Beurer, Thebesius, von Bergen, Jacobi, Weißmann, Burggrav, Pfann, Kühn,

m) der Römisch = Kaiserlichen Akademie der Naturforscher auserlesene Medicinisch = Chirurgisch = Anatomisch = Chymisch = und Botanische Abhandlungen mit Kupfern. Nürnberg. 4.

n) Aus den zwei ersten Jahrzehenden und dem ersten und zweiten Jahre des dritten. Chemisch. Archiv. B. I S. 1b - 174. Aus den übrigen Jahren des dritten Zehends und den zehen Hunderten. Ebendas. B. II. S. 1 - 136. Aus den drei ersten Bänden der physisch = medicinischen Abhandlungen. (Act. phyf. medic.) Neues chemisches Archiv. B. I. S. 285 - 352. aus dem vierten und fünften Bande. Ebendas. B. II. S. 265 - 296. Noch aus dem fünften bis zum neunten Bande. Ebendas. B. III. S. 235 - 274. Aus dem zehenden Bande dieser und den beiden ersten Bänden der neuen Abhandlungen. Ebendas. B. VI. S. 1 - 44. Aus dem dritten der neuen. Ebendas. B. V. S. 263 - 317. Aus dem vierten Chemisches Journal. Th. IV. 1780. S. 184 - 186.

Kühn, Benvenuti, Trew, Cadet, Ray=
mann, Delius, Spielmann, de Machy,
Bergius, und Buchholz.

Aufer diesen schon errichteten gelehrten Gesellschaf=
ten bildeten sich aber auch neue, welche neben andern
Wissenschaften und Künsten auch Scheidekunst zu den
Gegenständen ihrer Bemühungen zählten: So nahm
gewissermafen das bononische Institut schon 1690 seinen
Anfang; damals versammleten sich bei J. Ant. de
Via, und zu gleicher Zeit bei Euſt. Manfredi,
nachher bei Jak. de Sandris in dieser Absicht Ge=
lehrte; die leztere nannten sich die Unruhige (Inquieti),
und entwarfen, vornemlich der so eben erwähnte Man=
fredi, Joh. Bapt. Morgagni, und Vict. Fr.
Stancari 1704 die Geseze für diese Akademie, wel=
che dadurch eine neue Gestalt erhielt, unter andern
mathematischen und Naturwissenschaften auch Chemie
zum Vorwurf ihrer Beschäftigungen machte, und 1705
auf dessen Einladung in das Haus des Grafen Aloyſ.
Ferd. von Marsigli verlegt wurde: So wurde sie
denn 1712 feierlich errichtet, 1714 eingeweiht, 1715
die erste öffentliche Versammlung gehalten °), und
1731

o) Nachrichten von ihrem Ursprunge und Schickfalen fin=
den sich aufer dem ersten Bande ihrer Schriften und im
Journal des savans Sept. 1715, und im Journal des savans d'Italie. Amſterd. 8. B. I. 1748. S. 78 - 114.
noch 1. in Notizie intorno all' Inſtituto delle Scienze
nuovamente eretto in Bologna ed aperto li 13. Marze
1714. 2. Pellegr. Ant. Orland Notizie degli scrittori.
Bologna. 1714. 4. 3. de Limiers Hiſtoire de l'Académie appellée l'Inſtitut des Sciences et Arts établi à
Boulogne en 1712. Avec les Piéces Authentiques, d'où
l'on a tiré les circonſtances de ce Recit. à Amſterdam.
1723. 8. 4. Atti legali per la Fondazione dell' Inſtituto delle Scienze ed Arti liberali in Bologna. 1728. fol.
5.

1731 der erste Band ihrer Schriften [p]) herausgegeben, welchem 1745-1747 der zweite [q]), 1755 der dritte [r]), 1757 der vierte [s]), und 1767 der fünfte [t]) nachfolgte; sie enthalten schäzbare und dem Scheidekünstler wichtige Bemerkungen der H. Galeazzi, Laurenti, Laghi, Menghini, Gallo, Bibieni, Molinelli und Benvenuti, und sind in einem teutschen Auszuge von dem verstorbenen Rath. G. Leske [u]) geliefert worden.

Auch die Akademie der Naturforscher (de Fisiocritici) zu Siena wurde schon 1691 unter dem Schuze des Kardinals Fr. Medici von Pyrrh. Mar. Gabrielli er-

5. Jos. Gaet. Bolletti Dell' origine e de' progressi dell' Instituto delle Scienze di Bologna e di tutte le Accademie ad esso unite, con la descrizione delle piu notabili cose, che ad uso del Mondo letterario nello stesso Instituto si conservano, operetta in grazia degli eruditi compilata. Bologna. 1751. 8. 6. Notizie dell' origine e progressi dell' Instituto delle Scienze di Bologna e sue Academie, con la Descrizione di tutto cio, che nel medesimo conservasi; nuovamente compilate ed in questa forma ridotte per ordine e commendamento degli Illustrissimi ed Eccelsi Signori Senatori dello stesso Instituto Prefetti. Bologna. 1780. 8.

p) De Bononiensi Scientiarum et Artium Instituto atque Academia Commentarii. Bonon. 4.

q) P. I. 1745. II. 1746. III. 1747.

r) T. III. 1755. 4.

s) T. IV. 1757. 4.

t) welcher im ersten Theile noch die Geschichte dieser Schriften enthält. P. I. II. 1767. 4.

u) Abhandlungen zur Naturgeschichte, Chemie, Anatomie, Medicin und Physik, aus den Schriften des Instituts der Künste und Wissenschaften zu Bologna. Brandenburg. 8. B. I. 1781. II. (welcher die vier folgende Bände in sich fast.) 1782.

errichtet, und von Kaiser Franz I. wieder hergestellt, fieng aber erst 1760 an, ihre Beschäftigungen öffentlich bekannt zu machen; von ihren Schriften x), welche einige nützliche Aufsäze von Baldassari enthalten, kam 1760 der erste, 1763 der zweite, und 1767 der dritte Band heraus.

Auch in der Königlich Preußischen Akademie der Wissenschaften, die auf Leibnizens Betrieb 1700 von König Friedrich I. als Gesellschaft errichtet wurde y), waren für die Chemie eigene Männer bestimmt, welche an ihrer Vervollkommung arbeiten sollten: Sie gab aber erst 1710 ihre Schriften, bei welchen Leibniz die Auswahl besorgte, zuerst mit der Aufschrift: Miscellanea Berolinensia z), von welchen bis zum Jahr 1743 sechs Fortsezungen a) erschienen, von ihrer Erneuerung an aber, welche 1744 unter König Friedrich II. erfolgte b), unter dem Namen Hiftoire de l'Académie Royale des Sciences et des Belles Lettres de Berlin. Avec les Memoires, tirez des Regiftres de cette

Aca-

x) Gli atti dell' Academia delle Scienze di Siena detta de' Fifio-critici. in Siena. 4.

y) von ihrem Ursprung, Einrichtungen und Schicksalen, f. Hiftoire de l'Académie royale des Sciences et Belles Lettres depuis fon origine jufqu' à préfent. Avec les pieces originales. à Berlin. 1750. 4.

z) ad incrementum fcientiarum ex Scriptis Societati Regiae Scientiarum exhibitis. edita. Berolin. 4.

a) Continuatio. I. 1723. Contin. II. 1727. Continuat. III. five Tom. IV. 1734. Contin. IV. f. Tom. V. Hal. 1737. Continuat. V. f. Tom. VI. Berol. 1740. Continuat. VI. f. Tom. VII. 1743.

b) Memoire fur le renouvellement de l'Académie royale des Sciences et des Belles Lettres de Berlin in nouv.

Bi-

Académie ᶜ), von welchen für das Jahr MDCCXLV.
der erste Band 1746, und bis 1770 neunzehen Bän=
de ᵈ) erschienen, heraus; in diesen Schriften, von
welchen sowohl in Frankreich ᵉ), als in Teutsch=
land,

Biblioth. Germanique. Amsterd. 8. B. I. 1746. S.
196-211.

c) à Berlin. 4.

d) pour l'ann. MDCCXLVI. 1748. pour l'ann. MDCCXLVII.
1749. pour l'ann. MDCCXLVIII. 1750. pour l'ann.
MDCCXLIX. 1751. pour l'ann. MDCCL. 1752. pour
l'ann. MDCCLI. 1753. pour l'ann. MDCCLII. 1754.
(B. IX.) pour l'ann. MDCCLIII. 1755. (B. X.) pour
l'ann. MDCCLIV. 1756. (B. XI.) pour l'ann. MDCCLV.
1757. (B. XII.) pour l'ann. MDCCLVI. 1758. (B. XIII.)
MDCCLVII. 1759. (B. XIV.) MDCCLVIII. 1765. (B.
XV.) MDCCLIX. 1766. (B. XVI.) MDCCLX. 1767.
(B. XVII.) pour l'ann. MDCCLXI. 1768. (B. XVIII.)
pour l'ann. MDCCLXII. 1769. (B. XIX.) pour l'ann.
MDCCLXIII. 1770. -

e) 1. Choix des Mémoires et Abrégé de l'Histoire de Académie de Berlin. à Berlin (Paris). 12. B. IV. 1761.
2. Memoires de l'Académie Royale de Prusse. Concernant l'Anatomie; la Physiologie; l'Histoire naturelle; la
Botanique; la Mineralogie &c. Avec un choix de Memoires de Chymie et de Philosophie speculative; des
Discours préliminaires et des Appendix, où l'on indi-
que les nouvelles decouvertes par Mr. *Paul.* à Avignon.
4. B. I. 1768. der zugleich den 1770 ausgegebenen achten=
Band der zu Paris herauskommenden Collection academique de la Partie étrangere, contenant les Memoires
abrégés de l'Académie royale de Prusse ausmacht.
B. II. der den neunten Band, und B. III. der den 1774
ausgegebenen zwölften Band der so eben gedachten Collection académique ausmacht. 3. Memoires de l'Académie Royale de Prusse — — extraites des seize volumes
in 4. qui composent les memoires de la dite Académie
avec des discours — —par Mr. *Paul.* à Paris. 4. und
12. B. I-VII. 1770.

land [f]), und, mit besonderer Beziehung auf Scheide=
kunst von Hrn Bergr. v. Crell [g]) Uebersezungen und
Auszüge geliefert worden sind, finden sich für den
Scheidekünstler wichtige Aufsäze von Leibniz,
Frisch, Neumann, Spieß, Pott, Seip,
Marcgraf, Cnoll, Ludolf, Eller, Franche=
ville, Lehmann, Brandes, Spielmann
und Kriel.

Auch zu Lyon bildete sich 1700 eine Akademie des
sciences et belles lettres, welche aber erst 1715 bekannt
wurde, erst 1724 die Königliche Bestätigung erhielt, und
erst nachdem diese 1752 wiederholt erfolgte, etwas von
ihren Schriften drucken ließ, in diesen jedoch für die
Scheidekunst wenig leistete, es müste denn in den Ant=
worten auf einige der Preisfragen geschehen sein, wel=
che sie in dem lezten Jahrzehend dieses Zeitraums aus
der angewandten Scheidekunst aufgab [h]).

Eben

---

[f]) von Joh. Ludw. Konr. Mümler Physikalische und
medicinische Abhandlungen der Königlichen Akademie der
Wissenschaften zu Berlin. Aus dem Lateinischen und
Französischen übersezt. Gotha. 8. B. I. (aus den 3 er=
sten Bänden der Miscellan.) und II. (aus den 4 lezten
Banden derselbigen) 1781. B. III. (aus den Memoir.
von 1746-1750) 1783. und B. IV. (aus den Memoir.
von 1751-1756.) 1786.

[g]) aus den drei ersten Bänden der Miscellan. Berolinens.
Neues chem. Archiv. B. I. S. 209-240. aus dem vier=
ten Bande. ebendas. B. II. S. 255-262. aus dem fünf=
ten Bande der Miscellan. ebendas. B. III. S. 277-320.
aus den sechs ersten Bänden der Histoire avec les Memoir. ebendas. B. IV. S. 273-356. von den Jahren
1751-1753. Ebendas. B. V. S. 109-186. von den
Jahren 1754-1759. ebendas. B. VI. S. 209-312. von
den Jahren 1760 und 1762. ebendas. B. VII. S. 273-
336. und vom Jahr 1770. Chem. Journal. B. I. S.
224-235.

Eben so machte sich auch die Akademie des sciences, belles lettres et arts; welche 1702 zu Amiens gestiftet wurde, aber erst 1726 die Königliche Bestätigung erhielt [i]), nur durch einige Preisfragen, die sie aus der angewandten Chemie aufgab [k]), um diese verdient.

Auch die 1705 zu Caen in der Normandie [l]) gestiftete neue Akademie der schönen Wissenschaften hat sich in ihren Schriften [m]) um die Chemie keine Verdienste erworben.

Mehr hat sich die Königliche Gesellschaft der Wissenschaften zu Montpellier, welche 1706 ihren ersten Anfang

h) dahin gehören aufer andern, auf welche, wenigstens in diesem Zeitraum, keine Antwort erfolgte, z. B. die (Comment. de reb. in sc. natur. et medic. gestis. Lips. 8. B. VIII. Th. 2. S. 353) 1761. aufgegebene Frage über die Ursachen vom Umschlagen des Weins, und den Mitteln dagegen; die (S. ebend. B. IX. Th. 2. S. 345. 346.) 1762 aufgegebene Frage über eine neue Weise (ohne Seife) Seide weis zu sieden; die (S. ebendas. B. X. Th. 4. S. 718. B. XII. Th. 1. S. 166. B. XIV. Th. 3. S. 549. 550) 1764 aufgegebene, und 1767 mit verdoppelten Preise widerholte Frage über das Verderben der Luft in Krankenhäusern und Gefängnissen, und das beste Mittel dagegen.

i) Dictionair. univers. de la France. à Paris. fol. B. I. 1726. S. 95.

k) z. B. für 1757 über die Ersparung an Brennware, insbesondere in Oefen. Comment. de reb. in sc. natur. et medic. gest. B. VI. Th. 1. S. 175. 176.

l) Lettres Patentes avec les statuts, pour l'Academie des Belles Lettres établie en la ville de Caen. 1705. 4.

m) Memoires de l'Académie des Belles Lettres de Caen. à Caen. 8. 1754. 1757.

fang nahm, zum Theil durch ihre Preisfragen [n]), und die darauf eingelaufene, gekrönte und gedrukte Schriften, nicht sowohl durch die einzelne der Akademie zu Paris jährlich zum Einrücken in ihre Schriften zugesandte Abhandlungen; am meisten noch in den öffentlichen Nachrichten von ihren Sitzungen und den darinn abgehandelten Gegenständen [o]), und in ihren eigenen Schriften [p]), die sie 1762 herauszugeben anfieng, wovon aber in diesem Zeitalter nur ein Band erschien, durch die Aufsäze der H. de Sauvages, Haguenot, Peyre, Albert, Riviere, Matte, Bon, Serane, und la Morier um die Chemie verdient gemacht.

Die Akademie des belles lettres, arts et sciences, welche 1714 zu Bourdeaux gestiftet wurde, hat der Chemie mehr durch ihre Preisfragen [q]), von welchen meh-

n) z. B. 1767 über die beste Art, das Baumöl auszudrüken, über das Ranzigwerden, und Verhütung desselbigen (Comment. de rebus in scient. natur. et medic. gest. B. XIII Th. 2. S. 351.), für 1769 über die Kennzeichen, Mängel und Verbesserung der Erden zum Feldbau (S. Ebendas. B. XIV. Th. 4. S. 693.), für 1770 über den rechten Zeitpunkt der Gährung des Weins. (S. Assembl. publiq. l. 27. Dec. 1780.)

o) Assemblée publique de la Societé royale des sciences, tenuë dans la grande salle de l'hotel de Ville de Montpellier. à Montpellier. 4. 1736. le 25. Janv. 1737. — — — — (B. VII.) le 11. Mars. 1745. le 23. Dec. 1746. 1749. Dec. 1751.

p) Histoire de la Societé royale des sciences établie à Montpellier en 1706 avec les Memoires de mathematique et de physique tirés des registres de cette Societé. à Montpellier. 4. B. I. 1762.

q) die im Recueil des Dissertations de l'Academie Royale des belles lettres, sciences et arts à Bourdeaux. 8. B. I.

mehrere in den angewandten Theil derselbigen einschla=
gen, und die darauf erhaltene und gekrönte Antworten,
als durch eigene Arbeiten r), genüzt.

Auch die Gesellschaft von Aerzten, welche 1714 zu
Budissin zusammentrat, aber erst 1757 ihre Abhand=
lungen s) drucken lies, hat in diese chemische Aufsäze t)
aufgenommen.

Schon seit 1720 gaben Gelehrte, welche sich zu
Upsala in Schweden freiwillig darzu verbunden hatten,
anfänglich alle Vierteljahre Anzeigen und Auszüge aus
schwe=

I-V. 1715-1739. 4. 1741. 1742. 1743. 1746. 1747.
1748. 1753 1755. zusammengedruckt sind; z. B. für
1719 über die Ursache der Vermehrung der Gährungs=
stoffe, für 1728 über die Ursache der Salzigkeit des
Meers; für 1729 über die Beschaffenheit, Wirkung und
Fortpflanzung des Feuers; für 1733 über die Beschaffen=
heit und Eigenschaften der Luft; für 1739 (Bertier)
über die Verbindung der Luft mit dem Blut beim Ath=
men; für 1744 (Krazenstein und Hamberger)
über das Aufsteigen der Dünste; für 1753 (de Sauva=
ges) über die Wirkung der Luft auf den menschlichen
Körper; für 1755 und noch vielmal für 1757 (de Lim=
bourg) über den Einflus der Luft auf die Gewächse;
für 1758 und noch einmal für 1765 über die Kenntnis
zum Ackerbau geschickter Erden; für 1765 und 1766 über
die Fruchtbarmachung der Erden durch Mischungen; für
1768 und wieder 17*9 (Marteau) über die Untersu=
chung der Mineralwasser.

r) von welchen kaum etwas in der Biblioth. francoise.
Mars. Mai. Juin 1726 bekannt geworden ist.

s) der medicinischen Societät in Budißin Sammlungen und
Abhandlungen aus allen Theilen der Arzneygelahrtheit.
Altenburg. 1757. 8.

t) z. B. Henning Untersuchung des Mohnsaftes und Be=
reitung daraus; Zerlegung des sogenannten Schweis trei=
benden Spiesglanzkalks.

schwedischen Schriften, auch wohl noch nicht gedrukte
Auffäze schwedischer Gelehrten nebst gelehrten Neuig=
keiten und Nachrichten von neuen Büchern und den auf
den schwedischen hohen Schulen vertheidigten Probe=
schriften u), nachher mehrere Jahrgänge zusammen
heraus; Schon diese Schriften enthalten einige für die
Scheidekunst nicht unwichtige Auffäze von Odhel=
stierna, Wollenius, Brandt, Nik. Walle=
rius und Colling.

Als aber zu Upsala durch eine Königliche Verord=
nung y) 1728 die Königliche Gesellschaft der Wissen=
schaften errichtet wurde, welcher jene ältere zur Grund=
lage diente, so gab sie eigene Abhandlungen z) heraus,
unter welchen einige chemische, z. B. von Brandt,
de Sauvages vorkommen: Sowohl aus diesen als
aus jenen ältern sind französische a), und durch den Hrn
Bergr.

u) Acta Literaria Sueciae. Upsal. 4. ann. MDCCXX. Ann.
MDCCXXI. Ann. MDCCXXII. Ann. MDCCXXIII. Ann.
MDCCXXIV. (diese machen zusammen den ersten Band,
so wie die fünf folgende Jahrgänge den zweiten) Ann.
MDCCXXV. Ann. MDCCXXVI. Ann. MDCCXXVII.
Ann. MDCCXXVIII. Ann. MDCCXXIX.

x) Acta litteraria et scientiarum Sueciae. Upsal. 4. Vol.
III. continens annos 1730 - 1738. Vol. IV. continens annos 1735 - 1739. 1742.

y) Kongl. Mayts. nådiga Resolution wid den i Upsaln in=
röttade Societas Litteraria och Scientiarum &c. Stock=
holm. 1729. 4.

z) Acta Societatis Regiae Scientiarum Upsaliensis. 4. ad
annum 1740. Holm. (Upsal.) 1744. ad annum 1741.
Upsal. 1746. ad annum 1742. Holm. 1748. ad annum
1743 - 1749. ab ann. 1744 - 1750. 1751.

a) Recueil des mémoires les plus interessans de Chymie et
d'Histoire naturelle, contenus dans les actes de l'Académie d'Upsal et dans les memoires de l'Académie royale

Bergr. v. Crell mit besonderer Rücksicht auf Che‹
mie [b] teutsche Uebersezungen und Auszüge veranstaltet
worden.

Auch zu Danzig trat, was schon 50 Jahre zuvor
der Dr. Isr. Conradi vergebens gewünscht und ge‹
sucht hatte, 1720 eine gelehrte Gesellschaft zusammen,
welche jedoch, ohne ihre Arbeiten öffentlich bekannt
gemacht zu haben, nach sieben Jahren wieder aus ein‹
ander gieng, und erst 1742 von einer andern ersetzt
wurde, welche Untersuchung der Natur zum Haupt‹
zweck hatte, und 1743 sich zum erstenmale versammel‹
te, aber erst 1747 ihre Schriften [c] herauszugeben
anfieng; sie kamen aber nur auf drei Bände [d], in
welchen Lürsenius Aufsaz über den Salzgehalt des
Meerwassers bei Danzig auch die Aufmerksamkeit des
Scheidekünstlers verdient.

Die medicinische Akademie, welche 1722 und 1723
zu Lissabon bei dem dortigen Lehrer der Scheide‹ und
Apothekerkunst, Jos. Gomes, zusammenkam [e], scheint,
wenigstens aus demjenigen zu schliesen, was öffentlich
davon

yale des sciences de Stockholm, publiés depuis 1720
jusqu'en 1760, traduits de latin et de l'allemand, par
M. le B. d'O·· à Paris. 12. B. I. II. 1764.

b) aus den drei ersten Bänden der Act. litterar. Suec. im
neuen chemisch. Archiv. B. I. S. 243-282. aus dem
vierten Bande ebendas. B. II. S. 299-308. aus dem
Jahr. 1742 der Act. Societ. Upsal. ebendas. B. III.
S. 221-232.

c) Versuche und Abhandlungen der naturforschenden Gesell‹
schaft in Danzig. 4.

d) Erster Theil. Danzig. 1747. Zweyter Theil. Danzig und
Leipzig. 1754. Dritter Theil. Danzig und Leipzig. 1756.

e) Gundling's Hist. d. Gel. Th. IV. S. 5614. 5615.

davon bekannt geworden ist, so wie überhaupt wenig,
also besonders für Chemie nichts gethan zu haben.

Eben das scheint auch, die Beschreibung einiger
Gesundwasser ausgenommen, der Fall mit der Akade=
mie des sciences et belles lettres zu sein, welche sich
1723 zu Beziers bildete, und von 1736 an Samm=
lungen von vorgelesenen Aufsäzen f) und Nachrichten
von den Arbeiten in ihren Sizungen g) herausgab.

Thätiger, auch für diese Wissenschaft war die Aka=
demie der Wissenschaften, welche Ruslands Kaiser
Peter I. 1724 zu S. Petersburg stiftete h), seine
Nachfolgerin Katharina I. 1725 vollends zu Stande
brachte i), und Peter II. bestätigte k): Sie kam zu
Ende des Jahres 1725 zuerst zusammen l), und gab
ihre Schriften in lateinischer Sprache, und zwar den
ersten Band derselbigen m) für das Jahr 1726. 1728
                                                        und

f) Recueil de lettres, memoires et autres piéces, pour
   servir à l'histoire de l'Académie des sciences et belles
   lettres de la ville de Beziers. à Beziers. 1736. 4.

g) Relation de l'assemblée publique de l'Académie &c.
   l. 12. Avr. 1731. à Beziers. 1731. 4.

h) S. G. B Bilfinger (zu Tübingen gehaltene) An=
   trittsrede von den Merkwürdigkeiten der Stadt Peters=
   bers. Frankfurt. 1733. fol.

i) Nov. Comment. Acad. scient. Imper. Petropol. B. I.
   summ. dissertat. S. 3. 4.

k) a. e. a. O.

l) Sermones in primo solenni Academiae scientiarum Imperialis conventu die XXVII. Dec. 1725 publice recita-
   ti. Petropol. 4.

m) Commentarii Academiae Scientiarum Imperialis Petropolitanae. Tom. I. ad annum CIƆIƆCCXXVI. Petropol.
   1728. 4.

und so bis zum Jahr 1751 vierzehen Bände[n]) her=
aus, und gab ihnen nun die Ueberschrift: Novi commentarii °), von welchen von dem Jahre 1750 an [p])
bis 1770 [q]) wieder vierzehen Bände erschienen.

Von der ersten Reihe dieser Schriften ist zu Vene=
dig und Bologna ein Nachdruck erschienen, und aus
beiden, welche für den Chemisten sehr brauchbare Ab=
handlungen der H. Leutmann, G. B. Bilfinger,
J. G. Gmelin, Gellert, Kraft, und Lomo=
nosa

n) Tom. II. ad annum CIƆIƆCCXXVII. 1729. T. III. ad
annum CIƆIƆCCXXVIII. 1732. Tom. IV. ad annum
CIƆIƆCCXXIX. 1735. T V. ad annos CIƆIƆCCXXX.
et CIƆIƆCCXXXI. 1738. T. VI. ad ann. CIƆIƆCCXXXII.
et CIƆIƆCCXXXIII. 1738. T. VII. ad ann CIƆIƆCCXXIV.
et CIƆIƆCCXXXV. 1740. Tomus. VIII. ad annum
CIƆIƆCCXXXVI. 1741. T IX. ad ann. CIƆICCXXXVII.
1744. T. X. ad annum CIƆIƆCCXXXVIII. 1747. Tom.
XI. ad ann. CIƆIƆCCXXXIX. 1750. T. XII. ad annum
CIƆIƆCCXL. 1750. Tom. XIII. ad annos CIƆIƆCCXLI-
CIƆIƆCCXLIII. 1751. u. T. XIV. ad ann. CIƆIƆCCXLIV-
CIƆIƆCCXLVI. 1751.

o) Academiae Scientiarum Imperialis Petropolitanae. Petropol. 4.

p) ad annos MDCCXLVII. et MDCCXLVIII.

q) T. II. ad ann. MDCCXLIX. 1751. T. III. ad annos
MDCCL. et MDCCLI. 1753. T. IV. ad ann. MDCCLII.
et MDCCLIII. 1758. T. V. ad annos MDCCLIV. et
MDCCLV. 1760. Tom. VI. ad annos MDCCLVI. et
MDCCLVII. 1761. T. VII. pro annis MDCCLVIII. et
MDCCLIX. 1761. Tom. VIII. pro annis MDCCLX. et
MDCCLXI. 1763. Tom. IX. pro annis MDCCLXII. et
MDCCLXIII. 1764. Tom. X. pro anno MDCCLXIV.
1766. T. XI. pro anno MDCCLXV. 1767. Tom. XII.
pro annis MDCCLXVI. et MDCCLXVII. 1768. T. XIII.
pro anno MDCCLXVIII. 1769. Tom. XIV. pro anno
MDCCLXIX. P. I. II. 1770.

noſſow enthalten, ſind von H. J. L. C. Mümler [r]), und mit ausſchlieslicher Hinſicht auf Scheidekunſt von Hrn Bergr. v. Crell [s]) teutſche Auszüge beſorgt worden.

Die Akademie des Sciences Arts et Belles Lettres
zu Diſon in Burgund, welche, obgleich der Grund
darzu ſchon 1693 gelegt war, erſt 1725 geſtiftet wurde, und erſt 1741 ihre erſte feierliche Zuſammenkunft
hielt [t]), nahm ſowohl bei ihren Preisfragen [u]) auf angewandte Chemie Rückſicht, als lieferte in ihren Schriften, deren erſter Band jedoch erſt 1769 erſchien [x]),
einige dem Scheidekünſtler ſehr willkommene Aufſäze
der H. Nadault, Chardenon, Boſc d'Antic
und de Morveau; allein bei weitem der gröſte Theil
ihrer

r) Phyſikaliſche und mediciniſche Abhandlungen der Kayſer-
lichen Akademie der Wiſſenſchaften zu Petersburg, aus
dem Lateiniſchen überſetzt. Riga. 8. Erſter Band (aus
den 4 erſten Bänden der Commentar.) 1783. Zweyter
Band (aus den 7 erſten Bänden der nov. Commentar.)
1783. Dritter Band (aus den ſieben folgenden Bänden
der nov. Commentar.) 1785.

s) aus den fünf erſten Bänden der Commentar. im neuen
chemiſchen Archiv. B. II. S. 229 - 252. aus dem zehenden bis vierzehenden Bande ebendaſ. B. VI. S. 315-
326. aus den 2 erſten Bänden der novor. Commentar.
ebendaſ. B. VII. S. 153 - 224.

t) S. Memoires de l'Académie de Dijon T. I. Voran.

u) ſo z. B. 1756 und wieder 1759 über die Urſachen und
Verhütung des Kaans am Wein, und 1767 (Boiſſier,
Bordenave und Godard) über die Beſchaffenheit
Fäulnis wehrender Mittel. S. Comment. de reb. in
ſcient. natur. et med. geſtis. B. VI. Th. I. S. 172.
B. XIII. Th. I. S. 163. B. XIV. S. 550.

x) Memoires de l'Académie de Dijon. à Dijon. 8. B. I.
1769.

ihrer Verdienſte um die Wiſſenſchaft gehört dem fol=
genden Zeitalter zu.

Eben das gilt auch von der Akademie des Sciences,
Inſcriptions et Belles Lettres zu Touloufe, die ihre Ar=
beiten erſt 1782 öffentlich bekannt zu machen angefan=
gen hat; doch waren einige der im erſten Bande abge=
druckten, ſelbſt einige chemiſche Abhandlungen, z. B.
diejenige von d'Arguier über das erſtickende Gas
eines Brunnen, ſchon 1748, und die Verſuche Men=
gaub's mit Weinſteinſalz in dieſem Gas ſchon 1751
vorgeleſen worden; ſollte ſie wirklich aus den Jeux Fleu-
reaux ᵞ) entſpringen, denen der König 1694 die Rech=
te einer Akademie ertheilte ᶻ), ſo würde ſie einen ſehr
hohen Urſprung haben; doch ſcheint erſt gegen 1729
eine Geſellſchaft der Wiſſenſchaften daſelbſt ihren An=
fang genommen zu haben, die von 1733 an zuweilen
Nachricht von ihren Beſchäftigungen gab, ſeit 1746
jährlich eine Preisfrage aufgab, 1754 von den Landes=
ſtänden unterſtüzt wurde, erſt 1778 vom König als
Akademie ihre Beſtätigung erhielt, und erſt 1782 ihre
Schriften herauszugeben anfieng.

Auch trat 1731 zu Edinburg in Schottland eine
Geſellſchaft gelehrter Aerzte zuſammen, die ihre freilich
nur nach einem geringen Theile zur Chemie gehörige
Schrif=

y) 1. L'origine des Jeux-Flereaux de Touloufe par feu
M. de Caffe-neuve, avec la vie de l'auteur par M.
Medon. à Touloufe. 1659. 4. 2. Traité de l'origine
de jeux floraux de Touloufe, Lettres patentes du Roi
portant le retabliſſement de jeux floraux en une Académie de belles lettres, Brevet du Roi, qui porte la confirmation des Chancelliers, Maintenneurs et Maitres de
jeux floraux. à Touloufe. 1715. 8.

z) S. Anm. y. 2.

Ee 5

Schriften ᵃ) bis 1744 in fünf Bänden ᵇ) bekannt
machte, von welchen mehrere Auflagen ᶜ), und sowohl
lateinische Auszüge ᵈ), als französische ᵉ), italiäni=
sche ᶠ), teutsche ᵍ) und niederländische ʰ) Ueberseßun=
gen erschienen.

Nach=

a) Medical Essays and Observations, revised and published
 by a Society in Edinburgh. Edinb. 8.

b) B. I. 1733. II. 1734. III. 1735. IV. 1737. V. Th. 1.
 2. 1744.

c) vier in sechs Bänden. 8. die zwote 1752. die vierte mit
 vielen Vermehrungen.

d) Actorum Medicorum Edinburgensium Specimina duo
 de Medicamento alterante ex mercurio, et de aurigine:
 Ex Anglico sermone Latine redd. Paul Gottl. Werlhof.
 Accedit Epistola ad Jo. Sam. de Berger de iisdem argumentis et Camerariano Auriginis remedio; ubi simul
 Disputationi de laude febris postremum Corollarium ad-
 ditur. Hannov. 1735. 4.

e) von M. P. Demours Essais et observations de medecine de la Societé d'Edinbourg, ouvrage traduit de
 l'Anglois et augmenté d'observations concernant l'histoire naturelle et les maladies des yeux. à Paris. 12.
 B. I-VII. 1740 (2) - 1747.

f) Saggi ed osservazioni di medicina della Società d'Edin-
 burgo. Opera tradotta dal Inglese nell' Idioma francese, ed accresciuta d'osservazioni intorno alla storia
 naturale ed alle malattie degli occhi dal S. P. Demours,
 recata ora nuovellamente nell' Italiano, Venez. Tom.
 I-VII. 1751.

g) von Dr. Königsdörfer: die medicinischen Versuche
 und Beobachtungen, welche von einer Gesellschaft in
 Edinburgh durchgesehen und herausgegeben worden. Aus
 dem Englischen übersezt. Altenburg. 8. Erster Band.
 1749. Zweyter Band. 1750. Dritter und vierter Band.
 1751. Fünften Bandes erster und zweyter Theil. 1752.
 Zusäße zu den medicinischen Versuchen und Bemerkungen
 der edinburgischen Gesellschaft, davon einige bey der fran=

jösi=

Nachher erweiterte die Gesellschaft ihren Zweck, und dehnte ihn auf die ganze Naturkunde aus; sie gab nun ihre Schriften, von welchen auch eine französische [i]) und teutsche [k]) Uebersezung erschien, mit etwas veränderter Ueberschrift [l]), und zwar in diesem Zeitalter zween Bände [m]) heraus.

Diese beide Reihen von Schriften liefern mehrere brauchbare chemische Aufsäze der Hr. Plummer, Milligen, Thomson, Martine, Monro, Short, Shaw, Robinson, Morgan, Lansgrish, Stevenson, Seip, Godfrey, Sutton, Hales, Clutton, Cheyne, Whytt, Linden, Horseburg und Black.

Auch

zösischen Uebersetzung befindlich und einige von neuem hinzugekommen sind. Sechster Band. 1755. Neue Zusätze zu den medicinischen Versuchen und Bemerkungen der edinburgischen Gesellschaft. Siebender Band. 1762.

h) Edenburgfche Proeven en Aanmerkingen. Amsterdam. 1740?

i) Essais et observations physiques et litteraires de la Societé d'Edinbourg traduits de l'Anglois par M. P. Demours. à Paris. 12. B. I. 1758 (9).

k) von Hrn Hofr. Kästner und Dr. Greding mit der Aufschrift: Neue Versuche und Bemerkungen aus der Arzeneikunst und übrigen Gelehrsamkeit einer Gesellschaft zu Edinburg vorgelesen und von ihr herausgegeben. Als eine Fortsetzung der medicinischen Versuche und Bemerkungen aus dem Englischen übersezt. Altenburg. 8. Erster Band. 1756. Zweiter Band. 1757.

l) Essays and Observations Physical and Litterary, read before a Society in Edinburgh, and published by them. Edinburgh. 8.

m) Vol. I. 1754. II. 1756.

Auch die Gesellschaft des Ackerbaus zu Dublin, welche schon 1735 wöchentliche Bemerkungen [n]) herausgegeben hat, berührte zuweilen Gegenstände, welche in die angewandte Chemie einschlagen [o]).

Weit mehr für alle Zweige der Scheidekunst leistete die Königlich Schwedische Akademie den Wissenschaften zu Stockholm, welche 1739 von dem Gr. Joh. v. Höpken, Comm. Rath J. v. Alströmer, Vice-Präs. Bar. Sten Carl v. Bielke, Ritt. v. Linné, und Kap. Mart. Triewald gestiftet wurde, und 1741 ihre Bestätigung erhielt [p]); sie gab vom Sommer 1739 an alle Vierteljahre von ihren Abhandlungen [q]) ein Heft, deren vier einen Band ausmachen, und so in diesem Zeitalter noch 31 Bände [r]) heraus, welche einen

n) Dublin Society's weekly observations.

o) z. B. die Bereitung des Obstweins und das Bierbrauen s. Thibault Essays de la Societé de Dublin traduits de l'Anglois. à Paris. 1759. 12.

p) Sam. Sandels Tal om Kongl. Svenska Vetenskaps Academiens inrättning och dess fortgång til närwarande tid. Stockholm. 1771. 8.

q) Kongl. Swenska Vetenskaps Academiens Handlingär för Månaderna ꝛc. Stockholm. 8.

r) B. I. 1740. St. 1. 2. å nyo uplagd. 1741. St. 3. 4. å nyo uplagd. B. II. 1741. St. 1. 2. å nyo uplagd. 1743. B. III. 1742. B. IV. (von nun an mit lateinischer Schrift) 1743. B. V. 1744. B. VI. 1745. B. VII. 1746. B. VIII. 1747. B. IX. 1748. B. X. 1749. B. XI. 1750. B. XII. 1751. B. XIII. 1752. B. XIV. 1753. B. XV. 1754. Register öfwer XV. Tomer af Kongla Vetensk. Academ. Handlingär. 1755. B. XVI. 1755. B. XVII. 1756. B. XVIII. 1757. B. XIX. 1758. B. XX. 1759. B. XXI. 1760. B. XXII. 1761. B. XXIII. 1762. B. XXIV. 1763. B. XXV. 1764. B. XXVI. 1765. B. XXVII. 1766. B. XXVIII. 1767. B. XXIX. 1768. B. XXX. 1769.

nen reichen Schaß chemischer Beobachtungen und Ver=
suche eines Nordenberg, Sahlberg, Faggot,
Cederhielm, Brelin, Triewald, Polhem,
Brandt, Ronan, Tißelius, Browall, G.
Wallerius, Benzelstierna, Tilas, Funck,
Sv. Rinman, Leijel, Berch, Blixenstier=
na, Skytte, Lauråus, Eliander, Swab,
Ev. de la Gardie, Gisler, Lindfors, Sta=
der, J. G. Wallerius, Heßelis, Båck,
Kalm, Cronstedt, Lund, Hasselquist, Schef=
fer, Rudenschöld, Urlander, Westbeck,
Heinke, Bergius, Willmot, O. Fr. Mül=
ler, Strußenfeld, Manderström, Haarts=
man, Blom, Schröder, Gadd, Hermelin,
Monnet, und Reßius in sich fassen, und sowohl
in das Lateinische s), Französische t), und Teutsche u)
über=

1769. Register i från och med Tom. XVI. för år 1755.
til och med Tom. XXX. för år 1769. Stockh. 1770. 8.
B. XXXI. 1770.

s) zu Venedig von dem Jahrgang 1739-1752. unter dem
Namen: Epitome Commentariorum Regiae Scientiarum
Academiae Sueciae suecico idiomate conscriptorum sive
Analect. Transalpinor. B. I. (pro annis 1739-1746.)
und II. (pro annis 1747-1754.) 1762.

t) blos angekündigt von H. Keralio unter der Aufschrift:
Memoires de l'Académie Royale des Sciences à Stockholm, par souscription. Yverdon; ausgeführt in der zu
Paris herauskommenden Collection académique B. XI.
de la Partie étrangere contenant les memoires de l'Académie des sciences à Stockholm. à Paris. 1772.

u) die zween ersten Bände ausgenommen, welche Hr.
Holzlacher besorgte, von Hrn Hofr. Kästner: der
Königlich Schwedischen Akademie der Wissenschaften Ab=
handlungen aus der Naturlehre, Haushaltungskunst und
Mechanik, aus dem Schwedischen übersezt. Hamburg und
Leip=

übersezt, als in leztrer Sprache Auszüge, die sich blos auf Chemie beziehen, durch H. Bergr. v. Crell *) davon veranstaltet sind.

Auch

Leipzig. 8. Erster Band auf die Jahre 1739 und 1740. 1749. Zweyter Band auf das Jahr 1740. 1749. zwote Auflage. Leipzig. 1775. Dritter Band auf das Jahr 1741. 1750. zwote Auflage. Leipzig. 1778. Vierter Band auf das Jahr 1742. 1750. Fünfter Band auf das Jahr 1743. 1751. Sechster Band auf das Jahr 1744. 1751. Siebender Band auf das Jahr 1745. 1752. Achter Band auf das Jahr 1746. 1752. Neunter Band auf das Jahr 1747. 1753. Zehnter Band auf das Jahr 1748. 1753. Eilfter Band auf das Jahr 1749. 1754. Zwölfter Band auf das Jahr 1750. 1754. Dreizehnter Band auf das Jahr 1751. 1755. Vierzehnter Band auf das Jahr 1752. 1755. Fünfzehenter Band auf das Jahr 1753. 1756. Sechzehender Band auf das Jahr 1754. 1756. Siebenzehender Band auf das Jahr 1755. 1757. Achtzehnter Band auf das Jahr 1756. 1757. Neunzehenter Band auf das Jahr 1757. 1759. Zwanzigster Band auf das Jahr 1758. 1759. Ein und zwanzigster Band auf das Jahr 1759. 1762. Zwei und zwanzigster Band für 1760. 1762. Drei und zwanzigster Band für 1761. 1764. Vier und zwanzigster Band für 1762. 1765. Fünf und zwanzigster Band für 1763. 1766. Zwiefaches Universalregister über die ersten XXV. Bände von den Abhandlungen aus der Naturlehre, Haushaltungskunst und Mechanik der Königl. Schwedischen Akademie der Wissenschaften nach der deutschen Uebersezung des Herrn Hofr. Kästner's gefertiget. Leipzig. 1771. 8. Sechs und zwanzigster Band für 1764. 1767. Sieben und zwanzigster Band für 1765. 1767. Acht und zwanzigster Band für 1766. 1768. Neun und zwanzigster Band für 1767. 1770. Dreyßigster Band für 1768. 1771. Ein und dreyßigster Band für 1769. 1772. Zwey und dreyßigster Band für 1770. 1774. J. Fr. Krügelstein kritisches Sachregister über diese Abhandlungen. Gotha. 8. B. I. St. 1. 1778.

x) aus den Jahrgängen 1739 bis 1744. Neues chem. Archiv.

Auch sind auf Veranstaltung dieser Akademie ein=
zelne Abhandlungen, die in die technische Chemie ein=
schlagen, und ganze Sammlungen landwirthschaftlicher
Abhandlungen herausgekommen, die jedoch dem folgen=
den Zeitalter angehören.

Die Königlich Dänische Gesellschaft der Wissen=
schaften wurde 1742 unter dem Minister Gr. Joh.
Ludw. von Holstein gestiftet, und fieng 1745 an,
ihre Schriften.ʸ), von welchen sie bald nach dem An=
fang auch drei Bände ᶻ) in lateinischer Sprache ᵃ) be=
sorgte, in dänischer Sprache herauszugeben; bis 1779
erschienen ihrer zwölf Bände, welche einige schäzbare
chemische Aufsäze von Cappel, Abildgard, und
Ström enthalten.

Auch in der Schweiz, vornemlich aber zu Basel,
vereinigten sich mehrere Aerzte und Naturforscher zu ge=
meinschaftlichen Bemühungen für die Erweiterung ih=
rer Wissenschaft; sie fiengen 1751 an ihre Schriften ᵇ),
von

---

chiv. B. IV. S. 1-82. aus den Jahrgängen 1745-1752.
Ebendas. B. V. S. 37-106. aus den Jahrgängen
1761-1764. Ebendas. B. VI. S. 165-204. aus den
Jahrgängen 1765-1768. Ebendas. B. VII. S. 227-
272. aus den Jahrgängen 1753-1760. Ebendas. B. VIII.
S. 221-294. aus dem Jahrgang 1770. Chemisch. Jour=
nal Th. II. 1779. S. 159-192.

y) Skrifter, som in det Kongl. Videnskabers Selskab ere
fremlagde og opläste. Kiobenhaven. 4.

z) Pars prima 1745. P. II. cum indice locupletissimo pri=
mae et secundae partis. 1746. Pars III. cum indice.
1747.

a) Scriptorum a Societate Hafniensi bonis cartibus promo=
vendis dedita Danice editorum nunc antem in Latinum
sermonem conversarum interprete P. P. Hafniae. 4.

b) Acta Helvetica Physico-Mathematico-Botanico-Medi=
ca,

von welchen in diesem Zeitalter sechs Bände ᶜ) erschie=
nen, und welche einige hieher gehörige Abhandlungen,
Joh. Rud. Zwinger's und Ryhiner's in sich
fassen, in lateinischer Sprache herauszugeben.

In eben diesem Jahre wurde auch die Gesellschaft
der Wissenschaften zu Göttingen unter dem Vorsitz des
Hrn v. Haller gestiftet ᵈ); unter ihren Klassen war
immer eine den Naturwissenschaften gewidmet; sie fieng
1752 an ihre Abhandlungen ᵉ) öffentlich bekannt zu
machen; es erschienen bis 1755 vier Bände ᶠ), in
welchen jedoch die Scheidekunst leer ausgieng; mit dem
vierten Bande wurde die Ausgabe ihrer Schriften un=
terbrochen, und überhaupt gehört ihr Verdienst um
Chemie dem folgenden Zeitalter zu.

Auch fieng 1751 eine Gesellschaft zu Zittau, welche
sich auser Sittenlehre und schönen Wissenschaften Na=
turkunde zum Gegenstande ihrer Bemühungen gewählt
hatte, an, ihre Schriften ᵍ), welche einige hieher ge=
hörige

ca, Figuris nonnullis aeneis illustratu et in usus publi-
cos exarata. Basil. 4.

c) Vol. I. 1751. II. 1755. III. 1758. IV. 1760. V. 1762.
VI. 1767.

d) J. St. Pütter Versuch einer academischen Gelehrten=
Geschichte von der Georg=Augustus=Universität zu Göt=
tingen. Göttingen. 8. 1761. S. 250-265. Zweyter
Theil von 1765-1788. S. 280-299.

e) Commentarii Societatis regiae Scientiarum Goettingen-
sis. Goetting. 4.

f) B. I. ad annum MDCCLI. 1752. B. II. ad ann. MDCCLII.
1753. B. III. ad ann. MDCCLIII. 1754. B. IV. ad ann.
MDCCLIV. 1755.

g) Bemühungen einer lehrbegierigen Gesellschaft aus dem
Reiche der Wissenschaften. Zittau. 8. Erstes und Zweytes
Stück. 1751. Drittes Stück. 1752. Zweyten Bandes
viertes und fünftes Stück. 1755.

hörige Aufsäze z. B. des Hrn Dr. Heffter enthalten, und nachher noch fortgesezt wurden [h]), herauszu geben.

1754 vereinigten sich zu Haarlem mehrere, vor: nemlich holländische, Gelehrte in eine Gesellschaft, welche sich neben der Gottesgelahrheit Beförderung der Na: turkunde zum Hauptzwecke gemacht hatte; sie fieng 1754 an, ihre Schriften [i]) herauszugeben, welche bis zum Schlusse dieses Zeitalters auf zwölf Bände [k]) anwuch: sen, einige nüzliche chemische Abhandlungen eines Gaubius, Baster, Schütte, Engelmann, von Creutzenach, Lehmann, Kriel, Tieböl enthalten, und, jedoch nur nach einem geringen Theile, ins Teutsche [l]) überfezt find.

1754

[h] der Zittauischen Gesellschaft fortgesezte Bemühungen aus dem Reiche der Wissenschaften. Zittau. 8. B. I. II. 1756.

[i] Verhandelingen uitgegeeven door de Hollandse Maat: schappy der Weetenschappen te Haarlem. Haarlem. 8.

[k] Eerste Deel 1754. Tweede Druck. 1755. Derde Druck 1759. Tweede Deel. 1755. Derde Deel. 1757. Vierde Deel. 1758. Vyfde Deel. 1760. Zesde Deel eerste Stuck. 1761. Tweede Stuck. 1762. Zevende Deel eerste en tweede Stuck. 1763. VIII. Deel. St. 1. 2. 1765. IX. Deel. St. 1. 2. 1766. 3. 1767. X. Deel. St. 1. 2. 1768. XI. Deel. St. 1. 2. 1769. XII. Deel. 1770.

[l] der erste Theil von Hrn Hofr. Kästner: Abhandlun: gen der holländischen Gesellschaft der Wissenschaften zu Haarlem. Größtentheils übersezt und mit einigen An: merkungen versehen. Altenburg. 1758. 8. auch noch Ab: handlungen einiger folgenden Bände: Abhandlungen aus der Naturgeschichte, praktischen Arzneykunst und Chirurgie, ans den Schriften der haarlemer und anderer holländi: schen Gesellschaften. Leipzig. 8. Erster Band. 1775. Zweyter Band. 1776. nur einige Aufsäze aus den zwölf:

1753 verband sich zu London eine Gesellschaft, welche die Aufmunterung der Künste, der Manufacturen und des Handels zur Absicht hat ᵐ), sich 1754 zum erstenmal feierlich versammelte ⁿ), und sich schon durch die viele Preise, welche sie auf die Vervollkommung mehrerer Zweige der angewandten Chemie ausbot °), bleibende Verdienste um die Wissenschaft erworben hat;
einen

ten Theile bei Hrn Bergr. v. Crell neueste Entdeckungen in der Chemie. B. IV. S. 151 ꝛc.

m) 1. A concife account of the rife, progrefs and prefent ftate of the Society for the encouragement of arts, manufactures and commerce, inftituted at London a. 1754. London. 1763 8. 2. Relation abrégée de l'origine, des progrès et de l'état actuel de la Société établie à Londres en 1754 pour l'encouragement des Arts, des Manufactures et du Commerce; tirée des écrits originaux des premiers promoteurs de cet établiffement, et d'autres actes authentiques, par un membre de la dite Societé. Ouvrage traduit de l'Anglois avec des notes pour l'ufage et l'intelligence du texte. à Londres. 1764. 8. 3. Rules and Ordres of the Society for the encouragement of arts, manufactures and commerce. London. 1772. 8.

n) f. R. Doffie in Memoirs of agriculture and other oeconomical arts. London. 8. B. I. 1768. Th. I.

o) fo z. B. 1756. für den beften Verfuch einer Naturgefchichte des Kobolts 20. Guineen. Comment. de reb. in fcient. nat. et medicin. geftis. B. V. Th. 2. S. 364. 365. 1764. über allerlei nützliche Metalle und Halbmetalle, recht ftarkes Salz, blaue Farbe, andere Farbewaren. Götr. gel. Anz. 1765. St. 4. S. 32. 1765. auf ächte rothe fich nicht in Purpur ziehende Schmelzfarbe und für Eifen aus dem fchwarzen amerikanifchen Sande. Premium's offer'd by the Society inftituted at London for the encouragement of arts, manufactures and commerce for 1765. 1766. auf Soda und Kobolt aus America. Götting. gel. Anz. 1767. St. 38. S. 302. 303.

einen Theil dieser Verdienste hat Rob. Dossie[p]) ge=
schildert; aber bei weitem der gröfere Theil derselbigen
gehört, so wie ihre Schriften, dem folgenden Zeital=
ter an.

1754 stiftete der damalige Churfürst von Mainz
Johann Friedrich Karl, zu Erfurt die dortige Akade=
mie der nüzlichen Wissenschaften, die 1757 den ersten
Band ihrer Schriften[q]), in diesem Zeitalter aber
überhaupt nur zween Bände derselbigen[r]), herausgab;
mehrere Aufsäze in denselbigen sind ins Teutsche über=
sezt, und einige darinn befindliche Abhandlungen der
Hrn. Fr. A. Cartheuser, Jacobi, Mangold,
Baumer und Lehmann gehören in das Gebiet die=
ser Wissenschaft.

Auch in den medicinischen Bemerkungen der Gesell=
schaft der Londonischen Aerzte[t]), welche 1757 ihren An=
fang nahm, und von welchen in diesem Zeitalter drei[u]),

Teut=

p) im eben angeführten Werke, von welchem der zweite
  Band 1771, der dritte aber 1782 herausgekommen ist.

q) Acta Academiae Electoralis Moguntinae Scientiarum
  Utilium, quae Erfordiae est. Erford. et Goth. 8. Tom.
  I. 1757.

r) Tomus II. 1761.

s) Uebersezungen und deutsche Abhandlungen, welche bey
  der churfürstlich mainzischen Akademie der Wissenschaften
  nach und nach übergeben worden (die zum Theil bey der
  churfürstlich mainzischen Akademie der Wissenschaften zu
  Erfurt übergeben und abgelesen worden) herausgegeben
  von S. L. Hadelich. 8. Erfurt. 1762. Zweytes
  Bändchen. Langensalza. 1763.

t) Medical observations and inquires by a Society of physicians in London. London. 8.

u) Vol. I. 1757. The second edition corrected. 1738.
  Vol. II. 1762. Vol. III. 1767.

Ff 2

auch ins Teutsche überseßte [x] Bände herauskamen, finden
sich schäzbare chemische Wahrnehmungen von Fothergill, French, Travis, Morris und Fraser.

Auch zu Zürich kam 1757 unter dem Vorsize des
Chorh. Joh. Gesner eine Gesellschaft zusammen,
welche die Erweiterung der Naturwissenschaften zum
Hauptzwek hatte; sie gab 1761 den ersten Band ihrer
Abhandlungen [y] heraus, dem nachher noch zween an-
dere [z] gefolgt sind; auch darinn finden sich einige in
die Scheidekunst einschlagende Aufsäße der Hrn. J.
Gesner und Rahn.

Ein Jahr später, nemlich 1758 entstand auch zu
Bern eine Gesellschaft, welche zwar Verbesserung der
Landwirthschaft zum Hauptaugenmerk hatte, aber, doch
in dieser Beziehung, mehrere in die angewandte Chemie
einschlagende Aufsäße eines Bertrand, Gruner,
Müller, S. Perrinet de Faugnes, Bour-
geois, Droz, Scopoli, Venel, Ritter u. a.
aufnahm.

Zuerst erschienen ihre Schriften [a] unter dem Namen von Sammlungen, teutsch [b] und französisch [c],
in

x) Medicinische Bemerkungen und Untersuchungen einer
   Gesellschaft von Aerzten in London, aus dem Englischen
   überseßt. Altenburg. 8. Erster Band nach der zweyten
   verbesserten Ausgabe. 1759. Zweyter Band. 1764. Dritter Band übersezt von Dr. S. G. Silchmüller.
   1769.
y) Abhandlungen der naturforschenden Gesellschaft in Zürich.
   Zürich. 8. Erster Band. 1761.
z) Zweyter Band. 1764. Dritter Band. 1766.
a) Zürich. 8.
b) der Schweizerischen Gesellschaft in Bern Sammlungen
   von landwirthschaftlichnn Dingen.

in drei Bänden [d]), deren jeder in vier Theile getheilt
war; nachher kamen sie [e]) mit der Aufschrift: Abhand=
lungen und Beobachtungen, von welchen in diesem
Zeitalter noch neun Bände [f]) erschienen, auch jähr=
lich, auch zugleich teutsch [g]) und französisch [h]) heraus.

Zu Turin bildete der Graf von Saluces mit Hr.
Cigna und L. de la Grange eine Gesellschaft,
welche Naturwissenschaften zum Gegenstande hatte,
und ihre Bemerkungen 1758 damals meist in lateini=
scher Sprache [i]) herauszugeben anfieng; als sie aber
bald darauf zur Königlichen Gesellschaft erhoben wur=
de, sie in französischer Sprache [k]) bekannt machte; so=
wohl in jenen ältern, als in diesen, von welchen in
diesem Zeitraume nur noch zween Bände [l]) erschienen,
sind mehrere dem Scheidekünstler schäzbare Aufsäze des
Hrn.

c) Recueil de Memoires concernant l'Oeconomie Rurale
par cette Societé établie à Berne en Suiße.

d) T. I. 1760. II. 1761. III. (à Berne) 1762.

e) Bern 8.

f) jeder zu vier Stücken. 1762. 1763. 1764. 1765. 1766.
1767. 1768. 1769. 1770.

g) Abhandlungen und Beobachtungen durch die ökonomische
Gesellschaft in Bern gesammlet.

h) Memoires et Observations recueillies par la Societé
économique de Bern.

i) Miscellanae philosophico - mathematica Societatis privatae Taurinensis. Auguft. Taurinor. 4. T. I. 1758 (59).

k) Melanges de philosophie et de mathematique de la
Societé Royale de Turin. à Turin. 4.

l) pour les années 1760, 1761. auch noch mit der Auf=
schrift: Miscellanea philosophico - mathematica Societatis privatae Taurinensis. Aug. Taurin. T. II. 1762.
- pour les années 1762 - 1765. 1766.

Ff 3

Hrn. Grafen v. Saluces, der H. Cigna, Gaber und Macquer enthalten.

Auch die churbaierische Akademie der Wissenschaf= ten zu München, welche 1759 gestiftet wurde, hatte unter ihren Mitgliedern eine philosophische Klasse, welche auch Naturwissenschaften zu ihrem Augenmerke hatte, und in den von ihr herausgegebenen Schriften gemeiniglich den zweiten Theil des Bandes ausfüllt; von ihren Schriften [m]), welche einige schäzbare Ab= handlungen der H. v. Wolter, Rau, Carl, le Petit, Spring, Scheidt, Angermann und Rüdiger in sich halten, sind in den Jahren 1763-1770 sechs Bände [n]) herausgekommen.

Zu Drontheim in Norwegen errichtete der Bischoff J. E. Gunnerus 1760 eine gelehrte Gesellschaft, die sich hauptsächlich Naturwissenschaften zu ihrem Gegen= stande wählte, und in ihren Schriften einige auch dem Scheidekünstler schäzbare Aufsätze, z. B. von Skytte in sich fast; sie gab drei [o]), auch in das Teutsche über= sezte [p]), Bände ihrer Schriften [q]), in dänischer Spra= che, und, als sie 1767 zur Königlich Norwegischen Gesellschaft erhoben wurde, in diesem Zeitraum noch
einen

m) Abhandlungen der Churfürstlich Bayerschen Akademie der Wissenschaften. München. 4.

n) Erster Band. 1763. Zweyter Band. 1764. Dritter Band. 1765. Vierter Band. 1767. Fünfter Band. 1768. Sechster Band. 1769.

o) B. I. 1761. B. II. 1763. B. III. 1765.

p) der Drontheimischen Gesellschaft Schriften, aus dem Dänischen übersezt 8. Erster Theil. Kopenhagen. 1765. Zweyter Theil. Kopenh. und Leipz. 1765. Dritten Theil. Kopenhag. und Leipzig. 1767.

q) Det Trondhiemske Sälskabs Skrifter. Kiobenhavn. 8.

einen vierten Band ꝛ) heraus, der auch ins Teutſche
überſezt wurde ſ).

Die churpfälziſche Akademie der Wiſſenſchaften zu
Mannheim, welche 1763 von dem noch lebenden Churfürſten Karl Theodor geſtiftet wurde, hat ſich ſowohl
durch die aufgegebene Preisfragen ᵗ), und die Bekannt-
machung der darauf eingegangenen Antworten ᵘ), als
durch ihre Schriften ˣ), wovon jedoch in dieſem Zeitalter nur zween ʸ) an chemiſchen Aufſätzen, ſehr arme
Bände erſchienen ſind, um die Scheidekunſt verdient
gemacht.

Auch die freie ökonomiſche Geſellſchaft zu S. Petersburg, welche 1765 daſelbſt geſtiftet wurde, lieferte, ob gleich Verbeſſerung der Landwirthſchaft und
mancher ſtädtiſchen Gewerbe das Hauptziel ihrer Bemühungen war, in ihren Schriften, von welchen bis
1775 dreiſig Theile in zehen Bänden in ruſſiſcher
Spra-

ꝛ) Det Kongelige Norſke Videnſkabers Selſkabs Skrifter.
IV. Deelen. Kiöbenh. 1768. 8.

ſ) der Königlich Norwegiſchen Geſellſchaft der Wiſſenſchaften Schriften, aus dem Däniſchen überſezt. Koppenhagen
und Leipzig. 8. Vierter Theil. 1770.

ᵗ) z. B. 1766. über die Anwendung der Steinkohlen bei
dem Röſten und Schmelzen der Erze. 1767. und noch
einmal 1769. über Smalte aus einem andern Stoffe,
als Kobolt.

ᵘ) z. B. Juſti 1765 über das Zugutmachen des Kupfers
aus ſeinen Erzen. 1768 Schimper über ein vortheil-
haftes Zugutmachen des Queckſilbers aus ſeinen Erzen.

ˣ) Hiſtoria et Commentationes (auch wohl Acta) Academiae Electoralis Scientiarum et elegantiorum Littera-
rum Theodoro-Palatinae. Mannhem. 4.

ʸ) Vol. I. 1766. II. 1770.

Ff 4

Sprache herauskamen, und welche auch bald in die teutsche[z]) übersezt wurden, mehrere dem Scheidekünstler willkommene Abhandlungen Model's, Lehmann's, Rytschkow's.

Auch die seeländische Gesellschaft der Wissenschaften zu Vlissingen, welche sich 1765 bildete, und 1769 von den Staten von Seeland ihre Bestätigung erhielt, enthält in dem einen Bande ihrer Schriften [a]), der noch in dieses Zeitalter fällt, und auch ins Teutsche übersezt ist [b]), eine schöne Abhandlung Schlosser's, die auch abgesondert von den übrigen in die teutsche Sprache übersezt ist [c]).

Auch die Gesellschaft, die sich 1767 zu Warschau vereinigte, und 1768 ihre Schriften [d]) herauszugeben an:

z) Abhandlungen der freyen ökonomischen Gesellschaft in S. Petersburg, zur Aufmunterung des Ackerbaus und der Hauswirthschaft in Rusland. Aus dem Russischen übersezt. 8. Erster Theil von 1765. Mietau und Riga. 1767. vom Jahre 1766. Zweyter Theil. S. Petersburg, Riga und Leipzig. 1773. vom Jahr 1766. Dritter Theil. S. Petersburg, Riga und Leipzig. 1774. von 1766. Vierter Theil. 1774. von 1767. Fünfter, Sechster und Siebender Theil. 1775. von 1768. Achter und Neunter Theil. 1776. Zehender und eilfter. 1777.

a) Verhandelingen uytgegeeven door het Zeeuwsch Genootschap der Wetenschappen te Vlissingen. te Vlissingen. 8. Eerste Deel. 1769.

b) Abhandlungen der Seeländischen Gesellschaft der Wissenschaften zu Vlißingen. Uebersezt und mit einigen wenigen Anmerkungen versehen, von Andr. Böhme. Gießen. 8. des ersten Theils erster Abschnitt, welcher die zur Medicin und Chirurgie gehörigen Aufsätze in sich enthält. 1775.

c) bei H. v. Crell chemisch. Journal. Th. VI. S. 89 ꝛc.

d) Vermischte Abhandlungen der Physisch-Chemischen Warschauer

anfieng, aber auch mit der erſten Probe ſchlos, hatte
einiges Augenmerk auf Scheidekunſt gerichtet.

Die phyſikaliſch = ökonomiſche und Bienengeſell=
ſchaft zu Lautern ᵉ), welche in der Folge in die chur=
pfälziſche ökonomiſche Geſellſchaft übergieng, die böh=
miſche Privatgeſellſchaft, welche Hr. v. Born im glei=
chen Jahre nemlich 1769 ſtiftete ᶠ), die Geſellſchaft
der Wiſſenſchaften, welche 1769 im Hornung zu
Brüſſel geſtiftet wurde, und noch im Mai deſſelbigen
Jahres ihre erſte Verſammlung hielt ᵍ), und diejenige,
welche mit Anfang ebendeſſelbigen Jahrs zu Philadel=
phia ʰ) von Franklin errichtet wurde, trugen ſo
wenig, als die mediciniſch = praktiſche und phyſikaliſche,
welche 1770 zu Barcellona entſtand ⁱ), in dieſem Zeit=
alter für dieſe Wiſſenſchaft Früchte.

Auſer dieſen Sammlungen, welche Geſellſchaften
von öffentlichen Anſehen herausgaben, erſchienen noch
mehrere Sammlungen chemiſcher Verſuche und Beob=
achtungen, bald von ſolchen, welche ſie ſelbſt ange=
ſtellt hatten, und nur dieſe ihre eigene Erfahrungen
zu

ſchauer Geſellſchaft zur Beförderung der praktiſchen Kennt=
niſſe in der Naturkunde, Oekonomie, Manufacturen
und Fabriken, beſonders in Abſicht auf Polen. Warſchau
und Dresden. 8. Erſten Bandes erſtes Stück. 1768.

e) S. J. D. Krämer in den Bemerkungen der phyſika=
liſch = ökonomiſchen und Bienen = Geſellſchaft zu Lautern,
vom Jahr 1769. Mannheim. 1770. 8.

f) S. Abhandlungen der böhmiſchen Geſellſchaft der Wiſſ=
ſchaften auf das Jahr 1785. Prag. 1785. 8.

g) Comment. de reb. in ſcient. natur. et medic. geſtis.
B. XVII. Th. 2. S. 345.

h) Ebendaſ. B. XIX. Th. 2. S. 363.

i) Allgemeine Litteraturz. 1787. N. 68. S. 647. 648.

zu Markte brachten, bald von solchen, welche die ihrige
mit fremden zusammenstellten, oder auch nur diese be=
kannt machten, oft ohne ihren Namen zu nennen; oft
waren auch diese Erfahrungen mit. mancherlei, andern,
welche nicht ins Gebiet der Chemie gehörten, ver=
mengt.

So gab B. Godfrey seine Miscellaneous Experiments and Obfervations ᵏ), der berühmte berlinische
Scheidekünstler Joh. Heinr. Pott seine Exercitationes chymicas ¹), seine Collectionem primam ᵐ) und
secundam ⁿ) der Obfervationum et animadverfionum
chymicarum, seine °) auch ins Französische übersez=
te ᵖ) chymische Untersuchungen, welche fürnemlich von
der Lithogeognofia oder Erkänntniß und Bearbeitung
der gemeinen einfachern Steine und Erden, ingleichen
von Feuer und Licht handeln, und deren auch ins Fran=
zösische

k) on various fubjects. London. 8. 1737. 1744.

l) de fulphuribus metallorum, de auripigmento, de folutione corporum particulari, de terra foliata-tartari, de
acido vitrioli vinofo, et de acido nitri vinofo, fparfim
hactenus editae, jam vero collectae, reftitutae, a mendis repurgatae, variiisque notis, experimentis et difcus-
fionibus ab Autore adauctae, illuftratae. Berolin.
1738. 4.

m) praecipue circa Sal commune, Acidum falis vinofum
et Wismuthum verfantium. Berolin. 1739. 4.

n) praecipue Zincum, Boracem et Pfeudogalenam tractantium. Berolin. 1741. 4.

o) Potsdam. 1746. 4.

p) Lithogeognofie ou Examen Chymique des Pierres et
des Terres en general, et du Talc, de la Topaze, et
de la Steatite en particulier; avec une differtation fur
le Feu et fur la Lumiere. Ouvrage traduit de l'Allemand, à Paris. 1753. 12.

zöſiſche überſezte q), erſte r) und zwote s) Fortſetzung,
ſeine Animadverſiones phyſico-medicas t), nebſt einer
Fortſetzung u), welche ſeine Fehde mit Eller x) im̃
met

q) Continuation de la Lithogeognoſie Pyrotechnique, où
l'on traite plus particulierement de la connoiſſance de
la Terre et des Pierres, et de la maniere, d'en faire
l'examen; avec la table des effets des melanges differens des Terres de la Lithogeognoſie. à Paris. 1753. 12.

r) Fortſezung derer Chymiſchen Unterſuchungen, welche
von der Lithogeognoſie oder Erkänntniß und Bearbeitung derer Steine und Erden ſpecieller handeln. Berlin
und Potsdam. 1751. 4.

s) Zweyte Fortſezung derer chymiſchen Unterſuchungen,
welche von der Lithogeognoſie oder Erkänntniß und Bearbeitung derer Steine und Erden in Anwendung derſelben zur Bereitung feuerfeſter Gefäße und Tiegel ſpecieller handeln nebſt Tabellen über alle drey Theile. Berlin.
1754. 4.

t) circa varias hypotheſes et experimenta D. Dr. et Con-
ſiliar. Elleri. Phyſikaliſch-chymiſche Anmerkungen über
verſchiedene Sätze und Erfahrungen des H. Hofr. D.
Ellers. Auf Koſten des Autoris. Berlin. 1756. 4.

u) Fortſetzung ſeiner phyſikaliſch-chimiſchen Anmerkungen
über des Hrn. Geh. R. Ellers verſchiedene Sätze und
Erfahrungen, darinne ſelbige weiter ausgeführet, gerettet
und nebſt mehreren dahin einſchlagenden Materien gründlicher erläutert und in mehreres Licht geſezt werden.
Berlin. 1757. 4.

x) z. B. ſ. Kurze Unterſuchung der wahren Urſachen, welche
den Profeſſor H. Joh. Heinr. Pott bewogen, ſeine
ſogenannte animadverſiones wider die phyſikaliſchen und
chymiſchen Erfahrungen, ſo in den Gedenkſchriften der
Königl. Preuß. Akademie der Wiſſenſchaften von dem
G. R. Hr. Joh. Theod. Eller einverleibt worden, abzu-
faſſen und durch den Druck bekannt zu machen, nebſt bei-
gefügter Prüfung beſagter animadverſionum. Berlin.
1757. 4. und kurze Fortſetzung des Erweiſes, daß Herr
Prof. Pott ſeine ſchlechte Sache noch immer ſchlechter
mache.

mer noch mehr verwickelten, und ihm auch von Leh=
mann [y]), Marggraf, Brandes und Justi
Vorwürfe zuzogen, seine physikalisch=chymische Ab=
handlung von dem sonderbahr feuerbeständigen und
zartflüssigen Urin=Salz [z]), seine wichtige und ganz
neue physikalisch=chymische Materien mit vielen Expe=
rimenten aufgeführt [a]), sein Sendschreiben an den H.
Bergr. von Justi [b]), und andere von Demachy [c])
übersezte kleine Schriften; der erfurtische Lehrer Heinr.
Ludolf seine in der Medicin siegende Chymie [d]), von
wel=

y) dem er in der kurzen Strictur über das zweyte Pas=
quill des H. B. R. Lehmanns, welches er unter dem
Titel: Fortsetzung des Erweises ꝛc. in Druck zu geben
sich erkühnet hat, wieder antwortete.

z) und dessen weitläuftigen Anwendung und Nutzen. In=
gleichen eine Untersuchung der Verbindung eines Acidi
Vitrioli mit dem sauren Weinstein. Berlin. 4. 1757.
Zweyte Auflage nebst einem apologetischen Anhange.
1761.

a) samt einer chymischen Zerlegung der Vorwürfe und Be=
schuldigungen, die ihm der H. B R. von Justi in dem
2ten Theile seiner chymischen Schriften zur Last legen
will. Berlin. 1761. 4.

b) darinn die Einwürfe, die er ihm in seinen wiederaufge=
legten chymischen Schriften von neuem gemacht hat, er=
örtert und abgelehnet, und die darinn angefochtene Chy=
misch=Physikalische Materien weiter untersucht und aus=
geführt werden. Berlin. 1760. 4.

c) Differtations chymiques de Mr. Pott recueillies et traduites tant du Latin, que de l'Allemand. à Paris. 12.
Vol. I - IV. 1759.

d) bestehend in aufrichtiger Mittheilung derer in Bereitung
der wichtigsten Medicamentorum mit Nutzen gebrauchten
Chymischen Handgriffe. Erfurt. 4.

welcher sieben Stücke e), nebst einer Zugabe f) erschienen sind; ein anderer erfurtischer Lehrer Chph. Andr.
Man-

c) Erstes Stück, darinne gezeigt wird, I. Eine herrliche
Verbesserung der bisher üblichen Tincturae Antimonii,
daß sie nemlich in der Extraction so roth wie ein Blut
wird, welches auch mit allen andern metallischen Tincturen angehet. II. Ein ächtes Arcanum Tartari zu bereiten. III. Wie ohne Kosten ein reines Sal Alcali fixum in ziem-
licher Menge zu verfertigen, und wie ein Balneum Mariae umsonst unterhalten werden könne. Mit einem hiezu nöthigen Kupfer versehen, und alles aus genugsamen
Chymischen und Physicalischen Gründen bewiesen 1746.
Zweytes Stück, darinnen gezeigt wird die Nothwendigkeit, Nutzen und Verfertigung des Spiritus Mercurialis,
samt denen wichtigsten Vortheilen, einen ächten Spiritum
vini zu erhalten; dabei auch zugleich die nachhero in Bereitung der Tincturae Antimonii gefundene Handgriffe
treulich angeführet werden, und die Anlegung eines hiezu bequemen Schmelzofens gewiesen wird. 1746. Drittes Stück, darinnen gezeiget wird eine Tincturam Antimonii durch den destillierten Wein-Essig zu bereiten,
desgleichen auch auf eben solche Art die ächten metallischen Oele zu erhalten, dieselben flüchtig und wieder fix
zu machen, nebst einem Vortheil, die Terram foliatam
Tartari auf eine geschwinde und leichte Art auf das höch-
ste zu reinigen, zugleich auch ein Athanor beschrieben
wird, darinnen man mit einem Feuer wohl zwanzigerley
und mehere Arbeiten verrichten und besonders auch einen
bequemen Putreficir-Kasten halten kann. 1746. Viertes
Stück, darinnen gezeiget wird: auf welche Art man am
mehrsten von der Naphtha chymica oder Oleo vitrioli
dulci bekommen könne und warum diese Naphtha aus
dem Aqua regis, das darinn aufgelöste Gold an sich
nimmt; desgleichen auch wie man durch das Laboratorium 3 bis 4 Zimmer heitzen könne, nebst einer gefundenen Verbesserung des Balnei maris. 1747. Fünftes
Stück, darinnen gezeiget wird: I. wie man dem Salpeter seine Röthe oder Quintam essentiam ausziehen, ingleichen aus demselben viele Naphtham oder olenm nitri
dulce erhalten könne, und warum solche Naphtha aus
dem

Mangold seine chymische Erfahrungen und Vor=
theile.⁵), und deren Fortsetzung ᵇ)ᵧ ein anderer teut=
scher

dem Scheidewasser das darinne aufgelösete Silber in sich
nimmt. II. Wie das Salz aus dem ungelöschten Kalke
zu erhalten, und aus was für Theilen ein Sal alcali
fixum bestehe. III. Wie man in der Haushaltung bey
einem Feuer waschen, brauen, braten, kochen, backen,
darren, und bis 6 Zimmer heizen könne. Nebst einer
gefundenen nöthigen Verbesserung meines Athanors.
1747. Sechstes Stück, darinnen gezeiget werden, die
ferneren Versuche von der Naphtha Vitrioli und Naphtha
Nitri, ingleichen wie das Sal metallorum aus dem Wiss=
muth zu erhalten. 1748. Siebentes und letztes Stück,
darinnen gezeiget wird, wie die Weine überhaupt ver=
bessert, insbesondere aber die schlechte Landweine in Spa=
nische, Italiänische, Ungarische, Champagner, Burgun=
der, Stein= und Rhein=Weine ohne den geringsten Zu=
satz, sondern in und durch sich selbsten verwandelt werden
können, ingleichen wie in Obstländern aus Obst ein guter
Wein zu erhalten, und wie solche Weine zu Verferti=
gung der schönsten Spirituum und Essenzen der Vegeta=
bilien zu gebrauchen. 1749.

f) zu der in der Medicin noch immer und immer siegenden
Chymie, worin gezeiget wird, wie eine Tinctura Anti=
monii in Pulver zu verwandeln; wie die allerbeste erd=
hafte Mittel zu bereiten, wie die Naphtha aus dem Kü=
chensalze zu verfertigen; die rechte Zubereitung der Salium
essentialium der Vegetabilien; der Schaden des Mercurii
dulcis in den Franzosen=Krankheiten, und endlich, wie
der Mercurius durch ein Laugensalz aufzulösen und daraus
sowohl ein ächtes Mittel für die Franzosen, als auch ein
starkes Menstruum, die Metalle völlig aufzulösen, zu
verfertigen. Alles aus physischen und chymischen Grün=
den und Erfahrungen bewiesen. 1750.

g) in Bereitung einiger sehr bewährter Arzneymittel, nebst
verschiedenen physikalischen Anmerkungen über dieselben.
Erfurt. 1748. 4.

h) Fortgesetzte chymische Erfahrungen und Vortheile, beste=
hend vornemlich in einer gründlichen und abgenöthigten
Wis=

scher Scheidekünstler, Joh. Chrif. Bernhardt, seine chymische Versuche und Erfahrungen [i]), der berlinische Arzt Ernst Gottfr. Kurella seine chymische Versuche und Erfahrungen [k]), der berühmte berlinische Scheidekünstler A. S. Marggraf seine meist zuvor der Berlinischen Akademie der Wissenschaften vorgelesene chymische Schriften [l]), die auch von Demachy ins Französische übersezt wurden [m]), der Bergr. Joh. Gottl. Lehmann seine eigene physikalische chemische Schriften [n]), der berühmte S. Petersburgische Scheidekünstler Joh. Georg Model seine chymische Nebenstunden [o]), nebst ihrer Fortsetzung [p]), und seine kleine Schriften [q]), welche alle zusammen Parmentier in

die

Widerlegung der bisher siegenden, nunmehr aber in letzten Zügen liegenden Chymie des Hrn. Prof. Ludolfs und in einigen in der Arzneykunst nützlichen Versuchen, nebst einem Auszug aus verschiedenen Abhandlungen der Französischen Akademie, so hieher einschlagen. Franckfurt und Leipzig 1749. 4.

i) aus Vitriol, Salpeter, Ofenruß, Quecksilber, Arsenik, Galbano, Myrrhen, der Peruvianer Fieberrinde und den Fliegenschwämmen kräftige Arzeneien zu machen. Leipzig. 1755. 8.

k) Berlin. 8. Erstes Stück. 1756.

l) Berlin. 8. Erster Theil. 1761. Zweyter Theil. 1767. die Herausgabe besorgte übrigens Lehmann.

m) Opuscules chymiques de Mr. *Marggraf.* à Paris. 12. Vol. I. 2. 1762.

n) als eine Fortsetzung seiner Probierkunst. Berlin. 1761. 8.

o) S. Petersburg. 1762. 8.

p) Fortsetzung seiner chymischen Nebenstunden. S. Petersburg. 1768. 8.

q) bestehend in Oekonomisch-Physikalisch-Chymischen Abhandlungen. S. Petersburg. 1773. 8.

die französische Sprache übersezt hat ͬ), der preußische
Geh. Rath Joh. Theod. Eller seine physikalisch-
chymisch-medicinische Abhandlungen ˢ), Dr. M(eyer)
seine neue chymische Versuche und Erfahrungen ᵗ),
Joh. Chph. Henckel einige neuentdeckte Chemisch-
Physikalische Wahrheiten ᵘ), der Bergr. Joh. Heinr.
Gottl. v. Justi seine gesammelte chymische Schrif-
ten ˣ), und ein Ungenannter F. C. L. zu F. Chymische
Experimente einer Gesellschaft in dem Erzgebirge ʸ)
heraus.

Auch

r) Recreations phyſiques, économiques et chymiques.
　　Ouvrage traduit de l'Allemand avec des obſervations
　　et des additions. à Paris. 8. Vol. I. II. 1774.

s) aus den Gedenkschriften der Königlichen Akademie der
　　Wissenschaften herausgezogen und übersetzt, von C. Abr.
　　Gerhard. Stettin und Leipzig. 8. Th. I. II. 1764.

t) so mit allem Fleiße angestellt und sorgfältig aufgezeichnet
　　worden. Leipzig. 8. Erstes und zweytes Hundert. 1766.
　　Drittes und viertes Hundert. 1767. Fünftes und sechstes
　　Hundert. 1767. Siebendes und achtes Hundert. 1768.
　　Neuntes und zehendes Hundert. 1768. alle zusammen
　　auch mit der Aufschrift: Erstes Tausend neuer chymischer
　　Versuche und Erfahrungen, von D. M. Leipzig. 1768. 8.

u) denen Kennern der Naturlehre und Arzeney-Bereitungs-
　　Kunst zur Beurtheilung und Anwendung hingegeben.
　　Leipzig. 1769. 8.

x) worinnen das Wesen der Metalle und die wichtigsten
　　chymischen Arbeiten, vor den Nahrungsstand und das
　　Bergwesen, ausführlich abgehandelt worden. 8. Erster
　　Band. Berlin und Leipzig. 1760. Zweyter und lezter
　　Band. Berlin und Leipzig. 1761. Dritter Band. Ber-
　　lin. 1771.

y) Berlin. 8. Erstes und zweytes Stück. 1753. Drittes
　　und viertes Stück. 1757. Fünftes und sechstes Stück.
　　1759. alle zusammen auch mit der Ueberschrift: Samm-
　　lung achthundert und sieben und funfzig chymischer Expe-
　　　　　　　　　　　　　　　　　　　　　　　　　　　rimente

Auch andere, z. B. der sächsische Bergrath J. Fr.
Henckel in seiner Pyritologia[y]), in seiner Flora Sa=
turnizans[z]), und seinen von C. Fr. Zimmermann
herausgegebenen[a]), nebst jenen Schriften auch ins
Französische übersezten[b]), kleinen mineralogischen und
chemischen Schriften, der berühmte berlinische Chemi=
ker, Kasp. Neumann, in seinen Lectionibus chymi=
cis,

rimente einer Gesellschaft in dem Erzgebirge, darinnen
alle die Erscheinungen, welche man bei chymischer Bearbei=
tungen verschiedener Körper wahrgenommen, treu und
aufrichtig angezeiget werden, nebst einer Vorrede begleitet
von Herrn C. G. Kurella. Berlin. 1759. 8.

y) oder Kießhistorie, als des vornehmsten Minerals, nach
dessen Nahmen, Arten, Lagerstätten, Ursprung, Eisen,
Kupfer, unmetallischer Erde, Schwefel, Arsenik, Sil=
ber, Gold, einfachen Theilgen, Vitriol= und Schmelz=
nüzung, aus vieler Sammlung, Gruben=Befahrung,
Umgang und Briefwechsel mit Natur= und Berg=Ver=
ständigen, vornemlich aus chymischer Untersuchung mit
Physicalisch=Chymischen Entdeckungen nebst Kupf. wie
auch einer Vorrede von Nuzen des Bergwerks, in=
sonderheit des chursächsischen. Leipzig. 8. 1725. 1754. ins
Englische übersezt. London. 1757.

z) die Verwandschaft des Pflanzen= mit dem Mineral=
Reich, nach der Natural=Historie und Chymie aus vie=
len Anmerkungen und Proben: Nebst einem Anhang vom
Kali geniculato Germanorum oder gegliederten Salzkraut,
insonderheit von einer hieraus neuerfundenen, dem aller=
schönsten Ultramarin gleichenden blauen Farbe. Leipzig.
1722. 8.

a) auf Gutbefinden des Herrn Autoris, nebst einer Vorre=
de von den Bergwerks=Wissenschaften zu Vermehrung
der Cammeral=Nuzungen mit Anmerkungen. Dresden
und Leipzig. 8. 1744. 1756.

b) Oeuvres de Mr. *Henckel* traduits de l'Allemand. à Pa=
ris. 1760. 4.

cis ^c), der frankfurtische Lehrer Jo. Fr. Cartheuser in seinen Differtation. nonnullis felectiorib. ^d), Dav. Macbride in feinen Experimental Essays ^e), die auch ins Französische ^f) und Teutsche ^g) überfetzt wur-

c) 1. von Salibus Alcalino-Fixis und vom Camphora, um daraus zu sehen, wie alle übrige Lectiones bei dem in Berlin gestifteten Königl. Collegio Medico-Chirurgico publice abgehandelt, und die chymischen Materien bearbeitet oder demonstritet werden. Berlin. 1727. 4. 2. von vier Subjectis Pharmaceuticis, nemlich vom Succino, Opio, Caryophyllis aromaticis und Castoreo, wie solche bei dem in Berlin gestifteten Königl. Colleg. Med. Chir. abgehandelt worden. Berlin. 1730. 4. 3. von vier Subjectis chymicis, nemlich vom Salpeter, Schwefel, Spießglas, und Eisen, wie solche bei dem in Berlin gestifteten Königl. Colleg. Med. Chirurg. abgehandelt worden. Berlin. 1732. 4. 4. von vier subjectis Diaeteticis, nehmlich von den in hiesigen Gegenden gewöhnlichsten und durch menschliche Hülfe zu Stande gebrachten viererley Getränken, vom Thee, Caffee, Bier und Wein, wie solche bei dem in Berlin gestifteten Königl. Colleg. Med. Chir. abgehandelt werden. Leipzig. 1735. 4. 5. von vier subjectis pharmaceutico-chemicis, nehmlich vom gemeinen Salze, Weinstein, Salmiak und der Ameise, wie solche bei dem in Berlin gestifteten K. Colleg. Medic. Chir. abgehandelt worden. Züllichau. 1737. 4.

d) Physico-chemicis ac medicis varii argumenti post novam lustrationem ad prelum revocat. Francof. ad Viadr. 1775. 8.

e) on the following subjects on the Fermentation of alimentary Mixtures. 2. on the Nature and Properties of Fixed Air. 3. on the respective Powers and Manner of Acting of the different Kinds of Antisepties. 4. on the Scurvy, with a Proposal for trying new Methods to prevent or cure the same at sea. 5. on the Dissoluent Power of Quicklime. London. 1764. 8.

f) Essais d'experiences: 1. sur la fermentation des melanges alimentaires; 2. sur la nature et les proprietés de
l'air

wurden, C. F. G. Weſtfeld in ſeinen mineralogiſchen Abhandlungen [h]), Thom. Percival in ſeinen Eſſays medical and experimental [i]), von welchen nach dieſem Zeitalter ein zweiter Band [k]), und noch ſpäter mit der Auf-

l'air fixe; 3. fur les vertus reſpeƈtives des differentes eſpeces d'antiſeptiques; 4. fur le ſcorbut, avec un moyen de tenter des nouvelles methodes de ſen préſerver et de le guerir fur mer. 5. fur la vertu diſſolvante de l'eau de chaux, traduits de l'Anglois par M. *Abbadie*, à Paris. 1766. 12.

g) durch Erfahrungen erläuterte Verſuche über folgende Vorwürfe: I. Von der Gährung der zur Nahrung dienenden Miſchungen. II. Von der Natur und den Eigenſchaften der figierten Luft. III. Von den gegen einander gehaltenen Kräften und Art zu würken, der verſchiedenen Gattungen der Fäulung widerſtehenden Sachen. IV. Von dem Scharbock, nebſt einem Vorſchlag neue Wege zu verſuchen, denſelben auf der See entweder zu verhüten oder zu heilen. V. Von der auflöſenden Kraft des Kalchs. Aus dem Engliſchen überſezt von Konr. Rahn. Zürich. 1766. 8.

h) Göttingen und Gotha. 8. Erſtes Stück. 767.

i) on the following ſubjeƈts: I. The Empiric. II. The Dogmatic or arguments for and againſt the uſe of theory and reaſoning in phyſick. III. Experiments and Obſervations on adſtringents and bitters. IV. On the uſes and operations of bliſters. V. On the reſemblance between chyle and milk. London. 8. 1767. Second Edition reviſed and conſiderably enlarged, to which is added an appendix. 1772.

k) on the following ſubjeƈts, 1. on the Columbo root. 2. on the Orchis root. 3. on the waters cf Buxton and Matlock in Derbyſhire. 4. on the medicinal uſes of fixed air. 5. on the antiſeptic and ſweetening powers and on the varieties of faƈtitious air. 6. on the noxious vapours of charcoal. 7. on the atra bilis. 8. on Sea-Salt. 9. on Coffe, to which are added ſeleƈt Hiſtories of Diſeaſes with remarks and Propoſals eſtabliſhing more accurate

and

Auffchrift: Philofophical, medical and experimental Effays [1]) eine Fortfezung erfchienen ift, der göttingiſche Lehrer Rud. Aug. Vogel in feinen Obfervationibus chemicis mifcellis [m]), und in feinen Opufculis medic. felect. [n]), der franzöfifche Naturforfcher Guettard in feinen Memoires fur differentes parties des Sciences et Arts [o]), der berühmte Lehrer zu Pavia Joh. Ant. Scopoli fowohl in feinen Annis Hiftorico-Naturalibus [p]), welche auch ins Teutfche überfezt find [q]), als in feinen Differtation. ad fcientiam naturalem

- and comprehenfive Bills of Mortality. London. 1773. 8.
l) London. 1776. 8.
m) refp. J. G. Knorr. Goetting. 1768. 4.
n) antea fparfim edit. nunc autem in unum collect. recognit. auct. et emendat. Goetting. 1768. 4.
o) à Paris. 4. Tom. I. 1768. II. und III. 1770. IV. und V. 1783.
p) Lipf. 8. I. Defcriptiones avium Mufei proprii earumque rariorum, quas vidit in vivario Auguftiff. Imperatoris, et in mufeo excell. comitis Fr. Annib. Turriani. 1769. II. 1. Iter Gorizienfe. 2. Iter Tyrolenfe. 3. De Cucurbita Pepone obfervationes. 4. Lichen isislandici vires medicae. 1769. III. 1. Solutio Quaeftionis, an Medici olim Roma pulfi, ut ait Plinius. II. Luis Bovillae fymptomata, caufae, difcrimina, remedia praefervativa et curativa. 3. Obfervationes aliquae de Caeruleo Berolinenfi aliisque Laccis. 4. Experimenta de minera aurifera Nagyayenfi. 1769. IV. 1. Differtatio de apibus. 2. Dubia Botanica. 3. Obfervationes Oeconomicae. IV. Fungi quidam rariores in Hungaria nunc detecti. 1770. V. 1. Emendationes et Additamenta ad Ann. I. II. III. IV. 2. Tentamen mineralogicum de minera argenti alba. 3. Tentamen mineralogicum 2. de fulphure. 4. Tentamen mineralogicum 3. de pfeudogalena, auripigmento aliisque. 5. Obfervationes Zoologicae. 1772.
q) auch in 8. Mit der Auffchrift: Bemerkungen aus der Na=

ralem pertinent. ᵗ), der parifiſche Mineraloge Sage, von welchem inzwiſchen mehrere Arbeiten ˢ), noch mehr als bei Scopoli, dem folgenden Zeitalter ange= hören, in ſeinem Examen chymique de differentes ſubſtances minerales ᵗ), die auch ins Teutſche überſezt ſind ᵘ), und der gieſenſche Lehrer, Fr. Aug. Cartheu= ſer in ſeinen mineralogiſchen Abhandlungen ˣ), erzäh= len in dergleichen Sammlungen, welche nicht bloß Chemie zum Gegenſtande haben, viele eigene lehrreiche chemiſche Verſuche.

Andere Schriftſteller haben ſich mehr darauf ein= geſchränkt, die Verſuche anderer ſowohl älterer als gleichzeitiger Scheidekünſtler zu erzählen und zuſam= men=

Naturgeſchichte, und zwar Erſtes Jahr, welches die Vö= gel ſeines eigenen Cabinets und zugleich einige ſeltene, die er in dem Kaiſerl. Thiergarten und in der Samm= lung des Grafen von Thurn geſehen, beſchreibet. Aus dem Lateiniſchen überſ. und mit Anmerkungen verſehen von Fr. Chr. Günthern. Leipzig. 1770. II. und III. Jahrgang aus dem Lateiniſchen überſ. von Karl Fr. von Meidinger. Wien. 1781.

r) Pragae. 8. Pars I. Tentamen Mineralogicum. De Sche-
matibus Metallorum. De Minerva Argenti rubra. De
Sinopi Hungarica Sinopl dicta. Plantae ſubterraneae
deſcriptae et delineatae. 1772.

s) z. B. ſeine Memoires de chimie. à Paris. 1773. 8.

t) Eſſais ſur le vin, les pierres de bezoard, et d'autres
parties d'hiſtoire naturelle et de chimie. Suiuis de la
Traduction d'une lettre de M. Lehmann ſur la mine de
plomb rouge. à Paris. 1769. 12.

u) von L. A. G. Schrader mit einigen Anmerkungen
vermehrt von J. Beckmann, unter der einfachen Auf=
ſchrift: des Herrn Sage chemiſche Unterſuchung ver=
ſchiedener Mineralien. Göttingen. 1775. 8.

x) Gießen. 8. 1771. Zweyter Theil. 1773.

Gg 3

480 **2. Zeitalter**

menzuſtellen: So z. B. der gelehrte genſiſche Arzt J. J.
Manget in ſeiner Bibliotheca chymica curioſa ͥ), in
welcher er, ſo wie Konr. Horlacher in ſeinem Auszug aus derſelbigen ᶻ), ſich freilich beinahe allein auf
alchemiſche Verſuche einläſt, ſo ein Ungenannter in
den kleinen Abhandlungen einiger Gelehrten in Schweden ᵃ).

Auch in vielen andern dergleichen mehr gemiſchten
Sammlungen, z. B. in den von dem berliniſchen Arzte,
Joh.

---

y) ſeu Rerum ad Alchymiam pertinentiam Theſaurus in-
ſtructiſſimus. Quo non tantum Artis Auriferae, ac
Scriptorum in ea Nobiliorum Hiſtoria traditur; Lapidis
Veritas Argumentis et Experimentis innumeris, immo
et Juris Conſultorum Judiciis evincitur, Termini obſcu-
riores explicantur; Cautiones contra Impoſtores et Difficultates in Tinctura univerſali conficienda occurrentes
declarantur: Verum etiam Tractatus omnes Virorum
Celebriorum, qui in magno ſudarunt Elixyre, quique
ab ipſo HERMETE, ut dicitur, *Trismegiſto*, ad noſtra
usque tempora de Chryſopoea ſcripſerunt, cum praecipuis ſuis Commentariis, concinno Ordine diſpoſiti exhibentur. Ad quorum omnium Illuſtrationem additae
ſunt quam plurimae Figurae aeneae. Genev. fol. Tom.
I. II. 1702.

z) Bibliotheca chemico-curioſa D. *Mangeti* enucleata ac
illuſtrata. Das iſt: Kern und Stern der vornehmſten
Chymiſch-Philoſophiſchen Schriften, die in D. *Mangeti*
Bibliotheca Chemico-curioſa befindlich ſeynd. Welche
mit ſonderbaren Anmerkungen allerſeits erläutert, daraus
auch die vornehmſte Chymiſche Denck-Sprüche und bewährteſte Experimenta excerpiret, oder kürzlich, jedoch
aber mit ſonderbarem nutzbringendem Fleiß zuſammengetragen, auch alſo in drey Claſſes abgetheilt und herausgegeben. Franckfurt. 1702. 8.

a) über verſchiedene in die Phyſik, Chemie und Mineralogie laufende Materien, aus dem Schwediſchen überſezt.
Kopenhagen und Leipzig. 8. Erſter Band. 1766. Zweyter Band. 1768.

Joh. Dan. Gohl, herausgegebenen Actis Medicorum Berolinenſium b); in den Obſervationibus ſelectis ad rem litterariam ſpectantibus c), in den Miſcellaneis Lipſienſibus, deren Ausgabe der Lehrer an der Thomas= ſchule zu Leipzig, C. Fr. Pezold, beſorgte d), in den Miſcellaneis Lipſienſibus novis, welche Friedr. Ott. Mencken herausgab e), in der hauptſächlich von
dem

b) in Incrementum artis et Scientiarum collect. et digeſt. Berol. 8. Vol. I. 1717. Ed. alt. 1719. Vol. II. 1718. Ed. alt. 1720. Vol. III. 1718. Ed. alt. 1720. Vol. IV. und V. 1719. Vol. VI. und VII. 1720. Vol. VIII und IX. 1721. Vol. X. 1722. Dec. II. Vol I. und II. 1723. Vol. III. und IV. 1724. Vol V. 1725. Vol. VI 1726. Vol. VII. 1727. Vol. VIII. 1728. Vol IX. 1729. Vol. X. 1730. vornemlich enthalten ſie einige gute Beiträge zur Lebensgeſchichte berühmter Scheidekünſtler.

c) Hal. 8. Tom. I. und II. (beide von Thomaſius be= ſorgt, ſo wie die folgende von Reimmann) 1700. III. und IV. 1701. V. und VI. 1702. VII. 1703. VIII. und IX. 1704. X. und XI. oder Additamentum ad Obſerva= tionum ſelectarum ad rem litterariam ſpectantium To= mos decem. 1706.

d) ad incrementum rei litterariae edita. Lipſ. 8. T. I. cum praefat. J. Fr. Buddei. II. und III. 1716. IV. Acce= dunt Indices neceſſarii in omnes quatuor Tomos, cum praefatione de fatis hujus inſtituti litterarii. V. cum praefatione de Egenolfiano conſilio conſtituendae Socie= tatis Philo-Teutonum. und T. VI. cum praefatione de minimum ſuſpecto Remi ſepulchro in Marchia invento. 1717. T. VII. et VIII. Accedunt Indices neceſſarii in Tomos V, VI, VII et VIII. cum praefatione, qua Con= tinuatio Fatorum Inſtituti hujus Litterarii ſiſtitur, et vitae Bocriſii, Schmiederi, Grundmanni et Tilzneri ex= ponuntur. 1718. IX. 1720. X. 1721. XI. 1722. XII. Accedunt indices neceſſarii in Tomos IX, X, XI et XII. 1723.

e) ad incrementum ſcientiarum, ab his, qui ſunt in col= ligendis Eruditorum Novis Actis occupati, per partes

pu=

dem schlesischen Arzte **Kanold** herausgegebenen Samm=
lungen von Natur= und Medicin - wie auch hiezu ge=
hörigen Kunst= und Litteratur - Geschichten f), nebst
ihren

publicata. Lipf. 8. Vol. I. P. 1. Edendi confilium fufce-
pit, 'fua nonnulla paffim addidit, praefationem, qua in-
ftituti ratio explicatur, praemifit Fr. O. *Menckenius*, 2
et 3. 1742. 4. 1743. Vol. II. P. 1. 1743. 2. 3. et 4.
1744. Vol. III. P. 1. et 2. 1744. 3. et 4. 1745. Vol. IV.
P. I. 1745. 2. 3. et 4. 1746. Vol. V. P. I. 2. 3. 4. 1747.
Vol. VI. P. 1. 2. 3. 1748. 4. 1749. Vol. VII. P. 1. 1749.
2. 3. und 4. 1750. Vol. VIII. P. 1. et 2. 1751. 3. und 4.
1752. Vol. IX. P. 1. 1752. 2. 3. und 4. 1753. Vol. X.
P. 1. 2. 1754. 3. 1758.

f) so sich in Schlesien und andern Ländern begeben. Wel=
chergestalt nemlich 1. die Veränderung des Gewitters von
Tage zu Tage und von Zeit zu Zeit; 2. Land= und Wit=
terungs= Seuchen, von Monat zu Monat nach dem Ein=
fluß Lufft und Wetters; 3. Zu= und Mißwachs von Feld=
Wald= und Garten= Früchten, auch allerhand animalischem
Proventu, in allerley Ländern Europens von einer Jahrs=
Zeit zur andern bemerkt worden. Wie nicht weniger
4. was vor einzelne eclatante natürliche Begebenheiten
am Firmament, in der Lufft, auf= und unter der Erde,
im Wasser, an Menschen und Vieh; auch 5. was vor
neue phyficalische und medicinische Erfindungen diese Zeit
über hervorgebracht und bekannt worden, und dann 6. was
in re litteraria Phyfico - Medica veränderliches vorgefal=
len. Alles in ordentlicher Connexion und mit allerley
Reflexions aus vielfältiger Correfpondenz und andern
Relationibus, so wie großen Theils aus eigener Erfah=
rung zufammengelesen; und als ein Versuch ans Licht
gestellt von einigen Breßlauischen Medicis. Breßlau. 4.
Sommer= Quartal und Herbst= Quartal (als der andere
Versuch) von 1717. 1718. Winter= Quartal, Frühlings=
Quartal, Sommer= Quartal und Herbst= Quartal von
1718 (als der dritte, vierte, fünfte und sechste Versuch)
1719. Winter= Quartal, und Frühlings= Quartal, von
1719. (als der siebende und achte Versuch) 1720. Som=
mer= Quartal und Herbst= Quartal von 1719, als der
neunte

ihren Supplementis ⁸), und den von dem nachherigen Hallischen Lehrer, A. E. Büchner, herausgegebenen Miscel.

neunte und zehente Versuch. Leipzig und Budißin. 1721. Winter = Quartal und Frühlings = Quartal von 1720 als der eilfte und zwölfte Versuch. 1721. Sommer = Quartal und Herbst = Quartal von 1720 als der dreyzehente und vierzehente Versuch. 1722. Winter = Quartal und Früh= lings = Quartal von 1721 als der funfzehente und sechsze= hente Versuch. 1722. Sommer = Quartal und Herbst= Quartal von 1721 als der siebenzehente und achtzehente Versuch. 1723. Winter = Quartal und Frühlings = Q......! von 1722 als der neunzehente und zwanzigste Versuch. 1723. Sommer = Quartal und Herbst = Quartal von 1722 als der ein und zwanzigste und zwei und zwanzigste Ver= such. 1724. Winter = Quartal und Frühlings = Quartal von 1723 als der drey und zwanzigste und vier und zwanzigste Versuch. 1724. Sommer = Quartal und Herbst = Quartal von 1723 als der fünf und zwanzigste und sechs und zwan= zigste Versuch. 1725. Winter = Quartal und Frühlings= Quartal von 1724 als der sieben und zwanzigste und acht und zwanzigste Versuch. 1725. Sommer = Quartal und Herbst = Quartal von 1724 als der neun und zwanzigste und dreyßigste Versuch. 1726. Winter = Quartal und Früh= lings = Quartal von 1725, als der ein und dreyßigste und zwey und dreyßigste Versuch. 1726. Sommer = Quartal und Herbst = Quartal von 1725 als der drey und dreyßigste und vier und dreyßigste Versuch. 1727. Winter = Quartal und Frühlings = Quartal von 1726, als der fünf und dreyßigste und sechs und dreyßigste Versuch. 1727. Som= mer = Quartal von 1726 als der sieben und dreyßigste Ver= such. 1729. Herbst = Quartal von 1726 oder Erfahrungen von dem seel. Hrn D. Joh Kanold in Breßlau zusam= mengelesen, und nunmehro in der einmal beliebten Ord= nung als der acht und dreyßigste Versuch ans Licht ge= stellet von A. E. Büchner. Erfurth. 1730.

g) curieuser und nutzbarer Anmerkungen von Natur= und Kunst = Geschichten, durch eigene Erfahrung und aus vie= lerley Correspondenz gesammlet von Joh. Kanold. Budißin. 4. I. 1726. II. und III. 1728. IV. 1729.

Miscellaneis Physico-medico-mathematicis ʰ), welche
als eine Fortſetzung von jener Sammlung angeſehen
werden können, und dem Auszug aus denſelbigen ¹),
in

h) oder angenehme, curieuſe und nützliche Nachrichten von
Phyſical- und Mediciniſchen, auch dahin gehörigen
Kunſt- und Litteratur-Geſchichten, welche in Teutſchland
und andern Reichen ſich zugetragen haben, oder bekannt
worden ſind. In ſich haltende 1. Einige kurze Witte-
rungs-Diaria. 2. Ausführliche Relationes von denen
Witterungs-Krankheiten an Menſchen und Vieh, wie
auch 3. dem Zuſtand des Feldes und der Gewächſe.
4. Verſchiedene nützliche Obſervationes Medico-Practicas,
Phyſicas, Anatomicas u. d. gl. nebſt denen vorgefallenen
merkwürdigen Phaenomenis Naturae. 5. Neue Phyſicaliſche, Mediciniſche, Mechaniſche, Optiſche, und andere
nützliche Erfindungen, und dann 6. einige Mediciniſche
und Phyſicaliſche Litteraria. Alles in möglichſter Ordnung und Zuſammenhang auch zuweilen beigefügten Re-
flexionibus aus vielfältiger Correſpondenz und commu-
nicirten Relationibus gelehrter Leute geſammlet. Erfurt.
4. Erſtes und zweytes, drittes und viertes Quartal von
1727. 1731. Erſtes und zweytes, drittes und viertes
Quartal von 1728. 1732. Erſtes und zweytes, drittes
und viertes Quartal von 1729. 1733. Erſtes und zweytes, drittes und viertes Quartal von 1730. 1734. Voll-
ſtändiges und accurates Univerſal-Regiſter, aller wichtigen und merkwürdigen Materien, welche in denen ehmals
durch Hrn. D. Joh. Kanold von Ann. MDCCXVII. bis
MDCCXXVI einzeln nach einander herausgegebenen Acht
und dreißig Verſuchen und vier Supplementis derer ſogenannten Sammlungen von Natur- und Medicin- wie
auch hierzu gehörigen Kunſt- und Litteratur-Geſchichten
befindlich ſind. Nunmehro zu deſto beßern Gebrauch dieſes weitläuftigen und koſtbahren Werks, mit behörigen
Fleiß und möglichſter Accuratesse ordentlich extrahiret,
und in drey beſondern Abtheilungen zum Druck befördert,
von Dr. Andr. El. Büchner. Erfurt. 1736. 4.

i) Vermiſchte ökonomiſche Sammlungen, denen Landwir-
then zum beſten, aus denen Breßlauer Natur- und Kunſt-
Ge-

in den hauptſächlich von G. H. Burghart herausge=
gebenen Satyris Medicorum Silefiacorum [k]), in den
von Chn. Steph. Scheffel herausgegebenen Virorum
Clariffimorum ad Gunth. Chriſtoph. *Schellhammerum*
epiſtolis feledioribus [l]), in Joh. Chr. Fritſch's felt=
ſamen, jedoch wahrhaftigen, Theologiſchen, Juriſti=
ſchen, Medicin= und Phyſikaliſchen Geſchichten [m]),
in

Geſchichten ausgezogen von P. F. v. H. Leipzig. 8. B.
I. II. 1750.

k) quae varias obfervationes cafus, experimenta, tentamina, ex omni Medicinae Ambitu petita exhibent, cum
figuris. Wratislav. et Lipf. 8. Spec. I. 1736. II. III. IV.
et V. 1737. VI. 1738. VII. 1741. VIII. cum indicibus
in T. I. Wratislav. 1742.

l) Rem Litterariam, Philofophiam naturalem ac Medicinam
potiffimum fpectant. Recenfuit fimulque vitam *Schell-
hammeri* cum indice fcriptorum ejus, tam editorum,
quam prelo deftinatorum et promifforum, quorum occafione fimul controverfiae, quae illi cum J. C. *Sturmio*, L. B. *Ramazzini* obtigere, breviter enarrantur,
variaque Eruditorum de iis judicia inferuntur, una cum
Programmate Celeb. J. B. *Maji* invitatorio praemifit
Chr. Steph. *Scheffelius*. Vismar. et Lundin. 1727. 8.

m) ſowohl aus alten als neuen Zeiten, worüber der Theologus, Jureconfultus und Medico = Phyficus fein Urtheil
eröffnet. Aus denen Original = Acten mit Fleiß extrahi=
ret, zu mehrerer Erläuterung mit kurzen Anmerkungen
verſehen, und eines jeden vernünftigen Gedanken über=
laſſen. Leipzig. 4. Erſter Theil. 1729. Anderer Theil,
nebſt einem vollſtändigen Regiſter der merkwürdigſten in
dem erſten und andern Theile befindlichen Sachen. 1730.
Dritter Theil. 1733. Vierdter Theil, nebſt einem voll=
ſtändigen Regiſter der merkwürdigſten in dem dritten und
vierdten Theil befindlichen Sachen. 1734. Fünfter Theil
nebſt einer Vorrede: Warum bei Ausfertigung der Re=
ſponforum in Sachen, ſo öfters von nicht geringer Wich=
tigkeit ſind, zwiſchen Theologis, Jure=Confultis und
Me-

in den wöchentlichen Hallischen Anzeigen [n]), und den von Aug. Gottl. Weber daraus veranstalteten Auszügen [o]), in dem vornemlich von Chph. Jak. Trew besorgten reichhaltigen Commercium litterarium [p]), und der Auswahl aus demselbigen [q]), in den von Chr. Kortholt bekannt gemachten Briefen unsers grosen teutschen Weltweisen, Gottfr. Wilh. Leibniz [r]), auch an-

Medicis vielmal so verschiedene Meynungen zum Vorschein kommen? 1734.

n) Halle. B. I. 1729. u. f.

o) Auszüge verschiedener arzeneiwissenschaftlicher Abhandlungen aus den wöchentlichen Hallischen Anzeigen, zum Nutzen der Aerzte und Liebhaber der Arzneiwissenschaft. Halle. 8. Erster Band, welcher die Jahre 1729 bis 1756 enthält. 1788. Zweyter Band, welcher die Jahre 1761 bis 1784. enthält. 1789.

p) ad Rei Medicae et Scientiae Naturalis Incrementum institutum, quo, quicquid novissime observatum, agitatum, scriptum, vel peractum est, succincte dilucideque exponitur. Norimb. 4. Anni MDCCXXXI. Semestre prius. Accedunt binae Consultationes, Praefatio et Indices necessarii. Semestre posterius. Accedunt Praefatio et indices necessarii. Ann. MDCCXXXII. Accedunt Praefatio et Indices necessarii. Annus MDCCXXXIII. Ann. MDCCXXXIV. Accedunt Praefatio Indices necessarii et Tabulae aeneae X. Annus MDCCXXXV. cum tabulis aeneis VI. Ann. MDCCXXXVI. cum Tabulis aeneis VI. Ann. MDCCXXXVII. cum Tab. aen. V. Annus MDCCXXXVIII. Annus MDCCXXXIX. Annus MDCCXL. Annus MDCCXLI. Annus MDCCXLII. Ann. MDCCXLIII. Annus MDCCXLIV. Annus MDCCXLV.

q) Auswahl medicinischer Aufsätze und Beobachtungen aus den Nürnberger gelehrten Unterhandlungen. Aus dem Lateinischen übersetzt und mit vielen Zusätzen vermehrt. Halle. 8. Band I. welcher die Jahre 1731, 1732, 1733 und 1734 enthält. 1787. Zweiten Bandes erste Abtheilung. 1788.

r) Viri Illustris Godofr. Guil. *Leibnitii* epistolae ad Diversos

andern, die er mit Joh. Bernoulli gewechselt hat*),
in den Selectis medicis Francofurtenfibus '), in mehz
reren dergleichen Sammlungen von M. Ch. Hanow,
als: den monatlichen Danziger Erfahrungen "), in den
nützlichen Danziger Erfahrungen *), in den abgeson;
derten Danziger Erfahrungen ʸ), in den wieder ver;
einig;

fos Theologici, Juridici, Medici, Philofophici, Mathematici, Hiftorici et Philologici argumenti e Mfcr. Auctoris cum annotationibus fuis primum divulgavit. Lipf.
8. 1734. Vol. II. quo res Mathematicae et Philofophi-
cae, praecipue Philofophia Sinica, data opera pertrac-
tantur. E. Mfcr. Auctoris edidit et differtationem praefationis loco praemifit Chr. *Korthole.* 1735. III. 1736.
IV. et ultimum edidit et differtationem de philofophia
Leibnitii chriftianae religioni haud perniciofa praemifit
Chr. *Kortholtus.* 1742.

s) Virorum Celeberrimorum God. Guil. *Leibnitii* et Jo.
Bernoulli commercium philofophicum et mathematicum.
Laufann. 1745. 4.

t) Anatomen, inprimis Practicam, Chirurgiam, Materiam
medicam ipfamque univerfam Medicinam, tam clinicam
quam forenfem variis cafibus et obfervationibus &c. il-
luftrantia et digefta. Francof. ad Viadr. 8. Tom. I.
Vol. I. 1736. 2. una cum figuris aeneis et 3. 1737. 4.
et 5. 1738. 6. una cum indice obfervationum rerumque
memorabilium. 1739. T. II. Vol. I. cum figur. 1740.
2. 1741. 3. und 4. 1742. 5. und 6. 1743. Tom. III.
Vol. I. 1743. 2. 3. 4. cum figur. aen. 1744. 5. und 6.
cum fig. aen. et ind. rerum locupletiffimo 1745. Tom.
IV. Francof. et Lipf. Vol. I. cum fig. aeneis, 2. 3. 4.
5. 1747. cum fig. aeneis et indice autorum rerumque
memorabilium. 1748.

u) vom Jahre 1739, mit einigen Erläuterungen mancher;
ley ungemeiner natürlicher Begebenheiten begleitet.
Danzig. 4.

x) Danzig. 1740. 4.

y) wöchentlichen und monatlichen. 1741. 1742. 4.

einigten Danziger Erfahrungen ᶻ), in den zum gemei=
nen Nußen eingerichteten Danziger Erfahrungen ᵃ),
in den Danziger Nachrichten mit gelehrten Anmerkun=
gen ᵇ), in den Danziger Erfahrungen zur Beförderung
der Einsicht in die Natur und Kunst ᶜ), in den Danzi=
ger Erläuterungen ᵈ), und in den Seltenheiten der
Natur und Oeconomie ᵉ), in der Dänischen Biblio=
thek ᶠ), in den von G. H. Zincke veranstalteten Leip=
ziger Sammlungen ᵍ), in den seit 1744 zu Erlangen
jähr=

z) 1743. 1744. 1745.

a) 1746. 1747. 1748.

b) allerley natürlichen Dinge und Seltenheiten begleitet.
1749. 4.

c) 1750-1758. 4.

d) zur Beförderung der Einsicht in die Natur und Kunst.
Danzig. 1758. 4.

e) nebst deren kurzen Beschreibung und Erörterung, aus
den Danziger Erfahrungen und Nachrichten zu mehre=
rem Nußen und Vergnügen ausgezogen und herausgege=
ben von Joh. Dan. Titius. Leipzig. 8. B. I. II.
1753.

f) oder Sammlung von Alten und Neuen Gelehrten Sa=
chen aus Dännemark. Koppenhagen und Leipzig. 8. Er=
stes, zweites Stück. 1738. Drittes Stück. 1739. Vier=
tes Stück. 1743. Fünftes Stück. 1744. Sechstes, sie=
bendes Stück. 1745. Achtes, neuntes Stück. 1746.

g) von allerhand zum Land= und Stadt=Wirthschaftlichen=
Policey= Finanz= und Cammerwesen dienlichen Nachrich=
ten, Anmerkungen, Begebenheiten, Versuchen, Vor=
schlägen, neuen und alten Anstalten, Erfindungen, Vor=
theilen, Fehlern, Künsten, Wissenschaften und Schrif=
ten, wie auch von denen in diesen so nützlichen Wissen=
schaften wohlverdienten Leuten. Leipzig. 8. Erstes Stück,
worinnen zugleich von diesem Vorhaben, und dessen Ab=
sichten umständliche Nachricht gegeben wird. 1742. an=
dere Auflage. 1746. Anderes Stück. 1743. andere Auf=
lage.

jährlich herauskommenden Erlangischen gelehrten An=
zeigen

lage. 1744. Drittes Stück. 1743. andere Auflage. 1744.
Viertes, fünftes, sechstes, siebendes, achtes Stück. 1743.
andere Auflage. 1745. Neuntes Stück. 1744. andere
Auflage. 1745. Zehentes, eilftes, zwölftes Stück. 1744.
andere Auflage. 1746. diese zwölf Stücke machen der Leip=
ziger Sammlungen von wirthschaftlichen, Policey= Cam=
mer= und Finanz=Sachen ersten Band, der nebst einer
Vorrede, worinne vom Auf= und Abnehmen der Städte,
wie es an der Stadt Leipzig zu sehen, gehandelt, und
eine kurze Beschreibung dieser Stadt gegeben wird, und
einem Register vom ersten bis zum zwölften Stück. 1744,
und in der andern Auflage 1746 erschienen ist, aus. Drey=
zehentes, Vierzehentes, Funfzehentes, Sechszehentes,
Siebzehntes, Achtzehentes, Neunzehentes Stück. 1744.
Zwanzigstes, Ein und zwanzigstes, Zwei und zwanzig=
stes, Drei und zwanzigstes und Vier und zwanzigstes
Stück. 1745. Zusammen als Anderer Band, nebst einer
Vorrede von dem wahren Unterschied der Städte und
Dörfer, wie auch denen ersten Grundsätzen eines wohl
eingerichteten Stadtwesens zum Aufnehmen der Städte,
wobey ein Register vom dreyzehenten bis zum vier und
zwanzigsten Stück befindlich. 1745. Fünf und zwanzigstes
bis Dreißigstes Stück. 1745. Ein und dreißigstes bis
Sechs und dreißigstes Stück. 1746. alle zwölf zusammen
als der dritte Band, nebst einer Vorrede, worinne von
Stadt= und Bürger=Rechten, und Stadt=Policey=Ge=
setzen und Anstalten gehandelt wird, mit einem Register
vom 25 bis 36sten Stück versehen. 1746. Sieben und
dreyßigstes, Acht und dreyßigstes Stück. 1746. Neun
und dreyßigstes bis Acht und vierzigstes Stück. 1747.
alle zwölf als der vierte Band, nebst einer Vorrede und
nöthigem Register vom 37 bis 48sten Stück versehen.
1747. Neun und vierzigstes bis Neun und funfzigstes
Stück. 1748. Sechzigstes 1749. alle zwölf zusammen als
der fünfte Band, nebst einer Vorrede und nöthigem Re=
gister vom 49 bis 60sten Stück versehen. 1749. Ein und
sechzigstes bis Siebenzigstes Stück. 1749. Ein und sieben=
zigstes und zwei und siebenzigstes Stück. 1750. alle zwölf
als der sechste Band, nebst einer Vorrede und nöthigem

Regi=

zeigen und Nachrichten [h]), in den von 1745 auch jähr=
lich,

Register vom 61 bis 72sten Stücke. 1750. Drey und sie=
benzigstes bis Ein und achtzigstes Stück. 1750. Zwey und
achtzigstes bis Vier und achtzigstes Stück. 1751. alle
zwölf zusammen als der siebende Band. 1751. Fünf und
achtzigstes bis Zwey und neunzigstes Stück. 1751. Drey
und neunzigstes bis Sechs und neunzigstes Stück. 1752.
alle zwölf zusammen den achten Band, nebst einer Vor=
rede und nöthigem Register vom 85-96 Stück. 1752.
Sieben und neunzigstes bis Hundert und drittes Stück.
1752. Hundert und viertes bis Hundert und achtes
Stück. 1753. alle zwölf zusammen als den neunten
Band, nebst einer Vorrede und nöthigem Register vom
97 bis 108ten Stück. 1753. Hundert und neuntes bis
Hundert und vierzehentes Stück. 1753. Hundert und
funfzehendes bis Hundert und zwanzigstes Stück. 1754.
alle zwölf zusammen als zehenten Band, nebst einem Vor=
berichte, worinnen zugleich von den Verdiensten und den
Lebensumständen des seel. Hrn. von Rohrs gehandelt
wird, und nöthigem Register vom 109-120sten Stück.
1754. Hundert und ein und zwanzigstes bis Hundert und
drey und zwanzigstes Stück. 1754. Hundert und vier und
zwanzigstes bis Hundert und zwey und dreyßigstes Stück.
1755. alle zwölf zusammen als eilfter Band, nebst einer
Vorrede von allerhand wirthschaftlichen und policeymäßi=
gen alten Sprüchwörtern und Regeln der Teutschen und
nöthigem Register vom 121-132 Stück. 1755. Hundert
und drey und dreyßigstes Stück. 1755. Hundert und vier
und dreyßigstes bis Hundert und drey und vierzigstes
Stück. 1756. Hundert und vier und vierzigstes Stück.
1757. alle zwölf zusammen als der zwölfte Band, nebst
einer Vorrede von dem Leben des berühmten Herzog Ju=
lius von Braunschweig und Lüneburg und nöthigem Re=
gister vom 133-144 St. 1757. Und nun auch ein General=
Register über die ersten zwölf Bände der Leipziger Samm=
lungen von wirthschaftlichen, Policey = Cammer = und
Finanz = Sachen, oder vollständiges und zuverläßiges Ver=
zeichniß der darinne enthaltenen vornehmsten Sachen und
Schriften. 1761. 8. Hundert und fünf und vierzigstes
bis Hundert und ein und funfzigstes Stück. 1757. Hun=

dert

lich, Anfangs unter der Aufsicht J. U. Eraths herauskommenden Braunschweiger Anzeigen [i]), mit welchen noch gelehrte Beyträge ausgegeben wurden [k]), in Chr. Gottl. Grundig's neuen Versuchen nützlicher Sammlungen [l]), in Dr. Joh. Chn. Themel's OberErz

dert und zwey und funfzigstes bis Hundert und sechs und funfzigstes Stück. 1758. alle zwölf zusammen als der dreyzehente Band, nebst einer Vorrede von dem Leben des berühmten Herzog August von Braunschweig und Wolfenbüttel, und nöthigem Register von 145 bis 156 Stück. 1758. Hundert und sieben und funfzigstes bis Hundert und neun und funfzigstes Stück. 1758. Hundert und sechzigstes bis Hundert und sieben und sechzigstes Stück. 1759. Hundert und acht und sechzigstes Stück. 1760, alle zwölf zusammen als vierzehenter Band, nebst einer Vorrede von dem Leben des berühmten Herzogs Ernst des Bekenners zu Zelle, und nöthigem Register von 157 bis 168 Stück. 1760. Hundert und neun und sechzigstes bis Hundert und acht und siebenzigstes Stück. 1760. Hundert und neun und siebenzigstes und Hundert und achtzigstes Stück. 1761. alle zwölf zusammen als der funfzehente Band, nebst einer Vorrede, in welcher von dem Churfürsten in Sachsen, Augusto I. und ob er ein Adeptus gewesen, gehandelt wird, mit einem Register vom 169 bis 180 Stück. 1761. Hundert und ein und achtzigstes bis Hundert und drey und achtzigstes Stück. 1761. Hundert und vier und achtzigstes bis Hundert und zwey und neunzigstes Stück. 1767. alle zusammen als Sechzehenter Band, nebst General-Register über die vier lezten Bände. 1767.

h) Compendium historiae litterariae novissimum, zur Beförderung, oder auch Erlangische gelehrte Anzeigen, darinnen kurze und zur Verbesserung der Wissenschaften ausgearbeitete Materien befindlich. 4.

i) Braunschweig. 4.

k) auch 4.

l) zur Natur- und Kunstgeschichte, insonderheit von Obersachsen. 8. B. I. S. 1 – 12. Altenburg. 1746. B. II.

Erzgebürgischem Journal ^m), in dem von Hrn. Hofr.
A. G. Kästner herausgegebenen Hamburgischen Magazin ⁿ), und in dem neuen Hamburgischen Magazin ^o), welches als eine Fortsetzung desselbigen angesehen

   gesammlet von einem Liebhaber der Wunder und Werke
   Gottes. Schneeberg St. 13-24. 1752. B. II. B. III.
   Schneeberg. St. 25-29. 1753. St. 30-32. 1754. St.
   33-36. 1755. B. IV. Altenburg. St. 37-48. 1765.

m) oder Sammlung von allerhand in hiesige Natur-Wis-
   senschaft überhaupt, als auch andere Scientien, in die
   Mechanik, Oeconomie, Jägerey, Hammer-Werke,
   Bergwerke, Fabriquen, Handlungs-Sachen und Künste
   einschlagenden merkwürdigen Abhandlungen, zum Vergnügen und Nutzen gesammlet und zum Druck befördert.
   8. St. 1. 2. 3. Annaberg und Freyberg 1747. St. 4.
   5. 6. 1748. St. 7. 8. 9. Freyberg und Leipzig. 1751.
   St. 10. 11. 12. 1753.

n) oder gesammelte Schriften zum Unterricht und Vergnügen aus der Naturforschung und den angenehmen Wis-
   senschaften überhaupt. Hamburg. 8. B. I. St. 1-6.
   1747. B. II. St. 1. 1747. St. 2-6. 1748. B. III. St.
   1. 2. 1748. 3-6. 1749. B. IV. 1749. B. V. 1750.
   B. VI. St. 1-4. 1750. 5. 6. 1751. B. VII. 1751. B.
   VIII. St. 1-3. 1751. St. 4-6. 1752. B. IX. 1752.
   B. X. St. 1. 2. 1752. 3-6. 1753. B. XI. 1753. B. XII.
   St. 1-3. 1753. 4-6. 1754. B. XIII. 1754. B. XIV.
   St. 1. 2. 1754. 3-6. 1755. B. XV. 1755. B. XVI.
   und XVII. 1756. B. XVIII. und XIX. 1757. B.
   XX. St. 1. 1757. 2-6. 1758. B. XXI. 1758. B.
   XXII. und XXIII. 1759. B. XXIV. St. 1. 1759. 2-6.
   1760. B. XXV. 1761. B. XXVI. 1762. dreyfaches Uni-
   versal-Register und Repertorium über die 26 Bände des
   Hamburgischen Magazins der gesammleten Schriften aus
   der Naturforschung, der Oeconomie und den nützlichen
   Wissenschaften. Hamburg und Leipzig. 1767. 8.

o) oder Fortsetzung gesammleter Schriften aus der Naturforschung, der allgemeinen Stadt- und Land-Oeconomie,
   und den angenehmen Wissenschaften überhaupt. Hamburg
                            und

hen werden kann, in den hauptsächlich von dem wir tembergischen Leibarzte Joh. Albr. Gesner besorgten Select. oeconomico-phyficis P), in den von Pet. Hofmann Freiherrn v. Hohenthal herausgegebenen ökonomischen q) und neuen ökonomischen r) Nachrichten,

und Leipzig. 8. Erstes bis Achtzehendes Stück. 1767. Neunzehentes bis vier und zwanzigstes Stück 1768. Fünf und zwanzigstes bis sechs und dreyßigstes Stück. 1769. Sieben und dreyßigstes bis acht und vierzigstes Stück. 1770. (fortgeſ.)

p) oder Sammlungen von allerhand zur Naturforschung und Haushaltungskunst gehörigen Begebenheiten, Erfindungen, Versuchen, Vorschlägen, und darüber gemachten Anmerkungen. Stuttgardt. 8. Erstes, zweytes Stück. 1749. Drittes Stück. 1750. Viertes und fünftes Stück. 1751. Sechstes Stück. 1752. Alle sechs zusammen auch mit der Aufschrift: Selecta. — — samt einer Nachricht von alten und neuen hierzu dienlichen Büchern und Schriften. Erster Band. 1752. Siebendes bis zwölftes Stück oder zweyter Band. 1753. Dreyzehentes Stück. 1754. Vierzehentes bis siebenzehentes Stück. 1755.

q) Leipzig. 8. Erstes bis achtes Stück. 1749. Neuntes bis zwölftes Stück. 1750. alle zwölf auch mit der Aufschrift: Erster Band. 1750. Dreyzehentes bis zwey und zwanzigstes Stück. 1750. Drey und zwanzigstes und vier und zwanzigstes Stück. 1751. diese zwölf wieder als zweyter Band. 1751. Fünf und zwanzigstes bis Sechs und dreyßigstes Stück als dritter Band. 1751. Sieben und dreyßigstes bis acht und vierzigstes Stück, als vierter Band. 1752. Neun und vierzigstes bis zwey und funfzigstes Stück. 1752. Drey und funfzigstes bis sechzigstes Stück. 1753. alle zwölf zusammen als fünfter Band. 1753. Ein und sechzigstes bis fünf und sechzigstes Stück. 1753. Sechs und sechzigstes bis zwey und siebenzigstes Stück. 1754. alle zwölf zusammen als sechster Band. 1754. Drey und siebenzigstes bis Acht und siebenzigstes Stück. 1754. Neun und siebenzigstes bis Vier und achzigstes Stück. 1755. alle zwölf zusammen als Siebender Band. 1755. Fünf

ten, in den Dresdenischen Frag= und Anzeigen, von
welchen ˢ) seit dem Sommer 1749 alle Wochen ein
Bogen heraus kommt, in den Hannöverischen Anzei=
gen ᵗ) und gelehrten Anzeigen ᵘ), aus welchen auch
Auszüge gemacht ˣ), und von welchen die nützliche
Samm=

und achtzigstes bis Vier und neunzigstes Stück. 1755.
Fünf und neunzigstes und Sechs und neunzigstes Stück.
1756. alle zwölf zusammen als Achter Band. 1756.
Sieben und neunzigstes bis Hundert und erstes Stück.
1756. Hundert und zweytes bis Hundert und achtes
Stück. 1757. alle zwölf zusammen als Neunter Band.
1757. Hundert und neuntes bis Hundert und zwanzig=
stes Stück, als zehenter Band. 1758. Hundert und ein
und zwanzigstes Stück. 1758. Hundert und zwey und
zwanzigstes bis Hundert und zwey und dreyßigstes Stück.
1759 als zwölf zusammen als eilfter Band. 1759. Hun=
dert und drey und dreyßigstes bis Hundert und sechs und
dreyßigstes Stück. 1759. Hundert und sieben und drey=
ßigstes bis Hundert und vier und vierzigstes Stück. 1760.
Hundert und fünf und vierzigstes bis Hundert und sechs
und funfzigstes Stück. 1761. Hundert und sieben und
funfzigstes bis Hundert und sechzigstes Stück. 1761.
Hundert und ein und sechzigstes bis Hundert und acht
und sechzigstes Stück. 1762.

r) Leipzig. 8. St. 1-3. 1763. 4-12. welche den ersten
Band beschließen. 1764. B. II. St. 13-24. 1765. B.
III. St. 25-36. 1766. St. 37. 38. 1767. 39-48. 1768.
welche zusammen den vierten Band ausmachen. (fortges.)

s) von allen dem gemeinen Wesen nöthigen und nützlichen
Sachen, nebst einer gelehrten Beilage. Dresden. 4.

t) wöchentlich von allerhand Sachen, deren Bekanntma=
chung dem gemeinen Wesen nöthig und nützlich. Hannov.
4. 1750-1756.

u) Hannover. 4. 1750-1757.

x) Sammlung kleiner Ausführungen aus verschiedenen Wiß=
senschaften, welche in dem hiezu gewidmeten Theile der
von Johannis 1750 bis Ende 1751 in wöchentlichen Han=
növe=

Sammlungen ʸ), die Hannöverische Beiträge ᶻ) und das Hannöverische ᵃ), gleichfalls in Auszügen ᵇ), gelieferte Magazin Fortsetzungen sind, in den von Christlob Mylius herausgegebenen physikalischen Belustigungen ᶜ), in den auch (bis zum neunten Theile) von dem Freiherrn von Hohenthal besorgten Oekonomisch-Physikalischen Abhandlungen ᵈ), in den gesellschaftlichen

növerischen Anzeigen bekannt gemacht worden. Hannover. 4. Th. I. 1752. II. 1753.

y) Hannover. 4. B. I - IV. 1755 - 1758.

z) zum Nutzen und Vergnügen. Hannover. 4. B. I - IV. 1759 - 1762.

a) worin kleine Abhandlungen, einzelne Gedanken, Nachrichten, Vorschläge und Erfahrungen, so die Verbesserung des Nahrungsstandes, die Land- und Stadtwirthschaft, Handlung, Manufacturen und Künste, die Physik, die Sittenlehre und angenehme Wissenschaften: betreffen, gesammlet und aufbewahret sind. Hannover. 4. Erster bis achter Jahrgang. 1763 - 1770. (fortges.)

b) 1. Sammlung medicinischer und chirurgischer Originalabhandlungen aus dem Hannöverischen Magazin, von 1750 - 1786. Hannover. 8. B. I. II. 1786. (fortges.) 2. Auserlesene Abhandlungen über Gegenstände der Policey, der Finanzen und der Oekonomie, gezogen aus den Jahrgängen des Hannöverischen Magazins, von E. L. M. Rathlef. Hannover. 8. Erster bis dritter Band. 1786 - 1788.

c) Berlin. 8. B. I. St. 1 - 10. 1751. B. II. St. 11 - 20. 1752. St. 21. 1753. St. 22 - 24. 1754. St. 25. 26. 1755. St. 27. 28. 1756 St. 29. 30. 1757; alle zehen zusammen als der dritte Band.

d) Leipzig. Erster, zweyter Theil. 1751. Dritter, vierter Theil, nebst Register über die vier ersten Theile. 1752. Fünfter, sechster Theil. 1753. Siebender Theil. 1754. Achter Theil, nebst Register über den 5ten bis zum 8ten Theil. 1755. Neunter, zehenter Theil. 1756. Eilfter, zwölfter Theil, nebst nöthigem Register über den 9ten bis

chen ᵉ) und neuen gesellschaftlichen Erzählungen ᶠ), in
den Beyträgen zum Nutzen und Vergnügen für die Leser der Pomerisch-Rugianischen Intelligenzen ᵍ), in
dem allgemeinen Magazin der Natur, Kunst und Wissenschaften ʰ), in den schlesischen ökonomischen Sammlungen ⁱ), in des Leipzigischen Lehrers der Haushaltungskunst, Dan. Gottfr. Schreber's Sammlung
ver-

12ten Theil. 1757. Dreizehenter, vierzehenter Theil.
1758 Fünfzehenter, sechszehenter Theil, nebst nöthigem
Register über den 13-16ten Theil. 1759. Siebenzehen-
ter-, achtzehenter Theil. 1760. Neunzehender Theil.
1761. Zwanzigster Theil, nebst nöthigem Register über
den 17-20sten Theil. 1763.

e) für die Liebhaber der Naturlehre, der Haushaltungs-
wissenschaft, Arzneykunst und Sitten. Hamburg. 8. B.
I-III. 1753. IV. 1754.

f) für die Liebhaber der Naturlehre, der Haushaltungs-
wissenschaft, der Arzneikunst und der Sitten. Leipzig. 8.
Th. I. 1758. Th. II. 1759. Th. III. 1760. Th. IV. 1761.

g) Greifswalde. 4. Erster Theil. 1753. Zweiter Theil. 1754.
Auf das Jahr 1755. Auf das Jahr 1756. Auf das
Jahr 1757.

h) Leipzig. 8. Erster, zweiter Theil. 1753. Dritter, vierter
Theil. 1754. Fünfter, sechster Theil. 1755. Siebender,
achter Theil. 1756. Neunter Theil. 1757. Zehenter Theil.
1759. Eilfter Theil. 1761. Zwölfter Theil nebst vollständigem Register. 1767.

i) Breßlau. 8. Erstes bis drittes Stück. 1754. Viertes
bis achtes Stück. 1755. alle acht zusammen als der erste
Band, nebst doppeltem Register. 1755. Neuntes bis eilftes Stück. 1755. Zwölftes bis fünfzehentes Stück. 1756.
Sechzehentes Stück, nebst vollständigen Registern zu diesem zweyten Bande. 1757. Siebenzehentes, achtzehentes
Stück. 1757. Neunzehentes Stück. 1760. Zwanzigstes,
ein und zwanzigstes, zwey und zwanzigstes und drey und
zwanzigstes Stück. 1761. Vier und zwanzigstes Stück,
nebst vollständigen Registern zu diesem dritten Bande.
1762.

verschiedener Schriften, welche in die ökonomischen,
Policey- und Cameral- auch andere Wissenschaften einschlagen [k]), in dessen neuer Sammlung verschiedener
in die Cameralwissenschaften einschlagender Abhandlungen und Urkunden, auch anderer Nachrichten [l]), in
dessen neuen Cameralschriften [m]), und den späterhin erschienenen Beyträgen zur Beförderung der Haushal-
tungskunde [n]), in den hauptsächlich von dem erlangischen Lehrer, Heinr. Fr. Delius besorgten fränkischen
Sammlungen [o]), in der physikalisch-ökonomischen Real-
Zei-

[k]) Halle. 8. Erster Theil. 1755. Zweiter Theil. 1756.
Dritter Theil 1758. Vierter Theil, nebst einem Register.
1759 Fünfter, sechster Theil 1760. Siebender, achter
Theil, nebst Register. 1761. Neunter Theil. 1762. Zehenter Theil, nebst einem Register, eilfter Theil. 1763.
Zwölfter Theil, nebst Register, dreyzehenter und vierzehenter Theil, nebst Register. 1764. Fünfzehender und
sechszehender Theil, nebst Register. 1765

[l]) Bützow und Wismar. 8. Erster, zweiter Theil. 1762.
Dritter, vierter, fünfter Theil. 1763. Sechster, siebenter Theil. 1764. Achter Theil. 1765.

[m]) Halle. 8. Erster, zweiter, dritter Theil. 1765. Vierter,
fünfter, sechster Theil. 1766. Siebenter, achter, neunter
Theil. 1767. Zehenter, eilfter Theil. 1768. Zwölfter
Theil. 1769.

[n]) und anderer damit verwandter Wissenschaften. Münster.
1776.

[o]) von Anmerkungen aus der Naturlehre, Arzeneygelahr-
heit, Oekonomie und denen damit verwandten Wissenschaften. Nürnberg. 8. Erster Band. St. 1-6. 1755.
St. 7-9. 1756. 10-12. 1757. (alle sechs zusammen
machen den zweiten Band aus). St. 13-15. 1757.
16-18. 1758. (diese sechs machen den dritten Band).
St. 19-21. 1758. 22-24. 1759. (diese sechs machen
den vierten Band), B. V. St. 25-30. 1760. St.
31-34. 1761. 35. 36. 1762. (diese sechs machen den

Zeitung p), in der ökonomisch-physikalischen Wochenschrift q), und in den Physikalisch-ökonomischen Auszügen r), welche beide als Fortsetzung jener angesehen werden können, in dem Natur- und Kunst-Kabinet s), in dem bremischen Magazin t), und in dem neuen bremischen Magazin, das eine Fortsetzung desselbigen ist,

sechsten Band aus). St. 37. 38. 1763. 39. 40. 1764. 41. 42. 1765. (diese sechs machen den siebenden Band) B. VIII. St. 43 - 48. 1765 - 1768.

p) aus denen von der Natur, Haushaltungswissenschaft, Feldbau ꝛc. handelnden Schriften zusammen gelesen, und mit neuen Stücken, Versuchen und Anmerkungen versehen, nebst einer allgemeinen Anzeige alles dessen, was bishero in dieser Sache geschrieben worden. Stuttgart. 4. 1755. 1756.

q) welche das nützlichste und neueste aus der Natur und Haushaltungs-Wissenschaft enthält. Stuttgart. 4. Erster Band. 1756. 1757. Zweiter Band. 1758.

r) aus den neuesten und besten Schriften, die zur Naturlehre, Haushaltungskunst, Policei- Cameral- auch andern damit verwandten Wissenschaften gehören, mit untermischten gantz neuen Abhandlungen und Zusätzen, durch gemeinschaftlichen Fleiß ausgearbeitet. Stuttgart. 8. B. I. St. 1. 2. 1758. 3. 4. nebst Register. 1759. B. II. St. 1. 2. 1759. 3. 4. nebst Register. 1760. B. III. St. 1. 2. 1761. 3. 4. 1762. B. IV. St. 1 - 4. 1762. B. V. St. 1 - 4. 1763. B. VI. 1764. B. VII. 1765. B. VIII. 1766. B. IX. St. 1 - 3. 1767. 4. 1768. B. X. St. 1. 2. 1769. 3. 4. nebst vollständigem Register über alle zehen Bände. 1770.

s) oder Sammlung nützlicher Nachrichten zur Beförderung der Naturkunde, der Künste und Manufacturen. Jena. 8. B. I. St. 1 - 6. 1755.

t) zur Ausbreitung der Wissenschaften, Künste und Tugend, von einigen Liebhabern derselben, mehrentheils aus den englischen Monatsschriften gesammlet und herausgegeben. 8. B. I. Hannover. St. 1. 2. 1756. 3. 1757. B. II. Hannover und Bremen. 1758. B. III. 1759. B. IV. St. 1. 2. 1760. 3. 1761. B. V. St. 1. 1761. 2. 3. 1762. B. VI. 1764. B. VII. 1765.

ist ᵘ), in den nüzlichen Verſuchen und Bemerkungen
aus dem Reiche der Natur ˣ), ſelbſt in der hundert
und einen Kunſt ʸ), in der Vorrathskammer allerhand
rarer Kunſtſtücke ᶻ), in dem ganz natürlichen Zauber⸗
lexicon ᵃ), in dem von Dr. Martini herausgegebe⸗
nen Berliniſchen Magazin ᵇ), und in A. F. Bü⸗
ſching's Magazin für die neue Hiſtorie und Geogra⸗
phie ᶜ), in dem Stralſundiſchen Magazin ᵈ), in den
                                                    neuen

u) zur Ausbreitung der Wiſſenſchaften, Künſte und Tu⸗
  gend, von einigen Liebhabern derſelben, mehrentheils aus
  den engliſchen Monatsſchriften ausgegeben Bremen. 8.
  B. I. 1766. B. II. St. I. 1767. 2. 1769. B. III. 1770.
  B. IV. St. I. 1771.

x) allen Erz⸗ und Naturkundigern, Bergwerksverwandten,
  wie auch den Liebhabern der Alchymie zum Gebrauch und
  Nutzen herausgegeben. Nürnberg. 1760. 8.

y) oder vermiſchte Sammlung allerhand nüzlicher, luſtiger
  und ſcherzhafter Curioſitäten 8. St. 1 - 7. 1760 ꝛc.

z) Experimente und ſchönen Wiſſenſchaften. Nürnberg.
  1760. 8.

a) welche das nöthigſte, nüzlichſte und angenehmſte in allen
  realen Wiſſenſchaften überhaupt, und beſonders in der
  Naturlehre, Mathematik, der Haushaltungskunſt und
  natürlichen Zauberkunſt, und aller andern, vornemlich
  auch curieuſer Künſte, beſchreibet. 8. Ulm. 1759. und
  eine zweyte vermehrte Auflage mit der Aufſchrift: Ono⸗
  matologia curioſa, artificialis et magica &c. oder ganz
  natürliches Zauber⸗Lexikon ꝛc. Nürnberg. 1764.

b) oder geſammelte Schriften und Nachrichten für die Lieb⸗
  haber der Arzeneiwiſſenſchaft, Naturgeſchichte und der
  angenehmen Wiſſenſchaften überhaupt. Berlin. 8. B. I.
  1765. Zweite verbeſſerte Auflage. 1767. B. II. 1766.
  B. III. 1767. B. IV. 1769.

c) Hamburg. Th. I. 1767. 8. und 1773. 4. Th. II. 1768.
  4. Zweite Auflage. 1769. Th. III. 1769. Th. IV. 1770.
  Th. V. VI. 1771.

d) oder Sammlung auserleſener Neuigkeiten zur Aufnahme

Hh 5   der

neuen phyſikaliſchen Beluſtigungen e), und ſelbſt in
den von dem ehemaligen leipzigiſchen Lehrer, Chr. Gottl.
Ludwig herausgegebenen Adverſariis medico - practicis f), in den Miſcellaneis chymicis et metallurgicis g), in Dietr. Weſſel's Linden's vier chemiſch-
mediciniſchen Abhandlungen h); in den von einigen
lausniziſchen und pohlniſchen Aerzten, vornemlich dem
Arzte G. E. Herrmann zu Bojanova herausgegebenen Primitiis phyſico - medicis i), in Wilh. Davi-
ſon's Collectaneis chymicis k), in den von Chrph.
Gottl. Mengel auch ins Teutſche überſezten l) Oeco-
no.

 der Naturlehre, Arzneywiſſenſchaft und Haushaltungskunſt. Berlin und Stralſund. 8. B. I. (von Pallas)
St. I. 1767. 2. 3. 1768. 4. 5. 1769. 6. 1770. B. II.
(von Krünitz) St. 1. 2. 1772. 3. und 4. 1774. 5. u.
6. 1776.

e) Prag. 8. Erſter Band. 1770. (fortgeſ.)

f) Lipſ. 8. Vol. I. P. 1. 1769. II - IV. 1770. (fortgeſ.)

g) Hof. 1766. 8.

h) 1. vom Urſprunge der mineraliſchen Waſſer. 2. Anmerkung über des Herrn v. Wellim(ng) opus magico - ca-
baliſticum. 3. von der beſondern Kraft der Miſtel gegen
die Epilepſie. 4. neue Art den tollen Hundebiß oder die
Hydrophobie zu curiren. Von dem Verfaſſer aus dem
Engliſchen überſetzt und erläutert. Aufs neue und mit
chemiſch - phyſikaliſchen Beyträgen des ab Indagino
herausgegeben. Amſterdam und Leipzig. 1771. 8.

i) ab iis, qui in Polonia et extra eam medicinam faciunt,
collect. 8. Vol. I. Leſn. und II. Zullich. 1750. III. Zullich. 1752.

k) medico - philoſophicis polonic. Antwerp. 1698. 4.

l) mit der Ueberſchrift: Oekonomiſche Gedanken zu weiterem Nachdenken eröffnet. Aus dem Däniſchen überſetzet.
Kopenhagen und Leipzig. 8. Th. I. (nebſt einem Schreiben an ſeinen Freund betreffend die Anlegung der Fabriken

nomiske Tänker ᵐ), in dem vom Bisch. Er. Pons
toppidan gesammleten Danmarks og Norger oeko-
nom. Magazin ⁿ), in O. Holmboë Maanedlh
Afhandlinger angaende Huusholdning °), in den Nov.
litterar. Mar. Balthic. et Septentrionis ᴾ), in W. Ras
nouw Kabinet der natuurlyke Historien, Wetenschappen, Konsten en Handwerken ᑫ), in den Actis germanicis ober den Litterary Memoirs of Germany ʳ),

ten in Dännemark) und 2. 1757. Th. 3. 4. 1758. Th.
5-10. 1759. alle zusammen unter der Auffschrift: Kopens
hagener Magazin von ökonomischen, Cammerals Policeys
Handlungs: Manufactur: mechanischen und Bergwerksges
setzen, Schriften und kleinen Abhandlungen, welche die
königl. Dänischen Reiche und Länder betreffen. Erster
Band. B. II. (auch mit der Auffschrift: Kopenhagener
Magazin ꝛc.) Th. 1-3. 1760. Th. 4-8. 1761. Th 9.
10. 1762. B. III. Th. 1-4. 1762. Th. 5. 1765. Th. 6.
1768.

m) til höjere Efter-Tanke. Kiöbenh. 8. P. I - IX. 1755-
1759. P. I. 2det Oplag. 1777.

n) bevastende en Blanding af atskillige velsindede Patrio-
ters inlendte smaae Skrifter angaende den muelige For-
bedring i Ager-og Heve-Dyrkning, Skog-Planting,
Mineral-Brug, Huus-Bygning, Fäe-Avling, Fiskerie,
Fabrikväsen og des lige. Kiobenh. 4. Bind. I. 1757. II.
1758. III. 1759. IV. 1760. V. 1761. VI. 1762. VII.
1763. VIII. 1764.

o) Christianen. 8. St. 1-12. 1762.

p) welche 1698 anfiengen.

q) verciert en opgehelderd med kopere platen. Amster-
dam. 8. D. I - III. 1719-1723. Register tot alle de
Deelen van het cabinet &c. door F. van der Meersch.
Amsterdam. 1732. 8.

r) being a choice Collection of what is most valuable
and really useful, not only in the several literary Arts
publishd in different Parts of Germany and the North,

or

in Gentleman's Magazine [s]), im London Magazine [t];
in Jac. Robinson's Harlejan miscellany [u]), im
Medical Museum [x]), und in P. Templeman's
Curious remarks and obfervations in Phyfic, Anatomy, Chirurgery, Chemiftry, Botany and Medecine [y]), im Nouveau journal des favans [z]), in den Memoires de Trevoux [a]), in den von Karl le Gobien
gefammleten Lettres édifiantes et curieufes [b]), in P.
Bougeant's Obfervations curieufes fur toutes les
par-

[sep]

[r] or the Mifcellanea curiofa of the Imperial Society at
Vienna, the Breslaw Collection, the Acta Eruditorum
Lipf. the Commentarii Academiae Scientiarum Imperialis
Petropolitanae, the Acta litteraria Sueciae, the Commerc.
Lit. Norimb. the Mifcellanea Berolinenfia, the Acta
Hafnienfia, the Acts of the royal Society at Stock-
holm &c. but likewife in the feveral academical thefes,
or Differtations in the feveral Faculties, at the Univer-
fities all over Germany &c. London. 4. B. I. 1742.

[s] and hiftorical chronicle. London. 8. B. I-XL. 1731-
1770.

[t] or Gentleman's monthly intelligencer. Lond. 8. welches
1732 anfieng, und noch fortdaurt.

[u] or Collection of fcarce, curious and entertaining
Traits and Pamphlets found in the late Earl of Oxford's
library. London. 1744. 8.

[x] London. 8. B. I. II. 1763. III. IV. 1764.

[y] extracted from the Hiftory and Memoirs of the Royal
Academie of fciences at Paris, containing fuch ufeful
difcoveries, as have not been collected by other wri-
ter on the fame fubject. London. 1753. 8.

[z] das 1696 anfieng.

[a] welche 1700 anfiengen.

[b] écrites des Miffions étrangeres par quelques Miffionai-
res de la Compagnie de Jefus. à Paris. 12. B. I-XXXII.
1702-1774.

parties de la Phyſique ᶜ), in Planque's Bibliotheque choiſie des Medecins ᵈ), in den von M. A. Eti-
bous ausgegebenen Memoirs litteraires ᵉ), in Jaℓ.
Gautier d'Agoty's Obſervations ſur l'Hiſtoire naturelle, ſur la Phyſique, et ſur la Peinture ᶠ), in den
von eben demſelbigen, und Fr. Vinc. Touſſaint ᵍ)
herausgegebenen Obſervations periodiques ſur la Phyſiques, l'Hiſtoire Naturelle et les beaux Arts ʰ), oder
dem Journal des ſciences et arts ⁱ), in dem von Claud.
Steph. Bourdet de Richebourg angefangenen,
von le Camus und Boudet de Querlon aber fort-
ge-

c) extraites et recueilles des meilleurs Memoires. à Paris.
12. (zwote Auflage 1771.) B. I. 1719. II. 1726. III.
1730. IV. 1771.

d) tirée des ouvrages periodiques tant Francois, qu' Etrangers. Avec pluſieurs autres pieces rares, et des remarques utiles et curieuſes. à Paris. 4. (12.) B. I. 1748.
II. 1749. III. 1750. IV. 1753. V. 1759. VI. 1761, VII.
1762. VIII. 1763. IX. 1766.

e) ſur differens ſujets de Phyſique, de Mathematique, de
Chymie, de Medecine, de Geographie, d'Agriculture,
d'hiſtoire naturelle, traduits de l'Anglois. à Paris. 12.
B. I. 1750.

f) avec des planches imprimées en couheur. Cet ouvrage renferme les ſecrets des arts, les nouvelles decouvertes et les diſputes des Philoſophes et des Artiſtes modernes. à Paris. 4. und 12. Tom. I. P. 1. 2. 3. T. II.
P. 4. 5. 6. 1752. T. III. P. 7. 8. 9. 1753. T. IV. P. 10.
11. 12. 1754. T. V. VI. P. 13-18. 1755.

g) Avis concernant la Continuation des Obſervations Perio-
ques ſur la Phyſique, l'Hiſtoire Naturelle et les Arts,
par M. Touſſaint. à Paris. 1757. 4.

h) avec des Planches imprimées par M. Gautier. à Paris.
4. Juill.—Sept. Oct.—Dec. 1756.

i) avec des planches imprimées en couleur, par M. Gautier fils. à Paris. 4. T. II. III. 1757. IV. 1758.

gefezten monatlich erscheinenden [k]), auch ins Englische
überfezten [l]) Journal oeconomiques, in den von dem
gröningischen Arzte Ger. Nic. Heerkens ausgegebe=
nen Quaestion medic. Parisin. [m]), in dem von Joh.
Berryat veranstalteten, von Gueneau de Mont=
leillard ausgegebenen, und von andern fortgesezten
Recueil de Memoires [n]), von welchen die Collection
academique Partie francoise [o]), und Collection Académique Partie étrangere [p]) Fortsetzungen sind, im Journal

k) ou Memoires fur l'agriculture, les arts, le commerce
   et tout ce, qui peut avoir rapport à la fanté ainfi qu' à
   la confervation et à l'augmentation des biens des familles. à Paris. 12. (von 1758 an, wo auch der zweite Theil
   der Auffchrift in Memoires Notes et Avis fur les Arts,
   l'Agriculture, le Commerce, et tout ce, qui peut y avoir
   rapport, umgeändert ift. fl. 8.) B. I - XX. 1751-1770.

l) Effays on Commerce, Mines, Agriculture, Fifheries &c.
   as alfo the method of breeding filkworms in France
   and many other parts of Europe, with feveral other
   ufeful fubjects. Translated from the Journal oeconomique, printed at Paris. London. 1754. 8.

m) Groning. 1754. 8.

n) ou Collection des Piéces Academiques, contenant la
   Medecine, l'Anatomie et la Chirurgie, la Chymie, la
   Phyfique experimentale, la Botanique et l'Hiftoire Naturelle, tirées des meilleures fources et mis en ordre.
   4. T. I. II. à Dijon et Auxerre. 1754. T. III. à Dijon.
   1754. à Paris. 1769.

o) compofée des Memoires, Actes ou Journaux des plus
   celebres Académies et Sociétés Litteraires, des Extraits
   des meilleurs Ouvrages periodiques, des Traités- particuliers, et des Piéces fugitives les plus rares, concernant l'Hiftoire Naturelle et la Botanique, la Phyfique
   experimentale et la Chymie, la Medecine et l'Anatomie.
   à Paris. 4. B. IV. 1770. (fortgef.)

p) compofée des Memoires, Actes ou Journaux des plus
   celebres Academies et Sociétés Litteraires etrangéres,
                                                    des

nal étranger ⁹), in dem auch monatweife herauskom⸗
menden Nouvellifte oeconomique et litteraire ʳ), im
Journal encyclopédique ˢ), in Avantcoureur, der
wöchent⸗

des Extraits des meilleurs Ouvrages Periodiques, des
Traités particuliers, et des Piéces fugitives les plus
rares, concernant l'Hiftoire naturelle, et la Botaniqae,
la Phyfique experimentale et la Chymie, la Medecine et
l'Anatomie, traduits en Francois et mis en ordre par
une Societé des gens de Lettre. 4. B. I. Contenant les
Effais d'Experiences Phyfiques de l'Académie del Cimento
de Florence, et l'Extrait du Journal des Sçavans depuis
1665 jusqu' à 1686. B. II. Contenant les Tranfactions
Philofophiques de la Societé Royale de Londres, depuis
l'année 1765 jufqu' en 1668. B III. Conténant les
Ephemerides des Curieux de la Nature d'Allemagne,
depuis l'année 1670 jufque'en 1686. alle drei zu Di⸗
jon, Auxerre und Paris. 1755. B. IV. de la Partie
étrangere et le prémier Volume de l'Hiftoire naturelle
feparée. à Dijon et Paris. 1757. B. V. de la Partie étran⸗
gere, et le fecond Volume de l'Hiftoire Naturelle fepa⸗
rée, contenant les obfervations de J. Swammerdam fur
les infectes, avec des notes et 36 planches en taille⸗
douce. à Dijon. 1758. B. VI. de la Partie étrangere, et
le prémier Volume de la Phyfique experimentale fepa⸗
rée 1760 (1). B. VII. de la Partie étrangere et le pré⸗
mier de la Medecine feparée. à Dijon et Paris. 1766.
B. VIII. de la Partie étrangere, contenant les Memoi⸗
res abrégés de l'Académie Royale de Pruffe, par Mr.
Paul. und B. IX. beide zu Paris. 1770. (fortgef.)

q) (das monatlich herauskam) Ouvrage periodique. à Paris.
12. 1754 - 1757.

r) ou Choix de ce, qui fe trouve de plus curieux et de
plus intereffant dans les Journaux, Ouvrages periodiques
et autres Livres, qui paroiffent en France et ailleurs,
à la Haye. 8. B. I - XXXV. 1754 - 1760.

s) ou univerfel par une Societé des gens de Lettres, wo⸗
von anfangs zu Lüttich, nachher zu Bouillon alle Monate
2 Stücke, von 1756 - 1760. 120 Stücke (oder 40 Bände)
und 1777. 270 Stücke erfchienen waren.

wöchentlich ausgegeben wurde [t]), in den von du Mon=
chau ausgegebenen Anecdotes de Medecine [u]), die
auch ins Teutsche übersezt sind [x]), in Keralio's
Collection de differens morceaux sur l'Histoire Naturelle et Civile des Pays du Nord [y]), im Journal helvetique [z]), im Giornale de Letterati [a]), in der Galleria di Minerva [b]), in der von P. Ang. Caloghera
                                                    bes

t) à Paris. 8. 1760–1770. (fortgef.)

u) ou choix de faits finguliers, qui ont rapport à l'anatomie, la pharmacie, l'hiftoire naturelle &c. auxquels on
a joint des anecdotes concernant les medecins les plus
celebres. 12. B. I. (à Paris) 1762. II. à Lille et Paris.
1766.

x) Medicinifche Anekboten ober Sammlung befonderer Fäl=
le, welche in die Anatomie, Pharmaceutif, Naturge=
fchichte u. f. w. einfchlagen, nebft einigen merfwürdigen
Nachrichten von den berühmteften Aerzten; aus dem
Französ. überf. Franffurt und Leipzig. 8. Erfter, zweyter
Theil. 1767.

y) fur l'Hiftoire naturelle en general, fur d'autres fciences, fur differens arts, traduits de l'Allemand, du Sue-
dois, du Latin, avec des Notes du Traducteur. à Paris. 12. B. I. 1763.

z) 1737–1747.

a) welches 1692 zu Modena anfieng.

b) overo Notizie univerfali di quanto è ftato fcritto da'
Letterati d'Europa non folo nel prefente Secolo, ma an-
cora ne' gia trafcorfi, in qualunque materia facra, e
profana, Retorica, Poetica, Politica, Iftorica, Geogra-
fica, Cronologica, Teologica, Filofofica, Matematica,
Medica e Legale e finalmente in ogni Scienza, e in ogni
Arte, fi Mecanica come Liberale. Tratte da Libri non
folo ftampati, ma da ftamparfi, ove oltre a quanto in-
fegnano gli Atti di Lipfia e d'Inghilterra, l'Efemeride di
Germania, la Biblioteca univerfale di Francia ed i Gi-
ornali di Letterati d'Italia, faranno inferite nuove curio-
fità, ed infegnamenti, a profitto della Republica delle
                                                    Let-

beforgten Raccolta d'Opufcoli fcientifici e filologici [c]), von welcher eben derfelbe auch eine Fortfetzung unter dem Namen Nuova Raccolta d'opufcoli fcientifici e filologici [d]) herausgegeben hat, in den Mifcellanei di varie operette [e]), in dem von Ant. Santini herausgegebenen Magazzino Tofcano d'inftruzione e di piacere [f]), und in dem von Pet. Ortefchi beforgten Giornale di Medicina [g]), kommen unter einer gemeiniglich weit gröferen Menge anderer Erfahrungen, Beobachtungen und Nachrichten, die den Künftler, Fabrikanten, Landwirth, Arzt, Naturforfcher, und überhaupt den Gelehrten im Allgemeinen näher angehen, hier und da auch chemifche vor.

Wenn es daher gleich auch noch jetzt Gelehrte gab, die fich felbft in diefem Zweige der Naturforfchung mit blofen Betrachtungen begnügten, und Verfuche, der Natur näher auf die Spur zu kommen, wo nicht durchaus für unrichtig, doch für überflüffig, oder die fchon vorhandene und bekannte für hinreichend hielten, fo wurde doch der Gefchmak an chemifchen Arbeiten, die keine unmittelbare Beziehung auf eigennützigen Gewinft hatten, und die Ueberzeugung, daß ohne fie in der Chemie kein vefter Grund gelegt, ohne auf diefem Wege immer fortzufchreiten, an Vervollkommung der Wiffen-

Lettere, con intagli de' Rami opportuni a fuoi luoghi. in Venezia. B. I - VII. 1696 - 1717.

c) Venez. 12. B. I - LI. con indici di Tomi L. della medefima. 1728 - 1757.

d) Venez. 12. B. I - XXI. 1755 - 1770. (fortgef.)

e) Venez. 12. B. I - VIII. 1740 - 1744.

f) Livorno. 4. B. I - III. 1754 - 1756.

g) Venez. 4. B. I - VIII. 1762 - 1770. (fortgef.)

Wiſſenſchaft nicht gedacht werden könne, immer allge=
meiner.

In der Schweiz hatte der baſeliſche Lehrer Theod.
Zwinger die Gewächſe aus der natürlichen Ordnung
der Kreſſen [h]), und die Mandeln [i]) chemiſch unter=
ſucht, Bened. Stähelin mit Harnſteinen und ihrer
Auflöſung in verſchiedenen Feuchtigkeiten zahlreiche Ver=
ſuche angeſtellt [k]), der Kaſſeliſche Leibarzt J. J. Hu=
ber mit der Galle [l]); Joh. Heinr. Kronauer mit
dem Blute [m]); Joh. Heinr. Ryhiner zerlegte den
Koffee [n]); Ludw. l'Agacherie du Blé das Erdharz
von Welſchneuburg [o]); der berühmte Mathematiker
Lambert aus Mühlhauſen ſtellte mehrere Verſuche
an, um eine nicht verbleichende Schreibtinte auszufin=
den [p]); J. G. Stockar v. Neuforn aus Schaf=
hauſen zerlegte den Bernſtein, und beſtimmte durch
eigene Verſuche die Verhältniſſe ſeines Salzes [q]); der
Zürichiſche Arzt und Lehrer Salom. Schinz unter=
ſuchte

h) Diſp. reſp. Jo. Rud. *Mieg* de plantis naſturcinis. Baſil.
1714. 4.

i) Diſp. reſp. Jo. Ulr. *Hegner* Analyſis fructuum amygda-
lorum. Baſil. 1703. 4.

k) Epiſtola euchariſtica ad Dav. *Hartley.* Baſil. 1742. 8.

l) Diſp. inaugural. de bile. Baſil. 1733. 4.

m) Diſſ. de natura et compoſitione ſanguinis humani ſani.
Argent. 1762. 4.

n) Acta Helvetica. B. V. nr. 29. S. 383 ꝛc.

o) Diſſ. ſiſt. examen bituminis Neocomenſis. Baſil. 1758.
4. Lugd. Bat. 1761. 8.

p) Memoir. de l'Academ. des ſcienc. et belles lettres à Berlin. ann. 1770. S. 58.

q) Diſſ. de ſuccino in genere et in ſpecie de ſuccino foſſili
Wiſholzenſi. Lugd. Batav. 1760. 4.

suchte die Kalkerde [r]); ein Zürichischer Apotheker kann‡
te schon damals den Kunstgriff, aus Kochenille einen
dem venetianischen ähnlichen Karmin zu bereiten [s]),
und stellte mit Phosphor, seiner Auflösung und seiner
Säure Versuche an [t]); J. B. Tellot zeigte aus ei‑
gener Erfahrung die Zerlegung der Pflanzen [u]); Fr.
Prince zerlegte den Wein von Welschneuburg [x]); der
scharfsinnige genfische Naturforscher Bonnet hatte
mit der sauren Feuchtigkeit in der Weidenraupe Ver‡
suche angestellt [y]).

In Italien gieng der grosherzogliche Hof zu Flo‡
renz mit seinem erlauchten Beispiele voran: Schon
Kosmus III. stellte (1694 und 1695) in Gesellschaft
von Averami und Targioni Versuche mit Dia‡
manten an, welche ihn belehrten, daß sich diese Steine
bei starker Hize gänzlich verflüchtigen [z]); unter einem
seiner Nachfolger, dem nachherigen römischen Kaiser
Franz I., wurden diese Versuche (1751) mit Diamanten
und

r) Diff. de calce terrarum et lapidum calcariorum. Leid.
1756. 4.

s) Joh. Gesner Epistolarum ab Erudit. Vir. ad Alb.
Hallerum scriptarum. P. I. Latinae. Bernae. 8. Vol. I.
Epistol. script. ab anno MDCCXXVII. ad annum
MDCCXXXIX. 1773. ep. 154.

t) Ebenders. a. a. O. Vol. II. Epist. script. ab a. MDCCXL
ad annum MDCCXLVIII. 1773. ep. 351.

u) Journal helvetique. 1743.

x) Diff. de vino Neocomensi. Basil. 1743. 4.

y) Memoires de mathematique et de physique présentés
à l'Académie des sciences à Paris par divers savans et
lus dans Ses assemblées. à Paris. 4. T. II. 1755. n. 18.
S. 276 ꝛc.

z) Giornale de' Letterati d'Italia. B. VIII. art. 9.

und Rubinen, mit jenen mit gleichem Erfolge wieder=
holt, da doch die gleiche Hize auf diese nichts ver=
mochte ª); der berühmte römische Arzt und Zergliede=
rer, Georg Baglio aus Ragufa, zerlegte Speichel
und Galle, und stellte auch mit dem Blute chemische
Versuche an ᵇ), der ferrarische Lehrer, Aloyf. dalla
Fabra zerlegte die Erde von Nocera und die Galle ᶜ),
der berühmte paduanische Lehrer, Ant. Valisnieri,
sah den Harnstein in Salpetergeist sich auflösen, diesen
aber auf Knochenauswüchse nichts wirken ᵈ), Jof.
Veratti zerlegte die spanische Fliegen ᵉ), der päbst=
liche Leibarzt Lanciſi suchte die Bestandtheile des Blu=
tes aus einander zu sezen ᶠ), Jof. Burrhi betrachtete
das Versauren des Weins ᵍ), Jof. Hieron. Zani=
chelli glaubte in seinen Versuchen auser einem andern
unreineren einen reinen Goldschwefel im Eisen gefunden
zu haben, und gibt zur Bereitung des Eisenschnees
oder der flüchtigen trokenen Eiseneffenz des heil. Hila=
rius

a) das Neueste aus der anmuthigen Gelehrsamkeit, auf das
   Jahr 1751. S. 540 ꝛc.

b) De fibra motrice et morbofa, nec non de experimentis
   ac morbis falivae, bilis ac fanguinis: de circulatione
   fanguinis in teftudine ejusdemque cordis anatome. 4.
   Peruf. 1700. 8. Rom. 1702. Leid. 1703. Londin. 1703.
   Bafil. 1703.

c) Differt. de nucerina terra minerali. Ferrar. 1700.

d) Confiderazioni ed efperienze intorno al creduto cervello
   d'un bove impetrito. Padoa. 1710. 4.

e) Kongl. Svensk. Vetenfk. Academ. Handl. för år 1745.
   Qu. I. 2.

f) Philofoph. Tranfact. B. XXII. für 1700. und 1701.
   nr. 264.

g) Galleria di Minerva. T. II. 1697.

·rius Anleitung [h]), Jak. Barth. Beccari zerlegte zuerst das Getreidemeel in die Stärke und den thierischen Leim [i]), und untersuchte die Milch [k]), Gusm. Galeazzi untersuchte eine Salz- und Bergölquelle und Gallensteine [l]), Thom. Laghi die Eisentheilchen in der Gewächsasche [m]), und die Wirkungen einer durch mancherlei Ausdünstungen verdorbenen Luft [n]), Vinc. Menghini die Eisentheilchen im Blute [o]), und die auflösende Kraft verschiedener Wasser auf den Harnstein [p]), Fr. Bibiena die Seidenraupen [q]), Jak. Beccaria die natürliche und künstliche Phosphore [r]), der sienische Lehrer, Jos. Baldassari zerlegte ein in dem Tuff bei Siena sich findendes leicht zerfliesendes kochsalzsaures Salz [s]), und den Amiant [t]), und glaubte

h) Ephemerid. Acad. Caesar. Natur. Curiof. Centur. VII. und VIII. ad ann. 1717 et 1718. App.

i) De Bononienfi scientiarum et artium instituto atque academia commentarii. Bonon. 4. Tom. II. P. I. 1745. S. 123 ꝛc.

k) Ebendaf. T. V. P. I. 1767. nr. I. S. I ꝛc.

l) Ebendaf. T. I. 1731.

m) Ebendaf. T. II. P. 3. 1747.

n) Ebendaf. T. III. 1755. auch T. IV. 1757.

o) Ebendaf. T. II. P. I. 1747.

p) Ebendaf. T. IV. 1757. und T. V. 1767.

q) Ebendaf. T. V. 1767. P. I. nr. 2. S. 9 ꝛc.

r) Comment. de phofphoris naturalibus et artificialibus. Graec. et Norimb. 1769. 8.

s) Offervazioni fopra il fale della creta come un faggio di produzioni naturali dello ftato-fanefe. Sena. 1750. 8. und Atti dell' Academia delle Scienze di Siena detta de' Fifico-Critici. 4. T. IV. Siena. 1771. S. I ꝛc.

t) Atti di Siena &c. a. a. O. S. 217.

Ji 3

te eine natürliche reine trokene Schwefelſäure gefunden
zu haben ᵘ), der piſaniſche Lehrer, Ant. Matani,
verſuchte verſchiedene. Auflöſungsmittel des Harn=
ſteins ˣ), Luk. Carlucci zerlegte den Wein ʸ), der
paduaniſche Zerglieberer M. Girardi die Bärentrau=
be ᶻ): Der Graf von Saluzzo (Saluces), deſſen
Verdienſte um Chemie zum Theil dem folgenden Zeit=
alter angehören, hat die Luft, in welcher Schiespul=
ver abgebrannt iſt ᵃ), die Wirkung des ungelöſchten
Kalks auf verſchiedene Körper ᵇ), die Urſachen der
Veränderung in der Farbe des Veilchenſaftes von ver=
ſchiedenen Stoffen ᶜ), den Eiſenſalmiak ᵈ), das Weiſ=
ſen und Färben der Seide ᵉ), das Oel aus Trauben=
kernen und Bucherkern ᶠ), die zum Färben dienliche
Gewächſe ᵍ), und mehrere Gegenſtände der vergleichen=
                                                       den

u) Ebendaſ. T. V. 1774.

x) Tract. de remediis. Pifa. 1769. 4.

y) In difefa delli Speziali di Napoli differtazione fifico-
    medico - chimica full 'analif. del vino, e dell' ufo, che'
    ottiene prefto dei chimici il fuo variato Spirito. Napoli
    1756. 8.

z) De uva urfina ejusque et aquae calcis vi lithonthrip-
    tica. Patav. 1764. 8.

a) Mifcellan. Taurinenf. Auguft. Taurin. 4. B. I. 1759.
    und Melang. de Philofophie et de Mathematique de la So-
    cieté royale de Turin, pour les années 1760 et 1761.

b) Melanges &c. pour les années 1762-1765. S. 73 ꝛc.

c) a. e. a. O. S. 153 ꝛc.

d) Melanges &c. pour les années 1766-1769. S. 169-174.

e) a. e. a. O. S. 174-177-192.

f) a. e. a. O. S. 193-199.

g) a. e. a. O. S. 199-205.

den Chemie aus dem Pflanzen= und Thierreiche [h] un=
tersucht.

Weit lebhafter wurde die Chemie von dieser Seite
in Frankreich betrieben; Sim. Boulduc prüfte den
angeblich verfälschten äzenden Sublimat [i], und gab
eine einfache (heut zu Tage gangbare) Art an, Sublimat
zu verfertigen [k]; er zerlegte die amerikanische Brech=
wurzel [l], die Koloquinten [m], die Jalape [n], das
Gummigutt [o], das Scammoneum [p], das Gnaden=
kraut [q], den Katechusaft [r], die Rhabarber [s], die
Mechoakanne [t], das Seignettische Polychrestsalz [u],
das englische Salz [x], ein natürliches Glaubersalz aus
Spanien [y], ein ähnliches von Grenoble im Delphi=
nat,

h) Melanges &c. pour les années 1770-1773.

i) Histoir. de l'Acad. des sciences à Paris. pour 1699.
S. 69.

k) Memoir. de l'Acad. des sciences à Paris. pour 1730.
S. 508 꼐.

l) ebendaf. pour 1700. S. 1 꼐. 103 꼐.

m) ebendaf. pour 1701. S. 15 꼐.

n) ebendaf. S. 144 꼐.

o) ebendaf. S. 179 꼐.

p) ebendaf. pour 1702. S. 261 꼐.

q) ebendaf. pour 1705. S. 245 꼐.

r) ebendaf. pour 1709. S. 293 꼐.

s) ebendaf. pour 1710. S. 217 꼐.

t) ebendaf. pour 1711. S. 104 꼐.

u) ebendaf. pour 1731. S. 176 꼐.

x) a. e. a. O. S. 488 꼐.

y) ebendaf. pour l'ann. 1724. S. 168 꼐.

nat ᶻ), er unterſuchte das Bergöl aus Modena ᵃ), er⸗
hielt aus Borretſch Salpeter, Küchenſalz und ſchwe⸗
felſaure Pottaſche ᵇ), und gab auf eigene Erfahrung
gegründete Anweiſung, aus der Mutterlauge des Sal⸗
peters Bittererde zu gewinnen ᶜ); Burlet zerlegte
das Kalkwaſſer ᵈ), und theilte Bemerkungen über das
dem Glauberſalz ähnliche Salz aus Spanien mit ᵉ);
der berühmte Kräuterkundige, Pitton de Tourne⸗
fort, hatte ſchon eine Ahnung, daß im Gips mit der
Erde eine Säure verbunden ſeie ᶠ), ſah, was ihm mit
Terpentinöl nicht gelingen wollte, Saſſafrasöl mit
Salpeterſäure in Flamme ausbrechen ᵍ), zerlegte eine
ungewöhnliche Art Schwamm ʰ), und verglich nach
eigenen Erfahrungen die Zerlegungen des Salmiaks,
der Seide und des Hirſchhorns, und vornemlich die
Menge des aus ihnen zu erhaltenden flüchtigen Laugen⸗
ſalzes ⁱ); Joh. Pelletier gab verſchiedene Kunſt⸗
griffe an, Laugenſalze zu verflüchtigen, und wirkſame⸗
rere Auflöſungsmittel zu bereiten ᵏ). Pet. Polyniere
ver⸗

z) ebendaſ. pour l'ann. 1728. S. 527 ꝛc.

a) ebendaſ. Hiſtoir. pour l'ann. 1715. S. 19.

b) ebendaſ. pour l'ann. 1734. S. 139.

c) ebendaſ. pour l'ann. 1720. S. 589.

d) ebendaſ. pour l'ann. 1700. S. 122-134.

e) ebendaſ. pour l'ann. 1724. S. 162.

f) du Hamel Regiae ſcientiar. Academ. Hiſtoria. Ed. alt.
1701. S. 445.

g) ebendaſ. S. 495.

h) Memoir. de l'Académ. des ſcienc. à Paris. pour 1692.
S. 122.

i) ebendaſ. pour l'ann. 1700. S. 71-78.

k) 1. l'Alkaheſt ou le diſſolvant univerſel. à Paris. 1706.
12. 2. Suite du traité ſur l'alkaheſt, le moyen de volatiliſer

verbreitete sich in seinen Versuchen über mehrere Ge=
genstände der Chemie [l]): der berühmte Augenarzt Franz
Petit untersuchte Galle, Milch, Blut, Blutwasser
und die Feuchtigkeiten des Auges [m]), sah die Auflö=
sung mehrerer Salze am Rande der Gefässe auswach=
sen [n]), und suchte die Ursache davon zu erforschen [o]),
so wie aus der verschiedenen Auflöslichkeit der Salze
in Wasser den Grund anzugeben, warum Kochsalz bei
dem Sieden des Salpeters nicht mit diesem zugleich
anschieße [p]), und untersuchte Salpetererden und Sal=
peterlaugen [q]): Poli bereitete schon durch Destilliren
aus Kirschlorbeerblättern ein betäubendes flüchtiges
Oel [r]), lehrte die Bereitung der sogenannten Wis=
muthbutter, aus welcher er durch wiederholtes Abzie=
hen ein wie Perlen glänzendes Pulver erhielt [s]), und
Schwefelsäure verstärken[t]); de la Hire zeigte den Un=
ter=

tilifer les alcalis, et de préparer des remedes succeda-
nées, on approchants de ceux, qui se préparent de l'Al-
kaheft. à Paris. 1736. 12!

l) Experiences de Physique. Vol. I. II. à Paris. 12. 1709.
Second. Edit. revuë et augmentée. 1718. Trois. Ed.
1728. Quatr. Edit. 1734.

m) Lettres d'un Medecin des hôpitaux du Roi à un autre
Medecin de ses amis. Namur. 1710. 4. Lettr. 2de.

n) Memoir. de l'Académ. des scienc. à Paris. pour l'ann.
1722. S. 129 ꝛc.

o) ebendas. S. 456 ꝛc.

p) ebendas. pour l'ann. 1729. S. 319 ꝛc.

q) ebendas. pour l'ann. 1734. S. 523 ꝛc.

r) ebendas. pour l'ann. 1713. Hift. S. 39.

s) ebendas. S. 40. 41.

t) ebendas. pour l'ann. 1714. Hift. S. 39. 40.

terschied der Gewächssäuren von den mineralischen [u]), ·
und gab einen Kütt aus Eisenfeile, Essig und Salz
an [x]): de Reaumur, dessen Verdienste in der Geschichte der angewandten Chemie eine passendere Stelle
finden, stellte mit der Purpurfarbe aus unterschiedenen
Schalenthieren [y]), mit Malachit [z]), und mit verschiedenen Erden, um ihre Tauglichkeit oder Untauglichkeit
zu Porcellan zu erfahren, Versuche an [a]), theilte Beobachtungen über das Anschiesen der Metalle und anderer Mineralien [b]), und über den Klang, den Blei unter gewissen
Umständen gibt [b]), mit, u. zeigte, wie Eisenblech am besten
überzinnt [c]), wie Eisen am vollkommensten in Formen
gegossen [d]), und Glas in eine Art Porcellan verwandelt [f]) werden kann: Du Fay untersuchte ein von
Kalk auswitterndes an der Luft zerfliesendes Salz [g]),
zeigte, wie mehrere Steinarten gefärbt und aufgelöst
werden können [h]), und die Auflöslichkeit unterschiede-
ner Glasarten in Feuchtigkeiten [i]), und beschrieb eine
grose

u) ebendas. pour l'ann. 1709. Hist. S. 40. 42.

x) Ebendas. pour l'ann. 1714. Hist. S. 40.

y) Ebendas. pour l'ann. 1711. S. 218.

z) Ebendas. pour l'ann. 1723. S. 14 ꝛc.

a) Ebendas. pour l'ann. 1728. S. 261 ꝛc. pour l'ann. 1729.
     S. 460 ꝛc. pour l'ann. 1730. S. 349 ꝛc.

b) Ebendas. pour l'ann. 1724. S. 444 ꝛc.

c) Ebendas. pour l'ann. 1726. S. 345 ꝛc.

d) Ebendas. pour l'ann. 1725. S. 144 ꝛc.

e) Ebendas. pour l'ann. 1726. S. 385 ꝛc.

f) Ebendas. pour l'ann. 1739. S. 507 ꝛc.

g) Ebendas. pour l'ann. 1724. S. 126 ꝛc.

h) Ebendas. pour l'ann. 1727. S. 70 ꝛc. und pour l'ann.
     1732. S. 229 ꝛc.

i) Ebendas. pour l'ann. 1728. S. 45 ꝛc.

grofe Menge neuer (zum Theil natürlicher) Phos:
phore [k]): S. Amand zeigte, wie man aus dem zur
Scheidung des Goldes vom Silber gebrauchten und
durch Kupfer gefällten Scheidewaffer, Säure und Kup:
fer wieder gewinnen kann [l]): le Fevre lehrte die Be:
reitung eines Luftzünders aus Eisenfeile, Schwefel,
Waffer und Geigenharz und des auflöslichen Wein:
steins aus gereinigtem Weinstein und halb so vielem
Borax [m]), und daß ein Gemeng aus Schwefel und
Eisen nach dem Verwittern Eisenvitriol liefert [n]):
Condamine theilte seine Wahrnehmungen über die
Baum ähnliche Zeichnungen in verschiedenen Metall:
auflösungen mit, wenn sie durch Eisen gefällt wer:
den [o]): Lud. Claud. Bourdelin (gebohren 1696,
gestorben 1777) suchte darzuthun, daß die Salze,
welche man aus der Asche der Pflanzen zieht, schon
vorher in denselbigem zugegen sind [p]), und dieses ins:
besondere durch das Beispiel des Franzosenholzes zu er:
weisen [q]); er machte sich um die nähere Kenntnis des
Bernsteins [r]) und des Borax [s]), und ihre Mischung
verdient: Groffe stellte mit Blei [t]), und in Gesell:
schaft von du Hamel auch noch andere Versuche an,
und

---

k) Ebendaf. pour l'ann. 1730. S. 748 :c.

l) Ebendaf. pour l'ann. 1728. Hist.

m) Ebendaf.

n) Ebendaf. pour l'ann. 1730. Hist. S. 71.

o) Ebendaf. pour l'ann. 1731. S. 655 :c.

p) Ebendaf. pour l'ann. 1727. S. 541 :c.

q) Ebendaf. pour l'ann. 1730. S. 43 :c.

r) Ebendaf. pour l'ann. 1742. S. 192 :c.

s) Ebendaf. pour l'ann. 1753. S. 201. 305. und pour
l'ann. 1755. S. 406.

t) Ebendaf. pour l'ann. 1733. S. 435 :c.

und gab eine Art an, Blei und Silber, wenn sie
Zinn halten, davon zu reinigen [u]): du Hamel stellte
in Gesellschaft mit Grosse Untersuchungen über den
Aether [x]) und über die mancherlei Arten auflöslichen
Weinstein zu machen [y]) an; er untersuchte den Sal:
miak, und forschte der besten Art nach, ihn zu verfer:
tigen [z]), prüfte die Purpurfarbe eines sich an den Kü:
sten der Provence findenden Schalenthiers [a]), suchte
die Grundlage des Küchensalzes auf [b]), stellte mit
Kalk [c]), und der Laugensalze aus Asche, vornemlich
aus derjenigen des Sodakrautes [d]) Versuche, und über
das Verdünsten des Wassers bei Salzwerken Beobach:
tungen an, auf welche er Verbesserungen an den
Lekwerken zu Türkheim gründete [e]), und erzählte
Beispiele von einigen sich von selbst ereignenden Ent:
zündungen [f]); er glaubte bemerkt zu haben, daß glü:
hendes Eisen weniger wägt, als kaltes [g]): Pet. De:
sault stellte über die Auflöslichkeit der Harnsteine in
Wasser Versuche an [h]): Quesnay glaubte in den
thieri:

u) Ebendas. pour l'ann. 1736. S. 230 :c.

x) Ebendas. pour l'ann. 1734. S. 56 :c.

y) Ebendas. pour l'ann. 1732. S. 446 :c. und pour l'ann.
1733. S. 364 :c.

z) Ebendas. pour l'ann. 1735. S. 141 :c. S. 563 :c.
S. 652 :c.

a) Ebendas. pour l'ann. 1736. S. 67 :c. Hist. S. 7.

b) Ebendas. pour l'ann. 1736. S. 89 :c.

c) Ebendas. pour l'ann. 1747. S. 59. 86 :c.

d) Ebendas. pour l'ann. 1767. S. 233 - 239.

e) Ebendas. pour l'ann. 1748. S. 575 :c.

f) Ebendas. pour l'ann. 1757. S. 237.

g) Ebendas. pour l'ann. 1750. Hist.

h) Dissertations de medecine, à Paris, 12. B. III. 1736.

thierischen Säften eine Säure gefunden zu haben [i]):
Hellot hat sich durch eine Untersuchung des Zinks [k])
die erstr chemische Theorie von dem Färben der Zeuge [l]),
und durch Beschreibung der mancherlei Arten, Berli=
ner Blau zu bereiten [m]), um die Chemie verdient ge=
macht; er leitete die rothe Farbe der Salpetersäure und
ihrer Dämpfe nach einigen scheinbaren Erfahrungen
von Eisen ab [n]), fand im grünen englischen Vitriol
Glaubersalz [o]), theilte seine Erfahrungen und Vermu=
thungen über Schwefeläther mit [p]), und beschrieb,
zuerst öffentlich [q]), die Kobolttinte [r]), die er nachher
auch mit (Kobolt haltenden) Wismuth= und Arseniker=
zen bereitete [s]), die mancherlei Arten, Phosphor zu
bereiten [t]), und einen Baum ähnlichen Wuchs in einer
Zinnauflösung [u]); er sah auch an der Luft zerflossene
Spiesglanzbutter von gereinigtem Weinstein gerin=
nen,

i) Medical Essays and observations revised and published
   by a Society at Edinburgh. B. IV. 1737.

k) Memoir. de l'Académ. des scienc. à Paris pour l'ann.
   1735. S. 15 2c. S. 297 2c.

l) Ebendas. pour l'ann. 1740. S. 176 2c. pour l'ann. 1741.
   S. 49 2c.

m) Ebendas. pour l'ann. 1756. Hist S. 82.

n) Ebendas. pour l'ann. 1736. S. 32 2c.

o) Ebendas. pour l'ann. 1738. S. 404 2c.

p) Ebendas. pour l'ann. 1739. S. 80 2c.

q) denn vor ihm scheint sie Teichmeyer gekannt zu ha=
   ben. Commerc. litterar. Noric. 1737. S. 91.

r) Memoir. de l'Académ. des scienc. à Paris, pour l'ann.
   1737. S. 144 2c.

s) Ebendas. S. 318 2c.

t) Ebendas. S. 474 2c.

u) Ebendas. pour l'ann. 1757. Hist. S. 40.

nen *), und gab zum englischen Goldfirnis eine Vor: schrift ᵞ): Navier, der zum Theil dem folgenden Zeitalter angehört, gab zwo Verfahrungsarten an, ohne äuserliche Hize Salpeceräther zu bereiten ᶻ): Ma: louin verglich, vornemlich nach ihren chemischen Ver: hältnissen, Zinn und Zink mit einander ᵃ), und unter: suchte das Salzwesen des Kalks ᵇ): Der Graf de la Garaye gab ein neues Verfahren an, die auflösende Kraft des Wassers durch Reiben zu unterstüzen, wo: mit er sich einbildete, aus allen Körpern Salze auszu: ziehen ᶜ): Baron sezte die wesentliche Bestandtheile des Borax in ihr volles Licht ᵈ), untersuchte ein unter dem Namen Borech aus Persien kommendes Laugen: salz ᵉ), und die Alaunerde, welcher er metallische Na: tur zuzuschreiben geneigt war ᶠ): Menon stellte mit dem

x) Ebendas. pour l'ann. 1761. Hist. S. 62.

y) a. e. a. O.

z) Ebendas. pour l'ann. 1742. S. 515 ꝛc.

a) Ebendas. S. 100 ꝛc. pour l'ann. 1743. S. 92 ꝛc. l'ann. 1744. S. 534 ꝛc.

b) Ebendas. pour l'ann. 1745. S. 129 ꝛc.

c) Chymie hydraulique pour extraire les sels de vegetaux, animaux et mineraux, par M. L. C. D. L. G. à Paris. 1745. 12. ins Teutsche übersezt mit der Aufschrift: Chymia hydraulica, oder Handgriffe die wesentlichen Salze aus Vegetabilien, Animalien und Mineralien, mit schlech: tem Wasser auszuziehen, aus dem Französischen des Gra: fen von Garaye übersetzt. 8. Frankfurt und Leipzig. 1749. Frankfurt. 1755.

d) Mémoires présentés à l'Académ. des scienc. par des sa- vans étrangers. B. I. S. 295 ꝛc. 447 ꝛc.

e) Ebendas. B. II. S. 412. 434.

f) Memoir. de l'Académ. des scienc. à Paris, pour l'ann. 1760. S. 576 ꝛc.

dem Berliner Blau Verſuche an g): Wilh. Franz
Rouelle von Caen in der Normandie ſtellte, derer
Verſuche nicht zu gedenken, welche er in Geſellſchaft
anderer Scheidekünſtler vornahm, über das Anſchieſen
des Küchenſalzes h), über die Entzündung der Oele,
wenn reine oder mit Schwefelſäure vermiſchte Salpe=
terſäure darauf gegoſſen wird i), mit überſäuerten Mit=
telſalzen k), mit Weinſtein, den er mit Kreide und
Metallkalken verſezte l), mit Milch, Milchzucker, klei=
nen Inſecten, Meel und andern Gewächsſtoffen m), mit
dem Sezmeele von grüner Farbe n), mit menſchlichem
und thieriſchem Blute, und mit dem Waſſer von Waſ=
ſerſüchtigen o), mit dem Harne von Menſchen, Kühen
und Pferden p), und mit Diamanten q) Verſuche an; er
verſicherte, ſchon vor Marcgraf durch Verſuche erwie=
ſen zu haben, daß das Laugenſalz ſchon vor dem Ein=
äſchern in den Pflanzen ſtecke r), und entwarf, um die
Theorie ihres Anſchieſens zu erleichtern, eine Tabelle
über

g) Memoir. préſent. à l'Acad. de Paris &c. B. I. S. 563-
573 - 592.

h) Memoir. de l'Acad. des ſcienc. à Paris, pour l'ann.
1745. S. 773 2c.

i) Ebendaſ. pour l'ann. 1747. S. 34. (49) 2c. Hiſt.
S. 85.

k) Ebendaſ. pour l'ann. 1754. S. 572.

l) bei Roux Journal de medecine, chirurgie, pharmacie &c. B. XXXIX. S. 369.

m) Ebendaſ. S. 250 2c.

n) Ebendaſ. B. XL. S. 59 2c.

o) Ebendaſ. S. 68 2c.

p) Ebendaſ. S. 451 2c.

q) Ebendaſ. B. XXXIX. S. 50 2c.

r) bei Rozier obſervations et Memoires ſur la phyſique &c. B. I. S. 13 2c.

über die Mittelsalze [s]); er unterfuchte das durch den
elektrifchen Schlag verkalkte Gold, und fand es dem
Caffifchen Goldkalke ganz ähnlich [t]); im grauen Meer=
falze glaubte er laufendes Quekfilber entdeckt zu ha=
ben [u]): Bellery zerlegte den Torf, der in der Pikar=
die gewonnen wird [x]): Nabault unterfuchte das im
Kalk befindliche Salzwefen [y]): Peyfonnel befchrieb
die Schwefelhöle in Guadalup [z]): Voluf. Rives zer=
legte das Blut und die Milch [a]): L. A. Pr. Herif=
fant verfuchte das Federharz mit allerlei Oelen [b]), und
mit Säuren die thierifche Knochen [c]), die er auch zer=
legte [d]): der berühmte Pferdearzt Bourgelat hat
den Harn, die Galle, das Blut und den Schleim
eines rozigen Pferdes unterfucht [e]): Jak. Ren. Tenon
hat die Wirkung der Schwefel und Salpeterfäure auf
Harn=

s) Memoir. de l'Acad. des fcienc. à Paris pour. l'ann.
   1744. S. 97.

t) Journal de medecin &c. B. XL. S. 163. B. XLVIII.
   S. 299.

u) Ebendaf.

x) Differtation fur la tourbe de Picardie. Amiens. 1754. 12.

y) Memoir. préfent. à l'Académie de Paris par divers favans. B. II. 1754. nr. 14. S. 211.

z) Philofoph. Transact. B. XLIX. Th. 2. for 1756. S.
   564-579.

a) Diff. de fanguificatione. Monfpel. 1756. 4.

b) Memoir. de l'Académ. des fcienc. à Paris, pour 1763.
   Hiftoir.

c) Ebendaf. pour 1758.

d) refp. P. Mar. *Viellard* Ergo a fubftantiae terreae intra poros cartilaginum appulfu offea durities. Parif.
   1768. 4.

e) Matiere medicale ou précis des medicamens à l'ufage
   de l'école veterinaire. Lyon. 1765. 8.

Harnsteine versucht f): M. M. Cl. Robert unter=
suchte die Galle g); Gr. Fr. Venel, von welchem
wir auch eine Anleitung zur Zerlegung von Pflanzen
haben h), die Galle sowohl, als den Harn und andere
thierische Säfte, und suchte ein Auflösungsmittel des
Harnsteins auf i); Kasp. Joh. Rene prüfte die thie=
rische Säfte, von welchen keiner auser dem Milchsaf=
te, Säure in sich habe, bestimmte den Unterschied zwi=
schen gemeiner und flüchtiger Schwefelsäure, und zeigte
die Aehnlichkeit aller, wenn auch mit verschiedenen Na=
men bezeichneter, schwefelsauren Pottasche k); Fr.
Broussonnet die thierische Salze und Oele l); S.
Phil. Bianysse erläuterte die Lehre von der Fäulung
durch Versuche m); Ludw. Esteve zeigte die Aehnlich=
keit aller flüchtigen Laugensalze unter sich, und suchte
ein Salzwesen im Luftkreise darzuthun n); Karl le
Roi die Aehnlichkeit des Salpeteräthers mit dem
Schwefeläther, die dreifache Beschaffenheit der in den
thierischen Säften vorhandenen Oele, die Natur des
äzenden Sublimats, und die Uebereinstimmung der
Säure im Vitriol mit derjenigen im Schwefel und
Alaun;

f) Memoir. de l'Académie des scienc. à Paris, pour l'ann.
1764. à Paris. 1767.

g) resp. Jos. Dussens: Ergo bilis sapo acido-alcalinus.
Paris. 1759. 4.

h) Memoir. présent. à l'Académ. de Paris. B. II. nr. 41.
S. 319.

i) Quaestiones chemicae duodecim &c. quaest. 3. q. 10.

k) a. a. O. qu. 2. 6. 9.

l) a. a. O. qu. 4. 10.

m) De putredine. Monsp. 1759. 4.

n) a. a. O. qu. 1. 5.

Alaun o); Valmont de Bomare beschrieb den Schwefelkies, und suchte nach Erfahrungen die Entstehung des Vitriols daraus zu erklären p): der Marq. v. Courtenvaux lehrte eine bessere Bereitung des Kochsalzäthers q), und der aus Grünspankristallen gewonnenen Säure durch Frost r): de Suvigny hat mehrere Versuche mit Luftzündern angestellt s); Ph. Jak. Imlin die Soda untersucht t); du Vergé die Erden in Touraine und ihre Düngmittel u); Marcorelle den Käs von Roquefort, und seine Bereitung x), und die Sodapflanze nebst der Art, wie sowohl daraus als aus andern Strandgewächsen Soda gewonnen wird y); Jak. Ludw. Schurer die wässerichte Feuchtigkeit des Auges z); Romieu nahm das schöne

o) a. a. O. qu. 1-4.

p) Memoir. présent. à l'Académ. de Paris. B. V. nr. 52. S. 617 ꝛc.

q) Journal des savans. 1759. S. 549. und Memoir. présentés à l'Academ. des scienc. à Paris. B. V. 1768. S. 19.

r) Memoir. présent. à l'Acad. des scienc. à Paris. B. V. nr 8. S. 72 ꝛc.

s) Ebendas. B. III. 1760.

t) Diss. de soda et inde obtinendo peculiari sale. Argentor. 1760. 4.

u) Analyse chymique des Terres de la Province de Touraine, des differens engrais propres à les ameliorer, et des semences convenables à chaque espece de terre. Memoire lu à la Societé Royale d'agriculture de Tours. à Tours. 1763. 8.

x) Memoir. présent. à l'Académ. des scienc. à Paris. B. III. 1760.

y) Ebendas. B. V. nr. 41. S. 531 ꝛc.

z) Num in curatione suffusionis lentis crystallinae extractio depositioni sit praeferenda. Argentor. 1760. 4.

schöne baumförmige Anschießen des Dampfers wahr,
wenn er durch Wasser aus Weingeist gefällt wird [a];
der Königliche Leibarzt de la Sone fand durch Ver=
suche, daß Boraxsäure durch Verbindung mit gereinig=
tem Weinstein in Wasser auflöslicher wird [b]; er er=
hielt bei gelinder Hitze sowohl aus der sogenannten
Spiesglanzbutter, als aus dem Wasser, womit er sie
verdünnt hatte, ein Salz, das ihm in manchen Rük=
sichten mit Boraxsäure überein zu kommen schien, und
versichert, aus sogenanntem Spiesglanzsafran, wenn
er ihn mit Laugensalzen bereitet hatte, wahren Borax
erhalten zu haben [c]; er versuchte auf unterschiedene
Weise die Verbindung des Weinsteins mit Spies=
glanz [d], mit Zink [e], und mit andern Körpern, durch
deren Gesellschaft er die Eigenschaft erlagt, in der
Kälte leicht zu zerfliesen, und bei schneller Hitze zu ge=
winnen [f]; er nahm mit Zink, den er mit Harnphos=
phor vergleicht [g], mit Grünspankristallen und Blei=
zucker [h], mit Sandstein, vornemlich dem merkwürdi=
gen

a) Memoir. de l'Académ. des scienc. à Paris pour 1756.
nr. 21. S. 414 ꝛc.

b) Ebendaſ. pour l'ann. 1755. nr. 13. S. 119 ꝛc.

c) Ebendaſ. pour l'ann. 1757. nr. 2. S. 26 ꝛc. und pour
l'ann. 1772. P. II.

d) Ebendaſ. pour l'ann. 1768. nr. 28. S. 520.

e) Ebendaſ. pour l'ann. 1776. S. 563-573.

f) Ebendaſ. pour l'ann. 1773. S. 191-214.

g) Ebendaſ. pour l'ann. 1772. P. I. S. 380 ꝛc. pour l'ann.
1775. S. 1-8-20. pour l'ann. 1776. S. 186. und pour
l'ann 1777. S. 1-20.

h) Ebendaſ. pour l'ann. 1773. S. 52 ꝛc.

gen von Fontainebleau i), mit halbflüchtigen Mittelsalzen k), mit verschiebnen Luft ähnlichen Stoffen l),
mit Eisensalzen m), mit Phosphor und seiner Säure n),
mit Mineralsäuren, deren leichtere Reinigung er lehrte o), mannigfaltige Versuche vor, und gab eine nach
seiner Ueberzeugung bessere Art an, Brechweinstein
zu verfertigen p): Rohault stellte Versuche an,
Spiesglanzmetall aus seinem Kalke wiederherzustel-
len q); le Chandelier zog ohne äuserliche Hize das
Oel aus Eidotter r); Montet zeigte die Uebereinstimmung des Salzes in den Tamarisken mit Glaubersalz,
und die Gegenwart der schwefelsauren Pottasche in der
Asche anderer Gewächsstoffe s), untersuchte den Berg-
kork von Mandagur und Vigün, und die Kochsalz
haltende Anschüsse am lezten Gewölbe eines Glas-
ofens t), den Marmor von Bedour und den eingetrok-
neten schwarzen Saft alter Kastanienbäume u), und
lehr-

i) Ebendaf. pour l'ann. 1774. S. 209-236. pour l'ann.
   1775. S. 68-74. und pour l'ann. 1777. S. 43-51.

k) Ebendaf pour l'ann. 1775. S. 40-65.

l) Ebendaf. pour l'ann. 1776. S. 686-696.

m) Ebendaf. pour l'ann. 1778. S. 1-12.

n) Ebendaf. pour l'ann. 1780. S. 508-514.

o) Ebendaf. pour l'ann. 1781. S. 645-656.

p) Hiftoire de la Societé royale de Medecine avec les Memoir. de Medecine et de Phyfique medicale de la même
   année. Memoir. S. 371-378.

q) Memoir de l'Académ. des fcienc. à Paris, pour 1755.
   Hift S. 73.

r) bei Vandermonde Journal de medecine &c. B. XVI.
   S. 43 2c.

s) Memoir. de l'Académ. des fcienc. à Paris, pour 1757.
   nr. 31. S. 555.

t) Ebendaf. pour l'ann. 1762. S. 632 2c.

u) Ebendaf. pour l'ann. 1777. S. 640-664.

lehrte, wie feuervestes Gewächslaugensalz durch Anschießen in einem weiten seichten Gefässe in Kristallen
gebracht ˣ), und durch Aufgießen von Weingeist,
Aether oder Oel in dieser Gestalt erhalten werden
kann ʸ): Matte zerlegte eine Korallenart ᶻ), und
beschrieb das Gerinnen des Kalköls von zerflossenem Weinsteinsalze ᵃ), gab auch ein Verfahren an,
das Quekſilber aus rothem Precipitat wieder laufend erlangen ᵇ); Bon untersuchte das Spinnenge-
webe, und zeigte, wie die Tropfen von Montpellier
daraus bereitet werden können ᶜ); Riviere stellte mit
dem Bergöl von Gabian ᵈ) Versuche an, und zerlegte
den Taumellolch ᵉ); la Morier den Tintenwurm ᶠ):
Poiſſonnier zeigte schon 1763, wie man durch ein
sehr einfaches Destillirgeräth auf Schiffen dem Meerwasser seinen Geschmak nehmen kann ᵍ); der Graf de
Lauraguais die Auflöslichkeit des Schwefels in
Weingeist, wann sich beide in Gestalt von Dämpfen
be-

x) Ebendaſ. pour l'ann. 1764. nr. 34. S. 576 ꝛc.

y) Ebendaſ. pour l'ann. 1765. nr. 35. S. 667 ꝛc.

z) Hiſtoire de la Societé Royale des Sciences établie à
  Montpellier, avec les memoires &c. B. I. Memoir.
  S. 20 ꝛc.

a) Ebendaſ. S. 177 ꝛc.

b) Ebendaſ. S. 181. 182.

c) Ebendaſ. S. 137 ꝛc.

d) Ebendaſ. S. 220 ꝛc.

e) Ebendaſ. S. 309 ꝛc.

f) Ebendaſ. S. 293 ꝛc.

g) bei Baume' Chymie experiment. et raiſonnée. B. III.
  S. 575 ꝛc.

Kk 3

begegnen ʰ), die Bereitung, Natur und Auflöslichkeit
des Schwefeläthers in Waffer ⁱ), die Bereitung des
Effigäthers; und schon er bemerkte, daß eine Art
Aether durch Aufgiesen von Säure in die andere über-
gehen könne ᵏ): Bernieres stellte den Versuch, die
Sonnenstralen in einem Kristallglase aufzufangen und
zu rothem Staube zu verdicken, worzu Digby Hoff-
nung gemacht hatte, ohne Erfolg an !); Trud. de
Montigny stellte in Gesellschaft von Macquer,
Cadet, Brisson und Lavoisier auch für die
Scheidekunst wichtige Versuche mit seinem Brenngla-
se an ᵐ): Fougeroux de Bondaroy untersuchte
mehrere Erden mit Schwefelsäure auf Alaun ⁿ), (mit
Cadet) die Schwefelwasser aus der Gegend von
Rom °), und die entzündbare Ausdünstuugen in den
Bergölbrunnen in Parma ᵖ): Th. de Darconville
beobachtete mit vieler Genauigkeit die Erscheinungen
und Stufen der Fäulung in thierischen Säften und
Fleisch, die er zum Theil absichtlich mit Salzen und
andern Stoffen versezt hatte ᵠ): d'Arcet hat sehr
wichtige Versuche mit einer Menge roher Erden, Steine
und

---

h) Memoir. de l'Académ. des scienc. à Paris, pour 1758.
nr 2. S. 9 ꝛc.

i) Ebendaf. nr. 4 S. 29.

k) Ebendaf pour 1759. Hist. S. 100.

l) Mercure de France. B. I. Janv. 1764. S. 121.

m) Memoir. de l'Academ. des scienc. à Paris, pour 1774.
S. 62-72.

n) Ebendaf. pour l'ann. 1754. nr. 22. S. 472 ꝛc.

o) Ebendaf. pour l'ann. 1770. nr. 1. S. 1 ꝛc.

p) Ebendaf. nr. 5. S. 35 ꝛc. 45 ꝛc.

q) Essai pour servir à l'histoire naturelle de la putrefaction.
à Paris, 1766. 8.

und Metallkalke in gleicher, heftiger und anhaltender
Hize angestellt ꝛ); auch er sah den Diamant im Feuer,
und zwar selbst in verschlossenen Tigeln verfliegen, und
dabei eine kleine Flamme darüber schweben ﬅ), und
stellte mehrere Versuche an, um aus einer Mischung
von Blei, Wismuth und Zinn das leichtflüssigste Metall zu erhalten ᵗ): Joh. M. Röderer untersuchte
die Galle, und glaubte auch eine Säure darinn gefunden zu haben ᵘ); dieser Behauptung sezte Ludw. Claud.
Cadet, der schon viele Versuche mit menschlicher und
anderer Galle angestellt hatte ˣ), seine Erfahrungen ʸ)
entgegen; eben derselbe theilte auser andern Beobachtungen und Versuchen, die er in Gesellschaft anderer
französischer Naturforscher anstellte, z. B. denen die
er mit Brisson über die Wirkung des elektrischen
Schlages auf Metallkalke vornahm ᶻ), seine Wahr-
nehmun-

r) 1. Memoire fur l'action d'un feu égal violent et continué pendant plusieurs jours, fur un grand nombre de
Terres, de Pierres et de Chaux Metalliques, essayées
pour la plupart telles, qu'elles fortent du fein de la
Terre. La à l'Acad. Roy. des Sciences les 16. et 28.
Mai 1766. à Paris. 1766. 8. 2 Second mémoire fur
l'action d'un feu violent et continué pendant plusieurs
jours &c la à l'Academie des fciences le 7. et le 11.
May. 1768 à Paris. 1771. 8. 3. Memoires fur le Diamant et quelques autres pierres precieufes traitées au
feu. à Paris. 1771. 8. auch in Memoir. de l'Acad. des
fcienc. à Paris pour 1770. Hift. S. 119.

s) Journal de medecine &c. B. XXXIX. S. 50 ꝛc.

t) Ebendaf. 1775. Juin.

u) Diff de natura bilis. Argent. 1767. 4.

x) Memoir. de l'Académ. des fcienc. à Paris, pour l'ann.
1767. nr. 30. S. 471 ꝛc.

y) Ebendaf. pour l'ann. 1769. nr. 13. S. 66 ꝛc.

z) Ebendaf. pour l'ann. 1775. S. 243-254.

Kk 4

nehmungen über ein Sodasalz aus einer Salzpflanze,
welche Hr. du Hamel auf seinem Gute Denainvilliers
gepflanzt hatte, und die, wie länger sie von dem Strande
entfernt wuchs, von Jahr zu Jahr weniger minerali-
sches Laugensalz in ihrer Asche zeigte ᵃ), ein Verfahren, mit geringerer Mühe eine weit größere Menge
Schwefeläther zu gewinnen, als gewöhnlich aus der
gleichen Menge Säure und Weingeist gewonnen
wird ᵇ), seine Zerlegung der Laven, nebst den Folgerungen, welche er daraus zieht ᶜ), eine Beobachtung,
nach welcher er aus der Auflösung des Queksilbers in
Salpetersäure, nachdem er sie mit gereinigtem Weingeist vermischt, die Flüssigkeit abgezogen, und den
Rükstand wieder mit beiderlei Arten feuervesten Laugensalzes ins Feuer gebracht hatte, flüchtiges Laugensalz
erhielt ᵈ), eine Untersuchung des Wassers und der Erde
aus der Hundshöle bei Neapel, die er ganz unschuldig
fand ᵉ), seine Erfahrungen mit dem Diamant, den
auch er sowohl in offenen Gefässen ᶠ), als, wenn er
nicht in andere Stoffe eingehüllt war, sogar in verschlossenen Gefässen ᵍ), bei starker Hize sich verflüchtigen
sah, seine Untersuchung des Kobolts, den er in allen
Säuren auflöslich, und in jeder dieser Auflösungen zu
geheimer Schrift tauglich fand, und aus dem durch
Laugensalz daraus gefällten Bodensaz, so wie aus der
                                            Smal-

---

a) Ebendas. pour l'ann. 1774. S. 42-44.

b) Ebendas. S. 524-533.

c) Ebendas. pour l'ann. 1761. Hist. S. 64.

d) Ebendas. pour l'ann. 1769. Hist. S. 66.

e) Ebendas. pour l'ann. 1770. Hist. S. 67.

f) bei Rozier Observ.tions sur la physique, sur l'histoire
   naturelle, et sur les arts. ann. 1772. Mai. S. 93.

g) Ebendas. Sept. S. 65.

Smalte in feine metallifche Metallgeftalt zu bringen
wufte, und feine Gewinnung einer rauchenden Flüffig=
keit aus Arfenik [h]), feine Zerlegung der Soda, welche
an der normannifchen Küfte aus einer Art Tang
(Warech) bereitet wird [i]), feine Verfuche mit Borax [k]),
vornemlich diejenige, aus welchen er, etwas übereilt,
folgerte, er enthalte nicht nur glasartige Erde [l]), fon=
dern auch Kupfer und Arfenik [m]), als wefentliche Be=
ftandtheile, und falle nach Verfchiedenheit der dabei ge=
brauchten Säure immer anderft aus [n]), und fein Ver=
fahren mit, die effigfaure Pottafche gut und weis zu
bereiten [o]); auch glaubte er, erwiefen zu haben, daß
fich das Kupfer fo verbergen könne, daß es durch flüch=
tiges Laugenfalz und andere Mittel nicht zu entdecken
feie [p]): Monnet ftellte mit Arfenik viele Verfuche
an, und zeigte in einer Abhandlung, welche bei der
Akademie der Wiffenfchaften zu Berlin den Preis
er=

h) Memoir. préfent. à l'Académ. des fciences à Paris par
divers favans. B. III. nr. 40. S. 623 2c.

i) Memoir. de l'Académ. des fcienc. à Paris, pour l'ann.
1766. nr. 33. S. 487 2c.

k) Ebendaf. nr. 17. S. 365 2c.

l) Memoir. préfentés à l'Académie des fcienc. à Paris par
divers favans. B. V. nr. 13. S. 117 2c. und Nov. act.
Acad. Caefar. Natur. Curiof. B III. nr. 27. S. 105 2c.

m) Memoir. préfent. à l'Acad. des fcienc. à Paris a. e.
a. O. nr. 11. S. 105 2c. Nov. act. Acad. Caefar. Nat.
Curiof. a. e. a. O. nr. 26. S. 96 2c.

n) Memoir. de l'Académ. des fciences à Paris, pour
l'ann. 1780. S. 583 - 597.

o) Nov. act. Acad. Caef. Natur. Curiof. a. e. a. O. nr.
45. S. 184 2c.

p) Memoir de l'Acad. des fcienc. à Paris, pour l'ann.
1774. S. 472 - 488.

Ll 5

errang, daß er kein Bestandtheil der Metalle seie [q]);
er fand aus Erfahrungen die Meinung unrichtig, daß
Kochsalzsäure das Vererzungsmittel des Bleis im
Bleispat ist [r]), erhielt aus Schwefelsäure mit Kampfer und Weingeist ein einem weichen Erdharze ähnliches Wesen [s]), glaubte im Schwerspat nicht Schwefelsäure, sondern Schwefel, und eine freilich von der
gewöhnlichen abweichende Kalkerde [t]), so wie an der
Weinsteinsäure große Aehnlichkeit mit der Kochsalzsäure [u]) gefunden zu haben, zerlegte Hornsilbererz, das
man damals zu Markirch gebrochen hatte [x]), gab eine
Art an, ätzendes kochsalzsaures Quecksilber ohne Sub-
limirhize zu bereiten [y]), untersuchte einen Schiefer von
Littry in der Normandie, welcher Bittersalz hielt [z]);
auch von lüttichischem Alaunschiefer sah er es auswit-
tern, so wie er überhaupt Bittererde in mehreren Erdarten, und Kieselerde aus reinem Quarz nach dem
Schmelzen mit reinem Laugensalze und Fällen durch
Säure unverändert, fand [a]); er theilte seine Bemerkungen über den Einflus des Bodens auf die darauf wach-
sende

q) Differtation fur l'arfenic, qui a remporté le prix pro-
posé par l'Académie royale des fciences et belles lettres
pour l'année 1773. à Berlin. 1774. 8.

r) bei Rozier Obfervations &c. B. V. 1775. Avr.
S. 353 2c.

s) Ebendaf. Mai. S. 456.

t) Ebendaf. B. VI. Sept. S. 214-224.

u) Ebendaf. B. III. 1774. Avr. S. 276-280.

x) Memoir préfent. à l'Acad. de Paris par divers favans.
B. IX. S. 717-729.

y) Kongl. Svensk. Vetenfk. Academ. Handling. B. XXXII.
S. 104 2c.

z) Ebendaf. B. 35. S. 333 2c.

a) bei Rozier Obfervations &c. B. III. Iuin. S. 423-428.

ſende Pflanzen b) mit, glaubte bei Poullaouen ein
neues Metall entdeckt zu haben, welches er Saturnit
nannte c), welches aber von vielen bezweifelt, und
bald ganz vergeſſen worden iſt, ſtellte einige Verſuche
mit Menninge an d), trachtete die Urſache zu ergrün=
den, warum Salpeter und Küchenſalz durch erdige Zu=
ſäze zerſezt werden e), prüfte die auflöſende Kraft des
Weinſteins und Eſſig auf Quekſilber f), und ſchlug
den Gebrauch der Säuren zu ſchnellerer Reinigung des
brandichten Oels vor g): J. Bapt. Mich. Bucquet
erzählte mit Galle h) und Milch i) angeſtellte Verſuche,
prüfte die Feuchtigkeit, welche von einer Frau ausſlos,
nachdem ihr die Schamknochen da, wo ſie durch einen
Knorpel mit einander vereinigt ſind, durchſchnitten wa=
ren k), beurtheilte die mannigfaltige Verfälſchung des
Weins, vornemlich diejenige mit Blei, und die Mit=
tel, ſie zu entdecken, unter welchen er die Darſtellung
deſſelbigen in Metallgeſtalt für die ſicherſte hält l), rieth
um die kräftige Theile des Mohnſaftes auszuziehen,
aus

b) Ebendaſ. B. IV. Sept. S. 175-190.

c) Chem. Annal. 1786. B. II. S. 303-305.

d) Melanges de philoſophie et de mathematique de la Societé royale de Turin, pour les années 1766-1769.
S. 71-74.

e) Ebendaſ. S. 47-56.

f) Ebendaſ. S. 93-108.

g) Ebendaſ. S. 75-79.

h) Ergo digeſtio alimentorum verá digeſtio chymica.
Pariſ. 4 1769. wieder gedruckt 1771 und 1772.

i) mit Steph. Ludw. Geoffroi Ergo recens nato lac
recens enixae matris. Paris. 1769. 4.

k) Hiſtoire de la Societé royale de Medeſine. Ann.
MDCCLXXVI. &c. hiſt. S. 331.

l) Ebendaſ. S. 356-359.

aus Erfahrung und Gründen, kaltes Wasser an [m]), stellte
mit kohlensaurem Gas [n], mit Zeolith [o]). mit den salzigen
Verbindungen des Arseniks [p]) Versuche an, und un=
tersuchte die Umstände, unter welchen der Salmiak durch
ungelöschten Kalk und metallische Stoffe zersezt wird [q]=
der Abt Máze'as theilte seine Bemerkungen über das
Laugensalz der Strandpflanzen, und die Mittel, sie
eben so, wie die Soda, anzuwenden, mit [r]): Franz
Demachy, dessen schriftstellerische Thätigkeit, wie
bei mehreren der erst genannten und noch folgenden
Männern, in das folgende Zeitalter hineinreicht, und
hauptsächlich die Anwendung der Chemie auf Brenne=
reien u. d. zum Augenmerk hatte, äuferte gegen die Ei=
genthümlichkeit des kohlensauren Gas [s]) und die Be=
hauptung Marcgrafs, er habe aus gereinigtem Wein=
stein und Salpetersäure Salpeterkristallen erhalten,
Zweifel [t]); auch erhielt er, bei der Destillation von
Ochsenblut einen Theil des flüchtigen Laugensalzes zu
Mittelsalz gebunden, und schlos daraus auf Säure
im Blute [u]); den nach Libav genannten rauchenden
Geist

m) Ebendaf. Mémoir. S. 399 - 404.

n) Memoir. préfentés à l'Académ. des fcienc. à Paris par
divers favans. B. VII. S. 1 - 17.

o) Ebendaf. B. IX. S. 576 - 592.

p) Ebendaf. S. 643 - 658 - 672.

q) Ebendaf. S. 563 - 575.

r) Memoir préfentés à l'Académie des fcienc. à Paris par
divers favans. B. V. S. 358.

s) bei Rozier Obfervations fur la phyfique &c. B. III.
Juin. 1774. S. 408 - 412.

t) Memoir. de l'Académ des fcienc. à Paris, pour l'ann.
1765. Hift. S. 48.

u) Ebendaf. pour l'ann. 1770. hift. S. 67. auch in feinem
Recueil de differtations phyfico - chymiques. à Amfterd.
1774. 8. nr. 6.

Geist sah er von einem einigen Tropfen Wassers plötzlich in kleine Kristallen anschiesen, die immer noch rauch=
ten ˣ): auch er empfohl zur Prüfung des Weins auf
Blei arsenikalische Schwefelleber ʸ), und suchte die
Ursache der Farbe in dem gereinigten thierischen Oele
auf ᶻ); er gab zur Bereitung des Brechweinsteins ᵃ),
der Syrupe aus gewürzhaften Körpern ᵇ), und des
Queksilbermohrs mit Gummi ᶜ) Anleitung; auch zeig=
te er, daß sich die fette Oele leichter mit Laugensalzen
verbinden, als die flüchtige ᵈ), glaubte Wasser in Erde
verwandelt zu haben ᵉ), und nahm noch zulezt eine
Prüfung der neuen Lehren von Lavoisier vor ᶠ): de
Boisster, Bordenave und Gotart sezten die
Erscheinungen der Fäulnis deutlich aus einander ᵍ);
der Strasburgische Lehrer, Jak. Reinb. Spielmann
be=

---

x) Nov. act. Acad. Caef. Natur. Curiof. B. IV. obf. 15.
    S. 68 ⁊c.

y) Ebendaf. obf. 16. S. 62.

z) Ebendaf. obf. 17.

a) Ebendaf. B. V. obf. LI. S. 190.

b) Ebendaf. S. 191.

c) Ebendaf. B. VII. obf. VII.

d) Avantcoureur. Paris. 1769.

e) bei Rozier obfervations &c. B. IV. Juill. 1774.
    S. 37. 38.

f) Examen impartial de la nouvelle doctrine des chimiftes
    modernes ou pneumatiftes. Efprit des journaux. Janv.
    1790. S. 229 - 300.

g) Differtations fur les antifeptiques, qui ont concouru
    pour le prix propofé par l'Académie des Sciences, Arts
    et Belles Lettres de Dijon en 1707, dont la prémiere a
    remporté le Prix, et dont les deux autres ont partagé
    l'Acceffit. Imprimées par ordre de l'Académie. à Dijon.
    1769. 8.

beschrieb einen blauen Quekſilberniederſchlag [h], lieſer-
te eine Geſchichte und mit zahlreichen Verſuchen unter-
ſtüzte Prüfung der Seifen [i]), ſuchte den Thon zu zerlegen [k], und unterſuchte das elſäſiſche Erdharz [l]):
Chardenou nahm in ſeinen Verſuchen den Zuwachs
der Metalle an Gewicht bei dem Verkalken wahr, und
leitete ihn von dem negativen Gewicht des Brennſtoffs
ab, welchen ſie dabei verlieren [m]); Raym. Chim-
baud de Filhot ſpürte den Urſachen des Roſtens
der Metalle nach [o]); Pet. Thouvenel unterſuchte
mit mehr Genauigkeit, als es bisher gewöhnlich war,
die Beſtandtheile der thieriſchen Körper, vornemlich
ihrer Säfte, und der Nahrungsmittel [p]); auch hat er
mehrere Inſecten theils durch Deſtilliren, theils mit
Auflöſungsmitteln unterſucht [q]); noch mehrere Anſprüche als an ihn und Demachy hat das folgende Zeitalter an dem berühmten pariſiſchen Scheidekünſtler
Sa-

h) bei Vandermonde Journal de medecine &c. B.
XXIV. 1766.

i) Nov. act. Acad. Caeſ. Natur. Curioſ. B. III. nr. 89.
S. 442 ꝛc.

k) 1. reſp. Jo. Dan. *Metzger* de argilla ſpecimen. Argent.
1765. 4. 2. reſp. J. F. *Moſeder* examen de compoſitione et uſu argillae. Argentor. 1773. 4.

l) Memoir. de l'Académ. des ſcienc. à Berlin. pour l'ann.
1758. S. 105 - 128.

m) Mémoir. de l'Académ. de Dijon. B. I. 1769.

o) Diſſertation ſur la cauſe de la rouille des metaux, qui
a remporté le prix au jugement de l'Académie royale.
à Bourdeaux. 1747. 4.

p) Tentamen chymico-medicum de corpore nutritivo et
de nutritione. Piſcenis. 1770. 4.

q) Hiſtoire de la Societé de medecine à Paris pour l'ann.
1776. S. 331-334.

Sage; eröfnet hat er inzwischen die Bahn des Schrift-
stellers mit seinem oben angeführten Examen chymique,
in welchem er die Eigenschaften des flüchtigen Laugensalzes aus einander gesezt, und eine Untersuchung des
Schwefelsalmiaks von der Solfatara, des weissen
Bleispats und anderer Bleierze, und des Galmeis geliefert, und Bemerkungen über die Kupfererze, über
den Lasurstein, und über die Art, Wein, vornemlich
auf Blei, zu prüfen, mitgetheilt hat; sonst haben wir
ihm eine Untersuchung des Galmeis von Sommerset
und Nottingham [q]), in welchem er den Zink mit Kochsalzsäure vererzt wähnte, die Bemerkung aus solchem
Galmei, den er mit etwas Eisenfeile ins Feuer brachte, Zinkbutter erhalten zu haben [r]), Bemerkungen über
die Zerlegung des Knallgoldes [s]), eine Zergliederung
des Getreidesamens und anderer meelartiger Stoffe [t]),
und eine Untersuchung einiger Torfarten [u]) zu verdanken; er zeigte, daß mehrere Proben ihm vorgezeigter
Knochensäure ein in Wasser unauflösliches Glas
seien [x]), daß im Kehrsalpeter ein Theil der Säure mit
Kochenerde verbunden ist [y]), und die Natur der Säure,

welche

q) Memoir. de l'Académ. des scienc. à Paris pour l'ann.
1770 nr. 3. S. 15 2c.

r) Ebendas. pour l'ann. 1773. S. 183.

s) Ebendas. S. 386-389.

t) Analyse des bleds et experiences propres à faire con-
noitre la quantité du froment et principalement celle du
son de ce grain, avec des observations sur les substances
végétales, dont les differentes nations font usage, au
lieu du pain à Paris. 1776. 8.

u) Avantcoureur. Avignon. 1769.

x) Memoir. de l'Académ. des scienc. à Paris pour 1777.
S. 321-323.

y) Ebendas. S. 433. 434.

welche nach dem Zerfliesen vom Phosphor zurück
bleibt *), und der Salze, welche sie bildet, so wie
derjenigen, welche man durch Abziehen von Salpetersäure darüber aus Zucker erhält ᵇ); er beschrieb die
Kristallen von rothem Kupferkalke, welche er in den
Bruchstücken einer unter Wasser gefundenen kupfernen
Statue eines Pferdes wahrnahm ᶜ), und die Kristallen, welche aus der Auflösung des Kupfers in Salmiakgeist anschiesen ᵈ), untersuchte die Steinkohlen von
Severac ᵉ), und eine gelbe Eisen haltende Erde aus
Berry, und zeigte, wie aus derselbigen englisches und
preußisches Roth bereitet werden kann ᶠ), und empfohl das
durch Sauerkleesäure aus Schwefelsäure gefällte Eisen,
als haltbare gelbe Oel- und Wasserfarbe ᵍ); er rieth
durch Stunde langes Schmelzen undurchsichtigen
Phosphor durchsichtig zu machen ʰ), prüfte einige Wiß-
mutherze ⁱ), den Aventurin und einige Arten Feld-
spat ᵏ), einige Spiesglanzerze, vornemlich aber das
mit metallischem Arsenik verbundene Spiesglanzmetall ˡ), den Beryll ᵐ), den böhmischen Eisenstein in
ge-

a) Ebendaf. S. 435. 436.

b) Ebendaf. S. 437 – 439.

c) Ebendaf. pour l'ann. 1778. S. 210 - 212.

d) Ebendaf. pour l'ann. 1766. Hift. S. 74.

e) a. e. a. O.

f) Ebendaf. pour l'ann. 1779. S. 310 - 313.

g) Ebendaf. pour l'ann. 1780. S. 104 ꝛc.

h) Ebendaf. S. 102. 103.

i) Ebendaf. S. 99 - 101. und pour l'ann. 1785. S.
245 - 247.

k) Ebendaf. pour 1781. S. 1 - 4.

l) Ebendaf. pour 1782. S. 310 - 313.

m) Ebendaf. S. 314. 315.

gegliederten Säulen ?), eine gelblichte Spiesglanz und
Eisen haltende Bleierde aus Savoien °), den von la
Peyroufe sogenannten Braunsteinkönig, der doch
noch Eisen halte P), grünen Schwerspat ?), ein Mös=
fingerz von Pisa ²) im Feuer, und suchte durch Versuche
die Wirkung des entzündbaren Gas auf organisirte
Körper ²), die Nothwendigkeit, zum Ausziehen des
Silbers aus Erde vieles Blei zu nehmen ¹), und die
Reinigung des Kupfers durch Auflösung in Salpeter=
säure ") zu zeigen; auch er erhielt vermittelst der Salpe=
terfäure aus Weingeist Sauerkleefäure ⁿ); er verglich die
Hize, welche Holzkohlen, mit derjenigen, welche Torf=
kohlen geben ⁹), und beschrieb seine Versuche Kupfer
mit Phosphor zusammenzuschmelzen ²): Ein Ungenann=
ter zerlegte viele gangbare Arzneien seiner Zeit ᵃ); ein
Anderer erzählte die Geschichte der Fäulung und eine
Menge Versuche, die Fäulung des Fleisches aufzu=
halten ᵇ).

Aber

n) Ebendaf. S. 316. 317.

o) Ebendaf. pour l'ann. 1784. S. 291. 292.

p) Ebendaf. pour l'ann. 1785. S. 235. 236.

q) Ebendaf. S. 238. 239.

r) Chemifch. Annal. 1791. B. I. S. 536.

s) Memoir. de l'Académ. des fcienc. à Paris pour 1784,
S. 287. 288.

t) Ebendaf. S. 289 - 291.

u) Ebendaf. pour l'ann. 1785. S. 237. 238.

x) Ebendaf. S. 202 - 204.

y) Ebendaf. S. 239 - 242.

z) Chemifch. Annalen. 1792. B. I. S. 33. 34.

a) Analyfe de plufieurs polychreftes ultramarins, leurs
ufages et proprietés. Paris. 1736. 8.

b) (nach einigen Nachrichten die Frau eines Parlaments=

Aber die fruchtbarste Schriftsteller dieses Zeitalters waren in Frankreich sowohl, was die Wichtigkeit und den innern Gehalt, als was den Vorrath der von ihnen beschriebenen und zum Vortheil der Wissenschaften genüzten Erfahrungen und Wahrnehmungen betrift, die beide Geoffroy, der jüngere Lemery, Sohn von Nik. Lemery, Pet. Jos. Macquer und Baumé.

Steph. Franz Geoffroy war 1672 zu Paris gebohren, und hatte sich in seiner ersten Jugend nach dem Vorgange seines Vaters der Apothekerkunst gewidmet, beschäftigte sich aber auch nachher, als er sich der Arzneikunst weihete, hauptsächlich mit Chemie, und wurde nach der Zurückkunft von seinen Reisen nach England und Italien, wo er mit den ersten Naturforschern und Aerzten seiner Zeit Verbindungen eingieng, zum Lehrer dieser Wissenschaft in dem Königlichen Garten zu Paris, und in der Folge zum Mitgliede der medicinischen Facultät daselbst, und der Akademie der Wissenschaften ernannt, starb aber schon zu Anfang des Jahrs 1731 [c]. Er stellte mehrere Versuche mit Schwefelsäure und verbrennlichen Körpern an, aus welchen er schlos, sie bilde mit diesen Schwefel, und sich auch einige Folgerungen auf die vermuthliche Zusammensezung der Metalle erlaubte [d]; er schon bemerkte, daß Salpetersäure, wenn sie in die Nähe von Salmiakgeist komme, einen sichtbaren Rauch gibt [e]); er

Präsidenten Ther. d'Arc) Essay pour servir à l'histoire de la putrefaction. à Paris. 1766. 8.

c) S. Histoire de l'Académie des sciences à Paris pour l'ann. 1731.

d) Memoir. de l'Académ. des scienc. à Paris pour l'ann. 1704. S. 384 :c.

e) Ebendas. pour l'ann. 1713. Hist.

er erzählte aus eigener Erfahrung die Auflösungen und
Aufbrausungen, die mit Kälte begleitet sind [f]); er ent=
deckte in der Asche aller Gewächse, die er untersuchte,
Eisentheilchen [g]), von welchen er sich einbildete, und
durch scheinbare Versuche gegen Lemery zu erweisen
suchte, daß sie erst durch die Einäscherung gebildet wor=
den [h]) seien; er zerlegte den Meerschwamm, und fand ihn
andern thierischen Stoffen ähnlich [i]); er stellte mehrere
Erfahrungen mit Metalltincturen [k]), Eisenvitriol [l]),
und eine ganze Reihe sehr wichtiger Versuche mit wohl=
riechenden Oelen [m]) an; er glaubte in dem Gange und
den Fortschritten der Gährung, so wie in der Verän=
derung, welche der Salpeter durch Verpuffen mit Koh=
lenstaub erleidet, Beweise von dem Uebergang der
Säure in Laugensalz zu finden [n]); um das Ungestümm,
womit die Metalle bei ihrer Auflösung in Säuren aufbrau=
sen, zu dämpfen, schlägt er aus angestellten Proben vor,
den aufzulösenden Stoff vorher mit Oel oder Weingeist zu
benezen [o]); er wuste aus einer mit Weingeist bereiteten
Rosentinctur, wenn er einen mit Vitriolgeist schwach
gesäuerten Weingeist darauf gos, eine schöne rothe
Farbe

f) Ebendas. pour l'ann. 1700. S. 153 ꝛc.

g) Ebendas. pour l'ann. 1705. S. 478 ꝛc.

h) Ebendas. pour l'ann. 1707. S. 224 ꝛc.

i) Ebendas. pour l'ann. 1706. S. 660 ꝛc.

k) Ebendas. pour l'ann. 1713. Hist.

l) Ebendas. pour l'ann. 1713. S. 225. Hist. S. 48.

m) Ebendas pour l'ann. 1721. S. 103 ꝛc. und pour l'ann.
1727. S. 124.

n) Ebendas. pour l'ann. 1717. S. 291 ꝛc.

o) Ebendas. pour l'ann. 1719. S. 93 ꝛc.

Farbe zu erhalten [p]), erzählte die merkwürdige Wirkungen, welche ein dem Herzoge von Orleans zugehöriges Brennglas auf Metalle äuserte [q]), und zeigte eine Art an, wie die Menge der wirklichen Säure in sauren Flüssigkeiten und Salzen bestimmt werden könne [r]); den Geruch der Stoffe, welche trockene Hize aus Thieren und Gewächsen übertreibt, leitete er mit Recht von brandichtem Oele ab [s]); daß er, wie schon oben erwähnt ist, mehrere Betrügereien der Goldmacher entlarvte, ist keines seiner geringsten Verdienste; aber das wichtigste bleibt wohl seine genaue Aufmerksamkeit auf die chemische Anziehungskraft der Körper, die er theils aus eigenen, theils aus den Erfahrungen Anderer bestimmt, und zuerst in Tabellen gebracht hat [t]). Eines seiner Hauptwerke, das erst nach seinem Tode herauskam [u]), und in die französische [x]), englische [y]) und

p) Philosoph. Transact. for the year 1699. nr. 249. S. 43.

q) Ebendas. for the year 1708 und 1709. nr. 322. S. 374 ꝛc. und Memoir. de l'Academ. des scienc. à Paris, pour l'ann. 1708. S. 255.

r) Philosoph. Transact. for 1700 and 1701. nr. 262. S. 536 - 554.

s) Memoir. de l'Academ. des scienc. à Paris. pour l'ann. 1702. Hist.

t) Memoir. de l'Academ. de Paris. pour l'ann. 1718. S. 202 (256). und pour l'ann. 1720. S. 20 (24) ꝛc.

u) Paris. Vol. I. II. III. 1741. 8. Venet. Vol. I. II. 1742. 4.

x) Traité de la matiére medicale ou de l'histoire, des vertus, du choix et de l'usage des remedes simples. à Paris. Vol. I - VII. 1757. 8. Supplement. Vol I III. Suite Vol. I - VI. par Arnault de *Nobleville* et *Salerne*). Table generale et alphabétique des dix volumes de la matérie medicale de M. *Geoffroy*, suivie d'une table alphabeti-

und teutsche ᵃ) Sprache übersezt wurde, sein tractatus
de materia medica ᵃ), enthält, ob er gleich seinem
Hauptinhalte nach nicht hieher gehörte, eine grose Menge chemischer Zergliederungen von Arzneien, welche er
meist selbst angestellt hat.

Claud. Jos. Geoffroy, der 1752 im 66. Jahre
seines Lebens zu Paris starb, und gleichfalls Mitglied der Akademie der Wissenschaften war, stellte gleichfalls über die wesentliche Oele der Pflanzen ᵇ), vornemlich über das Spiköl ᶜ), ihre Vermischung mit
Weingeist ᵈ), und ihre sowohl als der natürlichen Bal-
same Entzündung durch Salpetergeist ᵉ), über einige
Arten Flaschenglas ᶠ), über das Berliner Blau und
seine Bereitung ᵍ), über den Borax ʰ), den er ohne
Sublimation zerlegte, über den Spiesglanz und einen
neuen

betique des six volumes, servans de suite à la matiére
médicale de M. *Geoffroy* et contenant le regne animal.
à Paris. 1770. 12.

y) London. 1756. 8.

z) Abhandlung von der Materia medica. Th. I - VIII. Leipzig. 1760 - 1766. 8.

a) sive de medicamentorum simplicium historia, virtute,
delectu, et usu.

b) Ebendas. pour l'ann. 1707. S. 686.

c) Ebendas. pour l'ann. 1715. S. 321 ꝛc.

d) Ebendas pour l'ann. 1728. S. 193 ꝛc.

e) Ebendas. pour l'ann. 1726. S. 132 ꝛc.

f) Ebendas. pour l'ann. 1724. S. 547 ꝛc.

g) Ebendas. pour l'ann. 1725. S. 221 ꝛc. 316 ꝛc. und pour
l'ann. 1743. S. 41 ꝛc.

h) Ebendas. pour l'ann. 1732. S. 549 ꝛc.

Ll 3

neuen knallenden Phosphor aus demselben[i]), über
das Zinn[k]), und einige Proben von gemischtem
Zinn[l]), über den Wismuth und seine Aehnlichkeit
mit Blei[m]); über die Alaunerde und die Art Alaun
in Vitriol zu verwandeln[n]), und über Kalk, aus
welchem er mit Hülfe von Essig Hornstein erzeugt zu
haben wähnte[o]), lehrreiche Erfahrungen und Bemer=
kungen an; er zerlegte rothe Korallen und andere Pflan=
zenthiere[p]), Nostok[q]), Trüffeln[r]), Bezoarsteine[s]),
Gummilak, Kermes und Kochenille[t]), bestimmte die
Natur und Mischung des Salmiaks, und gründete
darauf eine bessere Art ihn auch in Europa zu berei=
ten[u]), suchte, nach eigenen Erfahrungen, die Kraft
der Mittel, welche Feuer löschen sollen, in Salzen[x]),
stellte mit Zink und Kupfer unterschiedene Versuche an,
um durch ihre Verbindung mit einander ein Metall
von der schönsten Goldfarbe zu erlangen[y]), untersuchte
                                                mehrere

i) Ebendas. pour l'ann. 1736. S. 563 ꝛc.

k) Ebendas. pour l'ann. 1738. S. 148 ꝛc.

l) Ebendas. pour l'ann. 1743. Hist. S. 139 ꝛc.

m) Ebendas. pour l'ann. 1753. S. 296 (445) ꝛc.

n) Ebendas. pour l'ann. 1744. S. 97 ꝛc.

o) Ebendas. pour l'ann. 1746. S. 416 ꝛc.

p) Ebendas. pour l'ann. 1708. S. 130 ꝛc.

q) Ebendas. S. 293 ꝛc.

r) Ebendas. pour l'ann. 1711. S. 29 ꝛc.

s) Ebendas. pour l'ann. 1710. S. 314 ꝛc.

t) Ebendas. pour l'ann. 1714. S. 151 ꝛc.

u) Ebendas. pour l'ann. 1720. S. 189 (245) ꝛc. und pour
    l'ann. 1723: S. 210 (304) ꝛc.

x) Ebendas. pour l'ann. 1722. S. 211 ꝛc.

y) Ebendas. pour l'ann. 1725. S. 57 (81) ꝛc.

mehrere Arten von Vitriol [z]), den durch Frost verstärk=
ten Essig [a]), auf seinen Gehalt an nahrhaftem
Schleim sowohl Fleisch, wie es gewöhnlich zu Brühen
gebraucht wird [b]), als andere geniesbare thierische
Stoffe und Brod [c]), des Grafen de la Garaye Art,
Extracte, oder, wie dieser sie nannte, wesentliche Salze
zu bereiten [d]), welche er nicht für neu hält, das schi=
nesische weisse Kupfer, welches er für eine Mischung
aus Kupfer und Arsenik hielt [e]), das mit Wachs ge=
tränkte Spiesglanzglas [f]), Routrou's auflösendes
Mittel und den sogenannten schweistreibenden Spies=
glanzkalk [g]), bestrebte sich, den Grund der brechenma=
chenden Kraft des Spiesglanzes zu enträthseln, und
gibt Anleitung, das Kartheuserpulver [h]) durch Schmel=
zen, besser als durch Kochen, zu bereiten, den Wein=
geist zum Frieren zu bringen, und den fetten Oelen ei=
nige Eigenschaften der flüchtigen mitzutheilen [i]), die
wasserfreie Schwefelsäure flüchtig, wie ein flüchtiges
Oel, zu machen, und nachher wieder in seine erste Ge=
stalt zu bringen [k]), Seignettisches Polychrestsalz und
an=

z) Ebendas. pour l'ann. 1727. S. 425 ꝛc.

a) Ebendas. pour l'ann. 1729. S. 93 ꝛc.

b) Ebendas. pour l'ann. 1730. S. 312 ꝛc.

c) Ebendas. pour l'ann. 1732. S. 24 ꝛc.

d) Ebendas. pour l'ann. 1738. S. 273 ꝛc.

e) Ebendas. pour l'ann. 1739. Hist. S. 32.

f) Ebendas pour l'ann. 1745. S. 230 ꝛc.

g) Ebendas. pour l'ann. 1751. S. 465 ꝛc.

h) Ebendas. pour l'ann. 1734. S. 573 ꝛc. pour l'ann. 1735.
S. 72 und S. 422 ꝛc.

i) Ebendas. pour l'ann. 1741. S. 14 ꝛc.

k) Ebendas. pour l'ann. 1742. S. 69 ꝛc.

andere Mittelſalze [1]); Seifenſiederlauge, und eine
harte Seife zum Arzneigebrauche [m]) zu verfertigen.

Ludw. Lemery trat in die Fußſtapfen ſeines um
die Scheidekunſt ſo ſehr verdienten Vaters [n]); er war
1677 zu Paris gebohren, und ſtarb 1743 als Mitglied der Akademie der Wiſſenſchaften und der Facultät der Aerzte zu Paris.

Zwar rügte er mit Nachdruck und richtig den geringen Nutzen und die Fehler, welche die Scheidekünſtler ſeiner Zeit bei ihren Zerlegungen thieriſcher und
Gewächsſtoffe begiengen [o]); daß er jenen erhöht hat,
läſt ſich wohl nicht läugnen; daß er aber dieſe in ſeiner
Zerlegung gegohrner Gewächsſtoffe [p]), z. B. des gegohrnen Johannisbeerenſaftes [q]), und des Meths [r]), auch
der Waſſerkreſſe [s]), vermieden habe, ſchwer erweiſen;
er trachtete durch Verſuche, die, wenn ſie auch das
nicht darthun, was er daraus folgert, in jeder andern
Rückſicht merkwürdig ſind, die Grundmiſchung des Eiſens zu erforſchen [t]), zeigte, daß die Pflanzen [u]), daß
ins-

l) Philoſoph. Tranſact. for the Year 1735. and 1736.
    B. XXXIX. nr. 436. S. 37 ꝛc.

m) Ebendaſ. for the Year 1742 and 1743. B. XLII. nr.
    463. S. 71 ꝛc.

n) S. Memoir. de l'Académ. des ſciences à Paris pour
    l'ann. 1743. Hiſt. S. 195-208.

o) Ebendaſ. pour l'ann. 1719. S. 227 ꝛc. pour l'ann. 1720.
    S. 121 ꝛc. S. 216 ꝛc. und pour l'ann. 1721. S. 28 ꝛc.

p) Ebendaſ. pour l'ann. 1702. Hiſt. S. 50.

q) Ebendaſ. pour l'ann. 1703. Hiſt. S. 58.

r) Ebendaſ. pour l'ann. 1707. Hiſt. S. 44.

s) Ebendaſ. pour l'ann. 1701. Hiſt.

t) Ebendaſ. pour l'ann. 1706. S. 148. und Hiſt. S. 40.

u) Ebendaſ. Memoir. S. 529.

insbesondere die Oele [x]), Eisen in sich haben, und daß sich dieses nicht erst durch das Einäschern bilde, wenn gleich der Magnet vor demselbigen nicht darauf wirkt [y]); er beschrieb den Baum ähnlichen Auswuchs einer Eisenauflösung, die mit Salpetersäure gemacht war, als er zerflossenes Weinsteinsalz zugos [z]); er bestrebte sich durch zahlreiche Versuche die Zusammensezung der mancherlei Arten Vitriol und die Entstehung der gewöhnlichen Schreibtinte [a]), die wahre Fällung der Metalle aus den Säuren [b]), die verschiedene Farben, womit das Quekfilber niedergeschlagen wird [c]), und die Wirkung des Eisens und der daraus bereiteten Mittel auf die Säfte des thierischen Leibes [d]) zu erklären, untersuchte die Wirkung mehrerer Salze auf verschiedene verbrennliche Stoffe [e]), den Salpeter [f]), den Salmiak, dessen Bereitungsart in Egypten er jedoch nicht errieth [g]), den Alaun und die Arten des Vitriols, insbesondere den gemeinen [h]), den Kampfer, von welchem er

x) Ebendaf. pour l'ann. 1707. S. 6 2c.

y) Ebendaf. pour l'ann. 1708. S. 482 2c. und Histoir. S. 75 2c.

z) Ebendaf. pour l'ann. 1707. S. 388 2c.

a) Ebendaf. S. 713 2c.

b) Ebendaf. pour l'ann. 1711. S. 72 2c.

c) Ebendaf. pour l'ann. 1712. S. 66 2c. und pour l'ann. 1714. S. 336 2c.

d) Ebendaf. pour l'ann. 1713. S. 41 2c. Hist. S. 33 2c.

e) Ebendaf. S. 130 2c. Hist. S. 41 2c.

f) Ebendaf. pour l'ann. 1717. S. 39 2c. S. 156 2c.

g) Ebendaf. pour l'ann. 1716. Hist. S. 34.

h) Ebendaf. pour l'ann. 1735. S. 356 2c. und S. 523 2c. und pour l'ann. 1736. S. 362 2c.

er die Reinigung angibt [i], mit Bezeichnung der vor-
theilhafteren Verfahrungsweise die mancherlei Arten
ätzenden Sublimat zu verfertigen [k]), und in Gesellschaft
von Geoffroy und Hellot das Kochsalz von Pe-
cais [l]); er stellte mit Borax [m]) und dem Luftzünder [n])
viele Versuche an, und suchte mehrere Stoffe auf,
welche mit Alaun einen solchen hervorbringen können [o]):
Er zeigte durch eine ganze Reihe von Erfahrungen,
daß Feuer oder Wärmestoff ein wahrer Körper ist [p]):
Er stellte Beobachtungen und Versuche über die wahre
oder scheinbare Verflüchtigung der feuervesten Laugensalze [q]) an, und erfand die Bereitung des Eisenmohrs,
der in Frankreich noch lange nach seinem Tode nach ihm
genannt wurde [r]).

Wenn auch das folgende Zeitalter die gleiche Ansprüche an ihre Verdienste hat, so verdienen doch
Macquer und Baumé hier erwähnt zu werden, da
sie die Laufbahn, auf welcher sie der Wissenschaft so
grose Dienste leisteten, lange vor dem Ablauf dieses
Zeitraums eröfneten; beide waren Lehrer der Chemie,
der erste Mitglied der parisischen Akademie der Wissenschaften.

Macquer, Mitglied der Facultät der Aerzte zu
Paris, war 1718 zu Paris gebohren, und starb 1784;
schon

i) Ebendas. pour l'ann. 1705. S. 47 ꝛc.

k) Ebendas. pour l'ann. 1734. S. 359 ꝛc.

l) Ebendas. pour l'ann. 1740. S. 511 ꝛc.

m) Ebendas pour l'ann. 1727. S. 387 ꝛc. und pour l'ann.
1729. S. 400 ꝛc.

n) Ebendas. pour l'ann. 1715. S. 30 ꝛc.

o) Ebendas. pour l'ann. 1714. S. 520 ꝛc.

p) Ebendas. pour l'ann. 1706. S. 520 ꝛc. und Hist. S. 7.

q) Ebendas. pour l'ann. 1717. S. 316 ꝛc.

r) Ebendas. pour l'ann. 1743. Hist. S. 203.

schon 1745 theilte er der Akademie der Wissenschaften
eine zahlreiche Reihe fremder und eigener Erfahrungen
mit, aus welchen er folgerte, der Grund von der ver=
schiedenen Auflöslichkeit der Oele in Weingeist liege in
der unterschiedenen Menge von Säure, welche sie mit
sich führen [s]); seine trefliche Erfahrungen mit dem Ar=
senik [t]) führten ihn auf die Entdeckung, welche nach
ihm S ch e e l e vollendete, daß der Arsenik eine eigene
Säure in sich schliese; durch viele Versuche spürte er
der Ursache des Unterschieds zwischen Kalk und Gips,
vornemlich in Beziehung auf den Mörtel, den sie lie=
fern, nach [u]); und er kannte bereits die Schwefelsäure
im lezten; er untersuchte mehrere französische Arten
Thon, dessen Schmelzbarkeit, so bald er mit Kalkerde
ins Feuer kommt, er erwies [x]), die Platina [y]), und
das Berliner Blau [z]), das er auch zum Blaufärben
anwenden lehrte [a]); er prüfte und billigte die Vorschlä=
ge, welche der Graf de la G a r a y e gethan hatte,
Metalle [b]), vornemlich Queksilber [c]), zum Arzneige=
brauche aufzulösen, oder Tincturen daraus zu bereiten;
in Gesellschaft H e r i f f a n t's untersuchte er das Feder=
harz, und fand es in Oelen [d]), vorzüglich und so, daß
es

s) Ebendas. pour l'ann. 1745. S. 4 ꝛc. Hist. S. 49 ꝛc.

t) Ebendas. pour l'ann. 1746. S. 326 ꝛc. und pour l'ann.
1748. S. 31 (49) ꝛc.

u) Ebendas. pour l'ann. 1747. S. 678 (696) ꝛc.

x) Ebendas. pour l'ann. 1758. S. 155 (322) ꝛc.

y) Ebendas. S. 119 (296) ꝛc.

z) Ebendas. pour l'ann. 1752. S. 60 (87) ꝛc.

a) Ebendas. pour l'ann. 1749. S. 367 ꝛc.

b) Ebendas. pour l'ann. 1755. S. 25 (36) ꝛc.

c) Ebendas. S. 531 (809) ꝛc.

d) Ebendas. pour l'ann. 1763. S. 49 ꝛc.

es nach dem Verdünften des Auflöfungsmittels feine
Schnellkraft behielt, in Schwefeläther °) auflöslich;
er brachte eine Menge Erden, Steine und Metallkalke
in einem eigenen Ofen in eine heftige Hize, und fand die
Erfahrungen d'Arcet's beftätigt ᶠ), beftimmte die
Auflöslichkeit vieler Salze in Weingeift ᵍ), befchrieb
die faure Seifen und ihre Bereitung ʰ), und, doch
felbft für feine Zeit unvollftändig, die Eigenfchaften der
Bittererde ʲ): Seiner übrigen Verdienfte um die Wiffenfchaften wird unter andern Abfchnitten Meldung
gefchehen.

Der Apotheker Baume' hat fich vorzüglich durch
feine fchäzbare Erfahrungen um die Bereitung des Aethers ᵏ), insbefondere des Schwefeläthers ˡ) verdient
gemacht, und verficherte, Cadets Verfahren, ihn in
gröferer Menge zu gewinnen, feie ihm längft bekannt
gewefen ᵐ), zerlegte fchwefelfaure Pottafche ('Tartar.
vitrio-

e) Ebendaf. pour l'ann. 1768. S. 209.

f) Ebendaf. pour l'ann. 1767. S. 298.

g) Melanges de philofophie et de mathematique de la Societé royale de Turin, pour les ann. 1762-1765. nr. I.
S. 1 ꝛc. und pour les années 1770-1773.

h) Memoir. de la Societ. de medecin. à Paris pour l'ann.
1776. S. 379-586.

i) Ebendaf. pour l'ann. 1779. S. 235-243.

k) Differtation fur l'aether, dans la quelle on examine
les differens produits du mélange de l'Efprit de Vin
avec les Acides Minéraux. à Paris. 1757. 12.

l) Memoir. préfent. à l'Acad. de Paris par divers favans.
B. III. S. 209.

m) bei Rozier Obfervations fur la phyfique &c. Avr.
1775. S. 366-371.

vitriolat.) durch Salpeterſäure ᵘ), äuſerte Zweifel gegen die Ueberſättigung der Mittelſalze mit Säure ᵒ);
weil er aus ſeinen Verſuchen ſchlos, der verſüste Sublimat, wenn er auch noch ſo ſorgfältig bereitet ſeie,
enthalte immer noch etwas von äzendem, ſo that er den
Vorſchlag, ihn vor dem Gebrauche zart abgerieben
mit kochendem Waſſer zu übergieſen, das, auf jedes
Pfund des verſüsten Sublimats ein halbes Loth, Salmiak in ſich aufgelöst habe ᵖ); er unterſuchte und zerlegte den Thon, und hielt ihn nach dem Erfolg ſeiner
damit angeſtellten Verſuche für eine Verbindung der
Kieſelerde mit Schwefelſäure �q), glaubte an den Salzkriſtallen, wenn ſie anſchieſen, anziehende und abſto-
ſende Kräfte wahrgenommen zu haben ʳ); aus eigener
Erfahrung kannte er die Eigenſchaft des kohlenſauren
Gas, und ſeinen ſowohl als des Schwefellebergas höchſt
nachtheiligen Einflus auf Athmen und Leben der Thiere, den er, ſo wie ihre Entſtehung vom Brennſtoff ab-
lei-

n) Mémoires préſentés à l'Académ. de Paris par divers
   ſavans. B. VI. S. 231 ꝛc.

o) Ebendaſ. S. 45 ꝛc. und Journal de medecine. Sept.
   1760. S. 236. Fevr. 1761. S. 125.

p) Gazette ſalutaire. 1772. nr. 2. 3.

q) Memoire ſur las argilles ou recherches et expériences
   chymiques et phyſiques ſur la nature des terres les plus
   propres à l'agriculture, et ſur les moyens, de fertiliſer
   celles qui ſont ſteriles. à Paris. 1770. 8. mit vielen Anmerkungen überſezt von dem Hrn Bergr. Karl Wilh.
   Pörner mit der Ueberſchrift: Anmerkungen über Hr.
   Baume' Abhandlung vom Thon, oder Chymiſche und
   phyſikaliſche Unterſuchungen und Verſuche von den Natur
   der zum Ackerbau geſchickteſten Erden, und von den Mitteln, diejenigen, welche unfruchtbar ſind, fruchtbar zu
   machen. Leipzig. 1771. 8.

r) bei Rozier Obſervat. et Memoir. ſur la phyſique &c.
   B. I. 1773. Janv. S. 8-12.

leitete [s]), und die häufige bösartige Fieber in Morast:
gegenden der Sumpfluft zuschrieb [t]); er zerlegte eine
Thon und Vitriol haltende Erdkohle aus Rovergue [u]);
er theilte Versuche, über Kalkerde in ihrem verschiedenen
Zustande [x]), und Vorschläge, Salzgeist mit Wein:
geist vermischt, den er freilich bei rohen Kokons darzu
nicht so tauglich fand [y]), zum Weissen der Landseide
anzuwenden [z]), mit.

In den Niederlanden leuchtete in diesem Zeitraum
als ein Stern der ersten Gröse unter den Aerzten
Herrm. Börhaave; er lehrte an der Stelle, welche
ein Menschenalter vor ihm Fr. Sylvius de le Boe
mit so vielem Ruhm bekleidet hatte, Arzneikunde, und
einige ihrer Hülfswissenschaften, und war seinem Va:
terlande, seinen Lehrlingen, seinem Zeitalter wenigstens
eben so viel, als jener dem Seinigen; wenn er ihn
auch an blühender Einbildungskraft, an fliesender Be:
redsamkeit und andern Vorzügen nicht ganz erreicht
haben sollte, so wuste er sich doch eben so allgemeine
Liebe, Zutrauen und Achtung zu erwerben, wirkte eben
so mächtig auf sein Zeitalter, und übertraf jenen an
Nachdruck in seinem Vortrage, an weiterem Umfange
und gröserer Gründlichkeit seiner Einsichten, und an
schärfern, hellern, und, wenn er auch nicht von aller
menschlichen Schwäche frei war, an unbefangenerm
Blicke

s) Ebendas. B. III. 1774. Janv. S. 16 - 27.
t) Journal de medecine &c. T. LXVIII. 1786. Nov.
S. 244.
u) Ebendas. B. XXXV. 1771.
x) Memoir. de l'Académ. des scienc. à Paris, pour l'ann.
1787. S. 9 rc.
y) Ebendas. S. 583. 584.
z) Annales de chimie. B. XVII. 1793. Mai. S. 162 rc.

Blicke bei seinen Beobachtungen: Chemie war eine sei=
ner Lieblingswissenschaften; aber er lies sich die Nei=
gung für sie nicht so weit verleiten, daß er ihr, wie
sein Vorgänger, gleichsam die unumschränkte Herrschaft
über alle dem Arzte nöthige Kenntnisse übertrug; er
kannte ihre Grenzen, und zeigte mit Kraft, wie sehr
sich Sylvius hatte irre führen lassen: Seine ganze
Verdienste um Menschheit und Wissenschaften zu schil=
dern, ist hier der Ort nicht; der Geschichtschreiber der
Arzneikunde hat gerechtere Ansprüche darauf; bei der
Menge anderer Geschäfte blieb ihm zu wenige Zeit
übrig, die er dieser Wissenschaft, insbesondere Versu=
chen und Erfahrungen, widmen konnte; aber doch gieng
auch sie nicht ganz leer aus; denn ausser seinem muster=
haften an eigenen Erfahrungen reichen Handbuche der
Chemie haben wir ihm herrliche Versuche zu verdan=
ken, welche die Unveränderlichkeit des Quekfilbers, und
die Unmöglichkeit, es feuervest zu machen, oder aus an=
dern Metallen zu ziehen, erwiesen [a]).

Auch sein Beispiel wirkte zunächst auf seine Land=
leute; Walth. van Lis lieferte eine Zerlegung der
Aloe [b]), Heinr. Doorschoot [c]) und Joh. Ege=
ling [d]) eine Zerlegung der Milch, Mark. Ludw.
Bullyamoz ihres wesentlichen Salzes [e]), Const.
Sce=

a) Memoir. de l'Académ. des scienc. à Paris, pour l'ann.
  1734. S. 539. Hist. S. 55. Philosoph. Transact. nr.
  430 S. 145. nr. 443. S. 343. nr. 444. S. 378.
  Opusc. Diff. I. S. 129-135. II. S. 135-139.

b) Diff. de Alcë. Leid. 1745. 4.

c) (die er Hier. Gaub verdanken soll) Diff. de lacte.
  Leid. 1737. 4.

d) Diff. de lacte. Ultraj. 1759. 4.

e) diff. de sale lactis essentiali. Lugd. Batav. 1756. 4.

Scepin eine Unterſuchung der Gewächsſäure ᶠ); G.
A. Klökhof ſezte durch Verſuche den Unterſchied des
Waſſers, welches bei der Waſſerſucht die Hölen an-
füllt, aus einander ᵍ); Jak. Kaas unterſuchte den
Borax und ſeine Säure ʰ), der Arzt zu Batavia,
Kriele, den Amber ⁱ); Schütte rieth die Schwefelſäure zuerſt mit Eſſig, und denn mit Weingeiſt zu
verſüſen ᵏ), und Joh. Albr. Schloſſer (von Geburt ein Teutſcher) ſtellte über die mancherlei Metallbäumchen ˡ), über das Harnſalz ᵐ), und die Wirkung
des Kalkes auf das flüchtige Laugenſalz ⁿ), der utrech-
tiſche Lehrer Alex. Mahu'ns über die Grundlage des
Küchenſalzes, Salpeters und Alauns°), und ſpäterhin
über

f) diſſ. de acido vegetabili. Lugd. Batav. 1758. 4.

g) Verhandelingen uitgegeeven door de hollandſe Maatſchappye der Weetenſchappen te Haarlem. D. VI. St. 2.
1762. nr. 1. S. 451 ꝛc.

h) Diſſ. ſiſt. obſervationes de borace, inprimis de ejus ſale
narcotico. Traject. ad Rhen. 1769. 4.

i) Hiſtoir. de l'Académ. royal. des ſcienc. et bell. lettr.
à Berlin. pour l'ann. 1763. S. 126 ꝛc.

k) Verhandelingen uitgegeeven door de Hollandſche Maatſchappye te Haarlem &c. D. II. 1755.

l) Verhandelingen uytgegeeven door het zeeuwſch Genoot-
ſchap der Wetenſchappen te Vliſſingen. D. I. S. 138-152.

m) Tractat. de ſale urinae nativo. Lugd. Bat. 1743. 4.

n) Tentamen chymicum de calcis actione in ſalem volatilem alcalinum. Philoſoph. Tranſact. Vol. XLIX. P. 1.
S. 222. Harling. 1760. 8. beide zuſammen.

o) Tractatus chemicus continens nova quaedam experimenta cum baſi ſalis marini, nitri et aluminis. P. I. ad-
jecta eſt ejusdem Autöris oratio de quaeſtione: utrum
uroſcopus ex ſola urinae inſpectione morbos quorumvis
aegrotorum rite detegere iisque ex arte mederi poſſit.
Amſtelod. 1761. 8.

über die Zersezung des Wassers [o]) zahlreiche Versuche an.

In Grosbrittannien und Irrland veranlaste die Londonische Gesellschaft der Wissenschaften noch die meiste Erweiterungen der Chemie auf diesem Wege; ihre Mitglieder waren daher auch dabei am thätigsten, und ihre Schriften in dieser Hinsicht am reichhaltigsten: Fr. Slare bemerkte eine Veränderung in der Farbe der Kupferauflösung, welche mit Salmiakgeist gemacht war, wenn sie eine Zeit lang an der Luft gestanden hatte [p]), und hatte sich durch eigene Erfahrung von der Entzündung mehrerer Oele mit Salpetergeist belehrt [q]); ein Ungenannter stellte den leztern Versuch, zu welchem er Kümmelöl nahm, unter der Luftpumpe mit gleichem Erfolge an [r]); Ed. Smith untersuchte eine Seifenerde von Smyrna [s]); Edw. Coles sah den Geist, den er durch Destilliren aus Benzoe erhielt, durch Schütteln mit Salmiakgeist eine immer dunkler rothe Farbe annehmen [t]); Mart. Ele beschreibt, wie in Shropshire aus einem schwarzen Kohlenschiefer durch Hize eine Art Pech, Theer und Oel gewonnen wird [u]); Rob. Southwell gab mit verschiedenen gefärbten Syru-

o) De aquae origine ex basibus aëris puri et inflammabilis. Traj. ad Rhen. 1789.

p) Philosoph. Transact. for the Year 1693. nr. 204. S. 898-908.

q) Ebendas. for the Year 1694. nr. 213. S. 200-217.

r) Ebendas. S. 218.

s) Ebendas. for the Years 1695-1697. nr. 220. S. 228-231.

t) Ebendas. nr. 228. S. 542. 543.

u) Ebendas. S. 544.

Syrupen dem Waſſer Farbe [x]), mit einer Kupferauf=
löſung dem Eiſen Kupferfarbe [y]), und mit einer Gold=
auflöſung dem Silber eine Goldhaut [z]); Harris er=
zählt die Verſuche, die er mit einigen Körpern im
Brennpunkte eines Villetiſchen Spiegels angeſtellt
hatte [a]); ſchon Robin machte die Erfahrung, daß
verfaultes Eichenholz aus ſeiner Aſche ſehr vieles Lau=
genſalz gibt [b]); Joh. Brown ſtellte mit der Chaque=
rille [c]) und dem Bitterſalze [d]), mit dem Berliner
Blau [e]), deſſen Bereitung J. Woodward [f]) aus=
führlich beſchrieben hatte, und von welchem er ſchon
muthmaste, es könne ohne Blut bereitet werden, mit
dem Anſchus aus Thynnanöl, den Neumann [g]) für
Kampfer erklärt hatte, er aber nicht dafür hielt [h]),
und mit Amber [i]) Verſuche an; S. Aug. Frobe=
nius beſchrieb ſeinen Aether und deſſen Bereitung [k]),
noch deutlicher die von dieſem eben damit und mit
Phosphor angeſtellten Verſuche Cr. Mortimer [l]),
der

x) Ebendaſ. B. XX. for the Year 1698. nr. 238. S. 87·90.

y) Ebendaſ. nr. 243. S. 296.

z) Ebendaſ.

a) Ebendaſ. B. XXX. nr. 360. S. 976–978.

b) Ebendaſ. B. XXXI. nr. 366. S. 121–124.

c) Ebendaſ. B. XXXII. nr. 371. S. 81. 82.

d) Ebendaſ. nr. 377. S. 348–354.

e) Ebendaſ. B. XXXIII. S. 17.

f) Ebendaſ. S. 13.

g) Ebendaſ. nr. 389. S. 321–332. und B. XXXVIII. for
the Year 1733. nr. 431. S. 203–231.

h) Ebendaſ. B. XXXIII. nr. 390. S. 361–366.

i) Ebendaſ. B. XXXVIII. nr. 435. S. 437.

k) Ebendaſ. B. XXXVI. nr. 413. S. 283.

l) Ebendaſ. B. XXXVIII. nr. 428. S. 55. und B. XLI.
Th. 2. S. 864.

der auch den Nuzen der Thermometer und (des von ihm
erfundenen) Pyrometer bei chemischen Arbeiten zeigt [m]);
J. Maud einen Anschus aus Sassafrasöl [n]); E.
Reinhardt Seehl [o]) sein mühsames Verfahren,
durch Destilliren geschwefelter Pottasche mit wasserfreier Schwefelsäure flüchtige Schwefelsäure zu erhalten; um das Aufsteigen harziger Stoffe bei dem
Destilliren zu verhüten, schlug schon Browne Langrish, der auch Versuche mit dem Blute anstellte [p]),
solche Vorlagen vor, an deren Bauche zwo Oefnungen
sind [q]); J. Mitchell beschrieb die Bereitung und
Eigenschaften der mancherlei Arten Pottasche [r]); J.
Pringle die mancherlei Körper, die er in seinen zahlreichen Erfahrungen zur Verhütung der Fäulnis wirk-
sam gefunden hat [s]); Watson beschrieb die Veränderungen, welche das Wasser erleidet, wenn sich verschiedene Salze in verschiedener Menge darinn auflösen,
nach eigenen Erfahrungen [t]), beurtheilte, auch nach eigenen Versuchen die von Appleby vorgeschlagene
Weise, Meerwasser zu versüsen [u]), und untersuchte die
Pla-

m) Ebendas. B. XLIV. S. 673 rc.

n) Ebendas. B. XL. for the Year 1738. S. 378.

o) Ebendas. B. XLIII. nr. 472. S. 1 rc. und A new improvement in the art of making the true volatile Spirit
of sulphur. London. 1744 8.

p) Medical Essays and Observations by a Society at Edinburgh. B. IV. 1737.

q) Philosoph. Transact B. XLIII. nr. 475. S. 254.

r) Ebendas. B. XLV for the Year 1748. S 541.

s) Ebendas. B. XLVI. S. 430 rc. 525 rc. und B. XLVIII.
Th. I. S. 94 rc.

t) Ebendas. B. LX. for the Year 1770. S. 323 rc.

u) Ebendas. B. XLVIII. Th. I. nr. 8. S. 69 rc.

Mm 2

Platina ˣ); Henry ʸ) und Bond ᶻ) das Cement=
waſſer in Irrland, Hume ᵃ) und St. Hales ᵇ) die
fäulniswidrige Kraft des Kalkwaſſers an Fleiſch und
Fiſchen, Wilh. Lewis, der auch in ſeiner Experimen=
tal hiſtory of the materia medica noch mehrere eigne
Verſuche erzählt, die Platina ᶜ), Hurham den Spies=
glanz ᵈ): Hurham empfohl, um bei dem Deſtilliren
die übergehende Feuchtigkeit ſchneller abzukühlen, fri=
ſche Luft einzublaſen ᵉ); W. Brownrigg, der auch
von einem Oele aus der Erdeichel (Arachis hypogaea)
Nachricht gibt ᶠ), beurtheilte dieſen Vorſchlag ᵍ);
Rutty beſchrieb die Cementwaſſer von Penſylva=
nien ʰ); Chapman ſchlug den Zuſaz von Aſche vor,
um dem Meerwaſſer durch Uebertreiben ſeinen Geſchmak
zu nehmen ⁱ); Milles ſtellte mit der ſogenannten
Bovey=Kohle Verſuche an ᵏ); Wolf gab von der
Art,

x) Ebendaſ. B. XLVI.

y) Ebendaſ. B. XLVII. nr. 84. S. 500 ꝛc. und B. XLVIII.
   Th. 1. for the Year 1753.

z) Ebendaſ. B. XLVIII. Th. 1. nr. 28. S. 181 ꝛc.

a) Ebendaſ. Th. 1. nr. 25. S. 163 ꝛc.

b) Ebendaſ. Th. 2. for the Year 1754.

c) London. 4. 1761. 1778. ins Teutſche überſezt von J.
   H. Ziegler. Zürich. 1771. 4.

d) Philoſoph. Transact. a. e. a. O. und B. L. Th. 1.
   art. 19. 20. S. 152 ꝛc.

e) Ebendaſ. B. XLVIII. Th. 2.

f) Ebendaſ. B. XLIX. Th. 1. for the Year 1755.

g) Ebendaſ. B. LIX. for the Year 1769.

g) Ebendaſ. B. XLIX. Th. 2. for the Year 1756.

h) Ebendaſ.

i) Ebendaſ. B. L. Th. 2. for the Year 1758.

k) Ebendaſ. B. LI. Th. 2. for the Year 1760.

Art, wie in Podolien Salpeter gewonnen wird, Nachricht [l]), und schlug bereits vor, zu Bereitung des Seignettesalzes statt Soda Küchenfalz und Pottasche zu
nehmen [m]); Morris, der auch [n]) die Bereitung des
Aethers zeigte, untersuchte verschiedene Auszüge von
Schierling [o]); Heberden ein Salz vom Pic in Te-
neriffa [p]); Arth. Lee [q]) und Thom. Percival [r]),
der auch Erfahrungen über bittere und zusammenziehen-
de Stoffe [s]) aus dem Gewächsreiche [t]), und über die
Auflöslichkeit und giftige Eigenschaften des Bleis [u])
bekannt gemacht hat, die Fieberrinde; Monro die
Mittelsalze aus Gewächsen [w]), den Unterschied der Gewächssäuren [x]), die besondere Eigenschaften des Bernsteinsalzes [y]), und ein natürliches Natrum von Tri-
poli [z]); Hewson das Blut und Blutwasser, und
die

l) Ebendaf. B. LIII. Th. 1. for the Year 1763.

m) Medical Obfervations and Inquiries by a Society &c.
B. II.

n) Commerc. litterar. Noric. ann. MDCCXLV. hebd. 45.

o) Philofoph. Tranfact. B. LIV. for the Year 1764.

p) Ebendaf. B. LV. for the Year 1765. ur. 8. S. 57 rc.

q) Ebendaf. B. LVI. for the Year 1766.

r) Ebendaf. B. LVII. Th. 1. for the Year 1767.

s) Effays on the adftringent and bitters &c. London.
1767. 8.

t) Obfervations and experiments on the poifon of lead.
London. 1774. 12.

u) Philofoph. Tranfact. for the Year 1767. B. LVII. Th. 2.

x) Ebendaf.

y) Ebendaf.

z) Ebendaf. B. LXI. Th. 2. for the Year 1771.

die Umstånde, unter welchen es gerinnt *); Delaval
erláuterte die Farben, welche die Metallkalke dem Glase
geben b); Wilh. Chambers zerlegte das Rhodiser
Holz c); Dav. Macbride zu Dublin hat über die
Gåhrung flüssiger Nahrungsmittel, über die Kraft
und Wirkungsart Fåulnis wehrender Stoffe, und über
die auflösende Kraft des Kalks d) Versuche angestellt;
die auflösende Kraft des Kalkwassers prüften, vornem:
lich in Beziehung auf den Harnstein, Karl Alston e),
                                              Rob.

a) Ebendas. B. LX. for the Year 1770. S. 368 :c. 384 :c.
   398 :c. ins Lateinische überse$t von dem ehemaligen ut:
   - rechtischen und leidenschen Lehrer Hahn in Hewson. descriptio systematis lymphatici. Traj. ad Rhen. 1783. 8.
   2. Experimental enquiries into the proportion of the
   blood, with some remsrks on it and an appendix relating to the lymphatic system in birds, fishes and amphi-
   bious animals. London. 8. P. I - III. 1771 - 1777.

b) Philosoph. Transact. B. LV. for the the Year 1765.
   nr. 3. S. 10 :c.

c) De Ribes Arabum et ligno Rhodio. Leid. 1724. 4.

d) Experimental Essays on the following subjects: 1. on
   the Fermentation of alimentary Mixtures. 2. on the Nature and Properties of Fixed Air. 3. on the respective
   Powers and Manners of Acting of the different Kinds
   of Antiseptics. 4. on the Scurvy: with a proposal for
   trying new Methods to prevent or cure the same at sea.
   5. On the Dissolvent Power of Quicklime. London.
   1764. 8. ins Teutsche übersezt von Conr. Rahn mit
   der Aufschrift: Durch Erfahrungen erláuterte Versuche,
   über folgende Vorwürfe :c. Zürich. 1766. und ins Fran:
   zösische von M. Abbadie mit der Ueberschrift: Essais
   d'experiences &c. à Paris. 1766. 12.

e) 1. A dissertation on quicklime and lime water. Edinb.
   1753. 12. 1745. 8. 2. A second dissertation on quicklime and limewater. Edinb. 1755. 12. 3. Philosophic.
   Transact. B. XLVII. nr. 39. S. 265 :c.

Rob. Whytt f) und Wilh. Butter g) zu Edinburg;
Brown Langrish h), Steph. Hales i), Theoph.
Lobb k) und Wilh. Rutty l) dehnten ihre Verſuche
auch auf andere Auflöſungsmittel aus; Dav. Hart=
ley m) ſchränkte ſich bei ſeinem Verſuchen auf Seife
und

f) 1. An eſſay on the Lime-Water in the Cure of the Stone. Edinburgh. 1752. 12. Second Edit. corrected with
Additions. 1755. 12. ins Franzöſiſche überſezt Paris.
12. 1761. 1766. 2. Medical eſſays and obſervations
by a Soc. in Edinb. B V Th. 2 3. Phyſical and litterary eſſays and obſervations read before a Society in
Edinburgh. B. I. nr. 13. S 372 ꝛc.

g) A method of Cure for the Stone chiefly by Injections
with Deſcriptions and Delineations of the Inſtruments
contrived for thoſe Purpoſes Edinb. 1754 12. ins Fran=
zöſiſche überſezt mit R Whytt's ähnlicher Schrift von
Auguſtin Roux. Paris. 1766. 12.

h) Phyſical experiments upon brutes. London. 1746. 8.
ins Franzöſ. überſezt. Paris. 1749. 12.

i) An account of ſome experiments and obſervations on
M. Stephens medicines for diſſolving the ſtone. London.
1740 8. ins Franzöſiſche überſezt in ſeinem Recueil
d'experiences ſur la pierre Paris. 12. B. II. 1743. ins
Portugieſiſche mit der Aufſchrift: Relacao de algunos ex-
perimentos e obſervaçoens faitas ſobre as medicinas de
M. Stephens para diſſolver a pedra. London 1742. 8.

k) Treatiſe on the diſſolvents of the ſtone and on curing
the ſtone and the gout by aliments. London. 1739. 8.
ins Lateiniſche überſezt Baſel 1742. 8. ins Franzöſiſche
Paris. 1744. 12.

l) New experiments and obſervations on M. Stephens medicine for the ſtone and remarks on Dr. Hales experiments. London. 1742. 8.

m) 1. Obſervations made on ten perſons, who have taken
the medicament of Miſs Stephens. London. 1738.
2. View of the preſent evidence for and againſt Miſs
Stephens medicines or a ſolvent of the ſtone. London.
1739. 8. 3. A view of the preſent evidence for and
Mm 4   againſt

und Kalf, oder statt des leztern Kalkwasser, Thom.
Lane [n]), und Alex. Blakrie [o]), so wie Chittik,
Jurine, Littre [p]) und Andr. Cantvell und
Hazon zu Paris [q]) auf Aezlauge ein: G. Gregory
untersuchte das Knallgold [r]); Thom. Short zerlegte
den Thee in seine Bestandtheile [s]); Jrwin machte
dem englischen Parlament eine Art, Meerwasser trinkbar
zu machen, bekannt, und erhielt dafür, obgleich einer
seiner Landsleute Ludw. du Tens [t]) zeigte, daß es
eben diejenige seie, welche schon lang vor ihm Poiſ-
sonnier angegeben habe, einen ansehnlichen Preis;
Rob. Davison zeigte die Auflöslichkeit des Quekſilbers

against Miſs *Stephens* medicines as a ſolvent for the
ſtone, containing 155 caſes with ſome experiments and
obſervations. London. 1739. 8. ins Französische übersezt
im Recueil d'experiences et d'obſervations ſur la pierre.
Paris. 1740. 12. 4. Supplement to the view of the preſent evidence &c. London. 1739 8. ins Französische
übersezt ebendaſ. 1743. 5. De lithonthriptico A. J. *Stephens* nuper invento diſſertatio epiſtolaris. 8. Londin.
1741. und 1746. Baſil. 1741.

n) Medical Tranſactions publiſhed by the College of phyſicians in London. B. I. Lond. 1768. nr. 9. S. 112 ꝛc.

o) A diſquiſition on medicines, that diſſolve the ſtone in
which D. Chittik's ſecret is diſcoverd. Lond. 1766. 12.

p) Memoir. de l'Académ. des ſcienc. à Paris. pour l'ann.
1720.

q) E. in calculi aetate et temperamento aegrotantis reme-
dium alcalino-ſaponaceum anglicum. Pariſ. 1742. 4.

r) Diſſ. praeſ. B. *Ewald* de auro fulminaute. Regiom.
1704. 4.

s) Diſcourſe on Tea, Sugar, Milk, made vines, Spirits,
Punch, Tobacco, with plain and uſeful rules for gouty
people. London. 1750. 8.

t) *Baumé* Chymie experiment. et raiſonnée. B. III. S.
588. 589.

bers in Gewächsſäuren [u]); French die Miſchbarkeit
der Harze, Oele und anderer Fettigkeiten mit Waſſer
durch Vermittlung von Gewächsſchleimen [x]); Rich.
Ruſſel unterſuchte [y]) den Saft der Meereiche (Fucus
veſiculoſus); der edinburgiſche Lehrer, Rob. Ram-
ſay die Galle in der Gallenblaſe [z]); Jak. Maciurg
die menſchliche Galle überhaupt [a]); Rich. Davies
das Blut [b]); Thom. Young die Milch [c]); Joh.
Longfield die Feuchtigkeit des Schafhäutchens bei
Kindern [d]); Hotton den Mauerſalpeter [e]); Wilh.
Redmond den Spiesglanz [f]); Godfrey beſchrieb
die nachgemachte Bolerde und den mit Waſſer aus
Mohnſaft bereiteten Auszug [g]); der edinburgiſche Lehrer Joſ. Black die Säure im Magen, die er von
Spei-

u) Diſſ. de ſolutione mercurii in acido vegetabili ejusque
uſu. Lugd. Bat. 1768.

x) Medical Obſervations and Inquiries, by a Society of
phyſic. in London. B. I. art. 29. S. 412 ꝛc.

y) De tabe glandulari, ſeu de uſu aquae marinae et morbis
glandularum diſſertatio. Oxon. 1750. 8.

z) De bile. Edinburg. 1757. 8.

a) Experiments upon the human bile and reflexions on the
biliary ſecretion. London. 1772. 8.

b) To promote the experimental analyſis of blood. Eſſay
the firſt.

c) De lacte. Edinburg. 1761. 8.

d) Diſſ. de febre hectica. Edinb. 1759. 8.

e) Viror. Clariſſim. ad Gunth. Chrph. Schellhammerum
epiſtolae.

f) The principles and conſtituents of antimony. London.
1762. 8.

g) Medical Eſſays and Obſervations by a Society in Edinb.
B. V. Th. 2.

Mm 5

Speisen ableitete, und die Bittererde [h]), deren Unter=
schied von der Kalkerde er durch mehrere Versuche
darthat [i]); er gab eine eigene Art, Salpeteräther ohne
Hize zu bereiten, die nachher nach einem churbaieri=
schen Arzte F i s c h e r , welcher sie empfohl [k]), die Fi=
scherische genannt wurde [l]), zeigte, wie man auch Sal=
petersäure so dick, wie Oel, erhalten könne [m]), daß
Weineffig oft noch Weinsteinsäure, Biereffig Phos=
phorsäure enthalte [n]), und daß man ungelöschten Kalk
zur Scheidung der Säure aus Weinstein besser gebrau=
chen könne, als Kreide [o]), und wirkte überhaupt
mehr durch gründlichen Unterricht einer ansehnlichen
Menge von Schülern, als durch Schriften für die Er=
weiterung und Verbreitung der Wissenschaft; Andr.
P l u m m e r stellte über die chemische Auflösungen und
Fällungen [p]), so wie mit ächten Mittelsalzen [q]), viele
Versuche an; J. C a n t o n lehrte seine Weise, aus
Muschelschalen und Schwefelblumen einen Lichtmagne=
ten zu machen [r]); ein Ungenannter leitete die Röthe des
Blu=

h) Diff. de humore acido a cibo orto et magnesia. Edinburg. 1754. 8.
i) Effays and obfervations phyfical and litterary read before a Society in Edinburgh. B. II art. 8. S. 157.
k) Neue Schriften der churbairischen Akademie der Wiffen=
   schaft. B. I. S. 391.
l) v. C r e l l Neueste Entdeckungen in der Chemie. B. V.
   S. 51 - 69.
m) Ebendaf. B. XI. S. 97. 98.
n) Ebendaf. S. 97.
o) Ebendaf. S. 98.
p) Phyfical and litterary effays and obfervations by a Society in Edinburgh. B. I. art. 10. S. 284 ꝛc.
q) Ebendaf. art. 11. S. 315 ꝛc.
r) Philofoph. Transact. B. LVIII. for the Year 1768.
   nr. 45. S. 337 ꝛc.

Blutes von einer Säure ab [s], ein anderer stellte Ver=
suche mit der grofen Klette an, aus welcher er ein dem
Salpeter ähnliches Salz erhielt [t]; ein anderer unter=
suchte den Spiesglanz [u].

In Dännemark hatte der koppenhagensche Lehrer
Balth. Joh. de Buchwald den Mistel zerlegt [x], und
zu zeigen gesucht, daß die rothe Farbe des Blutes blos
von feinen Eisentheilchen komme [y], auch eine Zerglie=
derung des Salpeters vorgenommen [z]; der norwegi=
sche Apotheker Thue lieferte eine Zergliederung des
Küchensalzes [a], gab die Merkmale an, woran man
seine

s) Medical museum. B. II.

t) Universal Magazine. 1762.

u) A philosophical and phyfical analyfis of antimony, giving a rational account of the natural principles and
properties of that celebrated drug, in various chemical
preparations and particularly one, that is not only an
effectual cure for the prefent diftemper among the cattle,
but a prefervative for their being infected, with directions, how to manage them, while under cure, and critical remarks on the modern authors, who have treated
on antimony, by an eminent phyfician. London. 8. III.
Edit. 1753.

x) Vifci analyfis, ejusque in diverfis morbis ufus. Hafn.
1753. 4.

y) Diff. refp. Nic. Niffen *Storm* de rubro fanguinis colore. Hafniae. 1762. 4.

z) Diff. refp. Nic. *Arbo* Analyfis nitri phyfico - chemica.
Hafn. 1752. 4.

a) Prodromus praevertens continuata acta Medica Hafnienfia, quae per Clementiffima regia aufpicia, ad veneranda majorum exempla, in fincera incrementa quarumcunque fcientiarum, quae ullo modo forum medicum
fpectant, quotannis a collegii medici regii membris ex
fuis et fociis aliorum operibus publici juris fiunt. Hafn.
1753. 4. S. 29 2c.

seine Güte erkennen kann ª), und zeigte, welche Salze
noch aus der Mutterlauge gezogen werden können ᵇ);
Dr. Sam. Cnoll glaubte auf das Wort eines Brach=
manen, der ihm diese Nachricht ertheilte, der Borax
werde in Indien aus Alaun, dem Milchsafte von Eu=
phorbium und Sesamöl gemacht ᶜ), so wie hingegen
Thue, der mit Recht an der Wahrheit dieser Nach=
richt zweifelte ᵈ), ihn und Salpeter aus Küchensalz er=
zeugt zu haben, sich einbildete ᵉ); Heilmann ᶠ)
hatte wahrgenommen, daß das nach dem Verpuffen des
Schwefels mit Salpeter zurückbleibende Salz das
Quecksilber, wenn es damit gerieben wird, schwarz,
wenn es einige Zeit bei gelinder Hize darüber steht,
zinnoberroth färbt; Fabricius das frisische Koch=
salz ᵍ), Cappel ein natürliches Natrum, das wie
Mauersalz auswitterte, untersucht ʰ): Schytte stellte
über das Gerinnen und Anschiesen des zerflossenen
Weinsteinsalzes in der Kälte Beobachtungen an ⁱ).

Lebhafter wurde die Wissenschaft in Schweden ge=
trieben, wo die Naturforscher ihr Hauptaugenmerk bei
ihren Versuchen auf metallische Körper richteten: Vor=
nemlich machte sich der öffentliche Lehrer der Chemie
zu Upsala, Joh. Gottsch. Wallerius auch von dieser
                                                    Seite

a) Ebendas. S. 43 ꝛc.

b) Ebendas. S. 50 ꝛc.

c) Ebendas. S. 64 ꝛc.

d) Ebendas. S. 67 ꝛc.

e) Ebendos. S. 47 ꝛc.

f) Ebendas.

g) Skriften, som i det Kongl. Videnskabers Selskab ere
    fremlagde og oplåste. Kiobenhavn. 4. B. VIII.

h) Ebendas. B. X.

i) det Trodhiemske Sälskabs Skrifter. D. I.

Seite um sie verdient; er untersuchte die Laugensalze [1]), zeigte die Bereitung des Theers und des Theerwassers [m]), und wie man ohne ein anderes Metall aus der Auflösung des Quekfilbers in Scheidewaffer ein Bäumchen erlangen könne [n]), prüfte ein süses Goldsalz und künstlichen Salpeter [o]), die Platina [p]), und die Erde, die er aus Thieren [q]), Gewächsen [r]), und durch langes Reiben aus Waffer erhielt, welches er wirklich dadurch zum Theil in Erde verwandelt zu haben glaubte [s]), sezte den Unterschied zwischen der Kalkerde aus Pflanzen, Thieren und Mineralien aus einander [t]), lehrte die Versüfung der Säuren [u]), machte mehrere Pflanzen ähnliche Anschüffe von Mineralien bekannt [x]), suchte, noch durch eigene Schriften und Versuche, die Verwandlung des Waffers in Erde zu beweisen [y]), theilte

1) Diff. refp. Jac. *Hideen*, de falibus alcalinis eorumque ufu medico. Upfal. 1751. 4.

m) Act. Acad. Caefar. Natur. Curiof. B. IX. S. 244.

n) Kongl. Svensk. Vetenfk. Academ. Handling. för år 1754. IV. 2. S. 254 1c.

o) Ebendaf. för år 1749. IV.

p) Ebendaf. för år 1765. III. 1. S. 161 1c.

q) Ebendaf. för år 1760. III. 2. S. 191.

r) Ebendaf. II. 6. S. 142 1c.

s) Ebendaf. I. 8. S. 39 1c.

t) Ebendaf. IV. 2. S. 252 1c.

u) Difp. refp. Sam. *Lundh* de dulcificatione acidorum. Upfal. 1763. 4.

x) Difp. refp. Guil. Guft. *Zetterberg* de vegetatione mineralium. Upfal. 1763. 4.

y) Diff. refp. Jac. *Wahlftröm* qua dubia quaedam contra transmutationem aquarum mota refelluntur. Holm. 4. 1761. 1764. und refp. Nicol. *Schwarz* de indole aquae mutabili. Holm. 1761. 4.

theilte chemiſche Bemerkungen über die Wirkungen ei=
nes Blitzes mit, welcher im Sommer 1760 in das
Schlos zu Upſala eingeſchlagen hatte ᵞ), ſpürte dem
Urſprung der Oele in den Pflanzen nach ᶻ), und ſezte
ihren Unterſchied durch Verſuche noch deutlicher auſein=
ander ᵃ), trachtete die Urſtoffe der Körper näher zu
beſtimmen ᵇ), entwarf die chemiſche Grundſäze der
Scheidung des Silbers von dem Golde ᶜ), und ſtellte
die Täuſchung der Palingeneſie in ihrer wahren Geſtalt
dar ᵈ): Sein Zögling, Karl Peterſen, unterſuchte
das Verkalken der Metalle im Feuer ᵉ).

Aber ſchon vor ihm hatte G. Brandt ſeine
ſchöne Erfahrungen, wie veſt das Quekſilber, wenn
es einmal durch wiederholte gelinde Wärme damit ver=
einigt worden, das Gold halte ᶠ), die lichtvolle Ver=
ſuche, die er mit Arſenik ᵍ), mit den ſogenannten Halb=
metal=

y) Diff reſp. C. P. *Wibom* Animadverſiones chemicae ad
   ictum fulminis in arce regia Upſalienſ d. 24. Maj. 1760.
   Upſal. 1761. 4. (auch in Schwediſcher Sprache.)

z) Diſſ. reſp. G. *Rothmann* de origine oleorum in vegetabilibus. Upſal. 1761. 4.

a) Diſſ. reſp. H. *Schulz* de differentia et examine oleorum.
   Upſal. 1765. 4.

b) Diſſ. reſp. Er. *Schoenſtedt* de principiis corporum.
   Upſal. 1761. 4.

c) Diſſ. reſp. C. H. *Flintberg* om Guld - och Silfver - ſked-
   ning. Upſal. 1761. 4.

d) Differt. reſp. G. R. *Hoyer* de palingeneſia. Upſal.
   1764. 4.

e) Diſſ. om metallernes calcinationer i Eld. Upſal.
   1761. 4.

f) Acta litterar. et ſcientiar. Suec. B. III. Jahr 1731.
   S. 1 - 3.

g) Ebendaſ. Jahrg. 1733. S. 39 - 43.

metallen überhaupt [h]), und dem Kobolt, deſſen eigenthümliche Beſchaffenheit er zuerſt in ein deutliches Licht
ſezte [i]), und einem ſchwediſchen Kobolterze [k]) insbeſondere, ferner mit Platina angeſtellt hatte, ſeine muſterhafte
Unterſuchung eines wermeländiſchen Thons, worinn
gediegen Silber eingebrochen war [l]), ſeine Zerlegung
des Eiſenvitriols [m]), und des Küchenſalzes [n]), in
welchem er neben dem Laugenſalz noch eine Erde zu finden glaubte, die Beſtimmung der Eigenſchaften und
auflöſenden Kräfte ſeiner Säure [o]), ſeine Vorſchriften
zur Gewinnung des rauchenden Salpetergeiſtes [p]), deſſen entzündende Kraft auf flüchtige im Waſſer zu Boden ſinkende Oele er aus Erfahrung kannte, ſeine Bemerkungen über den Rükſtand von jener Gewinnung
und andere ſchwefelſaure mit Kohlenſtaub verſezte Mittelſalze auf Metalle [q]), ſeine Erfahrungen über die
Laugenſalze überhaupt, in welchen er eine Erde als
Beſtandtheil vermuthete [r]), und das flüchtige insbeſondere,

h) Ebendaſ. B. IV. Jahrg. 1735. S. 1-12.

i) Act. Societ. reg. Scient. Upſal. ann. 1742. auch abge-
ſondert Or. om Färg - Cobolter. Stockholm. 1760.

k) Kongl. Svensk. Vetenſk. Acad. Handling. för år 1746.
S. 127-136.

l) Act. litterar. et ſcient. Suec. B. IV. Jahr 1738. S.
420-427.

m) Kongl. Svensk. Vetenſk. Acad. Handling. för år 1739.
S. 57 ꝛc.

n) Ebendaſ. för år 1743. S. 69 ꝛc. för år 1753. S.
295 ꝛc. för år 1754. S. 53 ꝛc.

o) Ebendaſ. för år 1753 und 1754. a. d. e. a. O.

p) Ebendaſ. för år 1739. S. 60.

q) Ebendaſ. S. 62. för år 1743. a. a. O.

r) Ebendaſ. för år 1756. S. 46 ꝛc. S. 171 ꝛc. S. 294 ꝛc.

dere °), über die Auflöfung des Goldes in Scheide=
waffer ´), über die Scheidung deffelbigen aus Königs=
waffer durch Eifenvitriol ᵘ), über den Kalk und feinen
Unterfchied von feuervesten Laugenfalzen ˣ), über die
Scheidung des Eifens und Kupfers aus Erzen und
Rohfteinen in Proben ʸ), und über das Eifen und
fein Verhalten gegen andere Körper, nebft den Fehlern
des roth= und kaltbrüchigen Eifens und Vorfchlägen zu
ihrer Verbefferung ᶻ), beinahe alle bekannt gemacht;
und neben, zum Theile nach ihm, nur nach einem ge=
ringen Theil vor ihm, wetteiferten der berühmte überir=
difche Schwärmer, Eman. Swedenborg, der we=
nigftens eine Menge chemifcher ᵃ), vorzüglich Eifen ᵇ)
und

s) Ebendaf. för år 1747. S. 324-330.

t) Ebendaf. för år 1748. S. 46-54.

u) Ebendaf. för år 1752. S. 175-178.

x) Ebendaf. för år 1749. S. 139-162.

y) Ebendaf. för år 1764. S. 235-244.

z) Ebendaf. för år 1751. S. 212-220.

a) 1. Prodromus Principiorum rerum naturalium five Novorum Tentaminum Chymicam et Phyficam experimen-
talem Geometrice explicandi. Amftelod. 1721. 8. 2. Mifcellanea obfervata circa res naturales, et praefertim
circa mineralia, ignem et montium ftrata. Lipf.
1722. 8.

b) 1. Nova Obfervata et Inventa circa Ferrum et Ignem,
et praecipue circa naturam Ignis elementarem, una
cum nova Camini inventione. Amftelod. 1721. 8.
2. Regnum fubterraneum five minerale de Ferro deque
modis liquationum ferri per Europam paffim in ufu receptis, deque converfione ferri crudi in chalybem; de
vena ferri et probatione ejus; pariter de chymicis praeparatis et cum ferro et victriolo ejus factis experimentis &c. cum fig. aeneis Dresd. et Lipf. 1734. fol. ins
Französifche überfezt in L'art des Forges et Fourneaux
de

und Kupfer [f]) betreffender Versuche und Beobachtun=
gen gesammlet, und sich von dieser Seite vornemlich
um die Anwendung der Chemie auf die Gewinnung
und Bearbeitung dieser Metalle Verdienste erworben
hat; Ant. v. Swab, der (schon 1738) den Gebrauch
des Löthrohrs zur Prüfung von Mineralien empfohl [g]),
ein in den Gruben bei Sala brechendes reines Spies=
glanzmetall [h]), und bei Gelegenheit des rothen Zeoliths
von Aedelfors mehrere erdichte Gallerten und auflös=
lichte Gläser untersuchte [i]); Heinr. Theod. Scheffer,
der (einer von den ersten) die Platina [k]), ein angebli=
ches Petuntse, das er für Schwerspat erklärte [l]), die
mancherlei in Schweden käufliche Arten Pottasche [m]),
und

de Fer, par la Marquis de *Courtivron* et par M. *Bouchy*.
à Paris. fol. B. IV. 1762.

[f]) Regnum fubterraneum five minerale de Cupro et Ori-
chalco deque modis liquationum cupri per Europam
paffim in ufum receptis: de fecretione ejus ab argento:
de converfione in orichalcum, inque metalla diverfa
generis: de Lapide calaminari: de Zinco: de vena cupri
et probatione ejus: pariter de chymicis praeparatis et
cum cupro factis experimentis &c. cum fig. aeneis.
Dresd. et Lipf. 1734. fol.

[g]) T. Bergman de tubo ferruminatorio ejusdemque ufu
in explorandis corporibus, praefertim mineralibus. §. 1.
Opufcul. phyfic. et chymica. Upfal. 8. B. II. 1780.
S. 455.

[h]) Kongl. Svenska Vetenfk. Academ. Handling. för år
1748. S. 100 ꝛc.

[i]) Ebendaf. för år 1758. IV. 3. S. 282 ꝛc.

[k]) Ebendaf. för år 1752. IV. 4. 5. S. 269 ꝛc. 276 ꝛc. för
år 1757. IV. 4. S. 314 ꝛc.

[l]) Ebendaf. för år 1753. S. 223 ꝛc.

[m]) Ebendaf. för år 1759. S. 3 ꝛc.

und das Pinschebak, zu dessen Bereitung er Anleitung gab [n]), untersuchte; Ax. Fr. Cronstedt, der einige Eisenerze im Feuer [o]), die Platina [p]), den Gips [q]), und ein Silber haltendes Wasser aus der norwegischen Grube bei Kongsberg [r]), untersuchte, zu besserer Einrichtung der Kalkbrennereien, für welche er hohe Oefen anrieth, Vorschläge [s]), und zur Bereitung einer blauen Farbe aus Kuhweizen Anleitung gab [t]), und nach gründlicher Prüfung den Zeolith zuerst als eine eigene Steinart [u]), den Nikel zuerst als einen eigenen metallischen Stoff [x]) aufstellte; K. Gust. Ekeberg, der unter dem Namen Tuttanego ein, wie er glaubte, natürliches Metallgemeng (wahrscheinlich Pakfong) zuerst aus Schina nach Europa brachte und untersuchte [y]); Lor. Hiorzberg, der einen chemischen Entwurf der Salzkunde herausgab [z]); der schwedische Leibarzt Abr. Bäck, welcher eine weisse Torfasche [a]); Jul. Joh. Sahlberg, der ein bei Umea in Schweden gefundenes

n) Ebendas. för år 1760. S. 286 ꝛc.

o) Ebendas. för år 1751. S. 234 ꝛc.

p) Ebendas. för år 1764. III. 7. S. 223 ꝛc.

q) Ebendas. för år 1753. S. 46 ꝛc.

r) Ebendas. för år 1755. S. 272 ꝛc.

s) Ebendas för år 1761. S. 196 ꝛc.

t) Ebendas. för år 1757. S. 196 ꝛc.

u) Ebendas. för år 1756. II. 5. S. 120 ꝛc.

x) Ebendas. för år 1751. S. 293 – 297. und 1754. S. 38 - 44.

y) Ebendas. för år 1756. IV. 9. S. 316.

z) resp. Fr. *Holmann* fundamentum Halurgiae Systematicae. Upsal. 1756.

a) Kongl. Svensk. Vetensk. Academ. Handling. för år 1750. S. 236 ꝛc.

nes natürliches Natrum [b]); Joh. Browall, der den
Arsenik [c]); Alex. Funck, der ein Zinkerz untersuchte
und überhaupt zur Prüfung der Zinkerze Anweisung
gab [d]), die Gewinnung des Harzes und Kienrußes [e]),
und das Brennen der Pottasche [f]) lehrte; Karl Fr.
Nordenschiold, der einen der Glauberischen
Holzpresse nahe kommenden Ofen angab, um die Säure
des Rauchs aufzufangen [g]); Jak. Faggot, der durch
Erfahrungen zeigte, daß durch Tränken mit Salzlauge
Holz gegen Brand gesichert werden kann [h]); J. C.
Wilcke (von Geburt ein Teutscher), der mit dem
Harnphosphor, auf welchen er den elektrischen Funken
wirken ließ, mehrere Versuche anstellte [i]); Sv. Rinman, der um die Anwendung der Chemie, vornemlich
auf Hüttenwerke und Metallfabriken, so großes Verdienst hat, den Braunstein [k]) und insbesondere ein
neues Braunsteinerz aus einer balländischen Eisengru-
be [l]), von mehreren Seiten den Aschenzieher im
Feuer [m]), einen Serpentinstein aus der Saßlagrube
in Schweden [n]), ein Eisen haltendes armes Zinnerz
aus

b) Ebendas. för år 1739. S. 290 ꝛc.

c) Ebendas. för år 1744. S. 18 - 30.

d) Ebendas. S. 48 ꝛc.

e) Ebendas. för år 1754. S. 95 ꝛc.

f) Ebendas. för år 1759. S. 165 ꝛc.

g) Ebendas. för år 1766. S. 122 - 128.

h) Ebendas. för år 1739. S. 193 ꝛc.

i) Ebendas. för år 1763. S. 207 - 226.

k) Ebendas. för år 1765. IV. 1. S. 251 - 267.

l) Ebendas. för år 1774. S. 201 - 205.

m) Ebendas. för år 1766. S. 46 - 57. 114 - 121.

n) Ebendas. för år 1746. S. 22 - 27.

aus dem schwedischen Kirchspiele Dannemora °), einen
Flusspat von Garpenberg ͬ), und einen rothen Zeolith
aus Ostgothland ͩ) untersuchte, und aus Zink und Kobolt durch Fällung aus Säure und Ausbrennen des
gefällten Kalks eine haltbar grüne Mahlerfarbe bereiten lehrte ͬ); Gust. v. Engeström, der eine eigene
Geräthschaft, um kleine Proben von Mineralien im
Feuer zu untersuchen ͨ), die schon 1765 entworfen war,
und eine eigene Art tragbarer chemischer Oefen ͤ) angab, ein natürliches Laugensalz ͧ) aus Schina (Kien),
den natürlichen Borax (Pounxa) aus Tibet ͯ), den
Braunstein ͫ), die natürliche Zinkblume aus Schina ͭ),
und das in diesem Lande zu Hausgeräthen gebräuchliche
Metallgemenge, Packfong ͣ), prüfte, zu einer verbesserten
Be-

o) Ebendas. S. 181 ꝛc.

p) Ebendas. för år 1747. S. 168 ꝛc.

q) Ebendas. för år 1784. S. 52-69.

r) Ebendas. för år 1780. S. 163 - 173. und för år 1781.
S. 3 - 13.

s) Beskrifning af en mineralogisk Fick - Laboratorium.
Stockh. 1772. 8. von ihm selbst ins Englische übersezt
hinter seiner englischen Uebersezung von Cronstedt's
Mineralogie, und ins Teutsche mit Anmerkungen von H.
Dir. Chn. E. Weigel mit der Ueberschrift: Beschreibung eines mineralogischen Taschen-Laboratoriums, und
insbesondere des Blaserohrs in der Mineralogie. Greifswalde. 8. 1774. Zwote Auflage. nebst H. Bergmans
Probirung der Erze auf dem nassen Wege. 1782.

t) Kongl. Svensk. Vetensk. Acad. Handling. för år 1772.
I. 7. S. 71 ꝛc.

u) Ebendas. S. 172 - 179.

x) Ebendas. S. 322 - 328.

y) Ebendas. för år 1774. S. 196 - 200.

z) Ebendas. för år 1775. S. 78 - 85.

a) Ebendas. för år 1776. S. 35 - 38.

Bereitung des Alauns auf Versuche gegründete Vor=
schläge that [b]), und die Anwendung der Schwefelleber
zur Scheidung der Metalle von einander [c]), das Sil=
ber aus Hornsilber durch Schmelzen mit bloser Pott=
asche wieder gewinnen [d]), und das Quekfilber durch
Uebertreiben mit einem Zusatze von Kohlenstaub aus
Spiegelbeleg wieder erhalten und reinigen [e]) lehrte;
Kjälliander, der mit Phosphoren mehrere Ver=
suche anstellte, auch einen dem Harnphosphor ähnli=
chen aus Hirn erhielt [f]); Pet. J. Bergius, der mit
dem auflöslichen Weinstein [g]), und mit Frauenmilch [h])
Versuche machte, auch mehrere in Schweden leicht zu ha=
bende Materialien zu Brandewein angab [i]); B. Quist
Anderson, dem wir eine Untersuchung des Wasserbleis,
das er jedoch noch nicht gehörig vom Reisblei unter=
schied [k]), des Tras [l]), der Pozzolanerde [m]), und der
harten, vornemlich mehrerer Edelsteine, im Feuer [n])
zu verdanken haben; der lundnische Lehrer Andr. Joh.
                                                    Ret=

b) Ebendaf. för år 1774. S. 273-297.

c) Ebendaf. för år 1775. S. 206-220.

d) Ebendaf. för år 1783. S. 3-12.

e) Ebendaf. för år 1788 S. 98-110.

f) Act. litterar. Suec. ann. MDCCXX. trim. IV.

g) Nov. act Acad. Caesar. Natur. Curios. B. IV.

h) Kongl. Svensk. Vetenfk. Academ. Handling. för år
   1772. I. 4. S. 43 2c.

i) Ebendaf. för år 1776. S. 257-274.

k) Ebendaf för år 1754. S. 192 2c.

l) Ebendaf. för år 1770. S. 51.

m) Ebendaf. för år 1772. I. 3. S. 28-42. und S.
   120-122.

n) Ebendaf. för år 1768. S. 57-80.

Retzius, der uns eine Beobachtung über ein bei der Auflösung in unreinem Scheidewasser in Kristallen erhaltenes kochsalzsaures Quecksilber [o]) mitgetheilt, und mit der reinen Weinsteinsäure und der Art sie zu gewinnen [p]), zuerst, auch mit andern natürlichen Gewächssäuren [q]) bekannt gemacht hat, und der åboische Lehrer Pet. Adr. Gadd, der eine Zerlegung mehrerer, vornemlich finnischer Torfarten [r]), und des Wasserschierlings [s]), Beobachtungen und Erfahrungen über eine rothe Farbe aus dem Johanniskraute [t]), über die gelbe den Färbern dienliche Färbergewächse, vornemlich die kanadische Goldruthe [u]), über Salpetersiedereien [x]), mit Vorschlägen zu ihrer Verbesserung, über Zinn und dessen Erze [y]), über eine natürliche kochsalzsaure Kalkerde [z]), und über die Verwandlung des Wassers in Erde [a]), ein Urtheil über die damals neue Entdeckungen in der Chemie [b]), und Vorschläge, einen weissen

o) Ebendas. för år 1770. II. 3. S. 110 ꝛc.

p) Ebendas. III. 4. S. 207 ꝛc.

q) Ebendas. för år 1776. II. S. 130-140.

r) Om brännetorf. Åbo. 1759. 4.

s) Kongl. Svensk. Vetensk. Academ. Handl. för år 1774. S. 231-244.

t) Ebendas. för år 1762. II. 3. S. 115 ꝛc.

u) Ebendas. för år 1767. S. 141-152.

x) resp. A. *Grant* om medel til Salpeter-Syuderierner förbättring och upkomst i riket. Åbo. 1771.

y) resp. Aug. *Nordenskiöld* om Tennets och dess Malmers Beskaffenhet. Stockh. och Åbo. 1772. 4.

z) resp. *Sourander* de sale calcis muriatico. Åbo. 1773. 4.

a) resp. Sam. *Heurlin* de transmutatione aquae in terram. Åbo. 1763. 4.

b) resp. Joh. *Gråå*. Inventa quaedam chemica recentiora. Åbo. 1763. 4.

weissen småländischen Thon zum Läutern des Alauns anzuwenden [c]), bekannt gemacht hat.

Zu S. Petersburg theilte in diesem Zeitraume
Mich. Lomonosow Erfahrungen über die Wirkung
der chemischen Auflösungsmittel überhaupt [d]), und über
Metalltinkturen [e]) mit; fruchtbarer und wichtiger sind
die Bemühungen des damaligen Oberapothekers, Joh.
Georg Model, eines gebohrnen Teutschen, der als
Russisch = Kaiserlicher Hofrath 1775 zu Petersburg
starb; er untersuchte den Borax, dessen Reinigung
durch Auflösen in blosem Wasser er zugleich angab [f]),
und ein natürliches Natrum, das unter dem Namen des
persischen Salzes nach Rusland kommt [g]), und auch bei
Ochozk gefunden wird [h]), eine Art Erdharz aus Schina [i]), den holländischen Torf [k]), einige Steinkohlen-
arten,

c) Kongl. Svensk. Vetenſk. Acad. Handling. för år 1768
S. 135-148.

d) Nov. comment. Acad. ſcient. Imperial. Petropol. I.
S. 245-266.

e) Comment. Acad. ſcient. Imper. Petropol. B. XIV.

f) Chymische Nebenstunden. S. 192-198.

g) 1. Ebendas. S. 247-326. 2. De borace nativa Perſis Borech dicta. Londin. 1747. ins Teutsche übersezt mit der
Aufschrift: Abhandlung von Bestandtheilen des Boracis,
bey Gelegenheit der Untersuchung eines gewissen persischen Salzes, aus dem Lateinischen übersetzt, und mit
einer Einleitung vermehret von dem Auctore, nebst einer Vorrede von Dr. Joh. G. Gmelin. Stuttgart.
1751. 8.

h) Chymische Nebenstunden. S. 151-168.

i) Ebendas. S. 137-150.

k) Ebendas. S. 147-149.

arten ¹), einen Salmiak, der aus dem Kalmukenlande
nach Rusland kommt ᵐ), das Sperma mercurii, an
deſſen Statt er Mineral: Turbith erhielt ⁿ), Biber:
geil °), die in den Apotheken gebräuchliche Koralline ᴾ),
die Rhabarber, in welcher er Selenit (eigentlich klee:
ſaure Kalkerde) entdeckt zu haben glaubte �q), das Mut:
terkorn und das geſunde Getreidemeel), und gab ſehr
gute Vorſchriften zur Zerlegung der Gewächsſtoffe ˢ),
zur Bereitung von Dippel's thieriſchem Oele ᵗ), zur
Reinigung des Kampfers ᵘ) und Küchenſalzes ˣ), zur
Be:

1) Fortſezung ſeiner chymiſchen Nebenſtunden.

m) Verſuche und Gedanken über ein natürliches oder ge:
wachſenes Salmiak, nebſt Erörterung einiger von Hrn.
Baron gemachten Einwürfe über das perſiſche Salz.
Leipzig. 8.

n) Commerc. litterar. ad rei medic. et ſcient. natur. increm. &c. Norimb. 1739. hebd. 43.

o) Fortſezung ſeiner chymiſchen Nebenſtunden.

p) Verhandelingen uitgegeeven door de Hollandſche Maatſchappye der Weetenſchappen te Haarlem. D. XIV. S.
93 ꝛc.

q) Entdeckung des Seleniten in der Rhabarber. S. Peters:
burg. 1774. 8.

r) Fortſezung ſeiner chymiſchen Nebenſtunden; auch einzeln:
Unterſuchung des Mutterkorns aus deſſen chymiſchen Ne:
benſtunden. Wittenberg. 1771. 8.

s) Verſuche und Gedanken über ein natürliches Sal:
miak ꝛc.

t) Commerc. litterar. ad rei medic. et ſcient. natural. increment. inſtitut. Norimb. ann. 1741. hebd. 41. und
chymiſche Nebenſtunden. S. 1-14.

u) Chymiſche Nebenſtunden. S. 188.

x) Kleine Schriften. S. 135 ꝛc. auch in den Abhandlungen
der freyen ökonomiſchen Geſellſchaft in S. Petersburg ꝛc.
aus dem Ruſſiſchen überſezt. Mietau und Riga. 8. Th. I.
1766.

Bereitung der schwarzen oder bittern Spiesglanztinc=
tur [y]), zum Brennen des Brandeweins [z]), vornem=
lich um das Anbrennen bei dem Kornbrandewein zu
verhüten [a]), und zur Prüfung deſſelbigen [b]), ſchlug
Birkenwaſſer zur Nußung ſowohl auf dieſen als auf
Eſſig vor [c]), und erzählte Erfahrungen über eine Säure
in der Luft [d]), und über die Veränderungen, welche
Silber erleidet, wenn es mit Quekſilber vermengt, und
lange in gelinder Wärme erhalten wird [e]): Auch ver=
dient Joh. G. Leutmann, da er, ob gleich ein ge=
bohrner Teutſcher, in ruſſiſchen Dienſten ſtand, hier
eine Stelle; er hat ſich durch ſein auch in andern Rük=
ſichten ſchäzbares Werk [f]) um die beſſere Einrich=
tung chemiſcher Oefen verdient gemacht: Aus ähnlichen
Gründen verdient der Lehrer der Akademie zu S. Pe=
tersburg Joh. Gottlob Lehmann [g]), wenn er gleich
seine

y) Chymiſche Nebenſtunden. 7. S. 169 ꝛc.

z) Abhandlungen der freyen ökonomiſchen Geſellſchaft in
S. Petersburg. Th. II. S. Petersburg, Riga und
Leipzig. 1774.

a) Kleine Schriften. 3. S. 47 ꝛc.

b) Commerc. litterar. ad rei medic. et ſcient. natural. increm. inſtit. ann. 1742. hebd. 24. 25.

c) Abhandlungen der freyen ökonomiſchen Geſellſchaft in
S. Petersburg. Th. VIII. 1776.

d) Commerc. litterar. ad rei medic. et ſcient. natur. increm.
inſtit. ann. 1741. hebd. 43.

e) Ebendaſ. ann. 1745. hebd. 19. 20.

f) Vulcanus famulans, oder ſonderbare Feuernußung,
durch Einrichtung der Stubenofen, Caminen, Brau=
und Salz=Pfannen, Schmelz=Diſtillir=Oefen. 8. Wit=
tenberg. 1723. 1735. Wittenberg und Zerbſt. 1764.

g) Sein Bild ſteht vor ſeinen phyſikaliſch=chymiſchen Schrif=
ten, als einer Fortſetzung der Probier=Kunſt. Berlin.
1761. 8.

seine wichtigste Arbeiten noch in Teutschland unternom=
men hat, hier eher als unter den teutschen Scheide=
künstlern aufgeführt zu werden; er beschrieb die künst=
liche sowohl als die natürliche Phosphore, unter die=
sen auch den grünen Flusspat und die scharfenbergische
Blende [h]), untersuchte eine Schwefel haltende Erde
von Tarnowiz in Schlesien [i]), das silberhaltige soge=
nannte Zundererz vom Harze [k]), den Kopal, den er
für ein Erdharz erklärte [l]), den Griesstein [m]), den so=
genannten Glasachat oder Obsidian [n]), Gälmei und
Mössing, dessen magnetische Kraft er seinem Eisenge=
halte zuschrieb [o]), die sogenannte Kornähren und Stan=
gengraupen von Frankenberg in Hessen [p]), den sibiri=
schen rothen Bleispat [q]), eine blaue (eisenhältige) Er=
de,

h) Abhandlung von Phosphoris, deren verschiedener Be=
reitung, Nutzen und andern dabey vorkommenden An=
merckungen. Dresden und Leipzig. 1750. 4.

i) Memoir. de l'Academ. des scienc. et belles lettres à Ber=
lin. ann. 1757. 6. S. 85. in seinen physikal. chym.
Schriften. S. 126 – 186.

k) Memoires &c. ann. 1758. 3. S. 20 xc. physikalisch=
chymische Schriften. S. 186 – 205.

l) Memoires &c. a. e. a. O. 4. S. 34 xc. physikalisch=chym.
Schriften. S. 73 – 105.

m) Nov. Comment. Acad. scient. Imper. Petropol. B. X.
Cl. phys. 6. S. 381 – 412.

n) Ebendas. B. XI. Cl. phys. 5. S. 359 xc.

o) Ebendas. 6. S. 368 xc.

p) Kurze Untersuchung der sogenannten versteinerten Korn=
ähren und Stangengraupen von Frankenberg in Hessen;
in einem Sendschreiben an H. Andr. S. Maregra=
fen. Berlin. 1760. 4. auch in dessen physikalisch=chymi=
schen Schriften. S. 387 – 412.

q) De nova minerae plumbi specie crystallina rubra, ep.
ad

de [r]), eine braune Erde aus der Baumanshöle am Harze [s]), den Amiant von Bergreichenstein in Schlesien [t]), eine dem Amiant ähnlich sehende leichte Eisenschlake [u]), eine grüne fett anzufühlende über dem Chrysopras in Schlesien liegende Erde [x]), und den Wolfram von Zinnwalde [y]); der petersburgische Zergliederer Jos. Weitbrecht zerlegte den Schleim, womit die innere Fläche des Luftröhrenkopfes bekleidet ist [z]).

In Preusen untersuchte der Hofapotheker Heinr. Hagen die von Benj. Schwarz [a]) und Ehrenreich zu Danzig [b]), als den reinsten und stärksten Essig angepriesene Säure, die er mit Schwefelsäure verunreinigt fand [c]), das Bier nach seinen Bestandtheilen,

ad de *Buffon*. Petropol. 1766. 4. von Sage ins Französische, und von dem teutschen Uebersetzer seiner chymischen Untersuchungen ins Teutsche (a. d. a. O.) übersezt.

r) Abhandlungen der freyen ökonomischen Gesellschaft in S. Petersburg ꝛc. B. I. 1766.

s) Physikalisch-chymische Schriften. S. 358-386.

t) Ebendas. S. 1-52.

u) Ebendas. S. 53-72.

x) Ebendas. S. 126-151.

y) Ebendas. S. 275-357. auch in seiner Probirkunst. Berlin. 1761. Vorrede. S. XI-LXXXVI.

z) Commentar. Acad. scient. imperial. Petropolit. B. XIV.

a) Kurze Abhandlung von der Pest und den Mitteln dagegen, nebst einem Anhange von concentrirtem Eßig-Geist. Danzig. 4 Et. Ausg. 1770.

b) (ohne seinen Namen) Nähere Anzeige vom Alcohol Aceti oder dem stärksten und reinsten Eßig-Geist. Danzig. 1770. 4.

c) Chymische Prüfung des Ehrenreichschen Alcohol Aceti, und denen daraus verfertigten Arzneyen. Königsberg. 1771.

len [d]), und den Torf [e]); auch er war überzeugt, daß
das feuervefte Gewächslaugenfalz vor dem Verbrennen
in den Pflanzen ftecke, und wufte durch daffelbige das
Laugenfalz aus Glauberfalz zu fcheiden [f]): Fr. Gottl.
Haupt hatte dasjenige Salz unterfucht, das erft zum
zweitenmale aus dem abgerauchten Harne anfchiest, und
aus Phosphorfäure und mineralifchem Laugenfalze be=
fteht [g]): Lürfenius den Salzgehalt des Meerwaffers
bei Danzig [h]).

Reger war der Trieb, fich durch Verfuche zu be=
lehren, und auf diefe Art das Gebiet der Wiffenfchaft
zu erleuchten und zu erweitern, unter den Teutfchen;
freilich find fie bei weitem nicht alle von dem gleichem
Gehalt und Gewicht, noch berechtigten fie immer zu
dem Schlüffen, welche man daraus gezogen hat.

Aufer einigen Ungenannten, z. B. C. S. M. der
die im Blute vorhandene Eifentheilchen durch chemifche
Verfuche darthat, und über das Eifen in der blauen
Farbe einem Verfuch beyfügte [i]), C**, der feine Ge=
danken und Zweifel über das Dafein eines brennbaren
Wefens im Salpeter eröfnete [k]), C. L. der den föge=
nann=

d) Hamburg. Magazin. B. XXV. S. 98-111.

e) Chymifche Betrachtungen über den Torf. Königsberg. 4.
    1761. 1769.

f) Phyfifch = chymifche Betrachtungen über die Herfunft
    des feuerveften vegetabilifchen Laugenfalzes. Königsberg.
    1768. 4.

g) Diatribe chemica de fale urinae perlato mirabili. Re-
    giomonti. 1740. 4.

h) Verfuche und Abhandlungen der naturforfchenden Gefell=
    fchaft in Danzig. Th III.

i) Hamburgifch. Magaz. B. XIII. St. 1. Abh. 4. S.
    31-46.

k) Stralfundifches Magazin. B. I. St. 1. Abh. 1.

nannten schweistreibenden Spiesglanzkalf zerlegte [1]),
und andern [m]), machte J. D. Thom seine Collectanea chymica curiola [n]), Joh. Sam. Carl seinen Lapis lydius philosopho-pyrotechnicus ad ossium fossi-
lium docimasiam analytice demonstrandam adhibi-
tus [o]), seine Versuche über die Uebereinstimmung des
natürlichen, künstlichen und Spiesglanzzinnobers [p]),
über schwefelsaure Laugensalze [q]), über Eisenarzneien
und laugenhafte Tinkturen [r]), und über die Bereitung
des versüsten Sublimats und Spiesglanzkalke [s]), Amad.
Fridlib, Dav. Rebentrost, und Georg Kniling
Col-

l) der Medicinischen Societät in Budißin Sammlungen
und Abhandlungen aus allen Theilen der Arzney-Gelahr-
heit. Altenburg. 1757.

m) z. B. 1. über den Eisengehalt des Rückstandes von dem
Auftreiben des versüsten Sublimats, welchen er von dem
zur Bereitung des äzenden Sublimats genommenen Vitriol ableitet. Commerc litterar. ad rei medic. et scient.
natur. increm. institutum ann. 1738. hebd. 4. 2. eine
Zerlegung des Gichtschwamms (Phall. impudic.) durch
Destilliren Miscellanea Physico-Medico-Mathematica.
Winter- und Frühlings-Monate des Jahres 730 Apr.
Art. 16. 3. eine Untersuchung des überhängenden Zweizahns zur Vergleichung mit der Acmelle. Commerc. litterar. ad rei medic. et scient. natur. increm. institut. ann.
1745. hebd. 46.

n) quae rerum naturalium ex triplici regno anatomiam
continent. Francof. 1693. 4.

o) et per multa experimenta chymico-physica in lucem
publicam missus. Francof. ad Moen. 1703. 8.

p) Ephemerid. Acad. Caesar. Natur. Curiof. Cent. I. et II.
obf. CLXXXVII.

q) Ebendaf. Obf. CLXXXVIII.

r) Ebendaf. Obf. CLXXXIX.

s) Ebendaf. Obf. CXC.

Collectanea curiofa de bifmutho t), Franz Jak.
Sachs seine Zergliederung der Ulmenrinde u), J.
Frid. Weißmann des Syrenenholzes x), N. Spies
seine Vorschläge, vermittelst höchst reinen Weingeistes
aus bittern Gewächsen das wesentliche Salz auszuzie=
hen y), Joh. Blankenhorn seine Zerlegung des
überhängenden (Bidens cernua) und gestrahlten (Co-
reopfis Bidens) Zweizahns z), Perthes des dreithei=
ligen a), und einiger Arten Flöhkrautes b), G. Aug.
Hofmann seine Wahrnehmungen über Gährung und
Fäulung c), Phil. Bonav. Schaller seine Zersezung
der Jalape d), Karl Nep. Altmann diejenige der so=
genannten antifcorbutifchen Gewächfe e), Ad. Jof. Be=
fenecker des wienerifchen Biers f), der memmingi=
fche Arzt Joh. Georg Kölderer seine Zerlegung des
Mi=

---

t) Das ist, Etliche, rare, bis anhero noch nie bekannte,
   sondern fehr geheim gehalten gewefene Chymifche Procef,
   wovon auch bey denen Autoribus chymicis nicht die aller=
   geringste Meldung zu finden. Dreßden. 1718. 8.

u) Diff. de ulmo. Argentor. 1718. 4.

x) Ephemerid. Acad. Caefar. Natur. Curiofor. Cent. VII.
   obf. 88. S. 211.

y) Mifcellan. Berolinenf. Contin. I. S. 91.

z) Difp. praef. Guil. Bern. *Nebel* de Acmella Palatina.
   1739. 4.

a) Commerc. litter. ad rei medic. et fcient. natur. increm.
   inftitut. ann. 1745. nr. 26.

b) Hydropiper, Perficaria, amphibium und orientale. eben=
   daf. ann. 39. hebd. 17. 18.

c) Oekonomifch = phyfikalifche Abhandlungen. B. IV.

d) Diff. de jalapa. Argentor. 1761. 4.

e) Analyfis plantarum antifcorbuticarum. Vienn. 1766. 8.

f) Cerevifia Auftro = Viennenfis mechanico = chimice elucu-
   brata. Vienn. 1737. 12.

Mistels ^{g}), Mart. Müller des Torfs ^{h}), Jak. Risler ^{i}) diejenige des Wollkrautes (Verbasc.), Chn. Sam. Ungnad der Pfirschen und ihres Laubes ^{k}), Chph. Weber seine Bemerkungen über die geistige Gährung ^{l}), und über den Luftzünder ^{m}), Karl Ludw. Bruch seine Zerlegung des Hünerdarms ^{n}), J. Theod. Pallas diejenige des Goldmilzkrautes ^{o}), Hans Wilh. Schmidt diejenige der spanischen Soda ^{p}), E. P. Meuder des Spiesglanzes ^{q}), und insbesondere seine Bemerkungen über eine eigene Bereitung seines Glases ^{r}), über die Wirkung des Brennglases auf Metalle, über einige neue Arten Luftzünder, über die Be

g) Viſcum plerarumque arborum planta paraſitica. Argentor. 1747. 4.

h) Gründlicher Bericht vom Torf von Taubenried ꝛc. Ulm. 1752. 8.

i) Diſſ. de verbaſco. Argentor. 1754. 4.

k) Diſſ. de malo perſica. Francof. ad Viadr. 1757. 4.

l) Examen corporum quorundam ad fermentationem ſpirituoſam pertinentium. Goetting. 1758. 4.

m) Diſſ. de pyrophoro. Goetting. 1758. 4.

n) Diſſ de anagallide. Argentor. 1758. 4.

o) Diſſ. de chryſoſphanio. Argentor. 1758. 4.

p) Diſſ. praeſ. Phil. Ad. *Boehmer* de Soda Hiſpanica. Hal. 1758. 4.

q) Analyſis antimonii phyſico - chymico - rationalis, darinn der Grund aller gewöhnlichen und bekandten Proceſſe dieſes Mineralis deutlich gezeiget wird. Deme auf Verlangen noch beygefüget iſt des Autoris ohnlängſt edirtes Tractätgen: Von den Antimomaliſchen Tincturrn, hin und wieder revidirt und vermehrt. Dreßden und Leipzig. 1738. 8.

r) Commerc. litter. ad rei medic. et ſcient. natur. increm. inſtitut. ann. MDCCXL. hebd. 12.

Bereitung des Goldkalkes zum Rubinglase [s]), Bey=
ckert die seinige vom Luftzünder [t]), Flechtner vom
Harupphosphor [u]), Chn. Wilh. Pentzky seine Zerle=
gung desselbigen [x]), bei welcher er gefunden haben woll=
te, daß die Phosphorsäure aus Schwefel= und Koch=
salzsäure bestehe, Joach. Jak. Rhades seine Ver=
suche über den Eisengehalt des Blutes [y]), Dan. Heinr.
Knape die seinige über die Fettsäure [z]), J. Chph.
Adelung die mineralische Belustigungen, welche
zwar keine eigene, aber viele chemische Versuche andrer
enthalten [a]), der weissenfelsische Arzt, Gottlob Karl
Springsfeld seine Versuche über das natürliche
Berliner Blau von Ekartsberg in Thüringen [b]), und
über die auflösende Kraft des Karlsbader und des Kalk=
wassers auf Harnsteine [c]); 1736 bereitete ein Arzt
Con=

s) Ebendas. ann. MDCCXXXV. hebd. 20.

t) Diss. praef. J. J. *Sachs* de pyrophoro. Argentor. 1731. 4.

u) Diss. praef. J. J. *Sachs* de phosphoro solido anglicano.
Argentor. 1731. 4.

x) Diss. de phosphori urinae analysi et usu. Hal. 1755. 4.
ins Teutsche übers. in den vermischten Schriften aus der
Naturwissenschaft, Chymie und Arzneygelahrheit. St. V.
1757. nr. 3.

y) Diss. de ferro sanguinis aliisque liquidis animalibus.
Goetting. 1753. 4.

z) Diss. de acido pinguedinis animalis. Gotting. 1754. 8.

a) zum Behuf der Chymie und Naturgeschichte des Mine=
ralreichs. Leipzig. 8. Erster und Zweyter Theil 1768.
Dritter und vierter. 1769. Fünfter 1770. Sechster und
lezter. 1771.

b) Act. Academ. Caesar. Natur. Curios. B. X. obs. 23.
S. 76 ꝛc.

c) Diss. de praerogativa thermarum Carolinarum in dis-
solvendo calculo vesicae prae aqua calcis vivae. Witteberg. 1756. 4.

Constantini zu Melle im Hochstift Osnabrük aus Borax, Weinstein und äzendem Sublimat ein Salz, dem er die Kraft zuschrieb, Blei in Gold zu verwandeln [d]), und etwa um 1751 bereitete er zuerst ohne äusere Hize aus Kochsalz und Alaun Glauberfalz, das er in der strenasten Kälte anschiesen lies [e]); der Apotheker Joh. Fridr. Meyer zu Osnabrük bereitete, vielleicht zuerst, die essigsaure Soda [f]), und stellte mit ungelöschtem-Kalk und äzenden Laugensalzen eine ganze Reihe lehrreicher Versuche an, die ihn auf die Folgerung leiteten, ihre ausgezeichnete Schärfe hänge von einer gewissen Säure ab, die er die fette Säure nannte [g]), und für die allgemeine Säure ansah, suchte die gegenseitige Fällung des Eisens und Kupfers durch einander [h]), und die Entstehung des Glases und der glasartigen Steine [i]) zu erklären: Hr. Pabizky erhielt aus Petersiliensamen und dem Wasser, welches er darüber abgezogen hatte, kleine weisse Kristallen und Floken, die er für Kampfer hielt [k]); Bernhard theilte seine

d) Alchymistische Briefe. Hannover. 1767. S. 9 2c.

e) Chemisches Journal Th VI. S. 78.

f) Alchymistische Briefe. S. 29.

g) Chymische Versuche zur nähern Erkenntniß des ungelöschten Kalchs, der elastischen und electrischen Materie, des allerreinsten Feuerwesens und der ursprünglichen allgemeinen Säure, nebst einem Anhang von den Elementen. Hannover und Leipzig 8. 1764. 1770. ins Französische übersezt von P.-F. le Dreux, mit der Aufschrift: Essais de chymie sur la chaux viue, la matiere elastique et electrique, le feu et l'acide universel primitif avec un supplement sur les elemens. à Paris. 12. B. I. 2. 1766.

h) bei Wiegleb kleine chemische Abhandl. S. 177-190.

i) Ebendaf. S. 59-64.

k) Braunschweigische Anzeigen für das Jahr 1754. S. 1205.

seine Bemerkungen über die vortheilhafte Gewinnung
des Scheidewassers im Grosen, und über die flüchtige
trockene Säure, welche man bei der Reinigung des
rauchenden Vitriolöls, und diejenige, welche er bei der
Bereitung des rauchenden Salpetergeistes erhielt,
mit[1]); Jos. Lengenfelder untersuchte das Glas[m]);
J. H. Lincke die Borarsäure[n]), und den Luftzünder[o]); Göriz eben denselbigen[p]), und das Schmelzpulver[q]); J. H. Ravestein theilte seine Wahrnehmungen über ein aus Kochsalz bereitetes an der Luft zerfliesendes
Salz, worinn er das Saatkorn beizte, und über
Quecksilber, das er aus Hornsilber und Hornblei erhalten haben wollte[r]), Franz Ant. Obermayer seine
Versuche mit Borarsäure[s]), die Gebrüder Graven-
horst ihre Bemerkung über die Bildung eines Schwefels

1) a. a. O.

m) Diss. de vitro naturaliter et artificialiter considerato.
Ingolst. 1768.

n) Sammlung von Natur = und Medicin — wie auch hiezu
gehörigen Kunst · und Litteratur · Geschichten, so sich
1722 in den 3 Sommer · Monaten in Schlesien und andern Ländern begeben. Sept. Cl. V. art. 2. (unter dem
Namen der philosophischen Vitriolblumen).

o) Ebendaselbst in den 3 Herbst · Monaten. Nov. Cl. V.
art. 2.

p) Ebendas.

q) Ebendas. 1724 in den 3 Winter · Monaten. Febr. Cl. V.
art. 2. beide auch in Act. Acad. Caesar. Natur. Curios.
B. I. obs. LXXI. und LXXII.

r) Sammlung seltener Begebenheiten in der Natur, nebst
vielen zur Verbesserung des Äcker · und Gartenbaues angestellten Versuchen, bei Gelegenheit eines problemati-
schen Aufsatzes vom Luftsalze und dessen Wirkungen in die
Reiche der Natur. Nebst einer Vorrede Hrn. Alb. v.
Haller. Zweybrücken und Strasburg. 1755. 8.

s) Diss. de sale sedativo. Vindobon. 1766. 8.

fels ohne äusere Hize [t]), der östreichische Feldarzt
Kramer seine Bemerkungen über ein angebliches
Kalköl, und über Agricola's allgemeines Auflö:
sungsmittel, das aus kochsalzsaurer Kalkerde, aus
Scheidewasser und Weingeist bestehen soll [u]), über die
Zerlegung des Dippelischen thierischen Oels bei seiner
Reinigung [x]), über Galmeiarten und Scherbenko:
bolt [y]), über Korallentinctur [z]), über Auflösungsmit:
tel des Harnsteins [a]), über das Oel und den Brande:
wein aus Trestern, das Reinigen des leztern durch
Abziehen über dem Aschensalze der Traubenhäute, und
eine Art tragbarer chemischer Oefen [b]); Ign. Gottfr.
Kaim seine Versuche über Reisblei und Wolfram,
die er jedoch sehr unvollkommen gekannt zu haben
scheint, über Arsenik, den er mehr für eine Art Schwe:
fel, über Kobolt, den er für kein eigenes Metall hielt,
über Nikel, den er eher dafür zu erklären geneigt ist,
und über Braunstein, den er in seiner metallischen Voll:
kommenheit erhalten hat [c]), mit; Matth. Pauli wuste
schon 1725 aus rauchendem Salpetergeiste und Flus:
spat ein Aezwasser auf Glas zu bereiten [d]), das schon
1670

[t] Einige Nachrichten an das Publikum, die Gravenhorstti:
sche Fabrikprodukte betreffend. Braunschweig. 1769. 8.

[u] Commerc litterar. ad rei medic. et scient. natural. in:
crementum institutum. ann. MDCCXXXII. hebd. 48.

[x] Ebendas. ann. MDCCXXXIV. hebd. 5.

[y] Ebendas. hebd. 11.

[z] Ebendas. hebd. 19.

[a] Ebendas. ann. MDCCXXXV. hebd. 7.

[b] Ebendas. ann. MDCCXLI. hebd. 28.

[c] Dissert. chemica de metallis dubiis. Vienn. 1770. 8.

[d] Sammlung von Natur: und Medicin — wie auch hiezu
gehörigen Kunst: und Litteratur-Geschichten, so sich 1725

1670 ein nürnbergischer Künstler Heinr. Schwan:
hard zu erhabenen Zeichnungen auf Glas genützt zu
haben scheint ᶜ); Ambr. Gottfr. Hanckewitz, der mit
seinem Pfunde vornemlich in England wucherte, machte
seine Versuche mit Phosphor, dessen Gewinnung, Auf:
lösung in Oelen, dessen Säure ᶠ), und mit Amber ᵍ);
Chn. Gottlieb Reußner seine Nachrichten und Er:
fahrungen über Krummholzöl ʰ), der chursächsische
Bergrath, Joh. Friedr. Henckel seine Erfahrungen
über das in den Gewächsen, vornemlich im Salzkraute,
steckende Kochsalz ⁱ), ihre übrige Bestandtheile ᵏ),
ihre Verglasung ˡ) und ihren Metallgehalt ᵐ), die
Soda,

in den 3 Winter:Monaten in Schlesien und andern Län:
dern begeben. Jan. Cl. V art. 2. S. 107.

c) 1. Sandrart teutsche Akademie. B. I. Th. 2. S. 346.
neue Ausgab. durch Volkmann. Th. III B. 2. S.
379. 2. Wagenseil commentar. de civitate Norimber-
gensi. Altdorf. 1697. 4. S. 154. 3. Doppelmayer
Nachricht von nürnbergischen Künstlern. S. 250. 4. J.
Beckmann Beyträge zur Geschichte der Erfindungen.
Leipzig. 8. B. III. St. 4 S. 336-558.

f) Philosophic. Transact. for 1733 und 1734. nr. 428.
S. 58 ꝛc.

g) Ebendas. nr. 435. S. 437 ꝛc.

h) Ephemerid. Acad. Caes. Natur. Curios. Cent. IX. et X.
obs. XCVII. S. 432.

i) Flora Saturnizans die Verwandschaft des Pflanzen: mit
dem Mineral:Reich, nach der Natural:Historie und
Chymie, aus vielen Anmerkungen und Proben: Nebst
einem Anhang vom Kali geniculato Germanorum, oder
gegliederten Salzkraut, insonderheit von einer hieraus
neuerfundenen dem allerschönsten Ultramarin gleichenden
Farbe. Leipzig. 1722. 8. K. 6.

k) Ebendas. K. 6-9.

l) Ebendas. K. 11.

m) Ebendas. K. 14.

Soda [n]), und das daraus durch Fällung mit Scheidewaffer zu erhaltende Berliner Blau [o]), über die
mannigfaltige Nutzung des Kieſes [p]), über die Darſtellung des Arſeniks in ſeiner vollkommenen Metallgeſtalt [q]), über die ausgezeichnete Schärfe der ſogenannten Spiesglanzbutter [r]), über den Zink [s]), über das
ſogenannte Schabengift, einen Arſenik haltenden Mer-
gel [t]), über die Auflöſung des Bernſteins in Weingeiſt
durch Vermittlung der Schwefelſäure [u]), über die
Kunſt, das Silber durch Vermittlung von Kochſalzſäure,

n) Ebendaſ. Anhang.

o) Ebendaſ.

p) Pyritologia oder Kieß-Hiſtorie, als des vornehmſten
Minerals, nach deſſen Nahmen, Arten, Lagerſtätten,
Urſprung, Eiſen, Kupfer, unmetalliſcher Erde, Schwefel, Arſenik, Silber, Gold, einfachen Theilgen, Vitriol-
und Schmelznützung, aus vieler Sammlung, Gruben-
Befahrung, Umgang und Briefwechſel mit Natur und
Berg-Verſtändigen, vornemlich aus chymiſcher Unterſuchung mit Phyſikaliſch-Chymiſchen Entdeckungen, nebſt
(12) Kupfern, wie auch einer Vorrede vom Nutzen des
Bergwercks, inſonderheit des Churſachſiſchen. Leipzig. 8.
17:5. neue verbeſſerte Auflage. 1754. K. 14. 15.

q) Ebendaſ. K. 10.

r) Act. Acad. Caeſar. Natur. Curioſ. B. V. obſ. 95.

s) Ebendaſ. B. IV. obſ. LXXX. S. 308 ꝛc.

t) Ebendaſ. B. II. Obſ. CLVI. und kleine mineralogiſche
und chymiſche Schriften, auf Gutbefinden des Herrn
Autoris, nebſt einer Vorrede von den Bergwercks-Wiſſen-
ſchafften zur Vermehrung der Cammeral-Nutzungen und
mit Anmerckungen herausgegeben von Carl Fr. Zimmermann. Dreßden und Leipzig. 8. 1744. Zweyte
Auflage. 1756. Beſonder. Unterſuchung. St. I. S.
529-538.

u) Keine Schriften ꝛc. St. 2. S. 545.

säure Arsenik und Zinnober flüchtig zu machen [x]，
über die blaue Farbe, welche Kobolt dem Glase gibt,
und welche er von Eisen ableitet [y], über die Gegenwart des flüchtigen Laugensalzes im Mineralreiche [z],
über die leuchtende Funken, welche der Ofengalmei
zeigt, wenn er im Dunkeln mit einem Messer geschabt
wird [a], und über den Arsenikgehalt des Rothgül-
dens [b]; sein Schüler und Nachfolger Carl Friedr.
Zimmermann über den weissen Bodensaz bei der
Auflösung des Eisens in Scheidewasser [c], und den
Gebrauch des Löthrohrs zur Prüfung von Mineralien
im Kleinen [d]; J. Chr. Kühnst, über die Art den
Brennstoff der Metalle in Schwefel zu verwandeln [e],
den Kampfer in runden Kuchen zu schmelzen [f], über
das Dasein des Küchensalzes in Knochen [g], im Safte
der

x) Ebendas. St. 4. S. 566 - 568. auch Act. Academ. Caef.
   Nat. Curiofor. B. V. Obf. XCI.

y) Kleine Schriften ꝛc. St. 5. S. 570 - 575. auch Act.
   Acad. Caef. Nat. Curiof. B. V. Obf. XCII.

z) Kleine Schriften ꝛc. St. 6. S. 580 - 597. auch Act.
   Acad. Caefar. Nat. Curiof. B. V. Obf. XCIII.

a) Kleine Schriften ꝛc. St 7. S. 605.

b) Ebendas. Erster Tractat. Anhang. S. 306.

c) Ober-Sächsische Berg-Akademie, in welcher die Bergwerks Wissenschaften nach ihren Grundwahrheiten unterfucht und nach ihrem Zusammenhange entworfen werden. Dresden. 4. Erstes Stück. 1747. Abh. 2.

d) in seinen Anmerkungen zu Henckels kleinen Schriften ꝛc. Tract. II. Abh. 2. S. 437 - 441.

e) Act. Acad. Caefar. Natur. Curiof. B. V. obf. XCVII.
   S. 345 ꝛc.

f) Ebendas. Obf. XCVIII. S. 348 ꝛc. und B. VIII. Obf.
   1. S. I ꝛc

g) Ebendas. B. V. Obf. IC. S. 352.

der Taubneffel ʰ), und den meiſten Pflanzen ⁱ), über
Kochſalzſäure und Brennſtoff, als Beſtandtheile der
Salpeterſäure ᵏ), die er für das Aneignungsmittel des
Brennſtoffs mit dem Gold hielt ˡ), über die Verflüchtigung des Silbers durch Salpeterſäure ᵐ), Ovelgün
über das Sauerkleeſalz ⁿ), und von den Hollunderbee-
ren, als einem unſchädlichen Mittel, dem Brandewein eine rothe Farbe zu geben °), der groſe Hannöve-
riſche Leibarzt Paul Gottlieb Werlhoff über den Luftzünder ᵖ), Schübler zu Zellerfeld über eine von
ſelbſt erfolgte Entzündung des mit ätzendem Sublimat
vermiſchten Spiesglanzmetalls ᵠ); der verdiſche Arzt
Joh. Konr. Trumph über den Brennſtoff, der auch
bei dem Garmachen des Kupfers auf dem Treibheerde
aus dem brennenden Holze in daſſelbige eindringe ʳ),
über den Luftzünder, zu welchem Alaun kommt ˢ),
über den Salpetergehalt des verdenſchen Brunnenwaſ-
ſers, und den Salzgehalt des Schneewaſſers ᵗ), über
den

h) Ebendaſ. Obſ. C. S. 353.

i) Ebendaſ. Obſ. CI. S. 354.

k) Ebendaſ. B. VI. Obſ. CXXXVIII. S. 464 ꝛc.

l) Ebendaſ. Obſ. CXXXIX. S. 469. 470.

m) Ebendaſ. Obſ. CXL. S. 471.

n) Ebendaſ. B. II. Obſ. XLIV.

o) Ebendaſ. B. VII. Obſ. XXV. S. 72 ꝛc.

p) Commerc. litterar. ad rei medic. et ſcient. natural. increm. inſtitut. ann. MDCCXXXIII. hebd. 17.

q) Ebendaſ. ann. MDCCXXXV. hebd. 40.

r) Ebendaſ. hebd. 28. S. 220. 221.

s) Ebendaſ. ann. MDCCXXXVI. hebd. 26. S. 205.

t) Ebendaſ. hebd. 38. S. 298 - 300.

den rothen Atramentstein ᵘ), und weissen Vitriol ˣ),
und über eine von Model in der Luft vermuthete
Säure ʸ, J. W. A. Weißmann über die Borax=
säure ᶻ); W. A. Kellner über die Veränderungen in
der Farbe des Veilchensaftes durch Gesundwasser ᵃ);
Köhler über die Zerlegung des Salmiaks durch Kreide
und Kalk ᵇ), und der schwefelsauren Pottasche durch
Quekfilbersalpeter ᶜ); der churbairische Berg= und Hof=
rath J. H. Pet. Spring über den Harnphosphor ᵈ),
und über die Kochsalznaphthe ᵉ); Brunnwiser,
ein anderer bairischer Arzt, über das Ausziehen der
Farben aus Hölzern durch mineralische Säuren, und
über gelb färbende Gewächsstoffe ᶠ); Wenz. J. Nepom.
Langsvert über die rothe Farbe des Blutes ᵍ); J.
Bapt. Gaber über die Fäulnis ʰ); Em. Riedel
über

u) Ebendaf. ann. MDCCXLIII. hebd. 39.

x) Ebendaf hebd. 39 40.

y) Ebendaf. ann. MDCCXLV. hebd. 33.

z) Ebendaf ann. MDCCXXXVI. hebd. 14.

a) Ebendaf. ann. MDCCXLIV. hebd. 20.

b) Ebendaf hebd. 39.

c) Ebendaf. hebd. 40.

d) Diff resp. Franc. Jof *Kikinger* de phofphoro Anglica-
na chemice ac medice confiderato. Ingolft. 1759. 4.

e) Abhandlungen der Churbayerifchen Akademie der Wiffen=
fchaften. B. III. Th. 2. S. 247 ꝛc.

f) Ebendaf. philofoph. Claffe. B. VII.

g) Diff. de caufa rubedinis in fanguine humano. Prag.
1762. 8.

h) 1. Mifcellan. Taurinenfia. B. I. 2. Melanges de philofophie et de mathématique de la Sociecé de Turin
pour les ann. 1760 et 1761. 3 Ebendaf. pour les années 1762 - 1765. nr. 5. S. 156 ꝛc.

über die Galle[1]); Franz Jgn. Bredtschneider über die Milch und vornemlich über ihr süßes Salz[k]); J. J. Franz Vikarius über Salpeterkristallen, welche er aus einer Auflösung des Eisens in Königswasser anschießen sah, nachdem er das Eisen durch zerflossenes Weinsteinsalz niedergeschlagen hatte[1]); Ernst Fr. Schellhaße über die Verbindung des Spiesglanzmetalls mit Quekfilber durch Reiben mit einem Zusaz kalten Wassers im eisernen Mörser[m]); Jak. Waiz über die geheime Schrift von mancherlei Farben, die sich aus Kobolt bereiten läst[n]); der braunschweigische Arzt Martini über das Kajeputöl[o]); der schlesische Arzt G. H. Burghart über die flüchtige Salze in den Pflanzen, und die Verdickung des Hauslauchsaftes durch Weingeist[p]); Carl Ludw. Neuenhahn über die Farbe der Edelsteine[q]), über die Auflösung des Bernsteins

i) Diff. de bilis qualitate laudabili, optimo praefidio fanitatis. Erford. 1768. 4.

k) Diff. de lacte ejusque ufu. Vienn. 1769. 8.

l) Ephemerid. Acad. Caef. Nat. Curiof. Dec. III. ann. I. obf. XC. S. 184.

m) Ebendaf ann. 3. obf. CXLVII. S. 296 rc.

n) D. J W. Schlüssel zu dem Cabinet der geheimen Schatzkammer der Natur. 1705. Zwote Ausgabe. Frankfurt und Leipzig. 1722.

o) Epift. gratulatoria Oleum Wittnebianum vulgo dictum kajoeput revocatum in terras Brunsvicenfes faluberrimis effectibus plenum exponens. Brunsvic. 1751.

p) Medicorum Silefiacorum Satyrae, quae varias obfervationes, cafus, experimenta, tentamina ex omni Medicinae Ambitu petita exhibent. Wratislav. et Lipf. 8. Spec. IV. 1737.

q) Oekonomisch = physikalische Abhandlungen. Leipzig. 8. Th. XVI. 1759. nr. 2.

steins in Weingeist durch Vermittlung von wasserfreier Schwefelsäure und Zucker [r]), über das Verkalken der Metalle und Mineralien [s]), über das im Salzkraute befindliche Küchensalz [t]), und über die Ursache der rothen Farbe des Zinnobers [u]); Theod. Moser über einen flüchtig laugenhaften Geist und ein brandichtes Oel, und über ein Auflösungsmittel des Goldes, durch Destilliren aus Thon gewonnen [x]); G. Heinr. Sebastiani [y]) und Georg Melch. Ged. Henckel [z]) über den Salpeteräther; Gottfr. Einsporn über einige andere Gegenstände [a]); Saur über den Kobolt [b]); der wir:

r) Vermischte Anmerkungen über einige auserlesene Materien zur Beförderung nützlicher Wissenschaften. Leipzig. 8. Dritter Theil. 1756. nr. 3.

s) Ebendas. Vierter Theil. 1756. nr. 1.

t) Ebendas. nr. 6.

u) Vermischte Bibliothek, oder Auszüge aus verschiedenen zur Arzneigelahrheit, Chemie, Naturkunde, Oekonomie, zu Manufacturen und Künsten gehörigen akademischen Streitschriften, mit nöthigen Anmerkungen begleitet. Braunschweig. 8. Erste Sammlung. 1758. nr. 2.

x) Epistolarum ab Eruditis Viris ad Alb. *Hallerum* scriptorum. Bernae. 8. Pars I. Latinae. Vol. I. Epistolae CXCIV. scriptae ab Anno MDCCXXVII. ad Annum MDCCXXXIX. 1773. epist. 131.

y) Diss. de Nitro, ejus relationibus et modo cum ejus acido oleum Naphthae parandi. Erford. 1746.

z) Diss. exhibens experimenta chemica de naphtha nitri etiam per ignem elaboranda. Erford. 1761. 4.

a) Beschreibung einiger sonderbaren chymischen Versuche nebst Antwort auf die zweysporniſche Widerlegung Erlangen. 1751. 8.

b) Memoir. présentés à l'Academ. des scienc. à Paris par divers savans. B. I.

wirtembergische Leibarzt Joh. Albr. Gefner [d]), auch über den Kobolt [d]); Pet. Pogaretski über den Nikel [e]); Joh. Ambr. Beurer über den norwegischen und thüringischen Theer [f]); Chr. Friedr. Schulze über die Wirkung eines guten Brennspiegels auf einige Erdarten [g]); Pet. Nik. Lotich über die Phosphore, insbesondere über den Harnphosphor [h]); Jos. Leop. Ign. Vogelmann über die feuerveste Salze [i]); Joh. Kesselmeyer über den nahrhaften Bestandtheil einiger Gewächse [k]); Thym. Solis über den Rosmarin [l]); der berühmte hannöverische Apotheker Andreä über eine Menge sich in den churbraunschweigischen Ländern findender Erdarten [m]), über den Gletscher-Spi-

[d] Historia Cadmiae fossilis metallicae sive Cobalti. Berol. 1744. 4.

[e] Diss. de semimetallo Nickel. Lugd. Bat. 1765. 4.

[f] Act. Acad. Caes. Natur. Curios. B. X. App. art. 3. S. 159 ꝛc.

[g] Einige Versuche, welche mit verschiedenen Sächsischen Erdarten in einem Höfischen parabolischen Brennspiegel angestellt. Dresden und Leipzig. 1755. 4.

[h] Diss. med. de phosphoris et phosphoro urinae. Lugd. Batav. 1757. 4.

[i] Diss. de salibus fixis. Argentor. 1758. 4.

[k] Diss. de quorundam vegetabilium principio nutriente. Argentor. 1759. 4.

[l] das Rosmarin, medicinisch-chymisch betrachtet. Budissin und Leipzig. 1764. 8.

[m] Anmerkung über eine beträchtliche Anzahl Erdarten, aus Sr. Majestät deutschen Landen ꝛc. und von derselben Gebrauch für den Landwirth. Auf Befehl der Königl. Churfürstl. Cammer dem Druck übergeben. Hannover. 1769. 8.

Spiritus [n]), und über das Alpensalz [o]), Herrmann über das natürliche Purgirsalz in Ungarn [p]); Jul. Ernst von Schütz über die sächsische sogenannte Wundererde [q]); der auch um andere Fächer der Chemie verdiente freibergische Arzt Karl Wilh. Pörner, auser seinen schon erwähnten Erfahrungen über den Thon, seine Versuche über Eiweis und Blutwasser [r]); Ign. Barth. Jos. Stang die seinige über den durchscheinenden Glimmer oder das sogenannte russische Glas [s]); Fr. Ernst Gutdorf [t]) über den Schwefeläther [u]); Joh. Gottlieb Dieterich über ebendenselbigen [x]); Joh. Eichel über das Blut [y]); Joh. Fr. C. Jetzke über

n) Briefe aus der Schweiz nach Hannover geschrieben im Jahr 1763. Zürich und Winterthur. 4. Zweiter Abdruk. 1776. Vier und dreis. Brief. Anhang. S. 225-230.

o) Ebendas. S. 230-239.

p) Sammlung von Natur- und Medicin — wie auch hiezu gehörigen Kunst- und Litteratur-Geschichten, so sich in den 3 Sommer-Monaten 1721 in Schlesien und andern Ländern begeben. Sept. Cl. V. art. 2.

q) Nov. act. Acad. Caes. Natur. Curios. B. III. App. art. 2. S 91 ꝛc.

r) Experimenta de albuminis ovorum et seri sanguinis convenientia. Lips. 1754. 4.

s) Diss. de vitro ruthenico. Francof. ad Viadr. 1767. ins Teutsche übersezt, in mineralogischen Belustigungen. B. V. 1770. nr. 5. S. 63 ꝛc.

t) oder vielmehr der nachherige frankfurtige Lehrer Pet. Imm. Hartmann.

u) Praes. A. E. *Büchner* spicilegia ad olei vini praeparationem usumque. Hal. 1757.

x) Diss praes. G. Frid. *Siegwart* de naphtha vitrioli, cui adjecti sunt aphorismi de vasis sanguiferis motuque cordis. Tubing. 1764. 4.

y) Diss. de experimentis cum sanguine institutis. Erford. 1749. 4.

über die Gährung, und vornemlich über den Wein=
geiſt ᶻ); Fr. G. Sulzer über ein dem Salmiak ähn=
liches Salz in den Gewächſen ᵃ); C. D. Melßer
über den Borax ᵇ); Ch. Fr. Tob. von Lang ᶜ) und
Jo. Fr. Kraz ᵈ) über das ſogenannte Doppelſalz;
Ph. Karl Prosky über den Salpeter ᵉ), und Joh.
G. Trumph über den Vitriol ᶠ) bekannt: Selbſt die
unverwelkliche Zierde Teutſchlands, Wilh. Gottfr. Leib=
niz, der die ganze Naturkunde mit ſeinem hellblicken=
den Geiſte überſah, ſtellte viele chemiſche Verſuche,
insbeſondere mit dem Harnphosphor ᵍ), deſſen ganze
Erfindungsgeſchichte er erzählt ʰ), und dem Flusspat,
deſſen Eigenſchaft auf heiſſem Eiſen im Dunkeln zu leuch=
ten, er ſehr wohl kannte ⁱ), an, und ſuchte dergleichen
Er=

z) Diſſ. de fermentatione generatim atque in ſpecie de
Spiritu vini, tanquam fermentationis vinoſae producto.
Hal. 1771.

a) Diſſ. qua quaeſtio, an in plantis Sal ammoniacum hae=
reat, diſcutitur. Goetting. 1768. 4.

b) Diſſ. de borace. Regiom. 1728. 4.

c) Diſſ. de arcano duplicato. Altdorf. 1764. 4.

d) Diſſ. de arcano duplicato ejusque ſalubritate et damno
in corporis humani ſanitatem. Helmſtad. 1770. 4.

e) Diſſ. de nitro. Vindobon. 1765. 8.

f) Scrutinium chymicum vitrioli. Jen. 1767. 4.

g) Man ſehe zum Beweis ſeine Epiſtol. ad diverſos Theo-
logici, Juridici, Medici, Philoſophici, Mathematici,
Hiſtorici et Philologici argumenti: e Mſtr. Auctoris cum
annotationibus ſuis primum divulgavit Chr. *Kortholtus.*
Lipſ. 8. B. I. 1734. und Viror. Clariſſimor. ad G. Chr.
Schellhammerum epiſtolae &c.

h) Miſcellanea Berolinenſia. Berolin. 1710. S. 91 ꝛc.

i) er nannte ihn daher Thermophosphorus a. e. a. O.

Erfahrungen zur Erklärung der grofen Werke der Na=
tur anzuwenden [k]).

Ueberhaupt zeigten in Teutschland die Gelehrten
der Akademien und die Lehrer auf den hohen Schulen
den thätigsten Eifer, durch eigene Versuche die Wissen=
schaft zu heben.

Zu Berlin insbesondere bildete sich für dieselbe eine
Schule, die mit rastlosem und glücklichem Eifer auf
dieses Ziel hin arbeitete: Schon Joh. Dan. Göhl
stellte über Glaubersalz, das er durch Frost aus Harn
und Vitriol erhalten hatte, über künstlichen Schwefel
und mit Alaun bereiteten Luftzünder Versuche an [l]);
de Francheville hat vieles über das Kochsalz [m]),
und noch insbesondere über Stein= Meer= und Solen=
salz [n]) gesammlet; der berühmte Zergliederer Joh. Fr.
Meckel mit Nieren= und Blasensteinen und der Wir=
kung der Salpetersäure auf dieselbige Versuche ge=
macht [o]); der berühmte Kräuterkundige J. G. Gle=
ditsch bestimmte die chemische Merkmale der Gewächs=
stoffe, welche statt der Eichenrinde zum Gerben des Le=
ders gebraucht werden können [p]), und die Natur des
                                              Stärk=

k) S. seine Protogea, f. de prima facie telluris et anti-
   quissimae historiae vestigiis in ipsis naturae monumentis
   diff. ex Schedis M S. viri illustris in lucem edita a
   Chr. Lud Scheid. Goetting. 1749. 4.

1) Acta Medicorum Berolinensium in Incrementum artis
   et Scientiarum Collecta et digesta. Berolin. 8. B. I.
   1717.

m) Histoire de l'Academ. des Sciences et des Belles Lettres de Berlin. Ann. MDCCXLV. S. 70 2c.

n) Ebendaf. Ann. MDCCLX. S. 45-74.

o) Ebendaf. Ann. MDCCLIV. Mémoir.

p) Ebendaf. Hist. S. 16 2c.

Stärkmeels q), und unterſuchte das natürliche Na=
trum von Debrezin r), und ein Kobolterz aus Schle=
ſien s); Prof. Brandes das natürliche Berliner
Blau von Beuthniz aus Schleſien t); der geſchickte
Apotheker Val. Roſe hat durch Verſuche die Miſchung
aus Blei, Wismuth und Zinn beſtimmt, welche ſchon
bei der Hize des kochenden Waſſers ſchmelzt u), und
den Koffee= ſo wie den Roggenſamen zerlegt x); der ge=
heime Finanzrath Karl Abr. Gerhard hat ſich durch
ſeine Zerlegung der Bärentraube y), der Granaten z),
der braſiliſchen Turmaline a), und des beugſamen
Sandſteins b), durch Prüfung einer groſen Menge
von Steinarten, die er im Thon= Kreide= und Kohlen=
tigel eine Stunde lang in einer Hize, bei welcher Stab=
eiſen

q) Beſchäftigungen der Berliniſchen Geſellſchaft naturfor=
ſchender Freunde. B. I. S. 181 - 229.

r) Nouveaux Memoir. de l'Académ. des Scienc. et Belles
Lettres à Berlin. Ann. 1770. S. 8 rc.

s) Beſchäftigungen der Berliniſch. Geſellſch. naturforſch.
Freunde. B. II. S. 482 - 493.

t) Hiſtoire de l'Académic des Sciences et Belles Lettres de
Berlin. Ann. 1757. S. 110 rc.

u) Stralſundiſches Magazin. B. II. St. 1. Abh. 3.

x) Berliniſche Sammlungen zur Beförderung der Arzney=
wiſſenſchaft rc. B. I. St. 6. Abh. 5.

y) die Bärentraube chymiſch und mediciniſch betrachtet.
Berlin. 1763. 8.

z) Diſſ. inaug. ſiſtens disquiſitionem phyſico - chemicam
Granatorum Sileſiae atque Bohemiae. Francof. ad Viadr.
1760. 4. ins Teutſche überſezt in ſeinen Beyträgen zur
Chymie und Geſchichte des Mineralreichs. Berlin. 8.
Erſter Theil. 1773. S. 24 - 45.

a) Nouv. Mem. de l'Académ. des Sciences et Belles lettres
de Berlin. Ann. 1777.

b) Ebendaſ. Ann. 1783.

eisen schmolz, brachte c), durch Erfindung einer dau=
erhaften blauen Farbe auf Porcellan aus Kobolt d),
und eines schönen Glases aus vier Theilen Flußpat
und drei Theilen Kalkstein oder Kreide e), durch Be=
stimmung des Unterschiedes des Eisens f), und der
Kennzeichen seiner Güte g), des Braunsteingehalts der
Baumzeichnungen auf Steinen h), durch seine Zerle=
gung mehrerer Basalte i), des sogenannten Müller=
schen Glases k), durch die Aufmerksamkeit, die er
durch die Vermuthung, es könne eine einfache Erde
in die andere übergehen l), erregte, und durch seine
Erläuterung der Art, wie die Alten zum Behuf erha=
bener Arbeit zwo Arten Glas auf einander sezten m),
auch um diese Wissenschaft verdient gemacht.

Aber

c) Ebendas. Ann. 1780. und ins Teutsche übersezt in seinem
    Versuch einer Geschichte des Mineralreichs. Berlin. 8.
    Th. II. 1782. S. 6 - 46.

d) Nouv. Memoir. de l'Academ. de Berlin. Ann. 1779.
    S. 16. 17.

e) Ebendas. Ann. 1783.

f) Ebendas. Ann 1780. ins Italiänische übersezt in Maga-
    zino georgico. Firenze. 1784

g) bei A. Höpfner Magazin für die Naturkunde Helve=
    tiens. B. I. S. 166.

h) bei Hr. v. Crell chemische Annalen. 1785. B. I. S.
    56 - 57.

i) bei Hr. v. Crell Beyträge zu den chemischen Annalen.
    B. I. St. 3 S. 3 - 13.

k) bei Hr. v. Crell chemische Annal. 1785. B. I. S. 57.

l) Abhandlung über die Umwandlung und über den Ueber=
    gang einer Erd= und Steinart in die andere. Berlin.
    1788. 8.

m) Monatschrift der Academie der Künste und mechani-
    schen Wissenschaften in Berlin. 1788.

Aber zahlreicher, neuer, fruchtbarer und in diesen Hinsichten wichtiger waren die Versuche eines Kasp. Neumann, eines Joh. Heinr. Pott, eines Sam. Theod. Eller und eines Andr. Siegm. Marggraf.

Neumann, erster Hofapotheker zu Berlin, Professor der Chemie und Hofrath, stellte mit Kampfer [n]), den er auch aus Thymianöl erhalten hatte [o]), um seinen Unterschied von andern Gewächsstoffen zu zeigen, mehrere Versuche an, zeigte, wie weit getrocknetes Eiweis bei aller äusern Aehnlichkeit von Bernstein abweiche [p]), daß die gewöhnliche Probe des Franzbranteweins durch Eisenvitriol sehr unsicher ist [q]), daß ein blutrothes Wasser im Marienburgischen, dessen Farbe Elsholz vom Mineralreiche ableitete, sie der Fäulnis zu verdanken habe [r]), daß der Gebrauch des Veilchensaftes zur Untersuchung von salzigen Feuchtigkeiten bei weitem nicht hinreiche, und leicht täuschen könne [s]), daß die von J. H. Degner vorgeschlagene Verbesserung des Rübsamenöls, indem man es einige Zeit mit gemeinem Wasser bei gelinder Wärme in einem bleiernen Gefässe stehen lasse, der Gesundheit höchst nachtheilig seie,

n) 1. Philosophical Transact. for the Years 1724 und 1725. nr. 389. S. 321-332. 2. Miscellan. Berolinens. Contin. II. S. 70 ꝛc.

o) 1. a. d. e. a. O. 2 Philosoph. Transact. for the Years 1733 und 1734. nr. 431. S. 202-231.

p) Act. Academ. Caesar. Natur. Curios. B. V. obs. 55. S. 220 ꝛc.

q) 1. Philosophic. Transact. for the Years 1724 und 1725. Nr. 391. S. 398-408. 2. Miscellan. Berolinens. Cont. II. S. 79 ꝛc

r) Miscellan. Berolinens. Contin. II. S. 54.

s) Ebendas. Contin III. S. 310 ꝛc.

ſeie [t]), und unterſuchte den Amber [u]), den laugenhaf=
ten Geiſt, den er mit Menninge und ſelbſt mit Blei=
feile aus Salmiak erhielt, und als einen Beweis auf=
ſtellte, daß Metalle eine ſtärkere Anziehungskraft zur
Säure haben, als flüchtiges Laugenſalz [x]), die ätzende
Beſchaffenheit der feuerveſten Laugenſalze, die er erſt
durch das Feuer in der Aſche erzeugt glaubte, und ih=
ren Uebergang in Mittelſalze an der Luft [y]), und das
flüchtige Oel, das er durch Ueberziehen des Waſſers
von Ameiſen erhielt [z]), und erwähnt in ſeinen übrigen
Schriften noch einiger anderer von ihm ſelbſt angeſtell=
ter Erfahrungen über Eiſen, Spiesglanz, Schwefel,
Salpeter, Küchenſalz, Salmiak, Weinſtein, feuer=
veſte Laugenſalze, Bernſtein, Mohnſaft, Gewürznel=
ken, Bier, Wein, Koffee, Thee, Bibergeil und
Ameiſen.

Neumann war 1683 zu Züllichau gebohren;
Neigung und äuſere Umſtände beſtimmten ihn für die
Apothekerkunſt; aber ſeine natürliche Anlagen waren
zu gros, um in dieſem Gewerbe bei dem Alltäglichen
ſtehen zu bleiben, und ſeine in jüngern Jahren ſehr
abwechſelnde Schickſale, ſein langer Aufenthalt in
England, ſeine Reiſen in Holland, Frankreich und dem
gröſten Theile Teutſchlands, die Bekanntſchaft der grö=
ſten Scheidekünſtler ſeiner Zeit, welche er in dieſen
                                                    Län=

t) Ebendaſ. S. 321 ꝛc.

u) Diſquiſitio de ambra gryſea. Dresdae. 1736. 4. und
   Philoſoph Transactions for the Years 1733 und 1734.
   nr. 433. S. 344 und nr. 435. S. 417.

x) Miſcellanea Berolinenſ. Continuat. II. S. 87 ꝛc.

y) Ebendaſ. Contin. IV. und Philoſoph. Transact. for the
   Year 1726. nr. 392. S. 3 ꝛc. nr. 393. S. 45 ꝛc.

z) Act Acad. Caeſar. Nat. Curioſ. B. II. obſ. CLXXXVI.
   S. 304.

Ländern, zum Theil sehr genau kennen lernte, und die
Achtung und Unterstüzung, die er sowohl da als zu
Berlin selbst genos, dienten sehr darzu, sie weiter
auszubilden: Er starb, im Vaterlande und Auslande
geschäzt, von seinen Zeitgenossen verehrt, 1737 im
54sten Jahre seines Alters, und erndet noch den Dank
der Nachwelt a).

Prof. Pott aus Halberstadt, ein Schüler Fr.
Hoffmann's und G. E. Stahl's, ebenfalls Mitglied der Akademie der Wissenschaften zu Berlin, aber
meist im Streite gegen seine wissenschaftliche Gehülfen,
vornemlich gegen Eller, Brandes, Marggraf,
Lehmann und Justi, der hin und wieder in Unan-
ständigkeiten ausartete, und dadurch in der lezten Zeit
seines Lebens auser Verbindung mit der Akademie, erzählte die Erscheinungen, die sich ihm bei der Auflösung
frisch gebrannten Kalks in Salpetersäure zeigten, und
die Veränderungen, welche diese durch widerholtes Abziehen über jenem erlitt b), die Erfahrungen, welche
ihn bewogen, mit Stahl anzunehmen, der Grund
der rothen Farbe in den Dämpfen der Salpetersäure
beruhe auf der Ausdehnung der darinn befindlichen ent-
zündlichen Theilchen c), und die Erscheinungen, die
bei der Vermischung der Schwefelsäure mit Salmiak
vorfielen, und die Beschaffenheit der Körper, welche
aus dieser Verbindung entsprangen d); er untersuchte
in

a) Ein Bild von ihm findet sich vor seiner Lebensbeschrei-
bung Act. Acad. Caesar. Natur. Curiof. B. VIII. App.
S. 243.

b) Miscellan. Berolinenf. Continuat. II. S. 92 ꝛc.

c) Ebendaf Continuat. IV. S. 296 ꝛc.

d) Histoire de l'Academie des saienc. et belles lettres de
Berlin. Ann. 1752. S. 54 ꝛc.

Pp 2

in einer heftigen Hize, die er in einem schon von Be=
chern erfundenen, aber von ihm sehr verbesserten,
Ofen auf eine sehr hohe Stufe zu treiben wuste, bald
mit, bald ohne Zusaz eine Menge von Erden und Stei=
nen, die er nach dem zum Theil in Tabellen gebrachten
Erfolge der Versuche zuerst in alcalische (oder Kalkar=
ten) gypsichte, thonichte und glasartige eintheilte e),
untersuchte ihr Verhalten zu trockenen und nassen Auf=
lösungsmitteln in der Hize f), untersuchte mit vorzüg=
licher Aufmerksamkeit (doch ohne Bittererde darinn zu
ahnen) hauptsächlich in starker Hize, Spekstein g) und
Talk h), ferner den sä(ch)sischen Topas i), das Reis=
blei, mit welchem er jedoch noch das Wasserblei für
einerlei hielt k), den Braunstein, den er für eine innige
Vereinigung einer gewissen alcalischen Erde mit einem
zarten Brennstoff ansah l), das Küchensalz, dessen
alcalischen Theil er noch für eine geschmaklose Erde er=
klärte m), den weissen Vitriol, den er aus Zink und
Schwe=

e) 1. Ebendas. ann. 1745. S. 58 ⁊c. 2. Chymische Un=
terfuchungen, welche fürnemlich von der Lithogeognosia &c.
handeln ⁊c. 3. Fortsetzung derer chymischen Untersu=
chungen ⁊c. 4. Zweyte Fortsetzung derer chymischen Un=
tersuchungen ⁊c.

f) Zweyte Fortsetzung ⁊c.

g) Fortsetzung derer chymischen Untersuchungen S. 79-98.
und Memoir. de l'Academ. des Scienc. et Belles lettres
de Berlin. Ann. 1747. S. 57 ⁊c.

h) 1. Fortsetzung. S. 98-112. 2. Memoir. de l'Acadèm.
des Sciences et Belles Lettres de Berlin. ann. 1746.
S. 65 ⁊c.

i) Memoir. de l'Acad. des Scienc. et Belles Lettres de Ber=
lin. ann. 1747. S. 46 ⁊c.

k) Miscellan. Berolinens. Contin. IV. S. 29 ⁊c.

l) Ebendas. S. 40 ⁊c.

m) Ebendas. Continuat. VI. S. 285 ⁊c.

Schwefelsäure auch wieder hervorbrachte[n]), das Bern=
steinsalz, das er zuerst als eine eigene zunächst an die
Gewächssäuren gränzende Säure aufstellte[o]), das
Küchensalz[p]), dessen Säure[q]), so wie diejenige des
Salpeters[r]) und Schwefels[s]) er mit Weingeist innig
verbinden lehrte, Borax[t]), Wismuth[u]), Zink[x]),
Blende[y]); Operment[z]), das schmelzbare Harnsalz[a]),
und seine Säure[b]), auch die Glasgalle[c]); er zeigte,
wie

n) Ebendas. S. 306 2c.

o) Hiftoire de l'Academ. des Scienc. et Belles Lettres de
Berlin. ann. 1753. S. 51 2c.

p) Obfervationum et animadverfionum chymicarum &c.
Colleâ. I^{ma}. S. 1 - 108.

q) Ebendaf. S. 109 - 133.

r) Exexcitationes chymicae &c. S. 195 - 220.

s) Ebendaf. S. 159 - 194.

t) Obfervat. et Animadverf. chymicar. Colleâ. II^{da}. S.
54 - 105. ins Teutsche übersezt Hamburg. Magaz. B.
XVIII. S. 569 - 685.

u) Obfervat. et Animadverf. chymicar. Colleâ. I^{ma}. S.
143 - 197.

x) Ebendaf. Coll. II^{da}. S. 1 - 54.

y) Ebendaf. S. 105 - 120.

z) De auripigmento. Hal. 1720. auch in Exercitat. chymic. &c. S. 46 - 112. abgedruckt.

a) Physikalisch = Chymische Abhandlung von dem sonderbahr
feuerbeständigen und zartflüssigen Urin = Salz und dessen
weitläuftigen Anwendung und Nutzen. Ingleichen eine
Untersuchung der Verbindung eines Acidi vitrioli mit
dem sauren Weinstein. Berlin. 4. 1757. Zweite Auflage
nebst einem apologetischen Anhange. 1761. S. 1 - 65.

b) a. e. a. O.

c) Memoir. de l'Academ. des scienc. et belles lettres de
Berlin. Ann. 1748. S. 16 2c.

wie man Gefäße bereiten könne, welche die heftigste
Hize aushalten, ohne zu reissen, zu schmelzen, oder
auch die dünnflüssigste Gläser und Salze durchzulas=
sen [d]), wie man Sonnenwärme nüzen kann, um wäs=
serichte Feuchtigkeiten überzuziehen, oder abzurauchen [e]),
wie man das geblätterte Essigsalz [f]), Tombak [g]), auch
eine Art desselbigen aus Zinn und Kupfer [h]), bereiten,
Arsenik in seiner ganzen Metallgestalt darstellen kann [i]),
machte auf die Erscheinungen, welche bei der Vermi=
schung, insbesondere aber bei dem Abziehen der Schwe=
felsäure vom Weinstein vorgehen [k]), so wie auf die
Gold auflösende Kraft einer Flüssigkeit, welche er
durch Behandlung des sogenannten Doppelsalzes mit
gebranntem Alaun in starker Hize erhielt [l]), aufmerk=
sam, suchte durch Erfahrungen die Natur des Wärme=
und Lichtstoffs zu bestimmen [m]), die Ursache der chemi=
schen Auflösung zu ergründen [n]), den Brennstoff, oder
                                                    wie

d) Ebendas. Ann. 1750. S. 98 x. ins Teutsche übersezt in
   zwenter Fortsetzung derer chymischen Untersuchungen x.
   S. 1-32.

e) Miscellan. Berolin. Cont. V. S. 275 x.

f) Exercitat. chymic. &c. S. 137-158. und mit der Auf=
   schrift: Jo. H. *Rahn* diss. de Arcano Tartari s. Terra
   foliata Tartari. Lugd. Bat. 1732. 4.

g) Sendschreiben an den H. BergR. v. Justi x.

h) Ebendas.

i) Ebendas.

k) Physikalisch=Chymische Abhandlungen von dem — —
   Urinsalz x. S. 66-72.

l) Miscellan. Berolinens. Contin. IV.

m) Chymische Untersuchungen x. S. 61-88.

n) Exercitat. chymic. S. 113-136.

wie er ihn nannte, den Schwefel der Metalle [o]), den Uebergang der Kieselerde in eine andere durch Säuren auflösliche nach dem Schmelzen mit Laugensalz [p]), der Kochsalzsäure in Salpetersäure [q]) zu erweisen, that die Gegenwart einer Säure in den thierischen Säften [r]), die Zersezung der Auflösungen von Silber, Quecksilber, Blei und Kreide in Salpetersäure durch schwefelsaure Pottasche [s]), den Unterschied des Gipses vom Kalke [t]), die Natur der sogenannten Spiesglanzbutter als einer wahren Auflösung des Spiesglanzmetalls [u]), und das Eindringen eines Metalls in das Kupfer bei der Bereitung des Mössings [x]) einleuchtend dar, widerlegte die von Einigen in Kupfer und Eisen angenommene Säure [y]), das Dasein eines flüchtigen Harnsalzes im Salpeter [z]), die Verwandlung des Wassers in Erde [a]), und die thonartige Beschaffenheit der (aller?) Mondmilch [b]), und erfand, wozu er höheren

o) Diss. de sulphuribus metallorum. Hal. 1716. auch in Exerc. chymic. S. 1 - 45. abgedruckt.

p) Zwote Fortsetzung derer chymischen Untersuchungen ꝛc. Vorrede.

q) Sendschreiben an den H. BergR. v. Justi ꝛc.

r) Miscellan. Berolinens. Continuat. IV. S. 16.

s) Ebendas. Contin. IV.

t) Sendschreiben an den H. BergR. v. Justi ꝛc.

u) Ebendas.

x) Ebendas.

y) Ebendas.

z) Ebendas. und Animadversiones physico - medicae circa varias hypotheses et experimenta Elleri.

a) Animadversiones — — circa varias hypotheses — — Elleri.

b) Ebendas.

heren Auftrag hatte, mehrere Arten Porcellan, das
ohne Salz und Glas bereitet werde, und dem sächsischen
und schinesischen an Güte gleich komme [c]).

Pott war 1692 gebohren, und von seinen Eltern
zum Gottesgelehrten bestimmt; aber auf der hohen
Schule, auf welcher er sich zu dieser Bestimmung bilden
sollte, wachte sein natürlicher Hang zur Chemie auf,
und bemeisterte sich seiner so sehr, daß er sich derselben,
anfangs noch in Verbindung mit der Arzneikunde,
widmete; mit einer genauen Kenntnis dessen, was Andere vor und neben ihm in seiner Wissenschaft gethan
hatten, verband er einen unermüdeten Eifer, durch eigenes Bemühen weiter zu schreiten, eine Geschicklichkeit in den Handgriffen, eine Offenheit und Uneigen-
nüzigkeit in der Mittheilung, die damals etwas selte-
nere Gaben unter den Scheidekünstlern waren, und
wenn auch einige sonderbare Züge in seiner Art zu
denken und zu leben bei seinen Zeitgenossen einen kleinen
Schatten auf seine Handlungsweise warfen, so wird
doch sein Andenken noch dem spätesten Scheidekünstler
ehrwürdig sein; er starb 1777 im 85sten Jahre seines
Lebens.

Der geheime Rath und erste Leibarzt Eller von
Plötzkau im Fürstenthum Bernburg, wo er 1689 gebohren war, untersuchte die luftförmige Stoffe, welche
von Krebssteinen, Korallen, Weinsteinsalz und Eisenfeile aufsteigen, wenn sie unter der Luftpumpe mit einer Säure vermischt wurden [d]), das Wasser, von
welchem er sich vorstellte, es habe sich in mehreren seiner

c) Commerc. litterar. ad rei medic. et scient. natural. increm. instit. ann. 1741. hebd. XVI. S. 121. Ann. 1743.
hebd. 5. S. 33. 34.

d) Histoire de l'Academie des Sciences et Belles Lettres de
Berlin. Ann. 1745. S. 13 ꝛc.

ner Versuche, in Luft sowohl e) als in Erde f), verwan=
delt, und die auflösende Kraft, welche es vornemlich auf
die Salze äusert g), und, wenn es auch mit einer Art
Salz bereits gesättigt ist, noch auf andere äusert h),
stellte über die Natur der sogenannten Elemente i), über
die Fruchtbarkeit der Erden k), unter welchen er mit
vorzüglichem Fleis den Thon prüfte, und Brennstoff
darinn entdekt zu haben glaubte, über das Keimen des
Samens und das Wachsthum der Pflanzen über=
haupt l), über die Bildung der Körper überhaupt m),
und über die Erzeugung der Metalle insbesondere n),
mehr

e) a. v. a. O.

f) Ebendas. Ann. 1746.

g) Ebendas. Ann. 1750. S. 67 ꝛc. ins Teutsche übersezt
in seinen Physikalisch = Chymisch = Medicinischen Abhand=
lungen Zweyter Theil IV. S. 254 - 273.

h) Hiſtoire de l'Acad. de Berlin. Ann. 1750. S. 83 ꝛc.
ins Teutsche übersezt in den Physikalisch = Chymisch = Me=
dicinischen Abhandlungen. Th II. nr. VII. S. 364 - 381.

i) Hiſtoire de l'Académie des Sciences et Belles lettres de
Berlin. Ann. 1746. S. 1 ꝛc. ins Teutsche übersezt in
seinen Physikalisch = Chymisch = Medicinischen Schriften.
Th. II. Abh. 1. 2. S. 197 - 220 - 242.

k) Hiſtoir. de l'Académ. de Berlin. Ann. 1749. S. 3 ꝛc.
ins Teutsche übersezt in seinen Physikalischen ꝛc. Schrif=
ten. Th. I. nr. II. S. 37 - 59.

l) Memoir. de l'Académ. des Scienc. et Belles Lettres de
Berlin. Ann. 1752. ins Teutsche übersezt in seinen Phy=
sikalischen ꝛc. Schriften. Th. I. nr. III. S. 60 - 75.

m) Hiſtoire de l'Académ. des Scienc. et Belles lettres de
Berlin. ann. 1750. ins Teutsche übersezt in seinen Phy=
sikalischen ꝛc. Schriften. Th. II. nr. VI. S. 294 - 299.

n) Hiſt. de l'Acad. des Scienc. et Belles lettres de Berlin.
Ann 1754. S. 78 ꝛc. ins Teutsche übersezt in Physikali=
schen ꝛc. Schriften. Th. II. nr. VII. S. 310 - 363.

mehr Betrachtungen mit Urtheilen über die Meinun=
gen Anderer, als eigene Versuche, an, in deren Erklä=
rung er dann den Brennstoff eine Hauptrolle spielen lies,
prüfte mit einer Menge von Körpern, welche er darunter
mischte, Menschenblut [o]), zeigte, wie dasselbige sowohl als
andere Flüssigkeiten im luftleeren Raume gegen Fäulung
gesichert werden könne [p]), gab einen einfachen Weg
an, durch Schmelzen mit Schwefel Gold von Silber
zu scheiden [q]), und suchte zu erweisen, daß Kupferge=
schirr in der Küche ohne Gefahr gebraucht werden kön=
ne [r]): Er hatte sich in den Schulen zu Jena, Halle,
Leiden, Amsterdam, Paris und Lodon gebildet, verei=
nigte mit seinen Einsichten in die Chemie die mannig=
faltigste Kenntnisse anderer Art, genos als Arzt das
volle Zutrauen seines Herrn und seiner Mitbürger, und
starb im frohen Gefühl seiner allgemein anerkannten
Verdienste in einem Alter von mehr als siebenzig
Jahren.

Weit zahlreicher als Eller's sind die Versuche
und Entdeckungen Marggraf's, der bei der glei=
chen Akademie und als Director der physikalischen Klasse
sein

o) Hist. de l'Académ. des Sciences et Belles Lettres de
Berlin. Ann. 1751. S. 11 ꝛc. Physikalisch = Chymisch=
Medicinische Abhandlungen. Th. I. nr. X. S. 178-194.

p) Hist. de l'Académ. des Scienc. et belles lettres de Berlin. Ann. 1757. Physikalisch = Chymisch = Medicinische
Abhandlungen. Th. I. nr. VIII. S. 140-167.

q) Memoir. de l'Académ. des Scienc. et Belles lettres à Berlin. Ann. 1747. S. 3 ꝛc. ins Teutsche übersezt Physika=
lisch = Chymisch = Medicinische Abhandlungen. Th. I. nr. I.
S. 1 ꝛc.

r) Histoir. de l'Académ. des Scienc. et Belles Lettres de
Berlin. Ann. 1754. S. 3 ꝛc. ins Teutsche übersezt in
Physikalisch = Chymisch = Medicinischen Abhandlungen. Th.
II. nr. XI. S. 398-414.

fein Nachfolger war; wenn er auch durch die in der
Folge unrichtig befundene Behauptung, daß auch das
reinfte Zinn eine bedenkliche Menge Arfenik ⁵) in fich
halte, ohne Noth ängftliche Beforgniffe erregt hat,
wenn ihm gleich bei der Unterfuchung des Braunfteins
das darinn befindliche eigene Metall ᵗ), bei derjenigen
des Schwerfpats die Schwererde ᵘ), fo wie bei derje=
nigen des Flusfpats ˣ), die eigene darinn befindliche
Säure entgieng, die der Scharffinn eines fpätern Na=
turforfchers daraus zu enthüllen wufte, wenn überhaupt
bei den fchnellen Fortfchritten, welche die Scheidekunft,
vornemlich aber die Kunft, die Körper in ihre Beftand=
theile zu zerlegen, nach feiner Zeit machte, manche fei=
ner Beobachtungen und Erfahrungen nicht mehr den
Werth haben, welchen fie für fein Zeitalter hatten, fo
hat er doch nicht nur darinn feinen Nachfolgern die
Bahn gebrochen, fondern auch mehrere Entdeckungen
gemacht, die fich bewährt haben, und jedem Scheide=
künftler unferer Zeit Ehre machen würden; er war der
erfte, der die Bittererde ʸ) und Alaunerde ᶻ) nach dem
Er=

ſ) Memoir. de l'Acadêm. des Sciences et des Belles lettres
   de Berlin. Ann. 1747. S. 33 ꝛc. und Hiſtoire de l'Académie des Sciences &c. de Berlin. Ann. 1756. S. 122ꝛc.
   ins Teutſche überſezt in ſeinen Chymiſchen Schriften.
   Th. II. nr. VII. und VIII. S. 87-106-112.

t) Nouv. Memoir. de l'Acadêm. des Scienc. et Belles lettres de Berlin. Ann. 1773.

u) Memoir. de l'Acadêm. des Scienc. et Belles lettres de
   Berlin. Ann. 1750. S. 144 ꝛc. ins Teutſche überſezt in
   ſeinen Chymiſchen Schriften. Th. II. nr. X. S. 135-163.

x) Memoir. de l'Acadêm. des Scienc. et Belles lettres de
   Berlin. Ann. 1768. S. 3 ꝛc.

y) Hiſtoire de l'Acadêm. des Scienc. et Belles lettres de
   Berlin. Ann. 1760. S. 55 ꝛc. ins Teutſche überſezt in
                                           ſeinen

Erfolge zahlreicher Verſuche als eigene, insbeſondere von der Kalkerde ſehr verſchiedene Erdarten, jene als einen Beſtandtheil des Serpentinſteins [a]), des Amiants, des baireutiſchen Spekſteins und anderer fetten Steine [b]), und insbeſondere der Mutterlauge auf Salzſiedereien [c]), dieſe als einen Beſtandtheil des Alauns und der Thonerden [d]) darſtellte, unterſuchte den Laſurſtein [e]), den in der Mark Brandenburg vorkommenden Weinbruchſtein [f]), den ſächſiſchen Topas [g]), den Flusſpat, den er durch Behandlung mit Säuren verflüchtiget

ſeinen Chymiſchen Schriften. Th. II. nr. IV. S. 32‑49.

z) Hiſtoire de l'Académ. des Scienc. et Belles lettres de Berlin. Ann. 1754. S. 41 ꝛc. 51 ꝛc. ins Teutſche überſezt in ſeinen Chymiſchen Schriften. Th. I. nr. XII. XIII. S. 212‑226‑246.

a) Hiſtoire de l'Académ. des Scienc. et Belles lettres de Berlin. Ann. 1759. S. 3 ꝛc. ins Teutſche überſezt in ſeinen Chymiſchen Schriften. Th. II. nr. I. S. 1‑11.

b) Hiſtoire de l'Académ. des Scienc. et Belles lettres de Berlin. Ann. 1759. S. 12 ꝛc. ins Teutſche überſezt in ſeinen Chymiſchen Schriften. Th. II. nr. II S. 11‑20.

c) Hiſtoire de l'Académ. des Scienc. et Belles lettres de Berlin. Ann. 1759. S. 19 ꝛc. in ſeinen Chymiſchen Schriften. Th. II. nr. III. S. 20‑31.

d) Hiſtoire de l'Académ. des Scienc. et Belles lettres de Berlin. Ann. 1754. S. 31 ꝛc. ins Teutſche überſezt in ſeinen Chymiſchen Schriften. Th. I. nr. XI. S. 199‑211.

e) Hiſtoire de l'Académ. des Scienc. et Belles Lettres de Berlin. Ann. 1758. S. 10 ꝛc. ins Teutſche überſezt in ſeinen Chymiſchen Schriften. B. I. nr. VII. S. 130‑143.

f) Hiſt. de l'Acad. des Scienc. et Belles lettres de Berlin. Ann. 1748. S. 52 ꝛc. ins Teutſche überſezt in ſeinen Chymiſchen Schriften. Th. II. nr. XI. S. 163‑174.

g) Nouv. Memoir. de l'Académ. des Scienc. et Belles lettres de Berlin. Ann. 1776.

get zu haben wähnte [h]), und auf die Eigenschaft, nach
dem Glühen zwischen Kohlen im Dunkeln zu leuchten,
die er auch an künstlichem Gips wahrnahm, mehrere
Erd- und Steinarten [i]); er zeigte das Verhalten der
Bittererde, wenn sie mit andern Erdarten in starke
Hize gebracht wird [k]), und versuchte aus ihrer Verbindung mit den übrigen, auch wohl andern, Stoffen Edelsteine nachzumachen [l]); gegen Pott insbesondere zeigte
er, daß der im Küchensalze mit der Säure verbundene
Stoff wahres feuervestes Laugensalz seie [m]), wies einen Weg, wie er rein aus dem Küchensalz dargestellt
werden kann [n]), und seine ausnehmende Wirksamkeit
auf das Spiesglanzmetall in der Schmelzhize [o]); er
nahm die gegenseitige Fällung des Metalls aus dem
Eisenvitriol, wie nachdem seine Auflösung in Wasser
in Kupfer oder Eisen gekocht wurde, wahr, und suchte
sie zu erklären [p]), erhielt aus Bernsteinöl auf Zugiesen
von Salpetersäure ein wahres nach Bisam riechendes
Harz,

h) Histoir. de l'Acad. des Scienc. et Belles lettres de Berlin.
Ann. 1768.

i) Ebendas. Ann. 1749. S. 56 rc. Ann. 1750. S. 144 rc.
ins Teutsche übersezt Chym. Schriften. B. II. nr. IX. X.
S. 113 - 135 - 163.

k) Nouv. Memoir. de l'Académ. des sciences et belles lettres de Berlin. Ann. 1778.

l) Ebendas. Ann. 1780. Philosoph. experim. tr. I. II.

m) Chym. Schriften. Th. I. nr. IX. S. 167 - 189.

n) Ebendas. nr. VIII. S. 144 - 166.

o) Hist. de l'Académ. des Scienc. et Belles lettres de Berlin. Ann. 1758. S. 2 rc. ins Teutsche übersezt Chymisch.
Schrift. Th. I. nr. X. S. 190 - 198.

p) Hist. de l'Académ. des Scienc. et Belles lettres de Berlin. Ann. 1759. S. 28 rc. ins Teutsche übersezt in seinen Chymisch. Schrift. Th. I. nr. XV. 1. S. 255 - 260.

Harz ⁹), zeigte die Auflöslichkeit des Goldes, Queksilbers und Silbers in flüchtigem Laugensalze und Blutlauge, wenn von den leztern zu ihrer Auflösung in Säure mehr gegossen wird, als zur Fällung nöthig ist ʳ), die leichte Auflöslichkeit des lezten Metalls ˢ), so wie des Zinns ᵗ), mit welchem er auch noch andere Versuche anstellte ᵘ), in Gewächssäuren, einen Weg, das Silber so rein, als nur irgend möglich, und aus Hornsilber ohne allen Verlust wieder zu gewinnen ˣ), den Goldpurpur (durch Vermittlung von Arsenik) zur rothen Farbe des Glases anzuwenden ʸ, das Kupfer mit einem Schmelzen aus seinen Erzen zu bringen ᶻ), den Zink aus Galmei und Blende in seiner

Me=

q) Hift. de l'Acad. des Scienc. et Belles lettres de Berlin. Ann. 1759. S 32. 33. ins Teutsche übersezt in seinen Chymischen Schriften Th. I. nr. XV. 2. S. 260-262.

r) Hift. de l'Académ. des Scienc. et Belles lettres de Berlin. Ann. 1745. Mém. S. 8. u. f. ins Teutsche übersezt in seinen Chymischen Schriften. Th. I. nr. VI. S. 122-129. auch Th. II. nr. XV. S. 197-206.

s) Hift. de l'Acad. des Scienc. et Belles lettres de Berlin. Ann. 1746. Mém. S 58 2c ins Teutsche übersezt in seinen Chymischen Schriften. Th. I. nr. V. S. 112-121.

t) Hift. de l'Académ. des Scienc. &c. à Berlin. Ann. 1747. S 33 2c. ins Teutsche übersezt in seinen Chymischen Schriften. Th. II. nr. VII. S. 87 - 106.

u) Hift. de l'Acad. des Scienc. et Belles lettres de Berlin. Ann. 1756. S. 122 2c. ins Teutsche übersf. in seinen Chym. Schriften. Th. II. nr. VIII. S. 106 - 112.

x) Hift. de l'Acad. des Scienc. et Belles lettres de Berlin. Ann. 1749. S. 16 2c. ins Teutsche übersezt in seinen Chymischen Schriften. Th. I. nr. XVII S. 275 - 290.

y) Nouv. Memoir. de l'Acad. des scienc. et belles lettres de Berlin. Ann. 1779.

z) Ebendaf.

Metallgeſtalt zu erhalten ᵃ), durch deſſen Verbindung
mit Kupfer, Tombak, und ſowohl mit dieſem als mit
Zinn, und mit beiden zugleich andere dergleichen Metallgemenge, zu verfertigen ᵇ), ſo wie durch Verſezung
des Wismuths mit Zinn und Blei ein Metallgemeng
zu erlangen, das in kochendem Waſſer ſchmolz ᶜ); er
ſtellte mit Kobolterz ᵈ), mit Braunſtein ᵉ), Reisblei ᶠ) und Platina ᵍ) viele Verſuche an; er zeigte,
wie man auch aus einheimiſchen ſüſen Gewächstheilen,
vornemlich Wurzeln, z.B. der Mangold- der Zucker-
wurzel, der rothen Rübe, gelben Möhren, Paſtinak-
und Graswurzel Zucker ʰ), wie man ohne alle Glüh-
hize aus Weinſtein und Sauerkleeſalz feuerveſtes Laugenſalz erlangen, dieſes alſo nicht wohl erſt durch das
Einäſchern entſtanden ſein kann ⁱ); er zerlegte das
Ce-

a) Hiſt. de l'Académ. des Scienc. et Belles lettres de Berlin. Ann. 1746. Mém. S. 15 ꝛc. ins Teutſche überſezt
in ſeinen Chymiſchen Schriften. Th. I. nr. XVI. S.
263 - 274.

b) Nouv. Memoir. de l'Académ. des Sciences et Belles lettres de Berlin. Ann. 1774.

c) Ebendaſ. Ann. 1771. Hiſt. S. 10.

d) Ebendaſ. Ann. 1781.

e) Ebendaſ. Ann. 1773. S. 3 ꝛc. und Chym. Schriften.
Th. I. nr. XVI. §. 21. S. 274.

f) Chymiſche Schriften. a. e. a. O.

g) Hiſtoir. de l'Académ. des Sciences et Belles Lettres de
Berlin. Ann. 1757. S. 31 ꝛc. ins Teutſche überſezt in
ſeinen Chym. Schriften. Th. I. nr. I. S. 1 - 41.

h) Hiſt. de l'Académ. des Scienc. et Belles lettres de Berlin. Ann. 1745. Mem. S. 8 ꝛc. ins Teutſche überſezt in
ſeinen Chym. Schriften. Th. II. nr. VI. S. 70 - 86.

i) Hiſt. de l'Académ. des Scienc. et Belles lettres de Berlin. Ann. 1764. S. 3 ꝛc. ins Teutſche überſezt in ſeinen
Chym. Schriften. Th. II. nr. V. S. 49 - 69.

Cedernholz k), die Lindenblüthe und Lindensamen, die
zur Bereitung einer Art Chokolade empfohlen waren,
und ein fettes Oel geben l), lehrte aus Färberröthe eine
rothe Lakfarbe bereiten m), und den Kampfer mit Kalk
reinigen n), aus Harn das wesentliche Salz, deſſen
Verhältniſſe zu andern Körpern er auf mancherlei Wegen erforschte o), und da er darinn eine eigenthümliche
Phosphorſäure gefunden zu haben glaubte, aus dieſem
leichter, als auf dem damals gewöhnlichen Wege,
Phosphor bereiten p), deſſen Verhalten (und ſelbſt auch
das Verhalten ſeiner Säure) zu Mietallen und einigen Halbmetallen, zu Schwefel und einigen mineraliſchen Säuren er durch Verſuche aus einander
                                                    ſezte,

k) Hiſt. de l'Académ. des Scienc. et Belles lettres. Ann.
   1753. S. 73 zc. ins Teutſche überſezt in ſeinen Chymiſchen Schriften. Th. I. nr. XIV. S. 247 - 254.

l) Nouv. Mémoir. de l'Académ. des Scienc. et Belles lettres de Berlin. Ann. 1772.

m) Ebendaſ. Ann. 1771. S. 3 zc.

n) Hiſt. de l'Académ. des Scienc. et Belles lettres de Berlin. Ann. 1759 S. 34. ins Teutſche überſezt in ſeinen
   Chymiſchen Schriften. Th. I. nr. XV. 3. S. 262.

o) Hiſt. de l'Académ. des Sciences et Belles lettres de Berlin. Ann. 1746 Mem. S. 84 zc. ins Teutſche überſezt
   in ſeinen Chymiſchen Schriften. Th. I. nr IV S. 80-
   111. auch einzeln mit der Aufſchrift: Chymiſche Unterſuchung eines ſehr merkwürdigen Urinſalzes, welches
   den ſauren Phosphor in ſich enthält. Aus des gelehrten
   und erfahrnen Hrn. Verfaſſers eigener Handſchrift überſezt und mit einigen Anmerkungen erläutert. Leipzig.
   1757. 4.

p) Miſcellan. Beroliuenſ. Contin. VI. S. 324 zc. ins Teutſche überſezt in ſeinen Chymiſchen Schriften. Th. I. nr.
   III. S. 57-79.

fezte ^{q}); er unterfuchte Harnfteine ^{r}), ein angebliches
feuervestes Salz vom Rhinoceros ^{s}), und genauer, als
es vor ihm geschehen war, die Ameifen, und das fette
Oel und die Säure, welche er von ihnen erhielt ^{t});
er nahm an den gequetschten und bereits in Fäulung
gehenden Waidblättern eine Raupe wahr, die sich von
ihnen blau färbte ^{u}), und sowohl mit mehreren Arten
natürlichen süfen Waffers ^{x}), als mit abgezogenem
Waffer ^{y}) eine Unterfuchung vor, aus welcher er
folgerte, daß selbst das reinfte natürliche Waffer ^{z}),
und sogar das abgezogene ^{a}), immer noch Erde ent=
halte.

Marg=

q) Mifcellanen. Berolin. Contin. V. S. 54 ꝛc. ins Teut=
schе überfezt in feinen Chymifchen Schriften. Th. I. nr. II.
S. 42 - 56.

r) Nouv. Memoir. de l'Académ. des Scienc. et Belles let=
tres de Berlin Ann. 1775.

s) Hift. de l'Académ. des Scienc. et Belles lettres de Berlin.
Ann. 1756. S. 145 ꝛc ins Teutfche überfezt in feinen
Chymifchen Schriften. Th. II. nr. XII. S. 174 - 179.

t) Hift. de l'Académ des Sciences et Belles lettres de Ber=
lin. Ann. 1740. S 38 ꝛc ins Teutfche überfezt in feinen
Chymifchen Schriften. B. I. nr. XX S. 342 - 350.

u) Hiftoir. de l'Académ des Scienc et Belles lettres de
Berlin. Ann. 1764. ins Teutfche überfezt in feinen Chy=
mifchen Schriften Th. II. nr. XIII. S. 180 - 90

x) Hift. de l'Académ. des Scienc. et Belles lettres de Ber=
lin. Ann. 1751. S 131 ꝛc. ins Teutfche überfezt in fei=
nen Chym. Schriften. Th. I. nr. XVIII S. 291 - 324.

y) Hift. de l'Académ. des Scienc. et Belles lettres de Ber=
lin. Ann. 1756. S. 20 ꝛc ins Teutfche überfezt in fei=
nen Chymifchen Schriften Th. I. nr. XIX. S. 325. 339.

z) Hift. de l'Académ. des Scienc. et Belles lettres de Ber=
lin. Ann 1751. S 131 ꝛc. ins Teufche überfezt in feinen
Chym. Schriften. Th I. nr. XVIII. S. 291 - 324.

Marggraf war 1709 zu Berlin gebohren, und legte den ersten Grund seiner ausgezeichneten Geschicklichkeit bei seinem Vater (Henn. Chrn.), der daselbst Apotheker war, erweiterte seine Einsichten in der Schule Neumanns, nachher zu Frankfurt, Strasburg, Halle und Freyberg, und kam mit Kenntnissen aller Art bereichert in seine Vaterstadt zurück: Seine Lieblingsneigung zog ihn unter allen Wissenschaften, deren Kenntnis ihm sein Beruf zur Pflicht machte, mit unaufhaltsamer Gewalt zur Chemie hin, und erleichterte ihm die grose Fortschritte, welche er in diesem Felde machte, und die jedem andern ein unwiderstehlicher Reiz gewesen wären, sich zum Stifter eines neuen Systems aufzuwerfen; aber seine Bescheidenheit war so gros, sein Gefühl für Wahrheit, die er durch eine nur irgend kühn scheinende Folgerung zu verlezen fürchtete, so zart, daß er oft auch da, wo, vollends bei der glücklichen oft neuen Wahl seiner Versuche, bei der lichtvollen Ordnung, in welcher er sie vornahm und aufstellte, und bei der seinen meisten Vorgängern so fremden Offenheit und Deutlichkeit, mit welcher er sie beschrieb, selbst dem unbefangensten Leser die Folgerungen ganz natürlich aus den Versuchen zu fliesen scheinen, sie zu ziehen Bedenken trug: Seiner schwächlichen Gesundheit ungeachtet arbeitete er rastlos in den verschiedenen Fächern dieser Wissenschaft, und beschlos, von Seiten seines Charakters eben so geschäzt, als von Seiten seiner Einsichten, im Sommer 1782 sein thätiges Leben.

Zu Frankfurt an der Oder untersuchte der Lehrer Karl Aug. v. Bergen den Rus[b]), und that Vorschläge

a) Hist. de l'Acad. des Scienc. et Belles lettres de Berlin. Ann. 1756. S. 20 2c. ins Teutsche übersezt in seinen Chym. Schriften. Th. I. nr. XIX. S. 325-339.

ge zu Wärmemeſſern von beſtändiger Gleichförmig=
keit [c]); aber weit gröſere Dienſte leiſtete der Wiſſen=
ſchaft ein anderer Lehrer dieſer hohen Schule, Joh.
Friedr. Cartheuſer; am meiſten beſchäftigte ihn die
Zerlegung der Gewächſe, und die nähere Kenntnis der
Stoffe, woraus ſie beſtehen; ſo. unterſuchte er die na=
türliche Balſame [d]), die natürliche, vornemlich flüchti=
ge, Salze der Pflanzen [e]), die Salzkriſtallen, die er
aus dem ſauren Safte zwoer afrikaniſcher Arten (pelta-
tum und acetoſum) des Storchenſchnabels erhielt [f]),
und diejenige, welche aus mehreren flüchtigen Oelen an=
ſchieſen [g]), das Kajeputöl [h]), den Honigduft der Ge=
wächſe,

b) Diff. reſp. G. A. *Iſaac* de fuligine. Francof. 1750. 4.

c) De thermometris menſurae conſtantis. Francof. 1745. 8.
auch in Nov. act. Academ. Caeſar. Natur. Curioſor.
B. I. App.

d) Diff reſp D. G. *Zebuhle* de praecipuis balſamis nativis. Francof. 1755. 4. wieder abgedruckt in Differtat.
phyſico - chymico - medic. de quibusdam Materiae medicae ſubjectis exarat. ac publice habit. nunc iter. recuſ.
Francof ad Viadr. 1774. 8. ins Teutſche überſezt in
deſſen Sammlung vermiſchter Schriften aus der Natur=
wiſſenſchaft, Chymie und Arzneygelahrheit, herausgege=
ben von (ſeinem Sohn) Fr. A. Cartheuſer. Leipzig.
1763. 8. St. I. S. 75 - 77.

e) Diff. reſp. C. F. *Voigt* de ſalibus plantarum nativis,
praeſertim volatilibus. Francof. 1747.

f) Vermiſchte Schriften aus der Naturwiſſenſchaft, Chy=
mie, und Arzeneigelahrheit. Frankfurt an der Oder. 8.
Sechſtes Stück. 1757. nr. 4. S. 423.

g) Diff. reſp. Fr. *Günther* de Sale volatili oleoſo ſolido in
oleis aethereis nonnunquam reperto. Francof. 1774.
auch abgedruckt in Differt. nonnull. ſelectior. phyſico=
chymic. ac medic. varii argument. poſt novam luſtratio-
nem ad prelum revocat. Francof. ad Viadr. 1775. 8.
S. 327 - 343. und ins Teutſche überſezt von Hrn. Prof.

J.

wächse i), den Honigsaft der Blumen k), den Zuker l), Kampfer m), Wachs n), Talg o), Seife p), Stärkmeel q), das Sodasalz r), die Anziehungskraft der feuervesten Laugensalze zu andern Körpern und ihre Stufen s), die brandichten Oele t), das thierische Fett u), die Mittelsalze x), insbesondere das natürliche

J. C. G. Ackermann im Baldingerischen Magazin vor Aerzte. St. IV. S. 319-331. auch in Differt. de genuinis quibusdam plantarum principiis hactenus plerumque neglectis. Francof. ad Viadr. 8. 1754. Edit. auct. 1764. Gen. II. S. 23-30.

h) Diss. nonnull. select. &c. nr. IV.

i) Vermischte Schriften aus der Naturwissenschaft ꝛc. St. VI. nr. III. 5.

k) Ebendas. St. II. 1756. nr. I.

l) Diss resp. Ph. *Mendel* de saccharo. Francof. 1761. 4. auch in Diss. chymico-physic de genericis quibusdam plantarum principiis &c. Gen. VI. S. 57-70.

m) Differt. de generic. quibusd. plantar. principiis &c. Gen. I.

n) Ebendas. Gen. III. S. 30-41.

o) Ebendas. Gen. IV. S. 41-50.

p) Ebendas. Gen. V. S. 50-57.

q) Diss. de amylo. Francof. 1763. auch abgedruckt in Diss. physico-chymic. selectior. &c. nr. VIII. S. 187 ꝛc.

r) Diss. resp. W. G. *Kahl* exhib. nonnulla de sale sodae. Francof. ad Viadr. 1756. 4. ins Teutsche übersezt in Sammlung vermischter Schriften ꝛc. Stück. II. S. 151-156.

s) Vermischte Schriften ꝛc. St. I. 1756. nr. I.

t) Diss. de oleis empyreumaticis. Francof. ad Viadr. 1744.

u) Diss resp. C. Fr. *Stuppe* de pinguedinibus animalium subdulcibus et temperatis. Francof. ad Viadr. 1762. 4.

x) Diss. de salibus mediis. Francof. 1751.

liche Glaubersalz ᵞ), das Bergöl ᶻ), und die Eisen=
safrane ᵃ); er lehrte die Versüßung der mineralischen
Säuren ᵇ), die er nicht im Stande fand, alle Ge=
wächssäuren zu entbinden ᶜ), und gab die Mittel an,
wie man wirklich versüßte Säuren unterscheiden kann ᵈ);
er zeigte, wie durch Vermittlung von Schwefelsäure
Bernstein in Weingeist aufgelöst werden kann ᵉ), der
bei weitem nicht alle Salze aus Wasser niederschlage ᶠ);
er nahm wahr, daß Salpeter in der Hize durch Sal=
miak zerlegt wird ᵍ), und Kochsalzsäure sowohl als
Sauerkleesalz aus Spiesglanzsalpeter eine Säure los
machen ʰ); er sah von dem Uebertreiben der Salpeter=
säure mit Weingeist eine Säure zurückbleiben, welche
mit Soda ein ihm noch unbekanntes Mittelsalz gab ⁱ).

Dem Wittenbergischen Lehrer, Georg Rud. Böh=
mer, der sich um andere Zweige der Naturkunde so
große

y) Diff. resp. *Steinberg* de sale mirabili Glauberiano nativo. Francof. 1764. 4.

z) Diff. resp. J. Ferd. *Vierthaler* de naphtha five petroleo.
Francof. ad Viadr. 1763. 4.

a) Diff. resp. J. A. *Klockow* de crocis martialibus. Francof.
1759. auch abgedruckt in Differt. nonnull. felect. &c.
nr. VI.

b) Diff. de dulcificatione fpirituum mineralium. Francof.
1743.

c) Vermischte Schriften 2c. St. VI. nr. III. 2.

d) Ebendaf. nr. III. 3.

e) Ebendaf. St. II. nr. II.

f) Ebendaf. St. VI. nr. III. I.

g) Ebendaf. St. VI. nr. III. 7.

h) Ebendaf. nr. III. 6. S. 428-430.

i) Ebendaf. St. IV. nr. II. S. 254-261.

grofe Verdienste erworben hat, haben wir eine Schrift
über die dem Salmiak ähnliche Salze zu verdanken [k]).

Zu Leipzig zeigte Sam. Theod. Quellmalz die
Behutsamkeit, welche bei der Bereitung des Knallgol:
des nöthig ist [l]); er erkannte die Eigenschaft eines Ofen:
bruchs, wenn er gerieben wurde, im Dunkeln zu leuch:
ten [m]), und beschrieb die Bereitung des rauchenden
Salpetergeistes sowohl, als seine Entzündung mit Nel:
kenöl [n]); er hinterließ auch eine Schrift über die Mit:
telsalze [o]), und über den Arsenik, als Grundstoff der
Metalle [p]); ein anderer Lehrer dieser hohen Schule A.
F. Walther suchte in mehreren Gesundbrunnen ein
salpeterartiges Salz zu erweisen [q]); Ant. Ridiger
hatte das Blut zerlegt [r]).

Zu Prag untersuchte der dortiger Lehrer Joh. Bapt.
Jos. Zaufchner ein natürliches Bittersalz, welches
unter dem Namen Luftsalz verkauft wurde [s]).

Zu

k) Diff. refp. F. L. *Peiffel* de Salibus ammoniacalibus.
Vitemberg. 1767. 4.

l) Commerc. litter. ad rei medic. et fcient. natur. increm.
inftitut. ann. MDCCXXXV. hebd. 39.

m) Ebendaf. hebd. 46.

n) a. e. a. O.

o) Diff. refp. G. Ch. *Hahn* de falibus falfis f. mediis.
Lipf. 1741.

p) Progr. utrum arfenicum fit primum principium metallorum. Lipf. 1755. 4.

q) Progr. de nitrofo plurium medicatorum fontium fale.
Lipf. 1744. 4.

r) Chemiae univerfalis ufus. Lipf. 1762. 4.

s) Differt. de fale a mineralogis haud descripto. Prag.
1768. 8.

Zu Erlangen lehrte Joh. Fr. Weißmann die Bereitung des Erlanger Blaus, zu welcher statt der Blut-
kohle im Berliner Blau, Ofenrus genommen wird [t]),
und leitete die hochrothe Farbe in dem Glase der Alten
von Eisen ab [u]); der berühmte Kräuterkenner Kasim.
Chph. Schmiedel lehrte die Bereitung des Karthen-
serpulvers [x]), und lieferte eine Zerlegung der Hirsch-
wurz [y]): Thätiger als beide zeigte sich für diese Wissenschaft der geheime Hofrath und Präsident der Kaiserlichen Akademie der Naturforscher, H. F. Delius, dessen
unermüdeter Eifer für mehrere Zweige der Naturkunde
tief in das folgende Zeitalter herabreichte; er untersuchte den Haarstrang [z]), das Gnadenkraut [a]), und
den Löwenzahn [b]), von dessen nach der sauren Gährung
durch Ueberziehen erhaltenem Wasser er grose Wirksamkeit rühmte, einer seiner Freunde J. F. Phil. Gesner
die Aronswurzel [c]); auch aus Kohlraben erhielt ein
anderer wohlschmeckendes Meel [d]); ein anderer auch
aus dem Saft unsers (Acer Pseudoplatanus) ein-
heimi-

t) Act. Acad. Caefar. Natur. Curiof. B. V. obf. 162.
   S. 537.

u) Fränkische Sammlungen 2c. B. I.

x) Diff. de Kermes minerali. Erlang. 1754.

y) Diff. refp. *Troeltfch.* de oreofelino. Erlang. 1751. 4.

z) Difp. de peucedano germanico. Erlang. 1753. 4.

a) Diff. refp. J. A. l. *Zobel* de gratiola ejusque ufu praefertim chirurgico cum corollariis nonnullis phyfico - chemicis. Erlang. 1782. 4.

b) Diff. de **taraxaco**, praefertim aquae ejusdem per fermentationem paratae eximio ufu. Erlang. 1754. 4.

c) Fränkische Sammlugen 2c. B. VII. St. XI.

d) Hr. Glaser Ebendaf. B. IV. St. XXIV. nr. 6. S.
   514 2c.

heimiſchen Ahorns Zucker °), D. ſelbſt aus den Sten=
geln von türkiſchem Weizen, ſowohl dieſen als Brande=
wein ᶠ); er gab am Beiſpiele des Frankenweins An=
leitung zu deſſen Bereitung überhaupt ᵍ), ſo wie zu
ſeiner Verſtärkung durch Froſtkälte ʰ), und zeigte die
Unzulänglichkeit ſeiner Prüfung auf Blei durch arſeni=
kaliſche Schwefelleber ⁱ); er ſpürte der Urſache von dem
Schaalwerden gegohrner Getränke nach ᵏ), nahm im
Weingeiſte, in welchem er auch, nachdem er einige Zeit
über Thieren geſtanden hatte, Flittern, wie von Borar=
ſäure wahrnahm ˡ), ein wahres Oel an ᵐ), hielt den
Aether, zu deſſen Scheidung er die bei ſeiner Gewin=
nung zuletzt übergehende ſaure Feuchtigkeit empfohl ⁿ),
für ein ſolches ausgeſchiedenes Oel °), und zeigte, wie
der

e) Hr. Gruner ebendaſ. St. XIX. nr. 5. S. 36.

f) Diſſ. reſp. C. Chr. Alb. *Greſſelio* Meletemata quaedam
phyſico‑medico‑chemica et univerſam medicinam ſpec‑
tantia Erlang. 1779. Sect. I. S. 4 ꝛc.

g) Fränkiſche Sammlungen ꝛc. B. I. St. III. und B. II.
St. X

h) Ebendaſ. B. I. St. III.

i) Etwas zur Reviſion der Weinprobe auf Bley. Erlangen.
1779 8. auch Diſſ. reſp. A. St *Müller* ſiſtens adverſa‑
rior. phyſico‑medicor. Collection. Erlang. 1775. 4.
Sect. II. S. 25.

k) Diſſ. reſp. H. J. *Schmizian* Adverſaria medica theoretico‑
practica et chemica nonnulla. Erlang. 1775. 4. S. 26.

l) Diſſ Meditationes quaedam in medicinae univerſae
partes a Conr. *Bawier* exhibitae. Erlang. 1780. 4.
Sect. II.

m) a. e. a. O.

n) Diſſ. reſp. G. S. *Trier* de adfectibus arthriticis quae‑
dam, cum Adverſariis nonnullis chemicis praecipue
circa acidum ſpathi. Erlang. 1782. Sect. III. S. 28 ꝛc.

o) Diſſ. Fragmenta quaedam phyſico‑medica a J. Ch.
Strebel defenſa. Erlang. 1778. 4. Sect. II.

der Rückstand vom läutern des Brandeweins auf Oel und Essig genützt werden kann P), so wie er überhaupt mehr Aufmerksamkeit auf die Anwendung der Rückstän: de von Destillationen q), vornemlich von Wassern r), empfohl; er suchte die Wirkung der Gährungsmittel s), so wie die Gährung überhaupt t), zu erklären; er lehrte die Bereitung der essigsauren Pottasche u); in der Asche von Kanaster: Tabak fand er Kochsalz x), und in einer mit Laugensalz gesättigten Auflösung des Sauerkleesal: zes schiefwürfelichte Kristallen y); daß das Laugensalz in der Asche schon vor dem Verbrennen in der Asche zugegen seie, suchte er in einer eigenen Schrift z) dar: zuthun; er schlug das feuerveste überhaupt zur Vorbe: reitung Arsenik und Schwefel haltender Erze vor a), und das Gewächslaugensalz zur Ausscheidung des mi: neralischen aus Glaubersalz b), und beschrieb die Ver: ände:

p) Propofitionum et meditationum phyfico - medicarum fylloge, a J. *Neff* defenfa. Erlang. 1784. 4. Propof. I.

q) Diff. refp. A. E. *Frickhinger* de capite mortuo vivificando cum Adverfariis nonnullis pathologico - practicis. Erlang. 1783. 4. S. 3 - 24.

r) Cogitationes nonnullae circa efficaciam medicamentorum phyficam, vitalem et medicam cum Propofitionibus quibusdam chemicis a J. Fr. *Schaltenbrand* defenf. Erlang. 1724. 4. Sect. II.

s) a. e. a. O.

t) Adverfaria &c. refp. H. L. *Schmitian.* Sect. X. S. 23 ꝛc.

u) Adverfar &c. refp. A. St. *Müller.* Sect. II.

x) Fragmenta quaedam &c. Sect. II.

y) Meletemata quaedam &c. Sect. I.

z) Diff refp. G. Fr. *Hübfchmann* de alcali primigenio. Erlang. 1761. 4.

a) Adverfaria &c. refp. H. L. *Schmitian.* Sect. X.

b) Diff. de gratiola &c. S. 24.

änderungen von beiden [c]), so wie die Verschiedenheiten
der Soda [d]), und die Verbindungen der Salze überhaupt [e]); er glaubte dem Mistelharze die Vorzüge des
Feoerharzes ertheilen zu können [f]), und zeigte die Un-
sicherheit des Veilchensaftes als Prüfungsmittel [g]),
zu welchem Endzwecke er eher die Blumen des Eisen-
hütchens und Agleis, und vornemlich das Wasser
von rothem Kopfkohl empfol [h]); er stellte sehr viele
Versuche mit der Blutlauge, die er ganz auf dem feuchten Wege zu gewinnen vergebens trachtete [i]), an, lehrte auch mit vielen andern thierischen und Gewächsstoffen bereiten, und glaubte sich durch dieselbige
berechtigt zu behaupten, flüchtiges Laugensalz und
Brennstoff seien wesentliche Theile derselbigen und des
Berliner Blaus [k]); er beschrieb die Verschiedenheit des
Milch-

c) Cogitationes nonnullae &c. Sect. II.

d) Propositiones quaedam medico - chirurgicae cum adversariis nonnullis chemicis a L. M. *Kapp* defens. Erlang.
1780. Sect. II.

e) a. e. a. O.

f) Fragmenta quaedam &c. Sect. II. und Initia medicinae
extemporaneae et domesticae cum adversariis quibusdam
chemicis, a Fr. L. *Eisenberg* defensa. Erlang. 1780. 4.
Sect. III.

g) Meditationes quaedam &c. Sect. II.

h) 1. Nov. act. Acad. Caes. nat. Curios. B. V. Obs. 75.
2. bei Hrn Bergr. v. Crell chem. Annal. 1786. B. I.
S. 434. 435.

i) bei Hrn Bergr. von Crell chem. Annal. 1785. B. II.
S. 512.

k) 1. Diss. resp. G. Chrph. *Weismann* circa lixivium san-
guinis. Erlang. 1764 4. 2. Adversar. physico - medica
resp. J. A. *Roth.* Erlang. 1775. 4. Sect. IV. 3 Vom
Preussischen Blau und der Blutlauge, eine Erläuterungs-
Schrift zu des H. G. H. und Pr. Delius akademischen
Vor-

Milchzuckers [1]), in welchem er, so wie in der Milch, eine eigene Säure ahnete [m]), und rieth das Dippelische Oel in zugeschmolzenen Glaskugeln aufzubewahren [n]); einer seiner Freunde [o]) untersuchte die Galle; er selbst stellte Versuche über Luftzünder [p]), über die Bereitung des Salmiaks, zu welcher auch einer seiner Freunde [q]) Anleitung gab, aus Ruß [r]), und Betrachtungen über die Erzeugung des Salpeters [s]) an, beschrieb die Entzündung der Oele mit dessen rauchender Säure [t]), und die Fürsichtsregeln, welche man nöthig hat, um Eisen auch in der verdünnten Säure aufzulösen [u]); er untersuchte Glaubersalz [x]), vornemlich eine Art des natürlichen [y]), und zeigte seinen Unterschied vom Seb= lizer

Vorlesungen. Erlangen. 1778. 8. 4. bei H. Bergr. v. Crell chem. Annal. 1784. B. I. S. 184.

1) Propofitiones quaedam medico - chirurgicae &c. Sect. II. S. 11.

m) Initia medicinae &c. Sect. III.

n) Propofitiones nonnull. chemico medicae a H. E. O. *Wagner* def. Erlang. 1780. 4. Sect. I.

o) Hr J. F. Ph. Gesner Fränkische Sammlungen. B VIII St. 47. nr. 2. S. 381 ꝛc.

p) Cogitationes nonnullae &c. Sect. II.

q) Hr. W. S. Hirsching Fränkische Sammlung. B. I. St. 6 nr. 3. S. 496 ꝛc.

r) Cogitationes nonnullae &c. Sect. II.

s) a. e. a. O.

t) a. e. a. O.

u) Meditationes quaedam &c. Sect. II.

x) Diff. refp. J. A. *Roth* Adverfar. phyfico - medic. Erlang. 1775. 4. Sect. IV.

y) Vorläufige Nachricht von dem Sale aperitivo Fridericiano oder dem eröfnenden Friedrichsfalze. Hildburghaufen. 8. Zwote Ausg. 1768. auch Fränkische Sammlungen. B. VIII. St. XLVI. nr. 8. S. 344.

lizer Salze [z]); er machte auf den Unterschied der Glas=
galle aufmerksam [a]), prüfte die Boraxsäure [b]), und
glaubte im Borax überhaupt [c]), so wie im Braun=
stein [d]), Kupfer gefunden zu haben, versuchte die Wir=
kung des Salmiakgeistes auf Gallensteine [e]), und auf
die Blumen der Gartennelke, deren Adern davon ent=
färbt wurden [f]); er lehrte die Gewinnung der Säure
aus Schwefel [g]), und erzählte, daß er von dieser
Säure mit einer Erde, auser einem schwarzen Klumpen,
wie Seide glänzende und andere blätterichte Blumen [h]),
und bei der Reinigung derselben im Rückstande Spuren
von Quecksilber [i]) erhalten habe; in der rauchenden
Säure [k]) versicherte er, so wie in der Fett= und Phos=
phorsäure [l]), im baireuthischen Eisenspat und hessischen
Eisenkies [m]), in Gips und Schwerspat [n]) Kochsalz=
säure

z) Fragmenta quaedam &c. Sect. II.

a) Analecta quaedam physico - medica a L. S. *Hafsfurther*
defensa. Erlang. 1778. 4. S. 7. 8.

b) Adverfar. physico - medic. refp. J. A. *Roth.* Sect. IV.

c) Analecta quaedam &c. Sect. II.

d) bei H. B. R. v. Crell chemisch. Annal. 1791. B. II.
S. 251. 252.

e) Meletemata quaedam &c. Sect. I. S. 5.

f) Fränkische Sammlungen. B. V. Stück. XXVIII.

g) Propofitiones quaedam medico - chirurgic. &c. Sect. II.

h) Meletemata quaedam &c. Sect. I.

i) Diff. refp. J. G. *Jahn* Experimenta et conjecturae circa
fedimentum olei vitrioli album. Erlang 1764. 4. auch
in Adverf. physico - medic. refp. A. St. *Müller.* Sect. I.

k) Propofitiones quaedam medico - chirurgicae &c. Sect. II.

l) De adfectibus arthriticis &c. Sect. II.

m) a. e. a. O.

n) Curae pofteriores nonnullae circa acidum fpathi. Erlang. 1783. 4.

säure gefunden zu haben, und die Flusspatsäure hielt er nach seinen Versuchen für nichts anders als Kochsalzsäure [o]); er beschrieb das Gerinnen der kochsalzsauren Kalkerde von zerflossenem Weinsteinsalze [p]), suchte sich das Entstehen des Kochsalzes zu erklären [q]), und gab Anleitung, wie die Güte des Küchensalzes erforscht werden soll [r]); er sezte den Unterschied der Bolusarten aus einander [s]), untersuchte durch Ueberziehen ein Bergöl von Tegernsee in Baiern [t]), und glaubte bei einer Auflösung eines geschwefelten Laugensalzes eine Gallerte-artige Dicke wahrgenommen zu haben [u]); in den gewefelten Metallen glaubte er nach einigen Versuchen, das Metall seie in einer Art Schwefelleber aufgelöst [x]); die Eigenthümlichkeit des Braunsteins, Wasserbleis und Nikels [y]), so wie die Ursprünglichkeit der Metallsäuren [z]), bezweifelte er, verglich die Bereitung der Smalte und des Berliner Blaus mit einander [a]), theilte seine Beobachtungen über Theden's Spiesglanztinctur und die Bereitung der sogenann-

o) 1. De adfectibus arthriticis &c. Sect. II. 2. Curae posteriores &c.

p) Cogitationes nonnullae &c. Sect. II.

q) a. e. a. O.

r) Fränkische Sammlungen ꝛc. B. I. St. 3.

s) Meditationes quaedam &c. Sect. II.

t) bei H. B. R. v. Crell chemisch. Annal. 1784. B. II. S. 440.

u) Adversar. physico-medic. resp. J. A. *Roth.* Sect. IV.

x) Meditationes quaedam &c. Sect. II.

y) Diss. de gratiola &c.

z) Propositionum et meditationum physico-medicarum Sylloge. nr. I.

a) Propositiones nonnullae chemico-medic. Sect. I.

nannten Spiesglanzbutter [b]), und bemerkte ſehr rich⸗
tig, daß das vermittelſt Eiſen aus dem rohen Spies⸗
glanze geſchiedene Metall ſehr leicht Eiſen halten kön⸗
ne [c]), und ein gelber Bodenſaz aus der Quekſilberauf⸗
löſung noch keine Schwefelſäure beweiſe [d]); er ſezte
den Unterſchied des Spiesglanzzinnobers vom gemeinen
aus einander [e]), ſo wie einer ſeiner Freunde [f]) den Un⸗
terſchied in der Bereitungsart des ſogenannten ſchweis⸗
treibenden Spiesglanzkalkes; er gab Anweiſung zu ei⸗
nem grünen Metallbäumchen [g]), lehrte, wie das Sil⸗
ber durch Schmelzen mit mancherlei Salzen gereinigt
werden [h]), wie man durch ein ſolches Schmelzen, z.
B. mit Borax ſelbſt das Abtreiben mit Blei entbehr⸗
lich machen [i]), ſelbſt das Schmelzpulver, um die Aecht⸗
heit des Goldes zu prüfen, anwenden kann [k]), gab
mehrere Goldcemente an [l]), und verſicherte wahrge⸗
nommen zu haben, daß die Goldauflöſung von Gall⸗
äpfeln ſchwarz wurde [m]); bei dem Verbrennen lies er
die

---

b) Brevis luſtratio medicamentorum antiphthiſicorum cum
Adverſariis nonnullis phyſico - chemicis, a S. G. F. *Hel-
mershauſen* def. Erlang. 1782. 4.

c) Cogitationes nonnullae &c. Sect. II. S. 23.

d) Diſſ. reſp. C. Chr. *Boettger* de diebus intercalaribus
cum adverſariis nonnullis phyſico - medicis. Erl. 1784.

e) Adverſar. medic. reſp. H. L. *Schmitian.* Sect. X.

f) J. G. Hofmann Fränkiſche Sammlungen. B. I. St.
II. nr. 9. S. 156 ꝛc.

g) Ebendaſ. St. IV.

h) Initia medicinae &c. Sect. III.

i) Fragmenta quaedam &c. Sect. II.

k) bei H. B. R. v. Crell chemiſche Annal. 1784. B. II.
S. 9 - 12.

l) Analecta quaedam &c. Sect. II.

m) Propoſition, et meditation. ſyllog. &c. Prop. I.

die fixe Luft [n]), sonst überhaupt den Brennstoff eine wichtige Rolle spielen, die Kälte leitete er von einem eigenen Stoffe ab [o]); zum Abrauchen von Feuchtigkeiten [p]), und zum Ueberziehen eiserner chemischer Oefen [q]), gab er gute Vorschriften; zu Schmelzversuchen rieth er Tiegel von Porcellan [r]). Auch der Halbbruder dieses thätigen Gelehrten, der in Ungarn bei dem Berg- und Hüttenwesen angestellt war, und den gleichen Namen führte, hat sich durch die Bestimmung des Goldgehalts im Nagyager Blättererze und Facebaier Kiese auch um Scheidekunst verdient gemacht [s]).

Der altdorfische Lehrer J. J. Kirsten beschrieb das durch Destilliren aus Salbei und Kopaivabalsam erhaltene Oel [t]).

Der wienerische Arzt und berühmte Lehrer, Ant. von Haen, stellte mit dem Blutwasser viele Versuche an [u]); auch er sah Veilchensaft selbst, wenn es noch so frisch war, davon grün werden [x]): der verdienstvolle noch lebende Kaiserl. Leibarzt J. v. Quarin fügte den Versuchen, welche er mit dem Arzneigebrauche des Schierlings gemacht hätte, eine Zerlegung der Pflanze bei;

n) Initia medicinae &c. Sect. III.

o) Fränkische Samml. B. II. St. XII.

p) Brevis lustratio &c.

q) Nov. act. Acad. Caes. Natur. Curios. B. III. obs. 82. S. 405.

r) Fragmenta quaedam &c. Sect. II.

s) Abhandlung vom Ursprung der Gebürge rc. Leipzig. 1770. S. 122.

t) Act. Academ. Caesar. Natur. Curios. B. V. obs. CLXIII.

u) Ratio medendi in nosocomio practico Vindobonensi. Vindobon. 8. B. I. 1757.

x) Ebendas. Th. IV. 1759.

bei ᵞ); auch sein Amtsgehülfe, der berühmte Arzt Ant.
v. Störck gab besonders von der kleinen Küchenschelle
in einer ähnlichen Schrift ᶻ) eine Zerlegung; diese
kommt übrigens von dem dortigen nun verstorbenen
Lehrer der Naturgeschichte, Joh. Jak. Well, der sich
auch durch seine Widerlegung der Meyerischen Lehre
von der fetten Säure rühmlich bekannt gemacht hat ᵃ),
bei welcher er den grosen Kräuterkenner, den Hrn.
Bergr. Nik. Jos. v. Jaquin ᵇ) zur Seite, und einen andern Amtsgehülfen, den Hrn. Reg. R. H. Jos.
Nep. Cranz ᶜ) gegen sich hatte.

Auch Joh. Ant. Scopoli aus Tirol, der zulezt
als Lehrer der Scheidekunst und gesamten Naturgeschichte zu Pavia stand, hat sich, anderer Verdienste,
und der vielen lehrreichen Bemerkungen, zu der von
ihm besorgten italiänischen Uebersezung des Macque-
rischen Wörterbuchs hier nicht zu erwähnen, durch Untersuchung mehrerer Körper um diese Wissenschaft verdient

y) Tentamina de cicuta. Vindobon. 1761. 8.

z) De pulsatilla nigra. Vienn. 1770. 8.

a) 1. Rechtfertigung der Lehre von der figirten Luft gegen
die vom H. Wiegleb gemachten Einwürfe. Wien.
1771. 8. 2. Forschung in die Ursache der Erhizung des
ungelöschten Kalchs. Wien. 1772. 8 3. Examen causae
incalescentiae Calcis vivae, addita epicrisi de materia
ignis, cui alcalescentia dicta adscribitur bei v. Wasserberg Op. min. Collect. Fasc. II.

b) Examen chemicum doctrinae *Meyer*ianae de acido pin-
gui, et *Blacki*anae de aëre fixo respectu calcis. Vienn.
1769. 8. ins Teutsche übersezt mit der Aufschrift: Chemische Untersuchung der Meyerischen Lehre von der fetten Säure, und der Blackischen von der fixen Luft.
Wien. 1771. 8.

c) Examinis chemici doctrinae Meyerianae rectificatio.
Lipf. 1770. 8.

dient gemacht; er hatte die schwarze Gartenerde [d]),
die schemnizer Blende [e]), den Wolfram [f]), das Weis=
gülden [g]), das Rothgülden [h]), den ungarischen Sino=
pel [i]), das blätterichte Golderz von Nagnag [k]), das
ungarische Operment [l]), und mehrere Arten Holz zer=
legt, und Wasser, Oel, Asche, Kohle und Laugensalz,
welche er daraus erhielt, genau bestimmt [m]), in der
Asche einer unter der Erde wachsenden Flechtenart
(Usnea radiciformis) aber kein Laugensalz gefunden [n]);
er hat den Schwefel, sein Verhältnis und seine Ver=
bindung mit den Metallen und Kalk [o]), die Blutlauge,
zu deren Bereitung und Reinigung [p]) er Anleitung
gab, und das Berliner Blau, dessen Bestandtheile
er näher zu bestimmen trachtete [q]), den Saft der Kür=
bis [r]) und den Wein aus der Gegend von Görz [s]) un=
tersucht, Mittel aufgesucht zu erkennen, ob verdorbe=
ner

d) Ann. histor. natur. II. S. 9 - 19.
e) Ebendas. V. S. 53 - 59.
f. Ebendas. II. S. 73 2c.
g) Ebendas. V. S. 15 - 30.
h) Differt. ad scient. natur. pertin. Th. I. S. 24 - 39.
i) Ebendas. S 39 2c.
k) Annus hist. natur. III. nr. IV. S. 107 2c. anu. V. nr. I.
l) Ebendas. V. nr. IV. S. 59 2c.
m) Ebendas. IV. nr. III. S. 124 2c.
n) Differtat. ad scient natur. pertin. Th. I.
o) Ann. hist. natur. V. nr III S. 31 2c.
p) bei Hrn Bergr. v. Crell Neueste Entdeck. in der Che=
mie. B. VIII. S. 3 - 6.
q) Ann. histor. natur III. nr. III. S. 67 2c.
r) Ebendas. II. nr. III.
s) Ebendas. nr. I. S. 73.

ner Wein unter guten gemiſcht ſeie [t]), mehrere harzige
Holzarten, Terpentin, Kienöl, ſchwarzes Pech und
Harz auf mehreren Wegen genau geprüft [u]), eine An=
leitung zum Kohlenbrennen gegeben [x]), aus dem Bo=
viſt durch trockene Deſtillation eben ſo vieles flüch=
tiges Laugenſalz erhalten, als aus irgend einem thieri=
ſchen Stoff [y]), Gallen= und Harnſteine zerlegt, aus
welchen leztern er Sauerkleeſäure (vielleicht Steinſäure)
erhalten zu haben verſichert [z]), aus Fraueneis Phos=
phorſäure, von welcher er denn das Leuchten im Dun=
keln ableitete, gewonnen zu haben behauptet [a]), ſich
durch Deſtilliren in einer ſilbernen inwendig übergolde=
ten Retorte überzeugt, daß die Erde, welche die Flus=
ſpatſäure gewöhnlich abſezt, aus dem Glaſe iſt [b]); er
ſah, daß Salpeter= Kochſalz= und vollkommene und
unvollkommene Schwefelſäure zu gleichen Theilen mit
dem trockenen Rückſtande von einem Loth Schwefel, vier
Lothen Rus, und einem Quintchen Alaunerde, über
welchen Kochſalzgeiſt, nachdem er bei gelinder Wärme
lange darüber geſtanden hatte, abgezogen wurde, ver=
miſcht, bei widerholtem Ueberziehen eine waſſerhelle
Feuchtigkeit lieferten, welche nach bittern Mandeln
roch,

t) bei Hrn Bergr. v. Crell Beyträge zu den chemiſchen
  Annalen. B. I. St. I. nr. II. S. 19-31.
u) bei Hrn Bergr. v. Crell chemiſche Annal. 1788. B. II.
  S. 99-111.
x) Abhandlung vom Kohlenbrennen. Bern. 1773. 8.
y) bei Hrn Bergr. v. Crell chemiſche Annalen. 1784.
  B. I. S. 335.
z) bei Hrn Bergr. v. Crell Beyträge zu den chemiſchen
  Annal. B. II. St. 3. S. 259-261.
a) bei Hr. v. Crell neueſt. Entdeck. in der Chemie. Th.
  VIII. S. 6. und chemiſche Annal. 1784. B. I. S. 237.
b) bei H. B. R. v. Crell chemiſche Annal. a. e. a. O.
  S. 236. 237.

roch, alle Metalle auflöste, und einen Silber und Gold
haltenden Salz zu Boden fallen lies c), sah, daß, wenn
er einen Glaskolben mit Quekfilber und Schwefel= Sal=
peter= und Kochfalzfäure in eine gefättigte Auflöfung
der fchwefelfauren Pottafche fezte, fich nach einigen Ta=
gen am obern Rande des äufern Gefäffes fadenförmige
Kriftallen zeigten, die fich immer mehr und mehr ver=
längerten, bis fie den Boden des innern Glafes erreich=
ten, und fchlos daraus, daß die Quekfilberauflöfung
durch das Glas hindurch wirkte d), fah Kochfalzgeift,
als er über Alaunerde abgezogen wurde, in rothen
Dämpfen auffteigen e), gab dem Wismuth durch
Schmelzen mit Borax, fo wie mit feuerveftem Laugen=
falze einige Dehnbarkeit f), zeigte durch genaue Ver=
fuche, daß in dem üzenden Sublimat, wie nachdem er
auf diefem oder jenem Wege gewonnen wird, die Men=
ge des Quekfilbers ungleich ift g), und ftellte über das
entzündbare Gas, das er, wenn er die Wafferdämpfe
durch eine glühende mit Kohlen gefüllte Glasröhre leitete,
weit reichlicher erlangte, als wenn die Röhre voll Eifen=
drat geftopft war h), und für ein vom Brennftoff ver=
fchiedenes Wefen erklärte i), mit dem zündenden Koch=
falzgas, deffen tödliche Wirkung auf Thiere, deffen ent=
färbende Eigenfchaft, (auch auf Blut) deffen Wirkung
auf

c) Ann. hiftor. natur. V. S. 64 ꝛc.

d) Ebendaf. S. 69 ꝛc.

e) Ebendaf. S. 64.

f) Ebendaf. S. 62. 63.

g) bei Hrn. Bergr. v. Crell chem. Annal. 1784. B. I.
S. 24-29.

h) Ebendaf. 1785. B. II. S. 339.

i) bei Hrn. Bergr. v. Crell Beytr. zu den chemifch. Annal.
B. I. St. 4. S. 3-9.

Rr 2

auf Metallkalke und Metalle, deſſen Eigenſchaft, mit
entzündbarem Gas ein Knallgas zu geben, und eine
Flamme in ſich brennen zu laſſen, er kannte [k]), und,
in Gemeinſchaft mit dem berühmten Naturkundigen Al.
Volta, über die Wärme eine lehrreiche Reihe von
Verſuchen an [l]): Sein Werk über die Quekſilberberg=
werke zu Joria in Krain [m]), enthält die Zerlegung
mehrerer dort brechenden Erz= Salz= und Geſteinarten.

Zu Tübingen ſtellte ſchon El. Camerer, der ſonſt
in ſeinen Grundſäzen durchaus den Eklektiker ſpielte,
mit dem geſchwefelten flüchtigen Laugenſalze Verſuche
an [n]): der berühmte Wund= und Augenarzt, B. D.
Mauchart mit der Kakaobutter [o]), und den Samen,
von welchen ſie kommt; der durch ſeine Reiſe nach Si=
birien und die darauf gemachte Entdeckungen berühmte
Joh. Georg Gmelin mit der in Sibirien ſogenann=
ten Steinbutter [p]), mit den Laugenſalzen, die in der Aſche
der

k) bei Hrn. Bergr. v. Crell chemiſche Annal. 1785. B.
   II. S. 433 - 436.

l) bei Hrn. Bergr. v. Crell Neueſt· Entdeck. in der Che=
   mie. Th. XII. S. 3 - 93.

m) De hydrargyro idrienſi tentamina phyſico - chymico-
   medica, I. de minera hydrargyri. II. de vitriolo Idrienſi III. de morbis foſſorum hydrargyri. Venet. 1761. 8.
   Ed. cur. *Schlegel.* Jen. et Lipſ. 1771.

n) Diſſertationes tres: I. De ſpirituum animalium ſtatu
   naturali et praeternaturali occaſione experimenti *Bellino-
   Bohniani.* II. Spiritus *Boylei* fumantis naturam exhibens obviaque circa ipſam phaenomena. III. Uſus et
   abuſus potuum Theae et Coffeae in his regionibus. Praefatio quaedam de *Nuckianis* mercurii injectionibus continet. Tubingae. 1694. 8.

o) Diſſ. Butyrum Cacao novum et commendatiſſimum
   medicamentum. Tubing. 1735.

p) Reiſe durch Sibirien von dem Jahr 1738 - 1743.
   Göttingen. 8. Th. III. 1752. S. 459 ꝛc.

der Pflanzen stecken, deren Unterschied er zu bestimmen, und die Ursachen davon anzugeben suchte [q]),
mit metallischen und andern Körpern, die er nach dem
Brennen von vermehrtem Gewicht fand [r]), mit Kochenille und Fernambukholz, woraus er Karmin und andere rothe Lakfarben bereiten lehrte [s]), mit Rhabarber [t]) und Koffee [u]); er versicherte als Augenzeuge,
daß die Hirtenvölker im mittägigen Theile des asiati-
schen Ruslands ihren Milchbrandewein ohne allen Zusaz von Getreide bereiten [x]), und machte eine sehr gute
Vorschrift zur Bereitung einer Schreibtinte [y]), und
aus den Papieren seines gleichnamigen Vaters, der in
der Schule von Urb. Hiärne erzogen war, zum sogenannten Sperma mercurii [z]) bekannt: Sein Bruder und Nachfolger auf dem Lehrstule der Scheidekunst
und Kräuterkunde zu Tübigen, Phil. Friedrich, lehrte
die Bereitung des mit Wachs versezten Spiesglanzglases,

q) Commentar. Acad. Imperial. Petropolitan. B. V. S.
277 - 295.

r) Ebendas. S. 263 - 273.

s) Act. Academ. Caesar. Natur. Curiof. B. III. obf. 83.
S. 274.

t) Disp. Rhabarbarum officinarum. Tubing. 1752. 4.

u) Diff. de coffea. Tubing. 1752. 4.

x) z. B. Epistolar. ad Alb. *Hallerum* scriptarum P. I. latinae Vol. II. scriptae ab Anno MDCCXL – XLVIII.
1773. nr. 28i.

y) Ebendas. Vol. III. Epist. ab anno MDCCXLIX. ad
MDCCLV. 1774. nr. 414.

z) Einiger gelehrter Freunde deutsche Briefe an den Herrn
von Haller. Bern. 8. Erstes Hundert von 1725-
1751. 1777.

glases ᵃ), einiger Spiesglanztincturen ᵇ), und der
Tinctur aus Sternanis, stinkendem Assant und Zimt ᶜ);
er prüfte auch die Feuchtigkeit, welche bei der Bauch=
wassersucht abgezapft wurde ᵈ); auch Joh. Konrad,
ein Bruder dieser beiden Gelehrten erwarb sich durch
seine Nachrichten von einem Oel aus Kamangablumen
und Limonprutti, das dem Thee seinen Wohlgeruch
gebe, von einem schweistreibenden Spiesglanzschwefel,
der mit Weingeist aus Spiesglanz gezogen werde ᵉ),
von Queksilberblumen oder Sperma mercurii, welche
man am besten aus einer mit Salpetersäure bereiteten
und durch Wasser verdünnten Auflösung des Queksil=
bers und essigsaurer Pottasche erhalte ᶠ), über die
Menge, welche verschiedene Gewächse an Extract ge=
ben ᵍ), über eine geheime Arznei aus ätzendem Subli=
mat, Essig und Weingeist, und die Bereitung des
ungarischen Wassers ʰ), von der Auflösung des Harn=
phosphors in Nelkenöl ⁱ), vom Berliner Blau ᵏ), von
der

a) Diff. resp. L. *Bilfinger* de vitro antimonii cerato. Tubing. 1756. 4.

b) Diff. resp J. Chph. *Heller* de tincturis antimonii minus ufitatis utcunque faluberrimis. Tubing. 1759. 4.

c) Diff. resp Sam. Gottl. *Gmelin* de analepticis quibusdam
nobilioribus Tubing. 1763. 4.

d) Commerc. litterar. ad rei medic. et Scient. natural. increment. inftitut. ann. MDCCXLV. hebd. 52.

e) Ebendaf. ann. MDCCXXXI. Sem. 1. Spec. XXI. S. 163.

f) Ebendaf. ann. MDCCXXII. hebd. 15. u. a. MDCCXXXIV.
hebd. 30.

g) Ebendaf. ann. MDCCXXIII. hebd. 8.

h) Ebendaf. hebd. 25.

i) Ebendaf. Ann. MDCCXXXIV. hebd. 4.

k) Ebendaf. hebd. 24.

der Korallentinctur [l]), von den Veränderungen, welche
der Weingeist durch wiederholtes Abziehen über ungelöschtem Kalke, Weinsteinsalz und Erde erleidet [m]), von
einem spiegelnden Spiesglanzöle, das er durch Abziehen
der Spiesglanzbutter über Weinsteinsalz erhielt [n]), und
durch seine Untersuchung der Tanzue, eines schinefischen
Arzneimittels [o]), um die Chemisten seiner Zeit Verdienste: ein anderer jüngerer Lehrer dieser hohen Schule, der noch lebende wirtembergische Leibarzt, Chn. Fr.
Jäger, stellte mit dem äzenden Salmiakgeiste, dessen
vorzügliche Schärfe er nach Blacks Grundsäzen erklärte [p]), und mit spanischen Fliegen [q]) Versuche an.

Zu Giesen zerlegte der dortige Lehrer J. Kaf. Hert
die Steinpimpinelle [r]); ein anderer Gerh. Andr.
Müller zeigte, wie man flüchtiges Oel ohne Destillation aus Gewächsen erhalten kann [s]); Joh. Wilh.
Baumer, der von Erfurt aus dahin kam, untersuchte

l) Ebendaf. hebd. 39.

m) Ebendaf. hebd. 37.

n) Ebendaf. Ann. MDCCXXXVII. hebd. 8.

o) Ebendaf. Ann. MDCCXLII. hebd. 13.

p) refp. J. Chr. *Williardts* diff. de fpiritu falis ammoniaci
cum calce viva, praecipue de ejus a fpiritu falis ammoniaci cum alcali fixo parato differentia. Tubing.
1768. 4.

q) Diff. refp. C. F. *Kaifer* de cantharidibus, earumque
actione et ufu. Tubing. 1769. 4.

r) Diff. de pimpinella faxifraga. Gieff. 1726. 4.

s) Diff. refp. Jo. Corn. Fr. *Schweitzer* de oleis effentialibus five aethereis absque destillatione parandis. Gieff.
1756. 4.

te das gebiegene kochfalzfaure Quekfilber ^{t}), und das
Bergmeel ^{u}); am thätigſten für die Wiſſenſchaft war
Fr. Aug. Cartheuſer, ein Sohn Joh. Friedrichs;
er zerlegte den Gips ^{x}), und beurtheilte ſeinen Gebrauch bei dem Schmelzen der Eiſenſteine ^{y}), die er
nach ihren chemiſchen Verhältniſſen eintheilte ^{z}), und
nicht geröſtet wiſſen wollte ^{a}); er unterſuchte das Geſtein,
welches die Dornen der Lekwerke überzieht ^{b}), den
Thon ^{c}), die gefärbte Bolußarten, in welchen er keine
Schwefelſäure fand ^{d}), den Tras ^{e}), das Mauer-
ſalz ^{f}), die Borarſäure ^{g}), den blauen Saz, den
manche Laugenſalze bei gewiſſen Verſuchen zu Boden
fallen laſſen ^{h}), die fällende Kraft des zuſammenziehen-
den

t) Progr. Hiſtoria mercurii cornei Haſſiaci naturalis, et
chymica inveſtigatio Gieſſ. 1785.

u) Act. Acad. Elector. Mogunt. ſcient. util. quae Erford.
eſt. B. II. Erford. 1761. 8. nr. 4. S. 37 ꝛc.

x) Mineralogiſche Abhandlungen. Gießen. 8. Th. II. 1773.
S. 54-68.

y) Ebendaſ. Th. I. 1771. S. 141-152.

z) Ebendaſ. S. 73-93.

a) Ebendaſ. S. 46-59.

b) Ebendaſ. Th. II. S. 89-101.

c) Ebendaſ. S. 151. 219.

d) Vermiſchte Schriften ꝛc. St. IV. nr. I. S. 243-254.

e) Mineralog. Abhandlung. Th. II. S. 1--53.

f) Act. Acad. Elector. Mogunt. ſcient. util. quae Erford.
eſt B. II. nr. 14. S. 369 ꝛc.

g) Vermiſchte Schriften ꝛc. St. III. nr. I. und Act philo-
ſophico-medica Societatis Academicae Scientiarum prin-
cipalis Haſſiacae. Gieſſae Cattorum. 4. ann. MDCCLXXI.
Francof. et Lipſ. S. 57-59.

h) Acta Societ. Haſſiacae. &c. a. a. O.

den Grundstoffs auf alle Metalle [i]), den weissen Saz, welchen Wasser aus sogenannter Spiesglanzbutter zu Boden schlägt [k]), den Arsenik [l]), den mergelartigen Kupferschiefer [m]), das Verhalten des Bernsteins zum Salpeter [n]), den auf Birken wachsenden europäischen Mistel [o]), und den Flusschwamm [p]); er zeigte, daß durch Zusaz von mildem Salmiakgeist auch Gewächs= laugensalz in Gestalt von Kristallen gebracht [q]), durch Vermittlung von Schwefelsäure auch mineralische Oele in Weingeist aufgelöst werden können [r]), und gab An= leitung zur Auflösung des Schellaks [s]), und zur Rei= nigung des Bernsteinsalzes [t]).

Zu Duisburg hatte sich der berühmte Arzt J. G. Leidenfrost nicht sowohl durch glänzende Versuche, als durch scharfsinnige Wahl und sinnreiche Folgerun= gen aus denselbigen, auch als Scheidekünstler einen Namen gemacht; er untersuchte und zerlegte mehrere Kräutersäfte [u]), und bezweifelte nach Anleitung eigener Ver=

i) Ebendas.

k) Act. Acad. Elector. Mogunt. Erford. a. a. O. nr. 16. S. 388.

l) Mineralog. Abhandl. Th. II. S. 102 - 127.

m) Ebendas. Th. I. S. 29 - 45.

n) Act. Acad. Erford. &c. a. a. O. nr. 15. S. 379 ꝛc.

o) Ebendas. nr. 13. S. 361 ꝛc.

p) Ebendas. ad ann. MDCCLXXVI. 4.

q) Ebendas. B. I. 1757. S. 149 - 159.

r) Vermischte Schriften. St. II. nr. II. S. 106 - 112.

s) Act. Acad. Erford. ad ann. MDCCLXXVI.

t) Ebendas. B. I. S. 281 - 285.

u) Diss. de succis herbarum recentibus recenter expressis. Duisburg. 1751. 4.

Versuche die einfache Beschaffenheit des Wassers ᵘ); einer seiner Schüler, J. B. C. v. Schönebeck ˣ) leitete selbst die thierische Wärme von einer Art Gäh= rung ab. ʸ).

Zu Kiel stellte W. Ulr. Waldschmiedt, der seine gelehrte Laufbahn schon im vorhergehenden Zeit= alter angefangen hatte, über Metallbäumchen, die Er= scheinungen der Phosphore, die Veränderungen der Farben durch Mischungen, die Farben der Kupferauf= lösungen, die sich ohne Mitwirkung der Luft nicht offenbaren ᵛ), Versuche an.

Zu Göttingen beschrieb Jo. Heinr. Gottl. von Justi, der nachher in Kaiserliche und zuletzt in Königs lich Preußische Dienste trat, in seinen Schriften ᶻ) we= nige eigene, desto mehr Versuche von andern, mit Ur= thei=

u) Diff. de aquae communis nonnullis qualitatibus. Duis- burg. 1756. 8.

x) Tentamen de calore animali. Duisburg. 1782. 4.

y) Collegium physico-experimentale curiofum aequis aefti- matoribus ftudii experimentalis intimat, et ad illud fre- quentandum invitat. Kiliae. 1717. 4.

z) 1. Neue Wahrheiten zum Vortheil der Naturkunde und des gesellschaftlichen Lebens der Menschen. Leipzig. 8. St. I-VI. 1754. VII–IX. 1755. X. 1757. XI. XII. 1758. 2. Göttingische Policey= Amts= Nachrichten. Göt= tingen. 4. auf das Jahr 1756. und auf das Jahr 1757. 3. Gesammelte chymische Schriften, worinnen das We= sen der Metalle, und die wichtigsten chymischen Arbeiten vor den Nahrungsstand und das Bergwesen ausführlich abgehandelt werden. Berlin und Leipzig. 8. Erster Band. 1760. Zweyter und letzter Band. 1761. Dritter Band. Berlin. 1771. 4. Oeconomische Schriften über die wichtigsten Gegenstände der Stadt= und Landwirth= schaft. Berlin und Leipzig. 8. Erster Band. 1756. Zwote Auflage. 1766. Zweyter und letzter Band. 1760. Zwote Auflage. 1767.

theilen darüber, und Folgerungen daraus, fast mit beständiger Hinsicht auf Hütten = und Gewerbkunde; er glaubte an einem mit gediegenem Silber und Glaserz eingesprengten Kalkstein von Annaberg in Oestreich ein neues Silbererz [a]), und im Kazengolde ein eigenes neues Metall [b]) entdeckt zu haben; läugnete hingegen die eigenthümliche Natur des Kobolts [c]) und Nikels [d]), prüfte den Arsenik [e]), und suchte die Bestandtheile des Spiesglanzmetalls [f]), des Wismuths [g]), und des Queksilbers [h]) zu erforschen; zeigte die Auflöslichkeit aller Metalle in Essig [i]), untersuchte das Röschgewächs oder spröde Silberglaserz [k]), den Schwerspat [l]), Salpeter [m]) und Borax [n]), von welchem er sich noch einbildete, daß ihn die Venetianer ganz durch Kunst bereiten [o]), und bemühte sich die Wirkung der Salze und Metalle bei den Farbebrühen zu erklären [p]), und zu beweisen, daß sich das Eisen in den Eisenerzen u. Eisensteinen erst wäh=

a) Gesammelte chymische Schriften. B. I. S. 393 - 437.

b) Ebendas. S. 382 -- 390.

c) Ebendas. S. 438 -- 454.

d) Ebendas. S. 49 -- 67.

e) Ebendas. B. II. S. 3 -- 48.

f) Ebendas. B. I. S. 3 -- 17.

g) Ebendas. S. 18 -- 48.

h) Ebendas. B. II. S. 65 - 88.

i) Ebendas. B. III. S. 3 - 17.

k) Ebendas. B. II. S. 368 - 380.

l) Ebendas. B. I. S. 333 - 373. und B. II. S. 310 - 340.

m) Ebendas. B. I. S. 181 - 235. 248 - 260. und B. II. S. 199 - 220.

n) Ebendas. B. II. S. 147 - 178.

o) Ebendas. S. 197 -- 184.

p) Ebendas. B. III. S. 132 -- 159.

während dem Rösten und Ausschmelzen bilde q), und das
Wasser in Luft übergehe r): J. Gottfr. Brendel
nahm in einigem Weinstein und Essig Kochsalz= und
Schwefelsäure s), die leztere auch in einigem Salpe=
ter t) wahr, zeigte, wie sowohl der Harnphosphor
selbst am vortheilhaftesten, als auch die Säure, welche
er nach dem Verbrennen zurückläst, ohne Verlust ge=
wonnen werden kann u), hielt sich überzeugt, daß der
Stein aus dem Harn durch eine Art Fäulung nieder=
falle x), und bezweifelte den grosen Vorzug der nach
Tachenius Vorschrift bereiteten Aschensalze y), und
mehrerer von Börhaave empfohlener Oefen z): der
berühmte Arzt Phil. Georg Schröder stellte mit der
Galle aus der Gallenblase Versuche an, aus welchen
er schlos, daß sie keine Seife seie a); sein Amtsgehülfe
Rud. Augustin Vogel bemühte sich durch Versuche
die Verhältnis der Bestandtheile des Salmiaks zu be=
stim=

q) Ebendas. B. I. S. 68--84.

r) Neue Wahrheiten. St. X. S. 395--408.

s) Progr. Arist. chemico-pharmaceuticae. Goetting. 1751.
§. III. Opusculor. mathematic. et medici argumenti. curante H. A. *Wrisberg.* Goetting. 4. Pars I. 1769. S. 66.

t) Ebendas. §. IV. S. 67.

u) Progr. de phosphoro urinario. Goett. 1747. Opuscul.
a. e. a. O. S. 49--53.

x) Progr. de calculi vesicae urinalis renumque natalibus.
Goetting. 1751. Opuscul. &c. a. a. O. S. 56--60.

y) Progr. de sale Tacheniano Boerhaavii. Goetting. 1747.
Opuscul. &c. a. a. O. S. 53--56.

z) Progr. de instrumentis quibusdam chemicis Boerhaa-
veanis. Goetting. 1747. Opusculor. &c. a. a. O. S.
45--49.

a) Experimentorum ad veriorem cysticae bilis indolem
declarandam captorum Sectio prima. Goetting. 1764. 4.

stimmen [b]); unterſuchte den flammenden [c]) und würfe=
lichten [d]) Salpeter, die Borarſäure [e]), das Seignet=
teſalz [f]), die eſſigſaure Pottaſche, deren Entzündbar=
keit er zeigte [g]), den Tras [h]), die Schwefelleber und
Schwefelmilch [i]), und den weiſſen Saz, welchen blo=
ſes Waſſer aus ſogenannter Spiesglanzbutter zu Bo=
den ſchlägt, und in welchem er Spuren von Quekſilber
gefunden zu haben glaubte [k]), ſtellte über die Zunahme
des Gewichts, welche einige Körper bei dem Verkalken
erhalten [l]), und über die Verbindung des äzenden
Sublimats mit Arſenik [m]) Verſuche an, und theilte
ſeine Beobachtungen über das Zerflieſen des mit Koh=
len=

b) Nov. Commentar. Societat. Scientiar. Goetting. B. III.
ad ann. 1772. S. 37 ꝛc.

c) Diſſ. reſp. Chr. Fr. *Keller* de nitro flammante. Goett.
1762. 4.

d) Diſſ. reſp. J. *Gehrt* de nitro cubico. Goetting. 1760. 4.

e) unter den Namen von L. J. Tob. Waſſer diſſ. de
ſale ſedativo Hombergii. Goetting. 1759. 4. auch in ſei=
ne Opuſcula medica ſelecta antea ſparſim edita, nunc
autem in unum collecta, recognita, aucta et emendata.
Goetting. 1768. 4. nr. 8. S. 215 ꝛc. aufgenommen.

f) Diſſ. reſp. Jo. G. *Knorr* Obſervationes chemicae mi-
ſcellae. Goettingae. 1768. IV. nr. 4. S. 9 -- 12.

g) Ebendaſ. nr. V. S. 12 -- 14.

h) Nov. Comment Societ. Scient. Goetting. B. III. ad
ann. 1772. S. 50 ꝛc.

i) Obſervat. chemic. miſcell. nr. 7. S. 21 - 25.

k) Diſſ. reſp. B. Fr. *Starck* Mercurius vitae mercurii non
expers. Goetting. 1765. 4.

l) Progr. quo experimenta chemicorum de incremento
ponderis quorundam igne calcinatorum examinat. Goett.
1753. 4. auch in Opuſcul. &c. nr. 2. S. 51 ꝛc.

m) Obſervat. chemic. miſcell. Nr. III. S. 7 -- 9.

lenstaub verpuften Salpeters [n]), und über die Verfäl=
schung der Soda [o]), und Vorschriften zur Bereitung
des rauchenden Kochsalzgeistes [p]), zur Ausscheidung
des Metalls aus dem rohen Spiesglanze durch Eisen
und Salze [q]), zur Verfertigung der zum Arzneige=
brauche dienlichen Spiesglanzkönige [r]), und des Spies=
glanzglases [s]) mit: Auch erläuterte er die Natur des
mineralischen Laugensalzes [t]), und die mancherlei Arten
des Verkalkens [u]): J. A. Murray, der berühmte
Kräuterkundige, fügte seiner Schrift über die Bären=
traube [x]) auch eine chemische Zerlegung derselbigen bei.

Zu Erfurt hatte Ludw. Frid. Jacobi das Spies=
glanzmetall mit dem Stern [y]), und den Wismuth [z])
untersucht; Joh. Chn. Jacobi stellte mit dem Braun=
stein [a]), den Schlacken, die von der Ausscheidung des
                                                    Spies=

n) Ebendas. Obs. II.

o) Ebendas. Obs. IV. S. 9 zc.

p) Ebendas. nr. I.

q) Ebendas. nr. VI. S. 15--20.

r) Progr. de varia interque hanc optima conficiendi reguli
  antimonii medicinalis ratione. Goetting. 1765. 4.

s) unter dem Namen von Fr. J. Müller Diss. analecta
  chemica de vitro antimonii exhibens. Goetting. 1757. 4.
  auch abgedruckt in seinen Opuscul. nr. V. S. 147 zc.

t) Diss. resp J. J. H. *Ribock* de natura alcali mineralis.
  Goetting. 1763. 4.

u) Diss. resp. J. *Jaenecke* de variis calcinationis modis.
  Goetting. 1770. 4.

x) De Arbuto Uva ursi. Goetting. 1765. 4.

y) Diss. de regulo stellato antimonii. 1692. 4.

z) Diss. de Wismutho. Erford. 1697. 4.

a) Nov. act. Academ. Caesar. Natur. Curios. B. II. obs.
  65. 66. 67. S. 245 zc.

Spiesglanzmetalls durch Eisen fallen [b]), und der scharfen Hoffmannischen Spiesglanztinctur [c]) Versuche
an; er gab Anleitung zur Auflösung des Bernsteins [d]),
und zu einer blauen Farbe aus der Kohle von Wein-
reben [e]), und empfohl den schwarzen Rückstand vom
Hoffmännischen Geiste zu sinesischer Tusche [f]), und
um dem Kornbrandewein seinen widrigen Geruch zu
nehmen [g]): Hier. Ludolf gab mancherlei Arten,
Spiesglanztincturen zu verfertigen [h]), eine leichte Art,
die essigsaure Pottasche sich gut zu verschaffen [i]), feuervestes Laugensalz in beträchtlicher Menge rein zu gewinnen [k]), den Aether mit [l]) Schwefel- und Salpeter- [m])
und Kochsalzsäure [n]) auf das vortheilhafteste zu bereiten, das Verfahren bei der Bereitung der wesentlichen
Gewächssalze [o]), und die Weise, wie er Quekfilber
in Laugensalz auflöste [p]) an, that Vorschläge zur Verbesserung und Veredlung des teutschen Landweins, zur
Ge-

b) Ebendas. Obs. 67. 1. S. 255 ꝛc.

c) Ebendas. Obs. 67. 2.

d) Ebendas. Obs. 66. S. 248 ꝛc.

e) Act. Acad. Erford. B. I. nr. XIV. S. 160--164.

f) Ebendas. nr. XV. S. 165. 166.

g) Ebendas. nr. XXI. S. 239--242.

h) die in der Medicin siegende Chymie ꝛc. Erstes Stück.
    nr. 1. Zweytes Stück. nr. 2. und Drittes Stück. nr. 1.

i) Ebendas. St. 1. nr. 2. und St. 3. nr. 2.

k) Ebendas. St. 1. nr. 3.

l) Ebendas. Viertes und Sechstes Stück.

m) Ebendas. Fünftes und sechstes Stück.

n) Zugabe zu der in der Medicin siegenden Chymie.

o) a. e. a. O.

p) a. e. a. O. auch in Diss. de Mercurio per alcali soluto
    tutissimo specifico antivenereo. Erford. 1747. 4.

Gewinnung eines guten Weins aus Obst, und eines
guten Weingeistes aus demselbigen q), und zur bessern
Bereitung und Reinigung des nach Dippeln genann=
ten Oels r), auch zur bessern und sparsamern Einrich=
tung der Oesen s); aus Weingeist wollte er ein Salz er=
halten haben, das er mit Salmiak vergleicht t): Chph.
Andr. Mangold, sein Amtsgehülfe, mit welchem er je=
doch nicht in den freundschaftlichsten Verhältnissen stand,
stellte über Zinnober und seine Bestandtheile u), über
Blutlauge und Berliner Blau, über das Blau aus
der Soda und über andere Eisenfarben x), mit Queck=
silber, das er mit Wasser zu Staub rieb, und mit
verschiedenen Metallen, insbesondere mit Silber, ver=
mischte, und dem daraus erhaltenen Silberbäumchen y);
mit Silber, das er mit Wismuth und Borax, zulezt
auch mit Spiesglanz schmolz z), mit Kobolt halten=
dem Wismutherze a), mit Eisen, das er in Silber
verwandelt zu haben wähnte b), und mit andern Me=
tallen Versuche an, aus welchen er folgerte, daß der
Brennstoff in jedem verschieden sein müsse c); auch
mit

q) die in der Medicin siegende Chymie. Siebentes Stück.

r) Diff. resp. S. A. Treffelt de olei animalis Dippelii faciliori praeparatione et modo agendi. Erford. 1748. 4.

s) die in der Medicin siegende Chymie. Erstes -- Fünftes
Stück.

t) Diff. resp. J. G. H. Grabe de sale ammoniacali e spiritu vini parato ejusque praestantia. Erford. 1750.

u) Act. Acad. Erford. B. II. nr. XVIII. S. 401--421.

x) Ebendas. B. I. nr. XVI. S. 167--172.

y) Ebendas. nr. XXII. S. 243--265. 271.

z) Ebendas. S. 265-257.

a) Ebendas. S. 267. 268.

b) Ebendas. S. 278--280.

c) Ebendas. nr. XVII. S. 173--194.

mit flüchtiger Schwefelleber [d]) machte er Versuche, und
gab nach einer Art, die ihm früher bekannt gewesen
seie, als Ludolf, das vortheilhafteste Verfahren zur
Bereitung des Schwefeläthers und der versüsten
Schwefelsäure, welche beide er auch durch wiederholtes
Ueberziehen von Weingeist über schwefelsaurer Pott=
asche erhalten habe [e]), an [f]); er rühmte Model's
Anweisung, Dippel's Oel zu reinigen [g]), und ver=
sicherte, daß auch Weinsteinöl durch ein ähnliches Ue=
berziehen mit einem Zusaze roth gebrannten Vitriols
einen lieblichen Geruch annehme [h]); auch theilte er seine
Muthmasungen über die Lamottischen Goldtropfen
mit [i]): P. Juch untersuchte die schwefelsaure Pott=
asche [k]), und die Rhabarber [l]); Jo. J. Stahl
Brod [m]), Tabak [n]), Koffee [o]), Thee [p]), und Cho=
kolade;

d) Ebendaf. nr. XXII. S. 269. 270.

e) Ebendaf. S. 272-277.

f) Chymische Erfahrungen und Vortheile ꝛc. und fortgesezte
chymische Erfahrungen ꝛc.

g) Chymische Erfahrungen und Vortheile ꝛc.

h) Ebendaf.

i) Ebendaf.

k) Diff. de tartaro vitriolato. Erford. 1746. 4.

l) Diff. resp. *Praetorius* Analysis de vera indole et virtute
rhabarbari. Erford. 1745. 4.

m) De pane, potissimum triticeo Erford. 1727. 4.

n) De tabaci effectibus salutaribus et nocivis. Erford.
1732. 4.

o) De usu et effectibus potus Coffeae. Erford. 1731. 4.

p) De veris herbae Theae proprietatibus et viribus medicis. Erford. 1734. 4.

kolade [p]); Wilh. Bernh. Trommsdorf das Glaubersalz [q]), die flüchtige Oele [r]), die sogenannte [s]) Zimmtblumen (flores cassiae), und das Salz aus den Berren des Gerbersumachs (Rhus Coriaria), das er dem Weinstein ähnlich fand [t]); Joh. Phil. Nonet lehrte die Bereitung des Schwefel- und Salpeteräthers [u]).

Zu Jena stellte Sim. Paul Hilscher mit dem Spiesglanze und denen daraus bereiteten Tincturen [x]), mit dem sogenannten mineralischen Mohr [y]), und mit den Phosphoren [z]); Joh. Ad. Wedel, der Sohn Georg Wolfgangs, über die chemische Gährungsmittel [a]), und mit dem englischen Bittersalze [b]) Versuche an, und gab zur bessern Einrichtung der Oefen [c]), insbeson-

p) De Chocolata Indorum ejusque viribus medicis. Erford. 1736. 4.

q) Progr. de sale mirabili Glauberi. Erford. 1771. 4.

r) Diss. de oleis vegetabilium essentialibus eorumque partibus constitutivis. Erford. 1765. 4.

s) Acta Academ. Erford. ad annum 1776.

t) Ebendas. ad ann. 1778 und 1779. nr. III. S. 26. 27.

u) Progr. de naphtha vitrioli et nitri. Erford. 1765. 4.

x) Diss. de partibus constitutivis antimonii ejusque tincturis. Jen. 1742. 4.

y) Progr. de aethiope minerali. Jenae. 1748. 4.

z) Diss. resp. N. L. *Marheinecken* de phosphoris. Jen. 1734. 4.

a) Diss. praes. G. W. *Wedel* de fermentis chymicis. Jen. 1695. 4.

b) De sale cathartico amaro Anglico, vulgo Anglis Epsom salt dicto. Jen. 1715. 4.

c) 1. Progr. de foco furnorum chimicorum bene parando. Jen. 1735. 4. 2. Progr. I–III. de fornacum emendatione. Jenae. 1718. 1719. 4.

besondere des sogenannten Marienbades [d]), zu gelinder Erwärmung von Flüssigkeiten [e]), zur Ausscheidung
des Metalls aus dem Spiesglanze durch Laugensalz [f]),
und zur Bereitung des sogenannten schweistreibenden
Spiesglanzkalkes [g]), des Spiesglanz haltenden Salpeters [h]), der Eisentinktur mit Quittensaft [i]), und der
essigsauren Pottasche [k]) Anleitung; auch haben wir ihm
eine Zerlegung des Lachenknoblauchs [l]), des Kalmus [m]),
des Alants [n]), der Schwalbenwurz [o]), und des Eisen-
krauts [p]) zu verdanken: Joh. Jak. Fick stellte mit dem
Kalke [q]), mit Bittererde und Milchzucker [r]) einige
Versuche an; Joh. Fr. Faselius mit dem stam-
men-

d) Progr. de modo breviori aquam balnei Mariae in defiderata altitudine confervandi Jen. 1744. 4.

e) Progr. de digeftionis compendiofiori ratione inftituen-
da. Jenae. 1742.

f) Progr. de regulo antimonii per Sal alcali obtinendo.
Jen. 1727. 4.

g) Progr. I III. de praeparatione antimonii diaphoretici.
Jen. 1742. 4.

h) Progr. de nitro antimoniato. Jen. 1743. 4.

i) Progr. I. II. de optimo Tincturam mártis cydoniatam
parandi et confervandi modo. Jen. 1740. 1741. 4.

k) Propempticon inaug. de Arcano Tartari ad mentem
Boerhaavii pro pauperibus parando. Jen. 1745. 4.

l) Diff. de fcordio. Jen. 1716. 4.

m) Diff. de calamo aromatico. Jenae. 1719. 4.

n) Diff. de helenio. Jen. 1719. 4.

o) Diff. de vincetoxico. Jen: 1720. 4.

p) Diff. de verbena. Jen. 1721. 4.

q) Diff. de calce viva Jen. 1726. 4.

r) Diff. de Saccharo lactis et Magnefia alba. Jen. 1713. 4.

menden Salpeter ˢ), mit Boraxſäure und Schwefel:
napbtbe ᵗ), und mit den flüchtigen Oelen ᵘ); Herm.
Friedr. Teichmeyer von Münden hat auſer denen
ihm zum Theil eigenen Verſuchen, deren er in ſeinem
Handbuche gedenkt, über Säuren ˣ), über eſſigſaure
Pottaſche ʸ), über Seignetteſalz, deſſen Bereitungs:
art er in Teutſchland zuerſt öffentlich bekannt machte ᶻ),
über die Tinctur aus rothen Korallen ᵃ), über den
Spiesglanz und ſein Metall ᵇ) Verſuche angeſtellt;
auch war ihm ſchon 1731 die Kobolttinte bekannt, die
er von dieſer Zeit an in ſeinen Vorleſungen vorzeigte ᶜ):
Karl Friedr. Kaltſchmid oder vielmehr ſein Schüler
Weſſel Lümmen unterſuchte den Goldſchwefel aus
dem Spiesglanze ᵈ); der noch lebende Greis Ernſt Ant.
Ri:

s) Progr. de Nitro ſemivolatili, egregio adverſus febres
    malignas ac exanthematicas remedio. Jen. 1762. 4.

t) Diſſ. reſp. *Reindl* de oleo vini et ſale ſedativo Homber-
    gii. Jen. 1763. 4.

u) Progr. I. II. de partibus oleorum aethereorum conſti-
    tutivis. Jen. 1765. 4.

x) Diſſ. reſp. Jac. *Horn* de ſpiritibus acidis. Jen. 1720. 4.

y) Diſſ. de Arcano Tartari vel Sale eſſentiali vini. Jen.
    1730. 4.

z) Diſſ. de Sale de Seignette. Jen. 1742. 4. mit Anmer:
    kungen ins Teutſche überſezt von Gottfr. Heinr. Burg:
    hart drittehalb hundert Anmerkungen zur Abhandlung
    vom Seignettiſchen Salze. Breslau. 1749. 8.

a) Diſſ. de coralliorum rubrorum tincturis. Jenae. 1734. 4.

b) Diſſ. de antimonio ejusque regulis. Jen. 1733. 4.

c) Commerc. litter. ad rei medic. et ſcienc. natur. incr.
    inſtit. ann. MDCCXXXVII. hebd. XII. S. 91-93.

d) Diſſ. de natura ſulphuris antimonii aurati et hinc depen-
    dente virtute emetica ejusdem. Jen. 1763. 4.

Nicolai die Ursache, warum in gewissen Fällen Eisen durch Kupfer niedergeschlagen wird ᵉ).

Zu Halle untersuchte Andr. El. Büchner das Küchensalz und seine Bestandtheile ᶠ), die Borax‹ säure ᵍ), die mit unvollkommener Schwefelsäure ge‹ tränkte ʰ), die gewöhnliche schwefelsaure Pottasche ⁱ), die fette Oele ᵏ), sowohl als die flüchtige ˡ), den Wol‹ verlei ᵐ), den Diptam ⁿ), die Wallnus °), die Pa‹ reira brava ᴾ), die amerikanische Brechwurzel ᑫ), den
Tas

e) Progr. de cauſſa, cur ferrum per cuprum praecipitetur. Jen. 1776. 4.

f) Diſſ. reſp. Fr. Reinh. *Marquard* de partibus conſtituti‹ vis Salis communis hujusque actione in corpus huma‹ num vivum. Hal. 1754. 4.

g) Diſſ. reſp. J. G. L. *Ritter* de ſale ſedativo Hombergii. Hal. 1759. 4.

h) Diſſ. reſp. Ch. H. *Lucas* de tartaro vitriolato volatili, ejusque viribus medicis. Hal. 1757. 4.

i) Diſſ. reſp. J. J. *Vogel* de Tartaro vitriolato et praeci‹ pitatione alcali fixi ab acido vitriolico. Hal. 1767. 4.

k) Diſſ. de oleis expreſſis eorumque agendi modo et uſu. Hal. 1747. 4.

l) Diſſ. de oleis eſſentialibus aethereis eorumque modo operandi et uſu. Hal. 1752. 4.

m) Diſſ. de genuinis principiis et effectibus Arnicae. Er‹ ford. 1741. 4.

n) Diſſ. reſp. *Bertuch* de fraxinella. Erford. 1742. 4.

o) Diſſ. reſp. *Spindler* de nuce juglande. Erford. 1743. 4.

p) Diſſ. reſp. *Pachhalle* de Pareira brava ejusque virtutibus medicis. Erford. 1744. 4.

q) Diſſ. reſp. *Helcher* de radice ipecacoanhae. Erford. 1745. 4.

Ss 3

Tabak ʳ), den Mohnſaft ˢ), die Gilbwurz ᵗ), Mac=
bride's Grundſäze von der Fäulung ᵘ), und die
Soda ˣ), zeigte, daß nicht alle feuerveſte Laugenſalze
durch Feuer erzeugt werden ʸ), und die abführende
Harze, mit Laugenſalzen verſezt, durch deren Geſell=
ſchaft ſie die Natur einer Seife annehmen ᶻ), ſicherer
zum innerlichen Gebrauche ſind, und gab zur Verſü=
ſung der Säuren ᵃ), und zur Bereitung der laugen=
haften ᵇ), der ſauren ᶜ), und der Spiesglanztinctu=
ren ᵈ), der eſſigſauren Pottaſche ᵉ), der Schwefel=
napħ=

r) Diff reſp. *Frauenknecht* de genuinis viribus tabaci, ex
ejus principiis conſtitutivis demonſtratis, Hal. 1746. 4.

s) Diſſ. reſp. *Schwarz* de genuinis opii effectibus in corpore
humano. Hal. 1748. 4.

t) Diſſ. de Curcuma officinarum ejusque genuinis virtutibus. Hal. 1748. 4.

u) Diſſ. reſp. Jo. *Gorgolio*, qua propoſita a Cl. *Macbride*
putredinis theoria examini ſubjicitur. Hal. 1768. 4.

x) Diſſ reſp. H. Guil. *Schmidt* de Soda Hispanica ejusque
uſu. Hal. 1758. ins Teutſche überſezt von Neuenhahn
Oekonomiſch=phyſikaliſche Abhandlungen. Th. XIX. S.
534-568.

y) Diſſ. reſp. J. F. G. *Koch* non omnia ſalia alcalia fixa
ignis progenies eſſe. Hal. 1766 4.

z) Diſſ. reſp. J. Chph. H. *Kruſe* de purgantium reſinoſo-
rum et gummatum converſione in ſapones, horumque
uſu medico. Hal. 1766. 4.

a) Diſſ. de dulcificatione acidorum. Hal. 1746. 4.

b) Diſſ. reſp. J. Frid. *Haugh* de Tincturis alcalinis aquoſis.
Hal. 1757. 4.

c) Diſſ. reſp. E. A. *Cyprian* de tincturis acidis. Hal. 1760. 4.

d) Diſſ. reſp. D. *Lavatter* de antimonio ejusque variis
tincturis cum alcalinis menſtruis factis. Hal. 1767. 4.

e) Diſſ. J. G. A. *Fabricio* de Arcano tartari ejusque vola-
tiliſatione. Erford. 1743. 4.

naphthe ꜰ), und der wesentlichen Gewächsfalze ᵍ) An;
leitung: Joh. Heinr. Schulze zur Zerlegung der
Metalle durch Verkalken ʰ), zur Bereitung des foge;
nannten schweistreibenden Spiesglanzkalkes ⁱ), und der
Schwefelnaphthe ᵏ), zum Brennen der Waffer ˡ); er
stellte mit dem fauren Flöhkraute ᵐ), mit der Meer;
zwibel ⁿ), der Veielwurzel ᵒ), der Meliffe ᵖ), den
Maiblumen ꟴ), der amerikanischen Brechwurzel ʳ),
mit der mit Silberfalpeter vermengten, an der Sonne
sich schwärzenden Kreide, welcher er den Namen Sko;
tophor beilegte ˢ), und andere ᵗ) Versuche an, und
zeigte,

f) (oder vielmehr P. Imm. Hartmann) resp. Fr. E. *Gutdorf.* Spicilegia ad olei vini praeparationem usumque. Hal. 1757. 4.

g) Diff. resp. J. Fr. *Martini* de legitima praeparatione salium effentialium vegetabilium. Erford. 1742. 4.

h) Diff. de metallorum analysi per calcinationem. Hal. 1738. 4.

i) Diff. resp. J. Chph. *Affum* fistens praeparationem, naturam et ufum Antimonii diaphoretici. Hal. 1738. 4.

k) Diff. resp. W. H. *Schroeter* de oleo vitrioli dulci. Hal. 1735. 4.

l) Diff. resp. Chr. G. *Liebers* de aquis destillatis officinalibus. Hal. 1737. 4.

m) Diff. de perficaria acida Jungermánni. Hal. 1735. 4.

n) Diff. resp. *Meder* Examen medicum radicis Scillae marinae. Hal. 1739. 4.

o) Diff. de vera indole et egregia virtute radicis Iridis Florentinae. Hal. 1739. 4.

p) Diff. de meliffa. Hal. 1739. 4.

q) Diff. de lilio convallium. Hal. 1742. 4.

r) Diff. de Ipecacoanha Americana. Hal. 1744. 4.

s) Act. Acad. Caefar. Natur. Curiof. B. I. obf. CCXXXIII. S. 528.

t) Chymische Versuche. Halle. 1746. 8.

zeigte, wie wenig ein auf dem gewöhnlichen Wege durch
Weinſteinſalz entwäſſerter Weingeiſt zur Bereitung der
Spiesglanztinctur tauge ᵘ); Mich. Alberti aus
Freyberg, unterſuchte den Baldrian ˣ), den Rosma:
rin ʸ), die Meerzwibel ᶻ), die Wolfskirſche ᵃ), den
Wolverlei ᵇ), das flüchtige Laugenſalz ᶜ), und den
Borax ᵈ), und zeigte die Auflöſung des Eiſens auf dem
trockenen Wege in Laugenſalzen ᵉ), ſo wie diejenige
des Bernſteins ᶠ), eine Art Mittelſalze auf dem feuch:
ten ᵍ), und eine andere ſie auf dem trockenen ʰ) Wege
zu bereiten; er ſchon wurde gewahr, wenn er ſich gleich
dieſe Erſcheinung zu unrichtigen Folgerungen verleiten
lies, daß in der gewöhnlichen Pottaſche ein Theil des
Laugenſalzes mit Schwefelſäure geſättigt iſt ⁱ), hielt
ſich

u) Act. Acad. Caeſar. Natur. Curioſ. B. I. Obſ. CCXVI.
   S. 494.

x) Diſſ. reſp. *Stamke* de valerianis officinalibus. Hal.
   1732. 4.

y) Diſſ. de rore marino. Hal. 1718. 4.

z) Diſſ de squilla Hal. 1718. 4.

a) Diſſ. reſp. F. Chph. *Oettinger* de belladonna. Hal.
   1739. 4.

b) Diſſ. reſp. la *Marche* de vero uſu arnicae. Hal. 1719. 4.

c) 1. Diſſ. de ſale volatili urinoſo ex parte acido vitriolico. Hal. 1739. 4. 2. Diſſ. de ſalibus alcalino - volatilibus. Halae. 1750. 4.

d) Diſſ. de borace. Hal. 1745. 4.

e) Act. Academ. Caeſ. Natur. Curioſ. B. II. obſ. CXLI.
   S. 319 ꝛc.

f) Diſſ. de ſuccini ſolutione ferme radicali. Hal. 1739. 4.

g) Ephemerid. Acad. Caeſ. Natur. Curioſ. Cent. III. IV.
   Obſ. CLXXXII. S. 430 ꝛc.

h) Ebendaſ. Cent. VI. Obſ. XLIII. S. 284.

i) 1. Act. Acad. Caeſar. Natur. Curioſ. B. II. Obſ. CXL.
   S.

sich von einem Ursalze überzeugt [k]), und theilte auch
über die weinichte Gährung Beobachtungen mit [l]):
Joh. Juncker stellte über den ungelöschten Kalk [m]);
Ad. Nießki über die Auflösung des Eisens in Laugen=
salzen [n]), und in essigsaurer Pottasche [o]) Versuche an.

Aber über alle seine Amtsgehülfen und Zeitgenossen
ragte Georg Ernst Stahl von Ansbach [p]) weit em=
por; er war der Lehrer des grösten Theils derselbigen,
und eben so groser Arzt als Scheidekünstler, dabei aber
so weit entfernt, seine tiefe Einsichten in die Chemie
auf eine so gefährliche Weise, wie ehmals Sylvius,
zur Erklärung der Erscheinungen in lebendigen Ge=
schöpfen, sowohl im gesunden als im kranken Zustande
anzuwenden, daß er sich vielleicht eher den entgegenge=
sezten Vorwurf zugezogen hat.

Er war 1660 gebohren, und nachdem er sich zu
Jena mit der Erlernung der Arzneikunde beschäftiget,
am Ende auch andern darinn Unterricht ertheilt hatte,
1687 bei dem Herzog Joh. Ernst zu Weimar als Hof=
und Leibarzt in Dienste gerreten; bald nach Errichtung
der dortigen hohen Schule (1694) wurde er auf Ver=
an=

S. 318. 2. Diff. de salis medii genesi ex acido aëreo.
Hal 1737. 4.

k) Diff. resp J. Ch. *Zimmermann* de sale primigenio fere
universali. Hal. 1733. 4.

l) Diff. de fermentatione vinosa. Hal. 1736. 4.

m) Diff. de calce viva. Hal. 1733. 4.

n) Diff. de tincturae alcalinae martialis praeparatione.
Hal. 1760. 4.

o) De martiali terra foliata nitri ejusque liquore. Hal.
1760. 4.

p) Reimmann hist. litterar. German. B. VI. S. 641 ꝛc.

Ss 5

anlaſſung Frib. Hofmanns, gegen beſſen Grundſäze
er in der Folge ſo heftig kämpfte, als ordentlicher Leh⸗
rer der Arzneikunde nach Halle berufen, wo er mit
raſtloſer Thätigkeit ſeinen Pflichten oblag, als Lehrer
den vollen Beifall und die lebenslängliche Anhänglich⸗
keit eines groſen Theils ſeiner Zuhörer, als Arzt das
unumſchränkte Zutrauen ſeiner Kranken aus allen
Ständen genos, und ſich durch ſein Syſtem, das den
mechaniſchen und phyſiſchen Kräften allen Antheil an
den Verrichtungen des lebendigen Geſchöpfes abſprach,
zwar manche Gegner zuzog, aber noch weit mehr An⸗
hang und Ruhm unter allen auch nur etwas aufgeklär⸗
ten Völkern erwarb: 1716 wurde er als erſter Leibarzt
nach Berlin berufen, wo er auch 1734 im fünf und
ſiebenzigſten Jahre ſeines Lebens ſtarb q).

Es iſt hier der Ort nicht, ſein Verdienſt um alle
die Wiſſenſchaften, deren Erweiterung er ſich zur
Pflicht machte, zu ſchildern; gerechte Richter haben
ihm ſchon längſt unter den ausgezeichneten Scheidekünſt⸗
lern neuerer Zeiten eine der erſten Stellen angewieſen;
vertraut mit den Schriften ſeiner Vorgänger, vornem⸗
lich Becher's, deſſen dunkele Schreibart nur zu
vielen Einflus auf ſeine eigene hatte, geübt in den
Handgriffen der Kunſt, deren Mangel ſchon ſo manchen
Freund der Wiſſenſchaft irre geführt, oder doch in ſei⸗
nen Fortſchritten aufgehalten hat, mit einer gleichſam
angebohrnen unwiderſtehlichen Neigung, welcher keine
Schwürigkeiten zu gros ſind, mit dem ſcharfen Auge
eines genauen Beobachters, und mit einem warmen
Gefühle für Wahrheit ausgerüſtet, verbreitete er ſich
über alle Zweige derſelbigen; ſo eröfnete er 1697 mit
ſeiner

q) Commerc. litterar. ad rei medic. et ſcient. natur. incrementum inſtitut. ann. 1734. hebd. 32. S. 249.

seiner Zymotechnia fundamentali ʳ), die einen so reichen
Schaz von Beobachtungen und Erfahrungen über alle
Arten der Gährung in sich fast, die Bahn, auf wel;
cher er so vielen Ruhm einerndete; den Schwefel glaub;
te er in seine Bestandtheile zerlegt zu haben ˢ); eben so
zeigte er die Darstellung des Schwefels aus schwefel;
sauren Mittelsalzen ᵗ), oder aus der Säure selbst, wenn
sie im Feuer mit Kohlenstaub, Rus, Mohnsaft u. d.
behan;

r) seu fermentationis theoria generalis, qua nobilissimae
hujus artis et partis *chymiae*, utilissimae atque subtilissi-
mae, Causae et effectus in genere, ex ipsis *mechanico-
physicis* principiis, summo studio, eruuntur, simulque
experimentum novum sulphur verum arte producendi
et alia utilia Experimenta atque observata inseruntur.
Hal. 8. abgedruckt in Opuscul. chymico - physico - medico seu schediasmatum a plurimis annis variis occasioni-
bus in publicum emissorum, nunc quadantenus etiam
auctorum et deficientibus passim exemplaribus in unum
volumen jam collectorum fascicul. publicae luci reddit.
praemissa praefationis loco Authoris epistola ad Mich.
Alberti, editionem hanc adcurant. Hal. Magdeburg.
(mit einem Bilde des Verf.) 1715. 4. S. 65 - 194.
ins Teutsche übersezt mit der Aufschrift: Zymotechnia
fundamentalis oder allgemeine Grunderkenntniß der Gäh;
rungskunst. 8. Frankfurt und Leipzig. 1734. Stettin und
Leipzig. 1748.

s) Opuscul. chymico - physic. medic. S. 749 - 764. und
zufällige Gedanken und nützliche Bedenken über den
Streit von dem sogenannten Sulphure, und zwar sowol
dem gemeinen verbrennlichen oder flüchtigen als unver;
brennlichen oder fixen. Halle. 1718. 8. S. 32.

t) Zymot. fundam. auch Observation. chymico - physico-
medic. curiof. mensibus singulis continuand. 8. Francof.
et Lipf. 1697. Hal. 1709 Mensis primus Julius, sistens
experimentum novum, verum Sulphur arte producendi,
illustratum et demonstratum. S. 1 - 53. und Opuscul.
chymico - physico - medic. S. 299 - 333. zufällige Ge;
danken ꝛc. S. 112 ꝛc.

behandelt wird ᵘ), so wie des Eisens' aus gemeinem
rothem Bolus ˣ); er lehrte die vortheilhafteste Gewin=
nung der flüchtigen Schwefelsäure ʸ), die Verstärkung
des Biers, Weins, Essigs und anderer wässerichter
Feuchtigkeiten durch strenge Frostkälte ᶻ), so wie die=
jenige des Essigs durch Sättigung mit Laugensalz und
Aufgiesen von Schwefelsäure ᵃ), die Gewinnung des
mit

u) Specimen Beccherianum, sistens fundamenta, documenta,
   experimenta, quibus principia mixtionis subterraneae,
   et instrumenta naturalia atque artificialia demonstrantur,
   ex autoris scriptis colligendo, corrigendo, connectendo,
   supplendo concinnatum, edit. cum *Beccheri* physica subterranea. 4. Membr. IV. §. XXIX-XXXI. S. 159. in
   der teutschen Uebersezung oder Einleitung zur ·Grund=
   Mixtion derer unterirrdischen mineralischen und metalli=
   schen Körper ꝛc. Leipzig. 1744. 8. S. 402. 403.

x) Observat. chymic. physico - medic. &c. Mens. tert. Sep-
   tembris, sistens e Bolo communi pigmentaria mineram
   ferri splendidissimam copiose progignendi. S. 103 - 162.
   Opusc. chymic. physic. medic. S. 361 - 397.

y) I. Observation. chymico - physic. medic. &c. mensis se-
   cundus Augustus, sistens Spiritus vitrioli volatilis in copia parandi Fundamentum et Experimentum. S. 57 - 97.
   auch in Opuscul. physic. chymic. medic. S. 333 - 356.
   2. Observatio de copiosa facili et concentrata collectio-
   ne spiritus acidi summe volatilis sulphureo - vitriolici,
   et theoretica ἀποδείξει generationis ejusdem. Opuscul.
   physic. chymic. medic. S. 246 - 268.

z) Observat. chymico - physico - medic. mensis quartus Oc-
   tober commendans concentrationem sive dephlegmatio-
   nem vini aliorumque fermentatorum et salinorum liquorum salvis universis eorum viribus. S. 165 - 217. und
   Opusc. chymico - physico - medic. S. 398 - 429. S. auch
   zufällige Gedanken und nützliche Bedenken über den
   Streit von dem sogenannten Sulphure, und zwar sowol
   dem gemeinen, verbrennlichen oder flüchtigen, als unver=
   brennlichen oder firen. Halle. 1718. 8. S. 45 ꝛc.

a) Spec. Beccher &c. P. II. S. I. Membr. I. §. CXCVI. S. 132.

Ein=

mit einem Sterne bezeichneten Spiesglanzkönigs, so
wie anderer Metallkönige [b]), die auflösende Kraft der
Schwefelleber auf Gold, aus welcher er die mosaische
Geschichte des goldenen Kalbes der Israeliten zu erklären trachtete [e]), und auf andere Metalle [d]), diejenige
des feuervesten Laugensalzes auf Eisen, sowohl auf dem
trockenen [e]), als auf dem nassen Wege [f]), diejenige
des Schwefels auf die meiste Metalle, ob er sie gleich
nicht auf alle in gleicher Stärke äusert, und, nach eigenen von ihm angestellten und erzählten Erfahrungen [g]),
durch Spiesglanzmetall von Quekfilber, durch Blei
von Silber, durch Kupfer von Blei, durch Eisen von
Kupfer geschieden wird, und vornemlich diejenige der
Säu-

Einleitung in die Grundmixtion ꝛc. S. 341. "Wenn ein
acetum deſtillatum mit Sal alcali geſättigt wird, und man
läſt einen guten Theil der Wäſſerigkeit verrauchen, endlich aber Spiritum oder Oleum vitrioli eintropfen, ſo
wird der Eſſig wieder hervorgebracht, geſtärcket und con-
centriret."

b) Obſervat. chymico-phyſico-medicar. menſis ſextus De-
cember, exponens reguli Antimonii encheireſes et rationes, ut et quaedam de regulis metallicis peculiaria.
S. 305 ꝛc. und Opuſcul. chymico-phyſico-medic. S.
481-508.

c) Obſervat. chymico-phyſico-medic. ann. MDCXCVIII.
menſis Aprilis, quo vitulus aureus igne combuſtus, arcanum ſimplex, ſed arcanum demonſtratur. und Opuſc.
chym. phyſic. medic. S. 585-607.

d) Specim. Beccherian. &c. P. II. Sect. I. Theſ. XII. §.
XXXVI. S. 160. Einleitung zur Grund-Mixtion ꝛc.
S. 406.

e) Specimen Beccherianum. Lipſ. 1702. 8. S. 246.

f) Opuſc. chym. phyſic. medic. S. 731 ꝛc.

g) Zufällige Gedanken und nützliche Bedenken ꝛc. S.
350. 351.

Säuren, insbesondere auf Metalle h), in deren Brenn=
stoff und seiner Anziehungskraft zur Säure er (vorzüg=
lich in der Salpetersäure) den Grund der Auflösung i),
so wie in dem Verhältnisse desselbigen zu den übrigen
Bestandtheilen des Metalls die Ursache der verschiedenen
Stufen von Auflöslichkeit k) suchte; er kannte nicht nur
diese verschiedene Stufen der Anziehung, welche die damals
be=

h) Ausführliche Betrachtung und zulänglicher Beweiß, von
den Saltzen, daß dieselbe aus Einer zarten Erde mit
Wasser innig verbunden bestehen. Halle 8. 1738 Zweite
Auflage mit einem Vorberichte, Anmerkungen und einem
Register versehen von J. J. Lange. 1765. K. XX.
S. 174 2c.

i) Ebendas K. XXI. §. 22. S. 218. "Ingleichen aber
stehet in freyem Gefallen zu überlegen, was bey derglei=
chen Dingen von dem brennlichen Theil, solcherley Me=
tallen, zu bedenken seyn möchte; weil doch einmal wahr
bleibet, daß das Scheidewasser keinen wahren Kalch, we=
der von Eisen noch Kupffer, noch Zinn, noch regulo an=
timonii, sage, woraus das brennliche Wesen recht völlig
(als durch Salpeter selbst) ausgebrannt ist, wieder an=
greiffe, oder recht merklich in seinem ganzen Wesen sol=
vire." K. XXXI. §. 2. S. 313. "Ja es möchte noch wohl
die allererste Frage statt finden, auf was vor Grund
alle dergleichen Etzwasser ihren Angriff überhaupt ver=
richten? — — Solches habe nun zwar bereits oben
berührt; daß es nemlich durch das, in den unbeständigen
Metallen offenbarlich verbrennliche Wesen, geschehe."

k) Ebendas. K. XXXII §. 17. S. 331. "Was denn nun
endlich einmal die Sache betrifft, wohin zu ziehen seyn
möchte, warum die unterschiedliche Etzwasser, theils un=
terschiedliche Metall, theils einerley Metall auf unter=
schiedliche Art, angreiffen, auflösen, und sich damit, oder
daran, bezeigen, so ist meine Meinung davon, aus Be=
trachtung genauer angeführten Umständen, daß solches
hauptsächlich geschehe, durch den Unterscheid der innersten
Vermischungstheile der Metallen, wie solche einem schar=
fen Saltzwesen, vor dem andern, am meisten und näch=
sten gemäß sind."

bekannte und dafür anerkannte Metalle auf die Säuren
äußern [1]), sondern auch die verschiedene Stufen der
Anziehung, welche die Säuren [m]), insbesondere Schwe-
fel- [n]) und Salpeterſäure [o]), vorzüglich vor andern
zei-

[1]) Ebendaſ. K. XXIV. §. 17. S. 261 ꝛc. "Von dem erſten
nun, möchte bekannt genug ſeyn, wie ich es auch ſelbſten
ſchon, vor nunmehro all 20 Jahren beſchrieben. Daß
überhaupt, der Zinck am leichteſten, von ſolchen
ſcharffen Saltzen angegriffen werde; nächſt ihme, das
Eiſen; nach ſolchem das Kupffer: weiter das Bley,
oder auch Zinn: alsdann das Queckſilber: letztlich
das Silber."

m) Ebendaſ. K. XXII.

n) Ebendaſ. K. IX. §. 1. S. 75. "Ja, es erweiſet nicht
nur die Scheidung des Salpeter- und Saltz-Spiritus
durch das Vitrioliſche zuſammengetriebene, oder in den
rothen Leimen verſpreitete gröbere Acidum, den wahren Grund ſolcher Scheidung, wie nemlich dadurch das
alcaliſche Theil dieſer Saltze ergriffen, und das vorig dabey gehafte Acidum, dadurch abgeſtoſſen werde." K.
XXIII. §. 6. S. 244. "Wenn man Kupffer, aus einem
derben Kieß-Ertz, oder reines Kupffer, mit gutem aqua fort ſolviret, in die gelinde dephlegmirte Solution, noch alſo Warm, (doch nicht eben heiß) nach proportion des Kupffers, oleum vitrioli gieſſet, noch
einige Zeit aufs allerlindeſte digeriret, und endlich erkal-
ten läſſet; ſo ſchieſſet ein häufiger Kupffer-Vitriol
an: Weil nemlich das vitrioliſche Säuer, dem nitroſiſchen
das Kupfer entzogen, und mit ſich vereinigt hat. Und
dergleichen, überhaupt, (welches Wort wohl wiſſent-
lich anführe,) auch noch mit ein oder anderer dergleichen
Solutions-Abwechſelung." S. auch K. XXIII. §. 1. S.
239. Specim. Beccher. P. II. Sect. I. Membr. II. §.
XXXVIII. S. 136. Einleitung in die Grundmixtion ꝛc.
S. 351.

o) Ausführliche Betrachtung ꝛc. K. IX. §. 1. S. 75. "Sondern
es thut auch noch ſelbſt der Spiritus Nitri, über das Koch-
Saltz gegoſſen, eine gleichmäſſige Würckung. Indeme dadurch
des

zeigen, auch die besondere Anziehungskraft, mit wel‍cher

des Salßes Spiritus losgemachet, herüber gehet, der nitrosische aber mit dem firen Theil des Salßes, wie‍ der zu einem Salpeter wird: welcher, wann er mit gar wenig Wasser zerlassen, und aufs allergelindeste zum Crystall anschiessen gebracht wird, viereckichte Cry‍ stallen mit unter formiret." K. XXIII. §. 2. S. 240. 241 ꝛc. der deutlichste Beweiß davon zeiget sich an demje‍ nigen Wesen, welches dieses scharffe Salß-Wesen am allervesteesten zu halten pflege. Solches ist absonder‍ lich daraus augenscheinlich klahr zu machen, daß, wenn man Spiritum Salis, mit einem alcali sättiget, und also crystallisiret, zu einem sogenannten Sale regenerato. über solches einen recht guten oder dephlegmirten Spiritum nitri in einer gläsernen retorte, giesset, und mit gebühr‍ lichem Feuer destilliret: so gehet, nebenst etwas wenigeres sehr flüchtigeres von dem nitrosischen Spiritu, Spiritus Salis herüber. In der retorte aber bleibet vor das soge‍ nannte caput mortuum, ein nitrum regeneratum zurück, welches man dann mit Wasser heraus solviren, und wie‍ der krystallisiren mag; dieses wiederum in eine retorte gethan, und guten Spiritum vitrioli darüber gegossen, mit schicklicher Regierung des Feuers erst das phlegma, ganß gelinde, und darauf weiter die Spiritus, getrieben; so gehet der Spiritus nitri wiederum herüber: löset man das rückständige in der retorte mit kochendem Wasser auf; und crystallisiret es wieder, so findet man eben ein sol‍ ches Salß, wie aus Sal alcali mit Spiritu vitrioli gesät‍ tiget, erwächset. Waraus nemlich zur Gnüge erhellet; daß der nitrosische Spiritus das alcali, so bey dem gemei‍ nen Salß verhaftet gewesen, kräftiger angegriffen; und es dergestalt dem scharfen Salß-wesen des Koch‍ Salßes entrissen habe: hingegen ihme, dem nitrosi‍ schen, ein gleichmäßiges durch das acidum Vitrioli begeg‍ net: daß nehmlich auch dieses, das alcali von dem nitro‍ sischen Spiritu abfreßet: dahero dieser wieder frey davon gehet; aus dem, bey dem vitriolischen Spiritu verhaftet gebliebenen alcali aber, dasselbige doppelte Salß erwächs‍ set, welches sonst aus unmittelbar zusammen gegossenen solchen beyderley Salß-Wesen, nemlich acido vitrioli, und sale alcali, bekanntermassen entstehet."

cher Silber P) und Quekſilber q) zuweilen gegenſeitig r)
auf die Kochſalzſäure wirken, und wuste auch nach
dieſen Grundſäzen, nemlich durch eine damit vermiſch=
te Silberauflöſung, die Aufgabe zu löſen, wie ſchwe=
felſaure Mittelſalze ohne Hize und gleichſam in der ho=
len Hand, in ihre Beſtandtheile zerſezt werden kön=
nen s); er ſah durch Erfahrung belehrt den Stoff, der
in

p) Ebendaſ. K. XXIV. §. 17. S. 261. "Mit dem Koch=
    Saltzigten ſcharffen Weſen, hat es die Bewandtnüß,
    daß, ſolches, wenn es an das Silber gebracht worden,
    von demſelben ſich an das Bley anſchläget, und
    alſo das Silber fahren läſſet, von dem Bley an
    den regulum antimonii, oder auch das Zinn: nachhero
    aber an Kupffer, Eiſen, Zinck."

q) ſogleich darauf "von dem Queckſilber an das Sil=
    ber; und von dar ſo weiter, wie gemeldet."

r) Ebendaſ. K. XLVI. §. 20-22. S. 464. 465. "Wenn
    man dergleichen Mercurium ſublimatum dulcem, in eine
    Solutionem argenti leget, ſo fället das Silber als eine
    Cornua zu Boden; das Aqua fort aber ergreifft dagegen
    das Queckſilber an, und kann als eine Queckſilber Solu=
    tion, von dem niedergefällten Silber abgegoſſen werden.
    Nun nehme ich friſches lauffendes Queckſilber, bereite es,
    in Zeit von 2 bis 3 Stunden, (wiewohl ich es auch ſchon
    alſo bereitet, in allen wohl verſehenen Material-Laden
    finden kann,) ohne einiges Saltz: dieſes miſche ich
    unter jene Lunam cornuam, und gebe ihm gebührlich
    Feuer. So ſteiget mir wieder ein Mercurius dulcis auf,
    wie er zuerſt dazu gebrauchet geweſen Nun hatte gleich=
    wohl in der erſten Arbeit, das Silber von dem Mercu=
    rio dulci ſein Saltzweſen übergenommen: dagegen er ſich
    in das Aqua fort, ſo vorhin das Silber ſolviret gehal=
    ten, einſchleicht. Wann aber eine kleine anderweite
    Vorbereitung dazwiſchen kommt, ſo kehret ſich das gantze
    Blat um, und das Silber wirft ihm das vorhin ihr an=
    gehenckte Acidum ſalis wieder auf den Leib, ſo gar, daß
    er ſich wieder damit auf und davon packen muß: das Sil=

in Verbindung mit Kochsalzsäure das Kochsalz ausmacht, für ein wahres, doch von andern verschiedenes,
Laugensalz [t]), das mit Salpetersäure würfelichten Salpeter mache [u]), und die Vorarsäure als ein feuervestes
Salz an [x]); schon er kannte im Alaun eine eigene von
Kalkerde verschiedene Erde, die sich auch im Thon finde, und daraus erhalten lasse [y]), und an der flüchtigen Schwefelsäure eine Säure, die sich beinahe durch
jede andere aus ihren Verbindungen mit andern Körpern vertreiben läst [z]); er gab zur vortheilhaften Ge-
winn-

ber aber, von allem Salze erlöset, wieder auf dem Bo-
    den liegen bleibt."

s) Ebendas K. XXI. Anhang. §. 3. S. 222-229.

t) Ebendas. K. VI. §. IV. S. 51. "im Koch-Salz eine
    bisher wenig bedachte salzigte Art alkalischen Ge-
    schlechtes."

u) Ebendas. K. XXX. §. II. S. 300. 301. "Wenn man
    einen Spiritum nitri von gemeinem Salz abziehet; oder
    vielmehr den Salz-Spiritum dadurch herüber treibt, bis
    zur völligen Trockne: das überbleibende Salz-Wesen mit
    Wasser zerläßt, und wieder bescheidentlich crystalli-
    siret, so setzet es, zwar nicht alle, doch viele, vier-
    eckigte Crystallen. Nicht von dem gemeinen Salz;
    Massen sie auf Kohlen, wie ein ander Nitrum verpuffen,
    auch sonsten am Geschmack, sich recht salpetricht be-
    zeigen."

x) Ebendas. K. XXX. §. 19. S. 306. "dannenhero es auch
    keine Gefahr hat, an freyer Luft im geringsten zu ver-
    fliegen."

y) a. a. O. K. XIV. §. 3. S. 121. 122. "Was sonst den
    Alaun betrifft; so scheinet dasjenige Wesen, womit das
    schwefelichte Acidum so zu dieser mässig sauren, und
    zu trockener crystallischen consistenz gereichlichen Vermi-
    schung gelanget, eine subtile, schlammichte Erde zu
    seyn. Massen nicht allein die Alaun-Schiefer in solcher
    grauen gleichsam thonicht oder lettichten Gestalt
    er-

winnung des Salpeters, den er schon im Glaskraute, Schölkraute, Ruprechtskraute, Tabak, wenn sie an altem Gemäuer, im Schatten, auf neugedüngten Feldern wuchsen, antraf [a]; trefliche Anleitung [b]); kannte die Entzündbarkeit des Essigs, der durch starke Hize aus Grünspankristallen erhalten wird [c], und wuste, daß auch

erscheinen. Auch sich am Wetter, oder freyen feuchtem Luft, thonicht und letticht aufweichen: Sondern es gibt auch die Kreide mit diesem acido vermenget, eine gleichmäsige Alaunichte Art. Ich habe mir vor vielen Jahren grosse Mittel-Vorstösser, zwischen die Retorten und Recipienten, beym Töpfer brennen lassen: Weil aber ein Paar davon, ob sie gleich von gutem Thon waren, nicht feste genug, und bis glashaftig, sondern noch weichlich gebrandt worden, und ich einen davon, bey Treibung des Vitriol-Spiritus vorgeleget, von welchen sich etwas mit in diese luckere substanz eingezogen, so geschahe mit Länge der Zeit, daß dieses Gefäß nicht allein über und über weiß, und gleichsam wollicht beschlug, sondern sich auch ganz aus einander schieferte und grossen Theils zermalmete: Und durch die Auslaugung einen rechten ordentlichen Alaun ausgab." S. auch ebendas. K. VI. §. 4. S. 51. Specim. Beccher. P. II. Sect. I. Membr II. §. XXXVI. S. 136. Einleitung zur Grund-Mixtion ꝛc. S. 349.

z) Specim. Beccherian. P. II. Sect. I. Membr. II. §. XXXIX. S. 136. Einleitung in die Grund-Mixtion ꝛc. S. 350.

a) ausführliche Betrachtung und Beweiß von den Salzen ꝛc. K. VI. § 3. S. 49

b) Fragmenta quaedam ad historiam naturalem nitri pertinentia. Observation. chymico - Physico - Medic. ann. MDCXCVIII. mens. Febr. und Opusc. physic. chymic. medic. S. 532 - 544 ins Teutsche übersezt 8. mit der Aufschrift: Schriften von der Natur, Erzeugung und Nutzbarkeit des Salpeters. Frankfurt und Leipzig. 1734. Stettin und Leipzig. 1748. Berlin 1764.

c) Ausführliche Betrachtung und Beweiß von den Salzen ꝛc. K. XVIII. §. 17. S. 161.

Tt 2

auf andere Gewächssäuren, z. B. Citronenſaft, leicht
darein übergehen [d]); hielt es ſchon für vortheilhafter,
den äzenden Sublimat aus einer Auflöſung des Quekſilbers in Schwefelſäure mit Kochſalz zu bereiten, zweifelte übrigens auch, daß aller Sublimat ganz einerlei
ſeie [e]); zeigte die Uebereinſtimmung des ſogenannten
Doppelſalzes mit ſchwefelſaurer Pottaſche [f]), und derjenigen Säure, welche man aus Vitriol brennt, mit
derjenigen, die man von Schwefel gewinnt, einleuchtend [g]); er ahnete ſchon die reinere Weinſteinſäure [h]),
empfohl ſchon, da er die ſtärkere Anziehungskraft der
Salpeterſäure zum Blei kannte, zur Reinigung des
Quekſilbers von Blei, die Behandlung deſſelbigen mit
wenigem Scheidewaſſer [i]), lehrte ſchon die Scheidung
des Zinks aus dem Möſſing durch Quekſilber [k]), und
die

d) Ebendaſ. §. 24. S. 166. 167.

e) Ebendaſ. K. XXIII. §. 9. S. 246. 247.

f) De arcani duplicati et tartari vitriolati genealogia.
Opuſc. phyſico - chymico - medic. Obſ. VIII. S. 258-268.

g) zufällige Gedancken und nützliche Bedenken ꝛc. S. 112.

h) Specim. Beccherian. P. II. S. I. Membr. I. §. CXCVII.
S. 132 ꝛc. "Ejusdem cenſus eſt, ſi tartarus crudus cum
ſale tartari combinetur, ſolutio filtretur, evaporetur
leniſſime ad conſiſtentiam cereviſiae melioris: Inſtilletur
acidum vitrioli: cadit tartarus admodum purus et
candidus." S. auch Einleitung zur Grund-Mixtion ꝛc.
S. 341. 342.

i) Ausführliche Betrachtung und zulänglicher Beweiß ꝛc.
K. XXIV. §. 20. S. 263.

k) zufällige Gedancken und nützliche Bedencken ꝛc. S. 199.
"daß aber auch der Galmey auß den Meſſing, oder von
dem Kupfer, nicht ſo ſchwerlich wiederum zu ſcheiden ſey,
erweiſet das allereinfältigſt experiment, wenn man geſei-
let Meſſing mit Quekſilber amalgamiret, bis es zur
ſchmeidigen Zartigkeit gelanget; indeſſen aber im Reiben,
von

die damals bei weitem noch nicht allgemein gangbare
Wahrheit, daß dabei der Galmei nicht als solcher,
sondern als Zink in das Kupfer eindringe [1]), und die
beste Bereitung des Zinnobers [m]); schon er versicherte,
daß die Venetianer den Borax nicht erst machen, son=
dern reinigen [n]): Ohne zu argwohnen, daß diese
Säure schon vorher in den Salzen gesteckt haben könne,
schloß auch er aus der schwefelsauren Pottasche, die
aus einer Pottaschenlauge, wenn sie einige Zeit offen
an der Luft gestanden hatte, anschoß, die Schwefelsäure
seie im Luftkreise, und aus diesem vom Laugensalze an=
gezo=

von Zeit zu Zeit, etwas Wasser beygiesset, so wäschet sich
der Galmey in Gestalt eines zarten graulichten Pulvers,
wieder dergestalt herauß, daß, wann man das Quecksil=
ber übertreibt, und das rückstellige gebührlich (mit Borax)
zusammen schmelzet, man sein Kupfer so rein und so fein
wieder hat, als es vorher gewesen."

1) Ebendas. S. 200. "daß aber der Galmey freylich in der
trockenen Erdischen Form, wie er aus den Goßlarischen
Oefen gebrochen wird, nicht in das Kupfer gehe, sondern
erst eine metallische Gestalt gewinnen müsse, hätte
Kunckel auß dem Goßlarischen Meßing = machen anmer=
cken können, da die Töpfe, nebst dem Kupfer und Gal=
mey, auch viel verbrennliches Wesen von Kohlen= Ge=
stiebe in sich halten; auch eben deßwegen der Zinck, weil
er solche metallische Gestalt hat, so schnell in das geflosse=
ne Kupfer eingehet."

m) Ebendas S. 344 - 346.

n) Specim. Beccherian. P. I. Sect. II. Membr. VI. Thes. VI.
nr. 2. S. 104. 105. "At, quod *veneti* Boracem non
paraverint unquam e *fissili* quodam, aut *speculari lapide*
Europaeo, ut quidam volunt, sed ex hujus modi concreto, ex *orientali* mercatura ad ipsos delato, confir-
mant constantiores de hisce rebus relationes." Einleitung
zur Grund=Mixtion rc. S. 272.

gezogen werden [o]), und ohne zu erwägen, daß die Salzsohlen neben dem Küchensalze wirklich erdichte Stoffe und erdichte Salze enthalten, schlos er aus der erdichten Beschaffenheit des Pfannensteins, es habe sich ein Theil des Salzes in Erde verwandelt [p]), und sah ihn als einen Beweis seiner Meinung an, daß alle Salze aus zarter Erde und Wasser bestehen [q]), so wie er auch die Laugensalze für verfeinerte Erden erklärte [r]); sehr schärfte er die Fürsicht ein, die Feuchtigkeiten, welche über niedergeschlagenen Bodensäzen stehen, und das Wasser, womit man sie auswascht, nicht, ohne sie zu untersuchen, hinwegzugiesen [s]), und gibt bei mehreren Gelegenheiten Anleitung, wie Rückstände und Schlacken noch genüzt werden können [t]); sehr kannte er die luftförmige Flüssigkeiten, welche bei dem Aufbrausen und bei dem Auflösen verschiedener Metalle aufsteigen, und hatte sich von ihrer Schnellkraft durch eigene Versuche überzeugt [u]), leitete sie aber vom Wasser

o) Ausführliche Betrachtung und zulänglicher Beweiß ꝛc. K. VI. §. 3. S. 53.

p) Ebendas. K. VII. §. 8. S. 56.

q) Ebendas. K. IV-VIII. S. 31-74.

r) Specim. Beccherian. P. II. Sect. I. Membr. I. S. 121. "Alcalia sunt terrae subtiliatae." Einleitung zur Grund-Mixtion. S. 314.

s) Ausführliche Betrachtung und zulänglicher Beweiß ꝛc. K. XXII. §. 14. S. 237.

t) z. B. die Schlacken vom Spiesglanzmetall, wenn es durch Eisen ausgeschieden worden ist, auf eine Art Eisensafran. Observat. chymico-physico-Medicar. &c. ann. MDCXCVIII. mens. Januar. und Opuscul. chymico-physico-medic. S. 509-531.

u) Ausführliche Betrachtung und zulänglicher Beweiß ꝛc. K. XXXIX. §. 20-24. S. 400-402. "— Man nehme ein

fer ab [x]), das durch die Wärme ausgedehnt werde [y]):
Auch

ein paar Rinds = Blasen, mache solche mit Baum=Oele
durch und durch schmeidig, und füge eine dergestalt an die
andere, daß der Blaß von dieser in jene freyen durch=
gang habe, lege in die unterste ein Papiergen mit irgend
ein Loth Eisen Feil, winde die Blasen zusammen, um
die Luft, so viel möglich, davon auszuleeren. Binde die
unterste aufs beste durch Wachs oder Pech, verwahret,
auf ein Glaß, worinn ein Paar Untzen Scheide=
wasser gegossen, drehe die Blasen wieder auf, lasse das
Papier mit dem Eisen in das Scheid=Wasser fallen — —
wenn man — solcherley Arbeit nachgehends mehrere Zeit,
also stehen lässet, und daran beobachtet, wie ferne solche
vermeynte Luft, in der einmal schnelle geschehenen Aus=
spannung beharre, wird man schon wieder einen Schritt
zurücke thun können, um es schlechterdings vor lauter
Luft anzusehen. Wer es auch noch curiöser anstellen
will, der nehme eine Phiole, mit einem raumigen Hals,
oder gar dazu gemachten gleichen Tubum, ohne Kugel,
bringe darein ein Barometrum, daß es nicht gantz unten
aufstehet, giesse eine Untze Scheidwasser in die Glasröh=
re, und thue, nach Länge des Tubi, ausgedähnete klare
stählerne Instrument=Sayten dazu, und vermache den
Mund der Röhre durch eine mit Speichel durchnetzte
Blase: trockne auch solche auf beste Art, so geschwind es
möglich Mercke sodann, wie viel das Barometrum stei=
get. Wozu zwar auch viel weniger, als eine Untze Scheid=
wasser genug seyn kann; welches dann eines jeden Ver=
stand anheim zu stellen. Man lasse dann nachgehends das
gespannte Werk also mehrere Tage ruhen; um zu be=
mercken, ob und wie ferne, sich jene Luft wiederum
setzen, und also das Barometrum wieder fallen möchte."

x) Ebendas. K. XXXIX. §. 29. S. 403. "Hingegen der
gantzen Welt bekannt, daß, das blosse schlechte Was=
ser, zu solcherley Luft ähnlicher Aufblähung der=
massen geschickt ist; daß es auch unmässig mehr, als die
allerdickste eigentliche Luft, durch die Hitze
sich aus einander dehnen lässet."

y) Ebendas. §. 40. S. 407. 408.

Auch er hatte sehr wohl bemerkt, daß bei dem Verpuf=
fen des Schwefels mit Salpeter ein Theil von der
Säure des leztern am rückständigen Salze hängen blei=
be ᶻ), daß von der flüchtigen Schwefelsäure es eigent=
lich nur der darinn befindliche Schwefel seie, wovon
das Silber schwarz wird ᵃ), und ob er gleich in frühe=
ren Jahren der Alchemie das Wort sprach ᵇ), so warnte
er doch in spätern ᶜ) sehr nachdrücklich vor diesem Wahn
und vor den Irrwegen, auf welche er führt.

Den

z) zufällige Gedancken und nützliche Bedenken. S. 109.

a) Ebendaf. S. 191.

b) z. B. Specim. Beccherian. P. I. Sect. II. Membr III.
Th. III. § 2. S. 65 "Imo, ut tandem etiam hoc loco
(ubi de *terris tribus*, mineralium *primordialibus*, fer-
monem habemus documentum §. priore allegatum paucis elucidetur; affero, fi *plumbo illa terra*, quam Bec-
cherus primam nominat, *conciliari*, atque intimiori ratione in illud introduci poffit : *Secunda* vero ejus *terra*
fubigi, (quod artifices vocant *incerare*) et intime cum
plumbo colligari: quod hac ratione *plumbum revera* in
argentum converti poffit   Et quamvis haec vera
theoria hujus *fynthefeos* difficilis et abftrusa videatur,
res ipfa tamen in *praxi* non folum *facilima* eft, fed
nequidem *ignota*   Quod vero *plumbum* ita in *argentum* abeat, documento eft, quod nihil prorfus *metallici*
adhibeatur, præter nudum atque folum plumbum; et
fingulis operationibus granum *argenti* obtineatur, e *decem libris* majus, quam in toto *centenario*, fibi relicto,
eadem docimafia pro utroque adhibita, inveniatur. Et
hoc *toties*, ex *una eademque* portione plumbi, quoties
eodem labore, fine ullo alio *metallico* additamento, ite-
rumque, ita tractatur." Einleitung zur Grund=Mix=
tion ꝛc. S. 176.

c) z. B. zufällige Gedancken und nützliche Bedencken ꝛc.
S 336. 337. "Hingegen dörfte man fich vielleicht vor=
ftellen, daß auch in andern Metallen bereits fo viel gol=
difches, nemlich recht metallifches Wefen vorhanden wä=
re

Den gröſten Theil ſeines Ruhms erwarb er ſich
aber in der Geſchichte der Scheidekunſt, wenn er gleich
die

re, welches nur durch ſonderbare fremde Vermiſchung
verunreiniget, wann ihm auch eine wenige recht thätli-
che Beyhülfe geſchähe, ſolche fremde Unreinigkeiten dadurch außſtoſſen, und in der vollkommenen Vermiſchung
als Gold hervor treten könte. Worauf der Schreiber
der Alchymie durch das Exempel des Zinns anzuweiſen
ſcheinet, indem er angiebt, daß bey Verwandelung des
Zinns in Gold ſichtbarlich vieles ſich verbrenne, außdün-
ſte und ausrauche: und doch der Rückſtandt, als dichter
zuſammen getrieben, am Gewicht wenig oder nichts ver-
liere. Man nehme aber ſolches, wie man will, ſo über-
ſteiget gleichwohl nachgehends die vorgebliche unermeß-
liche Kraft allen vernünftigen Begriff; und kann man
kaum mit einiger Geduld anſehen, was dieſer Schreiber
vorbringet, daß mit einem einigen gran dergleichen über-
ſchwencklicher Tinctur über 300 Millionen geringen Metalls zu Gold zu machen, möglich befunden worden ſey.
Solche Ab- oder Aufſchnitte nun auf die Seite geſetzt.‟
Ausführliche Betrachtung und zulanglicher Beweiß ꝛc.
K. XXXVI §. 5 - 19. S. 357 - 363. vornemlich §. 17
und 18. S. 362. 363. ‟Ich bleibe, aus gegründeten
Urſachen, dabey, daß keinem Menſchen, will geſchwei-
gen ins Gelach hinein, ſo vielen ohne Unterſchied, durch
öffentliche Schriften zu rathen ſey, ſich in dergleichen Dinge, zu vertiefen; zumal mehr als zu bekannt
iſt, daß die allergröſſeſte Anzahl der darauf fallenden, ſo
unverſtändig, und unerfahren ſind, daß ſie auch in gerin-
geren Dingen kaum genug zu berichten wären, um nicht
ihre Zeit und Koſten daran zu verlieren ꝛc. Beharre alſo
beſtändig darauf, daß man darinnen nichts weiter, als
die bloſſe natürliche Wiſſenſchaft, zum Zweck nehmen; auch ſich zu nichts verwirrtes verleiten laſſen ſolle,
ehe man, aus ſolcher, den Schlüſſel gefunden, den
Grund ſolcher Vorgeben oder Abſichten, klärlich zu entdecken. Dadurch wird gewiß dem blindlings zufah-
ren, wie vernünftig, alſo nachdrücklich, geſteuret wer-
den‟ und in einem Briefe an Juncker, den Lange
in die zwote (von mir immer angeführte) Auflage dieſer

Schrift

die Grundzüge derselbigen nach seinem eigenen Ge-
ständnis [d]) von Becchern borgte, durch seine Lehre
vom Brennstoff oder Phlogiston, die nicht blos von
seinen Zöglingen, sondern beinahe von allen seinen
Zeitgenossen, aus allen Völkern, und selbst von einem
grosen Theil seiner Nachkommen angenommen, und
wenn sie auch dem Los so vieler Erfindungen des menschlichen Geistes, gemisbraucht, und, vielleicht schon
von ihrem Stifter, weiter ausgedehnt zu werden, als
kaltblütige und unbefangene Prüfung billigen dürfte,
nicht entgehen konnte, doch der Anlas zu manchen wichtigen Entdeckungen wurde, und schon von dieser Seite
unläugbare Verdienste um die Wissenschaft hat.

Er suchte nemlich den Grund der so vielen Körpern
aller Naturreiche gemeinschaftlichen Verbrennlichkeit in
einem Stoffe, den sie alle mit einander gemein haben [e]); der aber, z. B. bei dem Verbrennen von Ge-
wächs-

Schrift S. 364. 365. eingerükt hat, heist es zuletzt:
"Wobey ich wohl leiden könnte, wenn selbst namhaft
gemacht würde, wie ich in dem alten Collegio von anno
1684, so letzthin von Hrn. Lic. Carln edirt, in meinem
damalen 25sten Jahre noch nicht so vollkommen von aller dergleichen Leichtgläubigkeit frey gewesen, wiewol auch
manches nicht ganz vergebens oder falsch seyn dürfte,
wenn es blos ad veritatem physicam inveniendam untersuchet, nicht aber auf die thörichte transcendental-Hoff-
nung oder Einbildung der Goldmacherey angewendet
würde."

d) Man s. z. B. Specim. Beccher. P. I. Sect. I. Membr. 1.
§. XXI. S. 45.

e) S. z. B. zufällige Gedancken und nützliche Bedencken 2c.
§. 19. S. 36. "Dann, bey welchem dieser Chymischen
Lehr-Meister findet man dann wohl beschrieben angewiesen oder erwiesen, daß so wohl auß dem vegetabilischen,
als animalischen Reich, eigentlich und wesentlich, eben
dies-

wáchsſtoffen, theils in Geſtalt eines flüchtigen Oels
davon gehe, theils, wenn keine Luft hinzukomme, in
der Kohle zurückbleibe f); dieſer Stoff hülle oft Säure,
die ſich dann erſt durch Gáhrung, z. B. in den ſüſen
Pflanzenſäften g), oder durch Verbrennen, z. B. bei
dem

dieſelbige Materie, unmittelbar und unveråndert, in das
Mineraliſch= und Metalliſche Reich eingehe, und aller
Orten denſelbigen einigen Aufgang, nemlich die Ver=
brennlichkeit, gebe und mache?” und ſchon am Schluſ=
ſe des §. 18. a. e. a. O. “Um ſo viel deſto mehr, da
ihnen vor die Augen geleget iſt, daß freylich ſo wohl in
dem Fett, da man die Schuhe mit ſchmieret, als in dem
Schwefel auß den Bergwercken, und allen verbrennlichen
halben und ganßen Metallen, in der wahren That, ei=
nerley, und eben daſſelbige, Weſen ſey, was die Ver=
brennlichkeit eigentlichſt giebt und machet.”

f) Ebendaſ. S. 149. “Wann man die Vegetabilien, in
offener Luft, oder verſchloſſen, mit Feuer zwinget, ſo
treibet man das in ihnen frey liegende fette Weſen, in
Geſtalt eines flüchtigen, oder dickeren, brennßigten Oels,
davon. Was aber tieffer in die innere Vermiſchung
ihrer trockenen feſten Theile, durch und durch, mit ein=
geflochten iſt, bleibet ſo lange in der Kohle ſtecken, bis
es durch Beyhülffe der freyen Luft, mit gelindem
Glühen, darauß los gemachet und in die Luft verführ=
ret wird.”

g) Außführliche Betrachtung und zulänglicher Beweiß ꝛc.
K. V. §. 8. S. 42. 43. “Wie könnte man aber auch ſo
platt hin, die Offenbarung, vielmehr als neue Er=
zeugung, der gröbern Salßigkeit, durch die Fermen=
tation, dem Motui alleine, zuſchreiben: “da man ja zu
beobachten vorfindet, daß weder der ſüſſe Moſt, noch
Zucker, noch einige andere vegetabiliſche Süſſigkeit, zur
weinichten, tartariſchen oder Eſſighaften Säure, gelange;
wo er nicht eine merckliche Menge Erdiſch= und fet=
ter Materie, ableget und fallen láſſet” da nun dasje=
nige, was die Säure, bis dahin, theils gedämpfet,
(als das Erdiſche Weſen) theils gar zu dem ſchlüpfe=
richen

dem Schwefel [h]) offenbare, ein; er seie es, welcher
der flüchtigen Schwefelsäure ihren durchdringenden Ge=
ruch und ihre Flüchtigkeit gebe [i]); gebe sich auch, selbst
in Körpern, wo er sich sonst nicht so deutlich zeige,
durch Verpuffen mit Salpeter zu erkennen [k]); vornem=
lich stecke dieser Brennstoff in allen Metallen [l]), die
sich weder in Schwefel [m]), noch in Säuren [n]) auflö=
sen lassen, so bald sie dieses Grundstoffs verlustig ge=
worden seien; diesen verlieren sie aber bei jedem Ver=
kalken,

richen süssen Geschmack gebracht, (als das fettige
Wesen) davon abgehet: So ist ja kein Wunder, daß das
sauersalzige Wesen, wie es vorher in der noch un=
reifen Traube nur allzukundbar war, sich wiederum
eröfne, und in einer mercklichen Wein=Säure zu Tage
lege.”

h) zufällige Gedancken und nützliche Bedencken 2c. S.
32. 33.

i) Ausführliche Betrachtung und zulänglicher Beweiß 2c.
K. XXI. §. 23. S. 219.

k) zufällige Gedancken und nützliche Bedencken 2c. S. 129.

l) S. Anm. e. auch Specim. Beccher. P. I. S. I. Membr. I.
§. XXV. S. 45.

m) zufällige Gedancken und nützliche Bedencken 2c. S.
295. “Dann gleichwie kein Eisen= oder recht außgebrann=
te Kupfer=Asche, oder Crocus, oder rechte Spieß=Glas=
Asche, so wenig auch selbst ein recht helles Vitrum von
Spieß=Glas, auch Bley=Glätte, und Zinn=Asche, ge=
meinen Schwefel mehr an oder in sich nimmt.”

n) Ebendas. S. 296. “Da doch das Scheid=Wasser einen
Eisen=Crocum, dessen verbrennliches Wesen außgejaget
ist, nicht im geringsten angreifft. Ein gleiches erweiset
sich an dem Spieß=Glas, dessen Regulinischen Theil das
scharfe Salz=Wesen im Mercurio sublimato begierigst
anfällt — — — — dergleichen es an einem recht auß=
gebrannten Calce oder am Antimonio diaphoretico, wohl
bleiben läßt.”

kalken, wenn sie gleich dabei an Gewicht zunehmen[o]), so wie sie dagegen, so bald sie durch Behandlung mit Kohlen[p]), schwarzem Flusse[q]), Pech, Oel, Talg oder anderem Fett[r]), im Feuer diesen Stoff wieder einzusaugen Gelegenheit finden, auch, doch mit einigem Verlust an Gewicht[s]), ihre gänzliche Metallgestalt wieder erlangen; ganz übersah also der tiefsinnige Mann die Ursache dieser Erscheinung, daß das Metall bei dem Verkalken am Gewicht zunimmt, bei der Wiederherstellung aber wieder abnimmt; die gänzliche Enthüllung dieses Räthsels war dem folgenden Zeitalter vorbehalten.

Von seinen chemischen Schriften sind bereits einige angezeigt, andere werden unter andern Abschnitten vorkommen; auser diesen, und dem Antheil, welchen er an den Observat. selectis[t]) hatte, kamen noch unter seinem Namen Observationes selectiores physico-chemico-medicae curiosae[u]), und Experimenta, Observationes,

o) Specim. Beccher. P. I. Sect. II. Membr. III. Th. 3. §. 6. S. 70. "Quamvis enim *lithargyrium, minium, cineres plumbi*, sub ipsa sui calcinatione, *majus pondus* acquirant, quam ipsa prima assumta quantitas plumbi exhibuerat."

p) Zufällige Gedancken und nützliche Bedencken ꝛc. S. 37. 118.

q) Ebendas. S. 37.

r) Ebendas. S. 119.

s) Specim. Beccherian. a. e. a. O. "Nihilosecius in reductione perit non solum illa portio quasi *supernumeraria:* sed interit notabile pondus de toto, quoque *prima assumta* quantitate."

t) ad rem litterariam spectant. Hal. 8. B. I. II. 1700. III. IV. 1701. V. VI. 1702. VII. 1703. VIII. IX. 1704. X. XI. 1706.

u) ex Tomis Observationum Hallensium ad rem litterariam spectantium excerptae et collectae. Hal. 1709. 8.

nes, Animadverfiones CCC Numero[x]), und fowohl
von feinen zufälligen Gedanken[y]), als von feiner aus=
führlichen Betrachtung[z]), durch den Baron v. Hol=
bach, der fich übrigens nicht genannt hat, eine fran=
zöfifche Ueberfezung heraus.

Alle diefe feine Meinungen, Entdeckungen und Er=
fahrungen findet man zufammengeftellt mit den übrigen
chemifchen Wahrheiten, fo wie er fie in feinen Vorle=
fungen vortrug, in den Handbüchern der Chemie,
welche Einige feiner Schüler[a]), zum Theil erft nach
feinem

x) Chymicae et phyficae, qualium alibi vel nulla, vel rara, nusquam autem fatis ampla ad debitos nexus et veros
ufus, deducta mentio, commemoratio, aut explicatio
invenitur; qualium partim in aliis Authoris fcriptis,
varia mentio facta habetur, partim autem nova commemoratio hoc Tractatu exhibetur: utrinque vero univerfa res uberius explicatur, atque confirmatur. Berolin. 1731. 8.

y) Traité de foufre ou Remarques fur la difpute, qui f'eft
élévé entre les Chymiftes, au fujet du foufre, tant com-
mun combuftible, ou volatile, que fixe &c. à Paris.
1766. 12.

z) Traité des fels, dans le quel on demontre, qu' ils font
compofés d'une terre fubtile intimement combinée avec
de l'eau. à Paris. 1770. 12.

a) 1. von Roth=Scholz Fundamenta Chymico - pharmaceutica ac manuductio ad encheirefes artis pharmaceuticae fpeciales. Herrenftad. 1721. 8.   2. Von Carl
(nach Göß) Fundamenta Chymiae dogmaticae et experimentalis et quidem tum communioris Phyficae, Mechanicae, Pharmaceuticae ac Medicae, tum fublimioris fic
dictae Hermeticae, atque Alchymicae, olim in privatos
Auditorum ufus pofita, jam vero indultu Auctoris publicae luci expofita. Annexus eft ad coronidis confirmationem tractatus *Ifaaci Hollandi* de falibus et oleis metallorum. Norimb. 4. 1723. 1728. (Hall.) 1732.
                                                    3.

feinem Tobe b), mit feinem Namen gestempelt heraus=
gegeben haben.

Auch die Handbücher, welche seine Schüler M.
Alberti c), J. S. Carl d), J. Juncker e), auch
das=

3. von Ungenannten α) Chymia rationalis et experimentalis, ober gründliche, ber Natur und Vernunft gemäße,
und mit Experimenten erwiesene Einleitung zur Chymie,
darinne hauptsächlich die Mixtion der sublunarischen Kör=
per, nebst deren Zerlegung und Relation gegen eiuander
unterfucht, und mit vielen Experimenten gezeiget wird;
nebst einem Anhange von denen Mercuriis Metallorum,
Mercurio animato und Lapide philofophorum, Leipzig.
8. 1720. 1729? β) Fundamenta Chymiae dogmaticae
rationalis et experimentalis, quae planam et plenam
viam ad Theoriam et Praxim Artis hujus tam *vulgatio-
ris*, quam *fublimioris*, per folida *Ratiocinia* et dextras
Encheirefes fternunt. Norimb. 1732. 4.

b) Fundamenta Chymiae. Norimb. 1746. 4. Dogmaticae
et experimentalis, et quidem tum communioris phyficae,
mechanicae, pharmaceuticae ac medicae, tum fublimioris fic dictae Hermeticae atque alchymicae, olim in privatos auditorum ufus pofita, jam vero indultu Auctoris publicae luci expofita. Annexus eft ad Coronidis
confirmationem Tractatus *Ifaaci Hollandi* de Salibns et
Oleis Metallorum. Edit. fecunda emendata et aucta.
Pars I. dogmatico - rationalis, quae planam ac plenam
viam ad Theoriam et praxim artis hujus, tam vulgatio-
ris quam fublimioris per folida ratiocinia et dextras encheirefes fternunt. P. II. P. III. 1747.

c) in feiner Introductio in Medicinam practicam. Hal. 4.
1721. in Additamentum fundamentorum Philofophiae
naturalis ufui Medico accommodatae et Chymiae.

d) Hinter feiner Ichnographia praxeos clinicae. Buding. 8.
1732. eine Ichnographia Chymiae fundamentalis ex Spe-
cimine Stahliano Doctrinae Becherianae in Compendium redacto collecta, cura et ufu Auditorii privati.

e) Confpectus Chemiae theoretico - practicae in forma Ta-
bularum repraefentatus, in quibus phyfica, praefertim
fub-

dasjenige, welches Senac [f]) herausgab, waren gänzlich nach diesem Zuschnitte und diesen Grundsäzen eingerichtet.

Sonst kamen sowohl in Teutschland und Frankreich als in Italien, in den Niederlanden, in Schweden und Grosbritannien mehrere Handbücher heraus,
welche die ganze Wissenschaft umfasten: In Teutschland kam durch Besorgung von Rivin, Chn. Joh.
Lange's Collegium chymicum [g]), durch Besorgung
Benj. Bened. Petermann's seines Vaters Andr.
Petermann's Chymia [h]), von Gottfr. Rothe ein
kur-

subterranea et corporum naturalium principia, habitus
inter se, proprietates, vires et usus, itemque praecipue
Chemiae pharmaceuticae et mechanicae fundamenta e
dogmatibus *Beccheri* et *Stahlii* potissimum explicantur,
eorundemque et aliorum celebrium chemicorum experimentis stabiliuntur. Hal. 4. 1730 T. II. 1738. Edit.
alt. 1744. auct. 1749 1750. ins Teutsche übersezt von
J. J. Lange mit der Aufschrift: Vollständige Abhandlung der Chemie nach ihrem Lehrbegrif und der Ausübung, darinn die Naturlehre besonders von den Mineralien, der natürlichen Körper erste Bestandtheile, Verhalten gegen einander, Eigenschaften, Kräfte und Gebrauch, zur wohlgegründeten und nützlichen Anwendung
in der Apothekerkunst, andern Künsten und Handwerken,
der Hauswirthschaft und gemeinen Leben ausgeführt, und
mit vielen Erfahrungen bestätiget werden. Halle. 4.
Th. I. 1749. II. 1750 III. 1753 und ins Französische
von Fr. Machy mit der Aufschrift: Elemens de Chymie,
suivant les principes de *Becher* et de *Stahl*, traduit du
Latin sur la seconde Edition de M. *Juncker*, avec des
notes. à Paris. 12. Vol. I–VI. 1757.

f) Nouveau Cours de Chymie suivant les principes de
   Newton et de *Stahl*. à Paris. 12. 1723. 1736.

g) in seinen Oper. omnib. medic. theoretic. practic. Lipf.
   1704. fol.

h) Opus posthumum. Lipf. 1708. 4 (8).

kurzes, aber sehr wohl geordnetes und geschäztes Handbuch [i]), andere von Ge. Fridr. Stabel [k]), von Herm. Friedr. Teichmeyer [l]), der den 5ten Hornung 1744 starb, von Chrph. v. Hellwig [m]), von Joh. Frid. Cartheuser [n]), von Friedr. Roth-

Scholz,

i) gründliche Anleitung zur Chymie, darinnen nicht nur die in derselben vorkommende Operationes, und die aus denen Operationibus entstehende Producta, sondern auch die Praeparationes der besten chymischen Medicamenten aus der berühmtesten Medicorum, sonderlich Ludovici, Wedelii, Stahlii &c. Schriften, nebst andern, die man sonst rar und geheim gehalten, aufrichtig gewiesen, und insonderheit die in dem andern Theile befindliche Processe allen Liebhabern zu besserem Gebrauch ins Teutsche über- sezt und beschrieben sind. Leipzig 8. 1717. Von neuem durchsehen, von denen in den andern Auflagen wider des Autoris Sinn eingestreueten vielen unrichtigen Dingen gesäubert, hingegen aber hin und wieder mit nöthigen Anmerkungen und zur Erläuterung dienenden Processen vermehrt von S. Th. Quelmalz Sechste vermehrte und verbesserte Auflage 1745. Siebende Auf- lage. 1750. ins Französische übersezt von Clousier. Paris. 1741. 12.

k) Chymiae dogmatico - experimentalis. Hal. 8. Tom. prior, complectens doctrinae chymicae fundamenta. II. De productis chymicis medicamentosis 1728.

l) Institutiones Chemiae dogmaticae et experimentalis, in quibus chemicorum principia, instrumenta, operationes et producta, simulque analysis trium Regnorum suc- cincta methodo traduntur, in usum auditorii sui. Jen. 4. 1729. Ed. II. 1752.

m) unter dem Namen Valent. Kräutermann curiöser und wohlerfahrner Chymist, der die chymischen Processe deutlich lehrt. 8. Arnst. (und Leipz.) 1729. 1738.

n) Elementa Chymiae dogmatico - experimentalis, una cum synopsi Materiae medicae selectioris. In usum tyronum edita. 8. Hal. 1736. Ed. secund. priori longe emenda- tior.

Scholz °), von E. G. Struve ᵖ), von J. Barth.
Ad. Beringer ᑫ), von Pet. Gerike ʳ), von Kasp.
Neumann (nach seinem Tode) ˢ), von J. Heinr.
Schul-

tior. Francof. ad Viadr. 1753. Ed. III. prioribus auctior. 1766.

o) Chymia curiosa variis experimentis adornata. Norimb. 12. Ed. 2. 1720.

p) Paradoxum chymicum sine igne, Observationes et Experimenta physica, Chimico - Pharmaceutica ipsaque Medicamenta ignis ope parari solita sine igne. Jen. 1715.8.

q) Rudimenta chymiae. Herbipoli. 1736. 4.

r) Fundamenta Chymiae rationalis. Lips. et Guelpherb. 1740. 8.

s) 1. Praelectiones Chymieae, herausgegeben von Joh. Ehrn. Zimmermann. Berlin. 1740. 4. 2. Chymia medica dogmatico - experimentalis, oder gründliche und mit Experimenten erwiesene medicinische Chymie, herausgegeben von Chph Heinr. Kessel. Züllichau. 4. B. I. Th. I. darinnen nicht allein alles dasjenige, was die Chymie überhaupt angehet, sondern auch die in derselben vorkommende Operationes deutlich und ordentlich vorgetragen werden, und Th. II. in sich fassend die Lehre von nassen chymischen Arzneyen, wie solche aufs ordentlichste und vorzüglichste zu verfertigen seyn. 1749. Th. III. in sich fassend die Lehre von Zubereitung der trocknen chymischen Arzneyen, darinnen hauptsächlich die Halotechnie oder die Lehre von den Salzen und deren Bearbeitung mit andern Körpern gründlich und ordentlich vorgetragen wird. 1750. B. II. die chymische Untersuchung der meisten zum Pflanzenreiche gehörigen Materien, darinnen gezeiget wird, wie deren natürliche Mischung zu entdecken, und was für Arzeneyen davon verfertiget werden können, enthaltend. Th. I II 1751. Th. III. IV 1752. B. III. in welchem die gebräuchlichste zum Thierreiche gehörige Materien vorgetragen werden; nebst geschehener Anzeige, wie deren natürliche Mischung zu entdecken, und was für Arzeneyen davon verfertiget werden können. Th. I - III. 1753. B. IV. in welchem die Chymische Unter-

Schulze), von J. Joach. Lange "), von Hier.

Lu=
terſuchung der gebräuchlichſten zum Mineralreich gehöri=
gen Materien, nebſt Anzeige ihres Nutzens vorgetragen
wird. Th. I. 1754. Th. II. 1755. 3. Chymiae medicae
dogmatico-experimentalis, oder gründlich und mit Ex=
perimenten erwieſene mediciniſche Chymie. Zweyte Aufl.
Züllichau. 4. B. I. 1755. Zweyter oder Schlußtheil.
1756. ins Holländiſche überſezt mit der Auffſchrift:
Grondelyke en mel proeven bewezende medicinale en
natuurkundige Chymie, vertaald en met aanteekningen
vermeerderd. te Leeuwarden. 1766. 8. 4. Allgemeine
Grundſätze der theoretiſch=practiſchen Chemie, das iſt:
gründlicher und vollſtändiger Unterricht der Chemie: in
welchem nicht nur überhaupt eine gründliche Anleitung
zu allen Theilen der Chemie, ſondern auch die, aus allen
dreyen Naturreichen vorkommende Operationes und Producta chemica mit vernünftigen phyſikaliſchen Demonſtra-
tionibus und wichtigen Experimentis auf die leichteſte
und ſicherſte Art abgehandelt und gelehret werden, nebſt
Mediciniſchen, Chirurgiſchen, Oeconomiſchen, Metal=
lurgiſchen ꝛc. Gebrauch und Anwendung. Herausgegeben
von J. Chn. Zimmermann. Dresden. 4. 1755.
Zweyter und letzter Band. 1756. auch ſind ſeine Werke
von Wilh. Lewis zu London unter der Auffſchrift: The
chymical Works of Gaſpard *Neumann* abridged and
methodized with large additions. 1760. 4 (8). und The
ſecond Edition of the chemical Works of Caſpard *Neumann*, abridged and methodized with large additions,
containing the later diſcoveries and improvements made
in chemiſtry and the arts depending thereon. Vol. I.
II. 1773. 8. in engliſcher Sprache erſchienen, und von
Roux zu Paris mit der Ueberſchrift: Hiſtoire minerale,
chymique et medicinale des Corps des trois Regnes de
la Nature ou Abrégé des Oeuvres chymiques de Caſp.
Neumann. à Paris. 4. P I. 1781. in franzöſiſcher Spra=
che herauszugeben angefangen worden.

t) Chemiſche Verſuche nach dem eigenhändigen Manuſcript
des Herrn Verfaſſers, zum Druck befördert durch Chph.
Carl Strumpf. Halle. 8. 1745. Zweyte Auflage. 1757.

u) I. Sciagraphia ſyſtematis phyſico-chymic. Hal. 1745. 8.

Ludolf *), von Rud. Aug. Vogel ᵞ), von Ant.
Rüdiger ᶻ), von einem Ungenannten ᵃ), von L. J.
D. Suckow ᵇ), und von J. A. Scopoli ᶜ): In
Frankreich von Ant. Deidier ᵈ), von Malouin ᵉ),
von

2. Grundlegung zu einer chemischen Erkenntniß der
Körper, herausgegeben mit Anmerkungen von Jul. Joh.
Madihn. Halle. 1770. 8.

x) Vollständige und gründliche Einleitung in die Chymie,
darinn nicht allein alle chymische Arbeiten deutlich gezeiget
und gründlich erkläret, sondern auch zu derselben Erläuterung die wichtigsten Versuche aus der Pharmacie, Metallurgie und Alchymie, nebst allen Vortheilen -treulich
ausgeführt werden. Erfurt. 1752.

y) Inſtitutiones Chemiae ad Lectiones Academicas accommodatae. 8. Goetting. 1755. Ed. alt Lugd. Batav. et
Lipſ. 1757. nachgedruckt Bamb. Francof. et Lipſ 1762.
und 1764. und unverändert abgedruckt 1774. mit Anmerkungen ins Teutsche übersezt von Joh Chr. Wiegleb,
mit der Ueberschrift: Lehrsätze der Chemie. Weimar. 8.
1775. Zwote neuberichtigte Auflage. 1785.

z) Systematische Anleitung zur reinen und überhaupt appli-
cirten oder allgemeinen Chymie, darinnen die chymischen
Handarbeiten in einer natürlichen Ordnung ausführlich
beschrieben, ihr näherer Gebrauch und alle zu den Operationen gehörige, theils physikalische, theils mechanische
Inſtrumente und die nöthigsten Handgriffe und Vorsichten
bei jeder Operation deutlich angezeiget werden, nebst einem Unterricht von der Ausarbeitung und den Kräften
einiger brauchbaren Arzeneyen, und wie eine dogmatische
Pharmacie nützlich abgehandelt werden könne. Leipzig.
1756. 8.

a) Grundveste der Chemie. Frankfurt. 1764. 8.

b) Entwurf einer physischen Scheidekunſt. Jena und Leipzig. 1769. 8.

c) Fundamenta Chemiae praelectionibus publicis accommodata. Prag. 1777. 8.

d) Chimie raiſonnée, où l'on tâche de découvrir la nature

von Pet. Macquer f), von Fizes g), von Baumé,

ture et la maniere d'agir des remedes chimiques les plus en usage en Medecine et en Chirurgie. à Lyon. 1715. 12.

e) Traité de Chimie, contenant la maniere de préparer les Remedes, qui sont le plus en usage dans la Pratique de la Medecine. à Paris. 1734. 12.

f) 1. Elemens de Chymie theoretique. à Paris. 12. 1749. nouv. Edit. 1754. (schlecht) ins Teutsche überseʒt. Leipzig. 8. 1752. Zweyte Auflage. 1768. ins Russische von Florinsky. 1774. 2. Elemens de Chymie pratique, contenans la description des operations fondamentales de la Chymie avec des explications et des remarques sur chaque operation. à Paris. Vol. I. II 12 1751. Second. Edit 1756. ins Teutsche überseʒt als der zweyte Theil ʒu dessen theoretischen Anfangsgründen Leipʒig. 8 1753. Zweyte Aufl. 1768 eben so ins Russische von Florinsky. 1775. 3. Elemens de la theorie et de la pratique de la Chimie. à Paris. 1775. 8. von D Mich. Suareʒ ins Spanische, von einem Ungenannten mit der Ueberschrift: Elements of Chemistry. B I. II. 8. ins Englische, und von einem Andern mit der Auffschrift: Element. di Chimica teorica e pratica del Sign Macquer. Traduzzione del Francese riscontrata e corretta sull' ultima Edizione. di Parigi. B. I - IV. Venez. 1781. 8. ins Italiänische überseʒt   4. Plan d'un Cours de Chymie experimentale et raisonnée avec un discours historique sur la Chymie, par M. Macquer et M. Baumé. à Paris. 1757. 8. 5. Dictionnaire de Chymie contenant la théorie et la pratique de cette science, son application à la physique, à l'Histoire naturelle, à la medecine et à l'économie animale, avec l'explication detaillée de la vertu et de la maniére d'agir des medicamens chymiques et les principes fondamentaux des arts, manufactures et métiers dependans de la chymie. à Paris. 8 (12). Vol. I. II. 1766. und 1768. nachgedruckt à Yuerdon. Vol. I - III. 1766. 8. von K. Wilh. Pörner mit der Ueberschrift: Allgemeine Begriffe der Chymie, nach alphabetischer Ordnung, aus dem Französischen überseʒt

Uu 3   und

me′ ⁿ), von Jaf. Reinb. Spielmann ′), von de
Machy,

und mit Anmerkungen vermehrt. Leipzig. 8. Th. I. II.
1767. III. 1769. ins Teutsche, von Aphelin unter der
Aufschrift: Chymisk Dictionnaire indeholdende denne
Videnskabe Theorie og Praxis. Kiöbenhavn. 8. B. I-
III. 1771. 1772. ins Dänische, durch Keir mit der Ue=
berschrift: A Dictionary of Chemistry, in three Volumes,
translated from the French second Edition. London.
1777. ins Englische übersezt.   6. Dictionnaire de Chymie, contenant la Theorie et la Pratique de cette
Science, son application à la Physique, à l'Histoire Naturelle, à la Medecine et aux Arts dependans de la
Chymie. (gleichsam eine neue aber sehr vermehrte Ausgabe
des vorhergehenden Werks) 8. B. I - IV à Paris. 1778.
nachgedruckt zu Frankfurt. 1780. mit (zahlreichen) An=
merkungen und Zusätzen ins Teutsche übersezt mit der
Aufschrift: Chymisches Wörterbuch, oder allgemeine Be=
griffe der Chymie nach alphabetischer Ordnung von Joh.
Gottfr. Leonhardi. Leipzig. 8. Th. I - III. 1781. IV.
V. 1782. VI. 1783. und zum zweitenmal Th I - VI.
1788 - 1792. so daß die neue Zusätze und Anmerkungen,
auch besonders B. I. II. 1792. abgedruckt sind, und ins
Italiänische von J. A. Scopoli mit der Ueberschrift:
Dizionario di Chimica del S. P. J. *Macquer*, tradotto
del francese e corredato di note e di nuovi Articoli.
Pavia. 8. B. I-X. 1783. 1784.

g) ihm werden wenigstens die Lecons de Chymie de l'Uni-
versité de Montpellier. à Paris. 1750. 12. und ins Teut=
sche übersezt mit der Ueberschrift: Chymische Lehrsätze der
hohen Schule zu Montpellier, wie die Arzeneyen nach
den besten Gründen der Naturlehre bereitet und recht ge=
braucht werden sollen. Franckfurt. 1755. 8. zugeschrieben.

h) 1. Manuel de Chymie ou Exposé des Operations et des
Produits d'un Cours de Chymie, Ouvrage utile aux
Personnes, qui veulent suivre un Cours de cette Science, ou qui ont dessein de se former un Cabinet de Chymie. à Paris. 1763. 8. Edit. second. rev. et augment.
1766. 12. von Fr. Xav. von Wasserberg mit Anmer=
kungen und unter der Aufschrift: Handbuch der Scheide=
kunst

Machy [k]), von L. J. de Croix [l]), und von
Rouelle [m]).

Jn
kunst oder Beschreibung der chemischen Behandlungen und
ihrer Erzeugnisse. Wien. 1774. 8. ins Teutsche, von
Aikin mit der Ueberschrift: Manual of Chemistry.
London. 1778. ins Englische, und von einem Ungenannten mit der Aufschrift: Chimica portatile ossia esposizione
essenziale delle Operazioni Chimiche, non che dell' uso
Farmaceutico, diretta ad istruire chiunque si applica a
questa utilissima Scienza. Venez 1783. 12. ins Italiänische übersezt. 2. Chymie experimentale et raisonnée.
B. I-III à Paris. 1773. 8 ins Teutsche übersezt von
J. C Gehler mit der Ueberschrift: Erläuterte Experi-
mental-Chimie. Leipzig. 8. Th I. II 1775. III. 1776.
und ins Italiänische mit der Aufschrift: Chimica speri-
mentale e ragionata del Sign. Bome. Opera per la
prima volta tradotta in Italiano, coll' aggiunta del Trattato dell' arte Vitraria d'Ant. Neri. Divisa in III. Tomi.
Venez. 1781. 8.

i) Institutiones Chemiae praelectionibus academicis accommodatae. Argentor. 8. 1763. Ed. alt. revis auct. polit.
1766. ins Französische übersezt, nach dieser zwoten Ausgabe von Cadet dem jüngern. à Paris. 1771. 12. ins
Italiänische zu Mailand 1779. ins Teutsche mit der Ueberschrift: Chemische Begriffe und Erfahrungen, nach der
lateinischen Urschrift und der französischen Uebersetzung
mit Anmerkungen des H. Cadet des jüngern von J. H.
Pfingsten. Dresden. 1783. 8. und umgearbeitet mit
der Aufschrift: Chemischer Lehrbegriff nach Spiel-
manns Grundsätzen ausgearbeitet, und mit den neuesten Erfahrungen bereichert, von Ge. Friedr. Chr. Fuchs.
Leipzig. 1787. 8.

k) 1. Instituts de Chymie, ou Principes elementaires de
cette Science présentés sous un nouveau jour. Vol. I. II.
à Paris. 1766. 12. 2. Procédés chymiques, rangés me-
thodiquement et definis. On y a joint le précis d'une
nouvelle table des combinaisons ou rapports, pour servir de suite aux instituts de Chymie. à Paris. 1769. 8.

l) Physico-chymie théorique. à Lille et Paris. 1768. 8.

Uu 4

In Italien gab Karl Mufitanus aus Neapel[n]), G. Theod. Bartholi [o]), und Jof. Marzucchi [p]), der sich doch mehr damit beschäftigte, die chemische Erscheinungen auf die allgemeinere Geseze der Natur, vornemlich auf diejenige der Anziehungskraft, zurückzuführen, ein Handbuch; in den Niederlanden der utrechtische Lehrer J. K. Barchusen (Barkhausen) seine Pyrofophia [q]), seine Compendium ratiocinii chemici [r]), seine Elementa Chemiae [s]), und seine Acroamata [t]), Gerh.

Goris

m) Tableau de l'analyfe chymique, ou procedés du cours de chimie. à Paris. 1774. 12.

n) Pyrotechnia fophica (in qua Rerum omnium principiis veftigatis, reliquisque Chymici apparatus expenfis, fingulorum Corporum ex triplicato Naturae Regno, Vegetantium nempe, Mineralium et Animalium principia, generis praeparationes, ufus et dofis, ignis artificio, examine explorantur, et ad Trutinam revocantur) in feiner Trutina Chemico-Medica cum adjuncta Pyretologia et Pyrotechnia fophica. Neapoli. 1701. auch in feinen Operib. omnib. Genev. fol. 1716. B. I. und bei Manget in deffen Bibliothec. fcriptor. medicor. B. II. Th. I. S. 390. nachgedruckt.

o) Introductio ad Chymiam medicam. in Operib. medic. tripartit. Francof. ad Moen. 1717. 4. Th. I. auch bei Manget a. e. a. O. B. I. Th. I. S. 238. abgedruckt.

p) Nova et vera Chymiae Elementa. Patav. 1751. 8.

q) Succincta Iatro-Chymiam, rem Metallicam et Chryfopoeiam breviter perveftigans. Lugd. Batav. 1696. und 1698. 8. 1698. 4.

r) more Geometrarum concinnatum. Lugd. Batav. 1712. 8.

s) quibus fubjuncta eft confectura Lapidis philofophici imaginibus repraefentata. Lugd. Batav. 4. 1718 (17).

t) in quibus complura ad Jatro-Chemiam atque Phyficam fpectantia jucunda rerum varietate explicantur. Traj. Batav. 1703. 8.

Goris seine Chymia ᵘ), Jos. Brön sein Compendium chymicum ˣ), und der unsterbliche Herm. Bör=
haave, der mit gleicher Freimüthigkeit und Wärme,
als Joh. Herm. Fürstenau ʸ), die Mängel der
Wissenschaft, wie sie damals bearbeitet und vorgetra=
gen wurde, rügte, wie Theod. Bland ᶻ) die einzelne
Lehre von der Gährung als einem unentbehrlichen
Hülfsmittel der Verdauung, mehrere Irrthümer van
Helmonts und Sylvius berichtigte ᵃ), und wie
schon Sturm, Zwinger, Kasp. Bartholin ᵇ)
u. a. gethan hatten, und Joh. Freind, Mongen ᶜ),
Pet. v. Musschenbröt ᵈ) mit ihm thaten, mit Nach=
druck und Eifer auf die engere Verbindung der Natur=
lehre mit der Scheidekunst drang, und durch sein Bei=
spiel die grose Vortheile dieser Verbindung bewies,
                                                    auser

u) ab inutili verborum pondere, oftentatione, et fophi-
    ftarum fciolorumque pedibus liberata, fibique reftituta.
    Lugd. Batav. 1702. 8.

x) in feinen Oper. medic. Rotterod. 1703. 4 §. 65. a. 219.

y) Defiderata Medica. Lipf. 1727. 8. Th. VI. Defiderata
    Phyfico-chemica. S. 371-422.

z) De coctione animalium in ventriculo. Edinb. 1763. 8.

a) Orat. de chemia fuos errores expurgante. Leid. 1718.
    4. welche auch in Opufc. omn. quae hactenus in lucem
    prodierunt, quid. prius fparfim edit. nunc vero in unum
    collect. atque digeft. Hag Comit. 1738. abgedruckt ift.

b) Specimen Philofophiae naturalis praecipua phyfices ca-
    pita exponens in gratiam juventutis academicae. Ac-
    cedit de fontium fluviorumque origine ex pluviis differ-
    tatio phyfica. Hafn. 1692. 4.

c) Le chymifte phyficien ou demontrant, que les principes
    naturels de tous les corps fonts veritablement ceux, que
    l'on decouvre par la chymie. Paris. 1703. 12.

d) Element. phyfic. Leid. 1741. 8.

Uu 5

auſer dem Handbuche, das gegen ſeinen Willen und
ohne ſein Wiſſen erſchien [d]), ſeine trefliche Elementa
Chemiae [e]), welche mehrmalen in die engliſche [f]),
teutſche [g]) und franzöſiſche [h]) Sprache überſezt wor=
den ſind.

In

d) Inſtitutiones et Experimenta Chemiae. 8. Pariſ. auch
Amſterd. und Venet. 1724. (26) 4. Tubing. 1731.
ins Engliſche überſezt London. 1725. 4.

e) quae anniverſario labore docuit in publicis privatisque
ſcholis. Vol. I. II. 4. Lugd. Batav. 1732. Londin. 1732
und 1735. Pariſ. 1732. 1733. 1753. Baſil. 1745 (47).
Venet. Vol. I. II. 1745. et 1759. 8. Lipſ. 1732.

f) London. 4. 1741. von Pet. Shaw der ſchon 1727.
new method of Chymiſtry. 8. herausgab, A new method of Chemiſtry including the Hiſtory, Theory and
Practice of the art. Translated from the Original Latin of Dr. Boerhaave's Elementa Chemiae as publiſhed
by himſelf. London. 1742 von Timoth Dallowe mit
der Aufſchrift: Boerhaave's Elements of Chemiſtry. Vol.
I. II. 1735. mit Abkürzungen von Strother, der ſich
darüber den Tadel von J. Rogers Some Obſervations
on the Translations and Abridgement of Dr. Boerhaave's
Chemiſtry. London. 1733. 8 zuzog, unter der Aufſchrift:
Boerhaave's Elements of Chemiſtry abridged. Vol. I. II.
1732. 8. dieſer engliſche Auszug iſt ſowohl 1740 Paris.
8. ins Franzöſiſche, als mit der Aufſchrift: Herr Bör=
haaven's Anfangsgründe der Chemie, nach Maaßge=
bung des engliſchen Auszuges aus der lateiniſchen Urkun=
de treulich verfürzt von einem Doctor. Göttingen. 1754.
8. und mit der Ueberſchrift: Eines Engländers Auszug aus
Hrn. Böthaave Anfangsgründen der Chemie, über=
ſezt von * * *. Hannover. 1755. 8. ins Teutſche übers
ſezt worden.

g) 1. Anfangsgründe der Chemie, aus dem Lateiniſchen
überſezt. Halberſtadt. 8. Th. 1 - 9. 1732 - 1734. 2. Elementa Chymiae oder Anfangsgründe der Chymie — —
auf's neue wieder vor die Hand genommen — verbeſ=
ſert — — mit Regiſter verſehen, ingleichen hinzuge=
fügt

In Schweden kamen von dem Upfalifchen Lehrer der Scheidekunft Joh. Gottfch. Wallerius eine Chemia phyfica in fchwedifcher Sprache [i]), aus welcher fie auch in die lateinifche [k]) und teutfche [l]) überfezt

fügt — — was von chemifchen Geräthfchaften, dem Thermometer — — und deffen Anwendung, wie nicht weniger von den Graden des Feuers bey Bearbeitung chymifcher Proceffe zu gedenken nöthig gewefen. Leipzig. 1753. 8. 3. Anfangsgründe der Chymie oder gründliche Anweifung, auf was Art die natürlichen Körper können chymifch aufgefchloffen, und daraus heilfame Arzeneyen bereitet werden, a. d. Latein. ins Deutfche überf. nebft einem nützlichen Anhange von chymifchen Geräthen rc. Berlin. 1762. 8. und als eine zwote Auflage des zweiten Theils diefer Ausgabe: Anfangsgründe der Chymie, practifcher Theil, aus dem Latein überf. mit Anmerkungen von Jo. Chn. Wiegleb. Berlin und Stettin. 1782. 8.

h) aufer dem Abrégé de la Theorie chymique tiré des Ecrits de *Boerhaave* par M. de la *Mettrie.* à Paris. 1741. 12. und einer in 6 Bänden zu Paris 1754. 12. 1755. 8. erfchienenen Ueberfetzung, welche nur den erften Band der Urfchrift in fich faßt: 1. Cours de chymie. Vol. I. II. à la Haye. 1747. 8. 2. Elemens de chymie par M. H. *Boerhaave* traduits du latin par J. N. S. *Allamand.* B. I. II. 8. à la Haye. 1748. à Leide. 1752.

i) Stockholm. 8. Förfta Delen förftällende Chemiens natur och befkaffenhet i gemen, deff Hiftorie, Characterer, Inftrumenter, Operationer och Producter. 1759. Andra Del. förfta och andra Afdelningen, om Salter, Svafvel, och Svafvelartiga famt Bituminöfa Kroppar och deren Producter. 1765. Andra Del, tredja och fjarde Afdelningen om de 7 Halfva och 7 Hela Metaller famt derer Producter. 1768.

k) von dem Verfaffer felbft, jedoch nur der erfte Theil, mit der Ueberfchrift: Chemia phyfica, Pars prima, de Chemiae natura ac indole in genere ejusdemque Hiftoria, Characteribus et Inftrumentis, tam paffivis, quam activis,

sezt wurde, und von H. T. Scheffer Föreläsningar ᵐ)
heraus, welche auch ins Teutsche übersezt sind ⁿ).

In

vis, operationibus denique et productis Chemicis fyfte-
matica methodo agens, e Suecana in Linguam Latinam
translata et locupletata. Stockholm. 1760. 8.

1) 1. α) der physischen Chemie Erster Theil, welcher von
der Natur und Beschaffenheit der Chemie überhaupt, von
ihrer Geschichte, Zeichen, sowohl leidenden, als wirkenden, Werkzeugen, und endlich von den Arbeiten und her-
vorgebrachten chemischen Körpern auf systematische Art
handelt. Aus dem Schwedischen ins Lateinische übersezt,
und vermehrt herausgegeben von J. G. Wallerius,
und nunmehro ins Deutsche übersezt mit Anmerkungen
von Chr. Andr. Mangold. Gotha. 1761. 8. β. Aus
der Lateinischen Uebersetzung übersezt von H. Siefert,
mit wenigen Anmerkungen von M. Zwote Auflage durchgesehen mit Anmerkungen von Chr. Ehr. Weigel. Leipzig. 1780. 8. 2. Der physischen Chemie zweiter Theil,
erste und zwote Abtheilung, von den Salzen, dem Schwefel, den schwefelichten und erdharzigen Körpern und den
Producten derselben. Aus dem Schwedischen überf. mit
Anmerkungen von Chr. Ehr. Weigel. Leipzig. 1776. 8.
3. Der physischen Chemie zweyter Theil, dritte und vierte Abtheilung, von den 7 halben und den 7 ganzen Metallen und den Producten derselben, aus dem Schwedischen überf. mit Anmerkungen von Chr. Ehr. Weigel.
Leipz. 1776. 8.

m) rörande Salter, Jordarter, Vatte, Eetmor, Metaller
och Färgning, samlade, i ordning ftälde, och med
Anmärkningar utgifve. 8. Upfal 1775. jämte Anledning
til Föreläsningar öfver Chemiens Befkaffenhet och
Nytta, famt naturliga Kroppars allmännafte fkiljaktig-
heter, af T. B. Stockholm, Upfal och Åbo. 1779.

n) nemlich die ältere Ausgabe von Hrn. Dir. und Prof.
Weigel mit der Aufschrift: Herrn J T. Scheffer
chemische Vorlesungen über die Salze, Erdarten, Wäf-
fer, entzündliche Körper, Metalle und das Färben, gesammlet, in Ordnung gestellt und mit Anmerkungen herausgegeben von T. Bergman. Greifswalde. 1779. 8.

In England gab schon 1697 W. H. Worth einen Chymicus rationalis o), 1699 Ge. Wilson p), ein sehr erfahrner Scheidekünstler, einen Compleat Course of Chymistry q), 1704 Joh. Freind seine Praelectiones chemicas r), welche ihm den Tadel von Jak. le Mort s), und den Leipzigischen Kunstrichtern zuzogen, und eine Vertheidigung abnöthigten t), auch in

o) or the fondamental Grounds of the chymical art. London. 8.

p) von welchem man auch einen integer Chymiae Cursus. London. 1691. 8. anführt.

q) London. 8. nachher mehrmalen 1700. 1709. zum fünftenmale 1735. aufgelegt, und 1746 von Wilh. Lewis herausgegeben.

r) in quibus omnes fere Operationes Chymicae ad vera principia et ipsius Naturae Leges rediguntur, Oxonii habitae. 8. Londin. (Oxon.) 1704. 1709. Amsterd. 1710. 1718. 12. Paris. 1727. 4 Paris. 1735. Edit. alt. aucta cum Appendic. Lection. Chym. Lips. Recens et contra earum calumnias vindiciae oder Praelectiones Chymicae, in quibus omnes, fere Operationes Chymicae ad vera Principia et Naturae Leges rediguntur. Anno MDCCIV. Oxonii in Museo Ashmoleano habitae. Accedit Appendix, in qua continetur I. Lectionum Chymicarum, quae ab Editoribus Lipsiensibus exhibetur, Recensio. II. Lectionum Chymicarum contra Lipsiensium Editorum calumnias Vindiciae. Londin. 1726. 8. und in seinen Oper. omn. Lond. 1733. fol. S. 1-51. abgedruckt.

s) Facies ac Pulchritudo Chymiae ab affictis maculis purificata, ad veras naturae et suae artis leges exornata. 8. Londin. 1710. Lugd. Bat. 1712.

t) Praelectionum Chymicarum Vindiciae, in quibus Objectiones in Actis Lipsiensibus Anno 1710. mense Septembri contra Vim materiae Attractricem allatae diluuntur. Philosoph. Transact. Nr. 331. S. 310-342.

in englischer Sprache herauskamen u), 1731 Pet.
Shaw seine three Essays in artificial Philosophy or
universal Chemistry x), und 1734 seine Chymical
lectures y), welche auch ins Französische übersezt wur=
den z), 1746 Wilh. Lewis seinen Course of practical
Chemistry a), 1744 Ambr. Godfrey seine Proposals
for printing by subscription a compleat Course of Chemistry b), 1754 Jak. Millar seinen new course of
chemistry c), 1749 Joh. Barrow sein Medical
dictionnary d), und 1759 Rob. Dossie seine Institü-
tes of experimental chemistry e), welche auch ins
Teutsche übersezt worden sind f), heraus.

Wenn

u) Chymical Lectures. London. 8. 1712. und mit seiner
Emmenologia zugleich. 1729.

x) London. 8.

y) publickly read at London. 1731. 1732. and Scarborough. 1733. London. 1734. 8.

z) mit der Aufschrift: Leçons de Chymie propres à per-
fectionner la Physique, le Commerce et les Arts. à Paris.
1759. 4.

a) (der vielleicht mit seiner Ausgabe des Wilsonischen
Handbuchs einerlei ist). London 8.

b) (nur ein Vorschlag, der nicht ausgeführt wurde) in one
volume quarto, containing the most familiar and easy
directions for preparing all officinal compositions.
London.

c) in which the theory and practice of that art are delivered in a familiar and intelligible manner &c. London.

d) or an explication of all the termes used in Physick,
Anatomy, Surgery, Chymistry, Pharmacy, Botany.
London. 8.

e) being an essay towards reducing that branch of Natural
Philosophy to a regular System, by the Author of the
Elaboratory laid open. Vol. I. II. London. 8.

f) mit der Aufschrift: Grundlehren von der Experimental=
chymie,

Wenn ein beträchtlicher Theil der Schriftsteller die=
ses Zeitalters in Werken dieser Art die ganze Wissen=
schaft umfaste, so begnügten sich andere damit, nur
einzelne Lehren, Theile oder Zweige derselbigen abzu=
handeln.

So suchten J. Fr. Henckel ⁱ), J. Phil. de Lim=
bourg ʰ), G. L. le Sage ⁱ), Phil. Andr. Mar=
herr ᵏ), E. A. Nicolai ˡ), die Lehre von der
Verwandschaft oder der chemischen Anziehungskraft
der Körper, über welche in mehreren chemischen Lehr=
büchern Tabellen eingerückt waren, Herm. Friedr.
Teichmeyer ᵐ), J. H. Schulze ⁿ), J. H.
Pott ᵒ), M. Lomonosow ᵖ), Alb. Fr. Faul=
haber,

chymie, welches ein Versuch ist, diesen Theil der Natur=
lehre in ein regelmäßiges System zu bringen, von dem
Verfasser des geöfneten Laboratorium. B. I. II. Alten=
burg. 1763. 8.

g) de mediorum chymicorum appropriatione, in argenti
cum acido falis communis combinatione. Dresd. 1737. 8.
von ihm selbst ins Teutsche übersezt in seinen klein. mine=
ralog. und chem. Schriften. S. 1 - 312.

h) Differtation fur les affinⁱtés chymiques, qui a remporté
le prix de l' Academie de Rouen. à Liege. 1761. 12.

i) Effai de chymie mechanique. Geneve. 4.

k) Diff. de affinitate corporum. Vindobon. 1762. 8. ins
Teutsche übersezt von E. G. Baldinger mit der Ue=
berschrift: Chymische Abhandlung von der Verwandschaft
der Körper. Leipzig. 1764. 8.

l) Progr. I. II. de affinitate corporum chemica. Jen. 4.
1775. 1776.

m) Diff. resp. Jo. Chph. Rhiem de corporum solutione.
Jen. 1717. 4.

n) Diff. resp. Ch. Lud. Aeplinio de solutionis corporum
chemicae fundamento. Hal. 1736. 4.

o) Exercitat. chemic. S. 113 - 136.

p) a. a. O.

haber p), die Lehre von der Auflösung, Monnet q) die Lehre von der Auflösung der Metalle insbesondere, L. Lemery r), A. Plummer s), und A. E. Büchner t) die Lehre von der Fällung, J. S. Gallasius u) die Erscheinungen bei der Auflösung und Fällung des Goldes und Silbers, Ad. Sam. Thebesius x) die Lehre vom Anschiesen in Kristallen, Konr. Hier. Senckenberg y) die Lehre von den Metallbäumchen, J. Ad. Wedel z), Jos. Ant. Carl a), und G. A. Hoffmann b) nach Stahl die Lehre von der

p) Diss. praes. Ph. Fr. *Gmelin* sistens theoriam solutionis chymicae. Tubing. 1765. 4.

q) Traité de la dissolution des metaux. à Amsterd. et Paris. 1775. 8.

r) Memoir. de l'Academ. des Scienc. à Paris pour l'ann. 1711. S. 56 ꝛc.

s) Essays and Observations read before a Society at Edinburgh. B. I. 1756.

t) Diss. resp. Jo. Ge. *Cramer* von *Clausbruch* de praecipitatione chemica generatim considerata. Hal. 1754. 4.

u) Commentatio physico-chymico-medica, in caussas potissimum inquirens, cur aqua regis aurum solvat, argentum non item; contra aqua fortis, argentum dissolvens, aurum vero nulla ex parte commoveat: atque etiam exinde repraesentans, quod aurum fulminans nervis opituletur. Regiom. 1754. 4.

x) Diss. praes. A. E. *Büchner* de crystallisatione. Hal. 1758. 4.

y) Diss. praes. A. *Haller* de vegetatione philosophica. Goetting. 1738. 4.

z) Diss. praes. G. W. *Wedel* de fermentis chymicis. Jen. 1695. 4.

a) Diss. resp. J. A. W. *Kerres* sistens zymotechniam vindicatam et applicatam. Ingolst. 1759. 4.

b) Oekonomisch-physikalische Abhandlungen. Th. III. 1752. nr. 3.

der Gährung überhaupßt, M. Alberti ^c) und Chpß. Weber ^d) die Lehre von der weinichten, Barri ^e), Joh. Lepechin ^f), und Nik. Ge. Oosterdyck ^g) die Lehre von der Essiggährung, Joh. Juncker ^h), Joh. Pringle ⁱ), P. Feau ^k), S. Ph. Bieysse ^l), Joh. Bapt. Gaber ^m), ein Ungenannter ⁿ, A. E. Büchner ^o), J.G. Ludwig ^p) und C. A. Nicolai die

c) Diff. resp. C. Fr. *Kock* de fermentatione vinosa. Hal. 1736. 4. S. auch Wöchentliche Hallische Anzeigen. J. 1745. nr. 31.

d) Diff. examen corporum quorundam ad fermentationem spirituosam pertinentium. Goetting. 1758. 4.

e) bei Ant. Vallisneri Opere Fisicho-Mediche. T. I. Venez 1733. fol.

f) Diff. de acetificatione. Argentor. 1766. 4.

g) Diff. de aceto. Traj. ad Rhen. 1767. 4.

h) Diff. resp. N. J. *Schlaaf* de fermentatione putredinosa. Hal. 1737. 4.

i) Philosoph. Transact. nr. 495. 496. ins Teutsche übers sezt. Hamburgisches Magazin. B. X, S. 300-313.

k) Theses medicae de putredine. Monspel. 1758. 4.

l) Theses medicae de putredine. Monspel. 1759. 4.

m) Miscellan. philosoph. mathemat. Scc. Taurinensis. B. I. und Melang. de philosophie et de mathématique de la Societé Royale de Turin pour les ann. 1760 und 1761. und pour les ann. 1762-1765. ins Teutsche übers. im Neuen Hamburg. Magaz. B. VI. St. 36. S. 484 551.

n) Essais pour servir à l'histoire de la putrefaction, par le traducteur des lecons de chymie de M. *Shaw.* à Paris. 1766. 8.

o) Diff. resp. Jo. *Gorgolio*, qua proposita a Cl. *Macbride* putredinis theoria examini subjicitur. Hal. 1768. 4.

p) Adversaria medico-practica. Lips. 8. B. I. Th. I. 1769. Abh. VIII. Th. II. 1770. Abh. VII.

q) Diff. resp. J. G. *Essich* de putredine. Jen. 1769. 4.

die Lehre von der Fäulung, Joh: Al. Hevelius ᴿ)
die Kenntnis des Weingeistes, der strasburgische Lehrer
J. Böcler ˢ) diejenige des Weingeists und Essigs,
Joh. Bernoulli ᵘ) die Lehre vom Aufbrausen, M.
Alberti ˣ), J. H. Schulze ʸ), J. R. Spiel-
mann ᶻ), Oehmb ᵃ) und Justi ᵇ) die Lehre von dem
Ursalze, J. J. Fick ᶜ), und J. G. Wallerius die
Lehre vom Ursprung der Salze ᵈ), S. Th. Quel-
malz ᵉ), ein Ungenannter ᶠ), Rouelle ᵍ), und
Plummer ʰ) die Lehre von den Mittelsalzen, der
göttingische Lehrer J. A. Segner ʰ), die Art, wie
                                                    sie

r) Diff de spiritu vini. Hal. 1759. 4.

s) Diff. Spiritus vini atque aceti examen. Argentor. 1709 4.

u) Diff. de effervescentia et fermentatione Venet. 1725 4.

x) Diff. resp. J. Ch. *Zimmermann* de sale primigenio universali. Hal. 1733. 4.

y) Diff. resp G. *Wiggert* de sale corporum mixtorum
principio constitutivo. Hal. 1736. 4.

z) Diff. de principio salino. Argent. 1748.

z) Diff. de acido primigenio ejusque actionibus ad varia
corpora. Traj. ad Rhen. 1710.

a) Chemische Schriften. B. V. S. 221-244.

b) Diff. de salium natura, genesi et usu. Jenae. 1715. 4.

c) Om Salternes ursprung och anledning at utleta orsa-
ken til kallbräckt järn. Stoekh. 1750. ins Teutsche
übersezt in den kleinen Abhandlungen Einiger Gelehrten
in Schweden. B. II. 1768. nr. 1.

d) a. a. O.

e) Sammlung auserlesener Wahrnehmungen ꝛc. B. I. St.
I. 1757. Abschn. 2. nr. 2.

f) Memoir. de l'Acad. des scienc. à Paris pour l'ann. 1748.
und pour l'ann. 1754.

g) a. e. a. O.

h) 1. Diff. praef. G. E. *Hamberger* de penetratione sali
                                                    alcali

fie fich bilden, Hermann Friedrich Teichmeier [i])
und Johann Wilh. Kretfchmann [k]) die Lehre
von den fauren, Joh. Gottfch. Wallerius [l]) und
Joh. Mich. Sieffert [m]) die Lehre von den Laugenfal=
zen, H. Gottfr. Küchelbecker [n]), Abr. Daller [o]),
und J. R. Spielmann [p]) die Lehre von den Sei=
fen, Jof. Ant. Carl [q]) und J. G. Wallerius [r])
die Lehre von den Oelen, J. Konr. Fabricius [s]), J.
Fr. Fafelius [t]), W. B. Trommsdorf [u]), und A.
Fr. Walther [x]) die Lehre von den flüchtigen Oelen, Al.
J. Düttel die Lehre vom Kliber [y]), nach Stahl Dav.
Wip=

alcali in interftitia falis acidi. Jen. 1726. 4.   2. Programma ad diff. *Neiskii.* Goett. 1731. 4.

i) Diff. refp. J. *Horn* de fpiritibus acidis. Jen. 1720. 4.

k) Diff. praef. de *Pré* de falibus acidis. Erford. 1723. 4.

l) Diff. refp J. *Hideen* de falibus alcalinis eorumque ufu
medico. Upfal. 1751.

m) Diff. de falibus alcalinis. Goetting. 1755. 4.

n) Diff. de faponibus. Lipf. 1756. 4.

o) Diff. de faponibus. Bafil. 1767. 4.

p) Nov. act. Academ. Caef. natur. Curiof. B. III. obf.
LXXXIX.

q) Diff. refp. Jof. Ign. *Morafch* de oleis. Ingolftad. 760. 4.

r) Diff. refp. H. *Schulze* de differentia et examine oleorum. Upfal. 1765 4.

s) Diff. refp. Fr. Wilh. *Eiken* de oleis deftillatis aethereis. Helmft. 1759. 4.

t) Progr. I. II. de partibus oleorum aethereorum conftitutivis Jen. 1765. 4.

u) Diff. de oleis vegetabilium effentialibus, eorumque partibus conftitutivis. Erford. 1765. 4.

x) Diff. de oleis effentialibus. Lipf. 1745. 4.

y) Diff. de corpore Gummofo. Argentin. 1767. 4.

Xx 2

Wippacher ᵘ), Herrmann ˣ), C. L. Neuen=
hahn ʸ) u. Chardenon ᶻ) die Lehre vom Brennstoff,
diese sowohl ᵃ), als J. H. Schulze ᵇ), C.L. Neuen=
hahn ᶜ) und Karl Peterson ᵈ) die Lehre vom Ver=
kalken der Metalle, J. G. Gmelin ᵉ), R. Aug.
Vogel ᶠ), Chardenon ᵍ), Beraud ʰ), Jak. Fr.
Maler ⁱ), Bernierès ᵏ), J. A. Carl ˡ), und
ei=

u) 1. Diff. resp. G. Gottl. *Küchelbecker* de phlogisto unio-
nis rerum metallicarum medio. Lipf. 1752 4. 2. Diff.
de phlogisto animali ut variorum morborum caufa.
Lipf. 1753. 4. 3. Diff. resp. God. *Frölich* de phlogisto
animali ut variorum morborum medela. Lipf. 1765. 4.

x) Sammlung von Natur= und Medicin — wie auch hiezu
gehörigen Kunst= und Litteratur - Geschichten, so sich
1720 in den 3 Wintermonaten in Schlesien und andern
Ländern begeben. Jan. Cl. IV. art. 9.

y) Vermischte Anmerkungen. Dritter Theil. nr. 1.

z) Memoir. de l'Academ. de Dijon. 8. B. I. S. 303 ꝛc.

a) a. e. a. O.

b) Diff. de metallorum analyfi per calcinationem. Hal.
1738. 4.

c) Vermischte Anmerk. Th. IV. S. 1096-1166.

d) Diff. praef. J G. *Wallerius* om metallernes Calcinationer i Eld. Upfal. 1761. 4.

e) Comment. Acad. Imper. Scient. Petropol. B. V. S.
263 - 273.

f) Progr. quo. experimenta chemicorum &c.

g) a. e. a. O.

h) Diff. fur la caufe de l'augmentation de poids, que cer-
taines matieres acquierent dans la calcination. à la Haye.
1748. 12. ins Teutsche übersezt: Mineralog. Beluftigung.
Th. VI. nr. 1. S. 3 - 58.

i) Carlsruher nützliche Sammlungen vom Jahr 1758.
St. 7. S. 49 - 56.

k) Neues Hamburg. Magaz. B. II. St. 10. S. 349 - 383.

einige Ungenannte [m]) die Lehre von dem Zuwachs an
Gewicht, welchen die Metalle durch das Verkalken
erhalten, Joh. Matth. Barth [n]), M. L. Mar-
heineken [o]), J. G. Lehmann [p]), Joh. Heinr.
Cohausen [q]), J. J. Sachs [r]), P. Nik. Lotich [s]),
J. P. Spring [t]), und Jak. Reinlein [u]), die
Lehre vom Phosphor, J. G. Quelmalz [x]), Justi [y])
und Monnet [z]) die Lehre vom Arsenik, Justi [a])
auch die Lehre von Quekſilber als Beſtandtheil der
übri-

l) Diſſ. reſp. J. N. A. *Recher* de igne et gravitate calcis
   metallicae. Ingolſt. 1771. 4.

m) 1. Hamburg. Magaz. B. VIII. St. 4. S. 443 ꝛc.
   2. Neue Anmerkungen über alle Theile der Naturlehre.
   Th. II. S. 135-137.

n) Miſcellan. Lipſienſ. ad incrementum rei litterariae edita. Lipſ. 8. B. VI. 1717. Obſ. CXXIX.

o) Diſſ. praeſ. S. P. *Hilſcher* de phoſphoris. Jen. 1734. 4.

p) Abhandlung von Phosphoris. Dresden und Leipzig.
   1750. 4.

q) Novum lumen phoſphori accenſum. Amſtelod. 1717. 8.

r) Diſſ. reſp. *Flechtner* de phoſphoro ſolido Anglicano.
   Argent. 1731. 4.

s) Diſſ. de Phoſphoris et Phoſphoro urinae. Lugd. Batav.
   1757. 4.

t) Diſſ. reſp. Fr. J. *Kikinger* de phoſphoro Anglicano chymice ac medice conſiderato. Ingolſt. 1759. 4.

u) Diſſ. de phoſphoris. Vienn. 1768. 8.

x) Progr. utrum arſenicum ſit primum principium metallorum. Lipſ. 1755. 4.

y) Chymiſche Schriften. B. II. S. 3-48.

z) Diſſ. ſur l'arſenic. à Berlin. 1774. 8.

a) a. e. a. O. S. 65-88.

Xx 3

übrigen Metalle, J. G. Wallerius b) die Lehre
vom Ursprung des Salpeters, J. Sturz c), A. E.
Büchner d), Frauncheville e), Rau f) und
Theod. Balthasar g) die Kenntnis des gemeinen
Salzes, Steph. Weszpremi h), Just. Joh. Tor-
kos i), und Pazmandi k) diejenige der natürlichen
Soda in Ungarn, der helmstädtische Lehrer Joh. Konr.
Fabricius l) diejenige des mineralischen Laugensalzes
überhaupt, Ch. Fr. Juncker m) die Lehre von seinem
Unter-

b) Diff. resp. Abr. *Argillander* de origine et natura nitri.
Upsal. 1749. ins Teutsche übersezt: Physikatische Belustigungen. Berlin. 8. St. IX. 1751. nr. 3.

c) Physikalische Belustigungen. St. XVIII. 1752. Abh. 9.

d) Diff. resp. Fr. R. *Macquard* de partibus constitutivis
salis communis hujusque actione in corpus humanum
vivum. Hal. 1754. 4.

e) Memoir. de l'Acad. des scienc. et bell. lettr. à Berlin.
1760. nr. 2. S. 45 ꝛc.

f) Abhandlungen der Churf. Bayrischen Akademie der Wissenschaften. B. II. Th. 2. Abh. 2. S. 141 ꝛc.

g) 1. Diff. de sale communi. Altdorf. 1702. 4. 2. Kurze
Beschreibung der vortrefflichen Eigenschafften des edlen
gemeinen Salzes, und dessen gedoppelten Nutzens, in
dem menschlichen Leben, neben einer unpartheyischen An-
zeig, wie weit die Königl. Preußische Salzbronnen zu
Halle im Magdeburgischen andere Salz-Quellen Teutsch-
landes übertreffen. Christian Erlang. 1708. 4.

h) Tentam. de inoculanda peste. Londin. 1755.

i) Diff. de sale minerali alcalico nativo Pannonico. Po-
sen. 1763.

k) Idea natri Hungariae veterum nitro analogi. Vindobon.
1770. 8.

l) Diff. resp. J. Rud. *Schulze* de Sale alcali minerali fixo.
Helmst. 1756. 4.

m) Diff. resp. *Burkar* de Salium fixorum vegetabilium et
mineralium differentia. Hal. 1770. 4.

Unterschied vom Gewächslaugenfalze, K. Neu=
mann [n]) und L. K. von Leinvelb die Lehre von dem
lezten [o]), H. Fr. Delius [p]), A. E. Büchner [q])
die Lehre von dem Dasein desselbigen in der Pflanze
vor dem Verbrennen, L. Esteve [r]), und Fr. Brouf=
fonet [s]) die Lehre von den flüchtigen Laugensalzen,
Triewald [t]) und Salomon [u]) die Lehre von den
Grundstoffen der Metalle, J. Gefner [x]) und J. G.
Wallerius [y]) die Lehre von den Urstoffen über=
haupt, Dion. Andr. Sancaffini Magati [z]), J.
H. Müller [a]), Marggraf [b]), J. G. Leiben=
frost,

n) Philofoph. Tranfact. nr. 392. 393.

o) Diff. fift. obfervationes quasdam de falibus lixiviofis
plantarum. Traj. ad Rhen. 1768. 4.

p) Diff refp. G. Fr. *Hübfchmann* de alcali primigenio.
Erlang. 1761. 4.

q) Diff. refp. J. F. G. *Koch* non omnia falia alcalina fixa
ignis progeniem effe. Hal. 1766. 4.

r) a. a. O. Quaeft. I. et VII. XI.

s) a. a. O. Quaeft. IX.

t) Kleine Abhandlungen einiger Gelehrten in Schweden.
B II. nr. 2.

u) Sammlung von Natur= und Medicin= wie auch hiezu
gehörigen Kunft= und Litteratur = Gefchichten, fo fich
Anno 1720 in den 3 Winter=Monaten in Schlefien und
andern Ländern begeben. Mart. Cl. LV. Art. 9. und 1725.
Jan Cl. IV. Art. 7.

x) De principiis corporum. Tiguri. 1743. 4.

y) Diff. refp. Er. *Schoenftedt* de principiis corporum.
Upfal 1761. 4.

z) Notomia dell aqua Padua. 1715. 8. ins Teutfche über=
fezt mit der Ueberfchrift: Unterfuchung und Zergliederung
des Waffers. Langenfalze. 1771. 8.

a) Diff de aqua, principio rerum ex mente Thaletis.
Altdorf 1718. 8

b) Memoir. de l'Academ. des fcienc. et belles lettres à Berlin

Tt 4

ftroft b), le Roi c), Eller d), J. Fr. Henckel e),
und J. Rotheram f) die Lehre vom Wasser und vor=
nemlich von der Erde als einem Bestandtheil desselbi=
gen, Fr. Nik. Sedey g) und P. v. St. C. h) die
Lehre vom Schwefel, der lezte i) diejenige von der chemi=
schen Zerlegung der Pflanzen, Chrph. Karl Strumpf k)
die Lehre vom Sublimiren l), Boulduc m) diejenige
vom Auftreiben des Sublimats n), J. G. Becker o)
die=

lin pour l'ann. 1751. und pour l'ann. 1756. ins Teut=
  sche übersezt in seinen chym. Schriften. Th. I. S. 291-
  324 - 339.

b) Diff. de aquae communis nonnullis qualitatibus. Duisb.
  1756. 8.

c) Histoir. de l'Academ. des scienc. à Paris pour l'ann.
  1767.

d) Physikalisch = medicinisch = chymische Abhandl. II. nr. 2.
  S. 240.

e) Kleine mineral. und chem. Schriften. S. 317.

f) A philosophical inquiry into the nature and properties
  of water. Newcastle. 1770. 8.

g) Diff. de Sulphure, spiritu ejus volatili et acido cau-
  stico. Vindob. 1766. 8.

h) Sammlung auserlesener Wahrnehmungen ꝛc. B. II.
  1758. St. I. Abschn. III.

i) Ebendas. B. I. St. IV. Abschn. III.

k) Diff. nonnulla de sublimationis apparatu exhibens. Hal.
  1745. 4.

l) Memoir. de l'Académ. des scienc. à Paris pour l'ann.
  1730.

m) Unfug des natürlichen Zinnobers im menschlichen Leibe.
  Coppenhagen. 1709. 4.

n) Diff. qua quaestio: an in plantis sal essentiale ammoniacum haereat? discutitur. Goetting. 1768. 4.

o) Diff. praef. G. R. Boehmer de salibus ammoniacalibus.
  Witteb. 1767. 4.

diejenige vom Zinnober, Fr. G. Sulzer [p]) die Lehre
von einem halbflüchtigen Mittelsalze in den Pflanzen,
Fr. Rud. Peissel [q]), die Lehre von halbflüchtigem
Mittelsalzen überhaupt, Fothergill [r]) die Lehre
von den Gewächsmittelsalzen, Don. Monro [s]) die
Lehre von Mittelsalzen, welche durch Gewächssäuren
gebildet werden, Fr. G. Haupt [t]) und G. L. En=
kelmann [u]) die Kenntnis des Seignettesalzes, J.
Fr. Cartheuser [x]) die Lehre von den allgemeinen
Grundstoffen der Pflanzen, J. G. Wallerius [y])
die Lehre von den Stoffen, welche den Pflanzen zur
Nahrung dienen, Chr. G. Kiesling [z]) die Lehre
von den Säften der Pflanzen, Mart. Scepin [a])
die Lehre von den Gewächssäuren, D. Marcorel=
le [b]) die Lehre von den natürlichen Salzen der Salz=
pflanze, Montet [c]) die Aehnlichkeit eines aus der
Asche

p) Medical essays and observations, revised and published
by a Society at Edinburgh. B. I. Th. I.

q) Philosophic. Transact. for the Year 1767. B. LVII.
Th. 2. Abh. 49. S. 479 ꝛc.

r) Diff. de sale Seignette alias polychresto Rupellensi. Regiom. 1740. 4.

s) Diff. de sale alcali de Seignette, ejusque natura et usu.
Argent. 1750. 4.

t) Diff. de genericis quibusdam plantarum principiis hactenus plerumque neglectis. Francof. ad Viadr. 1754.
1764. 8.

y) De principiis vegetationis. Holm. 1751. 4.

z) De succis plantarum. Lips. 1752. 4.

a) Diff. de acido vegetabili. Leid. 1758. 4.

b) Memoir. présent. à l'Academ. des scienc. à Paris par
divers savans &c. B. III.

c) Memoir. de l'Academ. des scienc. à Paris pour l'ann.
1757.

Xx 5

Asche der Tamarisken gezogenen Salzes mit Glaubersalz, Fr. A. Keßler [d]) die Bestandtheile der Merzveilchen, G. Chr. Rögner [e]) diejenige der Fieberrinde, Brown [f]) die Menge des Harzes in der Kaskarillenrinde, Ludw. Karl Lelyveld [g]) die Lehre von den Salzen in der Asche der Pflanzen, Gabr. Fr. Venel [h]) und Ph. Thouvenel [i]) die Lehre von dem nahrhaften Stoff der Nahrungsmittel, Franz Broussonet [k]) und Karl de Roi [l]) die Lehre von dem Unterschied der thierischen und Gewächsöle, G. Fr. Venel [m]) die Lehre vom Salpeter, K. Jg. Joh. René [n]) die Lehre von einer Säure, Franz Broussonnet die Lehre von einem phosphorischen Mittelsalze [o]) und von Mittelsalzen in den thierischen Säften überhaupt [p]), Ludw. Testi [q]) auch J. J. Finck

d) Diss. de viola. Vienn. 1763. 8.

e) Diss. de principiis naturalibus corticis peruviani. Erf. 1767. 4.

f) Philosoph. Transact. for the Year 1722. 1723. B. XXXII. nr. 371.

g) Observationes quaedam de salibus lixivis plantarum. Ultraj. 1768. 4.

h) Quaestiones chemicae duodecim &c. nr. V.

i) De corpore nutritivo et de nutritione, tentamen chymico-medicum. Piscen. 1770. 4.

k) Quaestiones chemicae duodecim &c. nr. X.

l) Quaestion. chemic. duodecim &c. nr. II.

m) Quaestion. chemic. duodecim &c. nr. VII.

n) Quaestion. chem. duodecim &c. nr. IX.

o) Quaestion. chemic. duodecim &c. nr. XII.

p) Ebendas. nr. IV.

q) Relazione concernente il zuccaro di latte. Venez. 1698. fol. und Lateinisch de saccharo lactis. Venet. 1700. 12.

Finck ʳ) die Kenntnis des Milchzuckers, Jak. Barthol.
Beccari ˢ) die Lehre von den Bestandtheilen des
Milchzuckers sowohl als der Milch überhaupt, H.
Fr. Delius ᵗ) die Kenntnis des Salzwesens im Blut=
wasser, Fr. G. Jakobi ᵘ), J. Fr. Cigna ˣ),
Niss. Storm ʸ), Wenz. Langswert ᶻ) und
J. F. Dufieu ᵃ) die Lehre von den Ursachen der
rothen Farbe des Bluts, Menghini ᵇ), Rha=
des ᶜ) und ᵈ) ein Ungenannter (O. K. S. M.) die
Lehre von seinem Eisengehalte; Ludw. Testi ᵉ), M.
J. Robert ᶠ), Ph. G. Schröder ᵍ), J. M.
Röde=

r) Diss. de saccharo lactis. Jen. 1713. 4.

s) Commentar. de Bononiens. Scient. et Art. instituto atque academ. B. V. 1767. Th. I. nr. I. S. I ꝛc.

t) Peculiaria microscopia circa sal seri. Erlang. 1765. 4.

u) Diss. de sanguinis colore. Lips. 1748. 4.

x) Miscellan. Taurinens. B. I. ins Teutsche übersezt im Neuen Hamb. Magaz. B. V. St. 29. S. 430-444.

y) Diss. praes. A. *Buchwald* de rubro sanguinis colore. Hafn. 1762.

z) Diss. de causa rubedinis in sanguine humano. Prag. 1762. 8.

a) Traité de physique. à Lyon. 1763. 12.

b) De Bononiens. Scient. et Art. institut. atque academ. Commentar. B. II. Th. III. 1747.

c) a. a. O.

d) Hamburg. Magaz. B. XIII. S. 31. ff.

e) Galeria di Minerva. B. VI.

f) Quaest. medic. respond. J. *Dussans:* An bilis sapo acido-alcalinus? Paris. 1759. 4.

g) Progr. sistens experimentorum ad veriorem cystieae bilis indolem explicandam captorum sectionem primam. Goetting. 1764. 4.

Röderer f) und G. Fr. Venel g) die Lehre von
der Beschaffenheit und den Bestandtheilen der Galle,
J. G. Brendel h) die Lehre von dem Phosphor,
Haupt i) die Lehre von dem Perlsalze aus dem Har=
ne, ein Anderer k) die Beschaffenheit des Tigerharns,
Fr. Grüzmacher l) diejenige des Knochenmarks,
Herm. Blum m) die Lehre vom Gerinnen gallertarti=
ger Säfte, Karl de Heer n) die Säure der Wei=
denraupe, und den scharfen Saft einer andern o), Fr.
Bibiena p) die Mischung der Seidenraupe und
ihrer verschiedenen Theile, Fr. Broussonet q) die
Lehre vom phosphorischen Stoff im thierischen Körper,
Needham r) die Lehre von der Zusammenfügung und
Auseinandersetzung der thierischen und Gewächsstoffe,
Gottfr. de Thore s) die Lehre vom herrschenden
Geiste

f) Diss. praes. J. R. *Spielmann* Experimenta circa naturam bilis. Argentor. 1767. 4.

g) Quaestion. chemic. duodecim &c. nr. IX.

h) De phosphoro urinario. Goetting. 1747. 4.

i) Diss de sale mirabili perlato urinae. Regiom. 1740. 4.

k) Histoir. de l'Academ. des à Scienc. à Paris pour l'ann.
1747.

l) Diss. de ossium medulla. Lips. 1748. 4.

m) Diss de gelatinosorum humorum corporis humani coa-
gulis. Lips. 1767. 4.

n) Histoir. de l'Acad. des scienc. à Paris, pour l'ann. 1748.

o) Memoir. présent. à l'Academ. des scienc. à Paris par
divers savans &c. B. I.

p) De Bononiensi scientiarum et artium instituto atque
academia commentar. B. V. Th. I. nr. 2. S. 9 rc.

q) Quaestion. chemic. duodecim. nr. XI.

r) Journal étranger. Ouvrage periodique à Paris. 1756.
Août.

s) Diss de spiritu rectore in regno animali, vegetabili,
fossili, atmosphaerico. Leid. 1746. 4.

Geiste im Thier= Pflanzen= und Mineralreiche, so
wie im Luftkreise in ein helleres Licht zu setzen.

Wenn Gust. v. Engeström noch 1782 die
Schwürigkeiten bei der Ausübung der Scheidekunst
schilderte ᵃ), so zeigten andere z. B. Andr. Dom. von
Welf ᵇ), Joh. Konr. Barkhausen ᶜ), Gerh.
Goris ᵈ), Mart. Raboth ᵉ), Chrph. Hell=
wig ᶠ), Wilh. Huldr. Waldschmid ᵍ), Joh.
Theod. Neukranzen ʰ), J. C. Croon ⁱ), Hier.
Dav. Gaubius ᵏ), A. E. Büchner ˡ), Lor.
Hiorz

a) in einer bei Niederlegung des Präsidiums der Akademie
der Wissenschaften gehaltenen Rede.

b) Chimiae oppreffae et defpectae Gemitus ad Parentes,
Phoebum et Naturam, Elegiacis collecti et expofiti.
Lugd. Batav. 1701. 4.

c) De antiquitate et utilitate chemiae Acroamat. Lugd.
Bat. S. 1-37.

d) Medicina contemta propter λολομαξιαν vel Ignorantiam
Medicorum: Difcurfus brevis per vaftiffima utriusque
Medicinae, tam veteris quam novae fpatia In quo de
integerrimae artis vitiis, ob artificum indolem et mores
vulgique errores, obitet et fuccincte tractatur. Accedit
Appendicula Obfervationum et Curationum aliquot Medicarum. Lugd. Bat 1700. 4.

e) Diff. de chymiae fumma neceffitate. Lipf 1707. 4.

f) Programma de chimia optima rerum medicarum indice.
Gryph. 1713. 4.

g) Diff. de valore Medicinae et Chemiae hodiernae. Kilon.
1725.

h) Orat. de neceffitate artis chemicae, ejusdemque Producto fummo magna hominum et metallorum medicina
Lapis Philofophorum dicta. Vitemb. 1725. 4.

i) Diff. de praeftantia et utilitate ftudii chymici. Goett.
1735. 4.

k) Orat. inaug. qua oftenditur, Chemiam artibus academicis jure effe inferendam. Lugd. Bat. 1731. 4.

Hiorzberg ᵐ), J. G. Wallerius ⁿ), Ph. Fr.
Gmelin °), J. S. Carl ᵖ), Chrph. Benj. Sei=
fert ᵠ), P. v. Weſten ʳ), Theod. Baron ˢ), H.
Fr. Delius ᵗ), Joh. Dav. Hahn ᵘ), P. Ehrn.
Abildgaard ˣ), Joh. Ant. de Wolther ʸ), Fr.
Aug.

1) 1. **Progr.** de Chymia complura abdita naturae myſteria accurate explanante et exaƈte faepe imitante. Erford.
1737. 2. **Diſſ.** refp. *Einſporn* de influxu Chemiae in
medicinam. Erford. 1743. 4.

m) **Diſſ.** praeſ. J. G. *Wallerio* de nexu chemiae cum utilitate rei publicae. Stockholm. 4. P. I. 1751.

n) **Bref** om Chemiens rätta befkaffenhet, nytta och waer-
de. Stockholm och Upfala. 1751. 8.

o) **Diſſ.** refp. Chr. Lud. *Bilfinger* Botanicam et Chemiam
ad medicam applicatam praxin per illuſtria quaedam
exempla propon. Tubing. 1755. 4.

p) **Aƈt.** Academ. Caefar. Natur. Curiof. B. VI. App. S.
109 - 118.

q) **Diſſ.** praeſ. Chr. St. *Scheffel* de praeſtantia Pyrofophiae
in Scientia medica. Gryph. 1756. 4.

r) **Diſſ.** de Chymiae praeſtantia et utilitate ad praxin me-
cam. Roſtock. 1759. 4.

s) **Quaeſt.** med. refp. P. L. M. *Malöet* an falubritatis alimentorum optima indicatrix chemia? Parif. 1751. 4.

t) **Or.** de Chemia, Oeconomiae in genere exemplo, Principe digna cum Elogio *Joannis* Alchemiſtae Marggr.
Brand. Erlang. 1750. ins Teutſche überf. mit der Auf=
ſchrift: die Chemie, ein Vorbild der Oekonomie. Frän=
ckiſche Sammlungen. St. 21. S. 195 - 209.

u) 1. **Or.** de Chemiae cum Botanica conjunƈtione utili et
pulchra. Ultraj. 1759. 4. 2. Or. de Mathefi et Chemia, earumque mutuo auxilio. Ultraj. 1768. 4.

x) **Difp.** de utilitate Chemiae. Hafn. 1762. 8.

y) **Or.** de utilitate artis chemicae ad rempublicam ipfum-
que principem redundante. Monach. 1764. 4.

Aug. Cartheufer²), P. Abr. Gadd*), und
der ingolstadtische Lehrer Ludw. Rouffeau ᵇ), die
Würde, den Nuzen und den mächtigen Einflus der
Scheidekunst auf andere Wissenschaften und Künste.

Betrachtungen dieser Art, mit einigen Erfahrun=
gen zusammengestellt, findet man auch in den Samm=
lungen, welche in diesem Zeitalter L. Favrats ᶜ),
Ozanam ᵈ), J. Nik. Martius ᵉ), Em. Swe=
den=

z) Or. de infigni chemiae ufu in philofophia naturali.
   Gieff. 1766.

a) Difp. refp. *Leiften* om Chemiens tillämpning til ylle
   manufacturers förbättring. Âbo. 1764. 4.

b) 1. Rede von dem wechfelsweifen Einfluß der Naturkun=
   de und Chemie auf die Wohlfarth des Staats und Erwei=
   terung der Künste und Wiffenschaften Ingolstadt 1770. 4.
   Nürnb. 1771. 8. 2. Vertheidigungsrede der Chymie
   wider die Vorurtheile unferer Zeiten. Ingolstadt. 1774.

c) Thefes ex materia medica et chemia. Bafil. 1757. 4.

d) Recreations mathematiques et phyfiques. 8. à Paris.
   1691. 1694. Nouvelle edition augment. B. I-IV 1725.
   Nouv. Edit. B. I-IV. 1770. Amfterd. 1691. 1700.

e) De Magia naturali, ejusque ufu medico ad magice et
   magica curandum 4. Erf. 1700. cum not. recuf. 1705.
   und mit der Ueberschrift: De magia naturali ejusque ufu
   medico. Lipf. 1715. und 8. mit der Auffchrift: Magia
   naturalis. Berolin. 1717 ins Teutsche überfezt 8. Frank=
   furt und Leipzig. 1740. mit der Auffchrift: Unterricht
   von der Magia naturali und derfelben medicinifchem Ge=
   brauch auf magifche Weife, wie auch bezauberte Dinge
   zu kuriren. 1751. und Berlin und Stettin mit der Ue=
   berfchrift: Unterricht in der natürlichen Magie, oder zu
   allerhand beluftigenden und nüzlichen Kunftftücken, völlig
   umgearbeitet von J. Chn. Wiegleb. Oder: die natür=
   liche Magie aus allerhand beluftigenden und nüzlichen
   Kunftftücken beftehend, zufammengetragen von J. Chn.
   Wiegleb. 1779. Zwote Auflage. B. I. 1782. II.
   1786.

denborg f), Templeman g), Soumille h), J.
D. Thom i), Ludw. Phil. Thümmig k), J. H.
Schulze l), C. G. Kurella m), Berryat n),
Guyot o), die Königliche Gesellschaft zu Sevilien p),
ein

1786. fortgesezt von G. E. Rosenthal. B. III-XI.
1789-1797.

f) a. b. a. O.

g) a. a. O.

h) Recueil des memoires les plus interessans de Chymie et
et d'histoire naturelle. à Paris. Vol. I. II 1764. 12.

i) Collectanea chymica curiosa, quae rerum naturalium
anatomiam continent. Francof. 1693. 4.

k) Versuch einer gründlichen Erläuterung der merkwürdig=
sten Begebenheiten in der Natur. 8. Halle. St I IV.
1723. Neue Auflage mit Anmerkungen. Gießen. 1735.

l) Chemische Versuche. Halle. 1745.

m) auser einer Vorrede zu den chymischen Experimenten
einer Gesellschaft im Erzgebirge. Berlin. 8. St. I-VI.
1753-1759. chymische Versuche und Erfahrungen. Ber=
lin. 8. Erstes Stück. 1756.

n) Collection academique, concernant la medecine, l'ana=
tomie, la chirurgie, la chymie, la physique experimentale, la botanique, l'histoire naturelle. Dijon. 4. Vol.
I. II. 1754.

o) Nouveau choix de recreations physiques et mathematiques. à Paris. 4. B. I-IV. 1769. ins Teutsche über=
sezt. Augsburg. 8. mit der Aufschrift: Neue physikalische
und mathematische Belustigungen oder Sammlung von
neuen Kunststücken zum Vergnügen, mit dem Magnete,
mit den Zahlen, mit der Optik sowohl als aus der Chy=
mie, nebst den Ursachen derselben, ihren Wirkungen und
den dazu erforderlichen Instrumenten. Th I IV. 1772.
Fünfter Theil mit der Abänderung der Aufschrift: Neue
— Zahlen mit der Optik sowohl, als mit der Electrici=
tät nebst den — — — 1775. Sechster Theil mit der
Abänderung der Ueberschrift: Neue — zum Vergnügen,
die

ein Graf von S***[q]) und ein Ungenannter [r]) herausgegeben oder hinterlaſſen haben.

Nur wenige Schriftſteller, auſer einigen, welche
ſie in ihren Handbüchern der Chemie oder, wie z. B.
Joh. Freind[s]), Dan. le Clerc[t]), Joh. Konr.
Barkhauſen[u]), und J. Heinr. Schulze[x]), in
ihren Handbüchern über die Geſchichte der Arzneikunde

die man bishero ausgedacht hat, und noch täglich erfin-
det, nebſt den Urſachen — — 1776. Siebender Theil,
als ein Anhang zu dem vorhergehenden. 1777.

p) Varias diſſertationes medicas, theorico - practicas, anatomico - chirurgicas, chymico - pharmaceuticas anun-
ciadas y publicamente defendidas en la real Societa di Sevilla. Hiſpal. 1736. 4.

q) des engliſchen Grafen von S*** experimentirte Kunſtſtücke, oder Sammlung einiger rarer, curieuſer und geheimer Chymiſcher Proceſſe und andere höchſt nützliche
Arcana, in welchen die Kunſt Gold zu machen mehr
als auf einem Wege ohne dunkle Worte und Allegorien
ganz deutlich gezeiget, und mit allen Umſtänden beſchrieben, und denen Liebhabern der edlen Chymie zu ſonderbarem Nutzen ans Licht gegeben worden von W. G. L. D.
Braunſchweig. 8. 1731. Zweyter Theil. 1732.

r) Curioſities in Chymiſtry. 1691. 8.

s) Hiſtory of phyſic, from the time of Galen to the beginning of the ſixteenth century. 8. London. Th I. 1725.
II. 1726. ins Lateiniſche überſezt von J. Wiggan.
1734. ins Franzöſiſche von Steph. Pomet. Leid. 1727.

t) Hiſtoire de la medecine. Genev. 8. 1696. Amſterd. 4.
1702. 1723. ins Engliſche überſezt von Drake. Lond.
8. 1699.

u) Hiſtoria medicinae ab exordio medicinae uſque ad noſtra tempora. Amſtelod. 1710. 8. Ultraj. 1723. 4.

x) 1. Hiſtoria medicinae a rerum initio ad a. u. c. 535.
Lipſ. 1728. 2. Compendium hiſtoriae medicae a rerum
initio ad Hadriani exceſſum. Hal. 1741. 8.

de und ihrer Hülfswissenschaften, meist sehr flüchtig,
berührt haben, z. B. der åboische Lehrer Pet. Adr.
Gadd [y]) beschäftigten sich mit der Geschichte dieser
Wissenschaft.

Andr. Joh. Retzius [z]) drang auf die Abthei=
lung der Chemie in die reine und angewandte, J. G.
Wallerius nachdrücklich auf ihre Anwendung zur
Erklärung der grosen Naturerscheinungen [a]), welche,
so wie überhaupt auch die eigentlich chemischen Erschei=
nungen [b]), manche Naturforscher blos aus mechanischen
Gründen abzuleiten suchten.

Vornemlich fieng man an auf die feinere Körper,
die Veränderungen, welche sie erleiden, und welche
sie wieder in andern Körpern hervorbringen, und die
man bisher in der Scheidekunst nur zu sehr vernachlä=
sigt hatte, aufmerksamer zu werden: J. G. Walleri=
us [c]) beschrieb die chemische Wirkungen eines Blizes,
welcher im Sommer 1760 in das Königliche Schlos
zu Upsala geschlagen hatte; Karl Bonnet beobach=
tete

y) 1. Diff. resp. Job Grää. Inventa quaedam chemica recentiora. Âbo. 1763. 4. 4. Diff. resp. Jo. *Erling* de
fatis scientiae Chemicae sub epocha Patrum. Âbo. 4.
1763. 3. Diff. resp. Car. *Avellan* Remorae incremen-
torum scientiae chemicae. Âbo. 1763. 4.

z) Diff. praef. Chr. *Wollin* de natura ac indole Chemiae
purae. P. I. Lundin. Goth. 1764. 4.

a) Diff. resp. Car. *Wibom* de chemia naturae. Upsal.
1763. 4.

b) S. z. B. Chr. *Vater* diff. resp. G. Fr. *Vater* de theoria chemiae mechanica. Viteberg. 1713. 4.

c) Resp C. P. *Wibom* Chemiska Anmaerkningar, öfver
Åskeslaget på Kongl. Slottet i Upsala d. 24. Aug. 1760.
Upf. 1761. 4.

tete die Wirkungen des Lichts auf die Pflanzen [d]), und
ein Ungenannter [e]) die Wirkungen des Wärmeſtoffs
auf die Körper überhaupt; allein unter dieſen feineren
Stoffen beſchäftigten noch die luftförmige, die wir
unter dem Namen der Gasarten näher kennen gelernt
haben, die Aufmerkſamkeit der Naturforſcher
am meiſten, wenn gleich der gröſere Theil dabei ſtehen blieb, ihren nachtheiligen Einflus auf die thieriſchen, vornemlich auf den menſchlichen Körper, und
einige andere leicht in die Sinne fallende Eigenſchaften derſelbigen zu bemerken: So beſchrieb J. G.
Lehmann, der auch von einem ſolchen Stoff den
Ausbruch Feuer ſpeiender Berge ableitete [f]), in ſeiner
erläuterten Ausgabe der Theobaldiſchen Abhandlung von Schwaden [g]) die Gasarten, die in Bergwerken vorkommen, und den Bergleuten unter dem
Namen: Schwaden, böſe oder giftige Wetter bekannt ſind; M. Chrph. Hanow die Entzündung
einer

d) Memoir. préſent. à l'Académ. des Scienc. à Paris par
divers ſavans. B. IV.

e) An enquiry into the general effects of heat; with obſervations on the theories of mixture. In two parts illu-
ſtrated with a variety of experiments, tending to explain and deduce from principles ſome of the moſt common appearances in nature. With an appendix on the
form and uſe of the principal veſſels, containing the
ſubjects on which the effects of heat and mixture are to
be produced. London. 1770. 8.

f) Phyſikaliſche Beluſtigungen. St. XIX. 1752. nr. 4.

g) M. Zachar. Theobald kurtze Abhandlung von Schwaden oder denen giftigen Wettern in Bergwerken, ihrem
Urſprung, Würckung und Endzweck, aus dem Lateiniſchen ins Deutſche überſetzt, und mit Anmerckungen erläutert. Dresden und Leipzig. 1750. 4.

einer Luft, die in einem Kühlfasse über Wasser und in einem Abtritte war [h]), der königsbergische Lehrer J. Gottsched [i]) die Wirkung der Luft auf den menschlichen Leib und seine Säfte, Abb. Pinkenau die erstikende Kräft der Kohlensäure aus gährenden Säften [k]), J. K. Wilcke [l]), eine Einrichtung die verdorbene Luft aus den Schiffen zu bringen, Browall [m]) ein erstikendes Gas in den norwegischen Kupfergruben, Mart. Triewald [n]) ein dergleichen Gas in Kohlengruben, und den Mitteln es fortzuschaffen; Biörnståhl [o]) das berüchtigte in der Hundsgrotte und in der Solfatare bei Neapel, Nik. Ryberg [p]) die Luft als Nahrungsmittel des Lebens; Deichmann [q]) die Schwaden in den norwegischen Gruben bei Kongsberg; J. Chr. Lange [r]) untersuchte die Lehre von einer Säure in der Luft.

Auch

h) Seltenheiten der Natur und Oekonomie, nebst deren kurzen Beschreibung und Erörterung, aus den Danziger Erfahrungen und Nachrichten zu mehrerem Nutzen und Vergnügen ausgezogen und herausgegeben von J. D. Titius. Leipzig. 8. B. II. 1753.

i) Diss. de aethere et aëre eorumque in corpus humanum ejusque humores vi atque actione. Regiomont. 1698. 4.

k) De suffocatione ex liquore fermentante. Regiomont. 1706. 4.

l) Kongl. Svensk. Vetensk. Academ. Handling. B. XXXI. för år 1770. Quart. I. nr. I.

m) Ebendas. B. IV. för år 1742. Quart. 2.

n) Ebendas. B. I. för år 1739. Quart. 4.

o) Samlaren. Stockholm. 8. D. III. St. 34. 38.

p) De aëre vitae pabulo. Hafn. 1733. 4.

q) Skrifter som i det Kongl. Videnskabers Selskab ere fremlagde og oplåste. Kiöbenh. 4. B. IX.

r) Diss. praes. *Buchwald* de acido aëreo insonte. Hafn. 1754.

Auch der unſterbliche Iſ. Newton, der ſchon [s]) die auflöſende Kraft der Säuren auf Metalle und Steine von der anziehenden Kraft ihrer kleinſten Theilchen zu den kleinſten Theilchen dieſer Körper ableitete, und es als ein Geſez dieſer Kraft anerkannte, daß ſie immer gegenſeitig wirkt, der [t]) Flamme nur für glühenden Rauch erklärte, hatte ſich von der bleibenden Schnellkraft dieſer Stoffe überzeugt [u]); Hawksbee prüfte und beobachtete den Stoff, der ſich bei der Entzündung im luftleeren Raume aus Schiespulver entbindet [x]), ſo wie die Luft, welche durch glühende Me=

s) bei Harris Lexicon Tech. B. II. Introduction.

t) Opticks. London. 1701. 4. Quer. 9. "Is not Fire a body heated ſo hot, as to emit light copiouſly? For what elſe is a red-hot Iron than Fire? and what elſe is a burning Coal, than redhot Wood?" und Quer. 10. Is not Flame a Vapour, fume or exhalation, heated red-hot, that is ſo hot as to flame? For bodies do not flame, without emitting a copious fume and this fume burns in the flame — — ſome bodies heated by motion or fermentation, if the heat grow intenſe, fume copiouſly, and if the heat be great enough, the fumes will ſhine, and become flame: Metals in fuſiondo not flame for want of a copious fume, except ſpelter, which fumes copiouſly and thereby flames: All flaming bodies, as Oil, Tallow, Wax, Wood, foſſil Coals, Pitch, Sulphur, by flaming waſte and vaniſh into burning ſmoak; which ſmoak, if the flame be put out, is very thick and viſible, and ſometimes ſmells ſtrongly, but in flame loſes its ſmell by burning; and according to the nature of the ſmoak the flame is of ſeveral colours — — ſmoak paſſing through flame cannot grow red-hot, and red-hot ſmoak can have no other appearance, than that of flame."

u) a. e. a. O. Quer. 31.

x) Philoſoph. Tranſact. for the Years 1704 and 1705. B. XXIV. nr. 295. und for the Years 1796 and 1707, B. XXV. nr. 311.

Metalle gegangen war ᵞ), Greenwood mehrere
dergleichen erstickende Luftarten ᶻ), Lowther ª) und
Maud ᵇ) das entzündbare Gas, erster vornemlich
dasjenige in Kohlengruben, Charlett ᶜ) und Du=
rant ᵈ) eine wirkliche Entzündung in einer solchen
Grube, Bel die erstickende luftförmige Flüssigkeit
einiger ungarischen Hölen ᵉ), Mason ᶠ) brennendes
Gas über einer Quelle, Maunfy ᵍ) das Naphtha=
gas in Persien, Frewen ʰ) die betäubende Kraft des
Steinkohlendampfs, der irische Arzt Bernh. Con=
nor ⁱ) das schädliche Gas in der Hundshöle bei
Neapel; S. Sutton ᵏ) that Vorschläge zur Rei=
nigung

y) Ebendas. for the Years 1710-1712. B. XXVII. nr. 328.

z) Ebendas. for the Years 1729. 1730. B. XXXVI.
   nr. 411.

a) Ebendas. for the Years 1733. 1734. B. XXXVIII.
   nr. 429.

b) Ebendas. for the Years 1735. 1736. B. XXXIX.
   nr. 442.

c) Ebendas. for the Years 1708. 1709. B. XXVI.
   nr. 317.

d) Ebendas. for the Years 1746. B. XLIV. Th. I.
   nr. 480.

e) Ebendas. for the Years 1739. 1740. B. XLI. Th. I.
   nr. 452. auch Miscellan. Lipsienf. nov. Lipf. 8. B. IV.
   Th. 3. 1746. nr. VI.

f) Philosoph. Transact. for the Year 1747. B. XLIV.
   Th. 2. nr. 482.

g) Ebendas. for the Year 1748. B. XLV. nr. 487.

h) Ebendas. for the Year 1762. B. LII. Th. 2.

i) Differtationes medico-phyficae. Oxon. 1695. 8. diff. I.

k) Medical Effays and Obfervations by a Society at Edinburgh. B. V. Th. 2. 1744. auch Hiftorical account of
   a new method, for extracting the foul air out of the
   ships.

nigung der Luft im Schiffsraum, welche Watson [1]) beurtheilte, und R. Mead [m]) billigte; Clayton [n]) unterſuchte die angebliche Metalltheilchen im Luftkreiſe, Edm. L. H....n die Einwirkung der Luft überhaupt [o]), H. Cavendiſh mehrere Gasarten [p]); der berühmte edinburgiſche Lehrer Joſ. Black [q]) erkannte in Bitter- und Kalkerde die Kohlenſäure, und leitete von derſelben Abweſenheit die Eigenſchaften des Kalks ab.; W. Browurigg [r]) erkannte dieſe Säure in mehreren Sauerwaſſern; Dav. Macbride ſtellte damit viele Verſuche an [s]), Th. Percival vornemlich über ihre

ſhips. London. 1749. 8. ins Franzöſiſche überſezt mit der Aufſchrift: Nouvelle methode pour pomper le mauvais air des vaiſſaux &c. avec une diſſertation ſur le ſcorbut par le Docteur *Mead* et une ſuite d'experiences du Docteur *Deſaguliers* ſur les moyens d'echauffer l'air, de le renouveller &c Ouvrages traduits de l'Anglois par Mr. *Lavirotte*. à Paris. 1749. 12.

l) Philoſophic. Tranſact. for the Years 1742 and 1743. B. XLII. nr 463.

m) Ebendaſ. nr. 462.

n) Ebendaſ. for the Years 1739 and 1740. B. XLI. Th. 1. nr. 452.

o) Philoſophical conjectures on aëreal influences. London. 1747. 8.

p) Philoſoph. Tranſact. for the Year 1766. B. LVI. nr. 19. S. 141 ꝛc.

q) Eſſays and Obſervations Phyſical and Litterary, Read before a Society at Edinbourgh. B. II. 1756.

r) Philoſoph. Tranſact. for the Year 1765. B. LIV. nr. 26. S. 228 ꝛc. und for the Year 1774. B. LXIV. nr. 39. S. 357 ꝛc. ins Teutſche überſezt Neues Hamburg. Magaz. St. XV. nr. 1.

s) 1. Experimental Eſſays on the following ſubjects: On the fermentation of alimentary mixtures. 2. On the nature and properties of fixed air. 3. On the reſpecti-

ve

ihre ᵗ) und des damit geschwängerten Wassers ᵘ) fäulniswidrige, und andere heilsame, auch das Wachsthum
der Pflanzen befördernde Kräfte und übet die Schädlichkeit des Kohlendampfes ˣ), Lane über die Auflösung des Eisens in einem mit Kohlensäure geschwängerten Wasser ʸ).

Aber kein brittischer Naturforscher dieses Zeitalters
hatte wohl über diese luftförmige Stoffe so viele Versuche angestellt, kein Gelehrter seiner Zeit war so tief
in ihre Kenntnis eingedrungen, als Steph. Hales,
der 1678 in der Grafschaft Kent gebohren wurde,
und 1761 zu Riddington als Prediger und Almosenier
der verwittibten Prinzessin von Wales starb ᶻ). Er
hatte nicht nur eine neue Geräthschaft angegeben, durch
welche eine durch Athem und Ausdünstungen verdorbene
Luft verbessert werden kann ᵃ), die nachher Ellis untersuchte ᵇ); er überzeugte sich durch eigene Erfahrungen,

ve powers and manner of acting of the different Kinds
of antiseptics. 4. On the scurvy, with a proposal for
trying new methods to prevent or cure the same at sea.
5. On the dissolvent power of Quick-Lime: Illustrated
with Copper-Plates. London. 8. 1764. S. 67 ꝛc. ins
Französische übersezt von Abbadie mit der Aufschrift:
Essais d'experiences &c. à Paris. 1766. 12. ins Teutsche
durch Conr. Rahn. Zürich. 1770. 8.

t) Essays medical and experimental &c. B. II. nr. 4. 5.

u) Philosophical, medical and experimental Essays &c.

x) Essays medical and experimental &c. B. II. nr. 6.

y) Philosophical Transact. for the Year 1769. B. LIX.
   Th. I. nr. 30. S. 216 ꝛc.

z) Histoire de l'Academie des sciences à Paris pour l'ann.
   1762. S. 213 ꝛc.

a) Treatise on ventilators. London. 1758. 8.

b) Journal Oeconomique. 1754.

gen ᶜ), daß die Pflanzen aus dem Luftkreise, in welchem
ſie ſich aufḥalten, eewas einſaugen; er erfand neue
Geråtḥſchaften, die luftförmige Stoffe aus andern
Körpern aufzufangen und zu meſſen ᵈ), die er auch
durch Abbildungen erläuterte; ſo erḥielt er durch Ḥize
aus Schweinsblut ᵉ), Talg ᶠ) Ḥirſchḥorn ᵍ) und Au⸗
ſterſchalen ʰ) luftförmige Stoffe; daß flüchtiges Lau⸗
genſalz ⁱ) Phosphor ᵏ) und ein Gemiſch aus Salmi⸗
af oder Terpentinöl mit Vitriolöl ˡ) nichts dergleichen
gab, vielmeḥr in der Folge Luft verſchlukte, darf um
ſo weniger befremden, da er das Gas unter Waſſer
auffing; zugleich ḥatte er bemerkt, daß, wenn er
drei Grane Phosphor ſogleich nach dem Abbrennen
wog,

c) *Statical Eſſays.* London. 8. B. I. oder Vegetable Sta-
ticks, or an Account of ſome Statical Experiments on
the Sap in Vegetables, being an Eſſay towards a Natural Hiſtory, of Vegetation: Of uſe to thoſe, who are
curious in the Culture and Improvement of Garde-
ning &c. Alſo a Specimen of an Attempt to Analyſe
the Air, by a great Variety of Chymico-Statical Experiments, which were read at ſeveral Meeting before
the Royal Society. 1727. Ed. III. 1738. ins Franzöſiſche
überſezt von Buffon. Paris. 1735. 4. ins Niederlän⸗
diſche. 1750. 8. ins Teutſche. 1747. 4. K. V. (dritte
engliſche Ausgabe) S. 155-161.

d) a. e. a. O. K. VI. S. 164-171. F. 33. 34.

e) a. e. a. O. Exp. XLIX. S. 173.

f) a. e. a. O. Exp. L.

g) a. e. a. O. Exp. LI. S. 173. 174.

h) a. e. a. O. Exp. LIII. S. 175.

i) a. e. a. O. Exp. LII. und Exp. LXXXI. S. 175.
202. 203.

k) a. e. a. O. Exp. LIV.

l) a. e. a. O. Exp. LXXXII. S. 203.

wog, sie $\frac{1}{6}$ an Gewicht verloren; als er aber zwei Grane desselbigen einige Stunden nachher wog, da sie aus der Luft schon Feuchtigkeit angezogen hatten, sie um ein Gran an Gewicht zugenommen hatten [m]). So erhielt er auch durch Hize ein luftförmiges Wesen aus Eichenholz [n]), türkischem Weizen [o]), Tabak [p]), Anisöl und Baumöl [q]), Honig [r]), und Zucker [s]); daß der luftförmige Stoff, welchen er durch ein solches Verfahren aus Erbsen [t]), Wachs [u]), Bernstein [x]) und Austerschalen [y]) erhielt, entzündbarer Art war, hatee er schon wahrgenommen; aus Kampfer [z]) erhielt er nichts dergleichen, aus Brandewein [a]) sehr wenig; aber aus Wasser erhielt er etwas dergleichen, aus Pyrmonter beinahe noch einmal so viel, als aus gemeinem oder Regenwasser [b]); eben so viel, und weit mehr als aus dem Wasser von Ebsham, Acton, Scarborough, Stretham und Bath, aus dem Wasser von Spa und Tunbridge [c]); eben so bekam er aus

m) a. e. a. O. S. 175. 176.

n) a. e. a. O. Exp. LV. S. 176.

o) a. e. a. O. Exp. LVI. S. 176. 177.

p) a. e. a. O. Exp. LX. S. 179.

q) a. e. a. O Exp. LXII. S. 179. 180.

r) a. e. a. O. Exp. LXIII. S. 180.

s) a. e. a. O. Exp. LXV. S. 180.

t) a. e. a. O. Exp. LVII. S. 177.

u) a. e. a. O. auch Exp. LXIV. S. 180.

x) a. e. a. O. S. 177. und Exp. LIX. S. 178.

y) a. e. a. O. S. 177.

z) a. e. a. O. Exp. LXI. S. 179.

a) a. e. a. O. Exp. LXVI. S. 181.

b) a. e. a. O.

c) S. H. oder Haemastaticks or an account of some Hydrau-

aus Kalferde, anderer frischen Erde [d], aus Steinkohlen [e], Schwefelkies [f]; Spiesglanz [g], (bei starker Hize) Kochsalz [h], Salpeter und Vitriol, davon
er, jedem insbesondere, Knochenasche zusezte, aus Weinstein [i], und mit Knochenasche vermischtem Weinsteinsalze [k] Luft, deren Natur er aber nicht náher bestimmte, als daß sie mit gemeiner Luft gleiche Schnellkraft besas [l], aus Scheidewasser [m], Schwefel [n]
und Queksilber [o] aber nichts dergleichen, wohl aber
aus

draulic and Hydroftatical Experiments, made on the
Blood and Blood-Veffels of Animals, alfo an Account
of fome Experiments on Stones in the Kidneys and Bladder, with an Enquiry into the Nature of thofe anoma-
lous concretions. To which is added an Appendix,
containing Obfervations and Experiments relating to feveral fubjects in the Firft Volume. The greateft Part
of which were read at feveral Meetings before the Royal Society. With an Index to both Volumes. London.
1733. 4. 1740. 8. ins Französische übersezt von Fr.
Boiffier de Sauvages, augmenté de plufieurs remarques et de deux differtations de medecine, fur la
theorie de l'inflammation et fur la caufe de la fievre.
Genev. 1764. 4. und nach diefer französischen Uebersez-
zung ins Italiänische B. I. II. 1759. 8. und ins Teutsche.
Halle. 1748. 4. Appendix. (Zwote englische Ausgabe)
S. 267-272.

d) a. e. a. O. B. I. Exp. LXVIII. S. 182.

e) a. e. a. O. Exp. LXVII. S. 182.

f) a. e. a. O. Exp. LXX. S. 182. 183.

g) a. e. a. O. Exp. LXIX. S. 182.

h) a. e. a. O. Exp. LXXI. S. 183.

i) a. e. a. O. Exp. LXXIII. S. 184.

k) a. e. a. O. Exp. LXXIV.

l) a. e. a. O. S. 190. 191.

m) a. e. a. O. Exp. LXXV. S. 187.

n) a. e. a. O. Exp. LXXVI. S. 188.

o) a. e. a. O. Exp. LXXVIII. LXXIX. S. 199-201.

aus Austerschalen, wenn er irrgend eine Säure dar=
auf gos [p]), von Hirschhorngeist, wenn er Citronen=
saft darein tröpfelte [q]); von Bier [r]), Trauben [s]),
Aepfeln [t]), Zucker, in Wasser aufgelöst [u]), Reis=
meel [x]), Löffelkraut [y]), Gerste [z]), Weizen [a]) und
Erbsen [b]), wenn sie in Gährung begriffen waren; bei
der Auflösung des Goldes [c]) und Spiesglanzes [d]) in
Königswasser, oder des lezten in Scheidewasser [e]),
des Eisens in Salpeter= [f]) und Schwefelsäure [g]),
vörnemlich in verdünnter [h]), des Zinns in Scheide=
wasser [i]), bei dem Aufgiesen von Scheidewasser auf
Schwefelkies [k]) und Steinkohlen [l]), bei der Vermi=
schung

p) a. e. a. O. Exp. LXXXIII. S. 204. 205.

q) a. e. a. O. Exp. LXXXIV. S. 205.

r) a. e. a. O. Exp. LXXXV. S. 206. 207. B. II. S.
270. 271.

s) a. e. a. O. B. I. Exp. LXXXVI. S. 206. 207.

t) a. e. a. O. Exp. LXXXVII. S. 207. 208. 213 - 216.

u) a. e. a. O. S. 208.

x) a. e. a. O.

y) a. e. a. O.

z) a. e. a. O.

a) a. e. a. O.

b) a. e. a. O. S. 208 - 210. Exp. LXXXVIII. LXXXIX.

c) a. e. a. O. S. 217. Exp. XC.

d) a. e. a. O. Exp. XCI. S. 217. 218.

e) a. e. a. O. Exp. XCI. XCII. S. 218 - 220.

f) a. e. a. O. Exp. XCIII. XCIV. S. 220 - 222.

g) a. e. a. O. S. 221.

h) a. e. a. O. S. 221. 222.

i) a. e. a. O. Exp. XCV. S. 223.

k) a. e. a. O. Exp. XCVI. XCVII. S. 224. 225.

l) a. e. a. O. Exp. XCVIII. S. 225.

schung von zerflossenem Weinsteinsalze [m]), Kalkerde [n]) und allerlei Kalksteinen [o]) mit Königswasser oder Schwefelsäure: Sehr richtig zeigte er durch eine ganze Reihe von Versuchen, daß die Luft, worinn Körper brennen, wenn sie auch anfangs im Umfange zuzunehmen scheint, wirklich abnimmt [p]), und zugleich so verändert wird, daß auch durch ein Brennglas kein Licht mehr darinn angesteckt werden kann [q]), daß eine ähnliche Veränderung in beiderlei Rüksichten mit der Luft vorgeht, wenn Thiere darinn athmen [r]), und schlos daraus sehr richtig, daß ein Theil der eingeathmeten Luft in den Lungen vom Blute eingeschluckt, und mit seinen verbrennlichen Theilchen gebunden werde [s]): Auch er bemerkte, daß die Menninge bei ihrer Bereitung an Gewicht sehr zunimmt, leitete aber diesen Zuwachs, ob er gleich aus dieser Menninge bei heftiger Hize eine grose Menge Luft erhielt, die er nicht weiter prüfte, von Schwefel ab [t]), und hielt die Luft, vornemlich in den vesten Theilen organisirter Körper für das Bindmittel der übrigen Bestandtheile [u]); schon er suchte die Wirkung des Verbrennens in einer Wirkung und Gegenwirkung der in der Brennware und der umgebenden Luft befindli-

s chen

---

m) a. e. a. O. Exp. XCIX. S. 226.

n) a. e. a. O. Exp. C. S. 227.

o) a. e. a. O. S. 228.

p) a. e. a. O. Exp. CII - CVI. S. 229 - 234. Exp. CXVII. S. 273 :c. Exp. CXX. S. 299 :c.

q) a. e. a. O. Exp. CVI. S. 234.

r) a. e. a. O. Exp. CVII. CVIII. S. 236 - 239.

s) a. e. a. O. Exp. CX. S. 244 - 248.

t) a. e. a. O. Exp. CXIX. S. 288. 289.

u) a. e. a. O. S. 301 :c.

chen Luft- und Schwefeltheilchen[x]); er kannte die Eigen‡
schaft des Salpetergas, welches er bei der Vermi‡
schung des Schwefelkieses [y]), des Spiesglanzes [z]),
der Stahlfeile [a]) und des Queckſilbers [b]) mit Salpe‡
tergeiſt erhielt, nicht nur ein Licht auszulöſchen [c]), ſon‡
dern auch mit gemeiner Luft aufzubrauſen [d]), damit
trüb und roth zu werden [e]), und eine groſe Menge
derſelbigen zu verſchlucken [f]).

Unter den franzöſiſchen Naturforſchern hatte ſchon
Geoffroy auf die erſtikende Luft über einigen Brun‡
nen [g]), andere [h]) auf dergleichen Luft in einem Kel‡
ler, auf ein entzündbares Gas über einem Bache bei
Tremolác [i]), auf eine tödliche Gasart, welche mit
                                                einer

x) a. e. a. O. S. 315. 316. "the action and reaction of
    the aereal and ſulphureous particles is, in many fer-
    menting mixtures, ſo great, as to excite a burning heat,
    and in others a ſudden flame: At it is, we ſee, by the
    like action and re-action of the ſome principles, in fuel
    and the ambient air that common culinary fires are pro-
    duced and maintained."

y) a. e. a. O. B. II. S. 280.

z) a. e. a. O. S. 281.

a) a. e. a. O. S. 282.

b) a. e. a. O. S. 284.

c) a. e. a. O. S. 282.

d) a. e. a. O. S. 280.

e) a. e. a. O. S. 280-282.

f) a. e. a. O. S. 281-284.

g) Hiſtoir. de l'Acad. des ſcienc. à Paris, pour l'ann. 1701.

h) Ebendaſ. pour l'ann. 1710.

i) Fournier Ebendaſ. pour l'ann. 1741. ins Teutſche
    überſ. in den Oekonomiſch-phyſikaliſchen Abhandlungen.
    Th. XVIII. 1760. nr. 2.

einer Erschütterung des Meers ausbrach [k]), auf ent=
zündbares Gas über einem Abtritte [l]), aus dem Ma=
gen eines Ochsen [m]) und über einem Bache [n]) Auf=
merksamkeit erregt; Desaguliers suchte die Entste=
hung der Schwaden in den Bergwerken zu erklären [o]),
und schlug Mittel vor, die Luft in Krankenzimmern
zu erneuern [p]): Andr. de Laleu und J. B. Faust.
Alliot de Mussay handelten in einer eigenen
Schrift von der Wirkung der Luft auf das thierische
Leben [q]); Jak. de Baurger und Euf. Ad. Thuil=
lier [r]) von ihrem Einflus auf die Gesundheit; Nol=
let beschrieb die schädliche Luft in der Hundshöhle
bei Neapel [s]); du Hamel gab Anweisung, wie man
Luft in Krankenhäusern, oder wo sie sonst verdorben
ist, erneuern kann [t]), und in Verbindung mit Hel=
lot und de Montigny Nachricht von den entzünd=
baren Schwaden in den Kohlengruben zu Briançon [u]),
so

k) Ebendaſ. pour l'ann. 1744.

l) Ebendaſ. pour l'ann. 1757.

m) Ebendaſ. pour l'ann. 1751. S. 75.

n) Ebendaſ. pour l'ann. 1764. auch Journal des ſciences et
arts par M. *Touſſaint.* B. II. Juin.

o) Philoſophic. Tranſact. for the Years 1735 and 1736.
B. XXXXIX. nr. 442.

p) Ebendaſ. nr. 437.

q) Non ergo ab aëre diverſi ſpiritus. Pariſ. 1715.

r) Ergo aër praecipua ſanitatis cauſa. Pariſ. 1699.

s) Philoſophic. Tranſact. for the Years 1751. 1752. B.
XLVII.

t) Hiſtoir. de l'Académ. des ſcienc. à Paris pour l'ann.
1748. S. 1 ꝛc.

u) Memoir. de l'Académ. des ſcienc. à Paris pour l'ann.
1763. nr. 15. S. 235. ins Teutſche überſezt in minera=
log. Beluſtigungen. Th. III. nr. IV.

so wie G. Jars von ähnlichen in den englischen.ⁿ);
le Roi ˣ) suchte die Auflösung des Wassers in der Luft, so
wie späterhin de la Follie ʸ) die Verwandlung der
Luft in Wasser zu beweisen, J. M. Lichy ihre Eigenschaften und Einfluß auf die Erzeugung von Krankheiten zu zeigen ᶻ), Daquen ᵃ) und Fave erzählte ein Beispiel von der erstickenden Luft in Kellern ᵇ),
Portal ᶜ) Boucher ᵈ) und Rachet ᵉ) von den
schädlichen Wirkungen des Kohlendampfs, Sauvages sprach von den Schwaden in den Kohlengruben
überhaupt ᶠ); über die Aufgabe der Akademie zu Lyon
(von 1764 und 1767), welche die schädliche Luft in
Krankenhäusern und Kerkern zum Gegenstand hatte,
ertheilten die Hrn. Boiffier und Julien eine
Antwort, welche einen Preiß erhielt ᵍ); J. R.
Spiel-

u) Ebendaf. pour l'ann. 1767. nr. II. S. 229 ꝛc.

x) Ebendaf. pour l'ann. 1751. S. 481 ꝛc.

y) bei Rozier obfervat. fur la phyfique &c. B. VIII.
Dec. 1776.

z) De aëris proprietatibus naturalibus nec non morbis ab
aëris vitiis ortum ducentibus. Vienn. 1753. 4.

a) Mercure de France. Juill. 1755.

b) Sammlung auserlefener Wahrnehmungen ꝛc. B. V.
nr. XI.

c) 1. Memoir. de l'Academie des fcienc. à Paris pour l'ann.
1775. 2. Raport fur la vapeur du charbon. à Paris.
1775. 8.

d) Neue Sammlung auserlefener Wahrnehmungen ꝛc. B.
III. nr. LXV.

e) bei Roux Journ. de medec. chirurg. Pharmac. B. XXVI.
nr. 5. S. 434.

f) Memoir. de l'Académ. des fcienc. à Paris pour 1747.
nr. 39. S. 700 ꝛc.

g) Commentar. de reb. in fcient. natur. et medicin. geft.
Lipf. 8. B. XIV. S. 549-550.

Spielmann. unterfuchte das kohlenfäure Gas [h], Rouelle [i] ftellte über eben diefe Säure und ihren Antheil an Sauerwaffern Beobachtungen an; Fouge= rour de Bondaroy über den luftförmigen Stoff, der über den Bergölquellen fchwebt [k], de Laffone [l] unterfuchte mehrere, meiftens entzündbare, luftförmige Stoffe, welche er durch gewaltfame Hize aus verfchie= denen Körpern erhielt: D. le Clerc leitete die Röthe des Blutes von einer Säure ab, die es aus der Luft bekomme [m].

In den Niederlanden befchäftigten fich Fridr. de le Foffe [n] und J. Röbuck [o] mit der gemeinen Luft und ihrem Einfluffe auf den Menfchen, auch Bafter [p], als mit einer Urfache von Krankheiten, Engelmann [q] befchrieb erftikende Gasarten, der gröningifche Lehrer Nik. Engelhart die Entzün= dung einer Gasart, welche aus einem eröfneten Sar=

ge

h) Diff. inaug. refp. M. Fr. *Boehm* fift. examen acidi pin-
guis. Argent. 1769. 4.

i) bei Rour Journal de Medecine, Chirurgie, Pharmacie &c. B. XXXIX. 1773. Mai. nr. 12. S. 449 ꝛc.

k) Memoir. de l'Académ. des fcienc. à Paris pour l'ann.
1770. nr. 5. S. 35 ꝛc. 45 ꝛc.

l) Ebendaf. pour l'ann. 1776. S. 686-696.

m) Hiftoire naturelle de l'homme confideré dans l'état de
maladie, ou la medecine rendue à fa premiere fimplicite.
Paris. 8. Vol. 2. 1767.

n) Diff. de aëre vitae et morborum caufa. Leid. 1743. 4.

o) Diff. de effectibus quarundam atmofphaerae proprieta-
tum in corpus humanum. Leid. 1743. 4.

p) Verhandel. uytgeg. door de Maatfchapp. der Weetenfchappen te Haarlem. D. III. 1757.

q) Ebendaf. D. IV. 1758.

ge aufstieg '); der berühmte P. van Mussschens
brök, der überhaupt die Scheidekunst sehr wohl mit
der Naturlehre zu vereinigen wuste, kannte das Salpeter: und Kochsalzgas ⁵) sehr wohl, und suchte die
Gegenwart von Luft in allen thierischen Feuchtigkeiten
zu erweisen '); der utrechtische Lehrer Al. Pet. Ma-
huys untersuchte in einer Schrift, welche von der
Akademie zu Lyon den doppelten Preis erhielt ᵘ), die
Luft in Krankenhäusern und Gefängnissen, und gab
Mittel an, sie zu verbessern; in einer spätern Schrift ˣ)
suchte er die Zusammensezung des Wassers aus Lebensluft und entzündbarem Gas zu erweisen.

Der lüttichische Arzt J. Phil. Limbourg ʸ)
suchte die Wirkung der Luft auf die Pflanzen zu erläu-
tern ᶻ); Kasp. Heinr. Besti den Einflus des Luftkreis

r) Ebendas. D. III. S. 601.

s) in seiner Ausgabe von Tentamina Experimentorum naturalium captorum in Academia del Cimento &c. Addi-
tam §. 36-50.

t) a. e. a. O. §. 77. 78.

u) Diss. de aëris praesentia in humoribus corporis humani. Leid. 1715. 4.

x) Verhandeling over de schadelyke hoedanigheid der lugt
in de gasthuyzen en gevangenissen, benevens des zelvs
hulpmiddelen: welke de dubbelde prys van de koning-
lycke academie der weetenschappen te Lyons behaald
heeft. Haarlem. 1770. 8. auch ebendaselbst zu gleicher Zeit
und im gleichen Format in lateinischer Sprache mit der
Aufschrift: Dissertatio de qnalitate noxia aëris in nosoco-
miis et carceribus ejusque remediis &c.

y) Diss. de aquae origine ex basibus aëris puri et inflammabilis. Traj. ad Rhen. 1789. 8.

z) Quelle est l'influence de l'air sur les vegetaux? Bourdeaux. 1758. 4.

kreises auf den menschlichen Leib ª), der Heidelbergi=
sche Lehrer Dan. Nebel ᵇ) den Ein= und Ausgang
der Luft aus den Lungen ᶜ); Hannäus ᵈ) beobachte=
te das tödliche Gas in einem Brunnen; Ungenannte
erzählten, wie die Luft zu Paris ᵉ), und in den Berg=
werken zu Annaberg ᶠ), Bartels, wie sie in denen
bei Zellerfeld ᵍ) gereinigt wird; ein Ungenannter die
Entzündung der Luft in einem Brunnen durch eine
Lampe ʰ), Andere ⁱ), auch P. Chrph. Wagner ᵏ),
Fr. Theod. Schreck ˡ), Neifeld ᵐ) Chph. Jak.
Trew

a) De aëre atmofphaerico ejusque effectu in corpore humano naturali et praeternaturali. Erford. 1703. 4.

b) De reciproco aëris in pulmones hominis ingreffu et
egreffu. Heidelb. 1704. 4.

d) Mifcellan. Acad. Caefar. Natur. Curiof. Decur. III.
ann. 2. obf. XIII.

e) Sammlung von Natur= und Medicin — wie auch hiezu
gehörigen Kunft= und Litteratur=Geschichten, so sich
Anno 1717 in den 3 Sommer=Monaten in Schlesien
und andern Ländern begeben. Jul. Cl. V. art. 3.

f) Ebendaf. 1719 in den 3 Frühlings=Monaten. Mai. Cl.
V. art. I.

g) Ebendaf. 1719 in den 3 Sommer=Monaten. Septemb.
Cl. V.

h) Ebendaf. 1721 in den 3 Winter=Monaten. Jan. Cl. IV.
Art. 5.

i) 1. Ebendaf. 1719 in den 3 Herbst=Monaten. Dec. Cl.
IV. art. 9. 2. Wöchentliche Hallische Anzeigen Jahrg.
1754. nr. 5-8. 3. Medicorum Silefiacorum Satyrae.
B. V. 1737.

k) Commerc. litterar. ad Rei Medic. et Scient. Natural.
increment. inftitut. Ann. 1731. Semeftr. prius Spec. 14.

l) Ebendaf. Ann. 1736. hebd. 15.

m) Primitiae phyfico-medicae ab iis, qui in Polonia et
extra eam medicinam faciunt. B. II. nr. I.

Trew[n]) und M. G. Pfann[o]) Beispiele von der
Schädlichkeit des Kohlendampfs; H. Fr. Teich=
meyer[p]) von der Schädlichkeit der Luft aus gähren=
dem Weinmost; Fr. Theod. Schreck[q]) von der
Schädlichkeit derjenigen aus gährendem Bier; M.
Alberti[r]) erläuterte die Natur der Schwaden in
den Bergwerken, der Freyherr von Hüpsch[s]) die
Natur des entzündbaren Gas, wie es in Kohlen= und
Salzwerken vorkommt; Larcelot[t]) bemerkte über
einem Wasser bei Vif im ehemaligen Delphinat, wel=
ches davon der brennende Brunnen hieß, J. H. Motz[u])
in Kohlenwerken, Reimann[x]) in den Gruben zu
Sowar in Ungarn dergleichen entzündbares Gas;
Brückmann ein tödliches Gas bei dem Ribarer
                                            Bade

n) Nov. act. Acad. Caef. Natur. Curiof. B. II. Obf. CII.

o) Ebendaf. Obf. XXVII. auch in den Fränkischen Samm=
lungen 2c. St. XIII.

p) Diff. de affectione ex musto fermentante. Jen. 1729. 4.
Beispiele dieser Art hat auch Krünitz Oekonomisch=phy=
sikalische Abhandlungen Th. XV. nr. 2. gesammlet.

q) a. e. a. O.

r) Diff. de aëre fodinarum metallicarum noxio. Hal.
1730. 4.

s) Physikalische Abhandlungen von den seltsamsten und merk=
würdigsten Begebenheiten der Natur, herausgegeben von
J. W. C. A. Freyherrn von H. C. Z. U. Frankfurt und
Leipzig. 1766.

t) Hamburg. Magaz. B. III. S. 224. 225.

u) Neues Hamburg. Magaz. St. 15. 1767. nr. V.

x) Sammlung von Natur= und Medicin — wie auch hiezu
gehörigen Kunst= und Litteratur=Geschichten, so sich
1726 in den 3 Frühlings=Monaten in Schlesien und an=
dern Ländern begeben. Apr. Cl. IV. Art. 7.

Babe [y]) und zu S. Jwan [z]) in Ungarn; Joh. Ph.
Seip [a]) unterſuchte das kohlenſaure Gas in der ſogenannten Stick-Dunſt oder Schwefelhöle bey Pyrmont; Chriſtl. Mylius [b]) gab von einer merkwürdigen Entzündung in einem Weinkeller, H. Fr. Delius [c]) von entzündbaren menſchlichen Ausdünſtungen Nachricht: M. Alberti ſuchte einige damals
im Schwange gehende Vorurtheile in Abſicht auf die
Luft zu vertilgen [d]), und glaubte im Luftkreiſe Schwefelſäure gefunden zu haben [e]); Chr. Gerh. Knape
erklärte, ganz nach Hambergeriſchen Grundſäzen,
die Wirkung der Luft auf den menſchlichen Leib [f]);
E. H. Hausdörfer betrachtete den Eintritt der Luft
in den menſchlichen Leib, und ihre widernatürliche
Erzeugung in demſelbigen [g]), W. J. Fr. Heinigke,
die fixe Luft, wie er ſie nannte, im menſchlichen Leibe [h]), der duisburgiſche Lehrer, J. Phil. L. Wit-
hof die Luft in menſchlichen Säften [i]).

Auch

y) Ebendaſ. 1725 in den 3 Wintermonaten. Febr. Cl. IV.
   Art. 2.

z) Ebendaſ. 1726 in den 3 Winter-Monaten. Mart. Cl. IV.
   Art. 7.

a) 1. Philoſophic. Tranſact. for the Years 1737. 1738.
   B. XL. nr. 448. 2. Miſcellanea Berolinenſia Cont. IV.

b) Phyſikaliſche Beluſtigungen. St. I. nr. 7.

c) Fränkiſche Sammlungen. B. II. St. 11.

d) Nonnulla praejudicia circa aërem. Hal. 1737. 4.

e) Diſſ. de ſalis medii geneſi ex acido aëreo. Hal. 1737. 4.

f) die Würckungen der Luft in dem menſchlichen Körper.
   Quedlinburg. 1752. 4.

g) Diſſ. de aëris in corpus humanum ingreſſu et morboſa
   in eo geneſi. Lipſ. 1753. 4.

h) Ep. de aëre fixo in corpore humano. Lipſ. 1765. 4.

Auch der heſſiſche Leibarzt J. Jak. Huber aus Baſel, der auch mit der Galle einige Verſuche ange=ſtellt hatte [k]), hielt ſich überzeugt, daß die Luft als ſolche durch die Lungen in das Blut übergeht [l]); auch Kaſp. Hauſer [m]) ſchrieb von der Luft innerhalb des menſchlichen Leibes.

Unter den italiäniſchen Naturforſchern erzählte Walliſneri [n]) die Geſchichte einer Frau, die ſich, wie es ſchien, von ſelbſt entzündete und verbrannte; Ludw. Teſti bildete ſich ein, die Luft werde durch ſäuerlichte Dünſte vom Meere geſund, und die Sumpf=luft ſeie unſchädlich, weil Fleiſch nicht darinn faule; in den Ausdünſtungen von Salzwaſſer ſah er doch Fröſche darauf gehn [o]); der piſaniſche Lehrer Karl Taglini nahm noch in dem Luftkreiſe Salpethertheil=chen an [p]); Joſ. Veratti zeigte durch eine ganze Reihe von Verſuchen die ſchädliche Wirkung einer ein=geſchloſſenen, d. h. durch Athmen und Ausdünſtungen

von

i) De aëre in hominis humoribus haerente. Duisburg. 1747. 4.

k) Diff. inaugural. de bile. Bafil. 1733. 4.

l) 1. De aëre atque electro oeconomiae animali famulan-tibus et imperantibus. Caffell. 1748. 4. 2. Obfervatio-nes circa morbos nonnullos epidemicos per reciprocum aëris humani et atmofphaerici commercium illuftratos. Caffell. 1755. 4.

m) Diff. de aëre intra oeconomiam corporis humani. Bafil. 1733. 4.

n) Raccolta d'Opufcoli fcientifici e filologici. B. II. 1729.

o) Difinganni overo ragione fifiche fondate full' autorità ed efperienza, che provano l'aria di Venezia interamen-te falubre. Colon. 1694. 4.

p) L. 2. de aëre ejusque effectibus. Florent. 1736. 4.

von Thieren verdorbenen Luft q); eben dieſes that auch
Laghi r), der auch dieſe Wirkung noch ſchneller er=
folgen ſah, wenn die Luft mit allerlei, vornemlich
ſtarkriechenden, Ausdünſtungen beladen war s); der
neapolitaniſche Arzt Joſ. Moſca t) ſuchte die Wir=
kung der Luft auf den Menſchen, insbeſondere bey
Erzeugung der Krankheiten zu beſtimmen: Der Graf
von Saluzzo unterſuchte die elaſtiſche Flüſſigkeit,
welche bei der Entzündung vom Schiespulver kommt u),
und in Geſellſchaft der H. Ludw. de la Grange und
Cigna die Urſachen, warum in eingeſchloſſener Luft
Körper zu brennen, und Thiere zu leben aufhören x);
der lezte ſezte dieſe Unterſuchung noch weiter fort y):
Monti prüfte die Luft bei Pizzighitone z), und Ma=
tani zeigte die Schädlichkeit der Ausdünſtungen von
Gottesäckern a).

Nähere

q) De Bononienſ. Scient. et Art. Inſtitut. atque Academ.
Commentarii. B. II. Th. I.

r) Ebendaſ. B. IV. nr. 7. S. 80 ꝛc.

s) Ebendaſ. B. III.

t) Dell' aria e di morbi dell' aria dipendenti. Neapol. 8.
Th. I. B. I. 1746. 2. 1747. Th. II. B. I. 2. 1749.

u) Miſcellanea Societat. Taurinenſ. B. I. S. 3 ꝛc. und
Melanges de la Societé de Turin pour les ann. 1760.
1761. auch ins Teutſche überſezt mit der Ueberſchrift:
Betrachtungen über die flüßige elaſtiſche Materie, welche
aus dem Schießpulver erzeuget wird. Berlin. 1768. 8.

x) Miſcellan. Societat. Taurinenſ. B. I. S. 22 ꝛc.

y) Melanges de la Societé de Turin pour les ann. 1760.
1761. nr. 7. S. 168 ꝛc. ins Teutſche überſezt im Neuen
Hamburg. Magaz. St. 27. nr. 1. 4. St. 28. nr. 1.

z) Giornale di Medicina. Venez. 4. B. VI. 1768.

a) Ebendaſ. a. e. a. O.

Zz 4

Nähere Kenntnis der Gesundwasser, welche sie auf chemische Prüfung stützten, war eine Hauptbeschäftigung der Aerzte dieses Zeitalters; freilich war diese Prüfung nicht ganz im Geiste des folgenden, dem sich neue Aufschlüsse und neue Hülfsmittel öfneten, und überhaupt nach den besondern Einsichten derer, welche sie unternahmen, von sehr verschiedenem Gehalt, aber viele derselbigen bezeichneten doch, wenn man sie mit ähnlichen Untersuchungen des verflossenen Zeitalters zusammenhielt, die Fortschritte deutlich, welche die Wissenschaft auch auf diesem Felde gemacht hatte; Joh. Gratiani beschrieb einige warme und andere Gesundwasser in der Nachbarschaft von Padua b), Jos. Ducini die Bäder von Lukka c), der berühmte Zergliederer Jos. Zambeccari diese sowohl als die Bäder von Pisa d), der sienesische Lehrer Flam. Pinelli die Bäder von Petrivolo e), Franz Roncalli die Gesundwasser bei Brescia f) bei Coldone g) und andere in der Lombardei h), Karl Euch. de Quintiis die warme Bäder auf den vulkanischen Inseln i), Bonaf. Vitali die warme Bäder von Masini im Vel=

b) Thermarum Patavianum examen cum differt. de fonte acido Laelio. Recobario. 1701. 8.

c) Di bagni di Lucca trattato Chymico-medico. Lucca. 1711. 8.

d) Breve trattato di Bagni di Pisa e di Lucca. Patav. 1712. 4.

e) Lettera di Bagni di Petrivolo. Rom. 1716. 4.

f) De aquis Brixianis examen chymico-medicum. Brixiae. 4. 1724. 1735.

g) De aquis medicatis ad oppidum Coldoni in agro Mediolanensi. Brix. 1713. 4.

h) De aquis Caldorii in Mediolano. Brixiae. 1724. 4.

i) Inarime sive de balneis Pithecusarum. L. I-IV. Neapol. 1726. 4.

Veltlin [k]), diejenige von Caldiero [l]) und einige andere [m]), P. Franz Cannetti das Wasser von Recoaro [n]) Nik. Ant. Cattani das Wasser von Assisi in der Lombardei [o]) und von Jasi [p]), der turinische Arzt, Joh. Fantoni, das savoyische warme und kalte Gesundwasser bei Aix [q]), welches auch schon Panthot geprüft hatte [r]), und einige andere [s]), Flor. de Plumbis das Wasser von Nocera [t]), Joh. B. Gastaldi das Wasser zu Medina [u]), Jos. Mar. Quadrio das warme Wasser zu Masino im Veltlin [x]) und zu Trascorio [y]), Ant. Cocchi [z]) und J.

k) Delle Terme del Masino Mediol. 1734. 8.

l) Le bagni di Caldiero esaminati. Venez. 1746. 4.

m) Compendio delle acque acidule di Cilla. Venez. 1747.

n) De usu et abusu aquarum Recoarensium. Roboret. 8. 1735. auch in italiänischer Sprache. Venez. 1749. 8.

o) Ragguaglio della natura delle acque in Assisi di Milano. Assis. 1737. 4.

p) Della acqua volgarmente detta Mastella nella città di Jasi. 1749. 4.

q) De thermis Valerianis, aquis Gratianis, Maurianensibus. Genev. 1738. 4.

r) Discours sur les bains d'Aix en Savoie. Lion. 1700. 4.

s) Commentarius de quibusdam aquis medicatis et historica dissertatio de febribus continuis. Turin. 1747. 8.

t) De saluberrimo Nuceriae erumpente latice. Venet. 1745. 8.

u) An salinae sanguinis constitutioni aquae Medinenses. Avenion. 1715. 12.

x) Dell' acque termali di Masino. Milano. 1745. 4.

y) Uso, utilità e storia delle acque termali di Trascorio. Venez. 1749. 4.

z) Mulgellano de' bagni di Pisa. 1750. 4.

J. Bianchi ᵃ) dasjenige zu Pisa, der berühmte pa=
duanische Lehrer, Ant. Vallisneri einige im Mode=
nesischen ᵇ), Dom. Vandelli das warme Wasser zu
Abano ᶜ), und andere bei Padua ᵈ), bei Brando=
la ᵉ) und einige Gesundwasser im Modenesischen ᶠ),
Joh. Ant. Gallo, Jak. Barth. Beccari ᵍ) und
Hor. Mar. Pagani ʰ) das Wasser zu Recoaro,
Jos. Benvenuto das Salz aus dem warmen Was=
ser zu Lukka ⁱ), Prosp. Moriotti das Wasser von
S. Galgano bei Perugia ᵏ), Jos. Bruni das vina=
dische Wasser bei Cuneo in Piemont ˡ),   Jos. Ber=
tozzi

a) De Bagni di Pisa postià pie del monte di S. Guiliano.
Firenz. 1751. 8.

b) in Viaggi per gli monti di Modena in Oper. fisico - me-
diche. Venez. Vol. III. 1733. fol.

c) Differtationes tres de Aponi thermis: de nonnullis In-
fectis terreftribus et Zoophytis marinis et de vermium
terrae reproductione, atque taenia canis. Patav. 1756. 8.

d) Diff. de thermis Patavinis, accedit Bibliotheca hydrographica et apologia contra Hallerum. Patav. 1761. 4.

e) Delle acque di Brandola. Moden. 1765. 4.

f) Analifi d'alcune acque medicinali del Modenefe. Padua.
1760. 4.

g) De Bononienfi Scientiar. et Art. inftitut. atque Acad.
Comment. B. II. nr. 20. S. 374 ꝛc.

h) Dell' acque di Recoaro e delle regole concernenti il
lor ufo. Vicenz. 1761. 8.

i) De Lucenfium thermarum fale tractatus. Luc. 1758. 8.
auch Nov. act. Acad. Caef. Natur. Curiof. B. II. Obf.
LXXVIII.

k) Delle falubri acque di S. Galgano, lettera di Cureto.
Perugia. 1742. 8.

l) Philofoph. Tranfact. for the Year 1760. B. LI. Th. 2.
nr. 73. S. 839.

tozzi das warme Waſſer von Abano ᵐ), Joh.
Bapt. Borſieri das Waſſer von S. Chriſtoph ⁿ),
Abb. Joſ. Buzzegoli das Stahlwaſſer zu Rio auf
der Inſel Elba °), Dom. Metelli das warme und
Sauerwaſſer bei Viterbo ᵖ), Oct. Nerucci das
warme Waſſer von S. Caſſiani �q), der berühmte
Sieneſiſche Lehrer, Joſ. Baldaſſari, das Waſſer
Borra bei Siena ʳ), J. Arduini das Stahlwaſſer in
der Gegend von Vicenza ˢ), Laurenti das Waſſer
von Poretta ᵗ) Daquin das Waſſer von Aix in
Savoien ᵘ): Paſcal Caryophilus das warme Bad
bei Meadia im Temeswarer Bannat ˣ), Joh. Lor.
Stocker das warme Bad bei Ofen ʸ), Andreas
Hermanni das warme Waſſer bei Trentſin ᶻ),
Dav.

m) Delle Terme Padovane dette bagni d'Abano. Venez.
　1759. 4.

n) Delle acque di San Criſtoforro trattato. Firenz. 1762. 8.

o) Dell' Acqua Martiale di Rio nell' Iſola dell' Elba e
　dell' uſo della medeſima in Medicina e Chirurgia tratta-
　to ſtorico - fiſico - medico. Firenz. 1762.

p) Giornale di Medicina. Venez. 4. B. V. 1767.

q) Gli atti dell' Academia delle ſcienze di Siena detta de
　Fiſio - critici. B. II. nr. 3. S. 79 ꝛc.

r) Ebendaſ. nr. 2. S. 44 ꝛc. auch im Giornale di medici-
　na. Venez. B. V.

s) Nuova raccolta d'opuſcoli ſcientifici e filologici. B. VI.
　1760.

t) De Bononienſi Scientiarum et Artium inſtituto atque
　Academia Commentarii. B. I.

u) Analyſe des eaux thermales d'Aix en Savoye. Cham-
　berry. 1770.

x) De thermis Herculanis. 4. Mantua. 1739. Ultraj. 1746.

y) Thermographia Budenſis. Graec. 1721. 4.

z) De thermis Trentſinenſibus. Lipſ. 1726. 4.

Dav. Wipacher das ribarifche *), Karl O. Mol;
ler das Waffer von S. Kilian und Wihacs ᵇ) Jgn.
Wetſch das Waffer von Pinkenfeld ᶜ), Juſt. Joh.
Torkos ᵈ) und Löw ᵉ) andere warme Waffer in
Ungarn, Paul Ad. Pannonius die Gefundwaffer
Ungarns überhaupt, vornemlich aber diejenige in der
Gefpannfchaft Trencfin ᶠ); Schober diejenige in
der Zipfer Gefpanfchaft ᵍ); J. v. Morafch ein
warmes Waffer bei Raab ʰ).

Im ruffifchen Reiche hatte Model das warme Pe;
tersbad bei Terki ⁱ), und den Schwefelbrunnen bei
Sergiensk ᵏ), das Waffer der Newa ˡ), das Gefund;
waffer von Ochta ᵐ), fo wie das Waffer des Olsnizer
und S. Petersbrunnen ⁿ) das Meerwaffer ᵒ) und
das Waffer von Briftol ᵖ) unterfucht.

Jn

a) De thermis Ribarienſibus in Hungaria. Lipſ. 1768. 8.

b) Thermarum S. Kilianenſium et Vihacenſium defcriptio
hiſtorico - medica. (Hall.)

c) Diff. fiftens examen chemico - medicum aquae acidulae
vulgo Pinkenfeldenſis dictae. Vindob. 1763. 8.

d) 1. De thermis Pöfthinenſibus. Pofon. 1745. 8. 2. De
thermis Almafienſibus. Pofon. 1746. 8.

e) Act. Acad. Caef. Natur. Curiof. B. IV. App.

f) Hydrographia comitatus Trencfinenfis publicae difqui-
fitioni commiffa. Vienn. 1766. 8.

g) Hamburg. Magaz. B. XII. S. 174 - 188.

h) Befchreibung des Wildbades nebft Rab. 1733. 8.

i) Sammlung ruffifcher Gefchichte. S. Petersburg. 8. B.
IV. 1760. St. 2.

k) Ebendaf. nr. 6. und B. VII. Buch 2. nr. IV.

l) Kleine Schriften. S. 103 - 116.

m Chymifche Nebenftunden. S. 15 - 86.

n) Ebendaf S. 87 - 136.

o) Kleine Schriften. S. 105 - 116.

In Schweden hatte Nik. Karl Wallerius von
den Gesundwassern überhaupt gehandelt q), Roberg
von den warmen Bädern r) und J. G. Wallerius
nicht nur eine allgemeine Eintheilung und Beschreibung aller natürlichen Wasser gegeben s), sondern
auch noch das Wasser vom Dannenmarksbrunnen bei
Upsala t) untersucht; Joh. Lindestolpe entwarf
seine Gedanken über die Kräfte der Sauerwasser u);
Gust. Harmens über ihre Bestandtheile x) Haartz,
man gab eine Anleitung zur künstlichen Bereitung
der Gesundwasser, welche den Fortschritten seines Zeitalters in der Kenntnis und Zerlegung derselbigen ge-
mäs ist y), Salb z) eine Anleitung zur Prüfung der
Stahlwasser, Pet. J. Bergius stellte mit verschiedenen Wassern zu Stockholm a), Al. M. Strus-
senfeld mit dem Wasser aus den Teichen bei Lands-
crona

p) Ebendas. S. 119-132.

q) Tentamina physico - medica circa aquas minerales.
Leid. 1699. 8.

r) Upsal. 1699.

s) Hydrologie elle Wattur riket indelt och bekrifvet.
Stockh. 1748. 8. ins Teutsche übersezt von J. D.
Denso mit der Ueberschrift: Hydrologie oder Wasser-
reich. Berlin. 1751. 8.

t) Descriptio fontis in Dannemark prope Upsalam. 1737.
teutsch hinter der teutschen Uebersetzung seiner Hydrologie.

u) Tanckar om furbrunnors kraft och werken. Stockh.
1718. 8. de elementis aquarum mineralium. Londin.
Scan. 1734. 8.

x) Kongl. Svensk. Vetensk. Academ. Handling. för år
1765. B. XXVI. 3 Quart.

y) Ebendas. B. IV. för år 1743. Quart. 3.

z) Ebendas. för år 1759. B. XX. 2 Q.

a) Ebendas. för år 1764. B. XXIII. 2 Q.

crona [b]), C. M. Blom mit dem warmen Wasser von Aachen und Burscheid [c]) Versuche an; Gurror Blå prüfte das Wasser überhaupt [d]).

Auch die brittische und irische Naturforscher dieser Zeit bekümmerten sich um die genauere Kenntnis des Wassers, hauptsächlich der Gesundwasser; J. Rutty, der noch insbesondere von den mancherlei Bestandtheilen und vornemlich dem Schwefelgehalt einiger Wasser [e]), wie von dem Vitriolgehalte eines andern zu Amlnoch auf der Insel Anglesea [f]) handelte, gab eine niethodische Uebersicht aller Gesundwasser [g]); C. Lucas auser einer Beurtheilung dieser Uebersicht [h]) einen eigenen Versuch über einfaches Wasser sowohl, als kälte Gesundbrunnen und warme Bäder [i]), Matth. Manning [k]), Karl Leigh [l]), Thom. Short,

dem

b) Ebendaf. för år 1766. B. XXVIII. Quart. 3. nr. 1. S. 169-193.

d) Kårt Underſökning om Watnets Natur och Egenſkaper. Lund. 4.

e) Philoſoph. Tranſact. B. LI. Th. 1. nr. 28. S. 275 c.

f) Ebendaſ. Th. 2. nr. 45. S. 470 c.

g) A methodical ſynopſis of Mineral - Waters, comprehendiug the moſt celebrated medicinal Waters, both cold and hot, of Great Britain, Ireland, France, Germany and Italy and ſeveral other parts of the World &c. London. 1757. 8. 1761. 4.

h) An analyſe of D. Rutty's methodical ſynopſis of mineral waters. London. 1757. 8.

i) Eſſay on waters in three parts, treating of ſimple waters, of cold medicated waters, of natural baths. Lond. Vol. I-III. 1756. 8. ins Teytſche überſezt von J. E. Zeiher mit der Aufſchrift: Verſuch von Wäſſern. Altenburg. 8. Th. I. 1767. II. 1768. III. 1769.

k) Aquae minerales omnibus morbis chronicis medentes, mo-

dem wir noch eine Geschichte der Gesundwasser in den Grafschaften York, Lankaster [m]) und anderer [n]) zu danken haben [o]), und Don. Monro [p]), der auch noch insbesondere das Schwefelwasser zu Castleöd, Fainsburn und Pitkeathly untersuchte [q]), eine Geschichte der Gesundwasser überhaupt, der lezte auch zu Prüfung von Stahlwassern Anleitung [r]), Al. Thomson, ein Schotte, eine Anleitung zur Untersuchung der Gesundwasser [s]), Allen Benjamin eine Naturgeschichte der brittischen [t]), vornemlich der purgirenden und Stahlwasser [u]), Rutty eine Geschichte der irischen Ge-

modo fint medicabiles, et chirurgia non fuerit opus. Cantabrig. 1745.

l) Tentamen de aquis mineralibus. London. 1694. 8. auch in seiner Phthifiologia Lancaftrienfis. London. 1694. 8. und Exercitationes de aquis mineralibus, thermis calidis. Lond. 1697. 8.

m) Natural hiftory of the mineral waters in Yorkfhire, Lancafhire &c. London. 1733. 4.

n) The natural, Experimental and Medicinal Hiftory of all the Mineral Waters in feventeen Counties of England, which are moftly North of the Trent, particularly thofe of Scarborough, Aftro, Neville, Holt, Cheltenham, Buxton, Latham, Matlock, Hartlepool and Durham. Lond. B. I. II. 1742. 4.

o) I. Memoirs for the natural hiftory of medicinal Waters. London. 1743. 4. 1709. 8. 2. Natural hiftory of mineral Waters. London. 1743. 4.

p) Treatife on mineral waters. Lond. Vol. I. II. 1770. 8.

q) Philofoph. Tranfact. B. LXII. nr. 3. S. 15 :c.

r) Medical Effays and Obfervations by a Societ. in Edinburgh. B. III. 1735.

s) Differtationes medicae. Leidae. 1705. 8. nr. 2.

t) Natural hiftory of mineral Waters of Great Britain. London. 1711. 8.

Gesundwasser *), Th. Guidot eine Nachricht von
den warmen Bädern Grosbritanniens ʸ), Cay von
einigen Gesundwassern ᶻ), des Moulins von einem
solchen bei Kanterbury ᵃ), Slare von dem Pyrmon=
ter ᵇ) und andern ᶜ), Bewis von den Gesundwas=
ser zu Holt ᵈ), Godfrey von demjenigen zu West=
Ashton ᵉ), Martyn von einem andern zu Dal=
wig ᶠ), Layard von einem zu Sommersham ᵍ),
H. Cavendisch von dem Wasser von Rothboneplace
zu London ʰ), Walker ⁱ), Milligen und
Plummer ᵏ), und Horseburgh ˡ) von dem
                                    Wasser

u) Natural hiſtory of the chalybeate and purging waters
   in England. London. 1699.

x) Eſſay towards a natural hiſtory of the Country of
   Dublin. B. II.

y) De thermis britannieis; accedunt obſervationes hydroſta-
   ticae chromaticae et miſcellaneae uniuscujusque balnei
   apud Bathoniam curatius exhibentes. Londin. 1691. 4.

z) Philoſoph. Tranſact. for the Year 1698. B. XX.
   nr. 245.

a) Ebendaſ. for the Years 1706 and 1707. B. XXV. nr. 312.

b) Ebendaſ. for the Years 1717-1719. B. XXX. nr. 351.

c) Ebendaſ. for the Year 1713. B. XXVIII.

d) Ebendaſ. for Jul.-Dec. 1727. and for the Year 1728.
   B. XXXV. nr. 403. und for the Years 1727. 1730. B.
   XXXVI. nr. 408.

e) Ebendaſ. for the Year 1740. B. XLI. Th. 2. nr. 461.

f) Ebendaſ. a. e. a. O.

g) Ebendaſ. for the Year 1766. B. LVI.

h) Ebendaſ. for the Year 1767. B. LVII. Th. I. nr. II.
   S. 92 ꝛc.

i) Ebendaſ. for the Year 1757. B. L. Th. I. nr. 17.
   S. 117 ꝛc.

k) Medical Eſſays and Obſervat. by a Society at Edinburgh. B. I. 1733.

Waffer zu Moffat, Thomson von Stahlwaffern [m]),
und von dem Waffer zu Montrofe [n]), J. P. Shaw, der
auch eine Anleitung zur Prüfung der Gefundwaffer
überhaupt gab [o]), von dem Waffer zu Skarbo-
rough [p]), Short [q]), P. Keir [r]) und G. Ran-
dolph von dem Waffer zu Briftol [s]), Karl Perry
vom Spawaffer [t]), Ant. Relhan und Johnfton
von dem Waffer zu Brighthelmftone [u]), Chryph.
Meighan von dem Waffer zu Bareges [x]), Wilh.
He-

l) Effays and Obfervat. Phyfic. and Litterary read before
a Society in Edinburgh. B. I. 1754. nr. 12. S. 341.

m) Medical Effays and Obfervations &c. B. II. 1784.

n) Ebendaf. B. III. 1735.

o) Ebendaf. a. e. a. O. und Enquiry into the vertues of
Scarborough Spawater. London. 1734. 8.

p) Methode generale d'analyfes, ou recherches phyfiques fur
les moyens de connoître toutes les eaux minerales, traduit de l'Anglois de M. *Shaw* par M. *Cofte.* à Paris.
1767. 8.

q) Account of the Briftol hotwell waters. London. 1703. 4.

r) An enquiry into the nature of the mineral waters of
Briftol. London. 1739. 8.

s) An enquiry into the medicinal vertues of Briftol water.
London. 1750. 8.

t) Enquiry into the nature of Spaw waters. Lond. 1734.

u) A Short Hiftory of Brighthelmfton with remarks on
its Air and an Analyfis of its Water, particularly of an
uncommon mineral one. London. 1761. 8.

x) A Treatife of the Nature and Powers of the Baths
and Waters of Bareges: in which their fuperior virtues
for the cure of gunfhot or other Wounds, with all
their complications, of inveterated Ulcers, fiftules, cal-
lofities and caries, likewife of mufcular and nervous
contractions, fcirrhous tumours, anchylofes and many
other difeafes, as well internal as external, are demon-

Heberden von dem Brunnenwaſſer zu London ˣ), Johann Rotheram vom Waſſer überhaupt ʸ), J. Quintoon ᶻ), Rob. Pierce ᵃ), Th. Guidot ᵇ), Wilh. Oliver ᶜ) und Wilh. Falconer ᵈ) vom Waſſer zu Bath, J. Soame von dem Waſſer zu Hamſtead ᶜ), T. Tavernier von demjenigen zu Witham ᶠ), J. Shebre von demjenigen zu Briſtol ᵍ), Wilh. Hilary von demjenigen zu Hincomb ʰ), Died. Weſ=

strated and confirmed by practical obſervations. With a deſcriptive Relation of Bareges. To which is added an Enquiry into the Cauſe of Heat in bituninous Waters and of their ſpecific variation. London. 8. New Edit. greatly enlarged. 1764. ins Teutſche überſezt von C. F. S. Hahnemann. Leipzig. 1777. 8.

x) Medical Transactions, publiſhed by the College of phyſicians at London. B. I. nr. I. S. I ꝛc.

y) A philoſophical inquiry into the nature and properties of water, with elegant copper-plates, figures of the ſeveral ſalts. Newcaſtle. 1770. 8.

z) Of mineral waters particularly of Bath. Lond. 1733. 8.

a) Bath-memoirs and obſervations made in 43 Years Practice. Briſtol. 8. 1617. 1763.

b) 1. The regiſter of Bath or 200 obſervations containing an account of cures performed by the Hotwells at Bath. London 1694. 8. 2. Apology for Bath. Lond. 1708. 8. 3. Collection of treatiſes concerning the city and waters of Bath. 1725. 8.

c) Practical Diſcourſe of Bathwaters concerning the antiquities of Bathing, the cauſe of the hot Bath water and of their ingredients. London. 1716. 8.

d) An Eſſay on the Bathwaters in four parts. 12. I. Containing a prefatory introduction on the ſtudy of mineral waters in general. 1770.

e) Hampſtead Wells. London. 1734. 8.

f) Witham Spaw. London. 1737. 8.

g) New analyſe of Briſtol waters. 1742.

h) Contents of Hincomb-Spawater. London. 1746.

Weffel Linden, der auch Bemerkungen über Schüts
tens Nachricht vom Ursprunge der mineralischen Waſs
ſer [i]) und eine allgemeine Geſchichte der Stahlwaſſer
und warmen Bäder geliefert hat [k]), von den Geſunds
waſſern zu Landrindoot [l]), ein Ungenannter von dem
Waſſer zu Sommersham [m]), Thom. Eyre von dem
Waſſer zu Holt [n]), St. Hales von den Bitterwaſs
ſern [o]) und einige Ungenannte von den Bädern zu
Leuk [p]) Baden und Wattenwyl [q]) in der Schweiz;
Th. Percival von dem Waſſer zu Burton und Mats
lock in der Grafſchaft Derby [r]); Joſ. Walker von
dem Schwefelwaſſer zu Harrowgate [s]); J. Browns
rigg ſpürte der Kohlenſäure als einem Beſtandtheile
der Sauerwaſſer nach [t]).

P.

i) Amſterdam. 1746.

k) Treatiſe on the origine, nature and virtue of Chaly-
beat Water and natural Hotbaths. London. 1748. 8.

l) A treatiſe on the medicinal mineral Water at Landrindoot, in Radnorſhire, South Wales with ſome remarks on mineral and foſſile mixtures, in their native
veins and beds, at leaſt as far, as reſpects their influence in water. London. 1755. 8.

m) Account of the Sommerſham Water in the County of
Huntingdon. 1767. 8.

n) Account of the Holt-Waters. London. 1731. 8.

o) Philoſophic. Tranſact. for the Years 1749. 1750. B.
XLVI. nr. 495.

p) London Magazine or Gentleman's monthly intelligence.
London. 8. 1778. Mai.

q) Ebendaſ. Febr.

r) Philoſoph. Tranſact. B. LXII. und Eſſays medical and
experimental B. II. nr. 3.

s) Diſſ. de aqua ſulphurea Harrowgatenſi. Edinb. 1770. 4.

t) Philoſoph. Tranſact. for the Year 1765. B. LV. und
for the Year 1774. B. LXII. Th. 2.

Aaa 2

P. Jon. Bergius unterſuchte das eiſenhaltige
Waſſer aus dem Riotinto in Spanien ᵘ); Kaſp.
Caſál einige aſturiſche Geſundwaſſer ˣ), P. Gomez
de Bedeya y Paredes die ſpaniſche Geſundwaſſer überhaupt ʸ).

Auch die franzöſiſche Naturforſcher und Aerzte
beſchäftigten ſich eifrig mit der Unterſuchung der Geſundwaſſer, vornemlich derjenigen, welche in ihrem
Reiche entſprangen; K. le Roi ᶻ) und Monnet ᵃ)
gaben eine allgemeine Ueberſicht und Vorſchriften
zu dieſer Unterſuchung; ein Ungenannter ᵇ) er-
erwähnte die warme Bäder; Linaud ᶜ) und J. la
Rouviere ᵈ) beſchrieben das Waſſer zu Forges, Ludw.
Arnauldin die Geſundwaſſer in der Provence ᵉ), Hon.
Mar. Lauthier ᶠ) und Ant. Emrich ᵍ) das Ge-
ſund-

u) Kongl. Svensk. Vetenſk. Acad. Handling. för år 1761.
   XXII. Quart. 2. nr. 3. S. 112 - 128.

x) Hiſtoria natural y medica de el principado de Aſturia.
   Madrit. 1762.

y) ins Teutſche überſezt in Büſchings Magazin für die
   neue Hiſtorie und Geographie. Hamburg. 8. Th. IV.
   1770. St. 124. S. 411 ꝛc.

z) De aquarum mineralium natura et uſu propoſitiones
   praelectionibus academicis accommodatae. Monſpel. 8.
   1758. Ed. alt. 1762.

a) 1. Traité des eaux minerales avec pluſieurs memoirs de
   chymie &c. relatifs à cet objet. à Paris. 1768. 12. 2. Nouvelle hydrologie. à Londres. 1772. 8.

b) Obſervations periodiques ſur la phyſique, l'hiſtoire naturelle et les beaux arts avec des planches imprimées
   en couleur par M. *Gautier*. Oct. 1756.

c) Nouvelles decouvertes des eaux minerales de Forges.
   Paris. 1697. 8. und lettre Paris. 1698. 8.

d) Nouveau ſyſteme des eaux de Forges. Paris. 1699. 12.

e) Des eaux minerales de Provence. Aix. 1705. 12.

f) Hiſtoire naturelle des Eaux chaudes d'Aix. Aix. 1705.

ſundwaſſer von Aix, ein Ungenannter h) und D. Nor‍mand i) dasjenige von Souche, Paſcal k), G. Jautier l), Ren. Charles m) und Baudry n), dasjenige von Bourbon, Aubert das Waſſer von Lannion o), Gouttard das Waſſer von Abbe‍court p), Cam. Richardot q) Titot r) und Ren. Charles das Waſſer von Plombieres s), Jak. Franz Chomel das Waſſer von Vichi t), Vieuſſens das Waſſer von Balaruc u), Nik. de Mailly das Waſſer

g) Analyſe des eaux minerales de la ville d'Aix. Avignon. 1701.

h) Obſervations ſur les eaux minerales de Souche. Dole. 1711. 12.

i) Analyſe des eaux de Souche proche de Dole. Dole. 1740. 12.

k) Des eaux de Bourbon l'Archambauld. Paris. 1699. 12.

l) Sur les eaux minerales de Bourbonne. Troyes. 1712. 12.

m) 1. Quaeſtio de thermis Borbonenſibus. Veſunt. 1721. 8. 2. Diſſertation ſur les eaux de Bourbonne. Nouv. Edit. 1749. 12.

n) Traité des Eaux minerales de Bourbonne. Dijon. 1736. 8.

o) Memoir. de Trevoux. 1728. Jan.

p) Des eaux minerales d'Abbecourt. Paris. 1718. 12.

q) Nouveau ſyſteme des eaux de Plombieres. Nancy. 1725. 8.

r) Deſcriptio thermarum plumbariarum in Lotharingia. Baſil. 1706. 4.

s) Quaeſtiones medicae circa fontes 15 medicatos Plombariae. reſp. Morel. Veſunt. 1746. 4.

t) Traité des Eaux minerales, bains et douches de Vichi, Clermont, l'Archambaut. 1739. 12.

u) Memoir. de Trevoux. 1739. Août.

Waſſer von Chenai bei Rheims [x]), de Rouveroi
das Waſſer bei Epinal [y]), Sam. Blanquet die
Geſundwaſſer in Gevaudan [z]), Joh. Moullin
de Marquerie [a]), Hyac. Theod. Baron und Fr.
Nik. Gautier [b]) das Waſſer von Paſſy, Theod. du
Borbeu die Geſundwaſſer von Bearn [c]), und Gaſ=
cogne [d]), Blondet das Geſundwaſſer von Se=
grai [e]), Calmet diejenige von Plombieres, Bour=
bonne, Luxeuil u. a. [f]), Joh. Betbeder das Waſ=
ſer am Berge Marſon [g]), le Baig das Waſſer
von Bagneres [h]), D. de Secondat ſowohl dieſes,
als das Waſſer von Dax und Bareges [i]) H. J. Re=
ga

x) Des eaux minerales de Chenai près de Rheims. Rheims
1697. 12.

y) Des eaux minerales chaudes et froides de d'Epinal.
12. 1700. 1737.

z) Examen de la nature et des vertus des eaux minerales, qui ſe trouvent dans le Gevaudan. Mende. 1718. 8.

a) Traité des eaux minerales nouvellement decouvertes
à Paſſy. Paris. 1723. 12.

b) An ut ſanandis ſic praecavendis morbis plurimis aquae
Paſſiacae novae minerales. Pariſ. 1743.

c) Lettres concernant des eſſais ſur les eaux minerales du
Bearn. Amſterd. 1746. 12.

d) Aquitaniae minerales aquae. Pariſ. 1754. 4.

e) Sur la nature et les qualités des eaux minerales et medicinales de Segrai. Orleans. 1747. 12.

f) Traité hiſtorique des eaux et bains de Plombieres, de
Bourdonne, de Luxeuil et des bains. Nancy. 1748. 8.

g) Diſſertations ſur les eaux minerales du mont de Marſon.
Bourdeaux. 1750. 12.

h) Mémoir. ſur la nature et les proprietés des eaux de
Bagnéres. Paris. 1750. 8.

i) Obſervations de phyſique et d'hiſtoire naturelle ſur les
eaux minerales de Dax, de Bagneres, de Barege. Paris.
1750. 12.

ga das Wasser von Marimont [k]), Joh. Schurer
das warme Wasser von Sulz bei Molsheim [l]), J.
L. Leuchsenring das Wasser von Niederbronn [m]),
J. Kraz das Wasser des Holzbades [n]), J. M.
Kürschner das Wasser des Kestenholzerbades [o]),
Chr. Hausmann das Sauerwasser bei Sulzbach [p]),
G. Morel das Wasser bei Wattenweiler im obern
Elsas [q]) und F. A. Guerin die Gesundwasser des
Elsases überhaupt [r]), J. Böcler das Wasser bei
Rippolzau [s]) und S. Peter [t]), Morand [u]) und
Geoffroy das Gesundwasser von S. Amand [x]),
der lezte auch dasjenige zu Vichi und Bourbon [y])
und

k) Diff. de aquis mineralibus iisque faluberrimis fontis
   Marimontenfis· Lovan. 1740. 8.

l) Diff fiftens descriptionem balnei Sulzenfis prope Mols-
   hemium Argentorat. 1726. 4.

m) Diff. de fonte medicato Niederbronnénfi. Argentor·
   1753. 4.

n) Diff. fiftens hiftoriam fontis Holzenfis in Alfatia, germanice Holzbad dicti. Argentor. 1757. 4.

o) Diff. de fonte medicato Caftenacenfi, vom Kestenholzer-
   bad Argent. 1760. 4.

p) Diff. fiftens acidularum Sulzbacenfium hiftoriam et ana-
   lyfin. Argentor. 1764. 4.

q) Analyfe des eaux minerales de Wattenweiler en Haute
   Alface. Colmar. 1765. 8.

r) Diff. de fontibus medicatis Alfatiae. Argent. 1769. 4.

s) Diff. Hiftor. fontis Rippolfavienfis. Argent. 1762. 4.

t) Diff. de acidulis petrinis. Argentor. 1762. 4.

u) Memoir. de l'Academ. des fcienc. à Paris. pour l'ann.
   1743. S 1 ꝛc. Hift. S. 134.

x) Philofoph. Transact. for the Year 1698. B. XX.
   nr. 247.

y) Hiftoir. de l'Académ. des fcienc. à Paris pour 1702.
   S. 55.

und zu Paſſy (welche er auch künſtlich bereiten lehrte) ᶻ)
L. Lemery das Waſſer zu Vezelay in Burgund und
zu Carenſac ᵃ), Chomel ᵇ) und le Monnier ᶜ)
das Waſſer von Montb'or, Boulduc das Waſſer
zu Paſſy ᵈ), zu Bourbon l'Archambauld ᵉ) und
von S. Amand ᶠ), Vincquedes dasjenige zu Ton-
gres ᵍ), Regis und Didier ʰ) und le Roy ⁱ)
das Waſſer von Balaruc ᵏ), ein Ungenannter das
Waſſer zu Arrigate ˡ), Malouin ᵐ) und Morand ⁿ) dasjenige zu Plombieres, le Monnier dasjenige von Bareges ᵒ), Nollet mehrere Schwefelwaſſer im mittleren Italien ᵖ), de Laſſone das Waſſer

z) Mem. de l'Academ. des ſcienc. à Paris pour l'ann.
1724. S. 287 ꝛc.

a) Ebendaſ. Hiſt. pour l'ann. 1705. S. 83.

b) Ebendaſ. pour l'ann. 1702. S. 55.

c) Ebendaſ. Memoir. pour l'ann. 1744. S. 217.

d) Ebendaſ. pour l'ann. 1726. S. 431.

e) Ebendaſ. pour l'ann. 1729. S. 367. Hiſt. S. 29.

f) Ebendaſ. pour l'ann. 1699. Hiſt. S. 73.

g) Ephemerid. Ac. Caeſ. Natur. Curioſ. Cent. III. et IV.
nr. CXLVII.

h) Hiſt. de l'Academ. des ſcienc. à Paris pour l'ann. 1699.
S. 73.

i) Ebendaſ. pour l'ann. 1745. Hiſt.

k) Ebendaſ. pour l'ann. 1752. Memoir. S. 1009.

l) Ebendaſ. pour l'ann. 1746. S. 157.

m) Memoir. preſent. à l'Academ. des ſcienc. à Paris par
div. ſavans. B. V.

n) Memoir. de l'Academ. des ſcienc. à Paris pour l'ann.
1747. S. 382 ꝛc. (259.) Hiſt. S. 105 ꝛc.

o) Ebendaſ. pour l'ann. 1750. S. 154 ꝛc.

p) Ebendaſ. pour l'ann. 1753. S. 162.

ser zu Vichi q), und (mit Cadet) zu Roy r), Ca=
det das Wasser zu Fontanelles in Poitou s), und
zu Brecourt in der Normandie t), auch das neuentdeck=
te Wasser zu Passy u), Venel auch ein neues zu Passy
entdektes Wasser x) und das Selterser y), Bron=
zet das Wasser von Passy z), Beaume das Gesund=
wasser zu Douai in Flandern a), Malle eine kalte
Schwefelquelle b), ein Ungenannter das Gesundwasser
zu Merlanges c), Monnet dasjenige zu S. Amand d),
und ein anderes zu Plaine e), Micheli dasje=
ni=

q) Ebendas. pour l'ann. 1771.

r) Ebendas. pour l'ann. 1767. nr. 14. S. 256 ꝛc.

s) Ebendas. pour l'ann. 1775.

t) bei Vandermonde Recueil periodique d'observations &c. B. IV. Febr. nr. 9. S. 139 ꝛc.

u) Examen chimique d'une eau minerale nouvellement
decouverte à Passy dans la maison de M. de Calsabigi,
executé en consequence de l'ordonnance de M. le premier
Medecin du 2. Avr. 1755 &c. 1755. 8.

x) Memoir. présent. à l'Académ. des scienc. à Paris par
divers savans etrangers. B. II. nr. 5. 6. S. 53 ꝛc. 80 ꝛc.

y) Ebendas. a. e. a. O. nr. 46. S. 337 ꝛc.

z) Ebendas. B. IV. nr. 24. et 26. S. 470 ꝛc. 491 ꝛc.

a) Journal oeconomique, ou Memoires, Notes et Avis
sur les Arts, l'Agriculture, le Commerce, et tout ce,
qui peut avoir rapport à la santé ainsi qu' à la conser-
vation et à l'augmentation des biens des Familles &c.
à Paris. 8. 1765.

b) Journal de medecine &c. B. XVI. 1762. Mars. auch
abgesondert mit der Aufschrift: Analyse des Eaux minerales de Merlange près la ville de Monterau Fautt Yonne.
à Paris. 1761. 4.

d) Ebendas. B. XXVIII. Fevr.

e) Ebendas. B. XXV. 1766. Juill.

nige zu Neris [d]), Cordon ein anderes zu Chaps und des Fontanelles in Poitou [e]), Champmartin dasjenige zu Bagnere [f]), le Veillard dasjenige zu Passy [g]), Chevalier das Wasser zu Bourbonne les Bains [h]), Bertrand, Roux u. Darcet das Saidschüzer [i]), Donnet [k]) und P. A. Marteau [l]), der auch bei der Akademie zu Bourdeaux über die Untersuchung der Gesundbrunnen einen Preis gewonnen hatte, das Wasser von Forges, de Salaignac u. einige Quellen von Bagneres [m]), J. Mar. Pinot das Wasser von Bourbonlancy in Burgund [n]), Carrere die Gesundwasser der Grafschaft Roussillon [o]), Darluc das Wasser von Greoux in Provence [p]), de Machy das Wasser von Verberies [q]), de Nihel die Gesund-

d) Ebendas. Août.

e) Ebendas. Dec.

f) Ebendas. B. XXVIII. Apr.

g) Ebendas. B. XXXI. Dec.

h) Ebendas. B. XXXIII. 1770. Juill. und Août.

i) Ebendas. Oct.

k) Traité des eaux et des fontaines minerales de Forges. à Paris. 1751. 12.

l) Analyse des eaux de Forges. à Paris. 1756. 12.

m) Eaux minerales de Bagnéres. Analyse des sources de salut et d'Artiguelongue. à Paris. 1752. 12.

n) Dissertation sur les Eaux minerales de Bourbonlancy en Bourgogne avec quelques reflexions sur la saignée. à Dijon. 1752. 12.

o) Traité des eaux minerales de Roussillon. à Perpignan. 1756. 8.

p) bei Vandermonde Recueil d'observations &c. B. VI 1757. Jun. nr. 4. S. 427 ꝛc.

q) Ebendas. B. VII. 1757. Dec. nr. 4. S. 422 ꝛc.

fundwaſſer von Rouen ꝛ), des Mars das Waſſer von
Boulogne s), Dufau dasjenige von Acqs t), ein
Ungenannter das Waſſer zu Neuweyer u), ein An=
derer den Geſundbrunnen zu Meslange x), Des=
milleville, das Waſſer von S. Amand y), Seb.
Joh. B. Levialle de Masmorrel das Waſſer
vom Montd'or a), Raulia uud Coſtel das Waſſer
von Pougues b), de la Soriniere das Waſſer
von

r) Traité des Eaux Minerales de la Ville de Rouen, où
l'on établit la Nature et les Principes de ces Eaux, leurs
Vertus et leur Uſage pour la gueriſon des Maladies
ſimples ou compliquées, aux quelles elles conviennent
avec un regiment des precautions relatives à la boiſſon
de toutes les Eaux ferrugineuſes en general. à Paris.
1759. 12.

s) De l'Air, de la Terre, et des Eaux de Bocologne ſur
mer et des environs. à Amiens. 1759. 12.

t) Obſervations ſur les Eaux thermales d'Acqs. à Bourdeaux. 1759. 8.

u) Analyſe des qualités et des vertus de la Fontaine minerale de Neuweyer. à Nancy. 1761.

x) Traité des Eaux minerales de Merlange contenant
1. l'analyſe de dites eaux, 2. pluſieurs piéces, qui ten-
dent à conſtater l'état de leurs ſources. 3. une théſe
ſoutenue aux écoles de Medecine de Paris ſur leurs
vertues dans les maladies chroniques. 4. la traduction
des la dite théſe. 5. des obſervations de pluſieurs medecins
de la faculté de Paris ſur leurs proprietés medicinales.
à Paris. 1766. 12.

y) Eſſai hiſtorique et analytique des eaux et des bouës de
Saint Amand, ou l'on examine leurs principes, leurs vertus, et particulierement l'utilité des établiſſemens nouveaux, relatifs à leur uſage. à Valenciennes. 1767. 12.

a) Diff. praef. G. Fr. *Venel* De aquis montis aurei. Monſpel. 1768. 4.

b) *Raulin* obſervations ſur l'uſage des eaux minerales de
Poug-

von Eperviere unweit Angers °), Riviere einige Gesundwasser in Languedok ᵈ), Andere noch einige französische °), Morlet das Stahlwasser im Hotel=dieu
zu Caen ᶠ), Thierry das Wasser von Bareges,
Couterez und Bagneres ᵍ), Barbeu du Bourg
das Wasser zu Briquebec ʰ), andere die Gesundwasser in Roussillon ⁱ), bei Calais ᵏ), Monteliart,
Buchon ˡ) und Montmorency ᵐ).

In der Schweiz beschrieb Zach. Damer, der
auch eine allgemeine Anleitung zum Gebrauche der
warmen Bäder gab ⁿ), die warmen Bäder in Grau-
bünden °), Konr. Rahn das Pfefferser ᵖ), Heinr.
Rahn

Pougnes, avec l'analyfe chymique des mêmes eaux, par
Mr. *Coftel*. 1769. 12.

c) Eloge de la fontaine minerale de l'Epervière à une
lieue de la ville d'Angers. à Paris. 1770. 12.

d) Hiftoire de la Societé des Sciences à Montpellier. B. I.

e) Recueil de Lettres, Memoires et autres piéces, pour fervir à l'hiftoire de l'Académie des Sciences et belles lettres de la ville de Beziers. à Beziers. 1736. 4.

f) Sammlung auserlesener Wahrnehmungen ꝛc. B. VI.
1762. St. 4. nr. 3.

g) Journal de Medecine &c. B. XII. Mai.

h) Neue Sammlung auserlesener Wahrnehmungen. B. IV.
nr. XLII.

i) bei R. Hauteſierk Recueil d'obfervations de medecine des hôpitaux militaires. B. II. nr. 2.

k) Ebendaf. nr. 3.

l) Ebendaf. nr. 4.

m) bei Rozier Obfervat. fur la phyfique et l'hiftoir.
naturelle &c. pour 1774. Avr. nr. 5.

n) Utilitas thermarum, modus his thermis utendi et la-
vandi. Bafil. 1704. 4.

o) De thermis Rhaetiac. Bafil. 1705.

Rahn das Nydelbad bei Zürich q), J. J. Scheuch=
zer das warme Bad bei Baden r), Johann Rud.
Müller das Schinznacher s) und das Wasser bei
Bonn im Kanton Freyburg t), Perrinet v. Faug=
ner das trinkbare Wasser von Iferten u), J. Geß=
ner x) und Fr. Xav. Natterer y), das Leukerwasser.

Am meisten aber bekümmerten sich wohl die teut=
schen Aerzte um eine nähere Kenntnis der Gesundbrun=
nen; auser einigen Ungenannten z) gaben J. A. Fa=
bricius a), J. G. Schuster b), G. Oelsner c),
der

p) De aquis mineralibus Fabarienfibus f. Piperinis. Lugd.
Bat. 1757. 4. in einem teutschen Auszuge in den Ab=
handlungen der naturforschenden Gesellschaft in Zürich.
B. III. 1766. S. 363-382.

q) Ebendaf. a. e. a. O. S. 358-363. auch abgesondert:
Abhandlung von der Natur, Eigenschaft, Wirkung und
dem Gebrauch des Nydelbades. Zürich. 1766. 8.

r) Act. Acad. Caefar. Natur. Curiof. B. II. Append. und
B. III. obf. XLII.

s) Diff. de thermis Schinznavienfibus. Bafil. 1763. 4.

t) Memoir. et Obfervations recueillies par la Societé de
Berne. 1762. Th. IV. S. 178-184.

u) Ebendaf. 1764. Th. IV. S. 193-218.

x) Epiftol. ad Alb. *Hallerum* fcrpt. P. I. B. I. ep. 110.

y) Beschreibung des Heilbrunnen über Leuk, durch Dr. Fr.
Sal. Scholl aus dem Franz. übersezt. Sitten. 1770 12.

z) 1. Bibliotheca hydrographica oder Verzeichniß aller Ge=
sundbrunnen, Sauer= und Wildbäder. Nürnberg 4.
1729. 2. Hamburgisches Magazin. B. IV. S. 115-148.

a) Hydrotheologia. Hamburg. 1734. 8. ins Französische
überf. mit der Ueberschrift: Theologie de l'eau. à Paris.
1743. 12.

b) Hydrologia mineralis medica. Chemnic. 1746. 8.

c) Phyfikalische chymische und medicinische Unterfuchung
der

der freiburgische Lehrer J. J. Franz Vicarius ᵈ),
Sam. Carl ᵉ), J. M. Groſs ᶠ), V. Ried-
lin ᵍ) und Fr. A. Cartheuſer ʰ) eine allgemeine,
J. G. Schuſter eine Ueberſicht über die kalte ⁱ), H.
Fr. Delius von den warmen ᵏ), J. Th. C. Sprin-
ger ˡ) und J. Fr. Zückert ᵐ) eine Ueberſicht über
die teutſche Geſundwaſſer; D. W. Triller ⁿ), und
R. A. Vogel ᵒ), auch Kellner ᵖ) machten auf die
Fehler aufmerkſam, welche zu ihrer Zeit bei der Prü-
fung

der mineraliſchen oder ſonſt geſunden Waſſer unter dem
Namen der Sauerbrunnen und warmen Bäder. Breslau. 1753. 8.

d) Diſcurſus de aquis ſalubribus mineralibus. Ulm. 1699. 8.

e) 1. Anmerkung vom Gebrauch und Misbrauch der Geſundbrunnen. Opuſcul. Coll. nr. I. 2. Der Waſſeren-
gel in einem Unterricht von den Geſundbrunnen unweit
von Büdingen. 1715.

f) Bibliotheca hydrographica cum Uxilo hydrologico. Norimb. 1729. 4.

g) Lin. medic. Aug. Vindel. 8. Ann. II. ſ. MDCXCVI. Jun.
Obſ. XXVII.

h) Rudimenta hydrologiae ſyſtematicae. Francof. ad Viadr.
1758. 8.

i) Von kalten Mineralwaſſern. Chemniz. 1746. 8.

k) Fränckiſche Sammlungen. St XXXVIII.

l) Phyſiſch-practiſch- und dogmatiſche Abhandlungen von
deutſchen Geſundbrunnen. Göttingen. 1766. 8.

m) Syſtematiſche Beſchreibung aller Geſundbrunnen und
Bäder Deutſchlands. Berlin und Leipzig. 4. 1768.

n) Diſſ. de fallacia examinis chemici in exploranda intima
thermarum natura. Wittenb. 1767. 4.

o) Nov. Comment. Societ. Scienc. Goetting. B. II. nr. 2.
S. 21 ꝛc.

p) Commerc. litt. ad rei med. et ſcient. nat. increm. inſtit.
Ann. MDCCXLIV. hebd. 20.

fung der Gesundwasser vorgiengen; Balth. Erhard
gab eine Anleitung zu dieser Prüfung [q]: Widmer
beschrieb das Wasser des warmen Bades zu Baden in
der Marggrafschaft dieses Namens [r]), Hurter [s])
und ein Ungenannter [t]) das Wasser von Rippolzau,
Camerer [u]), Briegel [x]) und der wirtember=
gische Leibarzt Johann A. Geßner [y]) den Zay=
senhaufer Brunnen, der lezte auch das Cantstatter
Sulzwasser [z]), das Hirschbad [a]), das Zeller [b]) und
Wildbad [c]), von welchen beiden lezten schon vor ihm
Jos.

---

q) Sammlung zur Natur= und Medicin= wie auch hiezu
gehörigen Kunst= und Litteratur = Geschichten, so sich
in Schlesien und andern Ländern 1723 in den Winter=
Monaten begeben. Mart. Cl. IV. Art. 5. in den 3 Früh=
lings = Monaten. Mai. Cl. IV. art. 7. Jun. Cl. IV. art. 8.

r) Abhandlung von dem mineralischen Gehalt und medicini=
schen Gebrauch des im Marggrafthum Baden=Baden
gelegenen warmen Bades, und der Mineralbäder über=
haupt ꝛc. Straßburg. 1756. 8.

s) Kurzer Bericht von dem wieder hervorgesuchten, theils
neu erfundenen Ribelsauer oder Rippelzauer Sauerbrun=
nen. 1717. 4.

t) Fons aquae salientis in vitam, oder der so vortrefliche
als heilsame Rippolzawer Gesundheitsbrunn bey Burg
im Breißgau. 1758.

u) Ephemer. Acad. Caes. Natur. Curios. Cent. IV. Obs.
CXXXIII.

x) Beschreibung des Zaysenhaufer Brunnen. 1715. 8.

y) Nachricht von dem Zaysenhaufer Brunnen. Stuttgart.
1746. 8.

z) Beschreibung des Cantstatter Sulzwassers. Stuttgart.
1749. 8.

a) Beschreibung des Hirschbades. Stuttgart. 1746. 8.

b) Beschreibung des Zellerbades. Stuttgart. 1748. 8.

c) Beschreibung des Wildbads. Stuttgart. 1745. 8.

Jof. Gärtner[e]) Nachricht gegeben hatte; Rud.
Jak. Camerer das Sauerwaſſer zu Niedernau[f])
und[g]) das Bläſibad bei Tübingen, das ſchon vor
ihm ein anderer tübingiſcher Lehrer, Sam. Häfen=
reffer[h]) beſchrieben hatte, J. M. Frauendie=
ner das Rötelbad[i]), V. Riedlin das Ueberkinger
und Zaiſenhäuſer waſſer[k]), J. Franck das erſte[l]),
ein Ungenannter[m]) das Ilgenbad, Al. Camerer
das Eugſtinger Sauerwaſſer[n]), wie das Schwefel=
waſſer bei Balingen und Reutlingen[o]), das lezte
auch ein anderer tübingiſcher Lehrer, Ph. Fr. Gme=
lin[p]), der auch den Einflus der benachbarten bula=
chiſchen Kupfergrube auf den Sauerbrunnen zu Dei=
nach prüfte[q]), welchen ſein Bruder J. G. Gmelin
unter der Anleitung ſeines Vaters Joh. Georgs des
ältern

e) Diff. de thermis ferinis et Zellenſibus. Tubing. 1729. 4.

f) De acidulis Nidernovenſibus. Tubing. 1710. 4.

g) Diff. de balneo Blaſiano. Tubing. 1718. 4.

h) Scatebra S. Blaſii oder Beſchreibung des Bläſibades ꝛc.
　　Tübingen. 1652. 8.

i) Kurze Beſchreibung des Röthelbades bey Geißlingen.
　　Ulm. 1729. 8.

k) Ephemer. Acad. Caeſ. Natur. Curioſ. Cent. VII. VIII.
　　Obſ. LV. LVII.

l) Beſchreibung des Sauerbrunnens zu Ueberkingen ꝛc.
　　Ulm. 1710. 8.

m) Kurze Beſchreibung des Ilgenbades. Eßlingen. 1745. 8.

n) Diff. de acidulis Engſtingenſibus. Tubing. 1719. 4.

o) Diff. de fontibus ſoteriis ſulphureis Reutlingenſi et Bah-
　　lingenſi. Tubing. 1736. 4.

p) Geſammlete Nachrichten von dem Reutlinger Geſund=
　　brunnen. Reutlingen. 1761. 8.

q) Diff. de influxu fodinae Bulacenſis Wirtembergicae in
　　proximas acidulas Deinacenſes. Tubing. 1758. 4.

ältern genauer unterſucht ʳ) und ſchon früher Lepoꝛin beſchrieben hatte ˢ), Georg Fridr. Gmelin alle (damals bekannte) Geſundwaſſer Wirtembergs ᵗ), Brebiſius das Waſſer von Jebenhauſen bei Göppingen ᵘ), J. N. Seiz die fränkiſche Geſundwaſſer ˣ), J. Allen das Geſundwaſſer zu Eppach und Neuenſtein ʸ), J. B. Bauer auſer dem Biberacher Heilbrunnen ᶻ) denjenigen zu Untereppach ᵃ), Müller einen andern bei Kupferzell ᵇ) Ehlen ᶜ), Fr. J. von Overkamp ᵈ), und H. Fr. Delius ᵉ) das-

r) Examen acidularum Deinacenſium. Differt. Tubing. 1727. 4.

s) Beſchreibung des Deinacher Sauerbrunnens. Heilbronn. 1642.

t) welcher nach der Vorrede die darinn erwähnte chemiſche Zerlegung der Waſſer, Joh. Georg dem ältern verdankt. Beſchreibung aller in Würtemberg berühmten Sauerbrunnen und Bäder. Stuttgart. 1736. 8.

u) Neueſte Beſchreibung des Sauerbrunnen zu Jebenhauſen. Rotenburg. 1723. 8.

x) Hydrographia-Franconica. 1700.

y) Beſchreibung des Eppacher und Neuenſteiner Heil- und Geſundbrunnens. Oehringen. 8. 1725. Anhang zu dieſer Beſchreibung. 1726.

z) Beſchreibung des Biberacher Heilbrunnens. 1710. 8.

a) Bericht von dem zu Untereppach in der Grafſchaft Hohenlohe-Neuenſtein entdeckten Geſundbrunnen. Oehringen. 1725. Fortſezung. 1726.

b) Ephemerid. Acad. Caeſ, Natur. Curioſ. Cent. IX. et X. obſ. LXXI.

c) Diſſ. de fontibus medicatis in principatu Wirceburgenſi prope Kiſſingen et Bcklet. Herbipol. 1733. 4.

d) Beſchreibung des Kiſſinger und Bokleter Heilbrunnens. Würzburg. 1745. 4.

e) Unterſuchungen und Nachrichten von den Geſundbrunnen

dasjenige von Boklet und Kissingen im Stifte Würz=
burg, das lezte, von welchem noch früher J. W.
Buch [f]), G. Stech [g]) und Fehr [h]) Nachricht gege=
ben hatten, auch J. B. A. Beringer [i]), J. A. Ph.
Geßner das Wasser bey Rothenburg an der Tauber [k])
und bei Reichartsroth [l]) H. Fr. Delius dasjenige bei
Ekartsmühlen [m]), Waldmann [n]), J. Storch [o]),
ein Ungenannter [p]) und Göriz [q]) das Liebensteiner
Wasser bei Schmalkalden, welches noch früher A.
Libavius [r]) beschrieben hatte, P. Chr. Wag=
ner [s]) H. Fr. Delius [t]) das Gesundwasser bei
Ei=

f) Von den Kissinger Wassern. 1589.

g) Descriptio fontis medicati K:llingensis. Wirceburg.
1595. 8.

h) Tractätlein von den Kissinger Wassern. 1676.

i) Beschreibung der Kissinger Wasser. 1738.

k, Geschichte des Wildbades bey Rothenburg an der Tau=
ber. Rothenburg. 1765. 8.

l) Fränkische Sammlungen. St. 36. nr. 2. S. 481.

m) Ebendas. St. 47. nr. 5. S. 410 ꝛc.

n) Kurzer Bericht vom Liebensteiner Sauerbrunnen. 1718.

o) historische und practische Observationes vom Liebenstei=
ner Sauerbrunnen. 1727.

p) Sammlung von Natur= und Medicin &c. 1722 in den
3 Frühlingsmonaten ꝛc. Jun. Cl. IV. art. 8. 1723 in
den 3 Herbstmonaten ꝛc. Dec. Cl. IV. art. 7.

q) Ebendas. 1724 in den 3 Frühlings=Monaten. Mai. Cl.
IV. art. 7.

r) Tractatus medico - physicus, oder Historia des fürtref=
lichen Casimirschen Sauerbrunnen unter Liebenstein. 1610.

s) Epist. de acidulis Sichersreithensibus. Erlang. 1753: 4.

t) Nachricht von dem Gesundbrunnen bey Sichersreuth
unweit Wonsiedel nebst einer Anzeige der brandenburgi=
schen

Sichersreuth, Göriz das Gesundwasser zu Gros = Albershof [t]), C. F. G. Petz [u]), J. G. Hasenest [x]) und H. Fr. Delius [y]) das Gesund=wasser zu Burgbernheim, Göriz [z]) und Weiß das Wasser bei Weidenberg [a]), Theod. Balthasar ein anderes bei Erlang [b]), G. Fr. Höchstetter das Wasser bei Weissenburg [c]), H. M. Thümmig das=jenige bei Steben [d]), J. C. Feuerlin das Gesund=wasser bei dem Kloster Heilsbronn [e]), J. A. Carl

den

schen Gesundbrunnen und Bäder in Franken. Bayreuth. 1774. 8.

t[*]) Miscellanea Physico - Medico - Mathematica &c. 1727. Qu. IV. Dec. Cl. IV. art. 3.

u) Diss. praes. J. J. *Baier* de aquis medicatis Burgbern-heimensibus. Altdorf. 1713. 4.

x) Zuflucht derer, so mit Gliedergebrechen und andern Krankheiten geplagt sind 2c. in den Bädern zu Burg=bernheim. Nürnberg. 1725. 4.

y) Nachricht von dem Wildbade bei Burgbernheim. Bay=reuth. 1775. 8.

z) Miscellan. Physico - medico - mathematica. 1727. Qu. 3. Jul. Cl. IV. Art. 8.

a) Act. Acad. Caes. Natur. Curios. B. III. Obs. CXV.

b) 1. Von einem Gesundbrunnen unweit Erlangen. Erlan=gen. 1709. 4. 2. Fernere Nachricht. Erlang. 1709. 4.

c) Diss. praes. J. J. *Baier* de fonte salutari s. balneo Weis-senburgensi Altd. 1710. 4.

d) Observationes de acidulis Stabensibus. Cut. 1722. 4.

e) 1. Kurzer Unterricht von den Tugenden und der Wir=ckung des im uralten Kloster Heilsbronn nunmehr neu=entdeckten Heilbrunnen. Nürnberg. 1731. 4. 2. Heils=bronnisches Zeugniß der göttlichen Güte und Vorsorge bei dem uralten nun aber neu entdeckten mitten in dem Klo=ster Heilsbronn befindlichen Heilsbrunnen. Nürnberg. 1731. 4.

den Heilbrunn [f]) und Sulzerbrunn [g]) in Baiern, I. M. Dietrichs das Abacher Wasser [h]), Kohlbrenner das Irmpfinger [i]), J. N. A. Leuthner [k]) u. von Wolter das Diezenbacher [l]), J. A. E. v. S. die warme Wasser von Baden, Teutschaltenburg und Pyrawarth in Oestreich [m]), das lezte auch Fr. Tusma [n]), das erste auser einem Ungenannten [o]) auch J. M. Dietmann [p]) und Fr. Xav. de Maré [q]), ein

f) Abhandlungen der churbair. Akadem. der Wissenschaften. B. II. nr. 5 S. 199 2c.

g) Ebendas. nr. 6. S. 232 2c.

h) Abhandlung vom Abacher Wildbad. Regensburg. 1754. 8.

i) Materialien zur Geschichte des Vaterlandes, dessen Geographie, Natur-Produkte, Landwirthschaft, Manufakturen, Nahrungsstand, alte Sitten und Gebräuche in verschiedenen Gegenden Baierns, dann der Herzogthümer Pfalz Neuburg und Sulzbach. München. 4. Erstes Stück. 1783.

k) Diss. de acidulis Dizenbacensibus in comitatu Wartenbergico. Ingolst. 1764. fol.

l) 1. Beschreibung des Diezenbacher Heilbrunnen. Cölln. 1755. 8. 2. Stuttgarter physicalisch-ökonomische Realzeitung. für 1757. St. 38.

m) Eigentliche Beschreibung der berühmten drey Gesundheitsbäder in dem Herzogthum Oestreich unter der Ens, als Baden, Teutschaltenburg und Pyrawarth, aus dem Latein. übers. Nürnberg und Wien. 1734. 8.

n) Diss. de aqua Pyrawarthensi. Vindobon. 1765. 8.

o) Amusemens des eaux de Baden en Autriche. Nuremb. 1747. 8.

p) Gründliche Untersuchung des niederösterreichischen Badner Bades, aus dem Lateinischen übersezt und mit einer Vorrede von J. N. Weis. Wien. 1734. 8.

q) Chemische Versuche des niederösterreichischen Badner Bades, dessen sowohl innerlicher als äuserlicher Wirkung 2c. Wien. 1763. 8.

ein Ungenannter das Sauerwasser von Cilln. ʳ), A.
S. Marggraf zwei böhmische Gesundwasser ˢ),
J. Fr. Zittmann ᵗ) und ein Ungenannter mehrere
böhmische Wasser ᵘ), Jak. O Reilly das Steck-
nizer ˣ), C. B. Kirchmayer ʸ) und Chr. M. Adolphi ᶻ) den Kukusbrunnen, Göriz ᵃ) u. C. Schulze ᵇ)
das böhmische Bitterwasser, H. G. R. Troschel insbesondere das Seidschützer ᶜ), J. V. Sparrmann ᵈ), J.
H.

r) Compendio delle acque acidule di Cilla. Venet. 1747.

s) Chymische Schriften. Th. II. S. 1:9 ꝛc.

t) Practische Anweisung von den Töplitzer Bädern, dem
Böhmischen bitter und Biliner Wasser, aufgesetzt von D.
Chn. H. Schwenken. Frankfurt u. Leipz. 1752. 8.

u) (Mehr gesammlet) Beyträge zur Wassergeschichte von
Böhmen. Leipzig und Prag. 8. B. I. 1770.

x) Tractatus de ortu ac indole, contentis, viribus medicis ac debito usu aquarum mineralium Stecknizensium.
Ponti. 1766. 8.

y) Uralter Kukusbrunn, anjezo erneuerte Gradlizerquelle.
Prag. 8. 1696. 1718.

z) Diss. de fonte soterio Kukussensi in Bohemia. Lips.
1712 (26). 4.

a) Nachrichten vom böhmischen Bitterwasser, dessen Ursprung, Gebrauch, purgirender Kraft ꝛc. 8. Dreßden.
1727. Leipz. 1730. Regensburg. 1726 und Sammlung
von Natur- und Medicin &c. 1724 in den 3 Sommer-
Monaten. Sept. Cl. IV. art. 5.

b) Nachricht von böhmischen Bitterwasser und dessen Salze.
Dreßden. 1766. 8.

c) Nachrichten von dem wahrhaften böhmischen Bitterwasser, Saidschützer Ursprungs aus dem Hochbetscher Berge.
8. Leumeriz. 1761. Leipzig. 1766.

d) Kurze doch gründliche Beschreibung aller in und um
Töpliz befindlichen Bäder. Dreßden. 1733. 8.

H. de Vignet e), J. Fr. Kämpf f), Erntel g),
Hänel h), J. A. J. Scrinci i), H. G. M. Tro=
schel k) und J. B. J. Zauschner l) das warme
Wasser von Töpliz, von welchem schon früher Cast m)
eine Nachricht ertheilt hatte, J. C. Strauß n),
Plumptree o), J. G. Berger p), Springs=
feld,

e) klare Beschreibung von Töplizer Bädern. Prag. 1720.
8. und 12.

f) 1. De aquis Toeplizenfibus. 1706. (Hall.) 2. Beschrei=
bung der Natur und Nuzens des Töplizer Bades. Ber=
lin. 1706. 8.

g) Act. Ac. Caef. Nat. Curiof. B. III. App. auch abgesondert
mit der Aufschrift: Problema αὐτοχεδιον de Toeplizen=
fium thermis' earumque origine et viribus, Norib. 4.
1723.

h) Epift. ad. Alb. Haller. fcript. P. I. B. 1. nr. 117.

i) Tractatus de fontibus foteriis Toeplenfibus in regno
Boemiae, atque eorum praeftantiffimo fale nec non ufu
in diverfiffimis affectibus morbofis. In maximam ae-
grorum falutem confcriptus Auguft. Vindel. 1760. 8.
Teutsch ebendaf. 1760.

k) 1. Töplizer Nachricht von der dafigen Einrichtung mit den
mineralischen Wassern, Salzen ꝛc. zum Behuf der Frem=
den. Leutmeriz. 1762. 8. 2. Memoires pour fervir à
l'hiftoire des eaux de Tepliz. à Dresde. 1762.

l) Diff. de elementis et viribus medicis aquarum mineralium Toeplenfium. Prag. 1766. 8.

m) Beschreibung der Töplizer Bäder. Dreßden. 1701. 8.

n) De thermis Carolinis. Lipf. 1695. 4. Teutsch Leipzig.
1697. 8.

o) Diff. de thermis Carolinis. Hal. Saxon. 4. 1695. 1705.
Teutsch mit der Ueberschrift: Untersuchung des Carlsba=
des. Dresden. 8. 1708. 1712.

p) 1. Prodromus commentationis de Carolinis Bohemiae
fontibus. Vitemb. 1708. 4. ins Teutsche überf. Bericht
vom Carlsbade. Dresden. 1709. 1711. 8. 2. Commentatio de Carolinis Bohemiae fontibus, Vitemb. 1709. 4.

feld ⁹), Tilling ʳ), K. Klinghammer ˢ),
Brükmann ᵗ), Göriz ᵘ) Sam. Schröder ˣ),
J. C. S. ʸ), P. G. Schacher ᶻ), G. Kasp.
Jhl ᵃ), J. Chn. Adolphi ᵇ), und D. Becher ᶜ) das
Waſſer des Karlsbades, von welchem, auſer Fr. Hoſ-
mann ᵈ), ſchon im vorhergehenden Jahrhunderte,
M. Reuden ᵉ), J. A. St. Strobelberger ᶠ),
Chn.

q) 1. Abhandlung vom Carlsbade, nebſt einem Verſuch einer Carlsbader Krankengeſchichte. Leipzig. 1749. 8.
2. Commentatio de praerogativa thermarum Carolinarum in diſſolvendo calculo veſicae prae aqua calcis vivae. Lipſ. 1756. 4.

r) Nachricht vom Carlsbade. Leipzig. 1758 8.

s) Verſuch vom Daſeyn des Eiſens im Carlsbader Brodel-
ſteine. Dresden. 1763. 8.

t) Miſcellanea Phyſico - Medico - Mathematica. 1727. Cl.
III. Aug. Cl. IV. art 5.

u) Sammlung von Natur - und Medicin &c. 1724 in den
3 Frühlings - Monaten ꝛc. Mai. Cl IV. art 7.

x) Obſervationes et experimenta naturam et uſum thermarum Carolinarum concernentia. L pſ. 1704.

y) des berühmten Carlsbades Bethesda. Wetzlar. 1704. 4.

z) 1. De thermarum Carolinarum uſu in arthritide. Lipſ.
1709. 4. 2. in renum et veſicae calculo. 1711. 4. 3. in
praecipuis ventriculi et inteſtinorum morbis. 1716. 4.

a) praeſ. J. J. Baier diſſ de thermarum in Bohemia Carolinarum praerogativis. Altdorf. 1719. 4.

b) De fonte molari ad Carolinas thermas. Lipſ. et Vratisl.
1733. 8.

c) 1. Neue Abhandlung vom Carlsbade. Prag. 4 Th. I-
III. 1766 - 1772. 2. Unterſuchung der neuen Sprudel-
quelle im Carlsbade. Prag. 1777. 8.

d) a. o. a. O.

e) Diſcurſus phyſico - medicus, die Kaiſer Karlsbad und
Egeriſchen Schlader - Saüerling betreffend. Jena. 1718. 8.

Bbb 4　　　f) Ther-

Chn. Lange⁸), Fab. Sommerʰ), M. R. Schmu=
ßenⁱ), Wenz. Hillingerᵏ) und ein Ungenannterᵃ),
Nachricht gegeben hatten, J. G. Starkmannᵇ), Chn.
Langᶜ) u. J.E. Ettner das Egerwasser, J.B. Zau sch=
ner ein anderes bei Pragᵉ), Ch.L. Knochenwebelᶠ)
und

f) Thermologia nova de thermarum caufa, in fpecie de
   Caroli IV. balneo in finibus Bohemiae fito. Ratisb.1623.12
g) Diff. thermac Carolinae. Lipf. 1653. 4.
h) De inventione, viribus et ufu thermarum Caroli IV.
   Lipf. 8. 1571. 1589. 1609. auch Teutfch mit der Ueber=
   fchrift: Büchlein von eigenschaften und heilfamen Ge=
   brauch des Kayfer Carlswarmenbades. 8. Leipzig. 1573.
   Nürnberg. 1580. 1592. 1667.
i) Tractatus de nymphis Carlsbadenfibus mineralibus.
   Neub 1662. 8.
k) Hydriatica Carolina. 8. Meiffen. 1668. Altdorf. 1670.
   Zwickau. 1683. Nürnberg. 1684. Prag. 1692. 1696.
   Eger. 1715. 1733.
a) Bericht vom Carlsbade und wie daffelbe zu gebrauchen.
   Nürnberg. 1630. 4. 1696. 8.
b) des weitberühmten Eger Sauerbrunnen gründliche Un=
   terfuchung, oder neue und ausführliche Befchreibung, in
   welcher deffelben wahre Beftandtheile, mineralifcher Inn=
   halt, und Heilungskräfte, und fürtrefliche Nutzbarkeit
   ausführlich befchrieben find. Eger. 1750. 8.
c) De genuino acidulas Egranas falubriter ufurpandi mo=
   do. Lipf. 1653. 4.
d) Befchreibung des Egerifchen Sauerbrunnens oder Schla=
   der Säuerlings. 12. Eger. 1701. Nürnberg. 1710.
e) Diff. de fale a Mineralogis haud defcripto, opera ejus
   invento eruditis communicando ex occafione acidularum
   ad Pragam recens ab eodem detectarum &c. Prag. 1768. 8.
f) Kurzer Unterricht von der Befchaffenheit, Wirkung und
   dem Gebrauch des Biliner Sauerbrunns. Dresden. 4.
   1761. 2. Phyfifch= medicinifche Betrachtung des ohnweit
   Bilin in Böhmen befindlichen Gefundbrunnens, und def=
   fen Waffer überhaupt. Friedrichftadt. 1762. 8.
g) Erforderliche Nachrichten von dem Biliner Sauerbrun=
   nen, nach der neueften Auffuchung des wahren reinen
   Quellwaffers. Pirna. 8. 1762. Leipzig. 1766. 4.

und H. G. N. Troschel [g]) das Biliner Sauerwasser,
J. H. Bauer das Gesundwasser bei Tetschen [h]), G. H.
Burghart [i]) und K. Oehmb [k]), und schon weit früher
M. Pansa [l]) das warme Wasser bei Landeke in der
Grafschaft Glaz, Raymann das Saarer Wasser [m]),
Joh. B. M. Sagar das Patztigteker Gesundwas-
ser [n]), und viel früher Th. Jordan die mährische
Gesundwasser [o]) überhaupt, U. S. Nimtsch und
J. Kanold das Wasser des Scharlottenbrunnens bei
Tannhausen im Fürstenthum Schweidniz [p]), Chr.
G. Reußner das Wasser bei Löwenberg [q]), einige
Aerzte das Gesundwasser bei Skarsine im Fürstenthum
Oels,

h) Tractatus de fonte minerali Tetschensi in regno Bohemiae, ejus ortu, contentis, indole, viribus medicis,
ac debito ejus interno et externo usu. Vindobon. 1770.
8. Teutsch Leipzig. 1771. 8.

i) Historisch-physikalische und medicinische Abhandlung von
den warmen Bädern bei Landecke in der Gr. Glaz.
Breslau. 1744. 4. und Medic. Silesiac. Satyr. Spec. IV.

k) Beschreibung des alten warmen Bades nahe der Stadt
Landek in der G. Glaz von dem innerlichen Halt, Gebrauch und Nutzen desselben. Leipz. 1705. 8.

l) Badordnung und von den Eigenschaften des Landeckischen
warmen Bades in der Grafschaft Glaz. Leipzig. 1612.
fol. 1618. 8.

m) Nov. act. Acad. Caesar. Natur. Curios. B. II. nr. LII.

n) Bericht vom Patztigteker Gesundbrunnen ohnweit der
Stadt Trebitsch in Mähren. Wien. 1765. 8.

o) Commentarius de aquis medicatis Moraviae. Francof.
1586. 8.

p) Sammlung von Natur- und Medicin - wie auch hiezu
gehörigen Kunst- und Litteratur - Geschichten, so sich
1724 in den 3 Sommer-Monaten in Schlesien und andern Ländern begeben. Jul. Cl. IV. Art. 8.

q) Ephemerid. Academ. Caes. Nat. Curios. Cent. VII.
obs. 24.

Oels ʳ), ein Ungenannter das Petersdorfische ˢ),
ein anderer das Gros = Schlagendorfer ᵗ), noch ein
anderer das Rauschenbacher ᵘ), ein anderer das Sahms
fer ˣ), und noch ein anderer ʸ) und C. E. Rückert
das Lignizer ᶻ), Herrmann ᵃ), ein Ungenannter ᵇ),
J. K. Thym ᶜ) und E. J. Reifeld das schon von
Fr. Hofmann ᵈ) beschriebene zu Altwasser ᵉ), G.
H.

r) Beschreibung der in Niederschlesien Oelsnischen Fürsten=
thums zu Skarsine befindlichen Gesundquellen, von denen
zur Untersuchung convocirt gewesenen Medicis. Oels.
1716.

s) Sammlung von Natur= und Medicin – wie auch hiezu
gehörigen Kunst= und Litteratur- Geschichten, so sich 1717
in den 3 Sommermonaten in Schlesien und andern Län=
dern begeben. Jul. Cl. IV. art. 4.

t) Ebendas. 1726 in den 3 Frühlings = Monaten. Jun. Cl.
IV art. 19. und in den drei Sommer = Monaten. Sept.
Cl. IV. art. 11.

u) Ebendas. in den drei Frühlings=Monaten. Mai. Cl. IV.
art. 25.

x) Ebendas. 1722. Jul. Cl. IV. art. 15.

y) Ebendas. 1717. in den 3 Sommer=Monaten. Aug. Cl.
IV. art. 6. 1718. in den drei Herbst=Monaten. Cl. V.
art. 13. 1719. in den 3 Sommer=Monaten. Sept. Cl.
IV. art. 9.

z) Diff. de aquis Lignicenfibus. Hal. 1729. 4.

a) Primitiae phyfico-medicae ab iis, qui in Polonia &c.
B. II. nr. 9.

b) Sammlung von Natur= und Medicin &c. 1719. in den
3 Frühlings=Monaten. Jul. Cl. IV. art. 7.

c) Beschreibung des Schlesischen altwasserischen Sauerbrun=
nens. Schweidniz. 8. 1698. 1732.

d) a. o. a. O.

e) Physikalische Abhandlung von dem Altwassersauerbrun=
nen in Schlesien, dessen Bestande, Wirkung und Ge=
brauch. Züllichau. 1752. 8.

H. Burghart das Waſſer zu Reichenbach e), Chn. M. Adolphi f), ein Ungenannter g) und C. G. Lindner h) das warme Waſſer zu Hirſchberg, von welchem ſchon früher Schwenkfeld i) und M. A. Zindel k) Nachricht gegeben hatten, ein Ungenannter den Quekbrunnen bei Bunzlau l), ein Anderer andere, vornemlich ſchleſiſche, Geſundwaſſer m), J. D. Gohl n), J. G. Lehmann o), M. Alberti p), Sam. p*) und A. Schaarſchmidt q) das Waſſer bei Freyenwalde, das zuvor ſchon B. Albinus r) beſchrie=

e) Medicorum Sileſiacorum Satyrae Spec. I.

f) Diſſ. de thermis Hirſchbergenſibus. Lipſ. 1710 (26). 4.

g) Sammlung von Natur= und Medicin &c. 1717 in den 3 Sommer=Monaten. Jul. Cl. IV. art. 4.

h) Act. Academ. Caeſar. Natur. Curioſ. B. IV. Append. S. 47–88.

i) Von den Hirſchbergiſchen warmen Bädern. Görliz. 1607. Leipzig. 1619. 1708.

k) Beſchreibung der Hirſchbergiſchen warmen Bäder. Leipzig. 1656. 8.

l) Sammlung von Natur= und Medicin &c. in den 3 Frühlings=Monaten. Apr. Cl. IV. art. 5.

m) Ebendaſ. 1718 in den 3 Sommer=Monaten. Sept. Cl. V. art. 3.

n) Generalnachricht von der Tugend= und dem Gebrauch von dem Freyenwalder Geſundbrunnen. 1716.

o) Phyſikaliſche Beluſtigungen. S. VII. 1751. nr. 1.

p) Diſſ. de fonte medicato Freyenwaldenſi. Vitemb. 1748.

p*) De fonte medicato Freyenwaldenſi. Hal. 1729. 4. (vermuthlich die gleiche mit der vorhergehenden, unter M. Alberti vertheidigte).

q) Nachricht von den Gegenden und dem Geſundbrunnen bey Freyenwalde. Berlin. 1761. 8.

r) Diſſ. de fonte ſacro Freyenwaldenſi. Francof. ad Viadr. 1685. 4.

ſchrieben hatte, Heinr. Meuder ein anderes von
Leizkau ᵗ), H. B. Behm die Geſundwaſſer bei
Berlin ᵗ), Thebeſius ᵘ) und Titel dasjenige zu
Polzin ˣ), ein Ungenannter ʸ) das rothe Waſſer ei=
nes Teichs bei Roſtock ᶻ), ein anderer C. Lemble ᵃ)
und C. F. Luther ᵇ) den KenzerBrunnen, den kurz
zuvor Detharding ᶜ) und M. Kienaſt ᵈ) beſchrie=
ben hatten, dieſes ſowohl, als das Waſſer zu Barth
S. A. Pfeiffer ᵉ), der wittenbergiſche Lehrer, Abr.
Vater, ein wittenbergiſches Waſſer ᶠ) ein Ungenann=
ter ᵍ) und J. A. Zapff das Raſſeburger Waſſer ʰ),

Ehr.

s) Select. Francofurt. Tom. II. Vol. 2.

t) Vorläufige Nachricht von den Geſundbrunnen bey Ber=
lin. 1760. 8.

u) Nov. act. Acad. Caeſar. Nat. Curioſ. B. I. obſ. 9.
S. 60 ꝛc.

x) Abhandlung von dem Waſſer zu Polzin. 1693.

y) Sammlung von Natur= und Medicin &c. 1721 in den
3 Sommer=Monaten. Jul. Cl. IV. art. 15.

z) Ebendaſ. 1722 in den 3 Sommer=Monaten. Aug. Cl.
IV. art. 12. 1723 in den 3 Sommer=Monaten. Jul.
Cl. IV. art. 14.

a) Nachricht vom Kenzerbrunnen. Stralſund. 1706.

b) Diſſ. de fonte medicato Kenzenſi. Kilon. 4. diſſ. I.
1706. II. 1709.

c) Abhandlung vom Kenzenbrunnen. Güſtrow. 1690.

d) Beſchreibung des Kenzerbrunnen. Stralſund. 1690.

e) Gründliche Vorſtellung der pommeriſchen Glückſeeligkeit
in dem Waſſerſchatz der Geſundbrunnen zu Barth und
Kenz. Stralſund. 1722. 8.

f) 1. Pr. de fama medicatorum fontium cito ſaepe cre=
ſcente cito decreſcente. 2. Diſſ reſp. J. C. *Riedel*
de fonte medicato Vitebergenſi. Vitemb. 1748.

g) Sammlung von Natur= und Medicin – wie auch hiezu
gehö=

Chr. Tittmann das Gassersche Sauerwasser [i]), J.
Fr. Henkel das Gesundwasser bei Banggershübel [k]),
G. Schuster das warme Wasser zu Wolkenstein [l]), von
welchem schon früher A. Hauptmann Nachricht ertheilt
hatte [m]), D. Th. Lehmann [n]) u. J. Göbel das Wie-
senbad bei S. Annaberg [o]), A. E. Büchner einige
einländische [p]) J. Chr. Lehmann das Wasser bei
Reibotsgrün [q]), J. G. Neumann dasjenige bei
Purschenstein [r]), Gottl. Budäus [s]) und ein Un-
ge-

gehörigen Kunst = und Litteratur = Geschichten, so sich
1718 in den Herbstmonaten in Schlesien und andern
Ländern begeben. Dec. Cl. IV. art. 12.

h) Beschreibung der Kasseburgwasser. Leipzig. 1696. 4.

i) Nachricht von dem Gasserschen Sauerbrunnen. Dresden 1715.

k) 1. Gieſſhubelium redivivum, der wiederlebende Berg-
gieshübel in dem allda neuerfundenen Friedrichsbrunnen
und Johanngeorgenbade. Freyberg. 1729. 8. 2. Fortsezung von zweyen Gieshübelischen Gesundbrunnen. Dresden. 1730. 3. Zweyte Fortsezung. Dresden. 1731.

l) Thermologia Wolkensteinensis, Abhandlung vom Wol-
kensteiner Bade. Chemnitz. 1747. 8.

m) Uralter Wolkensteinischer warmer Bad = und Wasser-
schatz zu unserer lieben Frauen auf dem Sande. Leipzig.
1657. 8.

n) Beschreibung des meißnischen Wiesenbades. S. Annas-
berg. 1702. 4.

o) Abhandlung vom S. Jobs oder Wiesenbade bei S.
Annaberg. Dresden. 1756 12.

p) Act. Acad. Caesar. Natur. Curiof. B. VII. Obf. XXXI.

q) Beweiß daß der bey Reibottsgrün im Voigtlande er-
schürfte Brunnen einer der gesündesten sey, weil er das
zarteste vitriolum martis in sich hält Leipz. 1720. 4.

r) von dem über Purschenstein bei Heidelbach und Einsiedel
im

genanter das Waſſer bei Radeberg ᵗ), Quellmalz
ein Geſundwaſſer bei Leipzig ᵘ), Dan. Müller das
Rathmansdorfer ˣ), Königsdörfer ʸ), J. Th.
Köhler ᶻ), J. B. C. Gringas ᵃ) und ein Ungenannter ᵇ) das ſchon früher von M. Z. Pillin-
gen ᶜ) beſchriebene Waſſer zu Ronneburg, G. Schuſter ſowohl dieſes ᵈ), als dasjenige zu Niederviera,
auch

im Mai neuerfundenen Geſundbrunnen, deſſen Natur
und Eigenſchaft. Freiberg. 1752. 8.

s) Von den mineraliſchen Brunnen bey Radeberg. Budiſſin.
1722. 8.

t) Unterricht vom Auguſtbrunnen bey Radeberg. 1766. 8.
auch Sammlung von Natur- und Medicin &c. 1720 in
den 3 Sommer-Monaten. Aug. Cl. V. art. 4. und 1722
in den 3 Sommer-Monaten. Aug. Cl. IV. art. 12.

u) Commerc. litter. ad rei medic. et ſcienc. nat. increm.
inſtit. Ann. MDCCXXXIX. hebd. 40. 41.

x) Vom Rathmansdorfiſchen Geſundbrunnen bei Starfurt.
Leipzig. 1701. 4.

y) 1. Nachricht von dem Ronneburger Geſundbrunnen. 8.
1766. 2. Anweiſung, was man bey dem Gebrauche des
Ronneburgiſchen Geſundbrunnen zu beobachten hat. 1766.
3 Ronneburgiſche Krankengeſchichte. 1767. 4.

z) Gründliche, practiſche Abhandlung vom Ronneburger
Geſundbrunnen. Gera. 1767. 8.

a) Abhandlung von den Mineralwaſſern zu Ronneburg.
Altenburg. 1770. 8.

b) Kurze, doch ſo viel als zur Zeit möglich, gründliche
und wahrhafte Nachricht des am 8ten May 1766 bey
Ronneburg entdeckten Geſund- und Heilbrunnen, nebſt
einem beygefügten nüzlichen und zum Gebrauch des Brunnen nöthigen Unterricht. 1766. 4.

c) Beſchreibung der zu Ronneburg entſprungenen Mineralwaſſer. Altenburg. 1668.

d) Schediaſma des wahren mineraliſchen Gehalts und der
eigentlichen Beſchaffenheit des Ronneburgiſchen Geſundbrunnen. Altenburg. 1766. 8.

auch im Altenburgischen [e]), J. G. Gerhard ein anderes zu Käßen an der Sahle [f]), H. Fr. Teichmeyer dasjenige zu Apolda [g]), D. Friedel [h]), J. Fr. Henkel [i]) und Linke [k]) nach Fr. Hoffmann [l]), das Lauchstädter, M. L. Eisfeld das quedlinburger [m]), J. V. Münnich das Brankendorfer [n]), Kühn das Wasser bei Ruhla [o]), ein Ungenannter dasjenige bei Worbs unweit Nordhausen [p]), J. G. Krüger [q]), L. Heister [r]), Ph. Konr.

e) Untersuchung derer zu Niederviera im Altenburgischen entsprungenen Gesundheitsquellen. Chemniz. 1738. 4.

f) Sammlung zur Natur- und Medicin &c. Suppl. IV. Art. 13.

g) Nachricht von dem zu Apolda entsprungenen mineralischen Wasser. Jen. 1737. 8.

h) Abhandlung von den Lauchstädter Wassern. Quedlinburg. 1719.

i) Bethesda portuosa, das hülfreiche Wasser zum langen Leben, insonderheit in dem Lauchstädter Brunnen und in dem Schlackenbade zu Freyberg. Leipzig und Halle. 8. 1726. Zweyte Auflage mit einer Verbesserung, Zusatz vieler sonderbaren Curen, und angehängten dienlichen Nachrichten für Badegäste, vermehret von S. B. W. M. C. 1746.

k) Sammlung von Natur- und Medicin &c. 1723 in den 3 Sommer-Monaten. Aug. Cl. IV. art. 6.

l) a. o. a. O.

m) Versuch einer natürlichen Beschreibung des bey Quedlinburg befindlichen Gesundbrunnens oder Mineral- und Stahlwassers. Leipzig und Quedlinburg. 1761. 8.

n) Gedanken über den neuen Gesundbrunnen zu Brankendorf. Magdeburg. 1768. 8.

o) Nov. Act. Acad. Caes. Nat. Curios. B. II. nr. LXIX. S. 260 ꝛc.

p) Sammlung von Natur- und Medicin - 1724. Oct. Cl. IV. art. 8.

Konr. Fabricius ^{q}), H. Zinke ^{t}) und Ch. Th.
H. H a g e n ^{u}) das Wasser bei Helmstädt, ein
Ungenannter das Wasser zu Hornhausen ^{x}), ein
derer das Steinbekische bei Hamburg ^{y}), S.
Sofes das Wasser zu Fürstenau und Vechtelde ^{z}),
B r ü c k m a n n ein anderes bei Rummer ^{a}), G.
K u n n z das Oelbersche ^{b}), Chrph. W e b e r das
Rehburger ^{c}), J. Chr. R a b e ^{d}) und ein Ungenann=
ter

q) I. Gedanken von dem Helmstädtischen Gesundbrunnen,
    dessen Bestandtheilen, Kräfften und vortreflichen Würs
    kungen. Helmstädt. 1755. 4. 2. Fortsezung. 1757.

r) Differt. de fonte medicato prope Helmstadium nuper
    detecto ejusque salubri usu. Helmstad. 1755. 4.

s) De fonte martiali medicato Helmstadiensi disquisitio.
    Helmstad. 1756. 4.

t) Leipziger Sammlungen. St. 130. 1755.

u) Beschreibung des Helmstädter Stahlwassers. 1756.

x) Sammlung zur Natur= und Medicin &c. 1719 in den
    3 Frühlings=Monaten. Mai. Cl. IV. art. 3.

y) Ebendas. 1722 in den 3 Frühlings=Monaten. Jul. Cl.
    IV. art. 9.

z) Examen aquarum mineralium Furstenaviensium et Vech-
    teldensium. Helmstad. 1724. 4.

a) Miscellanea Medico - Physico - Mathematica. 1730. Q. 3.
    Sept. Cl. IV. art. 4.

b) Abhandlung vom Oelberschen Gesundbrunnen. Hannover.
    1728. 8.

c) Schreiben von der Lage, der Geschichte, dem Gehalte,
    dem Gebrauche, denen Würkungen des Rehburger Ge=
    sundbrunnens und des Bades. Hannover. 8. I - 5.
    1769 - 1781.

d) I. Vorläufige Nachricht des mineralischen Wassers zu
    Stadthagen in der Grafschaft Schaumburg, welches im
    Jahre 1734 im Hochgräflichen Küchengarten daselbst neu
    entdeckt, und zu bequemem Gebrauch in zwey Brunnen
    ein=

ter [e]) das Gefundwaffer bei Stadthagen, C. Tram=
pel [f]) und J. F. Zückert [g]) das Meinberger, J.
P. Maul [h]), Engelb. Hölterhoff [i]), A. Dul=
läus [k]), und J. H. Schütte [l]) das Schwelmer,
der lezte [m]), auch Blankenhorn [n]) und Chr.
H. Schütte [o]) das Gefundwaffer zu Cleve, J. H.
Degner dasjenige zu Ubbergen [p]), Chrouet [qs])
und

eingefaßt. Lemgo. 1735. 2. Fernere Nachricht von die=
sem Mineralwaffer, und einigen der merkwürdigften in
den Jahren 1734-1736 durch deffen innerlichen und
äuserlichen Gebrauch geschehenen Curen. Lemgo. 1737.

e) Fons medicatus Hagae Schaumburgicae exili preffoque
fermone defcriptus. Lemgou. 1740.

f) 1. Beschreibung des Bades zu Meinberg in der Graf=
schaft Lippe. Lemgo. 1770. 8. 2. Beschreibung der Mein=
berger Mineralquellen. 1774.

g) Vom Meinberger Mineralwaffer in einem Sendschrei=
ben an J. C. Trampel. Lemgo. 1774. 8.

h) Vom Schwelmer Sauerbrunnen. 1706.

i) Tractat vom Schwelmer Sauerbrunnen. 1706.

k) Versuch, wodurch der Schwelmer Gefundbrunnen als
ein temperirtes Sauerwaffer angemerkt, nebft einem
Anhang von den scharfen Brunnen daselbft ꝛc. Jferloh.
1744. 8.

l.) Neue Beschreibung des Schwelmer Sauerbrunnen.
Jferlohe. 1733. 8.

m) 1. Abhandlung von dem Clevischen Sauerbrunnen. 1742.
2. Rechter Gebrauch und kräftige Wirkung des Clevischen
Gefundbrunnen. 1744. 3. Fortsezung des rechten Ge=
brauchs ꝛc. 1751.

n) Acidulae Clivenfes 1741 detectae. Heidelberg. 1742.

o) Diff. de aquis medicatis, praefertim de fonte medicato
Clevenfi. Hal. 1742.

p) Acidulae Ubbergenfes of kort Verhaal van een minerale
gezondbronn in de Gr. Ubbergeu. Nymeg. 1745. 8.

und G. Chph. S p r i n g s f e l d [r]) das Wasser zu Aachen und Spa, von welchen das erste Joh. Fr. Bresmar[s]) und schon früher N. K. Wallerius[u]) und einige Niederländer, P. Bruchesius[x]), Franz Blondel[y]) und le Soinne[z]) insbesondere unter=süchet hatten, und das lexte theils schon früher von G. Limborch[a]), H. v. Heers[a]), J. Bapt. van Hel=

q) Connoiffance des eaux miuerales d'Aix la Chapelle, de Chaud Fontaine et de Spa. Leid. 4. 1714. Liege 1729.

r) Iter medicum ad thermas Aquisgranenfes et fontes Spa-danos. Lipf. 1748.

s) 1. Hydroanalyfe des eaux minerales chaudes et froides d'Aix la Chapelle. Lyon. à la Haye. 1703. 8. Aix. 1741. 12. 2. Les circulations des eaux ou l'hydrographie des minerales d'Aix et de Spa. Liege. 8. 1700. 1717. 3. Par-allele des eaux minerales du pais de Liege. 1721. 8.

t) Tentamina phyfico-medica cum aquis Aquisgranenfibus.

u) Tractatus de thermarum Aquisgranenfium viribus, cau-fa et legitimo ufu. Antwerp. 1555.

x) 1. Thermopotatio Aquisgranenfis. Maftr. 1661. 12. 2. Repetitio medica de thermalibus aquis Aquisgranen-fibus. Aquisgran. 1682. 4. 3. Thermarum Aquisgra-nenfium defcriptio. Maftr. 1685. 12. 4. Thermarum Aquisgranenfium elucidatio. Aquisgran. 1688. 4. teutsch mit der Aufschrift: Beschreibung des Bad= und Trink=waffers zu Aachen. Aachen. 1688. 4.

y) Differt. de thermis Aquisgranenfibus. Lugd. Batav. 1738. 4.

z) De aciduli», quae funt in fylva Ardenna juxta vicum Spa. Antwerp. 1559. 4.

a) 1. Spadacrene. Leod. 1620. 8. 1631. 12. Leid. 1641. 8. 1685. 12. auch Franz. Lütt. 1630. 1646. 2. Ob-fervationes oppido rarae in Spa et Leodii animadver-fae. 1630. in's französische überf. und vermehrt von Chrouet. à la Haye. 1739,

Helmont [b]) und Fr. Hoffmann [c]), fondern auch in diefem Zeitalter, aufer einem Ungenannten [d]), von Fr. H. de Preffeur [e]), N. Th. le Drou [f]), J. Ph. de Limbourg [g]), und einem englifchen Arzte Karl Perry [h]) befchrieben wurden, L. W. Rödder [h*]) und ein Ungenannter [i]) das Gefundwaffer zu Driburg, Friedr. Bartholde [k]), L. Heifter [l]), P.

[b]) De aquis Spadanis Lib. Leod. 1624. 8. und in Oper. omnib. 1648. 4.

[c]) a. o. a. O.

[d]) Samlung von Natur und Medicin &c 1717. in den 3 Herbft= Monaten. Dec. Cl. IV art. 3.

[e]) Diff. de fonte Spadano. Lugd. Bat. 1736. ins franz zöfifche überf. von Limbourg. 1740.

[f]) Principes contenus dans les differentes fources des eaux minerales de Spa. Liege. 1752.

[g]) 1. Traité des eaux minerales de Spa. Liege. 1754. 12. 2. Recueil d'obfervations des effets des eaux minerales de Spa de l'an. 1764. avec des remarques fur le fyfteme de Ms. *Lucas* fur les mêmes eaux minerales Liege. 1765. 8. 3. Nouveaux Amufemens des eaux de Spa. Paris. 1763. IIde edition revuë, corrigée, augmentée. Vol. III. Amfterdam. 1782. 8.

[h]) Inquiry into the nature of Spawaters. London. 1734.

[h*]) Gründliche Befchreibung des zu Driburg im Hochftifte Paderborn gelegenen Gefund= und Stahlbrunnen, deffen Befchaffenheit, mineralifchen Gehalt, innerlichen und äußerlichen Kräften und Gebrauch 2c. Driburg und Hannov. 1757. 8.

[i]) Sammlung von Natur und Medicin &c. 1723. in den 3 Frühlings= Monaten. Mai. Cl. IV. art. 8.

[k]) Vernünftige Gedanken und Anmerkungen vom Gebrauch und Misbrauch der mineralifchen, fonderlich pyrmontifchen, Waffer. 1726.

[l]) Diff. de aquis medicatis Pyrmontanis. Helmft. 1732. 4.

P. Ph. [m]), J. Chrph. L. [m*]) und Fr. G. Ph. Seip [n])
D. B. Muhl [o]), ein Ungenannter [p]) und Bloch [q]),
das pyrmonter, das auch die Engländer Slare [r])
und Turner [s]) und schon weit früher J. Pyrmon-
tanus [t]), Bollmann [u]), und A. Cunäus v.
Keil [x]) beschrieben hatten, R. Friedr. Ovelgün [y])
und ein Ungenannter [z]), das schon von J. Wolff [a]),
H.

m) Pyrmontische Mineralwasser und Stahlbrunnen, derselben Historie, wahrer mineralischer Gehalt, Arzney-
kräfte, Gebrauch, Wirkung und Nutzen ꝛc. Hannover.
8. 1719. 1750.

m*) Pyrmontische Krankengeschichten. 1736.

n) Diff. de spiritu et sale aquarum mineralium praesertim
Pyrmontanarum. Goetting. 1748. 4.

o) Medicinisch - physikalische und chymische Untersuchung
des Pyrmontischen Neubronnens, der mit dem Selter-
brunnen fast gleich kommt, nebst specieller Vermeldung
dessen Gehalts-Theilen ꝛc. Hannover. 1764. 8.

p) Sammlung von Natur- und Medicin &c. 1723. in den
3 Frühlings-Monaten. Mai. Cl. IV. art. 8.

q) Medicinische Bemerkungen nebst einer Abhandlung vom
Pyrmonter Augenbrunnen. Berlin 1774. 8.

r) Account of the nature and excellent proprieties and
vertues of the Pyrmont waters. London, 1717. übersezt
und vermehrt durch Seip.

s) A full account of the natural water of Pyrmont and
Spa. London. 1734. 8.

t) (alias Feuerberg) Fons facer. Lemgo. 1597.

u) Beschreibung des pyrmontischen Brunnen. Rinteln.
1661.

x) Beschreibung des pyrmontischen Sauerbrunnen. 1677.

y) Entwurf der uralten Wildungischen Mineralwasser. Men-
gerichhausen. 1725. 8.

z) Sammlung von Natur- und Medicin &c. 1723. in den
3 Frühlings-Monaten. Mai. Cl. IV. art. 8.

a) Brevis explicatio de acidulis Wildungenfibus &c. Mar-
purg. 1580.

H. Ellenberger [b]) und M. Ramlovius [c]) erwähnte Wildunger, J. C. Wagner [d]) und ein Ungenannter [e]) das Wasser zu Hofgeismar, Fr. P. Scriba ein anderes bei Godelsheim [f]). Th. Ph. Schacht [g]) und P. Wolfarth [h]) das Brabacher, J. C. W. Mogen [i]) und die frankfurtische Aerzte J. P. Burggrav, Chrph. le Cerf und J. Chn. Senkenberg [k]) das Fachinger, V. E. C. Cohausen das Vertlicher und Birresborner im Trierschen [l]), auch das Gerolsteiner [m]) J. F. Ravestein

b) Kurze Beschreibung der Sauerbrunnen zu Wildungen. Caffel. 1621. 12.

c) Ausführliche Beschreibung der Sauerbrunnen zu Wildungen und Pyrmont ꝛc. Caffel. 1664. 8.

d) Kurze Beschreibung der mineralischen Trink und Badebrunnen zu Hofgeismar. 1732.

e) Merkwürdige Curen, so zu Hofgeismar geschehen. 1727.

f) Beschreibung des vor einigen Jahren entdekten Sauerbrunnens ohnweit dem Dorfe Godelheim. Hörter. 1749. 8.

g) Acidularum Brabacenfium falubritas. Herborn. 1720. 8.

h) Vom Brabacher Sauerbrunnen. Herborn. 1721. 8.

i) Diff. praef. *Kaltfchmidt* de aquis medicatis Fachingenfibus. Jen. 1749. 4.

k) Von den Kräften des Fachinger Sauerwassers unweit Diez. Frankfurt am Main 1749. 8.

l) Periculum phyfico - medicum crenographiae Bertlicho-Birresborno - Trevirenfis &c. oder kurze, der Natur und Arzneyfazungen gemäße, Beschreibung der Bertlicher und Birresborner Wasser. Frankfurt am Mayn. 1748. 8. auch Commerc. litter. ad rei medic. et feient. nat. increm. inftitut. Ann. MLCCXLIII. hebd. 21. 26.

m) a. e. a. O. Ann. MDCCXLII. hebd. 29.

vestein das Birkenfelder ⁿ), J. D. Horst das
Dönnsteiner º), außer Venel. ᵖ) und nach Fr.
Hoffmann ᑫ), J. Kilian ʳ) das Selterser, J.
H. Jungken ˢ), Pet. Wolfarth ᵗ), M. G.
Forell ᵘ), V. E. E. Cohausen ˣ) und J. J.
Grambes ʸ) das warme Bad zu Ems, von wel-
chem schon früher Marf. Weigel ᶻ) und J. D.
Horst ᵃ) Nachricht ertheilt hatten, Welker ᵇ) das
Schlangenbad, auch Eb. Mölchior und G. Chph.
Möller das Schwalbacher Wasser nebst dem Schlan-
genbad ᶜ), J. Th. Hensing ᵈ), G. Chph.
Schel-

n) Vom Birkenfelder Gesundbrunnen. Zweybrücken 1744. 8·

o) Abhandlung von dem Dönnsteiner Wasser. Frankfurt
am Mayn. 1680.

p) a. o. a. O.

q) a. o. a. O.

r) Diff. de aqua Selterana, vom Selterser Wasser, sonsten insgemein Selzerwasser. Argentor. 1740. 4. (Eigentlich eine lateinische Uebersezung von Fr. Hoff-
manns Schrift.)

s) Von den warmen Bädern zu Ems. Frankfurt. 1700.
12.

t) Von den warmen Bädern zu Ems. Cassel. 1716. 8.

u) Commerc. litter. ad rei medic. et scient. natur. increm.
instit. Ann. MDCCXLIII. hebd. 21.

x) Ebendas. Ann. MDCCXLIV. hebd. 10.

y) Beschreibung der warmen Bäder zu Ems. Frankfurt.
1732. 8.

z) Von den Emser Bädern. Frankfurt. 1627. 8.

a) Von den Bädern zu Ems. Frankfurt. 1659. 12.

b) Beschreibung des Schlangenbades. 1721. Dritte Ausgabe vermehrt durch Dr. J. S. Carl. Idstein 1747. 8.

c) Kurzes Schwalbacher Cur - Büchlein. Frankfurt. 1708.
12.

Schelhammer [e]) und ein Ungenannter [f]), das Schwalbacher, Ph. Fr. Gmelin das Berner Wasser [g]), Eb. Melchior [h]), J. G. Rauch [i]), J. H. Jüngken [k]) und J. Speth [l]) das schon früher von Ph. Weber [m]), L. v. Hörnegk [n]), J. D. Horst [o]), J. G. Geilfus [p]), B. Riesem [q]) und von Ehrenkron [r]) beschriebene warme Wasser zu Wisbaden, Ph. W. Eckhard das Schwalheimer und

d) Meditationes et Experimenta circa acidulas Schwalbacenses, oder genaue und neue Erforschung des Schwalbacher Sauerbrunnens. Frankfurt am Mayn. 1711.

e) Acidularum Schwalbacensium et Pyrmontanarum per experimenta exploratarum inter se collatio. Rilon. 1704. 4.

f) Kurzer doch gründlicher Bericht vom Sauerwasser in Langenschwalbach ꝛc. und wie von dem Brodelbronnen allein oder mit dem Schlangenbad vermischte nüzliche Badecur zu halten. Maynz. 1714. Frankfurt. 1739.

g) Nachrichten von dem Borner Sauerbrunnen. 1766. 8.

h) Beschreibung der Bäder zu Wisbaden. 1697.

i) Beschreibung der Wisbadischen Bäder. 1701.

k) Kurtz verfaste und in ein und andern Dingen anitzo vermehrte Beschreibung der uralten weltberühmten Wisbadischen Bäder. Frankfurt. 1707.

l) Neue Beschreibung der uralten Brunnen und Bäder zu Wisbaden. Idstein. 1737. 8.

m) Descriptio thermarum Wisbadensium. 1617. in's Teutsche übersetzt. 1636.

n) Beschreibung der Bäder zu Wisbaden. 1637.

o) Beschreibung der Bäder zu Wisbaden. 1659.

p) Beschreibung der Wisbadischen Bäder. 1668.

q) Beschreibung der Bäder zu Wisbaden. 1684.

r) Beschreibung der Wisbadischen Bäder. 1687.

und Berſtader ˢ), A. Pißler ᵗ) und J. W. Bau=
mer ᵘ) das Carber, J. Ph. Burggrav die
frankfurter ˣ) und epſteiner ʸ), Fr. A. Cartheuſer ᶻ)
das Aurbacher Geſundwaſſer.

Senkenberg unterſuchte das engliſche Waſſer
zu Chiltenham ᵃ), und ein ungenannter Teutſcher ein
Stahlwaſſer zu Eaſtredford in der Grafſchaft Not=
tingham ᵇ), ein Anderer das Geſundwaſſer zu Paſſy ᶜ),
Degner dasjenige zu Peronne ᵈ), Fiſcher ᵉ) und
Brück=

s) Diſſ. de duobus Wetteraviae fontibus Schwalheimenſi ac
Berſtadienſi. Gieſſ. 1742. 4.

t) Beſchreibung des Carber Sauerbrunnens. Frankf. am
Mayn. 1724.

u) Diſſ. de Carbenſibus aquis ſoteriis. Gieſſ. 1769. 4.

x) De aëre aquis et locis urbis Francofurtanae ad Moenum commentatio; accedit diſquiſitio de origine et indole animalculorum ſpermaticorum. Francof. ad Moen.
1751 8.

y) Miſcellan. Phyſico - Medico - Mathematica &c. 1728.
Q. 4. Dec. Cl. IV. art- 4.

z) Abhandlung vom Aurbacher Mineralwaſſer. Gieſſen.
1776. 8.

a) Philoſoph. Tranſact. for the Year 1740. B. XLI. Th.
2. n. 461.

b) Commerc. litter. ad rei medic. et ſcient. natural. incrementum inſtitut. Ann. MDCCXXXI. Sem. prius.
Spec. I.

c) Sammlung zur Natur = und Medicin — wie auch hiezu
gehöriger Kunſt= und Litteratur - Geſchichten, ſo ſich
1721 in den 3 Wintermonaten in Schleſien und andern
Ländern begeben. Jan. Cl. IV. art. 17.

d) Ebendaſ. 1724. 3. Sommer=Monate. Sept. Cl. IV.
art. 6.

e) Ebendaſ. Supl. IV. nr. 15.

Brückmann [f]) das Bubizer, der erste auch das
Nagy = Szatofer [g]), der zweite das warme Waſſer
auf der Glashütte [h]) und zu Wihne in Ungarn [i]);
ein anderer Ungenannter handelt von den ruſſiſchen
und engliſchen Geſundwaſſern [k]); noch ein anderer
von demjenigen bei Olloncz insbeſondere [l]).

Auch unterſuchte der Bergr. J. Fr. Henckel [m])
die mit mancherlei glühend in Waſſer geworfenen
Schlacken bereitete Schlackenbäder, die ſchon zu
ſeiner Zeit im Gebrauch waren, und noch nachher
von Fr. L. Eisfeldt [n]) und andern [o]) empfohlen
wurden.

Ueberhaupt fieng man an, auf Mittel zu ſin=
nen, in Ländern, welchen ſie die Natur verſagt hat=
te, die Geſundwaſſer durch die Kunſt nachzumachen;
den

f) Ebendaſ. Jahr 1725. 3. Wintermon. Jan. Cl. IV. art. 6.

g) a. e. a. O. n. 16.

h) a. e. a. O. art. 5.

i) a. e. a. O. art. 4.

k) Ebendaſ. 1717. in den 3 Herbſtmonaten. Dec. Cl. IV.
art. 5.

l) Ebendaſ. 1719. in den 3 Wintermonaten. Mart. Cl. IV.
art. 18.

m) Act. Acad. Caeſar. Natur. Curioſ. B. I. Obſ. VI.

n) 1. Abhandlung von den Schlakenbädern. Quedlinburg. 8.
1766. 2. Abhandlung vom Nutzen der Schlakenbäder,
mit einer Zugabe. Quedlinburg. 1767. 8.

o) Sammlung zur Natur = und Medicin -, wie auch hiezu
gehöriger Kunſt = und Litteratur - Geſchichten, ſo ſich
1720 in den 3 Sommer = Monaten in Schleſien und an=
dern Ländern begeben. Sept. Cl. IV. art. 6.

den unvollkommenen Verſuch des ſchwediſchen Arztes
J. Haartmann P), Schwefelwaſſer zu machen,
trieb in Frankreich le Roi q) ſchon weit höher.

p) a- o. a. O.

q) Melanges de phyſique et de medecine. à Paris. 1771.
8. n. 4. S. 329 rc.

(Die Fortſetzung im nächſten Bande.)

An die Herren Pränumeranten
auf die Geschichte der Künste und Wissenschaften.

I. Dritte Lieferung. An der zweyten Lieferung (die nur 86 Bogen stark war) fehlten 6 Bogen; weshalb die dritte Lieferung 98 Bogen stark werden mußte. Es ist bey derselben wirklich geliefert worden:

1. Kästner's Gesch. der Math. 2ter Bd. $48\frac{1}{2}$ Bogen.
2. Hoyer's Gesch. d. Kriegsw. 1. B. 2 H. 24 –
3. Fiorillo's Gesch. d. zeichn. K. 1. B. 1. H. 31 –

zusammen $103\frac{1}{2}$ Bogen.

Also $5\frac{1}{2}$ Bogen mehr, als zu liefern waren:

II. Vierte Lieferung. 1) Von der vorigen Lieferung $5\frac{1}{2}$ Bogen
2. Gmelin's Gesch. der Chemie 2. Bd. 49 –
3. Murhard's Gesch. d. Physik 1. B. 1. H. $30\frac{1}{2}$ –

zusammen 85 Bogen.

Es fehlen also an der vierten Lieferung sieben Bogen, welche bey der fünften ergänzt werden sollen.

Jubilate Messe 1798.

J. G. Rosenbusch.